Überlagerung von Schwingungen

$$A_1 \sin(\omega t + \varphi_1) + A_2 \sin(\omega t + \varphi_2) = A \sin(\omega t + \varphi)$$

$$A = \sqrt{A_1^2 + A_2^2 + 2A_1 A_2 \cos(\varphi_1 - \varphi_2)}$$

$$\tan\varphi = \frac{A_1 \sin\varphi_1 + A_2 \sin\varphi_2}{A_1 \cos\varphi_1 + A_2 \cos\varphi_2} \quad \text{(Quadranten beachten!}$$

Spezialfall:

$$B \cos\omega t + C \sin\omega t = A \sin(\omega t + \varphi)$$

$$B = A \sin\varphi$$
$$C = A \cos\varphi$$

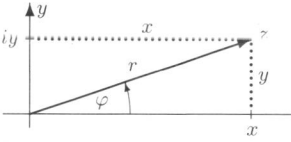

$$A = \sqrt{B^2 + C^2}$$

$$\tan\varphi = \frac{B}{C} \quad \begin{array}{l}\text{Quadranten}\\\text{beachten!}\end{array}$$

W0085958

Binomialkoeffizienten

$$r \in \mathbb{R} \text{ und } k = 1, 2, \ldots$$

$$\binom{r}{k} = \frac{r(r-1)\cdots(r-k+1)}{k!}$$

$$\binom{r}{0} = \binom{r}{r} = 1, \quad \binom{r}{1} = r$$

Polarkoordinaten

$$x = r \cos\varphi$$
$$y = r \sin\varphi$$
$$dF = r\,dr\,d\varphi$$

$$r = \sqrt{x^2 + y^2}$$

$$\tan\varphi = \frac{y}{x} \quad \begin{array}{l}\text{Quadranten}\\\text{beachten!}\end{array}$$

$$z = x + iy = r(\cos\varphi + i\sin\varphi) = re^{i\varphi}$$

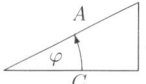

Rechnen mit **Potenzen** und **Logarithmen**

$$a: \text{Basis, mit } 0 < a \neq 1$$

$a^{x+y} = a^x a^y$	$\log_a xy = \log_a x + \log_a y$
$a^{-x} = \dfrac{1}{a^x}$	$\log_a \dfrac{1}{x} = -\log_a x$
$a^0 = 1$	$\log_a 1 = 0$
$(a^x)^r = a^{xr}$	$\log_a x^r = r \log_a x$

Logarithmen zu verschiedenen Basen:

$$\log_a x = \frac{\log_b x}{\log_b a}, \text{ speziell: } \log_a x = \frac{\ln x}{\ln a}$$

Kosinussatz

$$c^2 = a^2 + b^2 - 2ab \cos\gamma$$

Pythagoras

$$c^2 = a^2 + b^2, \text{ falls } \gamma = 90^0.$$

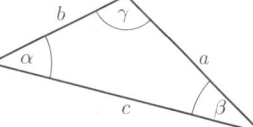

Sinussatz

$$\frac{a}{\sin\alpha} = \frac{b}{\sin\beta} = \frac{c}{\sin\gamma}$$

Kugelkoordinaten
θ : Polabstand

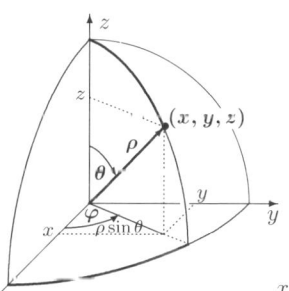

$$x = \rho \sin\theta \cos\varphi$$
$$y = \rho \sin\theta \sin\varphi$$
$$z = \rho \cos\theta$$

$$dV = \rho^2 \sin\theta\,d\rho\,d\theta\,d\varphi$$

Kugelkoordinaten
θ : geographische Breite

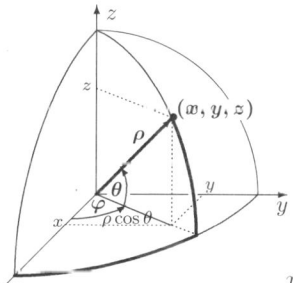

$$x = \rho \cos\theta \cos\varphi$$
$$y = \rho \cos\theta \sin\varphi$$
$$z = \rho \sin\theta$$

$$dV = \rho^2 \cos\theta\,d\rho\,d\theta\,d\varphi$$

Zylinderkoordinaten

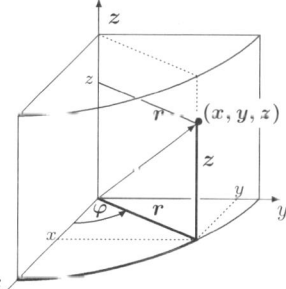

$$x = r \cos\varphi$$
$$y = r \sin\varphi$$
$$z = z$$

$$dV = r\,dr\,d\varphi\,dz$$

REPETITORIUM

HÖHERE MATHEMATIK

Repetitio est mater studiorum

Gerhard Merziger
Thomas Wirth

Vorwort

Dieses Buch will angehenden Mathematikern, Physikern und Ingenieuren von Universitäten und Fachhochschulen eine Hilfe sein beim Bewältigen von

Vorlesungen	**Übungen**	**Klausuren**

Mathematische Verfahren und abstrakte Methoden werden erklärt und anhand einer Fülle von **vollständig behandelten Beispielen** erläutert.

Aus jahrelanger Erfahrung im Umgang mit Studierenden wissen die Autoren, wie wichtig **Beispiele** zum Verständnis sind.

Ein ausführlicher Index mit mehr als 1000 Stichwörtern erleichtert die Arbeit.

Auf Seiten, Beispiele, Aufgaben und Abschnitte wird innerhalb eckiger Klammern verwiesen: [Seite 210], [12.1], [Abschnitt 5.4] usw.

Wichtige Formeln, Begriffe und fast alle benötigten Integrale stehen auf den Umschlagseiten F1, F2, F3, F4.

Natürlich können wir trotz aller verwendeten Sorgfalt Fehler nicht ausschließen. Ein aktuelles Fehlerverzeichnis findet man auf www.binomi.de.

Teilen Sie uns bitte Kritik, Hinweise und Anregungen auf www.binomi.de mit.

Gerhard Merziger

Das **Repetitorium** arbeitet mit der **Formelsammlung**, zitiert durch **F+H**:

Merziger / Mühlbach / Wille / Wirth		
FORMELN + HILFEN **HÖHERE MATHEMATIK**		
ISBN 3–923923–36–6	241 Seiten	15,80 €

Zitierte Literatur:

F+H	*Merziger/Mühlbach/Wille/Wirth*	Formeln + Hilfen
EM 1	*Merziger/Holz/Wille*	Repetitorium Elementare Mathematik 1
EM 2	*Merziger/Holz/Wille*	Repetitorium Elementare Mathematik 2
LA 1	*Wille*	Repetitorium Lineare Algebra, Teil 1
LA 2	*Holz/Wille*	Repetitorium Lineare Algebra, Teil 2
Alg	*Holz*	Repetitorium Algebra
Ana 1	*Timmann*	Repetitorium Analysis, Teil 1
Ana 2	*Timmann*	Repetitorium Analysis, Teil 2
DGL	*Timmann*	Repetitorium Gewöhnliche Differentialgleichungen
Fun	*Timmann*	Repetitorium Funktionentheorie
Top	*Timmann*	Repetitorium Topologie und Funktionalanalysis

Überwiegend positive Kommentare von Studierenden und Dozenten zu diesen Büchern findet man unter **www.binomi.de**.

Zu beziehen im Buchhandel oder **direkt beim Binomi Verlag:**

www.binomi.de

Inhaltsverzeichnis

Griechisches Alphabet

A	α	alpha	I	ι	iota	R	ρ	rho
B	β	beta	K	κ	kappa	Σ	σ	sigma
Γ	γ	gamma	Λ	λ	lambda	T	τ	tau
Δ	δ	delta	M	μ	mü	Υ	υ	üpsilon
E	ϵ	epsilon	N	ν	nü	Φ	φ	phi
Z	ζ	zeta	Ξ	ξ	xi	X	χ	chi
H	η	eta	O	o	omicron	Ψ	ψ	psi
Θ	θ	theta	Π	π	pi	Ω	ω	omega

Deutsches Alphabet

		a			j			s
		b			k			t
		c			l			u
		d			m			v
		e			n			w
		f			o			x
		g			p			y
		h			q			z
		i			r			

12

Zeichenindex

1   Grundbegriffe

1.1   Logische Grundlagen, Aussagen

Mathematik ist ohne Logik undenkbar; doch keine Angst, uns reichen hier einfache logische Prinzipien, die sich aus dem gesunden Menschenverstand erklären. Mathematik präsentiert sich in **Aussagen**, im Folgenden mit großen Buchstaben $A, B, \dots$ bezeichnet.

> Eine **Aussage** ist entweder **wahr** oder **falsch** — ein Drittes gibt es nicht!

1.1   *Beispiele für (mathematische) Aussagen:*

$3^2 > 2^3$,   ist eine wahre Aussage (ist richtig, gilt).

4 ist eine Primzahl,   ist eine falsche Aussage (ist falsch, gilt nicht).

Es gibt unendlich viele
Primzahlzwillinge[1],   wahr oder falsch? Ein bis heute ungelöstes Problem!

Aus (einfachen) Aussagen kann man weitere (kompliziertere) Aussagen bilden:

Bezeichnung	Symbole	Lies	ist genau dann wahr, wenn
Negation	$\overline{A}$	nicht A	A falsch ist.
Konjunktion	$A \wedge B$	A und B	A und B wahr sind.
Adjunktion	$A \vee B$	A oder B	A oder B wahr ist (oder beide).
Implikation	$A \Longrightarrow B$	aus A folgt B	A falsch oder B wahr ist [2].
Äquivalenz	$A \Longleftrightarrow B$	A äquivalent B	A genau dann wahr ist, wenn B wahr ist.

Belegt man die Aussagen A und B mit *Wahrheitswerten* w für "wahr" und f für "falsch", so ergeben sich die Wahrheitswerte der abgeleiteten Aussagen wie folgt:

A	B	$\overline{A}$	$\overline{B}$	$A \wedge B$	$A \vee B$	$A \Longrightarrow B$	$A \Longleftrightarrow B$
w	w	f	f	w	w	w	w
w	f	f	w	f	w	f	f
f	w	w	f	f	w	w	f
f	f	w	w	f	f	w	w

Ist die Aussage $A \Longleftrightarrow B$ wahr, benutzt man statt "$\Longleftrightarrow$" auch das Gleichheitszeichen "$=$", um längere Aussagen übersichtlicher zu schreiben.

Statt A äquivalent B, sagt man auch: A und B sind *gleichbedeutend*.

Bei mathematischen Schlüssen werden folgende Regeln häufig benutzt:

---

[1] Primzahlzwillinge sind z.B. 3,5 und 17,19 und 41,43, $\dots$
[2] Merke: Ist die Voraussetzung falsch, ist jede Implikation (nicht das Ergebnis) richtig!

Logische Regeln

$$\overline{\overline{A}} = A \qquad \text{doppelte Verneinung einer Aussage}$$

$(A \Longrightarrow B) = (\overline{A} \vee B) = (\overline{B} \Longrightarrow \overline{A})$ Ersetzen der Implikation

$(A \Longleftrightarrow B) = ((A \Longrightarrow B \wedge B \Longrightarrow A)) = (\overline{A} \Longleftrightarrow \overline{B})$ Ersetzen der Äquivalenz

$\overline{A \wedge B}$	$=$	$\overline{A} \vee \overline{B}$	de Morgan'sche Regel
$\overline{A \vee B}$	$=$	$\overline{A} \wedge \overline{B}$	de Morgan'sche Regel
$\overline{A \Longrightarrow B}$	$=$	$A \wedge \overline{B}$	Verneinung der Implikation
$\overline{A \Longleftrightarrow B}$	$=$	$(A \wedge \overline{B}) \vee (\overline{A} \wedge B)$	Verneinung der Äquivalenz

1.2   *Die Aussage $x^2 \geq x \Longrightarrow (x \leq 0) \vee (1 \leq x)$ ist gleichbedeutend (äquivalent) mit der Aussage $0 < x < 1 \Longrightarrow x^2 < x$.*

Die beiden Aussagen sind von der Form $A \Longrightarrow B$ bzw. $\overline{B} \Longrightarrow \overline{A}$, sie sind daher äquivalent.

1.3   *Man beweise $\overline{A \Longrightarrow B} = A \wedge \overline{B}$.*

A	B	$A \Longrightarrow B$	$\overline{A \Longrightarrow B}$	$\overline{B}$	$A \wedge \overline{B}$
w	w	w	*f*	f	*f*
w	f	f	*w*	w	*w*
f	w	w	*f*	f	*f*
f	f	w	*f*	w	*f*

$\overline{A \Longrightarrow B}$ und $A \wedge \overline{B}$ haben dieselbe Belegung mit Wahrheitswerten, die Aussagen sind also äquivalent.

Häufig enthalten Aussagen die *Quantoren* "**für alle** ... " oder "**es gibt** ... ". Die Negation der Aussage:

     "Für alle $x \in X$ gilt die Aussage $A(x)$." ist offensichtlich:
     "Es gibt (mindestens) ein $x \in X$, für das $A(x)$ falsch ist."

Quantoren

$\forall x \in X, \ A(x)$	lies:	Für alle $x \in X$ gilt die Aussage $A(x)$.
$\exists x \in X, \ A(x)$		Es gibt ein $x \in X$, für das $A(x)$ gilt.

Negation:

$$\overline{\forall x \in X, \ A(x)} \ = \ \exists x \in X, \ \overline{A}(x)$$

$$\overline{\exists x \in X, \ A(x)} \ = \ \forall x \in X, \ \overline{A}(x)$$

1.4   *Man negiere folgende Aussagen:*

(a) $n \geq n_0 \Longrightarrow |a_n| < \epsilon$.

(b)   Für alle $\epsilon > 0$ gibt es ein $n_0 \in \text{I\!N}$, so dass für alle $n \in \text{I\!N}$ $A(n, n_0)$ gilt.

(c)   Für alle $\epsilon > 0$ gibt es ein $n_0 \subset \text{I\!N}$, so dass für alle $n \in \text{I\!N}$ gilt.
    $n \geq n_0 \Longrightarrow |a_n| < \epsilon$. (Bedeutung?)

(a) Die Aussage $(n \geq n_0 \Longrightarrow |a_n| < \epsilon)$ ist eine Implikation: $(B \Longrightarrow C)$. Also:

$$
\begin{aligned}
\overline{(B \Longrightarrow C)} &= \overline{(\overline{B} \vee C)} && \text{(Ersetzen der Implikation)} \\
&= \overline{\overline{B}} \wedge \overline{C} && \text{(de Morgan)} \\
&= B \wedge \overline{C} && \text{(doppelte Verneinung)}
\end{aligned}
$$

Die Negation von $(n \geq n_0 \Longrightarrow |a_n| < \epsilon)$ ist also $\quad (n \geq n_0 \wedge |a_n| \geq \epsilon)$.

(b) $\quad \overline{\forall \epsilon > 0 \; \exists n_0 \in \mathbb{N} \; \forall n \in \mathbb{N}, \; A(n, n_0)}$

$$
\begin{aligned}
&= \quad \exists \epsilon > 0 \; \overline{\exists n_0 \in \mathbb{N} \; \forall n \in \mathbb{N}, \; A(n, n_0)} \\
&= \quad \exists \epsilon > 0 \; \forall n_0 \in \mathbb{N} \; \overline{\forall n \in \mathbb{N}, \; A(n, n_0)} \\
&= \quad \exists \epsilon > 0 \; \forall n_0 \in \mathbb{N} \; \exists n \in \mathbb{N}, \; \overline{A}(n, n_0).
\end{aligned}
$$

(c) Bedeutung: (a_n) ist Nullfolge (siehe Seite 330). Formales Negieren ergibt:

$$
\begin{aligned}
&\overline{\forall \epsilon > 0 \; \exists n_0 \in \mathbb{N} \; \forall n \in \mathbb{N} \; (n \geq n_0 \Longrightarrow |a_n| < \epsilon)} \\
= \quad &\exists \epsilon > 0 \; \forall n_0 \in \mathbb{N} \; \exists n \in \mathbb{N} \; (n \geq n_0 \; \wedge \; |a_n| \geq \epsilon) \quad = \quad (a_n) \text{ ist keine Nullfolge.}
\end{aligned}
$$

---

indirekter Beweis

Man beweist die Aussage $A \Longrightarrow B$, indem man aus der Annahme, dass die Behauptung B falsch sei, einen Widerspruch herleitet. Das heißt, man nimmt zur Voraussetzung A noch die Annahme $\overline{B}$ hinzu und führt die Aussage $A \wedge \overline{B}$ auf eine der drei folgenden Arten auf einen **Widerspruch** (Zeichen : $\#$).

$A \wedge \overline{B} \Longrightarrow \overline{A}$, also $\#$ (Widerspruch zur Voraussetzung A), [1.67]

$A \wedge \overline{B} \Longrightarrow B$, also $\#$ (Widerspruch zur Annahme $\overline{B}$), [1.52], [1.53]

$A \wedge \overline{B} \Longrightarrow F$, also $\#$ (F steht für eine offensichtl. falsche Aussage), [1.66]

Ergibt sich aus $A \wedge \overline{B}$ (durch richtige Schlüsse) ein Widerspruch (etwas Falsches), muss $A \wedge \overline{B}$ falsch sein. Also muß, wenn A richtig ist, $\overline{B}$ falsch, also B richtig sein, d.h. aus A folgt B. Klingt kompliziert, ist aber logisch und wird häufig benutzt.

1.5   *Man zeige:* $\sqrt{2}$ *ist irrational.*

Die Aussage "$\sqrt{2}$ ist irrational" ist von der Form $A \Longrightarrow B$, wenn man sie als Kurzform folgender Aussage betrachtet:
"Aus den Rechenregeln für die reellen Zahlen folgt, dass $\sqrt{2}$ irrational ist."

Indirekter Beweis:

Annahme: $\quad \sqrt{2}$ ist rational, d.h. $\sqrt{2}$ schreibt sich in gekürzter Bruchdarstellung: $\sqrt{2} = \dfrac{r}{s}$, mit $r, s \in \mathbb{N}$, $\mathrm{ggT}\,(r, s) = 1$.

Man schließt nun folgendermaßen:

$$
\sqrt{2} = \frac{r}{s} \Longrightarrow 2s^2 = r^2 \Longrightarrow 2 | r^2 \Longrightarrow 2 | r \; (\text{da } 2 \text{ Primzahl}), \text{ etwa } r = 2t,
$$

$$
\Longrightarrow \sqrt{2} = \frac{2t}{s} \Longrightarrow 2 = \frac{4t^2}{s^2} \Longrightarrow s^2 = 2t^2 \Longrightarrow 2 | s^2 \Longrightarrow 2 | s.
$$

Also $2 | r$ und $2 | s \Longrightarrow \mathrm{ggT}\,(r, s) \neq 1 \; \# $ (zur Annahme). Also ist $\sqrt{2}$ irrational.

1.2 Mathematische Grundlagen, Mengen

Selbst derjenige, der Mathematik nur als Hilfswissenschaft benutzt, benötigt einige Grundkenntnisse der Mengenlehre. Der Begriff einer Menge ist ein Grundbegriff der Mathematik, der nicht auf andere Begriffe zurückgeführt wird.

Es bedeuten:

$x \in M$: x ist Element der Menge M,   kurz: x in M.

$x \notin M$: x ist nicht Element der Menge M,   kurz: x nicht in M.

Es gibt zwei Möglichkeiten, Mengen zu definieren:

(1) $M = \{a, b, \ldots, c\}$ (Durch Angabe der Elemente).
M ist die Menge, die genau die paarweise verschiedenen Elemente $a, b, \ldots, c$ enthält, wobei es auf die Reihenfolge der Elemente nicht ankommt.

(2) $M = \{x \in X \mid A(x)\}$ (Durch eine *definierende Eigenschaft*).
M ist die Menge, die genau die Elemente $x \in X$ enthält, für welche die Aussage A wahr ist. Ein "$\wedge$" in $A(x)$ ersetzt man häufig durch ein Komma ",".

Ist klar, um welche Menge X es sich handelt, schreibt man kurz: $\{x \mid A(x)\}$.

1.6   *Für folgende Mengen benutzt man Standardbezeichnungen:*

$\mathbb{N} = \{1, 2, 3, 4, 5, \ldots\}$ = Menge der *natürlichen Zahlen*[3].

$\mathbb{Z} = \{\ldots, -3, -2, -1, 0, 1, 2, 3, \ldots\}$ = Menge der *ganzen Zahlen*.
$\phantom{\mathbb{Z}} = \{x \mid x \in \mathbb{N} \vee -x \in \mathbb{N} \vee x = 0\} = \mathbb{N} \cup -\mathbb{N} \cup \{0\}$.

$\mathbb{Q} = \{\frac{r}{s} \mid r \in \mathbb{Z} \wedge s \in \mathbb{N} \wedge \text{ggT}(r, s) = 1\}$ = Menge der *rationalen Zahlen*.

$\mathbb{R}$ = Menge der *reellen Zahlen*, siehe Seite 44.

$\mathbb{C}$ = Menge der *komplexen Zahlen*, siehe Seite 93.

1.7   *Beispiele für Mengen:*

$\{1\}$ = Menge, die nur das Element 1 enthält.

$\{x \in \mathbb{R} \mid x^2 = -1\}$ Es gibt keine reelle Zahl, deren Quadrat -1 ist.
Diese Menge enthält kein Element, sie ist leer.

$\emptyset$ = **leere Menge** = die Menge, die kein Element enthält.

$\{0, \sqrt{2}, -\sqrt{2}\} = \{x \in \mathbb{R} \mid x^3 = 2x\}$
$\phantom{\{0, \sqrt{2}, -\sqrt{2}\}}$ = Menge der *Lösungen* der Gleichung $x^3 - 2x = 0$.

$\{\vec{x} \in \mathbb{R}^3 \mid (1, 2, 3) \cdot \vec{x} = 4\}$ = *Ebene* im Raum, siehe Seite 147.

$\{z \in \mathbb{C} \mid z = e^{i\varphi}, 0 \leq \varphi < 2\pi\}$ = *Einheitskreis* in der komplexen Ebene, Seite 97.

$\{f \mid f'(x) = 2x\} = \{f \mid f(x) = x^2 + c, c \in \mathbb{R}\}$
$\phantom{\{f \mid f'(x) = 2x\}}$ = Menge aller *Stammfunktionen* von $2x$.

---

[3]Falls es zweckmäßig ist, betrachtet man auch 0 als natürliche Zahl!

Man spricht von einer *endlichen* oder *unendlichen* Menge, je nachdem die Anzahl der Elemente der Menge eine natürliche Zahl ist oder nicht. Hier ist zweckmäßigerweise 0 eine natürliche Zahl, sonst wäre (nach unserer Definition) die leere Menge unendlich!

1.8 $\{n \in \mathrm{I\!N} \mid 2^n < n^2\}$ ist eine endliche (einelementige) Menge, nämlich $\{3\}$.

$\{x \in \mathrm{I\!R} \mid \sin x = 0\} = \{x \mid x = k\pi, \ k \in \mathbb{Z}\}$ ist eine unendliche Menge.

Bezeichnung	Lies	Bedeutung
$A \subseteq B$	A **Teilmenge** von B	$x \in A \Longrightarrow x \in B$
$A \subset B$	A **echte Teilmenge** von B	$A \subseteq B \wedge A \neq B$
$A = B$	A **gleich** B	$x \in A \Longleftrightarrow x \in B$
$A \cup B$	**Vereinigung** von A und B	$= \{x \mid x \in A \vee x \in B\}$
$A \cap B$	**Durchschnitt** von A und B	$= \{x \mid x \in A \wedge x \in B\}$
$A \setminus B$	**Differenz** von A und B	$= \{x \mid x \in A \wedge x \notin B\}$

Veranschaulichung mittels sogenannter *Venn–Diagramme*:

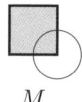
M

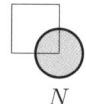
N

$M \cup N$

$M \cap N$

$M \setminus N$

$M \cup N \setminus M \cap N$
symmetrische Differenz

Für die symmetrische Differenz gilt: $M \cup N \setminus M \cap N = (M \setminus N) \cup (N \setminus M)$.

Rechenregeln für Mengen

$A \cap (B \cup C) = (A \cap B) \cup (A \cap C)$ und $A \cup (B \cap C) = (A \cup B) \cap (A \cup C)$,

$$A \subseteq B \iff A \cup B = B \iff A \cap B = A.$$

Sind A, B Teilmengen der Menge X, dann gilt:

$$A \cap B = \emptyset \iff A \subseteq X \setminus B \iff B \subseteq X \setminus A.$$

de Morgansche Regeln $\begin{cases} X \setminus (A \cup B) = (X \setminus A) \cap (X \setminus B), \\ X \setminus (A \cap B) = (X \setminus A) \cup (X \setminus B). \end{cases}$

Gleichheit von Mengen

$$A = B \iff \Big((x \in A \Longrightarrow x \in B) \wedge (x \in B \Longrightarrow x \in A) \Big) \iff (A \subseteq B \wedge B \subseteq A).$$

Zwei Mengen sind genau dann gleich, wenn jedes Element der einen Menge zu der anderen gehört und umgekehrt.

Zwei Mengen sind genau dann gleich, wenn die eine Menge Teilmenge der anderen Menge ist und umgekehrt.

1.9   (a)   *Man zeige:* $A \subseteq B \iff A \cup B = B$.

(b)   *Man zeige die de Morganschen Regeln:*
$$X \setminus (A \cup B) = (X \setminus A) \cap (X \setminus B),$$
$$X \setminus (A \cap B) = (X \setminus A) \cup (X \setminus B).$$

(a)   Die Äquivalenz kann man durch zwei Implikationen ersetzen: Man spricht von einem Beweis "in zwei Richtungen":

(1) "$\implies$", Beweis von $A \subseteq B \implies A \cup B = B$:

Unter der Voraussetzung $A \subseteq B$ ist die Gleichheit $A \cup B = B$ zu zeigen:
$$\left. \begin{array}{l} x \in A \cup B \Rightarrow x \in A \subseteq B \vee x \in B \Rightarrow x \in B \text{ , also } A \cup B \subseteq B \\ x \in B \quad \Rightarrow \quad\quad\quad x \in A \cup B \quad\quad\; \text{ , also } B \subseteq A \cup B \end{array} \right\} \Rightarrow A \cup B = B.$$

(2) "$\impliedby$", Beweis von $A \cup B = B \implies A \subseteq B$:

Unter der Voraussetzung $A \cup B = B$ ist zu zeigen, dass $A \subseteq B$ ist:

$x \in A \implies x \in A \cup B = B$. Also ist jedes Element von A in B, also ist $A \subseteq B$.

Durch (1) und (2) ist gezeigt: $A \subseteq B \iff A \cup B = B$.

(b) $\quad \begin{aligned} x \in X \setminus (A \cup B) \quad &\iff \quad x \in X \wedge x \notin (A \cup B) \\ &\iff \quad x \in X \wedge (x \notin A \wedge x \notin B) \\ &\iff \quad (x \in X \wedge x \notin A) \wedge (x \in X \wedge x \notin B) \\ &\iff \quad x \in (X \setminus A) \cap (X \setminus B). \end{aligned}$

$\quad \begin{aligned} x \in X \setminus (A \cap B) \quad &\iff \quad x \in X \wedge x \notin (A \cap B) \\ &\iff \quad x \in X \wedge (x \notin A \vee x \notin B) \\ &\iff \quad (x \in X \wedge x \notin A) \vee (x \in X \wedge x \notin B) \\ &\iff \quad x \in (X \setminus A) \cup (X \setminus B). \end{aligned}$

1.10   *Es seien A, B, C folgende Teilmengen von $\mathbb{R}$:*
$$A = \{x \mid -2 < x \leq 1\} \,,\, B = \{x \mid |x| < 1\} \,,\, C = \{x \mid x(x+2)(x-1) = 0\}.$$

Man bestimme $A \cap B$, $A \cap B \cap C$, $A \cap (B \cup C)$, $(A \cap B) \cup (A \cap C)$.

$A \cap B = \underline{B}$. Es ist $C = \{-2, 0, 1\}$ und folglich:

$A \cap B \cap C = B \cap \{-2, 0, 1\} = \underline{\{0\}}$ und

$\begin{aligned} A \cap (B \cup C) = (A \cap B) \cup (A \cap C) &= B \cup \{0, 1\} \\ &= \underline{\underline{\{x \mid -1 < x \leq 1\}}}. \end{aligned}$

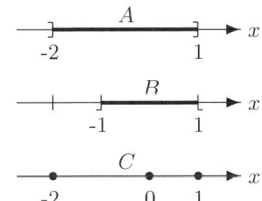

Häufig benutzte Teilmengen von $\mathbb{R}$ sind die **Intervalle**. Man veranschaulicht sie auf der Zahlengeraden und unterscheidet folgende Typen:

Beschränkte Intervalle:

$[a,b] = \{x \mid a \le x \le b\}$:   *abgeschlossenes* Intervall, die Randpunkte gehören dazu.

$]a,b[= \{x \mid a < x < b\}$:   *offenes* Intervall, die Randpunkte gehören nicht dazu.

$[a,b[= \{x \mid a \le x < b\}$:   linker Randpunkt gehört dazu, rechter Randpunkt gehört nicht dazu.

$]a,b] = \{x \mid a < x \le b\}$:   linker Randpunkt gehört nicht dazu, rechter Randpunkt gehört dazu.

Unbeschränkte Intervalle:

$$] - \infty, \infty[= \quad \mathbb{R}$$

$$] - \infty, b] = \{x \mid x \le b\} \qquad \text{speziell:} \qquad \mathbb{R}_{>0} =]0, \infty[= \{x \mid x > 0\}$$

$$]a, \infty[\ = \{x \mid x > a\} \qquad\qquad\qquad\qquad \mathbb{R}_{\ge 0} = [0, \infty[= \{x \mid x \ge 0\}$$

Schreibweisen: Wenn keine Missverständnisse – z.b. mit dem geordneten Paar (a, b), siehe Seite 23 – zu befürchten sind, schreibt man auch:

$]a, b[= (a, b)$, $]a, b] = (a, b]$ usw. und skizziert: ——(———)—— statt ——}———{—— usw.
                                                                    a   b   a   b

1.3   Vollständige Induktion

Der stufenweise Aufbau der reellen Zahlen $\mathbb{R}$ beginnt mit der unendlichen Menge der natürlichen Zahlen $\mathbb{N} = \{1, 2, 3, \dots\}$:

$$\mathbb{N} \subset \mathbb{Z} \subset \mathbb{Q} \subset \mathbb{R}.$$

Das Axiomensystem von **Peano** für die natürlichen Zahlen enthält das

wichtige **Induktionsaxiom**: | Enthält eine Teilmenge $A \subseteq \mathbb{N}$ die Zahl 1 und mit jedem k auch $k+1$, dann ist $A = \mathbb{N}$.

Will man nun zeigen, dass eine Aussage $A(n)$ für alle natürlichen Zahlen richtig ist, muss man beweisen, dass die Aussage für 1 richtig ist und dass sie, falls sie für k richtig ist, auch für $k + 1$ richtig ist.[4]

---

[4]Dann gilt sie für 1 und, da für 1, auch für 2, da für 2 auch für 3, usw.
Das Induktionsaxiom besagt, dass man so *alle* natürlichen Zahlen erhält und die Aussage folglich für *alle* natürlichen Zahlen richtig ist.

Vollständige Induktion

Ist $A(n)$ für jedes $n \in$ IN eine Aussage über die natürliche Zahl n und sind die beiden folgenden Aussagen richtig:

		formal
1)	Die Aussage gilt für 1.	1) $\quad A(1)$
2)	Gilt die Aussage für k, so auch für $k+1$.	2) $\quad A(k) \Longrightarrow A(k+1)$

Dann gilt die Aussage $A(n)$ für jede natürliche Zahl $n \in$ IN.

1.11 *Für jede natürliche Zahl n gilt:* $1 + 2 + \cdots + n = \dfrac{n(n+1)}{2}$.

1) Die Aussage gilt für 1: $1 = \dfrac{1(1+1)}{2}$ ist offensichtlich richtig.

2) Gilt die Aussage für k, ist also $1 + 2 + \cdots + k = \dfrac{k(k+1)}{2}$, so folgt:

$1 + 2 + \cdots + k + (k+1) = \dfrac{k(k+1)}{2} + (k+1) = \dfrac{k(k+1)+2(k+1)}{2} = \dfrac{(k+1)(k+2)}{2}$.

Also gilt die Aussage für 1 und   falls sie für k gilt   auch für $k+1$.

Obige Aussage gilt also für alle natürlichen Zahlen.

1.12 *Ist $x \geq -1$, so gilt $(1+x)^n \geq 1 + nx$ für alle $n \in$ IN. (Bernoullische Ungl.)*

1) $A(1):$ $1 + x \geq 1 + x$ ist richtig.

2) $A(k) \Longrightarrow A(k+1):$ $x \geq -1 \wedge (1+x)^k \geq 1 + kx \Longrightarrow$
$(1+x)^{k+1} = (1+x)^k(1+x) \geq (1+kx)(1+x) = 1 + (k+1)x + kx^2 \geq 1 + (k+1)x$,
da $kx^2 \geq 0$ ist. Damit ist die Bernoullische Ungleichung bewiesen.

1.13 *Für $n \geq 5$ ist $2^n > n^2$.*

Hier ist eine Aussage für alle $n \geq 5$ zu beweisen. Man verfährt analog wie oben:

1) $A(5):$ $32 = 2^5 > 5^2 = 25$ $\Longrightarrow$ die Aussage gilt für $n = 5$.

2) Für $k \geq 5$ gilt: $A(k) \Longrightarrow A(k+1):$

$k \geq 5 \wedge 2^k > k^2 \Longrightarrow 2^{k+1} = 2 \cdot 2^k > k^2 + k^2 \overset{(\star)}{\geq} k^2 + 2k + 1 = (k+1)^2$.

$(\star)$ Benutzt wird 1.55 (a): $n \geq 3 \Longrightarrow n^2 \geq 2n + 1$.

Gilt die Aussage also für ein $k \geq 5$, so gilt sie auch für $k+1$. Fertig.

1.14 *Auf den Induktionsanfang, d.h. auf den Nachweis, dass $A(1)$ oder $A(n_0)$ richtig ist, darf nicht verzichtet werden! Der Induktionsschritt, d.h. $A(k) \Longrightarrow A(k+1)$ lässt sich auch für die offensichtlich falsche Behauptung*

$$1 + 2 + \cdots + n < \frac{n(n+1)}{2} \quad \textit{durchführen, siehe 1.11:}$$

$1 + 2 + \cdots + k < \dfrac{k(k+1)}{2}$ $\Longrightarrow$ $1 + 2 + \cdots + k + (k+1) < \dfrac{(k+1)(k+2)}{2}$.

Gilt die Aussage für k, so auch für $k+1$. Natürlich findet man keinen Induktionsanfang, denn die Aussage gilt wegen 1.11 für keine natürliche Zahl!

Weitere Beispiele zur **vollständigen Induktion**: 1.55 – 1.58 auf Seite 40 – 42

1.15   (a)   Sind $x_1, \ldots, x_n$ positive Zahlen und ist $\prod_{k=1}^{n} x_k = 1$, so gilt $\sum_{k=1}^{n} x_k \geq n$.

(b)   Für das **harmonische**, **geometrische** und **arithmetische** Mittel positiver

Zahlen gilt $\mathbf{h} \leq \mathbf{g} \leq \mathbf{a}$: $\dfrac{n}{\frac{1}{a_1} + \cdots + \frac{1}{a_n}} \leq \sqrt[n]{a_1 \cdots a_n} \leq \dfrac{a_1 + \cdots + a_n}{n}$.

(a)   Für $n = 1$ ist die Aussage offensichtlich richtig.

Ist die Aussage für n richtig und ist $x_1 \cdots x_n \cdot x_{n+1} = 1$ so ist nach
Voraussetzung $x_1 + \cdots + x_{n-1} + x_n \cdot x_{n+1} \geq n$
und also $x_1 + \cdots + x_n + x_{n+1} \geq n + x_n + x_{n+1} - x_n \cdot x_{n+1} \geq^{(\star)} n + 1$.

Beweis $(\star)$: $n + x_n + x_{n+1} - x_n \cdot x_{n+1} \geq n + 1 \iff x_n(1 - x_{n+1}) \geq 1 - x_{n+1}$.

Fall 1:   Alle x_i sind gleich 1. Dann gilt $x_n(1 - x_{n+1}) \geq 1 - x_{n+1}$.

Fall 2:   Nicht alle x_i sind gleich 1. Es gibt ein $x_i < 1$ und ein $x_j > 1$.

Sei $x_n > 1$ und $x_{n+1} < 1$. Dann gilt $x_n(1 - x_{n+1}) \geq 1 - x_{n+1}$.

(b)   Sei $p := a_1 \cdots a_n$ und $x_k := \dfrac{a_k}{\sqrt[n]{p}}$. Dann ist $\prod_{k=1}^{n} x_k = 1$ und nach (a) gilt:

$\displaystyle\sum_{k=1}^{n} x_k = \sum_{k=1}^{n} \dfrac{a_k}{\sqrt[n]{p}} \geq n$, also $\sqrt[n]{a_1 \cdots a_n} \leq \dfrac{1}{n}(a_1 + \cdots + a_n)$. Für die Kehrwerte

gilt $\dfrac{1}{\sqrt[n]{a_1 \cdots a_n}} = \sqrt[n]{\dfrac{1}{a_1} \cdots \dfrac{1}{a_n}} \leq \dfrac{1}{n}\left(\dfrac{1}{a_1} + \cdots + \dfrac{1}{a_n}\right) \implies \sqrt[n]{a_1 \cdots a_n} \geq \dfrac{n}{\frac{1}{a_1} + \cdots + \frac{1}{a_n}}$.

<u>Alternativer Beweis</u> für $g \leq a$ (Interessante Anwendung des Induktionsbeweises):
Benutzt wird, dass mit k auch 2^k gegen Unendlich geht. Der Beweis gliedert sich
in zwei Teile:

(1)   Durch v.I. zeigt man, dass die Aussage für alle $n = 2^k$ gilt.

(2)   Dann zeigt man: Gilt die Aussage für n, so auch für $n - 1$.

Man überlege, dass so obige Aussage für alle natürlichen Zahlen gezeigt ist!

(1)   Für $n = 1$, also $k = 0$ ist die Aussage offensichtlich richtig.

Man benötigt im Laufe des Beweises die Aussage für $n = 2$: $\sqrt{a \cdot b} \leq \dfrac{a+b}{2}$:

$\sqrt{a \cdot b} \leq \dfrac{a+b}{2} \iff 4ab \leq a^2 + 2ab + b^2 \iff 0 \leq (a - b)^2$, richtig für $a, b \in \mathbb{R}$.

Ist nun $\sqrt[2^k]{x_1 \cdots a_{2^k}} \leq \dfrac{a_1 + \cdots + a_{2^k}}{2^k}$, so gilt:

$\sqrt[2^{k+1}]{a_1 \cdots a_{2^{k+1}}} = \sqrt{\sqrt[2^k]{a_1 \cdots a_{2^{k+1}}}} = \sqrt{\sqrt[2^k]{a_1 \cdots a_{2^k}} \cdot \sqrt[2^k]{a_{2^k+1} \cdots a_{2^k+2^k}}}$

$\leq \sqrt{\dfrac{a_1 + \cdots + a_{2^k}}{2^k} \cdot \dfrac{a_{2^k+1} + \cdots + a_{2^k+2^k}}{2^k}}$

$\leq \dfrac{\frac{a_1 + \cdots + a_{2^k}}{2^k} + \frac{a_{2^k+1} + \cdots + a_{2^k+2^k}}{2^k}}{2}$ (da $\sqrt{ab} \leq \dfrac{a+b}{2}$ ist)$= \dfrac{a_1 + \cdots + a_{2^{k+1}}}{2^{k+1}}$.

Also gilt die Aussage, falls n irgendeine Potenz von 2 ist.

(2)   Ist $\sqrt[n]{a_1 \cdots a_n} \leq \dfrac{a_1 + \cdots + a_n}{n}$, so gilt die Aussage auch für $n-1$, denn

$$\sqrt[n-1]{a_1 \cdots a_{n-1}} = \sqrt[n]{a_1 \cdots a_{n-1} \cdot (a_1 \cdots a_{n-1})^{\frac{1}{n-1}}}, \quad \text{da } \frac{1}{n-1} = \frac{1 + \frac{1}{n-1}}{n} \text{ ist.}$$

$$\leq \frac{a_1 + \cdots + a_{n-1} + \sqrt[n-1]{a_1 \cdots a_{n-1}}}{n} \quad \text{nach Voraussetzung.}$$

Also gilt $\qquad (n-1)\,\sqrt[n-1]{a_1 \cdots a_{n-1}} \leq a_1 + \cdots + a_{n-1}$,

und folglich $\qquad \sqrt[n-1]{a_1 \cdots a_{n-1}} \qquad \leq \dfrac{a_1 + \cdots + a_{n-1}}{n-1}$.

Damit ist obige Aussage für alle natürlichen Zahlen bewiesen!

1.4   Kartesische Produkte

Sind A und B Mengen und ist $a \in A$ und $b \in B$, so nennt man (a,b) ein **geordnetes Paar**. Bei einem geordneten Paar (a,b) ist im Unterschied zu der Menge $\{a,b\}$ die *Reihenfolge* wesentlich.

Es ist $(a,b) = (c,d) \Longleftrightarrow (a = c \wedge b = d)$. Also ist im allgemeinen $(a,b) \neq (b,a)$, während für die beiden Mengen gilt: $\{a,b\} = \{b,a\}$.

$$A \times B := \{(a,b) \mid a \in A \wedge b \in B\}$$

heißt **kartesisches Produkt** der Mengen A und B.

Entsprechend definiert man $A_1 \times \cdots \times A_n$, das kartesische Produkt der Mengen $A_1, \cdots, A_n$, als Menge der geordneten n–Tupel $(a_1, \cdots, a_n)$.

1.16   *Man bilde das kartesische Produkt von $A = \{1,2\}$ und $B = \{a,b,c\}$:*
$$A \times B = \{(x,y) \mid x \in \{1,2\} \wedge y \in \{a,b,c\}\} = \{(1,a),(1,b),(1,c),(2,a),(2,b),(2,c)\}.$$

1.17   *Beispiele kartesischer Produkte:*

$\mathbb{R}^2 := \mathbb{R} \times \mathbb{R} = \{(x,y) \mid x \in \mathbb{R},\, y \in \mathbb{R}\}$ ist die x,y–Ebene.

$\mathbb{R}^3 := \mathbb{R} \times \mathbb{R} \times \mathbb{R} = \{(x,y,z) \mid x \in \mathbb{R}, y \in \mathbb{R}, z \in \mathbb{R}\}$ ist der dreidim. Raum.

$[1,3] \times [1,2] = \{(x,y) \in \mathbb{R}^2 \mid 1 \leq x \leq 3,\ 1 \leq y \leq 2\}$ ist ein Rechteck im $\mathbb{R}^2$.

$[0,1]^3 = \{(x,y,z) \mid 0 \leq x \leq 1,\ 0 \leq y \leq 1,\ 0 \leq z \leq 1\}$ ist der Einheitswürfel im $\mathbb{R}^3$.

$\{0,1\}^3 = \{(0,0,0),(1,0,0),(0,1,0),(0,0,1),(1,1,0),(1,0,1),(0,1,1),(1,1,1)\}$ ist die Menge der Eckpunkte des Einheitswürfels im $\mathbb{R}^3$.

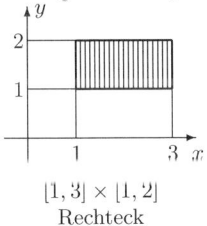

$[1,3] \times [1,2]$
Rechteck

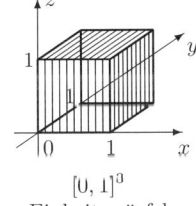
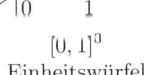

$[0,1]^3$
Einheitswürfel

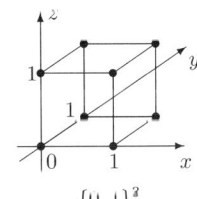

$\{0,1\}^3$
Ecken des Einheitswürfels

1.5   Abbildungen, Funktionen

Der Begriff der Abbildung oder Funktion ist ähnlich grundlegend wie der Begriff der Menge und wird hier nur erläutert.

Sind A, B zwei Mengen, so versteht man unter einer

Abbildung, Funktion f *von A nach B*, geschrieben: $f : A \to B$

eine Vorschrift, die jedem $x \in A$ *genau* ein $y \in B$ zuordnet.

Man schreibt $f : x \mapsto y$ oder $y = f(x)$ und nennt:

A	**Definitionsbereich** oder Definitionsmenge,
$f(A)$	**Bildmenge** oder **Wertebereich** oder Wertevorrat,
x	**unabhängige** Veränderliche (Variable) oder Argument,
y	**abhängige** Veränderliche (Variable),
$y = f(x)$	**Funktionsgleichung**.

Ist $A' \subseteq A$ und $B' \subseteq B$, so definiert man:

$$f(A') \quad := \{y \in B \mid \text{es gibt ein } x \in A' \text{ mit } y = f(x)\} \quad \textbf{Bildmenge} \text{ von } A',$$

$$f^{-1}(B') \quad := \{x \in A \mid f(x) \in B'\} \qquad\qquad\qquad \textbf{Urbildmenge} \text{ von } B'.$$

Beachte:

f^{-1} ordnet *Teilmengen* von B *Teilmengen* von A zu, ist jedoch i.A. *keine* Abbildung von B nach A (siehe jedoch: Umkehrabbildung f^{-1}, falls f bijektiv ist, Seite 30).

Man spricht von einer "Funktion f" oder einer Funktion "$f(x)$" oder auch von einer Funktion "$y = f(x)$", z.B. von der Sinusfunktion oder der Funktion e^x oder von der Funktion $y = \sqrt{x}$.

1.18   *Es sei $f : \mathbb{R} \to \mathbb{R}$ definiert durch $f(x) = x^2$.*
Man bestimme die Bildmengen von $\mathbb{R}$, $\mathbb{R}_{\geq 0}$, $[-1, 2]$ und $]-1, 2]$,
sowie die Urbildmengen von $\mathbb{R}$, $\mathbb{R}_{\geq 0}$, $[-2, 1]$ und $]0, 1]$.

$f(\mathbb{R}) = f(\mathbb{R}_{\geq 0}) = \mathbb{R}_{\geq 0}$, $f([-1, 2]) = f(]-1, 2]) = [0, 4]$.

$f^{-1}(\mathbb{R}) = f^{-1}(\mathbb{R}_{\geq 0}) = \mathbb{R}$, $f^{-1}([-2, 1]) = [-1, 1]$, $f^{-1}(]0, 1]) = [-1, 1] \setminus \{0\}$.

Gleichheit von Abbildungen (Funktionen)

$\left.\begin{array}{ll} f : & A \to B \\ & \text{und} \\ g : & C \to D \end{array}\right\}$ sind **gleich** $(f = g)$ $:\Longleftrightarrow$ $\left\{\begin{array}{l} A = C, \\ B = D \text{ und} \\ f(x) = g(x) \text{ für alle } x \in A. \end{array}\right.$

Damit zwei Funktionen gleich sind, müssen sowohl die *Definitionsbereiche*, als auch die *Wertebereiche* und (natürlich) die *Funktionswerte* für alle x aus dem gemeinsamen Definitionsbereich gleich sein !

Man sagt auch, f und g sind **identisch gleich**: $f \equiv g$.

1.19   *Welche der folgenden Funktionen sind gleich?*

$$f: \begin{cases} \mathbb{R} \to \mathbb{R} \\ x \mapsto x \end{cases}, \quad g: \begin{cases} \mathbb{R} \setminus \{0\} \to \mathbb{R} \\ x \mapsto x \end{cases}, \quad h: \begin{cases} \mathbb{R} \setminus \{0,1\} \to \mathbb{R} \\ x \mapsto \dfrac{x^2}{x} \end{cases}, \quad k: \begin{cases} \mathbb{R} \setminus \{1\} \to \mathbb{R} \\ x \mapsto \dfrac{x^2 - x}{x-1} \end{cases}.$$

Keine zwei der angegebenen Funktionen sind gleich!

Aber: Ist $A \subseteq \mathbb{R} \setminus \{0,1\}$, so stimmen alle Funktionen auf A überein!

Die Angabe von Definitionsbereich und Wertebereich einer Funktion ist wichtig, jedoch manchmal lästig. Folgende Verabredung erleichtert die Arbeit:

Definitionsbereich und Wertebereich

Ist der Definitionsbereich einer Funktion nicht angegeben, ist verabredungsgemäß der *größtmögliche* Definitionsbereich in $\mathbb{R}$ gemeint.

Ist der Wertebereich einer Funktion nicht angegeben, ist verabredungsgemäß die *Bildmenge* $f(D)$ des Definitionsbereiches gemeint.

1.20   *Man bestimme den Definitionsbereich D und Wertebereich $f(D)$ folgender Funktionen. Skizze?*

$2x, \ x^3 - x, \ \mathrm{e}^x, \ \ln x, \ \tan x, \ \arctan x, \ \dfrac{1}{x}, \ \dfrac{x}{x}, \ \dfrac{1}{x^2-1}, \ \dfrac{1}{x^2+1}, \ \ln|x|, \ |\ln x|, \ |\ln|x||.$

Funktion	Definitionsbereich D	Wertebereich $f(D)$
$2x$	$\mathbb{R}$	$\mathbb{R}$
$x^3 - x$	$\mathbb{R}$	$\mathbb{R}$
e^x	$\mathbb{R}$	$\mathbb{R}_{>0}$
$\ln x$	$\mathbb{R}_{>0}$	$\mathbb{R}$
$\tan x$	$\mathbb{R} \setminus \{\frac{1}{2}\pi + k\pi \mid k \in \mathbb{Z}\}$	$\mathbb{R}$
$\arctan x$	$\mathbb{R}$	$]-\frac{\pi}{2}, \frac{\pi}{2}[$
$\dfrac{1}{x}$	$\mathbb{R} \setminus \{0\}$	$\mathbb{R} \setminus \{0\}$
$\dfrac{x}{x}$	$\mathbb{R} \setminus \{0\}$	$\{1\}$
$\dfrac{1}{x^2-1}$	$\mathbb{R} \setminus \{-1, 1\}$	$\mathbb{R} \setminus]-1, 0]$
$\dfrac{1}{x^2+1}$	$\mathbb{R}$	$]0, 1]$
$\ln|x|$	$\mathbb{R} \setminus \{0\}$	$\mathbb{R}$
$|\ln x|$	$\mathbb{R}_{>0}$	$\mathbb{R}_{\geq 0}$
$|\ln|x||$	$\mathbb{R} \setminus \{0\}$	$\mathbb{R}_{\geq 0}$

Eine Funktion $f : A \to B$, wobei $A, B \subseteq \mathbb{R}$ sind[3], heißt

monoton wachsend, wenn für alle $x_1, x_2 \in A$ gilt:

$$x_1 < x_2 \implies f(x_1) \leq f(x_2),$$

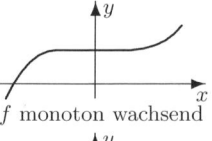

f monoton wachsend

streng monoton wachsend, wenn für alle $x_1, x_2 \in A$ gilt:

$$x_1 < x_2 \implies f(x_1) < f(x_2).$$

Entspechend wird (*streng*) *monoton fallend* definiert.

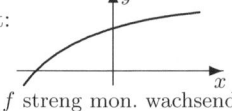

f streng mon. wachsend

1.21   *Man untersuche $y = x^2$ auf $\mathbb{R}$, $\mathbb{R}_{\leq 0}$, $\mathbb{R}_{\geq 0}$ auf Monotonie.*

$y = x^2$ ist auf $\mathbb{R}$ offensichtlich nicht monoton!

$y = x^2$ ($x \leq 0$) ist streng monoton fallend,
denn (Rechnen mit Ungleich. Seite 47):

$a < b \leq 0 \implies a^2 > ab \geq b^2 \implies a^2 > b^2$. Ebenso zeigt man:

$y = x^2$ ($x \geq 0$) ist streng monoton wachsend, siehe auch [2.31].

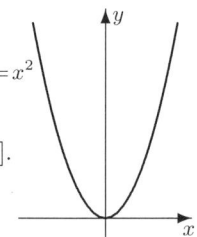

$y = x^2$

Beachte: Die konstante Funktion $f(x) = c$ ist sowohl
            monoton wachsend als auch monoton fallend!

Eine Funktion $f : A \to B$ heißt   *beschränkt*,

wenn es eine Zahl $S \in \mathbb{R}$ (Schranke) gibt, mit $|f(x)| \leq S$ für alle $x \in A$.

Die reelle Funktion f ist also genau dann *beschränkt*, wenn die Funktionswerte in einem beschränkten Intervall liegen, z.B. im Intervall $[-S, S]$.

1.22   *Die Funktion $y = \dfrac{3}{x}$, $x \geq 1$ ist beschränkt.*

$x \geq 1 \implies 0 < \dfrac{1}{x} \leq 1 \implies 0 < \dfrac{3}{x} \leq 3$, also $\left|\dfrac{3}{x}\right| \leq 3$ für alle $x \geq 1$.

Oder: $f(x) = \dfrac{3}{x}$ ist für $x \geq 1$ positiv und monoton fallend, also liegen alle Funktionswerte zwischen $3 = f(1)$ und 0, also ist f beschränkt.

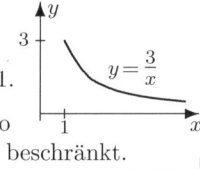

$y = \dfrac{3}{x}$

Ist $A \subseteq \mathbb{R}$ bzw. $A \subseteq \mathbb{R}^2$, so nennt man $f : A \to \mathbb{R}$ eine reelle Funktion einer bzw. zweier (reeller) Veränderlicher. Diese Funktionen lassen sich bekanntlich als *Kurven* in der (x, y)–Ebene bzw. als *Flächen* im (x, y, z)–Raum darstellen (veranschaulichen):

1.23   *Man stelle die Funktion $f : [-1, 2] \to \mathbb{R}$ mit $f(x) = x^2$ als Kurve in der
                (x, y)-Ebene dar.*

Schreibweisen für diese Funktion: $f : \begin{cases} [-1, 2] & \to & \mathbb{R} \\ x & \mapsto & x^2 \end{cases}$

kurz: $f(x) = x^2$ oder $y = x^2$, für $-1 \leq x \leq 2$.

Die zugehörige Kurve in der (x, y)–Ebene,
d.h. der *Graph* der Funktion, ist die Menge:

$\{(x, y) \mid x \in [-1, 2], y = x^2\}$,
also ein Teil der *Normalparabel* $y = x^2$.

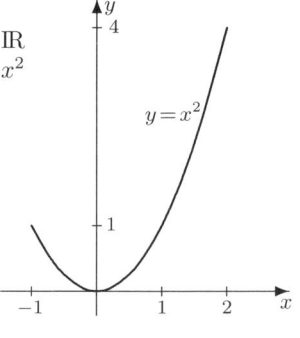

$y = x^2$

---

[3]Wichtig, da $\mathbb{R}$ im Gegensatz zu $\mathbb{C}$ geordnet ist.

1.24 Man stelle die Funktion $f : [0,2] \times [-1,3] \to \mathbb{R}$

mit $f(x,y) = \frac{1}{2}x + y$ als Fläche im Raum dar.

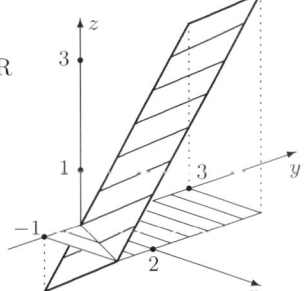

Die zugehörige Fläche im (x,y,z)–Raum,
d.h. der *Graph* der Funktion, ist die Menge:

$\{(x,y,z) \mid (x,y) \in [0,2] \times [-1,3]\,,\ z = \frac{1}{2}x + y\}$,
also ein Teil der Ebene $E : x + 2y - 2z = 0$.

Funktionen von drei Veränderlichen lassen sich auf diese Weise nicht
darstellen, da man dazu den $\mathbb{R}^4$, also den vierdimensionalen Raum, benötigt.
Siehe jedoch Kapitel **15 Funktionen mehrerer Veränderlicher**.

Ein wichtiges Hilfsmittel zur Veranschaulichung von
Funktionen und Kurven in der Ebene (analog im
Raum) ist die Verschiebung des Koordinatensystems:

1.25 Man skizziere $y = x^2 - 2x - 1$.

$y = x^2 - 2x - 1 \iff y + 2 = (x-1)^2$.
Setzt man $u = x - 1$ und $v = y + 2$, so erhält man:
$v = u^2$, die Normalparabel in der u,v–Ebene:

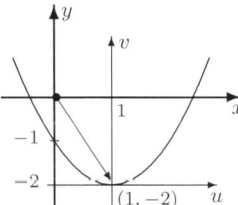

Verschiebung des Koordinatensystems

Setzt man $\begin{cases} u = x - a \\ v = y - b \end{cases}$, so liegt der Nullpunkt

der u,v–Ebene im Punkt (a,b) der x,y–Ebene.

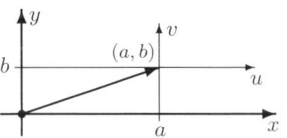

1.26 Man skizziere: (a) $\{(x,y) \mid 4x^2 - 16x + 9y^2 + 18y - 11 = 0\}$,

(b) $y = 2\sin(x - \frac{\pi}{2}) + 1$,

(c) $y = \ln \dfrac{e^2}{x+1}$.

(a) Quadratische Ergänzung liefert:

$4x^2 - 16x + 9y^2 + 18y - 11 = 0$

$\iff \dfrac{(x-2)^2}{9} + \dfrac{(y+1)^2}{4} = 1$.

$\left.\begin{array}{l} u = x - 2 \\ v = y + 1 \end{array}\right\} \implies \dfrac{u^2}{9} + \dfrac{v^2}{4} = 1$, (Ellipse).

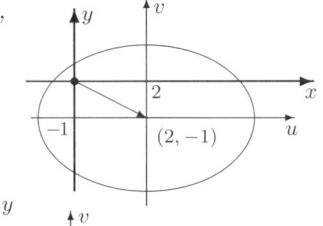

(b) $y = 2\sin(x - \frac{\pi}{2}) + 1$

$\iff y - 1 = 2\sin(x - \frac{\pi}{2})$.

$\left.\begin{array}{l} u = x - \frac{\pi}{2} \\ v = y - 1 \end{array}\right\} \implies v = 2\sin u$.

(c) $y = \ln e^2 - \ln(x+1)$

$\iff y - 2 = -\ln(x+1)$.

$\left.\begin{array}{l} u = x + 1 \\ v = y - 2 \end{array}\right\} \implies v = -\ln u$.

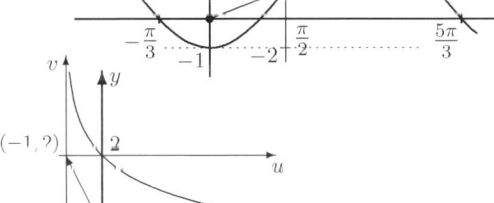

Ist $f : A \to B$, so

- ist $f(A) \subseteq B$, wobei $f(A) \subset B$ echte Teilmenge von B sein kann.
  <u>Bsp.:</u> Ist $f : \mathrm{IR} \to \mathrm{IR}$ mit $f(x) = x^2$, so gilt $f(\mathrm{IR}) = \mathrm{IR}_{\geq 0} \subset \mathrm{IR}$.

- ist jedem $x \in A$ genau ein $y \in B$ zugeordnet, wobei jedoch *verschiedenen* Elementen von A durchaus das *gleiche* Element von B zugeordnet sein kann:
  <u>Bsp.:</u> Ist $f : \mathrm{IR} \to \mathrm{IR}$ mit $f(x) = \sin x$, so gilt $\sin 0 = \sin \pi = \ldots = 0$.

---

surjektiv – injektiv – bijektiv

Eine Abbildung (Funktion) $f : A \to B$ heißt   Stichwort:

surjektiv	$\Longleftrightarrow$	$f(A) = B$	$\Longleftrightarrow$	f ist Abbildung *auf*,
injektiv	$\Longleftrightarrow$	$x_1 \neq x_2 \Longrightarrow f(x_1) \neq f(x_2)$	$\Longleftrightarrow$	f *eineindeutig,*
bijektiv	$\Longleftrightarrow$	f surjektiv und injektiv	$\Longleftrightarrow$	f *eineindeutig auf.*

1.27   *Folgende Diagramme veranschaulichen diese Begriffe:*

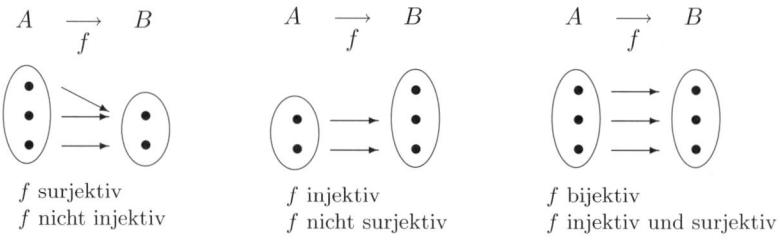

f surjektiv f injektiv f bijektiv
f nicht injektiv f nicht surjektiv f injektiv und surjektiv

---

f ist <u>nicht surjektiv,</u>   wenn es *ein* Element aus B gibt,
                          das *nicht* Funktionswert ist.

f ist <u>nicht injektiv,</u>   wenn es zwei *verschiedene* Elemente aus A
                        mit *gleichem* Funktionswert gibt.

1.28   *Sind $A, B \subseteq \mathrm{IR}$ und ist $f : A \to B$, streng monoton wachsend, so ist f injektiv.*

$$x_1 \neq x_2 \implies (x_1 < x_2 \vee x_1 > x_2) \implies \big(f(x_1) < f(x_2) \vee f(x_1) > f(x_2)\big)$$
$$\implies f(x_1) \neq f(x_2), \quad \text{also ist } f \text{ injektiv.}$$

Entsprechend sind streng monoton fallende Funktionen injektiv!

Monotonie allein reicht nicht für die Injektivität, siehe obige Bemerkung über konstante Funktionen, die sicher nicht injektiv sind (falls A mehr als ein Element hat).

1.29   *Sind folgende Funktionen surjektiv, injektiv, bijektiv?*

(a) $f : \begin{cases} \mathbb{R} & \to & \mathbb{R} \\ x & \mapsto & e^x \end{cases}$ (b) $f : \begin{cases} \mathbb{R} & \to & \mathbb{R}_{>0} \\ x & \mapsto & e^x \end{cases}$

(c) $f : \begin{cases} \mathbb{R} & \to & \mathbb{R} \\ x & \mapsto & x^3 - x \end{cases}$ (d) $f : \begin{cases}]-\frac{\pi}{2}, \frac{\pi}{2}[& \to & \mathbb{R} \\ x & \mapsto & \tan x \end{cases}$

(a) $f(\mathbb{R}) = \mathbb{R}_{>0} \Longrightarrow f$ nicht surjektiv, f streng monoton wachsend $\Longrightarrow f$ injektiv.

(b) f ist surjektiv und injektiv (a), also bijektiv.

(c) f ist surjektiv, aber nicht injektiv, da $f(-1) = f(1) = 0$, siehe auch [1.20].

(d) f ist bijektiv, da surjektiv und streng monoton wachsend!

1.6   Umkehrfunktionen

Umkehrabbildung

Ist $f : A \to B$ eine *bijektive* Abbildung, so ist jedem $x \in A$ genau ein
$y - f(x) \subset B$ zugeordnet und umgekehrt jedem $y \in B$ genau ein $x \in A$, d.h.
Ist $f : A \to B$ eine *bijektive* Abbildung, so gibt es
die Umkehrabbildung $f^{-1} : B \to A$ mit $f^{-1}(y) = x$, falls $y = f(x)$ ist.
$f^{-1} : B \to A$ ist ebenfalls bijektiv und es ist $f^{-1}(f(x)) = x$ für alle $x \in A$.

Beim Übergang von f zu f^{-1} wird der Wertebereich von f zum Definitionsbereich
von f^{-1}, und aus der Funktionsgleichung $y = f(x)$ wird die Funktionsgleichung
$x = f^{-1}(y)$ für die Funktion f^{-1} (Auflösen nach x).

Da man üblicherweise die unabhängige Veränderliche mit x bezeichnet, schreibt
man $y = f^{-1}(x)$ statt $x = f^{-1}(y)$. Diese *Vertauschung* von x und y bedeutet in
der (x, y)–Ebene eine *Spiegelung* an der *Winkelhalbierenden* $y = x$.

Die Graphen von f und f^{-1} liegen also symmetrisch zur Winkelhalbierenden.

Berechnung der Umkehrfunktion

Ist $f : A \to B$ bijektiv,

so erhält man $f^{-1} : B \to A$ durch:

1.) $y = f(x)$ nach x *auflösen*: $x = f^{-1}(y)$,

2.) x und y *vertauschen*: $y = f^{-1}(x)$.

Die Graphen von f und f^{-1}
liegen
spiegelbildlich
zur Winkelhalbierenden $y = x$.

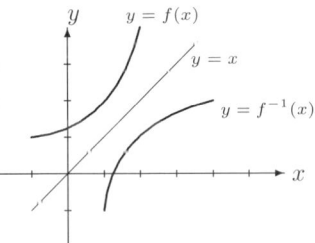

1.30   *Für folgende bijektive Funktionen berechne man die Umkehrfunktionen und gebe ihre Definitionsbereiche an.*

$$\text{(a)} \quad y = -2x + 1, \quad \text{(b)} \quad y = \frac{x+1}{x}, \quad \text{(c)} \quad y = e^{3x-4}.$$

(a) $y = -2x + 1 \implies x = \frac{1}{2}(1 - y)$, also $\underline{y = \frac{1}{2}(1 - x)}$, $x \in \mathbb{R}$,

(b) $y = \dfrac{x+1}{x} \implies xy = x + 1 \implies x = \dfrac{1}{y-1}$, also $\underline{y = \dfrac{1}{x-1}}$, $x \neq 1$,

(c) $y = e^{3x-4} \implies 3x - 4 = \ln y \implies x = \frac{1}{3}(4 + \ln y)$, also $\underline{y = \frac{1}{3}(4 + \ln x)}$, $x > 0$.

1.31   *Das folgende Beispiel verdeutlicht die Probleme, die beim Begriff Umkehrfunktion auftauchen:*

$$f : \left\{ \begin{array}{l} \mathbb{R} \to \mathbb{R}_{\geq 0} \\ x \mapsto x^2 \end{array} \right. \left(\begin{array}{c} \text{nach Verabredung} \\ \text{kurz: } y = x^2 \end{array} \right) \quad \begin{array}{l} \text{ist nicht bijektiv,} \\ \text{also nicht umkehrbar!} \end{array}$$

Beschränkt man den Definitionsbereich von f auf z.B. größtmögliche Intervalle, auf denen f bijektiv ist, so erhält man folgende umkehrbare Funktionen:

Funktion f	kurz:	Funktion f^{-1}	kurz:
$\left\{ \begin{array}{l} \mathbb{R}_{\geq 0} \to \mathbb{R}_{\geq 0} \\ x \mapsto x^2 \end{array} \right.$	$y = x^2,\ x \geq 0$	$\left\{ \begin{array}{l} \mathbb{R}_{\geq 0} \to \mathbb{R}_{\geq 0} \\ x \mapsto \sqrt{x} \end{array} \right.$	$y = \sqrt{x},\ x \geq 0$
$\left\{ \begin{array}{l} \mathbb{R}_{\leq 0} \to \mathbb{R}_{\geq 0} \\ x \mapsto x^2 \end{array} \right.$	$y = x^2,\ x \leq 0$	$\left\{ \begin{array}{l} \mathbb{R}_{\geq 0} \to \mathbb{R}_{\leq 0} \\ x \mapsto -\sqrt{x} \end{array} \right.$	$y = -\sqrt{x},\ x \geq 0$

Man beachte: Ist $f : A \to B$, dann ist

f^{-1} die Umkehrfunktion von f, falls f bijektiv ist, und definiert auf dem Wertebereich $f(A) = B$ von f.

$\dfrac{1}{f}$ die multiplikativ inverse Funktion der Funktion f und dort definiert, wo f definiert und ungleich Null ist: $\dfrac{1}{f}(x) = \dfrac{1}{f(x)}$, falls $f(x) \neq 0$ ist.

f^{-1} und $\dfrac{1}{f}$ bezeichnen also *verschiedene* Funktionen!

1.32   *Für $f :] - \frac{\pi}{2}, \frac{\pi}{2} [\to \mathbb{R}$ mit $f(x) = \tan x$ bestimme man f^{-1} und $\frac{1}{f}$.*

f ist bijektiv, also

$f^{-1} : \mathbb{R} \to] - \frac{\pi}{2}, \frac{\pi}{2} [\quad$ mit $f^{-1}(x) = \arctan x$.

$f(x) = 0 \iff x = 0$,   also

$\dfrac{1}{f} :] - \frac{\pi}{2}, \frac{\pi}{2} [\setminus \{0\} \;\to\; \mathbb{R} \setminus \{0\}$, mit $\dfrac{1}{f(x)} = \cot x$.

1.7   Einsetzen (Verketten, Substituieren) von Funktionen

Sind $f : A \to B$ und $g : B \to C$ zwei Funktionen, so ist jedem $x \in A$ zunächst durch f das Element $f(x) \in B$ zugeordnet und diesem dann durch g das Element $g(f(x)) \in C$.

Das *Nacheinanderausführen* von f und g liefert also eine Funktion von A in C:

$$f : \begin{cases} A & \to & B \\ x & \mapsto & f(x) \end{cases} \text{ und } g : \begin{cases} B & \to & C \\ y & \mapsto & g(y) \end{cases} \implies g \circ f : \begin{cases} A & \to & C \\ x & \mapsto & g(f(x)) \end{cases}$$

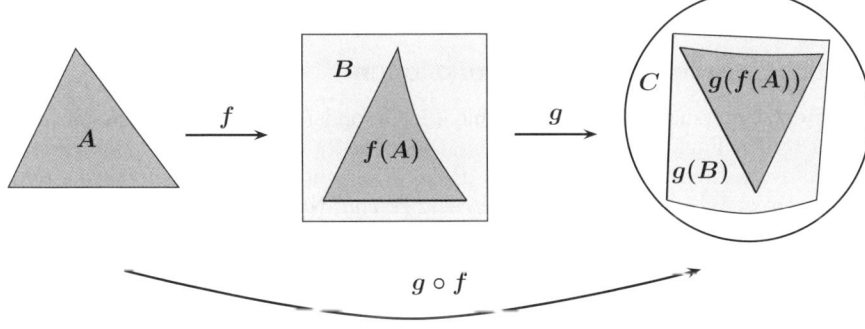

> $g \circ f$ (Lies: g "Kuller" f) bedeutet: Erst f dann g anwenden!
>
> $$g \circ f\,(x) = g\big(f(x)\big)$$

Man nennt $g \circ f$ die aus f und g zusammengesetzte Funktion. Zur Differentiation bzw. Integration zusammengesetzter Funktionen siehe Kettenregel bzw. Substitutionsregel!

1.33   *Man verkette die Funktionen f und g zu $f \circ g$ und $g \circ f$ und skizziere sie!*

  (a) $f(x) = e^x, \ g(x) = 3x$

  (b) $f(x) = (x+1)(x-2), \ g(x) = \sqrt{x}$.

(a) Es sei an die Verabredung über Definitions– und Wertebereich (Seite 25) erinnert!

$$f : \begin{cases} \mathbb{R} & \to & \mathbb{R}_{>0} \\ x & \mapsto & e^x \end{cases} \qquad f \circ g : \begin{cases} \mathbb{R} & \to & \mathbb{R}_{>0} \\ x & \mapsto & e^{3x} \end{cases}$$

$$g : \begin{cases} \mathbb{R} & \to & \mathbb{R} \\ x & \mapsto & 3x \end{cases} \qquad g \circ f : \begin{cases} \mathbb{R} & \to & \mathbb{R}_{>0} \\ x & \mapsto & 3e^x \end{cases}$$

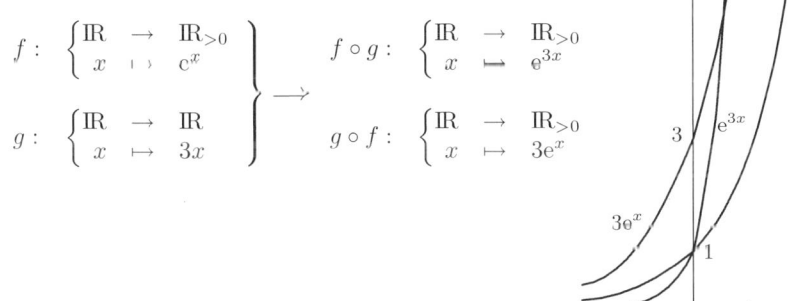

(b) $f(x) = (x+1)(x-2)$ $\Longrightarrow$ $(f \circ g)(x) = (\sqrt{x}+1)(\sqrt{x}-2), \; x \geq 0.$
     $g(x) = \sqrt{x}, \; x \geq 0$ $\qquad\quad$ $(g \circ f)(x) = \sqrt{(x+1)(x-2)}, \; x \leq -1 \lor x \geq 2.$

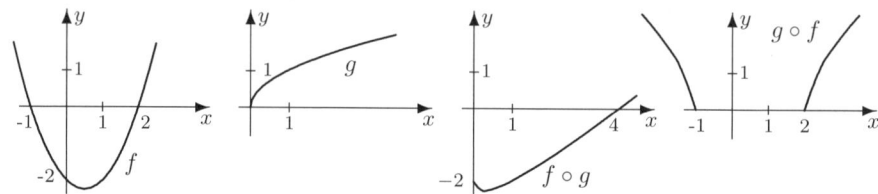

1.8 Gerade, ungerade Funktionen

Bei der Untersuchung von Funktionen, insbesondere bei der Veranschaulichung von reellen Funktionen in der Ebene (oder im Raum) spielen *Symmetrieeigenschaften* naturgemäß eine wichtige Rolle. Man unterscheidet *Achsensymmetrie* z.B. zur *y*–Achse und *Punktsymmetrie* (z.B. zum Nullpunkt).

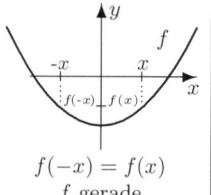

$f(-x) = f(x)$
f gerade

Gerade, ungerade Funktionen

Es sei $A = [-a, a] \subseteq \mathbb{R}$ und $f : A \to B$.

Gilt für alle $x \in A$:

$$\begin{array}{ll} f(-x) = f(x) & \quad f \text{ gerade,} \\ f(-x) = -f(x) & \quad f \text{ ungerade.} \end{array} , \text{ dann heißt}$$

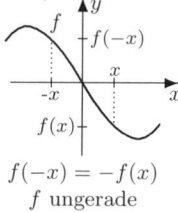

$f(-x) = -f(x)$
f ungerade

Zerlegung in gerade + ungerade Funktion

Für jede auf $\mathbb{R}$ definierte Funktion f gilt $\boxed{f(x) = g(x) + u(x)}$

mit $g(x) = \frac{1}{2}\big(f(x) + f(-x)\big)$ gerade und $u(x) = \frac{1}{2}\big(f(x) - f(-x)\big)$ ungerade.

Diese Zerlegung ist eindeutig bestimmt, siehe etwa [**A 1**], Seite 61.

1.34 *Man untersuche, ob folgende Funktionen gerade oder ungerade sind:*
$$x^2, \; \sqrt[3]{x}, \; \cos x, \; \sin x, \; \mathrm{e}^x, \; \cosh x, \; \sinh x.$$

$f(x) = x^2$ ist gerade, weil $f(-x) = (-x)^2 = x^2 = f(x)$ ist.

$f(x) = \sqrt[3]{x}$ ist ungerade, weil $f(-x) = \sqrt[3]{-x} = -\sqrt[3]{x} = -f(x)$ ist.

Aus der Definition von $\cos x$ und $\sin x$ folgt, daß

$\cos(-x) = \cos x$, also $\cos x$ gerade, und $\sin(-x) = -\sin x$, also $\sin x$ ungerade ist.

$\mathrm{e}^{-1} \neq \pm \mathrm{e}^1$, die e–Funktion ist weder gerade noch ungerade.

$\cosh x = \frac{\mathrm{e}^x + \mathrm{e}^{-x}}{2}$ ist gerade, weil $\cosh(-x) = \frac{\mathrm{e}^{-x} + \mathrm{e}^x}{2} = \cosh x$ ist.

$\sinh x = \frac{\mathrm{e}^x - \mathrm{e}^{-x}}{2}$ ist ungerade, weil $\sinh(-x) = \frac{\mathrm{e}^{-x} - \mathrm{e}^x}{2} = -\sinh x$ ist.

Zerlegung der e–Funktion in geraden und ungeraden Anteil siehe 1.36.

Symmetrie

f gerade $\iff$ der Graph von f liegt symmetrisch zur y–Achse,

f ungerade $\iff$ der Graph von f liegt symmetrisch zum Nullpunkt.

Ist f ein *Polynom* oder eine *Potenzreihe*, so gilt:

f gerade $\iff$ f enthält nur gerade Potenzen von x,

f ungerade $\iff$ f enthält nur ungerade Potenzen von x (daher der Name).

1.35 *Hiermit erkennt man (Reihen siehe Umschlagseite* **F3**):

gerade: $\qquad 3 - x^2$, $\qquad \cos x = 1 - \dfrac{x^2}{2!} + \dfrac{x^4}{4!} - \dfrac{x^6}{6!} \pm \ldots$

$$\cosh x = 1 + \frac{x^2}{2!} + \frac{x^4}{4!} + \frac{x^6}{6!} + \ldots$$

ungerade: $\qquad 4x - x^3$, $\qquad \sin x = x - \dfrac{x^3}{3!} + \dfrac{x^5}{5!} - \dfrac{x^7}{7!} \pm \ldots$

$$\sinh x = x + \frac{x^3}{3!} + \frac{x^5}{5!} + \frac{x^7}{7!} + \ldots$$

weder noch: $\qquad 2x + x^2$, $\qquad e^x = 1 + x + \dfrac{x^2}{2!} + \dfrac{x^3}{3!} + \dfrac{x^4}{4!} + \ldots$

1.36 *Für jede auf* $\mathbb{R}$ *definierte Funktion* f *ist*

$$g(x) := \frac{f(x)+f(-x)}{2} \quad \text{gerade}$$
$$u(x) := \frac{f(x)-f(-x)}{2} \quad \text{ungerade}$$
, und $\quad f(x) = g(x) + u(x)$ (klar).

$g(-x) = \dfrac{f(-x)+f(x)}{2} = \dfrac{f(x)+f(-x)}{2} = g(x) \qquad$ also g gerade,

$u(-x) = \dfrac{f(-x)-f(x)}{2} = -\dfrac{f(x)-f(-x)}{2} = -u(x) \quad$ also u ungerade.

Zerlegung der e–Funktion: $e^x = \dfrac{e^x + e^{-x}}{2} + \dfrac{e^x - e^{-x}}{2} = \cosh x + \sinh x.$

Zerlegung der Schwingung $2\sin(\omega t + \pi/3)$ mittels der Add.–Theoreme [**F 1**]:

$2\sin(\omega t + \pi/3) = \ldots = \cos\omega t + \sqrt{3}\,\sin\omega t = $ gerade+ungerade, (s. auch Seite 79).

Summe, Produkt, Quotient, Einsetzen

f, g gerade $\qquad\Longrightarrow\qquad f+g,\ f\cdot g,\ \dfrac{f}{g},\ f\circ g$ gerade

f, g ungerade $\qquad\Longrightarrow\qquad \begin{cases} f+g,\ f\circ g \text{ ungerade} \\ f\cdot g,\ \dfrac{f}{g} \text{ gerade} \end{cases}$

f gerade, g ungerade $\Longrightarrow \begin{cases} f\circ g,\ g\circ f \text{ gerade} \\ f\cdot g,\ \dfrac{f}{g} \text{ ungerade} \end{cases}$

f beliebig, g gerade $\Longrightarrow\ f\circ g$ gerade.

1.37 *Haben folgende Funktionen Symmetrieeigenschaften?*

$$f(x) = \cos x^3 \cdot \sinh \sqrt[3]{e^{x^2+1}}, \qquad g(x) = -2 + \frac{1}{x-1}, \qquad h(x) = 1 + |x+1|.$$

Nach obigen Regeln sind $\cos x^3$ und $\sinh \sqrt[3]{e^{x^2+1}}$ gerade, also ist auch das Produkt $f(x)$ gerade. Der Graph der Funktion f liegt symmetrisch zur y–Achse!

$g(x) = -2 + \dfrac{1}{x-1}$ ist weder gerade noch ungerade,

setzt man aber $\quad x - 1 = u,\ y + 2 = v$, so gilt $v = \dfrac{1}{u}$.

Diese Funktion ist ungerade, der Graph also punktsymmetrisch zum Nullpunkt in der (u, v)–Ebene.

Also liegt der Graph von $y = -2 + \dfrac{1}{x-1}$ punktsymmetrisch
zum Punkt $P = (1, -2)$.

Ebenso: $h(x) = 1 + |x + 1|$ liegt achsensymmetrisch zu der Geraden $x = -1$.

Gilt für eine Funktion $f(x, y)$ von zwei Veränderlichen für alle Punkte des Definitionsbereiches $D \subseteq \mathrm{IR}^2$:

$$f(-x, y) = f(x, y) \quad \text{bzw.} \quad f(-x, y) = -f(x, y)$$

so heißt f *gerade* bzgl x bzw. *ungerade* bzgl. x. Entsprechendes gilt für die Variable y und für Funktionen von drei oder mehr Variablen.

1.38   *Welche Symmetrieeigenschaften hat die Funktion* $f(x, y) = \dfrac{x^2 y}{x^2 + y^2}$?

Es ist: $f(-x, y) = \dfrac{(-x)^2 y}{(-x)^2 + y^2} = \dfrac{x^2 y}{x^2 + y^2} = f(x, y)$.

Ebenso sieht man: $f(x, -y) = -f(x, y)$ und $f(-x, -y) = -f(x, y)$.

Das heißt, siehe auch [1.63]: Der Graph von f im x, y, z–Raum liegt:

	zur y, z–Ebene		$f(-x, y)$	$=$	$f(x, y)$	
symmetrisch	zur x–Achse	, da	$f(x, -y)$	$=$	$-f(x, y)$	ist.
	zum Nullpunkt		$f(-x, -y)$	$=$	$-f(x, y)$	

Die Funktionswerte von f ergeben sich aus den Funktionswerten von f im 1. Quadranten!

1.39   *Welche Symmetrieeigenschaften hat die Kurve* $f(x, y) = x^{2/3} + y^{2/3} = 1$?

Sei $K := \{(x, y) \mid x^{2/3} + y^{2/3} = 1\}$, siehe auch [1.63].

Wegen $(-a)^{2/3} = a^{2/3}$ gilt:
$(x, y) \in K \Longleftrightarrow (-x, y), (x, -y), (-x, -y) \in K$.

Die Kurve K liegt also symmetrisch zu beiden Achsen und zum Nullpunkt!

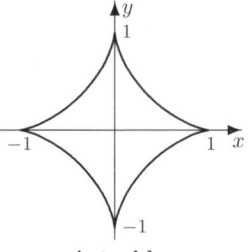

Da $f(x, y) = f(y, x)$ ist, liegt K symmetrisch zur Winkelhalbierenden $y = x$, denn die Punkte (x, y) und (y, x) (Vertauschen von x und y) liegen spiegelbildlich zur Geraden $y = x$.

Analog: K liegt symmetrisch zur Geraden $y = -x$.

Astroide siehe auch [1.50].

Astroide
$$x^{2/3} + y^{2/3} = 1$$

1.9   Grenzwerte von Funktionen

Da der Grenzwertbegriff der zentrale Begriff in der Differential– und Integralrechnung ist, kommt man an folgenden Definitionen nicht vorbei. Man versuche,
sich die folgenden Begriffe anhand der Beispiele klar zu machen!!!
Zur praktischen Berechnung von Grenzwerten benutzt man oft:

> **Regel von l'Hospital**, siehe Seite 273.
> **Potenzreihen**, siehe Seite 344 ff, Umschlagseite **F3** oder **F+H**.

Grenzwert der Funktion f bei x_0

Es sei (a, b) ein offenes Intervall und $x_0 \in (a, b)$.

Ist $D = (a, b) \setminus \{x_0\} = \{x \in (a, b) \mid x \neq x_0\} = (a, x_0) \cup (x_0, b)$ und $f : D \to \mathbb{R}$,
so hat f für $x \to x_0$ (oder: an der Stelle x_0, bei x_0) den **Grenzwert** y_0, wenn
es zu jedem $\epsilon > 0$ ein $\delta > 0$ gibt, mit $x \in D \wedge |x - x_0| < \delta \implies |f(x) - y_0| < \epsilon$.

Schreibweise: $\lim\limits_{x \to x_0} f(x) = y_0.$

$\lim\limits_{x \to x_0} f(x) = y_0 \iff$ Die Funktionswerte $f(x)$ sind *beliebig* wenig von y_0 entfernt, wenn x *hinreichend* wenig von x_0 entfernt ist.

1.40   Es sei $f(x) = x \sin \frac{1}{x}$.   Man zeige: $\lim\limits_{x \to 0} x \sin \frac{1}{x} = 0$.

Ist (a, b) ein offenes Intervall und $0 \in (a, b)$, so ist f auf $D = (a, b) \setminus \{0\}$ definiert.

Zu gegebenem $\epsilon > 0$ wähle man $\delta = \epsilon$. Dann gilt:
Ist $x \in D \wedge |x - 0| = |x| < \delta = \epsilon$, so ist
$|x \sin \frac{1}{x} - 0| = |x \sin \frac{1}{x}| = |x| \cdot \underbrace{|\sin \frac{1}{x}|}_{\leq 1 \text{ für } x \neq 0} \leq |x| < \epsilon.$

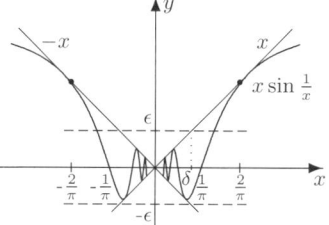

Ist $D = (a, x_0)$ und ist $f : D \to \mathbb{R}$, so definiert man:

f hat für $x \to x_0$ den **linksseitigen Grenzwert** y_0, wenn es

zu jedem $\epsilon > 0$ ein $\delta > 0$ gibt, mit $x \in D \wedge |x - x_0| < \delta \implies |f(x) - y_0| < \epsilon$.

Schreibweise: $\lim\limits_{x \to x_0^-} f(x) = y_0.$

Ist $D = (a, \infty)$ und ist $f : D \to \mathbb{R}$, so definiert man:

f hat für $x \to \infty$ den **Grenzwert** y_0, wenn es

zu jedem $\epsilon > 0$ ein $s \in \mathbb{R}$ gibt, mit $x \in D \wedge x > s \implies |f(x) - y_0| < \epsilon$.

Schreibweise: $\lim\limits_{x \to \infty} f(x) = y_0.$

Analog werden rechtsseitiger Grenzwert $\lim\limits_{x \to x_0^+} f(x)$ und $\lim\limits_{x \to -\infty} f(x)$ definiert.

> Der Grenzwert von f an der Stelle x_0 existiert genau dann, wenn rechtsseitiger und linksseitiger Grenzwert existieren und gleich sind:
>
> $$\lim_{x \to x_0} f(x) = y_0 \iff \lim_{x \to x_0^-} f(x) = \lim_{x \to x_0^+} f(x) = y_0.$$

Existieren rechtsseitiger und linksseitiger Grenzwert, so braucht der Grenzwert nicht zu existieren, wie folgendes Beispiel zeigt:

1.41

Man bestimme ggf. die Grenzwerte $\lim_{x \to 0^-}$, $\lim_{x \to 0^+}$ und $\lim_{x \to 0}$ von

(a) $f(x) = \dfrac{|x|}{x}$,   (b) $f(x) = \arctan \dfrac{1}{x}$.

(a) f ist definiert in $\mathbb{R} \setminus \{0\}$ und es gilt (Def. von $|x|$ siehe Seite 48):

$$f(x) = \frac{|x|}{x} = \begin{cases} 1 & , \text{ für } x > 0 \\ -1 & , \text{ für } x < 0 \end{cases}$$

$$\implies \lim_{x \to 0^-} \frac{|x|}{x} = -1 \ , \ \lim_{x \to 0^+} \frac{|x|}{x} = 1 \implies \lim_{x \to 0} \frac{|x|}{x} \text{ existiert nicht.}$$

(b) $\lim_{x \to 0^+} \arctan \dfrac{1}{x} = \lim_{y \to \infty} \arctan y = \dfrac{\pi}{2}$, $\lim_{x \to 0^-} \arctan \dfrac{1}{x} = \lim_{y \to -\infty} \arctan y = -\dfrac{\pi}{2}$.

$\lim_{x \to 0^+} f(x) \neq \lim_{x \to 0^-} f(x)$, folglich existiert $\lim_{x \to 0} \arctan \dfrac{1}{x}$ nicht.

1.42   Man berechne $\lim_{x \to 0} \dfrac{\sin x}{x}$.

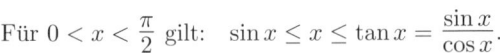

Für $0 < x < \dfrac{\pi}{2}$ gilt: $\sin x \leq x \leq \tan x = \dfrac{\sin x}{\cos x}$.

$\implies \cos x \leq \dfrac{\sin x}{x} \leq 1$, (siehe Rechnen mit Ungleichungen S. 47)

Aus $\lim_{x \to 0^+} \cos x = 1$ und $\lim_{x \to 0^+} 1 = 1$ folgt $\lim_{x \to 0^+} \dfrac{\sin x}{x} = 1$.

Da $\dfrac{\sin x}{x}$ eine *gerade* Funktion (siehe Seite 33) ist, gilt auch $\lim_{x \to 0^-} \dfrac{\sin x}{x} = 1$.

Da links– und rechtsseitiger Grenzwert übereinstimmen, ist $\lim_{x \to 0} \dfrac{\sin x}{x} = 1$.

Einfacher: Regel von l'Hospital [12.20] oder Potenzreihen [14.44].

1.43   Man zeige: $\lim_{x \to \infty} \dfrac{1}{\sqrt{x}} = 0$.

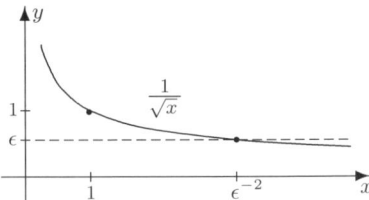

Ist $\epsilon > 0$ vorgegeben, so wird

$|f(x) - 0| = |\dfrac{1}{\sqrt{x}}| = \dfrac{1}{\sqrt{x}} < \epsilon$, falls

$x > \dfrac{1}{\epsilon^2} = \epsilon^{-2}$ ist. Man setze z.B. $s = \epsilon^{-2}$.

Es ist mühsam, Grenzwerte durch Rückgang auf die Definition zu berechnen. Folgende Regeln können die Rechnungen sehr vereinfachen:

Grenzwertregeln

Der Grenzwert einer Summe (Differenz, Produkt, Quotient[6]) ist gleich

der Summe (Differenz, Produkt, Quotient[6]) der Grenzwerte,

wenn die einzelnen Grenzwerte existieren.

Wichtig: Regel von l'Hospital: *unbestimmte Ausdrücke* (Seite 273).

Grenzwertberechnung mittels Potenzreihen [14.44].

1.44   *Man berechne*   (a) $\lim\limits_{x\to\infty} \dfrac{(2x+3)(3x-1)}{5x^2-2}$,   (b) $\lim\limits_{x\to 1} \dfrac{x+1}{(\sqrt{x}+1)x}$,

(c) $\lim\limits_{x\to 1} \dfrac{x+1}{(\sqrt{x}-1)x}$,   (d) $\lim\limits_{x\to 1} \dfrac{x-1}{(\sqrt{x}-1)x}$.

(a)   Kürzen durch x^2 ergibt: $\dfrac{(2x+3)(3x-1)}{5x^2-2} = \dfrac{(2+\frac{3}{x})(3-\frac{1}{x})}{5-\frac{2}{x^2}}$.

Grenzwertregeln: $\lim\limits_{x\to\infty} \dfrac{(2x+3)(3x-1)}{5x^2-2} = \lim\limits_{x\to\infty} \dfrac{\overbrace{(2+\frac{3}{x})}^{\to 2}\overbrace{(3-\frac{1}{x})}^{\to 3}}{\underbrace{5-\frac{2}{x^2}}_{\to 5}} = \dfrac{2\cdot 3}{5} = \underline{\underline{\dfrac{6}{5}}}$.

(b) $\lim\limits_{x\to 1} \dfrac{x+1}{(\sqrt{x}+1)x} = \dfrac{2}{2} = \underline{\underline{1}}$, völlig unproblematisch.

(c) $\lim\limits_{x\to 1} \dfrac{x+1}{(\sqrt{x}-1)x}$ existiert nicht. Lässt man jedoch die *uneigentlichen* Grenzwerte

$\pm\infty$ zu, so gilt: $\lim\limits_{x\to 1^+} \dfrac{x+1}{(\sqrt{x}-1)x} = +\infty$ und $\lim\limits_{x\to 1^-} \dfrac{x+1}{(\sqrt{x}-1)x} = -\infty$.

(d)   Der Zähler lässt sich zerlegen in $(\sqrt{x}-1)(\sqrt{x}+1)$, also:

$\lim\limits_{x\to 1} \dfrac{x-1}{(\sqrt{x}-1)x} = \lim\limits_{x\to 1} \dfrac{(\sqrt{x}-1)(\sqrt{x}+1)}{(\sqrt{x}-1)x} = \lim\limits_{x\to 1} \dfrac{\sqrt{x}+1}{x} = \dfrac{\sqrt{1}+1}{1} = \underline{\underline{2}}$.

1.10   Stetige Funktionen

Stetigkeit von f an der Stelle x_0

Die Funktion $f : D \to$ IR heißt an der Stelle $x_0 \in D$ **stetig**, wenn es

zu jedem $\epsilon > 0$ ein $\delta > 0$ gibt, mit $x \in D \wedge |x - x_0| < \delta \implies |f(x) - f(x_0)| < \epsilon$.

f ist stetig an   Die Funktionswerte sind *beliebig* wenig von $f(x_0)$ ent-
der Stelle $x_0 \in D$ $\Longleftrightarrow$ fernt, wenn x *hinreichend* wenig von x_0 entfernt ist.

$f : D \to$ IR heißt in D stetig, wenn f an jeder Stelle $x_0 \in D$ stetig ist.

---

[6]keiner der auftretenden Nenner darf Null werden!

D kann Teilmenge von $\mathbb{R}$ oder $\mathbb{C}$ oder vom $\mathbb{R}^n$ sein. Falls jedoch nicht ausdrücklich anderes gesagt wird, ist $D \subseteq \mathbb{R}$.

1.45 $f(x) = \sqrt{x}$ *ist für jedes $x_0 \geq 0$ stetig.*

Nach [1.62] gilt: $|\sqrt{x} - \sqrt{x_0}| \leq \sqrt{|x - x_0|}$ für $x, x_0 \geq 0$.

Zu gegebenem $\epsilon > 0$ sei $\delta := \epsilon^2$.

Ist nun $|x - x_0| < \delta = \epsilon^2$, so ist $|\sqrt{x} - \sqrt{x_0}| \leq \sqrt{|x - x_0|} < \epsilon$.

Also ist $f(x) = \sqrt{x}$ für alle $x_0 \geq 0$ stetig. Da δ nur von ϵ und nicht von der Stelle x_0 abhängt, nennt man f für $x \geq 0$ *gleichmäßig stetig*.

Handlicher als die ϵ, δ–Definition ist folgendes Kriterium für die Stetigkeit einer Funktion f an einer Stelle $x_0 \in D \subseteq \mathbb{R}$, z.B. falls D ein offenes Intervall ist:

$$f \text{ ist stetig bei } x_0 \in D \quad \Longleftrightarrow \quad \lim_{x \to x_0} f(x) = f(x_0).$$

- Existiert $f(x_0)$ nicht, wohl aber $\lim\limits_{x \to x_0} f(x)$, so nennt man f an der Stelle x_0 *stetig ergänzbar*. Ergänzbar deshalb, weil man durch $f(x_0) := \lim\limits_{x \to x_0} f(x)$ die Funktion f zu einer an der Stelle x_0 stetigen Funktion erweitern (fortsetzen) kann.

- Existiert $\lim\limits_{x \to x_0} f(x)$ und ist $\lim\limits_{x \to x_0} f(x) \neq f(x_0)$, so nennt man f an der Stelle x_0 *hebbar unstetig*. Hebbar deshalb, weil man durch Änderung von f an der Stelle x_0 durch $f(x_0) := \lim\limits_{x \to x_0} f(x)$ erreicht, dass f an der Stelle x_0 stetig wird.

1.46   *Man untersuche $f(x) = \mathrm{sgn}^2 x = \begin{cases} 1, & x \neq 0 \\ 0, & x = 0 \end{cases}$ in $\mathbb{R}$ auf Stetigkeit.*

In $x_0 \neq 0$ ist f stetig,   weil $\lim\limits_{x \to x_0} \mathrm{sgn}^2 x = 1 = \mathrm{sgn}^2 x_0$ ist.

In $x_0 = 0$ ist f unstetig,   weil $\lim\limits_{x \to 0} \mathrm{sgn}^2 x = 1 \neq 0 = \mathrm{sgn}^2 0$ ist.

f ist jedoch bei 0 hebbar unstetig, da $\lim\limits_{x \to 0} \mathrm{sgn}^2 x = 1$ existiert.

$$\boxed{\textit{Die elementaren Funktionen sind dort, wo sie definiert sind, auch stetig.}}$$

Beachte: Zu einer Funktion gehört immer der Definitionsbereich!

Mit der verkürzten Aussage: "Die Funktion $\frac{1}{x}$ ist überall stetig", ist die wahre Aussage gemeint: "Die Funktion $\frac{1}{x}$ ist in ihrem Definitionsbereich $\mathbb{R} \setminus \{0\}$ stetig".

Falsch ist die Aussage: "Die Funktion $\frac{1}{x}$ ist (bei 0) unstetig", denn unstetig kann eine Funktion nur dort sein, wo sie definiert ist.

Richtig dagegen: "Die Funktion $\frac{1}{x}$ ist bei 0 nicht stetig ergänzbar".

Will man kompliziertere Funktionen auf Stetigkeit untersuchen, geht man – genau wie bei der Berechnung von Grenzwerten – möglichst nicht auf die Definition zurück, sondern benutzt folgende Regeln für stetige Funktionen:

Rechnen mit stetigen Funktionen

Summe, Differenz, Produkt, Quotient[7] stetiger Funktionen sind stetig.

Das Einsetzen einer stetigen Funktion in eine stetige Funktion ergibt wieder eine stetige Funktion.

Ist D ein offenes Intervall, so erhält man durch Negation (siehe: Logische Regeln, Seite 14) aus

$$f \text{ ist stetig bei } x_0 \in D \quad \Longleftrightarrow \quad \lim_{x \to x_0} f(x) = f(x_0).$$

eine Aussage darüber, wann genau f an einer Stelle $x_0 \in D$ unstetig ist:

Unstetigkeitsstellen

$$f \text{ unstetig bei } x_0 \in D \Longleftrightarrow \lim_{x \to x_0} f(x) \neq f(x_0).$$

f ist also unstetig bei $x_0 \in D$, wenn $\lim\limits_{x \to x_0} f(x)$ nicht existiert oder,

wenn $\lim\limits_{x \to x_0} f(x)$ existiert, aber ungleich $f(x_0)$ ist (hebbare Unstetigkeitsstelle).

Das ergibt folgende typische Unstetigkeitsstellen:

1) $\lim\limits_{x \to x_0} f(x)$ existiert nicht, z.B. weil

   a) f bei x_0 eine Sprungstelle hat,

   b) f bei Annäherung an x_0 unbeschränkt ist,

   c) f bei Annäherung an x_0 oszilliert und die Amplitude nicht gegen 0 geht.

2) $\lim\limits_{x \to x_0} f(x)$ existiert, aber $\lim\limits_{x \to x_0} f(x) \neq f(x_0)$ (hebbare Unstetigkeitsstelle).

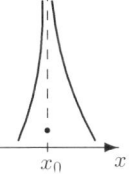

---

[7]keiner der auftretenden Nenner darf Null werden!

1.47 $f(x) = \begin{cases} \frac{|x|}{x} & \text{, für } x \neq 0 \\ 1 & \text{, für } x = 0 \end{cases}$ ist an der Stelle 0 unstetig.

$\lim\limits_{x \to 0} \frac{|x|}{x}$ existiert nicht (vergleiche 1.41), f hat bei 0 eine Sprungstelle.

1.48   *Lässt sich $f(x) = \frac{1}{x}$ an der Stelle 0 stetig ergänzen?*

Nein, denn f ist in jedem Intervall, das 0 enthält, unbeschränkt.

1.49   *Lässt sich $f(x) = \sin\frac{1}{x}$ an der Stelle 0 stetig ergänzen?*

Nein, denn $\sin\frac{1}{x}$ oszilliert für $x \to 0$ mit der Amplitude 1.

1.50   *Man zeige:* $f(x) = \begin{cases} x\sin\frac{1}{x} & , x \neq 0 \\ 0 & , x = 0 \end{cases}$ *ist überall stetig.*

(a) Ist $x_0 \neq 0$, so ist f an der Stelle x_0 stetig, da $\frac{1}{x}$ dort als Quotient stetiger Funktionen stetig ist. Folglich ist auch $\sin\frac{1}{x}$ stetig (Einsetzen stetiger Funktionen ineinander) und deshalb $x\sin\frac{1}{x}$ (Produkt stetiger Funktionen).

(b) Bleibt $x_0 = 0$ zu untersuchen:

Wegen $0 \leq |x \cdot \sin\frac{1}{x}| = |x| \cdot |\sin\frac{1}{x}| \leq |x|$

gilt $\lim\limits_{x \to 0} x\sin\frac{1}{x} = 0 = f(0)$.

Siehe auch 1.40.

Also ist f auch an der Stelle 0 und folglich überall stetig! Zur Frage der Differenzierbarkeit der Funktion f siehe 12.1.

1.11   Aufgaben

1.51 Negiere: $\forall\epsilon > 0 \ \exists\delta > 0 \ \forall x_1 \in D \ \forall x_2 \in D, \ |x_1 - x_2| < \delta \Longrightarrow |f(x_1) - f(x_2)| < \epsilon.$
Was bedeutet diese Aussage, falls $f : D \to \mathbb{R}$ eine reelle Funktion ist?

1.52 Man beweise indirekt: Es gibt unendlich viele Primzahlen.

1.53 Man beweise indirekt: $\sqrt{x}$ ist streng monoton wachsend.

1.54 Man zeige: $(A \cup B) \setminus (A \cap B) = (A \setminus B) \cup (B \setminus A)$ $(=$ symmetrische Differenz).

1.55   (a) Für jede natürliche Zahl $n \geq 3$ gilt $n^2 > 2n + 1$.

   (b) Für jede natürliche Zahl $n \geq 10$ gilt $2^n > n^3$.

   (c) Für jede natürliche Zahl n gilt $\sum\limits_{j=0}^{n} j!j = (n+1)! - 1$.

   (d) Für jede natürliche Zahl $n \geq 2$ gilt $\prod\limits_{j=2}^{n}(1 - \frac{1}{j^2}) = \frac{n+1}{2n} = \frac{1}{2}(1 + \frac{1}{n})$.

1.56 Die Summe der ersten n ungeraden Zahlen ist gleich n^2.

1.57 Die rekursive Folge $a_0 = 4$, $a_{n+1} = \sqrt{3 + a_n}$ ist monoton fallend, d.h. für alle natürlichen Zahlen n gilt $a_{n+1} \leq a_n$ [14.10].

1.58   (a) $y = x^n$ ist für $x \geq 0$ streng monoton wachsend.

   (b) Ist n ungerade, so ist $y = x^n$ für alle x streng monoton wachsend.

1.59   Man formalisiere und negiere die Aussagen:
(a) f ist auf $[0,1]$ beschränkt.   (b) f ist auf $[0,1]$ monoton fallend.

1.60   Man bestimme eine bijektive Abbildung zwischen $\mathbb{R}$ und $(0,1)$.

1.61   Man bestimme ggf. die Umkehrfunktionen.
$\sin(2x - \frac{\pi}{2})$, $0 \leq x \leq \frac{\pi}{2}$, $\cosh(-\mathrm{e}^{-x})$, $\ln\frac{x^2}{3}$, $x < 0$, $\sqrt{\frac{1}{x^2+1}}$, $x < 0$.

1.62   Für $a, b \geq 0$ gilt $|\sqrt{a} - \sqrt{b}| \leq \sqrt{|a - b|}$.

1.63   Man skizziere die Kurven $|x|^a + |y|^a = 1$ für $a = \frac{2}{3}$, 1, 2.

1.64   Man bestimme Symmetrieeigenschaften der Fläche $f(x, y) = \frac{1}{xy}$.

1.65   Man berechne ggf. folgende Grenzwerte:

(a) $\displaystyle\lim_{x\to\infty} \frac{2x+3}{5x+1}$ (b) $\displaystyle\lim_{x\to\infty} \sqrt{4x^2 - 2x + 3} - 2x$ (c) $\displaystyle\lim_{x\to\infty} 2^{-x}$

(d) $\displaystyle\lim_{x\to\infty} \frac{x+\sin x}{x}$ (e) $\displaystyle\lim_{x\to\infty} \sqrt{x + \sqrt{x}} - \sqrt{x - \sqrt{x}}$ (f) $\displaystyle\lim_{x\to 1} \frac{x^2-x}{x^2-1}$

(g) $\displaystyle\lim_{x\to -1} \frac{x^2-x}{x^2-1}$ (h) $\displaystyle\lim_{x\to\infty} \frac{x}{[x]}$, $[x] = \begin{cases} \text{Gauß–Symbol,} \\ \text{größte ganze Zahl } \leq x. \end{cases}$

1.66   Man beweise indirekt: $a, b \geq 0 \Longrightarrow \sqrt{ab} \leq \frac{a+b}{2}$.

1.67   Man beweise indirekt: $|x| < 1 \Longrightarrow 4 + 2x - 2x^2 > 0$.

1.68   Man zeige: Jedes Polynom $p(x) = ax^3 + bx^2 + cx + d$ ist punktsymmetrisch zu dem Punkt $(-\frac{b}{3a}, p(-\frac{b}{3a}))$, dem Wendepunkt der Parabel 3. Ordnung.

1.12   Lösungen

1.51   Die Aussage bedeutet, dass f auf D gleichmäßig stetig ist.
Bedenkt man: $\overline{A \Longrightarrow B} = \overline{\overline{A} \vee B} = A \wedge \overline{B}$, so erhält man als Negation:
$\exists\epsilon > 0 \; \forall\delta > 0 \; \exists x_1 \in D \; \exists x_2 \in D, \; |x_1 - x_2| < \delta \wedge |f(x_1) - f(x_2)| \geq \epsilon$,
bedeutet: f ist auf D nicht gleichmäßig stetig.

1.52   Gäbe es nur endlich viele Primzahlen $p_1, \ldots, p_n$, so wäre $q := p_1 \cdots p_n + 1$ durch keine der Primzahlen $p_1, \ldots, p_n$ ohne Rest teilbar, also eine (weitere) Primzahl, # zur Annahme.

1.53 $\sqrt{x}$ nicht streng monoton wachsend $\Longleftrightarrow \exists x_1, x_2, \; 0 \leq x_1 < x_2, \; \sqrt{x_1} \geq \sqrt{x_2} > 0$.
Aus $\sqrt{x_1} \geq \sqrt{x_2} > 0$ folgt wegen der Monotonie von $y = x^2$, $x \geq 0$ [1.21]:
$x_1 \geq x_2$ # zur Annahme.

1.54 $x \in (A \cup B) \setminus (A \cap B) \Longleftrightarrow (x \in A \wedge x \notin B) \vee (x \in B \wedge x \notin A)$
$\Longleftrightarrow (x \in A \setminus B) \vee (x \in B \setminus A) \Longleftrightarrow x \in (A \setminus B) \cup (B \setminus A)$.

1.55   (a) $n \geq 3 \Longrightarrow n-1 \geq 2 \Longrightarrow (n-1)^2 \geq 4 > 2 \Longrightarrow n^2 - 2n + 1 > 2 \Longrightarrow n^2 > 2n+1$.

(b) $2^{10} = 1024 > 1000 = 10^3$ und $k \geq 10$ und $2^k > k^3 \Longrightarrow$
$\quad 2^{k+1} = 2 \cdot 2^k > 2k^3 = k^3 + k^3 = k^3 + (k-1)k^2 + (k-1)k + k$
$\quad\quad\quad \geq k^3 + 3k^2 + 3k + 1 = (k+1)^3$, da $k - 1 \geq 3$ ist.
Beim Induktionsschluss wurde nur $k - 1 \geq 3$, also $k \geq 4$ benutzt. Warum gilt die Aussage nicht für $n \geq 4$? Vergleiche 1.14.

(c) Für $n = 0$ ist die Aussage richtig. Sei $\sum_{j=0}^{k} j!j = (k+1)! - 1$.

Dann folgt $\sum_{j=0}^{k+1} j!j = (k+1)! - 1 + (k+1)!(k+1) = (k+2)! - 1$.

(d) Für $n = 2$ ist die Aussage richtig. Sei $\prod_{j=2}^{k}(1 - \frac{1}{j^2}) = \frac{k+1}{2k}$. Dann folgt

$\prod_{j=2}^{k+1}(1 - \frac{1}{j^2}) = \prod_{j=2}^{k}(1 - \frac{1}{j^2})(1 - \frac{1}{(k+1)^2}) = (\frac{k+1}{2k})(1 - \frac{1}{(k+1)^2}) = \frac{k+2}{2(k+1)}$.

1.56   Durch vollst. Induktion ist zu zeigen: $\sum_{j=1}^{n}(2j-1) = 1+3+5+\ldots+(2n-1) = n^2$.

Für $n = 1$ ist die Aussage richtig. Ist $\sum_{j=1}^{k}(2j-1) = k^2$, so gilt:

$\sum_{j=1}^{k+1}(2j-1) = \sum_{j=1}^{k}(2j-1) + (2(k+1)-1) = k^2 + 2k + 1 = (k+1)^2$.

1.57 $a_2 = \sqrt{3+a_1} = \sqrt{7} \leq 4 = a_1$, also ist die Aussage $a_{n+1} \leq a_n$ für $n = 1$ richtig.
Gilt die Aussage für k, ist also $a_{k+1} \leq a_k$. Dann schließt man:
$a_{k+1} \leq a_k \Longrightarrow 3 + a_{k+1} \leq 3 + a_k \Longrightarrow \sqrt{3+a_{k+1}} \leq \sqrt{3+a_k} \Longrightarrow a_{k+2} \leq a_{k+1}$.
Monotonie der $\sqrt{}$, siehe 1.53. Gilt die Aussage für k, so auch für $k + 1$.
Also ist $a_{n+1} \leq a_n$ für alle $n \in \mathbb{N}$, d.h. (a_n) ist monoton fallend.

1.58   (a) $y = x^n$, $x \geq 0$ ist streng monoton wachsend, Beweis durch v.I.:
Für $n = 1$ (oder $n = 2$, 1.21) ist die Aussage richtig!
Ist $0 \leq a < b$ und $a^k < b^k$, so folgt $a^k a < b^k a$ und $ab^k < bb^k$, also $a^{k+1} < b^{k+1}$.
(b)   Ist n ungerade, so ist $y = x^n$ eine ungerade Funktion und
$a < b \leq 0 \Longrightarrow 0 \leq -b < -a \Longrightarrow (-b)^n < (-a)^n \Longrightarrow -b^n < -a^n \Longrightarrow a^n < b^n$.
Also ist $y = x^n$ (n ungerade) auch für negative x streng monoton wachsend!

1.59 f ist auf $[0,1]$ beschränkt $\qquad\qquad \Longleftrightarrow \quad \exists S \in \mathbb{R} \; \forall x \in [0,1], \; |f(x)| \leq S$.
f ist auf $[0,1]$ unbeschränkt $\qquad\quad \Longleftrightarrow \quad \forall S \in \mathbb{R} \; \exists x \in [0,1], \; |f(x)| > S$.

f ist auf $[0,1]$ monoton fallend $\qquad \Longleftrightarrow \forall a,b \in [0,1], \; a < b \Rightarrow f(a) \geq f(b)$.
f ist auf $[0,1]$ nicht monoton fallend $\Longleftrightarrow \exists a,b \in [0,1], \; a < b \wedge f(a) < f(b)$.

1.60 $\arctan x$ ist bijektiv zwischen $\mathbb{R}$ und $(-\frac{\pi}{2}, \frac{\pi}{2})$, also ist $\frac{1}{\pi}(\frac{\pi}{2} + \arctan x)$ bijektiv zwischen $\mathbb{R}$ und $(0,1)$.

1.61 $2x - \frac{\pi}{2}$ ist bijektiv zwischen $[0, \frac{\pi}{2}]$ und $[-\frac{\pi}{2}, \frac{\pi}{2}]$. $\sin x$ ist bijektiv zwischen $[-\frac{\pi}{2}, \frac{\pi}{2}]$
und $[-1,1]$. Also ist $\sin(2x - \frac{\pi}{2})$ bijektiv zwischen $[0, \frac{\pi}{2}]$ und $[-1,1]$.
$y = \sin(2x - \frac{\pi}{2})$, $0 \leq x \leq \frac{\pi}{2} \Longrightarrow 2x - \frac{\pi}{2} = \arcsin y \Longrightarrow x = \frac{\pi}{4} + \frac{1}{2}\arcsin y$
$\Longrightarrow$ Umkehrfunktion: $\underline{y = \frac{\pi}{4} + \frac{1}{2}\arcsin x, \; -1 \leq x \leq 1}$.
$-e^{-x}$ ist bijektiv zwischen $\mathbb{R}$ und $\mathbb{R}_{<0}$.
Die Umkehrfunktion von $y = \cosh x$, $x < 0$ ist $y = -\operatorname{arcosh} x$, $x > 1$. Also:
$y = \cosh(-e^{-x}) \Longrightarrow$ Umkehrfunktion: $\underline{y = -\ln \operatorname{arcosh} x, \; x > 1}$.
$y = \ln \frac{x^2}{3}$, $x < 0 \Longrightarrow$ Umkehrfunktion: $\underline{y = -\sqrt{3e^x}, \; x \in \mathbb{R}}$.
$y = \sqrt{\frac{1}{x^2+1}}$, $x < 0 \Longrightarrow$ Umkehrfunktion: $\underline{y = -\frac{1}{x}\sqrt{1-x^2}, \; 0 < x < 1}$.

1.62   Ohne Beschränkung der Allgemeinheit sei $a \geq b \geq 0$, dann gilt:
$a \geq b \Longrightarrow ab \geq b^2 \Longrightarrow \sqrt{ab} \geq b \Longrightarrow 2\sqrt{ab} \geq 2b \Longrightarrow -b \geq -2\sqrt{ab} + b$
$\Longrightarrow |a-b| = a - b \geq a - 2\sqrt{ab} + b = (\sqrt{a} - \sqrt{b})^2 \Longrightarrow \sqrt{|a-b|} \geq |\sqrt{a} - \sqrt{b}|$.

1.63 $|x|^a + |y|^a = 1$, für $a = \frac{2}{3}$, 1, 2:

Die Kurven liegen symmetrisch

zu beiden Achsen und den Winkelhalbierenden!

Siehe auch Astroide ($a = \frac{2}{3}$), [1.39].

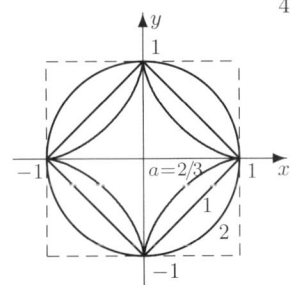

1.64 Eine Fläche im $\mathbb{R}^3$ liegt symmetrisch zu einer Geraden (Ebene), wenn jeder Punkt der Fläche durch Spiegeln (siehe Seite 153) an der Geraden (Ebene) in einen zur Fläche gehörenden Punkt übergeht:

$$f(-x, y) \quad = \quad \frac{1}{-xy} \quad = -f(x,y) \implies \text{ der Graph von } f \text{ symmetrisch zur y–Achse,}$$

$$f(x, -y) \quad = \quad \frac{1}{x(-y)} \quad = -f(x,y) \implies \text{ der Graph von } f \text{ symmetrisch zur x–Achse,}$$

$$f(-x, -y) = \frac{1}{(-x)(-y)} = \quad f(x,y) \implies \text{ der Graph von } f \text{ symmetrisch zur z–Achse,}$$

$$f(y, x) \quad = \quad \frac{1}{yx} \quad = \quad f(x,y) \implies \text{ der Graph von } f \text{ symm. zur Ebene } y = x$$

$$f(-y, -x) = \frac{1}{(-y)(-x)} = \quad f(x,y) \implies \text{ der Graph von } f \text{ symm. zur Ebene } y = -x.$$

1.65 (a) $\frac{2}{5}$ (b) Erweitern mit $\sqrt{4x^2 - 2x + 3} + 2x$ ergibt Grenzwert $= -\frac{1}{2}$ (c) 0

(d) $\frac{x + \sin x}{x} = 1 + \frac{\sin x}{x} \to 1 + 0 = 1 \implies \lim\limits_{x \to \infty} \frac{x + \sin x}{x} = 1$ (e) 1, wie (b)

(f) $\frac{x^2 - x}{x^2 - 1} = \frac{x(x-1)}{(x+1)(x-1)} \implies \lim\limits_{x \to 1} \frac{x^2 - x}{x^2 - 1} = \frac{1}{2}$ (g) ex. nicht!

(h) $x - 1 \le [x] \le x \implies \dfrac{\frac{x}{x} \le \frac{x}{[x]} \le \frac{x}{x-1}}{\searrow \quad 1 \quad \swarrow} \implies \lim\limits_{x \to \infty} \frac{x}{[x]} = 1 \quad \left(\begin{array}{l} \text{Quetschlemma,} \\ \text{Seite 331.} \end{array} \right)$

1.66 Ann.: $\sqrt{ab} > \dfrac{a+b}{2}$

$\implies 4ab > a^2 + 2ab + b^2 \implies 0 > (a-b)^2$ # (falsch, kein Quadrat ist negativ!)

1.67 Ann.: $4 + 2x - 2x^2 \le 0 \implies \frac{9}{4} - (x - \frac{1}{2})^2 \le 0$

$\implies \frac{3}{2} \le |x - \frac{1}{2}| \implies x \le -1 \lor x \ge 2$ # (zur Voraussetzung $-1 < x < 1$.)

1.68 Verschiebung des Koordinatensystems (Seite 27):

$$\begin{array}{ll} u = x - (-\frac{b}{3a}) \\ v = y - p(-\frac{b}{3a}) \end{array} \iff \begin{array}{ll} x = u - \frac{b}{3a} \\ y = v + p(-\frac{b}{3a}) \end{array} \quad \text{liefert}$$

$$v + p(-\tfrac{b}{3a}) = y = p(x) = a(u - \tfrac{b}{3a})^3 + b(u - \tfrac{b}{3a})^2 + c(u - \tfrac{b}{3a}) + d$$

$$\implies v = au^3 \quad \frac{b^2}{3a} u.$$

Im u, v–System ist p eine *ungerade* Funktion, der Graph also *punktsymmetrisch* zum Nullpunkt.

Der Nullpunkt im u, v–System ist der Punkt $(-\frac{b}{3a}, p(-\frac{b}{3a}))$ im x, y–System.

2 Reelle Zahlen

2.1 Brüche, Potenzen, Wurzeln

Die Menge der Zahlen x auf der Zahlengeraden wird mit $\mathbb{R}$ bezeichnet.

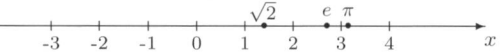

Sind $a, b \in \mathbb{R}$, so besteht stets genau eine der drei Ordnungsrelationen:

$a < b$	a kleiner als b, a liegt links von b auf der Zahlengeraden.
$a = b$	a ist gleich b.
$a > b$	a größer als b, a liegt rechts von b auf der Zahlengeraden.

Ist $a < b$ und $b < c$, so ist auch $a < c$ (Transitivität).
Statt "$a < b$ oder $a = b$" schreibt man "$a \le b$"   (a kleiner oder gleich b).

Die rationalen (und die reellen) Zahlen liegen *dicht* auf der Zahlengeraden, d.h. zwischen je zwei verschiedenen rationalen (reellen) Zahlen liegen stets unendlich viele weitere rationale (reelle) Zahlen.

2.1   *Sind $a, b \in \mathbb{R}$ und ist $a < b$, so liegt z.B. die unendliche Menge*
            $\{a + \frac{b-a}{n} \mid n = 2, 3, \ldots\}$ *zwischen a und b.*

Jede reelle Zahl ist ein (endlicher oder unendlicher) Dezimalbruch, wobei die rationalen Zahlen genau die endlichen oder periodischen Dezimalbrüche sind.

2.2   (a)   *Man verwandle folgende unendlichen periodischen Dezimalbrüche in gewöhnliche Brüche:* $x = 0.\overline{15}$, $y = 0.0\overline{072}$, $z = 1.32\overline{5}$.

            (b)   *Man zeige:* $0.\overline{9} = 1$.   (c)   *Man berechne* $2 \cdot 0.\overline{7}$.

(a) $x = 0.\overline{15} \implies$

$$
\begin{aligned}
100x &= 15.\overline{15} \\
-\ x &= -0.\overline{15} \\
\hline
99x &= 15.00
\end{aligned}
\implies x = \frac{15}{99} = \underline{\underline{\frac{5}{33}}}.
$$

$$
\begin{aligned}
1000y &= 7.2\overline{072} \\
-\ y &= -0.0\overline{072} \\
\hline
999y &= 7.2000
\end{aligned}
\implies y = \frac{72}{9990} \qquad y = \underline{\underline{\frac{4}{555}}}
$$

$$
\begin{aligned}
10z &= 13.25\overline{5} \\
-\ z &= -1.32\overline{5} \\
\hline
9z &= 11.930
\end{aligned}
\implies z = \underline{\underline{\frac{1193}{900}}}
$$

(b)   Für $x = 0.\overline{9}$ gilt:

$$
\begin{aligned}
10x &= 9.999\ldots \\
-x &= -0.999\ldots \\
\hline
9x &= 9.000\ldots
\end{aligned}
\implies \underline{\underline{x = 1}}.
$$

Oder mit der geometrischen Reihe, Seite 337:

$$
0.\overline{9} = \frac{9}{10} + \frac{9}{10^2} + \frac{9}{10^3} + \cdots = \frac{9}{10} \sum_{k=0}^{\infty} \left(\frac{1}{10}\right)^k = \frac{9}{10} \frac{1}{1 - \frac{1}{10}} = \underline{\underline{1}}.
$$

(c) $0.\overline{7} = \frac{7}{10} \frac{1}{1 - \frac{1}{10}} = \frac{7}{9}$ also $2 \cdot 0.\overline{7} = 2 \cdot \frac{7}{9} = \frac{14}{9} = \underline{\underline{1.\overline{5}}}.$

Für das Rechnen mit Potenzen und Wurzeln (falls die entsprechenden Ausdrücke definiert sind, $\sqrt{x}$ ist in $\mathbb{R}$ z.B. nur für $x \ge 0$ definiert) gelten folgende Regeln:

$$
\begin{array}{|c|c|c|c|}
x^u \cdot x^v = x^{u+v} & (x^u)^v = x^{u \cdot v} & & (x \cdot y)^u = x^u \cdot y^u \\
\dfrac{x^u}{x^v} = x^{u-v} & \sqrt[v]{x^u} = x^{u/v} & x^{-n} = \dfrac{1}{x^n} & \left(\dfrac{x}{y}\right)^u = \dfrac{x^u}{y^u}
\end{array}
$$

Erfahrungsgemäß führen Unsicherheiten beim Rechnen mit Brüchen, Potenzen, Wurzeln und Logarithmen (siehe Seite 86) immer wieder zu ärgerlichen Fehlern in Klausuren!

Zur vertiefenden Wiederholung siehe auch **EM 1**.

2.3   *Man berechne $(2^3)^2$ und $2^{(3^2)}$:*

$(2^3)^2 = 2^{3 \cdot 2} = 2^6 = 64$ und $2^{(3^2)} = 2^9 = 512$

2.4   *Man vereinfache $(\sqrt[4]{x^3} + \sqrt{x}\,)^2 \cdot x^{-1}$ durch Ausmultiplizieren:*

$$
\begin{aligned}
(\sqrt[4]{x^3} + \sqrt{x}\,)^2 \cdot x^{-1} &= (x^{3/4} + x^{1/2})^2 x^{-1} = (x^{6/4} + 2x^{3/4+1/2} + x)x^{-1} \\
&= x^{3/2-1} + 2x^{5/4-1} + 1 = \sqrt{x} + 2\sqrt[4]{x} + 1
\end{aligned}
$$

2.5   *Für welche $x > 0$ gilt $x^{(n^{-1})} > (x^n)^{-1}$?*

Es ist $x^{(n^{-1})} = x^{1/n} = \sqrt[n]{x}$ und $(x^n)^{-1} = x^{-n} = \frac{1}{x^n}$. Also gilt:

$x^{(n^{-1})} > (x^n)^{-1} \iff \sqrt[n]{x} > \frac{1}{x^n} \iff x^n \sqrt[n]{x} > 1 \iff x^{n+1/n} > 1 \iff x > 1.$

2.2   Fakultät, Binomialkoeffizienten

Das Produkt der natürlichen Zahlen von 1 bis n bezeichnet man mit $\underline{n!}$ (lies: n–Fakultät). Aus Zweckmäßigkeitsgründen setzt man zusätzlich $0! = 1$.

$$
\begin{array}{|ccl|}
n \in \mathbb{IN} & n! &= 1 \cdot 2 \cdot 3 \cdots n \\
& 0! &= 1
\end{array}
$$

2.6   *Man berechnet:* $1! = 1, \quad 2! = 2, \quad 3! = 6, \quad 4! = 24, \quad 5! = 120, \cdots$

Mit dem Taschenrechner erhält man z.B.: $13! = 6\,227\,020\,800$.

Die Fakultäten größerer Zahlen lassen sich näherungsweise mit der *Stirlingschen Formel* (siehe **F+H**, 7) berechnen: $\quad n! \approx \left(\frac{n}{e}\right)^n \cdot \sqrt{2\pi n}$, z.B. $\quad 13! \approx 6\,187\,239\,471$.

Die als Faktoren der Potenzen des Binoms $(a + b)$ auftretenden Koeffizienten heißen **Binomialkoeffizienten**:

$$
\begin{aligned}
(a + b)^0 &= 1 \\
(a + b)^1 &= a + b \\
(a + b)^2 &= a^2 + 2ab + b^2 \\
(a + b)^3 &= a^3 + 3a^2b + 3ab^2 + b^3 \\
(a + b)^4 &= a^4 + 4a^3b + 6a^2b^2 + 4ab^3 + b^4 \\
(a + b)^5 &= a^5 + 5a^4b + 10a^3b^2 + 10a^2b^3 + 5ab^4 + b^5 \\
&\qquad\qquad\qquad \cdots
\end{aligned}
$$

$$(a+b)^n = \underbrace{1}_{\binom{n}{0}} a^n + \underbrace{n}_{\binom{n}{1}} a^{n-1}b + \underbrace{\frac{n(n-1)}{2!}}_{\binom{n}{2}} a^{n-2}b^2 + \cdots + \underbrace{\frac{n(n-1)\cdots(n-k+1)}{k!}}_{\binom{n}{k}} a^{n-k}b^k + \cdots + \underbrace{1}_{\binom{n}{n}} b^n.$$

Für den Koeff. von $a^{n-k}b^k$ in der Potenz $(a+b)^n$ schreibt man kurz: $\binom{n}{k}$, lies: "n über k".

Binomialkoeffizienten		z.B.:	$\binom{5}{3}$	$=$	$\frac{5\cdot4\cdot3}{1\cdot2\cdot3}$	$=$	10

$n = 0, 1, 2, \ldots \quad k = 1, 2, \ldots$

$\binom{n}{k} = \frac{n(n-1)\cdots(n-k+1)}{k!}$

$\binom{n}{0} = \binom{n}{n} = 1$

z.B.:

$\binom{5}{3} = \frac{5\cdot4\cdot3}{1\cdot2\cdot3} = 10$

$\binom{3}{5} = \frac{3\cdot2\cdot1\cdot0\cdot(-1)}{1\cdot2\cdot3\cdot4\cdot5} = 0$

$\binom{3}{1} = \frac{3}{1} = 3$

$\binom{0}{k} = \frac{0\cdot(-1)\cdots(-k+1)}{k!} = 0$

---

binomische Formel

$$(a+b)^n = \sum_{k=0}^{n} \binom{n}{k} a^{n-k}b^k =$$

$$= \binom{n}{0} a^n + \binom{n}{1} a^{n-1}b^1 + \binom{n}{2} a^{n-2}b^2 + \binom{n}{3} a^{n-3}b^3 + \cdots + \binom{n}{k} a^{n-k}b^k + \cdots + \binom{n}{n} b^n$$

Die Binomialkoeffizienten berechnet man mit dem **Pascalschen Dreieck**:

```
n = 0                               1
    1                          1         1
    2                      1        2        1
    3                  1        3        3        1
    4              1        4        6  +  4        1
    5          1       5       10       10       5        1
    6      1       6      15       20       15       6        1
```

$(a+b)^6 \quad = \quad \mathbf{1}\,a^6 + \mathbf{6}\,a^5b + \mathbf{15}\,a^4b^2 + \mathbf{20}\,a^3b^3 + \mathbf{15}\,a^2b^4 + \mathbf{6}\,ab^5 + \mathbf{1}\,b^6$

---

wichtige Formeln

$\binom{n}{k} + \binom{n}{k+1} = \binom{n+1}{k+1}$ | $\binom{4}{2} + \binom{4}{3} = \binom{5}{3}$ | Bildungsgesetz des

 | $\mathbf{6} \;+\; \mathbf{4} \;=\; \mathbf{10}$ | Pascalschen Dreiecks

$\binom{n}{k} = \frac{n!}{(n-k)!\cdot k!} = \binom{n}{n-k}$ | $\binom{5}{3} = \frac{5\cdot4\cdot3}{1\cdot2\cdot3} = \frac{5\cdot4}{1\cdot2} = \binom{5}{2}$ | Symmetrie des Pascalschen Dreiecks

---

2.7 Setzt man in der binomischen Formel $a = 1$ und $b = 1$, bzw. $b = -1$, so gilt:

(1) $2^n = (1+1)^n = \sum_{k=0}^{n} \binom{n}{k} = \binom{n}{0} + \binom{n}{1} + \cdots + \binom{n}{n}$, z.B.: $2^4 = 16 = 1+4+6+4+1$.

(2) $0 = (1-1)^n = \sum_{k=0}^{n} \binom{n}{k}(-1)^k = \binom{n}{0} - \binom{n}{1} + \cdots + (-1)^n \binom{n}{n}$: $0 = 1-4+6-4+1$.

Der Ausdruck $\binom{n}{k}$ ist nur für nicht negative ganze Zahlen n definiert. Man erweitert ihn jedoch so, dass er für beliebige reelle Zahlen r einen Sinn erhält:

allgemeine Binomialkoeffizienten	z.B.:	
$r \in \mathbb{R} \qquad k = 1, 2, \ldots$	$\binom{5}{3}$	$= \frac{5 \cdot 4 \cdot 3}{3!} = 10,$

$$\binom{5}{3} = \frac{5 \cdot 4 \cdot 3}{3!} = 10,$$

$$\binom{1.4}{3} = \frac{1.4 \cdot 0.4 \cdot (-0.6)}{3!} = -0.056,$$

$$\binom{-2}{3} = \frac{(-2) \cdot (-3) \cdot (-4)}{3!} = -4,$$

$$\binom{\pi}{2} = \frac{\pi \cdot (\pi - 1)}{2!} \approx 3.364.$$

allgemeine Binomialkoeffizienten
$r \in \mathbb{R} \qquad k = 1, 2, \ldots$
$\binom{r}{k} = \frac{r(r-1)\cdots(r-k+1)}{k!}$
$\binom{r}{0} = 1 \quad \text{und} \quad \binom{r}{1} = r$

---

allgemeine binomische Formel, binomische Reihe

$$(1+x)^r = \sum_{k=0}^{\infty} \binom{r}{k} x^k = \binom{r}{0} + \binom{r}{1} x + \binom{r}{2} x^2 + \binom{r}{3} x^3 + \cdots \qquad \text{für } |x| < 1$$

2.8
$$\begin{aligned} \sqrt{1+x} &= (1+x)^{0.5} \\ &= \binom{0.5}{0} + \binom{0.5}{1} x + \binom{0.5}{2} x^2 + \binom{0.5}{3} x^3 + \binom{0.5}{4} x^4 + \cdots \\ &= 1 + \tfrac{1}{2}x - \tfrac{1}{8}x^2 + \tfrac{1}{16}x^3 - \tfrac{5}{128}x^4 \pm \cdots, \quad \text{für } -1 < x \leq 1. \end{aligned}$$

2.3 Ungleichungen, Beträge

Ist $a < b$, so ist

$a + c < b + c$, für alle $c \in \mathbb{R}$ — <u>Addition</u> einer bel. Zahl auf beiden Seiten.

$a \cdot c \underset{>}{\lessgtr} b \cdot c$, falls $c \gtrless 0$ — <u>Multiplikation</u> mit beliebiger $\genfrac{}{}{0pt}{}{\text{pos.}}{\text{neg.}}$ Zahl.

$\frac{1}{a} \underset{<}{\gtrless} \frac{1}{b}$, falls $ab \gtrless 0$ — <u>Bilden der Reziproken</u> auf beiden Seiten, falls a, b $\genfrac{}{}{0pt}{}{\text{gleiches}}{\text{ungleiches}}$ Vorzeichen haben.

Diese Regeln gelten auch, wenn "<" durch "≤" ersetzt wird!

2.9

-2	$<$	3	$\Longrightarrow$	-7	$<$	-2	Addition von -5 auf beiden Seiten.
-1	$<$	3	$\Longrightarrow$	-5	$<$	15	Multiplikation beider Seiten mit 5.
-1	$\leq$	3	$\Longrightarrow$	2	$\geq$	-6	Multiplikation beider Seiten mit -2.

Bilden der Reziproken auf beiden Seiten:

1	$<$	3	$\longrightarrow$	-1	$<$	$\frac{1}{3}$	-1 und 3 haben ungleiches Vorzeichen,
5	$\leq$	7	$\Longrightarrow$	$\frac{1}{5}$	$\geq$	$\frac{1}{7}$	5 und 7 haben gleiches Vorzeichen.

$a < b$ und $c < d \Longrightarrow a + c < b + d$ — Addition gleich gerichteter Ungleichungen

Für alle $n \in \mathbb{N}$ gilt:

$0 \leq a < b \quad \genfrac{}{}{0pt}{}{\Longrightarrow}{\longrightarrow} \quad \genfrac{}{}{0pt}{}{a^n < b^n}{\sqrt[n]{a} < \sqrt[n]{b}}$

<u>Monotonie</u> von Potenz Wurzel

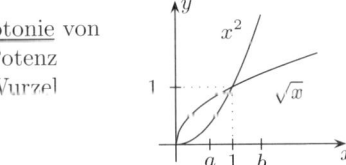

Bernoullische Ungleichung

Für alle $n \in \mathbb{N}$ gilt:

$$x \geq -1 \Longrightarrow (1+x)^n \geq 1 + nx$$
$$0 \neq x \geq -1 \Longrightarrow (1+x)^n > 1 + nx$$

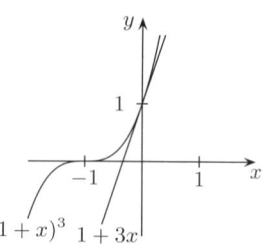

$(1+x)^3 \quad 1 + 3x$

Der (absolute) **Betrag** $|x|$ von $x \in \mathbb{R}$
wird folgendermaßen definiert:

Betrag $|x|$		
	$x > 0$	$|x| = x$
Für	$x = 0$ ist	$|x| = 0$
	$x < 0$	$|x| = -x$

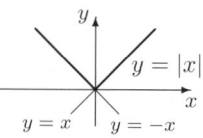

oder mit $\leq$:

Betrag $|x|$		
Für	$x \geq 0$ ist	$|x| = x$
	$x \leq 0$	$|x| = -x$

Geometrisch gesehen, ist $|x|$ der **Abstand** der Zahl x auf der Zahlengeraden
vom Nullpunkt und $|x - a|$ der **Abstand** der Zahl x von der Zahl a.

2.10 $|5| = 5$, $|-1| = 1$, $|\sqrt{2}| = \sqrt{2}$, $|x^2| = x^2$
$\sqrt{x^2} = |x|$ und nicht etwa $= x$; denn z.B. $\sqrt{(-3)^2} = \sqrt{9} = 3 = |-3|$.

2.11   Es gelten folgende $|x| = 1 \iff x = 1$ oder $x = -1$,
Äquivalenzen, $|x| = a \iff x = a$ oder $x = -a$, für $a \geq 0$,
$x \in \mathbb{R}$: $|x| \leq 1 \iff -1 \leq x \leq 1$.

Rechnen mit Beträgen

Für alle $a, b \in \mathbb{R}$ gilt:

$$|a \cdot b| = |a| \cdot |b| \quad \text{und} \quad \left|\frac{a}{b}\right| = \frac{|a|}{|b|} \quad \text{für } b \neq 0$$

$$|a| \leq |b| \iff a^2 \leq b^2$$

$$\big||a| - |b|\big| \leq |a + b| \leq |a| + |b| \qquad \textbf{Dreiecksungleichung}$$

Ungleichungen und Beträge benutzt man, um *Gebiete* auf der Zahlengeraden, in
der Ebene oder im Raum zu charakterisieren, über die Integrale (mehrfache Integrale) zur Berechnung von Inhalten, Schwerpunkten, Trägheitsmomenten usw.
gebildet werden.

Ungleichungen, in denen Betragstriche vorkommen, löst man, indem man diese
durch **Fallunterscheidungen** (gemäß der Definition von $|x|$) beseitigt.

2.12   *Für welche $x \in \mathbb{R}$ gilt die Ungleichung $|x - 1| < 2$?*

(a)   **Fallunterscheidung** zur Beseitigung der Betragstriche:

(Eine einfachere Lösungsmöglichkeit zeigt [2.13].)

1. Fall: $x - 1 \geq 0$, dann ist $|x - 1| = x - 1$ und die Ungleichung heißt $\underline{x - 1 < 2}$.

2. Fall: $x - 1 \leq 0$, dann ist $|x - 1| = -(x - 1)$ und die Ungl. heißt $\underline{-(x - 1) < 2}$.

Durch Umformen erhält man:

1. Fall: Ist $x \geq 1$, so löst x die Ungleichung, wenn $\underline{x < 3}$ ist.

2. Fall: Ist $x \leq 1$, so löst x die Ungleichung, wenn $\underline{x > -1}$ ist.

1. Fall: Lösungsmenge: $1 \leq x < 3$

2. Fall: Lösungsmenge: $-1 < x \leq 1$

Zusammenfassend erhält man:

x löst die Ungleichung $|x - 1| < 2$ genau dann, wenn $\underline{-1 < x < 3}$ ist.

Veranschaulichung auf der Zahlengeraden:

(b) Ausnutzen der Äquivalenz $|a| \leq |b| \iff a^2 \leq b^2$:

$|x - 1| < 2 \iff (x - 1)^2 < 4 \iff x^2 - 2x + 1 < 4 \iff x^2 - 2x - 3 < 0$
$\iff -1 < x < 3$, da $x^2 - 2x - 3 = 0 \iff x_1 = -1$, $x_2 = 3$ und die Parabel $y = x^2 - 2x - 3$ genau zwischen ihren Nullstellen negative Funktionswerte hat.

> Geometrisch bedeutet $|a - b|$ den **Abstand** von a und b auf der Zahlengeraden, speziell $|a| = |a - 0|$ den **Abstand** von a zum Nullpunkt.

Folglich ist die vorige Aufgabe noch einfacher zu lösen:

2.13 Die Ungleichung $|x - 1| < 2$ lösen, heißt demnach, alle x bestimmen, deren **Abstand** von der Zahl 1 auf der Zahlengeraden kleiner als 2 ist, und das sind natürlich genau die Zahlen zwischen -1 und 3, also $-1 < x < 3$.

2.14   *Für welche $x \in \mathbb{R}$ gilt die Ungleichung $|x + 2| \leq |x - 1|$?*

Fallunterscheidungen zur Beseitigung der Betragstriche:

1. Fall: $x + 2 \geq 0$ und $x - 1 \geq 0$ $\iff$ $x \geq -2$ und $x \geq 1$ $\longleftrightarrow$ $x \geq 1$.

2. Fall: $x + 2 \geq 0$ und $x - 1 \leq 0$ $\iff$ $x \geq -2$ und $x \leq 1$ $\iff$ $-2 \leq x \leq 1$.

3. Fall: $x + 2 \leq 0$ und $x - 1 \geq 0$ $\iff$ $x \leq -2$ und $x > 1$ $\iff$ $x \in \emptyset$.

4. Fall: $x + 2 \leq 0$ und $x - 1 \leq 0$ $\iff$ $x \leq -2$ und $x \leq 1$ $\iff$ $x \leq -2$.

Der 3. Fall braucht nicht weiter verfolgt zu werden.

Unterscheidet man die verbleibenden drei Fälle, so erhält man drei Ungleichungen ohne Betragstriche für die jeweiligen Gebiete:

1. Fall: $1 \leq x :$ $|x+2| \leq |x-1| \Longleftrightarrow$ $x+2 \leq x-1$ $\Longleftrightarrow 2 \leq -1 \Longleftrightarrow^1 x \in \emptyset$

2. Fall: $-2 \leq x \leq 1 :$ $|x+2| \leq |x-1| \Longleftrightarrow$ $x+2 \leq -(x-1)$ $\Longleftrightarrow 2x \leq -1 \Longleftrightarrow x \leq -1/2$

4. Fall: $x \leq -2 :$ $|x+2| \leq |x-1| \Longleftrightarrow -(x+2) \leq -(x-1) \Longleftrightarrow -2 \leq 1 \Longleftrightarrow^1 x \in \mathbb{R}$

Zusammenfassend ergibt sich: x löst die Ungleichung $|x+2| \leq |x-1|$

$\Longleftrightarrow$ $(x \geq 1$ und $x \in \emptyset)$ oder $(-2 \leq x \leq 1$ und $x \leq -1/2)$ oder $(x \leq -2$ und $x \in \mathbb{R})$

$\Longleftrightarrow$ $x \in \emptyset$ oder $-2 \leq x \leq -1/2$ oder $x \leq -2$

$\Longleftrightarrow$ $\underline{\underline{x \leq -1/2}}$

Veranschaulichung auf der Zahlengeraden:

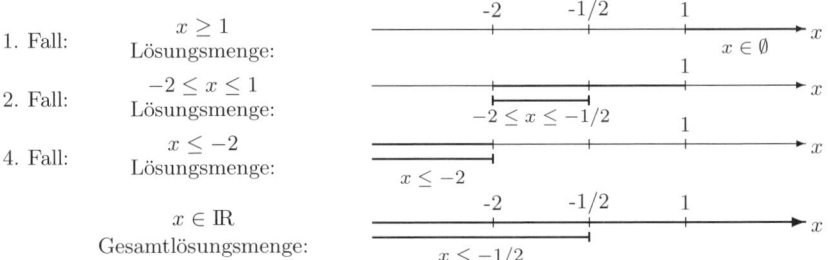

1. Fall:	$x \geq 1$ Lösungsmenge:	
2. Fall:	$-2 \leq x \leq 1$ Lösungsmenge:	
4. Fall:	$x \leq -2$ Lösungsmenge:	
	$x \in \mathbb{R}$ Gesamtlösungsmenge:	

Durch die vier Fallunterscheidungen wird die Zahlengerade in drei Gebiete eingeteilt, in denen sich die Ungleichung ohne Betragstriche schreiben und durch einfache Umformungen lösen lässt.

Die Gesamtlösungsmenge ergibt sich als Vereinigung der Lösungsmengen in den Teilgebieten.

•   Folgende Überlegungen führen erheblich schneller zum Ziel:

(a)   Weil $|a-b|$ der **Abstand** von a und b auf der Zahlengeraden ist, löst x genau dann die Ungleichung $|x+2| \leq |x-1|$, wenn der Abstand von x bis -2 kleiner oder gleich ist dem Abstand von x bis 1.

Also erfüllen genau die x die Ungleichung, die kleiner oder gleich $-\frac{1}{2}$ sind.

(b)   **Quadrieren** der Ungleichung liefert:

$|x+2| \leq |x-1| \Longleftrightarrow (x+2)^2 \leq (x-1)^2 \Longleftrightarrow x^2 + 4x + 4 \leq x^2 - 2x + 1$
$\Longleftrightarrow 6x \leq -3 \Longleftrightarrow \underline{\underline{x \leq -\frac{1}{2}}}.$

> Lösungsmengen von Ungleichungen mit zwei Variablen
> (beispielsweise x, y) sind Teilmengen von $\mathbb{R}^2$.

---

[1]Die Ungleichung $x+2 \leq x-1$ ist für kein $x \in \mathbb{R}$ erfüllt; denn wäre sie für ein $x \in \mathbb{R}$ erfüllt, so wäre $2 \leq -1$. Also ist $x+2 \leq x-1 \Longleftrightarrow x \in \emptyset$. Die Ungleichung $-(x+2) \leq -(x-1)$ ist dagegen für alle $x \in \mathbb{R}$ erfüllt; denn sie ist gleichbedeutend mit $-2 \leq 1$.

2.15   *Für welche $(x,y) \in \mathbb{R}^2$ gilt die Ungleichung $y > -\frac{1}{2}x+1$ bzw. $y < -\frac{1}{2}x+1$?*

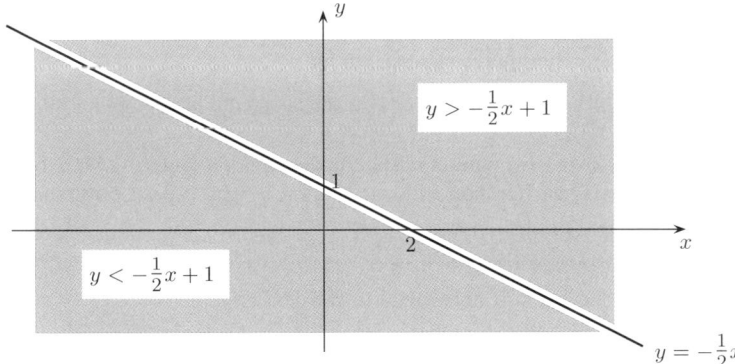

Für die Punkte $(x,y) \in \mathbb{R}^2$ $\begin{array}{c}\text{über}\\\text{auf}\\\text{unter}\end{array}$ der Geraden $y = -\frac{1}{2}x+1$ gilt $y \begin{array}{c}>\\=\\<\end{array} -\frac{1}{2}x+1$.

2.16   *Für welche $(x,y) \in \mathbb{R}^2$ gilt $x > 1$ bzw. $x < 1$ und $-1 \le y \le 3$?*

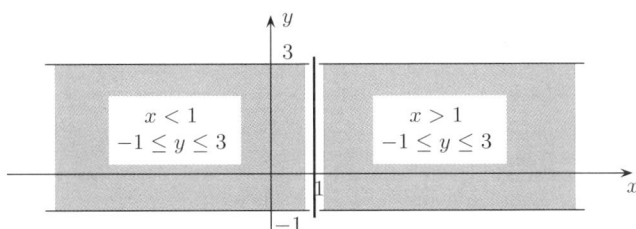

Für die Punkte $(x,y) \in \mathbb{R}^2$ $\begin{array}{c}\text{rechts von}\\\text{auf}\\\text{links von}\end{array}$ der Geraden $x = 1$ gilt $x \begin{array}{c}>\\=\\<\end{array} 1$.

> Man löst zunächst die zugehörigen **Gleichungen**, indem man "$\le$"
> bzw. "$<$" durch "$=$" ersetzt. Die gesuchten Gebiete findet man
> dann durch Überlegung (Einsetzen von Punkten, Probieren,...).

2.17   *Für welche $(x,y) \in \mathbb{R}^2$ gilt $|x| \le 2$?*

Die zugehörige Gleichung ist $|x| = 2$, d.h. $x = 2$ oder $x = -2$.
Die Grenzgeraden sind also die Geraden $x = 2$ und $x = -2$.
Für $(0,0)$ ist die Ungleichung erfüllt! Also ist die Lösungsmenge die Menge zwischen den Geraden.

$|x|$ ist der Abstand des Punktes (x,y) von der y–Achse. Es sind also die $(x,y) \in \mathbb{R}^2$ gesucht, deren Abstand von der y–Achse kleiner oder gleich 2 ist!

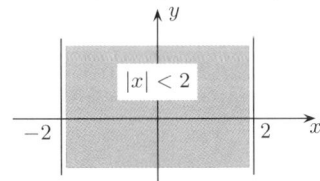

2.18   *Für welche $(x, y) \in \mathbb{R}^2$ gilt $\bigl|\,|x| + |y|\,\bigr| \le 3$?*

Vorbetrachtung   (1)   Da $|x| + |y| \ge 0$ ist, gilt $\bigl|\,|x| + |y|\,\bigr| = |x| + |y|$.
(2)   Symmetrieeigenschaften:

Es ist $|x| = |-x|$ und $|y| = |-y|$. Wenn also für (x, y) die Ungleichung gilt, dann gilt sie auch für $(-x, y)$, $(x, -y)$ und $(-x, -y)$.
Die Lösungsmenge liegt also symmetrisch zu den beiden Achsen! Man braucht also nur den **ersten Quadranten**, d.h. den Fall $x \ge 0$, $y \ge 0$ zu untersuchen.

Also $x \ge 0$, $y \ge 0$ (1. Quadrant):

In diesem Fall ist $|x| = x$ und $|y| = y$.
Die Ungleichung $|x| + |y| \le 3$ geht über in die Un-
gleichung $x + y \le 3$, also in $y \le -x + 3$.

Die **Grenzgerade** ist $y = -x + 3$.
Im ersten Quadranten erfüllen genau die Punkte, die
unter oder auf der Geraden $y = -x + 3$ liegen, die
Ungleichung $|x| + |y| \le 3$.
Aus den oben erwähnten Symmetriegründen erhält
man nebenstehende Gesamtlösungsmenge.

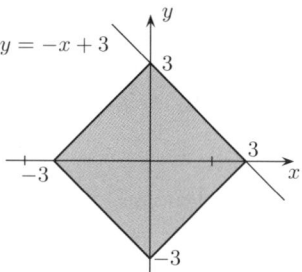

2.19   *Für welche $(x, y) \in \mathbb{R}^2$ gilt $|x + 1| + |y - 2| \le 2$?*

$$|x + 1| = \begin{cases} x + 1 & \text{, für } x + 1 \ge 0 \quad \text{, d.h.,} \quad \text{für} \quad x \ge -1, \\ -(x + 1) & \text{, für } x + 1 \le 0 \quad \text{, d.h.,} \quad \text{für} \quad x \le -1. \end{cases}$$

$$|y - 2| = \begin{cases} y - 2 & \text{, für } y - 2 \ge 0 \quad \text{, d.h.,} \quad \text{für} \quad y \ge 2, \\ -(y - 2) & \text{, für } y - 2 \le 0 \quad \text{, d.h.,} \quad \text{für} \quad y \le 2. \end{cases}$$

Man hat also die folgenden 4 Fälle zu unterscheiden:

1. Fall: $x + 1 \ge 0$ und $y - 2 \ge 0$,
2. Fall: $x + 1 \ge 0$ und $y - 2 \le 0$,
3. Fall: $x + 1 \le 0$ und $y - 2 \ge 0$,
4. Fall: $x + 1 \le 0$ und $y - 2 \le 0$.

Aus Symmetriegründen braucht man nur den <u>1. Fall</u> zu untersuchen und erhält die Gesamtlösungsmenge durch Spiegelung der Lösungsmenge, die man im 1. Fall erhält, an den Geraden $x = -1$ und $y = 2$. Also

1. Fall: $x + 1 \ge 0$ und $y - 2 \ge 0$:

Die Ungleichung $|x + 1| + |y - 2| \le 2$ geht über in die Ungleichung
$x + 1 + y - 2 \le 2$, also in $y \le -x + 3$. Die Grenzgerade ist $y = -x + 3$.

Wenn also $x + 1 \ge 0$, $y - 2 \ge 0$ ist, erfüllen genau die
Punkte, die unter oder auf der Geraden $y = -x + 3$
liegen (Probieren!), die Ungleichung.

Aus den oben genannten Symmetriegründen
erhält man nebenstehende Gesamtlösungsmenge:

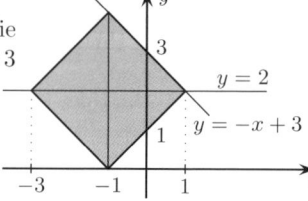

Diese Überlegungen vereinfachen sich erheblich,
wenn man $x+1 = u$, $y-2 = v$ substituiert. Man geht
durch Parallelverschiebung des Achsenkreuzes (siehe
Seite 27) zu einem neuen Koordinatensystem — dem
u, v–System — über, dessen Ursprung bei $(-1, 2)$ im
x, y–System liegt.

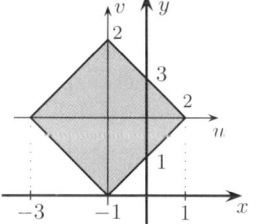

Bei dieser Transformation geht die Ungleichung $|x + 1| + |y - 2| \leq 2$ über in
$|u| + |v| \leq 2$, deren Lösungsmenge aus dem vorigen Beispiel bekannt ist.
Damit hat man aber auch die Lösungsmenge von $|x + 1| + |y - 2| \leq 2$ im x, y–
System!

Systeme von Ungleichungen

löst man, indem man die einzelnen Ungleichungen löst und
den Durchschnitt der einzelnen Lösungsmengen bildet.

2.20   Für welche $(x, y) \in \mathrm{IR}^2$ gelten (gleichzeitig) folgende Ungleichungen?

$$x \geq y - 1, \qquad |x| \leq 1, \qquad y \geq x^2 - 1.$$

Als Lösungsmengen der einzelnen Ungleichungen erhält man:

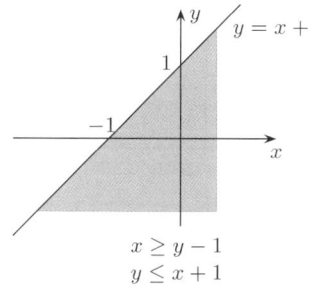

$x \geq y - 1$
$y \leq x + 1$

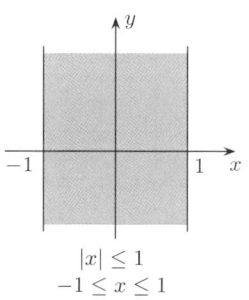

$|x| \leq 1$
$-1 \leq x \leq 1$

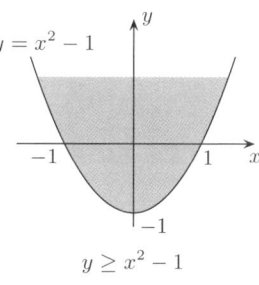

$y \geq x^2 - 1$

Die Lösungsmenge des
Ungleichungssystems ist
der **Durchschnitt** der
Lösungsmengen der ein-
zelnen Ungleichungen:

$$y \leq x + 1$$
$$|x| \leq 1$$
$$y \geq x^2 - 1$$

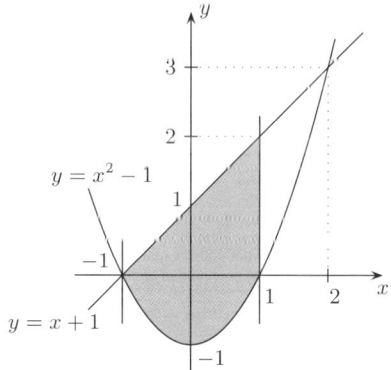

2.4 Aufgaben

2.21 *Man löse folgende Ungleichungen bzw. Ungleichungssysteme und skizziere ihre Lösungsmenge auf der Zahlengeraden:*

(**1**) $3|x-1| < 4$ (**2**) $|x-1| \geq 2$ (**3**) $||x|-|2|| < 1$

(**4**) $||x|+1| \geq 3$ (**5**) $\sqrt{|x+1|} < 2$ (**6**) $x^2 + 2x - 3 < 0$

(**7**) $\dfrac{x}{|x+3|} < \dfrac{1}{x-1}$ (**8**) $\dfrac{1}{x} < \dfrac{1}{x+1}$ (**9**) $\begin{aligned} |x-3| &< 2 \\ |x+1| &\leq \tfrac{9}{2} \end{aligned}$

2.22 *Man löse folgende Ungleichungen bzw. Ungleichungssysteme und skizziere ihre Lösungsmenge in der x,y–Ebene:*

(**1**) $y + 2x - 3 < \tfrac{1}{2}y - x + 4$ (**2**) $|x| < |y|$ (**3**) $3|x-1| < 4$

(**4**) $y - 1 \geq x^2 - 2x$ (**5**) $\begin{aligned} y &\leq x + 1 \\ y &\geq -2x + 1 \end{aligned}$ (**6**) $\begin{aligned} y &\geq x^2 \\ y &\leq |x| \end{aligned}$

(**7**) $\begin{aligned} y &\leq \cos x \\ x &\geq 0 \\ y &\geq \sin x \\ x &\leq 2\pi \end{aligned}$ (**8**) $\begin{aligned} y &\leq \sqrt{1-x^2} \\ y &\geq -\sqrt{1-x^2} \\ xy &> 0 \end{aligned}$ (**9**) $\dfrac{x}{y} \leq \dfrac{y}{x}$

Im Folgenden seien r, φ Polarkoordinaten:

(**10**) $r \leq 1$ (**11**) $\tfrac{\pi}{2} \geq \varphi \geq \tfrac{\pi}{4}$ (**12**) $\begin{aligned} 2 &\leq r \leq 3 \\ \tfrac{\pi}{4} &\leq \varphi \leq \tfrac{\pi}{3} \end{aligned}$

(**13**) $\begin{aligned} r &= 2 \\ \sin^2\varphi + \cos^2\varphi &= 1 \end{aligned}$ (**14**) $\begin{aligned} -1 &\leq y \leq 3 \\ 2 &< x \leq 4 \end{aligned}$

2.23 *Man charakterisiere folgende Gebiete (mit Rand) durch Ungleichungen und verwende gegebenenfalls zur Vereinfachung Polarkoordinaten!*

(**1**) 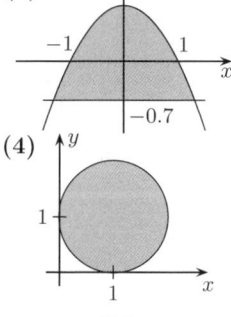 (**2**) 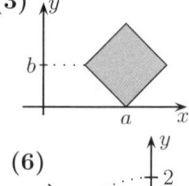 (**3**)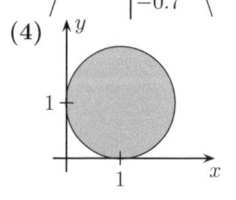

(**4**) (**5**) 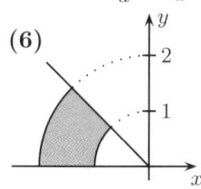 (**6**)

(**7**) 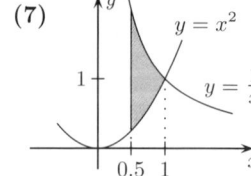 (**8**) 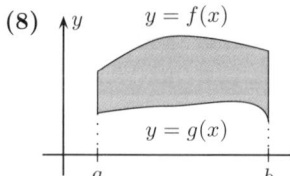 (**9**)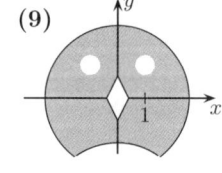

2.24 *Man teile die Strecke der Länge a im **goldenen Schnitt**.*

2.5 Lösungen

2.21 (1) x löst die Ungleichung $|x-1| < \frac{4}{3}$ genau dann, wenn der Abstand von x bis 1 kleiner als $\frac{4}{3}$ ist. Das sind genau die Zahlen zwischen $-\frac{1}{3}$ und $\frac{7}{3}$: $\underline{\underline{-\frac{1}{3} < x < \frac{7}{3}}}$

(2) x löst die Ungleichung $|x-1| \geq 2$ genau dann, wenn der Abstand von x bis 1 größer oder gleich 2 ist:

$$\underline{\underline{x \leq -1 \text{ oder } x \geq 3}}$$

(3) $\big||x|-|2|\big| < 1 \iff \big||x|-2\big| < 1$, weil $|2| = 2$ ist.

1. Fall $x \geq 0$: Es ist $|x| = x$ und $|x-2| < 1 \iff \underline{1 < x < 3}$.

2. Fall $x \leq 0$: Es ist $|x| = -x$ und $|-x-2| = |x+2| < 1 \iff \underline{-3 < x < -1}$.

Gesamtlösungsmenge der Ungleichung $\big||x|-2\big| < 1$:

$$\underline{\underline{1 < x < 3 \text{ oder } -3 < x < -1}}$$

<u>Oder:</u> Die Lösungsmenge liegt symmetrisch zum Nullpunkt, da $|x| = |-x|$ ist. Also $x \geq 0$, dann $\big||x|-2\big| = |x-2| < 1 \iff 1 < x < 3$ und spiegeln!

(4) $\big||x|+1\big| > 3 \iff \underline{\underline{x > 2 \text{ oder } x < -2}}$

(5) $\sqrt{|x+1|} < 2 \iff |x+1| < 4$, da $0 \leq \sqrt{|x+1|} < 2$ und $0 \leq |x+1| < 4$ ist.

$$\iff \underline{\underline{-5 < x < 3}}$$

(6) $x^2 + 2x - 3 < 0 \iff x^2 + 2x + 1 - 4 < 0 \iff (x+1)^2 < 4$

$$\iff |x+1| < 2, \text{ weil } \sqrt{(x+1)^2} = |x+1| \text{ ist!}$$

$$\iff \underline{\underline{-3 < x < 1}}$$

<u>Oder:</u> Man bestimmt die Grenzpunkte, indem man die zugehörige Gleichung $x^2 + 2x - 3 = 0$ löst: $x_1 = -3$, $x_2 = 1$. Für $x = 0$ ist die Ungleichung erfüllt (Einsetzen!), also gilt: $x^2 + 2x - 3 < 0 \iff -3 < x < 1$.

<u>Oder:</u> Die Parabel $y = x^2 + 2x - 3$ ist nach oben geöffnet und verläuft deshalb <u>zwischen</u> ihren Nullstellen unterhalb der x–Achse!

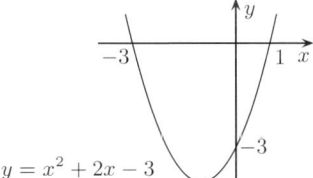

$$y = x^2 + 2x - 3$$

(7) $\frac{x}{|x+3|} < \frac{1}{x-1}$ Fallunterscheidungen:

<u>1. Fall</u> $1 < x$: Es ist $x - 1 > 0$, also auch $x + 3 > 0$ und $|x+3| = x+3$. $\frac{x}{|x+3|} < \frac{1}{x-1} \iff x(x-1) < x+3 \iff x^2 - 2x - 3 < 0 \iff -1 < x < 3$.

Diese äquivalenten Umformungen gelten nur für $1 < x$.

Also erhält man als Lösungsmenge $\underline{1 < x < 3}$.

<u>2. Fall</u> $-3 < x < 1$: Es ist $x - 1 < 0$ und $|x+3| = x+3 > 0$. $\frac{x}{|x+3|} < \frac{1}{x-1} \iff x(x-1) > x+3 \iff x^2 - 2x - 3 > 0 \iff x < -1 \text{ oder } x > 3$.

Beachtet man $-3 < x < 1$, so erhält man die Lösungsmenge $\underline{-3 < x < -1}$.

3. Fall $\quad x < -3$:   Es ist $x - 1 < 0$ und $|x + 3| = -x - 3 > 0$.

$\frac{x}{|x+3|} < \frac{1}{x-1} \iff x(x-1) > -x-3 \iff x^2 > -3$. Dies gilt aber für alle $x \in \mathbb{R}$!

Lösungsmenge ist also $\underline{x < -3}$.

Die Vereinigung der
Lösungsmengen ergibt die
Gesamtlösungsmenge:

$x < -3$ oder $-3 < x < -1$ oder $1 < x < 3$

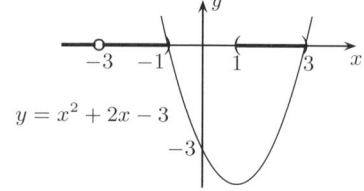

$y = x^2 + 2x - 3$

(8) $\frac{1}{x} < \frac{1}{x+1}$.

(a)   Die Nennernullstellen sind 0 und -1 und ergeben folgende Fallunterscheidungen:

    1. Fall $\quad x > 0$: $\qquad \frac{1}{x} < \frac{1}{x+1} \iff x + 1 < x \iff 1 < 0,$
                       also ist die Ungleichung für $\underline{\text{kein } x > 0}$ erfüllt!

    2. Fall $\quad -1 < x < 0$: $\frac{1}{x} < \frac{1}{x+1} \iff x + 1 > x$, da $x < 0$ und $x + 1 > 0$ ist.
                                 $\iff \underline{-1 < x < 0}$.

    3. Fall $\quad x < -1$: $\quad \frac{1}{x} < \frac{1}{x+1} \iff x + 1 < x$, da $x < 0$ und $x + 1 < 0$ ist.
                                 $\iff 1 < 0$,
                       also ist die Ungleichung für $\underline{\text{kein } x < -1}$ erfüllt!

    Gesamtlösungsmenge: $\quad \underline{-1 < x < 0}$

(b)   <u>Oder:</u> Genau für $-1 < x < 0$ verläuft
die Hyperbel $\frac{1}{x}$ unterhalb der
Hyperbel $\frac{1}{x+1}$ (Skizze!)

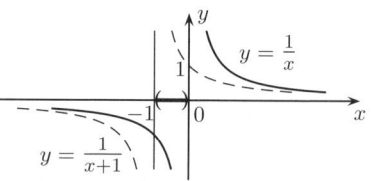

$y = \frac{1}{x}$

$y = \frac{1}{x+1}$

(c)   <u>Oder:</u> (Einfache Umformungen statt Fallunterscheidungen)
$\frac{1}{x} < \frac{1}{x+1} \iff \frac{1}{x+1} - \frac{1}{x} > 0 \iff \frac{-1}{x(x+1)} > 0 \iff x(x+1) < 0 \iff \underline{-1 < x < 0}$.

(9) $|x - 3| < 2 \iff \underline{1 < x < 5}$ Der Durchschnitt der Lösungsmengen
      $2|x + 1| \le 9 \iff \underline{|x + 1| \le \frac{9}{2}}$ ist die Gesamtlösungsmenge:
                  $\iff \underline{-\frac{11}{2} \le x \le \frac{7}{2}}$ $\underline{1 < x \le \frac{7}{2}}$

2.22   (1) $y + 2x - 3 \quad < \quad \frac{1}{2}y - x + 4$
               $\frac{1}{2}y \quad < \quad -3x + 7$
                $y \quad < \quad -6x + 14$

Lösungsmenge ist die
Halbebene unter der
Grenzgeraden $y = -6x + 14$.

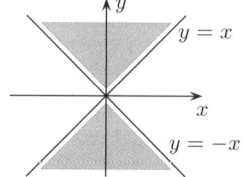

$y = -6x + 14$

$y < -6x + 14$

(2) $|x| < |y|$ Aus Symmetriegründen
nur den ersten Quadranten betrachten:

$x \ge 0$, $y \ge 0$

$|x| < |y| \iff x < y$

Lösungsmenge über der
Grenzgeraden $y = x$.

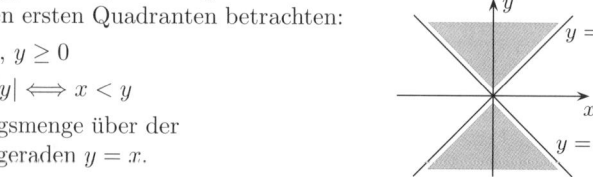

$y = x$

$y = -x$

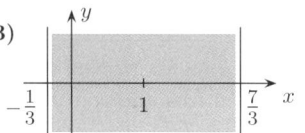

(3) $3|x-1| < 4 \iff |x-1| < \frac{4}{3}$

$\iff -\frac{1}{3} < x < \frac{7}{3}$

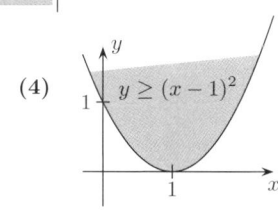

(4) $y - 1 \geq x^2 - 2x$

$y \geq x^2 - 2x + 1 = (x-1)^2$

Lösungsmenge über oder auf
der Grenzkurve $y = (x-1)^2$

(5) $y \leq x + 1$ \underline{Grenzgeraden:} $y = x + 1$

$y \geq -2x + 1$ $\qquad\qquad\quad$ $y = -2x + 1$

Die Lösungsmenge ist die Menge der Punkte in der x, y–Ebene, die unter oder
auf der Grenzgeraden $y = x+1$ und über oder auf der Grenzgeraden $y = -2x+1$
liegen.

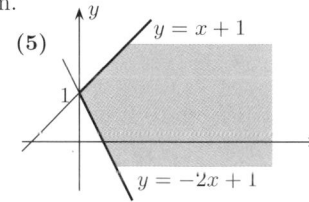

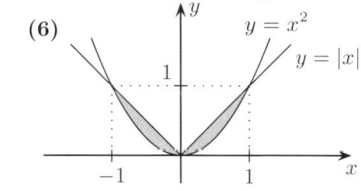

(6) $y \geq x^2$ \underline{Grenzkurven:} $y = x^2$

$y \leq |x|$ $\qquad\qquad\quad$ $y = |x|$

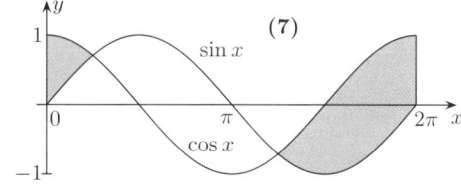

(7) $y \leq \cos x$ \underline{Grenzkurven:} $y = \cos x$

$x \geq 0$ $\qquad\qquad\qquad$ $x = 0$

$y \geq \sin x$ $\qquad\qquad\qquad$ $y = \sin x$

$x \leq 2\pi$ $\qquad\qquad\qquad$ $x = 2\pi$

(8) $y \leq \sqrt{1 - x^2}$ \underline{Grenzkurven:} $y = \sqrt{1 - x^2}$

$y \geq -\sqrt{1 - x^2}$ $\qquad\qquad\qquad$ $y = -\sqrt{1 - x^2}$

$xy > 0$ $\qquad\qquad\qquad\qquad$ $xy = 0 \iff x = 0$ oder $y = 0$

$\qquad\qquad\qquad\qquad\qquad\qquad$ Koordinatenachsen !

Bemerkung:

$xy > 0$ bedeutet, dass x und y ungleich 0 sind und gleiches Vorzeichen haben,
also dass (x, y) im 1. oder 3. Quadranten und nicht auf den Achsen liegt!

(9) 1. Quadrant: $x > 0$, $y > 0$.

$\frac{x}{y} \leq \frac{y}{x} \iff x^2 \leq y^2 \iff |x| \leq |y| \iff x \leq y$.

2. Quadrant: $x < 0$, $y > 0$.

$\frac{x}{y} \leq \frac{y}{x} \iff x^2 \geq y^2 \iff |x| \geq |y| \iff -x \geq y$.

Es ist $\frac{x}{y} = \frac{-x}{-y}$, also ist die

Lösungsmenge punktsymmetrisch zum Nullpunkt:

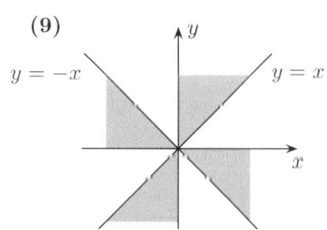

(10) $r \leq 1$: Die Lösungsmenge besteht aus allen   **(10)**
       Punkten (x, y), deren Abstand vom Nullpunkt
       kleiner oder gleich 1 ist (Einheitskreisscheibe).

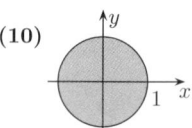

(11) $\frac{\pi}{2} \geq \varphi \geq \frac{\pi}{4}$ (12) $2 \leq r \leq 3$

(11) $\frac{\pi}{4} \leq \varphi \leq \frac{\pi}{3}$

$\boxed{\frac{\pi}{2} \geq \varphi \geq \frac{\pi}{4}}$ Kreisringsektor

                                                      (12)

$y = x$

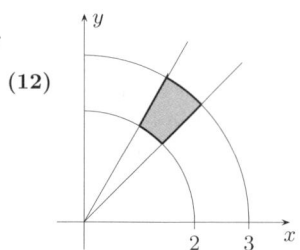

(13) $r = 2$ Die Gleichung $\sin^2 \varphi + \cos^2 \varphi = 1$ gilt für alle φ.
       $\sin^2 \varphi + \cos^2 \varphi = 1$ Die Lösungsmenge ist der Kreis um $(0,0)$ vom Radius 2.

(14) $-1 \leq y \leq 3$ Grenzgeraden: $y = -1$, $y = 3$ **(14)**
            $2 < x \leq 4$ $x = 2$, $x = 4$

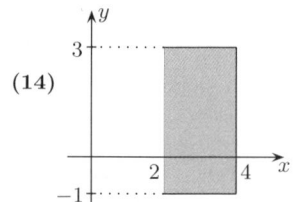

2.23 Man erhält beispielsweise folgende Ungleichungen:

(1) $y \leq -x^2 + 1$ **(2)** $a \leq x \leq b$ **(3)** $|x - a| + |y - b| \leq b$
         $y \geq -0.5$ $c \leq y \leq d$
                                                               (4) $(x - 1)^2 + (y - 1)^2 \leq 1$

(5) $1 \leq r \leq 2$ **(6)** $1 < r < 2$
         $0 \leq \varphi \leq \pi$ $\frac{3}{4}\pi \leq \varphi \leq \pi$

(7) $y \geq x^2$ **(8)** $g(x) \leq y \leq f(x)$ **(9)** $x^2 + y^2 \leq 4$
         $y \leq \frac{1}{x}$ $a \leq x \leq b$ $4|x| + 2|y| \geq 1$
         $x \geq \frac{1}{2}$ $(x - 1)^2 + (y - 1)^2 > \frac{1}{4}$
                                                                          $(x + 1)^2 + (y - 1)^2 > \frac{1}{4}$
                                                                          $x^2 + (y + 3)^2 \geq 4$

2.24 Eine Strecke a ist *im goldenen Schnitt* geteilt, wenn
       sich die ganze Strecke a zum größeren Abschnitt x
       wie dieser zum kleineren Abschnitt $a - x$ verhält:

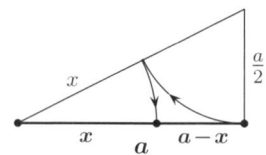

$$\frac{\text{ganze Strecke}}{\text{größerer Abschnitt}} = \frac{\text{größerer Abschnitt}}{\text{kleinerer Abschnitt}} \iff \frac{a}{x} = \frac{x}{a - x} \iff x^2 + ax - a^2 = 0, \; x > 0$$

$$\iff x = \frac{\sqrt{5} - 1}{2} a \approx 0.618\,a = 61.8\,\%\,a \qquad \text{Teilungsverhältnis } goldener\ Schnitt.$$

3 Elementare Funktionen

3.1 Polynome, ganze rationale Funktionen

Zur vertiefenden Wiederholung siehe auch **EM 2**.

Sind $a_0, \ldots, a_n$ reelle (komplexe) Zahlen und ist $a_n \neq 0$, dann heißt

$$f(x) = a_0 + a_1 x + \ldots + a_n x^n$$

ein reelles (komplexes) **Polynom** n-ten *Grades*.

Statt Polynom sagt man auch *ganze rationale Funktion*, im Unterschied zu *gebrochen rationaler Funktion*, siehe Seite 67.

Die $n + 1$ Zahlen $a_0, \ldots, a_n$ heißen *Koeffizienten* des Polynoms, speziell heißt a_n der *Hauptkoeffizient* und a_0 das *absolute Glied* des Polynoms.

3.1	$f(x) =$	Grad	Bemerkung
	3	0	konstante Funktion, Parallele zur x–Achse.
	$2x + 1$	1	Gerade: Steigung $= 2$, Nullstelle $= -\frac{1}{2}$
	$(x-1)(2x+3)$	2	Parabel: $f(x) = -3 + x + 2x^2$.
	$x^4 - 2$	4	$a_0 = -2, a_1 = a_2 = a_3 = 0, a_4 = 1$.
	$x^6 + (2-6i)x^3 - 11 - 2i$	6	komplexes Polynom: $a_0 = -11 - 2i, \ldots$

3.1.1 Grundsätzlicher Verlauf, Verhalten im Unendlichen

Da $a_n x^n + a_{n-1} x^{n-1} + \ldots + a_0 = a_n x^n \left(1 + \dfrac{a_{n-1}}{a_n x} + \ldots + \dfrac{a_0}{a_n x^n}\right)$

und $\lim\limits_{x \to \pm\infty} \left(1 + \dfrac{a_{n-1}}{a_n x} + \ldots + \dfrac{a_0}{a_n x^n}\right) = 1$ ist,

sagt man: $a_n x^n + a_{n-1} x^{n-1} + \ldots + a_0$ verhält sich im Unendlichen wie $a_n x^n$.

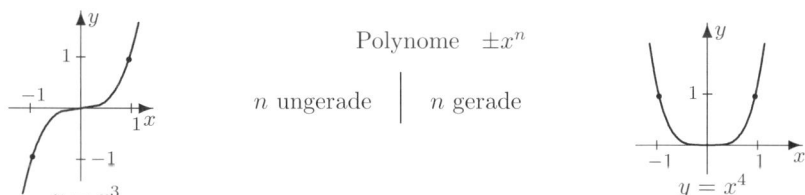

Polynome $\pm x^n$

n ungerade $\quad | \quad n$ gerade

$y = x^3$ $\qquad\qquad\qquad\qquad\qquad\qquad y = x^4$

Grundsätzlicher Verlauf des Graphen eines Polynoms $(a > 0)$

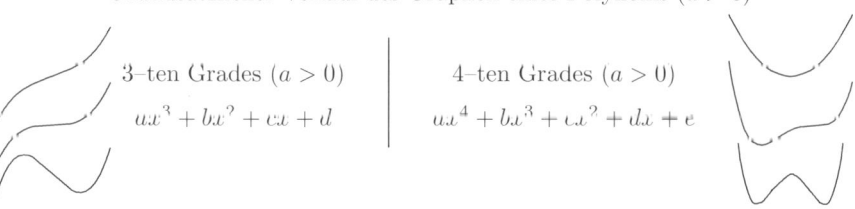

3–ten Grades $(a > 0)$ $\qquad\qquad$ 4–ten Grades $(a > 0)$

$ax^3 + bx^2 + cx + d$ $\qquad\qquad$ $ax^4 + bx^3 + cx^2 + dx + e$

Eine Änderung des konstanten Gliedes bewirkt eine Parallelverschiebung des Graphen des Polynoms in y–Richtung. Hinsichtlich der Nullstellen (= Schnittpunkte der Kurve mit der x–Achse) eines Polynoms 3–ten Grades sind also folgende vier Fälle möglich. Polynome 4–ten Grades, siehe [3.43]:

3.2   *$f(x)$ sei ein Polynom 3–ten Grades. Man diskutiere die unterschiedlichen Lagen von des Graphen von$f(x)$ zur x–Achse und gebe jeweils ein Beispiel an:*

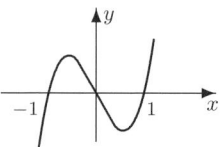

drei 1–fache Nullstellen bei $-1, 0, 1$
$$f(x) = x^3 - x = (x+1)x(x-1)$$

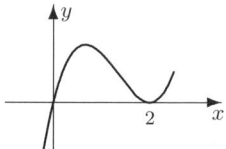

eine 1–fache Nullstelle bei 0
eine 2–fache Nullstelle bei 2
$$f(x) = x^3 - 4x^2 + 4x = x(x-2)^2$$

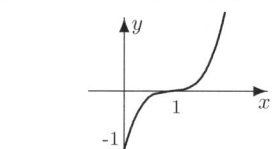

eine 3–fache Nullstelle bei 1
$$f(x) = x^3 - 3x^2 + 3x - 1 = (x-1)^3$$

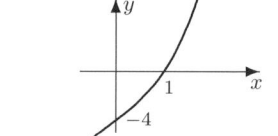

eine 1–fache Nullstelle bei 1
$$f(x) = x^3 + 3x - 4 = (x-1)(x^2 + x + 4)$$

3.1.2   Nullstellen, Linearfaktoren

Die reelle (komplexe) Zahl x_0 heißt *Nullstelle* des Polynoms f, wenn $f(x_0) = 0$ ist; d.h. wenn x_0 Lösung der *algebraischen Gleichung* $a_0 + a_1 x + \ldots + a_n x^n = 0$ ist. Ist f ein Polynom n–ten Grades mit der Nullstelle x_0, so lässt sich f durch den *Linearfaktor* $x - x_0$ teilen, d.h. es gibt ein Polynom g vom Grade $n - 1$, so dass $f(x) = (x - x_0) \cdot g(x)$ ist. Berechnung von g siehe HORNER oder [3.4].

> **Nullstellen und Linearfaktoren von Polynomen**
>
> x_0 Nullstelle von $f \Longleftrightarrow f(x_0) = 0 \Longleftrightarrow f(x) = (x - x_0)g(x)$

3.3   2 ist Nullst. von $f(x) = -3x + 6 = (x - 2) \cdot (-3)$.
$-\frac{1}{2}$ ist Nullst. von $f(x) = 2x + 1 = (x - (-\frac{1}{2})) \cdot 2$.
$2 + i$ ist Nullst. von $x^2 - 3 - 4i = (x - (2 + i)) \cdot (x - (-2 - i))$, [4.24]

Die Nullstellen von Polynomen 2–ten Grades berechnet man mittels quadratischer Gleichungen (siehe Seite 64).

Die allgemeine Gleichung 3–ten und auch 4–ten Grades lässt sich formelmäßig nur mühsam lösen (**F+H** 12, 13). Gleichungen 5–ten und höheren Grades sind im allgemeinen nicht auflösbar.

Schon Gleichungen 3–ten Grades löst man zweckmäßigerweise mit Näherungs-verfahren (NEWTON, ... siehe **BP**, Seite 9–26 oder **F+H**).

Bei Übungs– und Klausuraufgaben lassen sich Nullstellen von Polynomen häufig raten:

Nullstellen von Polynomen mit ganzen Koeffizienten

$$f(x) = a_n x^n + a_{n-1} x^{n-1} + \ldots + a_1 x + a_0$$

Ist $f(x)$ ein Polynom mit ganzzahligen Koeffizienten (alle $a_i \in \mathbb{Z}$), dann gilt:

(1) Jede ganzzahlige Nullstelle ist ein Teiler von a_0.
$$f(x_0) = 0 \ \wedge \ x_0 \in \mathbb{Z} \implies x_0 \mid a_0.$$

Ist außerdem der Hauptkoeffizient $a_n = 1$, so gilt:

(2) Jede rationale Nullstelle ist eine ganze Zahl und zwar ein Teiler von a_0.
$$f(x_0) = 0 \ \wedge \ x_0 \in \mathbb{Q} \implies x_0 \in \mathbb{Z} \ \wedge \ x_0 \mid a_0.$$

Ist $f(x) = x^n + a_{n-1} x^{n-1} + \ldots + a_1 x + a_0$ ein Polynom mit ganzen Koeffizienten (alle $a_i \in \mathbb{Z}$, $a_n = 1$), so probiert man – z.B. mit HORNER – alle Teiler von a_0 und findet so alle rationalen Nullstellen. Bleibt nach dem Abspalten der zugehörigen Linearfaktoren (HORNER, Schulmethode) ein Polynom höheren als 2–ten Grades, wählt man Näherungsverfahren, um evtl. weitere reelle (irrationale) Nullstellen zu bestimmen.

Ist f ein Polynom mit ganzen Koeffizienten und ist $a_n \neq 1$, siehe [3.5], [4.52].

3.4   *Man bestimme alle reellen Nullstellen folgender Polynome und spalte die zugehörigen Linearfaktoren ab:*

(a) $x^3 - 3x^2 + x - 3$,   (b) $x^4 - 3x^2 + 2$,   (c) $x^3 - 2x^2 - 5x + 6$.

(a) Die Teiler von -3 sind: $\pm 1, \pm 3$.
Probieren zeigt: $x_1 = 3$ ist eine Nullstelle von $x^3 - 3x^2 + x - 3$.
Division von $x^3 - 3x^2 + x - 3$ durch $x - 3$ nach der *Schulmethode*:

$$(x^3 - 3x^2 + x - 3) : (x - 3) = x^2 + 1$$
$$\underline{-(x^3 - 3x^2)}$$

Da $x^2 + 1$ keine reellen Nullstellen hat, ist $\underline{x_1 = 3}$ die einzige reelle Nullstelle von $x^3 - 3x^2 + x - 3$ und es gilt:

$$x - 3$$
$$\underline{-(x - 3)}$$
$$0$$

$$x^3 - 3x^2 + x - 3 = \underline{(x - 3)(x^2 + 1)}, \text{ siehe auch [4.46].}$$

(b) Die Teiler von 2 sind: $\pm 1, \pm 2$. $x_{1,2} = \pm 1$ sind Nullstellen von $x^4 - 3x^2 + 2$.
Division von $x^4 - 3x^2 + 2$ durch $(x - 1)(x + 1) = x^2 - 1$ nach der *Schulmethode*:

$$(x^4 - 3x^2 + 2) : (x^2 - 1) = x^2 - 2$$
$$\underline{-(x^4 - x^2)}$$

$$x^2 - 2 = 0 \iff \underline{x_{3,4} = \pm\sqrt{2}}\,.$$

$$-2x^2 + 2$$
$$\underline{-(-2x^2 + 2)}$$
$$0$$

$$\longrightarrow x^4 - 3x^2 + 2 = \underline{(x - 1)(x + 1)(x - \sqrt{2})(x + \sqrt{2})}$$

Oder: $x^4 - 3x^2 + 2 = 0$ ist eine *biquadratische* Gleichung:

$$x^2 = z \Longrightarrow z^2 - 3z + 2 = 0 \Longrightarrow z_{1,2} = \frac{3}{2} \pm \sqrt{\frac{9}{4} - 2} = \frac{3}{2} \pm \frac{1}{2} \Longrightarrow \underline{z_1 = 2}, \ \underline{z_2 = 1}.$$

$$\Longrightarrow \underline{x_{1,2} = \pm\sqrt{2}}, \underline{x_{3,4} = \pm 1} \Longrightarrow x^4 - 3x^2 + 2 = \underline{(x-1)(x+1)(x-\sqrt{2})(x+\sqrt{2})}.$$

(c) $1, -2, 3$ sind die Nullstellen $\Longrightarrow x^3 - 2x^2 - 5x + 6 = \underline{(x-1)(x+2)(x-3)}$.

3.5   *Man rate alle Nullstellen des Polynoms* $6x^4 + 7x^3 - 13x^2 - 4x + 4$.

Die Teiler von 4 sind: $\pm 1, \ \pm 2, \ \pm 4$. Die Teiler von 6 sind: $\pm 1, \ \pm 2, \ \pm 3, \ \pm 6$.

> Ist die (gekürzte!) rationale Zahl $\dfrac{p}{q}$ eine Nullstelle des Polynoms
> $$f(x) = a_n x^n + a_{n-1} x^{n-1} + \cdots + a_1 x + a_0,$$
> so muss p ein Teiler von a_0 $(= 4)$ und q ein Teiler von a_n $(= 6)$ sein.

Es kommen also als rationale Nullstellen nur folgende Brüche $\dfrac{p}{q}$ in Frage:

$$\frac{p}{q} \ = \ \pm 1, \ \pm\frac{1}{2}, \ \pm\frac{1}{3}, \ \pm\frac{1}{6}, \ \pm 2, \ \pm\frac{2}{3}, \ \pm 4, \ \pm\frac{4}{3}.$$

Einsetzen (HORNER) liefert alle Nullstellen: $1, \ \dfrac{1}{2}, \ -2, \ -\dfrac{2}{3}$.

Es gilt $6x^4 + 7x^3 - 13x^2 - 4x + 4 = 6(x-1)(x-\frac{1}{2})(x+2)(x+\frac{2}{3})$
$$= \underline{(x-1)(2x-1)(x+2)(3x+2)}.$$

3.1.3   Zerlegung reeller Polynome

Lässt sich ein Polynom vom Grad ≥ 1 als Produkt von Polynomen kleineren Grades darstellen, heißt es *reduzibel* und sonst *irreduzibel*. Dabei ist der Koeffizientenbereich anzugeben.

$x^2 - 4$ ist in $\mathbb{Q}$ und sogar in $\mathbb{Z}$ reduzibel: $x^2 - 4 = (x-2)(x+2)$.

$x^2 - 2$ ist in $\mathbb{Q}$ irreduzibel; aber in $\mathbb{R}$ red.: $x^2 - 2 = (x-\sqrt{2})(x+\sqrt{2})$.

$x^2 + 2$ in $\mathbb{R}$ irred.; aber in $\mathbb{C}$ reduzibel: $x^2 + 2 = (x-\sqrt{2}\,i)(x+\sqrt{2}\,i)$.

Da sich durch das Abspalten eines Linearfaktors der Grad des Polynoms um 1 erniedrigt, kann ein Polynom n–ten Grades *höchstens* n Nullstellen haben. Der Fundamentalsatz der Algebra (Seite 106) besagt, dass jedes Polynom n–ten Grades mit reellen oder komplexen Koeffizienten in $\mathbb{C}$ in ein Produkt von n Linearfaktoren zerfällt, also unter Berücksichtigung der *Vielfachheiten* genau n Nullstellen in $\mathbb{C}$ hat[1].

x_0 heißt eine k–fache Nullstelle, falls $f(x) = (x - x_0)^k g(x)$ und $g(x_0) \neq 0$ ist.

Bei der Partialbruchzerlegung (PBZ) trifft man häufig auf das Problem, Polynome mit reellen Koeffizienten in unzerlegbare (irreduzible) reelle Faktoren zerlegen zu müssen:

---

[1] keine dieser Nullstellen muss reell sein!

Da mit $a \in \mathbb{C}$ auch die konjugiert komplexe Zahl $\overline{a} \in \mathbb{C}$ Nullstelle des reellen Polynoms ist und $(x - a)(x - \overline{a}) = x^2 - (a + \overline{a})x + a \cdot \overline{a}$ ein reelles Polynom ist (siehe auch Seite 106), haben die in $\mathbb{R}$ irreduziblen Faktoren den Grad 1 (Linearfaktoren) oder den Grad 2 (Polynome 2–ten Grades mit zwei nicht reellen, konjugiert komplexen Nullstellen).

---

reelle Zerlegung reeller Polynome

Jedes Polynom mit reellen Koeffizienten lässt sich als Produkt linearer und/oder quadrat. Faktoren mit reellen Koeffizienten schreiben, wobei die quadratischen Faktoren keine reellen Nullstellen haben und folglich in $\mathbb{R}$ unzerlegbar sind.

praktisches Vorgehen

(1) Bei Polynomen 2–ten Grades berechnet man die Nullstellen mittels quadratischer Gleichungen, siehe Seite 64 und Seite 108.

(2) Bei Polynomen höheren Grades versucht man, Nullstellen zu raten oder näherungsweise zu berechnen und Linearfaktoren abzuspalten.

(3) Polynome ungeraden Grades haben immer eine reelle Nullstelle!

(4) Bleibt ein Polynom geraden Grades ($n \geq 4$) ohne reelle Nullstellen übrig und kennt man die komplexen Nullstellen, zerlegt man es in $\mathbb{C}$ und fasst konjugierte Linearfaktoren zu reellen quadratischen Faktoren 2–ten Grades zusammen, siehe [3.6 (d)], [4.25], [4.53].

3.6   *Man bestimme die reelle Zerlegung folgender Polynome:*

(a) $x^3 + 2x^2 - x - 2$ (b) $x^3 + x^2 - 3x - 3$
(c) $x^4 + 3x^2 + 2$ (d) $2x^4 + 7x^3 + 12x^2 + 7x + 4$

(a) Die Teiler von -2 sind $\pm 1, \pm 2$. Einsetzen zeigt: Nullstellen sind ± 1, -2.
$\Longrightarrow x^3 + 2x^2 - x - 2 = \underline{(x - 1)(x + 1)(x + 2)}$.

(b) $x_0 = -1 \Longrightarrow x^3 + x^2 - 3x - 3 = (x + 1)(x^2 - 3) = \underline{(x + 1)(x - \sqrt{3})(x + \sqrt{3})}$.

(c) Biquadratische Gleichung:
$x^2 = z \Longrightarrow z_1 = -1, z_2 = -2 \Longrightarrow x^4 + 3x^2 + 2 = \underline{(x^2 + 1)(x^2 + 2)}$.

(d) (1) Reelle Nullstellen des Polynoms müssen negativ sein. **Probieren**:
$-\dfrac{\text{Teiler von } 4}{\text{Teiler von } 2}$,   also $-1, -\frac{1}{2}, -2, -4$ und man erhält keine Nullstellen.

(2) **Näherungsverfahren** liefern keine reellen Nullstellen!

(3) Komplexe Nullstellen (**Gleichung 4. Grades**, $\overline{\text{F}+\text{H}}$, Seite 13) ???

(4) **Ansatz** $2x^4 + 7x^3 + 12x^2 + 7x + 4 = (2x^2 + ax + b)(x^2 + cx + d)$:
Koeffizientenvergleich führt auf ein nichtlineares Gleichungssystem:

$a + 2c \quad\quad = 7$ und nach mühsamer Rechnung auf:
$2d + ac + b = 12$ $a = b = 1, c = 3, d = 4$, also:
$ad + bc \quad = 7$
$bd \quad\quad\quad = 4$ $2x^4 + 7x^3 + 12x^2 + 7x + 4 = \underline{(2x^2 + x + 1)(x^2 + 3x + 4)}$.

(5) **BP, Programm ”Polyzer ”** liefert sofort die gewünschte Zerlegung!

3.1.4 Polynome 2–ten Grades, quadratische Gleichungen

Um die Nullstellen (Schnittpunkte mit der x–Achse) eines Polynoms 2–ten Grades $f(x) = ax^2+bx+c$, $a \neq 0$ zu bestimmen, löst man die quadratische Gleichung $ax^2 + bx + c = 0$: Man dividiert durch a und erhält eine quadratische Gleichung der Form $x^2 + px + q = 0$, deren Lösungen man mittels quadratischer Ergänzung bestimmt (siehe auch Seite 108):

$$x^2 + px + q = 0 \iff x^2 + px + (\tfrac{p}{2})^2 - (\tfrac{p}{2})^2 + q = (x + \tfrac{p}{2})^2 - \tfrac{p^2}{4} + q = 0$$
$$\iff (x + \tfrac{p}{2})^2 = \tfrac{p^2}{4} - q.$$

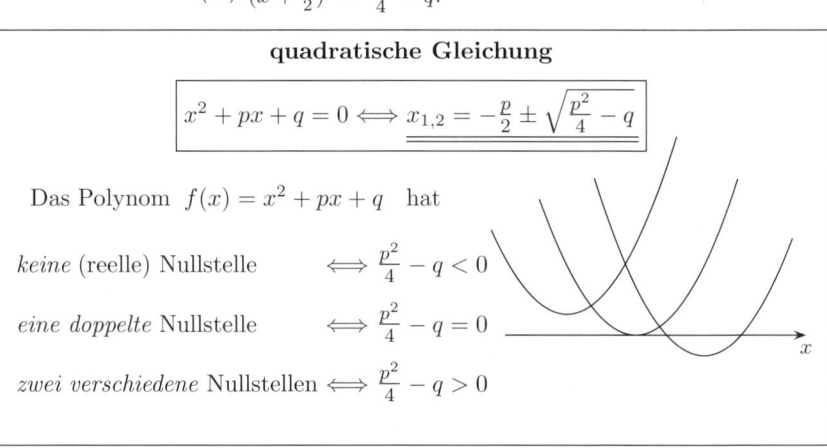

quadratische Gleichung

$$x^2 + px + q = 0 \iff x_{1,2} = -\tfrac{p}{2} \pm \sqrt{\tfrac{p^2}{4} - q}$$

Das Polynom $f(x) = x^2 + px + q$ hat

keine (reelle) Nullstelle $\iff \dfrac{p^2}{4} - q < 0$

eine doppelte Nullstelle $\iff \dfrac{p^2}{4} - q = 0$

zwei verschiedene Nullstellen $\iff \dfrac{p^2}{4} - q > 0$

3.7   Man bestimme die reellen Nullstellen, sowie die reelle Zerlegung folgender Polynome: (a) $x^2 + x - 6$, (b) $x^2 - 6x + 9$, (c) $x^2 + x + 1$.

(a) $x_{1,2} = -\frac{1}{2} \pm \sqrt{\frac{1}{4} + 6} = -\frac{1}{2} \pm \frac{5}{2} \implies x_1 = 2,\quad x_2 = -3$
$\implies x^2 + x - 6 = \underline{(x - 2)(x + 3)}.$

(b) $x_{1,2} = 3 \pm \sqrt{9 - 9} \implies x_{1,2} = 3 \implies x^2 - 6x + 9 = \underline{(x - 3)^2}.$

(c) $x_{1,2} = -\frac{1}{2} \pm \sqrt{\frac{1}{4} - 1} \implies$ keine reelle Nullst. $\implies x^2 + x + 1$ irreduzibel in $\mathbb{R}$.

> Der Graph (Seite 27) eines Polynoms 2–ten Grades ist eine Parabel (**F+H** 24).

3.8   Man skizziere (Nullstellen, Scheitelpunkt) folgende Parabeln:

(a) $y = x^2 + x - 6$, (b) $x^2 + x - y + 1 = 0$, (c) $x = y^2 - 6y + 9$.

(a) Nullstellen: $x_1 = 2, x_2 = -3$, $y = (x - 2)(x + 3)$.
Berechnung des Scheitelpunktes $S = (x_S, y_S)$:

(1) Scheitelform: $y = x^2 + x - 6 \iff y + \frac{25}{4} = (x + \frac{1}{2})^2$
$\implies S = (-\frac{1}{2}, -\frac{25}{4}).$

(2) Symmetrie: x_S ist das arithmetische Mittel der Nullstellen:
$x_S = \frac{x_1 + x_2}{2} = -\frac{1}{2} \implies y_S = f(x_S) = -\frac{25}{4} \implies S = (-\frac{1}{2}, -\frac{25}{4}).$

(3) Ableitung: $y' = 2x + 1 = 0 \iff x_S = -\frac{1}{2} \implies S = (-\frac{1}{2}, -\frac{25}{4}).$

(b) $y = x^2 + x + 1$ hat keine reellen Nullstellen.

Scheitelpunkt $S = (x_S, y_S)$:

$y = x^2 + x + 1 \Longleftrightarrow y - \frac{3}{4} = (x + \frac{1}{2})^2$

$\Longrightarrow S = (x_S, y_S) = (-\frac{1}{2}, \frac{3}{4})$.

(c) $x = (y - 3)^2 \Longrightarrow S = (x_S, y_S) = (0, 3)$.

Die Parabel ist nach rechts geöffnet!

Die Schnittpunkte mit den
Achsen sind $\underline{(9, 0)}$ und $\underline{(0, 3)}$.

Siehe auch **Parabel**, Seite 562/3.

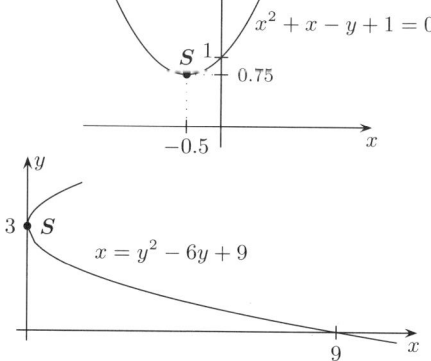

3.1.5 Interpolation

Zu $(n+1)$ gegebenen Punkten der Ebene ist ein Polynom höchstens n–ten Grades
zu bestimmen, das durch diese Punkte geht. Die Verfahren von LAGRANGE und
NEWTON werden durch folgendes Beispiel erklärt (auführlicher: **F+H**):

3.9   *Man bestimme ein Polynom p höchstens 2–ten Grades, das durch die
Punkte $(-1, 7)$, $(0, 2)$, $(3, -1)$ geht, (siehe 11.27, Lösung mit LGS).*

*Zusatzaufgabe: Bestimme ein Polynom q höchstens 3–ten Grades, das
zusätzlich durch den Punkt $(2, -14)$ geht.*

- LAGRANGEsche Interpolationsformel:

$$p(x) = 7\frac{(\;x-0)(\;x-3)}{(-1-0)(-1-3)} + 2\frac{(x-(-1))(x-3)}{(0-(-1))(0-3)} - 1\frac{(x-(-1))(x-0)}{(3-(-1))(3-0)} = \cdots = \underline{\underline{x^2 - 4x + 2}}.$$

- NEWTONsche Interpolationsformel:

x_i	y_i	Quotienten		Quotienten		Quotienten	
-1	$\boxed{7}$						
		$\frac{2-7}{0-(-1)}$	$= \boxed{-5}$				
0	2			$\frac{-1-(-5)}{3-(-1)}$	$= \boxed{1}$		
		$\frac{-1-2}{3-0}$	$-\;-1$			$\frac{7-1}{2-(-1)}$	$= \boxed{2}$
3	-1			$\frac{13-(-1)}{2-0}$	$=\;7$		
		$\frac{-14-(-1)}{2-3}$	$-\;13$				
2	-14						

$\Longrightarrow p(x) = \boxed{7} + \boxed{-5} \cdot (x - (-1)) + \boxed{1} \cdot (x - (-1))(x - 0) = \underline{\underline{x^2 - 4x + 2}}.$

Die Zusatzaufgabe löst man vorteilhaft mit NEWTON (mit LAGRANGE müss
te q völlig neu berechnet werden!):
Man ergänzt lediglich die für p erstellte Tabelle und erhält:

$\Longrightarrow q(x) = p(x) + \boxed{2} \cdot (x - (-1))(x - 0)(x - 3) = \underline{\underline{2x^3 - 3x^2 - 10x + 2}}.$

3.1.6 HORNER–Schema

Das HORNER–Schema ist ein Rechenverfahren, mit dem man für ein Polynom $f(x) = a_n x^n + \ldots + a_0$ an der Stelle x_0 mit minimalem Rechenaufwand folgendes berechnet:

$\boxed{1}$ Den Funktionswert $f(x_0)$,

$\boxed{2}$ Die Division von $f(x)$ durch den Linearfaktor $x - x_0$, also $\dfrac{f(x)}{x - x_0}$,

$\boxed{3}$ Die Ableitungen $f'(x_0), f''(x_0), \ldots, f^{(n)}(x_0)$,

$\boxed{4}$ Die Taylorentwicklung von f an der Stelle x_0.

3.10 *Für folgende Polynome berechne man $f(x_0)$ und $\dfrac{f(x)}{x - x_0}$.*

    (a) $f(x) = x^3 + x^2 - 3x - 3$, $x_0 = -1$.
    (b) $f(x) = x^4 + 3x^2 + 2$, $x_0 = 2$.
    (c) $f(x) = 2x^3 + x + 3$, $x_0 = i$.

(a)

$$
\begin{array}{r|rrrr}
            & 1 & 1 & -3 & -3 \\
x_0 = -1   &   & -1 & 0 & 3 \\
\hline
            & 1 & 0 & -3 & 0
\end{array}
$$

$\dfrac{x^3 + x^2 - 3x - 3}{x + 1} = \underline{x^2 - 3}.$

$= f(-1)$ $f(x)$ ist ohne Rest durch $x + 1$ teilbar!

(b)

$$
\begin{array}{r|rrrrr}
          & 1 & 0 & 3 & 0 & 2 \\
x_0 = 2   &   & 2 & 4 & 14 & 28 \\
\hline
          & 1 & 2 & 7 & 14 & 30
\end{array}
$$

$\dfrac{x^4 + 3x^2 + 2}{x - 2} = \underline{x^3 + 2x^2 + 7x + 14 + \dfrac{30}{x - 2}}.$

$= f(2)$

(c)

$$
\begin{array}{r|rrrr}
          & 2 & 0 & 1 & 3 \\
x_0 = i   &   & 2i & -2 & -i \\
\hline
          & 2 & 2i & -1 & 3 - i
\end{array}
$$

$\dfrac{2x^3 + x + 3}{x - i} = \underline{2x^2 + 2ix - 1 + \dfrac{3 - i}{x - i}}.$

$= f(i)$

Man schreibt die Koeffizienten des Polynoms $f(x)$ in absteigender Reihenfolge $a_n, a_{n-1}, \ldots, a_0$ hintereinander ($a_k = 0$ nicht vergessen, falls die Potenz x^k fehlt!), schreibt dann x_0 vor die zweite Zeile, beginnt die dritte Zeile mit a_n und geht jeweils mit x_0 multiplizierend in der durch die Pfeile angedeuteten Weise vor. Die über dem waagerechten Strich untereinanderstehenden Zahlen sind zu addieren, die Summe ist mit x_0 zu multiplizieren, usw.

$\boxed{1}$ Die Schlusszahl der dritten Zeile ist der Funktionswert $f(x_0)$,

$\boxed{2}$ Die übrigen Zahlen der dritten Zeile sind die Koeffizienten des Polynoms $g(x)$, das man bei Division von $f(x)$ durch den Linearfaktor $x - x_0$ erhält:

$$\frac{f(x)}{x - x_0} = g(x) + \frac{f(x_0)}{x - x_0}.$$

$\boxed{f(x) \text{ ist genau dann ohne Rest durch } x - x_0 \text{ teilbar, wenn } f(x_0) = 0 \text{ ist.}}$

3.11 Für das Polynom $f(x) = 2x^4 - x^3 - x - 18$ berechne man $f(2), f'(2), f''(2), f^{(3)}(2), f^{(4)}(2)$, sowie $\dfrac{f(x)}{x-2}$ und die Taylorentwicklung von f an der Stelle $x_0 = 2$ (Umordnung von f nach Potenzen von $x - 2$).

Vollständiges HORNER–Schema:

$$
\begin{array}{c|ccccc}
& 2 & -1 & 0 & -1 & -18 \\
x_0 = 2 & & 4 & 6 & 12 & 22 \\
\hline
& 2 & 3 & 6 & 11 & \underline{\underline{4}} = \frac{f(2)}{0!} \quad \Longrightarrow \quad f(2) = 4 \\
x_0 = 2 & & 4 & 14 & 40 & \\
\hline
& 2 & 7 & 20 & \underline{\underline{51}} = \frac{f'(2)}{1!} \quad \Longrightarrow \quad f'(2) = 51 \\
x_0 = 2 & & 4 & 22 & \\
\hline
& 2 & 11 & \underline{\underline{42}} = \frac{f''(2)}{2!} \quad \Longrightarrow \quad f''(2) = 42 \cdot 2! = 84 \\
x_0 = 2 & & 4 & \\
\hline
& 2 & \underline{\underline{15}} = \frac{f^{(3)}(2)}{3!} \quad \Longrightarrow \quad f^{(3)}(2) = 15 \cdot 3! = 90 \\
x_0 = 2 & & \\
\hline
& \underline{\underline{2}} = \frac{f^{(4)}(2)}{4!} \quad \Longrightarrow \quad f^{(4)}(2) = 2 \cdot 4! = 48
\end{array}
$$

w

$$f(x) = \underbrace{2x^4 - x^3 - x - 18}_{\substack{f \text{ geordnet nach} \\ \text{Potenzen von } x.}} = \underbrace{2(x - 2)^4 + 15(x - 2)^3 + 42(x - 2)^2 + 51(x - 2) + 4.}_{\substack{f \text{ umgeordnet nach} \\ \text{Potenzen von } x - 2.}}$$

Bemerkung: Aus dieser Umordnung liest man ab: Für keine Nullstelle x_0 von f gilt $x_0 \geq 2$. (Alle Koeffizienten des Polynoms sind ≥ 0 und $f(2) = 4$.)

3.2 Rationale Funktionen

Ein Quotient zweier Polynome $p(x)$, $q(x)$ ($q(x)$ nicht das Nullpolynom)

$$r(x) = \frac{p(x)}{q(x)} \qquad \text{z.B.} \qquad y = \frac{x^4 + 2x^3 + x - 1}{x^3 - x^2 + 1}$$

heißt eine **gebrochen rationale Funktion** oder kurz rationale Funktion. Die rationale Funktion r heißt *echt gebrochen*, wenn der Grad des Nenners größer als der Grad des Zählers ist, andernfalls heißt sie *unecht gebrochen*. Eine rationale Funktion ist an den Nullstellen des Nenners nicht definiert. Sie hat dort eine Polstelle oder eine Lücke (hebbare Unstetigkeitsstelle, siehe Seite 38).

Die im folgenden beschriebene Methode der **Partialbruchzerlegung** (PBZ) einer echt gebrochenen rationalen Funktion ist besonders für die Integralrechnung außerordentlich wichtig!

Partialbruchzerlegung

(1) **Durchdividieren**, wenn die rationale Fkt. nicht echt gebrochen ist.

(2) **Nenner zerlegen**, (reelle Produktdarstellung des Nenners bestimmen).

(3) **Ansatz** der Partialbrüche mit unbestimmten Koeffizienten.

(4) **Koeffizientenbestimmung**.

Durch Division nach der Schulmethode kann jede unecht gebrochene rationale Funktion als Summe eines Polynoms (ganze rationale Funktion) und einer echt gebrochenen rationalen Funktion geschrieben werden.

3.12   *Man zerlege die unecht gebrochene rationale Funktion* $\dfrac{x^4+2x^3+x-1}{x^3-x^2+1}$ *in Polynom plus echt gebrochene rationale Funktion.*

$$(x^4 + 2x^3 + x - 1) : (x^3 - x^2 + 1) = x + 3 + \frac{3x^2-4}{x^3-x^2+1}.$$

$$(-) \quad x^4 - x^3 + x$$

$$\underline{3x^3 - 1}$$

$$(-) \quad 3x^3 - 3x^2 + 3$$

$$\underline{3x^2 - 4} \qquad \Longrightarrow \quad \frac{x^4+2x^3+x-1}{x^3-x^2+1} = x + 3 + \frac{3x^2-4}{x^3-x^2+1}.$$

3.13   *Welche der folgenden rationalen Funktionen sind nicht echt gebrochen?*

$$y = \frac{3x^2-2x+1}{4x^4-x^3+x} \ , \ y = \frac{1}{x} \ , \ y = \frac{x^2+5}{x} \ , \ y = \frac{x}{x^2+5} \ , \ y = \frac{2x^3}{x^3-1}.$$

Nur $y = \dfrac{x^2+5}{x} = x + \dfrac{5}{x}$ und $y = \dfrac{2x^3}{x^3-1} = 2 + \dfrac{2}{x^3-1}$ sind nicht echt gebrochen.

Ansatz der Partialbrüche

Jede echt gebrochene rationale Funktion lässt sich als Summe von *Partialbrüchen* schreiben. Das sind echt gebrochene rationale Funktionen folgender Form:

(1) $\dfrac{c_1}{x-x_0} \ , \ \dfrac{c_2}{(x-x_0)^2} \ , \ \cdots \ , \dfrac{c_k}{(x-x_0)^k}$ z.B.: $\dfrac{2}{x} \ , \ \dfrac{4}{x-2} \ , \ \dfrac{-2}{(x-2)^2}$

(2) $\dfrac{a_1x+b_1}{x^2+px+q} \ , \ \cdots \ , \dfrac{a_kx+b_k}{(x^2+px+q)^k}$ z.B.: $\dfrac{3-2x}{x^2+x+3} \ , \ \dfrac{2}{(x^2+4x+5)^3}$,

wobei der quadratische Ausdruck $x^2 + px + q$ keine reellen Nullstellen hat.

Zu jeder Potenz $(x - x_0)^k$ eines Linearfaktors im Nenner der echt gebrochenen rationalen Funktion sind die k Partialbrüche der Form (1) mit unbestimmten Koeffizienten anzusetzen.[1]

Zu jeder Potenz $(x^2 + px + q)^k$ eines quadratischen Faktors ohne reelle Nullstellen sind die k Partialbrüche der Form (2) mit unbestimmten Koeffizienten anzusetzen.[1] Alle Partialbrüche sind zu addieren.

---

[1] Die Potenzen sind gewissermaßen abzubauen bis hin zu den einfachen Linearfaktoren oder zu den einfachen quadratischen Faktoren.

3.14 *Wie lauten die Ansätze für die Partialbrüche folgender Funktionen?*

(a) $\dfrac{5x^4+18x^3+11x^2+12x+8}{x(x-1)^2(x+2)^3}$, (b) $\dfrac{x}{(x^2+x+1)(x^2+1)^2}$, (c) $\dfrac{1}{x^2(2+x^2)^2}$.

(a) $\dfrac{5x^4+18x^3+11x^2+12x+8}{x(x-1)^2(x+2)^3} = \dfrac{a}{x} + \dfrac{b}{x-1} + \dfrac{c}{(x-1)^2} + \dfrac{d}{x+2} + \dfrac{e}{(x+2)^2} + \dfrac{f}{(x+2)^3}$.

(b) $\dfrac{x}{(x^2+x+1)(x^2+1)^2} = \dfrac{ax+b}{x^2+x+1} + \dfrac{cx+d}{x^2+1} + \dfrac{ex+f}{(x^2+1)^2}$,

$x^2 + 1$ und $x^2 + x + 1$ haben keine reellen Nullstellen!

(c) $\dfrac{1}{x^2(2+x^2)^2} = \dfrac{a}{x} + \dfrac{b}{x^2} + \dfrac{cx+d}{2+x^2} + \dfrac{ex+f}{(2+x^2)^2}$.

Bestimmung der Koeffizienten

Zur Bestimmung der Koeffizienten eignen sich folgende Methoden:

1. **Koeffizientenvergleich** (geht immer!)
2. **Zuhaltemethode** (nur für Linearfaktoren!)
3. **Einsetzmethode** (geht immer!)

Die Methoden unterscheiden sich durch einen verschieden großen Rechenaufwand. Die **Zuhaltemethode** ist am schnellsten. Sie liefert aber nur die Koeffizienten, die bei Linearfaktoren mit maximalen Exponenten stehen.

3.15 *Man zerlege in Partialbrüche:* (a) $\dfrac{2x+3}{(x-1)(x+1)}$, (b) $\dfrac{3}{x^2+5x+4}$.

(a) Ansatz: $\dfrac{2x+3}{(x-1)(x+1)} = \dfrac{a}{x-1} + \dfrac{b}{x+1}$.

Beide Koeffizienten a und b lassen sich mit der Zuhaltemethode bestimmen:

1.) Man multipliziert beide Seiten der Gleichung mit $x-1$ und kürzt:

$\dfrac{2x+3}{x+1} = a + \dfrac{b(x-1)}{x+1}$. Setzt man $x=1$, folgt $\dfrac{2+3}{2} = a + \dfrac{b}{1+1} \cdot 0$, also $a = \dfrac{5}{2}$.

Man kann im Kopf kürzen, indem man auf der linken Seite $x-1$ im Nenner zuhält. Setzt man dann $x=1$ (die Nullstelle von $x-1$) ein, so bleibt rechts nur a stehen und links $\dfrac{2+3}{2} = \dfrac{5}{2}$.

2.) Man multipliziert mit $x+1$ (hält links im Nenner $(x+1)$ zu) und setzt $x=-1$. Rechts bleibt nur b stehen und links $\dfrac{-2+3}{-2}$. Also ist $b = -\dfrac{1}{2}$.

Exakter: $a = \lim\limits_{x \to 1}(x-1)\dfrac{2x+3}{(x-1)(x+1)} = \dfrac{5}{2}$ und $b = \lim\limits_{x \to -1}(x+1)\dfrac{2x+3}{(x-1)(x+1)} = -\dfrac{1}{2}$.

Daher der Name: Zuhaltemethode oder auch Grenzwertmethode!

Partialbruchzerlegung: $\dfrac{2x+3}{(x-1)(x+1)} = \dfrac{5/2}{x-1} + \dfrac{-1/2}{x+1} = \dfrac{5}{2} \cdot \dfrac{1}{x-1} - \dfrac{1}{2} \cdot \dfrac{1}{x+1}$.

(b) Ansatz: $\dfrac{3}{x^2+5x+4} = \dfrac{3}{(x+1)(x+4)} = \dfrac{a}{x+1} + \dfrac{b}{x+4}$.

Die Zuhaltemethode liefert $a = \dfrac{3}{-1+4} = 1$ und $b = \dfrac{3}{-4+1} = -1$.

Partialbruchzerlegung $\dfrac{3}{x^2+5x+4} = \dfrac{1}{x+1} - \dfrac{1}{x+4}$.

3.16   *Man zerlege* $\dfrac{x^2-2x+5}{(x-1)(x-3)(x+2)}$ *in Partialbrüche:*

Ansatz: $\dfrac{x^2-2x+5}{(x-1)(x-3)(x+2)} = \dfrac{a}{x-1} + \dfrac{b}{x-3} + \dfrac{c}{x+2}.$

a, b, c lassen sich mit der Zuhaltemethode bestimmen:

a : Multiplikation mit $x-1$ (links $(x-1)$ zuhalten) $x = 1$ setzen:
$$\frac{1-2+5}{(1-3)(1+2)} = a = \frac{4}{-6} = -\frac{2}{3}.$$

b : Multiplikation mit $x-3$ (links $(x-3)$ zuhalten) $x = 3$ setzen:
$$\frac{3^2-2\cdot3+5}{(3-1)(3+2)} = b = \frac{8}{10} = \frac{4}{5}.$$

c : Multiplikation mit $x+2$ (links $(x+2)$ zuhalten) $x = -2$ setzen $\implies c = \dfrac{13}{15}.$

$$\implies \frac{x^2-2x+5}{(x-1)(x-3)(x+2)} = \underline{-\frac{2}{3}\frac{1}{x-1} + \frac{4}{5}\frac{1}{x-3} + \frac{13}{15}\frac{1}{x+2}}.$$

3.17   *Man zerlege* $\dfrac{3x-1}{(x^2+1)(x+1)^2}$ *in Partialbrüche:*

Ansatz: $\dfrac{3x-1}{(x^2+1)(x+1)^2} = \dfrac{ax+b}{x^2+1} + \dfrac{c}{x+1} + \dfrac{d}{(x+1)^2}.$

Mit der Zuhaltemethode lässt sich zunächst nur d bestimmen:

$d = \dfrac{3(-1)-1}{(-1)^2+1} = \dfrac{-4}{2} = \underline{-2} \quad \implies \quad \dfrac{3x-1}{(x^2+1)(x+1)^2} = \dfrac{ax+b}{x^2+1} + \dfrac{c}{x+1} - \dfrac{2}{(x+1)^2},$

$-\dfrac{2}{(x+1)^2}$ auf die linke Seite bringen: $\dfrac{3x-1}{(x^2+1)(x+1)^2} + \dfrac{2}{(x+1)^2} = \dfrac{ax+b}{x^2+1} + \dfrac{c}{x+1},$

die (neue) linke Seite auf den Hauptnenner: $\dfrac{3x-1+2(x^2+1)}{(x^2+1)(x+1)^2} = \dfrac{ax+b}{x^2+1} + \dfrac{c}{x+1}.$

Hier muss sich nun auf der linken Seite ein Linearfaktor $x+1$ kürzen lassen, d.h. der Zähler muss durch $x+1$ ohne Rest teilbar sein: Rechenprobe!

Geht die Division nicht auf, hat man sich verrechnet!

$(2x^2 + 3x + 1) : (x + 1) = 2x + 1.$

$\dfrac{3x-1+2(x^2+1)}{(x^2+1)(x+1)^2} = \dfrac{2x^2+3x+1}{(x^2+1)(x+1)^2} = \dfrac{2x+1}{(x^2+1)(x+1)} = \dfrac{ax+b}{x^2+1} + \dfrac{c}{x+1}.$

Nun kann man c nach der Zuhaltemethode bestimmen: $c = \dfrac{2(-1)+1}{(-1)^2+1} = \underline{-\frac{1}{2}}.$

Wieder bringt man den bekannten Partialbruch auf die linke Seite, diese auf den Hauptnenner, kürzt durch $x + 1$ und erhält:

$$\frac{2x+1+\frac{1}{2}(x^2+1)}{(x^2+1)(x+1)} = \frac{ax+b}{x^2+1}, \quad (\frac{1}{2}x^2+2x+\frac{3}{2}) : (x+1) = \frac{1}{2}x+\frac{3}{2}.$$

$$\frac{2x+1}{(x^2+1)(x+1)} = \frac{2x+1+\frac{1}{2}(x^2+1)}{(x^2+1)(x+1)} = \frac{\frac{1}{2}x+\frac{3}{2}}{x^2+1} = \frac{ax+b}{x^2+1} \quad \Longrightarrow \quad \underline{a = \frac{1}{2}, \ b = \frac{3}{2}.}$$

PBZ: $\quad \dfrac{3x-1}{(x^2+1)(x+1)^2} = \dfrac{1}{2}\dfrac{x+3}{x^2+1} - \dfrac{1}{2}\dfrac{1}{x+1} - \dfrac{2}{(x+1)^2}.$

3.18   *Man bestimme die komplexe und die reelle PBZ von* $\dfrac{8x^2-16x+10}{x^3-4x^2+5x}$.

$$\frac{8x^2-16x+10}{x^3-4x^2+5x} = \frac{8x^2-16x+10}{x(x^2-4x+5)} = \frac{8x^2-16x+10}{x(x-(2+i))(x-(2-i))}.$$

Im Komplexen macht man formal den gleichen Ansatz wie im Reellen. Sind alle Koeffizienten der rationalen Funktion reell, so gehören zu entsprechenden Nennerfaktoren mit konjugiert komplexen Nullstellen konjugiert komplexe Zahlen im Zähler.

Zu den folgenden komplexen Rechnungen siehe **4. Komplexe Zahlen**:

$$\frac{8x^2-16x+10}{x(x-(2+i))(x-(2-i))} = \frac{a}{x} + \frac{b}{x-(2+i)} + \frac{\overline{b}}{x-(2-i)}, \qquad \begin{array}{l} a \text{ reell,} \\ b, \overline{b} \text{ konjugiert komplex.} \end{array}$$

Zuhaltemethode: $\quad a = 2, \quad b = \dfrac{8(2+i)^2-16(2+i)+10}{(2+i)(2+i-(2-i))} = \dfrac{2+16i}{-2+4i} = 3 - 2i.$

Nun ist $\overline{b} = 3 + 2i$ und man erhält die

komplexe PBZ: $\quad \dfrac{8x^2-16x+10}{x^3-4x^2+5x} = \dfrac{2}{x} + \dfrac{3-2i}{x-(2+i)} + \dfrac{3+2i}{x-(2-i)}.$

Durch Zusammenfassen der Summanden (Hauptnenner, ...) mit konjugiert komplexen Nennern erhält man die

reelle PBZ: $\quad \dfrac{8x^2-16x+10}{x^3-4x^2+5x} = \dfrac{2}{x} + \dfrac{3-2i}{x-(2+i)} + \dfrac{3+2i}{x-(2-i)} = \dfrac{2}{x} + \dfrac{6x-8}{x^2-4x+5}.$

3.19   *Man zerlege* $\dfrac{5x^4+18x^3+11x^2+12x+8}{x(x-1)^2(x+2)^3}$ *in Partialbrüche:*

$$\frac{5x^4+18x^3+11x^2+12x+8}{x(x-1)^2(x+2)^3} = \frac{a}{x} + \frac{b}{x-1} + \frac{c}{(x-1)^2} + \frac{d}{x+2} + \frac{e}{(x+2)^2} + \frac{f}{(x+2)^3}.$$

Welche Koeffizienten lassen sich sofort mit der Zuhaltemethode bestimmen? Natürlich $a = 1$, $c = 2$, $f = 2$.

Man kann nun die Partialbrüche, deren Koeffizienten man bestimmt hat, auf die linke Seite und diese auf den Hauptnenner bringen und anschließend durch x, $x - 1$ und $x + 2$ kürzen (Rechenprobe!) und abermals die Zuhaltemethode anwenden, um $b = 0$ und $e = 1$ zu bestimmen. $d = -1$ würde man anschließend mit der Einsetzmethode bestimmen. Man kann aber auch sofort b, d und e mit der Einsetzmethode bestimmen, vgl. [3.20], [3.21].

Mit der **Einsetzmethode** erzeugt man so viele lineare Gleichungen, wie man unbekannte Koeffizienten angesetzt hat, indem man in die Ansatzgleichung für die Partialbrüche für x beliebige (rechnerisch bequeme!) Werte einsetzt. Diese Methode wendet man vorteilhaft an, wenn mit der Zuhaltemethode schon Koeffizienten bestimmt sind und nur noch wenige Koeffizienten unbekannt sind.

3.20   *Man zerlege* $\dfrac{x+1}{x^2(x-1)}$ *in Partialbrüche:*

Ansatz: $\dfrac{x+1}{x^2(x-1)} = \dfrac{a}{x} + \dfrac{b}{x^2} + \dfrac{c}{x-1}.$

Zuhaltemethode liefert: $b = -1,\ c = 2$ $\Longrightarrow$ $\dfrac{x+1}{x^2(x-1)} = \dfrac{a}{x} - \dfrac{1}{x^2} + \dfrac{2}{x-1}.$

Einsetzmethode: $x = 2$ eingesetzt ergibt: $\dfrac{3}{4} = \dfrac{a}{2} - \dfrac{1}{4} + 2$ also $a = -2.$

Partialbruchzerlegung: $\dfrac{x+1}{x^2(x-1)} = \dfrac{-2}{x} - \dfrac{1}{x^2} + \dfrac{2}{x-1}.$

3.21   *Man zerlege* $\dfrac{x}{(x^2+x+1)(x+1)}$ *in Partialbrüche:*

Ansatz: $\dfrac{x}{(x^2+x+1)(x+1)} = \dfrac{a}{x+1} + \dfrac{bx+c}{x^2+x+1}.$

Zuhaltemethode ergibt: $a = -1$ $\Longrightarrow$ $\dfrac{x}{(x^2+x+1)(x+1)} = \dfrac{-1}{x+1} + \dfrac{bx+c}{x^2+x+1}.$

Einsetzmethode, 2 Gleichungen für b und c:

$x = 0:$ $\left. \begin{array}{ccccc} 0 & = & -1 & + & c \\[4pt] \dfrac{1}{3\cdot 2} & = & -\dfrac{1}{2} & + & \dfrac{b+c}{3} \end{array} \right\}$ $\Longrightarrow$ $\begin{array}{l} c = 1, \\[4pt] \dfrac{1}{6} + \dfrac{1}{2} - \dfrac{1}{3} = \dfrac{b}{3} \Longrightarrow b = 1. \end{array}$

$x = 1:$

Partialbruchzerlegung: $\dfrac{x}{(x^2+x+1)(x+1)} = \dfrac{-1}{x+1} + \dfrac{x+1}{x^2+x+1}.$

Koeffizientenvergleich

Bei dieser Methode bringt man beide Seiten der Ansatz–Gleichung für die Partialbrüche auf den Hauptnenner, ordnet die Zähler nach Potenzen von x und vergleicht die Koeffizienten.

Korrespondierende Koeffizienten müssen übereinstimmen.

Man erhält ein System von ebensovielen linearen Gleichungen wie unbekannte Koeffizienten vorhanden sind.

Dieses lineare Gleichungssystem ist stets eindeutig lösbar!

3.22 Mit der Methode des Koeffizientenvergleichs zerlege man $\dfrac{2x+3}{(x-1)(x+1)}$ in Partialbrüche, vgl. [3.15].

$\dfrac{2x+3}{(x-1)(x+1)} - \dfrac{a}{x-1} + \dfrac{b}{x+1}$, Hauptnenner, nach Potenzen von x ordnen·

$\dfrac{2x+3}{(x-1)(x+1)} = \dfrac{a(x+1)+b(x-1)}{(x-1)(x+1)} = \dfrac{(a+b)x+a-b}{(x-1)(x+1)}$.

Koeffizientenvergleich: $\left.\begin{array}{l} a+b=2 \\ a-b=3 \end{array}\right\} \implies a = \dfrac{5}{2},\ b = -\dfrac{1}{2}$.

Partialbruchzerlegung: $\dfrac{2x+3}{(x-1)(x+1)} = \dfrac{5}{2}\dfrac{1}{x-1} - \dfrac{1}{2}\dfrac{1}{x+1}$.

Natürlich würde man hier die Zuhaltemethode vorziehen!

3.23 Man zerlege die rationale Funktion $\dfrac{2x^3+5x^2+2x+3}{(x+2)(x^2+1)}$ in Polynom plus Summe von Partialbrüchen:

Die rationale Funktion ist nicht echt gebrochen, da der Nennergrad nicht größer ist als der Zählergrad! Also Polynomdivision:

$\dfrac{2x^3+5x^2+2x+3}{(x+2)(x^2+1)} = 2 + \dfrac{x^2-1}{(x+2)(x^2+1)}$,

$$\begin{aligned}
\dfrac{x^2-1}{(x+2)(x^2+1)} &= \dfrac{a}{x+2} + \dfrac{bx+c}{x^2+1} & \text{(Ansatz)} \\
&= \dfrac{a(x^2+1)+(bx+c)(x+2)}{(x+2)(x^2+1)} & \text{(Hauptnenner)} \\
&= \dfrac{(a+b)x^2+(2b+c)x+a+2c}{(x+2)(x^2+1)} & \text{(Ordnen)}
\end{aligned}$$

<u>1. Lsg.: Koeffizientenvergleich:</u>

$$\begin{array}{lcccccccc}
x^2: & a & + & b & & & = & 1 \\
x^1: & & & 2b & + & c & = & 0 \\
x^0: & a & & & + & 2c & = & -1
\end{array}$$

Lösung des LGS: $a = \dfrac{3}{5},\ b = \dfrac{2}{5},\ c = \dfrac{-4}{5}$.

<u>2. Lsg.: Zuhaltemethode:</u> $a = \dfrac{3}{5}$. Man bringt den bekannten Partialbruch $\dfrac{\frac{3}{5}}{x+2}$ auf die linke Seite, diese auf den Hauptnenner und kürzt:

$\dfrac{x^2-1-\frac{3}{5}(x^2+1)}{(x+2)(x^2+1)} - \dfrac{\frac{2}{5}x^2-\frac{8}{5}}{(x+2)(x^2+1)} = \dfrac{\frac{2}{5}x-\frac{4}{5}}{x^2+1} = \dfrac{bx+c}{x^2+1}$.

Dabei war $(\frac{2}{5}x^2 - \frac{8}{5}) : (x+2) = \frac{2}{5}x - \frac{4}{5}$.

Lässt sich die linke Seite nicht kürzen, hat man sich verrechnet!

Koeffizientenvergleich (Ablesen!): $b = \frac{2}{5},\ c = -\frac{4}{5}$.

Ergebnis: $\dfrac{2x^3+5x^2+2x+3}{(x+2)(x^2+1)} = 2 + \dfrac{1}{5}\cdot\dfrac{3}{x+2} + \dfrac{1}{5}\cdot\dfrac{2x-4}{x^2+1}$.

3.24 Man zerlege $\dfrac{2x^3+x^2}{x^3-1}$ in Partialbrüche:

(1) Durchdividieren: $(2x^3 + x^2) : (x^3 - 1) = 2 + \dfrac{x^2+2}{x^3-1}$

(2) Reelle Produktdarstellung des Nenners: Da $x_1 = 1$ eine Nullstelle des Nenners ist, lässt sich $x^3 - 1$ durch $x - 1$ ohne Rest teilen:
$(x^3 - 1) : (x - 1) = x^2 + x + 1.$

Dieser quadratische Ausdruck hat keine reellen Nullstellen und folglich lautet die reelle Produktdarstellung des Nenners:
$x^3 - 1 = (x - 1) \cdot (x^2 + x + 1).$

(3) Ansatz der Partialbrüche: $\dfrac{x^2+2}{(x-1)(x^2+x+1)} = \dfrac{a}{x-1} + \dfrac{bx+c}{x^2+x+1}$

(4) Bestimmung der Koeffizienten:

Zuhaltemethode ergibt $a = 1$. "Rüberbringen" von $\dfrac{1}{x-1}$, Hauptnenner, Kürzen:

$$\frac{x^2+2}{(x-1)(x^2+x+1)} - \frac{1}{x-1} = \frac{x^2+2-(x^2+x+1)}{(x-1)(x^2+x+1)} = \frac{-1}{x^2+x+1} = \frac{bx+c}{x^2+x+1}$$

Koeffizientenvergleich liefert schließlich: $b = 0$, $c = -1$.

Ergebnis: $\dfrac{2x^3+x^2}{x^3-1} = 2 + \underline{\dfrac{1}{x-1} + \dfrac{-1}{x^2+x+1}}.$

Partialbruchzerlegungen sind "im Prinzip" einfach; aber oft mit erheblichem Rechenaufwand verbunden.

Man versuche z.B. die PBZ von

$$\frac{2x^7 + 8x^6 + 13x^5 + 20x^4 + 17x^3 + 16x^2 + 7x + 7}{(x - 1)^2(x^2 + x + 1)^2(x^2 + 2x + 2)}.$$

Das Programm PBZ aus **BP** liefert sofort

$$\frac{2}{(x - 1)^2} + \frac{1}{x - 1} + \frac{1}{(x^2 + x + 1)^2} + \frac{x + 3}{x^2 + 2x + 2}.$$

Partialbruchzerlegungen löst man einfach mit dem Programm PBZ aus **BP**.

3.3   Trigonometrische Funktionen

Umrechnung: Gradmaß – Bogenmaß (Radiant)

Es besteht folgender Zusammenhang zwischen dem

- **Winkel α** in Grad und der
- **Länge b** des zugehörigen Kreisbogens am **Einheitskreis.**

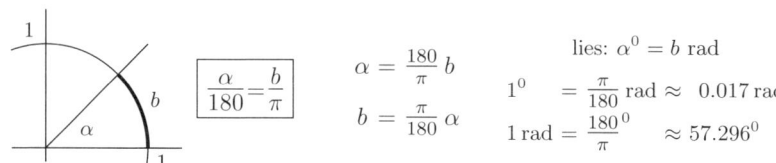

$$\boxed{\frac{\alpha}{180} = \frac{b}{\pi}}$$

$$\alpha = \frac{180}{\pi}\, b$$

$$b = \frac{\pi}{180}\, \alpha$$

lies: $\alpha^0 = b\,\text{rad}$

$1^0 \;=\; \frac{\pi}{180}\,\text{rad} \approx 0.017\,\text{rad}$

$1\,\text{rad} = \frac{180^0}{\pi} \;\approx 57.296^0$

Benutzt man einen Taschenrechner, vergewissere man sich, ob dieser Winkel im Gradmaß (DEG) oder im Bogenmaß (RAD) angibt.

Zur vertiefenden Wiederholung siehe auch **EM 2.**

3.25   *Mittels Taschenrechner rechnet man leicht um:*

$b = \frac{2}{3}\pi \Rightarrow \alpha = 120^0, \quad b = -\frac{3}{2}\pi \Rightarrow \alpha = -270^0, \quad b = 10 \Rightarrow \alpha = 572.9578^0.$

Da 1^0 (Grad) $= 60'$ (Minuten), und $1'$ (Minute) $= 60''$ (Sekunden) ist, gilt:

$572.9578^0 = 572^0 + 0.9578^0 = 572^0 + 57.468' = 572^057' + 28.08'' \approx 572^057'28''$

Dabei ist z.B.: $0.9578^0 = 0.9578 \cdot 60' = 57.468'.$

$43^0 = 0.75\,\text{rad}, \quad -411^0 = -7.17\,\text{rad}, \quad 30^025'48'' = 30.43^0 = 0.5311\,\text{rad}.$

Neben der *strengen* Definition der trigonometrischen Funktionen durch unendliche Reihen (siehe **F3** oder **F+H**, 66–72), gibt es die *anschauliche* Definition mittels rechtwinkliger Dreiecke am Einheitskreis, wobei G, A und H mit Vorzeichen zu versehen sind.

$$\sin \alpha = \frac{\text{Gegenkathete}}{\text{Hypotenuse}} = \frac{G}{H}$$

$$\cos \alpha = \frac{\text{Ankathete}}{\text{Hypotenuse}} = \frac{A}{H}$$

$$\tan \alpha = \frac{\text{Gegenkathete}}{\text{Ankathete}} = \frac{\sin \alpha}{\cos \alpha}$$

$$\cot \alpha = \frac{\text{Ankathete}}{\text{Gegenkathete}} = \frac{\cos \alpha}{\sin \alpha} = \frac{1}{\tan \alpha}$$

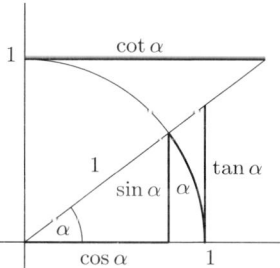

Wichtige Eigenschaften:

<u>Periodizität</u>:

$\sin x$ und $\cos x$ haben die Periode 2π: $\sin(x + 2\pi) = \sin x$, $\cos(x + 2\pi) = \cos x$,
$\tan x$ und $\cot x$ haben die Periode π: $\tan(x + \pi) = \tan x$, $\cot(x + \pi) = \cot x$.

<u>Symmetrie</u> (gerade, ungerade Funktionen siehe Seite 32):
$\cos x$ ist eine *gerade* Funktion: $\cos(-x) = \cos x$.
$\sin x$, $\tan x$, $\cot x$ sind *ungerade* Funktionen: z.B.: $\sin(-x) = -\sin x$.
Die Cosinuskurve ist eine um $\frac{\pi}{2}$ *nach links*
verschobene Sinuskurve: $\sin(x + \frac{\pi}{2}) = \cos x$.

$A\sin(\omega x + \varphi)$ geht aus $\sin x$ hervor, durch (siehe auch Schwingungen Seite 78):

    (1)   Streckung um den Faktor A in y–Richtung,
    (2)   Streckung um den Faktor $\frac{1}{\omega}$ in x–Richtung,
    (3)   Verschiebung um $-\frac{\varphi}{\omega}$ in x–Richtung.

3.26   *Man skizziere* $3\sin(2x + \frac{\pi}{3})$.

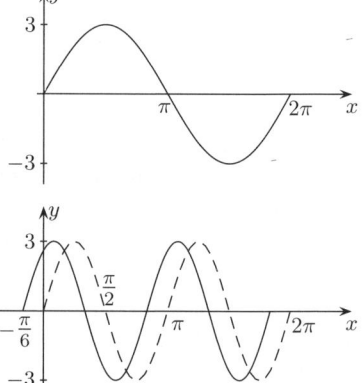

(1) $3\sin x$
Streckung um den Faktor 3 in y–Richtung:

(2) $3\sin 2x$
Streckung um den Faktor $\frac{1}{2}$ in x–Richtung:
man sagt auch: Stauchung um
den Faktor 2 in x–Richtung.

(3) $3\sin(2x + \frac{\pi}{3}) = 3\sin 2(x + \frac{\pi}{6})$
Verschiebung um $-\frac{\pi}{6}$ in x–Richtung:

Die wichtigsten trigonometrischen Formeln

Additionstheoreme: $\cos(x \pm y) = \cos x \cos y \mp \sin x \sin y$.

    $\sin(x \pm y) = \sin x \cos y \pm \cos x \sin y$.

Folgerungen: $\cos^2 x + \sin^2 x = 1$.

$\cos 2x = \cos^2 x - \sin^2 x$. $\cos^2 x = \frac{1}{2}(1 + \cos 2x)$.

$\sin 2x = 2\sin x \cos x$. $\sin^2 x = \frac{1}{2}(1 - \cos 2x)$.

3.4 Inverse trigonometrische Funktionen
Arcus–Funktionen

Die trigonometrischen Funktionen sind periodisch, und folglich nicht umkehrbar. Beschränkt man sie auf Monotonieintervalle, z.B. die Sinusfunktion auf das Intervall $[-\pi/2, \pi/2]$, so ist die so eingeschränkte Funktion umkehrbar. Da man die trigonometrischen Funktionen am Einheitskreis definieren und den Winkel x als Länge des zugehörigen Kreisbogens (Arcus) auffassen kann, nennt man die Umkehrfunktionen Arcusfunktionen: (Umkehrfunktion, siehe Seite 29)

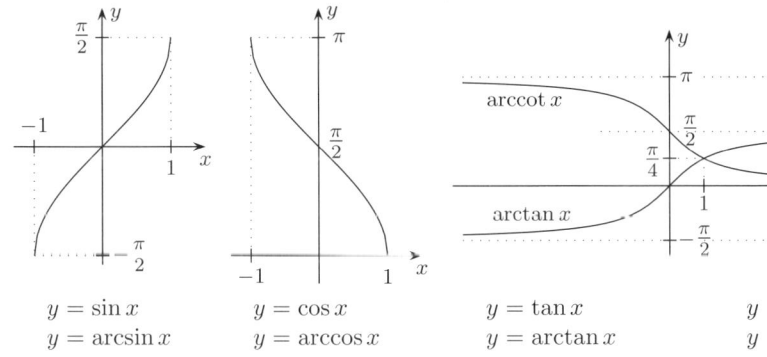

| $y = \sin x$ | $y = \cos x$ | $y = \tan x$ | $y = \cot x$ |
| $y = \arcsin x$ | $y = \arccos x$ | $y = \arctan x$ | $y = \arccot x$ |

3.27   *Man vereinfache*   (a) $y = \cos\arcsin x$,   (b) $y = \sin\arccos x$,
        und skizziere: (c) $y = \tan\arcsin x$,   (d) $y = \arcsin\cos x$.

(a) $-1 \leq x \leq 1 \Longrightarrow -\frac{\pi}{2} \leq \arcsin x \leq \frac{\pi}{2}$.

Für $-\frac{\pi}{2} \leq \alpha \leq \frac{\pi}{2}$ gilt $\cos\alpha = \sqrt{1 - \sin^2\alpha}$, also:

$$y = \cos\arcsin x = \sqrt{1 - (\sin(\arcsin x))^2}$$
$$= \sqrt{1 - x^2}, \quad -1 \leq x \leq 1.$$

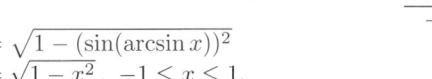

(b)   Ebenso: $\sin\arccos x = \sqrt{1 - x^2}$,
also $\sin\arccos x = \cos\arcsin x$, $-1 \leq x \leq 1$.

(c) $y = \tan\arcsin x = \dfrac{\sin\arcsin x}{\cos\arcsin x} = \dfrac{x}{\sqrt{1-x^2}}$, $-1 \leq x \leq 1$.

(d)   Für $0 \leq x \leq \pi$ gilt:
$y = \arcsin\cos x \Longleftrightarrow \sin y = \cos x$, $-\frac{\pi}{2} \leq y \leq \frac{\pi}{2} \Longleftrightarrow y = \frac{\pi}{2} - x$, $0 \leq x \leq \pi$.
Da $y = \arcsin\cos x$ eine gerade Funktion (symmetrisch zur y–Achse) und periodisch mit der Periode 2π ist, erhält man:

$$y = \arcsin\cos x = \begin{cases} x + \frac{\pi}{2}, & -\pi \leq x \leq 0 \\ -x + \frac{\pi}{2}, & 0 \leq x \leq \pi \end{cases} \quad \begin{array}{l}\text{periodisch}\\ \text{fortgesetzt.}\end{array}$$

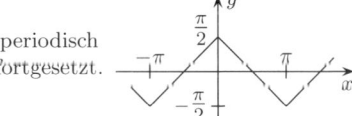

3.5   Schwingungen

$y = A\sin(\omega t + \varphi)$ heißt **harmonische Schwingung** oder Sinusschwingung.

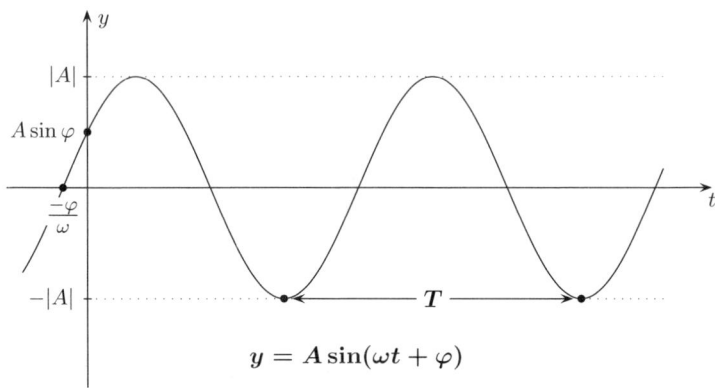

$$y = A\sin(\omega t + \varphi)$$

Die charakteristischen Größen einer Schwingung:

$|A|$ **Amplitude** (halber Wert der Schwingungsweite),

$T = \dfrac{2\pi}{\omega}$ **Periode** (Schwingungsdauer),

$\omega = \dfrac{2\pi}{T}$ **Kreisfrequenz** (Zahl der Schwingungen in 2π Sekunden),

$\dfrac{1}{T} = \dfrac{\omega}{2\pi}$ **Frequenz** (Zahl der Schwingungen in 1 Sekunden),

φ **Phasenwinkel** (Phasenverschiebung).

Da $\sin(x + \pi/2) = \cos x$ ist, lassen sich Cosinusschwingungen leicht in Sinusschwingungen umschreiben:

$$A\cos(\omega t + \varphi) = A\sin(\omega t + \varphi + \tfrac{\pi}{2})$$

3.28   *Man bestimme die charakteristischen Größen folgender Schwingungen und skizziere sie. Wo schneiden die Kurven die t–Achse bzw. die y–Achse?*

(a) $y = 2\sin(2t - \pi)$,   (b) $y = \sin(\tfrac{1}{2}t + \tfrac{\pi}{6})$,   (c) $y = \sqrt{2}\,\sin(\tfrac{\pi}{4} - t)$.

Vorüberlegung zu (c):   Es ist $\sin(\tfrac{\pi}{4} - t) = -\sin(t - \tfrac{\pi}{4})$.
$y_0 = y(0) = A\sin\varphi$ ist der Schnittpunkt mit der y–Achse.
$A\sin(\omega t + \varphi) = A\sin\omega(t - (-\tfrac{\varphi}{\omega}))$ geht aus $A\sin\omega t$ durch Verschiebung um
$t_0 := -\tfrac{\varphi}{\omega}$ in x–Richtung hervor.
Die weiteren Nullstellen sind: $t_0 + k\tfrac{T}{2}$, $k \in \mathbb{Z}$. Man erhält:

$y(t)$	$\lvert A\rvert$	ω	$T=\frac{2\pi}{\omega}$	$\frac{1}{T}$	φ	y_0	$t_0=-\frac{\varphi}{\omega}$
$2\sin(2t-\pi)$	2	2	π	$\frac{1}{\pi}$	$-\pi$	0	$\frac{\pi}{2}$
$\sin(\frac{1}{2}t+\frac{\pi}{6})$	1	$\frac{1}{2}$	4π	$\frac{1}{4\pi}$	$\frac{\pi}{6}$	$\frac{1}{2}$	$-\frac{\pi}{3}$
$-\sqrt{2}\sin(t-\frac{\pi}{4})$	$\sqrt{2}$	1	2π	$\frac{1}{2\pi}$	$-\frac{\pi}{4}$	1	$\frac{\pi}{4}$

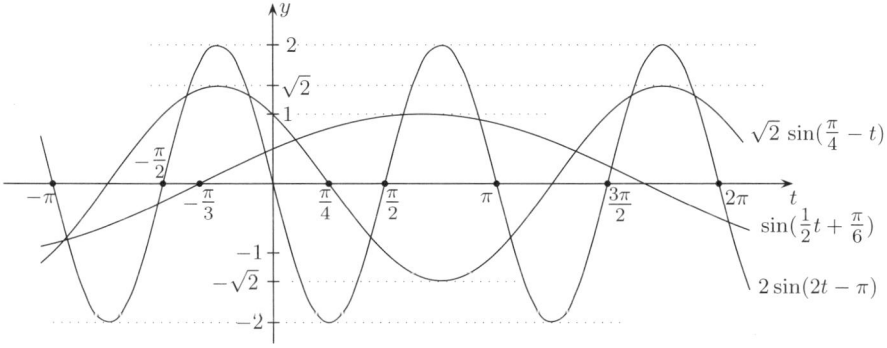

Zerlegung einer Schwingung

$$y = A\sin(\omega t + \varphi)$$

lässt sich in eine *reine* Cosinusschwingung und eine *reine* Sinusschwingung zerlegen: Wendet man das Additionstheorem $\sin(\alpha+\beta)=\sin\alpha\cos\beta+\cos\alpha\sin\beta$ an, so erhält man:

$$\begin{aligned} A\sin(\omega t+\varphi) &= A\sin\varphi\cos\omega t + A\cos\varphi\sin\omega t\ . \\ &= \quad B\cos\omega t + \quad\ C\sin\omega t \end{aligned}$$

Man sieht (vgl. **Polarkoordinaten: F2** oder Seite 94, 95):

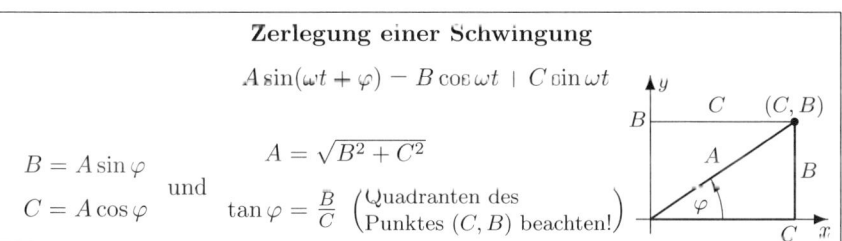

Zerlegung einer Schwingung

$$A\sin(\omega t+\varphi) = B\cos\omega t + C\sin\omega t$$

$$B = A\sin\varphi$$
$$C = A\cos\varphi$$
und
$$A = \sqrt{B^2+C^2}$$
$$\tan\varphi = \frac{B}{C}\ \left(\begin{array}{l}\text{Quadranten des}\\ \text{Punktes }(C,B)\text{ beachten!}\end{array}\right)$$

Da $\cos\omega t = \sin(\omega t+\frac{\pi}{2})$ ist, deutet man die Zerlegung der phasenverschobenen Schwingung $A\sin(\omega t+\varphi)$ als Überlagerung (Addition) der beiden um 90^0 *phasenverschobenen* Schwingungen $B\cos\omega t$ und $C\sin\omega t$.

3.29   Man zerlege $4\sin(2t + \frac{4}{3}\pi)$ in eine reine Cosinus– und eine reine Sinus-schwingung.

$B = A\sin\varphi = 4\sin\frac{4}{3}\pi = -2\sqrt{3}$

$C = A\cos\varphi = 4\cos\frac{4}{3}\pi = -2$

$\Longrightarrow 4\sin(2t + \frac{4}{3}\pi) = -2\sqrt{3}\cos 2t - 2\sin 2t.$

3.30   Man berechne Amplitude und Phase der Schwingung $3\cos\pi t - \sqrt{3}\sin\pi t$.

$A = \sqrt{B^2 + C^2} = \sqrt{3 + 9} = \underline{\underline{2\sqrt{3}}},$

$\tan\varphi = \frac{B}{C} = \frac{3}{-\sqrt{3}} = -\sqrt{3} \Longrightarrow \varphi = \underline{\underline{\frac{2}{3}\pi}}$ (2. Quadrant!)

Überlagerung: $3\cos\pi t - \sqrt{3}\sin\pi t = \underline{\underline{2\sqrt{3}\sin(\pi t + \frac{2}{3}\pi)}}$,

$T = 2, \ \omega = \pi, \ t_0 = -\frac{2}{3}, \ y_0 = 3.$

Überlagerung zweier Schwingungen gleicher Frequenz

Die Überlagerung (Addition, Superposition) zweier Schwingungen gleicher Frequenz ergibt wieder eine Schwingung der gleichen Frequenz:

Reelle und komplexe Rechnung siehe unten:

Überlagerung von Schwingungen

$$\boxed{A_1\sin(\omega t + \varphi_1) + A_2\sin(\omega t + \varphi_2) = A\sin(\omega t + \varphi)}$$

$$A = \sqrt{A_1^2 + A_2^2 + 2A_1 A_2\cos(\varphi_1 - \varphi_2)}$$

$$\tan\varphi = \frac{A_1\sin\varphi_1 + A_2\sin\varphi_2}{A_1\cos\varphi_1 + A_2\cos\varphi_2} \quad \text{(Quadranten beachten!)}$$

Spezialfall: $\boxed{B\cos\omega t + C\sin\omega t = A\sin(\omega t + \varphi)}$

$$A = \sqrt{B^2 + C^2}$$

$\left(\begin{array}{l} A_1 = B, \ \varphi_1 = \pi/2 \\ A_2 = C, \ \varphi_2 = 0 \end{array}\right)$ $\tan\varphi = \frac{B}{C}$ $\left(\begin{array}{l}\text{Quadranten des} \\ \text{Punktes } (C, B) \text{ beachten!}\end{array}\right)$

Überlagerung und Zerlegung von Schwingungen, siehe auch **F+H** Seite 42

3.31 *Man bestimme folgende Überlagerungen in der Form $A\sin(\omega t + \varphi)$.*

(a) $3\sin(4t+1) - 3\sin(4t+1+\pi)$, (b) $2\sin(2t+\frac{2}{3}\pi) - 3\cos(2t - \frac{5}{6}\pi)$.

(a) $A = \sqrt{9 + 9 + 2\cdot 3(-3)\cos(-\pi)} = \underline{6}$,

$$\tan\varphi = \frac{3\sin 1 - 3\sin(1+\pi)}{3\cos 1 - 3\cos(1+\pi)} = \frac{6\sin 1}{6\cos 1} = \tan 1 \implies \varphi = \underline{1}, \ (\varphi \approx 57.3^0).$$

Also: $3\sin(4t+1) - 3\sin(4t+1+\pi) = \underline{\underline{6\sin(4t+1)}}$.

Das hätte man einfacher haben können: $\sin(4t+1+\pi) = -\sin(4t+1)$.

(b) Zunächst: $-3\cos(2t - \frac{5}{6}\pi) = -3\sin(2t - \frac{5}{6}\pi + \frac{\pi}{2}) = -3\sin(2t - \frac{\pi}{3})$.

$$A = \sqrt{4 + 9 + 2\cdot 2(-3)\cos(\tfrac{2}{3}\pi - (-\tfrac{1}{3})\pi)} = \sqrt{13 - 12\cos\pi} = \underline{5},$$

$$\tan\varphi = \frac{2\sin 2\pi/3 - 3\sin(-\pi/3)}{2\cos 2\pi/3 - 3\cos(-\pi/3)} = \frac{\sqrt{3} + 3\frac{1}{2}\sqrt{3}}{-1 - 3\frac{1}{2}} = -\sqrt{3}$$

$\implies \varphi = \underline{\frac{2}{3}\pi}, \ (\varphi = 120^0)$.

Also: $2\sin(2t+\frac{2}{3}\pi) - 3\cos(2t - \frac{5}{6}\pi) = \underline{\underline{5\sin(2t + \frac{2}{3}\pi)}}$.

3.6 Schwingungen, komplexe Rechnung

Man benutzt folgende Eigenschaften komplexer Zahlen (siehe Seite 93 ff):

- Bei konstantem $A \in \mathbb{R}$ und beliebigem $t \in \mathbb{R}$
  ist $Ae^{i\omega t}$ eine komplexe Zahl auf dem Kreis vom Radius $|A|$.

- Eulersche Formel: $Ae^{i\omega t} = A(\cos\omega t + i\sin\omega t)$.

- Für den Imaginärteil $\mathrm{Im}(z)$ von z gilt: $\mathrm{Im}(z_1 + z_2) = \mathrm{Im}(z_1) + \mathrm{Im}(z_2)$.

Schwingungen lassen sich vorteilhaft an einem in der komplexen Ebene rotierenden Vektor (Zeiger) darstellen:

komplexe Ebene   **reelle Ebene**

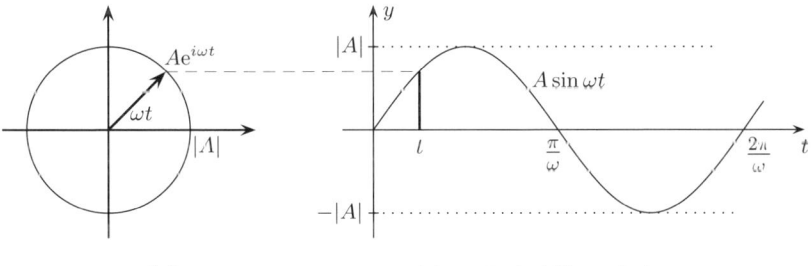

$z(t) = Ae^{i\omega t}$ $y(t) = \mathrm{Im}(z(t)) = A\sin\omega t$

Dabei ist:

$z(t)$ $= x(t) + i\,y(t)$ komplexe Zahl = Vektor in der komplexen Ebene,

     $= A\mathrm{e}^{i\,\omega t}$ bei festem A ein in der komplexen Ebene
rotierender Vektor der Länge $|A|$,

     $= A(\cos\omega t + i\,\sin\omega t)$ Eulersche Formel.

$y(t)$ $= A\sin\omega t = \mathrm{Im}(A\mathrm{e}^{i\,\omega t})$ Imaginärteil des in der komplexen Ebene
rotierenden Vektors der Länge $|A|$.

komplexe Ebene   **reelle Ebene**

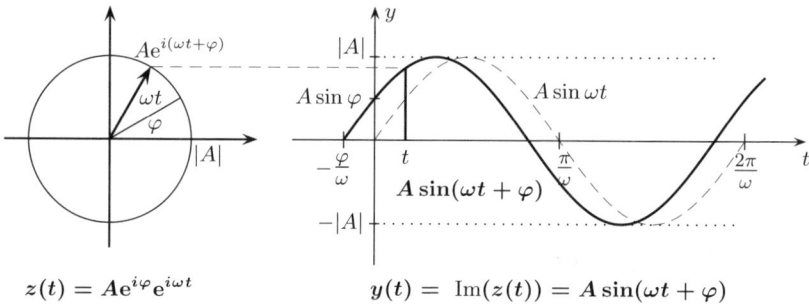

$z(t) = A\mathrm{e}^{i\varphi}\mathrm{e}^{i\omega t}$ $y(t) = \mathrm{Im}(z(t)) = A\sin(\omega t + \varphi)$

Bemerkung: Es ist $A\mathrm{e}^{i\omega t}$ $= A(\cos\omega t + i\,\sin\omega t)$.
         und $A\mathrm{e}^{i(\omega t+\varphi)}$ $= A\mathrm{e}^{i\varphi}\mathrm{e}^{i\omega t} = A\mathrm{e}^{i\varphi}(\cos\omega t + i\,\sin\omega t)$.

Die Phasenverschiebung φ bewirkt also ein *Komplexwerden* der Amplitude.
Der Übergang von A zu $A\mathrm{e}^{i\varphi}$, also die Multiplikation von A mit $\mathrm{e}^{i\varphi}$ bedeutet in
der komplexen Ebene eine Drehung um den Winkel φ.
Da $A\mathrm{e}^{i\varphi} = -A\mathrm{e}^{i(\varphi+\pi)}$ ist, lässt sich immer $A \geq 0$ wählen!

Die **komplexe Amplitude $A\mathrm{e}^{i\varphi}$** *enthält* $\left\{ \begin{array}{l} \text{die reelle Amplitude } \boldsymbol{A} \\ \text{und die Phasenverschiebung } \boldsymbol{\varphi}. \end{array} \right.$

Überlagerung zweier Schwingungen gleicher Frequenz

Wegen $\operatorname{Im}\big(Ae^{i(\omega t+\varphi)}\big) = A\sin(\omega t+\varphi)$ und $\operatorname{Im}(z_1+z_2) = \operatorname{Im}(z_1) + \operatorname{Im}(z_2)$ gilt:

Überlagerung zweier Schwingungen gleicher Frequenz

Superposition

Schwingungen $y = A\sin(\omega t + \varphi)$ lassen sich durch komplexe Zahlen (Zeiger) $Ae^{i(\omega t+\varphi)}$ darstellen.

Der Überlagerung von Schwingungen entspricht die Addition ihrer komplexen Amplituden (Zeiger):

$$A_1\sin(\omega t + \varphi_1) + A_2\sin(\omega t + \varphi_2) = A\sin(\omega t + \varphi)$$

$$\Longleftrightarrow$$

$$A_1 e^{i\varphi_1} + A_2 e^{i\varphi_2} = Ae^{i\varphi}$$

Schwingungen lassen sich also durch komplexe Zahlen (Zeiger) darstellen. Der Überlagerung von Schwingungen entspricht die Addition ihrer Zeiger.

Die **komplexe Amplitude** $\boldsymbol{Ae^{i\varphi}}$ enthält $\left\{ \begin{array}{l} \text{die reelle Amplitude } \boldsymbol{A} \\ \text{und die Phasenverschiebung } \varphi. \end{array} \right.$

Zeigerdiagramm

Die Addition (Überlagerung) zweier Schwingungen gleicher Frequenz ergibt wieder eine Schwingung der gleichen Frequenz.

Die komplexe Amplitude der Überlagerung ist die Summe der komplexen Amplituden der beiden Schwingungen:

$$Ae^{i\varphi} = A_1 e^{i\varphi_1} + A_2 e^{i\varphi_2}$$

Die Amplituden sind komplexe Zahlen, deren Addition die gewöhnliche Vektoraddition ist.

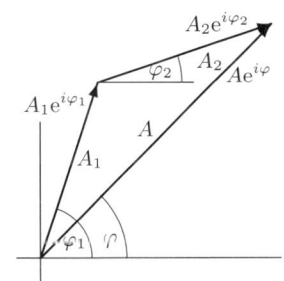

$$Ae^{i\varphi} = A_1 e^{i\varphi_1} + A_2 e^{i\varphi_2}$$

Addition der komplexen Amplituden
Zeigerdiagramm

3.32 Es sei $A_1\sin(\omega t + \varphi_1) + A_2\sin(\omega t + \varphi_2) = A\sin(\omega t + \varphi)$.
Man berechne A und $\tan\varphi$ aus A_1, A_2, φ_1, φ_2.

(1) Komplexe Rechnung: Aus dem Zeigerdiagramm ergibt sich:

3.33   Es sei $A_1 \sin(\omega t + \varphi_1) + A_2 \sin(\omega t + \varphi_2) = A \sin(\omega t + \varphi)$.
             Man berechne A und $\tan \varphi$ aus A_1, A_2, φ_1, φ_2.

(1)   <u>Komplexe Rechnung</u>: Aus dem Zeigerdiagramm ergibt sich:

$$\bullet \ A e^{i\varphi} = A_1 e^{i\varphi_1} + A_2 e^{i\varphi_2}$$
$$= A_1 \cos\varphi_1 + i A_1 \sin\varphi_1 + A_2 \cos\varphi_2 + i A_2 \sin\varphi_2$$
$$= (A_1 \cos\varphi_1 + A_2 \cos\varphi_2) + i(A_1 \sin\varphi_1 + A_2 \sin\varphi_2)$$

$$\implies A = |A e^{i\varphi}| = |A_1 e^{i\varphi_1} + A_2 e^{i\varphi_2}|$$
$$= \sqrt{(A_1 \cos\varphi_1 + A_2 \cos\varphi_2)^2 + (A_1 \sin\varphi_1 + A_2 \sin\varphi_2)^2}$$
$$= \sqrt{A_1^2 + A_2^2 + 2 A_1 A_2 (\cos\varphi_1 \cos\varphi_2 + \sin\varphi_1 \sin\varphi_2)}$$
$$= \underline{\sqrt{A_1^2 + A_2^2 + 2 A_1 A_2 \cos(\varphi_1 - \varphi_2)}} \quad \text{(Additionstheorem!)}$$

$$\implies \qquad \tan\varphi = \underline{\frac{A_1 \sin\varphi_1 + A_2 \sin\varphi_2}{A_1 \cos\varphi_1 + A_2 \cos\varphi_2}} \quad \text{(Quadranten beachten!)}$$

(2) A und $\tan\varphi$ entnimmt man auch unmittelbar dem Zeigerdiagramm (Seite 83):
      $\tan\varphi$ liest man ab, A berechnet man mit dem Cosinussatz (siehe Seite 157).

(3)   <u>Reelle Rechnung</u>: Man benutzt die Additionstheoreme und erhält:
      $A_1 \sin\omega t \cos\varphi_1 + A_1 \cos\omega t \sin\varphi_1 + A_2 \sin\omega t \cos\varphi_2 + A_2 \cos\omega t \sin\varphi_2$
$$= A \sin\omega t \cos\varphi + A \cos\omega t \sin\varphi,$$
      $(A_1 \cos\varphi_1 + A_2 \cos\varphi_2) \sin\omega t + (A_1 \sin\varphi_1 + A_2 \sin\varphi_2) \cos\omega t$
$$= A \cos\varphi \sin\omega t + A \sin\varphi \cos\omega t.$$
Speziell für $t = \frac{\pi}{2\omega}$ bzw. $t = 0$ (oder weil $\sin\omega t$ und $\cos\omega t$ linear unabhängig
sind) erhält man folgende Gleichungen:

$$\bullet \quad A_1 \cos\varphi_1 + A_2 \cos\varphi_2 = A \cos\varphi,$$
$$\bullet \quad A_1 \sin\varphi_1 + A_2 \sin\varphi_2 = A \sin\varphi.$$

Es ist $A^2 = A^2(\cos^2\varphi + \sin^2\varphi) = A^2 \cos^2\varphi + A^2 \sin^2\varphi$. Man erhält:

$$\implies \qquad A = \sqrt{(A_1 \cos\varphi_1 + A_2 \cos\varphi_2)^2 + (A_1 \sin\varphi_1 + A_2 \sin\varphi_2)^2}$$
$$= \cdots = \underline{\sqrt{A_1^2 + A_2^2 + 2 A_1 A_2 \cos(\varphi_1 - \varphi_2)}} \quad \text{und}$$

$$\implies \qquad \tan\varphi = \frac{A \sin\varphi}{A \cos\varphi} = \underline{\frac{A_1 \sin\varphi_1 + A_2 \sin\varphi_2}{A_1 \cos\varphi_1 + A_2 \cos\varphi_2}} \quad \text{(Quadranten beachten!)}$$

3.7   Exponential– und Logarithmusfunktionen

Die Exponentialfunktion $y = e^x$, ($e = 2.718281828\ldots$, Eulersche Zahl) wird
durch folgende für alle $x \in \mathbb{R}$ konvergente Reihe definiert:

$$e^x = 1 + x + \frac{x^2}{2!} + \frac{x^3}{3!} + \frac{x^4}{4!} + \ldots = \sum_{n=0}^{\infty} \frac{x^n}{n!}$$

Wichtige Eigenschaften der e–Funktion:

$e^x > 0$ für alle $x \in \mathbb{R}$. e^x hat keine Nullstellen. $(e^x)' = e^x$.

e^x ist streng monoton wachsend (also injektiv, umkehrbar).

$e^{x+y} = e^x e^y$, $e^0 = 1$, $e^{-x} = \frac{1}{e^x}$ und $\lim\limits_{x\to\infty} \frac{e^x}{x^n} = \infty$ für alle $n \in \mathbb{N}$.

$$\lim_{x \to \infty} \frac{e^x}{x^n} = \infty \quad \text{für alle } n \in \mathbb{N}.$$
Die e–Funktion wächst *stärker* als jede (noch so *große*) Potenz von x.

Wichtige Anwendungen.

Lineare DGLn (mit konstanten Koeffizienten), siehe Seite 448.

Wachstumsfunktion:

$m(t) = m_0 e^{ct}$: m_0 : Anfangsgröße. c: $\begin{matrix}\text{Wachstumskonstante}\\\text{Zerfallskonstante}\end{matrix}$, falls $\begin{matrix}c > 0\\c < 0\end{matrix}$.

Gedämpfte Schwingungen: $y(t) = A e^{-ct} \sin(\omega t + \varphi)$.

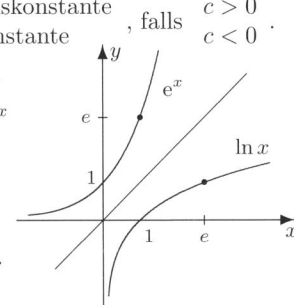

Die Umkehrfunktion der Exponentialfunktion $y = e^x$ heißt (natürlicher) Logarithmus: $y = \ln x$.

Wichtige Eigenschaften der ln–Funktion:

$\ln x$ ist für $x > 0$ definiert.

$\ln e^x = x$ für alle $x \in \mathbb{R}$ und $e^{\ln x} = x$ für alle $x > 0$.

$\ln x$ ist streng monoton wachsend.

$$\lim_{x \to \infty} \frac{\ln x}{x^{1/n}} = 0 \quad \text{für alle } n \in \mathbb{N}.$$
Die ln–Funktion wächst *schwächer* als jede (noch so *kleine*) Potenz von x.

allgemeine Exponentialfunktion   allgemeine Logarithmusfunktion

mit der Basis $0 < a \neq 1$

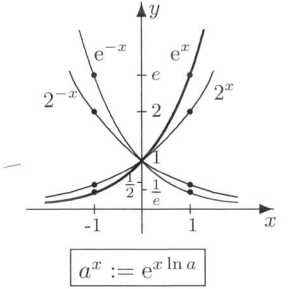

$$\boxed{a^x := e^{x \ln a}}$$

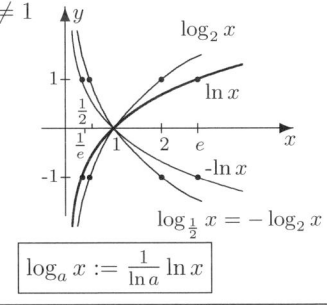

$$\boxed{\log_a x := \frac{1}{\ln a} \ln x}$$

Rechenregeln		(a: Basis, mit $0 < a \neq 1$)

a^x	$\log_a x$	**Logarithmen zu verschiedenen Basen**
$a^{x+y} = a^x a^y$	$\log_a xy = \log_a x + \log_a y$	Aus $a^{\log_a x} = x$ folgt
$a^{x-y} = \dfrac{a^x}{a^y}$	$\log_a \dfrac{x}{y} = \log_a x - \log_a y$	$\log_a x \cdot \log_b a = \log_b x$
$a^{-x} = \dfrac{1}{a^x}$	$\log_a \dfrac{1}{x} = -\log_a x$	also $\quad \log_a x = \dfrac{\log_b x}{\log_b a}$
$a^0 = 1$	$\log_a 1 = 0$	
$(a^x)^r = a^{xr}$	$\log_a x^r = r \log_a x$	speziell $\quad \log_a x = \dfrac{\ln x}{\ln a}$
$a^{\log_a x} = x$	$\log_a a^x = x$	

3.34   Man berechne x aus: (a) $\log_{\frac{1}{2}} 256 = x^3$,   (b) $\log_x 2 = -\frac{2}{3}$,

(c) $\log_2 \sqrt{x} = -2$,   (d) $2^x = 3$.

(a) $\log_{\frac{1}{2}} 256 = x^3 \iff (\frac{1}{2})^{x^3} = 256 = 2^8 \iff 2^{-x^3} = 2^8 \iff -x^3 = 8 \iff x = \underline{\underline{-2}}$.

(b) $\log_x 2 = -\frac{2}{3} \iff x^{-\frac{2}{3}} = 2 \iff x = 2^{-\frac{3}{2}} = \underline{\underline{\frac{1}{4}\sqrt{2}}}$.

(c) $\log_2 \sqrt{x} = -2 \iff 2^{-2} = \sqrt{x} \iff x = 2^{-4} = \underline{\underline{\frac{1}{16}}}$.

(d) $2^x = 3 \iff x = \log_2 3 = \underline{\underline{\frac{\ln 3}{\ln 2}}}$.

3.35   Man skizziere die Funktionen: $\ln|x|$, $|\ln x|$, $\big|\ln|x|\big|$, $\ln^2 x$, $\dfrac{1}{\ln x}$, $x\ln x$.

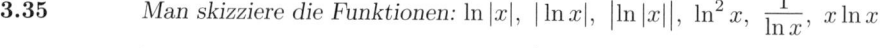

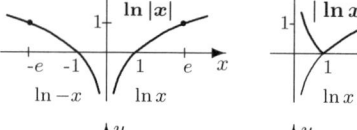

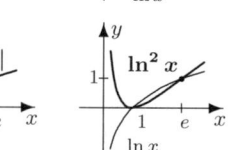

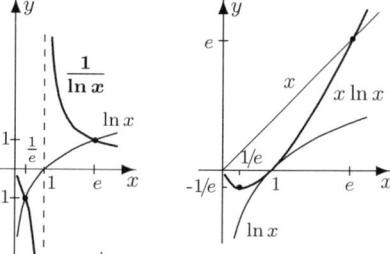

3.36   Man zeige:

(a) $x + 1 \le e^x$ $(x \in \mathbb{R})$

(b) $e^x \le \dfrac{1}{1-x}$ $(x < 1)$

(c) $\ln x \le x - 1$ $(x > 0)$

(d) $\dfrac{x-1}{x} \le \ln x$ $(x > 0)$

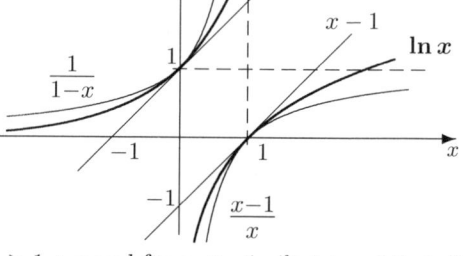

(a)   Für $x \ge 0$ gilt $e^x = 1 + x + \frac{x^2}{2!} + \ldots \ge 1 + x$ und für $x \le -1$ gilt $1 + x \le 0 < e^x$.

Für $-1 < x < 0$ ist $1 + x + \frac{x^2}{2!} + \frac{x^3}{3!} + \ldots$ eine alternier. Reihe. Die Beträge ihrer Summanden gehen monoton gegen 0, also $e^x = 1 + x + \underbrace{(\frac{x^2}{2!} + \frac{x^3}{3!}) + \ldots}_{>0} > 1 + x$.

(b)   Aus (a) folgt $1 - x \le e^{-x} = \frac{1}{e^x}$ für alle $x \in \mathbb{R}$, für $x < 1$ also $e^x \le \frac{1}{1-x}$.

(c,d)   Die Ungleichungen für $\ln$ ergeben sich durch Übergang zu den Umkehrfunktionen $x+1 \mapsto x-1$, $e^x \mapsto \ln x$, $\frac{1}{1-x} \mapsto \frac{x-1}{x}$ (Spiegelung an der Winkelhalbierenden).

3.37 (a) *Eine Population der Anfangsgröße $m_0 = 1000$ habe eine tägliche Wachstumsrate von 10%.*
    (1) *Wieviele Individuen $y(10)$ sind nach 10 Tagen vorhanden?*
    (2) *Nach wieviel Tagen d sich die Population verdoppelt?*

(b) *Erkläre die Faustformel: Ein zu $p\%$ angelegtes Kapital K verdoppelt sich nach ca. $\frac{70}{p}$ Jahren. Hinweis: $\ln 2 \approx 0.70$ und für kleine x gilt: $\ln(1+x) \approx x$.*

(a) Wachstumsfunktion: $\quad y(t) = m_0 e^{ct}$. Bestimmung der Wachstumskonstanten c.

$y(1) = 1000 e^{c \cdot 1} = 1100 \Longrightarrow \underline{c = \ln 1.1}$ und $e^{ct} = 1.1^t$, also $y(t) = 1000 \cdot 1.1^t$.

(1) $\quad y(10) = 1000 e^{10 \ln 1.1} = 1000 \cdot 1.1^{10} \approx \underline{\underline{2594}}$

(2) $\quad 1000 e^{cd} = 2000 \Longleftrightarrow e^{cd} = 2 \Longleftrightarrow d = \dfrac{\ln 2}{\ln 1.1} \approx \underline{\underline{7}}$.

(b) Kapital nach n Jahren: $K_n = K(1 + \frac{p}{100})^n$.

$K_n = K(1 + \frac{p}{100})^n = 2K \iff (1 + \frac{p}{100})^n = 2 \implies n = \dfrac{\ln 2}{\ln(1 + \frac{p}{100})} \approx \dfrac{\ln 2}{\frac{p}{100}} \approx \underline{\underline{\dfrac{70}{p}}}$.

3.38 *Die Halbwertzeit einer Substanz (Pu 239) beträgt 24360 Jahre. Wieviel ist von 1 kg der Substanz nach 100 Jahren noch vorhanden?*

Für die Halbwertzeit h und Zerfallskonstante c gelten:

$m_0 e^{ch} = \frac{1}{2} m_0 \iff h = -\dfrac{\ln 2}{c} \iff c = -\dfrac{\ln 2}{h}$.

$y(t) = e^{-\frac{\ln 2}{h} t} \implies y(100) = e^{-\frac{\ln 2}{24360} 100} \approx \underline{\underline{0.997}}$.

$0.997\,$kg der Substanz sind nach 100 Jahren noch vorhanden!

3.39 *Es sei $m(t) = m_0 e^{ct}$ und $m(t_1) = a$, $m(t_2) = b$. Man berechne m_0, c, sowie] die Halbwertzeit h, falls $c < 0$, bzw. die Zeit d, in der sich die Population verdoppelt, falls $c > 0$ ist.*

$\left. \begin{aligned} a = m_0 e^{ct_1} &\implies m_0 = a e^{-ct_1} \\ b = m_0 e^{ct_2} &\implies \ b = a e^{ct_2 - ct_1} \end{aligned} \right\} \implies \begin{aligned} c &= \dfrac{\ln b - \ln a}{t_2 - t_1} \\ m_0 &= a\left(\dfrac{a}{b}\right)^{\frac{t_1}{t_2 - t_1}} \end{aligned}$.

Halbwertzeit: $\quad m(h) = \frac{1}{2} m_0 \iff m_0 e^{ch} = \frac{1}{2} m_0 \iff h = \dfrac{\ln 2}{-c}, \ (c < 0)$,

ebenso: $\quad m(d) = 2 m_0 \iff m_0 e^{cd} = 2 m_0 \iff d = \dfrac{\ln 2}{c}, \ (c > 0)$.

also: $\quad h$ bzw. d ist gleich $\underline{\underline{\dfrac{\ln 2}{|c|}}}$

3.40 *Man skizziere: $f(x) = 3 e^{-\frac{1}{3} x} \sin(2x + \frac{\pi}{3})$.*

$f(x) = 3 e^{-\frac{1}{3} x} \sin(2x + \frac{\pi}{3})$ ist eine Schwingung, deren Amplitude $A(x) = 3 e^{-\frac{1}{3} x}$ mit x abnimmt.

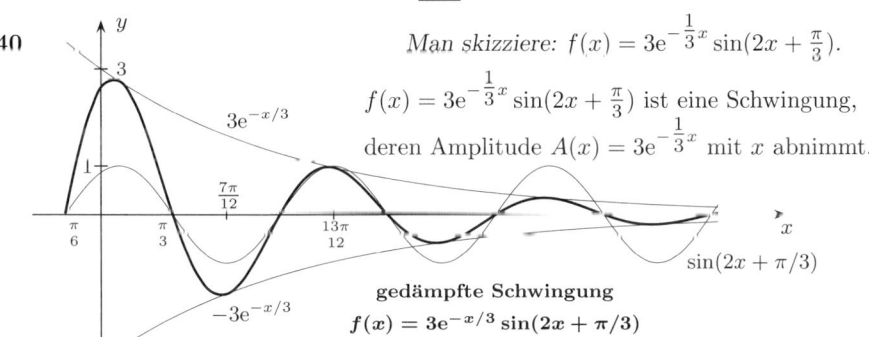

gedämpfte Schwingung
$f(x) = 3 e^{-x/3} \sin(2x + \pi/3)$

3.8 Hyperbelfunktionen

Die trigonometrischen oder Kreis–Funktionen lassen sich am Einheitskreis definieren. Ebenso lassen sich die Hyperbel–Funktionen an der Einheitshyperbel definieren, siehe [3.43]. Üblicherweise definiert man die Hyperbelfunktionen jedoch mittels der e–Funktion:

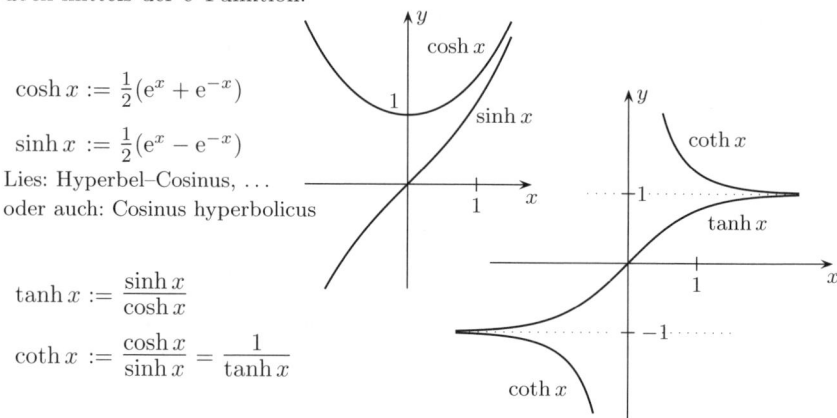

$$\cosh x := \tfrac{1}{2}(e^x + e^{-x})$$

$$\sinh x := \tfrac{1}{2}(e^x - e^{-x})$$

Lies: Hyperbel–Cosinus, ...
oder auch: Cosinus hyperbolicus

$$\tanh x := \frac{\sinh x}{\cosh x}$$

$$\coth x := \frac{\cosh x}{\sinh x} = \frac{1}{\tanh x}$$

$\cosh x$ ist eine *gerade* Funktion: $\cosh(-x) = \cosh x$ (vgl.: trigonometr. Fktn.).
$\sinh x$, $\tanh x$, $\coth x$ sind *ungerade* Funktionen, z.B.: $\sinh(-x) = -\sinh x$.

Die wichtigsten hyperbolischen Formeln

Additionstheoreme:
$$\cosh(x \pm y) = \cosh x \cosh y \pm \sinh x \sinh y$$
$$\sinh(x \pm y) = \sinh x \cosh y \pm \cosh x \sinh y$$

Folgerungen:
$$\cosh^2 x - \sinh^2 x = 1$$

$$\cosh 2x = \cosh^2 x + \sinh^2 x \qquad \cosh^2 x = \tfrac{1}{2}(1 + \cosh 2x)$$

$$\sinh 2x = 2 \sinh x \cosh x \qquad \sinh^2 x = -\tfrac{1}{2}(1 - \cosh 2x)$$

Weitere Formeln siehe **F1** oder **F+H**

Die auffallende Ähnlichkeit zu den trigonometrischen Formeln ist nicht zufällig:

> Jede Gleichung mit trigonometrischen Funktionen geht über in die entsprechende Gleichung mit Hyperbelfunktionen, wenn man $\boxed{\cos x}$ durch $\boxed{\cosh x}$ und $\boxed{\sin x}$ durch $\boxed{i \sinh x}$ ersetzt.

3.41   *Es ist* $\sin x \cdot \cos y = \tfrac{1}{2}\big(\sin(x-y) + \sin(x+y)\big)$ *und* $\sin 3x = 3\sin x - 4\sin^3 x$. *Man leite die entsprechenden Formeln für die Hyperbelfunktionen her.*

$$\begin{aligned} \cos x &\to \cosh x \\ \sin x &\to i \sinh x \end{aligned} \implies$$

$$i \sinh x \cdot \cosh y = \tfrac{1}{2}\big(i \sinh(x-y) + i \sin(x+y)\big)$$

$$\sinh x \cdot \cosh y = \tfrac{1}{2}\big(\sinh(x-y) + \sin(x+y)\big)$$

$\sin 3x = 3\sin x - 4\sin^3 x$ geht über in $i \sinh 3x = 3i \sinh x - 4i^3 \sinh^3 x$.
Division durch i und $i^2 = -1$ ergibt: $\sinh 3x = 3\sinh x + 4\sinh^3 x$.

3.9 Inverse Hyperbelfunktionen, Area–Funktionen

Die Hyperbelfunktionen sind monoton – bei $\cosh x$ mit der Einschränkung $x \geq 0$ bzw. $x \leq 0$ – und folglich umkehrbar.

Da man die Hyperbelfunktionen an der Einheitshyperbel definieren und das Argument als Fläche (Area) auffassen kann, siehe [3.43], nennt man die Umkehrfunktionen **Areafunktionen**, lies arcosh x: Area Cosinus hyperbolicus x.

arcosh x, arsinh x **artanh x, arcoth x**

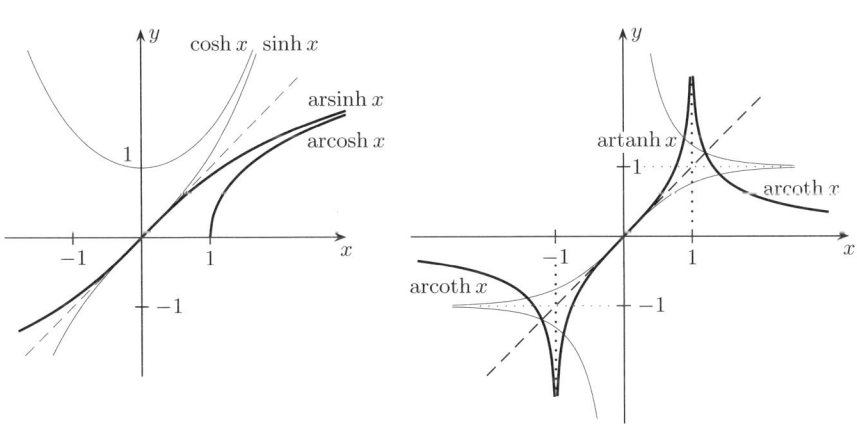

Da die Hyperbelfunktionen durch die e–Funktion definiert sind, lassen sich die Area–Funktionen natürlich durch die ln–Funktion ausdrücken:

3.42 *Man zeige:*

$$\operatorname{arcosh} x = \ln(x + \sqrt{x^2 - 1}) \quad \text{für} \quad x \geq 1$$
$$\operatorname{arsinh} x = \ln(x + \sqrt{x^2 + 1}) \quad \text{für} \quad x \in \mathbb{R}$$
$$\operatorname{artanh} x = \tfrac{1}{2} \ln \tfrac{1+x}{1-x} \quad \text{für} \quad |x| < 1$$
$$\operatorname{arcoth} x = \tfrac{1}{2} \ln \tfrac{x+1}{x-1} \quad \text{für} \quad |x| > 1$$

$$\operatorname{arsinh} x = y \iff x = \sinh y = \tfrac{1}{2}(e^y - e^{-y}) \iff e^{2y} - 2xe^y - 1 = 0.$$

Letzteres ist eine *quadratische Gleichung* in e^y. Man erhält:

$e^y_{1,2} = x \pm \sqrt{x^2 + 1}$. Da $e^y > 0$ ist für alle $y \in \mathbb{R}$, gilt

$e^y = x + \sqrt{x^2 + 1}$ und folglich $y = \operatorname{arsinh} x = \ln(x + \sqrt{x^2 + 1})$ für $x \in \mathbb{R}$.

Die anderen Gleichungen beweist man analog.

3.43   *Geometrische Deutung der Hyperbelfunktionen an der Einheitshyperbel:*
Vorbetrachtung:

Bei der Definition der trigonometrischen Funktionen
am Einheitskreis, betrachtet man $\sin\alpha, \ldots$ als
Funktion des Winkels α.

Es ist α (in Grad) gleich x (in rad), weshalb
man die trigonometrischen Funktionen auch als
Funktionen des Bogens (Arcus) x betrachten kann
und die Umkehrfunktionen Arcus–Funktionen nennt.

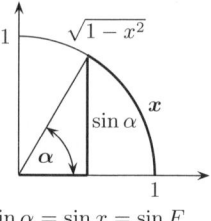

$$\sin\alpha = \sin x = \sin F$$

Die Fläche F des Kreissektors zum Winkel 2α,
also zum Kreisbogen $2x$, beträgt $F = \frac{\pi}{2\pi} \cdot 2x = x$.

> Es ist α (in Grad) gleich x (in rad) gleich F (im Flächenmaß).

Man hätte also auch die Fläche des Kreissektors zum Winkel 2α als unabhängige Variable
x bei der Definition der trigonometrischen
Funktionen nehmen können.

Diese Beziehungen am Einheitskreis lassen
sich auf die Einheitshyperbel übertragen:

Für die Sektorfläche F erhält man:

$$F = a\sqrt{a^2 - 1} - 2\int_1^a \sqrt{x^2 - 1}\, dx$$
$$= \ln(a + \sqrt{a^2 - 1}) \quad (\textbf{F4})$$

Auflösung nach a bzw. $\sqrt{a^2 - 1}$ ergibt:

$$a = \tfrac{1}{2}(e^F + e^{-F}) \text{ und } \sqrt{a^2 - 1} = \tfrac{1}{2}(e^F - e^{-F}).$$
Setzt man $x = F$, so erhält man:

$$a = \tfrac{1}{2}(e^x + e^{-x}) = \cosh x$$
$$\sqrt{a^2 - 1} = \tfrac{1}{2}(e^x - e^{-x}) = \sinh x$$

Man kann also – analog zu $\cos x$ und $\sin x$
am Einheitskreis – folgendermaßen $\cosh x$ und
$\sinh x$ an der Einheitshyperbel anschaulich definieren:

Beachte: $x = F = $ Sektorfläche !

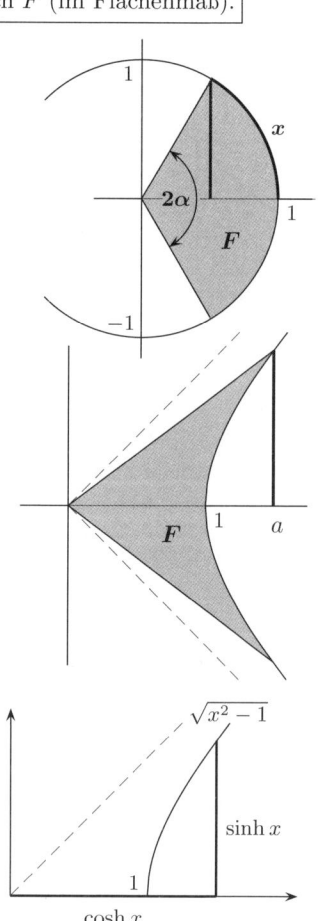

3.10 Potenzfunktionen

Für nat. Zahlen $n \in \mathbb{N}$ ist die **Potenzfunktion $y = x^n$** auf ganz $\mathbb{R}$ definiert. Durch $x^{-n} := \frac{1}{x^n}$ mit $x \neq 0$ wird $y = x^n$ für ganzzahlige Exponenten def.:

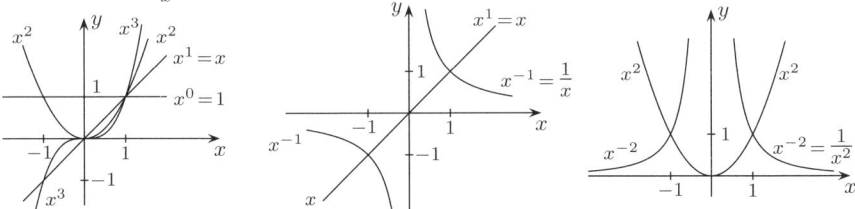

Für natürliche Zahlen $n \in \mathbb{N}$ ist die **Wurzelfunktion $y = \sqrt[n]{x}$** als Umkehrfunktion der Potenzfunktion $f(x) = x^n$ erklärt, und zwar

$y = \sqrt[n]{x}$ ist definiert $\begin{cases} \text{für alle reellen Zahlen } x \in \mathbb{R}, \text{ falls } n \text{ ungerade ist} \\ \text{für nicht negative Zahlen } x \geq 0, \text{ falls } n \text{ gerade ist} \end{cases}$

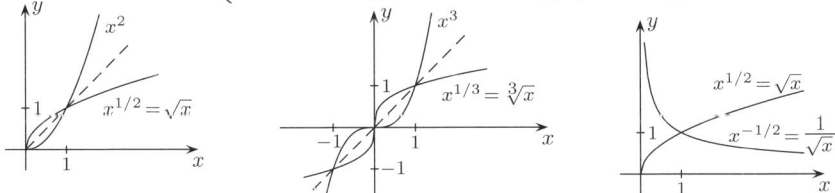

Die **allgemeine Potenz $y = x^r$** ist mit $r \in \mathbb{R}$ **nur für** $x > 0$ mit Hilfe der e-Funktion definiert durch $y = x^r := e^{r \cdot \ln x}$. Für rationale Exponenten $r = \frac{m}{n}, m \in \mathbb{Z}, n \in \mathbb{N}$ gilt dann $\quad x^{\frac{m}{n}} = \sqrt[n]{x^m} = (\sqrt[n]{x})^m$, für $x > 0$.

Die allgemeine Potenz ist also nicht für $x \leq 0$ definiert und z.B. der Ausdruck $(-1)^{1/3}$ ist ohne Sinn, obwohl $\sqrt[3]{-1} = -1$ richtig ist. Die folgende Gleichung zeigt die Problematik: $-1 = \sqrt[3]{-1} \overset{?}{=} (-1)^{1/3} = (-1)^{2/6} \overset{?}{=} \sqrt[6]{(-1)^2} = \sqrt[6]{1} = 1$.

3.11 Aufgaben

3.44 *Man diskutiere die unterschiedlichen Lagen eines Polynoms 4–ten Grades zur x–Achse und gebe jeweils ein Beispiel an (8 Fälle) !*

3.45 *Für $f(x) = x^3 - (2+i)x^2 - 4x + 8 + 4i$ berechne man $f(2+i)$ und $\frac{f(x)}{x-2-i}$.*

3.46 *Man dividiere $x^3 - 3x^2 + x - 3$ durch : (a) $x - 3$, (b) $x + 2$, (c) $2x - 1$.*

3.47 *Man zerlege $x^5 + 2x^4 - x^3 - 2x^2$ in Linearfaktoren.*

3.48 *Man zerlege $8x^6 - 6x^5 - 73x^4 + 45x^3 + 14x^2 + 81x - 45$ in $\mathbb{R}$ bzw. in $\mathbb{C}$.*

3.49 *Man bestimme die Taylorentwicklung von $x^4 - 5x^3 + 5x^2 + 5x - 6$ bei $x_0 = 2$.*

3.50 *Man teile die Strecke der Länge a im goldenen Schnitt. Teilungsverhältnis?*

3.12 Lösungen

3.44

Polynom	Nullstellen	Polynom	Nullstellen
$x^4 + 1$	keine	$(x^2-1)(x^2+1)$	zwei 1-fache
$(x-1)^4$	eine 4-fache	$x(x-1)^3$	eine 1-fache, eine 3-fache
$x^2(x-1)^2$	zwei 2-fache	$x(x-1)^2(x-2)$	zwei 1-fache, eine 2-fache
$x^2(x^2+1)$	eine 2-fache	$x(x+1)(x-1)(x-2)$	vier 1-fache

3.45

$$
\begin{array}{r|rrrr}
 & 1 & -2-i & -4 & 8+4i \\
2+i & & 2+i & 0 & -8-4i \\
\hline
 & 1 & 0 & -4 & 0 \;=f(2+i)
\end{array}
$$

$$\frac{f(x)}{x-2-i}=x^2-4.$$

3.46 (a)

$$
\begin{array}{r|rrrr}
 & 1 & -3 & 1 & -3 \\
3 & & 3 & 0 & 3 \\
\hline
 & 1 & 0 & 1 & 0 \;=f(3)
\end{array}
$$

$$\frac{x^3-3x^2+x-3}{x-3}=x^2+1.$$

(b)

$$
\begin{array}{r|rrrr}
 & 1 & -3 & 1 & -3 \\
-2 & & -2 & 10 & -22 \\
\hline
 & 1 & -5 & 11 & -25 \;=f(-2)
\end{array}
$$

$$\frac{x^3-3x^2+x-3}{x+2}=x^2-5x+11-\frac{25}{x+2}.$$

(c)

$$
\begin{array}{r|rrrr}
 & 1 & -3 & 1 & -3 \\
\frac{1}{2} & & \frac{1}{2} & -\frac{5}{4} & -\frac{1}{8} \\
\hline
 & 1 & -\frac{5}{2} & -\frac{1}{4} & -\frac{25}{8} \;=f(\frac{1}{2})
\end{array}
$$

$$\frac{x^3-3x^2+x-3}{2x-1}=\frac{1}{2}\,\frac{x^3-3x^2+x-3}{x-\frac{1}{2}}$$
$$=\frac{1}{2}x^2-\frac{5}{4}x-\frac{1}{8}-\frac{\frac{25}{8}}{2x-1}.$$

3.47 $x^5+2x^4-x^3-2x^2=x^2(x^3+2x^2-x-2)$, ± 1 sind Nullst. von $x^2(x^3+2x^2-x-2)$:

$$
\begin{array}{r|rrrr}
 & 1 & 2 & -1 & -2 \\
1 & & 1 & 3 & 2 \\
\hline
 & 1 & 3 & 2 & 0 \\
-1 & & -1 & -2 & \\
\hline
 & 1 & 2 & 0 &
\end{array}
\implies
\begin{array}{l}
x^3+2x^2-x-2=(x-1)(x+1)(x+2) \\
x^5+2x^4-x^3-2x^2=x^2(x-1)(x+1)(x+2).
\end{array}
$$

3.48 Man rät die Nullst. ± 3, $\frac{1}{2}$, $\frac{5}{4}$ und erhält: $8x^6-6x^5-73x^4+45x^3+14x^2+81x-45 =$

$= (x-3)(x+3)(2x-1)(4x-5)(x^2+x+1)$,   Zerleg. in $\mathbb{R}$;

$= (x-3)(x+3)(2x-1)(4x-5)\big(x-\frac{1}{2}(-1+\sqrt{3}\,i)\big)\big(x-\frac{1}{2}(-1-\sqrt{3}\,i)\big)$,   Zerleg. in $\mathbb{C}$.

3.49

$$
\begin{array}{r|rrrrr}
 & 1 & -5 & 5 & 5 & -6 \\
2 & & 2 & -6 & -2 & 6 \\
\hline
 & 1 & -3 & -1 & 3 & 0 \\
2 & & 2 & -2 & -6 & \\
\hline
 & 1 & -1 & -3 & -3 & \\
2 & & 2 & 2 & & \\
\hline
 & 1 & 1 & -1 & & \\
2 & & 2 & & & \\
\hline
 & 1 & 3 & & &
\end{array}
$$

$$\implies f(x)=(x-2)^4+3(x-2)^3-(x-2)^2-3(x-2).$$

3.50 Eine Strecke ist **im goldenen Schnitt** geteilt, wenn sich die ganze Strecke zum größeren Abschnitt wie dieser zum kleineren Abschnitt verhält:

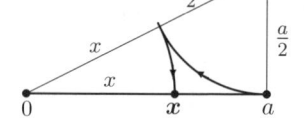

goldener Schnitt: $\dfrac{\text{ganze Strecke}}{\text{größerer Abschnitt}} = \dfrac{\text{größerer Abschnitt}}{\text{kleinerer Abschnitt}}$

$\iff \frac{a}{x}=\frac{x}{a-x} \iff x^2+ax-a^2=0 \implies x_{1,2}=\frac{a}{2}(\pm\sqrt{5}-1)$,

also $\underline{\underline{x=\frac{1}{2}(\sqrt{5}-1)\cdot a \approx 0{,}618\,a}}$, da $x>0$. **Teilungsverhältnis $\approx$ 61,8 %**

Äußere Teilung: $\frac{x}{a}=\frac{a}{x-a} \iff x^2-ax-a^2=0 \implies \underline{\underline{x=\frac{1}{2}(\sqrt{5}+1)\cdot a \approx 1{,}618\,a}}$.

4 Komplexe Zahlen

4.1 Zahlenebene

Unter dem **Zahlenkörper der komplexen Zahlen** $\mathbb{C}$ [siehe auch **Alg**] versteht man die Menge der Elemente von $\mathbb{R}^2$, also die Menge der Zahlenpaare (a, b), wobei a und b reelle Zahlen sind, mit folgenden Rechenoperationen:

$$(a, b) + (c, d) = (a+c,\ b+d) \qquad \text{gewöhnliche Vektoraddition,}$$
$$(a, b) \cdot (c, d) = (ac-bd,\ ad+bc) \qquad \text{komplexe Multiplikation.}$$

4.1 $z = (1, 2)$, $w = (3, -1)$. Man berechne $z + w$ und $z \cdot w$:

$z + w = (1, 2) + (3, -1) = \underline{(4, 1)}$.

$z \cdot w = (1, 2) \cdot (3, -1) = (3 - (-2),\ -1 + 6) = \underline{\underline{(5, 5)}}$.

Das Element $\mathbf{i} := (\mathbf{0}, \mathbf{1})$ heißt **imaginäre Einheit**.[3] Es gilt:

$$i^2 = (0, 1)^2 = (0, 1)\,(0, 1) = (-1, 0).$$

Man kann jedes Element (x, y) aus $\mathbb{C}$ zerlegen:

$$(x, y) = (x, 0) + (0, y) = (x, 0) + (0, 1) \cdot (y, 0) = (x, 0) + i\,(y, 0).$$

Identifiziert man das Paar $(x, 0)$ mit der reellen Zahl x, so kann man weiter schreiben:

$$(x, y) = (x, 0) + i\,(y, 0) = x + iy.$$

---

kartesische Darstellung

$z = x + i\,y$ x und y reelle Zahlen

$x =: \operatorname{Re}(z)$ heißt **Realteil** von z.

$y =: \operatorname{Im}(z)$ heißt **Imaginärteil** von z.

x, y heißen *kartesische Koordinaten* von z.

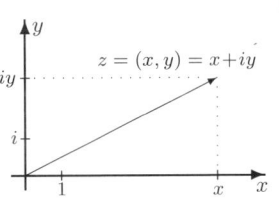

Mit komplexen Zahlen rechnet man wie mit reellen Zahlen (Klammern auflösen, Potenzen, ...). Man muss nur $i^2 = -1$ beachten!

4.2 $z = 1 + 2i$, $w = 3 - i$. Man berechne $z + w$ und $z \cdot w$.

$z + w = (1 + 2i) + (3 - i) = 1 + 2i + 3 - i = \underline{4 + i}$.

$z \cdot w = (1 + 2i)(3 - i) = 3 - i + 6i + 2 = \underline{\underline{5 + 5i}}$.

---

[3] In technischer Literatur oft j genannt

4.3   *Man berechne* $z = (1 + i)(1 - i)$ *und* $w = i\,(2 - 3i)^2(1 + i)$.

$z = (1 + i)(1 - i) = 1 - i^2 = \underline{\underline{2}}.$

$w = i(2 - 3i)^2(1 + i) = i(1 + i)(2 - 3i)^2 = (i + i^2)(4 - 12i + 9i^2)$
$\quad = (i - 1)(-5 - 12i) = \underline{\underline{17 + 7i}}.$

4.4   *Für welche reellen Zahlen* x, y *gilt* $-x + 4iy + 3ix - 2y = -6i + 4$?

$-x + 4iy + 3ix - 2y = -x - 2y + i(3x + 4y) = 4 - 6i.$

Koeffizientenvergleich liefert das LGS:
$\begin{array}{rcr} -x - 2y &=& 4 \\ 3x + 4y &=& -6 \end{array} \implies \begin{array}{rcr} x &=& 2 \\ y &=& -3 \end{array}.$

Die komplexe Zahl $z = x + iy$ ist der Punkt (x, y) in der x,y–Ebene und durch seine kartesischen Koordinaten x und y eindeutig bestimmt. Natürlich lässt sich der Punkt (x, y) auch eindeutig durch seine **Polarkoordinaten** r und φ beschreiben. Dabei ist r der Abstand des Punktes z vom Nullpunkt O und φ der Winkel zwischen der positiven Richtung der x–Achse und der Strecke $\overline{Oz}$. Der komplexen Zahl 0 ordnet man $r = 0$, aber keinen Winkel zu.

---

polare Darstellung

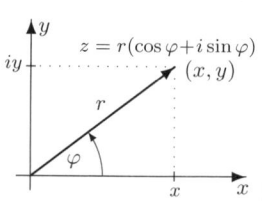

$z \;=\; r(\cos\varphi + i\sin\varphi), \quad r \geq 0$ und $0 \leq \varphi < 2\pi$

$r \;=:\; |z| \qquad$ heißt **Betrag** von z

$\varphi \;=:\; \arg(z) \qquad$ heißt **Argument** von z

$r,\ \varphi$ heißen Polarkoordinaten von z.

Umformung

kartesische Koordinaten
x, y $\longleftrightarrow$ **Polarkoordinaten**
r, φ

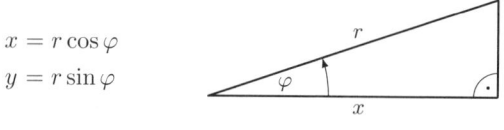

$x = r\cos\varphi$ $r = \sqrt{x^2 + y^2}$

$y = r\sin\varphi$ $\tan\varphi = \dfrac{y}{x}$ Quadranten beachten!

$$z = x + iy = r(\cos\varphi + i\sin\varphi)$$

4.5   *Die Polarkoordinaten von* z *sind* $r = 2$ *und* $\varphi = 2\pi/3$.
Man berechne z *in kartesischer Darstellung.*

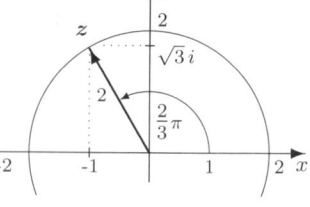

$x = r\cos\varphi = 2\cos 2\pi/3 = -1$
$y = r\sin\varphi = 2\sin 2\pi/3 = \sqrt{3}$, also $z = \underline{\underline{-1 + \sqrt{3}\,i}}.$

Oder: $\quad z = r(\cos\varphi + i\sin\varphi)$
$\qquad\qquad = 2(-1/2 + i\sqrt{3}/2) = \underline{\underline{-1 + \sqrt{3}\,i}}.$

Die Berechnung der kartesischen Koordinaten x und y aus den Polarkoordinaten r und φ macht keine Schwierigkeiten, ebensowenig wie die Berechnung von $r = \sqrt{x^2 + y^2}$ aus den kartesischen Koordinaten x und y.

Anders die Berechnung von φ aus x und y: Da der tan die Periode π hat, der Winkel φ aber zwischen 0 und 2π liegt, ergibt $\tan\varphi = y/x$ zwei mögliche Winkel, die sich um π unterscheiden.

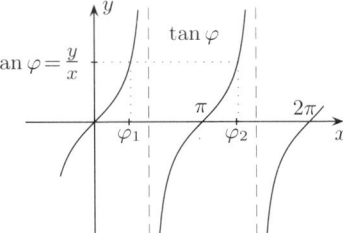

Durch "Quadranten beachten" entscheidet man sich für den richtigen Winkel.

4.6   *Man berechne Betrag und Argument von:*
   (a) $z = 2 - 2i$ (b) $z = -1 + i$ (c) $z = -1.5i$

$|z| = r$ und $\arg(z) = \varphi$ sind die Polarkoordinaten von z!

(a) $r = |2 - 2i| = \sqrt{2^2 + (-2)^2} = 2\sqrt{2}$
$\tan\varphi = -2/2 = -1 \Longrightarrow \varphi = 3\pi/4$ oder $\varphi = 7\pi/4$, 4.Quadr. $\Longrightarrow \underline{\varphi = 7\pi/4}$.

Die Festlegung $0 \leq \varphi < 2\pi$ ist willkürlich.
Statt $\varphi = 7\pi/4$ ist natürlich $\varphi = -\pi/4$ genau so richtig.

(b) $r = |-1 + i| = \sqrt{(-1)^2 + 1^2} = \underline{\sqrt{2}}$
$\tan\varphi = -1 \Longrightarrow \varphi = 3\pi/4$ oder $\varphi = 7\pi/4$, 2. Quadr. $\Longrightarrow \underline{\varphi = 3\pi/4}$.

(c) $r = |-1.5i| = \sqrt{0^2 + (-1.5)^2} = \underline{1.5}$.
$\tan\varphi = -1.5/0 \Longrightarrow \varphi = \pi/2$ oder $\varphi = 3\pi/2$, 3./4. Quadr. $\Longrightarrow \underline{\varphi = 3\pi/2}$.

Mit etwas Routine sieht man diese Winkel natürlich ohne Rechnung!

Polarkoordinaten: Berechnung des Arguments φ

Für $z = x + iy \neq 0$ hat man folgende Möglichkeiten,
φ zwischen 0 und 2π eindeutig festzulegen:

(1) $x \neq 0$ $\Longrightarrow$ $\tan\varphi = \dfrac{y}{x}$ und Quadranten beachten.

   $x = 0$ $\Longrightarrow$ $\varphi = \begin{cases} \pi/2 & \text{für } y > 0 \\ 3\pi/2 & \text{für } y < 0. \end{cases}$

(2) $x \neq 0$ $\Longrightarrow$ $\varphi = \begin{cases} \arctan y/x & \text{für } x > 0 \text{ und } y > 0 \\ 2\pi + \arctan y/x & \text{für } x > 0 \text{ und } y < 0 \\ \pi + \arctan y/x & \text{für } x < 0. \end{cases}$

   $x = 0$ $\Longrightarrow$ $\varphi = \begin{cases} \pi/2 & \text{für } y > 0 \\ 3\pi/2 & \text{für } y < 0. \end{cases}$

(3)   für alle x $\Longrightarrow$ $\cos\varphi = x/r$ und $\sin\varphi = y/r$.

4.7   *Man berechne* $\varphi = \arg(-1 + \sqrt{3}\,i)$ *nach obigen drei Möglichkeiten:*

(1) $\tan\varphi = \dfrac{\sqrt{3}}{-1} \Longrightarrow \varphi = 2\pi/3$ oder $\varphi = 5\pi/3$, 2.Quadr. $\Longrightarrow \underline{\varphi = 2\pi/3}$.

(2) $x = -1 < 0 \Longrightarrow \varphi = \pi + \arctan(-\sqrt{3}\,) = \pi - \pi/3 = \underline{2\pi/3}$.

(3) $r = \sqrt{(-1)^2 + \sqrt{3}^{\,2}} = 2 \Longrightarrow \cos\varphi = -1/2$ und $\sin\varphi = \sqrt{3}/2$ $\Longrightarrow \underline{\varphi = 2\pi/3}$.

Mit der **Eulerschen Formel** $\boxed{e^{i\varphi} = \cos\varphi + i\sin\varphi}$

erhält man folgende drei Darstellungen der komplexen Zahl z:

$z = x + iy$	**kartesische** Darstellung	x,y kart. Koordinaten
$z = r(\cos\varphi + i\sin\varphi)$	**polare** Darstellung	r, φ Polarkoordinaten
$z = re^{i\varphi}$	**Eulersche** Darstellung	r, φ Polarkoordinaten

4.8   *Man schreibe z in allen drei Darstellungen:*
   (a) $z = 2 - 2i$ (b) $z = \sqrt{2}\,(\cos 3\pi/4 + i\sin 3\pi/4)$
   (c) $z = 1.5e^{i1.5\pi}$ (d) $z = -2$

(a) $r = 2\sqrt{2}$, $\varphi = 7\pi/4$, also $z = 2 - 2i = 2\sqrt{2}\,(\cos 7\pi/4 + i\sin 7\pi/4) = 2\sqrt{2}\,e^{i7\pi/4}$.

(b) $x = \sqrt{2}\,\cos 3\pi/4 = \sqrt{2}\,(-\sqrt{2}/2) = -1$
      $y = \sqrt{2}\,\sin 3\pi/4 = \sqrt{2}\,\sqrt{2}/2 = 1$
      $z = \sqrt{2}\,(\cos 3\pi/4 + i\sin 3\pi/4) = \sqrt{2}\,e^{i3\pi/4} = -1 + i$.

(c) $x = 1.5\cos 1.5\pi = 0$, $y = 1.5\sin 1.5\pi = 1.5(-1) = -1.5$
      $z = 1.5e^{i1.5\pi} = 1.5(\cos 1.5\pi + i\sin 1.5\pi) = -1.5i$.

(d) $r = 2$, $\varphi = \pi$, also: $z = -2 = 2(\cos\pi + i\sin\pi) = 2e^{i\pi}$.

ebenso erhält man: $i \;=\; e^{i\pi/2}$,

$-1 \;=\; e^{i\pi}$,

$1 \;=\; e^{i2\pi} = e^{i0}$,

$-i \;=\; e^{i3\pi/2}$.

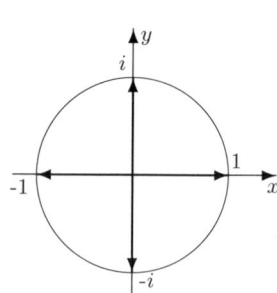

4.2 Betrag, Abstand, Einheitskreis

$|z| = r = \sqrt{x^2 + y^2}$ ist der **Abstand** der komplexen Zahl z vom Nullpunkt.
Für die komplexen Zahlen z und w gilt:

$$|z \cdot w| = |z| \cdot |w| \, , \quad \left|\frac{z}{w}\right| = \frac{|z|}{|w|} \quad \text{und } |z + w| \leq |z| + |w| \text{ \textbf{Dreiecksungleichung}.}$$

Wie für reelle Zahlen auf der Zahlengeraden gilt auch für komplexe Zahlen in der Zahlenebene: $\boxed{|z - w| \text{ ist der \textbf{Abstand} der Punkte } z \text{ und } w \text{ in der Zahlenebene.}}$

4.9 Man skizziere in der Zahlenebene alle Punkte z, mit $|z| = 1$:

(a) geometrisch:

Die komplexen Zahlen z mit $|z| = |z - 0| = 1$ sind genau die Punkte in der Ebene, deren Abstand vom Nullpunkt gleich 1 ist. Sie liegen also auf dem Kreis um den Ursprung mit dem Radius 1.
Dieser Kreis wird *Einheitskreis* genannt.

(b) rechnerisch: $z = x + iy$

$|z| = |x + iy| = \sqrt{x^2 + y^2} = 1 \Longleftrightarrow x^2 + y^2 = 1$
$\Longleftrightarrow z = (x, y)$ liegt auf dem Einheitskreis.

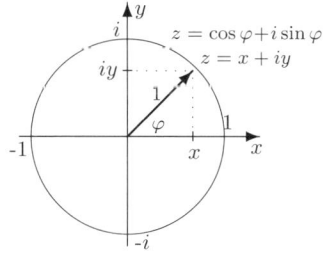

(c) Polarkoordinaten: $z = r(\cos\varphi + i\sin\varphi)$

$|z| = r = 1$ und φ beliebig $\Longleftrightarrow z = \cos\varphi + i\sin\varphi$
$\Longleftrightarrow z$ liegt auf dem Einheitskreis.

4.10 Man skizziere in der Ebene alle Punkte z, für die $|z + 1 - i| \leq 2$ ist:

(a) geometrisch:

$|z + 1 - i| = |z - (-1 + i)| \leq 2.$
Gesucht sind also die Punkte, die von $-1 + i$ höchstens den Abstand 2 haben.

Diese Punkte liegen im Innern oder auf dem Kreis um $-1 + i$ mit dem Radius 2.

(b) rechnerisch: $z = x + iy$

$|z + 1 - i| = |x + iy + 1 - i| = |x + 1 + i(y - 1)|$
$= \sqrt{(x + 1)^2 + (y - 1)^2} \leq 2 \Longleftrightarrow (x + 1)^2 + (y - 1)^2 \leq 4.$

Man kommt zum gleichen Ergebnis; denn $(x + 1)^2 + (y - 1)^2 = 4$ ist eine Gleichung für den Kreis vom Radius 2 um den Mittelpunkt $(-1, 1)$.

4.11 Man berechne den Betrag von $z = e^{i\varphi}$:

$z = e^{i\varphi} = \cos\varphi + i\sin\varphi \Longrightarrow |z| = |e^{i\varphi}| = \sqrt{\cos^2\varphi + \sin^2\varphi} = \sqrt{1} = 1.$

$\boxed{z \text{ auf dem Einheitskreis} \Longleftrightarrow |z| = 1 \Longleftrightarrow z = e^{i\varphi} \Longleftrightarrow z = \cos\varphi + i\sin\varphi}$

4.3   Konjugiert komplexe Zahl

Ist $z = x + iy$, so heißt $\bar{z} := x - iy$ die zu z **konjugiert komplexe Zahl**.

Geometrisch gesehen geht $\bar{z}$ aus z durch Spiegelung an der x–Achse hervor:

$$\overline{z + w} = \bar{z} + \bar{w} \qquad z \cdot \bar{z} = |z|^2 \qquad z + \bar{z} = 2\,\mathrm{Re}(z) \qquad \overline{\left(\frac{z}{w}\right)} = \frac{\bar{z}}{\bar{w}}$$
$$\overline{z \cdot w} = \bar{z} \cdot \bar{w} \qquad |z| = \sqrt{z \cdot \bar{z}} \qquad z - \bar{z} = 2i\,\mathrm{Im}(z)$$

4.12   Für $z = 3 - i$ und $w = 4\mathrm{e}^{i5\pi/6}$ berechne und skizziere man $\bar{z}$ und $\bar{w}$:

$z = 3 - i \Longrightarrow \underline{\bar{z} = 3 + i}.$

$w = 4\mathrm{e}^{i5\pi/6} = 4(\cos 5\pi/6 + i \sin 5\pi/6)$

$w = 4(-\sqrt{3}/2 + i/2) = -2\sqrt{3} + 2i$

$\qquad\qquad \Longrightarrow \underline{\bar{w} = -2\sqrt{3} - 2i}.$

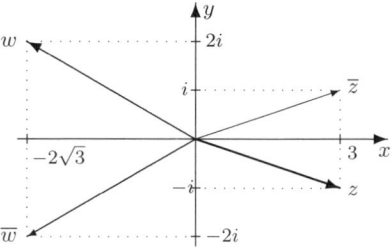

4.13   Für $z = r\mathrm{e}^{i\varphi}$ berechne man die konjugiert komplexe Zahl $\bar{z}$ und gebe sie in der Eulerschen Darstellung an:

$$z = r\mathrm{e}^{i\varphi} = r(\cos\varphi + i\sin\varphi) \quad \Longrightarrow \quad \underline{\bar{z} = r(\cos\varphi - i\sin\varphi)}.$$

Da cos eine gerade Funktion, also $\cos\varphi = \cos(-\varphi)$ ist und sin ungerade, also $-\sin\varphi = \sin(-\varphi)$ ist, folgt:

$$\bar{z} = r(\cos(-\varphi) + i\sin(-\varphi)) = r\mathrm{e}^{-i\varphi}.$$

konjugiert komplexe Zahl		
$z = r\mathrm{e}^{i\varphi}$	$\Longleftrightarrow$	$\bar{z} = r\mathrm{e}^{-i\varphi}$
$z = x + iy$	$\Longleftrightarrow$	$\bar{z} = x - iy$
$z \cdot \bar{z} = r\mathrm{e}^{i\varphi} \cdot r\mathrm{e}^{-i\varphi} = r^2 = x^2 + y^2 = |z|^2$		
$\sqrt{z \cdot \bar{z}} = r = \sqrt{x^2 + y^2} = |z|$		

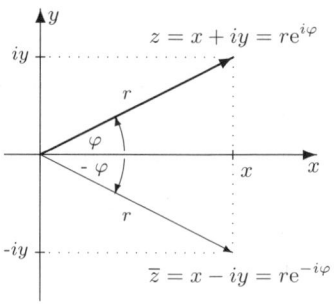

4.4 Multiplikation und Division, Potenzen

Die komplexe Multiplikation in der kartesischen Darstellung wurde in 4.1, 4.2 und 4.3 besprochen.

Um einen Quotienten $z = \dfrac{u}{v}$ zu berechnen, benutzt man, dass $v \cdot \overline{v} = |v|^2$ eine reelle Zahl ist, durch die leicht zu dividieren ist: Man erweitert $\dfrac{u}{v}$ also mit $\overline{v}$:

$$z = \frac{u}{v} = \frac{u \cdot \overline{v}}{v \cdot \overline{v}} = \frac{1}{|v|^2} \cdot u\overline{v}.$$

So wird die Division komplexer Zahlen $\dfrac{u}{v}$ auf die Multiplikation komplexer Zahlen $u\overline{v}$ und die Division durch eine reelle Zahl, nämlich $|v|^2$, zurückgeführt.

> Man **dividiert** komplexe Zahlen durch Erweitern des Bruches
> mit dem konjugiert Komplexen des Nenners.

4.14   *Man berechne* $z = \dfrac{2}{i}$ *und* $w = \dfrac{1+2i}{3-i}$ *in kartesischer Darstellung:*

$z = \dfrac{2}{i} = \dfrac{2(-i)}{i(-i)} = \dfrac{-2i}{-i^2} = \dfrac{-2i}{1} = \underline{-2i}.$ $\boxed{\text{Merke: } \dfrac{1}{i} = -i}$

$w = \dfrac{1+2i}{3-i} = \dfrac{(1+2i)(3+i)}{(3-i)(3+i)} = \dfrac{1}{10}(1+2i)(3+i) = \underline{\dfrac{1}{10}(1+7i)}.$

Die komplexe Addition ist die gewöhnliche "komponentenweise" Vektoraddition. Deshalb sind Addition und Subtraktion komplexer Zahlen in der kartesischen Darstellung besonders einfach und anschaulich.

Ähnlich einfach und anschaulich sind die komplexe Multiplikation und Division in der Eulerschen– bzw. polaren Darstellung:

> $$z \cdot w = re^{i\varphi} \cdot se^{i\psi} = rse^{i(\varphi+\psi)} = rs(\cos(\varphi+\psi) + i\sin(\varphi+\psi))$$
>
> Bei der **Multiplikation** komplexer Zahlen werden
> die Beträge *multipliziert* und die Winkel *addiert*.

> $$\frac{z}{w} = \frac{re^{i\varphi}}{se^{i\psi}} = \frac{r}{s}e^{i(\varphi-\psi)} = \frac{r}{s}(\cos(\varphi-\psi) + i\sin(\varphi-\psi))$$
>
> Bei der **Division** komplexer Zahlen werden
> die Beträge *dividiert* und die Winkel *subtrahiert*.

4.15   *Man berechne* $z = \dfrac{3i}{\sqrt{2}+i\sqrt{2}}$:

(a)   kartesische Darstellung (Erweitern mit $\overline{\sqrt{2}+i\sqrt{2}} = \sqrt{2} - i\sqrt{2}$):

$$z = \frac{3i}{\sqrt{2}+i\sqrt{2}} = \frac{3i(\sqrt{2}-i\sqrt{2})}{(\sqrt{2}+i\sqrt{2})(\sqrt{2}-i\sqrt{2})} = \frac{3}{4}(\sqrt{2}+i\sqrt{2}).$$

(b)   Eulersche Darstellung (Beträge dividieren, Winkel subtrahieren):

$$z = \frac{3i}{\sqrt{2}+i\sqrt{2}} = \frac{3e^{i\pi/2}}{2e^{i\pi/4}} = \frac{3}{2}e^{i(\pi/2-\pi/4)} = \frac{3}{2}e^{i(\pi/4)}$$

$$= \frac{3}{2}(\cos\pi/4 + i\sin\pi/4) = \frac{3}{2}(\sqrt{2}/2 + i\sqrt{2}/2) = \frac{3}{4}(\sqrt{2}+i\sqrt{2}).$$

Hohe Potenzen berechnet man vorteilhaft in der Eulerschen Darstellung:

$$z^k = (re^{i\varphi})^k = r^k(e^{i\varphi})^k = r^k e^{ik\varphi}$$

Beim **Potenzieren** einer komplexen Zahl mit k wird
der Betrag mit k *potenziert* und der Winkel mit k *multipliziert*.

4.16   *Man berechne und skizziere* $z_k = (1+i)^k$ *für* $k = 1,\ldots,8$:

Es ist $z_k = (1+i)^k = (\sqrt{2}\,e^{i\pi/4})^k = \sqrt{2}^{\,k}e^{ik\pi/4}$ (Eulersche Darstellung):

$(1+i)^1 = (\sqrt{2})^1 e^{1i\pi/4} = \sqrt{2}\,e^{i1\pi/4}$ $(1+i)^5 = (\sqrt{2})^5 e^{5i\pi/4} = 4\sqrt{2}\,e^{i5\pi/4}$

$(1+i)^2 = (\sqrt{2})^2 e^{2i\pi/4} = 2e^{i1\pi/2} = 2i$ $(1+i)^6 = (\sqrt{2})^6 e^{6i\pi/4} = 8e^{i3\pi/2} = -8i$

$(1+i)^3 = (\sqrt{2})^3 e^{3i\pi/4} = 2\sqrt{2}\,e^{i3\pi/4}$ $(1+i)^7 = (\sqrt{2})^7 e^{7i\pi/4} = 8\sqrt{2}\,e^{i7\pi/4}$

$(1+i)^4 = (\sqrt{2})^4 e^{4i\pi/4} = 4e^{i\pi} = -4$ $(1+i)^8 = (\sqrt{2})^8 e^{8i\pi/4} = 16e^{i2\pi} = 16$

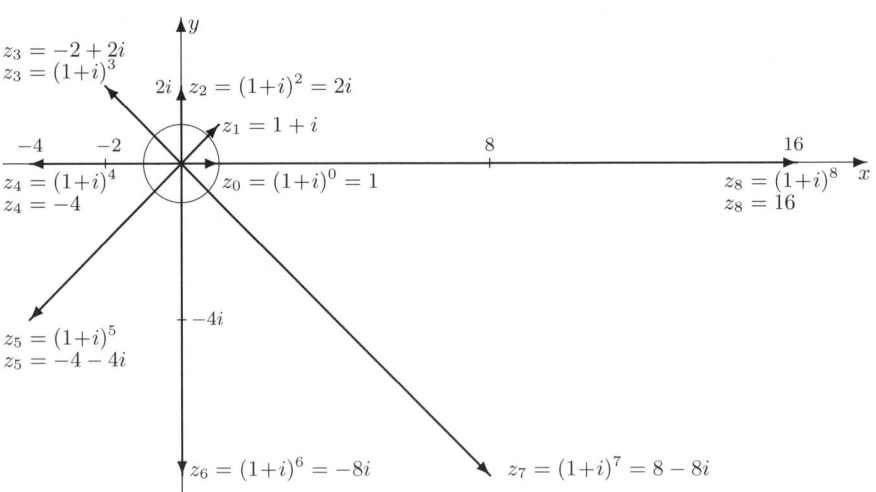

Im letzten Beispiel ist $\varphi = \arg(1+i) = \pi/4 > 0$ und $r = |1+i| = \sqrt{2} > 1$.
Wenn $\varphi < 0$ ist, dreht sich der "Zeiger" anders herum (im Uhrzeigersinn oder
mathematisch negativ). Wenn $r < 1$ ist, wird der Zeiger kürzer.
Ist $r = 1$, liegt die zu potenzierende Zahl also auf dem Einheitskreis, vgl. [4.18]!
Für für $\varphi = 0$ bzw. $\varphi = \pi$ bleibt der Zeiger auf der reellen Achse!

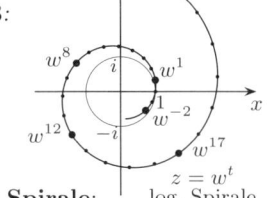

4.17   Für $w = \dfrac{3+i}{3}$ skizziere man w^k für $k = -2, \ldots, 23$:

$|w| = \dfrac{\sqrt{10}}{3} \approx \underline{1.05}$ und $a := \arg(w) = \arctan \dfrac{1}{3} \approx \underline{0.32}$
$\approx 18.43^0.$

z.B. $k = 17$: $|w^{17}| = \left(\dfrac{\sqrt{10}}{3}\right)^{17} \approx 2.44,$
$\arg(w^{17}) = 17 \cdot a \approx 5.47 \approx 313^0.$

Bemerkung: $z = \left(\dfrac{3+i}{3}\right)^t$, $t \in \mathbb{R}$ ist eine **logarithmische Spirale**:
$\left|\left(\dfrac{3+i}{3}\right)^t\right| = \left(\dfrac{\sqrt{10}}{3}\right)^t$ und $\arg\left(\left(\dfrac{3+i}{3}\right)^t\right) = \arg((3+i)^t) = t \arctan\dfrac{1}{3} = ta.$

$\implies \left(\dfrac{3+i}{3}\right)^t = \left(\dfrac{\sqrt{10}}{3}\right)^t \begin{pmatrix} \cos(ta) \\ \sin(ta) \end{pmatrix} = \left(\dfrac{\sqrt{10}}{3}\right)^{\frac{\varphi}{a}} \begin{pmatrix} \cos\varphi \\ \sin\varphi \end{pmatrix}$, wobei $\varphi :- ta$ ist.

Polarkoordinaten: $r(\varphi) = \left(\dfrac{\sqrt{10}}{3}\right)^{\frac{\varphi}{a}} = \mathrm{e}^{\frac{\ln\sqrt{10}-\ln 3}{a}\varphi}$, siehe auch [18.4].

4.18   Man berechne $w = \left(\dfrac{\sqrt{3}}{2} + \dfrac{1}{2}i\right)^{111}$:
$r = |\sqrt{3}/2 + i/2| = \sqrt{3/4 + 1/4} = 1$, also liegt $z = \sqrt{3}/2 + i/2$ und somit auch
$w = z^{111}$ auf dem Einheitskreis.
$\varphi = \arg(\sqrt{3}/2 + i/2) = \pi/6$, da $\tan\varphi = 1/\sqrt{3}$ ist und z im 1. Quadranten liegt.
Also ist $|w| = |z|^{111} = 1^{111} = 1$ und $\arg(w) = 111 \cdot \pi/6 = 111\pi/6.$
Es ist $111/6 = 18 + 3/6 = 9 \cdot 2 + 1/2$, also $111/6\pi = 9 \cdot 2\pi + \pi/2.$

Beachtet man: $\boxed{\mathrm{e}^{i2k\pi} = (\mathrm{e}^{i2\pi})^k = 1, \text{ also } \mathrm{e}^{i(2k\pi+\alpha)} = \mathrm{e}^{i2k\pi} \cdot \mathrm{e}^{i\alpha} = \mathrm{e}^{i\alpha} \text{ für } k \in \mathbb{Z}}$

so erhält man durch "Abspalten" von ganzzahligen Vielfachen von 2π:
$w = 1 \cdot \mathrm{e}^{i111\pi/6} = \mathrm{e}^{i(9\cdot 2\pi+\pi/2)} = \mathrm{e}^{i9\cdot 2\pi} \cdot \mathrm{e}^{i\pi/2} = \mathrm{e}^{i\pi/2} = \underline{i}.$

> Die komplexen Zahlen der Form
> $\mathrm{e}^{i\varphi} = \cos\varphi + i\sin\varphi$ (**Eulersche Formel**)
> liegen auf dem **Einheitskreis**.

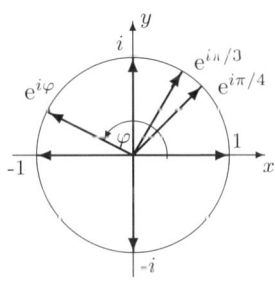

$\mathrm{e}^{i0} = \mathrm{e}^{i2\pi} \qquad = \qquad 1$
$\mathrm{e}^{i\pi/2} \qquad\qquad = \qquad i$
$\mathrm{e}^{i\pi} = \mathrm{e}^{-i\pi} \qquad = \qquad -1$
$\mathrm{e}^{i3\pi/2} = \mathrm{e}^{-i\pi/2} \qquad - \qquad -i$
$\mathrm{e}^{i\pi/4} \qquad\qquad = \qquad \dfrac{1}{2}\sqrt{2}\,(1+i)$
$\mathrm{e}^{i\pi/3} \qquad\qquad = \qquad \dfrac{1}{2}(1+\sqrt{3}\,i)$

$\boxed{0 = 1 + \mathrm{e}^{i\pi}}$ Gleichung, in der die fünf 'wichtigsten' Zahlen vorkommen

4.19   *Man berechne und skizziere folgende Punktmengen in der Ebene:*

(a) $K = \{\, z \mid \mathrm{Re}\left(\frac{z+1}{z-1}\right) \geq 2 \,\}$ (b) $E = \{\, z \mid |z + i| + |z - i| = 4 \,\}$

(a) $z = x + iy \Longrightarrow z + 1 = x + 1 + iy$ und $z - 1 = x - 1 + iy$, also gilt:

$\frac{z+1}{z-1} = \frac{x+1+iy}{x-1+iy} = \frac{(x+1+iy)(x-1-iy)}{(x-1+iy)(x-1-iy)} = \frac{x^2-1+y^2-2iy}{(x-1)^2+y^2}$. Also:

$\mathrm{Re}\left(\frac{z+1}{z-1}\right) = \mathrm{Re}\left(\frac{x^2-1+y^2-2iy}{(x-1)^2+y^2}\right) = \frac{x^2-1+y^2}{(x-1)^2+y^2} \geq 2 \iff$

$x^2 - 1 + y^2 \geq 2((x-1)^2 + y^2) \iff 1 \geq (x-2)^2 + y^2$.

Also gilt: $K = \{\, z \mid z = x + iy \text{ und } (x-2)^2 + y^2 \leq 1 \,\}$.

$(x-2)^2 + y^2 = 1$ ist eine Gleichung des Kreises
vom Radius 1 und dem Mittelpunkt $M = (2,0)$.

K ist also die Menge aller
komplexen Zahlen in oder auf diesem Kreis.

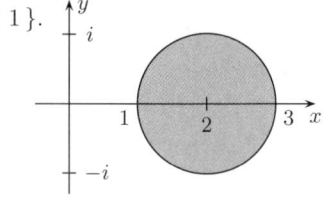

(b)   Da $|a - b|$ der Abstand von a und b in der komplexen Ebene ist
und $|z + i| = |z - (-i)|$ ist, sind also die komplexen Zahlen gesucht, für die die
Summen der Abstände von $-i$ und i gleich 4 ist. Das ergibt (*Gärtnerkonstruktion*)
die Ellipse mit den Brennpunkten $-i$ und i und den Halbachsen $\sqrt{3}$ und 2.

Der Ansatz $z = x + iy$ führt auf

$\sqrt{x^2 + (y+1)^2} + \sqrt{x^2 + (y-1)^2} = 4.$

Beseitigt man die Wurzeln
durch zweimaliges Quadrieren,
erhält man die Ellipsengleichung:

$\frac{x^2}{3} + \frac{y^2}{4} = 1.$

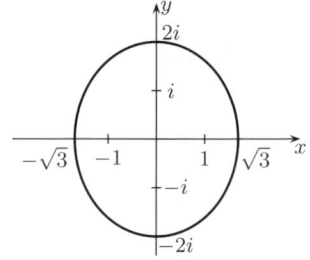

Die Ungleichung $|z + i| + |z - i| > 4$ (bzw. < 4) erfüllen genau die komplexen
Zahlen außerhalb (bzw. innerhalb) der Ellipse.

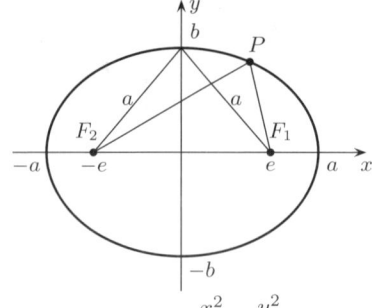

Die **Ellipse** ist der geometrische Ort aller
Punkte P, für die die Summe der Abstände
von zwei festen Punkten (Brennpunkten
F_1, F_2) konstant ist ($= 2a$), siehe **F+H**.

$$|P - F_1| + |P - F_2| = 2a$$

außerdem gilt: $b^2 + e^2 = a^2$

Ellipse $\frac{x^2}{a^2} + \frac{y^2}{b^2} = 1$

Brennpunkte: $F_1 = (e, 0)$, $F_2 = (-e, 0)$

4.5 Wurzeln aus komplexen Zahlen, Formel von Moivre

Die komplexe Zahl a heißt eine **n–te Wurzel** der komplexen Zahl b, wenn $a^n = b$ ist.

Aus der Eulerschen Darstellung $b = re^{i\varphi}$ mit $r = |b|$ und $\varphi = \arg(b)$ sieht man, dass $a = \sqrt[n]{r}\, e^{i\varphi/n}$ *eine n–te Wurzel aus b ist.*

Formel von Moivre

Für jede komplexe Zahl $b \neq 0$ hat die Gleichung $z^n = b = re^{i\varphi}$ genau n verschiedene Lösungen, nämlich die n n–ten Wurzeln aus b.

Man berechnet sie folgendermaßen:

$$
\begin{aligned}
z_k &= \sqrt[n]{r}\,(\cos(\varphi/n + k \cdot 2\pi/n) + i\sin(\varphi/n + k \cdot 2\pi/n)) \\
z_k &= \sqrt[n]{r}\,e^{i(\varphi/n + k \cdot 2\pi/n)} \\
z_k &= e^{ik \cdot 2\pi/n} \cdot \sqrt[n]{r}\,e^{i\varphi/n} \qquad \text{für } k = 0, \ldots, n-1
\end{aligned}
$$

Die n–ten Wurzeln aus b liegen auf dem Kreis mit dem Radius $\sqrt[n]{r}$ um den Nullpunkt. Sie bilden ein **regelmäßiges n–Eck**.

Die n komplexen Zahlen, deren n–te Potenz gleich 1 ist, nennt man die **n–ten Einheitswurzeln**. Sie liegen auf dem Einheitskreis und sind die Lösungen der Gleichung $z^n = 1$ bzw. die Nullstellen des Polynoms $z^n - 1$.

Aus der Formel von Moivre (mit $r = 1$ und $\varphi = 0$) erhält man für die n–ten Einheitswurzeln $w_0, \ldots, w_{n-1}$:

$$
\begin{aligned}
w_k &= \cos(k \cdot 2\pi/n) + i\sin(k \cdot 2\pi/n) \\
w_k &= e^{ik \cdot 2\pi/n} = (e^{i2\pi/n})^k \qquad \text{für } k = 0, \ldots, n-1.
\end{aligned}
$$

Alle n–ten Einheitswurzeln erhält man also durch Potenzieren aus der n–ten Einheitswurzel mit kleinstem positiven Winkel, also aus $w_1 = e^{i2\pi/n}$

4.20   *Man berechne und skizziere:* (a)   *die 3–ten Einheitswurzeln*

(b)   *die 3–ten Wurzeln aus -1.*

(a) Die 3–ten Einheitswurzeln sind die Nullstellen des Polynoms $z^3 - 1$, also die Lösungen der Gleichung $z^3 - 1 = 0$, d.h. $z^3 = 1$:

$$
\begin{aligned}
w_0 &= e^{i0 \cdot 2\pi/3} = \cos 0 + i\sin 0 &&= 1 \\
w_1 &= e^{i1 \cdot 2\pi/3} = \cos 2\pi/3 + i\sin 2\pi/3 &&= -1/2 + i\sqrt{3}/2 \\
w_2 &= e^{i2 \cdot 2\pi/3} = \cos 4\pi/3 + i\sin 4\pi/3 &&= -1/2 - i\sqrt{3}/2
\end{aligned}
$$

w_1 ist die 3–te Einheitswurzel mit kleinstem positiven Winkel.

Es gilt: $w_1^2 = w_2,\quad w_1^3 = w_0 = 1,\quad w_1 \cdot w_2 = 1,\quad w_1^{-1} = w_2,\quad \overline{w_1} = w_2.$

(b) $z^3 = -1$, also $r = |-1| = 1$ und $\varphi = \arg(-1) = \pi$ ergibt: $-1 = e^{i\pi}$.
Mit der Formel von Moivre erhält man nun:

$$z_0 = e^{i(\pi/3 + 0 \cdot 2\pi/3)} = \cos\pi/3 + i\sin\pi/3 \quad = 1/2 + i\sqrt{3}/2$$
$$z_1 = e^{i(\pi/3 + 1 \cdot 2\pi/3)} = \cos\pi + i\sin\pi \qquad\quad = -1$$
$$z_2 = e^{i(\pi/3 + 2 \cdot 2\pi/3)} = \cos 5\pi/3 + i\sin 5\pi/3 = 1/2 - i\sqrt{3}/2$$

Man sieht: Es ist $z_0 = w_0 \cdot z_0$, $z_1 = w_1 \cdot z_0$, $z_2 = w_2 \cdot z_0$.

Man erhält also alle 3–ten Wurzeln aus -1, indem man z_0 mit allen 3–ten Einheitswurzeln multipliziert.

4.21   *Man berechne und skizziere die n–ten Einheitswurzeln*
für $n = 2, 3, 4, 6, 8, 12$:

Für jedes n ist $w_0 = e^{i \cdot 0 \cdot 2\pi/n} = 1$.
Die n–te Einheitswurzel mit kleinstem positiven Winkel ist:

$$w_1 = e^{i \cdot 1 \cdot 2\pi/n} = \cos 2\pi/n + i\sin 2\pi/n.$$

w_1 erzeugt durch Potenzieren alle n–ten Einheitswurzeln: $w_2 = w_1^2$, $w_3 = w_1^3$, ...

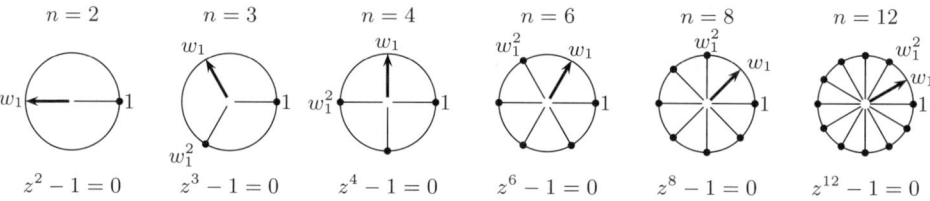

$w_n \diagdown \,^n$	2	3	4	6	8	12	w_1^n
w_0	1	1	1	1	1	1	w_1^0
$\boldsymbol{w_1}$	-1	$\frac{1}{2}(-1 + i\sqrt{3})$	i	$\frac{1}{2}(1 + i\sqrt{3})$	$\frac{\sqrt{2}}{2}(1 + i)$	$\frac{1}{2}(\sqrt{3} + i)$	w_1
w_2		$\frac{1}{2}(-1 - i\sqrt{3})$	-1	$\frac{1}{2}(-1 + i\sqrt{3})$	i	$\frac{1}{2}(1 + i\sqrt{3})$	w_1^2
w_3			$-i$	-1	$\frac{\sqrt{2}}{2}(-1 + i)$	i	w_1^3
w_4				$-\frac{1}{2}(1 + i\sqrt{3})$	-1	$\frac{1}{2}(-1 + i\sqrt{3})$	w_1^4
w_5				$-\frac{1}{2}(-1 + i\sqrt{3})$	$-\frac{\sqrt{2}}{2}(1 + i)$	$\frac{1}{2}(-\sqrt{3} + i)$	w_1^5
w_6					$-i$	-1	w_1^6
w_7					$-\frac{\sqrt{2}}{2}(-1 + i)$	$-\frac{1}{2}(\sqrt{3} + i)$	w_1^7
...						...	...

Für $n = 12$ gilt weiter:

$w_7 = -w_1$, $w_8 = -w_2$, $w_9 = -w_3$, $w_{10} = -w_4$, $w_{11} = -w_5$, $w_{12} = -w_6 = 1$.

4.22 *Man bestimme alle Lösungen von $z^3 = i$:*

$|i| = 1$, $\arg(i) = \pi/2$, also: $i = e^{i\pi/2} = \cos \pi/2 + i \sin \pi/2$.

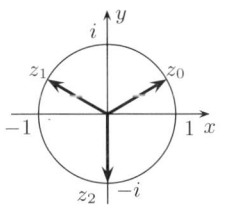

(a) Die Formel von Moivre ergibt:

$z_0 = e^{i(\pi/6 + 0 \cdot 2\pi/3)} = \cos 1\pi/6 + i \sin 1\pi/6 = \frac{1}{2}(\sqrt{3} + i)$,

$z_1 = e^{i(\pi/6 + 1 \cdot 2\pi/3)} = \cos 5\pi/6 + i \sin 5\pi/6 = \frac{1}{2}(-\sqrt{3} + i)$,

$z_2 = e^{i(\pi/6 + 2 \cdot 2\pi/3)} = \cos 9\pi/6 + i \sin 9\pi/6 = -i$.

(b) Nach Moivre ist $z_k = e^{ik \cdot 2\pi/n} \cdot \sqrt[n]{r}\, e^{i\varphi/n}$ und somit $z_k = w_k \cdot a$, wobei w_k eine n–te Einheitswurzel und a eine feste n–te Wurzel aus b ist.

Das ergibt folgendes Lösungsverfahren:
Man bestimmt eine Lösung von $z^3 = i$, also zum Beispiel $a = \cos \pi/6 + i \sin \pi/6$ oder auch (durch Raten) $a = -i$ und erhält—eventuell in anderer Reihenfolge—alle Lösungen von $z^3 = i$ durch Multiplikation von a mit den 3–ten Einheitswurzeln w_k:

$$
\begin{array}{rclcrcl}
a_0 &=& w_0 \cdot a &=& 1(-i) &=& -i \\
a_1 &=& w_1 \cdot a &=& \frac{1}{2}(-1 + i\sqrt{3})(-i) &=& \frac{1}{2}(\sqrt{3} + i) \\
a_2 &=& w_2 \cdot a &=& \frac{1}{2}(\;1\; i\sqrt{3})(\;i) &=& \frac{1}{2}(-\sqrt{3} + i)
\end{array}
$$

Die weiteren Lösungen erhält man also aus a, indem man den "Zeiger" a jeweils um $2\pi/3$ (im Allgemeinen um $2\pi/n$) weiterdreht!

Das bedeutet geometrisch: Um alle Lösungen von $z^n = b$ zu erhalten, bestimme man eine Lösung a und drehe das aus den n–ten Einheitswurzeln gebildete n–Eck so, dass eine Ecke in Richtung der einen Lösung a zeigt. Dann zeigen die anderen Ecken in Richtung der anderen Lösungen. Falls $|b| \neq 1$ ist, muss natürlich noch mit $\sqrt[n]{|b|}$ multipliziert werden.

4.23 *Für welche z gilt* $\quad \dfrac{z-1}{2} = \dfrac{1+2i}{z+1}$ *?*

Beseitigt man die Nenner, so erhält man die Gleichung $z^2 = 3 + 4i$, $(z \neq -1)$.
Es sind also die beiden 2–ten Wurzeln aus $3 + 4i$ zu bestimmen:

$|3 + 4i| = 5$, $\arg(3 + 4i) = \arctan 4/3 \approx 0.92 \approx 53.13^0$ ergibt:

$z_0 = \sqrt{5}\,(\cos 0.46 + i \sin 0.46) \qquad = \quad 2 + i$,

$z_1 = \sqrt{5}\,(\cos(0.46 + \pi) + i \sin(0.46 + \pi)) = -2 - i$.

Oder:

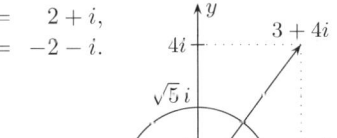

Da $a = 2 + i$ eine Lösung von $z^2 = 3 + 4i$ ist, erhält man alle Lösungen durch Multiplikation von a mit den 2–ten Einheitswurzeln 1 und -1,

also $z_{0,1} = \pm a = \underline{\pm(2 + i)}$

Für Polynome mit komplexen Koeffizienten gilt:

---

komplexe Zerlegung

Fundamentalsatz der Algebra

Jedes Polynom $f(z)$ mit komplexen Koeffizienten

$$f(z) = a_n z^n + a_{n-1} z^{n-1} + \ldots + a_1 z + a_0$$

lässt sich als ein Produkt von n Linearfaktoren schreiben:

$$f(z) = a_n (z - b_1) \cdots (z - b_n).$$

Die komplexen Zahlen $b_1, \ldots, b_n$ sind die Nullstellen von $f(z)$.

4.24   *Man zerlege folgende Polynome im Komplexen in Linearfaktoren:*

(a) $z^3 - i$ (b) $z^2 - 3 - 4i$ (c) $z^4 - 1$ (d) $z^4 + 2z^2 + 1$

(a) $z^3 - i = (z - \frac{1}{2}(\sqrt{3} + i))(z - \frac{1}{2}(-\sqrt{3} + i))(z + i),$ [vgl.: 4.22]

(b) $z^2 - 3 - 4i = (z - (2 + i))(z - (-2 - i)) = (z - 2 - i)(z + 2 + i),$ [vgl.: 4.23]

(c) $z^4 - 1 = (z - 1)(z - i)(z + 1)(z + i),$ [vgl.: 4.21]

(d) $z^4 + 2z^2 + 1 = (z^2 + 1)^2 = ((z - i)(z + i))^2 = (z - i)^2 (z + i)^2 \,.$

Hat das Polynom f *reelle* Koeffizienten, so gilt für die komplexe Zahl a:

$$f(a) = 0 \iff \overline{f(a)} = \overline{0} = 0 \iff f(\overline{a}) = 0$$

Ist also a eine Nullstelle von f, so auch $\overline{a}$ und umgekehrt, da $\overline{\overline{a}} = a$ ist. Durch eventuelles Zusammenfassen der Linearfaktoren mit den Nullstellen a und $\overline{a}$:

$$(z - a)(z - \overline{a}) = z^2 - (a + \overline{a})z + a\overline{a},$$

wobei $a + \overline{a} = 2 \, \mathrm{Re}(z)$ und $a\overline{a} = |a|^2$ reelle Zahlen sind, erhält man:

---

reelle Zerlegung

Jedes Polynom mit reellen Koeffizienten lässt sich als Produkt von linearen und/oder quadratischen Faktoren mit reellen Koeffizienten schreiben, wobei die quadratischen Faktoren keine reellen Nullstellen haben und folglich im Reellen unzerlegbar sind.

4.25   *Man bestimme die komplexe und die reelle Zerlegung folgender Polynome:*

(a) $z^4 - 1$ (b) $z^6 - 1$ (c) $z^7 + z^6 + z^5 + z^4 + z^3 + z^2 + z + 1$

(a) $z^4 - 1 = (z - 1)(z + 1) \underbrace{(z - i)(z + i)}_{z^2 + 1}$ komplexe Zerlegung,

$z^4 - 1 = (z - 1)(z + 1)(z^2 + 1)$ reelle Zerlegung.

(b) Mit den 6–ten Einheitswurzeln bestimmt man die komplexe Zerlegung:

$$z^6 - 1 = (z-1)(z+1)\cdot$$

$$\underbrace{(z - \tfrac{1}{2}(1 + i\sqrt{3}))(z - \tfrac{1}{2}(1 - i\sqrt{3}))}_{z^2 - z + 1}\; \underbrace{(z - \tfrac{1}{2}(-1 + i\sqrt{3}))(z - \tfrac{1}{2}(-1 - i\sqrt{3}))}_{z^2 + z + 1}$$

$$z^6 - 1 = (z-1)(z+1)(z^2 - z + 1)(z^2 + z + 1) \qquad \text{reelle Zerlegung.}$$

(c) $z^7 + z^6 + \ldots + 1 = \dfrac{z^8 - 1}{z - 1}$ \qquad geometrische Reihe oder HORNERschema!

Man zerlegt zunächst $z^8 - 1$ im Komplexen: $z^8 - 1 = (z - w_0) \cdots (z - w_7)$, wobei $w_0, \ldots, w_7$ die 8–ten Einheitswurzeln sind. Die reellen Nullstellen $w_0 = 1$ und $w_4 = -1$ bestimmen die Linearfaktoren. Die Paare konjugiert komplexer Nullstellen bestimmen die im Reellen unzerlegbaren quadratischen Faktoren:

$$z^8 - 1 = (z-1)(z+1)\cdot$$

$$\cdot \underbrace{(z-i)(z+i)}_{z^2 + 1}\; \underbrace{(z - \tfrac{\sqrt{2}}{2}(1+i))(z - \tfrac{\sqrt{2}}{2}(1-i))}_{z^2 - \sqrt{2}\,z + 1}\; \underbrace{(z + \tfrac{\sqrt{2}}{2}(1+i))(z + \tfrac{\sqrt{2}}{2}(1-i))}_{z^2 + \sqrt{2}\,z + 1}$$

$$z^8 - 1 = (z-1)(z+1)(z^2 + 1)(z^2 - \sqrt{2}\,z + 1)(z^2 + \sqrt{2}\,z + 1) \quad \text{reelle Zerlegung.}$$

$$\Longrightarrow z^7 + z^6 + \cdots + 1 = \frac{z^8 - 1}{z - 1} = (z+1)(z^2 + 1)(z^2 - \sqrt{2}\,z + 1)(z^2 + \sqrt{2}\,z + 1).$$

So einfach ist das Zerlegen nicht immer! Bei Polynomen höheren Grades ist man im Allgemeinen auf Näherungsverfahren angewiesen.

Die komplexen Zahlen $\mathbb{C}$ bilden eine Erweiterung der reellen Zahlen $\mathbb{R}$. Diese Erweiterung hat einen kleinen

Nachteil: Man kann die komplexen Zahlen $\mathbb{C}$ nicht so ordnen, daß die Ordnung den Rechenregeln für Ungleichungen genügt:

Da $i \neq 0$ ist, müsste $i > 0$ oder $i < 0$, d.h. $-i > 0$ sein.
In beiden Fällen führt Quadrieren auf den Widerspruch $-1 > 0$.

Im Gegensatz zu $\mathbb{R}$ hat $\mathbb{C}$ jedoch einen großen

Vorteil: Alle Polynome (vom Grad ≥ 1) zerfallen in Linearfaktoren, d.h.:
jedes Polynom n–ten Grades hat n Nullstellen (Fundamentalsatz)

4.6   Quadratische Gleichungen

Die Nullstellen eines Polynoms 2. Grades bestimmt man, indem man – wie im Reellen – eine quadratische Gleichung löst:

---

quadratische Gleichung

Eine quadratische Gleichung mit komplexen Koeffizienten

$$az^2 + bz + c = 0 \quad \text{bzw.} \quad z^2 + pz + q = 0$$

löst man mit Hilfe der bekannten Formeln

$$z_{1,2} = \frac{-b \pm \sqrt{b^2 - 4ac}}{2a} \quad \text{bzw.} \quad z_{1,2} = -\frac{p}{2} \pm \sqrt{\frac{p^2}{4} - q}$$

wobei $\sqrt{\cdots}$ $\underline{\text{eine}}$ 2-te Wurzel der komplexen Zahl

$$d = b^2 - 4ac \quad \text{bzw.} \quad d = \frac{p^2}{4} - q \quad \text{ist.}$$

4.26   *Man löse die quadratische Gleichung* $(1+i)z^2 + (1-i)z + 4 - 2i = 0$:

In diesem Beispiel sind: $a = 1 + i$, $b = 1 - i$, $c = 4 - 2i$.   Also

$$d = (1-i)^2 - 4(1+i)(4-2i) = -24 - 10i \quad \Longrightarrow \quad z_{1,2} = \frac{-(1-i) \pm \sqrt{d}}{2(1+i)}.$$

Berechnung *einer* 2-ten Wurzel w aus d, also $w^2 = d = -24 - 10i$:

(i) $|-24 - 10i| = 2\sqrt{144 + 25} = 26$,

$\arg(-24 - 10i) = 180^0 + \arctan\left(\frac{-10}{-24}\right) \approx 202.62^0$,

also $w^2 \approx 26(\cos 202.62^0 + i \sin 202.62^0)$. Die Formel von Moivre ergibt:

$w \approx \sqrt{26}\,(\cos 101.31^0 + i \sin 101.31^0) \approx \underline{-1 + 5i}$.

(ii)   Es geht auch so:

$w = \sqrt{d} = \sqrt{r}\,(\cos \varphi/2 + i \sin \varphi/2)$ ist eine Lösung von $w^2 = r(\cos \varphi + i \sin \varphi)$. Man kann $\cos \varphi/2$ und $\sin \varphi/2$ direkt aus $\cos \varphi$ berechnen:

$$\cos \varphi/2 = \pm\sqrt{\frac{1}{2}(1 + \cos \varphi)} \quad \text{und} \quad \sin \varphi/2 = \pm\sqrt{\frac{1}{2}(1 - \cos \varphi)}.$$

Da $w^2 = -24 - 10i = 26\left(-\frac{12}{13} - \frac{5}{13}i\right)$ ist, wobei $\left|-\frac{12}{13} - \frac{5}{13}i\right| = 1$ ist, gilt $\cos \varphi = -\frac{12}{13}$

Da w^2 im 3.Quadranten liegt, liegt w im 2.Quadranten. Dies bestimmt die Vorzeichen der Wurzeln:

$$\cos \frac{\varphi}{2} = -\sqrt{\frac{1}{2}\left(1 - \frac{12}{13}\right)} = \frac{-1}{\sqrt{26}} \quad \text{und} \quad \sin \frac{\varphi}{2} = \sqrt{\frac{1}{2}\left(1 + \frac{12}{13}\right)} = \frac{5}{\sqrt{26}}$$

$$\Longrightarrow \quad w = \sqrt{26}\left(-\frac{1}{\sqrt{26}} + \frac{5}{\sqrt{26}}i\right) = \underline{-1 + 5i}.$$

Die Lösungen obiger quadratischer Gleichung sind folglich:

$$z_1 = \frac{-(1-i)+w}{2(1+i)} = \frac{-2+6i}{2(1+i)} = \underline{\underline{1+2i}}$$

$$z_2 = \frac{-(1-i)-w}{2(1+i)} = \frac{-4i}{2(1+i)} = \underline{\underline{-1-i}}$$

(iii)   Weitere Möglichkeit, siehe [4.27]: Ansatz $w = u + iv$.

4.27   *Für welche z gilt:* $\dfrac{z}{5+5i} = \dfrac{1}{iz+4-i}$?

Zunächst muss $iz + 4 - i \neq 0$, also $z \neq \frac{-4+i}{i} = 1 + 4i$ sein.
Umformen führt auf die quadratische Gleichung: $iz^2 + (4-i)z - 5 - 5i = 0$.
Man dividiert die Gleichung durch i, indem man sie mit $-i$ multipliziert und hat
dann folgende quadratische Gleichung zu lösen:

(∗) $z^2 - (1+4i)z - 5 + 5i = 0$ mit $d = \frac{(1+4i)^2}{4} + 5 - 5i = \frac{1}{4}(5 - 12i)$.

Man erhält: $z_{1,2} = \frac{1}{2} + 2i \pm \sqrt{d} = \underline{\frac{1}{2} + 2i \pm \frac{1}{2}\sqrt{5-12i}}$.

Berechnung einer 2-ten Wurzel w aus $5 - 12i$:

(i) $|5-12i| = \sqrt{25+144} = 13$ und $\arg(5-12i) = \arctan(-12/5) \approx -1.18$
ergibt : $w^2 = 13(\cos(-1.18) + i\sin(-1.18))$.   Moivre ergibt:

$$w = \sqrt{13}\,(\cos(-0.59) + i\sin(-0.59)) = \underline{3 - 2i}.$$

(ii)   Es geht auch folgendermaßen:
Man macht den **Ansatz** $w = u + iv$. Dann gilt, falls $v \neq 0$ ist:
$w^2 = u^2 - v^2 + 2uvi = 5 - 12i$ $\Longleftrightarrow$ $u^2 - v^2 = 5$, $2uv = -12$
$\Longleftrightarrow$ $u = -\frac{6}{v}$, $u^2 = \frac{36}{v^2}$, $\frac{36}{v^2} - v^2 = 5$ $\Longleftrightarrow$ $u = \frac{-6}{v}$, $v^4 + 5v^2 - 36 = 0$.
Dies ist eine reelle biquadratische Gleichung mit den Lösungen:

$v^2 = -\frac{5}{2} \pm \sqrt{\frac{25}{4} + 36} = -\frac{5}{2} + \frac{13}{2} = 4$, wobei das '$-$' entfällt, da v^2 reell und
folglich nicht negativ ist. Man schließt weiter:
$\Longleftrightarrow$ $u = -\frac{6}{v}$, $v_{1,2} = \pm 2$ $\Longleftrightarrow$ $u_{1,2} = \mp 3$, $v_{1,2} = \pm 2$
$\Longleftrightarrow$ $\underline{w_1 = -3 + 2i}$, $\underline{w_2 = 3 - 2i}$.
Da *eine* Lösung von $w^2 = 5 - 12i$ gesucht ist, nehme man w_1 *oder* w_2:
Mit $w = w_2$ erhält man folgende Lösungen der quadratischen Gleichung (∗):
$z_{1,2} = \frac{1}{2} + 2i \pm \frac{1}{2}w = \frac{1}{2} + 2i \pm \frac{1}{2}(3 - 2i)$, also $\underline{z_1 = 2 + i}$ und $\underline{z_2 = -1 + 3i}$.
Probe: $z_1 + z_2 = 2 + i - 1 + 3i = 1 + 4i$ und $z_1 z_2 = (2+i)(-1+3i) = -5 + 5i$
z_1 und z_2 sind also (Vieta) die Lösungen der quadratischen Gleichung (∗).
Da $z_{1,2} \neq 1 + 4i$ gilt, sind z_1 und z_2 genau die komplexen Zahlen, die obige
Gleichung erfüllen.

4.28   *Man bestimme alle Nullstellen des Polynoms* $z^6 + (2 - 6i)z^3 - 11 - 2i$:

Um $z^6 + (2 - 6i)z^3 - 11 - 2i = 0$ zu lösen, setzt man $x := z^3$ und erhält die quadratische Gleichung $x^2 + (2 - 6i)x - 11 - 2i = 0$ mit den Lösungen

$$x_{1,2} = -1 + 3i \pm \sqrt{(1 - 3i)^2 + 11 + 2i} = -1 + 3i \pm \sqrt{3 - 4i}.$$

Berechnung *einer* 2-ten Wurzel w aus $3 - 4i$:

$|3 - 4i| = 5$, $\arg(3 - 4i) = \arctan(-4/3) \approx -0.93 \approx -53^0$ (4. Quadrant!)

$\implies \quad w^2 = 5(\cos(-0.93) + i\sin(-0.93))$

$\implies \quad w = \sqrt{5}\,(\cos(-0.93/2) + i\sin(-0.93/2)) = 2 - i$

$\implies \quad x_{1,2} = -1 + 3i \pm (2 - i) \quad \implies \quad \underline{x_1 = 1 + 2i} \ , \ \underline{x_2 = -3 + 4i}.$

Wir hatten $x := z^3$ gesetzt. Die Nullstellen obigen Polynoms sind also die 3-ten Wurzeln aus $1 + 2i$ und aus $-3 + 4i$.

(i)   Berechnung der 3-ten Wurzeln aus $\underline{x_1 = 1 + 2i}$:

Die drei Wurzeln liegen auf dem Kreis vom Radius $\sqrt[6]{5}$ um den Nullpunkt.

$z_1^3 = 1 + 2i$ mit $|1 + 2i| = \sqrt{5}$, $\arg(1 + 2i) \approx 1.11 \approx 63^0$

$z_1^3 = \sqrt{5}\,(\cos 1.11 + i\sin 1.11)$.   Moivre ergibt nun:

$$z_{1,1} = \sqrt[6]{5}\,(\cos(\tfrac{1.11}{3} + 0 \cdot \tfrac{2\pi}{3}) + \sin(\tfrac{1.11}{3} + 0 \cdot \tfrac{2\pi}{3})) \approx 1.22 + 0.47i,$$

$$z_{1,2} = \sqrt[6]{5}\,(\cos(\tfrac{1.11}{3} + 1 \cdot \tfrac{2\pi}{3}) + \sin(\tfrac{1.11}{3} + 1 \cdot \tfrac{2\pi}{3})) \approx -1.02 + 0.82i,$$

$$z_{1,3} = \sqrt[6]{5}\,(\cos(\tfrac{1.11}{3} + 2 \cdot \tfrac{2\pi}{3}) + \sin(\tfrac{1.11}{3} + 2 \cdot \tfrac{2\pi}{3})) \approx -0.20 - 1.29i.$$

(ii)   Berechnung der 3-ten Wurzeln aus $x_2 = -3 + 4i$:

Die drei Wurzeln liegen auf dem Kreis vom Radius $\sqrt[3]{5}$ um den Nullpunkt.

$z_2^3 = -3 + 4i$ mit $|-3 + 4i| = 5$, $\arg(-3 + 4i) \approx -0.93 + \pi \approx 2.21 \approx 127^0$,

$z_2^3 = 5(\cos 2.21 + i\sin 2.21)$.   Moivre ergibt nun:

$$z_{2,1} = \sqrt[3]{5}\,(\cos(\tfrac{2.21}{3} + 0 \cdot \tfrac{2\pi}{3} + \sin(\tfrac{2.21}{3} + 0 \cdot \tfrac{2\pi}{3})) \approx 1.26 + 1.15i,$$

$$z_{2,2} = \sqrt[3]{5}\,(\cos(\tfrac{2.21}{3} + 1 \cdot \tfrac{2\pi}{3} + \sin(\tfrac{2.21}{3} + 1 \cdot \tfrac{2\pi}{3})) \approx -1.63 + 0.52i,$$

$$z_{2,3} = \sqrt[3]{5}\,(\cos(\tfrac{2.21}{3} + 2 \cdot \tfrac{2\pi}{3} + \sin(\tfrac{2.21}{3} + 2 \cdot \tfrac{2\pi}{3})) \approx 0.36 - 1.67i.$$

Das obige Polynom 6-ten Grades hat also folgende 6 Nullstellen:

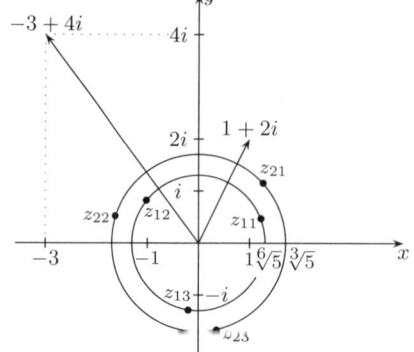

$z_{i,j}$	$x + iy$	φ	r
$z_{1,1}$	$1.22 + 0.47i$	21^0	$\sqrt[6]{5}$
$z_{1,2}$	$-1.02 + 0.82i$	141^0	$\sqrt[6]{5}$
$z_{1,3}$	$-0.20 - 1.29i$	261^0	$\sqrt[6]{5}$
$z_{2,1}$	$1.26 + 1.15i$	42^0	$\sqrt[3]{5}$
$z_{2,2}$	$-1.63 + 0.52i$	162^0	$\sqrt[3]{5}$
$z_{2,3}$	$0.36 - 1.67i$	282^0	$\sqrt[3]{5}$

4.7 Die komplexe Exponentialfunktion

Die komplexe Exponentialfunktion e^z ist folgendermaßen definiert [siehe auch **Fun**]:

$$e^z := \sum_{n=0}^{\infty} \frac{z^n}{n!} = 1 + \frac{z}{1!} + \frac{z^2}{2!} + \frac{z^3}{3!} + \cdots,$$

wobei die Reihe in der ganzen komplexen Ebene konvergiert. Wie für die reelle Exponentialfunktion gilt auch im Komplexen die wichtige Funktionalgleichung:

$$\boxed{e^{u+v} = e^u \cdot e^v}$$

Hieraus und aus der Eulerschen Formel $e^{iy} = \cos y + i \sin y$ folgt:

$$\boxed{e^z = e^{x+iy} = e^x \cdot e^{iy} = e^x(\cos y + i \sin y)}$$

$$\boxed{\text{speziell:}\quad e^{2\pi i} = 1 \text{ und } e^{\pi i} = -1.}$$

4.29   Man berechne $\operatorname{Re}(e^z)$, $\operatorname{Im}(e^z)$, $|e^z|$, $\arg(e^z)$:

$z = x + iy$ und $e^z = e^x(\cos y + i \sin y) = e^x \cos y + i e^x \sin y$.

$\operatorname{Re}(e^z) = \operatorname{Re}(e^x(\cos y + i \sin y)) = e^x \cos y,$

$\operatorname{Im}(e^z) = \operatorname{Im}(e^x(\cos y + i \sin y)) = e^x \sin y,$

$|e^z| = |e^x \cdot e^{iy}| = e^x,$ da $e^x > 0$ und $|e^{iy}| = 1$ ist.

$\arg(e^z) = \arg(e^x(\cos y + i \sin y)) = y.$

4.30   Man bestimme alle z, für die gilt:

  (a) $e^z = 1$ (b) $e^z = -2$

(a) $e^z = e^{x+iy} = e^x \cdot e^{iy} = e^x(\cos y + i \sin y) = 1$
$\Longleftrightarrow x = 0, \ y = 2k\pi, \ k \in \mathbb{Z} \Longleftrightarrow z = i2k\pi, \ k \in \mathbb{Z}.$

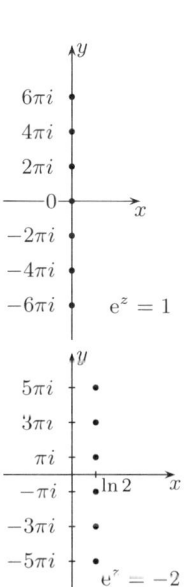

(b) $e^z = e^x(\cos y + i \sin y) = -2 = 2(-1)$
$\Longleftrightarrow e^x = 2, \ \cos y + i \sin y = -1$
$\Longleftrightarrow x = \ln 2, \ y = \pi + 2k\pi, \ k \in \mathbb{Z}$
$\Longleftrightarrow z = \ln 2 + i(2k+1)\pi, \ k \in \mathbb{Z}.$

Bemerkung: Aus (a) sieht man, dass

$e^z = e^z \cdot 1 = e^z \cdot e^{i2k\pi} = e^{z+k(2\pi i)}$ für alle $k \in \mathbb{Z}$ ist.

Die komplexe Funktion e^z hat also die Periode $2\pi i$.

4.31   Man berechne und skizziere folgende Teilmengen $M \subseteq \mathbb{C}$ und ihre Bilder
$e^M := \{w \mid w = e^z, \ z \in M\} \subseteq \mathbb{C}$ unter der Abbildung $w = e^z$:

(a) $A = M = \{z \mid z = x + i\pi/4, \ x \in \mathbb{R}\}$
(b) $B = M = \{z \mid z = x + i4\pi/3, \ x \in \mathbb{R}\}$
(c) $C = M = \{z \mid z = -1 + i2\pi y, \ 0 \le y < 1\}$
(d) $D = M = \{z \mid z = \ln 2 + i2\pi y, \ 0 \le y < 1\}$
(e) $E = M = \{z \mid z = i2\pi y, \ 0 \le y < 1\}$

(a) $z = x + i\pi/4 \Longrightarrow e^z = e^{x+i\pi/4} = e^x \cdot e^{i\pi/4}$
$\Longrightarrow e^A = \{w \mid w = e^x \cdot e^{i\pi/4}, \ x \in \mathbb{R}\}$.
Durchläuft x alle reelle Zahlen, so durchläuft (die reelle Funktion) e^x alle
positiven reellen Zahlen! e^A besteht also aus allen *positiven* Vielfachen von $e^{i\pi/4}$.
e^A ist also die Halbgerade ohne Nullpunkt mit dem Steigungswinkel $\pi/4$.

(b)   Ebenso erhält man:
$e^B = \{w \mid w = e^x \cdot e^{i4\pi/3}, \ x \in \mathbb{R}\}$ ist die Halbgerade ohne Nullpunkt mit dem
Steigungswinkel $4\pi/3$ bzw. $-2\pi/3$.

(c) $z = -1 + i2\pi y \Longrightarrow e^z = e^{-1} \cdot e^{i2\pi y}, 0 \le y < 1$
$\Longrightarrow |e^z| = e^{-1}, \arg(e^z) = 2\pi y, 0 \le y < 1$, d.h. $0 \le 2\pi y < 2\pi$
$\Longrightarrow e^C$ ist der Kreis um den Nullpunkt vom Radius e^{-1}.

(d)   Ebenso:
e^D ist der Kreis um den Nullpunkt vom Radius $e^{\ln 2} = 2$.

e^E ist der Kreis um den Nullpunkt vom Radius $e^0 = 1$, der Einheitskreis.

Beachte: Es ist $e^{2\pi i} = e^0 = 1$.

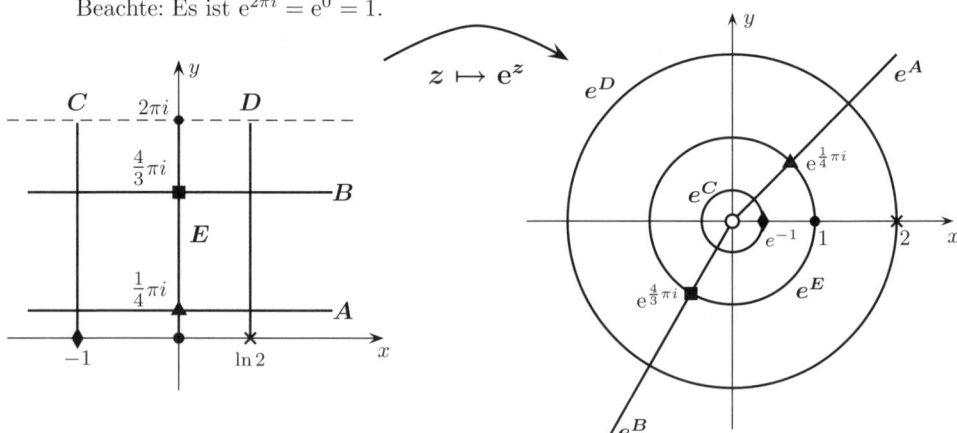

Bemerkung: Der **Periodenstreifen** $\{z \mid z = x + iy, x \in \mathbb{R}, 0 \le y < 2\pi\}$ wird
durch die Funktion e^z auf die ganze komplexe Ebene ohne Nullpunkt ("gelochte
Ebene") abgebildet! Dabei werden Parallelen zur x–Achse auf Halbgeraden und
Parallelen zur y–Achse auf Kreise abgebildet.

4.8 Die komplexe Logarithmusfunktion

So, wie die reelle Funktion $\sin x$ im Intervall $-\pi/2 \leq x \leq \pi/2$ alle ihre Funktionswerte genau einmal annimmt und man sich deshalb bei der Definition der Umkehrfunktion[1] $\arcsin x$ von $\sin x$ auf diesen Teil von $\sin x$ beschränkt, so beschränkt man sich bei der Umkehrung der Funktion e^z auf den Periodenstreifen $\{z \mid 0 \leq \operatorname{Im}(z) < 2\pi\}$, in dem die komplexe Exponentialfunktion e^z alle ihre Funktionswerte genau einmal annimmt [siehe auch **Fun**].

Ist $z = re^{i\varphi}$, $r > 0$, also z aus der gelochten Ebene, so gilt:

$$z = re^{i\varphi} = e^{\ln r} \cdot e^{i\varphi} \cdot 1 = e^{\ln r} \cdot e^{i\varphi} \cdot e^{i2k\pi} = e^{\ln r + i(\varphi + 2k\pi)} = e^w.$$

Beschränkt man w auf den Periodenstreifen, d.h.

$$w = \ln r + i(\varphi + 2k\pi), \ \ r > 0, \ \ 0 \leq \varphi < 2\pi, \ \ k = 0,$$

so ist durch $z = e^w = e^{\ln r + i\varphi}$, $r > 0$, $0 \leq \varphi < 2\pi$ eine bijektive Abbildung des Periodenstreifens auf die gelochte Ebene gegeben.

Man definiert als Umkehrfunktion[2] $\ln z$ von e^z:

$\ln z := w$, falls $z = e^w$ aus der gelochten Ebene und w aus dem Periodenstreifen ist. Dann gilt also:

$$\boxed{w = \ln z = \ln(r \cdot e^{i\varphi}) = \ln r + i\varphi, \text{ mit } r > 0, \ \ 0 \leq \varphi < 2\pi}$$

4.32   *Man berechne $\ln z$ für :*

(a) $z = \sqrt{2} + i\sqrt{2}$.   (b) $z = 2 - i2\sqrt{3}$.   (c) $z = -3$.   (d) $z = 2$.
(e) $z = -\frac{1}{2e} + \frac{1}{2e}\sqrt{3}\,i$.

(a) $r = |z| = 2$, $\varphi = \pi/4 \Longrightarrow z = 2e^{i\pi/4} = e^{\ln 2 + i\pi/4}$, mit $2 > 0$, $0 \leq \pi/4 < 2\pi$
$\Longrightarrow \ln z = \underline{\underline{\ln 2 + i\pi/4}}$.

(b) $r = |z| = 4$, $\varphi = -\pi/3 + 2k\pi$. Für $k = 1$ gilt $\varphi = 5\pi/3$ und $0 \leq 5\pi/3 < 2\pi$.
$\Longrightarrow z = 4e^{i5\pi/3}$, mit $4 > 0$, $0 \leq 5\pi/3 < 2\pi \Longrightarrow \ln z = \underline{\underline{\ln 4 + i5\pi/3}}$.

(c) $r = |z| = 3$, $\varphi = \pi \Longrightarrow z = 3e^{i\pi} \Longrightarrow \ln z = \underline{\underline{\ln 3 + i\pi}}$.

(d) $r = |z| = 2$, $\varphi = 0 \Longrightarrow z = 2 \Longrightarrow \ln z = \underline{\underline{\ln 2}}$.

Für positive reelle z stimmt $\ln z$ mit dem reellen Logarithmus $\ln x$ überein!

(e) $r = |z| = |\frac{1}{e}(-1/2 + i\sqrt{3}/2)| = \frac{1}{e}$, $\tan \varphi = -\sqrt{3}$, 2. Quadr. $\Longrightarrow \varphi = 2\pi/3$
$\Longrightarrow z = \frac{1}{e}e^{i2\pi/3}$, mit $\frac{1}{e} > 0$, $0 \leq 2\pi/3 < 2\pi$
$\Longrightarrow \ln z = \ln\frac{1}{e} + i2\pi/3 = \underline{\underline{-1 + i2\pi/3}}$.

---

[1]häufig "Hauptwert des Arcussinus" genannt
[2]häufig "Hauptwert des Logarithmus" genannt

4.33   *Für welche z gilt $e^z = \sqrt{2} + i\sqrt{2}$?*

$z = \ln(\sqrt{2} + i\sqrt{2}) + i2k\pi,\ k \in \mathbf{Z}$. Also

$z = \ln 2 + i\pi/4 + i2k\pi = \ln 2 + i(\pi/4 + 2k\pi),\ k \in \mathbf{Z}$.

Oder wie in [4.30]: $z = x + iy$

$\quad e^z = e^{x+iy} = e^x e^{iy} = \sqrt{2} + i\sqrt{2}$

$\implies \quad = 2e^{i\pi/4} = e^{\ln 2} e^{i\pi/4} \cdot 1$

$\quad\quad = e^{\ln 2} e^{i\pi/4} e^{i2k\pi} = e^{\ln 2} e^{i(\pi/4 + 2k\pi)}$

$\implies z = \ln 2 + i(\pi/4 + 2k\pi),\ k \in \mathbf{Z}.$

4.9   Aufgaben

4.34   Man berechne $\mathrm{Re}(z)$, $\mathrm{Im}(z)$, $|z|$, $\arg(z)$, $\overline{z}$, $\dfrac{1}{z}$, z^2, $\dfrac{z}{\overline{z}}$ für folgende komplexe Zahlen z: $z = 1+i$, $z = -3$, $z = 2i$, $z = 2e^{-i\pi/3}$, $z = ie^{i\pi}$, $z = i + e^{i\pi}$.

4.35   Für folgende komplexe Zahlen z, w berechne man:
$z + w,\ z \cdot w,\ z/w,\ \overline{z} \cdot w,\ w/\overline{z}$.

z	$1 - i$	$2e^{i2\pi/3}$	$4e^{-i\pi/6}$	$ie^{i\pi}$
w	$1 + i$	$2e^{i\pi/6}$	$-2\sqrt{3} + 2i$	$i + e^{i\pi}$

4.36   Für $z = -i^{23} + 3i^{14}$ und $w = 2i^5 - i^{24}$ berechne man:
$z + w,\ z \cdot w,\ z/w,\ \overline{z} \cdot w,\ w/\overline{z}$.

4.37   Für $u = -3 + 4i$, $v = -1 + i$, $w = i + e^{i\pi}$ berechne man:
$a = |(-1 + 2i)u + \overline{u}v|$, $b = u^3 + (1 + i)u^2 + (3 - 2i)u - 111 - 19i$, $c = (\overline{w})^{-4}$.

4.38   Für welche reellen Zahlen a, b gilt $2a - 3bi - a(1 + i) + 5b + 3 - i = 0$?

4.39   Man berechne die Polarkoordinaten folgender komplexer Zahlen:
$3\sqrt{3} + 3i$, $-2 - 2i$, 5, -3, $-2i$.

4.40   Für $0 \le \alpha < \pi$ berechne man die Polarkoordinaten von $i + \sin 2\alpha - i\cos 2\alpha$.

4.41   Zu den gegebenen Polarkoordinaten r, φ von z berechne man z in kartesischer Darstellung:

r	2	4	6	2	4	6
φ	225^0	$11\pi/6$	-210^0	$-9\pi/6$	2205^0	$-101\pi/6$

4.42   Für welche z gilt $z^2(1 + i) = z(1 - i)$?

4.43   Man berechne: $a = \dfrac{i + i^2 + i^3 + i^4 + i^5}{1 + i}$, $b = \dfrac{5}{3 - 4i} + \dfrac{10}{4 + 3i}$.

4.44   Man berechne z aus:

(a) $2 - 9i = (1 - 2i)(z - 3 + 4i)$ (b) $\dfrac{3 - 2i}{z} = 5 + i$ (c) $\dfrac{1 + i}{z} + \dfrac{20}{4 + 3i} = 3 - i$

4.45   Für $u = -3 + 2i$, $v = 2 + i$, $w = \frac{1}{2}(1 - i\sqrt{3})$ berechne man:

$a = |2u - 3v|$, $b = 3iuv - v(\overline{u} + 2w^2)$, $c = |\frac{uv^2 + w^2}{v + 2\overline{w}^3}|$

und mit dem (komplexen) HORNERschema $d = u^3 - (i + 1)u^2 + 10iu + 3 - i$:

4.46   Man berechne $a = (1 + i)^{-5}$ und $b = (1 + \sqrt{3}\,i)^3(1 + i)^{-7}$.

4.47   Man berechne und skizziere die Menge, vgl. [4.18]
$A = \{z_n \mid z_n = (\frac{\sqrt{3}+i}{2})^n, \ n \in \mathbf{Z}\}$.

4.48   Zu $z = 2\mathrm{e}^{i\pi/4}$ und $w = i - 1$ berechne man $u = \frac{z^{-3}\overline{w}^2}{\overline{z}^2 w^{-3}}$.

4.49   Man löse folgende Gleichungen:

(a) $z^3 = 4\sqrt{2}(-1 + i)$ (b) $z^5 = -1$ (c) $z^4 = 1 + \sqrt{3}\,i$.

4.50   Man löse folgende quadratische Gleichungen:

(a) $z^2 + 2z + 2i = -1$ (b) $iz^2 + (1 - 2i)z - 2 = 0$

4.51   Für welche z gilt $z^3 + iz^2 + z - 2iz - 2 + i = 0$? Hinweis: 1 ist Lösung.

4.52   Man löse: $6z^4 - 25z^3 + 32z^2 + 3z - 10 = 0$
Hinweis: Es gibt zwei rationale Lösungen.

4.53   Man gebe die komplexe und die reelle Zerlegung folgender Polynome an:

(a) $z^3 - 2z - 4$.   (b) $2z^4 - 3z^3 - 7z^2 - 8z + 6$.
(c) $x^3 + x^2 + x + 1$.   (d) $z^{10} - 2z^5 + 2$, nur komplexe Zerlegung!

4.54   Man skizziere folgende Punktmengen in der komplexen Ebene:

Wie üblich ist $z = x + iy = r\mathrm{e}^{i\varphi}$.

$A = \{z \mid x = 2\}$, $B = \{z \mid y = -1\}$, $C = \{z \mid x = 2y + 1\}$,
$D = \{z \mid y = \frac{1}{x+1}\}$, $E = \{z \mid r = 2\}$, $F = \{z \mid \varphi = -\frac{\pi}{4}\}$,
$G = \{z \mid r = \varphi + 1, \ -1 \leq \varphi \leq \pi\}$, $H = \{z \mid \varphi = 2\pi r, \ 0 \leq r \leq 2\}$.

4.55   Für welche komplexen Zahlen z gilt:

(a) $\mathrm{e}^z = -\mathrm{e}$,   (b) $\mathrm{e}^z = -2$,   (c) $\mathrm{e}^z = i$,
(d) $\mathrm{e}^z = \frac{1+i}{\sqrt{2}}$,   (e) $\mathrm{e}^z = a + bi$, $a, b \in \mathbb{R}$.

4.56   Man skizziere folgende Teilmengen von $\mathbb{C}$:

$A = \{z \mid z = -1 + 2i + t\mathrm{e}^{i\varphi}, \ t \in \mathbb{R}\}$, Gerade,
$B = \{z \mid z = 2 + i + 3\mathrm{e}^{it}, \ t \in \mathbb{R}\}$, Kreis,
$C = \{z \mid z = (3 + 2i)\mathrm{e}^t + (3 - 2i)\mathrm{e}^{-t}, \ t \in \mathbb{R}\}$, Hyperbel,
$D = \{z \mid z = 6\cosh t + i4\sinh t, \ t \in \mathbb{R}\}$, Hyperbel,
$E = \{z \mid z = \sqrt{2}^{\,t}\mathrm{e}^{it\pi/4}, \ t \in \mathbb{R}\}$, logarithmische Spirale, vgl. [4.16], [4.17],
$F = \{z \mid z = \frac{\pi}{t}\mathrm{e}^{it}, \ 0 < t \in \mathbb{R}\}$, hyperbolische Spirale.

Spiralen und ebene Kurven siehe auch **F+H**, S.120 ff.

4.10   Lösungen

4.34

z	$1+i$	-3	$2i$	$2e^{-i\pi/3}$	$ie^{i\pi}$	$i+e^{i\pi}$
z				$1-\sqrt{3}\,i$	$-i$	$-1+i$
$\mathrm{Re}(z)$	1	-3	0	1	0	-1
$\mathrm{Im}(z)$	1	0	2	$-\sqrt{3}$	-1	1
$|z|$	$\sqrt{2}$	3	2	2	1	$\sqrt{2}$
$\arg(z)$	$\pi/4$	π	$\pi/2$	$-\pi/3$	$3\pi/2$	$3\pi/4$
$\overline{z}$	$1-i$	-3	$-2i$	$1+\sqrt{3}\,i$	i	$-1-i$
$\dfrac{1}{z}=\dfrac{\overline{z}}{|z|^2}$	$(1-i)/2$	$-1/3$	$-i/2$	$(1+i\sqrt{3}\,)/4$	i	$-(1+i)/2$
z^2	$2i$	9	-4	$-2(1+\sqrt{3}\,i)$	-1	$-2i$
$\dfrac{z}{\overline{z}}=\dfrac{z^2}{|z|^2}$	i	1	-1	$-(1+\sqrt{3}\,i)/2$	-1	$-i$

4.35

z	$1-i$	$2e^{i2\pi/3}=-1+\sqrt{3}\,i$	$4e^{-i\pi/6}=2\sqrt{3}-2i$	$ie^{i\pi}=-i$
w	$1+i$	$2e^{i\pi/6}=\sqrt{3}+i$	$-2\sqrt{3}+2i=4e^{i5\pi/6}$	$i+e^{i\pi}=-1+i$
$z+w$	2	$-1+\sqrt{3}+(1+\sqrt{3}\,)i$	0	-1
$z\cdot w$	2	$-2\sqrt{3}+2i$	$16e^{i2\pi/3}=-8+8\sqrt{3}\,i$	$1+i$
z/w	$-i$	i	-1	$(-1+i)/2$
$\overline{z}\cdot w$	$2i$	$-4i$	-16	$-1-i$
$w/\overline{z}$	1	$-\sqrt{3}/2+i/2$	$=\dfrac{wz}{|z|^2}=(-1+\sqrt{3}\,i)/2$	$1+i$

4.36 Da $i^4=1$ ist, gilt:
$i^{23}=i^3=-i$, $\;i^{14}=i^2=-1$, $\;i^{10}=i^2=-1$, und $i^{-5}=i^{-1}=i^3=-i$.

Also ist $z=-3+i$ und $w=-1+2i$ und folglich:
$z+w=-4+3i$, $\;zw=1-7i$, $\;z/w=1+i$, $\;\overline{z}w=5-5i$, $\;w/\overline{z}=(1-7i)/10$.

4.37 $a=|(-1+2i)(-3+4i)+(-3-4i)(-1+i)|=|-5-10i+7+i|=|2-9i|=$
$\sqrt{85}\approx\underline{\underline{9.22}}$.

$$\text{HORNER:}\quad\begin{array}{r|rrrr} & 1 & 1+i & 3-2i & -111-19i \\ -3+4i & & -3+4i & -14-23i & 133+31i \\ \hline & 1 & -2+5i & -11-25i & \underline{\underline{22+12i}}\;\;=b.\end{array}$$

$w=i+e^{i\pi}=-1+i=\sqrt{2}\,e^{i3\pi/4}$
$\implies (\overline{w})^{-4}=(\sqrt{2}\,e^{-i3\pi/4})^{-4}=\tfrac{1}{4}e^{i3\pi}=\tfrac{1}{4}e^{i\pi}\cdot e^{2\pi}=\underline{\underline{-\tfrac{1}{4}}}$.

4.38 $2a-3bi-a(1+i)+5b=-3+i$
$\implies (2a-a+5b)+(-3b-a)i=a+5b+(-3b-a)i=-3+i$

Koeffizientenvergleich $\implies \begin{array}{rcl} a+5b&=&-3 \\ -a-3b&=&1\end{array} \implies \begin{array}{rcl} a&=&2 \\ b&=&-1\end{array}$.

4.39

z	$3\sqrt{3}+3i$	$-2-2i$	5	-3	$-2i$
r	6	$2\sqrt{2}$	5	3	2
φ	$\pi/6$	$5\pi/4$	0	π	$3\pi/2$

4.40 $z = i + \sin 2\alpha - i\cos 2\alpha,\ 0 \le \alpha < \pi \Longrightarrow$

$$|z| = \sqrt{\sin^2 2\alpha + (1-\cos 2\alpha)^2} = \sqrt{2}\,\sqrt{1-\cos 2\alpha} = 2|\sin\alpha| = 2\sin\alpha$$

$$\tan\varphi = \frac{1-\cos 2\alpha}{\sin 2\alpha},\ 1-\cos 2\alpha \ge 0 \Longrightarrow z \text{ im 1. oder 2. Quadr.} \Longrightarrow 0 \le \varphi < \pi$$

$$= \frac{1-(\cos^2\alpha - \sin^2\alpha)}{2\sin\alpha\cos\alpha} = \frac{\sin\alpha}{\cos\alpha} = \tan\alpha \Longrightarrow \arg(z) = \varphi = \alpha.$$

4.41

r	2	4	6	2	4	6
φ	225^0	$11\pi/6$	-210^0	$-9\pi/6$	2205^0	$-101\pi/6$
	$5\pi/4$		$5\pi/6$	$\pi/2$	$6\cdot 2\pi + \pi/4$	$-18\pi + 7\pi/6$
z	$-\sqrt{2}-\sqrt{2}i$	$2\sqrt{3}-2i$	$-3\sqrt{3}+3i$	$2i$	$2\sqrt{2}+2\sqrt{2}i$	$-3\sqrt{3}-3i$

4.42 $z = 0$ und $z = \frac{1-i}{1+i} = -i$.

4.43 $a = \frac{1}{2}(1+i)\ ,\quad b = \frac{1}{5}(11-2i)$.

4.44   (a) $z = 7-5i$,   (b) $z = \frac{1}{2}(1-i)$,   (c) $z = \frac{1}{5}(3-4i)$.

4.45 $a = \sqrt{145}\ ,\quad b = 3-\sqrt{3}+i(-16+2\sqrt{3})$

$$c = \left| \frac{(-3+2i)(3+4i)-\frac{1}{2}(1+i\sqrt{3})}{2+i-2} \right| = |(-3+2i)(3+4i)-\tfrac{1}{2}(1+i\sqrt{3})|$$

$$= |-17-6i-\tfrac{1}{2}-\tfrac{1}{2}\sqrt{3}\,i| = |-17,5-(6+\tfrac{1}{2}\sqrt{3})i| \approx \underline{18.8}.$$

HORNER:

	1	$-1-i$	$10i$	$3-i$
		$-3+2i$	$10-11i$	$-28+23i$
$-3+2i$	1	$-4+i$	$10-i$	$\underline{-25+22i}\ = d$

4.46 $a = \frac{1}{8}(-1+i)\ ,\quad b = -\frac{1}{2}(1+i)$.

4.47   A ist die Menge der 12–ten Einheitswurzeln, siehe [4.21] !

4.48 $z = 2e^{i\pi/4}\ ,\quad w = \sqrt{2}\,e^{i3\pi/4} \Longrightarrow$

$$u = \frac{2^{-3}e^{-i3\pi/4}2e^{-i3\pi/2}}{2^2 e^{i\pi/2}\sqrt{2}^{\,3}e^{i9\pi/4}} = 2^{(-3+1-2+3/2)}e^{i\pi(3/4-3/2+\pi/2+9/4)} = \frac{\sqrt{2}}{8}e^{i\pi/2} = \frac{\sqrt{2}}{8}i.$$

4.49   (a) $z = 8e^{3\pi/4} \Longrightarrow z_k = 2e^{(\pi/4 + k \cdot 2\pi/3)}$, $k = 0, 1, 2$
$z_0 = \sqrt{2} + i\sqrt{2}$, $z_1 \approx -1.93 + 0.52i$, $z_2 \approx 0.52 - 1.93i$.

(b) $z = e^{i\pi} \Longrightarrow z_k = e^{i(\pi/5 + k \cdot 2\pi/5)} = e^{i\pi(1+2k)/5}$, $k = 0, 1, 2, 3, 4$

$$
\begin{array}{rclclcl}
z_0 &=& \cos 36^0 &+& i\sin 36^0 &\approx& 0.81 &+& i\,0.59 &=& \overline{z_4} \\
z_1 &=& \cos 108^0 &+& i\sin 108^0 &\approx& -0.31 &+& i\,0.96 &=& \overline{z_3} \\
z_2 &=& \cos 180^0 &+& i\sin 180^0 &=& -1 \\
z_3 &=& \cos 252^0 &+& i\sin 252^0 &\approx& -0.31 &-& i\,0.96 &=& \overline{z_1} \\
z_4 &=& \cos 324^0 &+& i\sin 324^0 &\approx& 0.81 &-& i\,0.59 &=& \overline{z_0}
\end{array}
$$

(c) $z^4 = 1 + \sqrt{3}\,i = 2e^{i\pi/3} \Longrightarrow z_k = \sqrt[4]{2}\,e^{i(\pi/12 + k \cdot 2\pi/4)}$, $k = 0, 1, 2, 3$
$z_0 = \sqrt[4]{2}\,e^{i\pi/12} = \sqrt[4]{2}\,(\cos 15^0 + i\sin 15^0) \approx 1.15 + 0.31i$.

Die vier Lösungen liegen auf dem Ursprungskreis mit dem Radius $\sqrt[4]{2}$.

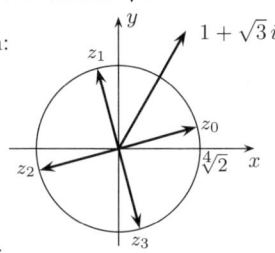

Mit den 4–ten Einheitswurzeln $(1, i, -1, -i)$ erhält man:
$$
\begin{array}{rclcl}
z_0 &=& 1z_0 &\approx& 1.15 + 0.31i \\
z_1 &=& iz_0 &\approx& -0.31 + 1.15i \\
z_2 &=& -1z_0 &\approx& -1.15 - 0.31i \\
z_3 &=& -iz_0 &\approx& 0.31 - 1.15i
\end{array}
$$

4.50   (a) $z_1 = -i$, $z_2 = -2 + i$ (b) $z_1 = 2$, $z_2 = i$.

4.51 $z^3 + iz^2 + z - 2iz - 2 + i = (z - 1)(z^2 + (1 + i)z + 2 - i)$.   [HORNER]
$z^2 + (1 + i)z + 2 - i = 0 \Longrightarrow z_2 = i$, $z_3 = -1 - 2i$.

4.52   Die Teiler von -10 sind: $\pm 1, \pm 2, \pm 5, \pm 10$.
Die Teiler von 6 sind   :$\pm 1, \pm 2, \pm 3, \pm 6$.
Ist die (gekürzte) rationale Zahl $\frac{p}{q}$ eine Lösung, so muss p ein Teiler von -10 und
q ein Teiler von 6 sein.
Es kommen also für $\frac{p}{q}$ folgende Brüche in Frage:
$\pm 1, \ \pm \frac{1}{2}, \ \pm \frac{1}{3}, \ \pm \frac{1}{7}, \ \pm 2, \ \pm \frac{2}{3}, \ \pm 5, \ \pm \frac{5}{2}, \ \pm \frac{5}{3}, \ \pm \frac{5}{6}, \ \pm 10, \ \pm \frac{10}{3}$.
Durch Probieren findet man $z_1 = -\frac{1}{2}$ und $z_2 = \frac{2}{3}$.
Mit HORNER oder Division durch $(2z + 1)(3z - 2)$ erhält man:
$6z^4 - 25z^3 + 32z^2 + 3z - 10 = (2z + 1)(3z - 2)(z^2 - 4z + 5) = 0$,
also $z_{3,4} = 2 \pm \sqrt{4 - 5} = 2 \pm i$.

4.53   (a) $z^3 - 2z - 4 = (z - 2)(z^2 + 2z + 2) = (z - 2)(z + 1 - i)(z + 1 + i)$.
(b) $(z - 3)(2z - 1)(z^2 + 2z + 2) = (z - 3)(2z - 1)(z + 1 - i)(z + 1 + i)$.
(c) $x^3 + x^2 + x + 1 = \dfrac{x^4 - 1}{x - 1} = (x + 1)(x^2 + 1) = (x + 1)(x - i)(x + i)$.
(d) $(z^5)^2 - 2z^5 + 2 = 0 \Longrightarrow z^5 = 1 \pm i$.

Mit $\operatorname{cis}\varphi := \cos \varphi + i\sin \varphi$ erhält man alle zehn Nullstellen – und damit die
komplexe Linearfaktor-Zerlegung – in der Form:

$$
\sqrt[10]{2}\,\operatorname{cis}\left(\pm \frac{\pi}{20} + \frac{2k\pi}{5}\right) \quad \text{für } k = 0, 1, 2, 3, 4.
$$

4.54

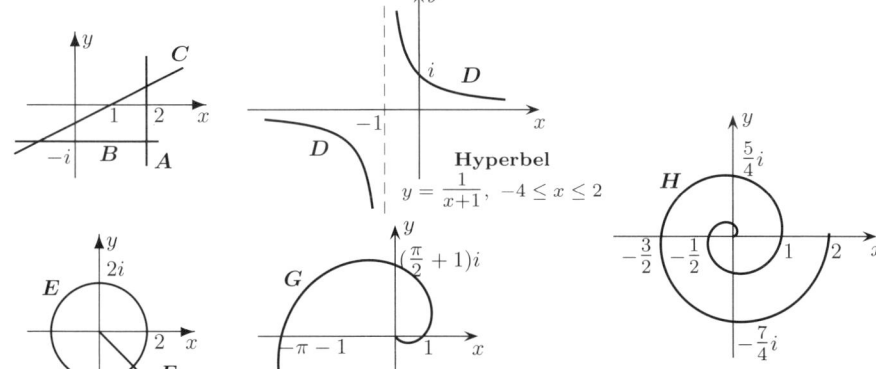

archimedische Spirale
$r(\varphi) = \varphi + 1, \ -1 \le \varphi \le \frac{5}{4}\pi$

archimedische Spirale
$r(\varphi) = \frac{\varphi}{2\pi}, \ 0 \le \varphi \le 4\pi$

$G: \ r = \varphi + 1$ und $H: \ r = \frac{1}{2\pi}\varphi$ sind archimedische Spiralen, vgl. [17.7].

4.55 (a) $z = 1 + (2n+1)\pi i$. (b) $-\ln 2 + (2n+1)\pi i$.
(c) $z = (4n+1)\pi i/2$. (d) $z = (8n+1)\pi i/4$.
(e) $z = \ln|a + bi| + i\arg(a + bi) + 2n\pi i, \quad n \in \mathbb{Z}$.

4.56 **A** ist die **Gerade**
durch $-1 + 2i$ mit dem Steigungswinkel φ.

B ist der **Kreis** um $2 + i$ mit dem Radius 3.

C = D ist die **Hyperbel** (genauer Hyperbelast)
mit den Halbachsen $a = 6$ und $b = 4$:
$z = (3 + 2i)e^t + (3 - 2i)e^{-it} = 6\frac{e^t + e^{-t}}{2} + 4i\frac{e^t - e^{-t}}{2}$
$= 6\cosh t + 4i\sinh t =: x + iy$
$\implies \frac{x^2}{6^2} - \frac{y^2}{4^2} = 1, \ 6 \le x.$

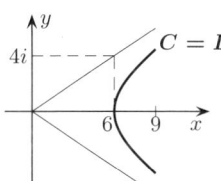

Hyperbelast
$\frac{x^2}{6^2} - \frac{y^2}{4^2} = 1, \ 6 \le x \le 9$

E ist die **logarithmische Spirale**:
siehe auch [4.16], [4.17], [18.4]:
$z = \sqrt{2}^t e^{it\pi/4} = \sqrt{2}^t(\cos\frac{\pi}{4}t + i\sin\frac{\pi}{4}t)$.
Polarkoordinaten: $\varphi = \frac{\pi}{4}t$,
also $r(\varphi) = \sqrt{2}^{4\varphi/\pi} = 4^{\varphi/\pi} = e^{\varphi\ln 4/\pi}, \ \varphi \in \mathbb{R}$.

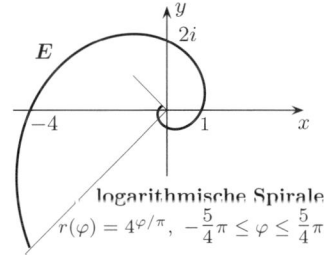

logarithmische Spirale
$r(\varphi) = 4^{\varphi/\pi}, \ -\frac{5}{4}\pi \le \varphi \le \frac{5}{4}\pi$

F ist die **hyperbolische Spirale**:
$z = \frac{\pi}{t}e^{it} = \frac{\pi}{t}(\cos t + i\sin t), \ 0 < t$.
Polarkoordinaten: $\varphi = t$, also $r(\varphi) = \frac{\pi}{\varphi}, \ 0 < \varphi$.
$\lim_{\varphi \to 0^+} x(\varphi) - \pi \lim_{\varphi \to 0^+} \frac{\cos\varphi}{\varphi} - \infty$
$\lim_{\varphi \to 0^+} y(\varphi) = \pi \lim_{\varphi \to 0^+} \frac{\sin\varphi}{\varphi} = \pi$.

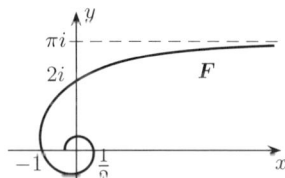

hyperbolische Spirale
$r(\varphi) = \frac{\pi}{\varphi}, \ 0 < \varphi \le 3\pi$

Spiralen und ebene Kurven siehe auch **F+H**, S.120 ff.

5 Vektorrechnung

5.1 Rechnen mit Vektoren

Zur vertiefenden Wiederholung siehe auch **EM 1**.

Einige der in Physik und Technik auftretenden Messgrößen, wie etwa Temperatur, Dichte oder Leistung, sind eindeutig bestimmt durch Angabe einer einzigen Zahl. Zur Beschreibung anderer Messgrößen, wie etwa Kraft, Drehmoment oder Geschwindigkeit, ist es notwendig, außer ihrem Betrag auch ihre Richtung anzugeben. Größen, die durch Betrag und Richtung bestimmt sind, lassen sich gut durch *Richtungspfeile* im Raum veranschaulichen. Ein *Vektor* ist definiert als Klasse aller Richtungspfeile, die gleiche Richtung und Länge besitzen. Ein Richtungspfeil mit eben dieser Länge und Richtung, angetragen in irgendeinem Punkt des Raumes, *repräsentiert* diesen Vektor.

Die drei Richtungspfeile $\overline{P_1P_2}, \overline{Q_1Q_2}, \overline{R_1R_2}$ sind Repräsentanten eines Vektors $\vec{a}$. Um nicht z.B. von dem in P_1 angetragenen Repräsentanten des Vektors $\vec{a}$ sprechen zu müssen, wird auch ein einziger Richtungspfeil als Vektor bezeichnet, und man kann nun von $\vec{a}$ – angetragen in P_1 – sprechen. In diesem Sinn ist ein Vektor nur durch Länge und Richtung bestimmt, sein Anfangspunkt ist beliebig.

In den Anwendungen tritt jedoch der Begriff Vektor auch mit anderer Bedeutung auf: In der Mechanik kann bei einem Kraftvektor auch der Anfangspunkt von Interesse sein und Kraftvektoren gleicher Länge und Richtung, aber mit verschiedenen Anfangspunkten, müssen unterschieden werden.

Addition von Vektoren

Zwei Vektoren $\vec{a}$ und $\vec{b}$ werden addiert, indem $\vec{a}$ an den Endpunkt von $\vec{b}$ angetragen wird. Der Summenvektor (resultierende Vektor) $\vec{c} = \vec{a}+\vec{b}$ ist dann vom Anfangspunkt von $\vec{b}$ zum Endpunkt von $\vec{a}$ gerichtet. Die Rollen von $\vec{a}$ und $\vec{b}$ sind vertauschbar, es kann auch $\vec{b}$ an den Endpunkt von $\vec{a}$ angeheftet werden, und $\vec{a} + \vec{b}$ ist dann vom Anfangspunkt von $\vec{a}$ zum Endpunkt von $\vec{b}$ gerichtet (Kräfteparallelogramm).

In der Vektorrechnung ist es üblich, eine reelle Zahl als **Skalar** zu bezeichnen.

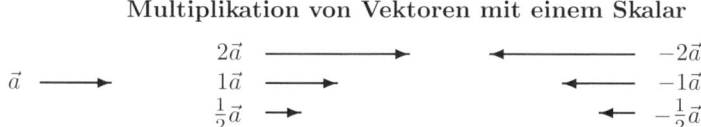

Multiplikation von Vektoren mit einem Skalar

Ist $\vec{a}$ ein Vektor und $c \in \mathbb{R}$ ein Skalar, so ist $c\vec{a}$ der Vektor, der die $|c|$–fache Länge von $\vec{a}$ hat, und dieselbe Richtung, falls $c > 0$, die entgegengesetzte Richtung, falls $c < 0$ ist.

Für $c = 0$ ergibt sich der Vektor der Länge Null, der **Nullvektor**: $\vec{0}$.
Statt $-1\vec{a}$ schreibt man kurz $-\vec{a}$.

Wie bei reellen Zahlen dürfen Klammern ausmultipliziert werden:
$c, d \in \mathbb{R} \implies (c + d)\vec{a} = c\vec{a} + d\vec{a}$ und $c(\vec{a} + \vec{b}) = c\vec{a} + c\vec{b}$.

5.1   Es ist z.B. $(2 + 3)\vec{a} = 5\vec{a} = 2\vec{a} + 3\vec{a}$ und $2(\vec{a} + \vec{b}) = 2\vec{a} + 2\vec{b}$.

Die zeichnerische Darstellung des zweiten Beispiels:

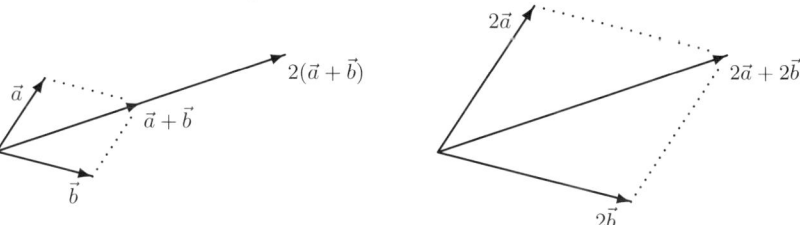

5.2   Vektoren in Koordinatendarstellung

Im Raum sei ein rechtwinkliges Koordinatensystem gegeben. Vektoren, deren Anfangspunkt im Nullpunkt liegt, heißen **Ortsvektoren**. Ist $A = (a_1, a_2, a_3)$ ein Punkt des Raumes, so lässt sich der Ortsvektor $\vec{a} = \overline{OA}$ beschreiben durch die Angabe der Koordinaten des Punktes A: $\vec{a} = \overline{OA} = (a_1, a_2, a_3)$.
a_1 , a_2 , a_3 heißen die **Koordinaten** des Vektors.

Man schreibt $\vec{a}$ als

Zeilenvektor oder **Spaltenvektor**:

$$\vec{a} = (a_1, a_2, a_3) = \begin{pmatrix} a_1 \\ a_2 \\ a_3 \end{pmatrix}.$$

$\vec{0} = (0, 0, 0)$ heißt **Nullvektor**.

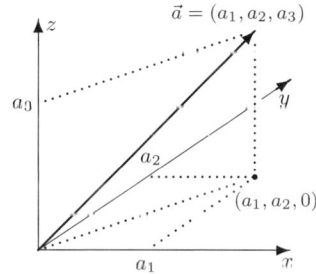

Da nach unserer Festlegung der Anfangspunkt eines Vektors beliebig ist, kann jeder Vektor im Raum auf diese Weise dargestellt werden, indem sein Anfangspunkt in den Nullpunkt gelegt wird.

Rechnen mit Vektoren

Gleichheit:
$$\vec{a} = \vec{b} \iff \begin{matrix} a_1 = b_1 \\ a_2 = b_2 \\ a_3 = b_3. \end{matrix}$$

Addition:
$$\vec{a} + \vec{b} = \begin{pmatrix} a_1 \\ a_2 \\ a_3 \end{pmatrix} + \begin{pmatrix} b_1 \\ b_2 \\ b_3 \end{pmatrix} = \begin{pmatrix} a_1 + b_1 \\ a_2 + b_2 \\ a_3 + b_3 \end{pmatrix}.$$

Multiplikation mit einem Skalar:
$$c \cdot \vec{a} = c \cdot \begin{pmatrix} a_1 \\ a_2 \\ a_3 \end{pmatrix} = \begin{pmatrix} ca_1 \\ ca_2 \\ ca_3 \end{pmatrix}.$$

Gleichheit und Addition von Vektoren sowie Multiplikation eines Vektors mit einem Skalar sind **koordinatenweise** definiert.

5.2 $\vec{a} = (2, -3, 1)$, $\vec{b} = (1, 0, -2)$. Man berechne $\vec{a} + \vec{b}$, $-3\vec{a}$, $3\vec{a} - 2\vec{b}$.

$\vec{a} + \vec{b} = (2, -3, 1) + (1, 0, -2) = \underline{(3, -3, -1)}$, $-3\vec{a} = -3(2, -3, 1) = \underline{(-6, 9, -3)}$,

$3\vec{a} - 2\vec{b} = 3(2, -3, 1) - 2(1, 0, -2) = \underline{(4, -9, 7)}$.

Betrag eines Vektors

Der **Betrag** eines Vektors $\vec{a}$ ist seine Länge: $|\vec{a}| = \sqrt{a_1^2 + a_2^2 + a_3^2}$.

Rechenregeln:
$$\begin{aligned} |\vec{a}| &= |-\vec{a}| \\ |c \cdot \vec{a}| &= |c| \cdot |\vec{a}| \\ |\vec{a} + \vec{b}| &\leq |\vec{a}| + |\vec{b}| \quad \textbf{(Dreiecksungleichung)} \\ |\vec{a} - \vec{b}| &= |\vec{b} - \vec{a}| \quad \text{ist der \textbf{Abstand} der Endpunkte} \end{aligned}$$
von $\vec{a}$ und $\vec{b}$ (siehe auch Seite 140).

Ein Vektor der Länge 1 heißt **Einheitsvektor**.

Der Einheitsvektor in Richtung $\vec{a}$ ist für $\vec{a} \neq 0$: $\vec{a}_0 = \dfrac{1}{|\vec{a}|} \cdot \vec{a}$.

5.3

(a) Man berechne den Abstand der Endpunkte von $\vec{a} = (8, -2, -4)$ und $\vec{b} = (5, 4, -6)$.

(b) $P = (-1, 2, 4)$, $Q = (3, -1, 2)$. Gesucht ist die Länge des Vektors $\overrightarrow{PQ}$.

(c) Der Endpunkt von $\vec{x}$ liegt genau dann auf der Kugel vom Radius r um $\vec{a}$, wenn $|\vec{x} - \vec{a}| = r$ ist.

(a) $|\vec{a} - \vec{b}| = |(8, -2, -4) - (5, 4, -6)| = |(3, -6, 2)| = \sqrt{9 + 36 + 4} = \underline{7}$.

(b) Zunächst muss $\overrightarrow{PQ}$ ermittelt werden: $\overrightarrow{OP} + \overrightarrow{PQ} = \overrightarrow{OQ}$, also ist
$\overrightarrow{PQ} = \overrightarrow{OQ} - \overrightarrow{OP} = (3, -1, 2) - (-1, 2, 4) = (4, -3, -2)$
$\implies |\overrightarrow{PQ}| = \sqrt{16 + 9 + 4} \approx \underline{5.4}$.

(c) $\vec{x}$ liegt auf der Kugel vom Radius r um $\vec{a}$
$\iff (x_1 - a_1)^2 + (x_2 - a_2)^2 + (x_3 - a_3)^2 = r^2$, (Pythagoras!)
$\iff \sqrt{(x_1 - a_1)^2 + (x_2 - a_2)^2 + (x_3 - a_3)^2} = r \iff |\vec{x} - \vec{a}| = r$.

5.4   Man berechne den Einheitsvektor $\vec{a}_0$ in Richtung $\vec{a} = (-2, 1, 2)$.

$\vec{a}_0 = \frac{1}{|\vec{a}|} \cdot \vec{a} = \frac{1}{3}(-2, 1, 2) = \underline{\underline{(\frac{-2}{3}, \frac{1}{3}, \frac{2}{3})}}$.

Den Übergang von $\vec{a}$ zum Einheitsvektor $\vec{a}_0 - \frac{1}{|\vec{a}|} \cdot \vec{a}$ nennt man **Normierung** von $\vec{a}$. Der Vektor $\vec{a}_0$ heißt *normiert* (d.h. von der Länge 1).

5.5   Man berechne den Einheitsvektor in Richtung der Winkelhalbierenden von $\vec{a} = (1, -4, 1)$ und $\vec{b} = (-1, 0, 1)$.

Zunächst ist irgendein Vektor in Richtung der Winkelhalbierenden zu bestimmen: Statt $\vec{b}$ betrachtet man den zu $\vec{a}$ gleichlangen Vektor $\vec{b}'$.

Dann ist $\vec{d} = \vec{a} + \vec{b}'$ Diagonale in einem Rhombus und daher Winkelhalbierende:

$\vec{b}' = |\vec{a}|\vec{b}_0 = \frac{|\vec{a}|}{|\vec{b}|}\vec{b} = \frac{\sqrt{18}}{\sqrt{2}}(-1, 0, 1) = 3(-1, 0, 1)$.

Also ist $\vec{d} = (1, -4, 1) + 3(-1, 0, 1) = (-2, -4, 4)$.

Normierung ergibt: $\vec{d}_0 = \frac{\vec{d}}{|\vec{d}|} = \frac{1}{6}(-2, -4, 4) = \underline{\underline{\frac{1}{3}(-1, -2, 2)}}$.

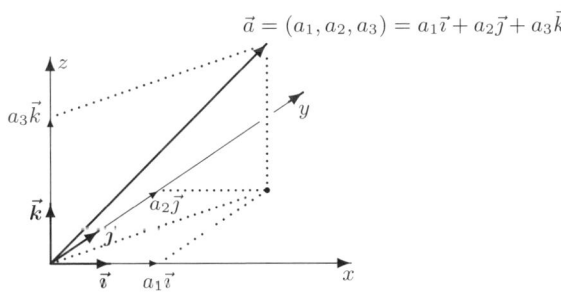

5.3   Linear abhängig, linear unabhängig, lineare Hülle

Wichtig sind die **Einheitsvektoren** $\vec{\imath} = (1, 0, 0)$, $\vec{\jmath} = (0, 1, 0)$, $\vec{k} = (0, 0, 1)$ in Richtung der positiven Koordinatenachsen des IR^3. Mit ihrer Hilfe schreibt man:

$$\vec{a} = (a_1, a_2, a_3) = a_1\vec{\imath} + a_2\vec{\jmath} + a_3\vec{k}$$

Jeder Vektor $\vec{a} \in \mathrm{IR}^3$ lässt sich als Linearkombination der Vektoren $\vec{\imath}, \vec{\jmath}, \vec{k}$ darstellen. So ist etwa $(-2, 1, 4) = -2\vec{\imath} + \vec{\jmath} + 4\vec{k}$.

$$\vec{a} = (a_1, a_2, a_3) = a_1\vec{\imath} + a_2\vec{\jmath} + a_3\vec{k}$$

		wichtige Sätze		
Dreiecksungleichung	5.12	Seitenhalbierende	5.59
Cauchy–Schwarz–Ungleich.	5.12	Winkelhalbierende (Inkreis)	5.119
Pythagoras	5.64, 5.66	Mittelsenkrechte (Umkreis)	5.60
Höhensatz (Euklid)	5.63	Höhenschnittpunkt	5.61
Thalessatz	5.62	Eulersche Gerade	5.65
Cosinussatz, Sinussatz	5.66	Feuerbachkreis	5.65
Kathetensatz	5.64	Tetraeder	5.59

Linearkombination

Sind $\vec{a}_1, \ldots, \vec{a}_m \in \mathbb{R}^n$, dann nennt man $\vec{x} \in \mathbb{R}^n$ **Linearkombination** der Vektoren $\vec{a}_1, \ldots, \vec{a}_m$, wenn es reelle Zahlen $x_1, \ldots, x_m$ gibt mit

$$\vec{x} = x_1 \vec{a}_1 + \ldots + x_m \vec{a}_m.$$

Die **lineare Hülle** von $\vec{a}_1, \ldots, \vec{a}_m$ ist die Menge

$$L(\vec{a}_1, \ldots, \vec{a}_m) := \{\vec{x} \in \mathbb{R}^n \mid \exists x_1, \ldots, x_m \in \mathbb{R}, \ \vec{x} = x_1 \vec{a}_1 + \ldots + x_m \vec{a}_m\}$$

aller Linearkombinationen der Vektoren $\vec{a}_1, \ldots, \vec{a}_m$.

Die Vektoren $\vec{a}_1, \ldots, \vec{a}_m$ heißen **linear unabhängig**, wenn sich der Nullvektor nur "trivial" als Linearkombination von ihnen darstellen lässt, d.h. wenn gilt:

$$\vec{0} = x_1 \vec{a}_1 + \ldots + x_m \vec{a}_m \implies x_1 = \ldots = x_m = 0.$$

Vektoren heißen **linear abhängig**, wenn sie nicht linear unabhängig sind.

- Zwei Vektoren sind genau dann linear abhängig, wenn sie auf einer Geraden liegen, d.h. **kollinear** sind.

- Drei Vektoren sind genau dann linear abhängig, wenn sie auf einer Ebene liegen, d.h. **komplanar** sind.

- Mehr als drei Vektoren im Raum $\mathbb{R}^3$ sind stets linear abhängig.

Die Vektoren $\vec{a}, \vec{b}, \vec{c}$ sind genau dann linear unabhängig, wenn sich jeder Vektor $\vec{x} \in \mathbb{R}^3$ *eindeutig* als Linearkombination $\vec{x} = x\vec{a} + y\vec{b} + z\vec{c}$ darstellen lässt. Drei Vektoren mit dieser Eigenschaft heißen **Basis** des Raumes $\mathbb{R}^3$.
So sind z.B. die drei Einheitsvektoren $\vec{i}, \vec{j}, \vec{k}$ in Richtung der Koordinatenachsen eine Basis des Raumes $\mathbb{R}^3$, man nennt sie die **kanonische Basis** des $\mathbb{R}^3$.

5.6   *Man untersuche auf lineare Unabhängigkeit und berechne die lineare*

Hülle $L(\vec{a}, \vec{b})$:   (a) $\vec{a} = (-1, 2, 1)$, $\vec{b} = (2, -4, -2)$.

(b) $\vec{a} = (1, 1, -1)$, $\vec{b} = (-2, 0, 1)$, $\vec{c} = (2, 1, -3)$.

(a) $(-1, 2, 1) = -\frac{1}{2}(2, -4, -2) \implies$ die Vektoren sind linear abhängig: Sie liegen auf einer Geraden G, bzw. $\vec{0} = (-1, 2, 1) + \frac{1}{2}(2, -4, -2)$ ist eine nichttriviale Darstellung des Nullvektors. $L(\vec{a}, \vec{b}) = L(\vec{a}) = L(\vec{b}) = G$ mit $G : \vec{x} = \mu(-1, 2, 1)$.

(b)   Die Vektorgleichung $x(1, 1, -1) + y(-2, 0, 1) + z(2, 1, -3) = (0, 0, 0)$ ergibt folgendes LGS (lineares Gleichungssystem):

(Ausführliches zum Thema LGS siehe Kapitel 11, Seite 244 ff.)

x	y	z		
1	-2	2	0	1
1	0	1	0	
-1	$\boxed{1}$	-3	0	2
$\boxed{1}$	0	1	0	1
-1	0	-4	0	1
0	0	$\boxed{\text{-}3}$	0	

$z = 0$, $x = 0$, $y = 0$.

Das LGS ist nur trivial lösbar.

Der Nullvektor lässt sich nur trivial aus den drei Vektoren kombinieren.

$\Longrightarrow$ Die drei Vektoren sind linear unabhängig!

Die drei Vektoren bilden eine Basis des $\mathbb{R}^3$.

$L(\vec{a}, \vec{b}, \vec{c}) = \mathbb{R}^3$.

5.7 *Lässt sich der Vektor $(5, -5, 2)$ aus folgenden Vektoren linear kombinieren? Man gebe ggf. alle Möglichkeiten an!*

(a) $\vec{a} = (-1, 0, 2)$, $\vec{b} = (1, 2, 0)$, $\vec{c} = (0, 2, 2)$, $\vec{d} = (-1, 2, 4)$.

(b) $\vec{a} = (2, 0, 1)$, $\vec{b} = (0, 1, 1)$, $\vec{c} = (1, -1, 1)$.

(c) $\vec{a} = (1, 2, -2)$, $\vec{b} = (1, -3, 2)$, $\vec{c} = (2, -1, 0)$.

Die Fragestellung führt auf LGSe:

(a) $x_1(-1, 0, 2) + x_2(1, 2, 0) + x_3(0, 2, 2) + x_4(-1, 2, 4) = (5, -5, 2)$.

x_1	x_2	x_3	x_4		
$\boxed{-1}$	1	0	-1	5	2
0	2	2	2	-5	
2	0	2	4	2	1
0	$\boxed{2}$	2	2	-5	1
0	2	2	2	12	-1
0	0	0	0	-17	

Die letzte Zeile ergibt einen Widerspruch, das LGS ist also unlösbar.

$\Longrightarrow$ $(5, -5, 2)$ ist nicht Linearkombination der vier Vektoren!

$(5, -5, 2)$ liegt nicht in der linearen Hülle der vier Vektoren.

Da $L(\vec{a}, \vec{b}, \vec{c}, \vec{d}) \neq \mathbb{R}^3$ ist, sind keine drei der vier Vektoren linear unabhängig. Andererseits sieht man, dass jeweils zwei der vier Vektoren linear unabhängig sind, da kein Vektor Vielfaches eines anderen Vektors ist, also gilt:

$L(\vec{a}, \vec{b}, \vec{c}, \vec{d}) = L(\vec{a}, \vec{b}) = L(\vec{a}, \vec{c}) = \cdots = \{\vec{x} \in \mathbb{R}^3 \mid \vec{x} = \lambda \vec{a} + \mu \vec{c};\ \lambda, \mu \in \mathbb{R}\}$, ist eine Ebene im $\mathbb{R}^3$, siehe Seite 145.

(b) $x(2, 0, 1) + y(0, 1, 1) + z(1, -1, 1) = (5, -5, 2)$.

Dieses LGS hat die eindeutig bestimmte Lösung $x = 1$, $y = -2$, $z = 3$.

$(5, 5, 2)$ lässt sich auf genau eine Weise als Linearkombination der drei Vektoren darstellen: $1(2, 0, 1) - 2(0, 1, 1) + 3(1, -1, 1) = (5, -5, 2)$.

$L(\vec{a}, \vec{b}, \vec{c}) = \mathbb{R}^3$. $\vec{a}, \vec{b}, \vec{c}$ bilden eine Basis des $\mathbb{R}^3$.

(c) $x(1, 2, -2) + y(1, -3, 2) + z(2, -1, 0) - (5, -5, 2)$ führt auf das LGS:

x	y	z		
1	1	2	5	1
2	-3	$\boxed{-1}$	-5	2
-2	2	0	2	
5	-5	0	-5	2
-2	$\boxed{2}$	0	2	5
0	0	0	0	

Das LGS ist mehrdeutig lösbar:
$$x = r \implies y = 1 + r \ , \ z = 2 - r.$$
Jedes $r \in \mathrm{IR}$ liefert eine mögliche Linear-kombination, zum Beispiel:

$\implies$

$r = 0 \implies x = 0, y = 1, z = 2$ also:
$$1(1, -3, 2) + 2(2, -1, 0) = (5, -5, 2)$$

$r = 2 \implies x = 2, y = 3, z = 0$ also:
$$2(1, 2 - 2) + 3(1, -3, 2) = (5, -5, 2).$$

$\vec{a}, \vec{b}, \vec{c}$ sind also linear abhängig.

Da $\vec{a}, \vec{b}$ linear unabhängig sind, ist $(\vec{a}, \vec{b})$ eine Basis von $L(\vec{a}, \vec{b})$.

$L(\vec{a}, \vec{b}) : \ \vec{x} = \mu\vec{a} + \nu\vec{b}$ ist eine Ebene durch den Nullpunkt im IR^3, (Seite 145).

Es sei $\mathcal{V}$ ein Vektorraum über IR (siehe z.B. Wille **LA 1**).

Sind $\vec{v}_1, \ldots, \vec{v}_n \in \mathcal{V}$, dann heißt $(\vec{v}_1, \ldots, \vec{v}_n)$ ein **Erzeugendensystem** von $\mathcal{V}$, wenn sich jeder Vektor $\vec{v} \in \mathcal{V}$ aus $\vec{v}_1, \ldots, \vec{v}_n$ linear kombinieren lässt.

$(\vec{v}_1, \ldots, \vec{v}_n)$ heißt eine *Basis* von $\mathcal{V}$, wenn sich jeder Vektor $\vec{v} \in \mathcal{V}$ aus $\vec{v}_1, \ldots, \vec{v}_n$ eindeutig linear kombinieren lässt. Es gilt:

$$B \subseteq \mathcal{V} \text{ ist eine Basis von } \mathcal{V}$$
$$\Longleftrightarrow$$
$$B \text{ ist ein linear unabhängiges Erzeugendensystem von } \mathcal{V}.$$

5.8   *Im (dreidimensionalen) Vektorraum $\mathcal{P}$ der Polynome höchstens zweiten Grades sind $(1, x, x^2)$ und $(x, 1 - 2x, x^2 + x + 1)$ Basen.*

Es ist $\mathcal{P} = \{a_0 + a_1 x + a_2 x^2 \mid a_i \in \mathrm{IR}\}$.

(1)   Die Polynome $1, x, x^2$ bilden ein Erzeugendensystem von $\mathcal{P}$.
Sie sind auch linear unabhängig, denn das Nullpolynom lässt sich nur trivial aus ihnen kombinieren:
Gilt $a_0 + a_1 x + a_2 x^2 = 0$ für alle $x \in \mathrm{IR}$, so ist diese Gleichung speziell für $x = 0$, $x = 1$, $x = -1$ erfüllt.
Einsetzen dieser Werte liefert ein LGS für a_0, a_1, a_2:

$$a_0 + a_1 x + a_2 x^2 = 0 \implies \begin{array}{ll} (x = 0) & a_0 = 0 \\ (x = 1) & a_0 + a_1 + a_2 = 0 \\ (x = -1) & a_0 - a_1 + a_2 = 0 \end{array} \implies a_0 = a_1 = a_2 = 0.$$

Also bilden die drei Polynome $1, x, x^2$ eine Basis von $\mathcal{P}$.

(2)   Ebenso sieht man, dass auch $(x, 1 - 2x, x^2 + x + 1)$ eine Basis von $\mathcal{P}$ ist.

Oder: Da sich die Elemente der Basis $(1, x, x^2)$ aus $(x, 1 - 2x, x^2 + x + 1)$ linear kombinieren lassen, z.B. gilt $x^2 = -3 \cdot x - 1 \cdot (1 - 2x) + 1 \cdot (x^2 + x + 1)$, ist $(x, 1 - 2x, x^2 + x + 1)$ ein Erzeugendensystem und sogar eine Basis, da $\mathcal{P}$ die Dimension 3 hat (siehe z.B. Wille **LA 1**).

Die Funktionen $f : \mathbb{R} \longrightarrow \mathbb{R}$ bilden einen (unendlich dimensionalen) Vektorraum.

5.9   *Man untersuche auf lineare Unabhängigkeit:*

(a) e^x, e^{-x},   (b) $e^x, e^{-x}, \cos x$,   (c) $e^x, e^{-x}, \cosh x$.

(a) $ae^x + be^{-x} = 0 \implies \begin{array}{ll} (x=0) & a+b = 0 \\ (x=1) & ae + b\frac{1}{e} = 0 \end{array} \implies a = b = 0,$ also sind e^x, e^{-x} linear unabhängig.

(b)   Ebenso sieht man, dass $e^x, e^{-x}, \cos x$ linear unabhängig sind.

(c) $(e^x, e^{-x}, \cosh x)$ sind linear abhängig: $\frac{1}{2}e^x + \frac{1}{2}e^{-x} - \cosh x = 0$.

5.4   Skalarprodukt

Sind $\vec{a}, \vec{b}$ vom Nullvektor verschieden, so bezeichnet $\sphericalangle(\vec{a}, \vec{b})$ den von den Vektoren $\vec{a}, \vec{b}$ eingeschlossenen Winkel φ mit $0 \le \varphi \le \pi$.
Zahlen heißen in der Vektorrechnung **Skalare.**

Das **Skalarprodukt** $\vec{a} \cdot \vec{b}$ zweier Vektoren $\vec{a}$ und $\vec{b}$ ist die Zahl (Skalar):

$$\vec{a} \cdot \vec{b} := \begin{cases} |\vec{a}| \cdot |\vec{b}| \cdot \cos\varphi & \text{, falls } \vec{a}, \vec{b} \ne \vec{0}, \\ 0 & \text{, falls } \vec{a} = \vec{0} \text{ oder } \vec{b} = \vec{0}. \end{cases}$$

Geometrische Interpretation:

$$\begin{aligned} \vec{a} \cdot \vec{b} &= |\vec{a}| \cdot |\vec{b}| \cdot \cos\varphi \\ &= |\vec{a}| \cdot \cos\varphi \cdot |\vec{b}| \end{aligned}$$

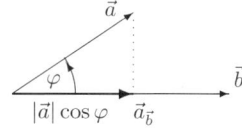

Die Zahl $\vec{a} \cdot \vec{b}$ ergibt sich also folgendermaßen:
Projiziert man den Vektor $\vec{a}$ auf die durch $\vec{b}$ bestimmte Gerade, so erhält man einen Vektor $\vec{a}_{\vec{b}}$ (Projektion von $\vec{a}$ auf die Richtung von $\vec{b}$, siehe unten) der "Länge" $|\vec{a}| \cos\varphi$. Multipliziert man diese "Länge" – die negativ ist, falls $\pi/2 < \varphi \le \pi$ gilt – mit dem Betrag von $\vec{b}$, so erhält man die Zahl $\vec{a} \cdot \vec{b}$.
Aus Symmetriegründen ($\vec{a} \cdot \vec{b} = \vec{b} \cdot \vec{a}$) kann man natürlich auch $\vec{b}$ auf die durch $\vec{a}$ bestimmte Gerade projizieren. Man sieht:

$$\vec{a} \cdot \vec{b} \begin{cases} > 0 \iff 0 \le \varphi < \frac{\pi}{2} \\ \\ = 0 \iff \vec{a} = \vec{0} \vee \vec{b} = \vec{0} \vee \varphi = \frac{\pi}{2} \\ \\ < 0 \iff \frac{\pi}{2} < \varphi \le \pi \end{cases}$$

$\vec{a}_1 \cdot \vec{b} > 0$

$\vec{a}_2 \cdot \vec{b} = 0$

$\vec{a}_3 \cdot \vec{b} < 0$

5.10 $\vec{a} = (2,0,0)$, $\vec{b} = (1,0,1)$, $\vec{c} = (-2,2,0)$. *Man berechne $\vec{a} \cdot \vec{b}$ und $\vec{a} \cdot \vec{c}$.*

$\sphericalangle(\vec{a}, \vec{b}) = 45^0$, da $\vec{a}$ auf der x–Achse und $\vec{b}$ auf der Winkelhalbierenden der x, z–Ebene liegt! $\implies \vec{a} \cdot \vec{b} = |\vec{a}| \cdot |\vec{b}| \cdot \cos 45^0 = 2\sqrt{2}\,\frac{1}{2}\sqrt{2} = \underline{\underline{2}}$

$\sphericalangle(\vec{a}, \vec{c}) = 135^0 \implies \vec{a} \cdot \vec{c} = |\vec{a}| \cdot |\vec{c}| \cdot \cos 135^0 = 2 \cdot 2\sqrt{2} \cdot (-\frac{1}{2}\sqrt{2}) = \underline{\underline{-4}}$.

Im allgemeinen lässt sich $\varphi = \sphericalangle(\vec{a}, \vec{b})$ nicht so einfach ablesen. Man kann jedoch das Skalarprodukt $\vec{a} \cdot \vec{b}$ aus den Koordinaten von $\vec{a}$ und $\vec{b}$ berechnen und erhält so eine Möglichkeit, $\cos\varphi$ und damit φ zu berechnen:

Skalarprodukt

$$\vec{a} \cdot \vec{b} = \begin{pmatrix} a_1 \\ a_2 \\ a_3 \end{pmatrix} \cdot \begin{pmatrix} b_1 \\ b_2 \\ b_3 \end{pmatrix} = a_1 b_1 + a_2 b_2 + a_3 b_3 = |\vec{a}| \cdot |\vec{b}| \cdot \cos \sphericalangle(\vec{a}, \vec{b})$$

Rechenregeln

(1) $\vec{a} \cdot \vec{b} = \vec{b} \cdot \vec{a}$ Kommutativgesetz

(2) $(r\vec{a}) \cdot \vec{b} = r(\vec{a} \cdot \vec{b}) = \vec{a} \cdot (r\vec{b})$ für $r \in \mathbb{R}$

(3) $\vec{a} \cdot (\vec{b} + \vec{c}) = \vec{a} \cdot \vec{b} + \vec{a} \cdot \vec{c}$ Distributivgesetz

(4) $\vec{a} \cdot \vec{a} = \vec{a}^2 = |\vec{a}|^2 \geq 0$

Wichtige Eigenschaften:

Winkel[1] zwischen $\vec{a}, \vec{b}$: $\cos \sphericalangle(\vec{a}, \vec{b}) = \dfrac{\vec{a} \cdot \vec{b}}{|\vec{a}| \cdot |\vec{b}|} = \dfrac{a_1 b_1 + a_2 b_2 + a_3 b_3}{\sqrt{a_1^2 + a_2^2 + a_3^2}\,\sqrt{b_1^2 + b_2^2 + b_3^2}}$

Senkrechtstehen[1] von $\vec{a}, \vec{b}$: $\vec{a} \perp \vec{b} \Longleftrightarrow \vec{a} \cdot \vec{b} = 0$

Länge von $\vec{a}$: $|\vec{a}| = \sqrt{\vec{a} \cdot \vec{a}} = \sqrt{\vec{a}^2} = \sqrt{a_1^2 + a_2^2 + a_3^2}$

Cauchy–Schwarzsche Ungleichung: $|\vec{a} \cdot \vec{b}| \leq |\vec{a}| \cdot |\vec{b}|$ [5.12]

Dreiecksungleichung: $|\vec{a} + \vec{b}| \leq |\vec{a}| + |\vec{b}|$ [5.12]

5.11   (a)   *Gesucht ist der Winkel zwischen den Vektoren $(2, -1, 3)$ und $(1, 2, -1)$.*
         (b) $(\vec{x} - \vec{x}_0)^2 = r^2$ *beschreibt die Kugel vom Radius $r > 0$ um $\vec{x}_0$.*

(a) $\cos\varphi = \dfrac{(2, -1, 3) \cdot (1, 2, -1)}{|(2, -1, 3)| \cdot |(1, 2, -1)|} = \dfrac{-3}{\sqrt{14}\,\sqrt{6}} \approx -0.327 \implies \varphi \approx \underline{\underline{109.11^0}}$.

(b) $(\vec{x} - \vec{x}_0)^2 \overset{(4)}{=} |\vec{x} - \vec{x}_0|^2 = r^2 \Longleftrightarrow |\vec{x} - \vec{x}_0| = r$
      $\Longleftrightarrow \vec{x}$ liegt auf der Kugel vom Radius $r > 0$ um $\vec{x}_0$, siehe [5.3].

---

[1]Nur sinnvoll für $\vec{a}, \vec{b} \neq \vec{0}$.

5.12   Mit Hilfe der Rechenregeln für das Skalarprodukt beweise man die Cauchy–Schwarzsche Ungleichung und die Dreiecksungleichung!

Weil $|\cos\varphi| \leq 1$ ist für alle $\varphi \in \mathbb{R}$, gelten folgende Abschätzungen:

(a) $|\vec{a} \cdot \vec{b}| = \left|\, |\vec{a}| \cdot |\vec{b}| \cdot \cos \sphericalangle(\vec{a}, \vec{b})\,\right| = |\vec{a}| \cdot |\vec{b}| \cdot |\cos \sphericalangle(\vec{a}, \vec{b})| \leq |\vec{a}| \cdot |\vec{b}|.$

(b) $|\vec{a} + \vec{b}| \leq |\vec{a}| + |\vec{b}| \iff |\vec{a} + \vec{b}|^2 \leq (|\vec{a}| + |\vec{b}|)^2,$ letzteres ist richtig, da

$$|\vec{a} + \vec{b}|^2 = (\vec{a} + \vec{b})^2 = \vec{a}^2 + \vec{b}^2 + 2\vec{a}\vec{b} = |\vec{a}|^2 + |\vec{b}|^2 + 2|\vec{a}| \cdot |\vec{b}| \cos\varphi$$
$$\leq |\vec{a}|^2 + |\vec{b}|^2 + 2|\vec{a}| \cdot |\vec{b}| \cdot |\cos\varphi| \leq |\vec{a}|^2 + |\vec{b}|^2 + 2|\vec{a}| \cdot |\vec{b}| = (|\vec{a}| + |\vec{b}|)^2.$$

5.13   (a)   Es sei $\vec{a} = (1, 2, 3)$ und $\vec{b} = (1, 6, 5)$.
Man bestimme $r \in \mathbb{R}$ so, dass $\vec{c} = \vec{b} + r\vec{a}$ senkrecht auf $\vec{a}$ steht.

(b)   Es seien $\vec{a} = (1, 0, 1)$, $\vec{b} = (1, 1, 1)$, $\vec{c} = (-1, 2, 3)$.
Man bestimme $r, s \in \mathbb{R}$ so, dass $\vec{n} := \vec{c} + r\vec{a} + s\vec{b}$ senkrecht auf der von $\vec{a}$ und $\vec{b}$ aufgespannten Ebene E steht.

(a) $\vec{a} \perp (\vec{b} + r\vec{a}) \iff \vec{a} \cdot (\vec{b} + r\vec{a}) = 0 \iff \vec{a} \cdot \vec{b} + r\vec{a}^2 = 0$

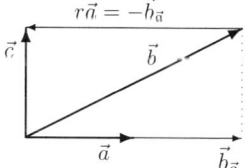

$$\iff r = -\frac{\vec{a} \cdot \vec{b}}{\vec{a}^2} = -\frac{(1,2,3)(1,6,5)}{(1,2,3)^2} = \underline{-2}$$

$$\iff \vec{c} = \vec{b} - 2\vec{a} = \underline{\underline{(-1, 2, -1)}}.$$

Probe: $(-1, 2, -1) \cdot (1, 2, 3) = 0$, also $\vec{c} \perp \vec{a}$.

$\vec{c}$ ist $\vec{b}$ vermindert um die Projektion $\vec{b}_{\vec{a}}$ von $\vec{b}$ auf die Richtung von $\vec{a}$ (S. 131)!

(b)   Die Gleichung $\vec{c} + r\vec{a} + s\vec{b} = \vec{n}$ wird skalar mit $\vec{a}$ und $\vec{b}$ multipliziert:

$\vec{a} \cdot \vec{c} + r\,\vec{a}^2 + s\,\vec{a} \cdot \vec{b} = 0 \implies 2 + 2r + 2s = 0$ Lösung dieses LGS ist
$\vec{b} \cdot \vec{c} + r\,\vec{b} \cdot \vec{a} + s\,\vec{b}^2 = 0 \implies 4 + 2r + 3s = 0$ $\underline{r = 1, \quad s = -2}.$

$\vec{n} = \vec{c} + \vec{a} - 2\vec{b} = \underline{\underline{(-2, 0, 2)}}$ steht senkrecht auf E. Probe: $\vec{n}\vec{a} = \vec{n}\vec{b} = 0.$

Senkrecht aufeinanderstehende Vektoren nennt man auch **orthogonal**.

In obigem Beispiel sind sowohl $\vec{a}, \vec{b}$ als auch $\vec{a}, \vec{c}$ linear unabhängig, also Basen der linearen Hülle $L = L(\vec{a}, \vec{b}) = L(\vec{a}, \vec{c})$.

    $\vec{a}, \vec{c}$ sind orthogonal.

        Man nennt $(\vec{a}, \vec{c})$ eine **Orthogonalbasis** von L.

$\dfrac{\vec{a}}{|\vec{a}|}, \dfrac{\vec{b}}{|\vec{b}|}$ sind orthogonal und normiert ($=$ Einheitsvektoren).

        Man nennt $(\dfrac{\vec{a}}{|\vec{a}|}, \dfrac{\vec{b}}{|\vec{b}|})$ eine **Orthonormalbasis** von L.

Das Ersetzen der Basis $(\vec{a}, \vec{b})$ durch eine Orthogonalbasis $(\vec{a}, \vec{c})$ von L, nennt man **Orthogonalisierung** (Seite 130: Schmidtsches Orthogonalisierungsverfahren).

Schmidtsches Orthogonalisierungsverfahren

Ist $L = L(\vec{a}_1, \ldots, \vec{a}_m)$ die lineare Hülle der m Vektoren $\vec{a}_1, \ldots, \vec{a}_m \in \mathbb{R}^n$, so lässt sich schrittweise eine **orthogonale Basis** $(\vec{b}_1, \ldots, \vec{b}_k)$ von L gewinnen:

Ist $\vec{a}_1 \neq \vec{0}$ (sonst nehme man einen anderen Vektor), so setzt man:

$\vec{b}_1 := \vec{a}_1.$ Ist $\vec{a}_2 \notin L(\vec{a}_1) = L(\vec{b}_1)$, so setzt man:

$\vec{b}_2 := \vec{a}_2 - \dfrac{\vec{a}_2 \cdot \vec{b}_1}{\vec{b}_1^2} \vec{b}_1.$ Ist $\vec{a}_3 \notin L(\vec{a}_1, \vec{a}_2) = L(\vec{b}_1, \vec{b}_2)$, so setzt man:

$\vec{b}_3 := \vec{a}_3 - \dfrac{\vec{a}_3 \cdot \vec{b}_1}{\vec{b}_1^2} \vec{b}_1 - \dfrac{\vec{a}_3 \cdot \vec{b}_2}{\vec{b}_2^2} \vec{b}_2,$ usw.

Allgemein setzt man: $\vec{b}_{l+1} := \vec{a}_{l+1} - \dfrac{\vec{a}_{l+1} \cdot \vec{b}_1}{\vec{b}_1^2} \vec{b}_1 - \ldots - \dfrac{\vec{a}_{l+1} \cdot \vec{b}_l}{\vec{b}_l^2} \vec{b}_l.$

Das Verfahren bricht ab, wenn $L(\vec{a}_1, \ldots, \vec{a}_m) = L(\vec{b}_1, \ldots, \vec{b}_k)$ ist, wenn man also keinen Vektor $\vec{a}_{k+1}$ mehr findet, der nicht in $L(\vec{b}_1, \ldots, \vec{b}_k)$ liegt.

Aus der **Orthogonalbasis** $(\vec{b}_1, \ldots, \vec{b}_k)$ erhält man durch Normieren

eine **Orthonormalbasis** $\left(\dfrac{\vec{b}_1}{|\vec{b}_1|}, \ldots, \dfrac{\vec{b}_k}{|\vec{b}_k|} \right).$

5.14   *Man bestimme eine Orthonormalbasis von $L = L(\vec{a}_1, \ldots, \vec{a}_5)$ für*

$\vec{a}_1 = (1, -2, 0, -1, 0), \quad \vec{a}_2 = (1, -7, -1, -3, -2), \quad \vec{a}_3 = (1, 3, 1, 1, 2),$
$\vec{a}_4 = (3, 0, 2, -3, 1), \quad \vec{a}_5 = (-4, 4, 0, 0, -3).$

Schmidtsches Orthogonalisierungsverfahren:

$\vec{b}_1 = \vec{a}_1 = (1, -2, 0, -1, 0).$ $\vec{a}_2 \notin L(\vec{b}_1)$, also

$\vec{b}_2^* = \vec{a}_2 - \dfrac{\vec{a}_2 \cdot \vec{b}_1}{\vec{b}_1^2} \vec{b}_1 = (1, -7, -1, -3, -2) - \dfrac{18}{6}(1, -2, 0, -1, 0) = (-2, -1, -1, 0, -2).$

Mit $\vec{b}_2^*$ ist auch $-\vec{b}_2^*$ orthogonal zu $\vec{b}_1$, also nimmt man $\underline{\vec{b}_2 = (2, 1, 1, 0, 2)}.$

$\vec{a}_3 \in L(\vec{b}_1, \vec{b}_2)$, da das LGS $x\vec{b}_1 + y\vec{b}_2 = \vec{a}_3$ lösbar ist $(x = -1, y = 1)$.
$\vec{a}_4 \notin L(\vec{b}_1, \vec{b}_2)$, da das LGS $x\vec{b}_1 + y\vec{b}_2 = \vec{a}_4$ unlösbar ist, also

$\vec{b}_3 := \vec{a}_4 - \dfrac{\vec{a}_4 \cdot \vec{b}_1}{\vec{b}_1^2} \vec{b}_1 - \dfrac{\vec{a}_4 \cdot \vec{b}_2}{\vec{b}_2^2} \vec{b}_2 = \vec{a}_4 - \dfrac{6}{6}\vec{b}_1 - \dfrac{10}{10}\vec{b}_2 \implies \underline{\vec{b}_3 = (0, 1, 1, -2, -1)}.$

$\vec{a}_5 \in L(\vec{b}_1, \vec{b}_2, \vec{b}_3)$, da das LGS $x\vec{b}_1 + y\vec{b}_2 + z\vec{b}_3 = \vec{a}_5$ lösbar ist durch $(-2, -1, 1)$.

Das Verfahren bricht ab: $L(\vec{a}_1, \ldots, \vec{a}_5) = L(\vec{b}_1, \vec{b}_2, \vec{b}_3)$.

     $(\vec{b}_1, \vec{b}_2, \vec{b}_3)$ ist eine **Orthogonalbasis** von L,

$\left(\dfrac{1}{\sqrt{6}} \vec{b}_1, \dfrac{1}{\sqrt{10}} \vec{b}_2, \dfrac{1}{\sqrt{7}} \vec{b}_3 \right)$ ist eine **Orthonormalbasis** von L.

Projektion, Komponente

Die (senkrechte) **Projektion** von $\vec{b}$ auf die Richtung von $\vec{a}$ ist der Vektor $\vec{b}_{\vec{a}}$:

$$\vec{b}_{\vec{a}} := |\vec{b}| \cdot \cos \sphericalangle (\vec{a}, \vec{b}) \cdot \vec{a}_0$$

$$= \frac{|\vec{b}|}{|\vec{a}|} \cdot \cos \sphericalangle (\vec{a}, \vec{b}) \cdot \vec{a}$$

$$= \frac{\vec{a} \cdot \vec{b}}{\vec{a}^2} \cdot \vec{a}$$

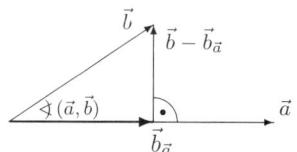

Die Zahl $|\vec{b}| \cdot \cos \sphericalangle (\vec{a}, \vec{b}) = \frac{\vec{b} \cdot \vec{a}}{|\vec{a}|}$ heißt **Komponente** von $\vec{b}$ in Richtung $\vec{a}$.

Die **Komponente** von $\vec{b}$ in Richtung $\vec{a}$ ist gleich $\pm|\vec{b}_{\vec{a}}|$, je nachdem, ob der Winkel $\sphericalangle (\vec{a}, \vec{b})$ unter oder über 90^0 liegt.

Die **Projektion** $\vec{b}_{\vec{a}}$ ist der Vektor, dessen Endpunkt der Fußpunkt des Lotes vom Endpunkt von $\vec{b}$ auf die durch $\vec{a}$ bestimmte Gerade durch den Nullpunkt ist; siehe auch Fußpunkt des Lotes, Seite 141.

Der Vektor $\vec{b} - \vec{b}_{\vec{a}}$ steht senkrecht auf $\vec{a}$, siehe Orthogonalisierungsverfahren!

5.15 Es sei $\vec{a} = (1, 6, -5)$ und $\vec{b} = (1, -2, 3)$.
Man berechne die Projektion $\vec{b}_{\vec{a}}$, ihre Länge $|\vec{b}_{\vec{a}}|$, sowie die Komponente von $\vec{b}$ in Richtung $\vec{a}$.

Projektion $\vec{b}_{\vec{a}}$: $\quad \vec{b}_{\vec{a}} = \frac{\vec{a}\vec{b}}{\vec{a}^2} \cdot \vec{a} = \frac{-26}{62} \cdot (1, 6, -5) \approx -0{,}42 \cdot (1, 6, -5)$.

Länge der Projektion: $\quad |\vec{b}_{\vec{a}}| \approx |-0{,}42 \cdot (1, 6, -5)| = 0{,}42 \cdot |(1, 6, -5)| \approx \underline{3.30}$.

Komponente von $\vec{b}$ in Richtung $\vec{a}$: $\quad |\vec{b}| \cdot \cos \sphericalangle (\vec{a}, \vec{b}) = \frac{\vec{b} \cdot \vec{a}}{|\vec{a}|} = \frac{-26}{\sqrt{62}} \approx \underline{-3.30}$.

Die Begriffe *Projektion, Komponente* werden auch in anderer Bedeutung benutzt!

5.16 Es sei $\vec{a}$ ein Vektor der Länge 6 in Richtung von $(1, 1, z)$. Seine Komponente in Richtung von $(1, 2, 2)$ habe die Länge 4.
Man berechne $\vec{a}$, sowie den Winkel φ zwischen $\vec{a}$ und der x, y–Ebene.

Für den Einheitsvektor $\vec{a}_0$ in Richtung $\vec{a}$ gilt:

$\vec{a}_0 = \frac{1}{\sqrt{1+1+z^2}} (1, 1, z)$. Dann ist $\vec{a} = |\vec{a}|\vec{a}_0 = \frac{6}{\sqrt{2+z^2}} (1, 1, z)$.

Die Komponente von $\vec{a}$ in Richtung $(1, 2, 2)$ ist 4, also:

$\frac{\vec{a} \cdot (1,2,2)}{|(1,2,2)|} = \frac{6}{\sqrt{2+z^2}\,\sqrt{9}} (1, 1, z) \cdot (1, 2, 2) = \frac{2}{\sqrt{2+z^2}} (3 + 2z) = 4$.

Hieraus berechnet man: $\quad z = -\frac{1}{12}$, also

$\vec{a} = \frac{6}{\sqrt{2 + \frac{1}{144}}} (1, 1, -\frac{1}{12}) = \frac{72}{17}(1, 1, \quad \frac{1}{12}) = \frac{6}{17}(12, 12, \quad 1)$.

Für den Winkel φ zwischen $\vec{a}$ und der x, y–Ebene ergibt sich:

$$\varphi = \sphericalangle\big((12, 12, -1), (1, 1, 0)\big)$$

$$\Longrightarrow \cos\varphi = \frac{(12,12,-1)\cdot(1,1,0)}{|(12,12,-1)|\cdot|(1,1,0)|} \approx 0,9983 \Longrightarrow \varphi \approx \underline{\underline{3.37^0}}.$$

5.17   *Die Mittelsenkrechten eines Dreiecks O, A, B schneiden sich in einem Punkt M. Man stelle $\vec{m}$ als Linearkombination von $\vec{a}$ und $\vec{b}$ dar. M ist der Mittelpunkt des Umkreises des Dreiecks.*

(1)   Berechnung der Mittelsenkrechten (Geraden) $M_{\vec{a}}$ und $M_{\vec{b}}$:

$$\vec{b} - \lambda\vec{a} \perp \vec{a} \Longleftrightarrow \lambda\vec{a} = \vec{b}_{\vec{a}} \Longleftrightarrow \lambda = \frac{\vec{a}\vec{b}}{\vec{a}^2}\quad \text{(Projektion, Seite 131).}$$

Für die beiden Mittelsenkrechten erhält man:

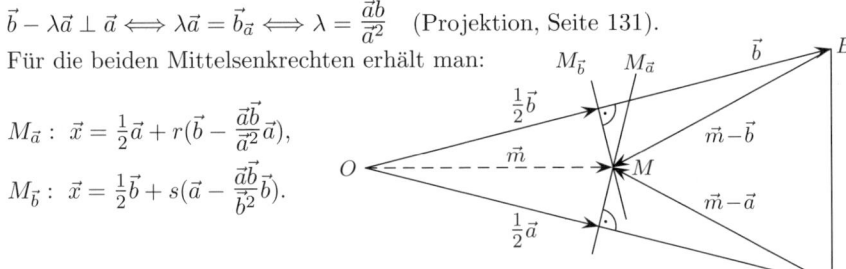

$$M_{\vec{a}}: \quad \vec{x} = \tfrac{1}{2}\vec{a} + r(\vec{b} - \frac{\vec{a}\vec{b}}{\vec{a}^2}\vec{a}),$$

$$M_{\vec{b}}: \quad \vec{x} = \tfrac{1}{2}\vec{b} + s(\vec{a} - \frac{\vec{a}\vec{b}}{\vec{b}^2}\vec{b}).$$

(2)   Schnittpunkt M der beiden Mittelsenkrechten $M_{\vec{a}}$ und $M_{\vec{b}}$:

$M := M_{\vec{a}} \cap M_{\vec{b}}$. Gleichsetzen ergibt

$$\tfrac{1}{2}\vec{a} + r(\vec{b} - \frac{\vec{a}\vec{b}}{\vec{a}^2}\vec{a}) = \tfrac{1}{2}\vec{b} + s(\vec{a} - \frac{\vec{a}\vec{b}}{\vec{b}^2}\vec{b}) \Longrightarrow (\tfrac{1}{2} - r\frac{\vec{a}\vec{b}}{\vec{a}^2} - s)\cdot\vec{a} = (\tfrac{1}{2} - s\frac{\vec{a}\vec{b}}{\vec{b}^2} - r)\cdot\vec{b}.$$

Da $\vec{a}$ und $\vec{b}$ linear unabhängig sind folgt $\tfrac{1}{2} - r\frac{\vec{a}\vec{b}}{\vec{a}^2} - s = 0$ und $\tfrac{1}{2} - s\frac{\vec{a}\vec{b}}{\vec{b}^2} - r = 0$.

(3)   Aus diesem LGS für r und s folgt schließlich: $r = \cdots = \frac{1}{2}\frac{\vec{a}^2\vec{b}^2 - \vec{a}\vec{b}\,\vec{a}^2}{\vec{a}^2\vec{b}^2 - (\vec{a}\vec{b})^2}$.

Aus $\vec{m} = \tfrac{1}{2}\vec{a} + r(\vec{b} - \frac{\vec{a}\vec{b}}{\vec{a}^2}\vec{a})$ erhält man:

$$\vec{m} = \frac{1}{2}\frac{\vec{a}^2\vec{b}^2 - \vec{a}\vec{b}\,\vec{b}^2}{\vec{a}^2\vec{b}^2 - (\vec{a}\vec{b})^2} \cdot \vec{a} + \frac{1}{2}\frac{\vec{a}^2\vec{b}^2 - \vec{a}\vec{b}\,\vec{a}^2}{\vec{a}^2\vec{b}^2 - (\vec{a}\vec{b})^2} \cdot \vec{b}, \quad \vec{m} \text{ als LK der Vektoren } \vec{a}, \vec{b}.$$

(4)   Um zu beweisen, dass auch die dritte Mittelsenkrechte durch M geht, zeigt man (nach etwas Rechnerei): $(\frac{\vec{a}+\vec{b}}{2} - \vec{m})(\vec{a} - \vec{b}) = \cdots = 0$.

(5) M ist Mittelpunkt des Umkreises, da die Abstände von M zu den Eckpunkten des Dreiecks gleich sind:

$$|\vec{m}|^2 = |\tfrac{1}{2}\vec{a}|^2 + |\vec{m} - \tfrac{1}{2}\vec{a}|^2 = |\vec{m} - \vec{a}|^2 \text{ (Pythagoras), also } |\vec{m}| = |\vec{m} - \vec{a}|.$$

Analog gilt $|\vec{m}| = |\vec{m} - \vec{b}|$, also ist M Mittelpunkt des Umkreises.

5.5   Vektorprodukt

Man sagt, die drei Vektoren $\vec{a}, \vec{b}, \vec{c} \in \mathbb{R}^3$ bilden in dieser Reihenfolge ein *Rechtssystem*, wenn man sie in dieser Reihenfolge dem gespreizten Daumen, Zeigefinger, Mittelfinger der *rechten Hand* zuordnen kann: Rechte–Hand–Regel, Rechtsschraube.

Sind $\vec{a}, \vec{b}$ linear unabhängig – d.h. liegen $\vec{a}, \vec{b}$ nicht auf einer Geraden –, definiert man das **Vektorprodukt** $\vec{a} \times \vec{b}$ als den Vektor mit folgenden drei Eigenschaften:

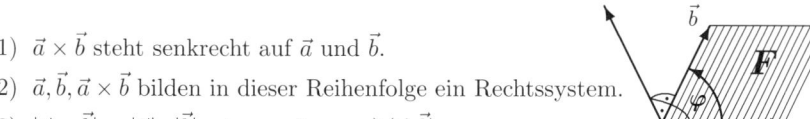

(1) $\vec{a} \times \vec{b}$ steht senkrecht auf $\vec{a}$ und $\vec{b}$.

(2) $\vec{a}, \vec{b}, \vec{a} \times \vec{b}$ bilden in dieser Reihenfolge ein Rechtssystem.

(3) $|\vec{a} \times \vec{b}| = |\vec{a}| \cdot |\vec{b}| \cdot \sin \varphi$ mit $\varphi = \sphericalangle(\vec{a}, \vec{b})$

Sind $\vec{a}, \vec{b}$ linear abhängig, so definiert man $\vec{a} \times \vec{b} := \vec{0}$. So ist das Vektorprodukt für alle Vektoren des (dreidimensionalen) Raumes erklärt.

Geometrische Interpretation:

Die Länge des Vektorprodukts $|\vec{a} \times \vec{b}| = |\vec{a}| \cdot |\vec{b}| \cdot \sin \varphi$ ist die Fläche F des von $\vec{a}$ und $\vec{b}$ aufgespannten Parallelogramms:

$$F = |\vec{a}| \cdot h \ , \ \ h = |\vec{b}| \cdot \sin \varphi \quad \text{also:}$$
$$F = |\vec{a}| \cdot |\vec{b}| \cdot \sin \varphi = |\vec{a} \times \vec{b}|$$

5.18   *Für $\vec{a} = (2, -1, 3)$ und $\vec{b} = (1, 2, -1)$ berechne man $\vec{a} \times \vec{b}$.*

Zunächst bestimmt man alle Vektoren $\vec{x} = (x, y, z)$, die auf $\vec{a}, \vec{b}$ senkrecht stehen:

$$\begin{array}{l} (x,y,z) \cdot (2,-1,3) = 0 \\ (x,y,z) \cdot (1,2,-1) = 0 \end{array} \iff \begin{array}{l} 2x - y + 3z = 0 \\ 1x + 2y - 1z = 0 \end{array} \overset{\text{siehe LGS}}{\iff} \begin{pmatrix} x \\ y \\ z \end{pmatrix} = r \begin{pmatrix} -1 \\ 1 \\ 1 \end{pmatrix}.$$

$$|\vec{x}| = |\vec{a}| \cdot |\vec{b}| \cdot \sin \varphi = \sqrt{14}\,\sqrt{6} \cdot \sin \varphi, \text{ mit } \cos \varphi = \frac{-3}{\sqrt{14}\,\sqrt{6}}.$$

$$\implies \sin \varphi = \sqrt{1 - \cos^2 \varphi} = \sqrt{\frac{75}{14 \cdot 6}} \implies |\vec{x}| = 5\sqrt{3}.$$

Damit erhält man zwei Vektoren, die auf $\vec{a}, \vec{b}$ senkrecht stehen und die geforderte Länge haben: $\vec{x}_{1,2} = \pm 5(-1, 1, 1)$.

Ein Rechtssystem bilden $\vec{a}, \vec{b}, \vec{x}_1$.

Also erfüllt $\vec{x}_1$ alle Bedingungen, die an das Vektorprodukt $\vec{a} \times \vec{b}$ gestellt werden, und es ist: $\underline{\underline{\vec{a} \times \vec{b} = 5(-1, 1, 1)}}$.

Das ist recht mühsam! Es geht viel einfacher: Wie beim Skalarprodukt kann man das Vektorprodukt $\vec{a} \times \vec{b}$ aus den Komponenten von $\vec{a}$ und $\vec{b}$ berechnen:

Vektorprodukt

$$\vec{a} \times \vec{b} = \begin{pmatrix} a_1 \\ a_2 \\ a_3 \end{pmatrix} \times \begin{pmatrix} b_1 \\ b_2 \\ b_3 \end{pmatrix} = \begin{pmatrix} a_2 b_3 - a_3 b_2 \\ a_3 b_1 - a_1 b_3 \\ a_1 b_2 - a_2 b_1 \end{pmatrix}$$

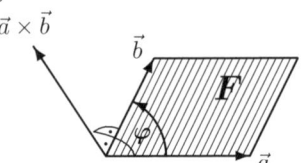

$$|\vec{a} \times \vec{b}| = |\vec{a}| \cdot |\vec{b}| \cdot \sin \sphericalangle(\vec{a}, \vec{b})$$

Eigenschaften

(1) $\vec{a} \times \vec{b}$ steht **senkrecht** auf $\vec{a}$ und $\vec{b}$.

(2) $|\vec{a} \times \vec{b}| = |\vec{a}| \cdot |\vec{b}| \cdot \sin \varphi \; = \;$ **Flächeninhalt** F des von $\vec{a}$ und $\vec{b}$ aufgespannten Parallelogramms.

(3) $\vec{a}, \; \vec{b}, \; \vec{a} \times \vec{b}$ bilden in dieser Reihenfolge ein **Rechtssystem**.

Rechenregeln

(4) $\vec{a} \times \vec{b} = -(\vec{b} \times \vec{a})$

(5) $\vec{a} \times \vec{b} = \vec{0} \iff \vec{a}, \vec{b}$ sind linear abhängig.

(6) $(\lambda \vec{a}) \times \vec{b} = \vec{a} \times (\lambda \vec{b}) = \lambda (\vec{a} \times \vec{b})$

(7) $\vec{a} \times (\vec{b} + \vec{c}) = \vec{a} \times \vec{b} + \vec{a} \times \vec{c}$

mehrfache Produkte

(8) $\vec{a} \cdot (\vec{b} \times \vec{c}) = (\vec{a} \times \vec{b}) \cdot \vec{c} = <\vec{a}, \vec{b}, \vec{c}>$ **Spatprodukt (Determinante)**

(9) $\left. \begin{array}{l} \vec{a} \times (\vec{b} \times \vec{c}) = (\vec{a} \cdot \vec{c}) \vec{b} - (\vec{a} \cdot \vec{b}) \vec{c} \\ (\vec{a} \times \vec{b}) \times \vec{c} = (\vec{a} \cdot \vec{c}) \vec{b} - (\vec{b} \cdot \vec{c}) \vec{a} \end{array} \right\}$ **Entwicklungssatz**

(10) $\vec{a} \times (\vec{b} \times \vec{c}) + \vec{b} \times (\vec{c} \times \vec{a}) + \vec{c} \times (\vec{a} \times \vec{b}) = \vec{0}$ **Grassmann–Identität**

(11) $(\vec{a} \times \vec{b}) \cdot (\vec{c} \times \vec{d}) = (\vec{a} \cdot \vec{c})(\vec{b} \cdot \vec{d}) - (\vec{a} \cdot \vec{d})(\vec{b} \cdot \vec{c})$ **Lagrange–Identität**

     speziell: $(\vec{a} \times \vec{b})^2 = \vec{a}^2 \vec{b}^2 - (\vec{a} \cdot \vec{b})^2$

Vektorprodukt aus 2 Vektorprodukten

(12) $(\vec{a} \times \vec{b}) \times (\vec{c} \times \vec{d}) = <\vec{a}, \vec{c}, \vec{d}> \vec{b} - <\vec{b}, \vec{c}, \vec{d}> \vec{a} = <\vec{a}, \vec{b}, \vec{d}> \vec{c} - <\vec{a}, \vec{b}, \vec{c}> \vec{d}$

     speziell: $(\vec{a} \times \vec{b}) \times (\vec{b} \times \vec{c}) = <\vec{a}, \vec{b}, \vec{c}> \vec{b}$

Berechnung des Vektorprodukts

$$\vec{a} \times \vec{b} = \begin{pmatrix} a_1 \\ a_2 \\ a_3 \end{pmatrix} \times \begin{pmatrix} b_1 \\ b_2 \\ b_3 \end{pmatrix} = \begin{vmatrix} \vec{i} & a_1 & b_1 \\ \vec{j} & a_2 & b_2 \\ \vec{k} & a_3 & b_3 \end{vmatrix}$$

Entwickelt man diese symbolische Determinante nach der ersten Spalte, so erhält man:

$$= \vec{i} \begin{vmatrix} a_2 & b_2 \\ a_3 & b_3 \end{vmatrix} - \vec{j} \begin{vmatrix} a_1 & b_1 \\ a_3 & b_3 \end{vmatrix} + \vec{k} \begin{vmatrix} a_1 & b_1 \\ a_2 & b_2 \end{vmatrix}$$

$$= \vec{i} \, (a_2 b_3 - a_3 b_2) + \vec{j} \, (a_3 b_1 - a_1 b_3) + \vec{k} \, (a_1 b_2 - a_2 b_1)$$

$$= (a_2 b_3 - a_3 b_2 \, , \; a_3 b_1 - a_1 b_3 \, , \; a_1 b_2 - a_2 b_1)$$

5.19   Für $\vec{a} = (2, -1, 3)$ und $\vec{b} = (1, 2, -1)$ berechne man $\vec{a} \times \vec{b}$, die Fläche F
des von $\vec{a}$ und $\vec{b}$ aufgespannten Parallelogramms, den Winkel $\alpha = \sphericalangle(\vec{a}, \vec{b})$
zwischen $\vec{a}$ und $\vec{b}$, sowie alle $\vec{x} \in \mathrm{IR}^3$ mit $\vec{a} \times \vec{x} = \vec{a} \times \vec{b}$.

$$\begin{pmatrix} 2 \\ -1 \\ 3 \end{pmatrix} \times \begin{pmatrix} 1 \\ 2 \\ -1 \end{pmatrix} = \left(\begin{vmatrix} -1 & 2 \\ 3 & -1 \end{vmatrix}, -\begin{vmatrix} 2 & 1 \\ 3 & -1 \end{vmatrix}, \begin{vmatrix} 2 & 1 \\ -1 & 2 \end{vmatrix} \right) = \begin{pmatrix} -5 \\ 5 \\ 5 \end{pmatrix}, \quad F = \left| \begin{pmatrix} -5 \\ 5 \\ 5 \end{pmatrix} \right| = \underline{\underline{5\sqrt{3}}}.$$

$$\alpha = \sphericalangle(\vec{a}, \vec{b}) = \arccos \frac{\vec{a} \cdot \vec{b}}{|\vec{a}| \, |\vec{b}|} = \arccos \frac{-3}{\sqrt{14}\,\sqrt{6}} \approx \underline{\underline{109.1^0}}.$$

$$\vec{a} \times \vec{x} = \vec{a} \times \vec{b} \iff \vec{a} \times (\vec{x} - \vec{b}) = \vec{0} \iff \vec{x} - \vec{b} = r\vec{a} \iff \underline{\underline{\vec{x} = \vec{b} + r\vec{a}}}, \ r \in \mathrm{IR} \ \text{(Gerade)}.$$

5.20   Man berechne einen zu $\vec{a} = (-1, 3, -2)$ und $\vec{b} = (1, 0, 2)$ senkrechten Vektor der Länge $4\sqrt{5}$.

Anschaulich ist klar, dass es zwei solche Vektoren gibt: Einen in Richtung von
$\vec{a} \times \vec{b}$ und einen in die entgegengesetzte Richtung.

$$\vec{a} \times \vec{b} = \begin{pmatrix} -1 \\ 3 \\ -2 \end{pmatrix} \times \begin{pmatrix} 1 \\ 0 \\ 2 \end{pmatrix} = \begin{pmatrix} 6 \\ 0 \\ -3 \end{pmatrix} = 3 \begin{pmatrix} 2 \\ 0 \\ -1 \end{pmatrix} \text{ und } |\vec{a} \times \vec{b}| = 3|(2, 0, -1)| = 3\sqrt{5}$$

$$\implies \vec{x}_{1,2} = \pm 4\sqrt{5} \, \frac{3(2, 0, -1)}{3\sqrt{5}} = \underline{\underline{\pm 4(2, 0, -1)}}.$$

5.21   Man berechne die Fläche F des durch die drei Punkte
$P_1 = (2, 3, 1)$, $P_2 = (0, 2, 3)$ und $P_3 = (1, 2, 2)$ gegebenen Dreiecks.

Mit $\vec{a} := \overline{P_1 P_2} = (-2, -1, 2)$ und $\vec{b} := \overline{P_1 P_3} = (-1, -1, 1)$ ergibt sich

$$\implies \vec{a} \times \vec{b} = (1, 0, 1) \quad \text{und} \quad |\vec{a} \times \vec{b}| = |(1, 0, 1)| = \sqrt{2} \ .$$

Also beträgt die Parallelogrammfläche $\sqrt{2}$ und die Dreiecksfläche $F = \underline{\underline{\frac{1}{2}\sqrt{2}}}$.

5.22   Für $\vec{a} = (1, 2, -1)$, $\vec{b} = (-1, 2, -3)$, $\vec{c} = (0, 1, 2)$ berechne man:

$$\vec{u} = (\vec{a} \times \vec{b}) \times \vec{c} \quad , \quad \vec{v} = \vec{a} \times (\vec{b} \times \vec{c}) \quad , \quad w = (\vec{a} \times \vec{b}) \cdot (\vec{a} \times \vec{c}).$$

$\vec{a} \times \vec{b} = (-4, 4, 4)$, $\vec{a} \times \vec{c} = (5, -2, 1)$, $\vec{b} \times \vec{c} = (7, 2, -1)$ ergibt:

$$\vec{u} = (-4, 4, 4) \times (0, 1, 2) = \underline{\underline{(4, 8, -4)}}, \quad \vec{v} = (1, 2, -1) \times (7, 2, -1) = \underline{\underline{(0, -6, -12)}},$$

$$w = (-4, 4, 4) \cdot (5, -2, 1) = \underline{\underline{-24}}.$$

Mit der Lagrange–Identität berechnet man die Zahl w, ohne die Vektorprodukte
zu berechnen: $w = (\vec{a} \times \vec{b}) \cdot (\vec{a} \times \vec{c}) = \vec{a}^2 \cdot \vec{b}\vec{c} - \vec{a}\vec{c} \cdot \vec{a}\vec{b} = 6(-4) - 0 \cdot 6 = \underline{\underline{-24}}.$

5.23   Man beweise die Lagrange–Identität
$$(\vec{a} \times \vec{b}) \cdot (\vec{c} \times \vec{d}) = (\vec{a} \cdot \vec{c})\,(\vec{b} \cdot \vec{d}) - (\vec{a} \cdot \vec{d})\,(\vec{b} \cdot \vec{c}).$$

$$\begin{aligned}
(\vec{a} \times \vec{b}) \cdot (\vec{c} \times \vec{d}) &= \ <\vec{a} \times \vec{b}, \vec{c}, \vec{d}> && \text{(Spatprodukt, Seite 136)} \\
&= \ <\vec{c}, \vec{d}, \vec{a} \times \vec{b}> && \text{(zyklische Vertauschung)} \\
&= \vec{c} \cdot (\vec{d} \times (\vec{a} \times \vec{b})) && \text{(Spatprodukt)} \\
&= \vec{c} \cdot ((\vec{d} \cdot \vec{b})\vec{a} - (\vec{d} \cdot \vec{a})\vec{b}) && \text{(Entwicklungssatz, Seite 134)} \\
&= (\vec{d} \cdot \vec{b})\,(\vec{c} \cdot \vec{a}) - (\vec{d} \cdot \vec{a})\,(\vec{c} \cdot \vec{b}) && \text{(Rechenregel (3), Skalarprodukt)} \\
&= (\vec{a} \cdot \vec{c})\,(\vec{b} \cdot \vec{d}) - (\vec{a} \cdot \vec{d})\,(\vec{b} \cdot \vec{c}) && \text{(Rechenregel (1), Skalarpr. S. 128)}
\end{aligned}$$

5.6 Spatprodukt

Das *Spatprodukt* dreier Vektoren $< \vec{a}, \vec{b}, \vec{c} > := \vec{a} \cdot (\vec{b} \times \vec{c})$ ist eine Zahl. Sie ist definiert als Kombination aus Skalar– und Vektorprodukt. Auch das Spatprodukt dreier Vektoren lässt sich einfach aus den Komponenten der Vektoren berechnen, es ist die folgende Determinante:

Spatprodukt

$$< \vec{a}, \vec{b}, \vec{c} > = \begin{vmatrix} a_1 & b_1 & c_1 \\ a_2 & b_2 & c_2 \\ a_3 & b_3 & c_3 \end{vmatrix} = \det(\vec{a}, \vec{b}, \vec{c})$$

$$= \vec{a} \cdot (\vec{b} \times \vec{c}) = (\vec{a} \times \vec{b}) \cdot \vec{c} = \vec{b} \cdot (\vec{c} \times \vec{a}) = (\vec{b} \times \vec{c}) \cdot \vec{a}$$

$$= < \vec{b}, \vec{c}, \vec{a} > = < \vec{c}, \vec{a}, \vec{b} >$$

zyklische Vertauschungen ändern das Spatprodukt nicht!

$$= a_1 b_2 c_3 + a_2 b_3 c_1 + a_3 b_1 c_2 - a_3 b_2 c_1 - a_2 b_1 c_3 - a_1 b_3 c_2$$

Regel von **Sarrus** (siehe Seite 183)

Eigenschaften

$$< \vec{a}, \vec{b}, \vec{c} > \begin{cases} > 0 & \Longleftrightarrow \ \vec{a}, \vec{b}, \vec{c} \ \text{bilden ein } \textbf{Rechtssystem.} \\ = 0 & \Longleftrightarrow \ \vec{a}, \vec{b}, \vec{c} \ \text{sind } \textbf{linear abhängig,} \ \text{(liegen in einer Ebene)} \\ < 0 & \Longleftrightarrow \ \vec{a}, \vec{b}, \vec{c} \ \text{bilden ein } \textbf{Linkssystem.} \end{cases}$$

$< \vec{a}, \vec{b}, \vec{c} > \ =$ **orientiertes Volumen** (= Volumen mit Vorzeichen) des von den drei Vektoren $\vec{a}, \vec{b}, \vec{c}$ aufgespannten **Spats**,

$| < \vec{a}, \vec{b}, \vec{c} > | \ =$ **Volumen** des von $\vec{a}, \vec{b}, \vec{c}$ aufgespannten **Spats**,

$\frac{1}{6} | < \vec{a}, \vec{b}, \vec{c} > | \ =$ **Volumen** des von $\vec{a}, \vec{b}, \vec{c}$ aufgespannten **Tetraeders**.

$\vec{a}, \vec{b}, \vec{c}$ linear abhängig $\Longleftrightarrow \ < \vec{a}, \vec{b}, \vec{c} > = 0 \ \Longleftrightarrow \ \vec{a}, \vec{b}, \vec{c}$ liegen in einer Ebene.

Durch Vertauschen der Spalten in der Determinante sieht man:

$$< \vec{a}, \vec{b}, \vec{c} > = < \vec{b}, \vec{c}, \vec{a} > = < \vec{c}, \vec{a}, \vec{b} > = - < \vec{a}, \vec{c}, \vec{b} > = - < \vec{c}, \vec{b}, \vec{a} > = - < \vec{b}, \vec{a}, \vec{c} >$$

Eine *zyklische Vertauschung* ändert den Wert des Spatproduktes also nicht!

5.24 *Man berechne das Volumen V des von* $\vec{a} = (1, 2, 3)$, $\vec{b} = (-2, 1, 3)$ *und* $\vec{c} = (-1, 0, -3)$ *aufgespannten Spats.*

$$V = | < \vec{a}, \vec{b}, \vec{c} > | = \begin{vmatrix} 1 & -2 & -1 \\ 2 & 1 & 0 \\ 3 & 3 & -3 \end{vmatrix} = |-18| = \underline{\underline{18}}.$$

5.25 *Man untersuche, ob* $\vec{a} = (1, 2, 3)$, $\vec{b} = (-2, 1, 3)$ *und* $\vec{c} = (-1, 3, 6)$ *in einer Ebene liegen.*

$$< \vec{a}, \vec{b}, \vec{c} > = \begin{vmatrix} 1 & -2 & -1 \\ 2 & 1 & 3 \\ 3 & 3 & 6 \end{vmatrix} = 0 \ \Longrightarrow \quad \begin{array}{l} \vec{a}, \vec{b}, \vec{c} \ \text{sind linear abhängig und} \\ \text{liegen somit in einer Ebene.} \end{array}$$

5.26   *Man berechne das Volumen des Tetraeders mit den Eckpunkten:*
$P_1 = (1,0,2) \ , \ P_2 = (2,3,4) \ , \ P_3 = (2,1,1) \ , \ P_4 = (6,3,2).$

$\vec{a} := \overline{P_1P_2} = (2,3,4) - (1,0,2) = (1,3,2)$
$\vec{b} := \overline{P_1P_3} = (2,1,1) - (1,0,2) = (1,1,-1)$
$\vec{c} := \overline{P_1P_4} = (6,3,2) - (1,0,2) = (5,3,0)$

$<\vec{a},\vec{b},\vec{c}> = \begin{vmatrix} 1 & 1 & 5 \\ 3 & 1 & 3 \\ 2 & -1 & 0 \end{vmatrix} = -16 \Longrightarrow V_{\text{Spat}} = 16$ und $V_{\text{Tetr.}} = \frac{1}{6}16 \approx \underline{\underline{2.67}}.$

5.7   Geraden im Raum

Ist $\vec{b} \neq \vec{0}$ und durchläuft der Parameter t die reellen Zahlen, so liegen die Endpunkte von $t \cdot \vec{b}$ auf der durch $\vec{b}$ bestimmten Geraden.

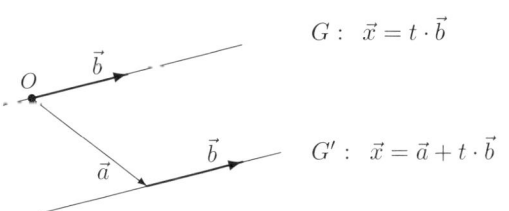

$$G: \quad \vec{x} = t \cdot \vec{b}$$

$\begin{cases} \text{ist eine Gleichung der durch} \\ \text{den Nullpunkt gehenden Gera-} \\ \text{den mit der Richtung } \vec{b}. \end{cases}$

$$G': \quad \vec{x} = \vec{a} + t \cdot \vec{b}$$

$\begin{cases} \text{ist eine Gleichung der zur obi-} \\ \text{gen Geraden parallelen Geraden,} \\ \text{die durch den Endpunkt von } \vec{a} \\ \text{verläuft.} \end{cases}$

Parameterdarstellung der Geraden

durch den Endpunkt von $\vec{a}$ mit der Richtung von $\vec{b} \neq \vec{0}$:

$$\boldsymbol{G: \quad \vec{x} = \vec{a} + t \cdot \vec{b}, \ t \in \mathbb{R}.}$$

Zwei Geraden G_1, G_2 sind genau dann **parallel**, wenn ihre Richtungsvektoren $\vec{b}_1, \vec{b}_2$ linear abhängig sind.

$$G_1 \parallel G_2 \quad \Longleftrightarrow \quad \exists \lambda \neq 0 \text{ mit } \vec{b}_1 = \lambda \vec{b}_2.$$

5.27   *Liegen die beiden Punkte $P_1 = (1,2,10) \ , \ P_2 = (3,8,4)$ auf der Geraden*
$G: \quad \vec{x} = (1,0,2) + t(1,4,1)$?

Läge P_1 auf G, so gäbe es einen Parameterwert t_1, für den
$(1,2,10) = (1,0,2) + t_1(1,4,1)$ ist. Komponentenvergleich liefert:

$1 = 1 + t_1, 2 = 4t_1, 10 = 2 + t_1.$

Dieses LGS ist unlösbar, also liegt P_1 nicht auf G.

P_2 liegt auf G, da das entsprechende LGS lösbar ist ($t_2 = 2$).

5.28

$$\text{Die beiden Geraden} \quad \begin{array}{l} G_1: \ \vec{x} = (-2,1,-4) + r(-1,1,-2) \\ G_2: \ \vec{x} = (1,-2,2) + s(2,-2,4) \end{array} \quad \text{sind gleich!}$$

Das LGS $(1,-2,2) = (-2,1,-4) + r(-1,1,-2)$ ist lösbar mit $r = -3$, also liegt $(1,-2,2)$ auf G_1. Weiter ist $(2,-2,4) = -2(-1,1,-2)$. Also sind die Richtungsvektoren der beiden Geraden linear abhängig. Zwei Geraden, die bei gleicher Richtung einen Punkt gemeinsam haben, sind gleich.

Parameterdarstellung der Geraden

durch zwei Punkte P_1 und P_2:

$G: \ \vec{x} = \vec{p}_1 + t \cdot (\vec{p}_2 - \vec{p}_1)$ mit $t \in \mathbb{R}$.

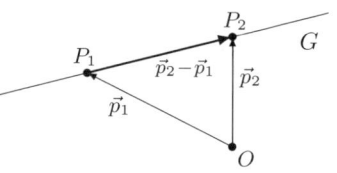

Schnittpunkt zweier Geraden

$$\begin{array}{l} G_1: \ \vec{x} = \vec{a}_1 + r \cdot \vec{b}_1 \\ G_2: \ \vec{x} = \vec{a}_2 + s \cdot \vec{b}_2 \end{array}$$

Zwei Geraden schneiden sich genau dann, wenn es einen Vektor $\vec{x}_0$ gibt, dessen Endpunkt sowohl auf G_1 als auch auf G_2 liegt.

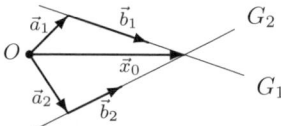

Durch Gleichsetzen der Geradengleichungen erhält man ein LGS für r, s:

$$\vec{a}_1 + r \cdot \vec{b}_1 = \vec{a}_2 + s \cdot \vec{b}_2 \quad \text{oder} \quad r \cdot \vec{b}_1 - s \cdot \vec{b}_2 = \vec{a}_2 - \vec{a}_1.$$

Beim Lösen dieses LGS sind folgende drei Fälle möglich:

	Das LGS hat	Die Geraden	Schnittmenge:
1.	keine Lösung	schneiden sich nicht	$\emptyset$
2.	genau eine Lös. r_0, s_0	schneiden sich im Endpunkt von $\vec{x}_0 = \vec{a}_1 + r_0 \cdot \vec{b}_1 = \vec{a}_2 + s_0 \cdot \vec{b}_2$	$\{\vec{x}_0\}$
3.	unendl. viele Lös.	sind identisch	$G_1 = G_2$

5.29

Man bestimme die Schnittmenge von jeweils zwei der drei Geraden:

$G_1: \ \vec{x} = (1,-2,1) + r(2,-3,1),$

$G_2: \ \vec{x} = (3,-3,4) + s(-2,5,1),$

$G_3: \ \vec{x} = (2,0,1) + t(4,-10,-2).$

$\boxed{G_1 \cap G_2}$ $(1, -2, 1) + r(2, -3, 1) = (3, -3, 4) + s(-2, 5, 1)$.   Ordnen ergibt:

$$r(2, -3, 1) - s(-2, 5, 1) = (2, -1, 3)$$

Koordinatenvergleich
liefert das LGS

r	s	
2	2	2
-3	-5	-1
1	-1	3

mit der Lösung
$r = 2$, $s = -1$.

G_1 und G_2 schneiden sich folglich im Endpunkt von
$\vec{x}_0 = (1, -2, 1) + 2(2, -3, 1) = (3, -3, 4) - 1(-2, 5, 1) = (5, -8, 3)$.
$G_1 \cap G_2 = \underline{\underline{\{(5, -8, 3)\}}}$.

$\boxed{G_2 \cap G_3}$ Gleichsetzen der Gleichungen von G_2 und G_3 liefert das LGS

s	t	
-2	-4	1
5	10	-3
1	2	3

Dieses LGS ist unlösbar.
Die Geraden schneiden sich nicht.
$G_2 \cap G_3 = \underline{\underline{\emptyset}}$.

Da die Richtungsvektoren von G_2, G_3 linear abhängig sind, sind die Geraden
parallel.

$\boxed{G_1 \cap G_3}$ Man erhält wieder ein unlösbares LGS, $G_1 \cap G_3 = \emptyset$.
G_1 und G_3 schneiden sich nicht und sind nicht parallel, solche Geraden nennt
man *windschief*.

Schnittwinkel zweier sich schneidender Geraden $G_1 : \ \vec{x} = \vec{a}_1 + t \cdot \vec{b}_1$
$G_2 : \ \vec{x} = \vec{a}_2 + t \cdot \vec{b}_2$

Der Winkel φ mit $0 \le \varphi \le \frac{\pi}{2}$ zwischen zwei sich schneidenden Geraden ist der
Winkel zwischen ihren Richtungsvektoren, falls dieser kleiner oder gleich $\frac{\pi}{2}$ ist, sonst
π minus diesem Winkel. Es gilt:

$\cos \varphi = |\frac{\vec{b}_1 \cdot \vec{b}_2}{|\vec{b}_1| \cdot |\vec{b}_2|}|$ mit $\varphi = \sphericalangle(\vec{b}_1, \pm\vec{b}_2)^* = \sphericalangle(G_1, G_2)$.

*) $\pm \vec{b}_2$ so wählen, dass $\vec{b}_1 \cdot \vec{b}_2 > 0$ ist.

5.30   *Man berechne ggf. den Schnittwinkel der folgenden beiden Geraden:*
$G_1 : \ \vec{x} = (1, -2, 1) + r(2, -3, 1)$ und $G_2 : \ \vec{x} = (3, -3, 4) + s(-2, 5, 1)$.
Die beiden Geraden schneiden sich, siehe [5.29]
$$\cos \varphi = |\frac{(2, -3, 1) \cdot (-2, 5, 1)}{|(2, -3, 1)| \cdot |(-2, 5, 1)|}| = |\frac{-18}{\sqrt{14}\sqrt{30}}| \approx 0.8783 \implies \underline{\underline{\varphi \approx 28.56^0}}.$$
Da das Skalarprodukt der Richtungsvektoren -18, also negativ ist, ist der Win-
kel zwischen den Richtungsvektoren größer als 90^0, er beträgt $\arccos(-0.8783) = 151.44^0$. Der Schnittwinkel der Geraden ist $180^0 - 151.44^0 = 28.56^0$.

5.31   Man bestimme die Geraden durch $P = (-2, -5, 2)$, die
die Gerade $G : \vec{x} = (-1, -3, 1) + t(1, 0, 1)$ unter 30^0 schneiden.

$\vec{p} - \vec{x} = (-1, -2, 1) - t(1, 0, 1) = (-1 - t, -2, 1 - t)$.

Die Geraden schneiden sich genau dann unter 30^0, wenn der Winkel zwischen $\vec{p} - \vec{x}$ und dem Richtungsvektor $(1, 0, 1)$ von G 30^0 oder 150^0 beträgt (siehe Schlussbemerkung in der vorigen Aufgabe).

$\sphericalangle\big(\vec{p} - \vec{x}, (1, 0, 1)\big) = 30^0$ oder 150^0, mit $\cos 30^0 = \frac{1}{2}\sqrt{3}$, $\cos 150^0 = -\frac{1}{2}\sqrt{3}$.

$$\implies \quad (\vec{p} - \vec{x}) \cdot (1, 0, 1) = |\vec{p} - \vec{x}| \cdot |(1, 0, 1)| \cdot (\pm\tfrac{1}{2}\sqrt{3})$$
$$-2t = \sqrt{2t^2 + 6}\,\sqrt{2}\,(\pm\tfrac{1}{2}\sqrt{3})$$
$$4t^2 = (2t^2 + 6) \cdot \tfrac{6}{4} = 3t^2 + 9, \text{ also:}$$
$$t_{1,2} = \pm 3, \quad \text{also erhält man folgende zwei Punkte auf } G:$$

$\vec{x}_1 = (-1, -3, 1) - 3(1, 0, 1) = (-4, -3, -2), \quad \vec{p} - \vec{x}_1 = (2, -2, 4),$
$\vec{x}_2 = (-1, -3, 1) + 3(1, 0, 1) = (2, -3, 4), \quad \vec{p} - \vec{x}_2 = (-4, -2, -2).$

Also gibt es zwei Geraden durch P, die G unter 30^0 schneiden:

$G_1 : \vec{x} = (-2, -5, 2) + r(2, -2, 4) \quad$ und $\quad G_2 : \vec{x} = (-2, -5, 2) + s(-4, -2, -2)$.

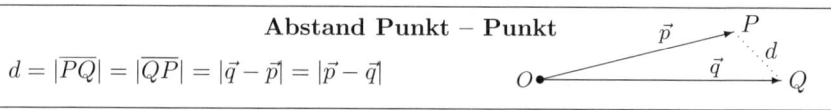

Abstand Punkt – Punkt

$d = |\overline{PQ}| = |\overline{QP}| = |\vec{q} - \vec{p}| = |\vec{p} - \vec{q}|$

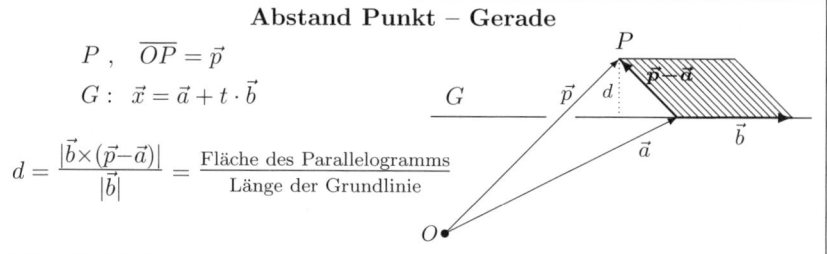

Abstand Punkt – Gerade

P , $\overline{OP} = \vec{p}$

$G : \vec{x} = \vec{a} + t \cdot \vec{b}$

$d = \dfrac{|\vec{b} \times (\vec{p} - \vec{a})|}{|\vec{b}|} = \dfrac{\text{Fläche des Parallelogramms}}{\text{Länge der Grundlinie}}$

5.32   Man berechne den Abstand vom Punkt $P = (5, -8, 3)$
(a) zum Punkt $Q = (2, 0, 1)$,
(b) zur Geraden $G : \vec{x} = (2, 0, 1) + t(2, -5, -1)$.

(a) $|\overline{PQ}| = |(2, 0, 1) - (5, -8, 3)| = |(-3, 8, -2)| = \sqrt{77} \approx \underline{8.77}$.

(b) $\vec{p} - \vec{a} = (5, -8, 3) - (2, 0, 1) = (3, -8, 2)$,

$$\vec{b} \times (\vec{p} - \vec{a}) = \begin{pmatrix} 2 \\ -5 \\ -1 \end{pmatrix} \times \begin{pmatrix} 3 \\ -8 \\ 2 \end{pmatrix} = \begin{vmatrix} \vec{i} & 2 & 3 \\ \vec{j} & -5 & -8 \\ \vec{k} & -1 & 2 \end{vmatrix} = \begin{pmatrix} -18 \\ -7 \\ -1 \end{pmatrix},$$

$$\implies d = \frac{|(-18, -7, -1)|}{|(2, -5, -1)|} = \frac{\sqrt{374}}{\sqrt{30}} \approx \underline{3.53}.$$

> **Fußpunkt des Lotes**
> **Spiegelpunkt**   }   **von Punkt – Gerade** P , $\overline{OP} = \vec{p}$
> **Lotgerade** $G:\ \vec{x} = \vec{a} + t \cdot \vec{b}$
> **Abstand**
>
> Der Fußpunkt $\vec{x}_0$ des Lotes von P auf G ist durch zwei Angaben bestimmt:
>
> (1)   Der Endpunkt von $\vec{x}_0$ liegt auf G, also gibt es
>   einen Parameterwert t_0, so dass $\vec{x}_0 = \vec{a} + t_0\vec{b}$ ist.
>
> (2)   Das Lot $\vec{x}_0 - \vec{p}$ steht senkrecht auf $\vec{b}$, d.h.
> $(\vec{x}_0 - \vec{p}) \cdot \vec{b} = 0$ oder $\vec{x}_0 \cdot \vec{b} = \vec{p} \cdot \vec{b}$.
>
> Multipliziert man $\vec{x}_0 = \vec{a} + t_0\vec{b}$ mit $\vec{b}$
> und setzt man $\vec{x}_0 \cdot \vec{b} = \vec{p} \cdot \vec{b}$, so erhält man
> $\vec{x}_0 \cdot \vec{b} = \vec{p} \cdot \vec{b} = \vec{a} \cdot \vec{b} + t_0\vec{b}^2$.   Auflösen nach t_0 ergibt:
>
> **Fußpunkt.** $\vec{x}_0 = \vec{a} + t_0 \cdot \vec{b}$ mit $t_0 = \dfrac{(\vec{p}-\vec{a})\cdot\vec{b}}{\vec{b}^2}$
>
> **Spiegelpunkt:** $\vec{p}' = 2\vec{x}_0 - \vec{p}$, siehe auch Seite 153.
> **Lot:** $\vec{x}_0 - \vec{p}$
> **Lotgerade:** $L:\ \vec{x} = \vec{p} + s \cdot (\vec{x}_0 - \vec{p})$
> **Abstand P zu G:** $d = |\vec{x}_0 - \vec{p}|$
>
> $$d = \frac{|\vec{b}\times(\vec{p}-\vec{a})|}{|\vec{b}|}$$ (Abstand Punkt – Gerade, Seite 140)

5.33   *Man berechne den Fußpunkt des Lotes, das Lot, den Abstand sowie die*
Lotgerade für $P = (2,5,-1)$ und $G:\ \vec{x} = (2,0,1) + t(2,-1,2)$.

$t_0 = \dfrac{(0,5,-2)\cdot(2,-1,2)}{|(2,-1,2)|^2} = \dfrac{-9}{9} = -1$. Also erhält man:

Fußpunkt: $\vec{x}_0 = (2,0,1) - 1(2,-1,2) = \underline{(0,1,-1)}$.

Lot: $\vec{x}_0 - \vec{p} = (0,1,-1) - (2,5,-1) = \underline{(-2,-4,0)}$.

Abstand P zu G: $d = |\vec{x}_0 - \vec{p}| = |(-2,-4,0)| = \underline{2\sqrt{5}}$.

Lotgerade: $L:\ \vec{x} = (2,5,-1) + s(-2,-4,0)$ oder natürlich
$\qquad\qquad L:\ \vec{x} = (2,5,-1) + s(1,2,0)$.

5.34   *Man berechne den Winkel φ zwischen dem Vektor $\vec{c}$ und der von den*
Vektoren $\vec{a}$ und $\vec{b}$ aufgespannten Ebene E, wenn die Winkel
$\alpha := \sphericalangle(\vec{a},\vec{c})$, $\beta := \sphericalangle(\vec{b},\vec{c})$ und $\gamma := \sphericalangle(\vec{a},\vec{b})$ gegeben sind.

$\vec{a}, \vec{b}, \vec{c}$ seien Einheitsvektoren. Also gilt:

$|\vec{a}| = |\vec{b}| = |c| = 1$, $a^2 = b^2 = c^2 = 1$ und

$\vec{a}\vec{c} = \cos\alpha$, $\vec{b}\vec{c} = \cos\beta$, $\vec{a}\vec{b} = \cos\gamma$.

Stellt man $\vec{c}$ als Linearkombination von $\vec{a}, \vec{b}, \vec{a} \times \vec{b}$ dar, so ist

$$\vec{c} = r\vec{a} + s\vec{b} + t(\vec{a} \times \vec{b}).$$

Multiplikation mit $\vec{a}$ bzw. $\vec{b}$ ergibt das LGS:

$$\begin{matrix} \cos\alpha = r + s\cos\gamma \\ \cos\beta = r\cos\gamma + s \end{matrix} \implies r = \frac{\cos\alpha - \cos\beta\cos\gamma}{\sin^2\gamma} \ , \ s = \frac{\cos\beta - \cos\alpha\cos\gamma}{\sin^2\gamma}.$$

$r\vec{a} + s\vec{b}$ und $t(\vec{a} \times \vec{b})$ stehen senkrecht aufeinander und es ist $|\vec{c}| = 1$, also:

$$\cos\varphi = |r\vec{a} + s\vec{b}| = \sqrt{(r\vec{a} + s\vec{b})^2} = \sqrt{r^2 + 2rs\cos\gamma + s^2} = \ldots \text{ ergibt:}$$

$$\cos\varphi = \frac{1}{\sin\gamma}\sqrt{\cos^2\alpha + \cos^2\beta - 2\cos\alpha\cos\beta\cos\gamma}.$$

Abstand zweier paralleler Geraden

Man erhält ihn, indem man den Abstand d eines beliebigen Punktes der einen Geraden zur anderen Geraden bestimmt.

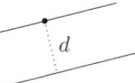

5.35   Man bestimme den Abstand der Geraden $G_1 : \vec{x} = (0, 1, -2) + r(1, 1, -3)$ und $G_2 : \vec{x} = (0, 1, 2) + s(-1, -1, 3)$.

$$d = d(G_1, G_2) = \frac{|(1,1,-3) \times (0,0,4)|}{|(1,1,-3)|} = \frac{|(4,-4,0)|}{\sqrt{11}} = 4\sqrt{\frac{2}{11}} \approx \underline{\underline{1.706}}.$$

Abstand nicht paralleler Geraden

$$G_1 : \ = \vec{a}_1 + t \cdot \vec{b}_1$$
$$G_2 : \ = \vec{a}_2 + t \cdot \vec{b}_2$$

Der Abstand ist die Höhe des Spats, der von den Vektoren $\vec{a}_2 - \vec{a}_1$, $\vec{b}_1$, $\vec{b}_2$ aufgespannt wird.

$$\begin{aligned} \text{Abstand} \ &= d(G_1, G_2) \\ &= \frac{|<\vec{a}_2 - \vec{a}_1 , \vec{b}_1 , \vec{b}_2>|}{|\vec{b}_1 \times \vec{b}_2|} \\ &= \text{Höhe des Spats} \\ &= \frac{\text{Volumen des Spats}}{\text{Grundfläche des Spats}} \end{aligned}$$

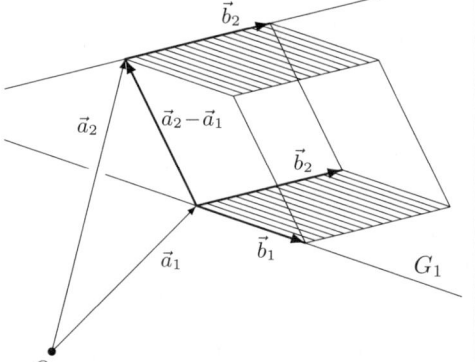

Schneiden sich G_1 und G_2, so liegen

$\vec{a}_2 - \vec{a}_1$, $\vec{b}_1$, $\vec{b}_2$ in einer Ebene, ihr Spatprodukt und somit der Abstand von G_1 und G_2 ist 0.

Schneiden sich die nicht parallelen Geraden nicht, so heißen sie **windschief**.

$$G_1, G_2 \ \textbf{windschief} \ \iff \ <\vec{a}_2 - \vec{a}_1 , \vec{b}_1 , \vec{b}_2> \neq 0.$$

Windschiefe Geraden

- haben keinen Schnittpunkt und sind nicht parallel,

- liegen in verschiedenen parallelen Ebenen,

- haben genau einen kürzesten Verbindungsvektor
  (dieser steht auf beiden Geraden senkrecht!),

- werden von genau einer Geraden senkrecht geschnitten,

- *entstehen* aus zwei parallelen Geraden, indem man eine
  in der zu einer Verbindungsstrecke senkrechten Ebene dreht.

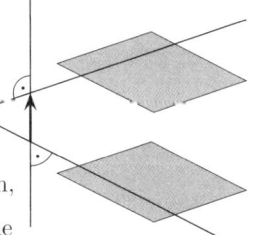

5.36

Gegeben sind die beiden Geraden $\quad G_1: \ \vec{x} = (3, -2, 3) + r(1, 2, -1)$
$\qquad\qquad\qquad\qquad\qquad\qquad\qquad\quad G_2: \ \vec{x} = (-1, 2, -3) + s(1, 0, 3)$

(a) *Man zeige: G_1 und G_2 sind windschief.*

(b) *Man berechne ihren Abstand $d(G_1, G_2)$.*

(c) *Man gebe die beiden parallelen Ebenen E_1 bzw. E_2 an,
in denen G_1 bzw. G_2 liegen.*

(d) *Man berechne die Gerade L, die G_1 und G_2 senkrecht schneidet, sowie
die beiden Punkte P_1 auf G_1 und P_2 auf G_2 mit kürzestem Abstand.*

(a) $\quad G_1, G_2$ sind windschief, da $\quad <\vec{a}_2 - \vec{a}_1, \vec{b}_1, \vec{b}_2> = \begin{vmatrix} -4 & 1 & 1 \\ 4 & 2 & 0 \\ -6 & -1 & 3 \end{vmatrix} = -28 \neq 0.$

Oder: G_1 und G_2 sind nicht parallel, da $(1, 2, -1)$ und $(1, 0, 3)$ linear unabhängig
sind. Sie haben keinen Schnittpunkt, da das entstehende LGS ... keine
Lösung hat.

(b) $\quad d = \dfrac{|<\vec{a}_2 - \vec{a}_1, \vec{b}_1, \vec{b}_2>|}{|\vec{b}_1 \times \vec{b}_2|} = \dfrac{\left| \begin{vmatrix} -4 & 1 & 1 \\ 4 & 2 & 0 \\ -6 & -1 & 3 \end{vmatrix} \right|}{\left| \begin{pmatrix} 1 \\ 2 \\ -1 \end{pmatrix} \times \begin{pmatrix} 1 \\ 0 \\ 3 \end{pmatrix} \right|} = \dfrac{|-28|}{\left| \begin{pmatrix} 6 \\ -4 \\ -2 \end{pmatrix} \right|} = \dfrac{28}{2\sqrt{14}} = \underline{\underline{\sqrt{14}}}.$

(c) $\quad G_1$ liegt in $E_1: \ \vec{x} = (3, -2, 3) + r(1, 2, -1) + s(1, 0, 3).$
$\qquad G_2$ liegt in $E_2: \ \vec{x} = (-1, 2, -3) + r(1, 2, -1) + s(1, 0, 3).$ $\qquad$ Es gilt $E_1 \| E_2.$

(d) $\quad L$ lässt sich leicht aus P_1 und P_2 berechnen, oder auch aus P_1 und $\vec{b}_1 \times \vec{b}_2$, da
$\vec{b}_1 \times \vec{b}_2$ ja ein Richtungsvektor von L ist.

Man betrachtet den geschlossenen Streckenzug:
$$\vec{a}_1 + r_0 \vec{b}_1 + t_0(\vec{b}_1 \times \vec{b}_2) - s_0 \vec{b}_2 - \vec{a}_2 = \vec{0}.$$

Aus dieser einen Vektorgleichung lassen sich
die drei Unbekannten r_0, s_0, t_0 berechnen:

Das LGS $r_0\vec{b}_1 - s_0\vec{b}_2 + t_0(\vec{b}_1 \times \vec{b}_2) = -\vec{a}_1 + \vec{a}_2$ ist eindeutig lösbar:

$$\begin{pmatrix} 1 & -1 & 6 \\ 2 & 0 & -4 \\ -1 & -3 & -2 \end{pmatrix} \cdot \begin{pmatrix} r_0 \\ s_0 \\ t_0 \end{pmatrix} = \begin{pmatrix} -4 \\ 4 \\ -6 \end{pmatrix} \implies \begin{array}{l} r_0 = 1 \\ s_0 = 2 \\ t_0 = -\frac{1}{2} \end{array}$$

Man erhält also: $\quad P_1 = \vec{a}_1 + r_0\vec{b}_1 = (3, -2, 3) + 1(1, 2, -1) = (4, 0, 2)$.

$\qquad\qquad\qquad\quad P_2 = \vec{a}_2 + s_0\vec{b}_2 = (-1, 2, -3) + 2(1, 0, 3) = (1, 2, 3).$

Also: $\quad L: \;\; \vec{x} = \vec{p}_1 + r(\vec{p}_2 - \vec{p}_1) = (4, 0, 2) + r(-3, 2, 1),$

oder auch $\quad L: \;\; \vec{x} = \vec{p}_1 + s(\vec{b}_1 \times \vec{b}_2) = (4, 0, 2) + s(6, -4, -2).$

5.37   *Es seien G_1 und G_2 windschiefe Geraden.*

Durch welche Punkte P des Raumes gibt es genau eine, keine bzw. unendlich viele Geraden, die sowohl G_1 als auch G_2 schneiden?

Es seien E_1 und E_2 die zwei verschiedenen
parallelen Ebenen, in denen G_1 bzw. G_2 liegen,
(siehe windschiefe Geraden Seite 143).

1. Fall: $P \notin E_1 \cup E_2$: Behauptung: Es gibt genau eine Gerade, die sowohl ...

Es seien: $\quad F_1$: die Ebene, die P und G_1 enthält.

$\qquad\qquad F_2$: die Ebene, die P und G_2 enthält.

Jede gesuchte Gerade liegt sowohl in F_1 als auch in F_2, also in $F_1 \cap F_2$.

Bleibt zu zeigen:

(a) F_1 und F_2 schneiden sich in einer Geraden G mit $P \in G$.

(b)   Diese Schnittgerade G schneidet G_1 und G_2.

(a) $F_1 \neq F_2$, sonst lägen G_1 und G_2 in einer Ebene, wären also nicht windschief.

Verschiedene Ebenen F_1, F_2 mit gemeinsamem Punkt P schneiden sich in einer Geraden $G := F_1 \cap F_2$ (Schnittgerade) und es ist $P \in G$.

Als gesuchte Gerade kommt also nur G in Frage. Dass G tatsächlich G_1 und G_2 schneidet, sieht man so:

(b)   Die Geraden G und G_1 liegen in der Ebene F_1 und sind nicht parallel – sonst lägen in F_2 die Gerade G_2 und die zu G_1 parallele Gerade G, es wäre also $F_2 = E_2$, im Widerspruch zu $P \in F_2$ und $P \notin E_2$.

Also schneiden sich G und G_1 in genau einem Punkt P_1.

Ebenso schneiden sich die Geraden G und G_2 in genau einem Punkt P_2.

Also ist G die (einzige) Gerade durch P, die die windschiefen Geraden G_1 und G_2 schneidet.

2. Fall: $P \in E_1 \cup E_2$ und $P \notin G_1 \cup G_2$:

Jede Gerade durch P, die G_1 schneidet, liegt in E_1.
Es gibt also keine Gerade durch P, die G_1 und G_2 schneidet.

3. Fall: $P \in G_1 \cup G_2$:

Es gibt unendlich viele Geraden durch P, die G_1 und G_2 schneiden.

5.8   Ebenen im Raum

Sind $\vec{b}$ und $\vec{c}$ linear unabhängig und durchlaufen die Parameter r und s die reellen
Zahlen, so liegen die Endpunkte der Vektoren $r \cdot \vec{b} + s \cdot \vec{c}$ auf der von $\vec{b}$ und $\vec{c}$
aufgespannten Ebene.

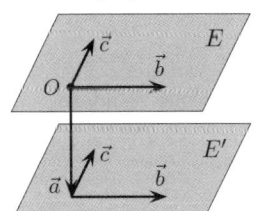

$$E: \quad \vec{x} = r \cdot \vec{b} + s \cdot \vec{c}$$

$\left\{\begin{array}{l}\text{ist eine Gleichung der von } \vec{b} \\ \text{und } \vec{c} \text{ aufgespannten Ebene} \\ \text{durch den Nullpunkt.}\end{array}\right.$

$$E': \quad \vec{x} = \vec{a} + r \cdot \vec{b} + s \cdot \vec{c}$$

$\left\{\begin{array}{l}\text{ist eine Gleichung der zur obi-} \\ \text{gen Ebene parallelen Ebene,} \\ \text{die durch den Endpunkt von} \\ \vec{a} \text{ verläuft.}\end{array}\right.$

Parameterdarstellung der Ebene

durch den Endpunkt von $\vec{a}$, aufgespannt von
den beiden linear unabhängigen Vektoren $\vec{b}$ und $\vec{c}$:

$$E: \quad \vec{x} = \vec{a} + r \cdot \vec{b} + s \cdot \vec{c} \quad \text{mit } r, s \in \mathbb{R}.$$

5.38   (a)   *Man gebe eine Parametredarstellung der Ebene, die den Punkt*
$P = (3, -3, 4)$ *und die Gerade* $G: \vec{x} = (2, -1, 1) + r(0, 1, 2)$ *enthält.*

(b)   *Liegt der Punkt* $(0, 1, 1)$ *auf der Ebene*
$E: \vec{x} = (2, -1, 1) + r \cdot (1, 1, 1) + s \cdot (0, 1, 2)$?

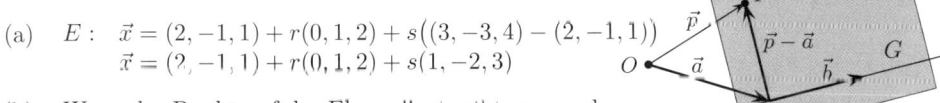

(a) $E: \quad \vec{x} = (2, -1, 1) + r(0, 1, 2) + s\big((3, -3, 4) - (2, -1, 1)\big)$
$ \vec{x} = (2, -1, 1) + r(0, 1, 2) + s(1, -2, 3)$

(b)   Wenn der Punkt auf der Ebene liegt, gibt es r und s,
so dass $(0, 1, 1) = (2, -1, 1) + r(1, 1, 1) + s(0, 1, 2)$ also
$(-2, 2, 0) = r(1, 1, 1) + s(0, 1, 2)$ ist. Koordinatenvergleich liefert das LGS:

$\begin{array}{rl} r & = -2 \\ r + s & = 2 \\ r + 2s & = 0 \end{array}$ Dieses LGS ist offensichtlich unlösbar.
Der Punkt $(0, 1, 1)$ liegt nicht auf der Ebene E.

Drei Punkte, die nicht auf einer Geraden liegen, bestimmen eine Ebene:

Parameterdarstellung der Ebene

durch **drei Punkte** P_1, P_2, P_3, die nicht auf einer Geraden liegen:

$$E: \quad \vec{x} = \vec{p}_1 + r \cdot (\vec{p}_2 - \vec{p}_1) + s \cdot (\vec{p}_3 - \vec{p}_1) \quad \text{mit } r, s \in \mathbb{R}.$$

5.39 *Man bestimme eine Parameterdarstellung der Ebene durch die Punkte*
$P_1 = (2, 1, -3)$, $P_2 = (-1, 3, -4)$, $P_3 = (1, 2, 3)$.

$P_2 - P_1 = (-1, 3, -4) - (2, 1, -3) = (-3, 2, -1)$ ebenso: $P_3 - P_1 = (-1, 1, 6)$.

Also: $E: \quad \vec{x} = (2, 1-, 3) + r(-3, 2, -1) + s(-1, 1, 6)$.

Durch Vertauschen von P_1, P_2, P_3 erhält man andere Darstellungen, die jedoch die gleiche Ebene beschreiben.

Ein Vektor heißt senkrecht (*orthogonal, normal*) zu einer Ebene, wenn er senkrecht auf allen Vektoren steht, die in der Ebene liegen, wenn er also insbesondere senkrecht auf den Richtungsvektoren $\vec{b}$ und $\vec{c}$ der Ebene steht.

Ein zu einer Ebene senkrechter Vektor heißt
Normalenvektor der Ebene.

Aus einer Parameterdarstellung der Ebene

$$E: \quad \vec{x} = \vec{a} + r\vec{b} + s\vec{c}, \text{ mit } r, s \in \mathbb{R}$$

erhält man sofort einen Normalenvektor, nämlich $\vec{b} \times \vec{c}$. Jeder andere Normalenvektor ist ein Vielfaches davon, hat also die Form $t(\vec{b} \times \vec{c})$, $t \neq 0$.

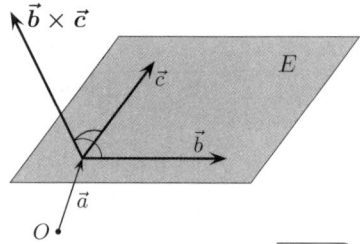

5.40 *Man bestimme die beiden Normaleneinheitsvektoren der Ebene*
$E: \quad \vec{x} = (3, 2, 1) + r(1, 1, 1) + s(2, 0, 1)$.

$$\vec{b} \times \vec{c} = \begin{pmatrix} 1 \\ 1 \\ 1 \end{pmatrix} \times \begin{pmatrix} 2 \\ 0 \\ 1 \end{pmatrix} = \begin{pmatrix} 1 \\ 1 \\ -2 \end{pmatrix} \quad \begin{array}{l} \text{ist Normalenvektor} \\ \text{der Länge } \sqrt{6}. \end{array}$$

Also sind $\vec{n}_{1,2} = \pm\dfrac{1}{\sqrt{6}}(1, 1, -2)$ die gesuchten Normaleneinheitsvektoren.

5.41 *Ist* $\vec{a} = (1, 2, 1)$ *normal zu* $E: \quad \vec{x} = (1, 3, 1) + r(1, 2, -1) + s(1, 1, 1)$?

Nein, denn $\vec{a}$ ist kein Vielfaches von $\vec{n} = (1, 2, -1) \times (1, 1, 1) = (3, -2, -1)$.
Einfacher geht es so: $\vec{a}$ müsste senkrecht zu den Richtungsvektoren sein.
Das ist wegen $\vec{a} \cdot (1, 2, -1) = 4 \neq 0$ nicht der Fall!

Die Lösungsmenge der Gleichung $ax + by + cz = d$ ist eine zweiparametrige Lösungsschar, also eine Ebene, falls nicht $a = b = c = 0$ ist, siehe auch [12.10].

Mit dem Skalarprodukt kann man es so sagen:

Die Gleichung $ax + by + cz = d$ lösen heißt:

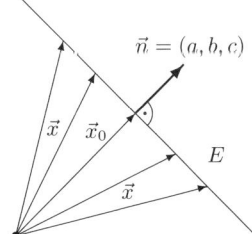

- Alle Vektoren $\vec{x} = (x, y, z)$ zu bestimmen, deren *Skalarprodukt* mit dem festen Vektor (a, b, c) gleich der Zahl d ist.

- Alle Vektoren zu berechnen, die – auf die Richtung von (a, b, c) projiziert – den gleichen Vektor $\vec{x}_0$ ergeben.

Koordinatendarstellung der Ebene

$$E : \begin{array}{l} ax + by + cz = d \\ \vec{n} \cdot \vec{x} \quad = d \end{array} \quad \text{mit} \quad \begin{array}{l} \vec{n} = (a, b, c) \neq (0, 0, 0) \\ \vec{n} = (a, b, c) \text{ ist } \textbf{Normalenvektor} \text{ von } E. \end{array}$$

Zwei Ebenen E_1, E_2 sind genau dann **parallel**, wenn ihre Normalenvektoren $\vec{n}_1, \vec{n}_2$ linear abhängig sind.

$$E_1 \parallel E_2 \quad \Longleftrightarrow \quad \exists \lambda \neq 0 \text{ mit } \vec{n}_1 = \lambda \vec{n}_2.$$

5.42   *Liegt der Punkt $(5, -3, 4)$ auf der Ebene $E : 3x + 6y + z = 3$?*

Nein, denn $3 \cdot 5 + 6 \cdot (-3) + 4 = 1 \neq 3$.

5.43   (a)   *Man bestimme eine Gleichung der Ebene E durch den Punkt $(3, 2, 1)$, die senkrecht ist zu $(2, -3, 4)$.*

(b)   *Man bestimme eine Gleichung der Ebene E durch die Punkte $(1, 5, 1)$ und $(4, 3, -1)$, die parallel zur y–Achse verläuft.*

(a) $\vec{n} = (2, -3, 4)$ ist ein Normalenvektor der gesuchten Ebene E. Damit kennt man die *linke Seite* der Ebenengleichung $E : 2x - 3y + 4z$.

Die *rechte Seite* bestimmt man so, dass $\vec{x}_0 = (3, 2, 1)$ die Gleichung erfüllt, d.h.

aus $d = \vec{n} \cdot \vec{x}_0 = 2 \cdot 3 - 3 \cdot 2 + 4 \cdot 1 = 4$ erhält man: $E : \begin{array}{l} \vec{n} \cdot \vec{x} \quad\quad = \vec{n} \cdot \vec{x}_0 \\ 2x - 3y + 4z = \quad 4. \end{array}$

(b)   Eine zur y–Achse parallele Ebene hat die Koordinatendarstellung $ax + cz = d$.

Einsetzen der Punkte ergibt:

$1a + 1c = d$, $4a - 1c = d$. Es folgt $a = \frac{2}{5}d$, $c = \frac{3}{5}d$.

Eine Ebenendarstellung ist $E : 2x + 3y = 5$.

Da man grundsätzlich zwei Möglichkeiten hat, eine Ebene darzustellen, interessiert es, diese beiden Darstellungen ineinander zu überführen:

Umformung
von Ebenendarstellungen

Parameterdarstellung in Koordinatendarstellung

| Parameterdarstellung $\vec{x} = \vec{a} + r \cdot \vec{b} + s \cdot \vec{c}$ | $\longrightarrow$ Multiplikation mit $\vec{n} = \vec{b} \times \vec{c} = (a, b, c)$ | Koordinatendarstellung $\vec{n} \cdot \vec{x} = \vec{n} \cdot \vec{a} =$ $ax + by + cz = d$ |

Man multipliziert die Parameterdarstellung mit einem Vektor $\vec{n}$, der auf den Richtungsvektoren $\vec{b}$ und $\vec{c}$ senkrecht steht (**Normalenvektor**), z.B. mit $\vec{n} = \vec{b} \times \vec{c}$.

Koordinatendarstellung in Parameterdarstellung

| Koordinatendarstellung $ax + by + cz = d$ | $\longrightarrow$ Lösen des LGS 1 Gleichung, 3 Unbekannte | Parameterdarstellung $\vec{x} = \vec{a} + r \cdot \vec{b} + s \cdot \vec{c}$ |

Man löst das LGS $ax + by + cz = d$.

Z.B., indem man, falls $a \neq 0$ ist, $y = r$ und $z = s$ setzt und nach x auflöst.

Das Ergebnis schreibt man vektoriell: $\vec{x} = \begin{pmatrix} x \\ y \\ z \end{pmatrix} = \begin{pmatrix} d/a \\ 0 \\ 0 \end{pmatrix} + r \begin{pmatrix} -b/a \\ 1 \\ 0 \end{pmatrix} + s \begin{pmatrix} -c/a \\ 0 \\ 1 \end{pmatrix}$

und erhält die Ebene in Parameterform, siehe z.B. [5.45].

5.44   *Man bestimme eine Koordinatendarstellung*
der Ebene $E : \vec{x} = (2, 5, -1) + r(4, 0, -3) + s(-1, 1, 1)$.

$\vec{n} = \vec{b} \times \vec{c} = \begin{pmatrix} 4 \\ 0 \\ -3 \end{pmatrix} \times \begin{pmatrix} -1 \\ 1 \\ 1 \end{pmatrix} = \begin{pmatrix} 3 \\ -1 \\ 4 \end{pmatrix}$ ist ein Normalenvektor von E.

Multiplikation der Parameterdarstellung mit $\vec{n} = (3, -1, 4)$ ergibt:

$\vec{n} \cdot \vec{x} \quad = \vec{n} \cdot (2, 5, -1) + r \underbrace{\vec{n} \cdot (4, 0, -3)}_{=0} + s \underbrace{\vec{n} \cdot (-1, 1, 1)}_{=0}$

$\vec{n} \cdot \vec{x} \quad = \vec{n} \cdot (2, 5, -1)$

$E : \quad 3x - y + 4z = -3$ (Koordinatenform).

5.45   *Man bestimme eine Parameterdarstellung von $E : 2x - 3z = 4$.*

Das LGS hat eine zweiparametrige Lösung:

Setzt man $y = r$ und $z = s$, so erhält man: $x = \frac{1}{2}(4 + 3s) = 2 + 1.5s$. Also

$x = 2 + 0r + 1.5s$
$y = 0 + 1r + 0s$, vektoriell geschrieben: $E : \vec{x} = \begin{pmatrix} 2 \\ 0 \\ 0 \end{pmatrix} + r \begin{pmatrix} 0 \\ 1 \\ 0 \end{pmatrix} + s \begin{pmatrix} 1.5 \\ 0 \\ 1 \end{pmatrix}$.
$z = 0 + 0r + 1s$

Ist in der Koordinatendarstellung der Ebenengleichung $E : \vec{n} \cdot \vec{x} = d$ der Normalenvektor $\vec{n}$ ein **Einheitsvektor** und ist $d \geq 0$, so spricht man von der **HESSEschen Normalform** (HNF) der Ebenengleichung. (Die Bedingung $d \geq 0$ wird vielfach nicht gestellt, dann gibt es natürlich zwei HESSEsche Normalformen.)

5.46   *Man bestimme die HESSEsche Normalform der Ebene* $E : x - y + 2z = -5$.
$\vec{n} = (1, -1, 2)$ ist ein Normalenvektor von E der Länge $\sqrt{6}$. Also sind $\pm\frac{1}{\sqrt{6}}\vec{n}$ die Normaleneinheitsvektoren von E. Division der Ebenengleichung durch $-\sqrt{6}$ liefert die HESSEsche Normalform:

$$E : \quad -\frac{1}{\sqrt{6}}x + \frac{1}{\sqrt{6}}y - \frac{2}{\sqrt{6}}z = \frac{5}{\sqrt{6}} \quad \text{(HNF)}.$$

HESSEsche Normalform

Ist $E : \vec{n}\vec{x} = d$ Ebenengleichung in HNF, also ($|\vec{n}| = 1$, $d \geq 0$), so gilt:

1) d ist der **Abstand** der Ebene zum Nullpunkt.

2) $\vec{n}$ ist **Normalenvektor** von E und zeigt vom Ursprung zu E hin.

Umformung

Koordinatendarstellung in HESSEsche Normalform:

Man dividiert die Koordinatenform $ax + by + cz = d$ durch den Betrag $\sqrt{a^2 + b^2 + c^2}$ des Normalenvektors $\vec{n} = (a, b, c)$ und macht ggf. die rechte Seite durch Multiplikation der Gleichung mit -1 positiv.

Parameterdarstellung in HESSEsche Normalform:

1. Parameterdarstellung in Koordinatendarstellung umformen.

2. Koordinatendarstellung in HESSEsche Normalform umformen.

5.47   *Es sei* $E : \vec{x} = (2, 5, -1) + r(4, 0, -3) + s(-1, 1, 1)$.
Man bestimme die HESSEsche Normalform von E sowie den Abstand von E zum Nullpunkt.

$E : 3x - y + 4z = -3$ ist eine Koordinatenform von E.
Hierbei ist $\vec{n} = (3, -1, 4)$ und $|\vec{n}| = |(3, -1, 4)| = \sqrt{26}$.

$E : -\frac{3}{\sqrt{26}}x + \frac{1}{\sqrt{26}}y - \frac{4}{\sqrt{26}}z = \frac{3}{\sqrt{26}}$ ist die HESSEform von E.

Der Abstand der Ebene zum Nullpunkt beträgt $d = \dfrac{3}{\sqrt{26}}$.

Abstand Punkt – Ebene

Ist $E : \vec{n}\vec{x} = d$ (HNF: $|\vec{n}| = 1, d \geq 0$) und P Endpunkt des Vektors $\vec{p}$, so ist

$$A = |\vec{n} \cdot \vec{p} - d| \quad \text{der \textbf{Abstand} von } P \text{ zu } E.$$

$$\text{Ist } \left\{\begin{array}{l} \vec{n} \cdot \vec{p} > d \\ \vec{n} \cdot \vec{p} = d \\ \vec{n} \cdot \vec{p} < d \end{array}\right\}, \text{ liegt } P \left\{\begin{array}{l} \text{auf der anderen Seite von } E \text{ wie der Nullpunkt,} \\ \text{auf der Ebene } E, \\ \text{auf der gleichen Seite von } E \text{ wie der Nullpunkt.} \end{array}\right.$$

5.48 *Man berechne den Abstand A von $P = (2, -2, 3)$ zu $E : 2x - y + 2z = 6$.*

$|(2, -1, 2)| = \sqrt{9} = 3 \implies \vec{n} = (\frac{2}{3}, -\frac{1}{3}, \frac{2}{3}) \implies E : \frac{2}{3}x - \frac{1}{3}y + \frac{2}{3}z = 2$ (HNF).

$\vec{n} \cdot \vec{p} = (\frac{2}{3}, -\frac{1}{3}, \frac{2}{3}) \cdot (2, -2, 3) = 4 \implies A = |\vec{n} \cdot \vec{p} - d| = |4 - 2| = \underline{\underline{2}}$.

5.49 *Man berechne den Abstand vom Punkt $P = (0, 2, 2)$*
zur Ebene $E : \quad \vec{x} = (1, 2, -3) + r(2, 0, -1) + s(-3, 2, 0)$.
Auf welcher Seite der Ebene liegt P?

Umformung der Parameterdarstellung in die HNF:

$$\vec{n} = (2, 0, -1) \times (-3, 2, 0) = (2, 3, 4) \Rightarrow E : (2, 3, 4)(x, y, z) = (2, 3, 4)(1, 2, -3) = -4$$

also $E : 2x + 3y + 4z = -4 \quad$ und $\quad E : -\dfrac{2}{\sqrt{29}} - \dfrac{3}{\sqrt{29}} - \dfrac{4}{\sqrt{29}} = \dfrac{4}{\sqrt{29}}$ (HNF).

$\vec{n} \cdot \vec{p} = -\dfrac{1}{\sqrt{29}}(2, 3, 4) \cdot (0, 2, 2) = -\dfrac{14}{\sqrt{29}} < \dfrac{4}{\sqrt{29}} = d.$

Also ist $A = |\vec{n} \cdot \vec{p} - d| = \dfrac{1}{\sqrt{29}}|-14 - 4| = \dfrac{18}{\sqrt{29}}$ der Abstand von P zu E, und

wegen $\vec{n} \cdot \vec{p} < d$ liegt P auf der gleichen Seite von E wie der Nullpunkt.

Schnittpunkt Gerade – Ebene $\quad \begin{array}{l} G : \quad \vec{x} = \vec{a} + t\vec{b} \\ E : \quad \vec{n} \cdot \vec{x} = d \end{array}$

Sind G und E nicht parallel, d.h. gilt $\vec{n} \cdot \vec{b} \neq 0$,
dann gilt für den **Durchstoßpunkt** $\vec{x}_0 : \quad \vec{x}_0 = \vec{a} + t_0\vec{b}$ und $\vec{n} \cdot \vec{x}_0 = d$.
Multiplizieren der ersten Gleichung mit $\vec{n}$ und Auflösen nach t_0 ergibt:

Durchstoßpunkt: $\quad \vec{x}_0 = \vec{a} + t_0\vec{b} \quad$ mit $t_0 = \dfrac{d - \vec{n} \cdot \vec{a}}{\vec{n} \cdot \vec{b}}$, falls $\vec{n} \cdot \vec{b} \neq 0$, also $G \nparallel E$.

5.50 *Man berechne ggf. den Schnittpunkt von $G : \vec{x} = (-1, 4, -2) + t(1, -1, -2)$*
und $E : \vec{x} = (2, 5, -1) + r(4, 0, -3) + s(-1, 1, 1)$.

Natürlich kann man das LGS

$$\begin{pmatrix} -1 \\ 4 \\ -2 \end{pmatrix} + t \begin{pmatrix} 1 \\ -1 \\ -2 \end{pmatrix} = \begin{pmatrix} 2 \\ 5 \\ -1 \end{pmatrix} + r \begin{pmatrix} 4 \\ 0 \\ -3 \end{pmatrix} + s \begin{pmatrix} -1 \\ 1 \\ 1 \end{pmatrix} \quad \text{also}$$

r	s	t	
-4	1	1	3
0	-1	-1	1
3	-1	-2	1

lösen.

Einfacher ist es, E in Koordinatenform umzuwandeln und den Schnittpunkt wie oben beschrieben zu berechnen:

$E : 3x - y + 4z = -3$, siehe [5.47], also $t_0 = \frac{-3-(3,-1,4)(-1,4,-2)}{(3,-1,4)(1,-1,-2)} = -3$. Durchstoßpunkt: $\vec{x}_0 = \vec{a} + t_0\vec{b} = (-1,4,-2) - 3(1,-1,-2) = \underline{\underline{(-4,7,4)}}$.

Schnittwinkel zweier sich schneidender Ebenen $\begin{aligned} E_1 &: \ \vec{n}_1 \cdot \vec{x} = d_1 \\ E_2 &: \ \vec{n}_2 \cdot \vec{x} = d_2 \end{aligned}$

Der Winkel φ zwischen zwei sich schneidenden Ebenen
ist der Winkel zwischen ihren Normalenvektoren[1]:

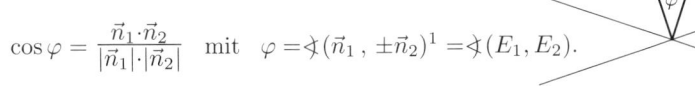

$\cos\varphi = \dfrac{\vec{n}_1 \cdot \vec{n}_2}{|\vec{n}_1| \cdot |\vec{n}_2|}$ mit $\varphi = \sphericalangle(\vec{n}_1 \, , \, \pm\vec{n}_2)^1 = \sphericalangle(E_1, E_2)$.

[1] Man wählt die Normalenvektoren so, dass $0 \leq \varphi \leq \frac{\pi}{2}$ ist.

5.51   *Unter welchem Winkel schneiden sich folgende Ebenen?*
   $E_1 : \vec{x} = (1,2,3) + r(0, \ 1, 2) + s(1,2,0), \qquad E_2 : x + y + 2z = 3$

Normalenvektoren der Ebenen sind $\vec{n}_1 = (0,-1,2) \times (1,2,0) = (-4,2,1)$,
$\qquad\qquad\qquad\qquad\qquad\qquad\qquad\quad \vec{n}_2 = (1,1,2)$.
Für den Winkel φ ergibt sich $\cos\varphi = \frac{(-4,2,1)(1,1,2)}{\sqrt{21}\sqrt{6}} = 0 \implies \underline{\underline{\varphi = 90^0}}$.

5.52   *Unter welchem Winkel α schneiden sich zwei Höhen eines regelmäßigen Tetraeders?*

Da der gesuchte Winkel unabhängig von der Kantenlänge ist, betrachtet man ein regelmäßiges Tetraeder der Kantenlänge 1.

Es bieten sich drei unterschiedliche Lösungsansätze an:

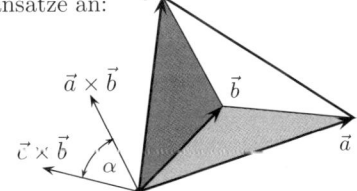

(a) Die Höhen sind Normalen der Seitenflächen,
also berechnet man den Winkel
zwischen zwei Seiten–Normalen:

$(\vec{a} \times \vec{b}) \cdot (\vec{c} \times \vec{b}) = |\vec{a} \times \vec{b}| \cdot |\vec{c} \times \vec{b}| \cdot \cos\alpha$

$(\vec{a} \times \vec{b}) \cdot (\vec{c} \times \vec{b}) = (\vec{a} \cdot \vec{c})\,\vec{b}^2 - (\vec{a} \cdot \vec{b})(\vec{b} \cdot \vec{c})$, Lagrange–Identität, [5.23])

$\qquad\qquad -\frac{1}{2} \cdot 1 - \frac{1}{2} \cdot \frac{1}{2} = \underline{\frac{1}{4}}$

$|\vec{a} \times \vec{b}| \cdot |\vec{c} \times \vec{b}| \cdot \cos\alpha = |\vec{a}| \cdot |\vec{b}| \cdot \sin\frac{\pi}{3} \cdot |\vec{c}| \cdot |\vec{b}| \cdot \sin\frac{\pi}{3} \cdot \cos\alpha$

$\qquad\qquad\qquad\qquad = (\frac{1}{2}\sqrt{3})^2 \cos\alpha = \frac{3}{4}\cos\alpha$

Also gilt: $\frac{1}{4} = \frac{3}{4}\cos\alpha \implies \cos\alpha = \frac{1}{3} \implies \underline{\underline{\alpha \approx 70.53^0}}$.

(b)   Die Höhen schneiden sich im Schwerpunkt des Tetraeders (warum?).
Sind $\vec{a}_1$, $\vec{a}_2$, $\vec{a}_3$, $\vec{a}_4$ vom Schwerpunkt ausgehende *Einheitsvektoren* in Richtung
der Tetraederecken, so gilt folglich:

$\vec{a}_1 + \vec{a}_2 + \vec{a}_3 + \vec{a}_4 = \vec{0}$. Multiplikation mit $\vec{a}_1$ liefert:

$\vec{a}_1 \cdot (\vec{a}_1 + \vec{a}_2 + \vec{a}_3 + \vec{a}_4) = \vec{a}_1^2 + \vec{a}_1\vec{a}_2 + \vec{a}_1\vec{a}_3 + \vec{a}_1\vec{a}_4 = 0.$

Nun ist $\vec{a}_1^2 = |\vec{a}_1|^2 = 1$ und aus Symmetriegründen gilt:

$\vec{a}_1\vec{a}_2 = \vec{a}_1\vec{a}_3 = \vec{a}_1\vec{a}_4 = |\vec{a}_1| \cdot |\vec{a}_2| \cdot \cos \sphericalangle(\vec{a}_1,\vec{a}_2) = \cos \sphericalangle(\vec{a}_1,\vec{a}_2),$

also folgt: $1 + 3\cos \sphericalangle(\vec{a}_1,\vec{a}_2) = 0 \Longrightarrow \cos \sphericalangle(\vec{a}_1,\vec{a}_2) = -\frac{1}{3} \Longrightarrow \sphericalangle(\vec{a}_1,\vec{a}_2) \approx 109.47^0.$
Offensichtlich ist $\alpha = 180^0 - \sphericalangle(\vec{a}_1,\vec{a}_2) \Longrightarrow \underline{\alpha \approx 70.53^0}.$

(c)   elementargeometrische Lösung:

Der Winkel α zwischen zwei Höhen
ist der Winkel zwischen zwei Seitenflächen.
Die Seitenflächen sind gleichseitige Dreiecke.
Für deren Höhen gilt

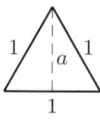
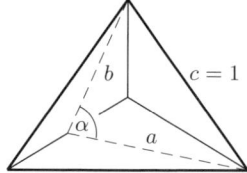

$$a = b = \sqrt{1 - (\tfrac{1}{2})^2} = \tfrac{1}{2}\sqrt{3}.$$

α berechnet man mit dem Cosinussatz (Seite 159): $c^2 = a^2 + b^2 - 2ab\cos\alpha$

$1 = \frac{3}{4} + \frac{3}{4} - 2\frac{1}{2}\sqrt{3}\,\frac{1}{2}\sqrt{3}\cos\alpha \Longrightarrow \cos\alpha = \frac{1}{3} \Longrightarrow \underline{\alpha \approx 70.53^0}.$

Fußpunkt des Lotes
    Lotgerade   **von Punkt – Ebene** P , $\overline{OP} = \vec{p}$
      Abstand E : $\vec{n} \cdot \vec{x} = d$

Der Fußpunkt des Lotes $\vec{x}_0$ von P auf E ist durch zwei Angaben bestimmt:

(1)   Der Endpunkt von $\vec{x}_0$ liegt in der Ebene E, also ist $\vec{n} \cdot \vec{x}_0 = d$.

(2)   Der Endpunkt von $\vec{x}_0$ liegt auf der Lotgeraden $L : \vec{x} = \vec{p} + t\vec{n}$,
also gibt es einen Parameterwert t_0, so dass $\vec{x}_0 = \vec{p} + t_0\vec{n}$ ist.

Multipliziert man $\vec{x}_0 = \vec{p} + t_0\vec{n}$ mit $\vec{n}$, erhält man $\vec{n} \cdot \vec{x}_0 = d = \vec{n} \cdot \vec{p} + t_0\vec{n}^2$.
Auflösen nach t_0 ergibt:

Fußpunkt: $\vec{x}_0 = \vec{p} + t_0 \cdot \vec{n}$ mit $t_0 = \dfrac{d - \vec{n}\cdot\vec{p}}{\vec{n}^2}$

Lot: $\vec{x}_0 - \vec{p}$

Lotgerade: $L :\ \vec{x} = \vec{p} + t \cdot \vec{n}$

Abstand P zu E: $d = |\vec{x}_0 - \vec{p}|$

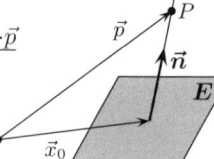

siehe auch: Abstand Punkt–Ebene, HNF Seite 150.

5.53   *Man berechne den Fußpunkt des Lotes, die Lotgerade und den Abstand
von $P = (9, -2, 5)$ bzgl. $E : \vec{x} = (1, 0, -1) + r(1, 1, -1) + s(-2, 1, 3)$.*
Ein Normalenvektor von E ist $\vec{n} = (1, 1, -1) \times (-2, 1, 3) = (4, -1, 3)$. Also:

Koordinatenform: $\qquad E : 4x - y + 3z = 1.$

Lotgerade: $\qquad L : \vec{x} = (9, -2, 5) + t(4, -1, 3).$

Fußpunkt $\vec{r}_0$ des Lotes: $\quad t_0 = \dfrac{1 - (9, -2, 5)(4, -1, 3)}{(4, -1, 3)^2} = -\dfrac{52}{26} = -2$

$\qquad\qquad\qquad\qquad \Longrightarrow \vec{x}_0 = (9, -2, 5) - 2(4, -1, 3) = \underline{\underline{(1, 0, -1)}}.$

Lot: $\qquad\qquad \vec{x}_0 - \vec{p} = (1, 0, -1) - (9, -2, 5) = \underline{\underline{(-8, 2, -6)}}.$

Abstand P zu E: $\qquad d = |(-8, 2, -6)| = \underline{\underline{2\sqrt{26}}}.$

Spiegelung: Punkt P an $\quad$ **Gerade** $\quad G : \vec{x} = \vec{a} + t\vec{b}$
$\qquad\qquad\qquad\qquad\qquad\qquad$ **Ebene** $\quad E : \vec{n} \cdot \vec{x} = d$

Für den Spiegelpunkt P' gilt:

$$\boxed{\vec{p}\,' = 2\vec{x}_0 - \vec{p}}$$

Dabei ist $\vec{x}_0$ der Fußpunkt des Lotes von P auf G bzw. E:

G $\quad$ Gerade (Seite 141): $\quad \vec{x}_0 = \vec{a} + t_0\vec{b} \quad$ mit $\quad t_0 = \dfrac{(\vec{p} - \vec{a}) \cdot \vec{b}}{\vec{b}^2}.$

E $\quad$ Ebene (Seite 152): $\quad \vec{x}_0 = \vec{p} + t_0\vec{n} \quad$ mit $\quad t_0 = \dfrac{d - \vec{n} \cdot \vec{p}}{\vec{n}^2}.$

5.54 $\quad$ Man spiegele $\quad$ (a) $\quad P = \begin{pmatrix} 0 \\ 2 \\ -6 \end{pmatrix}$ an $G : \vec{x} = \begin{pmatrix} 1 \\ -2 \\ 1 \end{pmatrix} + t \begin{pmatrix} 1 \\ 2 \\ -3 \end{pmatrix}.$

$\qquad\qquad\qquad\qquad$ (b) $\quad P = \begin{pmatrix} 10 \\ -1 \\ 3 \end{pmatrix}$ an $E : \vec{x} = \begin{pmatrix} 2 \\ -2 \\ 3 \end{pmatrix} + r \begin{pmatrix} 1 \\ 3 \\ -1 \end{pmatrix} + s \begin{pmatrix} 0 \\ 1 \\ 2 \end{pmatrix}.$

(a) $\quad$ Fußpunkt des Lotes von P auf G ist $\vec{x}_0 = (3, 2, -5).$
$\qquad \Longrightarrow \vec{p}\,' = 2\vec{x}_0 - \vec{p} = 2(3, 2, -5) - (0, 2, -6) = \underline{\underline{(6, 2, -4)}}.$

(b) $\quad \vec{n}_E = \begin{pmatrix} 1 \\ 3 \\ -1 \end{pmatrix} \times \begin{pmatrix} 0 \\ 1 \\ 2 \end{pmatrix} = \begin{pmatrix} 7 \\ -2 \\ 1 \end{pmatrix} \Longrightarrow E : 7x - 2y + 1 = 21, \quad t_0 = \dfrac{21 - 75}{54} = -1.$

$\vec{x}_0 = \vec{p} + t_0\vec{n} = \begin{pmatrix} 10 \\ -1 \\ 3 \end{pmatrix} - \begin{pmatrix} 7 \\ -2 \\ 1 \end{pmatrix} = \begin{pmatrix} 3 \\ 1 \\ 2 \end{pmatrix} \Longrightarrow \vec{p}\,' = 2\begin{pmatrix} 3 \\ 1 \\ 2 \end{pmatrix} - \begin{pmatrix} 10 \\ -1 \\ 3 \end{pmatrix} = \begin{pmatrix} -4 \\ 3 \\ 1 \end{pmatrix}.$

Spiegelung der Geraden G an der Ebene E

Man spiegelt G an E, indem man zwei Punkte von G an E spiegelt und die Gerade G' durch diese beiden Spiegelpunkte bestimmt.

5.55   *Man spiegele die Gerade $G : \vec{x} = (-1, 4, -2) + t(1, -1, -2)$ an der Ebene $E : \vec{x} = (2, 5, -1) + r(4, 0, -3) + s(-1, 1, 1)$.*

G und E schneiden sich im Durchstoßpunkt $\vec{d} = (-4, 7, 4)$, siehe [5.50].

Dieser Punkt ist ein Fixpunkt, d.h. er geht beim Spiegeln in sich über.

Nun braucht man nur noch einen anderen Punkt von G an E zu spiegeln:

Spiegelung von $P = (-1, 4, -2)$ an $E : 3x - y + 4z = -3$:

$$t_0 = \cdots = \frac{-3+15}{26} = \frac{6}{13} \implies \vec{x}_0 = (-1, 4, -2) + \frac{6}{13}(3, -1, 4) = \frac{1}{13}(5, 46, -2)$$

$$\implies \vec{p}' = \frac{2}{13}(5, 46, -2) - (-1, 4, -2) = \frac{1}{13}(23, 40, 22).$$

Gespiegelte Gerade: $G' :$ $\vec{x} = \vec{d} + t(\vec{p}' - \vec{d})$

$$= (-4, 7, 4) + \frac{1}{13}t(23 + 52\,,\; 40 - 91\,,\; 22 - 52)$$

$$= (-4, 7, 4) + \tilde{t}(75, -51, -30).$$

Abstand zweier paralleler Ebenen

ist der Abstand eines beliebigen Punktes der einen Ebene zur anderen Ebene.

Praktisches Vorgehen (Ebenen mit gleichem $\vec{n}$ darstellen!):

$$\begin{array}{l} E_1 : \vec{n} \cdot x = d_1 \\ E_2 : \vec{n} \cdot x = d_2 \end{array} \implies d = d(E_1, E_2) = \frac{|d_1 - d_2|}{|\vec{n}|} = \begin{array}{l} \text{Abstand der} \\ \text{Ebenen } E_1,\ E_2. \end{array}$$

Schnittmenge zweier Ebenen

Die Schnittmenge zweier Ebenen erhält man, indem man ein LGS löst.

Sind die Ebenen nicht parallel, so ist die Schnittmenge eine Gerade.

Am einfachsten ist es, wenn beide Ebenen in Koordinatendarstellung gegeben sind. Ist eine oder sind beide in Parameterdarstellung gegeben, so formt man diese zweckmäßigerweise in Koordinatendarstellung um!

5.56   *Man bestimme die Schnittmenge der Ebenen E_1 und E_2:*

(a) $E_1 : \vec{x} = (0, 1, 1) + r(2, 0, 3) + s(1, 2, 1)$
$E_2 : -6x + y + 4z = 5,$

(b) $E_1 : \vec{x} = (1, -1, 2) + r(2, 3, 0) + s(1, -2, 1)$
$E_2 : \vec{x} = (2, 1, 0) + u(1, 2, 0) + v(0, 2, 1).$

(a)   (1)   Einsetzen von $E_1 : \vec{x} = (2r + s, 1 + 2s, 1 + 3r + s)$ in E_2 ergibt:

$-6(2r + s) + (1 + 2s) + 4(1 + 3r + s) = 5 \implies 5 = 5$,   Diese Gleichung ist für alle r, s richtig, die Ebenen sind gleich: $E_1 = E_2 = E_1 \cap E_2$.

(2) E_1 in Koordinatendarstellung umwandeln ergibt:

$\vec{n} = (2, 0, 3) \times (1, 2, 1) = (-6, 1, 4) \implies E_1 : -6x + y + 4z = 5$.
Man sieht, die Ebenen sind gleich: $E_1 = E_2 = E_1 \cap E_2$.

(b)   (1)   Gleichsetzen führt auf ein LGS:

r	s	u	v		
2	1	−1	0	1	
3	−2	−2	−2	2	1
0	1	0	$\boxed{-1}$	−2	−2
2	1	$\boxed{-1}$	0	1	2
3	−4	−2	0	6	−1
$\boxed{1}$	6	0	0	−4	

Das LGS hat eine einparametrige Lösungsschar (Parameter ist t):

$s = t$

$r = -4 - 6t$

$u = -1 + 2(-4 - 6t) + t = -9 - 11t$

$v = 2 + t$

r, s in E_1 eingesetzt ergibt:

$G := E_1 \cap E_2:$
$\vec{x} = (1, -1, 2) + (-4 - 6t)(2, 3, 0) + t(1, -2, 1),$
$\vec{x} = (-7, -13, 2) + t(-11, -20, 1).$

(2) Einfacher ist es, E_1 und E_2 in Koordinatenform zu bringen:

$\vec{n}_{E_1} = (2, 3, 0) \times (1, -2, 1) = (3, -2, -7) \implies E_1 : 3x - 2y - 7z = -9,$

$\vec{n}_{E_2} = (1, 2, 0) \times (0, 2, 1) = (2, -1, 2) \implies E_2 : 2x - y + 2z = 3.$

$E_1 \cap E_2$ ist die Lösungsmenge des LGS:

x	y	z	
3	−2	−7	−9
2	−1	2	3

$\begin{array}{l} x = 15 - 11r \\ \implies y = 27 - 20r \implies G : \vec{x} = \begin{pmatrix} 15 \\ 27 \\ 0 \end{pmatrix} + r \begin{pmatrix} -11 \\ -20 \\ 1 \end{pmatrix}. \\ z = r \end{array}$

Also: $G := E_1 \cap E_2: \quad \vec{x} = (15, 27, 0) + r(-11, -20, 1).$

Die Ergebnisse stimmen überein: $r = 2 \implies P = (-7, -13, 2) \in G.$

5.9 Vektorielle Beweise

5.57 *Die Seitenmitten eines beliebigen Vierecks bilden ein Parallelogramm.*

Legt man den Nullpunkt in eine Ecke des Vierecks, so gilt für zwei gegenüberliegende Seiten (siehe Skizze):
$\vec{x} = \frac{1}{2}\vec{a} + \frac{1}{2}(\vec{b} - \vec{a}) = \frac{1}{2}\vec{b}$ und $\vec{y} = \frac{1}{2}\vec{c} + \frac{1}{2}(\vec{b} - \vec{c}) = \frac{1}{2}\vec{b}.$

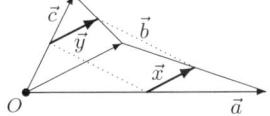

Sind bei einem beliebig im Raum gelegenen Viereck zwei gegenüberliegende Seiten $\vec{x}$ und $\vec{y}$ (als Vektoren) gleich, so ist es ein Parallelogramm.

5.58 (a) *Ein Viereck ist ein Parallelogramm $\iff$ die Diagonalen halbieren sich.*
(b) *Parallelogramm ist Rhombus $\iff$ Diagonalen sind Winkelhalbierende.*

(a) Viereck ist Parallelogramm
$\iff \vec{a} = \vec{b} - \vec{c} \iff \vec{a} + \vec{c} - \vec{b}$
$\iff \vec{a} + \frac{1}{2}(\vec{c} - \vec{a}) = \frac{1}{2}\vec{a} + \frac{1}{2}\vec{c} = \frac{1}{2}\vec{b}$
$\iff$ Die Diagonalen des Vierecks halbieren sich.

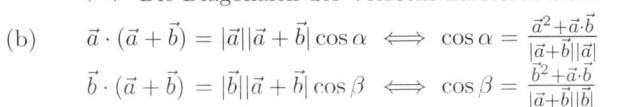

(b) $\vec{a} \cdot (\vec{a} + \vec{b}) = |\vec{a}||\vec{a} + \vec{b}| \cos\alpha \iff \cos\alpha = \frac{\vec{a}^2 + \vec{a}\cdot\vec{b}}{|\vec{a}+\vec{b}||\vec{a}|}$

$\vec{b} \cdot (\vec{a} + \vec{b}) = |\vec{b}||\vec{a} + \vec{b}| \cos\beta \iff \cos\beta = \frac{\vec{b}^2 + \vec{a}\cdot\vec{b}}{|\vec{a}+\vec{b}||\vec{b}|}$

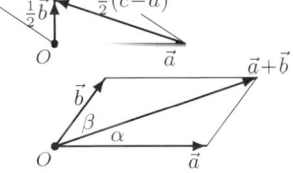

Parallelogramm ist Rhombus $\iff |\vec{a}| = |\vec{b}| \iff \vec{a}^2 = \vec{b}^2 \overset{(*)}{\iff} \cos\alpha = \cos\beta \iff$
$\iff \alpha = \beta \ (0 < \alpha, \beta < 180^0) \iff$ die Diagonalen sind Winkelhalbierende.

(*) "$\Longleftarrow$" $\cos\alpha = \cos\beta \iff \frac{|\vec{a}|^2 + \vec{a}\cdot\vec{b}}{|\vec{a}+\vec{b}|\,|\vec{a}|} = \frac{|\vec{b}|^2 + \vec{a}\cdot\vec{b}}{|\vec{a}+\vec{b}|\,|\vec{b}|} \iff |\vec{a}|\,(|\vec{b}|^2 + \vec{a}\cdot\vec{b}) = |\vec{b}|\,(|\vec{a}|^2 + \vec{a}\cdot\vec{b})$
$\iff \vec{a}\cdot\vec{b}\,(|\vec{a}| - |\vec{b}|) = |\vec{a}||\vec{b}|\,(|\vec{a}| - |\vec{b}|) \iff |\vec{a}| = |\vec{b}|$, da $\sphericalangle(\vec{a}, \vec{b}) \neq 0.$ "$\Longrightarrow$" klar.

5.59 (a) *Der Mittelpunkt S (geometrische Schwerpunkt) der durch $\vec{a}, \vec{b}$ gegebenen Strecke ist das arithmetische Mittel $\vec{s} = \frac{1}{2}(\vec{a} + \vec{b})$.*

(b) *Die Seitenhalbierenden des von den Eckpunkten der Vektoren $\vec{a}, \vec{b}, \vec{c}$ gebildeten Dreiecks schneiden sich in einem Punkt. Der Schnittpunkt S (geometrischer Schwerpunkt des Dreiecks) ist das arithmetische Mittel $\vec{s} = \frac{1}{3}(\vec{a} + \vec{b} + \vec{c})$ und teilt die Seitenhalbierenden im Verhältnis 2 : 1.*

(c) *Die Schwerelinien des von den Eckpunkten der Vektoren $\vec{a}, \vec{b}, \vec{c}, \vec{d}$ gebildeten Tetraeders schneiden sich in einem Punkt. Der Schnittpunkt S (geometrischer Schwerpunkt des Tetraeders) ist das arithmetische Mittel $\vec{s} = \frac{1}{4}(\vec{a}_1 + \vec{a}_2 + \vec{a}_3 + \vec{a}_4)$ und teilt die Schwerelinien im Verhältnis 3 : 1.*

Im Folgenden wird nicht zwischen Punkt und Vektor bzw. Gerade und Strecke unterschieden.

(a) $\vec{s} = \vec{a} + \frac{1}{2}(\vec{b} - \vec{a})$

      $= \frac{1}{2}(\vec{a} + \vec{b})$.

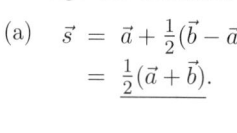
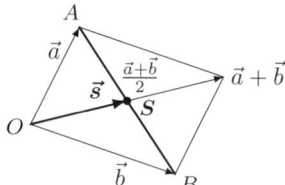
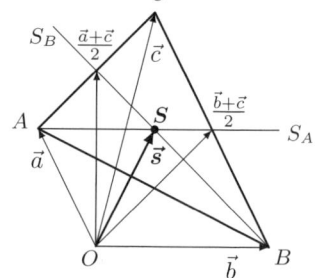

(b) Schnittpunkt der Seitenhalbierenden S_A und S_B:

S_A : $\vec{x} = \vec{a} + r(\frac{\vec{b}+\vec{c}}{2} - \vec{a})$

S_B : $\vec{x} = \vec{b} + s(\frac{\vec{a}+\vec{c}}{2} - \vec{b})$. Gleichsetzen ergibt:

$\vec{a} + r(\frac{\vec{b}+\vec{c}}{2} - \vec{a}) = \vec{b} + s(\frac{\vec{a}+\vec{c}}{2} - \vec{b}) \Longleftrightarrow (\frac{r}{2} + s - 1)(\vec{b} - \vec{a}) + (\frac{r}{2} - \frac{s}{2})(\vec{c} - \vec{a}) = \vec{0}$

$\Longleftrightarrow \frac{r}{2} + s - 1 = 0$, $\frac{r}{2} - \frac{s}{2} = 0$, $(\vec{b} - \vec{a}$, $\vec{c} - \vec{a}$ sind lin. unabh.) $\Longleftrightarrow r = s = \frac{2}{3}$.

Also schneiden sich S_A und S_B in $\vec{s} = \vec{a} + \frac{2}{3}(\frac{\vec{b}+\vec{c}}{2} - \vec{a}) = \frac{1}{3}(\vec{a} + \vec{b} + \vec{c})$.

Analog schneiden sich S_A und S_C in $\vec{s}$ und wegen $\vec{s} = \vec{a} + \frac{2}{3}(\frac{\vec{b}+\vec{c}}{2} - \vec{a})$

teilt $\vec{s}$ die Seitenhalbierende $\frac{\vec{b}+\vec{c}}{2} - \vec{a}$ im Verhältnis $\frac{2}{3} : \frac{1}{3}$ also 2 : 1.

(c) Schnittpunkt der Schwerelinien S_A und S_B (Gerade durch einen Eckpunkt des Tetraeders und den Schwerpunkt des gegenüberliegenden Dreiecks):

S_A : $\vec{x} = \vec{a} + r(\frac{\vec{b}+\vec{c}+\vec{d}}{3} - \vec{a})$, S_B : $\vec{x} = \vec{b} + s(\frac{\vec{a}+\vec{c}+\vec{d}}{3} - \vec{b})$.

Gleichsetzen ergibt: $\vec{a} + r(\frac{\vec{b}+\vec{c}+\vec{d}}{3} - \vec{a}) = \vec{b} + s(\frac{\vec{a}+\vec{c}+\vec{d}}{3} - \vec{b})$.

Hieraus gewinnt man eine Darstellung von $\vec{0}$ als Linearkombination der linear unabhängigen Vektoren $(\vec{b} - \vec{a}), (\vec{c} - \vec{a}), (\vec{d} - \vec{a})$, setzt ihre Koeffizienten gleich 0 und erhält $r = s = \frac{3}{4}$.

Also schneiden sich S_A und S_B in $\vec{s} = \vec{a} + \frac{3}{4}(\frac{\vec{b}+\vec{c}+\vec{d}}{3} - \vec{a}) = \frac{1}{4}(\vec{a} + \vec{b} + \vec{c} + \vec{d})$.

Analog schneiden sich je zwei andere Schwerelinien in $\vec{s} = \vec{a} + \frac{3}{4}(\frac{\vec{b}+\vec{c}+\vec{d}}{3} - \vec{a})$

und $\vec{s}$ teilt die Schwerelinie $(\frac{\vec{b}+\vec{c}+\vec{d}}{3} - \vec{a})$ im Verhältnis $\frac{3}{4} : \frac{1}{4}$ also 3 : 1.

5.60   *Die Mittelsenkrechten eines Dreiecks schneiden sich in einem Punkt M, dem Mittelpunkt des Umkreises.*

(a)   Ist der Endpunkt M von $\vec{m}$ der Schnittpunkt der beiden Mittelsenkrechten

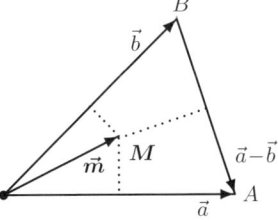

$$M_{\vec{a}}: \quad \vec{a}\cdot\vec{x} - \vec{a}\cdot\tfrac{1}{2}\vec{a} \qquad \text{also} \qquad \vec{a}\cdot\vec{m} - \tfrac{1}{2}\vec{a}^2$$
$$M_{\vec{b}}: \quad \vec{b}\cdot\vec{x} = \vec{b}\cdot\tfrac{1}{2}\vec{b} \qquad\qquad \vec{b}\cdot\vec{m} = \tfrac{1}{2}\vec{b}^2 \quad,$$

so folgt durch Subtraktion der beiden Gleichungen
$$(\vec{a}-\vec{b})\cdot\vec{m} = \tfrac{1}{2}(\vec{a}^2 - \vec{b}^2) = (\vec{a}-\vec{b})\cdot\tfrac{1}{2}(\vec{a}+\vec{b}).$$
Also liegt M auch auf der dritten Mittelsenkrechten.
$$M_{\vec{a}-\vec{b}}: \quad (\vec{a}-\vec{b})\cdot\vec{x} = (\vec{a}-\vec{b})\cdot\tfrac{1}{2}(\vec{a}+\vec{b}).$$

(b) M ist Mittelpunkt des Umkreises, da die Abstände zu den Ecken gleich sind:

$$\vec{a}\cdot\vec{m} = \tfrac{1}{2}\vec{a}^2 \qquad\qquad -2\vec{a}\cdot\vec{m}+\vec{a}^2 = 0 \qquad\qquad \vec{m}^2 - 2\vec{a}\cdot\vec{m}+\vec{a}^2 = \vec{m}^2$$
$$\vec{b}\cdot\vec{m} = \tfrac{1}{2}\vec{b}^2 \quad\Longleftrightarrow\quad -2\vec{b}\cdot\vec{m}+\vec{b}^2 = 0 \quad\Longleftrightarrow\quad \vec{m}^2 - 2\vec{b}\cdot\vec{m}+\vec{b}^2 = \vec{m}^2$$
$$\Longleftrightarrow\quad (\vec{m}-\vec{a})^2 = \vec{m}^2 = (\vec{m}-\vec{b})^2 \Longleftrightarrow |\vec{m}-\vec{a}| = |\vec{m}| = |\vec{m}-\vec{b}|.$$

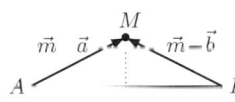

Man sieht auch ohne Rechnung. M ist Mittelpunkt des Umkreises, da $|\vec{m}-\vec{a}| - |\vec{m}-\vec{b}|$ ist (Satz des Pythagoras).

5.61   *Die Höhen eines Dreiecks schneiden sich in einem Punkt H.*

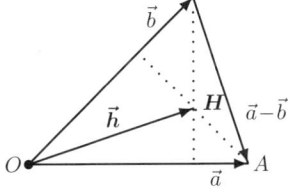

Ist der Endpunkt H des Vektors $\vec{h}$
der Schnittpunkt der beiden Höhen H_A und H_B,
so ist $(\vec{a}-\vec{h}) \perp \vec{b}$ und $(\vec{b}-\vec{h}) \perp \vec{a}$. Also gilt:

$(\vec{a}-\vec{h})\cdot\vec{b} = 0$ und $(\vec{b}-\vec{h})\cdot\vec{a} = 0$
$\Longleftrightarrow \vec{h}\cdot\vec{a} = \vec{h}\cdot\vec{b} \Longleftrightarrow \vec{h}\cdot(\vec{a}-\vec{b}) = 0 \Longleftrightarrow \vec{h}\perp(\vec{a}-\vec{b}).$
Also geht auch die dritte Höhe durch H.

5.62   **Satz des THALES**   *"Jeder Winkel im Halbkreis ist ein rechter Winkel."*

Spezialfall des **Umfangswinkelsatz** (**F+H**, S. 21)

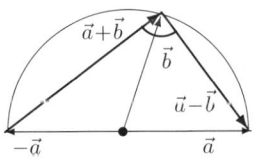

Die Endpunkte von $\vec{a}$ und $\vec{b}$ liegen
auf einem Kreis um den Nullpunkt
$\Longleftrightarrow |\vec{a}| = |\vec{b}| \Longleftrightarrow \vec{a}^2 = \vec{b}^2 \Longleftrightarrow (\vec{a}+\vec{b})\cdot(\vec{a}-\vec{b}) - 0$
$\Longleftrightarrow \vec{a}+\vec{b}$ und $\vec{a}-\vec{b}$ stehen senkrecht aufeinander.

5.63   **Höhensatz des EUKLID** $h^2 = pq$.

Das Quadrat über der Höhe eines rechtwinkligen Dreiecks ist gleich dem Rechteck gebildet aus den beiden Hypothenusenabschnitten.

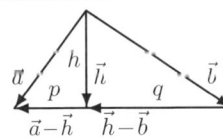

Zu zeigen ist $pq = h^2$, also $|\vec{a}-\vec{h}|\,|\vec{h}-\vec{b}| = |\vec{h}|^2$.

$(\vec{a}-\vec{h})\cdot(\vec{h}-\vec{b}) = |\vec{a}-\vec{h}|\,|\vec{h}-\vec{b}|\cos 0 = |\vec{a}-\vec{h}|\,|\vec{h}-\vec{b}|,$
$(\vec{a}-\vec{h})\cdot(\vec{h}-\vec{b}) = \vec{a}\cdot\vec{h} - \vec{a}\cdot\vec{b} - \vec{h}^2 + \vec{h}\cdot\vec{b} = \vec{h}^2 = |\vec{h}|^2,$
da $\vec{a}\cdot\vec{h} = \vec{b}\cdot\vec{h} = \vec{h}^2$ und $\vec{a}\cdot\vec{b} = 0$ ist.

5.64   **Kathetensatz** $a^2 = pc$.   *Das Quadrat über der Kathete eines rechtwinkligen Dreiecks ist gleich dem Rechteck gebildet aus der Hypothenuse und dem anliegenden Hypothenusenabschnitt.*

Zu zeigen ist $a^2 = pc$: Setze $a := |\vec{a}|$, $c := |\vec{c}|$, $p := |\vec{p}|$,
so ist $a^2 = \vec{a}^2 = \vec{a} \cdot \vec{c} = \vec{p} \cdot \vec{c} = pc$.

Pythagoras $a^2 + b^2 = c^2$.

Aus $a^2 = pc$ und $b^2 = qc$ (Kathetensatz) folgt $a^2 + b^2 = pc + qc = (p+q)c = c^2$.

5.65   (a) **Eulersche Gerade:** *Der Schnittpunkt H der Höhen, der Schnittpunkt S der Seitenhalbierenden und der Schnittpunkt M der Mittelsenkrechten (sowie der Mittelpunkt F des Feuerbachkreises, siehe (b)) eines Dreiecks liegen auf einer Geraden. S teilt $\overline{HM}$ im Verhältnis $2:1$.*

(b) **Feuerbachkreis:** *Die Seitenmitten, die Mitten der 'oberen Höhenabschnitte' und die Höhenfußpunkte eines Dreiecks liegen auf einem Kreis mit Mittelpunkt $\vec{f} = \frac{1}{2}(\vec{h} - \vec{m})$ und halbem Umkreisradius als Radius.*

Zweckmäßigerweise legt man den Nullpunkt in den Schnittpunkt der Mittelsenkrechten (= Mittelpunkt des Umkreises), also $O = M$, d.h. $\vec{0} = \vec{m}$. Dann ist $|\vec{a}| = |\vec{b}| = |\vec{c}| = r$ (Umkreisradius), also $\vec{a}^2 = \vec{b}^2 = \vec{c}^2$.

(a) $\vec{s} = \frac{1}{3}(\vec{a} + \vec{b} + \vec{c})$,   [siehe 5.59 (a)].

$\vec{h} = \vec{a} + \vec{b} + \vec{c}$ ist Höhenschnittpunkt,
denn $(\vec{h} - \vec{a}) \perp (\vec{b} - \vec{c})$, da
$(\vec{h} - \vec{a}) \cdot (\vec{b} - \vec{c}) = (\vec{b} + \vec{c}) \cdot (\vec{b} - \vec{c}) = \vec{b}^2 - \vec{c}^2 = 0$ ist.
Wegen $\vec{s} = \frac{1}{3}\vec{h}$ liegen M, S, H auf einer Geraden
und S teilt $\overline{HM}$ im Verhältnis $2:1$.

(b)   Aus $\vec{m} = \vec{0}$, also $M = O$
folgt $\vec{f} = \frac{1}{2}(\vec{h} - \vec{m}) = \frac{1}{2}\vec{h} = \frac{1}{2}(\vec{a} + \vec{b} + \vec{c})$.

Seitenmitte: $|\vec{f} - \frac{1}{2}(\vec{b} + \vec{c})| = \frac{1}{2}|\vec{a}| = \frac{r}{2}$.
Mitte des oberen Höhenabschnitts:
$|\vec{f} - \frac{1}{2}(\vec{a} + \vec{h})| = |\frac{1}{2}\vec{h} - \frac{1}{2}(\vec{a} + \vec{h})| = \frac{1}{2}|\vec{a}| = \frac{r}{2}$.
Höhenfußpunkt:
Es ist $\vec{f} = \frac{1}{2}\vec{h} = \frac{1}{2}(\frac{1}{2}(\vec{a} + \vec{h}) + \frac{1}{2}(\vec{b} + \vec{c}))$ und
folglich ist die Verbindung der Seitenmitte
$\frac{1}{2}(\vec{b} + \vec{c})$ mit der zugehörigen
Mitte des oberen Höhenabschnitts
$\frac{1}{2}(\vec{a} + \vec{h})$ ein Kreisdurchmesser.
Am Höhenfußpunkt P ist ein
rechter Winkel und nach dem
THALES–Satz (siehe 5.62)
liegt der Höhenfußpunkt auf dem Kreis.
Beweise für die übrigen sechs Punkte analog!

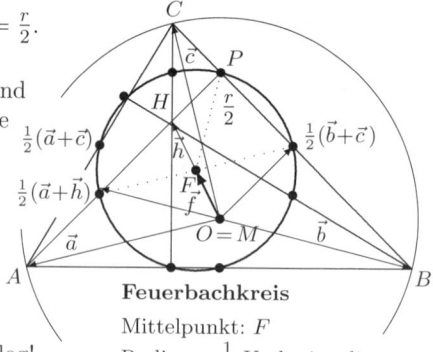

Umkreis

Eulersche Gerade
$\vec{s} = \frac{1}{3}(\vec{h} - \vec{m})$, $\vec{f} = \frac{1}{2}(\vec{h} - \vec{m})$
$\vec{m} = \vec{0}$, also $\vec{s} = \frac{1}{3}\vec{h}$, $\vec{f} = \frac{1}{2}\vec{h}$

Feuerbachkreis
Mittelpunkt: F
Radius $= \frac{1}{2}$ Umkreisradius

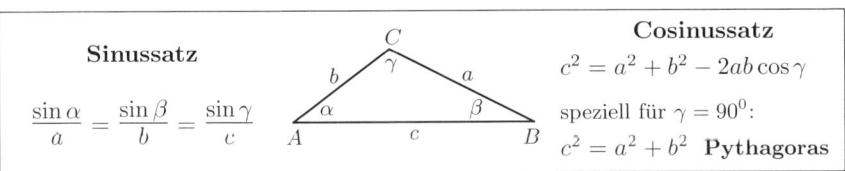

5.66   Im Dreieck gelten Cosinussatz (speziell: Pythagoras) und Sinussatz.

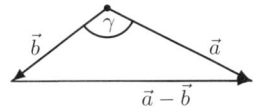

$(\vec{a} - \vec{b})^2 = \vec{a}^2 - 2\vec{a}\vec{b} + \vec{b}^2$. Da $|\vec{x}|^2 = \vec{x}^2$ ist, folgt:

$$|\vec{a} - \vec{b}|^2 = |\vec{a}|^2 + |\vec{b}|^2 - 2|\vec{a}||\vec{b}| \cos \sphericalangle(\vec{a}, \vec{b}).$$

Setzt man $a := |\vec{a}|$, $b := |\vec{b}|$, $c := |\vec{a} - \vec{b}|$ und $\gamma := \sphericalangle(\vec{a}, \vec{b})$, so erhält man den
Cosinussatz: $c^2 = a^2 + b^2 - 2ab \cos \gamma$. Für $\gamma = 90^0$, $\cos \gamma = 0$ ergibt sich der

$$\boxed{\textbf{Satz des Pythagoras:} \quad \boldsymbol{a^2 + b^2 = c^2}}$$

Sinussatz :

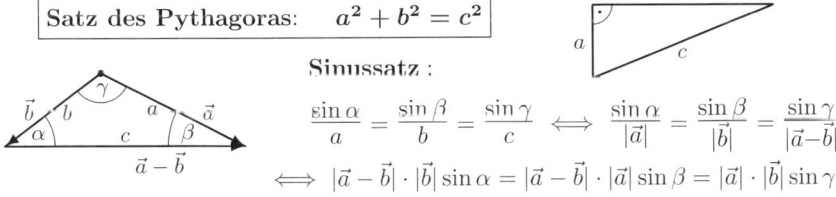

$$\frac{\sin \alpha}{a} = \frac{\sin \beta}{b} = \frac{\sin \gamma}{c} \iff \frac{\sin \alpha}{|\vec{a}|} = \frac{\sin \beta}{|\vec{b}|} = \frac{\sin \gamma}{|\vec{a}-\vec{b}|}$$

$$\iff |\vec{a} - \vec{b}| \cdot |\vec{b}| \sin \alpha = |\vec{a} - \vec{b}| \cdot |\vec{a}| \sin \beta = |\vec{a}| \cdot |\vec{b}| \sin \gamma.$$

$|\vec{a}| \cdot |\vec{b}| \sin \gamma$ ist die Fläche des von den Vektoren $\vec{a}, \vec{b}$ aufgespannten Parallelogramms [S.133]. $\vec{b}, \vec{a} - \vec{b}$ bzw. $\vec{a}, \vec{a} - \vec{b}$ bzw. $\vec{a}, \vec{b}$ spannen aber gleich große Parallelogramme auf. Also ist die letzte Aussage offensichtlich richtig!

5.10   Aufgaben

5.67   Man spiegele den Punkt $P = (1, 2, 1)$ an der Geraden $G : \vec{x} = (3, 2, 1) + t(2, 1, 2)$.

5.68   Man gebe eine Koordinatendarstellung der Ebene E an, die parallel zur y–Achse liegt und $P_1 = (1, 2, 1)$ und $P_2 = (0, 3, 2)$ enthält.

5.69   Man bestimme den Abstand der beiden Geraden $G_1 : \vec{x} = (1, 3, 4) + r(-4, 2, -4)$ und $G_2 : \vec{x} = (-5, 3, 1) + s(6, -3, 6)$.

5.70   Gesucht ist der Abstand derjenigen Ebene E vom Nullpunkt, die $P = (5, 5, 7)$ und $G : \vec{x} = (6, 8, 8) + t(-1, 7, 3)$ enthält.

5.71   Gesucht ist der Einheitsvektor in Richtung der Seitenhalbierenden vom Nullpunkt aus in dem von P_1, P_2, P_3 gebildeten Dreieck. Es ist $P_1 = (2, -1, -3)$, $P_2 = (-1, 3, 3)$, $P_3 = (0, 0, 0)$.

5.72   Man berechne den Schnittpunkt der Seitenhalbierenden in dem von den Punkten $P = (0, 1, 2)$, $Q = (1, 2, 0)$, $R = (1, 1, 1)$ gebildeten Dreieck.

5.73 $\vec{a}, \vec{b}, \vec{c}$ seien Einheitsvektoren und es sei:
$\sphericalangle(\vec{a}, \vec{b}) = 60^0$, $\sphericalangle(\vec{a}, \vec{c}) = 90^0$, $\sphericalangle(\vec{b}, \vec{c}) = 45^0$. Man berechne $\sphericalangle(\vec{a} + \sqrt{3}\,\vec{c}, \vec{a} - 2b)$.

5.74   Man zeige: $(\vec{a} + r\vec{b}) \times \vec{b} = \vec{a} \times \vec{b}$.
Welcher Satz über ebene Flächeninhalte wird hierdurch dargestellt?

5.75   Es sei $\vec{a} = (a, 2, 5)$, $\vec{b} = (0, b, -2)$, $\vec{c} = (6, 3a, 0)$. Für welche Paare (a, b)
    (1)   stehen $\vec{a}, \vec{b}, \vec{c}$ paarweise senkrecht aufeinander?
    (2)   liegen $\vec{a}, \vec{b}, \vec{c}$ in einer Ebene?

5.76   Es sei $< \vec{a}, \vec{b}, \vec{c} >= 3$. Man berechne $< \vec{a} + \vec{c}, \vec{b}, \vec{a} - \vec{c} >$.

5.77   Man stelle $\vec{a} = (20, 15, 6)$ als Linearkombination der Vektoren
    $\vec{a}_1 = (5, 2, 4)$, $\vec{a}_2 = (2, -7, -6)$ und $\vec{a}_3 = (3, 1, -2)$ dar.

5.78   Es sei $\vec{a} = (5, 7, -2)$, $\vec{b} = (3, 1, 2)$ und $\vec{c} = (4, -6, -11)$.
    Man berechne $\vec{u} = (\vec{a}\vec{b})\vec{c}$ und $\vec{v} = \vec{a}(\vec{b}\vec{c})$.

5.79   Man bestimme einen Vektor $\vec{a}$ mit: $|\vec{a}| = \sqrt{26}$, $\vec{a} \perp (5, 1, 7)$ und $\vec{a} \perp (6, -9, 5)$.

5.80 $E : 2x + 3y + 6z = 24$ schneidet das durch
    $P_0 = (0, 0, 0)$, $P_1 = (0, 4, 0)$, $P_2 = (6, 0, 0)$, $P_3 = (0, 0, 5)$ gebildete Tetraeder.
    Man berechne die Volumina der Teilkörper.

5.81   Man berechne eine Gleichung der Mittelsenkrechten der Strecke $\overline{P_1 P_2}$,
    wenn $P_1 = (5, -2)$ und $P_2 = (-2, 7)$ ist.

5.82 $G_1 : \vec{x} = \vec{a}_1 + r\vec{b}_1$ und $G_2 : \vec{x} = \vec{a}_2 + s\vec{b}_2$ seien zwei Geraden.
    Man charakterisiere vektoriell:
    (a) $G_1 \parallel G_2$ (b) $G_1 \perp G_2$ (c) $G_1 \equiv G_2$
    (d) G_1 und G_2 schneiden sich in genau einem Punkt.

5.83   Es sei $G_1 : \vec{x} = (-2, 6, 4) + r(1, 2, 3)$ und $G_2 : \vec{x} = (-10, 6, 16) + s(1, -3, -4)$.
    Gesucht sind die Punkte kürzester Entfernung und ihr Abstand.

5.84   Man bestimme den Abstand der beiden Geraden
    $G_1 : \vec{x} = (3, 2, -4) + r(2, 14, 5)$ und $G_2 : \vec{x} = (5, 16, 1) + s(-3, -21, -\frac{15}{2})$.

5.85   Gesucht ist eine Koordinatenform der Ebene durch die Punkte
    $P_1 = (3, 4, 3)$, $P_2 = (-4, 5, 2)$ und $P_3 = (6, -2, -2)$.

5.86   Es sei $E_1 : 2x - y + 3z = 4$ und $E_2 : x + y + z = 1$.
    Man berechne die Schnittgerade und ihren Abstand vom Nullpunkt.

5.87   Man berechne ggf. den Schnittpunkt der beiden Geraden
    $G_1 : \vec{x} = (3, 1, 1) + r(2, -3, -10)$ und $G_2 : \vec{x} = (-2, 3, 15) + s(14, 7, -14)$.

5.88   Es sei $E : 2x + 3y + 2 = 4z$ und $G : \vec{x} = (-2, 8, 5) + t(5, -1, 2)$.
    Man berechne den Durchstoßpunkt und den Winkel zwischen G und E.

5.89 $P_1 = (0, 0, 0)$, $P_2 = (2, 4, 6)$, $P_3 = (1, 4, -2)$ bilden ein Dreieck.
    Man berechne den Schnittpunkt der Mittelsenkrechten der Seite $\overline{P_1 P_2}$ und der
    Höhe von P_1 auf die Seite $\overline{P_2 P_3}$ des Dreiecks.

5.90   Gesucht ist eine Koordinatendarstellung der Ebene, die $(1, 2, 5)$ enhält und auf
    der x–Achse senkrecht steht.

5.91   Wo durchstoßen die Koordinatenachsen die Ebene $3x + y - 4z = 7$?

5.92   Man bestimme den Fußpunkt des Lotes, die Lotgerade und den Abstand des
    Punktes $P = (1, 3, 2)$ bzgl. der Ebene $E : 3x + 2y + z = 5$.

5.93   Es seien $G_1 : \vec{x} = (4, 3, 0) + r(1, 0, 1)$ und $G_2 : \vec{x} = (-2, 5, -4) + s(2, -1, 1)$.
    Man berechne Schnittpunkt und den Schnittwinkel von G_1 und G_2, sowie die
    Ebene E in Koordinatenform, die G_1 und G_2 enthält.

5.94   Gesucht ist die Menge aller Punkte, die von $P_1 = (1, 2, 2)$ und $P_2 = (3, 6, 6)$
    den gleichen Abstand haben.

5.95   Es sei $G_1 : \vec{x} = (5,0,0) + r(-2,1,0)$ und $G_2 : \vec{x} = (0,-1,0) + s(1,3,0)$. Durch den Schnittpunkt P der beiden Geraden wird eine Gerade G senkrecht zu $E : 5x - 3y + 4z = 49$ gelegt. Wo durchstößt die Gerade G die Ebene E und wie weit sind Schnittpunkt P und Durchstoßpunkt Q voneinander entfernt?

5.96   Die Gerade durch $(1,3,7)$ und $(2,4,6)$ durchstößt $E_1 : x + 2y + z = 24$ in P_1 und $E_2 : x - y + z = 5$ in P_2. Man berechne den Abstand von P_1 und P_2 sowie den von E_1 und E_2 eingeschlossenen Winkel.

5.97   Es sei $G_1 : \vec{x} = (0,6,0) + r(-4,3,-1)$ und $G_2 : \vec{x} = (5,-2,1) + s(2,-3,2)$. Welche Vektoren $\vec{n}$ sind zu G_1 und G_2 normal? Welche Ebene E, die senkrecht zu $\vec{n}$ ist, enthält die Gerade G_1?

5.98 $P = (1,2,3)$ wird an der Geraden $G : x = y = z$ gespiegelt. Man bestimme den Spiegelpunkt Q und die Ebene E durch P, Q, O.

5.99   Man bestimme die Ebene E, die den Nullpunkt und die Schnittgerade der Ebenen $E_1 : x + 4y + 2z = 2$ und $E_2 : x - 2y - z = -2$ enthält. Wo liegt der Fußpunkt des Lotes von $(6,12,18)$ auf E?

5.100 G sei die Gerade durch $P = (1,4,-2)$ und $Q = (3,2,-3)$. Die Gerade H gehe durch P, schneide die x, y–Ebene nicht und stehe senkrecht auf G.
  (1)   Man bestimme die G und H enthaltende Ebene E
         und ihre Winkel α, β, γ mit den Koordinatenachsen.
  (2)   Man bestimme eine Gleichung der G enthaltenden Ebene F,
         die senkrecht auf E steht.

5.101 $P_0 = (0,0,0)$, $P_1 = (3,0,4)$, $P_2 = (4,3,-1)$, $P_3 = (0,5,2)$ seien die Eckpunkte eines Tetraeders. Man berechne:
  (1)   Die Längen der Seiten,
  (2)   Die Winkel des Dreiecks $P_1 P_2 P_3$,
  (3)   Die Oberfläche und das Volumen des Tetraeders.

5.102 Man bestimme das Volumen des Spats, dessen Kanten die Längen 1,2 und 4 haben und bei dem die drei Winkel an einer Ecke je 60^0 betragen.

5.103 Man berechne die Fläche des Dreiecks mit den Eckpunkten $(2,3,-6), (6,4,4), (3,7,4)$.

5.104 Man bestimme die Ebene E, die den Punkt $(2,1,-1)$ enthält und auf der x– bzw. z–Achse Abschnitte der Länge 2 bzw. 1 abschneidet.

5.105 Man bestimme den Kosinus desjenigen Winkels zwischen den beiden Ebenen $x - y + z = 1$ und $2x - y + z = -2$, in dessen Winkelraum der Nullpunkt liegt.

5.106 Man bestimme eine Gleichung von E, die durch $(1,1,1)$ und $(2,2,2)$ geht und senkrecht auf der Ebene $x + y - z = 0$ steht.

5.107 Liegen $(2,1,1)$ und $(2,1,3)$ auf derselben Seite von $E : x + 2y - z = 2$?

5.108 Man bestimme das Volumen eines Tetraeders aus den Gleichungen seiner vier begrenzenden Ebenen: $x + y + z = 1, x - y = 1, x - z = 1, z = 2$.

5.109 Man suche die Ebene, die von den Ebenen $x + y - 2z = 1$ und $x + y - 2z = -3$ gleich weit entfernt ist.

5.110 Auf der Schnittgeraden der Ebenen $x + y + z = 2$ und $x + 2y - z = 1$ suche man denjenigen Punkt P, der von den Ebenen $x + 2y + z = -1$ und $x + 2y + z = 3$ gleichen Abstand hat.

5.111 In der Gleichung $x + y + cz = 0$ wähle man c so, dass durch die x–Achse nur eine Ebene gelegt werden kann, die mit der gegebenen Ebene einen Winkel von 330^0 bildet.

5.112 Man suche die Ebene, die von $x + y - z = -1$ doppelt so weit entfernt ist wie von der Ebene $x + y - z = 1$ und nicht zwischen diesen beiden Ebenen liegt.

5.113 Man spiegele den Punkt $(-1, 2, 0)$ an der Ebene $x + 2y - z = -1$.

5.114 Es sei $P_1 = (1, 2, -1)$ und $P_2 = (-1, 2, 1)$.
Auf der Strecke $\overline{P_1 P_2}$ ist ein Punkt P so zu bestimmen, dass $\overline{P_1 P} = 2\overline{P P_2}$ ist.

5.115 Gesucht ist die Gerade, die in der Ebene $x + y + z = -1$ liegt und auf der Schnittgeraden der Ebenen $y - z = -1$ und $x + 2z = 0$ senkrecht steht.

5.116 Man berechne das Volumen des von den Vektoren $\vec{a}, \vec{b}, \vec{c}$ gebildeten Spats bei gegebenen Winkeln $\alpha = \sphericalangle(\vec{a}, \vec{c})$, $\beta = \sphericalangle(\vec{b}, \vec{c})$, $\gamma = \sphericalangle(\vec{a}, \vec{b})$ und Längen $|\vec{a}|, |\vec{b}|, |\vec{c}|$.

5.117 Man bestimme das Volumen des Spats, dessen Kanten die Längen $1, 1, 2$ haben und bei dem die drei Winkel an einer Ecke $120^0, 150^0, 60^0$ betragen.

5.118 Von einem Tetraeder kennt man die Winkel $30^0, 45^0, 60^0$ zwischen den drei Kanten der Längen $2, 3, 4$ an einer Ecke. Berechne das Volumen des Tetraeders.

5.119 Die Winkelhalbierenden eines Dreiecks schneiden sich in einem Punkt.
Der Schnittpunkt ist der Mittelpunkt des Inkreises.

5.120 Es seien $\quad \begin{aligned} G_1 &: \vec{x} = (1, -1, 2) + r(1, 2, -3) \\ G_2 &: \vec{x} = (-4, 1, 1) + s(2, -3, 2) \end{aligned} \quad$ und $P = (-10, 4, 11)$.
Man bestimme ggf. alle Geraden durch P, die G_1 und G_2 schneiden.

5.121 Zu den beiden windschiefen Geraden
$G_1 : \ \vec{x} = (1, 1, 0) + r(1, 1, 1)$ und $G_2 : \ \vec{x} = (0, 0, 1) + s(1, 0, 1)$
bestimme man eine Gerade G, die von G_1 und G_2 gleichen Abstand $d > 0$ hat.

5.122 Jedes Tetraeder lässt sich in einen Spat einbetten, dessen Volumen das Dreifache des Tetraedervolumens ist.

5.11   Lösungen

5.67 Lotfußpunkt: $\vec{x}_0 = \frac{1}{9}(19, 14, 1)$. Spiegelpunkt: $\vec{q} = \vec{p} + 2(\vec{x}_0 - \vec{p}) = \frac{1}{9}(29, 10, -7)$.

5.68 Parallel zur y–Achse: $E : ax + cz = d$.
$\begin{aligned} \vec{p}_1 \in E &\implies a + c = d \\ \vec{p}_2 \in E &\implies \quad\; 2c = d. \end{aligned}$ Setze $c = 1 \implies \begin{aligned} a &= 1 \\ d &= 2 \end{aligned} \implies E : x + z = 2.$

5.69 $G_1 \parallel G_2$, Abstand $(1, 3, 4)$ zu $G_2 =$ Abstand $G_1, G_2 = 3$.

5.70 $E : \vec{x} = (6, 8, 8) + r\big((5, 5, 7) - (6, 8, 8)\big) + s(-1, 7, 3)$
$E : \vec{x} = (6, 8, 8) + r(-1, -3, -1) + s(-1, 7, 3)$ (Parameterform)
$E : x - 2y + 5z = 30$ (Koordinatenform) $\implies d = \dfrac{30}{\sqrt{30}} = \sqrt{30}$.

5.71 $\vec{e} = \dfrac{\vec{p}_1 + \vec{p}_2}{|\vec{p}_1 + \vec{p}_2|} = \dfrac{1}{\sqrt{5}}(1, 2, 0)$.   **5.72** $S = \frac{1}{3}(2, 4, 3)$.

5.73 $\cos\varphi = \dfrac{(\vec{a} + \sqrt{3}\,\vec{c})(\vec{a} - 2\vec{b})}{|\vec{a} + \sqrt{3}\,\vec{c}|\,|\vec{a} - 2\vec{b}|} = \dfrac{-\sqrt{6}}{2\sqrt{3}} = -\frac{1}{2}\sqrt{2} \implies \varphi = \frac{3}{4}\pi$.

5.74 $(\vec{a} + r\vec{b}) \times \vec{b} = \vec{a} \times \vec{b} + r\vec{b} \times \vec{b} = \vec{a} \times \vec{b}$, weil $r\vec{b} \times \vec{b} = 0$ ist.
Parallelogramme gleicher Grundlinie und Höhe haben gleiche Flächen!

5.75   (1) $(a,b) = (0,5)$ (2) $(a,b) = \left(r, \frac{1}{5}(r^2-4)\right)$, r beliebig.

5.76 $< \vec{a} + \vec{c}, \vec{b}, \vec{a} - \vec{c} >$
$= < \vec{a}, \vec{b}, \vec{a} > + < \vec{c}, \vec{b}, \vec{a} > + < \vec{a}, \vec{b}, -\vec{c} > + < \vec{c}, \vec{b}, -\vec{c} >$
$= 0 - < \vec{a}, \vec{b}, \vec{c} > - < \vec{a}, \vec{b}, \vec{c} > + 0 - = -2 < \vec{a}, \vec{b}, \vec{c} > = -6.$

5.77 $\vec{a} = 2\vec{a}_1 - \vec{a}_2 + 4\vec{a}_3$.   **5.78** $\vec{u} = 18(4, -6, -11)$, $\vec{v} = -16(5, 7, -2)$.

5.79 $\vec{a}_{1,2} = \pm(4, 1, -3)$.   **5.80** $V_1 = \frac{4}{9}$, $V_2 = 19\frac{5}{9}$ und $V_{\text{Tetr.}} = 20$.

5.81 $M : \vec{x} = \frac{1}{2}(3,5) + t(9,7)$, oder $M : 7x - 9y = -12$.

5.82
$$G_1 \parallel G_2 \quad \Longleftrightarrow \quad \vec{b}_1, \vec{b}_2 \text{ lin. abh.} \Longleftrightarrow \vec{b}_1 \times \vec{b}_2 = \vec{0}.$$
$$G_1 \perp G_2 \quad \Longleftrightarrow \quad \vec{b}_1 \perp \vec{b}_2 \Longleftrightarrow \vec{b}_1 \cdot \vec{b}_2 = 0.$$
$$G_1 \equiv G_2 \quad \Longleftrightarrow \quad \vec{b}_1, \vec{b}_2 \text{ lin. abh. und } \vec{a}_1 \in G_2$$
$$\Longleftrightarrow \quad \vec{b}_1 \times \vec{b}_2 = \vec{0} \wedge \vec{b}_1 \times (\vec{a}_2 - \vec{a}_1) = \vec{0}.$$
$$G_1 \cap G_2 = \{\vec{x}_0\} \Longleftrightarrow \; < \vec{a}_2 - \vec{a}_1, \vec{b}_1, \vec{b}_2 > = 0 \wedge \vec{b}_1 \times \vec{b}_2 \neq \vec{0}.$$

5.83 $P_1 = \frac{1}{75}(-374, 2, -372)$, $P_2 = \frac{1}{75}(-442, -474, -32)$, $d = \frac{68}{15}\sqrt{3}$.

5.84 $G_1 \equiv G_2 \Longrightarrow d = 0$.   **5.85** $E : 11x + 38y - 39z = 68$.

5.86 $G : \vec{x} = (-1, 0, 2) + t(-4, 1, 3)$, $d = \sqrt{\frac{15}{13}}$.   **5.87** $\frac{1}{8}(6, 35, 98)$.

5.88 $P = (8, 6, 9)$, $\varphi = |90^0 - \sphericalangle(\vec{n}, \vec{b})| \approx 1.94^0$.   **5.89** $S = \frac{14}{57}(8, 26, -1)$.

5.90 $E : x = 1$.   **5.91** $x_0 = \frac{7}{3}$, $y_0 = 7$, $z_0 = -\frac{7}{4}$.

5.92 $F = \frac{1}{7}(-2, 15, 11)$, $L : \vec{x} = (1, 3, 2) + t(3, 2, 1)$, $d = \frac{3}{7}\sqrt{14}$.

5.93 $P = (2, 3, -2)$, $\varphi = 30^o$, $E : x + y - z = 7$.   **5.94** $E : x + 2y + 2z = 18$.

5.95 $G : \vec{x} = (1, 2, 0) + t(5, -3, 4)$, $Q = (6, -1, 4)$, $d = 5\sqrt{2}$.

5.96 $d = 5\sqrt{3}$, $\varphi = 90^o$.   **5.97** $\vec{n} = r(1, 2, 2), r \neq 0$, $E : x + 2y + 2z = 12$.

5.98 $Q = (3, 2, 1)$, $E : x - 2y + z = 0$.   **5.99** $E : 2x + 2y + z = 0$, $F = (-6, 0, 12)$.

5.100   (1) $E : x - y + 4z = -11$, $\vec{n} = (1, -1, 4) \Longrightarrow \alpha = 19, 47^o$, $\beta = \gamma = 76, 37^o$.
   (2) $F : x + y = 5$.

5.101   (1) $\overline{OP_1} = 5$, $\overline{OP_2} = \sqrt{26}$, $\overline{OP_3} = \sqrt{29}$, $\overline{P_1 P_2} = \sqrt{35}$, $\overline{P_2 P_3} = \sqrt{29}$, $\overline{P_1 P_3} = \sqrt{38}$.
   (2) $\sphericalangle(P_3 P_1 P_2) \approx 52.90^o$, $\sphericalangle(P_1 P_2 P_3) \approx 65.92^o$, $\sphericalangle(P_2 P_3 P_1) \approx 61.18^o$.
   (3) $F = 51.595$, $V = 18.833$.

5.102   Elementargeometrische Lösung:

Die Höhe in einem gleichseitigen Dreieck (Kantenlänge 1) beträgt: $\frac{1}{2}\sqrt{3}$.

Die Höhe in einem gleichseitigen Tetraeder (Kantenlänge 1) beträgt: $\frac{1}{3}\sqrt{6}$.

Also gilt für das Volumen eines regelmäßigen Spats (Kantenlänge 1), bei dem die drei Winkel an einer Ecke je 60^0 betragen: $V_0 = \frac{1}{2}\sqrt{3}\,\frac{1}{3}\sqrt{6} = \frac{1}{2}\sqrt{2}$.

Für das Volumen des entsprechenden Spats der Kantenlängen 1,2,4 gilt:
$$V = 1 \cdot 2 \cdot 4 \cdot \frac{1}{2}\sqrt{2} = 4\sqrt{2}.$$

Andere Lösungsmöglichkeit, siehe [5.116]. ($\alpha = \beta = \gamma = 60^0$).

5.103 $F = \frac{45}{2}$.   **5.104** $E : x + 2y + 2z = 2$.   **5.105** $\cos\varphi = \frac{2}{3}\sqrt{2}$.

5.106 $E : x - y = 0$.   **5.107** Nein!   **5.108** $V = 6$.   **5.109** $E : x + y - 2z = -1$.

5.110 $P = (3, -1, 0)$.   **5.111** $c = \pm\sqrt{2}$.   **5.112** $E : x + y - z = 3$.

5.113 $P = \frac{1}{3}(-7, -2, 4)$.   **5.114** $\vec{p} = \vec{p}_1 + \frac{2}{3}(\vec{p}_2 - \vec{p}_1) = \frac{1}{3}(-1, 6, 1)$.

5.115 Geraden $G_a : \vec{x} = \frac{1}{3}(a - 1, 0, -a - 2) + t(0, 1, -1)$, a beliebig.

5.116 $V = |<\vec{a}, \vec{b}, \vec{c}>| = |(\vec{a} \times \vec{b}) \cdot \vec{c}| = |\vec{a} \times \vec{b}| \cdot |\vec{c}|\cos\varphi = |\vec{a}| \cdot |\vec{b}| \cdot \sin\gamma \cdot |\vec{c}| \cdot \cos\varphi$,
wobei φ der Winkel zwischen $\vec{a} \times \vec{b}$ und $\vec{c}$ ist. Es ist $\varphi = 90^0 - \psi$, wobei ψ der
Winkel zwischen $\vec{c}$ und der durch $\vec{a}$ und $\vec{b}$ bestimmten Ebene ist.

Nach 5.34 gilt: $\cos\psi = \dfrac{1}{\sin\gamma}\sqrt{\cos^2\alpha + \cos^2\beta - 2\cos\alpha\cos\beta\cos\gamma}$.

Man erhält: $V = |\vec{a}| \cdot |\vec{b}| \cdot |\vec{c}| \cdot \sin\gamma \cdot \cos(90^0 - \psi) = |\vec{a}| \cdot |\vec{b}| \cdot |\vec{c}| \cdot \sin\gamma \cdot \sin\psi$
Setzt man $\sin\psi = \sqrt{1 - \cos^2\psi}$ und für $\cos\psi$ obige Formel ein, so erhält man:

$$V_{\text{Spat}} = |\vec{a}| \cdot |\vec{b}| \cdot |\vec{c}| \cdot \sqrt{1 - \cos^2\alpha - \cos^2\beta - \cos^2\gamma + 2\cos\alpha\cos\beta\cos\gamma}.$$

5.117 $V_{\text{Spat}} = \sqrt{\sqrt{3} - 1} \approx 0.86$, siehe [.116].

5.118 $V_{\text{Tetra.}} = \frac{1}{6}V_{\text{Spat}} = 2\sqrt{\sqrt{6} - 2} \approx 1.34$, siehe [5.116].

5.119 Man schneidet zunächst zwei Winkelhalbierende:

$W_1 : \vec{x} = r\left(\dfrac{\vec{a}}{|\vec{a}|} + \dfrac{\vec{b}}{|\vec{b}|}\right)$ und $W_2 : \vec{x} = \vec{a} + s\left(\dfrac{\vec{b}-\vec{a}}{|\vec{b}-\vec{a}|} - \dfrac{\vec{a}}{|\vec{a}|}\right)$. Gleichsetzen und

Zusammenfassen ergibt: $\underbrace{\left(\dfrac{r_0}{|\vec{a}|} + \dfrac{s_0}{|\vec{a}|} + \dfrac{s_0}{|\vec{b}-\vec{a}|} - 1\right)}_{=0} \cdot \vec{a} + \underbrace{\left(\dfrac{r_0}{|\vec{b}|} - \dfrac{s_0}{|\vec{b}-\vec{a}|}\right)}_{=0} \cdot \vec{b} = \vec{0}.$

Da $\vec{a}, \vec{b}$ linear unabhängig sind, müssen die Koeffizienten gleich 0 sein. Man erhält
ein LGS für r_0 und s_0 mit den Lösungen:

$r_0 = \dfrac{|\vec{a}|\cdot|\vec{b}|}{|\vec{a}|+|\vec{b}|+|\vec{a}-\vec{b}|}$ und $s_0 = \dfrac{|\vec{a}|\cdot|\vec{a}-\vec{b}|}{|\vec{a}|+|\vec{b}|+|\vec{a}-\vec{b}|}$. Im Nenner steht der Umfang des
Dreicks, deshalb sei $U := |\vec{a}| + |\vec{b}| + |\vec{a} - \vec{b}|$ und somit:

$$r_0 = \frac{1}{U}|\vec{a}| \cdot |\vec{b}| \quad \text{und} \quad s_0 = \frac{1}{U}|\vec{a}| \cdot |\vec{a} - \vec{b}|.$$

Schneidet man analog die Winkelhalbierenden W_1 und W_3, so erhält man r_0 wie
oben und $t_0 = \frac{1}{U}|\vec{b}| \cdot |\vec{a} - \vec{b}|$. Also schneiden sich W_1, W_2 und W_1, W_3 im gleichen
Punkt, also schneiden sich W_1, W_2, W_3 in dem Punkt:

Schnittpunkt der Winkelhalbierenden: $\vec{s} = r_0\left(\dfrac{\vec{a}}{|\vec{a}|} + \dfrac{\vec{b}}{|\vec{b}|}\right) = \dfrac{1}{U}(|\vec{b}|\vec{a} + |\vec{a}|\vec{b})$.

Bleibt zu zeigen, dass S Mittelpunkt des Inkreises ist:

Dazu betrachtet man die Abstände von S zu den Dreiecksseiten:

$G_1 : \vec{x} = r\vec{a}$, $G_2 : \vec{x} = s\vec{b}$, $G_3 : \vec{x} = \vec{a} + t(\vec{b} - \vec{a})$ und erhält:.

$d_1 = \dfrac{|\vec{a}\times(\vec{s}-\vec{0})|}{|\vec{a}|} = \dfrac{1}{U}\dfrac{|\vec{a}\times(|\vec{b}|\vec{a}+|\vec{a}|\vec{b})|}{|\vec{a}|} = \dfrac{1}{U}|\vec{a} \times \vec{b}|$, (siehe Seite 140).

Es zeigt sich, dass $d_1 = d_2 = d_3$ ist. Also ist S Mittelpunkt des Inkreises und sein
Radius:$\qquad R = \frac{1}{U}|\vec{a} \times \vec{b}| = \frac{2 \times \text{Fläche des Dreiecks}}{\text{Umfang des Dreiecks}}$.

5.120 Jede Gerade durch P, die G_1 schneidet, liegt in der Ebene F, die P und G_1
enthält ($P \notin G_1$!):

$F : \vec{x} = (1, -1, 2) + r(1, 2, -3) + t(-11, 5, 9)$,
oder in Koordinatenform
$F : 11x + 8y + 9z = 21$.

Schnittmenge von F und G_2 (G_2 in F einsetzen):

$11(-4 + 2s) + 8(1 - 3s) + 9(1 + 2s) = 21 \Longrightarrow 16s = 48 \Longrightarrow s = 3$.

Also schneiden sich F und G_2 im Punkt $P_2 = (2, -8, 7)$.

Sei G die Gerade durch P und P_2, also :

$G : \vec{x} = (-10, 4, 11) + t(12, -12, -4)$ oder $G : \vec{x} = (-10, 4, 11) + t(3, -3, -1)$.

Bleibt zu zeigen, dass G auch G_1 schneidet. G und G_1 liegen in einer Ebene,
nämlich F, und sind nicht parallel. Der Schnittpunkt wird berechnet:

$G \cap G_1 : \quad \begin{array}{l} \vec{x} = (-10, 4, 11) + t(3, -3, -1) \\ \vec{x} = (1, -1, 2) + r(1, 2, -3) \end{array} \quad$ Gleichsetzen $\Longrightarrow r = t = 3$.

Also schneiden sich G und G_1 im Punkt $P_1 = (-1, -5, 8)$.

G ist die einzige Gerade durch P, die G_1 und G_2 schneidet.

Allgemeine Lösung des Problems, ob es eine Gerade durch einen Punkt gibt, die
zwei windschiefe Geraden schneidet, siehe 5.37.

5.121 G_1 und G_2 liegen in den parallelen Ebenen $E_1 : x - z = 1$ und $E_2 : x - z = -1$,
deren Abstand $d(E_1, E_2) = \sqrt{2}$ beträgt.
$E : x - z = 0$ liegt mitten zwischen E_1 und E_2. Alle Geraden in E haben gleichen
Abstand $d = \frac{1}{2}\sqrt{2}$ von E_1 und E_2
und somit von G_1 und G_2.
$G : \vec{x} = t(1, 1, 1)$ liegt in E und ist folglich eine gesuchte Gerade.

5.122 Wird das Tetraeder T von $\vec{a}, \vec{b}, \vec{c}$ gebildet,
so ist T in dem von

$$\begin{array}{ll} \vec{x} = \frac{1}{2}(\vec{a} + \vec{b} - \vec{c}) & \vec{a} = \vec{x} + \vec{y} \\ \vec{y} = \frac{1}{2}(\vec{a} - \vec{b} + \vec{c}) & \longleftrightarrow \quad \vec{b} = \vec{x} + \vec{z} \\ \vec{z} = \frac{1}{2}(-\vec{a} + \vec{b} + \vec{c}) & \vec{c} = \vec{y} + \vec{z} \end{array}$$

gebildeten Spat S enthalten. Sein Volumen ist:

$|\vec{x}, \vec{y}, \vec{z}| =$
$= |\frac{1}{2}(\vec{a} - \vec{b} + \vec{c}), \frac{1}{2}(\vec{a} + \vec{b} - \vec{c}), \frac{1}{2}(-\vec{a} + \vec{b} + \vec{c})|$
$= \frac{1}{8}|(\vec{a} - \vec{b} + \vec{c}), (\vec{a} + \vec{b} - \vec{c}), (-\vec{a} + \vec{b} + \vec{c})|$
$= \frac{1}{8}(|\vec{a}, \vec{b}, \vec{c}| + |\vec{a}, -\vec{c}, \vec{b}| + |-\vec{b}, \vec{a}, \vec{c}| + |\vec{b}, \vec{c}, \vec{a}| + |\vec{c}, \vec{a}, \vec{b}| + |\vec{c}, \vec{b}, -\vec{a}|)$
$= \frac{1}{8}(|\vec{a}, \vec{b}, \vec{c}| + |\vec{a}, \vec{b}, \vec{c}| + |\vec{a}, \vec{b}, \vec{c}| - |\vec{a}, \vec{b}, \vec{c}| + |\vec{a}, \vec{b}, \vec{c}| + |\vec{a}, \vec{b}, \vec{c}|)$
$= \frac{1}{8}(4|\vec{a}, \vec{b}, \vec{c}|) = \frac{1}{2}|\vec{a}, \vec{b}, \vec{c}|) = \frac{1}{2} \cdot 6 \cdot V_{\text{Tet}} = 3 \cdot V_{\text{Tet}}$

6 Matrizen

6.1 Bezeichnungen

Eine (m, n)–Matrix A ist ein rechteckiges Zahlenschema, das aus $m \cdot n$ Zahlen – *Elemente* genannt – besteht, die in m *Zeilen* (Zeilenvektoren) und n *Spalten* (Spaltenvektoren) angeordnet sind:

$$A = \begin{pmatrix} a_{11} & \cdots & a_{1n} \\ \vdots & & \vdots \\ a_{m1} & \cdots & a_{mn} \end{pmatrix} = (a_{ij}), \qquad \begin{matrix} 1 \le i \le m \\ 1 \le j \le n \end{matrix} \ .$$

Das Element a_{ij} steht in der i–ten Zeile und in der j–ten Spalte.
i heißt *Zeilenindex* und j heißt *Spaltenindex*,
m heißt *Zeilenzahl* und n heißt *Spaltenzahl* der Matrix A.

6.1

$A = \begin{pmatrix} 1 & -1 \\ 2 & 3 \\ -4 & 5 \end{pmatrix}$ ist eine $(3, 2)$–Matrix aus 3 Zeilen und 2 Spalten,
es ist z.B. $a_{21} = 2$, $a_{12} = -1$,
die zweite Zeile (der zweite Zeilenvektor) ist $(2, 3)$.

$B = (1 \ -1 \ 2)$ ist eine $(1, 3)$–Matrix[4] aus 1 Zeile und 3 Spalten.

$C = \begin{pmatrix} 2 & 3 \\ -1 & 5 \end{pmatrix}$ ist eine (quadratische) $(2, 2)$–Matrix.

$D = \begin{pmatrix} 1 & 3 & 0 \\ 3 & -2 & -4 \\ 0 & -4 & 0 \end{pmatrix}$ ist eine (symmetrische) $(3, 3)$–Matrix.

$O = \begin{pmatrix} 0 & 0 & 0 \\ 0 & 0 & 0 \end{pmatrix}$ ist die $(2, 3)$–Nullmatrix.

Sind alle Elemente von A gleich 0, so heißt A eine **Nullmatrix**, Bez.[5]: O.

Ist $A = (a_{ij})$ eine (m, n)–Matrix , so heißt die (n, m)–Matrix $A^\top := (a_{ji})$ die zu A *transponierte* oder *gespiegelte* Matrix. Es ist $(A^\top)^\top = A$.
$A^\top$ geht aus A durch Vertauschen der Zeilen mit den Spalten hervor.

6.2   *Zu A, B, C, D, O des vorigen Beispiels bilde man die Transponierten:*

$A^\top = \begin{pmatrix} 1 & -1 \\ 2 & 3 \\ -4 & 5 \end{pmatrix}^\top = \begin{pmatrix} 1 & 2 & -4 \\ -1 & 3 & 5 \end{pmatrix}, \quad B^\top = (1, -1, 2)^\top = \begin{pmatrix} 1 \\ -1 \\ 2 \end{pmatrix},$

$C^\top = \begin{pmatrix} 2 & -1 \\ 3 & 5 \end{pmatrix}, \quad D^\top = \begin{pmatrix} 1 & 3 & 0 \\ 3 & -2 & -4 \\ 0 & -4 & 0 \end{pmatrix} = D, \quad O^\top = \begin{pmatrix} 0 & 0 \\ 0 & 0 \\ 0 & 0 \end{pmatrix}.$

---

[4]Statt $(1 \ -1 \ 2)$ schreibt man auch $(1, -1, 2)$.
[5]Gehen Zeilenzahl m und Spaltenzahl n nicht aus dem Zusammenhang hervor, müssen sie angegeben werden!

6.2   Rechnen mit Matrizen

Vektoren sind spezielle Matrizen!

Zur vertiefenden Wiederholung siehe auch **EM 1**.

Wie bei Vektoren (Stichwort: *koordinatenweise*) definiert man Gleichheit, Multiplikation mit Zahlen und Addition für Matrizen:

Rechnen mit Matrizen

Sind $A = (a_{ij})$ und $B = (b_{ij})$ zwei (m, n)–Matrizen, so gilt:

Gleichheit $\qquad\qquad A = B \iff a_{ij} = b_{ij}$ für $\begin{array}{l} i = 1, \ldots, m \\ j = 1, \ldots, n. \end{array}$

Multiplikation mit Skalar $\quad c \cdot A = c \cdot (a_{ij}) = (c \cdot a_{ij})$, für $c \in \mathbb{R}$.

Addition $\qquad\qquad\qquad A + B = (a_{ij}) + (b_{ij}) = (a_{ij} + b_{ij})$.

Transponieren $\qquad\qquad (A + B)^\top = A^\top + B^\top, \quad A^{\top\top} = A$.

6.3

$$A = \begin{pmatrix} 1 & -2 & 3 \\ 0 & 2 & 1 \end{pmatrix}, \; B = \begin{pmatrix} 0 & 1 & -1 \\ 2 & 0 & 3 \end{pmatrix}.$$

Man berechne $C = 2A - 3B + A + 2B$ und $D = -B + 3A$.

$$C = 2 \begin{pmatrix} 1 & -2 & 3 \\ 0 & 2 & 1 \end{pmatrix} - 3 \begin{pmatrix} 0 & 1 & -1 \\ 2 & 0 & 3 \end{pmatrix} + \begin{pmatrix} 1 & -2 & 3 \\ 0 & 2 & 1 \end{pmatrix} + 2 \begin{pmatrix} 0 & 1 & -1 \\ 2 & 0 & 3 \end{pmatrix}$$

$$= \begin{pmatrix} 2 & -4 & 6 \\ 0 & 4 & 2 \end{pmatrix} + \begin{pmatrix} 0 & -3 & 3 \\ -6 & 0 & -9 \end{pmatrix} + \begin{pmatrix} 1 & -2 & 3 \\ 0 & 2 & 1 \end{pmatrix} + \begin{pmatrix} 0 & 2 & -2 \\ 4 & 0 & 6 \end{pmatrix} = \underline{\begin{pmatrix} 3 & -7 & 10 \\ -2 & 6 & 0 \end{pmatrix}}.$$

$$D = - \begin{pmatrix} 0 & 1 & -1 \\ 2 & 0 & 3 \end{pmatrix} + 3 \begin{pmatrix} 1 & -2 & 3 \\ 0 & 2 & 1 \end{pmatrix} = \underline{\begin{pmatrix} 3 & -7 & 10 \\ -2 & 6 & 0 \end{pmatrix}}.$$

Folgende Umformungen[6] sind erlaubt:

$$C = 2A - 3B + A + 2B = 2A + A - 3B + 2B = 3A - B = -B + 3A = D.$$

Produkt von Matrizen

Es sei $A = (a_{ij})$ eine $(m, \boldsymbol{n})$–Matrix und $B = (b_{jk})$ eine $(\boldsymbol{n}, r)$–Matrix.

$A \cdot B = (c_{ik})$ ist die (m, r)–Matrix, mit $c_{ik} = \sum\limits_{j=1}^{n} a_{ij} \cdot b_{jk}$, für $\begin{array}{l} i = 1, \ldots, m, \\ k = 1, \ldots, r. \end{array}$

c_{ik} ist also das *Skalarprodukt* der i–ten Zeile von A mit der k–ten Spalte von B. Es muss also die *Spaltenzahl* von A mit der *Zeilenzahl* von B übereinstimmen. A und B müssen zueinander passen!

---

[6]Benutzt werden: Assoziativ– und Kommutativgesetz der Addition, Distributivgesetze.

6.4 Man bilde das Matrizenprodukt $A \cdot B$ der Matrizen

$$A = \begin{pmatrix} 1 & -1 & 2 \\ 3 & -2 & 4 \end{pmatrix} \text{ und } B = \begin{pmatrix} 1 & 2 & 11 & 4 \\ -2 & 3 & 0 & 2 \\ 3 & 1 & 4 & 0 \end{pmatrix}.$$

Multipliziert man die $(2,3)$–Matrix A mit der $(\mathbf{3},4)$–Matrix B, so erhält man die $(2,4)$–Matrix AB:

$$\overbrace{\begin{pmatrix} 1 & 2 & \mathbf{11} & 4 \\ -2 & 3 & \mathbf{0} & 2 \\ 3 & 1 & \mathbf{4} & 0 \end{pmatrix}}^{B}$$

Schema:

$$\begin{array}{c|c} & B \\ \hline A & AB \end{array}$$

$$\underbrace{\begin{pmatrix} 1 & -1 & 2 \\ \mathbf{3} & \mathbf{-2} & \mathbf{4} \end{pmatrix}}_{A} \qquad \underbrace{\begin{pmatrix} 9 & 1 & 19 & 2 \\ 19 & 4 & \mathbf{49} & 8 \end{pmatrix}}_{AB}$$

Man erhält z.B.: $c_{23} = \mathbf{49}$ als Skalarprodukt des 2. Zeilenvektors von A mit dem 3. Spaltenvektor von B: $c_{23} = 3 \cdot 11 - 2 \cdot 0 + 4 \cdot 4 = 49$.

Rechenregeln für Matrizen		
$A + B$	$= B + A$	Kommutativität der Addition
$A + O$	$= O + A = A$	Nullmatrix
AE	$= EA = A$	Einheitsmatrix
$A(B + C)$	$= AB + AC$	Distributivgesetz
$A(BC)$	$= (AB)C =: ABC$	Assoziativgesetz
$(AB)^{\top}$	$= B^{\top} A^{\top}$	Transponierte des Produkts
$(AB)^{-1}$	$= B^{-1} A^{-1}$	Inverse des Produkts

Im obigen Beispiel lässt sich AB bilden; aber das Matrizenprodukt BA existiert nicht, da B und A nicht zueinander passen: Die Spaltenzahl 4 von B ist *nicht* gleich der Zeilenzahl 2 von A.

Aber selbst wenn man AB und BA bilden kann, ist im Allgemeinen $AB \neq BA$:

Im Allgemeinen: $AB \neq BA$.   Das Matrizenprodukt ist nicht kommutativ !

6.5 Man berechne AB und BA: (a) $A = \begin{pmatrix} 2 & -1 \\ 0 & 3 \end{pmatrix}$ und $B = \begin{pmatrix} 1 & 1 \\ 0 & 1 \end{pmatrix}$,

(b) $A = (1, 2, -1)$ und $B = \begin{pmatrix} 3 \\ 0 \\ -2 \end{pmatrix}$.

(a) $AB = \begin{pmatrix} 2 & -1 \\ 0 & 3 \end{pmatrix} \cdot \begin{pmatrix} 1 & 1 \\ 0 & 1 \end{pmatrix} = \begin{pmatrix} 2 & 1 \\ 0 & 3 \end{pmatrix}$

$BA = \begin{pmatrix} 1 & 1 \\ 0 & 1 \end{pmatrix} \cdot \begin{pmatrix} 2 & -1 \\ 0 & 3 \end{pmatrix} = \begin{pmatrix} 2 & 2 \\ 0 & 3 \end{pmatrix}$,   also $AB \neq BA$.

(b)

$$\begin{array}{c|c} & \left(\begin{array}{c} 3 \\ 0 \\ -2 \end{array}\right) \\ \hline (1\ 2\ -1) & (5) \end{array} \qquad \Longrightarrow \quad AB = (5) \text{ ist } (1,1)\text{--Matrix.}$$

$$\begin{array}{c|c} & (\ 1 \quad 2 \quad -1\ ) \\ \hline \left(\begin{array}{c} 3 \\ 0 \\ -2 \end{array}\right) & \left(\begin{array}{ccc} 3 & 6 & -3 \\ 0 & 0 & 0 \\ -2 & -4 & 2 \end{array}\right) \end{array} \quad \Longrightarrow \quad BA = \left(\begin{array}{ccc} 3 & 6 & -3 \\ 0 & 0 & 0 \\ -2 & -4 & 2 \end{array}\right) \quad \text{ist } (3,3)\text{--Matrix.}$$

6.6

$$A = \left(\begin{array}{cc} 6 & 3 \\ 4 & 2 \\ 2 & 1 \end{array}\right), B = \left(\begin{array}{ccc} 3 & -2 & -5 \\ -2 & 1 & 4 \end{array}\right), \text{ berechne: } AB, BA, (AB)^{\top}, (BA)^{\top}.$$

$$\begin{array}{ll} AB \ = \ \left(\begin{array}{ccc} 12 & -9 & -18 \\ 8 & -6 & -12 \\ 4 & 3 & 6 \end{array}\right) & BA \ = \ \left(\begin{array}{cc} 0 & 0 \\ 0 & 0 \end{array}\right) = O \\[4mm] (AB)^{\top} \ = \ \left(\begin{array}{ccc} 12 & 8 & 4 \\ -9 & -6 & -3 \\ -18 & -12 & -6 \end{array}\right) & (BA)^{\top} \ = \ \left(\begin{array}{cc} 0 & 0 \\ 0 & 0 \end{array}\right) = O \end{array}$$

6.7   Gegeben: Matrix $A = \left(\begin{array}{cc} 0 & -1 \\ 1 & 0 \end{array}\right)$ und Polynom $p(x) = 2x^4 - 3x^2 + x + 4.$

Man berechne die Potenzen A^2, A^3, A^4 und die Matrix $p(A)$.

Siehe auch Seite 173 und Seite 174 [6.15].

Mit dem Schema der vorigen Seite berechnen wir die Potenzen von A:

$$\begin{array}{c|c|c|c} & A & A & A \\ & \left(\begin{array}{cc} 0 & -1 \\ 1 & 0 \end{array}\right) & \left(\begin{array}{cc} 0 & -1 \\ 1 & 0 \end{array}\right) & \left(\begin{array}{cc} 0 & -1 \\ 1 & 0 \end{array}\right) \\ \hline \left(\begin{array}{cc} 0 & -1 \\ 1 & 0 \end{array}\right) & \left(\begin{array}{cc} -1 & 0 \\ 0 & -1 \end{array}\right) & \left(\begin{array}{cc} 0 & 1 \\ -1 & 0 \end{array}\right) & \left(\begin{array}{cc} 1 & 0 \\ 0 & 1 \end{array}\right) \\ A & A^2 & A^3 & A^4 \end{array} \quad \Longrightarrow \begin{array}{l} A^2 \ = \ -E, \\ A^3 \ = \ -A, \\ A^4 \ = \ E. \end{array}$$

$$\begin{aligned} p(A) \ &= \ 2A^4 - 3A^2 + A + 4E \\ &= \ 2\left(\begin{array}{cc} 1 & 0 \\ 0 & 1 \end{array}\right) - 3\left(\begin{array}{cc} -1 & 0 \\ 0 & -1 \end{array}\right) + \left(\begin{array}{cc} 0 & -1 \\ 1 & 0 \end{array}\right) + 4\left(\begin{array}{cc} 1 & 0 \\ 0 & 1 \end{array}\right) = \left(\begin{array}{cc} 9 & -1 \\ 1 & 9 \end{array}\right). \end{aligned}$$

Bemerkung: Ist $A \neq O$ und gibt es eine Matrix $B \neq O$ mit $AB = O$, so heißt A **Nullteiler**, genauer heißt A linker und B ein rechter Nullteiler.

Für quadratische Matrizen gilt:

A ist Nullteiler $\iff$ $\det A = 0$ $\iff$ A hat nicht vollen Rang.

6.3   Rang einer Matrix

Eine (m, n)–Matrix besteht aus
$\begin{array}{ll} m \text{ Zeilenvektoren} & \vec{a}_1, \ldots, \vec{a}_m \\ n \text{ Spaltenvektoren} & \vec{b}_1, \ldots, \vec{b}_n \end{array}$.

$$A = \begin{pmatrix} a_{11} & \cdots & a_{1j} & \cdots & a_{1n} \\ \vdots & & & & \vdots \\ a_{i1} & \cdots & a_{ij} & \cdots & a_{in} \\ \cdots & & & & \cdots \\ a_{m1} & \cdots & a_{mj} & \cdots & a_{mn} \end{pmatrix} = \begin{pmatrix} \vec{a}_1 \\ \cdots \\ \vec{a}_i \\ \cdots \\ \vec{a}_m \end{pmatrix} = (\vec{b}_1, \ldots, \vec{b}_j, \ldots, \vec{b}_n).$$

z.B. ist: $\vec{a}_i = (a_{i1}, \ldots, a_{in})$ und $b_j = \begin{pmatrix} a_{1j} \\ \vdots \\ a_{mj} \end{pmatrix}$

Die $\begin{array}{ll} m \text{ Zeilenvektoren} & \vec{a}_1, \ldots, \vec{a}_m \\ n \text{ Spaltenvektoren} & \vec{b}_1, \ldots, \vec{b}_n \end{array}$ spannen einen Unterraum des $\begin{array}{l} \mathbb{R}^n \\ \mathbb{R}^m \end{array}$ auf.

Die Dimensionen dieser beiden Unterräume sind (merkwürdigerweise) gleich. Man nennt sie den *Rang* der Matrix.

Rang einer Matrix

Der Rang der Matrix A ist die Dimension des von den Zeilenvektoren (bzw. Spaltenvektoren) aufgespannten Unterraums. Bezeichnung: $\operatorname{rg} A$.

A und $A^\top$ haben gleichen Rang: $\operatorname{rg} A = \operatorname{rg} A^\top$.

6.8   *Man bestimme die Ränge folgender Matrizen:*

$$A = \begin{pmatrix} -2 & 0 & 0 & 0 \\ 0 & 3 & 0 & 2 \\ 0 & 0 & 0 & 1 \\ 0 & 0 & 0 & 0 \end{pmatrix} , \quad B = \begin{pmatrix} 1 & 2 & 3 & 4 \\ 0 & 0 & 1 & 2 \\ 0 & 0 & 0 & 1 \end{pmatrix} , \quad C = \begin{pmatrix} 1 & 2 & 1 \\ 0 & 1 & 1 \\ 0 & 2 & 2 \end{pmatrix} .$$

Die Matrix A hat **Zeilenstufenform**:

$$\begin{pmatrix} -2 & 0 & 0 & 0 \\ 0 & 3 & 0 & 2 \\ 0 & 0 & 0 & 1 \\ 0 & 0 & 0 & 0 \end{pmatrix} = \begin{pmatrix} \star & & & \\ 0 & \star & & \\ 0 & 0 & 0 & \star \\ 0 & 0 & 0 & 0 \end{pmatrix}$$
dabei sind die Stufenränder $\star$ Zahlen $\neq 0$. Unter den Stufen stehen nur Nullen. Ansonsten können beliebige Zahlen stehen.

Man sieht: Die ersten drei Zeilenvektoren sind linear unabhängig und die (vier) Zeilenvektoren spannen einen dreidimensionalen Unterraum des $\mathbb{R}^4$ auf, also gilt: $\underline{\operatorname{rg} A = 3}$.

Auch B hat Zeilenstufenform (3 Stufen!), also gilt: $\underline{\operatorname{rg} B = 3}$.

C hat nicht Zeilenstufenform; aber man sieht, dass die ersten beiden Zeilen linear unabhängig sind und die dritte Zeile von ihnen linear abhängig ist, d.h. sich aus ihnen linear kombinieren lässt:

$(0, 2, 2) = 0 \cdot (1, 2, 1) + 2 \cdot (0, 1, 1)$. Also gilt: $\underline{\operatorname{rg} C = 2}$.

Hat eine Matrix nicht Zeilenstufenform (analog: Spaltenstufenform), so lässt sich ihr Rang im Allgemeinen nicht so einfach ablesen.

Man kann jedoch jede Matrix – *ohne ihren Rang zu ändern* – auf Zeilenstufenform bringen und dann ihren Rang (= Anzahl der Stufen) ablesen:

Bestimmung des Ranges einer Matrix

Folgende Zeilenumformungen (analog: Spaltenumformungen) ändern den Rang einer Matrix nicht:

1.)   Vertauschen von Zeilen.

2.)   Multiplikation einer Zeile mit einer Zahl $\neq 0$.

3.)   Addition eines Vielfachen einer Zeile zu einer anderen Zeile.

Mittels dieser **elementaren Umformungen** bringt man die Matrix auf Zeilenstufenform und liest ihren Rang (= Anzahl der Stufen) ab.

6.9   *Mittels elementarer Umformungen bestimme man die Ränge der Matrizen:*

$$
A = \begin{pmatrix} 1 & -2 & 2 \\ 1 & 0 & 1 \\ -1 & 1 & -3 \end{pmatrix}, \qquad
B = \begin{pmatrix} -1 & 2 & 5 & 0 \\ 2 & 0 & -2 & 4 \\ 1 & -3 & -7 & -1 \\ 3 & 1 & -1 & 7 \end{pmatrix}
$$

			Regie	
1	-2	2	-1	1
1	0	1	1	
-1	1	-3		1
1	-2	2		
0	2	-1	1	
0	-1	-1	2	
1	-2	2		
0	2	-1		
0	0	-3		

$$\Longrightarrow \ \underline{\operatorname{rg} A = 3}$$

				Regie		
-1	2	5	0	2	1	3
2	0	-2	4	1		
1	-3	-7	-1	1		
3	1	-1	7			1
-1	2	5	0			
0	4	8	4	1	7	
0	-1	-2	-1	4		
0	7	14	7	-4		
-1	2	5	0			
0	4	8	4			
0	0	0	0			
0	0	0	0			

$$\Longrightarrow \ \underline{\operatorname{rg} B = 2}$$

Es sind dies die elementaren Umformungen, die man beim

Gaußschen Eliminationsverfahren, (Seite 245)

benutzt, um z. B. das LGS $A\vec{x} = \vec{b}$ zu lösen, vergl. [11.1], [11.2].

Die Regie(–anweisungen) sind senkrecht zu lesen. Z.B. liefert bei A das -1-fache der ersten Zeile addiert zum 1-fachen der zweiten Zeile die Zeile 0   2 -1.

6.10   Man bestimme die Ränge der Matrizen A und B in Abhängigkeit von dem
Parameter a:

$$A = \begin{pmatrix} 1 & -2 & -2 \\ 1 & 1 & a \\ 2 & a-1 & -2 \end{pmatrix}, \quad B = \begin{pmatrix} 1 & -2 & -2 & 0 \\ 1 & 1 & a & 2 \\ 2 & a-1 & -2 & 2 \end{pmatrix} = (A, \vec{b}), \quad \text{mit } \vec{b} = \begin{pmatrix} 0 \\ 2 \\ 2 \end{pmatrix}.$$

$$B = \begin{pmatrix} 1 & -2 & -2 & 0 \\ 1 & 1 & a & 2 \\ 2 & a-1 & -2 & 2 \end{pmatrix} \to \begin{pmatrix} 1 & -2 & -2 & 0 \\ 0 & 3 & a+2 & 2 \\ 0 & a+3 & 2 & 2 \end{pmatrix} \to \begin{pmatrix} 1 & -2 & -2 & 0 \\ 0 & 3 & a+2 & 2 \\ 0 & 0 & a(a+5) & 2a \end{pmatrix}$$

Man liest ab: $\text{rg } A = \begin{cases} 3, & a \neq 0, -5 \\ 2, & a = 0 \text{ oder } a = -5 \end{cases}$ und $\text{rg } B = \begin{cases} 3, & a \neq 0 \\ 2, & a = 0 \end{cases}$.
(vgl. 6.20)

6.11 $A = \begin{pmatrix} 1 & 2 \\ -2 & -4 \end{pmatrix}, \quad B = \begin{pmatrix} 2 & -4 \\ -1 & 2 \end{pmatrix}$.   Man bestimme:
$\text{rg } A, \text{rg } B, \text{rg } AB, \text{rg } BA$.

$\text{rg } A = \text{rg } B = 1$, da die Zeilenvektoren linear abhängig sind.

$AB = O \implies \text{rg } AB = 0, \quad BA = \begin{pmatrix} 10 & 20 \\ -5 & -10 \end{pmatrix} \implies \text{rg } BA = 1.$

$$\boxed{\text{rg } AB \leq \min \{ \text{rg } A, \text{rg } B \}}$$

6.4 Quadratische Matrizen

Die (m, n)–Matrix A heißt **quadratisch**, wenn $m = n$ ist.

Ist A eine quadratische (n, n)–Matrix, so heißen $a_{11}, a_{22}, \ldots, a_{nn}$
die **Diagonalelemente** von A, kurz **Diagonale** oder Hauptdiagonale von A.

Die Summe der Diagonalelemente
heißt die **Spur** von A: $\boxed{\text{spur}(A) := a_{11} + a_{22} + \ldots + a_{nn}}$

6.12
$A = \begin{pmatrix} -1 & 2 & -3 \\ 2 & 1 & -1 \\ 1 & 0 & 3 \end{pmatrix}$ ist eine dreireihige quadratische Matrix mit der Diagonalen $-1, 1, 3$ und $\text{spur } A = -1 + 1 + 3 = 3$.

Eine **Diagonalmatrix**   ist eine quadratische Matrix, in der außerhalb der Diagonalen nur Nullen stehen: $a_{ij} = 0$ für $i \neq j$.

Eine **Einheitsmatrix**[7]   ist eine Diagonalmatrix, deren sämtliche
Diagonalelemente 1 sind: $a_{ij} = \begin{cases} 1 & \text{, für } i = j \\ 0 & \text{, für } i \neq j \end{cases}$

Eine quadratische Matrix $A = (a_{ij})$ heißt

symmetrisch	$\iff$	$A^\top = A$	$\iff$ $a_{ij} = a_{ji}$
schiefsymmetrisch	$\iff$	$A^\top = -A$	$\iff$ $a_{ij} = -a_{ji}$
orthogonal	$\iff$	$A^\top = A^{-1}$	$\iff$ $A = (\vec{a}_1, \ldots, \vec{a}_n)$ ist

kartesische Basis, Seite 180.

---

[7]Geht die Zeilenzahl nicht aus dem Zusammenhang hervor, ist sie anzugeben!

6.13 $\begin{pmatrix} 1 & 0 \\ 0 & -3 \end{pmatrix}$, $\begin{pmatrix} 2 & 0 & 0 \\ 0 & 0 & 0 \\ 0 & 0 & -3 \end{pmatrix}$ sind Diagonalmatrizen.

(1), $\begin{pmatrix} 1 & 0 \\ 0 & 1 \end{pmatrix}$, $\begin{pmatrix} 1 & 0 & 0 \\ 0 & 1 & 0 \\ 0 & 0 & 1 \end{pmatrix}$, ...   sind Einheitsmatrizen, Bez.[15]: E.

$\begin{pmatrix} 1 & -1 & 0 \\ -1 & 0 & 3 \\ 0 & 3 & 2 \end{pmatrix}$ ist eine symmetrische Matrix.

Merke:

$\begin{pmatrix} 0 & -2 & 1 \\ 2 & 0 & 0 \\ -1 & 0 & 0 \end{pmatrix}$ ist eine schiefsymmetrische Matrix.

Ist A schiefsymmetrisch, so sind alle Diagonalelemente gleich 0.

Jede quadratische Matrix A lässt sich in eine Summe aus einer *symmetrischen* und einer *schiefsymmetrischen* Matrix zerlegen (vgl.: gerade, ungerade Funktionen, Seite 32):

Zerlegung der quadratischen Matrix A

in symmetrische + schiefsymmetrische Matrix

$$A = \tfrac{1}{2}(A + A^\top) + \tfrac{1}{2}(A - A^\top).$$

$A + A^\top$ ist symmetrisch, da $(A + A^\top)^\top = A^\top + A^{\top\top} = A^\top + A = A + A^\top$ ist.

$A - A^\top$ ist schiefsymmetrisch, da $(A - A^\top)^\top = A^\top - A = -(A - A^\top)$ ist.

6.14   Man stelle $\begin{pmatrix} 1 & 2 \\ 3 & 4 \end{pmatrix}$ als *Summe aus einer symmetrischen und einer schiefsymmetrischen Matrix* dar.

$\begin{pmatrix} 1 & 2 \\ 3 & 4 \end{pmatrix}^\top = \begin{pmatrix} 1 & 3 \\ 2 & 4 \end{pmatrix}$, $A = \tfrac{1}{2}(A + A^\top) + \tfrac{1}{2}(A - A^\top)$ ergibt:

$$\begin{pmatrix} 1 & 2 \\ 3 & 4 \end{pmatrix} = \tfrac{1}{2}(\begin{pmatrix} 1 & 2 \\ 3 & 4 \end{pmatrix} + \begin{pmatrix} 1 & 3 \\ 2 & 4 \end{pmatrix}) + \tfrac{1}{2}(\begin{pmatrix} 1 & 2 \\ 3 & 4 \end{pmatrix} - \begin{pmatrix} 1 & 3 \\ 2 & 4 \end{pmatrix})$$

$$= \begin{pmatrix} 1 & 5/2 \\ 5/2 & 4 \end{pmatrix} + \begin{pmatrix} 0 & 1/2 \\ 1/2 & 0 \end{pmatrix}.$$

Quadratische Matrizen lassen sich in Polynome einsetzen. Man setzt:

$$A^n := \underbrace{A \cdots A}_{n-\text{mal}} \quad \text{und} \quad A^0 := E.$$

Ist $f(x) = a_0 + a_1 x + \cdots + a_n x^n$ ein Polynom und ist A eine quadratische (n,n)-Matrix, so ist $f(A)$ die (n,n)-Matrix $f(A) := a_0 E + a_1 A + \cdots + a_n A^n$.

6.15

Für $f(x) = 2x^3 + x^2 - x + 3$, $g(x) = x^2 - 3x + 2$ und $A = \begin{pmatrix} 1 & -1 \\ 0 & 2 \end{pmatrix}$

berechne man $f(A)$ und $g(A)$.

$A^2 = \begin{pmatrix} 1 & -1 \\ 0 & 2 \end{pmatrix} \cdot \begin{pmatrix} 1 & -1 \\ 0 & 2 \end{pmatrix} = \begin{pmatrix} 1 & -3 \\ 0 & 4 \end{pmatrix}$, $A^3 = \ldots = \begin{pmatrix} 1 & -7 \\ 0 & 8 \end{pmatrix}$

$f(A) = 2A^3 + A^2 - A + 3E$

$= 2 \begin{pmatrix} 1 & -7 \\ 0 & 8 \end{pmatrix} + \begin{pmatrix} 1 & -3 \\ 0 & 4 \end{pmatrix} - \begin{pmatrix} 1 & -1 \\ 0 & 2 \end{pmatrix} + 3 \begin{pmatrix} 1 & 0 \\ 0 & 1 \end{pmatrix} = \begin{pmatrix} 5 & -16 \\ 0 & 21 \end{pmatrix}$.

$g(A) = A^2 - 3A + 2E = \begin{pmatrix} 1 & -3 \\ 0 & 4 \end{pmatrix} - 3 \begin{pmatrix} 1 & -1 \\ 0 & 2 \end{pmatrix} + 2 \begin{pmatrix} 1 & 0 \\ 0 & 1 \end{pmatrix} = \begin{pmatrix} 0 & 0 \\ 0 & 0 \end{pmatrix} = O$.

$g(x)$ ist das charakteristische Polynom von A, also ist $g(A) = O$, siehe Seite 209.

äquivalente Matrizen

Die (n, n)–Matrizen A, B heißen **äquivalent**, wenn sie gleichen Rang haben.

A äquivalent $B \iff \text{rg}\, A = \text{rg}\, B \iff$ es gibt invertierbare Matrizen Z, S mit $ZAS = B$

6.16

Die Matrix $A = \begin{pmatrix} 1 & 2 & 1 \\ 0 & 1 & 1 \\ 0 & 2 & 2 \end{pmatrix}$ hat den Rang 2, siehe [6.8].

Man bestimme invertierbare Z, S, so dass $ZAS = \begin{pmatrix} 1 & 0 & 0 \\ 0 & 1 & 0 \\ 0 & 0 & 0 \end{pmatrix}$ ist.

Zunächst überführt man A durch **Zeilenumformungen** (Matrix Z) in die Matrix ZA, in der unter der Hauptdiagonalen nur Nullen stehen.

Dann überführt man ZA durch **Spaltenumformungen** (Matrix S) in die Matrix ZAS, in der auch über der Hauptdiagonalen nur Nullen stehen und deren Hauptdiagonalelemente 1 oder 0 sind.

Schema:

	A	E
ZAS	ZA	Z
S	E	

A bringt man

durch **Zeilenumformungen** (Matrix Z)
und **Spaltenumformungen** (Matrix S)

auf die Normalform $ZAS = \begin{pmatrix} 1 & 0 & 0 \\ 0 & 1 & 0 \\ 0 & 0 & 0 \end{pmatrix}$.

6.17

Sind A und B äquivalent,
so gibt es invertierbare Matrizen Z, S mit $ZAS = B$.

A und B haben den gleichen Rang, also die gleiche Normalform N.

Gemäß [6.16] bestimmt man invertierbare Matrizen Z_1, S_1 bzw. Z_2, S_2 mit
$Z_1 A S_1 = N = Z_2 B S_2 \implies Z_2^{-1} Z_1 A S_1 S_2^{-1} = B$, also $Z = \underline{Z_2^{-1} Z_1}$ und $S = \underline{S_1 S_2^{-1}}$.

6.5   Inverse Matrix

> ### inverse Matrix
>
> Sind A, B quadratische (n, n)–Matrizen und ist $AB = E$,
> so heißen A und B **invers** zueinander.
>
> Man schreibt $B = A^{-1}$ und es gilt $AA^{-1} = A^{-1}A = E$.
>
> A^{-1} existiert $\iff$ $|A| \neq 0 \iff A$ hat vollen Rang n,
> $\iff$ die Zeilenvektoren von A sind linear unabhängig,
> $\iff$ die Zeilenvektoren von A bilden Basis des $\mathbb{R}^n$.
>
> $(AB)^{-1} = B^{-1} A^{-1}$, $(A^{-1})^{-1} = A$, $(A^{-1})^\top = (A^\top)^{-1}$, $\det A^{-1} = \dfrac{1}{\det A}$.
>
> A^{-1} berechnet man mit dem Gaußschen Algorithmus, siehe [6.18].
>
> A^{-1} für zweireihige Matrizen, siehe Seite 177.
>
> Für orthogonale Matrizen und folglich für Drehmatrizen gilt $A^{-1} = A^\top$.
>
> Wenn A^{-1} existiert, heißt A **invertierbar** oder **regulär** sonst **singulär**.

6.18

$$A = \begin{pmatrix} 3 & 1 \\ 5 & 2 \end{pmatrix}, \quad B = \begin{pmatrix} 1 & -2 & 2 \\ 1 & 0 & 1 \\ -1 & 1 & -3 \end{pmatrix}, \quad C = \begin{pmatrix} 1 & 0 & 2 \\ -1 & 1 & 0 \\ 1 & 1 & 4 \end{pmatrix}.$$

Man berechne ggf. die inversen Matrizen A^{-1}, B^{-1}, C^{-1}.

Der Gaußsche Algorithmus
(elementare Umformungen)
ergibt:

$$A = \left(\begin{array}{cc|cc} 3 & 1 & 1 & 0 \\ 5 & 2 & 0 & 1 \end{array} \right) = E$$

$$\begin{array}{cc|cc} 3 & 1 & 1 & 0 \\ 0 & 1 & -5 & 3 \end{array}$$

$$\begin{array}{cc|cc} 3 & 0 & 6 & -3 \\ 0 & 1 & -5 & 3 \end{array}$$

$$E = \left(\begin{array}{cc|cc} 1 & 0 & 2 & -1 \\ 0 & 1 & -5 & 3 \end{array} \right) = A^{-1}$$

$$B = \left(\begin{array}{ccc|ccc} 1 & -2 & 2 & 1 & 0 & 0 \\ 1 & 0 & 1 & 0 & 1 & 0 \\ -1 & 1 & -3 & 0 & 0 & 1 \end{array} \right) = E$$

$$\begin{array}{ccc|ccc} 1 & -2 & 2 & 1 & 0 & 0 \\ 0 & 2 & -1 & -1 & 1 & 0 \\ 0 & -1 & -1 & 1 & 0 & 1 \end{array}$$

$$\begin{array}{ccc|ccc} 1 & 0 & 1 & 0 & 1 & 0 \\ 0 & 2 & -1 & -1 & 1 & 0 \\ 0 & 0 & -3 & 1 & 1 & 2 \end{array}$$

$$\begin{array}{ccc|ccc} 3 & 0 & 0 & 1 & 4 & 2 \\ 0 & 6 & 0 & -4 & 2 & -2 \\ 0 & 0 & -3 & 1 & 1 & 2 \end{array}$$

$$E = \left(\begin{array}{ccc|ccc} 1 & 0 & 0 & 1 & 4 & 2 \\ 0 & 1 & 0 & -2 & 1 & -1 \\ 0 & 0 & 1 & -1 & -1 & -2 \end{array} \right) \cdot \frac{1}{3} = B^{-1}$$

Um A^{-1} zu bestimmen, ist die Matrizengleichung $AX = E = \begin{pmatrix} 1 & 0 \\ 0 & 1 \end{pmatrix}$ zu lösen:

Die beiden LGSe $A\vec{x}_1 = \begin{pmatrix} 1 \\ 0 \end{pmatrix}$ und $A\vec{x}_2 = \begin{pmatrix} 0 \\ 1 \end{pmatrix}$ werden simultan mit dem Gauß-schen Algorithmus gelöst, siehe auch [6.20], [6.21].

Dann löst $X = (\vec{x}_1, \vec{x}_2)$ die Gleichung $AX = E$, also ist $X = A^{-1}$.

$$C = \left(\begin{array}{ccc|ccc} 1 & 0 & 2 & 1 & 0 & 0 \\ -1 & 1 & 0 & 0 & 1 & 0 \\ 1 & 1 & 4 & 0 & 0 & 1 \end{array} \right) = E$$

$$\begin{array}{ccc|ccc} 1 & 0 & 2 & 1 & 0 & 0 \\ 0 & 1 & 2 & 1 & 1 & 0 \\ 0 & 1 & 2 & -1 & 0 & 1 \end{array}$$

$$\begin{array}{ccc|ccc} 1 & 0 & 2 & 1 & 0 & 0 \\ 0 & 1 & 2 & 1 & 1 & 0 \\ 0 & 0 & 0 & -2 & -1 & 1 \end{array}$$

C lässt sich durch elementare Umformungen nicht in E überführen (da die Zeilenvektoren linear abhängig sind). Der Gaußsche Algorithmus führt auf einen Widerspruch. C^{-1} existiert nicht.

6.19   *Man löse die Matrizengleichung $A \cdot X = B$:*
$$A = \begin{pmatrix} 1 & 2 & -4 \\ 2 & 5 & -9 \\ -1 & 1 & 2 \end{pmatrix} \quad und\ B = \begin{pmatrix} -4 & 3 & -4 \\ -10 & 8 & -10 \\ -1 & 2 & 0 \end{pmatrix}.$$

Falls A invertierbar ist gilt: $A \cdot X = B \iff X = A^{-1} \cdot B$.

$$A = \left(\begin{array}{ccc|ccc} 1 & 2 & -4 & -4 & 3 & -4 \\ 2 & 5 & -9 & -10 & 8 & -10 \\ -1 & 1 & 2 & -1 & 2 & 0 \end{array} \right) = B$$

$$\begin{array}{ccc|ccc} 1 & 2 & -4 & -4 & 3 & -4 \\ 0 & 1 & -1 & -2 & 2 & -2 \\ 0 & 3 & -2 & -5 & 5 & -4 \end{array}$$

$$\begin{array}{ccc|ccc} 1 & 0 & -2 & 0 & -1 & 0 \\ 0 & 1 & -1 & -2 & 2 & -2 \\ 0 & 0 & 1 & 1 & -1 & 2 \end{array}$$

also $X = \begin{pmatrix} 2 & -3 & 4 \\ -1 & 1 & 0 \\ 1 & -1 & 2 \end{pmatrix}.$

$$E = \left(\begin{array}{ccc|ccc} 1 & 0 & 0 & 2 & -3 & 4 \\ 0 & 1 & 0 & -1 & 1 & 0 \\ 0 & 0 & 1 & 1 & -1 & 2 \end{array} \right) = A^{-1}B = X$$

Falls A nicht invertierbar ist, gibt es keine oder unendlich viele Lösungen der Matrizengleichung $A \cdot X = B$, siehe [11.26].

Inverse einer $(2,2)$–Matrix

Eine $(2,2)$–Matrix A , mit $\det A = |A| \neq 0$, wird invertiert, indem man

    1.)   die Elemente der Hauptdiagonalen vertauscht,

    2.)   die beiden anderen Elemente mit -1 multipliziert,

    3.)   die entstehende Matrix mit $\frac{1}{|A|}$ multipliziert ($\det A = |A|$ siehe 183).

$$A = \begin{pmatrix} a & b \\ c & d \end{pmatrix} \implies A^{-1} = \frac{1}{\det A} \begin{pmatrix} d & -b \\ -c & a \end{pmatrix}$$

6.20

$$A = \begin{pmatrix} 3 & 1 \\ 5 & 2 \end{pmatrix}, \quad B = \begin{pmatrix} -1 & 3 \\ -2 & 2 \end{pmatrix}, \quad C = \begin{pmatrix} 1 & 1 \\ 0 & 1 \end{pmatrix}, \quad D = \begin{pmatrix} 0 & 1 \\ 1 & 0 \end{pmatrix}.$$

(a)   *Man berechne ggf. die Matrizen* $A^{-1}, B^{-1}, C^{-1}, D^{-1}, (AB)^{-1}, (BA)^{-1}$.

(b)   *Man berechne* X *aus* $AX^\top((B^\top)^{-1}C)^{-1} = D^\top$.

(a) $A = \begin{pmatrix} 3 & 1 \\ 5 & 2 \end{pmatrix}$, $|A| = 1 \implies A^{-1} = \begin{pmatrix} 2 & -1 \\ -5 & 3 \end{pmatrix}$.

    $B = \begin{pmatrix} -1 & 3 \\ -2 & 2 \end{pmatrix}$, $|B| = 4 \implies B^{-1} = \frac{1}{4}\begin{pmatrix} 2 & -3 \\ 2 & -1 \end{pmatrix}$.

Ebenso: $C^{-1} = \begin{pmatrix} 1 & -1 \\ 0 & 1 \end{pmatrix}$ und $D^{-1} = \begin{pmatrix} 0 & 1 \\ 1 & 0 \end{pmatrix} = D$.

$AB = \begin{pmatrix} -5 & 11 \\ -9 & 19 \end{pmatrix}$, $|AB| = |A||B| = 4 \implies (AB)^{-1} = \frac{1}{4}\begin{pmatrix} 19 & -11 \\ 9 & -5 \end{pmatrix}$.

$BA = \begin{pmatrix} 12 & 5 \\ 4 & 2 \end{pmatrix}$, $|BA| = |B||A| = 4 \implies (BA)^{-1} = \frac{1}{4}\begin{pmatrix} 2 & -5 \\ -4 & 12 \end{pmatrix}$.

oder: $(AB)^{-1} = B^{-1}A^{-1} = \frac{1}{4}\begin{pmatrix} 2 & -3 \\ 2 & -1 \end{pmatrix}\begin{pmatrix} 2 & -1 \\ -5 & 3 \end{pmatrix} = \frac{1}{4}\begin{pmatrix} 19 & -11 \\ 9 & -5 \end{pmatrix}$.

(b) $AX^\top((B^\top)^{-1}C)^{-1} = D^\top$ Hier wurde benutzt:

    $X^\top((B^\top)^{-1}C)^{-1} = A^{-1}D^\top$ $(A^{-1})^{-1} = A$

             $X^\top = A^{-1}D^\top(B^\top)^{-1}C$ $(A^\top)^\top = A$

                 $X = [A^{-1}D^\top(B^\top)^{-1}C]^\top$ $(A^{-1})^\top = (A^\top)^{-1}$

                 $X = [(A^{-1}D^\top)((B^\top)^{-1}C)]^\top$ $(AB)^\top = B^\top A^\top$

                 $X = [(B^\top)^{-1}C]^\top[(A^{-1}D^\top)]^\top$ $(AB)^{-1} = B^{-1}A^{-1}$

                 $X = C^\top B^{-1}D(A^{-1})^\top$

$X = (\begin{pmatrix} 1 & 0 \\ 1 & 1 \end{pmatrix}\frac{1}{4}\begin{pmatrix} 2 & -3 \\ 2 & -1 \end{pmatrix})(\begin{pmatrix} 0 & 1 \\ 1 & 0 \end{pmatrix}\begin{pmatrix} 2 & -5 \\ -1 & 3 \end{pmatrix})$

$= \frac{1}{4}\begin{pmatrix} 2 & -3 \\ 4 & -4 \end{pmatrix}\begin{pmatrix} -1 & 3 \\ 2 & -5 \end{pmatrix} = \frac{1}{4}\begin{pmatrix} -8 & 21 \\ 12 & 32 \end{pmatrix} = \begin{pmatrix} -2 & 5.25 \\ -3 & 8 \end{pmatrix}$.

6.6 Matrizen und Basen

Sind $\vec{a}_1, \vec{a}_2, \vec{a}_3 \in \mathbb{R}^3$, so versteht man unter

$$A = (\vec{a}_1, \vec{a}_2, \vec{a}_3) = \begin{pmatrix} a_{11} & a_{12} & a_{13} \\ a_{21} & a_{22} & a_{23} \\ a_{31} & a_{32} & a_{33} \end{pmatrix}$$

1. die **Matrix** A, die $\vec{a}_1, \vec{a}_2, \vec{a}_3$ als Spaltenvektoren hat.
2. die **geordnete Menge** der drei Vektoren $(\vec{a}_1, \vec{a}_2, \vec{a}_3)$.

In diesem Sinne ist

$$E = \begin{pmatrix} 1 & 0 & 0 \\ 0 & 1 & 0 \\ 0 & 0 & 1 \end{pmatrix}$$ die **Einheitsmatrix** und

$$E = (\vec{\imath}, \vec{\jmath}, \vec{k}) = (\begin{pmatrix} 1 \\ 0 \\ 0 \end{pmatrix}, \begin{pmatrix} 0 \\ 1 \\ 0 \end{pmatrix}, \begin{pmatrix} 0 \\ 0 \\ 1 \end{pmatrix})$$ die **kanonische Basis** aus den drei Einheitsvektoren $\vec{\imath}, \vec{\jmath}, \vec{k}$ (siehe Seite 123).

Ist $A = (\vec{a}_1, \vec{a}_2, \vec{a}_3)$, so gelten folgende Äquivalenzen:

$\quad\quad\quad\quad \vec{a}_1, \vec{a}_2, \vec{a}_3$ bilden eine Basis des $\mathbb{R}^3$. $\quad\Longleftrightarrow\quad$ A ist eine Basis des $\mathbb{R}^3$.
$\Longleftrightarrow\quad$ $\vec{a}_1, \vec{a}_2, \vec{a}_3$ sind linear unabhängig. $\quad\Longleftrightarrow\quad$ A hat (vollen) Rang 3.
$\Longleftrightarrow\quad$ $\vec{a}_1, \vec{a}_2, \vec{a}_3$ erzeugen den $\mathbb{R}^3$. $\quad\Longleftrightarrow\quad$ $\det A \neq 0 \Longleftrightarrow A^{-1}$ existiert
$\Longleftrightarrow\quad$ Jeder Vektor $\vec{v} \in \mathbb{R}^3$ lässt sich eindeutig aus $\vec{a}_1, \vec{a}_2, \vec{a}_3$ linear kombinieren, d.h. es gibt eindeutig bestimmte x, y, z mit:

$$\vec{a}_1 x + \vec{a}_2 y + \vec{a}_3 z = \vec{v} \text{ , d.h. } (\vec{a}_1, \vec{a}_2, \vec{a}_3) \cdot \begin{pmatrix} x \\ y \\ z \end{pmatrix} = \vec{v} \text{ , d.h. } A\vec{x} = \vec{v} \text{ .}$$

$\Longleftrightarrow\quad$ Das LGS $A\vec{x} = \vec{v}$ ist für jedes $\vec{v} \in \mathbb{R}^3$ eindeutig lösbar: $\vec{x} = A^{-1}\vec{v}$.

6.21

Es seien $\vec{a}_1, \ \vec{a}_2, \ \vec{a}_3 \in \mathbb{R}^3$ mit $\vec{a}_1 = \begin{pmatrix} 1 \\ 1 \\ -1 \end{pmatrix}$, $\vec{a}_2 = \begin{pmatrix} -2 \\ 0 \\ 1 \end{pmatrix}$, $\vec{a}_3 = \begin{pmatrix} 2 \\ 1 \\ -3 \end{pmatrix}$

(a) Man zeige: $A = (\vec{a}_1, \vec{a}_2, \vec{a}_3)$ ist eine Basis des $\mathbb{R}^3$.

(b) Man schreibe $\vec{x}$ mit $\vec{x} = 2\vec{a}_1 + 4\vec{a}_2 - 6\vec{a}_3$ als Matrizenprodukt und berechne $\vec{x}$.

(c) Man stelle $\begin{pmatrix} -3 \\ 6 \\ -9 \end{pmatrix}$ als Linearkombination von $\vec{a}_1, \ \vec{a}_2, \ \vec{a}_3$ dar.

(a) In [6.9] wurde gezeigt, dass die Matrix $A = \begin{pmatrix} 1 & -2 & 2 \\ 1 & 0 & 1 \\ -1 & 1 & -3 \end{pmatrix}$ den Rang 3 hat.

Die drei Spaltenvektoren $\vec{a}_1, \ \vec{a}_2, \ \vec{a}_3$ sind also linear unabhängig und bilden somit eine Basis des $\mathbb{R}^3$.

(b) $\vec{x} = 2\vec{a}_1 + 4\vec{a}_2 - 6\vec{a}_3 = 2\begin{pmatrix} 1 \\ 1 \\ -1 \end{pmatrix} + 4\begin{pmatrix} -2 \\ 0 \\ 1 \end{pmatrix} - 6\begin{pmatrix} 2 \\ 1 \\ -3 \end{pmatrix}$

$$= \begin{pmatrix} 1 & -2 & 2 \\ 1 & 0 & 1 \\ -1 & 1 & -3 \end{pmatrix} \cdot \begin{pmatrix} 2 \\ 4 \\ -6 \end{pmatrix} = \begin{pmatrix} -18 \\ -4 \\ 20 \end{pmatrix}.$$

(c) $x\begin{pmatrix} 1 \\ 1 \\ -1 \end{pmatrix} + y\begin{pmatrix} -2 \\ 0 \\ 1 \end{pmatrix} + z\begin{pmatrix} 2 \\ 1 \\ -3 \end{pmatrix} = \begin{pmatrix} -3 \\ 6 \\ -9 \end{pmatrix} \iff \begin{pmatrix} 1 & -2 & 2 \\ 1 & 0 & 1 \\ -1 & 1 & -3 \end{pmatrix}\begin{pmatrix} x \\ y \\ z \end{pmatrix} = \begin{pmatrix} -3 \\ 6 \\ -9 \end{pmatrix}$

$$\begin{pmatrix} x \\ y \\ z \end{pmatrix} = \begin{pmatrix} 1 & -2 & 2 \\ 1 & 0 & 1 \\ -1 & 1 & -3 \end{pmatrix}^{-1}\begin{pmatrix} -3 \\ 6 \\ -9 \end{pmatrix} \overset{[6.18]}{=} \frac{1}{3}\begin{pmatrix} 1 & 4 & 2 \\ -2 & 1 & -1 \\ -1 & -1 & -2 \end{pmatrix}\begin{pmatrix} -3 \\ 6 \\ -9 \end{pmatrix} = \begin{pmatrix} 1 \\ 7 \\ 5 \end{pmatrix}.$$

6.22   Es seien $\vec{a}_1 = \begin{pmatrix} 2 \\ -1 \\ 3 \end{pmatrix}$, $\vec{a}_2 = \begin{pmatrix} -1 \\ 3 \\ 2 \end{pmatrix}$, $\vec{a}_3 = \begin{pmatrix} -7 \\ 11 \\ 0 \end{pmatrix}$ und $\vec{b} = \begin{pmatrix} 12 \\ -16 \\ 4 \end{pmatrix}$, $\vec{c} = \begin{pmatrix} -6 \\ 10 \\ 3 \end{pmatrix}$.

    (a)   Man zeige, dass $A = (\vec{a}_1, \vec{a}_2, \vec{a}_3)$ keine Basis des $\mathbb{R}^3$ ist.

    (b)   Man stelle ggf. $\vec{b}$ bzw. $\vec{c}$ als Linearkombination von $\vec{a}_1$, $\vec{a}_2$, $\vec{a}_3$ dar.

(a)   Es wird der Rang von A durch elementare Zeilenumformungen ermittelt:

			Regie	
$A = \big($ 2	-1	-7	1	-3
-1	3	11	2	
3	2	0		2
2	-1	-7		
0	5	15	$\frac{1}{5}$	$\frac{1}{5}$
0	7	21		$-\frac{1}{7}$
2	-1	-7		
0	1	3		
0	0	0		

Man erkennt:

Der Rang von A ist nur 2.

A ist daher keine Basis !

(b) $x_1\vec{a}_1 + x_2\vec{a}_2 + x_3\vec{a}_3 = A\vec{x}$. Es sind also die beiden LGSe $A\vec{x} = \vec{b}$ und $A\vec{x} = \vec{c}$ zu lösen. Dies kann simultan erledigt werden:

			$\vec{b}$	$\vec{c}$	Regie	
2	-1	-7	12	-6	1	-3
-1	3	11	-16	10	2	
3	2	0	4	3		2
0	5	15	-20	14	$\frac{1}{5}$	
0	7	21	-28	24	$-\frac{1}{7}$	
0	0	0	0	$-\frac{22}{35}$		

Zunächst zu $\vec{b}$:

Aus $0x_3 = 0$ folgt $x_3 = t$ beliebig.
$7x_2 + 21t = -28 \qquad \Rightarrow x_2 = -4 - 3t$
$2x_1 - (-4 - 3t) - 7t = 12 \Rightarrow x_1 = 4 + 2t$

Für jedes $t \in \mathbb{R}$ gilt also:
$$\vec{b} = (4 + 2t)\vec{a}_1 - (4 + 3t)\vec{a}_2 + t\vec{a}_3.$$

Nun zu $\vec{c}$:

Aus $0x_3 = -\frac{2}{35}$ ergibt sich ein Widerspruch.
$\vec{c}$ ist nicht aus $\vec{a}_1, \vec{a}_2, \vec{a}_3$ linear zu kombinieren!

6.7   Orthogonale Matrizen, kartesische Basen

> **orthogonale Matrizen, kartesische Basen**
>
> Sind $\vec{a}_1, \vec{a}_2, \vec{a}_3 \in \mathbb{R}^3$ und ist $A = (\vec{a}_1, \vec{a}_2, \vec{a}_3)$, so heißt
>
> $\begin{array}{ll} A & \textbf{orthogonale Matrix} \\ (\vec{a}_1, \vec{a}_2, \vec{a}_3) & \textbf{kartesische Basis} \end{array} \iff A^\top = A^{-1} \iff AA^\top = E.$
>
> A orthogonal $\iff$ Die Spalten (Zeilen) $\vec{a}_1, \vec{a}_2, \vec{a}_3$ von A bilden eine Basis aus drei paarweise aufeinander senkrecht stehenden Einheitsvektoren (**kart. Basis, Orthonormalbasis**).
>
> Eigenschaften orthogonaler Matrizen
>
> A orthogonal $\implies$ $A^{-1}, A^\top$ orthogonal $(A^{-1} = A^\top)$,
> $\phantom{A \text{ orthogonal}}$ $\implies$ $\det A = \pm 1$.
> A, B orthogonal $\implies$ AB orthogonal.
>
> orthogonale Matrizen A mit $\det A = 1$ heißen **Drehmatrizen**.

6.23   *Man zeige mittels folgender Rechenregeln*
$$(AB)^\top = B^\top A^\top, \ (A^\top)^\top = A, \ (AB)^{-1} = B^{-1}A^{-1}, \ (A^{-1})^{-1} = A :$$
    (a)   *Ist A orthogonal, so ist $\det A = \pm 1$.*
    (b)   *Das Produkt orthogonaler Matrizen ist orthogonal.*
    (c)   *Die Inverse einer orthogonalen Matrix ist orthogonal.*

(a)   Aus $\det A = \det A^\top$ und dem Determinantenmultiplikationssatz folgt:
$AA^\top = E \implies$
$1 = \det E = \det(AA^\top) = \det A \det A^\top = (\det A)^2 = 1 \implies \det A = \pm 1.$

(b) $(AB)^\top = B^\top A^\top = B^{-1}A^{-1} = (AB)^{-1} \implies AB$ orthogonal.

(c) A orthogonal $\implies (A^{-1})^\top = (A^\top)^\top = A = (A^{-1})^{-1} \implies A^{-1}$ orthogonal.

Für Experten: Die n–reihigen orthogonalen Matrizen bilden eine Gruppe.

6.24   *Für folgende orthogonale Matrizen berechne man ihre Determinanten und ihre Inversen!*

$$A = \begin{pmatrix} \frac{1}{2} & -\frac{1}{2}\sqrt{3} \\ \frac{1}{2}\sqrt{3} & \frac{1}{2} \end{pmatrix}, \ B = \begin{pmatrix} \cos\alpha & -\sin\alpha \\ \sin\alpha & \cos\alpha \end{pmatrix}, \ C = \frac{1}{\sqrt{6}} \begin{pmatrix} \sqrt{2} & 0 & -2 \\ \sqrt{2} & -\sqrt{3} & 1 \\ \sqrt{2} & \sqrt{3} & 1 \end{pmatrix}.$$

Es ist $\det A = 1$, $\det B = \cos^2\alpha + \sin^2\alpha = 1$, $\det C = \cdots = -1$.

Die Matrizen sind **orthogonal**, da ihre Spalten (Zeilen) Basen aus paarweise aufeinander senkrecht stehenden Einheitsvektoren bilden (Nachrechnen!), bzw., da die Produkte mit ihren Transponierten E ergeben.

Die Inversen dieser Matrizen sind also ihre Transponierten!

Da die Matrizen orthogonal sind, sind die Transponierten die Inversen:

$$A^{-1} = A^\top = \begin{pmatrix} \frac{1}{2} & \frac{1}{2}\sqrt{3} \\ -\frac{1}{2}\sqrt{3} & \frac{1}{2} \end{pmatrix} = \frac{1}{2}\begin{pmatrix} 1 & \sqrt{3} \\ -\sqrt{3} & 1 \end{pmatrix} \qquad \begin{array}{l} \text{Inverse von } (2,2)\text{–Matrizen} \\ \text{siehe auch Seite 177.} \end{array}$$

$$B^{-1} = B^\top = \begin{pmatrix} \cos\alpha & \sin\alpha \\ -\sin\alpha & \cos\alpha \end{pmatrix}, \quad C^{-1} = C^\top = \frac{1}{\sqrt{6}}\begin{pmatrix} \sqrt{2} & \sqrt{2} & \sqrt{2} \\ 0 & -\sqrt{3} & \sqrt{3} \\ -2 & 1 & 1 \end{pmatrix}$$

6.8   Koordinatenvektoren

Jeder Vektorraum hat eine Basis. Jede Basis des $\mathbb{R}^3$ besteht aus 3 linear unabhängigen Vektoren und umgekehrt bilden 3 linear unabhängige Vektoren des $\mathbb{R}^3$ eine Basis des $\mathbb{R}^3$.

Ist $B = (\vec{b}_1, \vec{b}_2, \vec{b}_3)$ eine Basis des $\mathbb{R}^3$, so lässt sich jeder Vektor $\vec{x} \in \mathbb{R}^3$ *eindeutig* als Linearkombination aus den $\vec{b}_i$ ausdrücken:

$$\vec{x} = x_1\vec{b}_1 + x_2\vec{b}_2 + x_3\vec{b}_3 = (\vec{b}_1, \vec{b}_2, \vec{b}_3)\begin{pmatrix} x_1 \\ x_2 \\ x_3 \end{pmatrix} =: B\vec{r}_B$$

Man nennt x_1, x_2, x_3 die **Koordinaten** von $\vec{x}$ bezüglich der Basis B und den

Vektor $\vec{x}_B := \begin{pmatrix} x_1 \\ x_2 \\ x_3 \end{pmatrix}$ den **Koordinatenvektor** von $\vec{x}$ bezüglich der Basis B.

So wird ein und derselbe Vektor durch verschiedene Koordinatenvektoren dargestellt, je nachdem, auf welche Basis sich seine Koordinaten beziehen.

Ist keine Basis angegeben, so beziehen sich die Koordinaten auf die kanonische Basis E.

6.25 *Man bestimme die Koordinatenvektoren von* $\vec{x} = \vec{x}_E = \begin{pmatrix} 1 \\ -2 \end{pmatrix}$

bezüglich der Basen (siehe Seite 178)

$$A = \begin{pmatrix} 0 & 1 \\ 3 & -1 \end{pmatrix}, \quad B = \begin{pmatrix} 1 & -1 \\ -1 & 2 \end{pmatrix}, \quad C = \frac{1}{2}\begin{pmatrix} 1 & -\sqrt{3} \\ \sqrt{3} & 1 \end{pmatrix}.$$

A, B, C sind Basen des $\mathbb{R}^2$, da ihre Spaltenvektoren linear unabhängig sind!

Um den Koordinatenvektor $\vec{x}_A = \begin{pmatrix} x_1 \\ x_2 \end{pmatrix}$ zu bestimmen,

muss man das LGS $x_1\vec{a}_1 + x_2\vec{a}_2 = \vec{x}$, d.h $A\vec{x}_A = \vec{x}$ lösen. Man berechnet:

$$\vec{x}_A = A^{-1}\vec{x} = -\frac{1}{3}\begin{pmatrix} -1 & -1 \\ -3 & 0 \end{pmatrix}\begin{pmatrix} 1 \\ -2 \end{pmatrix} = -\frac{1}{3}\begin{pmatrix} 1 \\ -3 \end{pmatrix} = \begin{pmatrix} -\frac{1}{3} \\ 1 \end{pmatrix}.$$

Tatsächlich ist $-\frac{1}{3}\cdot\begin{pmatrix} 0 \\ 3 \end{pmatrix} + 1\cdot\begin{pmatrix} 1 \\ -1 \end{pmatrix} = \begin{pmatrix} 1 \\ -2 \end{pmatrix}.$

Man sieht ohne Rechnung:

$$B = \begin{pmatrix} 1 & -1 \\ -1 & 2 \end{pmatrix} = (\vec{b}_1, \vec{b}_2) \Longrightarrow \vec{x} = -\vec{b}_2 \Longrightarrow \vec{x}_B = \begin{pmatrix} 0 \\ -1 \end{pmatrix}.$$

$$\vec{x}_C = C^{-1}\vec{x} = \frac{1}{2} \begin{pmatrix} 1 & \sqrt{3} \\ -\sqrt{3} & 1 \end{pmatrix} \begin{pmatrix} 1 \\ -2 \end{pmatrix} = \frac{1}{2} \begin{pmatrix} 1 - 2\sqrt{3} \\ -\sqrt{3} - 2 \end{pmatrix}.$$

Siehe auch Koordinatentransformation Seite 198:

$$\vec{x}_A = M_A^E \vec{x}_E = A^{-1}\vec{x}_E = \cdots.$$

6.26   *Es sei V der Vektorraum der Polynome vom Grad ≤ 2 und $p_1, p_2, p_3 \in V$*
        mit $p_1(x) = x^2 + x + 3$, $p_2(x) = -x^2 + 2x + 1$, $p_3(x) = 2x^2 + x - 1$.

        (a)   *Man zeige, dass $P := (p_1, p_2, p_3)$ eine Basis von V ist.*

        (b)   *Man bestimme den Koordinatenvektor*
                von $q(x) = -3x^2 - 3x + 8$ bzgl. der Basis P.

(a)   Es sei $\alpha \cdot p_1(x) + \beta \cdot p_2(x) + \gamma \cdot p_3(x) = 0$ für gewisse Zahlen α, β, γ.

        $\Longrightarrow$ $(\alpha - \beta + 2\gamma)x^2 + (\alpha + 2\beta + \gamma)x + (3\alpha + \beta - \gamma) = 0$

        Diese Gleichung gilt für jedes $x \in \mathbb{R}$, also ist notwendig (Koeffizientenvergleich):

$$\begin{array}{rcrcrcl} \alpha & - & \beta & + & 2\gamma & = & 0 \\ \alpha & + & 2\beta & + & \gamma & = & 0 \\ 3\alpha & + & \beta & - & \gamma & = & 0 \end{array} \qquad \Longleftrightarrow \qquad \begin{pmatrix} 1 & -1 & 2 \\ 1 & 2 & 1 \\ 3 & 1 & -1 \end{pmatrix} \begin{pmatrix} \alpha \\ \beta \\ \gamma \end{pmatrix} = \begin{pmatrix} 0 \\ 0 \\ 0 \end{pmatrix}$$

Dieses LGS hat die eindeutige Lösung: $(\alpha, \beta, \gamma) = (0, 0, 0)$.

p_1, p_2, p_3 sind also linear unabhängig (Seite 124) und bilden folglich eine Basis des dreidimensionalen Vektorraums V.

(b)   Es ist q als Linearkombination von p_1, p_2, p_3 darzustellen:

        Es sei $\alpha \cdot p_1(x) + \beta \cdot p_2(x) + \gamma \cdot p_3(x) = q(x)$ für gewisse Zahlen α, β, γ.

        $\Longrightarrow$ $(\alpha - \beta + 2\gamma)x^2 + (\alpha + 2\beta + \gamma)x + (3\alpha + \beta - \gamma) = -3x^2 - 3x + 8$

        Diese Gleichung gilt für jedes $x \in \mathbb{R}$, also ist notwendig (Koeffizientenvergleich):

$$\begin{array}{rcrcrcr} \alpha & - & \beta & + & 2\gamma & = & -3 \\ \alpha & + & 2\beta & + & \gamma & = & -3 \\ 3\alpha & + & \beta & - & \gamma & = & 8 \end{array} \qquad \Longleftrightarrow \qquad \begin{pmatrix} 1 & -1 & 2 \\ 1 & 2 & 1 \\ 3 & 1 & -1 \end{pmatrix} \begin{pmatrix} \alpha \\ \beta \\ \gamma \end{pmatrix} = \begin{pmatrix} -3 \\ -3 \\ 8 \end{pmatrix}$$

Dieses LGS hat die eindeutige Lösung: $(\alpha, \beta, \gamma) = (2, -1, -3)$.

Also ist $q = 2p_1 - 1p_2 - 3p_3$ und

der Koordinatenvektor von q bezüglich P ist folglich $(2, -1, -3)$.

7 Determinanten

7.1 Entwicklung nach Zeilen und Spalten

Zur vertiefenden Wiederholung siehe auch **EM 1**.

Jeder quadratischen Matrix ist eine Zahl – ihre *Determinante* – zugeordnet.

Sie wird zunächst für zweireihige Matrizen definiert. Die Determinante beliebiger Matrizen wird auf zweireihige Determinanten zurückgeführt.

Determinante einer (2,2)–Matrix

$$A = \begin{pmatrix} a & b \\ c & d \end{pmatrix} \Longrightarrow \det A = |A| = \begin{vmatrix} a & b \\ c & d \end{vmatrix} := ad - bc.$$

7.1   *Man berechne die Determinante folgender Matrizen:*

$$A - \begin{pmatrix} -2 & 0 \\ 2 & -1 \end{pmatrix}, \; B = \begin{pmatrix} 1 & 0 \\ -1 & -1 \end{pmatrix}, \; C = \begin{pmatrix} 1 & -2 \\ -1 & 2 \end{pmatrix}.$$

$$\det A = \begin{vmatrix} -2 & 0 \\ 2 & -1 \end{vmatrix} = (-2)(-1) - 0 \cdot 2 = \; 2$$

$$\det B = \begin{vmatrix} 1 & 0 \\ -1 & -1 \end{vmatrix} = 1(-1) - 0(-1) \; = -1$$

$$\det C = \begin{vmatrix} 1 & -2 \\ -1 & 2 \end{vmatrix} = 1 \cdot 2 - (-2)(-1) = \; 0$$

Dreireihige Determinanten berechnet man auch mit der Regel von SARRUS:

Determinante einer (3,3)–Matrix, Regel von SARRUS

$$\det A = \begin{vmatrix} a_1 & b_1 & c_1 \\ a_2 & b_2 & c_2 \\ a_3 & b_3 & c_3 \end{vmatrix} = a_1 b_2 c_3 + a_2 b_3 c_1 + a_3 b_1 c_2 - c_1 b_2 a_3 - c_2 b_3 a_1 - c_3 b_1 a_2.$$

Merkregel:

Man schreibt die ersten beiden Zeilen unter die Determinante und *addiert* die drei Dreierprodukte längs der durchgezogenen Linien und *subtrahiert* die drei Dreierprodukte längs der gestrichelten Linien.

7.2

Man berechne
die Determinanten:
$$\begin{vmatrix} 1 & 2 & 3 \\ 1 & -2 & 0 \\ -1 & 2 & -1 \end{vmatrix}, \quad \begin{vmatrix} 2 & 1 & 0 \\ 3 & 0 & 1 \\ 1 & 0 & 3 \end{vmatrix}, \quad \begin{vmatrix} -3 & 2 & 3 \\ 0 & 2 & 2 \\ 0 & 0 & -1 \end{vmatrix}.$$

$$\begin{vmatrix} 1 & 2 & 3 \\ 1 & -2 & 0 \\ -1 & 2 & -1 \\ 1 & 2 & 3 \\ 1 & -2 & 0 \end{vmatrix} \begin{array}{l} = \quad 1(-2)(-1) + 1 \cdot 2 \cdot 3 + (-1)2 \cdot 0 \\ \qquad -3(-2)(-1) - 0 \cdot 2 \cdot 1 - (-1)2 \cdot 1 = \underline{\underline{4}} \end{array}$$

$$\begin{vmatrix} 2 & 1 & 0 \\ 3 & 0 & 1 \\ 1 & 0 & 3 \end{vmatrix} \begin{array}{l} = \quad 2 \cdot 0 \cdot 3 + 3 \cdot 0 \cdot 0 + 1 \cdot 1 \cdot 1 \\ \qquad -0 \cdot 0 \cdot 1 - 1 \cdot 0 \cdot 2 - 3 \cdot 1 \cdot 3 = \underline{\underline{-8}} \end{array}$$

$$\begin{vmatrix} -3 & 2 & 3 \\ 0 & 2 & 2 \\ 0 & 0 & -1 \end{vmatrix} = (-3)2(-1) = \underline{\underline{6}}.$$

> Ist A eine (obere) **Dreiecksmatrix**, so ist ihre Determinante das Produkt der Diagonalelemente!

Determinante einer (n,n)–Matrix

$$A = (a_{ij}) \implies \det A = |A| = \sum_{j=1}^{n}(-1)^{1+j}a_{1j}\det A_{1j}.$$

Dieses Vorgehen nennt man **Entwickeln** von $\det A$ nach der 1. Zeile.

Dabei entsteht die Matrix A_{1j} aus der Matrix A durch *Streichen* der 1–ten Zeile und j–ten Spalte.

7.3

Man berechne die Determinante der Matrix $A = \begin{pmatrix} 1 & 2 & 3 \\ 1 & -2 & 0 \\ -1 & 2 & -1 \end{pmatrix}$.

Um $\det A$ zu bestimmen, berechnet man zunächst
die drei **Streichungsdeterminanten** $\det A_{1j} = |A_{1j}|$ für $j = 1, 2, 3$:
A_{1j} entsteht aus A durch *Streichen* der 1–ten Zeile und j–ten Spalte:

$$A_{11} = \begin{pmatrix} 1 & 2 & 3 \\ 1 & -2 & 0 \\ -1 & 2 & -1 \end{pmatrix} = \begin{pmatrix} -2 & 0 \\ 2 & -1 \end{pmatrix} \implies |A_{11}| = \begin{vmatrix} -2 & 0 \\ 2 & -1 \end{vmatrix} = 2$$

$$A_{12} = \begin{pmatrix} 1 & 2 & 3 \\ 1 & -2 & 0 \\ -1 & 2 & -1 \end{pmatrix} = \begin{pmatrix} 1 & 0 \\ -1 & -1 \end{pmatrix} \implies |A_{12}| = \begin{vmatrix} 1 & 0 \\ -1 & -1 \end{vmatrix} = -1$$

$$A_{13} = \begin{pmatrix} 1 & 2 & 3 \\ 1 & -2 & 0 \\ -1 & 2 & -1 \end{pmatrix} = \begin{pmatrix} 1 & -2 \\ -1 & 2 \end{pmatrix} \implies |A_{13}| = \begin{vmatrix} 1 & -2 \\ -1 & 2 \end{vmatrix} = 0$$

Also gilt:
$$|A| = \sum_{j=1}^{3} (-1)^{1+j} a_{1j} |A_{1j}|$$
$$= (-1)^{1+1} \cdot 1 \cdot |A_{11}| + (-1)^{1+2} \cdot 2 \cdot |A_{12}| + (-1)^{1+3} \cdot 3 \cdot |A_{13}|$$
$$= |A_{11}| - 2|A_{12}| + 3|A_{13}|$$
$$= 1 \cdot 2 - 2(-1) + 3 \cdot 0 = \underline{\underline{4}}.$$

Im vorigen Beispiel wurde $|A|$ durch *Entwickeln nach der 1. Zeile* berechnet. Ebensogut hätte man nach der i–ten Zeile (oder nach der j–ten Spalte) entwickeln können:

LAPLACEscher Entwicklungssatz

$$\det A = \det(a_{ij}) = \underbrace{\sum_{j-1}^{n} (-1)^{i+j} a_{ij} \det A_{ij}}_{\substack{\text{Entwicklung nach der} \\ i\text{–ten Zeile}}} = \underbrace{\sum_{i=1}^{n} (-1)^{i+j} a_{ij} \det A_{ij}}_{\substack{\text{Entwicklung nach der} \\ j\text{–ten Spalte}}}$$

wobei A_{ij} die $(n-1, n-1)$ –Matrix ist, die aus A durch *Streichen* der i–ten Zeile und j–ten Spalte hervorgeht.

$(-1)^{i+j} \det A_{ij}$ heißt **algebraisches Komplement** zu a_{ij}.

Die auftretenden Vorzeichen $(-1)^{i+j}$ sind *schachbrettartig* verteilt:

$$\begin{vmatrix} + & - & + & - & \cdots \\ - & + & - & + & \cdots \\ + & - & + & - & \cdots \\ - & + & - & + & \cdots \\ & & \cdots & & \end{vmatrix}.$$

7.4

Man berechne
$$\begin{vmatrix} 1 & 2 & 3 & 0 \\ 0 & 1 & 2 & -2 \\ -1 & -1 & 3 & 2 \\ 1 & 1 & 2 & 0 \end{vmatrix}.$$

Zweckmäßigerweise entwickelt man nach der 4–ten Spalte:

$$\begin{vmatrix} 1 & 2 & 3 & 0 \\ 0 & 1 & 2 & -2 \\ -1 & -1 & 3 & 2 \\ 1 & 1 & 2 & 0 \end{vmatrix} = -0 \begin{vmatrix} 0 & 1 & 2 \\ -1 & -1 & 3 \\ 1 & 1 & 2 \end{vmatrix} + (-2) \begin{vmatrix} 1 & 2 & 3 \\ -1 & -1 & 3 \\ 1 & 1 & 2 \end{vmatrix} - 2 \begin{vmatrix} 1 & 2 & 3 \\ 0 & 1 & 2 \\ 1 & 1 & 2 \end{vmatrix} + 0 \begin{vmatrix} 1 & 2 & 3 \\ 0 & 1 & 2 \\ -1 & -1 & 3 \end{vmatrix}$$

Die Aufgabe wird in [7.5] gelöst.

Um die 4–reihige Determinante zu berechnen, muss man also bis zu vier 3–reihige Determinanten berechnen. Jede 3–reihige Determinante entwickelt man in drei 2–reihige Determinanten. Insgesamt hat man also bis zu zwölf 2–reihige Determinanten zu bestimmen. Zweckmäßigerweise entwickelt man also nach Zeilen bzw. Spalten, in denen *möglichst viele* Nullen stehen !

Es geht jedoch noch einfacher, wenn man folgende Eigenschaften der Determinante ausnutzt:

7.2 Elementare Umformungen

Eigenschaften der Determinante

Die **elementaren Umformungen** einer Matrix (siehe Seite 171) wirken sich folgendermaßen auf ihre Determinante aus:

1.) Vertauscht man zwei Zeilen (Spalten),
     so ändert sich das Vorzeichen der Determinante.

2.) Multipliziert man eine Zeile (Spalte) mit der Zahl a,
     so multipliziert sich die Determinante mit a.

3.) Addition eines Vielfachen einer Zeile (Spalte) zu einer anderen
     Zeile (Spalte) ändert den Wert der Determinante nicht.

4.) Multilinearität: $|a\vec{a}, b\vec{b} + c\vec{c}| = ab|\vec{a}, \vec{b}| + ac|\vec{a}, \vec{c}|$.

Berechnung der Determinante

Durch Addition eines Vielfachen einer Zeile (Spalte) zu einer anderen Zeile (Spalte) erzeugt man in einer Spalte (Zeile) möglichst viele Nullen und entwickelt nach dieser Spalte (Zeile).

Eigenschaften der Determinante

$\big(A, B$ sind n–reihige quadratische Matrizen.$\big)$

$\det A \cdot B = \det A \cdot \det B$ **Determinanten–Multiplikationssatz**

$$\det A^\top = \det A, \quad \det A^{-1} = \frac{1}{\det A}, \quad \det(\alpha \cdot A) = \alpha^n \cdot \det A.$$

$\det A \neq 0 \iff$ die Zeilen (Spalten) von A sind linear unabhängig.
$ \iff$ die Zeilen (Spalten) von A sind eine Basis des $\mathbb{R}^n$.
$ \iff \operatorname{rg} A = n$.
$ \iff A$ hat vollen Rang n.
$ \iff A^{-1}$ existiert, A ist invertierbar, regulär.
$ \iff A\vec{x} = \vec{b}$ ist eindeutig lösbar durch: $\vec{x} = A^{-1}\vec{b}$.
$ \iff 0$ ist nicht Eigenwert von A (siehe Seite 209/210).

7.5

(a) Man berechne die Determinante aus [7.4].

(b) Es seien $\vec{a}, \vec{b}, \vec{c} \in \mathbb{R}^3$. Berechne $|2\vec{a}, 2\vec{b}, 2\vec{c}|$ und $|\vec{a}, \vec{a} - 2\vec{b}, \vec{a} - 3\vec{b} - \vec{c}|$.

(a)

$$\begin{vmatrix} 1 & 2 & 3 & 0 \\ 0 & 1 & 2 & -2 \\ -1 & -1 & 3 & 2 \\ 1 & 1 & 2 & 0 \end{vmatrix} - \begin{vmatrix} 1 & 2 & 3 & 0 \\ 0 & 1 & 2 & -2 \\ -1 & 0 & 5 & 0 \\ 1 & 1 & 2 & 0 \end{vmatrix}$$

Addition der 2-ten Zeile zur 3 ten Zeile ändert den Wert der Determinante nicht!

$$= +(-2) \begin{vmatrix} 1 & 2 & 3 \\ -1 & 0 & 5 \\ 1 & 1 & 2 \end{vmatrix}$$

Entwicklung nach der 4-ten Spalte!

$$= -2 \begin{vmatrix} 1 & 2 & 8 \\ -1 & 0 & 0 \\ 1 & 1 & 7 \end{vmatrix}$$

Addition des 5-fachen der 1-ten Spalte zur 3-ten Spalte ändert die Determinante nicht!

$$= -2(-(-1)) \begin{vmatrix} 2 & 8 \\ 1 & 7 \end{vmatrix}$$

Entwicklung nach der 2-ten Zeile!

$$= -2(2 \cdot 7 - 8 \cdot 1)$$

2-reihige Determinante, Seite 183!

$$= \underline{-12}$$

(b) Die Determinante ist multilinear: $|a\vec{a}, b\vec{b}| = ab|\vec{a}, \vec{b}|$ und $|\vec{a}, \vec{b} + \vec{c}| = |\vec{a}, \vec{b}| + |\vec{a}, \vec{c}|$:

$|2\vec{a}, 2\vec{b}, 2\vec{c}| = 2^3|\vec{a}, \vec{b}, \vec{c}|$ und $|\vec{a}, \vec{a} - 2\vec{b}, \vec{a} - 3\vec{b} - \vec{c}| = (-2)(-1)|\vec{a}, \vec{b}, \vec{c}| = \underline{\underline{2|\vec{a}, \vec{b}, \vec{c}|}}$.

7.3 Flächenberechnung, Orientierung

Sind $\vec{a}_1, \dots, \vec{a}_n \in \mathbb{R}^n$ und ist $A = (\vec{a}_1, \dots, \vec{a}_n)$, so ist

$\det A$ das **orientierte Volumen** und

$|\det A|$ das **Volumen** des von den Vektoren $\vec{a}_1, \dots, \vec{a}_n$

aufgespannten **Parallelepipeds** (Spats).

Sind $\vec{a}_1, \vec{a}_2, \vec{a}_3 \in \mathbb{R}^3$, so ist $\det A = <\vec{a}_1, \vec{a}_2, \vec{a}_3>$ das **Spatprodukt** der drei Vektoren, siehe Seite 136.

Für $\vec{a}_1, \vec{a}_2 \in \mathbb{R}^2$ hat $\det(\vec{a}_1, \vec{a}_2)$, was Orientierung, Fläche des Parallelogramms und lineare Abhängigkeit betrifft, die analogen Eigenschaften.

7.6

Man untersuche auf lin. Unabhängigkeit, Orientierung und berechne die Fläche des von $\vec{a}_1 = (1, -2)$ und $\vec{a}_2 = (-3, -1)$ aufgespannten Dreiecks.

$$|(\vec{a}_1, \vec{a}_2)| = \begin{vmatrix} 1 & -3 \\ -2 & -1 \end{vmatrix} = -7 \implies$$

(1) $\vec{a}_1, \vec{a}_2$ sind linear unabhängig.

(2) $\vec{a}_1, \vec{a}_2$ folgen mathematisch negativ aufeinander.

(3)   Die Fläche des Dreiecks ist $\frac{1}{2}||\vec{a}_1, \vec{a}_2|| = \underline{3.5}$.

7.4   Cramersche Regel

Cramersche Regel

Ist A eine quadratische (n, n)–Matrix mit $|A| \neq 0$, so ist das LGS $A\vec{x} = \vec{b}$ eindeutig lösbar. Für die Lösung $\vec{x} = (x_1, \ldots, x_n)$ gilt

$$x_i = \frac{|A_i|}{|A|}, \text{ für } i = 1, \ldots, n,$$

wobei A_i die (n, n)–Matrix ist, die aus A entsteht,
indem man die i–te Spalte von A durch $\vec{b}$ ersetzt.

7.7
$$\text{Man löse das LGS} \quad \begin{pmatrix} -1 & 8 & 3 \\ 2 & 4 & -1 \\ -2 & 1 & 2 \end{pmatrix} \vec{x} = \begin{pmatrix} 2 \\ 1 \\ -1 \end{pmatrix}.$$

Ist $|A| \neq 0$, so besitzt das LGS eine eindeutig bestimmte Lösung, die mit der Cramerschen Regel zu berechnen ist:

$$|A| = \begin{vmatrix} -1 & 8 & 3 \\ 2 & 4 & -1 \\ -2 & 1 & 2 \end{vmatrix} = 5 \neq 0, \qquad |A_1| = \begin{vmatrix} 2 & 8 & 3 \\ 1 & 4 & -1 \\ -1 & 1 & 2 \end{vmatrix} = 25,$$

$$|A_2| = \begin{vmatrix} -1 & 2 & 3 \\ 2 & 1 & -1 \\ -2 & -1 & 2 \end{vmatrix} = -5, \qquad |A_3| = \begin{vmatrix} -1 & 8 & 2 \\ 2 & 4 & 1 \\ -2 & 1 & -1 \end{vmatrix} = 25.$$

Man erhält: $x_1 = \dfrac{|A_1|}{|A|} = 5, \quad x_2 = \dfrac{|A_2|}{|A|} = -1, \quad x_3 = \dfrac{|A_3|}{|A|} = 5,$

also die Lösung $\vec{x} = (5, -1, 5)$.

7.8
$$\text{Man löse das LGS} \quad \begin{aligned} 2x + 2y &= -2 \\ x + 4y &= -13. \end{aligned}$$

Das LGS lautet in Matrizenschreibweise $\begin{pmatrix} 2 & 2 \\ 1 & 4 \end{pmatrix} \vec{x} = \begin{pmatrix} -2 \\ -13 \end{pmatrix}.$

$|A| = \begin{vmatrix} 2 & 2 \\ 1 & 4 \end{vmatrix} = 6.$ Da $|A| \neq 0$ ist, besitzt das LGS eine eindeutig bestimmte Lösung, die mit der Cramerschen Regel zu berechnen ist:

$|A_1| = \begin{vmatrix} -2 & 2 \\ -13 & 4 \end{vmatrix} = 18, \quad |A_2| = \begin{vmatrix} 2 & -2 \\ 1 & -13 \end{vmatrix} = -24.$

Man erhält: $x = \dfrac{|A_1|}{|A|} = 3$ und $y = \dfrac{|A_2|}{|A|} = -4$, also $\vec{x} = (3, -4).$

Abgesehen davon, dass sich die Cramersche Regel nur bei eindeutig lösbaren quadratischen LGSen anwenden lässt, ist die Berechnung der Determinanten lästig.

Das **Gaußsche Eliminationsverfahren** (Seite 245) ist vorzuziehen!

8 Lineare Abbildungen und Matrizen

8.1 Lineare Abbildungen und Matrizen

Zum Begriff des Vektorraums, insbesondere des $\mathbb{R}^n$ siehe **LA 1,2**.

Drehungen, Spiegelungen oder Projektionen, die den Nullpunkt festlassen, sind lineare Abbildungen des Raumes $\mathbb{R}^3$ bzw. der Ebene $\mathbb{R}^2$.

Translationen lassen den Nullpunkt i.A. nicht fest und sind folglich nicht linear!

---

lineare Abbildung

Eine Abbildung $\varphi : \mathbb{R}^m \to \mathbb{R}^n$ heißt **linear**,

wenn für alle $\vec{x}, \vec{y} \in \mathbb{R}^m$ und alle $r \in \mathbb{R}$ gilt:

$$(1) \quad \varphi(\vec{x} + \vec{y}) = \varphi(\vec{x}) + \varphi(\vec{y})$$
$$(2) \quad \varphi(r \cdot \vec{x}) = r \cdot \varphi(\vec{x})$$
$$(3) \quad \varphi(\vec{0}) = \vec{0} \quad [\text{folgt aus (2)}]$$

$$\text{Kern}\,\varphi := \varphi^{-1}(\{\vec{0}\}) = \{\vec{x} \in \mathbb{R}^m \mid \varphi(\vec{x}) = \vec{0}\} \subseteq \mathbb{R}^m$$

$$\text{Bild}\,\varphi := \varphi(\mathbb{R}^m) = \{\vec{y} \in \mathbb{R}^n \mid \exists\, \vec{x} \in \mathbb{R}^m,\, \varphi(\vec{x}) = \vec{y}\} \subseteq \mathbb{R}^n$$

Kern–Bild–Satz: $\quad m = \dim \text{Kern}\,\varphi + \dim \text{Bild}\,\varphi$

8.1 *Es sei $\varphi : \mathbb{R}^3 \to \mathbb{R}^3$ linear und $\varphi(\vec{i}) = -\vec{j}$, $\varphi(\vec{j}) = 2\vec{i} + \vec{k}$, $\varphi(\vec{k}) = \vec{0}$.*
Man berechne $\varphi(\vec{x})$ für $\vec{x} = (-3, -1, 2)$ sowie Kern φ und Bild φ und verifiziere den Kern–Bild–Satz.

(1) $\varphi(\vec{x}) = \varphi(-3\vec{i} - 1\vec{j} + 2\vec{k}) \overset{(1)}{=} \varphi(-3\vec{i}) + \varphi(-1\vec{j}) + \varphi(2\vec{k}) \overset{(2)}{=} -3\varphi(\vec{i}) - \varphi(\vec{j}) + 2\varphi(\vec{k})$

$= 3\vec{j} - 2\vec{i} - \vec{k} + \vec{0} = -2\vec{i} + 3\vec{j} - \vec{k} = \underline{\underline{(-2, 3, -1)}}.$

Eine lineare Abbildung ist also festgelegt, wenn die Bilder der Basisvektoren bekannt sind, da sich jeder Vektor linear aus der Basis kombinieren und sich sein Bild wegen (1) und (2) aus den Bildern der Basis berechnen lässt!

(2) $\vec{x} = x\vec{i} + y\vec{j} + z\vec{k} \in \text{Kern}\,\varphi \iff \varphi(\vec{x}) = x\varphi(\vec{i}) + y\varphi(\vec{j}) + z\varphi(\vec{k}) = 2y\vec{i} - x\vec{j} + y\vec{k} = \vec{0}.$

$\vec{i}, \vec{j}, \vec{k}$ sind linear unabhängig, also sind alle Koeffizienten gleich 0:

$2y = -x = y = 0 \iff x = y = 0$, also ist Kern φ : $\vec{x} = r \begin{pmatrix} 0 \\ 0 \\ 1 \end{pmatrix}$ Gerade im $\mathbb{R}^3$.

(3) Bild φ wird erzeugt von $\varphi(\vec{i}), \varphi(\vec{j}), \varphi(\vec{k})$, also von $-\vec{j}$ und $2\vec{i} + \vec{k}$:

Bild φ : $\vec{x} = r \begin{pmatrix} 0 \\ -1 \\ 0 \end{pmatrix} + s \begin{pmatrix} 2 \\ 0 \\ 1 \end{pmatrix}$ ist eine Ebene im $\mathbb{R}^3$.

(4) Kern–Bild–Satz: $\dim \text{Kern}\,\varphi + \dim \text{Bild}\,\varphi = 1 + 2 = 3 = m.$

8.2   Es sei $M = \begin{pmatrix} 1 & -1 & -2 \\ 2 & 0 & 3 \end{pmatrix}$ und $\varphi : \mathbb{R}^3 \to \mathbb{R}^2$ mit $\varphi(\vec{x}) = M \cdot \vec{x}$.

    (1)   Man zeige, dass φ linear ist und berechne $\varphi(1,2,3)$, $\varphi(-3,-7,2)$.

    (2)   Man berechne Kern φ, Bild φ und verifiziere den Kern–Bild–Satz.

(1) $\left.\begin{array}{l} \varphi(\vec{x} + \vec{y}) = M(\vec{x} + \vec{y}) = M\vec{x} + M\vec{y} = \varphi(\vec{x}) + \varphi(\vec{y}) \\ \varphi(r\vec{x}) = Mr\vec{x} = rM\vec{x} = r\varphi(\vec{x}), \quad \varphi(\vec{0}) = M\vec{0} = \vec{0} \end{array}\right\} \Longrightarrow \varphi$ ist linear.

$$\varphi(1,2,3) = \begin{pmatrix} 1 & -1 & -2 \\ 2 & 0 & 3 \end{pmatrix} \begin{pmatrix} 1 \\ 2 \\ 3 \end{pmatrix} = \begin{pmatrix} -7 \\ 11 \end{pmatrix},$$

$$\varphi(-3,-7,2) = \begin{pmatrix} 1 & -1 & -2 \\ 2 & 0 & 3 \end{pmatrix} \begin{pmatrix} -3 \\ -7 \\ 2 \end{pmatrix} = \begin{pmatrix} 0 \\ 0 \end{pmatrix}.$$

(2) $\varphi(\vec{x}) = \vec{0} \Longleftrightarrow M\vec{x} = \vec{0}$. Dieses LGS hat die Lösung: Kern φ : $\vec{x} = r \begin{pmatrix} -3 \\ -7 \\ 2 \end{pmatrix}$.

Kern φ ist ein 1–dimensionaler Unterraum des $\mathbb{R}^3$.

Bild $\varphi = \varphi(\mathbb{R}^3)$ wird erzeugt von $\varphi(\vec{e}_1), \varphi(\vec{e}_2), \varphi(\vec{e}_3)$.

Die kanonische Basis $(\vec{i}, \vec{j}, \vec{k})$ bezeichnet man auch mit $E = (\vec{e}_1, \vec{e}_2, \vec{e}_3)$.

$$\varphi(\vec{e}_1) = \begin{pmatrix} 1 & -1 & -2 \\ 2 & 0 & 3 \end{pmatrix} \begin{pmatrix} 1 \\ 0 \\ 0 \end{pmatrix} = \begin{pmatrix} 1 \\ 2 \end{pmatrix}, \text{ ebenso } \varphi(\vec{e}_2) = \begin{pmatrix} -1 \\ 0 \end{pmatrix}, \varphi(\vec{e}_3) = \begin{pmatrix} -2 \\ 3 \end{pmatrix}.$$

Bild φ ist der von den Spalten von M erzeugte Unterraum des $\mathbb{R}^2$: Bild $\varphi = \mathbb{R}^2$.

Kern–Bild–Satz: dim Kern φ + dim Bild $\varphi = 1 + 2 = 3$.

Der Begriff der linearen Abbildung lässt sich auf allgemeine Vektorräume (z.B. Vektorräume von Funktionen, Polynomen,...) übertragen:

8.3   (a) $V = \{se^x + te^{-x} \mid s, t \in \mathbb{R}\}$ ist ein zweidimensionaler VR (vgl. 5.9).

           Man zeige: $\delta : V \to V$ mit $\delta(f) = f'$ (Ableitung!) ist linear.

           Man bestimme Kern δ und Bild δ und verifiziere den Kern–Bild–Satz.

    (b) $P = \{a + bx + cx^2 \mid a, b, c \in \mathbb{R}\}$ ist ein dreidimens. VR (vgl. 5.8).

           Man bestimme Kern φ und Bild φ für $\varphi(p) := p'(0) + p''(0)$.

(a) $\left.\begin{array}{l} \delta(f + g) = (f + g)' = f' + g' = \delta(f) + \delta(g) \\ \delta(rf) = (rf)' = rf' = r\delta(f), \quad \delta(0) = 0' = 0 \text{ (Nullfunktion)} \end{array}\right\} \Longrightarrow \begin{array}{l} \delta \text{ ist} \\ \text{linear.} \end{array}$

Kern $\delta = \{f \in V \mid f' \equiv 0\} = \{0\}$, wobei $0 = 0e^x + 0e^{-x}$ die Nullfunktion ist.

Bild $\delta = V$. Kern–Bild–Satz: dim Kern φ + dim Bild $\varphi = 0 + 2 = 2$.

(b) $\varphi : P \to P$ und $\varphi(p) = p'(0) + p''(0) = b + 2c = 0 \Longleftrightarrow b = -2c$, also

Kern $\varphi = \{a - 2cx + cx^2 \mid a, c \in \mathbb{R}\} = \{a + c(-2x + x^2) \mid a, c \in \mathbb{R}\}$ ist ein 2–dimensionaler VR, also dim Kern $\varphi = 2$ und nach dem Kern–Bild–Satz: dim Bild $\varphi = 3 - 2 = 1$.

$\varphi(bx) = b \Longrightarrow$ Bild φ ist der 1–dimensionale Raum der konstanten Polynome.

---

lineare Abbildungen und Matrizen

Ist M eine (n, m)–**Matrix**, so ist

$$\varphi_M : \begin{array}{ccc} \mathbb{R}^m & \to & \mathbb{R}^n \\ \vec{x} & \mapsto & M\vec{x} \end{array}, \text{ also } \varphi_M(\vec{x}) - M\vec{x}, \text{ eine \textbf{lineare Abbildung}.}$$

> Jede Matrix bestimmt eine lineare Abbildung.
> Umgekehrt gehört zu jeder linearen Abbildung eine Matrix:

Ist $\varphi : \mathbb{R}^m \to \mathbb{R}^n$ linear und ist
$$M = M(\varphi) = \big(\varphi(\vec{e}_1)_E, \cdots, \varphi(\vec{e}_m)_E\big)$$
die (n, m)–Matrix, deren m Spalten aus den E–Koordinatenvektoren $\varphi(\vec{e}_i)_E$ der m kanonischen Basisvektoren $\vec{e}_i$ des $\mathbb{R}^m$ bestehen, so ist
$$\varphi = \varphi_M, \text{ d.h. } \varphi(\vec{x}) = \varphi_M(\vec{x}) = M\vec{x}.$$

Vorsicht: M ist *eine* zu φ gehörige Matrix. Die zu φ gehörenden Matrizen hängen von den Basen A des $\mathbb{R}^m$ und B des $\mathbb{R}^n$ ab und werden mit $M_B^A(\varphi)$ bezeichnet (siehe Seite 194). Für obige Matrix gilt: $M(\varphi) = M_E^E(\varphi)$.

(n, m)–Matrizen, die die gleiche lineare Abbildung beschreiben, heißen **äquivalent**.
(n, m)–Matrizen sind genau dann **äquivalent**, wenn sie gleichen Rang haben.

Normalform äquivalenter Matrizen, siehe Seite 174.

8.4 *Man bestimme die Abbildungsmatrix $M(\varphi)$ zur linearen Abbildung φ aus 8.1 und berechne mit ihr $\varphi(-3, -1, 2)$.*

Es ist $E = (\vec{\imath}, \vec{\jmath}, \vec{k})$ die kanonische Basis der $\mathbb{R}^3$.

$$\varphi(\vec{\imath}) = -\vec{\jmath} \Longrightarrow \varphi(\vec{\imath})_E = \begin{pmatrix} 0 \\ -1 \\ 0 \end{pmatrix}. \quad \text{Ebenso:} \quad \varphi(\vec{\jmath})_E = \begin{pmatrix} 2 \\ 0 \\ 1 \end{pmatrix}, \quad \varphi(\vec{k})_E = \begin{pmatrix} 0 \\ 0 \\ 0 \end{pmatrix}.$$

$$M(\varphi) = \begin{pmatrix} 0 & 2 & 0 \\ -1 & 0 & 0 \\ 0 & 1 & 0 \end{pmatrix} \Longrightarrow \varphi(-3, -1, 2) = \begin{pmatrix} 0 & 2 & 0 \\ -1 & 0 & 0 \\ 0 & 1 & 0 \end{pmatrix} \begin{pmatrix} -3 \\ -1 \\ 2 \end{pmatrix} = \begin{pmatrix} -2 \\ 3 \\ -1 \end{pmatrix}.$$

8.5 *Man bestimme die Abbildungsmatrix $M(\psi)$ für*
$\psi : \mathbb{R}^3 \to \mathbb{R}^2$ mit $\psi(x, y, z) = (2x - z, x + 2y - 3z)$.

Bezüglich der kan. Basen $E_3 = (\vec{\imath}_3, \vec{\jmath}_3, \vec{k}_3)$ des $\mathbb{R}^3$ bzw. $E_2 = (\vec{\imath}_2, \vec{\jmath}_2)$ des $\mathbb{R}^2$ gilt:

$$\begin{aligned}
\psi(\vec{\imath}_3) &= 2\vec{\imath}_2 + \vec{\jmath}_2 \Rightarrow \psi(\vec{\imath}_3)_{E_2} = \begin{pmatrix} 2 \\ 1 \end{pmatrix} \\
\psi(\vec{\jmath}_3) &= 0\vec{\imath}_2 + 2\vec{\jmath}_2 \Rightarrow \psi(\vec{\jmath}_3)_{E_2} = \begin{pmatrix} 0 \\ 2 \end{pmatrix} \\
\psi(\vec{k}_3) &= -\vec{\imath}_2 - 3\vec{\jmath}_2 \Rightarrow \psi(\vec{k}_3)_{E_2} - \begin{pmatrix} -1 \\ -3 \end{pmatrix}
\end{aligned} \Longrightarrow M(\psi) = M_{E_2}^{E_3}(\psi) = \begin{pmatrix} 2 & 0 & -1 \\ 1 & 2 & -3 \end{pmatrix}.$$

8.6   Zu $V = \{se^x + te^{-x} \mid s, t \in \mathbb{R}\}$ mit der Basis $E = (\vec{e}_1, \vec{e}_2) = (e^x, e^{-x})$ und
der Abbildung $\delta : V \to V$ mit $\delta(f) = f'$ (siehe 8.3) bestimme man $M(\delta)$.

$(e^x)' = e^x \Longrightarrow \delta(e^x)_E = (e^x)_E = \begin{pmatrix} 1 \\ 0 \end{pmatrix}$ und $\delta(e^{-x})_E = (-e^{-x})_E = \begin{pmatrix} 0 \\ -1 \end{pmatrix}$.

Damit gilt für die Abbildungsmatrix: $M = M(\delta) = \begin{pmatrix} 1 & 0 \\ 0 & -1 \end{pmatrix}$.

8.7   Es sei $\delta : \mathbb{R}^2 \to \mathbb{R}^2$ die Drehung der Ebene um den Winkel α.
Man bestimme $M(\delta)$:

Ist δ die Drehung der Ebene (mathematisch positiv = links herum = gegen den
Uhrzeigersinn !) um den Winkel α, dann entnimmt man der u.a. Skizze:

$\delta(\vec{e}_1) = \cos\alpha\,\vec{e}_1 + \sin\alpha\,\vec{e}_2$ und $\delta(\vec{e}_2) = -\sin\alpha\,\vec{e}_1 + \cos\alpha\,\vec{e}_2$. Koordinatenvektoren:

$\delta(\vec{e}_1)_E = \begin{pmatrix} \cos\alpha \\ \sin\alpha \end{pmatrix}$ und $\delta(\vec{e}_2)_E = \begin{pmatrix} -\sin\alpha \\ \cos\alpha \end{pmatrix}$. Also $M(\delta) = \begin{pmatrix} \cos\alpha & -\sin\alpha \\ \sin\alpha & \cos\alpha \end{pmatrix}$.

Orthogonale Abbildungen der Ebene (Drehung, Spiegelung)

Für die **orthogonale Abbildung** φ

mit $\varphi(\vec{x}) = M \cdot \vec{x}$ und $M^{-1} = M^\top$

besteht die Alternative

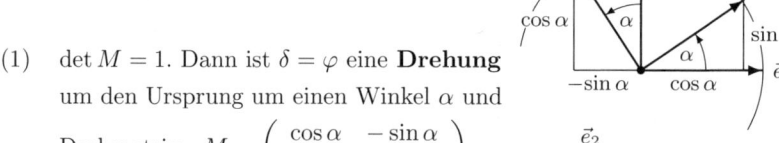

(1)   det $M = 1$. Dann ist $\delta = \varphi$ eine **Drehung**
um den Ursprung um einen Winkel α und

Drehmatrix $M = \begin{pmatrix} \cos\alpha & -\sin\alpha \\ \sin\alpha & \cos\alpha \end{pmatrix}$

(2)   det $M = -1$. Dann ist $\sigma = \varphi$ eine **Spiegelung**
an einer Ursprungsgeraden mit Steigungs-
winkel $\alpha/2$ und

Spiegelmatrix $M = \begin{pmatrix} \cos\alpha & \sin\alpha \\ \sin\alpha & -\cos\alpha \end{pmatrix}$

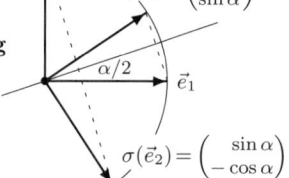

8.8   Man untersuche folgende Matrizen (Drehung, Spiegelung, Drehstreckung):

$A = \dfrac{\sqrt{2}}{2} \begin{pmatrix} -1 & -1 \\ 1 & -1 \end{pmatrix}$, $\quad B = \begin{pmatrix} 0 & 1 \\ 1 & 0 \end{pmatrix}$, $\quad C = \begin{pmatrix} 1 & -1 \\ 1 & 1 \end{pmatrix}$.

A ist Drehmatrix: A ist orthogonal, da die Spalten von A senkrecht aufeinander-
stehende Einheitsvektoren sind. Außerdem ist det $A = (\frac{\sqrt{2}}{2})^2 \begin{vmatrix} -1 & -1 \\ 1 & -1 \end{vmatrix} = 1$.

Aus $\cos\alpha = -\frac{\sqrt{2}}{2}$ und $\sin\alpha = \frac{\sqrt{2}}{2}$ folgt: $\alpha = 135^0$, also ist A Drehung um $\frac{3}{4}\pi$.

$\underline{B \text{ ist Spiegelmatrix}}$: B ist orthogonal mit $\det B = -1$.

$B = \begin{pmatrix} \cos\frac{\pi}{2} & \sin\frac{\pi}{2} \\ \sin\frac{\pi}{2} & -\cos\frac{\pi}{2} \end{pmatrix}$ ist Matrix der Spiegelung an der Geraden $y = x$.

$\underline{C \text{ ist Drehstreckung}}$ (Kombination von Drehung um $\frac{\pi}{4}$ mit Streckung um $\sqrt{2}$):
Die Spalten von C sind orthogonal mit der gemeinsamen Länge $\sqrt{2}$. C ist nicht
orthogonal: $C = \sqrt{2} \begin{pmatrix} \cos\frac{\pi}{4} & \sin\frac{\pi}{4} \\ -\sin\frac{\pi}{4} & \cos\frac{\pi}{4} \end{pmatrix}$ ist Matrix einer Drehstreckung:

Jeder Vektor der Ebene wird um 45^0 gedreht und um den Faktor $\sqrt{2}$ gestreckt!

---

orthogonale Abbildungen

Die zu einer orthogonalen (m,m)–Matrix M gehörende lineare
Abbildung $\varphi: \ \mathrm{IR}^m \to \mathrm{IR}^m$ mit $\varphi(\vec{x}) = M\vec{x}$ heißt **orthogonal**.

Zur Erinnerung (Seite 172):

M orthogonale Matrix $\Leftrightarrow$ M kartesische Basis $\Leftrightarrow$ $M^\top = M^{-1} \Leftrightarrow MM^\top = E$
$\Longleftrightarrow$ Die Spalten von M bilden Basis aus paarweise orthog. Einheitsvektoren.

Eigenschaften orthogonaler Abbildungen

Die orthogonale Abbildung φ ist

(1)   ist **längentreu**, d.h. $|\varphi(\vec{x})| = |\vec{x}|$,
(2)   ist **winkeltreu**, d.h. $\sphericalangle(\varphi(\vec{x}), \varphi(\vec{y})) = \sphericalangle(\vec{x}, \vec{y})$,
(3)   sie überführt *kartesische* Basen in *kartesische* Basen.
       Genauer: Ist A kartesische Basis, so ist $\varphi(A) = \big(\varphi(\vec{a}_1), \ldots, \varphi(\vec{a}_m)\big)$
       genau dann kartesische Basis, wenn φ orthogonal ist.

8.9   *Mittels der Eigenschaften orthogonaler Matrizen (Seite 180) beweise man
die Eigenschaften (1), (2), (3) orthogonaler Abbildungen.*

(1)   Wegen $|\vec{a}| = \sqrt{\vec{a}^2}$ und $\vec{a} \cdot \vec{b} = \vec{a}^\top \vec{b}$ (Skalarprodukt, Seite 127) und $M^\top M = E$:
$|\varphi(\vec{x})| = |M\vec{x}| = \sqrt{(M\vec{x})^2} = \sqrt{(M\vec{x})^\top M\vec{x}} = \sqrt{\vec{x}^\top M^\top M\vec{x}} = \sqrt{\vec{x}^\top \vec{x}} = \sqrt{\vec{x}^2} = |\vec{x}|.$

(2) $\cos \sphericalangle(\varphi(\vec{x}), \varphi(\vec{y})) = \dfrac{\varphi(\vec{x})^\top \varphi(\vec{y})}{|\varphi(\vec{x})| \cdot |\varphi(\vec{y})|} = \dfrac{\vec{x}^\top M^\top M\vec{y}}{|\vec{x}| \cdot |\vec{y}|} = \dfrac{\vec{x}^\top \vec{y}}{|\vec{x}| \cdot |\vec{y}|} = \cos \sphericalangle(\vec{x}, \vec{y}).$
       Da $0 \leq \sphericalangle(\vec{x}, \vec{y}) \leq \pi \implies \sphericalangle(\varphi(\vec{x}), \varphi(\vec{y})) = \sphericalangle(\vec{x}, \vec{y}).$

(3) A ist genau dann kartesische Basis, wenn A orthogonale Matrix ist!
       Zu zeigen ist also: A orthogonal $\implies$ (MA orth. $\Longleftrightarrow$ M orth.)
       Da das Produkt orthogonaler Matrizen und die Inverse einer orthogonalen Ma-
       trix orthogonal sind, gilt:

       A orth. und MA orth. $\implies$ A^{-1} und MA orth. $\longrightarrow$ $MAA^{-1} = M$ orth.
       A orth. und M orth. $\longrightarrow$ MA orth.

8.2   Abbildungsmatrix $M_B^A(\varphi)$

Ist φ eine lineare Abbildung zwischen Vektorräumen mit den Basen A bzw. B, so lässt sich φ durch eine Matrix beschreiben, die natürlich von A und B abhängt:

Abbildungsmatrix $M_B^A(\varphi)$

Ist φ eine lineare Abbildung des $\mathrm{I\!R}^m$ mit der Basis $A = (\vec{a}_1, \ldots, \vec{a}_m)$ in den $\mathrm{I\!R}^n$ mit der Basis $B = (\vec{b}_1, \ldots, \vec{b}_n)$, kurz:

$$\text{Ist} \quad \varphi : \mathrm{I\!R}_A^m \longrightarrow \mathrm{I\!R}_B^n \quad \text{linear, dann gilt}$$

$$\begin{aligned} \varphi(\vec{x})_B &= M_B^A(\varphi) \cdot \vec{x}_A \quad , \text{mit} \\ M_B^A(\varphi) &= \big(\varphi(\vec{a}_1)_B, \ldots, \varphi(\vec{a}_m)_B\big) \end{aligned}$$

Man erhält den B–Koordinatenvektor $\varphi(\vec{x})_B$ des Bildes $\varphi(\vec{x})$, indem man den A–Koordinatenvektor $\vec{x}_A$ von $\vec{x}$ von links mit der Matrix $M_B^A(\varphi)$ multipliziert. $M_B^A(\varphi)$ ist die (n,m)–Matrix, deren m Spalten die B–Koordinatenvektoren der Bilder der m Basisvektoren von A sind.

Merke: Die Spalten von $M_B^A(\varphi)$ sind die durch φ abgebildeten $M_B^A\big(\varphi\big)$
und durch B ausgedrückten Basisvektoren von A !

Ist φ invertierbar, so gilt: $\boxed{M_A^B(\varphi^{-1}) = M_B^A(\varphi)^{-1}}$

8.10   *Es sei $\varphi : \mathrm{I\!R}^3 \to \mathrm{I\!R}^2$ die Projektion des $\mathrm{I\!R}^3$ auf die (x,y)–Ebene. Ferner*

sei $A = \begin{pmatrix} 1 & 1 & 0 \\ 2 & 0 & 0 \\ 3 & 4 & 2 \end{pmatrix}$ *Basis des* $\mathrm{I\!R}^3$ *und* $B = \begin{pmatrix} 1 & 2 \\ 1 & 1 \end{pmatrix}$ *Basis des* $\mathrm{I\!R}^2$.

Man bestimme $M_B^A(\varphi)$.

$$A = \begin{pmatrix} 1 & 1 & 0 \\ 2 & 0 & 0 \\ 3 & 4 & 2 \end{pmatrix} = (\vec{a}_1, \vec{a}_2, \vec{a}_3) \Longleftrightarrow \vec{a}_1 = \begin{pmatrix} 1 \\ 2 \\ 3 \end{pmatrix}, \ \vec{a}_2 = \begin{pmatrix} 1 \\ 0 \\ 4 \end{pmatrix}, \ \vec{a}_3 = \begin{pmatrix} 0 \\ 0 \\ 2 \end{pmatrix}.$$

$$\varphi(\vec{a}_1)_E = \begin{pmatrix} 1 \\ 2 \end{pmatrix} = x\begin{pmatrix} 1 \\ 1 \end{pmatrix} + y\begin{pmatrix} 2 \\ 1 \end{pmatrix} \Longrightarrow x = 3, y = -1 \Longrightarrow \varphi(\vec{a}_1)_B = \begin{pmatrix} 3 \\ -1 \end{pmatrix},$$

$$\varphi(\vec{a}_2)_E = \begin{pmatrix} 1 \\ 0 \end{pmatrix} = x\begin{pmatrix} 1 \\ 1 \end{pmatrix} + y\begin{pmatrix} 2 \\ 1 \end{pmatrix} \Longrightarrow x = -1, y = 1 \Longrightarrow \varphi(\vec{a}_2)_B = \begin{pmatrix} -1 \\ 1 \end{pmatrix},$$

$$\varphi(\vec{a}_3)_E = \begin{pmatrix} 0 \\ 0 \end{pmatrix} = x\begin{pmatrix} 1 \\ 1 \end{pmatrix} + y\begin{pmatrix} 2 \\ 1 \end{pmatrix} \Longrightarrow x = 0, y = 0 \ \Longrightarrow \varphi(\vec{a}_3)_B = \begin{pmatrix} 0 \\ 0 \end{pmatrix}.$$

Also erhält man: $M_B^A(\varphi) = \big(\varphi(\vec{a}_1)_B, \varphi(\vec{a}_2)_B, \varphi(\vec{a}_3)_B\big) = \begin{pmatrix} 3 & -1 & 0 \\ -1 & 1 & 0 \end{pmatrix}$.

Eine andere Möglichkeit $\varphi(\vec{a}_i)_B$ zu berechnen entnehme man 8.20.

8.11 *Gegeben sei folgende* **axonometrische Darstellung** *des Raumes:*
Die x–Achse wird im Winkel α zur u–Achse gezeichnet. Die y–Achse wird
um den Faktor k gekürzt und im Winkel β zur u–Achse gezeichnet. Die
z–Achse wird in Richtung der v–Achse gezeichnet.

Sei $\varphi:\ \mathbb{R}^3 \to \mathbb{R}^2$ die zugehörige lineare Abbildung (Projektion).

(a) *Man bestimme $M(\varphi)$ und Kern φ.*

(b) *Man setze (siehe Skizze)*
$\alpha = -14.04^0,\ \beta = 45^0,\ k = 0.75$
und berechne die Bilder der
Ecken des Einheitswürfels.

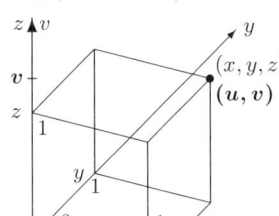

(a) Mit den kanonischen Basen in $\mathbb{R}^3$ und $\mathbb{R}^2$ erhält man

$$\varphi\begin{pmatrix}1\\0\\0\end{pmatrix} = \begin{pmatrix}\cos\alpha\\\sin\alpha\end{pmatrix},\quad \varphi\begin{pmatrix}0\\1\\0\end{pmatrix} = k\begin{pmatrix}\cos\beta\\\sin\beta\end{pmatrix},\quad \varphi\begin{pmatrix}0\\0\\1\end{pmatrix} = \begin{pmatrix}0\\1\end{pmatrix}.$$

Für die Abbildungsmatrix erhält man also $M(\varphi) = \begin{pmatrix}\cos\alpha & k\cos\beta & 0\\\sin\alpha & k\sin\beta & 1\end{pmatrix}$,

d.h. $\varphi(\begin{pmatrix}x\\y\\z\end{pmatrix}) = \begin{pmatrix}u\\v\end{pmatrix} = \begin{pmatrix}\cos\alpha & k\cos\beta & 0\\\sin\alpha & k\sin\beta & 1\end{pmatrix}\begin{pmatrix}x\\y\\z\end{pmatrix} = \begin{pmatrix}x\cos\alpha + yk\cos\beta\\x\sin\alpha + yk\sin\beta + z\end{pmatrix}.$

Kern φ (Ursprungsgerade im $\mathbb{R}^3$): $M(\varphi)\begin{pmatrix}x\\y\\z\end{pmatrix} = \begin{pmatrix}u\\v\end{pmatrix} = \begin{pmatrix}0\\0\end{pmatrix} \iff$

$\begin{aligned}x\cos\alpha + yk\cos\beta &= 0\\x\sin\alpha + yk\sin\beta + z &= 0\end{aligned} \implies \begin{matrix}\text{LGS}\\\text{lösen}\end{matrix}\begin{pmatrix}x\\y\\z\end{pmatrix} = t\begin{pmatrix}-k\cos\beta\\\cos\alpha\\-k\sin(\beta-\alpha)\end{pmatrix},\ t\in\mathbb{R}.$

(b) Mit $M(\varphi) = \begin{pmatrix}\cos(-14.04^0) & 0.75\cos 45^0 & 0\\\sin(-14.04^0) & 0.75\sin 45^0 & 1\end{pmatrix} = \begin{pmatrix}0.97 & 0.53 & 0\\-0.24 & 0.53 & 1\end{pmatrix}$ erhält man:

Würfelecken im (x,y,z)–Raum								Bilder in der (u,v)–Ebene							
0	1	0	0	1	1	0	1	0	0.97	0.53	0	1.50	0.97	0.53	1.50
0	0	1	0	1	0	1	1	0	0.24	0.53	1	0.29	0.70	1.53	1.29
0	0	0	1	0	1	1	1								

8.12 Es sei $V = \{se^x + te^{-x}\mid s,t\in\mathbb{R}\}$ und $\delta:V\to V$ mit $\delta(f) = f'$. Zu den
Basen $E = (e^x, e^{-x})$, $A = (\cosh x, \sinh x)$, $B = (e^x, \cosh x)$, siehe [8.6],
berechne man $M_E^E(\delta)$, $M_B^A(\delta)$, $M_A^A(\delta)$, $M_B^B(\delta)$ und $(\delta(2\sinh x - \cosh x))_B$.
Man bestimme ggf. $M_A^B(\delta^{-1})$ und $(\delta^{-1}(2\sinh x - \cosh x))_A$.

$$M_E^E(\delta) = (\delta(e^x)_E, \delta(e^{-x})_E) = \begin{pmatrix}1 & 0\\0 & -1\end{pmatrix} = M(\delta),\ \text{siehe [8.6]}.$$

$$M_B^A(\delta) = (\delta(\cosh x)_B, \delta(\sinh x)_B) = ((\sinh x)_B, (\cosh x)_B) = \begin{pmatrix}1 & 0\\-1 & 1\end{pmatrix}.$$

Ebenso erhält man: $M_A^A(\delta) = \begin{pmatrix} 0 & 1 \\ 1 & 0 \end{pmatrix}$ und $M_B^B(\delta) = \begin{pmatrix} 1 & 1 \\ 0 & -1 \end{pmatrix}$.

$\left(\delta(2\sinh x - \cosh x)\right)_B = M_B^A(\delta)(2\sinh x - \cosh x)_A = \begin{pmatrix} 1 & 0 \\ -1 & 1 \end{pmatrix}\begin{pmatrix} -1 \\ 2 \end{pmatrix} = \begin{pmatrix} -1 \\ 3 \end{pmatrix}$.

Man verifiziert: $(2\sinh x - \cosh x)' = 2\cosh x - \sinh x$
$$= 2\cosh x - (\mathrm{e}^x - \cosh x) = -\mathrm{e}^x + 3\cosh x$$

$\implies \quad \left(\delta(2\sinh x - \cosh x)\right)_B = \begin{pmatrix} -1 \\ 3 \end{pmatrix}$.

δ ist invertierbar, da z.B. $M_E^E(\delta) = \begin{pmatrix} 1 & 0 \\ 0 & -1 \end{pmatrix}$ invertierbar ist.

$M_A^B(\delta^{-1}) = M_B^A(\delta)^{-1} = \begin{pmatrix} 1 & 0 \\ -1 & 1 \end{pmatrix}^{-1} = \begin{pmatrix} 1 & 0 \\ 1 & 1 \end{pmatrix}$.

$2\sinh x - \cosh x = 2\mathrm{e}^x - 3\cosh x \implies (2\sinh x - \cosh x)_B = \begin{pmatrix} 2 \\ -3 \end{pmatrix}$

$\implies \quad \left(\delta^{-1}(2\sinh x - \cosh x)\right)_A = M_A^B(\delta^{-1})(2\sinh x - \cosh x)_B$
$$= \begin{pmatrix} 1 & 0 \\ 1 & 1 \end{pmatrix}\begin{pmatrix} 2 \\ -3 \end{pmatrix} = \begin{pmatrix} 2 \\ -1 \end{pmatrix}.$$

Man verifiziert: $\int(2\sinh x - \cosh x)\,dx = 2\cosh x - \sinh x$

$\implies \quad \left(\delta^{-1}(2\sinh x - \cosh x)\right)_A = \begin{pmatrix} 2 \\ -1 \end{pmatrix}$.

8.13   *Man bestimme die Matrix $M(\sigma)$ der linearen Abbildung σ, die die Spiegelung des IR^2 (mit kanonischer Basis E) an der Geraden $G: x + y = 0$ beschreibt, und berechne $\sigma(1,2)$.*

(a)(1) $\sigma(\vec{e}_1) = -\vec{e}_2 \implies \sigma(\vec{e}_1)_E = \begin{pmatrix} 0 \\ -1 \end{pmatrix}$, $\sigma(\vec{e}_2) = -\vec{e}_1 \implies \sigma(\vec{e}_2)_E = \begin{pmatrix} -1 \\ 0 \end{pmatrix}$,

also: $M(\sigma) = M_E^E(\sigma) = \begin{pmatrix} 0 & -1 \\ -1 & 0 \end{pmatrix}$ in den Spalten von $M(\sigma)$ stehen die Bilder der Basisvektoren!

(2)   Mit den Formeln von Seite 203: $M(\sigma) = E - 2\vec{n}\vec{n}^\top$ oder $M(\sigma) = 2\vec{a}\vec{a}^\top - E$.

$\vec{n} = \frac{1}{\sqrt{2}}\begin{pmatrix} 1 \\ 1 \end{pmatrix}$ ist ein Normaleneinheitsvektor der Geraden G , also

$$M(\sigma) = E - 2\vec{n}\vec{n}^\top = E - \frac{2}{\sqrt{2}}\begin{pmatrix} 1 \\ 1 \end{pmatrix}\frac{1}{\sqrt{2}}(1,1) = \begin{pmatrix} 1 & 0 \\ 0 & 1 \end{pmatrix} - \begin{pmatrix} 1 & 1 \\ 1 & 1 \end{pmatrix} = \begin{pmatrix} 0 & -1 \\ -1 & 0 \end{pmatrix}.$$

(3)   Oder: $G: r\vec{a}, r \in \mathrm{IR}$ mit $\vec{a} = \frac{1}{\sqrt{2}}\begin{pmatrix} -1 \\ 1 \end{pmatrix} \implies M(\sigma) = 2\vec{a}\vec{a}^\top - E = \begin{pmatrix} 0 & -1 \\ -1 & 0 \end{pmatrix}$.

(4)   Mittels Tabelle von Seite 197: Spiegelung an der Geraden $G: y = -x$.

(b)   Man erhält: $\sigma(1,2) = \left(\sigma(1,2)\right)_E = M_E^E(\sigma)\cdot\begin{pmatrix} 1 \\ 2 \end{pmatrix} = \begin{pmatrix} 0 & -1 \\ -1 & 0 \end{pmatrix}\begin{pmatrix} 1 \\ 2 \end{pmatrix} = \begin{pmatrix} -2 \\ -1 \end{pmatrix}$.

8.14   *Es sei $\delta : \mathbb{R}^2 \to \mathbb{R}^2$ die Drehung um den Nullpunkt, die $(-\sqrt{3}, -1)$ auf die negative Richtung der x–Achse abbildet.*

   (a) Man bestimme eine Matrix von δ,   *(b) Man berechne $\delta(-2, 1)$.*

$\delta : \mathbb{R}^2 \to \mathbb{R}^2$ ist die Drehung des $\mathbb{R}^2$ um -30^0, d.h. um $-\frac{1}{6}\pi$.

Da *eine bel.* Matrix von δ gesucht ist, kann man die Basen A und B frei wählen:

(a)(1) Basen: $A = B = E = (\vec{e}_1, \vec{e}_2)$. Zu bestimmen ist $M_E^E(\delta)$:

$$\left(\delta(\vec{e}_1)\right)_E = \begin{pmatrix} \cos(-30^0) \\ \sin(-30^0) \end{pmatrix} = \frac{1}{2}\begin{pmatrix} \sqrt{3} \\ -1 \end{pmatrix}, \qquad \left(\delta(\vec{e}_2)\right)_E = \begin{pmatrix} -\sin(-30^0) \\ \cos(-30^0) \end{pmatrix} = \frac{1}{2}\begin{pmatrix} 1 \\ \sqrt{3} \end{pmatrix}.$$

$$\implies M_E^E(\delta) = \left(\left(\delta(\vec{e}_1)\right)_E, \left(\delta(\vec{e}_2)\right)_E\right) = \frac{1}{2}\begin{pmatrix} \sqrt{3} & 1 \\ -1 & \sqrt{3} \end{pmatrix}. \qquad \text{Oder: Untenstehende Tabelle für } \alpha = -\frac{\pi}{6}.$$

(2) Basen: $A = (\vec{a}_1, \vec{a}_2) = \begin{pmatrix} -\sqrt{3} & -1 \\ -1 & \sqrt{3} \end{pmatrix}$, $B = E = (\vec{e}_1, \vec{e}_2)$,   gesucht $M_E^A(\delta)$:

$$\left(\delta(\vec{a}_1)\right)_E = \begin{pmatrix} 2 \\ 0 \end{pmatrix}, \quad \left(\delta(\vec{a}_2)\right)_E = \begin{pmatrix} 0 \\ 2 \end{pmatrix} \implies M_E^A(\delta) = \begin{pmatrix} -2 & 0 \\ 0 & 2 \end{pmatrix}.$$

(3) Basen: $A = E$, $B = \left(\delta(\vec{e}_1), \delta(\vec{e}_2)\right)$, dann ist natürlich $M_B^E(\delta) = E$.

(b)(1) Mittels $M_E^E(\delta)$: Der Koordinatenvektor $(-2, 1)_E$ ist natürlich $\begin{pmatrix} -2 \\ 1 \end{pmatrix}$:

$$\left(\delta(-2, 1)\right)_E = M_E^E(\delta)(-2, 1)_E = \frac{1}{2}\begin{pmatrix} \sqrt{3} & 1 \\ -1 & \sqrt{3} \end{pmatrix}\begin{pmatrix} -2 \\ 1 \end{pmatrix} = \frac{1}{2}\begin{pmatrix} -2\sqrt{3}+1 \\ 2+\sqrt{3} \end{pmatrix}.$$

(2) Mittels $M_E^A(\delta)$: Die Berechnung des Koordinatenvektors $(-2, 1)_A =: \begin{pmatrix} x \\ y \end{pmatrix}$ führt auf ein LGS, vgl. [5.7]:

$$\text{LGS: } \begin{pmatrix} -2 \\ 1 \end{pmatrix} = x\begin{pmatrix} -\sqrt{3} \\ -1 \end{pmatrix} + y\begin{pmatrix} -1 \\ \sqrt{3} \end{pmatrix} \Rightarrow \cdots \Rightarrow (-2, 1)_A = \begin{pmatrix} x \\ y \end{pmatrix} = \frac{1}{4}\begin{pmatrix} 2\sqrt{3}-1 \\ 2+\sqrt{3} \end{pmatrix}.$$

$$\implies \left(\delta(-2, 1)\right)_E = M_E^A(\delta)(-2, 1)_A = \begin{pmatrix} -2 & 0 \\ 0 & 2 \end{pmatrix}\frac{1}{4}\begin{pmatrix} 2\sqrt{3}-1 \\ 2+\sqrt{3} \end{pmatrix} = \frac{1}{2}\begin{pmatrix} -2\sqrt{3}+1 \\ 2+\sqrt{3} \end{pmatrix}.$$

Abbildungsmatrizen spezieller Abbildungen der Ebene					
Spiegelung an		**Drehung** um		**Projektion** auf	
Gerade mit Steig. $\sphericalangle \frac{\alpha}{2}$	$\begin{pmatrix} \cos\alpha & \sin\alpha \\ \sin\alpha & -\cos\alpha \end{pmatrix}$	α	$\begin{pmatrix} \cos\alpha & -\sin\alpha \\ \sin\alpha & \cos\alpha \end{pmatrix}$	x–Achse	$\begin{pmatrix} 1 & 0 \\ 0 & 0 \end{pmatrix}$
x–Achse	$\begin{pmatrix} 1 & 0 \\ 0 & -1 \end{pmatrix}$	45^0	$\frac{1}{2}\sqrt{2}\begin{pmatrix} 1 & -1 \\ 1 & 1 \end{pmatrix}$	y–Achse	$\begin{pmatrix} 0 & 0 \\ 0 & 1 \end{pmatrix}$
y–Achse	$\begin{pmatrix} -1 & 0 \\ 0 & 1 \end{pmatrix}$	60^0	$\frac{1}{2}\begin{pmatrix} 1 & -\sqrt{3} \\ \sqrt{3} & 1 \end{pmatrix}$	Gerade $y = x$	$\frac{1}{2}\begin{pmatrix} 1 & 1 \\ 1 & 1 \end{pmatrix}$
Gerade $y = ax$	$\frac{1}{1+a^2}\begin{pmatrix} 1 & a^2 & 2a \\ 2a & a^2-1 \end{pmatrix}$	90^0	$\begin{pmatrix} 0 & -1 \\ 1 & 0 \end{pmatrix}$	Gerade $y = ax$	$\frac{1}{1+a^2}\begin{pmatrix} 1 & a \\ a & a^2 \end{pmatrix}$
Die Abbildungsmatrizen beziehen sich auf die kanonische Basis E.					

8.15   Man bestimme die Abbildungsmatrix $M(\sigma)$ bezüglich
der Basis $E = (\vec{e}_1, \vec{e}_2, \vec{e}_3)$ der Spiegelung σ des $\mathbb{R}^3$ an der
Ebene $S : x - y + 2z = 0$, sowie die Bilder von $(-3, 3, 6)$ und $(-2, 2, -4)$.

Die Spalten der Abbildungsmatrix $M(\sigma) = M_E^E(\sigma)$ sind die E–Koordinatenvektoren
der gespiegelten Basisvektoren: $M(\sigma) = \big(\sigma(\vec{e}_1)_E, \sigma(\vec{e}_2)_E, \sigma(\vec{e}_3)_E\big)$
Man erhält (Spiegelung eines Punktes an einer Ebene, siehe Seite 153):

$$\sigma(\vec{e}_1)_E = \frac{1}{3}\begin{pmatrix} 2 \\ 1 \\ -2 \end{pmatrix} \ , \ \ \sigma(\vec{e}_2)_E = \frac{1}{3}\begin{pmatrix} 1 \\ 2 \\ 2 \end{pmatrix} \ , \ \ \sigma(\vec{e}_3)_E = \frac{1}{3}\begin{pmatrix} -2 \\ 2 \\ -1 \end{pmatrix} \text{ sind die Spalten}$$

der Abbildungsmatrix. Also gilt $\qquad M(\sigma) = \frac{1}{3}\begin{pmatrix} 2 & 1 & -2 \\ 1 & 2 & 2 \\ -2 & 2 & -1 \end{pmatrix}$.

$$\sigma(-3, 3, 6) = \frac{1}{3}\begin{pmatrix} 2 & 1 & -2 \\ 1 & 2 & 2 \\ -2 & 2 & -1 \end{pmatrix}\begin{pmatrix} -3 \\ 3 \\ 6 \end{pmatrix} = \begin{pmatrix} -5 \\ 5 \\ 2 \end{pmatrix}.$$ Statt $\sigma(-3, 3, 6)_E$ schreibt man kurz $\sigma(-3, 3, 6)$, da E die kanonische Basis ist !

$$\sigma(-2, 2, -4) = \frac{1}{3}\begin{pmatrix} 2 & 1 & -2 \\ 1 & 2 & 2 \\ -2 & 2 & -1 \end{pmatrix}\begin{pmatrix} -2 \\ 2 \\ -4 \end{pmatrix} = -\begin{pmatrix} -2 \\ 2 \\ -4 \end{pmatrix},$$ klar, da $(-2, 2, -4)$ senkrecht auf S steht.

Siehe auch [8.22 (b)].

8.3 Abbildungsmatrix $M_B^A(\text{id})$

Ist speziell $n = m$ und $\varphi = \text{id}$ die identische Abbildung, d.h. $\varphi(\vec{x}) = \text{id}(\vec{x}) = \vec{x}$
für alle $\vec{x} \in \mathbb{R}^m$, so sind die Spalten der Abbildungsmatrix $M_B^A(\text{id})$ die B–
Koordinatenvektoren der Basis A: $M_B^A(\text{id}) = (\vec{a}_{1B}, \dots, \vec{a}_{mB})$, und man erhält:

Koordinatentransformationsmatrix $\quad M_B^A(\text{id})$

Sind A, B Basen des $\mathbb{R}^m$, so gilt für die Koordinatenvektoren:

$$\vec{x}_B = M_B^A(\text{id}) \cdot \vec{x}_A$$

$$M_B^A(\text{id}) = (\vec{a}_{1B}, \dots, \vec{a}_{mB})$$
$$M_A^B(\text{id}) = M_B^A(\text{id})^{-1}$$

A–Koordinaten gehen durch Multiplikation mit $M_B^A(\text{id})$ in B–Koordinaten über!

Ist speziell $B = E$, so ist:

$$M_E^A(\text{id}) \ \ = A \qquad\qquad \vec{x}_E = A\vec{x}_A$$
$$\text{und}$$
$$M_A^E(\text{id}) = M_E^A(\text{id})^{-1} = A^{-1} \qquad \vec{x}_A = A^{-1}\vec{x}_E$$

A–Koordinaten gehen durch Multiplikation mit A in E–Koordinaten über!
E–Koordinaten gehen durch Multiplikation mit A^{-1} in A–Koordinaten über!

8.16 $A = \begin{pmatrix} -\sqrt{3} & -1 \\ -1 & \sqrt{3} \end{pmatrix}$ und $E = \begin{pmatrix} 1 & 0 \\ 0 & 1 \end{pmatrix}$ seien Basen des $\mathbb{R}^2$.

Für die Vektoren $\vec{x}, \vec{y} \in \mathbb{R}^2$, mit $\vec{x}_E = \begin{pmatrix} -\sqrt{3} \\ -1 \end{pmatrix}$ und $\vec{y}_A = \begin{pmatrix} -2 \\ 3 \end{pmatrix}$, berechne man $\vec{x}_A$ und $\vec{y}_E$.

$$\vec{x}_A = A^{-1}\vec{x}_E = -\frac{1}{4} \begin{pmatrix} \sqrt{3} & 1 \\ 1 & -\sqrt{3} \end{pmatrix} \begin{pmatrix} -\sqrt{3} \\ -1 \end{pmatrix} = -\frac{1}{4} \begin{pmatrix} -4 \\ 0 \end{pmatrix} = \underline{\underline{\begin{pmatrix} 1 \\ 0 \end{pmatrix}}}$$

$$\vec{y}_E = A\vec{y}_A = \begin{pmatrix} -\sqrt{3} & -1 \\ -1 & \sqrt{3} \end{pmatrix} \begin{pmatrix} -2 \\ 3 \end{pmatrix} = \underline{\underline{\begin{pmatrix} 2\sqrt{3} - 3 \\ 2 + 3\sqrt{3} \end{pmatrix}}}, \text{ vergleiche [8.14 (2)]}.$$

8.17 Man berechne $\varphi(\vec{a}_i)_B$ aus [8.10] mittels $M_B^E(\text{id})$:

$$M_E^B(\text{id}) = B = \begin{pmatrix} 1 & 2 \\ 1 & 1 \end{pmatrix} \implies M_B^E(\text{id}) = B^{-1} = \frac{1}{1} \begin{pmatrix} 1 & -2 \\ -1 & 1 \end{pmatrix} = \underline{\underline{\begin{pmatrix} -1 & 2 \\ 1 & -1 \end{pmatrix}}}$$

$$\implies \varphi(\vec{a}_i)_B = M_B^E(\text{id})\varphi(\vec{a}_i)_E = B^{-1}\varphi(\vec{a}_i)_E = \begin{pmatrix} -1 & 2 \\ 1 & -1 \end{pmatrix} \varphi(\vec{a}_i)_E.$$

$$\begin{pmatrix} -1 & 2 \\ 1 & -1 \end{pmatrix} (\varphi(\vec{a}_1)_E, \varphi(\vec{a}_2)_E, \varphi(\vec{a}_3)_E) = \begin{pmatrix} -1 & 2 \\ 1 & -1 \end{pmatrix} \begin{pmatrix} 1 & 1 & 0 \\ 2 & 0 & 0 \end{pmatrix} = \begin{pmatrix} 3 & -1 & 0 \\ -1 & 1 & 0 \end{pmatrix}$$

$$\implies \varphi(\vec{a}_1)_B = \underline{\underline{\begin{pmatrix} 3 \\ -1 \end{pmatrix}}}, \quad \varphi(\vec{a}_2)_B = \underline{\underline{\begin{pmatrix} -1 \\ 1 \end{pmatrix}}}, \quad \varphi(\vec{a}_3)_B = \underline{\underline{\begin{pmatrix} 0 \\ 0 \end{pmatrix}}}.$$

8.4 Nacheinanderausführen lin. Abbildungen, $M_C^A(\psi \circ \varphi)$

Nacheinanderausführen linearer Abbildungen

Multiplikation von Matrizen

Das **Nacheinanderausführen** linearer Abbildungen φ und ψ ergibt wieder eine lineare Abbildung $\psi \circ \varphi$, deren Matrix das **Produkt** der Matrizen von ψ und von φ ist. Die Reihenfolge ist zu beachten:

$$\varphi, \psi \text{ linear} \implies \psi \circ \varphi \text{ linear}$$

$$(\psi \circ \varphi)(\vec{x}) = \psi(\varphi(\vec{x}))$$

$$M_C^A(\psi \circ \varphi) = M_C^B(\psi)\, M_B^A(\varphi)$$

$$(\psi \circ \varphi)(\vec{x})_C = M_C^B(\psi)\, M_B^A(\varphi)\, \vec{x}_A$$

8.18   Es sei σ die Spiegelung des $\mathbb{R}^2$ an der Geraden $y = x$ und δ die Drehung des $\mathbb{R}^2$ um 90^0. Man bestimme $M(\sigma)$, $M(\delta)$, $M(\sigma \circ \delta)$, $M(\delta \circ \sigma)$, sowie $\sigma \circ \delta(1, -2)$ und $\delta \circ \sigma(1, -2)$.

$$\sigma(\vec{\imath}) = \vec{\jmath} \quad , \quad \sigma(\vec{\jmath}) = \vec{\imath} \quad \Longrightarrow \quad M(\sigma) = \begin{pmatrix} 0 & 1 \\ 1 & 0 \end{pmatrix},$$

$$\delta(\vec{\imath}) = \vec{\jmath} \quad , \quad \delta(\vec{\jmath}) = -\vec{\imath} \quad \Longrightarrow \quad M(\delta) = \begin{pmatrix} 0 & -1 \\ 1 & 0 \end{pmatrix}.$$

$$\left. \begin{array}{l} \sigma \circ \delta(\vec{\imath}) = \sigma(\delta(\vec{\imath})) = \sigma(\vec{\jmath}) = \vec{\imath} \\ \sigma \circ \delta(\vec{\jmath}) = \sigma(\delta(\vec{\jmath})) = \sigma(-\vec{\imath}) = -\vec{\jmath} \end{array} \right\} \Longrightarrow M(\sigma \circ \delta) = \begin{pmatrix} 1 & 0 \\ 0 & -1 \end{pmatrix},$$

$$\left. \begin{array}{l} \delta \circ \sigma(\vec{\imath}) = \delta(\sigma(\vec{\imath})) = \delta(\vec{\jmath}) = -\vec{\imath} \ \ pt \\ \delta \circ \sigma(\vec{\jmath}) = \delta(\sigma(\vec{\jmath})) = \delta(\vec{\imath}) = \vec{\jmath} \end{array} \right\} \Longrightarrow M(\delta \circ \sigma) = \begin{pmatrix} -1 & 0 \\ 0 & 1 \end{pmatrix}.$$

Man sieht: $\sigma \circ \delta \neq \delta \circ \sigma$, was auch anschaulich klar ist !

Oder: $M(\sigma \circ \delta) = M(\sigma)M(\delta) = \begin{pmatrix} 0 & 1 \\ 1 & 0 \end{pmatrix} \begin{pmatrix} 0 & -1 \\ 1 & 0 \end{pmatrix} = \begin{pmatrix} 1 & 0 \\ 0 & -1 \end{pmatrix}$ und

$$M(\delta \circ \sigma) = M(\delta) M(\sigma) = \begin{pmatrix} 0 & -1 \\ 1 & 0 \end{pmatrix} \begin{pmatrix} 0 & 1 \\ 1 & 0 \end{pmatrix} = \begin{pmatrix} -1 & 0 \\ 0 & 1 \end{pmatrix}.$$

Insbesondere ist:

$$\sigma \circ \delta(1, -2) = \begin{pmatrix} 1 & 0 \\ 0 & -1 \end{pmatrix} \begin{pmatrix} 1 \\ -2 \end{pmatrix} = \begin{pmatrix} 1 \\ 2 \end{pmatrix}, \quad \delta \circ \sigma(1, -2) = \begin{pmatrix} -1 & 0 \\ 0 & 1 \end{pmatrix} \begin{pmatrix} 1 \\ -2 \end{pmatrix} = \begin{pmatrix} -1 \\ -2 \end{pmatrix}.$$

8.19   Es seien: $\varphi : \mathbb{R}^3 \to \mathbb{R}^3$ die Abbildung aus [8.1], [8.4]

$\psi : \mathbb{R}^3 \to \mathbb{R}^2$ die Abbildung aus [8.5]

$\sigma : \mathbb{R}^2 \to \mathbb{R}^2$ die Abbildung aus [8.13]

Man berechne $M(\sigma \circ \psi \circ \varphi)$ und $\sigma \circ \psi \circ \varphi(1, 2, 3)$.

Alle Räume haben die kanonische Basis. Es ist:

$$M(\sigma \circ \psi \circ \varphi) = M(\sigma)M(\psi)M(\varphi)$$

$$= \begin{pmatrix} 0 & -1 \\ -1 & 0 \end{pmatrix} \begin{pmatrix} 2 & 0 & -1 \\ 1 & 2 & -3 \end{pmatrix} \begin{pmatrix} 0 & 2 & 0 \\ -1 & 0 & 0 \\ 0 & 1 & 0 \end{pmatrix}$$

$$= \begin{pmatrix} 2 & 1 & 0 \\ 0 & -3 & 0 \end{pmatrix}.$$

$$\sigma \circ \psi \circ \varphi(1, 2, 3) = \begin{pmatrix} 2 & 1 & 0 \\ 0 & -3 & 0 \end{pmatrix} \begin{pmatrix} 1 \\ 2 \\ 3 \end{pmatrix} = \begin{pmatrix} 4 \\ -6 \end{pmatrix}.$$

Abbildungsmatrix bei Basiswechsel, $M_{B'}^{A'}(\varphi)$

Ist φ eine lineare Abbildung

$$\text{des } \mathbb{R}^m \text{ mit den Basen } A \text{ und } A' \text{ in}$$

$$\text{den } \mathbb{R}^n \text{ mit den Basen } B \text{ und } B', \text{ kurz:}$$

$$\text{Ist }\ \varphi:\ \mathbb{R}_{A,A'}^m \longrightarrow \mathbb{R}_{B,B'}^n \quad \text{linear,}$$

dann gilt für die Matrix $M_{B'}^{A'}(\varphi)$, die φ bzgl. der Basen A', B' beschreibt:

$$\boxed{M_{B'}^{A'}(\varphi) = M_{B'}^B(\text{id})\, M_B^A(\varphi)\, M_A^{A'}(\text{id})}$$

$$\varphi(\vec{x})_{B'} = M_{B'}^{A'}(\varphi)\,\vec{x}_{A'} = M_{B'}^B(\text{id})\, M_B^A(\varphi)\, \underbrace{M_A^{A'}(\text{id})\,\vec{x}_{A'}}_{\vec{x}_A}$$

$$\underbrace{\qquad\qquad\qquad\qquad\qquad\qquad}_{\varphi(\vec{x})_B}$$

$$\underbrace{\qquad\qquad\qquad\qquad\qquad\qquad\qquad\qquad}_{\varphi(\vec{x})_{B'}}$$

8.20 *Man bestimme $M_B^A(\varphi)$ aus [8.10], [8.17].*

$$M_B^A(\varphi) = M_B^E(\text{id})\, M_E^E(\varphi)\, M_E^A(\text{id}) = B^{-1} \begin{pmatrix} 1 & 0 & 0 \\ 0 & 1 & 0 \end{pmatrix} A$$

$$= \begin{pmatrix} -1 & 2 \\ 1 & -1 \end{pmatrix} \begin{pmatrix} 1 & 0 & 0 \\ 0 & 1 & 0 \end{pmatrix} \begin{pmatrix} 1 & 1 & 0 \\ 2 & 0 & 0 \\ 3 & 4 & 2 \end{pmatrix} = \begin{pmatrix} 3 & -1 & 0 \\ -1 & 1 & 0 \end{pmatrix}.$$

Natürlich ist $M_B^A(\varphi) = \big((\varphi(\vec{a}_1))_B, (\varphi(\vec{a}_2))_B, (\varphi(\vec{a}_3))_B\big)$, vergleiche [8.17].

8.5 Abbildungsmatrix bei spezieller Basis $M_A^A(\varphi)$

Viele Abbildungsprobleme der linearen Algebra lassen sich bezüglich geschickt gewählter Basen besonders einfach und übersichtlich darstellen.

Wählt man bei der Bestimmung von $M_{B'}^{A'}(\varphi)$

speziell $m = n$, $A = B$, $A' = B' = E$ (kanonische Basis), so ergibt sich:

$$M_E^E(\varphi) = M_E^A(\text{id})\, M_A^A(\varphi)\, M_A^E(\text{id}).$$

Nun ist aber $M_E^A(\text{id}) = (\vec{a}_{1E}, \dots, \vec{a}_{mE}) = A$ und $M_A^E(\text{id}) = A^{-1}$.

Setzt man zur Abkürzung $M(\varphi) := M_E^E(\varphi)$ (wie früher), so erhält man:

Abbildungsmatrix bei spezieller Basis: $M_A^A(\varphi)$

Ist φ eine lineare Abbildung des $\mathbb{R}^m$ in sich und A eine Basis vom $\mathbb{R}^m$, so gilt:

$$
\begin{array}{ll}
(1) & M(\varphi) = A\, M_A^A(\varphi)\, A^{-1} \\[2mm]
(2) & M_A^A(\varphi) = A^{-1}\, M(\varphi)\, A
\end{array}
$$

Diese beiden Formeln benutzt man in folgenden Fällen:

(1) Gesucht ist $M(\varphi)$ (bezüglich der kanonischen Basis E).

Bezüglich einer *geschickt* gewählten Basis A (möglichst kartesisch, damit $A^{-1} = A^\top$ ist, siehe Seite 180) lässt sich $M_A^A(\varphi)$ *leicht* angeben, z.B. wenn φ Drehung (Seite 206) oder Spiegelung [8.22] ist.

(2) Gesucht ist eine Basis A (z.B. aus Eigenvektoren, Jordan–Basis), bezüglich der $M_A^A(\varphi)$ besonders einfache Gestalt hat (z.B. Diagonalform, Jordansche Normalform siehe **LA II**).

(m, m)–Matrizen, die die gleiche lineare Abbildung beschreiben, heißen *ähnlich*.

(m, m)–Matrizen sind genau dann *ähnlich*, wenn sie gleiche Jordanform haben.

M, N sind *ähnlich* $\Longleftrightarrow$ es gibt eine invertierbare Matrix A , mit $M = A\,N\,A^{-1}$.

8.21 *Es sei $\varphi : \mathbb{R}^2 \to \mathbb{R}^2$ die durch $\varphi(1, 2) = 3 \cdot (1, 2)$ und $\varphi(-1, 3) = -2(-1, 3)$ gegebene lineare Abbildung. Man bestimme $M(\varphi)$, sowie $\varphi(0, 5)$.*

Gesucht ist $M(\varphi)$.

Man sucht zunächst eine Basis A, bzgl. der sich $M_A^A(\varphi)$ leicht angeben lässt. Da $(2, 2)$–Matrizen leicht zu invertieren sind (siehe Seite 177), ist es nicht nötig, A kartesisch zu wählen!

$A = \begin{pmatrix} 1 & -1 \\ 2 & 3 \end{pmatrix}$ ist Basis des $\mathbb{R}^2$ und $A^{-1} = \frac{1}{5} \begin{pmatrix} 3 & 1 \\ -2 & 1 \end{pmatrix}$.

Offensichtlich ist $M_A^A(\varphi) = \begin{pmatrix} 3 & 0 \\ 0 & -2 \end{pmatrix}$ und man erhält:

$$
\begin{aligned}
M(\varphi) &= A\, M_A^A(\varphi)\, A^{-1} \\
&= \begin{pmatrix} 1 & -1 \\ 2 & 3 \end{pmatrix} \begin{pmatrix} 3 & 0 \\ 0 & -2 \end{pmatrix} \frac{1}{5} \begin{pmatrix} 3 & 1 \\ -2 & 1 \end{pmatrix} = \underline{\underline{\begin{pmatrix} 1 & 1 \\ 6 & 0 \end{pmatrix}}}.
\end{aligned}
$$

$\varphi(0, 5) = \begin{pmatrix} 1 & 1 \\ 6 & 0 \end{pmatrix} \begin{pmatrix} 0 \\ 5 \end{pmatrix} = \underline{\underline{\begin{pmatrix} 5 \\ 0 \end{pmatrix}}}$ oder: $(0, 5) = (1, 2) + (-1, 3)$ ist Lin.–Komb.

von $(1, 2), (-1, 3)$, also

$\varphi(0, 5) = \varphi\big((1, 2) + (-1, 3)\big) = \varphi(1, 2) + \varphi(-1, 3) = 3(1, 2) - 2(-1, 3) = \underline{\underline{(5, 0)}}$.

Spiegelung σ des Raumes an Ebene/Gerade durch O

an Ebene S (Gerade S im $\mathbb{R}^2$)	$S:\ \vec{n}\cdot\vec{x}=0,\ |\vec{n}|=1$ $\vec{n}$ Normaleneinheitsvektor von S	$M(\sigma_S)=E-2\vec{n}\vec{n}^\top$	[8.22] [8.13]
an Gerade G (im $\mathbb{R}^3$ oder $\mathbb{R}^2$)	$G:\ \vec{x}=r\vec{a},\ |\vec{a}|=1$ $\vec{a}$ Richtungseinheitsvektor von G	$M(\sigma_G)=2\vec{a}\vec{a}^\top-E$	[8.18]

$\left.\begin{array}{l} M^2=E \\ M\ =M^\top \end{array}\right\} \implies M$ ist Spiegelmatrix $\quad\begin{array}{ll}\text{an Ebene,} & \text{falls Spur } M=1 \\ \text{an Gerade,} & \text{falls Spur } M=-1\end{array}$ ist.

Projektion des Raumes auf Ebene/Gerade durch O siehe **F+H**, Seite 64

8.22   (a)   *Man beweise obige Formel* $M(\sigma_S)=E-2\vec{n}\vec{n}^\top$.

(b)   *Es sei* σ *die Spiegelung des* $\mathbb{R}^3$ *an der Ebene* $S:\ x-y+2z=0$.

(1)   *Mittels obiger Formel bestimme man* $M(\sigma)$, *vgl.* [8.15].

(2)   *Mittels geeigneter Basis A bestimme man* $M(\sigma)=A\,M_A^A(\sigma)\,A^{-1}$.

(a)   Schreibt man das Skalarprodukt in Matrizenschreibweise ($\vec{x}$ ist Spaltenvektor!) – also $\vec{x}\cdot\vec{y}=\vec{x}^\top\vec{y}=\vec{y}^\top\vec{x}$ – und benutzt die Assoziativität des Matrizenproduktes $(AB)C=A(BC)$, so erhält man aus der Formel für die Spiegelung an einer Ebene (Seite 153, speziell mit $d=0$, $|\vec{n}|=1$):

$$\vec{p}\,'=\sigma(\vec{p})=2\vec{x}_0-\vec{p}=2(\vec{p}-(\vec{n}\cdot\vec{p})\vec{n})-\vec{p}=\vec{p}-2(\vec{n}\cdot\vec{p})\vec{n}=\vec{p}-2\vec{n}(\vec{n}\cdot\vec{p})$$
$$=\vec{p}-2\vec{n}(\vec{n}^\top\vec{p})=E\vec{p}-2(\vec{n}\vec{n}^\top)\vec{p}=(E-2\vec{n}\vec{n}^\top)\vec{p}.$$

Also $\underline{M(\sigma)=E-2\vec{n}\vec{n}^\top}$.

(b)   (1) $\vec{n}=\dfrac{1}{\sqrt{6}}\begin{pmatrix}1\\-1\\2\end{pmatrix}\implies M(\sigma)=E-2\cdot\dfrac{1}{6}\begin{pmatrix}1\\-1\\2\end{pmatrix}(1,-1,2)=E-\dfrac{1}{3}\begin{pmatrix}1&-1&2\\-1&1&-2\\2&-2&4\end{pmatrix}$

$$\implies M(\sigma)=\dfrac{1}{3}\begin{pmatrix}2&1&-2\\1&2&2\\-2&2&-1\end{pmatrix}.$$

(2) $\vec{s}_1=(1,-1,2)$ ist ein Normalenvektor der Ebene $S\implies\sigma(\vec{s}_1)=-\vec{s}_1$,
$\vec{s}_2=(1,1,0)$ liegt in der Ebene $S\qquad\qquad\implies\sigma(\vec{s}_2)=\vec{s}_2$,
$\vec{s}_3=\vec{s}_1\times\vec{s}_2=(-2,2,2)$ liegt in der Ebene $S\implies\sigma(\vec{s}_3)=\vec{s}_3$.

Diese drei Vektoren $\vec{s}_1,\vec{s}_2,\vec{s}_3$ bieten sich als Basis an.

Normiert man sie und schreibt $\vec{a}_i:=\dfrac{1}{|\vec{s}_i|}\vec{s}_i$ als Spalten von A, erhält man:

$$A:=(\vec{a}_1,\vec{a}_2,\vec{a}_3)=\begin{pmatrix}\frac{1}{\sqrt{6}}&\frac{1}{\sqrt{2}}&-\frac{1}{\sqrt{3}}\\-\frac{1}{\sqrt{6}}&\frac{1}{\sqrt{2}}&\frac{1}{\sqrt{3}}\\\frac{2}{\sqrt{6}}&0&\frac{1}{\sqrt{3}}\end{pmatrix}=\frac{1}{\sqrt{6}}\begin{pmatrix}1&\sqrt{3}&-\sqrt{2}\\-1&\sqrt{3}&\sqrt{2}\\2&0&\sqrt{2}\end{pmatrix}.$$

A ist orthogonal (die Spaltenvektoren sind paarweise aufeinander senkrecht stehende Einheitsvektoren!), also gilt: $A^{-1}=A^\top$.

Man sieht sofort: $M_A^A(\sigma)=\big(\sigma(\vec{a}_1)_A,\sigma(\vec{a}_2)_A,\sigma(\vec{a}_3)_A\big)=\begin{pmatrix}-1&0&0\\0&1&0\\0&0&1\end{pmatrix}.$

$$M(\sigma) = A\, M_A^A(\sigma)\, A^{-1} \quad , \text{wobei } A^{-1} = A^\top \text{ ist.}$$

$$= \frac{1}{\sqrt{6}}\begin{pmatrix} 1 & \sqrt{3} & -\sqrt{2} \\ -1 & \sqrt{3} & \sqrt{2} \\ 2 & 0 & \sqrt{2} \end{pmatrix}\begin{pmatrix} -1 & 0 & 0 \\ 0 & 1 & 0 \\ 0 & 0 & 1 \end{pmatrix}\frac{1}{\sqrt{6}}\begin{pmatrix} 1 & -1 & 2 \\ \sqrt{3} & \sqrt{3} & 0 \\ -\sqrt{2} & \sqrt{2} & \sqrt{2} \end{pmatrix}$$

$$= \cdots = \frac{1}{3}\begin{pmatrix} 2 & 1 & -2 \\ 1 & 2 & 2 \\ -2 & 2 & -1 \end{pmatrix} \quad , \text{ein dritter Lösungsweg siehe [8.15].}$$

8.23   *Es sei* $\delta : \mathrm{IR}^3 \to \mathrm{IR}^3$ *die Drehung um den Winkel* $-\frac{\pi}{6}$ *um die Achse* $\vec{a} = (-2, 1, 2)$*. Man bestimme die Matrix* $M(\delta)$*.*

(1) Man sucht zunächst eine *geeignete* Basis A, bzgl. der sich $M_A^A(\delta)$ leicht angeben lässt, andere Möglichkeit siehe [8.26]:

$$\vec{a}_1 = \frac{1}{3}\begin{pmatrix} -2 \\ 1 \\ 2 \end{pmatrix} \text{ ist ein Einheitsvektor in Richtung der Drehachse.}$$

$$\vec{a}_2 = \frac{1}{\sqrt{2}}\begin{pmatrix} 1 \\ 0 \\ 1 \end{pmatrix} \text{ ist ein Einheitsvektor senkrecht zu } \vec{a}_1.$$

Setzt man $\vec{a}_3 = \vec{a}_1 \times \vec{a}_2$, dann ist $A = (\vec{a}_1, \vec{a}_2, \vec{a}_3)$ eine kartesische Basis:

$$A := \begin{pmatrix} -\frac{2}{3} & \frac{1}{\sqrt{2}} & \frac{1}{3\sqrt{2}} \\ \frac{1}{3} & 0 & \frac{4}{3\sqrt{2}} \\ \frac{2}{3} & \frac{1}{\sqrt{2}} & -\frac{1}{3\sqrt{2}} \end{pmatrix} = \frac{1}{3\sqrt{2}}\begin{pmatrix} -2\sqrt{2} & 3 & 1 \\ \sqrt{2} & 0 & 4 \\ 2\sqrt{2} & 3 & -1 \end{pmatrix} \quad \begin{array}{l} A \text{ ist kartesische Basis,} \\ A \text{ orthogonale Matrix,} \\ \text{d.h. } A^{-1} = A^\top \end{array}$$

A ist eine *geeignete* Basis, denn $M_A^A(\delta)$ ist leicht anzugeben (siehe Skizze):

$$\delta(\vec{a}_1) = \vec{a}_1, \quad \delta(\vec{a}_2) = \cos\alpha \cdot \vec{a}_2 + \sin\alpha \cdot \vec{a}_3, \quad \delta(\vec{a}_3) = -\sin\alpha\, \vec{a}_2 + \cos\alpha\, \vec{a}_3 \implies$$

$$M_A^A(\delta) = \begin{pmatrix} 1 & 0 & 0 \\ 0 & \cos\alpha & -\sin\alpha \\ 0 & \sin\alpha & \cos\alpha \end{pmatrix} = \begin{pmatrix} 1 & 0 & 0 \\ 0 & \frac{1}{2}\sqrt{3} & \frac{1}{2} \\ 0 & -\frac{1}{2} & \frac{1}{2}\sqrt{3} \end{pmatrix} = \frac{1}{2}\begin{pmatrix} 2 & 0 & 0 \\ 0 & \sqrt{3} & 1 \\ 0 & -1 & \sqrt{3} \end{pmatrix}.$$

(2) $M(\delta) = M_E^E(\delta) = A\, M_A^A(\delta)\, A^{-1}$, wobei $A^{-1} = A^\top$ ist, da A kartesische Basis:

$$= \frac{1}{3\sqrt{2}}\begin{pmatrix} -2\sqrt{2} & 3 & 1 \\ \sqrt{2} & 0 & 4 \\ 2\sqrt{2} & 3 & -1 \end{pmatrix} \cdot \frac{1}{2}\begin{pmatrix} 2 & 0 & 0 \\ 0 & \sqrt{3} & 1 \\ 0 & -1 & \sqrt{3} \end{pmatrix} \cdot \frac{1}{3\sqrt{2}}\begin{pmatrix} -2\sqrt{2} & \sqrt{2} & 2\sqrt{2} \\ 3 & 0 & 3 \\ 1 & 4 & -1 \end{pmatrix}$$

$$= \frac{1}{18}\begin{pmatrix} 8 & 2 & -11 \\ -10 & 2 & -2 \\ -5 & 10 & 8 \end{pmatrix} + \frac{\sqrt{3}}{18}\begin{pmatrix} 5 & 2 & 4 \\ 2 & 8 & -2 \\ 4 & -2 & 5 \end{pmatrix}$$

$$\approx \begin{pmatrix} 0.926 & 0.304 & -0.226 \\ -0.363 & 0.881 & -0.304 \\ 0.107 & 0.363 & 0.926 \end{pmatrix}.$$

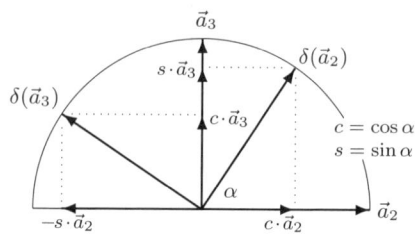

8.6 Drehungen und Drehmatrizen

Drehungen des Raumes und Drehmatrizen

A: Berechnung der Drehmatrix $M(\delta)$ bei gegebener Drehung δ

Ist $\delta : \mathrm{IR}^3 \to \mathrm{IR}^3$ die Drehung des Raumes um den Winkel α $(-\pi < \alpha \le \pi)$ bzgl. der Achse $\vec{a}$ $(|\vec{a}| = 1)$, so berechnet man die Drehmatrix $M(\delta)$ wie folgt:

1.) Man wähle einen Einheitsvektor $\vec{b}$ senkrecht zu $\vec{a}$ $(|\vec{b}| = 1,\ \vec{a} \cdot \vec{b} = 0)$, dann ist $A := (\vec{a}, \vec{b}, \vec{a} \times \vec{b})$ kartesische Basis, also $A^{-1} = A^{\top}$ und

$$M_A^A(\delta) = \begin{pmatrix} 1 & 0 & 0 \\ 0 & \cos\alpha & -\sin\alpha \\ 0 & \sin\alpha & \cos\alpha \end{pmatrix} \quad \begin{array}{l} \text{die Drehmatrix} \\ \text{von } \delta \text{ bzgl. } A. \end{array}$$

2.) Die gesuchte Drehmatrix ist:
$$M(\delta) = M_E^E(\delta) = A\, M_A^A(\delta)\, A^{-1} = A\, M_A^A(\delta)\, A^{\top}\ , \text{ also}$$

$$\boxed{M(\delta) = A\, M_A^A(\delta)\, A^{\top}}$$

Eine andere Möglichkeit, $M(\delta)$ zu berechnen, zeigt [8.25].

B: Berechnung von Drehachse $\vec{a}$ und Drehwinkel α bei gegebener Drehmatrix M

M Drehmatrix $\iff$ $\det M = 1$ und $M^{\top} \cdot M = E$ (M orthogonal)

$\iff$ $\det M = 1$ und $\begin{array}{l} \text{die Spalten (Zeilen) von } M \text{ sind paar–} \\ \text{weise orthogonale Einheitsvektoren.} \end{array}$

1.) Die **Drehachse** $\vec{a}$ ist ein Eigenvektor zum Eigenwert 1 (siehe S. 209).

2.) Für den zu $\vec{a}$ gehörigen **Drehwinkel** α gilt
$$1 + 2\cos\alpha = \operatorname{spur} M, \text{ also } \boxed{\cos\alpha = \tfrac{1}{2}(\operatorname{spur} M - 1)}$$
Da $\cos\alpha = \cos(-\alpha)$ ist, erhält man so $\pm\alpha$ und muss sich für α oder $-\alpha$ entscheiden. Zunächst die Sonderfälle:

$\cos\alpha = 1 \Longrightarrow \alpha = 0$; dies ergibt sich nur, falls $M = E$ ist.
$\cos\alpha = -1 \Longrightarrow \alpha = \pi$.

Im Übrigen entscheidet man sich durch (geschicktes) Probieren:
Man wähle einen Vektor $\vec{b}$ senkrecht zu $\vec{a}$, also mit $\vec{a} \cdot \vec{b} = 0$, und berechne $M\vec{b}$. Dann gilt:

$$\det(\vec{a}, \vec{b}, M\vec{b}) > 0 \Longrightarrow\ 0 < \alpha < \pi \Longrightarrow \alpha = \arccos \tfrac{1}{2}(\operatorname{spur} M - 1)$$
$$\det(\vec{a}, \vec{b}, M\vec{b}) < 0 \Longrightarrow -\pi < \alpha < 0 \Longrightarrow \alpha = -\arccos \tfrac{1}{2}(\operatorname{spur} M - 1)$$

Damit ist der zur Drehachse $\vec{a}$ gehörige Drehwinkel α bestimmt.

8.24

$$M = \frac{1}{4} \begin{pmatrix} -2 & 0 & 2\sqrt{3} \\ 3 & -2 & \sqrt{3} \\ \sqrt{3} & 2\sqrt{3} & 1 \end{pmatrix}$$ *ist eine Drehmatrix. Man berechne Drehachse $\vec{a}$ und Drehwinkel α.*

Die Spalten von M haben die Länge 1 und stehen paarweise aufeinander senkrecht, z.B. ist $(-2, 3, \sqrt{3}) \cdot (0, -2, 2\sqrt{3}) = 0$. Also ist $M^{\top} M = E$, M ist orthogonal und 1 Eigenwert. Außerdem ist $\det M = 1$, also M eine Drehmatrix.

(1) Drehachse: Eigenvektor zum Eigenwert 1 bestimmen:

$(M - E)\vec{x} = \vec{0}$ ist ein LGS mit der Lösung $\vec{x} = r \begin{pmatrix} 1 \\ 1 \\ \sqrt{3} \end{pmatrix}$. (Nachrechnen!)

$\implies$ Drehachse: $\underline{\vec{a} := (1, 1, \sqrt{3})}$.

(2) $\cos\alpha = \frac{1}{2}(\operatorname{spur} M - 1) = \frac{1}{2}(-\frac{3}{4} - 1) = -\frac{7}{8} \implies \alpha = \pm\arccos\alpha \approx \pm 151^{0}$.

(3) $\vec{b} := \begin{pmatrix} 1 \\ -1 \\ 0 \end{pmatrix}$ ist senkrecht zu $\vec{a}$ und $M\vec{b} = \frac{1}{4}\begin{pmatrix} -2 \\ 5 \\ -\sqrt{3} \end{pmatrix}$.

$\det(\vec{b}, M\vec{b}, \vec{a}) = \frac{1}{4} \cdot \begin{vmatrix} 1 & -2 & 1 \\ -1 & 5 & 1 \\ 0 & -\sqrt{3} & \sqrt{3} \end{vmatrix} > 0$, also $\underline{\alpha \approx 151^{0}}$.

Bemerkung: Hätte man sich für die Drehachse $(-1, -1, -\sqrt{3})$ entschieden, hätte man natürlich den Drehwinkel $\alpha = -151^{0}$ erhalten!

8.25   *Es sei $\delta : \mathrm{I\!R}^3 \to \mathrm{I\!R}^3$*

die Drehung um den Winkel α um die Drehachse $\vec{a}$ mit $|\vec{a}| = 1$.

(1) *Man bestimme eine koordinatenfreie Darstellung von δ.*
Hinweis: Man stelle $\delta(\vec{x})$ als Linearkombination von $\vec{a}, \vec{x}, \vec{a} \times \vec{x}$, dar.

(2) *Man bestimme $M(\delta)$.*

(1) (a) Vorüberlegungen:

Ist $\vec{x}_{\vec{a}} = \vec{a}\vec{x} \cdot \vec{a}$ die Projektion von $\vec{x}$ auf die Richtung der Drehachse (s. Seite 131, $\vec{a}^2 = 1$), so gilt für die Projektion $\vec{x}_P$ von $\vec{x}$ auf die Normalenebene $P : \vec{a}\vec{x} = 0$ der Drehachse:
$\vec{x}_P = \vec{x} - \vec{x}_{\vec{a}}$.

$\vec{a} \times \vec{x} = \vec{a} \times \vec{x}_P$, denn

$\vec{a} \times \vec{x} = \vec{a} \times (\vec{x}_P + \vec{x}_{\vec{a}}) = \vec{a} \times \vec{x}_P + \underbrace{\vec{a} \times \vec{x}_{\vec{a}}}_{=\vec{0}}$

$\qquad\qquad = \vec{a} \times \vec{x}_P$.

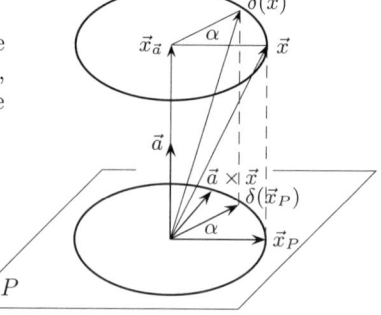

$|\vec{a} \times \vec{x}| = |\vec{x}_P|$, denn

$|\vec{a}| = 1$, $\sphericalangle(\vec{a}, \vec{x}_P) = 90^0 \Longrightarrow |\vec{a} \times \vec{x}| = |\vec{a} \times \vec{x}_P| = |\vec{a}| \cdot |\vec{x}_P| \cdot \sin 90^0 = |\vec{x}_P|.$

(b)   Drehung von $\vec{x}_P$:

Da $\vec{x}_P$ und $\vec{a} \times \vec{x}$ gleiche Länge haben, in der Normalenebene aufeinander senkrecht stehen und da sich bei positivem α der Vektor $\vec{x}_P$ auf $\vec{a} \times \vec{x}$ zu bewegt, gilt (siehe Drehung in der Ebene um den Winkel α, Seite 193):

$\delta(\vec{x}_P) = \cos\alpha \cdot \vec{x}_P + \sin\alpha \cdot (\vec{a} \times \vec{x}).$

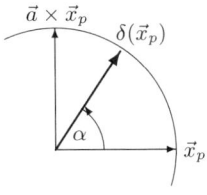

(c)   Drehung von $\vec{x}$:   Es ist $\vec{x} = \vec{x}_P + \vec{x}_{\vec{a}}$, also:

$\begin{aligned}
\delta(\vec{x}) &= \delta(\vec{x}_P) + \delta(\vec{x}_{\vec{a}}) \\
&= \delta(\vec{x}_P) + \vec{x}_{\vec{a}} \quad , \text{da } \vec{x}_{\vec{a}} \text{ auf der Drehachse liegt.} \\
&= \cos\alpha \cdot \vec{x}_P + \sin\alpha \cdot (\vec{a} \times \vec{x}) + \vec{x}_{\vec{a}} \\
&= \cos\alpha \cdot (\vec{x} - \vec{x}_{\vec{a}}) + \sin\alpha \cdot (\vec{a} \times \vec{x}) + \vec{x}_{\vec{a}} \\
&= (1 - \cos\alpha)\vec{x}_{\vec{a}} + \cos\alpha \cdot \vec{x} + \sin\alpha \cdot (\vec{a} \times \vec{x})
\end{aligned}$

Setzt man noch $\vec{x}_{\vec{a}} = \vec{a}\vec{x} \cdot \vec{a}$, so erhält man das Bild $\delta(\vec{x})$ – koordinatenfrei – als Linearkombination von $\vec{a}$, $\vec{x}$, $\vec{a} \times \vec{x}$:

$$\delta(\vec{x}) = (1 - \cos\alpha)\vec{a}\vec{x} \cdot \vec{a} + \cos\alpha \cdot \vec{x} + \sin\alpha \cdot (\vec{a} \times \vec{x}).$$

(2) $M(\delta) = \big(\delta(\vec{\imath})_E, \delta(\vec{\jmath})_E, \delta(\vec{k})_E\big)$. In den Spalten von $M(\delta) = M_E^E(\delta)$ stehen die E–Koordinaten der Bilder der kanonischen Basis $E = (\vec{\imath}, \vec{\jmath}, \vec{k})$

Sei $\vec{a} =: (a, b, c)$, dann ist $\vec{a}\vec{\imath} = a$, $\vec{a}\vec{\jmath} = b$, $\vec{a}\vec{k} = c$ und z.B.: $\vec{a}\vec{\imath} \cdot \vec{a} = a \cdot \vec{a} = \begin{pmatrix} a^2 \\ ab \\ ac \end{pmatrix}$

und man berechnet die Spalten von $M(\delta)$ aus obiger Formel:

$\delta(\vec{\imath})_E = (1 - \cos\alpha) \cdot \begin{pmatrix} a^2 \\ ab \\ ac \end{pmatrix} + \cos\alpha \cdot \begin{pmatrix} 1 \\ 0 \\ 0 \end{pmatrix} + \sin\alpha \begin{pmatrix} 0 \\ c \\ -b \end{pmatrix},$

$\delta(\vec{\jmath})_E = (1 - \cos\alpha) \cdot \begin{pmatrix} ab \\ b^2 \\ bc \end{pmatrix} + \cos\alpha \cdot \begin{pmatrix} 0 \\ 1 \\ 0 \end{pmatrix} + \sin\alpha \begin{pmatrix} -c \\ 0 \\ a \end{pmatrix},$

$\delta(\vec{k})_E = (1 - \cos\alpha) \cdot \begin{pmatrix} ac \\ bc \\ c^2 \end{pmatrix} + \cos\alpha \cdot \begin{pmatrix} 0 \\ 0 \\ 1 \end{pmatrix} + \sin\alpha \begin{pmatrix} b \\ -a \\ 0 \end{pmatrix}.$

Drehung des Raumes um den Winkel α um die Achse $\vec{a}$

Ist $\vec{a}$ ein Einheitsvektor, also $|\vec{a}| = 1$ und $\delta : \mathbb{R}^3 \to \mathbb{R}^3$ die Drehung um den Winkel α um die Achse $\vec{a}$, so lässt sich $\delta(\vec{x})$ folgendermaßen aus $\vec{a}$, $\vec{x}$ und $\vec{a} \times \vec{x}$ linear kombinieren:

$$\delta(\vec{x}) = (1 - \cos\alpha)\vec{a}\vec{x} \cdot \vec{a} + \cos\alpha \cdot \vec{x} + \sin\alpha \cdot (\vec{a} \times \vec{x})$$

Berechnung der Drehmatrix $M(\delta)$ bei gegebener Drehung δ.

Ist $\delta : \mathbb{R}^3 \to \mathbb{R}^3$ die Drehung des Raumes um den Winkel α $(-\pi < \alpha \leq \pi)$ und die Achse $\vec{a}$ $(|\vec{a}| = 1)$, so berechnet sich $M(\delta)$ folgendermaßen aus dem Winkel α und den Koordinaten des Einheitsvektors $\vec{a} = (a, b, c)$ (siehe S. 206):

$$M(\delta) = (1-\cos\alpha) \begin{pmatrix} a^2 & ab & ac \\ ab & b^2 & bc \\ ac & bc & c^2 \end{pmatrix} + \cos\alpha \begin{pmatrix} 1 & 0 & 0 \\ 0 & 1 & 0 \\ 0 & 0 & 1 \end{pmatrix} + \sin\alpha \begin{pmatrix} 0 & -c & b \\ c & 0 & -a \\ -b & a & 0 \end{pmatrix}$$

Andere Möglichkeit, die Drehmatrix zu berechnen: Siehe Seite 205

Bestimmung von Drehwinkel und –Achse einer Drehmatrix: Siehe Seite 205.

8.26   (a)   *Man berechne die Drehmatrix $M(\delta)$ der Drehung des $\mathbb{R}^3$ um den Winkel $-\frac{\pi}{6}$ um die Achse $\vec{a} = (-2, 1, 2)$, vgl. [8.23].*

(b)   *Man berechne die Drehmatrix $M(\delta)$ der Drehung des $\mathbb{R}^3$ um den Winkel $\frac{2\pi}{3}$ um die Achse $\vec{a} = (1, 1, 1)$.*

(a) $|(-2, 1, 2)| = 3 \implies \frac{1}{3}(-2, 1, 2)$ ist der Einheitsvektor in Richtung der Drehachse.

Bedenkt man $\cos(-\frac{\pi}{6}) = \frac{1}{2}\sqrt{3}$ und $\sin(-\frac{\pi}{6}) = -\frac{1}{2}$, so erhält man:

$M(\delta) =$

$= (1 - \frac{1}{2}\sqrt{3})\frac{1}{9} \begin{pmatrix} 4 & -2 & -4 \\ -2 & 1 & 2 \\ -4 & 2 & 4 \end{pmatrix} + \frac{1}{2}\sqrt{3} \begin{pmatrix} 1 & 0 & 0 \\ 0 & 1 & 0 \\ 0 & 0 & 1 \end{pmatrix} - \frac{1}{2} \cdot \frac{1}{3} \begin{pmatrix} 0 & -2 & 1 \\ 2 & 0 & 2 \\ -1 & -2 & 0 \end{pmatrix}$

$= \frac{1}{18} \begin{pmatrix} 8 & 2 & -11 \\ -10 & 2 & -2 \\ -5 & 10 & 8 \end{pmatrix} + \frac{\sqrt{3}}{18} \begin{pmatrix} 5 & 2 & 4 \\ 2 & 8 & -2 \\ 4 & -2 & 5 \end{pmatrix} \approx \begin{pmatrix} 0.926 & 0.304 & -0.226 \\ -0.363 & 0.881 & -0.304 \\ 0.107 & 0.363 & 0.926 \end{pmatrix}$

(b)   Man sieht: Bei der Drehung geht die x–Achse in die y–Achse, diese in die z–Achse und die z–Achse in die x–Achse über.

Folglich: $M(\delta) = \begin{pmatrix} 0 & 0 & 1 \\ 1 & 0 & 0 \\ 0 & 1 & 0 \end{pmatrix}$

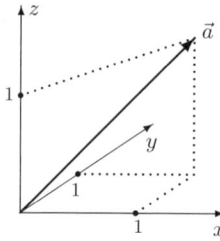

9 Eigenwerte, Eigenvektoren

9.1 Eigenwerte, Eigenvektoren, Eigenräume

Jede (m, m)–Matrix M lässt sich als Matrix $M(\varphi)$ einer linearen Abbildung φ des $\mathbb{R}^m$ in den $\mathbb{R}^m$ auffassen:

$$\text{Ist } \varphi(\vec{x}) := M\vec{x}, \text{ dann ist } M(\varphi) = M.$$

Von besonderem Interesse sind häufig Vektoren $\vec{x}$, die beim Abbilden ihre Richtung (bis auf das Vorzeichen) nicht ändern, d.h. in ein **Vielfaches** von sich, ihr λ–faches, übergehen, für die also gilt:

$$M\vec{x} = \lambda\vec{x} \text{ bzw. } \varphi(\vec{x}) = \lambda\vec{x}.$$

Für den Nullvektor $\vec{0}$ gilt dies natürlich stets: $M\vec{0} = \varphi(\vec{0}) = \lambda\vec{0}$ für alle $\lambda \in \mathbb{R}$.

Vom Nullvektor verschiedene Vektoren $\vec{x}$, die obige Gleichung erfüllen, heißen **Eigenvektoren** zum **Eigenwert** λ von M bzw. φ.

Es ist $\lambda\vec{x} = \lambda E\vec{x}$ und folglich gilt:

$$M\vec{x} = \lambda\vec{x} \iff M\vec{x} - \lambda E\vec{x} = \vec{0} \iff (M - \lambda E)\vec{x} = \vec{0}.$$

λ ist Eigenwert von M bzw. φ, wenn das homogene LGS $(M - \lambda E)\vec{x} = \vec{0}$ nichttriviale Lösungen (= Eigenvektoren) hat. Dies ist genau dann der Fall, wenn $\det(M - \lambda E) = 0$ (**charakteristische Gleichung**) ist.

Die Determinante $\det(M - \lambda E)$ ist ein Polynom m–ten Grades in λ, heißt **charakteristisches Polynom** von M und wird mit $p_M(\lambda)$ bezeichnet. Setzt man M in $p_M(\lambda)$ ein (siehe Seite 174), so erhält man $p_M(M) = O$ (siehe auch Satz von **Cayley Hamilton**, "charakt. Polynom" und "Minimalpolynom" **LA I, II**).

Die Nullstellen des charakt. Polynoms $p_M(\lambda)$ sind die **Eigenwerte** von M.

Ist $M = \begin{pmatrix} a & b \\ c & d \end{pmatrix}$, so ist $M - \lambda E = \begin{pmatrix} a - \lambda & b \\ c & d - \lambda \end{pmatrix}$ und

$\det(M - \lambda E) = (a - \lambda)(d - \lambda) - bc$ ein Polynom 2–ten Grades.

9.1 $\quad Zu \quad M = \begin{pmatrix} 1 & 3 \\ 0 & 2 \end{pmatrix}$

berechne man das charakteristische Polynom $p_M(\lambda)$ sowie $p_M(M)$.

$p_M(\lambda) = \det(M - \lambda E) = (1 - \lambda)(2 - \lambda) - 3 \cdot 0 = \underline{\lambda^2 - 3\lambda + 2}$.

Man rechnet leicht nach: $p_M(M) = M^2 - 3M + 2E = \underline{O}$ (Nullmatrix).

ähnliche Matrizen

Die (m, m)–Matrizen M, N heißen **ähnlich**:

$\iff$ M und N stellen die gleiche lineare Abbildung $\varphi: \mathbb{R}^m \to \mathbb{R}^m$ bezüglich evtl. verschiedener Basen des $\mathbb{R}^m$ dar.

$\iff$ es gibt eine invertierbare Matrix A mit $M = A^{-1}NA$.

Eigenwerte, Eigenvektoren

Es sei M eine (m,m)–Matrix und $\varphi : \mathrm{IR}^m \to \mathrm{IR}^m$ die zugehörige lineare Abbildung, also $\varphi(\vec{x}) = M\vec{x}$, $M = M(\varphi)$.

Ist $\lambda \in \mathrm{IR}$ eine Zahl und ist $\vec{x} \in \mathrm{IR}^m$, $\underline{\vec{x} \neq \vec{0}}$, ein Vektor, so dass

$$M\vec{x} = \lambda\vec{x} \text{ bzw. } \varphi(\vec{x}) = \lambda\vec{x} \quad \text{oder} \quad (M - \lambda E)\vec{x} = \vec{0} \text{ bzw. } (\varphi - \lambda\mathrm{id})\vec{x} = \vec{0} \text{ ist,}$$

dann heißt:
$\qquad \lambda :$ **Eigenwert** von M bzw. φ,

$\qquad \vec{x} :$ **Eigenvektor** (zum Eigenwert λ) von M bzw. φ,

$p_M(\lambda) := p_\varphi(\lambda) := |M - \lambda E|$: **charakteristisches Polynom** von M bzw. φ,
$\qquad\qquad\qquad p_M(\lambda) = p_\varphi(\lambda)$ ist ein Polynom m–ten Grades.

$V_\lambda := \{\vec{x} \in \mathrm{IR}^m \mid M\vec{x} = \lambda\vec{x}\}$: **Eigenraum** zu λ.

λ **Eigenwert** von φ bzw. M $\qquad \Longleftrightarrow \qquad \lambda$ **Nullstelle** von $p_\varphi(\lambda) = |M - \lambda E|$.

Ist λ k–fache Nullstelle von p_φ, dann heißt λ ein k–facher Eigenwert von M bzw. φ, und V_λ ist ein Untervektorraum des IR^m mit $1 \leq \dim V_\lambda \leq k$.

● Eigenvektoren zu verschiedenen Eigenwerten sind linear unabhängig. ●

9.2   *Man bestimme* spur, det *und charakteristisches Polynom der Matrizen:*

(a) $M = \begin{pmatrix} 1 & 3 \\ 0 & 2 \end{pmatrix}$, $N = \begin{pmatrix} 2 & 2 \\ 0 & 1 \end{pmatrix}$,

(b) $P = \begin{pmatrix} 2 & 1 & -2 \\ 1 & 2 & 2 \\ -2 & 2 & -1 \end{pmatrix}$, $Q = \begin{pmatrix} -3 & 0 & 0 \\ 0 & 3 & 0 \\ 0 & 0 & 3 \end{pmatrix}$, $R = \begin{pmatrix} -3 & 0 & 0 \\ 0 & 3 & 1 \\ 0 & 0 & 3 \end{pmatrix}$.

(a)   spur M = spur N = 3,   (spur M = Summe der Hauptdiagonalelemente!)
det M = det N = 2, $p_M(\lambda) = p_N(\lambda) = \lambda^2 - 3\lambda + 2 = \lambda^2 - $ spur $M\,\lambda + $ det M.

Bemerkung: Ist $A = \begin{pmatrix} 2 & -5 \\ -1 & 3 \end{pmatrix}$, siehe [9.10], so ist $M = A^{-1}\,N\,A$,

d.h. M und N sind **ähnlich**, sie sind Matrizen der gleichen Abbildung φ:
Ist $M = M(\varphi) = M_E^E(\varphi)$, so ist $N = M_A^A(\varphi)$ und stellt φ bzgl. der Basis A dar.

(b)   spur P = spur Q = spur R = 3,   det P = det Q = det R = -27,
$p_P(\lambda) = p_Q(\lambda) = p_R(\lambda) = -\lambda^3 + 3\lambda^2 + 9\lambda - 27 = -\lambda^3 + $ spur $P\,\lambda^2 + 9\lambda + $ det P.

Man sieht: spur und det sind Koeffizienten des charakteristischen Polynoms.
Bemerkung: Ist σ die Abbildung und ist A die kartesische Basis aus [8.15], so ist
$P = M(3\sigma)$ und $Q = M_A^A(3\sigma)$, P und Q sind also ähnlich.
Ähnliche Matrizen haben gleiches charakteristisches Polynom und gleiche spur
und det (siehe 9.3); die Umkehrung jedoch ist falsch: Q und R sind nicht ähnlich
(Begründung, Seite 213), obwohl sie gleiches charakteristisches Polynom – und
folglich gleiche spur und det – haben.
spur, det und char. Polynom hängen nur von der linearen Abbildung φ und nicht
von der Basis A ab, bzgl. der φ durch die Matrix $M_A^A(\varphi)$ dargestellt wird:

ähnliche Matrizen

haben gleiches charakteristisches Polynom, gleiche spur, det und Eigenwerte.

9.3 *Ähnliche Matrizen haben gleiches charakteristisches Polynom und folglich gleiche spur und det.*

Sind M und N ähnlich, so gibt es eine invertierbare Matrix A, so dass gilt:

$$M = A^{-1}NA \text{ ist. Berechnung von } A \text{ siehe } [9.10].$$

Mit dem Determinanten–Multiplikationssatz (Seite 186) ergibt sich:

$$p_M(\lambda) = \det(M - \lambda E) = \det(A^{-1}NA - \lambda A^{-1}A) = \det(A^{-1}(N - \lambda E)A)$$
$$= \det A^{-1} \det(N - \lambda E) \det A = (\det A)^{-1} \det(N - \lambda E) \det A$$
$$= \det(N - \lambda E) = p_N(\lambda)$$

Ist M eine (m, m)–Matrix, und $p_M(\lambda) = |M - \lambda E|$ ihr char. Polynom vom Grad m, so sieht man beim Berechnen der Determinante, dass – bis auf das Vorzeichen – spur M der Koeffizient von x^{m-1} und det M die Konstante des Polynoms ist.

Aus der Gleichheit der charakteristischen Polynome ähnlicher Matrizen folgt also die Gleichheit ihrer Spuren und Determinanten.

9.4 *Man bestimme Eigenwerte und Eigenräume von M und N aus [9.2].*

M: Eigenwerte von $M = \begin{pmatrix} 1 & 3 \\ 0 & 2 \end{pmatrix}$:

$$\det(M - \lambda E) = \begin{vmatrix} 1 - \lambda & 3 \\ 0 & 2 - \lambda \end{vmatrix} = \lambda^2 - 3\lambda + 2 = 0 \implies \lambda_1 = 1,\ \lambda_2 = 2.$$

Eigenräume von M (die Eigenräume sind Lösungsmengen von LGSen):

$$\lambda_1 = 1: \quad (M - 1E)\vec{x} = \vec{0} \iff \begin{pmatrix} 0 & 3 \\ 0 & 1 \end{pmatrix} \vec{x} = \vec{0}$$

$$\iff \vec{x} \in V_1(M) = \{\vec{x} \in \mathbb{R}^2 \mid \vec{x} = r\begin{pmatrix} 1 \\ 0 \end{pmatrix}\}.$$

$$\lambda_2 = 2: \quad (M - 2E)\vec{x} = \vec{0} \iff \begin{pmatrix} -1 & 3 \\ 0 & 0 \end{pmatrix} \vec{x} = \vec{0}$$

$$\iff \vec{x} \in V_2(M) = \{\vec{x} \in \mathbb{R}^2 \mid \vec{x} = s\begin{pmatrix} 3 \\ 1 \end{pmatrix}\}.$$

N: Eigenwerte von $N = \begin{pmatrix} 2 & 2 \\ 0 & 1 \end{pmatrix}$: $\quad \lambda^2 - 3\lambda + 2 = 0 \implies \lambda_1 = 1,\ \lambda_2 = 2.$

Eigenräume von N:

$$\lambda_1 = 1: \quad (N - 1E)\vec{x} = \vec{0} \iff \begin{pmatrix} 1 & 2 \\ 0 & 0 \end{pmatrix} \vec{x} = \vec{0}$$

$$\iff \vec{x} \in V_1(N) = \{\vec{x} \in \mathbb{R}^2 \mid \vec{x} = u\begin{pmatrix} 2 \\ -1 \end{pmatrix}\}.$$

$$\lambda_2 = 2: \quad (N - 2E)\vec{x} = \vec{0} \iff \begin{pmatrix} 0 & 2 \\ 0 & -1 \end{pmatrix} \vec{x} = \vec{0}$$

$$\iff \vec{x} \in V_2(N) = \{\vec{x} \in \mathbb{R}^2 \mid \vec{x} = v\begin{pmatrix} 1 \\ 0 \end{pmatrix}\}.$$

Die Eigenräume von M und N sind Geraden (1–dim. Unterräume) im $\mathbb{R}^2$. Damit sind die Eigenwerte und Eigenräume von M und N bestimmt.

9.5   *Man bestimme Eigenwerte und Eigenräume von P, Q und R aus [9.2].*

Eigenwerte: P, Q, R haben das gleiche charakteristische Polynom:
Beispielsweise ergibt sich für die Matrix P:

$$\det(P - \lambda E) = \begin{vmatrix} 2-\lambda & 1 & -2 \\ 1 & 2-\lambda & 2 \\ -2 & 2 & -1-\lambda \end{vmatrix}$$

$$= (2-\lambda)(2-\lambda)(-1-\lambda) - 4 - 4 - 4(2-\lambda) - 4(2-\lambda) - (-1-\lambda)$$

$$= -\lambda^3 + 3\lambda^2 + 9\lambda - 27 = 0 \implies \lambda_1 = -3, \ \lambda_{2,3} = 3.$$

P: Eigenräume von $P = \begin{pmatrix} 2 & 1 & -2 \\ 1 & 2 & 2 \\ -2 & 2 & -1 \end{pmatrix}$:

$$\lambda_1 = -3: \ (P + 3E)\vec{x} = \vec{0} \iff \begin{pmatrix} 5 & 1 & -2 \\ 1 & 5 & 2 \\ -2 & 2 & 2 \end{pmatrix} \vec{x} = \vec{0} \quad \text{(LGS lösen!)}$$

$$\iff \vec{x} \in V_{-3}(P): \ \vec{x} = r \begin{pmatrix} 1 \\ -1 \\ 2 \end{pmatrix}.$$

$$\lambda_{2,3} = 3: \ (P - 3E)\vec{x} = \vec{0} \iff \begin{pmatrix} -1 & 1 & -2 \\ 1 & -1 & 2 \\ -2 & 2 & -4 \end{pmatrix} \vec{x} = \vec{0} \quad \text{(LGS lösen!)}$$

$$\iff \vec{x} \in V_3(P): \ \vec{x} = s \begin{pmatrix} 1 \\ 1 \\ 0 \end{pmatrix} + t \begin{pmatrix} -2 \\ 0 \\ 1 \end{pmatrix}.$$

Q: Ebenso erhält man für $Q = \begin{pmatrix} -3 & 0 & 0 \\ 0 & 3 & 0 \\ 0 & 0 & 3 \end{pmatrix}$:

$$V_{-3}(Q): \ \vec{x} = r \begin{pmatrix} 1 \\ 0 \\ 0 \end{pmatrix} \text{ und } V_3(Q): \ \vec{x} = s \begin{pmatrix} 0 \\ 1 \\ 0 \end{pmatrix} + t \begin{pmatrix} 0 \\ 0 \\ 1 \end{pmatrix}.$$

$V_{-3}(Q)$ ist eine Gerade (x–Achse) und $V_3(Q)$ ist eine Ebene (yz–Ebene).
Für P und Q ist die Dimension der Eigenräume gleich der Vielfachheit der Eigenwerte (geometrische Vielfachheit = algebraische Vielfachheit):

$$\dim V_{-3}(P) = \dim V_{-3}(Q) = 1 \text{ und } \dim V_3(P) = \dim V_3(Q) = 2.$$

R: Eigenräume von $R = \begin{pmatrix} -3 & 0 & 0 \\ 0 & 3 & 1 \\ 0 & 0 & 3 \end{pmatrix}$:

$$\lambda_1 = -3: \ (R + 3E)\vec{x} = \vec{0} \iff \begin{pmatrix} 0 & 0 & 0 \\ 0 & 6 & 1 \\ 0 & 0 & 6 \end{pmatrix} \vec{x} = \vec{0}$$

$$\iff \vec{x} \in V_{-3}(R): \ \vec{x} = r \begin{pmatrix} 1 \\ 0 \\ 0 \end{pmatrix}.$$

$$\lambda_{2,3} = 3: \quad (R - 3E)\vec{x} = \vec{0} \Longleftrightarrow \begin{pmatrix} -6 & 0 & 0 \\ 0 & 0 & 1 \\ 0 & 0 & 0 \end{pmatrix} \vec{x} = \vec{0}$$

$$\Longleftrightarrow \vec{x} \in V_3(R): \quad \vec{x} = s \begin{pmatrix} 0 \\ 1 \\ 0 \end{pmatrix}.$$

Zwar ist 3 ein 2–facher Eigenwert von R; aber (nur) $\dim V_3(R) = 1 < 2$.

Bemerkung:

Aus [9.9] folgt: $Q = A^{-1} M_6 A = A^{-1} P A$.

P und Q sind ähnlich, also sind ihre char. Polynome und außerdem ihre Eigenwerte und die Dimensionen ihrer Eigenräume gleich.

Da $2 = \dim V_3(Q) \neq \dim V_3(R) = 1$ ist, sind Q und R nicht ähnlich: Q und R können – was auch anschaulich klar ist – nicht Matrizen derselben linearen Abbildung sein!

9.6 *Man bestimme Eigenwerte* $M = \begin{pmatrix} -4 & 2 & -3 \\ 0 & -4 & -2 \\ -4 & 0 & -4 \end{pmatrix}$.
und Eigenräume der Matrix

$$|M - \lambda E| = \begin{vmatrix} -4 - \lambda & 2 & -3 \\ 0 & -4 - \lambda & -2 \\ -4 & 0 & -4 - \lambda \end{vmatrix} = \ldots = -\lambda^3 - 12\lambda^2 - 36\lambda = 0$$

$$\Longrightarrow \lambda_1 = 0, \ \lambda_{2,3} = -6$$

$$\lambda_1 = 0: \quad (M - 0E)\vec{x} = M\vec{x} = \vec{0} \Longleftrightarrow \vec{x} \in V_0(M): \quad \vec{x} = r \begin{pmatrix} 2 \\ 1 \\ -2 \end{pmatrix}.$$

0 ist genau dann Eigenwert von M, wenn das homogene LGS $M\vec{x} = \vec{0}$ nichttriviale Lösungen hat:

$$\lambda_{2,3} = -6: (M + 6E)\vec{x} = \begin{pmatrix} 2 & 2 & -3 \\ 0 & 2 & -2 \\ -4 & 0 & 2 \end{pmatrix} \vec{x} = \vec{0} \Leftrightarrow \vec{x} \in V_{-6}(M): \vec{x} = s \begin{pmatrix} 1 \\ 2 \\ 2 \end{pmatrix}.$$

Obwohl -6 ein 2–facher Eigenwert von M ist, ist $\dim V_{-6}(M) = 1$.

> **0** ist **Eigenwert** von M bzw. φ
> $\Longleftrightarrow$ das LGS $M\vec{x} = \vec{0}$ hat nichttriviale Lösungen.
> $\Longleftrightarrow$ rang $M < m$ $\Longleftrightarrow$ $\det M = 0$ $\Longleftrightarrow$ Kern $\varphi \neq \{\vec{0}\}$.

9.7 Sei $V = \{se^x + te^{-x} \mid s, t \in \mathbb{R}\}$ und $\delta : V \to V$ mit $\delta(f) = f'$.

(a) Man zeige, dass $B = (e^x, e^{-x})$ und $C = (\cosh x, \sinh x)$ Basen des Vektorraums V sind und bestimme $M_B^C(\mathrm{id})$ und $M_C^B(\mathrm{id})$.

(b) Man bestimme die (ähnlichen) Matrizen $M_B^B(\delta)$ und $M_C^C(\delta)$, sowie das char. Polynom $p_\delta(\lambda)$, die Eigenwerte und Eigenräume.

(c) Man bestimme eine Matrix A mit $M_B^B(\delta) = A^{-1} M_C^C(\delta)A$.

V ist ein (zweidimensionaler) Vektorraum und δ ist linear, denn für die Ableitung gilt: $(f + g)' = f' + g'$ und $(rf)' = rf'$, $r \in \mathbb{R}$, siehe [8.3], [8.12].

(a) (e^x, e^{-x}) erzeugen V und sind linear unabh. [5.9], also eine Basis von V.

cosh $x = \frac{1}{2}(e^x + e^{-x})$ und sinh $x = \frac{1}{2}(e^x - e^{-x})$, also $M_B^C(\mathrm{id}) = \frac{1}{2}\begin{pmatrix} 1 & 1 \\ 1 & -1 \end{pmatrix}$.

Da $e^x = \cosh x + \sinh x$ und $e^{-x} = \cosh x - \sinh x$ ist, ist auch C eine Basis und

$M_C^B(\mathrm{id}) = \begin{pmatrix} 1 & 1 \\ 1 & -1 \end{pmatrix}$ oder $M_C^B(\mathrm{id}) = M_B^C(\mathrm{id})^{-1} = \begin{pmatrix} 1 & 1 \\ 1 & -1 \end{pmatrix}$ (s. Seite 177).

(b) $(e^x)' = e^x$, $(e^{-x})' = -e^{-x}$ $\implies M_B^B(\delta) = \begin{pmatrix} 1 & 0 \\ 0 & -1 \end{pmatrix}$,

$(\cosh x)' = \sinh x$, $(\sinh x)' = \cosh x \implies M_C^C(\delta) = \begin{pmatrix} 0 & 1 \\ 1 & 0 \end{pmatrix}$.

$p_\delta(\lambda) = \begin{vmatrix} 1-\lambda & 0 \\ 0 & -1-\lambda \end{vmatrix} = \begin{vmatrix} -\lambda & 1 \\ 1 & -\lambda \end{vmatrix} = \lambda^2 - 1$, Eigenwerte: $\lambda_1 = 1$, $\lambda_2 = -1$.

$\delta(e^x) = e^x$, $\delta(e^{-x}) = -e^{-x} \implies e^x$ bzw. e^{-x} sind Eigenvektoren zu 1 bzw. -1
und erzeugen die beiden Eigenräume: $V_1(\delta) : f = re^x$ und $V_{-1}(\delta) : f = re^{-x}$.

(c)   Wegen $M_B^B(\delta) = M_B^C(\mathrm{id})M_C^C(\delta)M_C^B(\mathrm{id})$ wähle $A = M_C^B(\mathrm{id}) = \begin{pmatrix} 1 & 1 \\ 1 & -1 \end{pmatrix}$.

Dann ist $A^{-1} = M_B^C(\delta) = \frac{1}{2}\begin{pmatrix} 1 & 1 \\ 1 & -1 \end{pmatrix}$ (siehe Seite 177) und man verifiziert:

$A^{-1}M_C^C(\delta)A = \frac{1}{2}\begin{pmatrix} 1 & 1 \\ 1 & -1 \end{pmatrix}\begin{pmatrix} 0 & 1 \\ 1 & 0 \end{pmatrix}\begin{pmatrix} 1 & 1 \\ 1 & -1 \end{pmatrix}$

$= \frac{1}{2}\begin{pmatrix} 1 & 1 \\ -1 & 1 \end{pmatrix}\begin{pmatrix} 1 & 1 \\ 1 & -1 \end{pmatrix} = \frac{1}{2}\begin{pmatrix} 2 & 0 \\ 0 & -2 \end{pmatrix} = \begin{pmatrix} 1 & 0 \\ 0 & -1 \end{pmatrix} = M_B^B(\delta)$.

9.8   Man beweise:

$M_A^A(\varphi)$ ist Diagonalmatrix $\iff A$ ist Basis aus Eigenvektoren von φ.

" $\implies$ " Ist $A = (\vec{a}_1, \cdots, \vec{a}_m)$ und $M_A^A(\varphi) = \begin{pmatrix} d_1 & \cdots & 0 \\ \vdots & \ddots & \vdots \\ 0 & \cdots & d_m \end{pmatrix}$ Diagonalmatrix, so folgt:

$\implies \varphi(\vec{a}_1) = d_1\vec{a}_1 + 0\vec{a}_2 + \cdots + 0\vec{a}_m = d_1\vec{a}_1$, $\ldots$, $\varphi(\vec{a}_m) = d_m\vec{a}_m$.

$\implies \vec{a}_i$ ist Eigenvektor zum Eigenwert d_i für $i = 1, \ldots, m$.

$\implies A = (\vec{a}_1, \ldots, \vec{a}_m)$ ist Basis aus Eigenvektoren von φ.

" $\impliedby$ " Ist $A = (\vec{a}_1, \ldots, \vec{a}_m)$ Basis aus Eigenvektoren von φ, so gibt es
$d_1, \ldots, d_m \in \mathbb{R}$, mit $\varphi(\vec{a}_1) = d_1\vec{a}_1$, $\ldots$, $\varphi(\vec{a}_m) = d_m\vec{a}_m$.
Die Spalten von $M_A^A(\varphi)$ sind die A-Koordinatenvektoren der Bilder der Basis-

vektoren von A, also: $M_A^A(\varphi) = \big(\varphi(\vec{a}_1)_A, \ldots, \varphi(\vec{a}_m)_A\big)$

$= \big((d_1\vec{a}_1)_A, \ldots, (d_m\vec{a}_m)_A\big)$

$= \begin{pmatrix} d_1 & \cdots & 0 \\ \vdots & \ddots & \vdots \\ 0 & \cdots & d_m \end{pmatrix}$.

9.2 Diagonalisierung, symmetrische Matrizen

Diagonalisierung einer Matrix M

Basis aus Eigenvektoren einer linearen Abbildung φ

Die Fragen

> Lässt sich M diagonalisieren? Ist M einer Diagonalmatrix ähnlich?
> Gibt es eine Matrix A, so dass $A^{-1} M A$ eine Diagonalmatrix ist?

bedeuten:

> Gibt es eine Basis A des $\mathbb{R}^m$,
> so dass $M_A^A(\varphi) = A^{-1} M(\varphi) A$ eine Diagonalmatrix ist?

Antwort: Ja, genau dann, wenn

- es eine Basis A des $\mathbb{R}^m$ aus Eigenvektoren von M bzw. φ gibt!

- $p_\varphi(\lambda)$ in Linearfaktoren zerfällt <u>und</u> es zu jedem
  k–fachen Eigenwert k linear unabhängige Eigenvektoren gibt,
  also dim $V_\lambda = k$ ist. Dies gilt insbesondere,
  wenn die Eigenwerte paarweise verschieden sind.

Ist A Basis des $\mathbb{R}^m$ aus Eigenvektoren von M, dann gilt:

$M_A^A(\varphi) = A^{-1} M(\varphi) A =$ Diagonalmatrix,   in deren Diagonale die Eigen–
werte zu den entsprechenden
Basisvektoren von A stehen.

Praktisches Vorgehen:

1.) char.Pol. $p_M(\lambda)$ bestimmen und Nullstellen (Eigenwerte) berechnen.

   Zerfällt $p_M(\lambda)$ nicht in Linearfaktoren, d.h. hat es
   unter Berücksichtigung der Vielfachheiten nicht m (reelle) Nullstellen,
   gibt es keine Basis A aus Eigenvektoren, M ist nicht diagonalisierbar.

2.) Eigenräume zu den Eigenwerten bestimmen.

   Ist λ ein k–facher Eigenwert und ist dim $V_\lambda < k$,
   so gibt es keine Basis A aus Eigenvektoren, M ist nicht diagonalisierbar.

3.) Basen der Eigenräume bestimmen und hintereinanderschreiben ergibt
   eine gesuchte Basis A, so dass $A^{-1} M A$ Diagonalmatrix ist. In der
   Diagonalen stehen die Eigenwerte zu entsprechenden Eigenvektoren.

Symmetrische Matrix M

Jede symmetrische Matrix M ist diagonalisierbar !

Es gibt eine kartesische Basis A aus Eigenvektoren von M. A ist orthogonale
Matrix, also $A^{-1} = A^\top$ und folglich $A^\top M A = A^{-1} M A$ Diagonalmatrix.

9.9 Man untersuche, ob folgende Matrizen diagonalisierbar sind und gebe ge-gebenenfalls eine Basis A an, so dass $A^{-1} M A$ Diagonalmatrix ist.

$$M_1 = \begin{pmatrix} 2 & 0 & 0 \\ 0 & 0 & 1 \\ 0 & -1 & 0 \end{pmatrix} \quad M_2 = \begin{pmatrix} -3 & 0 & 0 \\ 0 & 3 & 1 \\ 0 & 0 & 3 \end{pmatrix} \quad M_3 = \begin{pmatrix} -8 & 16 & -6 \\ -5 & 13 & -6 \\ -5 & 14 & -7 \end{pmatrix}$$

$$M_4 = \begin{pmatrix} 1 & -4 & 8 \\ -4 & 7 & 4 \\ 8 & 4 & 1 \end{pmatrix} \quad M_5 = \begin{pmatrix} 2 & 0 & 0 \\ 0 & -1 & 3 \\ 0 & 3 & -1 \end{pmatrix} \quad M_6 = \begin{pmatrix} 2 & 1 & -2 \\ 1 & 2 & 2 \\ -2 & 2 & -1 \end{pmatrix}$$

M_1 : $p_1(\lambda) = (2 - \lambda)(\lambda^2 + 1) \Longrightarrow p_1(\lambda)$ zerfällt (in $\mathbb{R}$) nicht in Linearfaktoren, also ist M_1 nicht diagonalisierbar.

M_2 : $p_2(\lambda) = (-3 - \lambda)(3 - \lambda)^2$
3 ist 2–facher Eigenwert; aber $\dim V_3(M_2) = 3 - \operatorname{rang}(M_2 - 3E) = 1 < 2$, also ist M_2 nicht diagonalisierbar.

M_3 : $p_3(\lambda) = -\lambda^3 - 2\lambda^2 + 5\lambda + 6 = 0 \Longrightarrow \lambda_1 = -1, \ \lambda_2 = 2, \ \lambda_3 = -3$
Da die Eigenwerte paarweise verschieden sind, gibt es drei linear unabhängige Eigenvektoren, und man sieht schon jetzt, dass M_3 diagonalisierbar ist und es eine Basis A aus Eigenvektoren gibt mit

$$A^{-1} M_3 A = \begin{pmatrix} -1 & 0 & 0 \\ 0 & 2 & 0 \\ 0 & 0 & -3 \end{pmatrix}.$$

Die LGSe $(M_3 - \lambda_i E)\vec{x} = \vec{0}, \ i = 1, 2, 3$ ergeben die Eigenvektoren

$$\vec{a}_1 = \begin{pmatrix} 2 \\ 2 \\ 3 \end{pmatrix}, \ \vec{a}_2 = \begin{pmatrix} 1 \\ 1 \\ 1 \end{pmatrix}, \ \vec{a}_3 = \begin{pmatrix} 2 \\ 1 \\ 1 \end{pmatrix} \ \Longrightarrow \ A = \begin{pmatrix} 2 & 1 & 2 \\ 2 & 1 & 1 \\ 3 & 1 & 1 \end{pmatrix}.$$

M_4: M_4 ist symmetrisch und folglich diagonalisierbar mit einer kartesischen Matrix aus Eigenvektoren:
$p_4(\lambda) = -\lambda^3 + 9\lambda^2 + 81\lambda - 729 = 0 \Longrightarrow \lambda_1 = -9, \ \lambda_{2,3} = 9.$

$$(M + 9E)\vec{x} = \begin{pmatrix} 10 & -4 & 8 \\ -4 & 16 & 4 \\ 8 & 4 & 10 \end{pmatrix} \vec{x} = \vec{0} \Longrightarrow V_{-9} : \ \vec{x} = r \begin{pmatrix} 2 \\ 1 \\ -2 \end{pmatrix}$$

$$(M - 9E)\vec{x} = \begin{pmatrix} -8 & -4 & 8 \\ -4 & -2 & 4 \\ 8 & 4 & -8 \end{pmatrix} \vec{x} = \vec{0} \Longrightarrow V_9 : \ \vec{x} = s \begin{pmatrix} 1 \\ 2 \\ 2 \end{pmatrix} + t \begin{pmatrix} -2 \\ 2 \\ -1 \end{pmatrix}$$

$$A = \frac{1}{3} \begin{pmatrix} 2 & 1 & -2 \\ 1 & 2 & 2 \\ -2 & 2 & -1 \end{pmatrix} \quad \begin{array}{l} \text{ist Basis aus Eigenvektoren!} \\ A \text{ kartesisch} \quad \Longrightarrow A^\top = A^{-1} \\ A \text{ symmetrisch} \quad A^\top = A \end{array} \left. \begin{array}{l} \\ \\ \end{array} \right\} \Longrightarrow A^{-1} = A,$$

$$A^{-1} M_4 A = A M_4 A = \ldots = \begin{pmatrix} -9 & 0 & 0 \\ 0 & 9 & 0 \\ 0 & 0 & 9 \end{pmatrix} \text{ ist Diagonalmatrix.}$$

Man beachte: In der Diagonalen stehen die Eigenwerte, die zu den Basisvektoren (Spalten) von A gehören!

M_5: M_5 ist symmetrisch und folglich diagonalisierbar mit einer kartesischen Matrix aus Eigenvektoren:

$$p_5(\lambda) = -\lambda^3 + 12\lambda - 16 = 0 \Longrightarrow \lambda_1 = -4, \ \lambda_{2,3} = 2$$

Durch Lösen der entsprechenden LGSe erhält man folgende Eigenräume:

$$V_{-4}(M_5): \ \vec{x} = r \begin{pmatrix} 0 \\ 1 \\ -1 \end{pmatrix}, \quad V_2(M_5): \ \vec{x} = s \begin{pmatrix} 1 \\ 0 \\ 0 \end{pmatrix} + t \begin{pmatrix} 0 \\ 1 \\ 1 \end{pmatrix}$$

Ist die Dimension eines Eigenraumes größer als 1, kann man sich (um $A^{-1} = A^\top$ für orthogonale Matrizen auszunutzen) – evtl. mit dem SCHMIDTschen Orthogonalisierungsverfahren (Seite 130) – eine kartesische Basis A verschaffen. Hier sieht man jedoch sofort:

$$A = \frac{1}{\sqrt{2}} \begin{pmatrix} 0 & \sqrt{2} & 0 \\ 1 & 0 & 1 \\ -1 & 0 & 1 \end{pmatrix} \text{ ist eine kartesische Basis aus Eigenvektoren und}$$

$$A^{-1} M_5 A = A^\top M_5 A = \ldots = \begin{pmatrix} -4 & 0 & 0 \\ 0 & 2 & 0 \\ 0 & 0 & 2 \end{pmatrix} \text{ ist Diagonalmatrix.}$$

M_6: M_6 ist symmetrisch und folglich diagonalisierbar mittels einer kartesischen Matrix A aus Eigenvektoren. Aus [9.5] folgt ($M_6 = P$):

$$\begin{pmatrix} 1 \\ -1 \\ 2 \end{pmatrix} \text{ ist EV zum EW } -3, \quad \begin{pmatrix} 1 \\ 1 \\ 0 \end{pmatrix}, \begin{pmatrix} -2 \\ 0 \\ 1 \end{pmatrix} \text{ sind EVen zum (doppelten) EW 3.}$$

Bestimmung einer kartesischen Basis A aus Eigenvektoren:

Da Eigenvektoren von M_6 zu verschiedenen Eigenwerten orthogonal sind, ersetzt man $\begin{pmatrix} -2 \\ 0 \\ 1 \end{pmatrix}$ durch einen zu $\begin{pmatrix} 1 \\ 1 \\ 0 \end{pmatrix}$ senkrechten Eigenvektor zum EW 3:

SCHMIDTsches Orthogonalisierungsverfahren:

$$(\begin{pmatrix} 1 \\ 1 \\ 0 \end{pmatrix} + \lambda \begin{pmatrix} -2 \\ 0 \\ 1 \end{pmatrix}) \begin{pmatrix} 1 \\ 1 \\ 0 \end{pmatrix} - 0 \longrightarrow \lambda = -\frac{(1,1,0)(1,1,0)}{(-2,0,1)(1,1,0)} = 1 \Longrightarrow \begin{pmatrix} -1 \\ 1 \\ 1 \end{pmatrix} \text{ ist EV.}$$

$$\Longrightarrow \begin{pmatrix} 1 \\ -1 \\ 2 \end{pmatrix}, \begin{pmatrix} 1 \\ 1 \\ 0 \end{pmatrix}, \begin{pmatrix} -1 \\ 1 \\ 1 \end{pmatrix} \text{ ist eine Orthogonalbasis aus EV. Normierung liefert:}$$

$$A = \frac{1}{6} \begin{pmatrix} \sqrt{6} & 3\sqrt{2} & -2\sqrt{3} \\ -\sqrt{6} & 3\sqrt{2} & 2\sqrt{3} \\ 2\sqrt{6} & 0 & 2\sqrt{3} \end{pmatrix}$$ ist eine kartesische Basis aus Eigenvektoren

und es gilt: $A^{-1}M_6 A = A^T M_6 A = \begin{pmatrix} -3 & 0 & 0 \\ 0 & 3 & 0 \\ 0 & 0 & 3 \end{pmatrix}$ ist Diagonalmatrix.

9.10　　　Man zeige, dass M und N aus [9.2] ähnlich sind und bestimme eine Matrix A mit $M = A^{-1}NA$.

Nach [9.2], [9.4] haben M und N die verschiedenen Eigenwerte 1 und 2.

M und N sind ähnlich, da beide der Diagonalmatrix $\begin{pmatrix} 1 & 0 \\ 0 & 2 \end{pmatrix}$ ähnlich sind.

$A_1 = \begin{pmatrix} 1 & 3 \\ 0 & 1 \end{pmatrix}$　　ist Basis aus EV von M, also　　$A_1^{-1}MA_1 = \begin{pmatrix} 1 & 0 \\ 0 & 2 \end{pmatrix}$,

$A_2 = \begin{pmatrix} 2 & 1 \\ -1 & 0 \end{pmatrix}$　　ist Basis aus EV von N, also　　$A_2^{-1}NA_2 = \begin{pmatrix} 1 & 0 \\ 0 & 2 \end{pmatrix}$.

$$\Longrightarrow A_1^{-1}MA_1 = \begin{pmatrix} 1 & 0 \\ 0 & 2 \end{pmatrix} = A_2^{-1}NA_2$$

$$\Longrightarrow M = A_1 A_2^{-1} N A_2 A_1^{-1} = (A_2 A_1^{-1})^{-1} N (A_2 A_1^{-1}).$$

Also leistet die Matrix $A := A_2 A_1^{-1}$ das Gewünschte:　　$A^{-1}NA = M$.

Man berechnet (Invertieren von $(2,2)$–Matrizen siehe Seite 177):

$A_1^{-1} = \begin{pmatrix} 1 & -3 \\ 0 & 1 \end{pmatrix}$ und $A = \begin{pmatrix} 2 & 1 \\ -1 & 0 \end{pmatrix} \begin{pmatrix} 1 & -3 \\ 0 & 1 \end{pmatrix} = \begin{pmatrix} 2 & -5 \\ -1 & 3 \end{pmatrix}$.

Probe: $A^{-1}NA = \begin{pmatrix} 3 & 5 \\ 1 & 2 \end{pmatrix} \begin{pmatrix} 2 & 2 \\ 0 & 1 \end{pmatrix} \begin{pmatrix} 2 & -5 \\ -1 & 3 \end{pmatrix} = \begin{pmatrix} 1 & 3 \\ 0 & 2 \end{pmatrix} = M.$

Symmetrische (n, n)–Matrizen

haben besonders schöne Eigenschaften: Ist M symmetrisch, so gilt:

1. Das charakteristische Polynom $p_M(\lambda)$ von M zerfällt in Linearfaktoren.

2. Eigenvektoren zu verschiedenen Eigenwerten sind nicht nur linear unabhängig, sondern sogar orthogonal !

3. Der $\mathbb{R}^n$ besitzt eine kartesische Basis A aus Eigenvektoren von M.

4. M ist diagonalisierbar:

   Ist A eine kartesische (d.h. orthonormale) Basis aus Eigenvektoren, d.h. ist A eine orthogonale Matrix, also $A^{-1} = A^T$, so ist $A^T M A = A^{-1}MA$ die Diagonalmatrix, in deren Diagonale die entsprechenden Eigenwerte stehen.

   Wählt man A so, dass zusätzlich $|A| = 1$ ist, ist A eine Drehmatrix und die Diagonalisierung wird durch eine Drehmatrix bewirkt.

10 Hauptachsentransformation

In diesem Abschnitt ist sorgfältig zwischen **Zeilen**– und **Spalten**vektoren zu unterscheiden: $\vec{x} = \begin{pmatrix} x \\ y \end{pmatrix}$ ist **Spalten**vektor und $\vec{x}^\top = (x, y)$ ist **Zeilen**vektor.

Eine **orthogonale Basis (OB)** besteht aus paarweise aufeinander senkrechtstehenden Vektoren.
Eine **orthonormale Basis (ONB, kartesische Basis)** besteht aus paarweise aufeinander senkrechtstehenden Einheitsvektoren.
Die Matrix A heißt **orthogonal** $\iff$ die Spalten bilden eine ONB $\iff A^\top A = e$.
Die Matrix A heißt **Drehmatrix** $\iff A$ ist orthogonal und $\det A = 1$.
Eine Matrix A ist also genau dann eine Drehmatrix wenn ihre Spalten eine positiv orientierte ONB bilden. Siehe auch Seiten 192,193,205

10.1 Kegelschnitte, Kurven zweiter Ordnung

Eine Gleichung der Form $\quad ax^2 + by^2 + 2cxy + q = 0$

z.B. $\quad 4x^2 + 4y^2 - 4xy - 6 = 0$

stellt einen **Kegelschnitt** (eine **Kurve zweiter Ordnung**: Ellipse, Hyperbel, Parabel,...) in der Ebene dar. D.h. die Menge aller Punkte $(x, y) \in \mathbb{R}^2$, deren Koordinaten die Gleichung erfüllen, heißt ein Kegelschnitt (eine Kurve zweiter Ordnung).

$4x^2 + 4y^2 - 4xy - 6 = 0$ erweist sich als Ellipse, deren Achsen nicht in Richtung der Koordinatenachsen zeigen, weil gemischte Glieder (hier $-4xy$) vorkommen.

Substituiert man: $\begin{cases} x = \cos\alpha \cdot u - \sin\alpha \cdot v \\ y = \sin\alpha \cdot u + \cos\alpha \cdot v \end{cases}$

so erhält man nach kurzer Rechnung:

$$(4 - 4\cos\alpha\sin\alpha)u^2 + (4 + 4\cos\alpha\sin\alpha)v^2 + \overbrace{(-4\cos^2\alpha + 4\sin^2\alpha)}^{=0} uv - 6 = 0.$$

Wählt man α so, dass $-4\cos^2\alpha + 4\sin^2\alpha = 0$ ist, so stellt sich der Kegelschnitt im u, v–System ohne gemischte Glieder uv dar:

$-4\cos^2\alpha + 4\sin^2\alpha = -4\cos 2\alpha = 0$, (Additionstheoreme **U 1**)
$\iff \alpha = \frac{\pi}{4}$ (oder $\alpha = \frac{3\pi}{4}$).

Es gilt: $\cos\frac{\pi}{4} = \sin\frac{\pi}{4} = \frac{1}{2}\sqrt{2}$.

Substituiert man: $\begin{cases} x = \frac{1}{2}\sqrt{2}\,(u - v) \\ y = \frac{1}{2}\sqrt{2}\,(u + v) \end{cases}$, so erhält

man: $2u^2 + 6v^2 - 6 = 0 \quad$ oder $\quad \dfrac{u^2}{3} + \dfrac{v^2}{1} = 1$
und sieht: Der Kegelschnitt ist im u, v–System eine **Ellipse** (Seite 559) mit den Halbachsen $\sqrt{3}$ und 1.

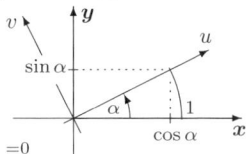

Ellipse

$4x^2 + 4y^2 - 4xy - 6 = 0$
$\dfrac{u^2}{3} + \dfrac{v^2}{1} = 1$

Was ist passiert?

Obige Substitution ist eine Koordinatentransformation: Nimmt man die kartesische Basis $A = (\vec{a}_1, \vec{a}_2) = \begin{pmatrix} \cos\alpha & -\sin\alpha \\ \sin\alpha & \cos\alpha \end{pmatrix} = \frac{1}{2}\sqrt{2} \begin{pmatrix} 1 & -1 \\ 1 & 1 \end{pmatrix}$ und nennt

die A–Koordinaten u und v, setzt man also $\begin{pmatrix} x \\ y \end{pmatrix} = \vec{x}_E$ und $\begin{pmatrix} u \\ v \end{pmatrix} = \vec{x}_A$, so ist

$\begin{pmatrix} x \\ y \end{pmatrix} = A \begin{pmatrix} u \\ v \end{pmatrix}$, also $\begin{array}{l} x = \frac{1}{2}\sqrt{2}\,(u-v) \\ y = \frac{1}{2}\sqrt{2}\,(u+v) \end{array}$

und $4x^2 + 4y^2 - 4xy - 6 = 0$ geht in $2u^2 + 6v^2 - 6 = 0$ über.

Das *alte* x, y–Koordinatensystem geht durch die **Drehung** (S. 192) um 45^0 in das *neue* u, v–System über.

Die Achsen der Ellipse zeigen in Richtung der u, v–Koordinatenachsen.

Diesen Vorgang nennt man Hauptachsentransformation !

Die Matrizenschreibweise verdeutlicht das Vorgehen und zeigt einen einfachen Weg, wie man zu der Basis A kommt. Insbesondere wird benutzt (S. 192):

- A Drehmatrix $\Longleftrightarrow A$ orthogonal mit $\det A = 1 \Longleftrightarrow A = \begin{pmatrix} \cos\alpha & -\sin\alpha \\ \sin\alpha & \cos\alpha \end{pmatrix}$.

- M symmetrisch $\Longrightarrow M$ ist durch Drehmatrix A diagonalisierbar (s. Seite 218).

(1) Die Gleichung $ax^2 + by^2 + 2cxy + g = 0$

einer Kurve zweiter Ordnung (Kegelschnitt) schreibt sich in Matrizenschreibweise, wenn $\vec{x} = \begin{pmatrix} x \\ y \end{pmatrix}$ und $\vec{x}^\top = (x, y)$ und $M = \begin{pmatrix} a & c \\ c & b \end{pmatrix}$ die zugehörige *symmetrische* Matrix ist,

$ax^2 + by^2 + 2cxy + g = (x, y) \begin{pmatrix} a & c \\ c & b \end{pmatrix} \begin{pmatrix} x \\ y \end{pmatrix} + g = \vec{x}^\top M \vec{x} + g = 0,$

$4x^2 + 4y^2 - 4xy - 6 = (x, y) \begin{pmatrix} 4 & -2 \\ -2 & 4 \end{pmatrix} \begin{pmatrix} x \\ y \end{pmatrix} - 6 = 0.$

(2) Sind λ_1, λ_2 die (reellen, S. 218) Eigenwerte der symmetrischen Matrix M und ist

$A = (\vec{a}_1, \vec{a}_2) = \begin{pmatrix} \cos\alpha & -\sin\alpha \\ \sin\alpha & \cos\alpha \end{pmatrix}$ eine kartesische Basis aus Eigenvektoren von M mit $\det A = 1$, also eine Drehmatrix,

dann ist $A^{-1} M A = A^\top M A = \begin{pmatrix} \lambda_1 & 0 \\ 0 & \lambda_2 \end{pmatrix}$ eine Diagonalmatrix.

(3) Setzt man $\vec{x} = A\vec{u}$, dann ist $\vec{x}^\top = (A\vec{u})^\top = \vec{u}^\top A^\top$ und es gilt:

$ax^2 + by^2 + 2cxy + g = \vec{x}^\top M \vec{x} + g = \vec{u}^\top (A^\top M A) \vec{u} + g$

$= \vec{u}^\top \begin{pmatrix} \lambda_1 & 0 \\ 0 & \lambda_2 \end{pmatrix} \vec{u} + g = \lambda_1 u^2 + \lambda_2 v^2 + g = 0.$

Bezüglich der Basis A – also im u, v–System – stellt sich der Kegelschnitt in Hauptachsenform dar: Seine Achsen zeigen in die Richtungen der Koordinatenachsen (keine gemischten Glieder).

A ist Drehmatrix (kartesische Basis, $\det A = 1$), also $A = \begin{pmatrix} \cos\alpha & -\sin\alpha \\ \sin\alpha & \cos\alpha \end{pmatrix}$ und geht aus der Basis E durch die Drehung um den Winkel α hervor, den man aus den abgelesenen Werten $\cos\alpha$ und $\sin\alpha$ bestimmt!

Für $4x^2 + 4y^2 - 4xy - 6 = 0$ erhält man $M = \begin{pmatrix} 4 & -2 \\ -2 & 4 \end{pmatrix}$ und

$$\lambda_1 = 2, \; \lambda_2 = 6, \quad A = \tfrac{1}{2}\sqrt{2} \begin{pmatrix} 1 & -1 \\ 1 & 1 \end{pmatrix}, \quad A^\top M A = \begin{pmatrix} 2 & 0 \\ 0 & 6 \end{pmatrix}, \quad \alpha = \tfrac{\pi}{4}.$$

Hauptachsentransformation, praktisches Vorgehen

(Kurven zweiter Ordnung, Kegelschnitte)

Matrizenschreibweise

$$\boxed{ax^2 + by^2 + 2cxy + g = 0}$$

$$\vec{x}^\top \begin{pmatrix} a & c \\ c & b \end{pmatrix} \vec{x} + g = 0.$$

Man bestimmt:

(1) λ_1, λ_2 : Eigenwerte von $M = \begin{pmatrix} a & c \\ c & b \end{pmatrix}$.
   λ_1, λ_2 sind Lösungen von $\lambda^2 - (a+b)\lambda + ab - c^2 = 0$.

(2) $\vec{a}_1, \vec{a}_2$: Eigenvektoren von M zu λ_1, λ_2, mit
   $\vec{a}_1, \vec{a}_2$ normiert und positiv orientiert, d.h. $|A| > 0$. Es gilt dann
   $\vec{a}_1^2 = \vec{a}_2^2 = 1$, da $|\vec{a}_1| = |\vec{a}_2| = 1$, außerdem $\vec{a}_1 \perp \vec{a}_2$, d.h. $\vec{a}_1 \cdot \vec{a}_2 = 0$.

(3) $A = (\vec{a}_1, \vec{a}_2) = \begin{pmatrix} \cos\alpha & -\sin\alpha \\ \sin\alpha & \cos\alpha \end{pmatrix}$
   Drehmatrix aus Eigenvektoren von M, also $A^{-1} = A^\top$, $|A| = 1$.

(4)   eventuell: Drehwinkel α von A. Es ist $\cos\alpha = \tfrac{1}{2}(a+b)$.

und setzt $\boxed{\vec{x} = A\vec{u}}$ und erhält: **Matrizenschreibweise**

$$\boxed{\lambda_1 u^2 + \lambda_2 v^2 + g = 0}$$

$$\vec{u}^\top \begin{pmatrix} \lambda_1 & 0 \\ 0 & \lambda_2 \end{pmatrix} \vec{u} + g = 0.$$

$\vec{a}_1, \vec{a}_2$ sind die (normierten) Hauptachsen des Kegelschnitts und zeigen in Richtung der u, v–Koordinatenachsen!

Das x, y–System geht durch die Drehung um α in das u, v–System über!

$A^\top M A = A^{-1} M A = \begin{pmatrix} \lambda_1 & 0 \\ 0 & \lambda_2 \end{pmatrix}$ ist eine Diagonalisierung
der symmetrischen Matrix M.

Klassifizierung dieser Kegelschnitte auf Seite 240.

Kreis, Ellipse, Hyperbel, Parabel siehe Seite 559–564!

10.1   *Für folgende Kurve zweiter Ordnung bestimme man Typ, Hauptachsen und Normalform:* $\boxed{36x^2 + 29y^2 - 24xy - 180 = 0}$

(1)   Eigenwerte der symmetrischen Matrix $M = \begin{pmatrix} 36 & -12 \\ -12 & 29 \end{pmatrix}$:

$|M - \lambda E| = \ldots = \lambda^2 - 65\lambda + 900 = 0 \quad \Longrightarrow \quad \underline{\lambda_1 = 20}, \ \underline{\lambda_2 = 45}.$

(2)   Eigenräume von M: $V_{20} : \vec{x} = \mu \begin{pmatrix} 3 \\ 4 \end{pmatrix}$, $V_{45} : \vec{x} = \mu \begin{pmatrix} 4 \\ -3 \end{pmatrix}$

(3)   Drehmatrix aus Eigenvektoren (Hauptachsen!) von M:

Bemerkung: Da M symmetrisch ist und die Eigenwerte verschieden sind, bilden die Eigenvektoren $\begin{pmatrix} 3 \\ 4 \end{pmatrix}$ und $\begin{pmatrix} 4 \\ -3 \end{pmatrix}$ eine orthogonale Basis (S. 218), deren Determinante allerdings negativ ist. Ersetzt man $\begin{pmatrix} 4 \\ -3 \end{pmatrix}$ durch $-\begin{pmatrix} 4 \\ -3 \end{pmatrix} = \begin{pmatrix} -4 \\ 3 \end{pmatrix}$ und normiert, so erhält man eine positiv orientierte orthonormale Basis, also

die Drehmatrix $\quad A = (\vec{a}_1, \vec{a}_2) = \frac{1}{5} \begin{pmatrix} 3 & -4 \\ 4 & 3 \end{pmatrix}$ mit $A^{-1} = A^\top$ und $\det A = 1$.

(4)   Drehwinkel: $\cos \alpha = 0.6$ und $\sin \alpha = 0.8 \quad \Longrightarrow \quad \underline{\alpha = 53.13^0}$.

Hauptachsentransformation $\vec{x} = A\vec{u}$:

$\boxed{\vec{x} = A\vec{u}} \quad \longrightarrow \quad \boxed{20u^2 + 45v^2 - 180 = 0}$ oder $\boxed{\dfrac{u^2}{3^2} + \dfrac{v^2}{2^2} = 1}$

Es handelt sich um eine **Ellipse** mit den Halbachsen 3 und 2.

Hauptachsen: $\begin{pmatrix} 3 \\ 4 \end{pmatrix}$, $\begin{pmatrix} 4 \\ -3 \end{pmatrix}$ (nicht normiert).

Das x, y–System geht durch die Drehung um $\alpha = 53.13^0$ in das u, v–System über.

Siehe auch **Ellipse** Seite 559!

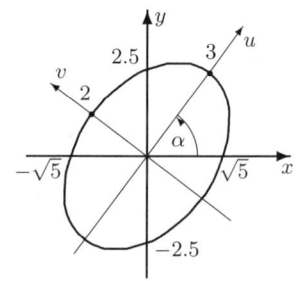

Ellipse

$36x^2 + 29y^2 - 24xy - 180 = 0$

$\dfrac{u^2}{9} + \dfrac{v^2}{4} = 1$

10.2   *Man bestimme Typ, Hauptachsen und Normalform des Kegelschnitts:*
$$\boxed{xy - 1 = 0}$$

$$M - \begin{pmatrix} 0 & \frac{1}{2} \\ \frac{1}{2} & 0 \end{pmatrix}, \quad \lambda_1 = \frac{1}{2}, \ \lambda_2 = -\frac{1}{2}, \quad A = \frac{1}{2}\sqrt{2} \begin{pmatrix} 1 & -1 \\ 1 & 1 \end{pmatrix}, \quad \alpha = 45^0.$$

Hauptachsentransformation

$\vec{x} = A\vec{u}$ liefert: $\dfrac{u^2}{2} - \dfrac{v^2}{2} = 1$, also eine gleichseitige **Hyperbel**.

Oder: $xy - 1 = 0 \Longleftrightarrow y = \frac{1}{x}$ ist eine gebrochen rationale Funktion ohne Nullstellen mit Polstelle (1–ter Ordnung) bei $x_0 = 0$
und der Asymptoten $y = 0$ für $x \to \pm\infty$.

10.3   *Man klassifiziere die Kurve zweiter Ordnung* $\boxed{2x^2 + y^2 - 3xy = 0}$.

Wegen $g = 0$ kommen gemäß der Tabelle auf Seite 240 nur die *Entartungsfälle*
Nullpunkt bzw. eine oder zwei Geraden in Betracht. Da die Koordinaten des
Punktes $(1,1)$ die Gleichung erfüllen, ist es nicht der Nullpunkt.

Es handelt sich also um eine oder zwei Ursprungsgeraden. Statt einer Koordinatentransformation ist der Ansatz $y_1 = ax$, $y_2 = bx$ zu empfehlen:
$0 = (y - ax)(y - bx) = abx^2 - (a + b)xy + y^2 = 2x^2 - 3xy + y^2$
$\Longrightarrow a = 1$, $b = 2$. Bei der Kurve zweiter Ordnung handelt es sich also um **zwei**
Geraden: $\underline{y_1 = x, \ y_2 = 2x}$.

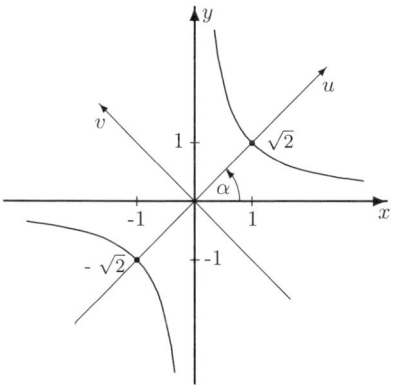

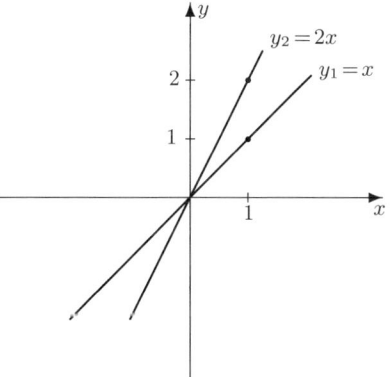

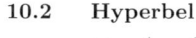

10.2 Hyperbel	**10.3 zwei Geraden**
$xy - 1 = 0$	$y_1 = x$
$\dfrac{u^2}{2} - \dfrac{v^2}{2} = 1$	$y_2 = 2x$

10.2   Quadriken, Flächen zweiter Ordnung

Man geht genau wie bei den Kegelschnitten vor:

Man schreibt die Quadrik mit Hilfe einer *symmetrischen* Matrix M, die man mittels einer *Drehmatrix* A (für die also $A^{-1} = A^\top$ ist) diagonalisiert.

Hauptachsentransformation, praktisches Vorgehen

(Flächen zweiter Ordnung, Quadriken)

Matrizenschreibweise:

$$\boxed{ax^2 + by^2 + cz^2 + 2dxy + 2exz + 2fyz + g = 0}$$

$$\vec{x}^\top \begin{pmatrix} a & d & e \\ d & b & f \\ e & f & c \end{pmatrix} \vec{x} + g = 0.$$

Man bestimmt:

(1) $\lambda_1, \lambda_2, \lambda_3$: Eigenwerte von $M = \begin{pmatrix} a & d & e \\ d & b & f \\ e & f & c \end{pmatrix}$ (M ist symmetrisch!)

(2) $V_{\lambda_1} = L(\vec{a}_1), V_{\lambda_2} = L(\vec{a}_2),\ V_{\lambda_3} = L(\vec{a}_3)$: Eigenräume von M (Seite 210).

(3) $A = (\vec{a}_1, \vec{a}_2, \vec{a}_3)$ (evtl. normieren und positiv orientieren!)

   Drehmatrix aus Eigenvektoren von M.

(4)   evtl.: Drehachse $\vec{a}$ und Drehwinkel α von A.

und setzt $\boxed{\vec{x} = A\vec{u}}$ und erhält: **Matrizenschreibweise:**

$$\boxed{\lambda_1 u^2 + \lambda_2 v^2 + \lambda_3 w^2 + g = 0}$$

$$\vec{u}^\top \begin{pmatrix} \lambda_1 & 0 & 0 \\ 0 & \lambda_2 & 0 \\ 0 & 0 & \lambda_3 \end{pmatrix} \vec{u} + g = 0.$$

$\vec{a}_1, \vec{a}_2, \vec{a}_3$ sind die (normierten) Hauptachsen und zeigen in Richtung der u, v, w–Koordinatenachsen!

Das x, y, z–System geht durch die Drehung A in das u, v, w–System über!

$$A^\top M A = A^{-1} M A = \begin{pmatrix} \lambda_1 & 0 & 0 \\ 0 & \lambda_2 & 0 \\ 0 & 0 & \lambda_3 \end{pmatrix}$$ ist eine **Diagonalisierung** der **symmetrischen** Matrix M.

Klassifizierung dieser Quadriken auf Seite 240.

10.4 Für folgende Fläche zweiter Ordnung bestimme man Typ, Hauptachsen und Normalform. Außerdem bestimme man für die Drehung A des Koordinatensystems in Richtung der Hauptachsen die Drehachse und den Drehwinkel:

$$16x^2 + 9y^2 + 16z^2 + 40xz - 36 = 0$$

(1) Eigenwerte von $M = \begin{pmatrix} 16 & 0 & 20 \\ 0 & 9 & 0 \\ 20 & 0 & 16 \end{pmatrix}$:

$|M - \lambda E| = \ldots = (\lambda^2 - 32\lambda - 1296)(9 - \lambda) = 0$
$\implies \underline{\lambda_1 = 9,\ \lambda_2 = 36,\ \lambda_3 = -4}.$

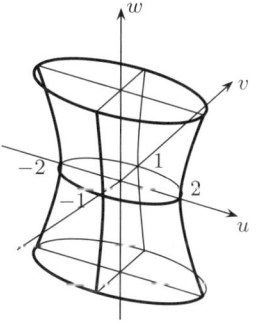

(2) Eigenräume von M:

$V_9 : \vec{x} = \mu \begin{pmatrix} 0 \\ 1 \\ 0 \end{pmatrix}$, $V_{36} : \vec{x} = \mu \begin{pmatrix} 1 \\ 0 \\ 1 \end{pmatrix}$, $V_{-4} : \vec{x} = \mu \begin{pmatrix} 1 \\ 0 \\ -1 \end{pmatrix}$.

(3) Drehmatrix aus Eigenvektoren (Hauptachsen!) von M:

$A = (\vec{a}_1, \vec{a}_2, \vec{a}_3) = \frac{1}{2} \begin{pmatrix} 0 & \sqrt{2} & \sqrt{2} \\ 2 & 0 & 0 \\ 0 & \sqrt{2} & -\sqrt{2} \end{pmatrix}$, $A^{-1} = A^{\top}$.

einschal. Hyperboloid
$$\frac{u^2}{4} + \frac{v^2}{1} - \frac{w^2}{9} = 1$$

A ist kartesische Basis, also
orthogonale Matrix mit $\det A = 1$.

(4) Bestimmung von Drehachse und Drehwinkel der Drehmatrix A (Seite 205):

Drehachse: $\vec{a} = (1, 1, \sqrt{2} - 1)$ ist EV zum EW 1 der Matrix A.

Drehwinkel: $\cos \alpha = \frac{1}{2}(\operatorname{spur} A - 1) = \frac{1}{2}(-\frac{1}{2}\sqrt{2} - 1) \implies \alpha = \pm 148.6^0.$
Sei $\vec{b} := (1, -1, 0) \perp \vec{a} \implies A\vec{b} = \frac{1}{2}(-\sqrt{2}, 2, -\sqrt{2}) \implies \det(\vec{b}, A\vec{b}, \vec{a}) = \cdots > 0.$
Also gilt: Drehwinkel $\underline{\alpha = 148.6^0}.$

<u>Hauptachsentransformation</u> $\vec{x} = A\vec{u}$: $A^{\top} M A = \begin{pmatrix} 9 & 0 & 0 \\ 0 & 36 & 0 \\ 0 & 0 & -4 \end{pmatrix}.$

$\boxed{\vec{x} = A\vec{u}} \longrightarrow \boxed{9u^2 + 36v^2 - 4w^2 - 36 = 0}$ oder $\boxed{\dfrac{u^2}{4} + \dfrac{v^2}{1} - \dfrac{w^2}{9} = 1}$

Es handelt sich um ein **einschaliges Hyperboloid** (Tabelle Seite 240).

Hauptachsen (nicht normiert): $\begin{pmatrix} 0 \\ 1 \\ 0 \end{pmatrix}$, $\begin{pmatrix} 1 \\ 0 \\ 1 \end{pmatrix}$, $\begin{pmatrix} 1 \\ 0 \\ -1 \end{pmatrix}$.

10.5   *Für folgende Fläche zweiter Ordnung bestimme man Typ, Hauptachsen*
und Normalform in Abhängigkeit vom Parameter g.

Was ergibt sich speziell für $g = -2, 0, 2$? $\boxed{-x^2 - y^2 + 2z^2 + 6xy + g = 0}$

Matrizenschreibweise: $\vec{x}^\top M \vec{x} + g = 0$, mit: $M = \begin{pmatrix} -1 & 3 & 0 \\ 3 & -1 & 0 \\ 0 & 0 & 2 \end{pmatrix}$.

(1)   Eigenwerte von M:

$$|M - \lambda E| = \ldots = (\lambda^2 + 2\lambda - 8)(2 - \lambda) = 0 \quad \Longrightarrow \quad \underline{\lambda_{1,2} = 2}, \ \underline{\lambda_3 = -4}.$$

(2)   Eigenräume von M: $V_2: \ \vec{x} = \mu \begin{pmatrix} 1 \\ 1 \\ 0 \end{pmatrix} + \nu \begin{pmatrix} 0 \\ 0 \\ 1 \end{pmatrix}$,

$$V_{-4}: \ \vec{x} = \mu \begin{pmatrix} 1 \\ -1 \\ 0 \end{pmatrix}, \ \text{da} \ \begin{pmatrix} 1 \\ 1 \\ 0 \end{pmatrix} \times \begin{pmatrix} 0 \\ 0 \\ 1 \end{pmatrix} = \begin{pmatrix} 1 \\ -1 \\ 0 \end{pmatrix}.$$

(3)   Drehmatrix aus Eigenvektoren (Hauptachsen!) von M:

$A = (\vec{a}_1, \vec{a}_2, \vec{a}_3) = \frac{1}{2}\sqrt{2} \begin{pmatrix} 1 & 0 & 1 \\ 1 & 0 & -1 \\ 0 & \sqrt{2} & 0 \end{pmatrix}$ und $A^{-1} = A^\top$.

A ist kartesische Basis (= orthogonale Matrix) und $\det A > 0$.

Hauptachsentransformation

$\vec{x} = A\vec{u}$: $A^\top M A = \begin{pmatrix} 2 & 0 & 0 \\ 0 & 2 & 0 \\ 0 & 0 & -4 \end{pmatrix}$.

$\boxed{\vec{x} = A\vec{u}}$

ergibt

$\boxed{2u^2 + 2v^2 - 4w^2 + g = 0}$

Hauptachsen (nicht normiert):

$\begin{pmatrix} 1 \\ 1 \\ 0 \end{pmatrix}$, $\begin{pmatrix} 0 \\ 0 \\ 1 \end{pmatrix}$, $\begin{pmatrix} 1 \\ -1 \\ 0 \end{pmatrix}$.

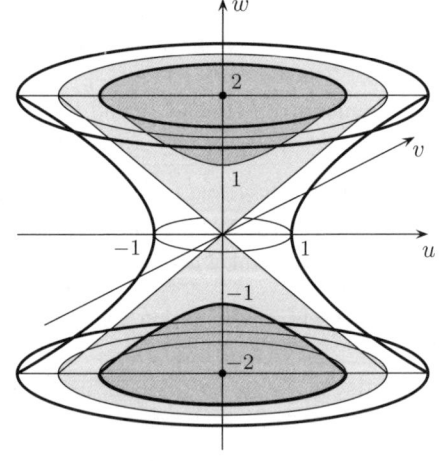

Man erhält in Abhängigkeit von g, siehe Tabelle Seite 240:

$$g \begin{cases} < 0 & \textbf{einschaliges Hyperboloid} & g = -2 : 2u^2 + 2v^2 - 4w^2 - 2 = 0, \\ = 0 & \textbf{elliptischer Doppelkegel} & g = 0 \ \ : 2u^2 + 2v^2 - 4w^2 \quad\ = 0, \\ & \text{Asymptotenkegel} & \\ > 0 & \textbf{zweischaliges Hyperboloid} & g = 2 \ \ : 2u^2 + 2v^2 - 4w^2 + 2 = 0. \end{cases}$$

10.3   Kurven/Flächen zweiter Ordnung in allgemeiner Lage

Matrizenschreibweise

Jede Kurve/Fläche zweiter Ordnung schreibt man mit Matrizen folgendermaßen:

$$\vec{x}^\top M \vec{x} + 2\vec{m}^\top \vec{x} + m = 0.$$

Dabei ist für die **Kurve** $ax^2 + by^2 + 2cxy + 2dx + 2ey + m = 0$:

$$\vec{x} = \begin{pmatrix} x \\ y \end{pmatrix}, \ M = \begin{pmatrix} a & c \\ c & b \end{pmatrix}, \ \vec{m} = \begin{pmatrix} d \\ e \end{pmatrix}.$$

und für die **Fläche**

$$ax^2 + by^2 + cz^2 + 2dxy + 2exz + 2fyz + 2gx + 2hy + 2kz + m = 0:$$

$$\vec{x} = \begin{pmatrix} x \\ y \\ z \end{pmatrix}, \ M = \begin{pmatrix} a & d & e \\ d & b & f \\ e & f & c \end{pmatrix}, \ \vec{m} = \begin{pmatrix} g \\ h \\ k \end{pmatrix}.$$

10.6   Man bestimme M, $\vec{m}$, m für folgende Kurven/Flächen zweiter Ordnung:

(a) $36x^2 + 29y^2 - 24xy - 180 = 0$,

(b) $-\frac{7}{2}x^2 - \frac{7}{2}y^2 + 25xy + 30\sqrt{2}\,x - 66\sqrt{2}\,y - 252 = 0$,

(c) $x^2 + 6y^2 + z^2 + 2xz - 2\sqrt{2}\,x + 24y - 2\sqrt{2}\,z + 20 = 0$,

(d) $x^2 + 3y^2 - 2\sqrt{3}\,xy + (-4 + 3\sqrt{3})x + (4\sqrt{3} + 3)y = -16$,

(e) $-50x^2 + 9y^2 + 16z^2 - 24yz - 200x - 10y + 55z + 25 = 0$.

(a) $M = \begin{pmatrix} 36 & -12 \\ -12 & 29 \end{pmatrix}, \quad \vec{m} = \begin{pmatrix} 0 \\ 0 \end{pmatrix} = \vec{0}, \quad m = -180.$

(b) $M = \frac{1}{2}\begin{pmatrix} -7 & 25 \\ 25 & -7 \end{pmatrix}, \quad \vec{m} = \begin{pmatrix} 15\sqrt{2} \\ -33\sqrt{2} \end{pmatrix}, \quad m = -252.$

(c) $M = \begin{pmatrix} 1 & 0 & 1 \\ 0 & 6 & 0 \\ 1 & 0 & 1 \end{pmatrix}, \ \vec{m} = \begin{pmatrix} -\sqrt{2} \\ 12 \\ -\sqrt{2} \end{pmatrix}, \ m = 20.$

(d) $M = \begin{pmatrix} 1 & -\sqrt{3} \\ -\sqrt{3} & 3 \end{pmatrix}, \quad 2\vec{m} = \begin{pmatrix} -4 + 3\sqrt{3} \\ 4\sqrt{3} + 3 \end{pmatrix}, \quad m = 16.$

(e) $M = \begin{pmatrix} -50 & 0 & 0 \\ 0 & 9 & -12 \\ 0 & -12 & 16 \end{pmatrix}, \quad \vec{m} = \begin{pmatrix} -100 \\ -5 \\ \frac{55}{2} \end{pmatrix}, \quad m = 25.$

10.7　　　*Man schreibe folgende Kurven/Flächen zweiter Ordnung ohne Matrizen:*

(a)　$\vec{x}^\top \begin{pmatrix} 36 & -12 \\ -12 & 29 \end{pmatrix} \vec{x} - 180 = 0,$

(b)　$\vec{x}^\top \begin{pmatrix} 9 & 0 & 12 \\ 0 & 0 & 0 \\ 12 & 0 & 16 \end{pmatrix} \vec{x} + 10(1, 2, -2)\vec{x} - 19 = 0.$

(a)　$36x^2 + 29y^2 - 24xy - 180 = 0,$

(b)　$9x^2 + 16z^2 + 24xz + 10x + 20y - 20z - 19 = 0.$

Ist $\vec{m} \neq \vec{0}$, kommen in der Gleichung also lineare Glieder vor, so kann man – etwas Routine vorausgesetzt – folgendermaßen vorgehen:

(1)　Man beseitigt die gemischten Glieder durch Hauptachsentransformation. Ist λ doppelter Eigenwert, so wähle man $\vec{a}_2 \perp \vec{m}$!!!

(2)　Durch evtl. quadratische Ergänzungen erhält man Normalformen, die man – notfalls mittels der Tabellen auf Seite 240 – identifiziert.

Dieses Vorgehen ist besonders für Kegelschnitte zu empfehlen, siehe [10.15].

Der im folgenden beschriebene Weg ist systematischer und erlaubt eine frühzeitige Unterscheidung zwischen Mittelpunkts–Kurven/Flächen und parabolischen Kurven–Flächen: Beim Vorliegen von Symmetriepunkten beseitigt man erst die linearen Glieder, bevor man die Hauptachsentransformation durchführt.

Symmetriepunkte einer Kurve/Fläche zweiter Ordnung

$$\vec{x}^\top M \vec{x} + 2\vec{m}^\top \vec{x} + m = 0$$

$\vec{s} \in \mathbb{R}^{2|3}$ heißt **Symmetriepunkt** der Kurve/Fläche,
wenn $\vec{s}$ Lösung des LGS $M\vec{s} = -\vec{m}$ ist.

Ist $\vec{s}$ ein Symmetriepunkt der Kurve/Fläche,
so liegt mit dem Vektor $\vec{x}$ auch der an $\vec{s}$ gespiegelte Vektor $2\vec{s} - \vec{x}$ auf der Kurve/Fläche,
siehe [10.21].

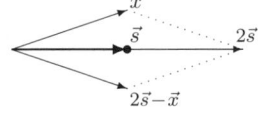

Die Lösungsmenge des LGS $M\vec{s} = -\vec{m}$ ist leer oder sie besteht aus genau einem Punkt (= Mittelpunkt der Kurve/Fläche) oder aus einer Geraden oder Ebene.

Die Kurve/Fläche zweiter Ordnung hat einen Symmetriepunkt $\vec{s}$:

$\Longleftrightarrow$　　das LGS $M\vec{s} = -\vec{m}$ ist lösbar

$\Longleftrightarrow$　　$\operatorname{rang} M = \operatorname{rang}(M, \vec{m})$

Sie hat genau einen Symmetriepunkt (= Mittelpunkt)　$\Longleftrightarrow$　$\det M \neq 0$.

10.8 Man bestimme die Menge S der Symmetriepunkte folgender Kurven/Flächen zweiter Ordnung:

(a) $x^2 + 3y^2 - 2\sqrt{3}\,xy + (-4 + 3\sqrt{3}\,)x + (4\sqrt{3}\,+3)y + 16 = 0$,

(b) $3x^2 + 3y^2 - 4z^2 + 10xy - 6\sqrt{2}\,x + 10\sqrt{2}\,y + 2 - 0$,

(c) $x^2 + 6y^2 + z^2 + 2xz - 2\sqrt{2}\,x + 24y - 2\sqrt{2}\,z + 20 = 0$.

(a)

s_1	s_2		Regie	
1	$-\sqrt{3}$	$-\frac{1}{2}(-4+3\sqrt{3})$	$\sqrt{3}$	Das LGS enthält einen Widerspruch!
$-\sqrt{3}$	3	$-\frac{1}{2}(4\sqrt{3}+3)$	1	Das LGS hat keine Lösung!
0	0	-6		

Die Kurve hat also keinen Symmetriepunkt, es ist eine Parabel, siehe [10.10].

(b)

s_1	s_2	s_3		Regie
3	5	0	$-3\sqrt{2}$	5
5	3	0	$-5\sqrt{2}$	-3
0	0	-4	0	
0	16	0	0	

$$\Longrightarrow \quad \begin{array}{l} s_3 = 0 \\ s_2 = 0 \\ s_1 = -\sqrt{2} \end{array} \quad \Longrightarrow \vec{s} = \begin{pmatrix} -\sqrt{2} \\ 0 \\ 0 \end{pmatrix}.$$

Die Quadrik hat genau einen Symmetriepunkt, sie ist eine Fläche mit Mittelpunkt, ein einschaliges Hyperboloid, siehe [10.10].

(c)

s_1	s_2	s_3	
1	0	1	$\sqrt{2}$
0	6	0	-12
1	0	1	$\sqrt{2}$

$$\Longrightarrow \quad \begin{array}{l} s_3 = \mu \\ s_2 = -2 \\ s_1 = \sqrt{2} - \mu \end{array} \quad \Longrightarrow \vec{s} = \begin{pmatrix} \sqrt{2} \\ -2 \\ 0 \end{pmatrix} + \mu \begin{pmatrix} -1 \\ 0 \\ 1 \end{pmatrix}.$$

Die Quadrik hat unendlich viele Symmetriepunkte. Die Symmetriepunkte liegen auf einer Geraden, nämlich der Achse des elliptischen Zylinders, [10.11] !

Parabeln, Paraboloide und parabolische Zylinder haben keinen Symmetriepunkt.

Ellipsen, Hyperbeln, Ellipsoide, Hyperboloide und Doppelkegel haben genau einen Symmetriepunkt (Mittelpunkt); während parallele Geraden, elliptische Zylinder, parallele Ebenen, ... unendlich viele Symmetriepunkte haben.

Kurven/Flächen mit Symmetriepunkt heißen auch *Mittelpunkts–Kurven/Flächen*, Kurven/Flächen ohne Symmetriepunkt heißen *parabolische Kurven/Flächen*.

Allgemeine Kurven/Flächen zweiter Ordnung liegen gedreht und verschoben in der Ebene bzw. im Raum. Um sie in **Normalform** darzustellen, betrachtet man sie in verschiedenen Koordinatensystemen, die durch Drehungen bzw. Verschiebungen auseinander hervorgehen. Man verabredet:

$$\vec{r} = \begin{pmatrix} r \\ s \\ t \end{pmatrix}, \ \vec{u} = \begin{pmatrix} u \\ v \\ w \end{pmatrix}, \ \vec{x} = \begin{pmatrix} x \\ y \\ z \end{pmatrix} \qquad \text{bezeichnen Vektoren in den} \\ \text{verschiedenen Koordinatensystemen.}$$

Hauptachsentransformation

Aufgabe: *Man bestimme Typ, Hauptachsen und Normalform der gegebenen Kurve/Fläche*
$$\vec{x}^\top M \vec{x} + 2\vec{m}^\top \vec{x} + m = 0.$$

Praktisches Vorgehen

Man bestimmt gegebenenfalls einen Symmetriepunkt (Seite 228),

d.h. eine Lösung $\vec{s}$ des LGS $M\vec{s} = -\vec{m}$ und unterscheidet die beiden Fälle:

| A | Die Kurve/Fläche zweiter Ordnung hat einen Symmetriepunkt $\vec{s}$. |

| B | Die Kurve/Fläche zweiter Ordnung hat keinen Symmetriepunkt. Dieser Fall wird auf Seite 235 behandelt. |

Hauptachsentransformation

| A | **Kurve/Fläche zweiter Ordnung mit Symmetriepunkt**

$$\boxed{\vec{x}^\top M \vec{x} + 2\vec{m}^\top \vec{x} + m = 0}$$

Hierunter fallen z.B. alle Kurven/Flächen ohne lineare Glieder, für die also $\vec{m} = \vec{0}$ und folglich $\vec{s} = \vec{0}$ ein Symmetriepunkt (S. 228) ist.

Ist $\vec{s}$ ein **Symmetriepunkt**, also $M\vec{s} = -\vec{m}$, verschiebt man den Nullpunkt um $\vec{s}$, d.h. man setzt $\vec{x} = \vec{r} + \vec{s}$ in obige Gleichung ein, siehe [10.21]:

$$\boxed{\vec{x} = \vec{r} + \vec{s}} \ \longrightarrow \ \boxed{\vec{r}^\top M \vec{r} + g = 0} \quad \text{wobei} \quad \boxed{g = \vec{m}^\top \vec{s} + m} \quad \text{ist.}$$

Hauptachsentransformation: $\vec{r} = A\vec{u}$ eingesetzt in $\vec{r}^\top M \vec{r} + g = 0$

für Kurven siehe Seite 221 und für Flächen siehe Seite 224. Sie führt auf folgende Normalformen für Mittelpunkts–Kurven/Flächen zweiter Ordnung:

$$\boxed{\vec{r} = A\vec{u}} \ \longrightarrow \ \boxed{\lambda_1 u^2 + \lambda_2 v^2 + g = 0} \ \text{bzw.} \ \boxed{\lambda_1 u^2 + \lambda_2 v^2 + \lambda_3 w^2 + g = 0}$$

Klassifizierung dieser Kurven/Flächen auf Seite 240.

10.9 Für folgende Kurve zweiter Ordnung bestimme man Typ, Hauptachsen

und Normalform: $\boxed{-\frac{7}{2}x^2 - \frac{7}{2}y^2 + 25xy + 30\sqrt{2}\,x - 66\sqrt{2}\,y - 252 = 0}$

Matrizenschreibweise: $\vec{x}^\top M \vec{x} + 2\vec{m}^\top \vec{x} + m = 0$, mit:

$$M = \frac{1}{2}\begin{pmatrix} -7 & 25 \\ 25 & -7 \end{pmatrix}, \quad \vec{m} = \begin{pmatrix} 15\sqrt{2} \\ -33\sqrt{2} \end{pmatrix}, \quad m = -252.$$

Symmetriepunkte: Das LGS $M\vec{s} = -\vec{m}$ hat die Lösung $\vec{s} = \frac{1}{2}\sqrt{2}\begin{pmatrix} 5 \\ -1 \end{pmatrix}$.

Da $\vec{s}$ einzige Lösung ist, ist $\vec{s}$ der Mittelpunkt der Kurve:

Es ist $g = \vec{m}^\top \vec{s} + m = (15\sqrt{2}, -33\sqrt{2})\frac{1}{2}\sqrt{2}\begin{pmatrix} 5 \\ -1 \end{pmatrix} - 252 = 108 - 252 = -144$

und die Verschiebung des Nullpunktes um $\vec{s}$ ergibt: $\vec{r}^\top M \vec{r} - 144 = 0$

$$\boxed{\vec{x} = \vec{r} + \frac{1}{2}\sqrt{2}\begin{pmatrix} 5 \\ -1 \end{pmatrix}} \longrightarrow \boxed{-\frac{7}{2}r^2 - \frac{7}{2}s^2 + 25rs - 144 = 0}$$

Man führt nun die Hauptachsentransformation für Kurven (Seite 221) durch:

Eigenwerte von M:

$|M - \lambda E| = \ldots = \lambda^2 + 7\lambda - 144 = 0 \implies \underline{\lambda_1 = 9, \ \lambda_2 = -16.}$

Eigenräume von M: $V_9 : \vec{x} = \mu\begin{pmatrix} 1 \\ 1 \end{pmatrix}, \ V_{-16} : \vec{x} = \mu\begin{pmatrix} 1 \\ -1 \end{pmatrix}$

Drehmatrix aus Eigenvektoren (Hauptachsen) von M:

Da $\begin{vmatrix} 1 & 1 \\ 1 & -1 \end{vmatrix} < 0$ ist, ersetzt man $\begin{pmatrix} 1 \\ -1 \end{pmatrix}$ durch $\begin{pmatrix} -1 \\ 1 \end{pmatrix}$.

$A = (\vec{a}_1, \vec{a}_2) = \frac{1}{2}\sqrt{2}\begin{pmatrix} 1 & -1 \\ 1 & 1 \end{pmatrix} \implies A^{-1} = A^\top = \frac{1}{2}\begin{pmatrix} 1 & 1 \\ -1 & 1 \end{pmatrix}$

Hauptachsentransformation $\vec{r} = A\vec{u}$, und $A^\top M A = \begin{pmatrix} 9 & 0 \\ 0 & -16 \end{pmatrix}$

$\boxed{\vec{r} = A\vec{u}} \longrightarrow \boxed{9u^2 - 16v^2 - 144 = 0}$

Die Kurve ist eine **Hyperbel**
(siehe Tabelle 240):

Hauptachsen: $\begin{pmatrix} 1 \\ 1 \end{pmatrix}, \begin{pmatrix} -1 \\ 1 \end{pmatrix}$,

A ist Drehung um 45^0.

Normalform: $9u^2 - 16v^2 - 144 = 0$

$\frac{u^2}{16} - \frac{v^2}{9} = 1$

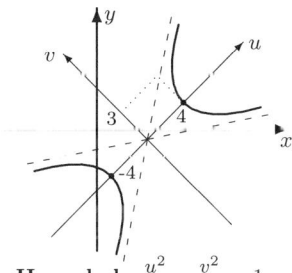

Hyperbel $\frac{u^2}{16} - \frac{v^2}{9} = 1$

Asymptoten: $v = \pm\frac{3}{4}u$

Nullpunkt des u, v–Systems ist $\vec{s} = \frac{1}{2}\sqrt{2}\begin{pmatrix} 5 \\ -1 \end{pmatrix} = \begin{pmatrix} 3.54 \\ -0.71 \end{pmatrix}$.

Wie auf Seite 228 bemerkt, kann man natürlich auch erst *drehen* und dann *verschieben*:

$$\boxed{\vec{x} = A\vec{r}} \longrightarrow \boxed{9r^2 - 16s^2 - 36r - 96s - 252 = 0}$$

$$\boxed{\vec{r} = \vec{u} + \begin{pmatrix} 2 \\ -3 \end{pmatrix}} \longrightarrow \boxed{9u^2 - 16v^2 - 144 = 0}$$

Nullpunkt des u, v–Systems ist $\vec{s} = A\begin{pmatrix} 2 \\ -3 \end{pmatrix} = \frac{1}{2}\sqrt{2}\begin{pmatrix} 5 \\ -1 \end{pmatrix} = \begin{pmatrix} 3.54 \\ -0.71 \end{pmatrix}$.

10.10   *Für folgende Fläche zweiter Ordnung bestimme man Typ, Hauptachsen*

und Normalform: $\boxed{3x^2 + 3y^2 - 4z^2 + 10xy + 6\sqrt{2}\,x + 10\sqrt{2}\,y + 14 = 0}$

Matrizenschreibweise: $\vec{x}^\top M\vec{x} + 2\vec{m}^\top\vec{x} + m = 0$, mit

$$M = \begin{pmatrix} 3 & 5 & 0 \\ 5 & 3 & 0 \\ 0 & 0 & -4 \end{pmatrix}, \ \vec{m} = \sqrt{2}\begin{pmatrix} 3 \\ 5 \\ 0 \end{pmatrix}, \ m = 14.$$

<u>Symmetriepunkte:</u>

Das LGS $M\vec{s} = -\vec{m}$ hat genau die Lösung $\vec{s} = \begin{pmatrix} -\sqrt{2} \\ 0 \\ 0 \end{pmatrix}$. Rechnen
oder [10.8(b)].

$\vec{s}$ ist der Mittelpunkt der Fläche. Verschiebung des Nullpunkts um $\vec{s}$,
also $\vec{x} = \vec{r} + \vec{s}$ ergibt: $\vec{r}^\top M\vec{r} + g = 0$ mit $g = \vec{m}^\top\vec{s} + m = -6 + 14 = 8$:

$$\boxed{\vec{x} = \vec{r} + \vec{s}} \longrightarrow \boxed{3r^2 + 3s^2 - 4t^2 + 10rs + 8 = 0}$$

<u>Eigenwerte</u> von M:

$|M - \lambda E| = \ldots = -(4 + \lambda)(\lambda^2 - 6\lambda - 16) \Longrightarrow \underline{\lambda_1 = 8}, \underline{\lambda_2 = -2}, \ \underline{\lambda_3 = -4}$.

<u>Eigenräume</u> von M: $V_8 : \vec{x} = \mu\begin{pmatrix} 1 \\ 1 \\ 0 \end{pmatrix}$, $V_{-2} : \vec{x} = \mu\begin{pmatrix} 1 \\ -1 \\ 0 \end{pmatrix}$, $V_{-4} : \vec{x} = \mu\begin{pmatrix} 0 \\ 0 \\ 1 \end{pmatrix}$.

<u>Drehmatrix</u> aus Eigenvektoren von M:

$A = (\vec{a}_1, \vec{a}_2, \vec{a}_3) = \frac{1}{2}\sqrt{2}\begin{pmatrix} 1 & 1 & 0 \\ 1 & -1 & 0 \\ 0 & 0 & -\sqrt{2} \end{pmatrix}$, A ist kartesisch und $\det A > 0$.

Hauptachsentransformation $\vec{r} = A\vec{u}$:

$$\vec{u}^\top A^\top M A \vec{u} + 8 = 0 \quad \text{und} \quad A^\top M A = \begin{pmatrix} 8 & 0 & 0 \\ 0 & -2 & 0 \\ 0 & 0 & -4 \end{pmatrix} \quad \text{ist Diagonalmatrix:}$$

$$\boxed{\vec{r} = A\vec{u}} \quad \longrightarrow \quad \boxed{8u^2 - 2v^2 - 4w^2 + 8 = 0}$$

Die Fläche ist ein **einschaliges Hyperboloid** (Multiplikation der Gleichung mit -1 und Tabelle auf Seite 240):

Hauptachsen: $\begin{pmatrix} 1 \\ 1 \\ 0 \end{pmatrix}, \begin{pmatrix} 1 \\ -1 \\ 0 \end{pmatrix}, \begin{pmatrix} 0 \\ 0 \\ -1 \end{pmatrix}$

Normalform: $8u^2 - 2v^2 - 4w^2 + 8 = 0$ oder $\boxed{-\dfrac{u^2}{1} + \dfrac{v^2}{4} + \dfrac{w^2}{2} = 1}$

Nullpunkt des u, v, w–Systems ist $\vec{s} = \begin{pmatrix} \sqrt{2} \\ 0 \\ 0 \end{pmatrix}$ $\vec{s}$ ist der Mittelpunkt des Hyperboloids.

10.11   *Für folgende Fläche zweiter Ordnung bestimme man Typ, Hauptachsen und Normalform:* $\boxed{x^2 + 6y^2 + z^2 + 2xz - 2\sqrt{2}\,x + 24y - 2\sqrt{2}\,z + 20 = 0}$

Matrizenschreibweise: $\vec{x}^\top M \vec{x} + 2\vec{m}^\top \vec{x} + m = 0$, mit

$$M = \begin{pmatrix} 1 & 0 & 1 \\ 0 & 6 & 0 \\ 1 & 0 & 1 \end{pmatrix}, \quad 2\vec{m}^\top = (-2\sqrt{2}, 24, -2\sqrt{2}), \quad m = 20.$$

Symmetriepunkte:

Das LGS $M\vec{s} = -\vec{m}$ hat die Lösung $\vec{s} = \begin{pmatrix} \sqrt{2} \\ -2 \\ 0 \end{pmatrix} + \mu \begin{pmatrix} -1 \\ 0 \\ 1 \end{pmatrix}$, siehe [10.8(c)].

$\vec{s} = \begin{pmatrix} \sqrt{2} \\ -2 \\ 0 \end{pmatrix}$ ist ein Symmetriepunkt der Fläche. Verschiebung des Nullpunkts um $\vec{s}$, also $\vec{x} = \vec{r} + \vec{s}$ ergibt: $\vec{r}^\top M \vec{r} + g = 0$ mit $g = \vec{m}^\top \vec{s} + m = -6$:

$$\boxed{\vec{x} = \vec{r} + \vec{s}} \quad \longrightarrow \quad \boxed{r^2 + 6s^2 + t^2 + 2rt - 6 = 0}$$

Eigenwerte von M:

$|M - \lambda E| = \ldots = (\lambda^2 - 2\lambda)(6 - \lambda) \implies \underline{\lambda_1 = 2}, \underline{\lambda_2 = 6}, \ \underline{\lambda_3 = 0}.$

Eigenräume von M. $V_2 . \vec{x} = \mu \begin{pmatrix} 1 \\ 0 \\ 1 \end{pmatrix}, \ V_6 . \vec{x} = \mu \begin{pmatrix} 0 \\ 1 \\ 0 \end{pmatrix}, \ V_0 : \vec{x} = \mu \begin{pmatrix} 1 \\ 0 \\ -1 \end{pmatrix}.$

<u>Drehmatrix</u> aus Eigenvektoren (Hauptachsen) von M:

$$A = (\vec{a}_1, \vec{a}_2, \vec{a}_3) = \tfrac{1}{2}\sqrt{2} \begin{pmatrix} 1 & 0 & -1 \\ 0 & \sqrt{2} & 0 \\ 1 & 0 & 1 \end{pmatrix}, \; A \text{ ist kartesisch und } \det A > 0.$$

<u>Hauptachsentransformation</u> $\vec{r} = A\vec{u}$:

$\vec{u}^\top A^\top M A \vec{u} - 6 = 0$ und $A^\top M A$ ist Diagonalmatrix aus Eigenwerten:

$$\boxed{\vec{r} = A\vec{u}} \quad \longrightarrow \quad \boxed{2u^2 + 6v^2 - 6 = 0}$$

Die Fläche ist ein **elliptischer Zylinder** mit der w–Achse als Zylinderachse (Tabelle Seite 240).

Hauptachsen: $\begin{pmatrix} 1 \\ 0 \\ 1 \end{pmatrix}, \begin{pmatrix} 0 \\ 1 \\ 0 \end{pmatrix}, \begin{pmatrix} -1 \\ 0 \\ 1 \end{pmatrix}.$ Normalform: $\boxed{\dfrac{u^2}{3} + v^2 = 1}$.

Nullpunkt des u, v, w–Systems ist $\vec{s} = \begin{pmatrix} \sqrt{2} \\ -2 \\ 0 \end{pmatrix}$ im x, y, z–System.

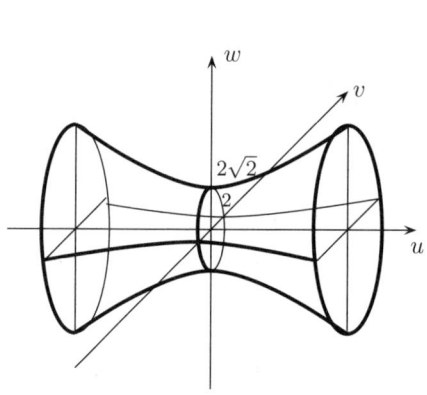

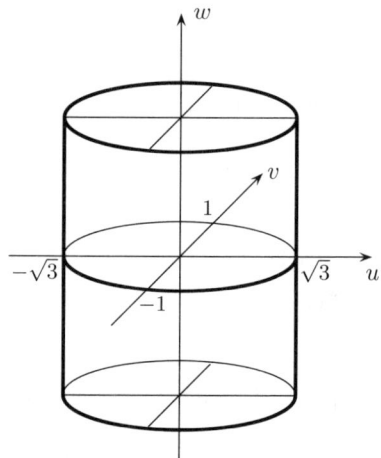

10.10 einschaliges Hyperboloid

$$-u^2 + \frac{v^2}{4} + \frac{w^2}{8} = 1$$

10.11 elliptischer Zylinder

$$\frac{u^2}{3} + v^2 = 1$$

Hauptachsentransformation

B **Kurve/Fläche zweiter Ordnung ohne Symmetriepunkt**

$$\boxed{\vec{x}^\top M \vec{x} + 2\vec{m}^\top \vec{x} + m = 0}$$

Die Kurve erweist sich immer als eine Parabel, während
die Fläche ein ellipt. oder hyperbol. Paraboloid oder ein parabolischer Zylinder ist.

(1) Man bestimmt die Eigenwerte von M:

    (i) Da das LGS $M\vec{x} = -\vec{m}$ keine Lösung hat, ist $\det M = 0$,
        also 0 Eigenwert. Sei $\lambda_2 = 0$ (Kurve) bzw. $\lambda_3 = 0$ (Fläche).
    (ii) Da M nicht die Nullmatrix ist, ist ein Eigenwert $\neq 0$. Sei $\lambda_1 \neq 0$.

(2) Man bestimmt
eine Drehmatrix A aus Eigenvektoren (Hauptachsen!) von M.
Achtung: Ist $\lambda_{2,3} = 0$, so wähle man $\vec{a}_2 \perp \vec{m}$, also $\vec{m}^\top \vec{a}_2 = 0$.

(3) **Hauptachsentransformation** (Drehung des Koordinatensystems):
$\vec{x} = A\vec{r}$ in obige Gleichung eingesetzt ergibt:

$\vec{r}^\top A^\top M A \vec{r} + 2\vec{m}^\top A\vec{r} + m = 0$, wobei $A^\top M A$ die Diagonalmatrix
aus den Eigenwerten ist.

$$\boxed{\vec{x} = A\vec{r}}$$
$$\downarrow$$

$$\boxed{\lambda_1(r - r_0)^2 + p(s - s_0) = 0} \qquad \boxed{\lambda_1(r - r_0)^2 + \lambda_2(s - s_0)^2 + p(t - t_0) = 0}$$

$$\boxed{\boxed{p = 2\vec{m}^\top \vec{a}_2}} \ \text{(Kurve)} \qquad\qquad \boxed{\boxed{p = 2\vec{m}^\top \vec{a}_3}} \ \text{(Fläche)}$$

(4) Die Kurve ist eine Parabel.
Den Typ der parabolischen Fläche entnimmt man der Tabelle (S. 240).

(5) Hauptachsen sind $\vec{a}_1, \vec{a}_2$ (Kurve) und $\vec{a}_1, \vec{a}_2, \vec{a}_3$ (Fläche).

$$A = (\vec{a}_1, \vec{a}_2) = \begin{pmatrix} \cos\alpha & -\sin\alpha \\ \sin\alpha & \cos\alpha \end{pmatrix} \Longrightarrow \text{Drehwinkel } \alpha = \ldots$$

$A = (\vec{a}_1, \vec{a}_2, \vec{a}_3) \Longrightarrow$ Drehachse $\vec{a} = \ldots$, Drehwinkel $\alpha = \ldots$ (Seite 205).
Das x, y, z–Koordinatensystem geht durch die Drehung A
in das r, s, t–Koordinatensystem über!

(6) Nach einer evtl. Verschiebung $\vec{r} = \vec{u} + \vec{r}_0$ des r, s, t–Koordinatensystems
um $\vec{r}_0^\top = (r_0, s_0)$ (Kurve) bzw. $\vec{r}_0^\top = (r_0, s_0, t_0)$ (Fläche), erhält man
die Normalformen für parabolische Kurven/Flächen zweiter Ordnung:

$$\boxed{\vec{r} = \vec{u} + \vec{r}_0} \ \longrightarrow \ \boxed{\lambda_1 u^2 + pv = 0} \ \text{bzw.} \ \boxed{\lambda_1 u^2 + \lambda_2 v^2 + pw = 0}$$

Klassifizierung dieser Kurven/Flächen auf Seite 240.

10.12   *Für folgende Kurve zweiter Ordnung bestimme man Typ, Hauptachsen und Normalform:*

$$x^2 + 3y^2 - 2\sqrt{3}\,xy + (-4 + 3\sqrt{3})x + (4\sqrt{3} + 3)y + 16 = 0$$

Matrizenschreibweise: $\vec{x}^\top M \vec{x} + 2\vec{m}^\top \vec{x} + m = 0$, mit:

$$M = \begin{pmatrix} 1 & -\sqrt{3} \\ -\sqrt{3} & 3 \end{pmatrix}, \quad 2\vec{m} = \begin{pmatrix} -4 + 3\sqrt{3} \\ 4\sqrt{3} + 3 \end{pmatrix}, \quad m = 16.$$

Symmetriepunkte siehe [10.8(a)]:

Das LGS $M\vec{s} = -\vec{m}$ hat keine Lösung. Es handelt sich also um eine Parabel.

Eigenwerte von M: $|M - \lambda E| = \ldots = \lambda^2 - 4\lambda = 0 \implies \underline{\lambda_1 = 4, \ \lambda_2 = 0}$.

Eigenräume von M: $V_4 : \vec{x} = \mu \begin{pmatrix} 1 \\ -\sqrt{3} \end{pmatrix}$, $V_0 : \vec{x} = \mu \begin{pmatrix} \sqrt{3} \\ 1 \end{pmatrix}$

Drehmatrix aus Eigenvektoren von M:

$$A = (\vec{a}_1, \vec{a}_2) = \tfrac{1}{2} \begin{pmatrix} 1 & \sqrt{3} \\ -\sqrt{3} & 1 \end{pmatrix} \implies A^{-1} = A^\top = \tfrac{1}{2} \begin{pmatrix} 1 & -\sqrt{3} \\ \sqrt{3} & 1 \end{pmatrix}$$

A ist die Drehung um -60^0.

Hauptachsentransformation $\vec{x} = A\vec{r}$: $\vec{r}^\top A^\top M A \vec{r} + 2\vec{m}^\top A\vec{r} + m = 0$.

Dabei ist $A^\top M A = \begin{pmatrix} 4 & 0 \\ 0 & 0 \end{pmatrix}$ und

$$2\vec{m}^\top A = (-4 + 3\sqrt{3}, 4\sqrt{3} + 3)\tfrac{1}{2} \begin{pmatrix} 1 & \sqrt{3} \\ -\sqrt{3} & 1 \end{pmatrix} = (-8, 6) \text{ und } m = 16.$$

Man erhält: $4r^2 - 8r + 6s + 16 = 4(r-1)^2 + 6(s+2) = 0$

$$\boxed{\vec{x} = A\vec{r}} \quad \longrightarrow \quad \boxed{4(r-1)^2 + 6(s+2) = 0}$$

$$\boxed{\vec{r} = \vec{u} + \begin{pmatrix} 1 \\ -2 \end{pmatrix}} \quad \longrightarrow \quad \boxed{4u^2 + 6v = 0}$$

Die Kurve ist eine **Parabel** (siehe Tabelle auf Seite 240):

Das (x, y)–System geht durch Drehung um $\alpha = -60^0$ in das (r, s)–System über.

Das (r, s)–System geht durch Verschiebung um $\begin{pmatrix} 1 \\ -2 \end{pmatrix}$ in das (u, v)–System über.

Hauptachsen: $\begin{pmatrix} 1 \\ -\sqrt{3} \end{pmatrix}$, $\begin{pmatrix} \sqrt{3} \\ 1 \end{pmatrix}$.

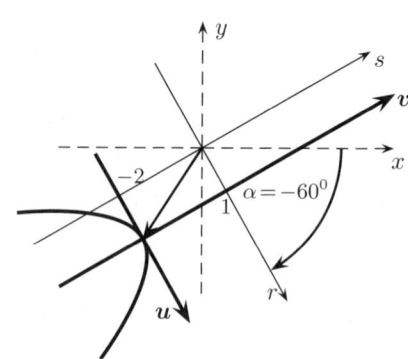

A ist eine Drehung um -60^0.

Normalform: $\underline{4u^2 + 6v = 0}$ oder $\underline{v = -\tfrac{2}{3}u^2}$.

Nullpunkt des u, v–Systems ist $A \begin{pmatrix} 1 \\ -2 \end{pmatrix} = \frac{1}{2} \begin{pmatrix} 1 - 2\sqrt{3} \\ -\sqrt{3} - 2 \end{pmatrix} = \begin{pmatrix} -1.23 \\ -1.87 \end{pmatrix}$.

Denn $\vec{x} - A\vec{r} - A(\vec{u} + \begin{pmatrix} 1 \\ -2 \end{pmatrix})$, $\vec{u} = \vec{0} \Longrightarrow \vec{x} = A \begin{pmatrix} 1 \\ -2 \end{pmatrix}$ Oder·

A–Koordinaten gehen durch Multiplikation mit A in E–Koordinaten über!

10.13 *Für folgende Fläche zweiter Ordnung bestimme man Typ, Hauptachsen und Normalform:*

$$9x^2 + 16z^2 + 24xz + 10x + 20y - 20z + 21 = 0$$

Matrizenschreibweise: $\vec{x}^\top M \vec{x} + 2\vec{m}^\top \vec{x} + m = 0$, mit:

$$M = \begin{pmatrix} 9 & 0 & 12 \\ 0 & 0 & 0 \\ 12 & 0 & 16 \end{pmatrix}, \quad 2\vec{m} = 10 \begin{pmatrix} 1 \\ 2 \\ -2 \end{pmatrix}, \quad m = 21.$$

Symmetriepunkte:

Das LGS $M\vec{s} = -\vec{m}$ hat offensichtlich (wegen der 2. Zeile von M) keine Lösung. Es handelt sich also um eine parabolische Fläche.

<u>Eigenwerte</u> von M: $|M - \lambda E| = \ldots = \lambda^2(25 - \lambda) \implies \underline{\lambda_1 = 25,\ \lambda_{2,3} = 0.}$

<u>Eigenräume</u> von M: $V_{25} : \vec{x} = \mu \begin{pmatrix} 3 \\ 0 \\ 4 \end{pmatrix}$, $V_0 : \vec{x} = \mu \begin{pmatrix} 0 \\ 1 \\ 0 \end{pmatrix} + \nu \begin{pmatrix} 4 \\ 0 \\ -3 \end{pmatrix}$

<u>Drehmatrix</u> aus Eigenvektoren von M:

$\vec{a}_1 = \frac{1}{5} \begin{pmatrix} 3 \\ 0 \\ 4 \end{pmatrix}$ ist ein normierter Eigenvektor zum Eigenwert 25.

Achtung: Da 0 doppelter Eigenwert ist, wählt man geschickterweise $\vec{a}_2 \perp \vec{m}$.

$(\mu \begin{pmatrix} 0 \\ 1 \\ 0 \end{pmatrix} + \nu \begin{pmatrix} 4 \\ 0 \\ -3 \end{pmatrix}) \begin{pmatrix} 1 \\ 2 \\ -2 \end{pmatrix} = 0$, z.B. für $\mu = -5$, $\nu = 1$, also $\vec{a}_2 = \frac{1}{10}\sqrt{2} \begin{pmatrix} 4 \\ -5 \\ -3 \end{pmatrix}$.

Mit $\vec{a}_3 := \vec{a}_1 \times \vec{a}_2$ wird A eine kartesische Basis und $\det A > 0$.

$A = (\vec{a}_1, \vec{a}_2, \vec{a}_3) = \frac{1}{10}\sqrt{2} \begin{pmatrix} 3\sqrt{2} & 4 & 4 \\ 0 & -5 & 5 \\ 4\sqrt{2} & -3 & -3 \end{pmatrix}$ ist also eine Drehmatrix.

Hauptachsentransformation $\vec{x} = A\vec{r} \implies \vec{r}^\top A^\top M A\vec{r} + 2\vec{m}^\top A\vec{r} + m = 0.$

$$A^\top M A = \begin{pmatrix} 25 & 0 & 0 \\ 0 & 0 & 0 \\ 0 & 0 & 0 \end{pmatrix} \text{ und } m = 21 \text{ und}$$

$$2\vec{m}^\top A = 10(1,2,-2)\tfrac{1}{10}\sqrt{2} \begin{pmatrix} 3\sqrt{2} & 4 & 4 \\ 0 & -5 & 5 \\ 4\sqrt{2} & -3 & -3 \end{pmatrix} = (-10, 0, 20\sqrt{2}).$$

Man erhält: $25r^2 - 10r + 20\sqrt{2}\,t + 21 = 25(r - \tfrac{1}{5})^2 + 20\sqrt{2}\,(t + \tfrac{1}{2}\sqrt{2}) = 0$:

$$\boxed{\vec{x} = A\vec{r}} \qquad \longrightarrow \qquad \boxed{25(r - \tfrac{1}{5})^2 + 20\sqrt{2}\,(t + \tfrac{1}{2}\sqrt{2}) = 0}$$

$$\boxed{\vec{r} = \vec{u} + (\tfrac{1}{5}, 0, -\tfrac{1}{2}\sqrt{2})^\top} \qquad \longrightarrow \qquad \boxed{25u^2 + 20\sqrt{2}\,w = 0}$$

Die Fläche ist ein **parabolischer Zylinder** (siehe Tabelle auf Seite 240, Skizze nächste Seite).

Hauptachsen: $\begin{pmatrix} 3 \\ 0 \\ 4 \end{pmatrix}, \begin{pmatrix} 4 \\ -5 \\ -3 \end{pmatrix}, \begin{pmatrix} 4 \\ 5 \\ -3 \end{pmatrix}$

Normalform: $25u^2 + 20\sqrt{2}\,w = 0$ oder $w = -\tfrac{5}{8}\sqrt{2}\,u^2$.

Nullpunkt des u,v,w–Systems ist $A \begin{pmatrix} \tfrac{1}{5} \\ 0 \\ -\tfrac{1}{2}\sqrt{2} \end{pmatrix} = \tfrac{1}{50}\begin{pmatrix} -14 \\ -25 \\ 23 \end{pmatrix} = \begin{pmatrix} -0.28 \\ -0.50 \\ 0.46 \end{pmatrix}.$

10.14   *Für folgende Fläche zweiter Ordnung bestimme man Typ, Hauptachsen und Normalform:*

$$\boxed{-50x^2 + 9y^2 + 16z^2 - 24yz - 200x - 10y + 55z + 25 = 0}$$

Matrizenschreibweise: $\vec{x}^\top M \vec{x} + 2\vec{m}^\top \vec{x} + m = 0$, mit:

$$M = \begin{pmatrix} -50 & 0 & 0 \\ 0 & 9 & -12 \\ 0 & -12 & 16 \end{pmatrix}, \quad 2\vec{m} = \begin{pmatrix} -200 \\ -10 \\ 55 \end{pmatrix}, \quad m = 25.$$

Symmetriepunkte: Das LGS $M\vec{s} = -\vec{m}$ ist unlösbar. Es handelt sich also um eine parabolische Fläche.

Eigenwerte von M:

$$|M - \lambda E| = \ldots = (-50 - \lambda)(\lambda^2 - 25\lambda) \implies \underline{\lambda_1 = 25,\ \lambda_2 = -50,\ \lambda_3 = 0.}$$

Eigenräume von M: $V_{25} : \vec{x} = \mu \begin{pmatrix} 0 \\ 3 \\ -4 \end{pmatrix}, V_{-50} : \vec{x} = \mu \begin{pmatrix} 1 \\ 0 \\ 0 \end{pmatrix}, V_0 : \vec{x} = \mu \begin{pmatrix} 0 \\ 4 \\ 3 \end{pmatrix}.$

<u>Drehmatrix</u> aus Eigenvektoren von M:

$$A = (\vec{a}_1, \vec{a}_2, \vec{a}_3) = \tfrac{1}{5} \begin{pmatrix} 0 & 5 & 0 \\ 3 & 0 & -4 \\ -4 & 0 & -3 \end{pmatrix} \qquad \begin{array}{l} \text{ist kartesische Basis} \\ (= \text{orthogonale Matrix} \\ \text{und } \det A > 0) \end{array}$$

<u>Hauptachsentransformation</u> $\vec{x} = A\vec{r} \Longrightarrow \vec{r}^{\top} A^{\top} M A \vec{r} + 2\vec{m}^{\top} A \vec{r} + m = 0.$

Dabei ist $A^{\top} M A = \begin{pmatrix} 25 & 0 & 0 \\ 0 & -50 & 0 \\ 0 & 0 & 0 \end{pmatrix}$ und

$$2\vec{m}^{\top} A = (-200, -10, 55) \tfrac{1}{5} \begin{pmatrix} 0 & 5 & 0 \\ 3 & 0 & -4 \\ -4 & 0 & -3 \end{pmatrix} = (-50, -200, -25) \text{ und } m = 25.$$

Man erhält:
$25r^2 - 50s^2 - 50r - 200s - 25t + 25 = 25(r-1)^2 - 50(s+2)^2 - 25t + 200 = 0$

$$\boxed{\vec{x} = A\vec{r}} \qquad \longrightarrow \qquad \boxed{25(r-1)^2 - 50(s+2)^2 - 25(t-8) = 0}$$

$$\boxed{\vec{r} = \vec{u} + (1, -2, 8)^{\top}} \qquad \rightarrow \qquad \boxed{25u^2 - 50v^2 - 25w = 0}$$

Die Fläche ist ein **hyperbolisches Paraboloid** (Sattelfläche).

Hauptachsen: $\begin{pmatrix} 0 \\ 3 \\ -4 \end{pmatrix}, \begin{pmatrix} 1 \\ 0 \\ 0 \end{pmatrix}, \begin{pmatrix} 0 \\ -4 \\ -3 \end{pmatrix}$ $\begin{array}{l} \text{Normalform:} \\ 25u^2 - 50v^2 - 25w = 0, \\ \text{oder } \underline{w = u^2 - 2v^2}. \end{array}$

Nullpunkt des u, v, w–Systems ist $A \begin{pmatrix} 1 \\ -2 \\ 8 \end{pmatrix} = \tfrac{1}{5} \begin{pmatrix} -10 \\ -29 \\ -28 \end{pmatrix} = \begin{pmatrix} -2 \\ -5.8 \\ -5.6 \end{pmatrix}.$

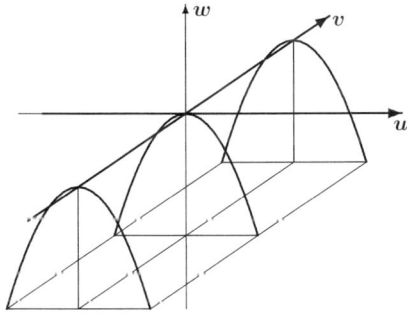

10.13
parabolischer Zylinder

$w = -\tfrac{5}{8}\sqrt{2}\, u^2$

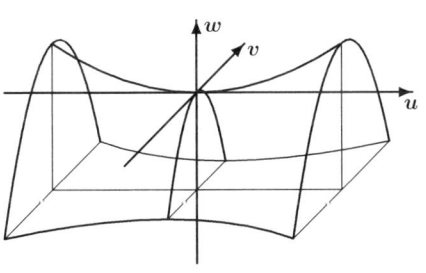

10.14
**hyperbolisches Paraboloid
Sattelfläche**

$w = u^2 - 2v^2$

10.4   Klassifizierung, Kurven/Flächen zweiter Ordnung

| A | Kurven/Flächen mit Symmetriepunkt

$$\lambda_1 u^2 + \lambda_2 v^2 + g = 0 \qquad\qquad \lambda_1 u^2 + \lambda_2 v^2 + \lambda_3 w^2 + g = 0$$

mit $g = \vec{m}^\top \vec{s} + m$,   siehe Seite 228, 230.

Ist M nicht die Nullmatrix, ist ein Eigenwert (λ_1) ungleich Null! Durch evtl.
Multiplikation der Gleichung mit -1 erreicht man, dass $\lambda_1 > 0$ ist:

λ_1	λ_2	g	Typ der **Kurve**
+	+	+	leere Menge
+	+	0	Nullpunkt
+	+	−	Ellipse *
+	−	±	Hyperbel *
+	−	0	zwei Geraden durch O *
+	0	+	leere Menge
+	0	0	v–Achse
+	0	−	zwei Geraden $\parallel$ zur v–Achse

λ_1	λ_2	λ_3	g	Typ der **Fläche**
+	+	+	+	leere Menge
+	+	+	0	Nullpunkt
+	+	+	−	Ellipsoid *
+	+	−	+	zweischaliges Hyperboloid *
+	+	−	0	elliptischer Doppelkegel * w–Achse ist Kegelachse
+	+	−	−	einschaliges Hyperboloid *
+	+	0	+	leere Menge
+	+	0	0	w–Achse
+	+	0	−	elliptischer Zylinder
+	−	0	±	hyperbolischer Zylinder
+	−	0	0	zwei Ebenen durch die w–Achse
+	0	0	+	leere Menge
+	0	0	0	v, w–Ebene
+	0	0	−	zwei Ebenen $\parallel$ zur v, w–Ebene

Symbolik:

+	bedeutet	> 0
−	bedeutet	< 0
±	bedeutet	$\neq 0$
0	bedeutet	$= 0$

* Kurven/Flächen mit genau einem Symmetriepunkt (= Mittelpunkt)

| B | **Kurve/Fläche ohne Symmetriepunkt**

$$\lambda_1 u^2 + pv = 0 \qquad\qquad \lambda_1 u^2 + \lambda_2 v^2 + pw = 0$$

mit $p = 2\vec{m}^\top \vec{a}_2$ (S.235)   　　 mit $p = 2\vec{m}^\top \vec{a}_3$ (S.235)

Da die Kurve/Fläche keinen Symmetriepunkt hat, ist $p \neq 0$,
(sonst wäre $\vec{s} = \vec{0}$ ein Symmetriepunkt!)

λ_1	p	Typ der **Kurve**
+	±	Parabel

λ_1	λ_2	p	Typ der **Fläche**
+	+	±	elliptisches Paraboloid
+	−	±	hyperbolisches Paraboloid, Sattelfläche
+	0	±	parabolischer Zylinder

10.5   Aufgaben

Für folgende Quadriken bestimme man Typ, Hauptachsen und Normalform:

10.15 $45x^2 + 8y^2 + 45z^2 - 54xz + 54\sqrt{2}\,x - 32y + 54\sqrt{2}\,z + 122 = 0.$

10.16 $\frac{8}{5}x^2 + \frac{9}{10}y^2 + \frac{5}{2}z^2 - \frac{12}{5}xy + \frac{12}{5}xz - \frac{9}{5}yz + (-\frac{8}{5}\sqrt{2} - \frac{3}{5})x + (\frac{6}{5}\sqrt{2} - \frac{4}{5})y + 2\sqrt{2}\,z + 3 = 0.$

10.17 $x^2 + 3y^2 - 2\sqrt{3}\,xy - 8 = 0.$ **10.18** $2x^2 - 2xy + y^2 - 4y + 9 = 0.$

10.19 $3x^2 - 4xy + 4y^2 - 8x + 8 = 0.$ **10.20** $4x^2 - 12xy + 9y^2 + 4x - 6y + 1 = 0.$

10.21   *Es sei* $\vec{x}^\top M\vec{x} + 2\vec{m}^\top\vec{x} + m = 0$ *eine Quadrik mit Symmetriepunkt* $\vec{s}$, *d.h.* $M\vec{s} = -\vec{m}$ *(siehe Seite 230). Man zeige:*

    (a)   *Mit* $\vec{x}$ *liegt auch* $2\vec{s} - \vec{x}$ *auf der Quadrik.*
    (b)   *Die Translation* $\vec{x} = \vec{r} + \vec{s}$ *führt auf* $\vec{r}^\top M\vec{r} + g = 0$, *mit* $g := \vec{m}^\top\vec{s} + m.$

10.6   Lösungen

10.15   Matrizenschreibweise: $\vec{x}^\top M\vec{x} + 2\vec{m}^\top\vec{x} + m = 0$, mit:

$$M = \begin{pmatrix} 45 & 0 & -27 \\ 0 & 8 & 0 \\ -27 & 0 & 45 \end{pmatrix}, \quad \vec{m} = \begin{pmatrix} 27\sqrt{2} \\ -16 \\ 27\sqrt{2} \end{pmatrix}, \quad m = 122.$$

Wie auf Seite 228 bemerkt, kann man *erst* die Hauptachsentransformation durchführen und *anschließend* eine Verschiebung des Ursprungs vornehmen:

Eigenwerte von M:

$|M - \lambda E| = \dots = (\lambda^2 - 90\lambda - 1296)(8 - \lambda) = 0 \quad \Longrightarrow \quad \underline{\lambda_1 = 8},\ \underline{\lambda_2 = 18},\ \underline{\lambda_3 = 72}.$

Eigenräume von M: $V_8 : \vec{x} = \mu \begin{pmatrix} 0 \\ 1 \\ 0 \end{pmatrix}, \quad V_{18} : \vec{x} = \mu \begin{pmatrix} 1 \\ 0 \\ 1 \end{pmatrix}, \quad V_{72} : \vec{x} = \mu \begin{pmatrix} -1 \\ 0 \\ 1 \end{pmatrix}$

Drehmatrix (Hauptachsen) : $A = \frac{1}{2}\sqrt{2} \begin{pmatrix} 0 & 1 & 1 \\ \sqrt{2} & 0 & 0 \\ 0 & 1 & -1 \end{pmatrix}.$

<u>Hauptachsentransformation</u> $\vec{x} = A\vec{r} \quad \longrightarrow \quad \vec{r}^\top A^\top M A\vec{r} + 2\vec{m}^\top A\vec{r} + m = 0.$

$A^\top M A = \begin{pmatrix} 8 & 0 & 0 \\ 0 & 18 & 0 \\ 0 & 0 & 72 \end{pmatrix}$ und $2\vec{m}^\top A = \dots = (-32, 108, 0).$

$8r^2 + 18s^2 + 72t^2 - 32r + 108s + 122 = 8(r-2)^2 + 18(s+3)^2 + 72t^2 - 72 = 0.$

Nun die Verschiebung des Nullpunkts: $\vec{r} = \vec{u} + (2, -3, 0)^\top$ ergibt

$\begin{pmatrix} u \\ v \\ w \end{pmatrix} = \begin{pmatrix} r-2 \\ s+3 \\ t \end{pmatrix} \quad \longrightarrow \quad 8u^2 + 18v^2 + 72w^2 - 72 = 0$ oder $\underline{\underline{\dfrac{u^2}{9} + \dfrac{v^2}{4} + \dfrac{w^2}{1} = 1}}.$

Die Quadrik ist ein **Ellipsoid**
(siehe Tabelle auf Seite 240).

$$\frac{u^2}{9} + \frac{v^2}{4} + \frac{w^2}{1} = 1$$

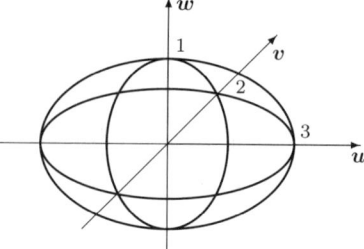

Hauptachsen im (x, y, z)–System sind: $(0, 1, 0)$, $(1, 0, 1)$, $(1, 0, -1)$.

Nullpunkt des u, v, w–Systems ist der Punkt $(2, -3, 0)$ im r, s, t–System, bzw. der Punkt $A(2, -3, 0)^\top = \frac{1}{2}(-3\sqrt{2}, 4, -3\sqrt{2})$ im x, y, z–System.

10.16 Matrizenschreibweise: $\vec{x}^\top M \vec{x} + 2\vec{m}^\top \vec{x} + m = 0$, mit:

$$M = \begin{pmatrix} 1.6 & -1.2 & 1.2 \\ -1.2 & 0.9 & -0.9 \\ 1.2 & -0.9 & 2.5 \end{pmatrix}, \quad 2\vec{m} = \begin{pmatrix} -1.6\sqrt{2} - 0.6 \\ 1.2\sqrt{2} - 0.8 \\ 2\sqrt{2} \end{pmatrix}, \quad m = 3.$$

Das LGS $M\vec{s} = -\vec{m}$ hat keine Lösung. Es handelt sich also um eine parabolische Fläche. Hauptachsentransformation ergibt:

Eigenwerte von M:

$$|M - \lambda E| = \ldots = -(\lambda^2 - 5\lambda + 4)\lambda = 0 \quad \Longrightarrow \quad \underline{\lambda_1 = 1, \ \lambda_2 = 4, \ \lambda_3 = 0.}$$

Eigenräume von M: $V_1 : \vec{x} = \mu \begin{pmatrix} -4 \\ 3 \\ 5 \end{pmatrix}$, $V_4 : \vec{x} = \mu \begin{pmatrix} 4 \\ -3 \\ 5 \end{pmatrix}$, $V_0 : \vec{x} = \mu \begin{pmatrix} 3 \\ 4 \\ 0 \end{pmatrix}$

Drehmatrix (Hauptachsen) : $A = \frac{1}{10}\sqrt{2} \begin{pmatrix} -4 & 4 & 3\sqrt{2} \\ 3 & -3 & 4\sqrt{2} \\ 5 & 5 & 0 \end{pmatrix}.$

<u>Hauptachsentransformation</u> $\vec{x} = A\vec{r} \longrightarrow \vec{r}^\top A^\top M A \vec{r} + 2\vec{m}^\top A \vec{r} + m = 0.$

$$A^\top M A = \begin{pmatrix} 1 & 0 & 0 \\ 0 & 4 & 0 \\ 0 & 0 & 0 \end{pmatrix} \text{ und } 2\vec{m}^\top A = \ldots = (4, 0, -1).$$

$r^2 + 4s^2 + 4r - t + 3 = (r + 2)^2 + 4s^2 - (t + 1) = 0$, Verschieb. des Nullpunkts:

$$\vec{r} = \vec{u} + \begin{pmatrix} -2 \\ 0 \\ -1 \end{pmatrix}, \text{ also } \begin{pmatrix} u \\ v \\ w \end{pmatrix} = \begin{pmatrix} r + 2 \\ s \\ t + 1 \end{pmatrix} \longrightarrow \underline{\underline{u^2 + 4v^2 - w = 0.}}$$

Die Quadrik ist ein **elliptisches Paraboloid** (siehe Tabelle auf Seite 240):

Hauptachsen sind: $(-4, 3, 5)$, $(4, -3, 5)$, $(3, 4, 0)$.

Nullpunkt des u, v, w–Systems ist der Punkt $(-2, 0, -1)$ im r, s, t–System, bzw. der Punkt $A(-2, 0, -1)^\top = \frac{1}{5}(-4\sqrt{2} - 3, 3\sqrt{2} - 4, 5\sqrt{2})$ im x, y, z–System.

10.17 $M = \begin{pmatrix} 1 & -\sqrt{3} \\ -\sqrt{3} & 3 \end{pmatrix}$, $\lambda_1 = 4$, $\lambda_2 = 0$, $A = \frac{1}{2} \begin{pmatrix} 1 & \sqrt{3} \\ -\sqrt{3} & 1 \end{pmatrix} \implies$

$4u^2 - 8 = 0 \implies u^2 = 2 \implies \underline{\underline{u = \pm\sqrt{2}}}$ **zwei parallele Geraden.**

10.18 $M = \begin{pmatrix} 2 & -1 \\ -1 & 1 \end{pmatrix}$, $\vec{m} = \begin{pmatrix} 0 \\ -2 \end{pmatrix}$, $M\vec{s} = -\vec{m}$ hat die Lösung

$\vec{s} = \begin{pmatrix} 2 \\ 4 \end{pmatrix}$ (Symmetriepunkt), $g = (0, -2)\begin{pmatrix} 2 \\ 4 \end{pmatrix} + 9 = 1$.

$\vec{x} = \vec{r} + \vec{s} \longrightarrow 2r^2 - 2rs + s^2 + 1 = 0$

Eigenwerte von M: $\lambda_{1,2} = \frac{3}{2} \pm \frac{1}{2}\sqrt{5} \Longrightarrow \lambda_{1,2} > 0$, $g > 0$: **leere Menge**.

10.19 $M = \begin{pmatrix} 3 & -2 \\ -2 & 4 \end{pmatrix}$, $\vec{m} = \begin{pmatrix} -4 \\ 0 \end{pmatrix}$, $\vec{s} = \begin{pmatrix} 2 \\ 1 \end{pmatrix}$, $g = (-4, 0)\begin{pmatrix} 2 \\ 1 \end{pmatrix} + 8 = 0$.

$\vec{x} = \vec{r} + \vec{s} \longrightarrow 3r^2 - 4rs + 4s^2 = 0$

Eigenwerte von M: $\lambda_{1,2} = \frac{7}{2} \pm \frac{1}{2}\sqrt{17} \Longrightarrow \lambda_{1,2} > 0$, $g = 0$.

Nullpunkt im r, s–System, **Punkt** $\vec{s}^\top = (2, 1)$ im x, y–System.

10.20 $M = \begin{pmatrix} 4 & -6 \\ 6 & 9 \end{pmatrix}$, $\vec{m} = \begin{pmatrix} 2 \\ -3 \end{pmatrix}$, $m = 1$, $\vec{s} = \begin{pmatrix} -1 \\ -1 \end{pmatrix} + \mu \begin{pmatrix} 3 \\ 2 \end{pmatrix}$,

$g = (2, -3)\begin{pmatrix} -1 \\ -1 \end{pmatrix} + 1 = 0$. Subst.: $\vec{x} = \vec{r} + \vec{s}$ ergibt $4r^2 - 12rs + 9s^2 = 0$

Man sieht: Es ist $(2r - 3s)^2 = 0$, also $2r = 3s$ und dies ist eine Gerade.

Oder: $\begin{pmatrix} 2 \\ -3 \end{pmatrix}$ ist Eigenvektor zu $\lambda_1 = 13$ und $\begin{pmatrix} 3 \\ 2 \end{pmatrix}$ ist Eigenvektor zu $\lambda_2 = 0$.

$$\vec{r} = A\vec{u} \longrightarrow 13u^2 = 0, \text{also} \quad \begin{array}{l} u = 0 \\ 2r - 3s = 0 \\ 2x - 3y + 1 = 0 \end{array} \quad \textbf{eine Gerade} \text{ im} \quad \begin{array}{l} (u, v)\text{–System,} \\ (r, s)\text{–System,} \\ (x, y)\text{–System.} \end{array}$$

10.21 $\vec{x}$ liegt auf der Quadrik $\Longleftrightarrow \vec{x}^\top M \vec{x} + 2\vec{m}^\top \vec{x} + m = 0$.

$\vec{s}$ ist Symmetriepunkt $\Longleftrightarrow M\vec{s} = -\vec{m} \Longleftrightarrow \vec{s}^\top M = \vec{s}^\top M^\top = (M\vec{s})^\top = -\vec{m}^\top$.

$\vec{a}^\top \vec{b} = \vec{a} \cdot \vec{b} = \vec{b} \cdot \vec{a} = \vec{b}^\top \vec{a}$, (Skalarprodukt '$\cdot$' ist kommutativ (siehe Seite 128)).

Das Matrizenprodukt ist assoziativ und distributiv (siehe Seite 168).

(a) $(2\vec{s} - \vec{x})$ liegt auf der Quadrik, da $(2\vec{s} - \vec{x})^\top M(2\vec{s} - \vec{x}) + 2\vec{m}^\top(2\vec{s} - \vec{x}) + m =$
$= 4\vec{s}^\top M\vec{s} - 2\vec{s}^\top M\vec{x} - 2\vec{x}^\top M\vec{s} + \vec{x}^\top M\vec{x} + 4\vec{m}^\top \vec{s} - 2\vec{m}^\top \vec{x} + m =$
$= -4\vec{s}^\top \vec{m} + 2\vec{m}^\top \vec{x} + 2\vec{x}^\top \vec{m} - 2\vec{m}^\top \vec{x} - m + 4\vec{s}^\top \vec{m} - 2\vec{m}^\top \vec{x} + m = 0$.

Also liegt mit $\vec{x}$ auch $(2\vec{s} - \vec{x})$ auf der Quadrik.

(b) $\vec{x} = \vec{r} + \vec{s} \longrightarrow \vec{x}^\top = \vec{r}^\top + \vec{s}^\top$. Also

$\vec{x}^\top M\vec{x} + 2\vec{m}^\top \vec{x} + m = 0 \Longrightarrow (\vec{r}^\top + \vec{s}^\top)M(\vec{r} + \vec{s}) + 2\vec{m}^\top(\vec{r} + \vec{s}) + m = 0$.

Klammern auflösen ergibt:

$\vec{r}^\top M\vec{r} + \vec{s}^\top M\vec{s} + \vec{r}^\top M\vec{s} + \vec{s}^\top M\vec{r} + 2\vec{m}^\top \vec{r} + 2\vec{m}^\top \vec{s} + m = 0$

Da $\vec{s}^\top M\vec{r} \in \mathbb{R}$ und M symmetrisch ist, gilt:

$\vec{s}^\top M\vec{r} = (\vec{s}^\top M\vec{r})^\top = \vec{r}^\top M^\top \vec{s} = \vec{r}^\top M\vec{s}$.

$M\vec{s} = -\vec{m} \Longrightarrow \vec{r}^\top M\vec{r} - \vec{s}^\top \vec{m} - \vec{r}^\top \vec{m} - \vec{r}^\top \vec{m} + 2\vec{m}^\top \vec{r} + 2\vec{m}^\top \vec{s} + m = 0$

$\vec{s}^\top \vec{m} \in \mathbb{R} \Longrightarrow \vec{s}^\top \vec{m} = (\vec{s}^\top \vec{m})^\top = \vec{m}^\top \vec{s}$, ebenso $\vec{r}^\top \vec{m} = (\vec{r}^\top \vec{m})^\top = \vec{m}^\top \vec{r}$,

also $\vec{r}^\top M\vec{r} + \vec{m}^\top \vec{s} + m = 0$. Mit $g := \vec{m}^\top \vec{s} + m$ erhält man $\vec{r}^\top M\vec{r} + g = 0$.

11   Lineare Gleichungssysteme

Zur vertiefenden Wiederholung siehe auch **EM 1**.

Ein **lineares Gleichungssystem** (LGS) ist ein System von m linearen Gleichungen mit n Variablen $x_1, x_2, \ldots, x_n$:

$$
\begin{array}{ccccccccc}
a_{11}x_1 & + & a_{12}x_2 & + & \cdots & + & a_{1n}x_n & = & b_1 \\
a_{21}x_1 & + & a_{22}x_2 & + & \cdots & + & a_{2n}x_n & = & b_2 \\
\vdots & & \vdots & & & & \vdots & & \vdots \\
a_{m1}x_1 & + & a_{m2}x_2 & + & \cdots & + & a_{mn}x_n & = & b_m
\end{array}
$$

Die a_{ik} heißen die Koeffizienten des LGS.
Benutzt man die Matrizenschreibweise und setzt:

$$
A := \begin{pmatrix} a_{11} & \cdots & a_{1n} \\ \vdots & & \vdots \\ a_{m1} & \cdots & a_{mn} \end{pmatrix} \qquad \vec{x} := \begin{pmatrix} x_1 \\ \vdots \\ x_n \end{pmatrix} \qquad \vec{b} := \begin{pmatrix} b_1 \\ \vdots \\ b_m \end{pmatrix},
$$

so schreibt sich obiges LGS in Matrizenform kurz: $A\vec{x} = \vec{b}$.

Das Produkt der (m, n)–Matrix A mit der $(n, 1)$–Matrix $\vec{x}$
ist die $(m, 1)$–Matrix $\vec{b}$.

Die Matrix $\begin{array}{c} A \\ (A, \vec{b}) \end{array}$ heißt **einfache** / **erweiterte** Matrix des LGS.

11.1

Ist $A = \begin{pmatrix} -1 & 8 & 3 \\ 2 & 4 & -1 \\ 0 & 5 & 1 \\ -3 & 9 & 5 \end{pmatrix}$ $\vec{x} = \begin{pmatrix} x_1 \\ x_2 \\ x_3 \end{pmatrix}$ $\vec{b} = \begin{pmatrix} 2 \\ 1 \\ 0 \\ 1 \end{pmatrix}$,

so ist $A\vec{x} = \vec{b} \iff$
$$
\begin{array}{rcrcrcl}
-x_1 & + & 8x_2 & + & 3x_3 & = & 2 \\
2x_1 & + & 4x_2 & - & x_3 & = & 1 \\
     & + & 5x_2 & + & x_3 & = & 0 \\
-3x_1 & + & 9x_2 & + & 5x_3 & = & 1
\end{array}
$$

Das LGS $A\vec{x} = \vec{b}$ heißt **homogen**, wenn $\vec{b} = \vec{0}$; d.h. $\vec{b}$ der Nullvektor ist und sonst **inhomogen**. Ein homogenes LGS ist immer lösbar: Es hat stets die triviale Lösung $\vec{x} = \vec{0}$; d.h. $x_1 = \ldots = x_n = 0$.

Bezeichnet man mit $\vec{a}_1, \ldots, \vec{a}_n$ die Spaltenvektoren von A, also $A = (\vec{a}_1, \ldots, \vec{a}_n)$, so ist $A\vec{x} = \vec{b} \iff x_1\vec{a}_1 + \ldots + x_n\vec{a}_n = \vec{b}$. Das bedeutet:

Das LGS $A\vec{x} = \vec{b}$ ist lösbar

$\iff$ $\vec{b}$ ist Linearkombination der Spaltenvektoren von A.
$\iff$ $\vec{b}$ ist aus der linearen Hülle $L(\vec{a}_1, \ldots, \vec{a}_n)$, siehe Seite 124.
$\iff$ $\mathrm{rg}\,(\vec{a}_1, \ldots, \vec{a}_n) = \mathrm{rg}\,(\vec{a}_1, \ldots, \vec{a}_n, \vec{b})$

Lösbarkeit linearer Gleichungssysteme

$A\vec{x} = \vec{b}$ **lösbar** $\iff$ $\begin{array}{c} \operatorname{rg} A = \operatorname{rg}(A, \vec{b}) \\ \text{Rang der einfachen} = \text{Rang der erweiterten Matrix.} \end{array}$

$A\vec{x} = \vec{b}$ **eindeutig** lösbar $\iff$ $\operatorname{rg} A = \operatorname{rg}(A, \vec{b}) = n$.

Mit dem im folgenden beschriebenen Gaußschen Eliminationsverfahren kann man nicht nur diese Ränge bestimmen und damit die Frage beantworten, *ob ein LGS lösbar ist*, sondern gegebenenfalls *sämtliche Lösungen eines LGS angeben*.

Außerdem lässt sich dieses Verfahren leicht zu einem für numerische Rechnungen wichtigen Verfahren ausbauen (Pivot-Verfahren, siehe geeignete Programme).

11.1 Gaußsches Eliminationsverfahren

Ein gegebenes LGS wird mittels elementarer Umformungen in ein einfacher zu lösendes LGS umgeformt, das genau die gleichen Lösungen hat.

Elementare Umformungen:

- Multiplikation einer Gleichung mit einem Faktor $\lambda \neq 0$,
- Addition einer Gleichung zu einer anderen,
- Vertauschen zweier Zeilen,
- Addition des μ–fachen einer Zeile zu dem λ–fachen ($\lambda \neq 0$) einer anderen Zeile.

Natürlich darf man auch Spalten von A vertauschen, wenn man dabei die Variablen umbenennt.

Um Schreibarbeit zu sparen und die Übersicht zu behalten, empfiehlt sich z.B. folgendes Verfahren:

Gaußsches Eliminationsverfahren

Man betrachtet nur das Koeffizientenschema, also die erweiterte Matrix $(A, \vec{b})$. In A sucht man eine Spalte mit möglichst vielen Nullen und einer möglichst *einfachen* Zahl $\neq 0$. Diese wird markiert und mit ihrer Hilfe werden in der entsprechenden Spalte mittels elementarer Umformungen Nullen erzeugt. Man benutzt also *eine* Gleichung, um in den übrigen eine Variable zu *eliminieren*. Dieses Verfahren setzt man fort, bis man ein hinreichend einfaches LGS erhält, z.B. bis man die Matrix (evtl. nach Spaltenvertauschungen) auf **Zeilenstufenform** gebracht hat (Seite 170).

11.2   Man löse das LGS aus Beispiel [11.1]

x_1	x_2	x_3		Regie[1]		
$\boxed{-1}$	8	3	2	2	0	3
2	4	-1	1	1		
0	5	1	0	1		
-3	9	5	1			-1
0	20	5	5	1		
0	5	$\boxed{1}$	0	-5	4	
0	15	4	5			-1
0	-5	0	5	1		
0	$\boxed{5}$	0	-5	1		
0	0	0	0			

Man wählt die erste Spalte und markiert $\boxed{-1}$. Aus dieser markierten Gleichung wird später x_1 berechnet! Mittels der -1 erzeugt man Nullen in der ersten Spalte, d.h. man eliminiert x_1 aus den drei restlichen Gleichungen. Das alte LGS ist nun ersetzt durch die markierte Gleichung und die drei neuen Gleichungen:

Wieder markiert man ein Element $\boxed{1}$, mit dem man in der betreffenden Spalte Nullen erzeugt.

Nun noch $\boxed{5}$ markieren, und noch eine Null durch Addition der beiden Gleichungen erzeugen.

Diese Gleichung ist für alle (x_1, x_2, x_3) erfüllt und wird weggelassen.

Das ursprüngliche LGS ist nun ersetzt durch die drei markierten Gleichungen, ausgeschrieben:

$$\begin{aligned} -x_1 + 8x_2 + 3x_3 &= 2 \\ 5x_2 + x_3 &= 0 \\ 5x_2 &= -5 \end{aligned}$$

Man kann nun noch eine Spaltenvertauschung vornehmen und erhält ein LGS mit gleicher Lösungsmenge wie das alte LGS, das jedoch einfacher zu lösen ist:

$$\begin{aligned} -x_1 + 3x_3 + 8x_2 &= 2 &&\Longrightarrow& x_1 &= -2 + 3x_3 + 8x_2 = \underline{5} \\ x_3 + 5x_2 &= 0 &&\Longrightarrow& x_3 &= -5x_2 = \underline{5} \\ 5x_2 &= -5 &&\Longrightarrow& x_2 &= \underline{-1} \end{aligned}$$

"Rückwärtseinsetzen"

In Matrizenschreibweise:

$$A\vec{x} = \vec{b} \Longleftrightarrow \begin{pmatrix} -1 & 8 & 3 \\ 2 & 4 & -1 \\ 0 & 5 & 1 \\ -3 & 9 & 5 \end{pmatrix} \begin{pmatrix} x_1 \\ x_2 \\ x_3 \end{pmatrix} = \begin{pmatrix} 2 \\ 1 \\ 0 \\ 1 \end{pmatrix} \Longleftrightarrow \vec{x} = \begin{pmatrix} x_1 \\ x_2 \\ x_3 \end{pmatrix} = \begin{pmatrix} 5 \\ -1 \\ 5 \end{pmatrix}.$$

Dieses LGS hat die eindeutig bestimmte Lösung $\vec{x} = (5, -1, 5)$. [2]

Da die elementaren Umformungen den Rang einer Matrix nicht ändern, gilt:

$$\mathrm{rg}\,A = \mathrm{rg} \begin{pmatrix} -1 & 8 & 3 \\ 0 & 5 & 1 \\ 0 & 5 & 0 \\ 0 & 0 & 0 \end{pmatrix} = \mathrm{rg} \begin{pmatrix} -1 & 8 & 3 & 2 \\ 0 & 5 & 1 & 0 \\ 0 & 5 & 0 & -5 \\ 0 & 0 & 0 & 0 \end{pmatrix} = \mathrm{rg}\,(A, \vec{b}) = \underline{3}$$

Diese Rangbetrachtungen interessieren uns jedoch im Augenblick nicht, wir wollen LGSe lösen:

---

[1] Die angezeigten elementaren Umformungen dürften sich selbst erklären.
[2] Vektoren schreiben wir hier als Spalten oder Zeilen!

11.3   Man löse das LGS
$$\begin{array}{rcrcrcl}
x & + & 2y & + & z & = & 3 \\
x & - & y & - & z & = & 1 \\
3x & + & 3y & + & z & = & 8
\end{array}$$

x	y	z		Regie		
1	2	1	3	1	-1	
1	-1	-1	1	1		
3	3	1	8			1
2	1	0	4	-1		
2	1	0	5	1		
0	0	0	1			

Die letzte Gleichung ausgeschrieben:

$0x + 0y + 0z = 1$ Widerspruch!

Das LGS hat keine Lösung!

Manchmal ist folgende Variante zweckmäßig, z.B. wenn man das LGS $A\vec{x} = \vec{b}$ bei gleicher Matrix A für *verschiedene* $\vec{b}$ lösen will:

11.4   Man löse das LGS aus Beispiel [11.1]

x_1	x_2	x_3		Regie		
-1	8	3	2	2	0	3
2	4	-1	1	1		
0	5	1	0		1	
-3	9	5	1			-1
-1	8	3	2	-1		
0	20	5	5		-1	
0	5	1	0	3	5	4
0	15	4	5			-1
1	7	0	-2	5		
0	5	0	-5		1	
0	5	1	0			1
0	5	0	-5	-7	-1	-1
5	0	0	25	1/5		
0	0	0	0			
0	0	1	5			
0	5	0	-5	1/5		
1	0	0	5			
0	0	0	0			
0	0	1	5			
0	1	0	-1			

Durch elementare Umformungen wird das LGS schrittweise durch einfachere äquivalente LGSe ersetzt:

Bei dieser Variante werden alle Gleichungen—die markierten und die neuen—notiert.

Aus diesem LGS lassen sich x_1, x_2, x_3 leicht berechnen; aber man vereinfacht weiter, indem man weiter Nullen erzeugt:

Dieses LGS lässt sich nicht mehr vereinfachen. Man liest ab:

$$\begin{array}{l}
x_1 = 5 \\
\longrightarrow \quad x_2 = -1 \quad \longrightarrow \quad \vec{x} = \begin{pmatrix} 5 \\ 1 \\ 5 \end{pmatrix}. \\
x_3 = 5
\end{array}$$

11.5

$$\text{Es seien}\quad A = \begin{pmatrix} 1 & 2 & -3 \\ -1 & 1 & 2 \\ 0 & -3 & 2 \end{pmatrix}, \quad \vec{b}_1 = \begin{pmatrix} -2 \\ 1 \\ 2 \end{pmatrix}, \quad \vec{b}_2 = \begin{pmatrix} -4 \\ 7 \\ 0 \end{pmatrix}.$$

Man löse die LGSe $\quad A\vec{x}_1 = \vec{b}_1 \quad$ und $\quad A\vec{x}_2 = \vec{b}_2$.

x	y	z	$\vec{b}_1$	$\vec{b}_2$	Regie	
$\boxed{1}$	2	-3	-2	-4	1	
-1	1	2	1	7	1	
0	-3	2	2	0		
1	2	-3	-2	-4	1	
0	3	$\boxed{-1}$	-1	3	-3	2
0	-3	2	2	0		1
1	-7	0	1	-13	3	
0	3	-1	-1	3		-1
0	$\boxed{3}$	0	0	6	7	1
3	0	0	3	3	1/3	
0	0	1	1	3		
0	3	0	0	6	1/3	
1	0	0	1	1		
0	0	1	1	3		
0	1	0	0	2		
1	0	0	1	1		
0	1	0	0	2		
0	0	1	1	3		
			$\vec{x}_1$	$\vec{x}_2$		

Aus den letzten drei Gleichungen ergibt sich, dass das LGS eindeutig lösbar ist und:

$$\vec{x}_1 = \begin{pmatrix} 1 \\ 0 \\ 1 \end{pmatrix} \quad \text{und} \quad \vec{x}_2 = \begin{pmatrix} 1 \\ 2 \\ 3 \end{pmatrix}.$$

Probe:

$$\begin{pmatrix} 1 & 2 & -3 \\ -1 & 1 & 2 \\ 0 & -3 & 2 \end{pmatrix} \begin{pmatrix} 1 \\ 0 \\ 1 \end{pmatrix} = \begin{pmatrix} -2 \\ 1 \\ 2 \end{pmatrix} = \vec{b}_1$$

$$\begin{pmatrix} 1 & 2 & -3 \\ -1 & 1 & 2 \\ 0 & -3 & 2 \end{pmatrix} \begin{pmatrix} 1 \\ 2 \\ 3 \end{pmatrix} = \begin{pmatrix} -4 \\ 7 \\ 0 \end{pmatrix} = \vec{b}_2$$

$\leftarrow$
$\leftarrow$ Vertauschen der 2. und 3. Zeile

Mit $B := (\vec{b}_1, \vec{b}_2) = \begin{pmatrix} -2 & -4 \\ 1 & 7 \\ 2 & 0 \end{pmatrix}$, lautet die obige Aufgabe in Matrizenform: Man löse die Matrizengleichung $AX = B$.

<u>Lösung:</u> $X = (\vec{x}_1, \vec{x}_2) = A^{-1}B = \begin{pmatrix} 1 & 1 \\ 0 & 2 \\ 1 & 3 \end{pmatrix}.$

11.6

$$A = \begin{pmatrix} -2 & 2 & 2 & 4 \\ 1 & 0 & 5 & 2 \\ -1 & 2 & 5 & 4 \\ 3 & -2 & 3 & 0 \end{pmatrix}$$

Besitzt A eine Inverse A^{-1} ?
Wenn ja, berechne man sie!

Um die Matrizengleichung $AX = E$ zu lösen, benutzt man das Gaußsche Eliminationsverfahren wie im vorigen Beispiel mit kleinen formalen Änderungen:

$$
\begin{array}{cccc|cccc}
\vec{a}_1 & \vec{a}_2 & \vec{a}_3 & \vec{a}_4 & \vec{e}_1 & \vec{e}_2 & \vec{e}_3 & \vec{e}_4
\end{array}
$$

$$
A = \left(
\begin{array}{cccc|cccc}
-2 & 2 & 2 & 4 & 1 & 0 & 0 & 0 \\
\boxed{1} & 0 & 5 & 2 & 0 & 1 & 0 & 0 \\
-1 & 2 & 5 & 4 & 0 & 0 & 1 & 0 \\
3 & -2 & 3 & 0 & 0 & 0 & 0 & 1
\end{array}
\right) = E
$$

$$
\begin{array}{cccc|cccc}
1 & 0 & 5 & 2 & 0 & 1 & 0 & 0 \\
0 & \boxed{2} & 12 & 8 & 1 & 2 & 0 & 0 \\
0 & 2 & 10 & 6 & 0 & 1 & 1 & 0 \\
0 & 2 & 12 & 6 & 0 & 3 & 0 & -1
\end{array}
$$

$$
\begin{array}{cccc|cccc}
1 & 0 & 5 & 2 & 0 & 1 & 0 & 0 \\
0 & 2 & 12 & 8 & 1 & 2 & 0 & 0 \\
0 & 0 & \boxed{2} & 2 & 1 & 1 & -1 & 0 \\
0 & 0 & 0 & 2 & 1 & -1 & 0 & 1
\end{array}
$$

$$
\begin{array}{cccc|cccc}
2 & 0 & 0 & -6 & -5 & -3 & 5 & 0 \\
0 & 2 & 0 & -4 & -5 & -4 & 6 & 0 \\
0 & 0 & 2 & 2 & 1 & 1 & -1 & 0 \\
0 & 0 & 0 & \boxed{2} & 1 & -1 & 0 & 1
\end{array}
$$

$$
\rightarrow
\begin{array}{cccc|cccc}
2 & 0 & 0 & 0 & -2 & -6 & 5 & 3 \\
0 & 2 & 0 & 0 & \mathbf{-3} & \mathbf{-6} & \mathbf{6} & \mathbf{2} \\
0 & 0 & 2 & 0 & 0 & 2 & -1 & -1 \\
0 & 0 & 0 & 2 & 1 & -1 & 0 & 1
\end{array}
$$

Die *Regie* benötigt man nicht, sie ist teilweise im System enthalten. Da *oben rechts* die Einheitsmatrix E steht, gibt z.B. die fettgedruckte Zeile an, mit welchen elementaren Umformungen man aus den Zeilen von A die $\rightarrow$ nebenstehende Zeile bekommt:

$$
\begin{aligned}
\mathbf{3}\,(&\quad 2,\ \ 2,2,4\,) \\
\mathbf{-6}\,(&\quad 1,\ \ 0,5,2\,) \\
\mathbf{6}\,(&{-1},\ \ 2,5,4\,) \\
\mathbf{2}\,(&\quad 3,{-2},3,0\,) \\
\hline
\rightarrow\,(&\quad 0,\ \ 2,0,0\,)
\end{aligned}
$$

Zunächst *eine* Diagonalform herstellen und die eventuell nötige Bruchrechnung bis zum Schluss verschieben!

$$
E = \left(
\begin{array}{cccc|cccc}
1 & 0 & 0 & 0 & -1 & -3 & \frac{5}{2} & \frac{3}{2} \\
0 & 1 & 0 & 0 & -\frac{3}{2} & -3 & 3 & 1 \\
0 & 0 & 1 & 0 & 0 & 1 & -\frac{1}{2} & -\frac{1}{2} \\
0 & 0 & 0 & 1 & \frac{1}{2} & -\frac{1}{2} & 0 & \frac{1}{2}
\end{array}
\right) = A^{-1}
$$

$$
\begin{array}{cccc}
\vec{x}_1 & \vec{x}_2 & \vec{x}_3 & \vec{x}_4
\end{array}
$$

A ist invertierbar und

$$
A^{-1} =
\begin{pmatrix}
-1 & -3 & \frac{5}{2} & \frac{3}{2} \\
-\frac{3}{2} & -3 & 3 & 1 \\
0 & 1 & -\frac{1}{2} & -\frac{1}{2} \\
\frac{1}{2} & -\frac{1}{2} & 0 & \frac{1}{2}
\end{pmatrix}
= \frac{1}{2}
\begin{pmatrix}
-2 & -6 & 5 & 3 \\
-3 & -6 & 6 & 2 \\
0 & 2 & -1 & -1 \\
1 & -1 & 0 & 1
\end{pmatrix}.
$$

Ist eine Matrix nicht invertierbar, so kommt man durch die elementaren Umformungen auf einen Widerspruch!

11.7

Man berechne ggf. die Inverse der Matrix $A = \begin{pmatrix} 4 & 3 & 2 \\ 3 & -1 & -5 \\ 1 & 1 & 1 \end{pmatrix}$.

$\vec{a}_1$	$\vec{a}_2$	$\vec{a}_3$	$\vec{e}_1$	$\vec{e}_2$	$\vec{e}_3$
4	3	2	1	0	0
3	-1	-5	0	1	0
$\boxed{1}$	1	1	0	0	1
0	$\boxed{-1}$	-2	1	0	-4
0	-4	-8	0	1	-3
1	1	1	0	0	1
0	-1	-2	1	0	-4
0	0	0	-4	1	13
1	1	1	0	0	1

$\implies$ Widerspruch!
A ist nicht invertierbar!

Neben eindeutig lösbaren und unlösbaren LGSen gibt es auch solche, die mehrere Lösungen haben:

11.8   Man löse das LGS

$$\begin{array}{rcrcrcr} 2x & + & y & + & z & = & 1 \\ 4x & + & y & + & 2z & = & 0 \\ 2x & & & + & z & = & -1. \end{array}$$

x	y	z		
2	$\boxed{1}$	1	1	1
4	1	2	0	-1
2	0	1	-1	
-2	0	-1	1	1
2	0	$\boxed{1}$	-1	1
0	0	0	0	

Das LGS wird durch die markierten Gleichungen ersetzt:

$$\begin{array}{rcrcrcr} 2x & + & y & + & z & = & 1 \\ 2x & & & + & z & = & -1 \end{array}$$

Aus der letzten markierten Gleichung wollten wir z ausrechnen. z ist jedoch nicht eindeutig bestimmt, sondern hängt von x ab.

Setzt man $x = t$ ($t \in \mathbb{R}$ beliebig, heißt *Parameter*), so wird $z = -1 - 2t$.
Setzt man nun x und z in die erste Gleichung ein, so erhält man:

$y = 1 - 2x - z = 1 - 2t - (-1 - 2t) = 2$. Also

$$\begin{array}{l} x = t \\ y = 2 \\ z = -1 - 2t \end{array} \quad \text{in vektorieller Schreibweise:} \quad \vec{x} = \begin{pmatrix} x \\ y \\ z \end{pmatrix} = \begin{pmatrix} 0 \\ 2 \\ -1 \end{pmatrix} + t \begin{pmatrix} 1 \\ 0 \\ -2 \end{pmatrix}, \quad t \in \mathbb{R}.$$

Mögliche Interpretationen:

Das obige LGS könnte sich aus verschiedenen Aufgaben ergeben, z.B.:

1. *Man löse das LGS !*

Das LGS ist lösbar; aber nicht eindeutig lösbar! Es gibt unendlich viele Lösungen. Jede Lösung hat die Form $(t, 2, -1 - 2t)$, wobei t eine beliebige reelle Zahl ist.

2. *Lässt sich der Vektor $(1, 0, -1)$ aus den drei Vektoren $(2, 4, 2)$, $(1, 1, 0)$, $(1, 2, 1)$ linear kombinieren?*

Wenn ja, gebe man alle Möglichkeiten an.

Der Vektor $(1, 0, -1)$ lässt sich auf unendlich viele Möglichkeiten aus den drei Vektoren linear kombinieren!

$$x \begin{pmatrix} 2 \\ 4 \\ 2 \end{pmatrix} + y \begin{pmatrix} 1 \\ 1 \\ 0 \end{pmatrix} + z \begin{pmatrix} 1 \\ 2 \\ 1 \end{pmatrix} - \begin{pmatrix} 1 \\ 0 \\ -1 \end{pmatrix} \longleftrightarrow \begin{array}{l} x = t \\ y = 2 \\ z = -1 - 2t \end{array}, \quad t \subset \text{IR}.$$

3. *Man berechne den Schnitt der drei Ebenen:*

$$\begin{array}{llllllll} E_1 & : & 2x & + & y & + & z & = & 1 \\ E_2 & : & 4x & + & y & + & 2z & = & 0 \\ E_3 & : & 2x & & & + & z & = & -1 \end{array}$$

Die Ebenen schneiden sich in der Geraden $g : \vec{x} = \begin{pmatrix} 0 \\ 2 \\ -1 \end{pmatrix} + t \begin{pmatrix} 1 \\ 0 \\ -2 \end{pmatrix}$, $t \in \text{IR}$.

11.9 Man löse das LGS $A\vec{x} = \vec{b}$, mit $A = \begin{pmatrix} 1 & -3 & 5 & -2 \\ -2 & 6 & -10 & 4 \\ 3 & -1 & 3 & -10 \\ 1 & -1 & 2 & -3 \end{pmatrix}$, $\vec{b} = \begin{pmatrix} -1 \\ 2 \\ -19 \\ -5 \end{pmatrix}$.

x_1	x_2	x_3	x_4		Regie		
$\boxed{1}$	-3	5	-2	-1	2	3	1
-2	6	-10	4	2	1		
3	-1	3	-10	-19	-1		
1	-1	2	-3	-5			-1
0	0	0	0	0			
0	-8	12	4	16	1		
0	-2	3	$\boxed{1}$	4	-4		
0	0	0	0	0			

Das alte LGS ist durch die beiden markierten Gleichungen zu ersetzen!

Aus $-2x_2 + 3x_3 + x_4 = 4$ sollte x_4 berechnet werden.

Man führt zwei Parameter ein: $x_2 = s$, $x_3 = t$ und erhält:

$$x_4 = 4 + 2s - 3t.$$

Die erste markierte Gleichung ergibt:

$$\begin{aligned} x_1 &= 1 + 3s - 5t + 2(4 + 2s - 3t) \\ &= 7 + 7s - 11t \end{aligned}$$

Die allgemeine Lösung: In vektorieller Schreibweise:

$$\begin{matrix} x_1 = 7 & + & 7s & - & 11t \\ x_2 = & & s & & \\ x_3 = & & & & t \\ x_4 = 4 & + & 2s & - & 3t \end{matrix} \quad \Longleftrightarrow \quad \vec{x} = \begin{pmatrix} x_1 \\ x_2 \\ x_3 \\ x_4 \end{pmatrix} = \begin{pmatrix} 7 \\ 0 \\ 0 \\ 4 \end{pmatrix} + s \begin{pmatrix} 7 \\ 1 \\ 0 \\ 2 \end{pmatrix} + t \begin{pmatrix} -11 \\ 0 \\ 1 \\ -3 \end{pmatrix}.$$

Man sagt: Das LGS hat eine *zweiparametrige* Lösungsschar.

Beim Lösen linearer Gleichungssysteme sind folgende drei Fälle möglich:

- **nicht** lösbar (enthält einen Widerspruch). z.B. [11.3]

Das LGS ist   • **eindeutig** lösbar. z.B. [11.2]

- **mehrdeutig** lösbar (es hat unendlich viele Lösungen). z.B. [11.8]

11.10   *Man löse das LGS* $2x - 5y + 3z = -3$.

Dieses LGS besteht nur aus einer Gleichung ! Man führt zwei Parameter ein:
$y = r$, $z = s$ und erhält: $x = -3/2 + 5/2\,r - 3/2\,s$.

Damit erhält man die Lösungsgesamtheit in vektorieller Schreibweise:

$$\vec{x} = \begin{pmatrix} -3/2 \\ 0 \\ 0 \end{pmatrix} + r \begin{pmatrix} 5/2 \\ 1 \\ 0 \end{pmatrix} + s \begin{pmatrix} -3/2 \\ 0 \\ 1 \end{pmatrix}.$$

Das LGS (eine Gleichung) stellt eine Ebene in *Koordinatenform* dar, die man
in eine *Parameterform* überführt hat, (vgl. Seite 148). Diese ist nicht eindeutig
bestimmt: Eine andere ist z.B.: (für $r = 1$, $s = 0$ erhält man $\vec{x} = (1, 1, 0)$)

$$\vec{x} = \begin{pmatrix} 1 \\ 1 \\ 0 \end{pmatrix} + r \begin{pmatrix} 5 \\ 2 \\ 0 \end{pmatrix} + s \begin{pmatrix} -3 \\ 0 \\ 2 \end{pmatrix}.$$

Geometrische Interpretation:

Jede Gleichung $ax + by + cz = d$ mit $(a, b, c) \neq (0, 0, 0)$ eines LGS von drei
Variablen beschreibt eine Ebene im $\mathbb{R}^3$. Die Lösungen des LGS sind diejenigen
Punkte, die allen Ebenen des LGS gemeinsam angehören.

Dabei sind folgende drei Fälle möglich:

Die **Ebenen** haben		Das **LGS** hat
keinen Punkt gemeinsam	$\Longleftrightarrow$	*keine* Lösung
genau einen Punkt gemeinsam	$\Longleftrightarrow$	*genau eine* Lösung
mehrere Punkte gemeinsam	$\Longleftrightarrow$	*unendlich viele* Lösungen.

11.2 Lineare Gleichungssysteme mit Parameter

Treten in dem Koeffizientenschema eines LGSs Parameter auf, so führt man das Gaußsche Eliminationsverfahren wie üblich durch und muss eventuell eine Fallunterscheidung vornehmen.

11.11 *Für welche $a \in \mathbb{R}$ hat nebenstehendes LGS keine, genau eine, mehrere Lösungen? Man gebe gegebenenfalls sämtliche Lösungen an.*

$$x + 2y + z = 1$$
$$x + y + 2z = 1$$
$$2x + 3y + 3z = a$$

x	y	z		Regie	
1	2	1	1	1	2
1	1	2	1	1	
2	3	3	a	-1	
0	1	-1	0	1	
0	1	-1	$2-a$	-1	
0	0	0	$a-2$		

Fallunterscheidung:

1. Fall: $a \neq 2$: LGS unlösbar

2. Fall: $a = 2$: $z = r \Longrightarrow y = r$ und
$$x = 1 - 2y - z = 1 - 3r$$
$$\vec{x} = \begin{pmatrix} 1 \\ 0 \\ 0 \end{pmatrix} + r \begin{pmatrix} -3 \\ 1 \\ 1 \end{pmatrix}.$$

11.12 *Für welche $p \in \mathbb{R}$ hat das LGS $A\vec{x} = \vec{b}$ keine, genau eine, mehrere Lösungen. Man gebe gegebenenfalls sämtliche Lösungen an.*

$$A = \begin{pmatrix} 1 & 1 & 1 \\ 0 & p-1 & p \\ 2 & 3-p & 3 \end{pmatrix} , \quad \vec{b} = \begin{pmatrix} 2 \\ 2p-1 \\ 7 \end{pmatrix}.$$

x	y	z		Regie
1	1	1	2	2
0	$p-1$	p	$2p-1$	
2	$3-p$	3	7	-1
0	$p-1$	p	$2p-1$	1
0	$p-1$	-1	-3	p
0	p^2-1	0	$-1-p$	

Die letzte Zeile lautet:

$$(p^2 - 1) \cdot y = -(p+1)$$

Beachtet man $p^2 - 1 = (p-1)(p+1)$, so ergibt sich aus der letzten Zeile die Fallunterscheidung:

1. Fall: $p^2 - 1 \neq 0 \Longleftrightarrow p \neq \pm 1$

2. Fall: $p = 1$

3. Fall: $p = -1$

1. Fall: $p \neq \pm 1$. Es gibt genau eine Lösung, die natürlich von p abhängt:

$$y = \frac{1}{1-p} \implies z = 3 - \frac{1-p}{1-p} = 2 \implies x = -\frac{1}{1-p}, \text{ also } \vec{x} = \frac{1}{1-p} \begin{pmatrix} -1 \\ 1 \\ 2(1-p) \end{pmatrix}.$$

2. Fall: $p = 1$: $\boxed{0 \;\; 0 \;\; 0 \,|\, -2}$ LGS unlösbar!

3. Fall: $p = -1$:

$$\begin{array}{|ccc|c|} \hline \boxed{1} & 1 & 1 & 2 \\ 0 & -2 & \boxed{-1} & -3 \\ 0 & 0 & 0 & 0 \\ \hline \end{array} \implies \begin{array}{l} y = r \\ z = 3 - 2r \\ x = 2 - y - z = -1 + r \end{array} \implies \vec{x} = \begin{pmatrix} -1 \\ 0 \\ 3 \end{pmatrix} + r \begin{pmatrix} 1 \\ 1 \\ -2 \end{pmatrix}.$$

Durch Einbringen eines Parameters in ein LGS können also *alle drei Fälle* auftreten, die beim Lösen eines LGS möglich sind. Naturgemäß finden sich solche Aufgaben häufig in Klausuren.

Nun noch ein Beispiel mit zwei Parametern, drei Parameter siehe [11.24].

11.13 (a)
$$\begin{array}{rcrcrcl} bx & & & - & az & = & 1 \\ ax & + & y & + & bz & = & 1 \\ x & - & ay & & & = & -1 \\ & & by & & - z & = & -1 \end{array}$$
Für welche Wertepaare $(a, b) \in \mathbb{R}^2$ hat das LGS keine, genau eine, mehr als eine Lösung? Man gebe ggf. sämtliche Lösungen an!

(b)
$$\begin{array}{rcrcl} ax & + & z & = & 0 \\ ay & + & w & = & 1 \\ x & + & az & = & 0 \\ y & + & aw & = & 1 \end{array}$$
Für welche Werte $a \in \mathbb{R}$ hat das LGS keine, genau eine, mehr als eine Lösung? Man gebe ggf. sämtliche Lösungen an!

(a)

x	y	z		Regie	
b	0	$-a$	1	1	
a	1	b	1		1
$\boxed{1}$	$-a$	0	-1	$-b$	$-a$
0	b	-1	-1		
0	ab	$-a$	$1+b$	1	
0	$1+a^2$	b	$1+a$		1
0	b	$\boxed{-1}$	-1	$-a$	b
0	0	0	$1+a+b$	$\implies$	Widerspruch, falls $1+a+b \neq 0$.
0	$\boxed{1+a^2+b^2}$	0	$1+a-b$		

Notwendig für die Lösbarkeit ist also $1 + a + b = 0$, d.h. $b = -1 - a$.

Die drei markierten Gleichungen ergeben mit $b = -1 - a$:

x	y	z	
$\boxed{1}$	$-a$	0	-1
0	$-1-a$	$\boxed{-1}$	-1
$[0$	$2+2a+2a^2$	0	$2+2a]$
0	$\boxed{1+a+a^2}$	0	$1+a$

Wegen $1 + a + a^2 \neq 0$
ist dieses LGS eindeutig lösbar !

$$y = \frac{2+2a}{2+2a+2a^2} = \frac{1+a}{1+a+a^2}$$
$$z = 1 - (1+a)y = \frac{-a}{1+a+a^2} \quad \text{also:} \quad \vec{x} = \frac{1}{1+a+a^2}\begin{pmatrix} -1 \\ 1+a \\ -a \end{pmatrix}.$$
$$x = -1 + ay = -\frac{1}{1+a+a^2}$$

Ergebnis: $\begin{cases} \text{Ist } 1 + a + b \neq 0 \text{ , so ist das LGS } \underline{\text{nicht lösbar}}. \\ \text{Ist } 1 + a + b = 0 \text{ , so ist das LGS } \underline{\text{eindeutig lösbar}} \\ \text{mit der oben angegebenen Lösung.} \end{cases}$

(b)

x	y	z	w		Regie
a	0	1	0	0	-1
0	a	0	1	1	
$\boxed{1}$	0	a	0	0	a
0	1	0	a	1	
0	0	a^2-1	0	0	
0	a	0	1	1	-1
0	$\boxed{1}$	0	a	1	a
0	0	$\boxed{a^2-1}$	0	0	
0	0	0	$\boxed{a^2-1}$	$a-1$	

1. Fall: $a = -1 \implies 0w = -2$, Widerspruch: LGS hat $\underline{\text{keine Lösung}}$.

2. Fall: $a = 1 \implies 0w = 0 \implies w = t$ beliebig
$\implies 0z = 0 \implies z = s$ beliebig
$\implies y = 1 - t$
$\implies x = -s$
$\vec{x} = (-s, 1-t, s, t) = (0, 1, 0, 0) + s(-1, 0, 1, 0) + t(0, -1, 0, 1)$
ist $\underline{\text{zweiparametrige Lösungsschar}}$.

3. Fall: $a \neq \pm 1 \implies (a^2-1)w - a - 1 \implies w = \frac{1}{a+1}$
$\implies (a^2-1)z = 0 \implies z = 0$
$\implies y = 1 - \frac{a}{a+1} = \frac{1}{a+1}$
$\implies x = 0$
$\vec{x} = \frac{1}{a+1}(0, 1, 0, 1)$ ist $\underline{\text{eindeutig bestimmte Lösung}}$.

11.3   Aufgaben

Man löse folgende LGSe

11.14
$$\begin{aligned} -x &+ 8y &+ 3z &= 2 \\ 2x &+ 4y &- z &= 1 \\ -2x &+ y &+ 2z &= -1 \end{aligned}$$

11.15
$$\begin{aligned} 2x &+ 4y &+ 11z &- 9w &= -22 \\ -x &+ 3y &- 5z &+ 2w &= 1 \\ -x &+ 5y &+ 8z &+ w &= -3 \\ 4x &- 2y &+ 5z &- 13w &= -24 \end{aligned}$$

11.16   *Man löse die LGSe*

$$\begin{pmatrix} 1 & 2 & 3 & 4 \\ 3 & 2 & 3 & 4 \\ 3 & 4 & 6 & 8 \end{pmatrix} \vec{x} = \begin{pmatrix} 0 \\ 0 \\ 0 \end{pmatrix} \quad \text{und} \quad \begin{pmatrix} 1 & 2 & 3 & 4 \\ 3 & 2 & 3 & 4 \\ 3 & 4 & 6 & 8 \end{pmatrix} \vec{x} = \begin{pmatrix} 1 \\ -1 \\ 1 \end{pmatrix}.$$

11.17   *Für welche* $a \in \mathbb{R}$ *besitzt das LGS*
eine unendliche Lösungsschar?
Wie lautet sie?
$$\begin{aligned} ax &+ 5y &+ 4z &= a+1 \\ (a-1)x &- y &- 3z &= a-2 \\ 2ax &+ 3y &- 2z &= 2a-1 \end{aligned}$$

11.18
$$A = \begin{pmatrix} 2 & 2 & 0 & 3 \\ 1 & 3 & 2 & 3 \\ 2 & 0 & -8 & 6 \end{pmatrix}$$
Zeige: Das LGS $A\vec{x} = \vec{b}$ *ist für alle* $\vec{b} \in \mathbb{R}^3$ *lösbar !*
Für $\vec{b} = (1, 1, -4)$ *gebe man alle Lösungen an !*

Für welche reellen Parameter $(a, b, c, d, e \in \mathbb{R})$ besitzen folgende LGSe keine, genau eine, mehrere Lösungen? Man gebe ggf. alle Lösungen an!

11.19
$$\begin{aligned} ax & & &= 0 \\ 2x &+ ay &- z &= 2 \\ x &+ y &+ (a-2)z &= 2a \end{aligned}$$

11.20
$$\begin{aligned} x &- 2y &- 2z &= 0 \\ x &+ y &+ bz &= 2 \\ 2x &+ (b-1)y &- 2z &= 2 \end{aligned}$$

11.21
$$\begin{aligned} cx &+ 3y &+ 5z &= 10 \\ &y &+ 5z &= 6 \\ 2x &+ cy & &= 4 \end{aligned}$$

11.22
$$\begin{aligned} x &+ y &+ z &= 1 \\ 2x &+ 3y &+ dz &= 3 \\ 3x &+ (4-d)y &+ z &= 1 \\ x &+ dy &+ 3z &= 3 \end{aligned}$$

11.23
$$\begin{aligned} x &+ 2y &- 4z &= 2 \\ ex &- 2y &+ 4z &= 2e \\ -2x &+ y &+ (e+4)z &= 10 \\ -x &+ 3y &+ ez &= -e^2 + 13 \end{aligned}$$

11.24
$$\begin{aligned} ax &- by & &= 0 \\ cx & &+ bz &= 0 \\ &cy &+ az &= 0 \end{aligned}$$

11.25   *Nur für Experten:*
Man löse das LGS über den
Körpern $\mathbb{Z}_2$, $\mathbb{Z}_3$ *(siehe* **LA***) und* $\mathbb{R}$:
$$\begin{aligned} x &+ y &+ z &= 2 \\ x &+ 2y &+ 3z &= 3 \\ x &+ 2y &- 3z &= 1 \end{aligned}$$

11.26
$$A = \begin{pmatrix} 2 & -2 & 0 \\ 3 & 0 & 1 \\ 0 & 4 & -2 \end{pmatrix}, \quad B = \begin{pmatrix} 1 & -2 & -2 \\ 1 & 1 & 0 \\ 2 & -1 & -2 \end{pmatrix}, \quad C = \begin{pmatrix} 0 & 1 \\ 0 & 2 \\ 0 & 3 \end{pmatrix}.$$
Man löse ggf. die Matrizengleichungen $AX = C$ *bzw.* $BX = C$.

11.27   *Man bestimme ein Polynom* p *höchstens 2-ten Grades, das durch die Punkte* $(-1, 7)$, $(0, 2)$, $(3, -1)$ *geht, (vgl. [3.9]: Lösung nach Lagrange bzw. Newton).*

11.4   Lösungen

11.14 $\vec{x} = \begin{pmatrix} 5 \\ -1 \\ 5 \end{pmatrix}$ Cramersche Regel, S.188

11.15 $\vec{x} = \begin{pmatrix} x \\ y \\ z \\ w \end{pmatrix} = \begin{pmatrix} -7 \\ -2 \\ 0 \\ 0 \end{pmatrix} + r \begin{pmatrix} 7 \\ 1 \\ 0 \\ 2 \end{pmatrix}$

11.16 $\vec{x}_1 = r \begin{pmatrix} 0 \\ -3 \\ 2 \\ 0 \end{pmatrix} + s \begin{pmatrix} 0 \\ -2 \\ 0 \\ 1 \end{pmatrix}$, $\vec{x}_2 = \begin{pmatrix} -1 \\ 1 \\ 0 \\ 0 \end{pmatrix} + r \begin{pmatrix} 0 \\ -3 \\ 2 \\ 0 \end{pmatrix} + s \begin{pmatrix} 0 \\ -2 \\ 0 \\ 1 \end{pmatrix}$.

11.17 Genau für $a = 2$ unendlich viele Lösungen: $\vec{x} = \dfrac{1}{11} \begin{pmatrix} 0 \\ 9 \\ -3 \end{pmatrix} + s \begin{pmatrix} 11 \\ -10 \\ 7 \end{pmatrix}$.

11.18

x	y	z	w		Regie
2	2	0	3	1	
1	3	2	3	1	2
[2	0	−8	6	−4]	
1	0	−4	3	−2	1
2	2	0	3	1	−1
[3	6	0	9	0]	
1	2	0	3	0	2
0	2	0	3	−1	

Aus den drei markierten Gleichungen. ergibt sich, dass das LGS für jede rechte Seite – d.h. für jedes $\vec{b} \in \mathbb{R}^3$ – lösbar ist!

speziell:

$$\vec{x} = \frac{1}{4} \begin{pmatrix} 4 \\ -2 \\ 3 \\ 0 \end{pmatrix} + r \begin{pmatrix} 0 \\ -6 \\ 3 \\ 4 \end{pmatrix}$$

11.19 Für $a \neq 0$ erhält man:

x	y	z		Regie
a	0	0	0	
2	a	−1	2	1
1	1	$a-2$	$2a$	$-a$
a	0	0	0	$2-a$
$2-a$	0	$-1-a^2+2a$	$2-2a^2$	$-a$
[0	0	$a+a^3-2a^2$	$2a^3-2a$]	
[0	0	$a(a-1)^2$	$2a(a^2-1)$]	
0	0	$(a-1)^2$	$2(a^2-1)$	

$\underline{a \neq 0, 1}$: genau eine Lösung:

$$\vec{x} = \frac{1}{a-1} \begin{pmatrix} 0 \\ 4 \\ 2(a+1) \end{pmatrix}.$$

$\underline{a = 1}$: unendlich viele Lösungen:

$$\vec{x} = \begin{pmatrix} 0 \\ 2 \\ 0 \end{pmatrix} + r \begin{pmatrix} 0 \\ 1 \\ 1 \end{pmatrix}.$$

$\underline{a = 0}$: unendlich viele Lösungen:

$$\vec{x} = \begin{pmatrix} 0 \\ -4 \\ -2 \end{pmatrix} + r \begin{pmatrix} 1 \\ 3 \\ 2 \end{pmatrix}.$$

11.20 $\underline{b \neq 0, -5}$: eindeutige Lösung: $\quad \vec{x} = \dfrac{2}{b+5} \begin{pmatrix} 4 \\ 1 \\ 1 \end{pmatrix}$.

$\underline{b = 0}$: unendlich viele Lösungen: $\quad \vec{x} = \begin{pmatrix} 2 \\ 0 \\ 1 \end{pmatrix} + r \begin{pmatrix} -2 \\ 2 \\ -3 \end{pmatrix}$.

$\underline{b = -5}$: keine Lösung!

11.21 $\underline{c \neq 2, -2}$: eindeutige Lösung: $\quad \vec{x} = \dfrac{1}{5(c+2)} \begin{pmatrix} 20 \\ 20 \\ 6c + 8 \end{pmatrix}$.

$\underline{c = 2}$: unendlich viele Lösungen: $\quad \vec{x} = \begin{pmatrix} 1 \\ 1 \\ 1 \end{pmatrix} + r \begin{pmatrix} 5 \\ -5 \\ 1 \end{pmatrix}$.

$\underline{c = -2}$: keine Lösung!

11.22 $\underline{d \neq 0, 3}$: eindeutige Lösung: $\quad \vec{x} = \dfrac{1}{d} \begin{pmatrix} d - 3 \\ 2 \\ 1 \end{pmatrix}$.

$\underline{d = 3}$: unendlich viele Lösungen: $\quad \vec{x} = \begin{pmatrix} 0 \\ 1 \\ 0 \end{pmatrix} + r \begin{pmatrix} 0 \\ -1 \\ 1 \end{pmatrix}$.

$\underline{d = 0}$: keine Lösung!

11.23 $\underline{e \neq 1, -1}$: keine Lösung!

$\underline{e = 1}$: eindeutige Lösung: $\quad \vec{x} = \begin{pmatrix} 2 \\ 4 \\ 2 \end{pmatrix}$.

$\underline{e = -1}$: unendlich viele Lösungen: $\quad \vec{x} = \dfrac{1}{5} \begin{pmatrix} -18 \\ 14 \\ 0 \end{pmatrix} + r \begin{pmatrix} 2 \\ 1 \\ 1 \end{pmatrix}$.

11.24 $\underline{(a, b, c) = (0, 0, 0)}$: Jedes $\vec{x} \in \mathrm{IR}^3$ ist Lösung.

$\underline{(a, b, c) \neq (0, 0, 0)}$: z.B. $a \neq 0$ (Die übrigen Fälle werden analog behandelt!):

x	y	z		Regie
$\boxed{a}$	$-b$	0	0	c
c	0	b	0	$-a$
0	c	a	0	
0	$-bc$	$-ab$	0	1
0	c	$\boxed{a}$	0	b
0	0	0	0	

$y = r$

$z = -\dfrac{c}{a} r$

$x = \dfrac{b}{a} r$

$\vec{x} = r \begin{pmatrix} b/a \\ 1 \\ -c/a \end{pmatrix} = s \begin{pmatrix} b \\ a \\ -c \end{pmatrix}$.

11.25

$\mathbb{Z}_2$:

x	y	z	
1	1	1	0
1	0	1	1
[1	0	1	1]

$z = r$
$x = 1 + r$
$y = x + z = 1$

$$\vec{x} = \begin{pmatrix} 1 \\ 1 \\ 0 \end{pmatrix} + r \begin{pmatrix} 1 \\ 0 \\ 1 \end{pmatrix},$$

unendlich viele Losungen!

$\mathbb{Z}_3$:

x	y	z		Regie
1	1	1	2	
1	2	0	0	2
1	2	0	1	1
0	0	0	1	

unlösbar!

$\mathbb{R}$:

$$\vec{x} = \frac{1}{3} \begin{pmatrix} 4 \\ 1 \\ 1 \end{pmatrix},$$

eindeutige Lösung!

11.26 Es sind jeweils zwei lineare Gleichungssysteme zu lösen:

$AX = C$ hat eine eindeutige Lösung:

x	y	z		Regie
2	−2	0	0 1	
3	0	1	2 0	2
0	4	−2	2 1	1
2	−2	0	0 1	
6	4	0	6 1	
10	0	0	6 3	

$x_1 = \frac{6}{10}, \quad x_2 = \frac{3}{10}$
$y_1 = \frac{6}{10}, \quad y_2 = \frac{-2}{10}$
$z_1 = \frac{2}{10}, \quad z_2 = -\frac{-9}{10}$

$$X = \frac{1}{10} \begin{pmatrix} 6 & 3 \\ 6 & -2 \\ 2 & -9 \end{pmatrix}.$$

Da A invertierbar ist, kann man auch A^{-1} berechnen. Es ist $X = A^{-1}B$.

$BX = C$ hat unendlich viele Lösungen (zweiparametrige Lösungsschar):

x	y	z		Regie	
1	−2	−2	0 1	−1	−2
1	1	0	2 0	1	
2	−1	−2	2 1		1
0	3	2	2 −1		
[0	3	2	2 −1]		

$z_1 = 3r, \qquad z_2 = 3s$
$y_1 = \frac{2}{3} - 2r, \qquad y_2 = -\frac{1}{3} - 2s$
$x_1 = \frac{4}{3} + 2r, \qquad x_2 = \frac{1}{3} + 2s$

$$X(r,s) = \begin{pmatrix} \frac{4}{3} + 2r & \frac{1}{3} + 2s \\ \frac{2}{3} - 2r & -\frac{1}{3} - 2s \\ 3r & 3s \end{pmatrix}.$$

11.27 Ansatz $p(x) = a_2 x^2 + a_1 x + a_0$, Punkte einsetzen und LGS lösen ergibt:

$$\begin{array}{rcl} p(-1) &=& 7 \\ p(0) &=& 2 \\ p(3) &=& -1 \end{array} \iff \begin{array}{rcl} a_2 - a_1 + a_0 &=& 7 \\ a_0 &=& 2 \\ 9a_2 + 3a_1 + a_0 &=& -1 \end{array} \iff \begin{pmatrix} a_2 \\ a_1 \\ a_0 \end{pmatrix} = \begin{pmatrix} 1 \\ -4 \\ 2 \end{pmatrix}.$$

Also ist $p(x) = x^2 - 4x + 2$ das gesuchte Polynom, vgl. [3.9].

12   Differentialrechnung

12.1   Differenzierbarkeit

Zur vertiefenden Wiederholung siehe auch **EM 2**.

Differenzierbarkeit in einem Punkt

Es sei I ein offenes Intervall und $x_0 \in I$. Eine Funktion $f : I \to \mathbb{R}$ heißt *im Punkt x_0 differenzierbar*, wenn

$$\lim_{x \to x_0} \frac{f(x) - f(x_0)}{x - x_0} =: f'(x_0) \quad \text{existiert.}$$

Dieser Grenzwert $f'(x_0)$ heißt *Ableitung* von f in x_0.

Ist $y = f(x)$, so sind folgende Bezeichnungen für die Ableitung von f im Punkt x_0 üblich: $y'(x_0) = f'(x_0) = \frac{df}{dx}(x_0) = \frac{dy}{dx}(x_0)$.

Äquivalent zu der obigen Definition der Differenzierbarkeit ist:

Differenzierbarkeit in einem Punkt

Es sei I ein offenes Intervall und $x_0 \in I$. Eine Funktion $f : I \to \mathbb{R}$ heißt *im Punkt x_0 differenzierbar*, wenn es eine Zahl $f'(x_0)$ gibt, so dass

$$\lim_{x \to x_0} \frac{f(x) - f(x_0) - f'(x_0)(x - x_0)}{x - x_0} = 0 \quad \text{ist.}$$

Die Zahl $f'(x_0)$ heißt *Ableitung* von f in x_0.

$T : \; y = f(x_0) + f'(x_0)(x - x_0)$ ist die Gerade mit der Steigung $f'(x_0)$ durch den Punkt $\big(x_0, f(x_0)\big)$. Sie heißt **Tangente** an f in x_0 oder in $\big(x_0, f(x_0)\big)$.

Tangente

f ist in x_0 differenzierbar $\iff$ f hat im Punkt $\big(x_0, f(x_0)\big)$ eine Tangente.

Gleichung der **Tangente** an f im Punkt $\big(x_0, f(x_0)\big)$	$T : \; y = f(x_0) + f'(x_0)(x - x_0).$

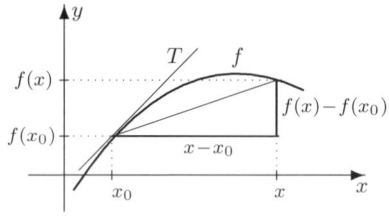

Geometrische Interpretation:

Für $x \neq x_0$ ist $\frac{f(x) - f(x_0)}{x - x_0}$ die Steigung der Sekante durch die Punkte $\big(x_0, f(x_0)\big)$ und $\big(x, f(x)\big)$, also die Durchschnittssteigung von f zwischen x_0 und x.

Ist f in x_0 differenzierbar, so ist die Tangentensteigung $f'(x_0) = \frac{dy}{dx}(x_0)$ in x_0 der Grenzwert der Sekantensteigungen für $x \to x_0$.

12.1 *Man bestimme ggf. die Ableitungen $f'(x_0)$ folgender Funktionen:*

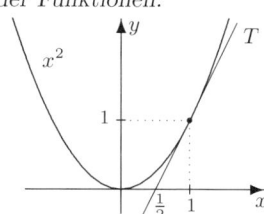

(1) $f(x) = x^2$, $x_0 = 1$

$$\lim_{x \to x_0} \frac{f(x)-f(x_0)}{x-x_0} = \lim_{x \to 1} \frac{x^2-1}{x-1} = \lim_{x \to 1} \frac{(x-1)(x+1)}{x-1}$$
$$= \lim_{x \to 1}(x+1) = 2 \implies \underline{f'(1) = 2}.$$

(2) $f(x) = \begin{cases} x \cdot \sin\frac{1}{x} & , x \neq 0 \\ 0 & , x = 0 \end{cases}$, $x_0 = 0$

f ist in 0 stetig, [1.50].

f ist in 0 nicht differenzierbar, denn

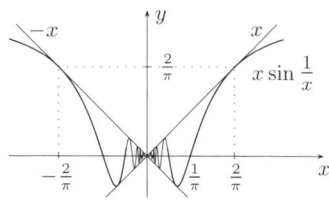

$$\lim_{x \to x_0} \frac{f(x)-f(x_0)}{x-x_0} = \lim_{x \to 0} \frac{f(x)-f(0)}{x-0}$$
$$= \lim_{x \to 0} \sin\frac{1}{x} \quad \text{ex. nicht, siehe [1.49]}.$$

(3) $f(x) = \begin{cases} x^2 \cdot \sin\frac{1}{x} & , x \neq 0 \\ 0 & , x = 0 \end{cases}$, $x_0 = 0$

f ist in 0 differenzierbar:

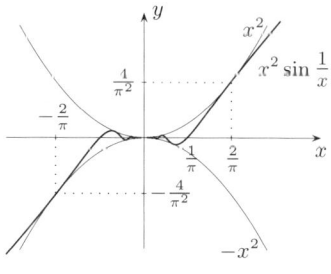

$$\lim_{x \to x_0} \frac{f(x)-f(x_0)}{x-x_0} = \lim_{x \to 0} \frac{f(x)-f(0)}{x-0}$$
$$= \lim_{x \to 0} x \sin\frac{1}{x} = 0 \implies \underline{f'(0) = 0}, \text{ siehe [1.50]}.$$

Die x–Achse $(y = 0)$
ist Tangente an f im Punkt $(0,0)$.

Setzt man $h := x - x_0$, so gilt $\lim_{x \to x_0} \frac{f(x)-f(x_0)}{x-x_0} = \lim_{h \to 0} \frac{f(x_0+h)-f(x_0)}{h}$.

12.2 *Man berechne die Ableitung von $f(x) = \dfrac{1}{x-2}$ in $x_0 = 1$.*

$$\lim_{h \to 0} \frac{f(x_0+h)-f(x_0)}{h} = \lim_{h \to 0} \frac{\frac{1}{1+h-2}-\frac{1}{1-2}}{h} = \lim_{h \to 0} \frac{h}{h(h-1)} = \lim_{h \to 0} \frac{1}{h-1} = -1 = \underline{f'(1)}.$$

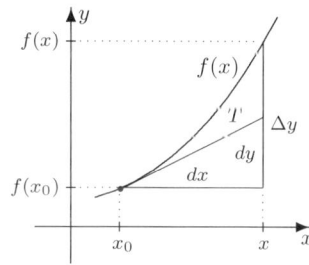

Ist $dx = x - x_0$ ein *Zuwachs* von x, so ist die Zahl

$dy = f'(x_0)\,dx$ der *Zuwachs* der Tangente und
$\Delta y = f(x) - f(x_0)$ der *Zuwachs* von $y = f(x)$.

Für genügend kleine dx sieht man dy als
Näherung für den Zuwachs Δy von f an:

Man ersetzt also f in der Nähe von x_0
durch die Tangente in x_0:

totales Differential
$dy = f'(x_0)\,dx = f'(x_0)(x - x_0)$ heißt *totales Differential* von f bei x_0.
$\Delta y = f(x) - f(x_0) \approx dy = f'(x_0)\,dx \quad \text{oder} \quad f(x) \approx f(x_0) + f'(x_0)(x - x_0)$

12.3   *Man bestimme eine Näherung von* $\ln 3$:

Mit $y = \ln x$, $x_0 = e$ und $x = 3$ ergibt sich:

$$y'(x_0) = \frac{1}{e} = \frac{dy}{dx} \implies dy = \frac{1}{e} \cdot dx = \frac{1}{e}(3 - e)$$

$$\ln 3 \approx \ln e + dy = 1 + \frac{3}{e} - 1 = \frac{3}{e} \approx \underline{1.10}.$$

Zu einer Näherung gehört natürlich eine Abschätzung des Fehlers, d.h. eine Angabe über die Güte der Näherung. Ersetzt man eine Funktion durch ihre Tangente, so spricht man von *linearer Approximation*. Dabei handelt es sich um den Anfang der *Taylorentwicklung*.
Taylorentwicklung und Fehlerabschätzung siehe Seite 354.

Differenzierbarkeit in einem Intervall:

Es sei I ein offenes Intervall und $f : I \to \mathrm{IR}$.

f heißt auf I differenzierbar, wenn f in jedem Punkt von I differenzierbar ist. Die Funktion $y' = f'(x)$, die jedem $x \in I$ die Ableitung $f'(x)$ zuordnet, heißt (erste) **Ableitung** von f.

12.4   *Man bestimme die Ableitung* $f'(x)$ *von* $f(x) = x^2$.

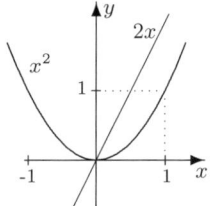

$$\lim_{x \to x_0} \frac{x^2 - x_0^2}{x - x_0} = \lim_{x \to x_0} \frac{(x - x_0)(x + x_0)}{x - x_0} = \lim_{x \to x_0} (x + x_0) = \underline{2x_0}.$$

Die Ableitung an einer beliebigen Stelle $x_0 \in \mathrm{IR}$ ist also $2x_0$.

Für alle $x \in \mathrm{IR}$ gilt also: Die Ableitung von $f(x) = x^2$ ist $\underline{f'(x) = 2x}$.

Die Funktion f heißt **stückweise glatt**, wenn f und f' bis auf höchstens *endlich* viele Stellen stetig sind.

12.5   *Man zeige, dass folgende Funktionen* f *in* $]-2, 1[$ *stückweise glatt sind:*

(1) $f(x) = |x|$

$f(x) = |x|$ ist stetig für alle $x \in \mathrm{IR}$ und

$$f'(x) = \begin{cases} -1 & \text{für } x < 0 \\ 1 & \text{für } x > 0 \end{cases} \text{ ist stetig für } x \neq 0.$$

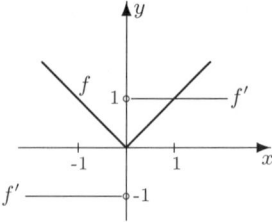

f und f' sind bis auf endlich viele Stellen stetig und $f(x) = |x|$ ist somit auf IR und folglich im Intervall $]-2, 1[$ stückweise glatt.

(2)

$$f(x) = \begin{cases} \frac{1}{2} & \text{für} \quad -2 < x < -1 \\ x^2 & \text{für} \quad -1 \le x \le 0 \\ \frac{1}{2}x & \text{für} \quad 0 < x < 1 \end{cases}$$

f ist bis auf die Stelle $x_0 = -1$ stetig!

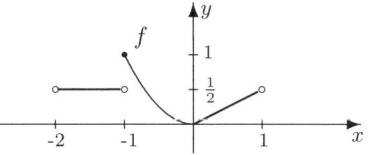

$$f'(x) = \begin{cases} 0 & \text{für} \quad -2 < x < -1 \\ 2x & \text{für} \quad -1 < x < 0 \\ \frac{1}{2} & \text{für} \quad 0 < x < 1 \end{cases}$$

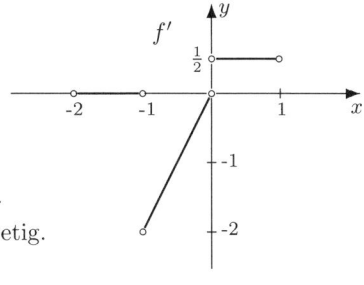

In -1 und 0 existieren die Ableitungen nicht.

Bis auf die Stellen -1 und 0 sind f und f' stetig.

Also ist f stuckweise glatt.

Der Begriff der Differenzierbarkeit ist hier nur für offene Intervalle erklärt, er lässt sich z.B. auf abgeschlossene Intervalle verallgemeinern. Man untersucht dann in den Randpunkten die *rechts–* bzw. *linksseitigen* Grenzwerte und spricht von *rechts–* bzw. *linksseitigen* Halbtangenten:

12.6   Man differenziere $f(x) = \sqrt{x(2-x)^3}$ in $x_0 = 0$ und $x_1 = 2$.

Es ist $x(2-x)^3 \ge 0 \iff 0 \le x \le 2$.

Also ist f nur für $0 \le x \le 2$ definiert, 0 und 2 sind folglich Randpunkte.

$$\lim_{x \to 0^+} \frac{f(x)-f(0)}{x-0} = \lim_{x \to 0^+} \frac{\sqrt{x(2-x)^3}}{x} = \lim_{x \to 0^+} \frac{\sqrt{(2-x)^3}}{\sqrt{x}} = \underline{\underline{\infty}}$$

$$\lim_{x \to 2^-} \frac{f(x)-f(2)}{x-2} = \lim_{x \to 2^-} \frac{\sqrt{x(2-x)^3}}{x-2}$$

$$= \lim_{x \to 2^-} -\sqrt{x} \cdot \sqrt{\frac{(2-x)^3}{(2-x)^2}} = \lim_{x \to 2^-} -\sqrt{x} \cdot \sqrt{2-x} = \underline{\underline{0}}$$

f ist also in 0 nicht (rechtsseitig) differenzierbar und hat dort keine Halbtangente $T(x)$, zumindest keine, die sich als Funktion von x schreiben lässt.

In 2 ist f linksseitig differenzierbar, die Halbtangente hat die Steigung 0.

12.2   Rechnen mit differenzierbaren Funktionen

Die elementaren Funktionen sind an allen Stellen differenzierbar, an denen sie definiert sind. Die wichtigsten Ableitungen findet man z.B. auf der Umschlagseite **F 4** oder ausführlich in **F+H**. Man sollte die Ableitungen der wichtigsten elementaren Funktionen – etwa die in der kleinen Tabelle auf **F 4** – kennen.

Beim Differenzieren geht man selten auf die Definition zurück, sondern man benutzt folgende Differentiationsregeln, um kompliziertere Funktionen zu differenzieren:

Differentiationsregeln

$(u + v)'$	$=$	$u' + v'$	**Summenregel**
$(ru)'$	$=$	ru'	Vorziehen eines konst. Faktors $r \in \mathbb{R}$
$(u \cdot v)'$	$=$	$u' \cdot v + u \cdot v'$	**Produktregel**
$\left(\dfrac{u}{v}\right)'$	$=$	$\dfrac{u' \cdot v - u \cdot v'}{v^2}$	**Quotientenregel,** $\quad v(x) \neq 0$

Sind $y = y(x)$ und $x = x(t)$ differenzierbar, dann gilt:

$$\frac{dy}{dt} = \frac{dy}{dx} \cdot \frac{dx}{dt} = y'(x(t)) \cdot x'(t) \qquad \textbf{Kettenregel}$$

12.7   Man differenziere:

(1) $y = x^3 + 2x^2 + 4$ Summenregel, Vorziehen eines konstanten Faktors:

$y' = (x^3 + 2x^2 + 4)' = (x^3)' + (2x^2)' + (4)' = \underline{3x^2 + 4x}.$

(2) $y = x \ln x$ Produktregel:

$y' = (x)' \ln x + x(\ln x)' = \ln x + x\dfrac{1}{x} = \underline{1 + \ln x}.$

(3) $y = 2x^2 e^x \sin x$

$\boxed{\textbf{Produktregel:} \quad (uvw)' = u'vw + uv'w + uvw'}$

$y' = \underline{4xe^x \sin x + 2x^2 e^x \sin x + 2x^2 e^x \cos x}.$

(4) $y = \tan x$ Quotientenregel:

$$y' = (\tan x)' = \left(\frac{\sin x}{\cos x}\right)' = \frac{(\sin x)' \cos x - \sin x (\cos x)'}{\cos^2 x}$$

$$= \frac{\cos^2 x + \sin^2 x}{\cos^2 x} = \underline{1 + \tan^2 x} = \underline{\frac{1}{\cos^2 x}}.$$

12.8   *Man differenziere mit der Kettenregel:*

(1) $y = (t^3 - 1)^2.$ Da $y = x^2$ und $x = t^3 - 1$ differenzierbar sind, ist:

$$\frac{dy}{dt} = \frac{dy}{dx}\frac{dx}{dt} = 2x \, 3t^2 = 2(t^3 - 1) \, 3t^2 = \underline{6t^2(t^3 - 1)}.$$

(2) $y = e^{\cos t}$.

$y = e^x$ und $x = \cos t \implies \dfrac{dy}{dt} = \dfrac{dy}{dx}\dfrac{dx}{dt} = e^x(-\sin t) = \underline{-\sin t\, e^{\cos t}}$.

Mit etwas Routine kann man auf diese Substitutionen verzichten. Man differenziert (z.B.) von "außen nach innen", d.h. zuerst die "äußere Funktion" usw., bis man schließlich bei der unabhängigen Variablen angekommen ist.

(3) $y = \cos\ln\tan\sqrt{x^2+1}$

$$
\begin{aligned}
y' &= (\cos\ln\tan\sqrt{x^2+1}\,)' \\
&= -\sin\ln\tan\sqrt{x^2+1}\cdot(\ln\tan\sqrt{x^2+1}\,)' \\
&= -\sin\ln\tan\sqrt{x^2+1}\cdot\frac{1}{\tan\sqrt{x^2+1}}\cdot(\tan\sqrt{x^2+1}\,)' \\
&= -\sin\ln\tan\sqrt{x^2+1}\cdot\frac{1}{\tan\sqrt{x^2+1}}\cdot\frac{1}{\cos^2\sqrt{x^2+1}}\cdot(\sqrt{x^2+1}\,)' \\
&= -\sin\ln\tan\sqrt{x^2+1}\cdot\frac{1}{\tan\sqrt{x^2+1}}\cdot\frac{1}{\cos^2\sqrt{x^2+1}}\cdot\frac{1}{2\sqrt{x^2+1}}\cdot(x^2+1)' \\
&= -\sin\ln\tan\sqrt{x^2+1}\cdot\frac{1}{\tan\sqrt{x^2+1}}\cdot\frac{1}{\cos^2\sqrt{x^2+1}}\cdot\frac{1}{2\sqrt{x^2+1}}\cdot 2x
\end{aligned}
$$

Daher der Name *Kettenregel* !

Hat man die Kettenregel einmal verstanden, kann man das Ergebnis natürlich ohne Zwischenschritte hinschreiben.

(4) $y = a^{2x}$, $a > 0$ Umformen mittels der e–Funktion : $\boxed{a^b = e^{b\ln a}}$

$y = e^{2x\ln a} \implies y' = e^{2x\ln a}(2x\ln a)' = e^{2x\ln a}2\ln a = \underline{a^{2x}2\ln a}$.

(5) $y = x^x$, $x > 0$ siehe auch [12.29].

$y = e^{x\ln x} \implies y' = e^{x\ln x}(x\ln x)' = \underline{x^x(1+\ln x)}$, siehe 12.7(2).

Differentiation von Umkehrfunktionen

Ist $y = f(x)$ eine umkehrbare differenzierbare Funktion und ist $f'(x) \neq 0$, dann ist die Umkehrfunktion $x = g(y)$ differenzierbar und es gilt:

$$g'(y) = \frac{1}{f'(g(y))} \quad \text{oder} \quad \frac{dx}{dy} = \frac{1}{\dfrac{dy}{dx}}, \quad \text{für } f'(x) \neq 0.$$

$$g''(y) = \frac{-f''(g(y))}{(f'(g(y)))^3} \quad \text{(Differentiation von } g' \text{ nach } y \text{ mit Kettenregel).}$$

12.9 $f(x) = x + e^x$ besitzt als streng monotone Funktion eine Umkehrfunktion g. Man bestimme $g'(1)$ und $g''(1)$.

Wegen $f(0) = 1$ ist $g(1) = 0$,
außerdem gilt $f'(x) = 1 + e^x$ und $f''(x) = e^x$, also $f'(0) = 2$ und $f''(0) = 1$.

$$g'(1) = \frac{1}{f'(g(1))} = \frac{1}{f'(0)} = \underline{\tfrac{1}{2}},$$

$$y''(1) = \frac{-f''(g(1))}{(f'(g(1)))^2}y'(1) = \frac{-f''(g(1))}{(f'(g(1)))^2}\frac{1}{f'(g(1))} = \frac{-f''(g(1))}{(f'(g(1)))^3} = \frac{-f''(0)}{(f'(0))^3} = \underline{-\tfrac{1}{8}}.$$

12.10   *Man differenziere die Umkehrfunktion von* $y = x^2$, $x > 0$:

$$y = f(x) = x^2 \implies x = g(y) = \sqrt{y} \implies g'(y) = \frac{1}{f'(g(y))} = \frac{1}{2x} = \underline{\frac{1}{2\sqrt{y}}},$$

oder: $\dfrac{dx}{dy} = \dfrac{1}{\dfrac{dy}{dx}} = \dfrac{1}{2x} = \underline{\dfrac{1}{2\sqrt{y}}}$.

Die Ableitung von $y = \sqrt{x}$ ist also $y' = \dfrac{1}{2\sqrt{x}}$.

Es ist halt üblich, x als unabhängige Variable zu wählen!

12.11   *Man differenziere*   (a) $y = \arccos x$, $-1 < x < 1$,

(b) $y = \arctan x$.

(a)   Es ist $0 \leq \arccos x \leq \pi$.

Für $y = \arccos x$ ist also $\sin y \geq 0$, d.h. $\sin y = +\sqrt{1 - \cos^2 y}$.

$$x = \cos y \implies \frac{dx}{dy} = -\sin y \implies \frac{dy}{dx} = \frac{-1}{\sin y} = \frac{-1}{\sqrt{1-\cos^2 y}} = \underline{\frac{-1}{\sqrt{1-x^2}}}.$$

(b) $x = \tan y \implies \dfrac{dy}{dx} = \dfrac{1}{\dfrac{dx}{dy}} = \dfrac{1}{1+\tan^2 y} = \dfrac{1}{1+\tan^2 \arctan x} = \underline{\dfrac{1}{1+x^2}}.$

12.3   Höhere Ableitungen

Ist $y = f(x)$ eine differenzierbare Funktion und ist ihre Ableitung $y' = f'(x)$ ebenfalls differenzierbar, dann heißt f *zweimal differenzierbar*. Man schreibt:

$y'' := f''(x) := (f'(x))'$ und nennt f'' *zweite Ableitung von* f.

Man setzt $f^{(0)} := f$, $f^{(1)} = f'$

und $f^{(n+1)} := (f^{(n)})'$,   falls $f^{(n)}$ existiert und differenzierbar ist.

$f^{(n)}$ heißt die *n–te Ableitung* von f, Bezeichnung $y^{(n)} = f^{(n)}(x) = \dfrac{d^n f}{dx^n} = \dfrac{d^n y}{dx^n}$.

12.12   *Man berechne die jeweils angegebenen Ableitungen:*

(1) $y = x^3 + 2x^2$, y'' ? $y' = 3x^2 + 4x$, $\underline{y'' = 6x + 4}$.

(2) $y = \sin x$, $y^{(4)}$? $y' = \cos x$, $y'' = -\sin x$, $y^{(3)} = -\cos x$, $\underline{y^{(4)} = \sin x}$.

(3) $y = \dfrac{1}{1-x}$, $y^{(n)}$?

$y = (1 - x)^{-1} \implies y' = (1-x)^{-2}$, $y'' = 2(1-x)^{-3}$, $y^{(3)} = 2 \cdot 3(1-x)^{-4}$.

Vermutung: $\underline{y^{(n)} = n!(1-x)^{-(n+1)}}$.   Beweis durch vollständige Induktion:

Für $n = 1$ ist die Aussage richtig, denn $y' = 1!(1-x)^{-(1+1)} = (1-x)^{-2}$.

Ist $y^{(n)} = n!(1-x)^{-(n+1)}$, so gilt

$y^{(n+1)} = (y^{(n)})' = -(n+1)n!(1-x)^{-(n+2)}(-1) = (n+1)!(1-x)^{-(n+2)}$.

Also gilt für alle n: $\underline{y^{(n)} = n!(1-x)^{-(n+1)}}$.

12.4 Implizites Differenzieren

Durch $f(x,y) = 0$ kann **implizit** eine Funktion $y = h(x)$ gegeben sein (siehe auch **F+H**).

Beispielsweise ist durch $x^2 + y^2 + 1 = 0$ keine Funktion $y = h(x)$ gegeben!

Um die Steigung oder eine Gleichung der Tangente einer implizit gegebenen Kurve in einem Kurvenpunkt (x_0, y_0) zu bestimmen, braucht man nicht nach y aufzulösen, siehe auch Seite 389 ff.

12.13 *Für die Kurve $x^2 + y^2 = 5$ berechne man Steigung und Tangente im Punkt $(x_0, y_0) = (1, 2)$:*

Man differenziert beide Seiten der Gleichung $x^2 + y(x)^2 = 5$ mit der Kettenregel:

$$2x + 2yy' = 0 \implies y' = -\frac{x}{y} \text{ für } y \neq 0 \implies \text{ in } (1,2) \text{ gilt } \underline{y'(1) = -\frac{1}{2}}.$$

Tangente an $f(x,y) = 0$ im Punkt $(x_0, y_0) = (1, 2)$:

$$T(x) = y_0 + y'(x_0)(x - x_0) = 2 - \frac{1}{2}(x-1) = -\frac{1}{2}x + \frac{5}{2}.$$

Gesuchte Tangente: $T : \underline{y = -\frac{1}{2}x + \frac{5}{2}}$.

12.14 (a) *Durch $f(x,y) = x^y - y^x - x + y = 0$ ist in einer Umgebung des Punktes $(2,1)$ implizit eine Funktion $y = h(x)$ mit $h(2) = 1$ gegeben. Man berechne $h'(2)$.*

(b) *Durch $yx = y^x$ wird in einer Umgebung von $(2,2)$ implizit y als Funktion von x beschrieben (ohne Beweis). Man berechne $y'(2)$.*

(a) $f(x, h(x)) = x^{h(x)} - h(x)^x - x + h(x) = 0$. Differenzieren mittels Kettenregel:

$$x^{h(x)}\left(h'(x)\ln x + \frac{h(x)}{x}\right) - h(x)^x\left(\ln h(x) + \frac{x}{h(x)}h'(x)\right) - 1 + h'(x) = 0$$

$h(2) = 1 \implies 2(h'(2)\ln 2 + \frac{1}{2}) - (\ln 1 + \frac{2}{1}h'(2)) - 1 + h'(2) = 0 \implies \underline{h'(2) = 0}$.
Eine einfachere Lösung siehe [15.104].

(b) Implizites Differenzieren (Kettenregel!) von $yx = y^x = e^{x\ln y}$ nach x ergibt:

$$y'x + y = y^x(\ln y + x\frac{y'}{y}) \iff y' = \frac{-y + y^x\ln y}{x(1 - y^{x-1})}.$$

Für $x = 2$ und $y = 2$ erhält man nun $y'(2) = \frac{-2 + 4\ln 2}{2(1-2)} = \underline{1 - \ln 4}$

12.15 *Man bestimme $y'(0)$ und $y''(0)$ für die durch $y + xe^y = 2$ gegebene, durch $(0, 2)$ verlaufende Kurve $y(x)$.*

$y' + e^y + xe^y y' = 0$, Einsetzen ($x = 0$, $y = 2$) $\implies \underline{y'(0) = -e^2}$.

Nochmaliges Differenzieren (Produktregel und Kettenregel) ergibt:

$$y'' + e^y y' + e^y y' + xe^y(y')^2 + xe^y y'' = 0$$

Einsetzen ($x = 0$, $y = 2$, $y' = -e^2$) $\implies \underline{y''(0) = 2e^4}$.

12.5 Extremwerte von Funktionen einer Veränderlichen

Eine Menge $U(a)$ von reellen Zahlen heißt *Umgebung* der reellen Zahl a, wenn es ein offenes Intervall gibt, das a enthält und ganz in $U(a)$ liegt.

Eine Menge $U(\infty)$ von reellen Zahlen heißt *Umgebung* von ∞, wenn es ein $s \in \mathbb{R}$ gibt, mit $(s, \infty) \subseteq U(\infty)$. Analog sind Umgebungen von $-\infty$ erklärt.

Folgende Mengen sind Umgebungen der 0:

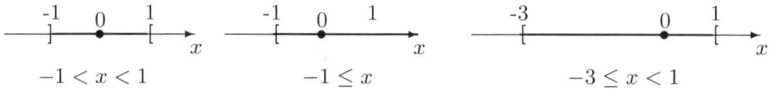

$$-1 < x < 1 \qquad\qquad -1 \leq x \qquad\qquad -3 \leq x < 1$$

Ist die Funktion $y = f(x)$ in dem Bereich $B \subseteq \mathbb{R}$ definiert, so hat f an der Stelle $x_0 \in B$ einen **absoluten Extremwert** $f(x_0)$,

$$\text{wenn} \quad \begin{array}{l} f(x_0) \geq f(x) \quad \text{(absolutes Maximum)} \\ f(x_0) \leq f(x) \quad \text{(absolutes Minimum)} \end{array} \quad \text{ist für alle } x \in B.$$

f hat bei $x_0 \in B$ einen **relativen Extremwert** $f(x_0)$, wenn es eine Umgebung $U(x_0)$ gibt, so dass f bei x_0 einen absoluten Extremwert im Bereich $B \cap U(x_0)$ besitzt.

Jeder absolute Extremwert ist auch ein relativer Extremwert !

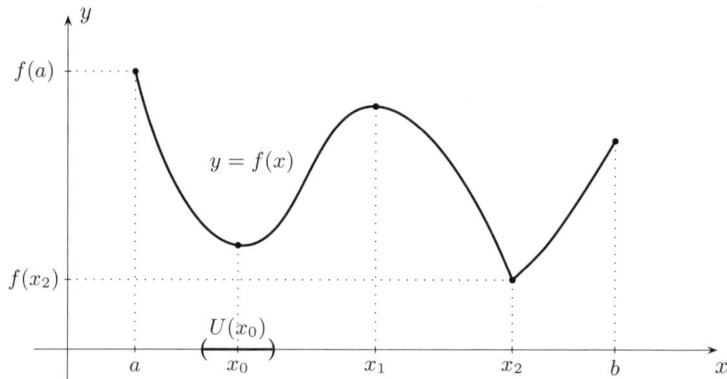

relative und absolute Extremwerte von $y = f(x)$, $a \leq x \leq b$

lies: f hat bei a ein absolutes Maximum, ein sogenanntes Randextremum.
        f hat bei x_0 ein relatives Minimum,
        f hat bei x_1 ein relatives Maximum,
        f hat bei x_2 ein absolutes Minimum,
        f hat bei b ein relatives Maximum, ein Randextremum.

Extremwerte

Extremwerte von f können nur in Punkten x auftreten, in denen

$\boxed{1}$ $f'(x) = 0$ ist (kritische Punkte, stationäre Punkte) oder

$\boxed{2}$ f nicht differenzierbar ist (z.B. Randpunkte).

praktisches Vorgehen:

$\boxed{1}$ $f'(x) = 0$: Nullstellen der ersten Abl. bestimmen (kritische Punkte).

Untersuchung der kritischen Punkte x_0:

(a) <u>ohne höhere Ableitungen</u>:

Wechselt f' in x_0 das Vorzeichen, so liegt dort ein *Extremum*, und zwar:

wechselt f' bei x_0 von $\begin{array}{c} + \text{ nach } - \\ - \text{ nach } + \end{array}$, so liegt bei x_0 ein $\begin{array}{c} \text{rel. Max.} \\ \text{rel. Min.} \end{array}$

wechselt f' bei x_0 nicht das Vorz.[2], so liegt dort ein *Horizontalwendepunkt*.

(b) <u>mit höheren Ableitungen</u>.

Ist die n–te Ableitung die *erste* Abl., die bei x_0 *nicht* verschwindet, also

$$f'(x_0) = \cdots = f^{(n-1)}(x_0) = 0 \text{ aber } f^{(n)}(x_0) \neq 0, \text{ dann gilt:}$$

n gerade $\implies$ f Extremwert bei x_0 : $\begin{cases} f^{(n)}(x_0) < 0 \implies \text{rel. Max.} \\ f^{(n)}(x_0) > 0 \implies \text{rel. Min.} \end{cases}$

n ungerade $\implies$ f Horizontalwendepunkt bei x_0.

(c) <u>Satz von Weierstraß oder andere Überlegungen</u>, [2.17], [12.18].

$\boxed{2}$ Punkte, in denen f nicht differenzierbar ist, (z.B. Randpunkte) müssen extra betrachtet werden.
Man vergleiche z.B. die Funktionswerte der Größe nach.

12.16   Nicht jede Funktion nimmt auf einem Intervall Extremwerte an:

$y = \dfrac{1}{x}$ ist auf dem *offenen* Intervall $(0,1)$ *stetig* und sogar *differenzierbar*, aber nicht beschränkt und hat dort weder Maximum noch Minimum.

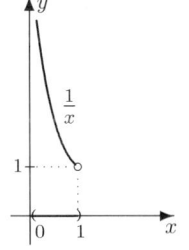

$y = \begin{cases} 1 & \text{, für } -1 \leq x \leq 0 \\ x & \text{, für } 0 < x < 2 \\ 1 & \text{, für } 2 \leq x \leq 3 \end{cases}$ ist zwar auf dem *kompakten* Intervall $[-1,3]$ *beschränkt*, hat aber dort weder ein Maximum noch ein Minimum!

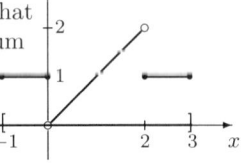

---

[2] d.h. ist $f'(x) \geq 0$ (bzw. ≤ 0) in einer Umgebung $U(x_0)$

> **Satz von Weierstraß**
>
> Jede auf einem **kompakten** Intervall $[a, b]$ **stetige** Funktion hat
> dort ein **absolutes Maximum** und ein **absolutes Minimum**.

Diesen wichtigen Satz kann man z.B. folgendermaßen benutzen:

12.17   (a) *Man untersuche $f(x) = x\,e^x$ im Intervall $[-\frac{1}{2}, 1]$ auf Extremwerte.*

(b) *Man untersuche $y = x^3 - 3x - 2$ im Intervall $[-\frac{3}{2}, 3]$ auf Extremwerte.*

(a) $f'(x) = (x+1)e^x = 0 \iff x = -1.$

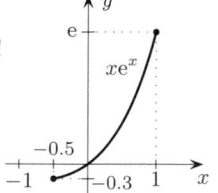

Da $-1 \notin [-\frac{1}{2}, 1]$ ist, hat f in $[-\frac{1}{2}, 1]$ *keine* kritischen Punkte!
Extremwerte können also höchstens am Rand auftreten.

Da f auf dem *kompakten* Intervall $[-\frac{1}{2}, 1]$ *stetig* ist,
<u>muss</u> f – nach Weierstraß – sowohl ein
Maximum als auch ein Minimum haben.
Da $f(-\frac{1}{2}) < 0 < f(1)$ ist, liegt bei $-\frac{1}{2}$ das Minimum und bei 1 das Maximum.

Andere Überlegung:

$f'(x) = (x+1)e^x > 0$ für alle $x \in [-\frac{1}{2}, 1]$
$\implies$ f monoton wachsend auf $[-\frac{1}{2}, 1]$ $\implies$ <u>Min. bei $-\frac{1}{2}$</u> und <u>Max. bei 1</u>.

(b) $y = x^3 - 3x - 2$ ist in $[-\frac{3}{2}, 3]$ differenzierbar und

$y' = 3x^2 - 3 = 3(x+1)(x-1) = 0 \iff \begin{array}{l} x_1 = -1 \\ x_2 = 1. \end{array}$

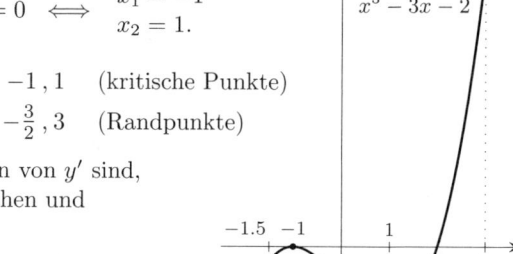

Extremwerte möglich bei: $\boxed{1}$ $-1, 1$ (kritische Punkte)
$\boxed{2}$ $-\frac{3}{2}, 3$ (Randpunkte)

(i) Da $-1, 1$ einfache Nullstellen von y' sind,
wechselt y' dort das Vorzeichen und
es liegen dort Extremwerte:

bei $\begin{array}{c} -1 \\ 1 \end{array}$ von $\begin{array}{c} + \\ - \end{array}$ nach $\begin{array}{c} - \\ + \end{array}$, also $\begin{array}{l} \text{Maximum bei } -1, \\ \text{Minimum bei } 1. \end{array}$

(ii) In diesem Fall führt die Untersuchung von y'' schneller zum Ziel:

$y'' = 6x \implies \begin{array}{l} y''(-1) < 0 \implies \text{Maximum bei } -1. \\ y''(1) > 0 \implies \text{Minimum bei } 1. \end{array}$

Nach Weierstraß nimmt y auf dem kompakten Intervall $[-\frac{3}{2}, 3]$ ein abs. Max. und
ein abs. Min. an. Vergleich der Funktionswerte an den möglichen Stellen
$y(-\frac{3}{2}) = -\frac{7}{8} = -0.875, \quad y(-1) = 0, \quad y(1) = -4, \quad y(3) = 16$ liefert:

Extremwerte: Maxima bei: -1 , 3 , wobei <u>abs. Max. bei 3</u> ist, mit $y(3) = 16$.
Minima bei: $-\frac{3}{2}$, 1 , wobei <u>abs. Min. bei 1</u> ist, mit $y(1) = -4$.

12.18   *Welcher Punkt auf dem Parabelstück $y = 3x - x^2$, $0 \le x \le 3$, hat maximalen Abstand vom Nullpunkt $(0,0)$?*

Ein Punkt auf dem Parabelstück hat die Koordinaten $(x, 3x - x^2)$, $0 \le x \le 3$.

Für seinen Abstand zum Nullpunkt gilt $d(x) = \sqrt{x^2 + (3x - x^2)^2}$, $0 \le x \le 3$.

d ist für $0 < x < 3$ differenzierbar und $d'(x) = \frac{2x + 2(3x - x^2)(3 - 2x)}{2\sqrt{x^2 + (3x - x^2)^2}}$.

Extremwerte möglich bei $\boxed{1}$ $\quad d'(x) = 0 \iff \cdots x_1 = 2,\ x_2 = 2.5$ (krit. Punkte),
$\boxed{2}$ $\quad x_0 = 0,\ x_3 = 3$ (Randpunkte).

$$
\begin{array}{lll}
d(0) = 0 & x_0 = 0 & \text{abs. Min.} \\
d(2) \approx 2.83 & x_1 = 2 & \text{rel. Max.} \\
d(2.5) \approx 2.80 & x_2 = 2.5 & \text{rel. Min.} \\
d(3) = 3 & x_3 = 3 & \underline{\text{abs. Max}}
\end{array}
$$

$\Longrightarrow$

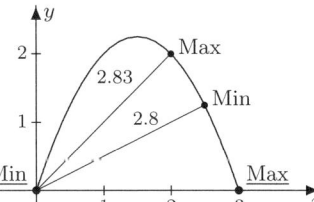

12.19   *Aus einem Draht der Länge L forme man einen Kreis und ein Quadrat so, dass die Summe der Flächeninhalte möglichst groß wird.*

Aus dem Teil der Länge x werde das Quadrat geformt:

$F_1 = \left(\frac{x}{4}\right)^2 = \frac{x^2}{16}$ $(0 \le x \le L)$

Aus dem Teil der Länge $L - x$ werde der Kreis geformt:

$F_2 = \pi r^2$, mit   Umfang $= 2\pi r = L - x$

$\Longrightarrow \quad r = \frac{L-x}{2\pi} \quad \Longrightarrow \quad F_2 = \frac{(L-x)^2}{4\pi}$.

Flächensumme: $F(x) = F_1(x) + F_2(x) = \underline{\frac{x^2}{16} + \frac{(L-x)^2}{4\pi}}$, $(0 \le x \le L)$.

Gesucht ist das absolute Maximum von F auf dem kompakten Intervall $[0, L]$:

$F'(x) = \frac{x}{8} + \frac{x - L}{2\pi} = 0 \quad \Longrightarrow \quad x_0 = \frac{4L}{4 + \pi}$

x_0 ist nicht das gesuchte Maximum:

$F''(x_0) > 0 \quad \Longrightarrow \quad$ Minimum bei x_0.

Nach Weierstraß muss es ein abs. Maximum von F in $[0, L]$ geben. Es wird also am Rand angenommen:

$F(0) = \frac{L^2}{4\pi} > \frac{L^2}{16} = F(L) \quad \Longrightarrow \quad \underline{\text{abs. Max. bei } 0}$.

Der gesamte Draht muss also für den Kreis verwandt werden! (klar!)

12.20   *Man berechne die Extrema von* $y = f(x) = |2\sin x| - |\cos 2x|$ *auf* $[0, \pi]$.

(1) <u>Symmetrieeigenschaften ausnutzen:</u> $x = \frac{\pi}{2}$ ist Symmetrieachse !

Denn:
$$\begin{aligned} f(\tfrac{\pi}{2} - x) &= |2\sin(\tfrac{\pi}{2} - x)| - |\cos 2(\tfrac{\pi}{2} - x)| \\ &= |2\sin(\tfrac{\pi}{2} + x)| - |\cos 2(\tfrac{\pi}{2} + x)| = f(\tfrac{\pi}{2} + x). \end{aligned}$$

$\Longrightarrow$ (i)   Bei $\pi/2$ liegt aus Symmetriegründen ein Extremwert.

          (ii) Man braucht f nur im Intervall $[0, \pi/2]$ zu untersuchen.

(2)   <u>Betragstriche beseitigen (siehe Seite 48):</u> $\boxed{\text{Beachte: } \cos 2x = \cos^2 x - \sin^2 x}$

$$y = \begin{cases} 2\sin x - \cos 2x & \text{, für } 0 < x < \frac{\pi}{4} \\ 2\sin x + \cos 2x & \text{, für } \frac{\pi}{4} < x < \frac{\pi}{2} \end{cases} \Rightarrow y' = \begin{cases} (1 + 2\sin x)2\cos x & \text{, für } 0 < x < \frac{\pi}{4} \\ (1 - 2\sin x)2\cos x & \text{, für } \frac{\pi}{4} < x < \frac{\pi}{2} \end{cases}$$

Bei $\frac{\pi}{4}$ ist y nicht differenzierbar, denn ($[\frac{0}{0}]$ und l'Hospital siehe Seite 273):

$$\lim_{x \to \pi/4^-} \frac{2\sin x - \cos 2x - \sqrt{2}}{x - \frac{\pi}{4}} \overset{[\frac{0}{0}]}{=} \lim_{x \to \pi/4^-} \frac{2\cos x + 2\sin 2x}{1} = \underline{\sqrt{2} + 2},$$

$$\lim_{x \to \pi/4^+} \frac{2\sin x + \cos 2x - \sqrt{2}}{x - \frac{\pi}{4}} \overset{[\frac{0}{0}]}{=} \lim_{x \to \pi/4^+} \frac{2\cos x - 2\sin 2x}{1} = \underline{\sqrt{2} - 2}.$$

(3) <u>Nullstellen der Ableitung berechnen:</u>

$$y' \text{ ist } \begin{cases} > 0 & \text{, für } 0 < x < \frac{\pi}{4} \\ \text{nicht def.} & \text{, für } \quad x = \frac{\pi}{4} \\ < 0 & \text{, für } \frac{\pi}{4} < x < \frac{\pi}{2} \end{cases} \Longrightarrow y \text{ ist mon.} \begin{matrix} \text{zu.} \\ \text{ab.} \end{matrix} \text{ für } \begin{matrix} 0 < x < \frac{\pi}{4} \\ \frac{\pi}{4} < x < \frac{\pi}{2} \end{matrix}.$$

(4) <u>Stellen untersuchen, an denen Extremwerte möglich sind:</u>

Im Intervall $[0, \frac{\pi}{2}]$ hat y' keine Nullstellen. Extremwerte sind also nur an Stellen möglich, wo y nicht differenzierbar ist, d.h. am Rand bei 0, $\frac{\pi}{2}$ und bei $\frac{\pi}{4}$:

Aus dem *Vorzeichenverhalten* von y' und der sich daraus ergebenden *Monotonie-eigenschaft* von y folgt: rel. Maximum bei $\frac{\pi}{4}$, rel. Minima bei 0, $\frac{\pi}{2}$.

Vergleich der Funktionswerte: $f(0) = -1$, $f(\frac{\pi}{4}) = \sqrt{2}$, $f(\frac{\pi}{2}) = 1$.

Zusammenfassung: Die Extrema der Funktion

$y = |2\sin x| - |\cos 2x|$ auf dem Inervall $[0, \pi]$

liegen bei

$\frac{\pi}{4}$, $\frac{3}{4}\pi$ (abs. Maxima) $f(\frac{\pi}{4}) = f(\frac{3}{4}\pi) = \sqrt{2}$,

0 , π (abs. Minima) $f(0) = f(\pi) = -1$,

$\frac{\pi}{2}$ (rel. Minimum) $f(\frac{\pi}{2}) = 1$.

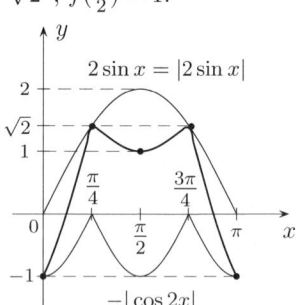

12.6   Grenzwertbestimmung, unbestimmte Ausdrücke

Eine Regel für das Rechnen mit Grenzwerten lautet:

Der **Grenzwert** eines **Quotienten** ist gleich dem Quotienten der Grenzwerte:

$$\lim_{x \to x_0} \frac{f(x)}{g(x)} = \frac{\lim\limits_{x \to x_0} f(x)}{\lim\limits_{x \to x_0} g(x)} \quad ,$$

wenn $\lim\limits_{x \to x_0} f(x)$ und $\lim\limits_{x \to x_0} g(x)$ existieren und $\lim\limits_{x \to x_0} g(x) \neq 0$ ist.

Als **unbestimmten Ausdruck** bezeichnet man z.B. den Grenzwert

$$\lim_{x \to 0} \frac{\sin x}{x} \quad ,$$

unbestimmt deshalb, weil für $x \to 0$ *sowohl* der Zähler $f(x) = \sin x$ *als auch* der Nenner $g(x) = x$ den Grenzwert 0 hat.

Einen solchen unbestimmten Ausdruck bezeichnet man symbolisch mit $\left[\frac{0}{0}\right]$.

Die unbestimmten Ausdrücke sind:

---

unbestimmte Ausdrücke

$$\left[\frac{0}{0}\right], \quad \left[\frac{\infty}{\infty}\right] \quad \text{sowie} \quad [0 \cdot \infty], \quad [0^0], \quad [1^\infty], \quad [\infty^0], \quad [\infty - \infty].$$

Eine Möglichkeit, unbestimmte Ausdrücke zu berechnen, liefert die
Regel von L'Hospital.

Sie hilft evtl. in den folgenden zwei Fällen beim Berechnen von $\lim\limits_{x \to x_0} \dfrac{f(x)}{g(x)}$:

- $\lim\limits_{x \to x_0} f(x) = 0$ und $\lim\limits_{x \to x_0} g(x) = 0$ symbolisch $\left[\dfrac{0}{0}\right]$ •
- $\lim\limits_{x \to x_0} f(x) = \pm\infty$ und $\lim\limits_{x \to x_0} g(x) = \pm\infty$ symbolisch $\left[\dfrac{\infty}{\infty}\right]$ •

12.21

$$\lim_{x \to 0} \frac{\sin x}{x} \quad , \quad \lim_{x \to 0} \frac{\sin x^2}{x} \quad , \quad \lim_{x \to 0} \frac{\sin x}{x^2} \text{ sind unbest. Ausdrücke der Form } \left[\frac{0}{0}\right].$$

$$\lim_{x \to 1} \frac{\ln x}{x-1} \quad \left[\frac{0}{0}\right], \qquad \lim_{x \to \infty} \frac{x}{\sinh x} \quad \left[\frac{\infty}{\infty}\right], \qquad \lim_{x \to \infty} \frac{3x+10}{6x-25} \quad \left[\frac{\infty}{\infty}\right].$$

Regel von l'Hospital

Sind f und g in einer Umgebung[a] von x_0 differenzierbar

und ist $\lim\limits_{x \to x_0} \dfrac{f(x)}{g(x)}$ von der Form $\left[\dfrac{0}{0}\right]$ bzw. $\left[\dfrac{\infty}{\infty}\right]$, dann ist

$$\lim_{x \to x_0} \frac{f(x)}{g(x)} = \lim_{x \to x_0} \frac{f'(x)}{g'(x)}, \quad \text{falls der letzte Grenzwert[b] existiert!}$$

---

[a]Umgebung von ∞ und $-\infty$ siehe Seite 268.
[b]Diese Regel gilt auch für einseitige Grenzwerte, siehe Seite 35.

12.22   *Man berechne die unbestimmten Ausdrücke des letzten Beispiels.*

$$\lim_{x\to 0}\frac{\sin x}{x}\overset{\left[\frac{0}{0}\right]}{=}\lim_{x\to 0}\frac{\cos x}{1}=\underline{1}\quad,\qquad \lim_{x\to 0}\frac{\sin x^2}{x}\overset{\left[\frac{0}{0}\right]}{=}\lim_{x\to 0}\frac{2x\cos x^2}{1}=\underline{0}.$$

$$\lim_{x\to 0}\frac{\sin x}{x^2}\overset{\left[\frac{0}{0}\right]}{=}\lim_{x\to 0}\frac{\cos x}{2x}=\left\{\begin{array}{l}\infty\quad,\ \text{für }x\to 0^+\\[4pt] -\infty\quad,\ \text{für }x\to 0^-\end{array}\right.\implies \lim_{x\to 0}\frac{\sin x}{x^2}\ \text{ex. nicht!}$$

$$\lim_{x\to 1}\frac{\ln x}{x-1}\overset{\left[\frac{0}{0}\right]}{=}\lim_{x\to 1}\frac{\frac{1}{x}}{1}=\underline{1}\quad,\qquad \lim_{x\to\infty}\frac{x}{\sinh x}\overset{\left[\frac{\infty}{\infty}\right]}{=}\lim_{x\to\infty}\frac{1}{\cosh x}=\underline{0}.$$

$$\lim_{x\to\infty}\frac{3x+10}{6x-25}\overset{\left[\frac{\infty}{\infty}\right]}{=}\lim_{x\to\infty}\frac{3}{6}=\underline{\frac{1}{2}},\quad \text{oder:}\ \lim_{x\to\infty}\frac{3x+10}{6x-25}=\lim_{x\to\infty}\frac{3+\frac{10}{x}}{6-\frac{25}{x}}=\underline{\frac{1}{2}}.$$

Achtung: Man vergewissere sich, dass die Voraussetzungen erfüllt sind. Sonst passiert beispielsweise folgendes:

$$\lim_{x\to 0}\frac{x}{e^x}=\lim_{x\to 0}x\cdot\lim_{x\to 0}\frac{1}{e^x}=0\cdot 1=\underline{0}.\qquad\text{l'Hospital ???}\qquad \lim_{x\to 0}\frac{1}{e^x}=1.$$

> Erhält man – nachdem man l'Hospital auf einen unbestimmten Ausdruck angewendet hat – wieder einen unbestimmten Ausdruck, so wendet man l'Hospital noch einmal an, usw.

12.23   *Man berechne:* $\displaystyle\lim_{x\to\infty}\frac{3x^3}{e^x}$, $\displaystyle\lim_{x\to\infty}\frac{\pi/2-\arctan x}{e^{-x}}$, $\displaystyle\lim_{x\to 0^+}\frac{\cot x}{\ln x}.$

$$\lim_{x\to\infty}\frac{3x^3}{e^x}\overset{\left[\frac{\infty}{\infty}\right]}{=}\lim_{x\to\infty}\frac{9x^2}{e^x}\overset{\left[\frac{\infty}{\infty}\right]}{=}\lim_{x\to\infty}\frac{18x}{e^x}\overset{\left[\frac{\infty}{\infty}\right]}{=}\lim_{x\to\infty}\frac{18}{e^x}=\underline{0}.$$

Nach n–maligem Anwenden von l'Hospital erhält man: $\displaystyle\lim_{x\to\infty}\frac{x^n}{e^x}=0$, für alle $n\in\mathbb{IN}$. Dies zeigt, dass die e – Funktion schneller als jede Potenz von x wächst.

$$\lim_{x\to\infty}\frac{\pi/2-\arctan x}{e^{-x}}\overset{\left[\frac{0}{0}\right]}{=}\lim_{x\to\infty}\frac{-\frac{1}{1+x^2}}{-e^{-x}}=\lim_{x\to\infty}\frac{e^x}{1+x^2}\overset{\left[\frac{\infty}{\infty}\right]}{=}\lim_{x\to\infty}\frac{e^x}{2x}\overset{\left[\frac{\infty}{\infty}\right]}{=}\lim_{x\to\infty}\frac{e^x}{2}=\underline{\underline{\infty}}.$$

Wieder hat sich die e – Funktion durchgesetzt! $\displaystyle\lim_{x\to 0^+}\frac{\cot x}{\ln x}\overset{\left[\frac{\infty}{\infty}\right]}{=}-\lim_{x\to 0^+}\frac{x}{\sin^2 x}\overset{\left[\frac{0}{0}\right]}{=}$

$$-\lim_{x\to 0^+}\frac{1}{2\sin x\cos x}=\underline{\underline{-\infty}}.$$

Abspalten bekannter Grenzwerte

Oft wendet man vorteilhaft folgende Grenzwertregel an:

Der **Grenzwert** eines **Produktes** ist gleich dem Produkt der Grenzwerte.

$$\lim_{x\to x_0}f(x)\cdot g(x)=\lim_{x\to x_0}f(x)\cdot\lim_{x\to x_0}g(x)\quad,$$

wenn beide Grenzwerte $\displaystyle\lim_{x\to x_0}f(x)$ und $\displaystyle\lim_{x\to x_0}g(x)$ existieren!

> Mit dieser Regel lassen sich *"bekannte Grenzwerte abspalten"* und Ausdrücke erheblich vereinfachen!

12.24 *Man spalte bekannte Grenzwerte ab:*

(a) $\displaystyle\lim_{x\to 0}\frac{\tan x}{x} = \lim_{x\to 0}\frac{1}{\cos x}\cdot\frac{\sin x}{x} = \lim_{x\to 0}\frac{1}{\cos x}\cdot\lim_{x\to 0}\frac{\sin x}{x} = 1\cdot 1 = \underline{\underline{1}}.$

(b) $\displaystyle\lim_{x\to 1}\frac{2\tan\frac{\pi}{2}x}{3\cot(1-x)} \;=\; \lim_{x\to 1}\frac{2\sin\frac{\pi}{2}x}{3\cos\frac{\pi}{2}x}\cdot\frac{\sin(1-x)}{\cos(1-x)}$

$$= \frac{2}{3}\lim_{x\to 1}\frac{\sin\frac{\pi}{2}x}{\cos(1-x)}\cdot\lim_{x\to 1}\frac{\sin(1-x)}{\cos\frac{\pi}{2}x}, \qquad \lim_{x\to 1}\frac{\sin\frac{\pi}{2}x}{\cos(1-x)} = \underline{1},$$

$$= \frac{2}{3}\lim_{x\to 1}\frac{\sin(1-x)}{\cos\frac{\pi}{2}x} \overset{\left[\frac{0}{0}\right]}{=} \frac{2}{3}\lim_{x\to 1}\frac{-\cos(1-x)}{-\frac{\pi}{2}\sin\frac{\pi}{2}x} = \underline{\underline{\frac{4}{3\pi}}}.$$

Wenden Sie mal l'Hospital auf $\displaystyle\lim_{x\to 1}\frac{2\tan\frac{\pi}{2}x}{3\cot(1-x)}$ an !?

12.25   *Manchmal führt l'Hospital nicht (direkt) zum Ziel:*

(a) $\displaystyle\lim_{x\to\infty}\frac{\sinh x}{\cosh x}\;\overset{\left[\frac{\infty}{\infty}\right]}{}\;\lim_{x\to\infty}\frac{\cosh x}{\sinh x}\;\overset{\left[\frac{\infty}{\infty}\right]}{=}\;\lim_{x\to\infty}\frac{\sinh x}{\cosh x}$?

Hier hilft der Rückgang auf die Definition von $\sinh x$ und $\cosh x$:

$$\lim_{x\to\infty}\frac{\sinh x}{\cosh x} \overset{\text{def}}{=} \lim_{x\to\infty}\frac{e^x-e^{-x}}{e^x+e^{-x}} = \lim_{x\to\infty}\frac{1-e^{-2x}}{1+e^{-2x}} = \underline{\underline{1}}.$$

(b) $\displaystyle\lim_{x\to\infty}\frac{e^{1/x}-1}{\frac{\arctan x}{x}}$ l'Hospital ?   Nicht zu empfehlen !

Besser: Bekannte <u>Grenzwerte abspalten</u> und eventuell <u>Substituieren</u> :

$$\lim_{x\to\infty}\frac{e^{1/x}-1}{\frac{\arctan x}{x}} = \lim_{x\to\infty}\frac{e^{1/x}-1}{1/x}\cdot\lim_{x\to\infty}\frac{1}{\arctan x}, \qquad \lim_{x\to\infty}\arctan x = \frac{\pi}{2},$$

$$= \lim_{x\to\infty}\frac{e^{1/x}-1}{1/x}\cdot\frac{2}{\pi} \overset{(\frac{1}{x}=y)}{=} \frac{2}{\pi}\lim_{y\to 0^+}\frac{e^y-1}{y} \overset{\left[\frac{0}{0}\right]}{=} \frac{2}{\pi}\lim_{y\to 0^+}\frac{e^y}{1} = \underline{\underline{\frac{2}{\pi}}}.$$

> Oft ist es einfacher, den Grenzwert mittels **Potenzreihen (F+H)** zu berechnen!
> Die wichtigsten Potenzreihen findet man hinten auf der Umschlagseite **F 3**

12.26   *Man berechne den Grenzwert* $\displaystyle\lim_{x\to 0}\frac{\cos x-\sqrt{1-x^2}}{x^4}$.

(a)   Lösung mit l'Hospital: *viermaliges* Anwenden von l'Hospital ergibt:

$$\lim_{x\to 0}\frac{\cos x-\sqrt{1-x^2}}{x^4} = \cdots = \underline{\underline{\frac{1}{6}}}, \text{ macht keinen Spaß, aber:}$$

(b)   Lösung mit Potenzreihen: (Man erkennt den Grenzwert sofort!)

$$\lim_{x\to 0}\frac{\cos x-\sqrt{1-x^2}}{x^4} \overset{\text{def}}{=} \lim_{x\to 0}\frac{(1-\tfrac{1}{2}x^2+\tfrac{1}{4!}x^4\mp\cdots)-(1-\tfrac{1}{2}x^2-\tfrac{1}{8}x^4-\cdots)}{x^4}$$

$$= \lim_{x\to 0}\frac{\tfrac{1}{6}x^4+\cdots}{x^4}=\underline{\underline{\tfrac{1}{6}}}.$$

12.27   *Man berechne den Grenzwert* $\displaystyle\lim_{x\to 0}\frac{x\sin 2x}{\sinh^2 x}$

(a)   Lösung mit l'Hospital:

$$\lim_{x\to 0}\frac{x\sin 2x}{\sinh^2 x} \overset{\left[\frac{0}{0}\right]}{=} \lim_{x\to 0}\frac{\sin 2x+2x\cos 2x}{2\cosh x\sinh x} \overset{\left[\frac{0}{0}\right]}{=} \lim_{x\to 0}\frac{4\cos 2x-4x\sin 2x}{2(\sinh^2 x+\cosh^2 x)}=\frac{4}{2}=\underline{\underline{2}},$$

$$\text{oder} \quad = \lim_{x\to 0}\frac{x}{\sinh x}\cdot\lim_{x\to 0}\frac{\sin 2x}{\sinh x} \overset{\left[\frac{0}{0}\right]}{=} \lim_{x\to 0}\frac{1}{\cosh x}\cdot\lim_{x\to 0}\frac{2\cos 2x}{\cosh x}=\underline{\underline{2}}.$$

(b)   Lösung mit Potenzreihen:

$$\lim_{x\to 0}\frac{x\sin 2x}{\sinh^2 x} \overset{\text{def}}{=} \frac{x(2x-\tfrac{1}{3!}(2x)^3\pm\cdots)}{(x+\tfrac{1}{3!}x^3+\cdots)(x+\tfrac{1}{3!}x^3+\cdots)}$$

$$= \lim_{x\to 0}\frac{2x^2+x^4(-\tfrac{4}{3}\pm\cdots)}{x^2+x^3(\tfrac{1}{3}x+\cdots)}=\lim_{x\to 0}\frac{2+x^2(-\tfrac{4}{3}\pm\cdots)}{1+x(\tfrac{1}{3}x+\cdots)}=\underline{\underline{2}}.$$

Bis jetzt haben wir nur unbestimmte Ausdrücke $\left[\frac{0}{0}\right]$ und $\left[\frac{\infty}{\infty}\right]$ behandelt.
Die anderen unbestimmten Ausdrücke lassen sich auf diese zurückführen:

---

unbestimmte Ausdrücke

$\left[\dfrac{0}{0}\right]$, $\left[\dfrac{\infty}{\infty}\right]$ l'Hospital, siehe obige Beispiele.

$[0\cdot\infty] \longrightarrow \begin{cases} \left[\dfrac{\infty}{\tfrac{1}{0}}\right]=\left[\dfrac{\infty}{\infty}\right] \\[2mm] \left[\dfrac{0}{\tfrac{1}{\infty}}\right]=\left[\dfrac{0}{0}\right] \end{cases}$ und l'Hospital, siehe [12.28].

Die folgenden Exponentialausdrücke werden
natürlich mit der e–Funktion umgeformt : $\boxed{a^b=e^{b\ln a}}$.

$[0^0] \longrightarrow [e^{0\cdot\ln 0}] \longrightarrow e^{[0\cdot\infty]} \longrightarrow \ldots$ siehe [12.29]

$[1^\infty] \longrightarrow [e^{\infty\cdot\ln 1}] \longrightarrow e^{[\infty\cdot 0]} \longrightarrow \ldots$ siehe [12.30]

$[\infty^0] \longrightarrow [e^{0\cdot\ln\infty}] \longrightarrow e^{[0\cdot\infty]} \longrightarrow \ldots$ siehe [12.31]

$[\infty-\infty] \longrightarrow \begin{cases}\text{Hauptnenner?}\\ \text{Erweitern?}\end{cases} \longrightarrow \ldots$ siehe [12.32], [12.33].

12.28 $\quad \lim\limits_{x \to 0^+} x \ln x \quad [0 \cdot \infty]$

$$= \lim\limits_{x \to 0^+} \frac{\ln x}{\frac{1}{x}} \overset{[\frac{\infty}{\infty}]}{=} \lim\limits_{x \to 0^+} \frac{\frac{1}{x}}{-\frac{1}{x^2}} = \lim\limits_{x \to 0^+} (-x) = \underline{\underline{0}}.$$

12.29 $\lim\limits_{x \to 0^+} x^x \quad [0^0]. \qquad$ *Man setzt:* $\quad \boxed{\exp(x) := \mathrm{e}^x}$

$$= \lim\limits_{x \to 0^+} \mathrm{e}^{x \ln x} = \lim\limits_{x \to 0^+} \exp(x \ln x) \overset{*}{=} \exp(\lim\limits_{x \to 0^+} x \ln x) = \mathrm{e}^0 = \underline{\underline{1}}.$$

> *** Merke:** Ist f stetig, so dürfen f und lim vertauscht werden:
> $$\lim\limits_{x \to x_0} f(x) = f(\lim\limits_{x \to x_0} x) = f(x_0).$$

12.30 $\lim\limits_{x \to \infty} (1 - \frac{2}{x})^{3x} \quad [1^\infty]$

$$= \lim\limits_{x \to \infty} \mathrm{e}^{3x \ln(1-2/x)} = \lim\limits_{x \to \infty} \exp(3x \ln(1 - 2/x))$$

$$\overset{*}{=} \exp(\lim\limits_{x \to \infty} 3x \ln(1 - 2/x)) = \underline{\underline{\mathrm{e}^{-6}}}, \quad \text{denn:}$$

$$\lim\limits_{x \to \infty} 3x \ln(1 - \frac{2}{x}) = 3 \lim\limits_{x \to \infty} \frac{\ln(1-\frac{2}{x})}{\frac{1}{x}} \overset{(\frac{1}{x}=y)}{=} 3 \lim\limits_{y \to 0^+} \frac{\ln(1-2y)}{y} \overset{[\frac{0}{0}]}{=} 3 \lim\limits_{y \to 0^+} \frac{-2}{1-2y} = -6.$$

12.31 $\lim\limits_{x \to \infty} (\mathrm{e}^{3x} - 5x)^{x^{-1}} \quad [\infty^0]$

$$= \lim\limits_{x \to \infty} \mathrm{e}^{x^{-1} \ln(\mathrm{e}^{3x}-5x)} \overset{*}{=} \exp\Big(\lim\limits_{x \to \infty} \frac{\ln(\mathrm{e}^{3x}-5x)}{x} \Big) = \underline{\underline{\mathrm{e}^3}} \ , \quad \text{weil}$$

$$\lim\limits_{x \to \infty} \frac{\ln(\mathrm{e}^{3x}-5x)}{x} \overset{[\frac{\infty}{\infty}]}{=} \lim\limits_{x \to \infty} \frac{3\mathrm{e}^{3x}-5}{\mathrm{e}^{3x}-5x} = \lim\limits_{x \to \infty} \frac{3-\frac{5}{\mathrm{e}^{3x}}}{1-\frac{5x}{\mathrm{e}^{3x}}} = \frac{3}{1} = 3 \ \text{ist.}$$

12.32 $\lim\limits_{x \to 0} (\frac{1}{x} - \frac{\sin x}{x^2}) \quad [\infty - \infty] \qquad$ *"Hauptnenner"*

$$= \lim\limits_{x \to 0} \frac{x - \sin x}{x^2} \overset{[\frac{0}{0}]}{=} \lim\limits_{x \to 0} \frac{1 - \cos x}{2x} \overset{[\frac{0}{0}]}{=} \lim\limits_{x \to 0} \frac{\sin x}{2} = \underline{\underline{0}}, \ \text{oder Pot.-Reihen!}$$

12.33 $\lim\limits_{x \to \infty} \left(\sqrt{x^2 + x - 1} - \sqrt{x^2 + 5} \right) \quad [\infty - \infty] \qquad$ *"Erweitern"*: $a - b = \frac{a^2 - b^2}{a+b}$.

$$= \lim\limits_{x \to \infty} \frac{x^2 + x - 1 - (x^2 + 5)}{\sqrt{x^2+x-1} + \sqrt{x^2+5}} = \lim\limits_{x \to \infty} \frac{x-6}{\sqrt{x^2+x-1} + \sqrt{x^2+5}}$$

$$\overset{[\frac{\infty}{\infty}]}{=} \lim\limits_{x \to \infty} \frac{1}{\frac{2x+1}{2\sqrt{x^2+x-1}} \Big| \frac{2x}{2\sqrt{x^2+5}}} \qquad \text{l'Hospital ??? Nein, sondern:}$$

$$\lim\limits_{x \to \infty} \frac{x-6}{\sqrt{x^2+x-1} + \sqrt{x^2+5}} = \lim\limits_{x \to \infty} \frac{1 - \frac{6}{x}}{\sqrt{1 + \frac{1}{x} - \frac{1}{x^2}} + \sqrt{1 + \frac{5}{x^2}}} = \underline{\underline{\frac{1}{2}}}.$$

12.34   Es sei $f(x) = \begin{cases} x^x & , & x > 0 \\ 1 & , & x = 0 \end{cases}$.

Man zeige, dass f stetig ist, untersuche f auf Extremwerte und Monotonie und bestimme die Tangente in 1, sowie die Halbtangente in 0.

(1)   Stetigkeit:

$f(x) = e^{x \ln x}$ ist für $x > 0$ stetig (Produkt und Einsetzen stetiger Funktionen!).
$\lim_{x \to 0^+} f(x) = \lim_{x \to 0^+} x^x = 1 = f(0)$, siehe [12.29]. Also ist f auch für $x = 0$ stetig.

(2)   Extremwerte, Monotonie:

$f'(x) = x^x(1 + \ln x) = 0 \iff 1 + \ln x = 0 \iff x = \frac{1}{e}$, [12.8(5)].

Bei $x_0 = \frac{1}{e}$ liegt ein Minimum, da f' dort von $-$ nach $+$ wechselt (Seite 269).

f ist für $0 \le x \le \frac{1}{e}$ monoton fallend und für $\frac{1}{e} \le x$ monoton wachsend.

Also liegt bei 0 ein rel. Maximum mit $f(0) = 1$ und bei $\frac{1}{e}$

das absolute Minimum mit $f(\frac{1}{e}) = e^{-1/e} \approx 0.69$.

(3)   Tangenten:

$f'(1) = 1$, $f(1) = 1 \implies$ Tangente bei 1 ist $\underline{y = x}$.

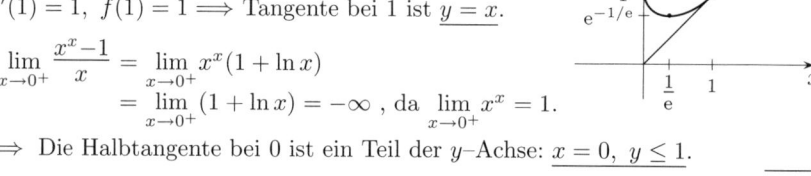

$$\lim_{x \to 0^+} \frac{x^x - 1}{x} = \lim_{x \to 0^+} x^x(1 + \ln x)$$
$$= \lim_{x \to 0^+} (1 + \ln x) = -\infty \text{ , da } \lim_{x \to 0^+} x^x = 1.$$

$\implies$ Die Halbtangente bei 0 ist ein Teil der y–Achse: $\underline{x = 0, \ y \le 1}$.

12.7   Näherungsweise Nullstellenbestimmung

Die Nullstellen der Funktion f oder die Lösungen der Gleichung $f(x) = 0$ lassen sich nur selten (z.B. bei einer quadratischen Gleichung) exakt angeben. Man ist auf Näherungsverfahren angewiesen.

Das bekannteste ist wohl das folgende von NEWTON angegebene Verfahren:

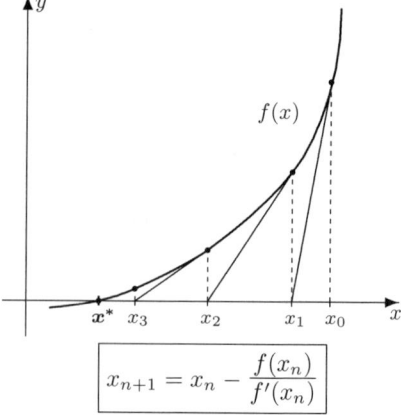

Newtonsches Näherungsverfahren

$$x_{n+1} = x_n - \frac{f(x_n)}{f'(x_n)}$$

Ausgehend von einer (möglichst guten, aus einer Skizze abgelesenen) Ausgangsnäherung x_0 der Nullstelle $x^\star$ ersetzt man die Funktion f durch ihre Tangente im Punkte $(x_0, f(x_0))$ und nimmt deren Nullstelle als verbesserte Näherung x_1 usw.:

$$x_{n+1} = x_n - \frac{f(x_n)}{f'(x_n)}$$

Die Folge (x_n) konvergiert gegen $x^\star$, wenn die Ausgangsnäherung x_0 genügend nahe bei $x^\star$ liegt und $f''(x) \ne 0$ ist in einem offenen Intervall, das $x^\star$ enthält.

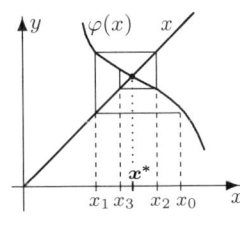

Iterationsverfahren $x_{n+1} = \varphi(x_n)$

Ist $f(x^\star) = 0$ und lässt sich die Gleichung $f(x) = 0$ auf die Form $x = \varphi(x)$ bringen, wobei $|\varphi'(x)| < 1$ ist in einer Umgebung der Nullstelle $x^\star$, dann konvergiert die von einer (hinreichend gut aus einer Skizze abzulesenden) Ausgangsnäherung x_0 ausgehende Folge (x_n) mit $\boxed{x_{n+1} = \varphi(x_n)}$ gegen $x^\star$.

12.35 *Man berechne die Lösung der Gleichung*
$x = \cos x$ für $x > 0$ mit dem Iterationsverfahren
auf zwei Stellen nach dem Komma.

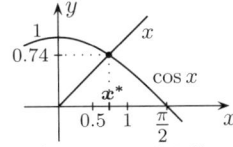

Aus der Skizze ersieht man, dass die einzige Lösung $x^\star$ zwischen 0.5 und 1 liegt.

$x = \cos x =: \varphi(x)$
$\implies \varphi'(x) = -\sin x$ und $|\varphi'(x)| = |-\sin x| = \sin x < 1$ für $0.5 < x < 1$.

Also sind die Voraussetzungen $\quad x_1 = \cos 0.7 \approx 0.765 \quad x_4 = \cos x_3 \approx 0.731$
des Iterationsverfahrens (mit $\quad x_2 = \cos x_1 \approx 0.721 \quad x_5 = \cos x_4 \approx 0.744$
dem Startwert $x_0 = 0.7$) erfüllt $\quad x_3 = \cos x_2 \approx 0.751 \quad x_6 = \cos x_5 \approx 0.735$
und der Taschenrechner liefert: $\quad$ Als Näherungswert erhält man $x^\star \approx \underline{0.74}$.

12.36 *Man berechne die Lösung der Gleichung*
$x - 1 = \tanh x$ mit dem Iterationsverfahren
auf drei Stellen nach dem Komma.

$x = 1 + \tanh x =: \varphi(x)$

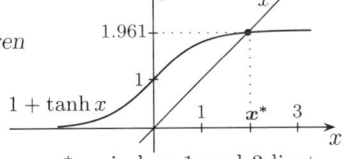

Aus der Skizze ersieht man, dass die einzige Lösung $x^\star$ zwischen 1 und 3 liegt.

$\varphi'(x) = \dfrac{1}{\cosh^2 x}$. Für $1 < x$ gilt: $|\varphi'(x)| = |\dfrac{1}{\cosh^2 x}| < \dfrac{1}{\cosh^2 1} < 1$.

Also sind die Voraussetzungen $\quad x_1 = 1 + \tanh 3 \ \approx 1.99505$
des Iterationsverfahrens (mit $\quad x_2 = 1 + \tanh x_1 \approx 1.96368$
dem Startwert $x_0 = 3$) erfüllt $\quad x_3 = 1 + \tanh x_2 \approx 1.96137$
und der Taschenrechner liefert: $\quad x_4 = 1 + \tanh x_3 \approx 1.96119$ Also $x^\star \approx \underline{1.961}$.

12.8 Aufgaben

Man differenziere:

12.37 $y = (\sqrt{x} + 1)\left(\dfrac{1}{\sqrt{x}} - 1\right)$ **12.38** $y = \dfrac{1-x^3}{1+x^3}$ **12.39** $y = \sin(\sin x)$

12.40 $y = \dfrac{x^2 + x + 1}{x^3 + 1}$ **12.41** $y = \cos^2 \dfrac{1-\sqrt{x}}{1+\sqrt{x}}$ **12.42** $y = \arctan^2 \dfrac{1}{x}$

12.43 $y = \ln^4(\sin x)$ **12.44** $y = \dfrac{x^3 + 2^x}{e^x}$ **12.45** $y = \dfrac{\ln x}{1+x^2}$

12.46 $y = (\ln x)^x$ **12.47** $y = x e^{-x}$ **12.48** $y = x^x$

12.49 $y = (x^2 - 1)(x^2 - 4)(x^2 - 9)$, $y' = ?$ **12.50** $y = \dfrac{1}{x+2} + \dfrac{3}{x^2+1}$, $y'(0) = ?$

12.51 $y = \sqrt{\dfrac{x+1}{x-1}}$, $y'(2) = ?$ **12.52** $x = e^{\arcsin y}$, $\dfrac{dy}{dx} = ?$

12.53 $x^2 + \sin(xy^2) - \pi^2 = 0$, $P = (\pi, 1)$, $y'(\pi) = ?$

Man berechne die Grenzwerte:

12.54 $\lim\limits_{x \to 0} \dfrac{\sin x - \arctan x}{x^2 \ln(1+x)}$ **12.55** $\lim\limits_{x \to 0}(\sin^{-2} x - x^{-2})$ **12.56** $\lim\limits_{x \to 0} \dfrac{3^x - 2^x}{x}$

12.57 $\lim\limits_{x \to 0}(\cot x - \dfrac{1}{x})$ **12.58** $\lim\limits_{x \to 0^+} \left(\dfrac{1}{x}\right)^{\tan x}$ **12.59** $\lim\limits_{x \to 0^+} x^{\sin x}$

12.60 Lässt sich die Funktion $f(x) = \left(e^{1/x} + e^{-1/x}\right)^x$ an der Stelle $x_0 = 0$ stetig ergänzen?

12.61 Man berechne ggf. die Ableitungen von $f(x) = |x^3 + x^2 - x - 1|$ in $x_0 = -1$ und $x_1 = 1$:

12.62 Man bestimme das Verhältnis von Radius r und Höhe h eines Zylinders gegebenen Inhalts, wenn die Oberfläche minimal ist.

12.63 Man bestimme die absoluten und die relativen Extrema von
$y = |x^2 + 2x| + |x| - (2x + x^2)$, für $-3 \le x \le 1$.

12.64 Zwei Masten von je 27m Höhe stehen auf gleichmäßig ansteigendem Gelände; ihre waagerechte Entfernung beträgt 200m, ihr Höhenunterschied 15m.

Die Spitzen der Masten sind durch Leitungen verbunden. Die in der Spitze A des tiefer gelegenen Mastes an die Leitung gelegte Tangente trifft den zweiten Mast im Punkt C, der 9m tiefer liegt als A.

In welchem Punkt kommt die Leitung dem Boden am nächsten, wenn man sie näherungsweise als Parabel (statt cosh–Funktion, Kettenlinie) mit senkrechter Achse auffasst?

12.65 (a) Man bestimme die Extremwerte von $y = \arctan \dfrac{x^2-1}{x^2+1}$.

(b) Für welchen Wert von $a > 0$ wird der Grenzwert $\lim\limits_{x \to a} \dfrac{e^{-x} \ln \frac{x}{a}}{\sin \frac{x-a}{a^2}}$ maximal?

12.66 Man bestimme die absoluten Extrema von
$y = x^3 - 3x^2 - 9|x - 1| + 11$, für $0 \le x \le 4$.

12.67 Man bestimme bis auf drei Stellen nach dem Komma genau:

(a) Die Nullstellen von $y = x^3 - 2x^2 - 2x - 7$.

(b) Die positive Nullstelle von $y = 5\sin x - 4x$.

(c) Die Nullstelle zwischen 1 und 2 von $y = x^4 - 2x^2 + 4x - 8$.

(d) Die Nullstelle von $y = e^{-x} - x$ (auf sechs Stellen).

12.68 Eine 400m–Laufbahn, bestehend aus zwei parallelen Geraden mit zwei angesetzten Halbkreisen, soll so angelegt werden, dass der Inhalt des Rechtecks zwischen den Geraden möglichst groß wird.
Wie lang sind die Geraden, wie groß ist das Rechteck?

12.69 *Die Kosten für den verbrauchten Strom einer Elektrolokomotive sind proportional zum Quadrat der gefahrenen Geschwindigkeit und bei einer Geschwindigkeit von 50 km/h betragen sie 100 Euro/h.*
Weitere Kosten von 400 Euro entstehen pro Stunde unabhängig von der gefahrenen Geschwindigkeit.
Bei welcher Geschwindigkeit sind die Kosten pro gefahrenen km minimal und wie hoch sind die Kosten dann?

12.70 *Ein Massenpunkt bewegt sich mit konstanter Geschwindigkeit v_1 bzw. v_2 im Medium M_1 bzw. M_2 (siehe Skizze).*
Zeige: Er kommt am schnellsten von P nach Q, wenn er dem Weg PAQ folgt, wobei $A = (x,0)$ so liegt, dass
$$v_2 \sin \varphi_1 = v_1 \sin \varphi_2 \text{ bzw. } \frac{v_1}{\sin \varphi_1} = \frac{v_2}{\sin \varphi_2}.$$

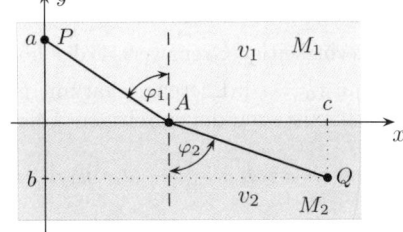

12.71 *Unter – evtl. teilweiser – Benutzung einer Mauer der Länge L und 100m Draht zäune man ein rechteckiges Grundstück so ein, dass der Flächeninhalt F möglichst groß wird.*

(a) *Man diskutiere $L = 20$, $L = 33.\overline{3}$, $L = 40$, $L = 50$ und $L = 70$.*

(b) *Bei welchen Mauerlängen L wird die gesamte Mauer benötigt?*

(c) *Man skizziere $F_{max}(L)$, den maximalen Flächeninhalt in Abhängigkeit von der Mauerlänge L.*

12.9 Lösungen

Für die Ableitungen erhält man:

12.37 $-\frac{1}{2}x^{-1/2}(1 + \frac{1}{x})$ **12.38** $\frac{-6x^2}{(1+x^3)^2}$ **12.39** $\cos(\sin x) \cos x$

12.40 $\frac{1+2x+3x^2-2x^3-x^4}{(x^3+1)^2}$ **12.41** $\frac{\sin\left(2\frac{1-\sqrt{x}}{1+\sqrt{x}}\right)}{\sqrt{x}\,(1+\sqrt{x}\,)^2}$ **12.42** $-\frac{2\arctan\frac{1}{x}}{1+x^2}$

12.43 $4\cot x \ln^3(\sin x)$ **12.44** $\frac{2^x(\ln 2 - 1) + 3x^2 - x^3}{e^x}$ **12.45** $\frac{1+x^2-2x^2\ln x}{x(1+x^2)^2}$

12.46 $(\ln x)^x\left(\frac{1}{\ln x} + \ln(\ln x)\right)$ **12.47** $\frac{1-x}{e^x}$ **12.48** $x^x(1 + \ln x)$

12.49 $y' = 2x[(x^2 - 4)(x^2 - 9) + (x^2 - 1)(x^2 - 9) + (x^2 - 1)(x^2 - 4)]$.

12.50 $y' = \frac{-1}{(x+2)^2} - \frac{6x}{(x^2+1)^2}$, $y'(0) = -\frac{1}{4}$.

12.51 $y' = -\sqrt{\frac{x-1}{x+1}}\frac{1}{(x-1)^2}$, $y'(2) = -\sqrt{\frac{1}{3}}$.

12.52 $y = \sin(\ln x) \Longrightarrow y' = \frac{dy}{dx} = \frac{\cos(\ln x)}{x}$.

12.53 $2x + \cos(xy^2) \cdot (y^2 + 2xyy') = 0$, $x = \pi$, $y = 1 \Longrightarrow y'(\pi) = \frac{2\pi-1}{2\pi}$.

Für die Grenzwerte erhält man:

12.54 $\frac{1}{6}$ **12.55** $\frac{1}{3}$ **12.56** $\ln\frac{3}{2}$ **12.57** 0 **12.58** 1 **12.59** 1

12.60 Nein, denn $\lim\limits_{x\to 0^+} f(x) = \mathrm{e}^1$, $\lim\limits_{x\to 0^-} f(x) = \mathrm{e}^{-1}$ $\implies$ $\lim\limits_{x\to 0} f(x)$ existiert nicht.

12.61
$$\lim_{x\to -1} \frac{f(x)-f(x_0)}{x-x_0} = \lim_{x\to -1} \frac{|x^3+x^2-x-1|}{x+1}$$
$$= \lim_{x\to -1} \frac{|x+1|}{x+1}|x^2-1| = \lim_{x\to -1} (x+1)|x-1| = 0.$$

$\lim\limits_{x\to 1} \dfrac{f(x)-f(x_0)}{x-x_0} = \lim\limits_{x\to 1} \dfrac{|x^3+x^2-x-1|}{x-1} = \lim\limits_{x\to 1} \dfrac{|x-1|}{x-1}|x^2+2x+1|$ existiert nicht, da der rechtsseitige Grenzwert 4, der linksseitige Grenzwert jedoch -4 ist:

f ist in $x_0 = -1$ differenzierbar mit $f'(-1) = 0$ und f ist in $x_1 = 1$ nicht diff.-bar, jedoch existieren die einseitigen Ableitungen $f'_+(1) = 4$ und $f'_-(1) = -4$.

12.62 $V = \pi r^2 h \implies h = \dfrac{V}{\pi r^2}$, $O(r,h) = 2\pi r^2 + 2\pi r h \implies O(r) = 2\pi r^2 + 2\pi r \dfrac{V}{\pi r^2}$.

Es gilt: $O'(r) = 0 \iff r_0 = \sqrt[3]{\dfrac{V}{2\pi}}$, also ist $\dfrac{r}{h} = \dfrac{\sqrt[3]{\frac{V}{2\pi}}}{\dfrac{V}{\pi \sqrt[3]{\left(\frac{V}{2\pi}\right)^2}}} = \dfrac{1}{2}$.

12.63 $y = \begin{cases} -x & , -3 \le x \le -2 \\ -2x^2 - 5x, & -2 \le x \le 0 \\ x & , \ 0 \le x \le 1 \end{cases} \implies \begin{array}{l} x_0 = -\frac{5}{4} \\ x_1 = -2 \\ x_2 = 0 \end{array}$
$\begin{array}{l} \text{abs. Max. mit } f(-\frac{5}{4}) = \frac{25}{8}, \\ \text{rel. Min. mit } f(-2) = 2, \\ \text{abs. Min. mit } f(0) = 0. \end{array}$

12.64 Die Leitung beschreibt näherungsweise eine Parabel. Man macht also den Ansatz:

$y = ax^2 + bx + c$ $\qquad$ also: $\quad y(0) = 27 \implies c = 27,$

und erhält als Ableitung $\qquad\qquad y'(0) = -\dfrac{9}{200} \implies b = -\dfrac{9}{200},$

$y' = 2ax + b$ $\qquad\qquad\qquad\quad y(200) = 42 \implies a = 6\cdot 10^{-4}.$

$y = 6\cdot 10^{-4} x^2 - \dfrac{9}{200}x + 27$ ist also die gesuchte Parabel.

Zu berechnen ist die Stelle x_0, an der die Tangente an die Parabel parallel zu der Geraden $y = \frac{15}{200}x$ (Boden) ist. Also: $y'(x) = \frac{15}{200} \iff x_0 = 100$ (Min.).

Mitten zwischen den Masten kommt die Leitung dem Boden am nächsten!

Den exakten Verlauf der Leitung beschreibt die cosh–Funktion (Kettenlinie)!

12.65 (a) $y' = 0 \iff x_0 = 0$, $f(0) = -\dfrac{\pi}{4}$, Min., da y' bei 0 VZW von $+$ nach $-$.

(b) $g(a) := \lim\limits_{x\to a} \dfrac{\mathrm{e}^{-x}\ln \frac{x}{a}}{\sin \frac{x-a}{a^2}} \overset{[\frac{0}{0}]}{=} \lim\limits_{x\to a} \dfrac{-\mathrm{e}^{-x}\ln \frac{x}{a} + \mathrm{e}^{-x}\frac{1}{x}}{\frac{1}{a^2}\cos \frac{x-a}{a^2}} = \dfrac{a}{\mathrm{e}^a}.$

Wo wird $g(a) = \dfrac{a}{\mathrm{e}^a}$ für $a > 0$ maximal? $g'(a) = \dfrac{\mathrm{e}^a - a\mathrm{e}^a}{\mathrm{e}^{2a}} = 0 \iff a = 1.$

$a = 1$ ist Maximum, da $g(a) \ge 0$ und $g(a) = 0$, $\lim\limits_{a\to\infty} g(a) = 0$ ist.

12.66 Extremwerte möglich bei: 0 (Randp.), 1 (nicht diff.-bar), 3 ($y' = 0$), 4 (Randp.)
$f(0) = 2$, $f(1) = 9$, $f(3) = -7$, $f(4) = 0$.

Also: absolutes Maximum bei 1 und absolutes Minimum bei 3.

12.67 (a) 3.268, (b) 1.131, (c) 1.612, (d) 0.567143 (Iterat-Verf: $x_0 = 1$, $x_{n+1} = \mathrm{e}^{-x_n}$).

12.68 $400 = 2a + 2\pi r \Longrightarrow a = 200 - \pi r, \quad F(a,r) = 2ra \implies F(r) = 2r(200 - \pi r).$
$\dfrac{dF}{dr} = 400 - 4\pi r = 0 \Longrightarrow r_0 = \dfrac{100}{\pi} = 31.8 \ , \ a_0 = 100 \ , \ F_0 = 6366.2.$
Die Gerade ist 100 m lang und das Rechteck 6366.2 m^2 groß.

12.69 Kosten K pro gefahrenem km bei Geschwindigkeit v:
$K(v) = \dfrac{\frac{1}{25}v^2 + 400}{v} = \dfrac{1}{25}v + \dfrac{400}{v} \Longrightarrow K'(v) = \dfrac{1}{25} - \dfrac{400}{v^2} = 0 \Longrightarrow v_0 = 100.$
Bei Tempo 100 km/h sind die Kosten minimal, nämlich 8 Euro/km.

12.70 $T(x) = \dfrac{\sqrt{a^2 + x^2}}{v_1} + \dfrac{\sqrt{b^2 + (c-x)^2}}{v_2}$ ist die Zeit, die der Massenpunkt in Abhängigkeit von $A = (x, 0)$ von P nach Q benötigt.

$$T'(x) = 0 \iff \frac{x}{v_1 \sqrt{a^2 + x^2}} = \frac{c-x}{v_2 \sqrt{b^2 + (c-x)^2}}$$
$$\iff v_2 \frac{x}{\sqrt{a^2 + x^2}} = v_1 \frac{c-x}{\sqrt{b^2 + (c-x)^2}} \iff v_2 \sin\varphi_1 - v_1 \sin\varphi_2.$$

12.71 $x \leq L \Longrightarrow 100 = 2a + x \quad\quad \Longrightarrow a = 50 - \dfrac{x}{2}$
$L \leq x \Longrightarrow 100 = 2a + 2x - L \implies a = 50 - x + \dfrac{L}{2}$

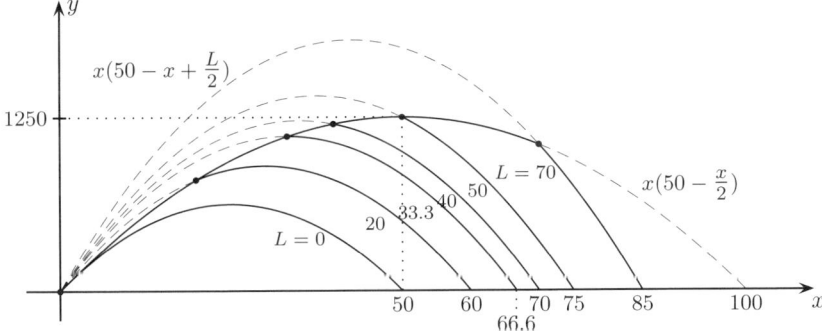

$$F(x) = \begin{cases} x\left(50 - \frac{x}{2}\right) \\ x\left(50 - x + \frac{L}{2}\right) \end{cases} \text{ und } F'(x) = \begin{cases} 50 - x \\ 50 + \frac{L}{2} - 2x \end{cases} \text{ für } \begin{cases} 0 < x < L, \\ L < x < 50 + \frac{L}{2}. \end{cases}$$

Gesucht ist das absolute Maximum von F auf $[0, 50 + \frac{L}{2}]$. F ist aus zwei nach unten geöffneten Parabeln zusammengesetzt, wobei die zweite Parabel noch von L abhängt!
Am Rand des Intervalls ist $F(0) = F(50 + \frac{L}{2}) = 0$, weshalb die Randpunkte als absolute Maxima nicht in Betracht kommen.
Das gesuchte abs. Max. kann also nur an einer kritischen Stelle ($F' = 0$) oder an einer Stelle liegen, wo F nicht differenzierbar ist. Für letztere kommt natürlich nur $x = L$ in Betracht, da dort die Parabeln zusammengesetzt sind:

(a)
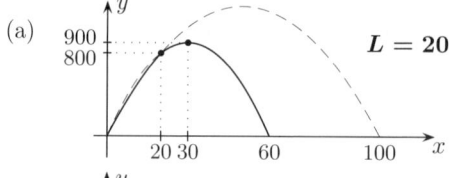

$L = 20$

$F'(x) = 0 \Longleftrightarrow x_0 = 30$
F bei $x_1 = L = 20$ nicht diff–bar.
$900 = F(30) > F(20) = 800$
$\Longrightarrow x_{max} = 30$, $\underline{F(30) = 900}$.

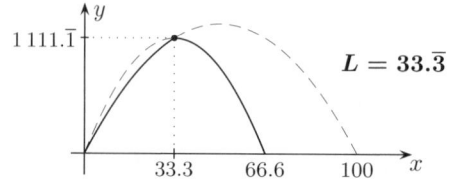

$L = 33.\overline{3}$

$F'(x) \neq 0$ für $0 \leq x \leq 50 + \frac{L}{2} = 66.\overline{6}$
F bei $x_1 = L = 33.\overline{3}$ nicht diff–bar.
$\Longrightarrow x_{max} = 33.\overline{3}$, $\underline{F(33.\overline{3}) = 1\,111.\overline{1}}$.

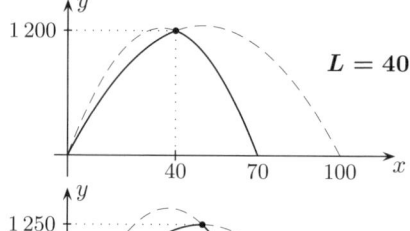

$L = 40$

$F'(x) \neq 0$ für $0 \leq x \leq 50 + \frac{L}{2} = 70$
F bei $x_1 = L = 40$ nicht diff–bar.
$\Longrightarrow x_{max} = 40$, $\underline{F(40) = 1\,200}$.

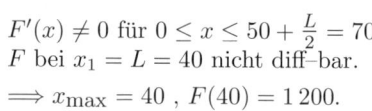

$L = 50$

$F'(x) \neq 0$ für $0 \leq x \leq 50 + \frac{L}{2} = 75$
F bei $x_1 = L = 50$ nicht diff–bar.
$\Longrightarrow x_{max} = 50$, $\underline{F(50) = 1\,250}$.

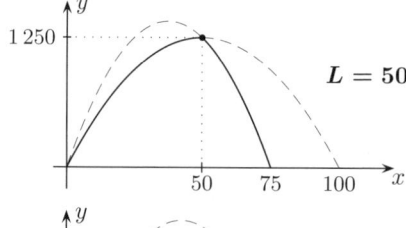

$L = 70$

$F'(x) = 0 \Longleftrightarrow x_0 = 50$
F bei $x_1 = L = 70$ nicht diff–bar.
$1\,250 = F(50) > F(70) = 1\,050$
$\Longrightarrow x_{max} = 50$, $\underline{F(50) = 1\,250}$.

(b)   Aus dem Verlauf der beiden Parabeln erkennt man:

Ist $L \leq 33.\overline{3}$, so ist das Rechteck ein Quadrat!
Ist $L \leq 50$, so wird die gesamte Mauer benötigt.
Ist $L \geq 50$, so werden 50 m der Mauer benötigt und $F_{max}(L) = 1250\,m^2$.

(c) $x_{max}(L) = \begin{cases} \frac{1}{2}(50 + \frac{L}{2}) \ , & 0 \ \leq L \leq \frac{100}{3}, \\ L \ , & \frac{100}{3} \leq L \leq 50, \\ 50 \ , & 50 \ \leq L. \end{cases}$

$F_{max}(L) = \begin{cases} \frac{1}{16}(100 + L)^2 \ , & 0 \ \leq L \leq \frac{100}{3}, \\ \frac{1}{2}L(100 - L) \ , & \frac{100}{3} \leq L \leq 50, \\ 1250 \ , & 50 \ \leq L. \end{cases}$

13 Integralrechnung

13.1 Das unbestimmte Integral

13.1.1 Rechnen mit unbestimmten Integralen

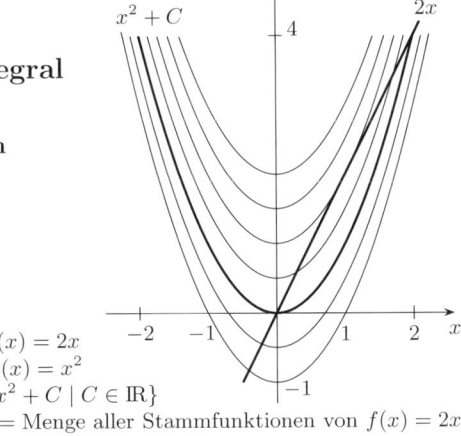

Ist $F'(x) = f(x)$, so heißt $F(x)$ eine **Stammfunktion** von $f(x)$. Ist F eine Stammfunktion von f, so erhält man alle Stammfunktionen von f, wenn man eine beliebige Konstante C zu F addiert.

$f(x) = 2x$
$F(x) = x^2$
$\{x^2 + C \mid C \in \mathbb{R}\}$
= Menge aller Stammfunktionen von $f(x) = 2x$.

Die Menge aller Stammfunktionen von $f(x)$, das heißt die Menge aller Funktionen, die $f(x)$ als Ableitung besitzen, nennt man das

> unbestimmte Integral[1] von $f(x)$: $\displaystyle\int f(x)\,dx = F(x) + C$, mit $F'(x) = f(x)$.

13.1 Weil $(x^2)' = 2x$ ist, ist $F(x) = x^2$ eine Stammfunktion von $f(x) = 2x$ und es ist $\int 2x\,dx = x^2 + C$, $C \in \mathbb{R}$ die Menge aller Stammfunktionen.

Das heißt: Jede Funktion, deren Ableitung $2x$ ist, hat die Form $x^2 + C$.

Umkehrung der Differential– und Integraloperation

$$\int \frac{d\,F(x)}{dx}\,dx = F(x) + C \qquad \frac{d}{dx}\int f(x)\,dx = f(x)$$

$$\int F'(x)\,dx = F(x) + C \qquad \left(\int f(x)\,dx\right)' = f(x)$$

13.2 *Durch Differenzieren bestätigt man:*

$$\int \frac{dx}{1 + x^2} = \arctan x + C, \qquad \int \frac{dx}{x} = \ln|x| + C, \qquad \int \frac{dx}{2\sqrt{x}} = \sqrt{x} + C.$$

Jede stetige Funktion besitzt eine Stammfunktion (Hauptsatz der Differential– und Integralrechnung!); dennoch ist es oft schwierig (und manchmal unmöglich, z.B. bei $\int \frac{e^x}{x}\,dx$), eine solche durch bekannte Funktionen auszudrücken.

Die **Integrale**, die man in diesem **REPETITORIUM** benötigt, findet man

- fast alle auf der hinteren Umschlagseite **F4**,
- alle in **F+H**.

---

[1] Diese Schreibweise ist üblich! Da $\int f(x)dx$ die Menge aller Stammfunktionen ist, müsste man korrekt schreiben: $\int f(x)\,dx = \{F(x) + C \mid C \in \mathbb{R}\}$, F eine Funktion mit $F' = f$.

Unbestimmte Integrale löst man, indem man sie durch geschickte Umformungen auf bekannte Integrale zurückführt. Grundintegrale siehe **F4** oder **F+H**. Zum Umformen benutzt man folgende Regeln (vgl. die entsprechenden Differentiationsregeln):

Vorziehen eines konstanten Faktors

$$\int a \cdot f(x)\, dx = a \cdot \int f(x)\, dx$$

Integral der Summe gleich Summe der Integrale

$$\int (f(x) + g(x) - h(x))\, dx \;=\; \int f(x)\, dx + \int g(x)\, dx - \int h(x)\, dx$$

13.3 $\int (x^2 + 1)^5\, dx$, *Binomialkoeffizienten siehe Seite 46*

$$= \int (x^{10} + 5x^8 + 10x^6 + 10x^4 + 5x^2 + 1)\, dx$$

$$= \int x^{10}\, dx + 5\int x^8\, dx + 10\int x^6\, dx + 10\int x^4\, dx + 5\int x^2\, dx + \int dx$$

$$= \frac{x^{11}}{11} + \frac{5x^9}{9} + \frac{10x^7}{7} + \frac{10x^5}{5} + \frac{5x^3}{3} + x + C.$$

13.4 $\int \left(5\sin x - \dfrac{3}{x} + \dfrac{4}{1+x^2}\right) dx$

$$= 5\int \sin x\, dx - 3\int \frac{dx}{x} + 4\int \frac{dx}{1+x^2} = -5\cos x - 3\ln|x| + 4\arctan x + C.$$

Hierüberhinaus hat man zwei wesentliche Hilfsmittel, Integrale zu knacken:

- Substitution
- partielle Integration

Zur vertiefenden Wiederholung siehe auch **EM 2**.

13.1.2 Integration durch Substitution

Substitutionsregel

$$\int f(x)\, dx = \int f(g(t))\, g'(t)\, dt \qquad \underline{\text{Subst.:}} \qquad \begin{array}{l} x = g(t) \\ dx = g'(t)\, dt \end{array}$$

---

vergleiche Seite 264:
Kettenregel des Differenzierens

Ist $y = f(x)$ stetig, $x = g(t)$ stetig differenzierbar und umkehrbar mit der Umkehrfunktion $t = g^{-1}(x)$, so gilt

$$g' = \frac{1}{(g^{-1})'} \text{ für die Ableitungen } g' = \frac{dx}{dt} \text{ und } (g^{-1})' = \frac{dt}{dx}, \quad \text{also} \quad \frac{dx}{dt} = \frac{1}{\dfrac{dt}{dx}}.$$

Man kann folglich dx

aus der Ableitung $g'(t) = \dfrac{dx}{dt}$ oder aus der Ableitung $g^{-1\prime}(x) = \dfrac{dt}{dx}$ berechnen.

13.5 $\displaystyle\int (2-3x)^4\,dx$ $\qquad$ Subst.: $2-3x = g^{-1}(x) = t$ $\quad$ oder $\qquad$ $x = g(t) = -\dfrac{t-2}{3}$

$\displaystyle = \int t^4 \left(-\frac{1}{3}\right) dt$ $\hspace{3cm}$ $-3 = g^{-1\prime} = \dfrac{dt}{dx}$ $\hspace{2cm}$ $\dfrac{dx}{dt} = g' = -\dfrac{1}{3}$

$\displaystyle = -\frac{1}{3}\int t^4\,dt$ $\hspace{4cm}$ $dx = -\dfrac{1}{3}dt$ $\hspace{2.5cm}$ $dx = -\dfrac{1}{3}dt$

$\displaystyle = -\frac{1}{15}t^5 + C = -\frac{1}{15}(2-3x)^5 + C.$

13.6 $\displaystyle\int 3x^2 e^{x^3}\,dx$ $\hspace{4cm}$ Subst.: $\hspace{1cm}$ $x^3 = t$

$\displaystyle = \int e^t\,dt$ $\hspace{6cm}$ $3x^2\,dx = dt$

$\displaystyle = e^t + C = e^{x^3} + C.$

13.7 $\displaystyle\int 2x \cot x^2\,dx$ $\hspace{3cm}$ Subst.: $\hspace{1cm}$ $x^2 = t$

$\displaystyle = \int \cot t\,dt$ $\hspace{6cm}$ $2x\,dx = dt$

$\displaystyle = \int \frac{\cos t}{\sin t}\,dt$ $\hspace{3.5cm}$ Subst.: $\hspace{1cm}$ $\sin t = u$

$\hspace{8.5cm}$ $\cos t\,dt = du$

$\displaystyle = \int \frac{du}{u} = \ln|u| + C = \ln|\sin t| + C$

$\displaystyle = \ln|\sin x^2| + C.$

13.8 $\displaystyle\int \frac{dx}{(2+x)\sqrt{1+x}}$ $\hspace{2cm}$ Subst.: $\hspace{0.5cm}$ $\sqrt{1+x} = t$

$\displaystyle = \int \frac{2\,dt}{1+t^2} = 2\arctan t + C$ $\hspace{2.5cm}$ $1+x = t^2$

$\hspace{8.5cm}$ $dx = 2t\,dt$

$\displaystyle = 2\arctan\sqrt{1+x} + C.$

13.9 $\displaystyle\int \frac{dx}{a^x + a^{-x}}$ $\quad$, $a > 0$, $a \neq 1$ $\hspace{1.5cm}$ Subst.: $\hspace{1cm}$ $a^x = t$

$\hspace{9cm}$ $e^{x\ln a} = t$

$\displaystyle = \frac{1}{\ln a}\int \frac{\frac{1}{t}\,dt}{t + \frac{1}{t}}$ $\hspace{5cm}$ $a^x \ln a\,dx = dt$

$\displaystyle = \frac{1}{\ln a}\int \frac{dt}{t^2+1} = \frac{1}{\ln a}\arctan t + C = \frac{1}{\ln a}\arctan a^x + C.$

Ableitung des Nenners im Zähler

$$\int \frac{f'(x)}{f(x)}\,dx = \ln|f(x)| + C \qquad \text{Subst.:} \qquad \begin{aligned} f(x) &= t \\ f'(x)\,dx &= dt \end{aligned}$$

Hinweis: $\quad$ Entnimmt man ein Integral einer Formelsammlung, so ersetzt man ggf. immer $\ln f(x)$ durch $\ln|f(x)|$.

13.10 $\int \tan x \, dx = \int \dfrac{\sin x}{\cos x} \, dx = -\int \dfrac{-\sin x}{\cos x} \, dx = \underline{\underline{-\ln|\cos x| + C}}, \quad (siehe \; \overline{\mathbf{F4}}).$

In **F+H** findet man dagegen: $\int \tan x \, dx = -\ln(\cos x).$

Die Betragstriche setzt man aus dem im folgenden Beispiel erläuterten Grund:

13.11 $\int \dfrac{dx}{x-1} = \underline{\underline{\ln|x-1| + C}}.$

Hier sind Integrand $\dfrac{1}{x-1}$ und rechte Seite $\ln|x-1| + C$ beide für $x \neq 1$ erklärt

und es gilt dort $(\ln|x-1| + C)' = \dfrac{1}{x-1}$, wie man durch Rechnung (Fallunter-

scheidung zur Beseitigung der Betragstriche: $x > 1$, $x < 1$) bestätigt!

Entnimmt man dagegen **F+H** $\int \dfrac{dx}{x-1} = \ln(x-1) + C$, so ist die rechte Seite nur

für $x > 1$ erklärt; während der Integrand $\dfrac{1}{x-1}$ für alle $x \neq 1$ erklärt ist.

13.1.3   Partielle Integration

partielle Integration $\quad \int u'v \, dx = uv - \int uv' \, dx$

vergleiche Seite 264 oder **F4**:
Produktregel des
Differenzierens

13.12 $\underbrace{\int 9x^2 \cdot \ln|x| \, dx}_{u' \, \cdot \, v} = \underbrace{3x^3 \cdot \ln|x|}_{u \, \cdot \, v} - \underbrace{\int 3x^3 \cdot \dfrac{1}{x} \, dx}_{u \cdot \, v'} = \underline{\underline{3x^3 \ln|x| - x^3 + C}}.$

13.13 $\int \ln x \, dx = \underbrace{\int 1 \cdot \ln x \, dx}_{u' \cdot \, v} = \underbrace{x \cdot \ln x}_{u \, \cdot \, v} - \underbrace{\int x \cdot \dfrac{1}{x} \, dx}_{u \cdot \, v'} = \underline{\underline{x(-1 + \ln x) + C}}.$

13.14 $\int \dfrac{1}{\cos^2 x} \cdot x \, dx = \tan x \cdot x - \int \tan x \cdot 1 \, dx = \underline{\underline{x \tan x + \ln|\cos x| + C}}.$

13.15   *Die partielle Integration lässt sich auch folgendermaßen benutzen:*

$\int e^x \sin x \, dx$ zweimalige Anwendung der part. Integration ...

$\qquad = e^x \sin x - \int e^x \cos x \, dx = e^x \sin x - e^x \cos x - \int e^x \sin x \, dx$

Also gilt: $\underline{\int e^x \sin x \, dx = e^x \sin x - e^x \cos x - \int e^x \sin x \, dx.}$

Diese Gleichung liefert: $\int e^x \sin x \, dx = \underline{\underline{\dfrac{1}{2} e^x (\sin x - \cos x) + C}}.$

Weitere Beispiele zur partiellen Integration auf Seite 304.

13.1.4 Integration rationaler Funktionen (Partialbruchzerlegung)

Häufig gelingt es, durch Substitutionen Integrale rationaler Funktionen zu erhalten. Dann ist man praktisch fertig; denn diese lassen sich elementar lösen, d.h. durch geeignete Umformungen auf bekannte Integrale—wie sie z.B. in **F4** oder **F+H** stehen—zurückführen. Stichwort: **Partialbruchzerlegung**

Diese Umformungen können allerdings zeitraubend sein!

Rationale Funktionen lassen sich immer integrieren. Mittels der Partialbruchzerlegung (PBZ Seite 68 ff) führt man die unbestimmten Integrale rationaler Funktionen auf folgende Grundintegrale zurück:

$$
\boxed{
\begin{array}{l}
\textbf{Integration von Partialbrüchen} \\[2mm]
\displaystyle\int \frac{dx}{x-a} \;=\; \ln|x-a| \\[3mm]
\displaystyle\int (x-a)^n\,dx \;=\; \frac{(x-a)^{n+1}}{n+1} \quad \text{für} \quad n \neq -1 \\[3mm]
\displaystyle\int \frac{dx}{(x-a)^k} \;=\; \frac{(x-a)^{-k+1}}{-k+1} \quad \text{für} \quad k \neq 1 \\[3mm]
\displaystyle\int \frac{dx}{(x^2+px+q)^n} \quad \text{und} \quad \int \frac{x\,dx}{(x^2+px+q)^n}
\end{array}
}
$$

Umschlagseite **F4** oder **F+H**

F+H

13.16   *Man integriere folgende Partialbrüche (Umschlagseite* **F4***):*

(a) $\displaystyle\int \frac{dx}{x^2+3x+5}$

F4: $X = x^2 + 3x + 5$
$a = 1,\ b = 3,\ c = 5,\ \Delta = 4ac - b^2 = 11.$

$\displaystyle = \frac{2}{\sqrt{11}} \arctan \frac{2x+3}{\sqrt{11}} + C.$

(b) $\displaystyle\int \frac{dx}{x^2+3x-1}$

F4: $X = x^2 + 3x - 1$
$a = 1,\ b = 3,\ c = -1,\ \Delta = 4ac - b^2 = -13.$

$\displaystyle = -\frac{2}{\sqrt{13}} \operatorname{artanh} \frac{2x+3}{\sqrt{13}} + C.$

(c) $\displaystyle\int \frac{dx}{(x^2+2x+3)^3}$

F4: $X = x^2 + 2x + 3,\ a = 1,\ b = 2,\ c = 3,\ \Delta = 8.$

$\displaystyle = \frac{2x+2}{8}\left(\frac{1}{2(x^2+2x+3)^2} + \frac{3}{8(x^2+2x+3)}\right) + \frac{6}{64}\int \frac{dr}{x^2+2x+3},$ **F4**

$\displaystyle -\frac{x+1}{32}\left(\frac{4}{(x^2+2x+3)^2} + \frac{3}{x^2+2x+3}\right) + \frac{3}{32}\left(\frac{2}{\sqrt{8}} \arctan \frac{2x+2}{\sqrt{8}}\right) + C$

$\displaystyle = \frac{x+1}{32}\left(\frac{4}{(x^2+2x+3)^2} + \frac{3}{x^2+2x+3}\right) + \frac{3\sqrt{2}}{64} \arctan \frac{x+1}{\sqrt{2}} + C.$

(d) $\displaystyle\int \frac{dx}{(1+x^2)^2} = \frac{1}{2}\left(\frac{x}{1+x^2} + \arctan x\right) + C,$ siehe [13.125].

13.17   *Man integriere folgende rationalen Funktionen mittels PBZ*

$$\int \frac{x^3-2x^2+x+5}{x^2-1}\,dx$$

aber $\int \dfrac{x^4\,dx}{x^5-1}$ nicht PBZ !

sondern:
$$\int \frac{f'}{f}\,dx = \ln|f| + C, \quad \mathbf{F4}$$
$$\int \frac{x^4\,dx}{x^5-1} = \frac{1}{5}\ln|x^5-1| + C$$

(1)   Durchdividieren:
$$\frac{x^3-2x^2+x+5}{x^2-1} = x - 2 + \frac{2x+3}{x^2-1}.$$

(2)   Nullstellen des Nenners: $x^2-1=0 \implies x_1 = 1$, $x_2 = -1$.

(3)   Ansatz der Partialbrüche: $\dfrac{2x+3}{(x-1)(x+1)} = \dfrac{A}{x-1} + \dfrac{B}{x+1}.$

(4)   Bestimmung der Koeffizienten :

Die Zuhaltemethode ergibt unmittelbar: $A = \dfrac{5}{2}$, $B = -\dfrac{1}{2}.$

(5)   Integration: $\displaystyle\int \frac{x^3-2x^2+x+5}{x^2-1}\,dx = \int (x-2)\,dx + \frac{5}{2}\int \frac{dx}{x-1} - \frac{1}{2}\int \frac{dx}{x+1}$

$$= \frac{x^2}{2} - 2x + \frac{5}{2}\ln|x-1| - \frac{1}{2}\ln|x+1| + C.$$

13.18 $\displaystyle\int \frac{(2x+1)\,dx}{x^4+3x^3+4x^2+3x+1}$

(1)   Durchdividieren: Entfällt, da Integrand schon echt gebrochen!

(2)   Nullstellen des Nenners:

$x^4 + 3x^3 + 4x^2 + 3x + 1 = 0 \implies \underline{x_1 = -1}$ (Probieren)

$(x^4 + 3x^3 + 4x^2 + 3x + 1) : (x+1) = x^3 + 2x^2 + 2x + 1$

$x^3 + 2x^2 + 2x + 1 = 0 \implies \underline{x_2 = -1}$ (Probieren)

$(x^3 + 2x^2 + 2x + 1) : (x+1) = x^2 + x + 1$

$x^2 + x + 1 = 0 \implies \underline{x_{3,4} = -\dfrac{1}{2} \pm \dfrac{\sqrt{3}}{2}\,i}$ (nicht reell)

$x^2 + x + 1$ ist also (in $\mathbb{R}$) unzerlegbar!

$\underline{\text{Faktorzerlegung des Nenners:}} \quad \dfrac{(2x+1)}{x^4+3x^3+4x^2+3x+1} = \dfrac{2x+1}{(x^2+x+1)(x+1)^2}.$

(3)   Ansatz der Partialbrüche: $\dfrac{2x+1}{(x^2+x+1)(x+1)^2} = \dfrac{Ax+B}{x^2+x+1} + \dfrac{C_1}{x+1} + \dfrac{C_2}{(x+1)^2}.$

(4)   Koeffizienten bestimmen: Die Zuhaltemethode liefert zunächst nur $\underline{C_2 = -1}$

$\dfrac{2x+1}{(x^2+x+1)(x+1)^2} + \dfrac{1}{(x+1)^2} = \dfrac{x^2+3x+2}{(x^2+x+1)(x+1)^2} = \dfrac{Ax+B}{x^2+x+1} + \dfrac{C_1}{x+1}$

Kürzen durch $x+1$ (Probe!) ergibt: $x^2 + 3x + 2 = (x+2)(x+1)$

$\dfrac{x+2}{(x^2+x+1)(x+1)} = \dfrac{Ax+B}{x^2+x+1} + \dfrac{C_1}{x+1}$ (Zuhaltemethode!) $\implies \underline{C_1 = 1}$

$\dfrac{x+2}{(x^2+x+1)(x+1)} - \dfrac{1}{x+1} = \dfrac{-x^2+1}{(x^2+x+1)(x+1)} = \dfrac{-x+1}{x^2+x+1} = \dfrac{Ax+B}{x^2+x+1}.$

Koeffizientenvergleich liefert nun: $\underline{A = -1}$, $\underline{B = 1}.$

(5) Integration:

$$\int \frac{(2x+1)\,dx}{x^4+3x^3+4x^2+3x+1} = \int \frac{-x+1}{x^2+x+1}\,dx + \int \frac{dx}{x+1} - \int \frac{dx}{(x+1)^2}, \text{ wobei}$$

$$\int \frac{-x+1}{x^2+x+1}\,dx = -\int \frac{x\,dx}{x^2+x+1} + \int \frac{dx}{x^2+x+1}$$

$$= -\frac{1}{2}\ln|x^2+x+1| + \frac{1}{2}\int \frac{dx}{x^2+x+1} + \int \frac{dx}{x^2+x+1}$$

$$= -\frac{1}{2}\ln|x^2+x+1| + \frac{3}{2}\int \frac{dx}{x^2+x+1}$$

$$= -\frac{1}{2}\ln|x^2+x+1| + \sqrt{3}\arctan\frac{2x+1}{\sqrt{3}} + C.$$

$$\int \frac{dx}{x+1} = \ln|x+1| + C \quad \text{und} \quad \int \frac{dx}{(x+1)^2} = \frac{-1}{x+1} + C, \quad \text{also erhält man:}$$

$$\int \frac{(2x+1)\,dx}{x^4+3x^3+4x^2+3x+1} = -\frac{1}{2}\ln|x^2+x+1| + \sqrt{3}\arctan\frac{2x+1}{\sqrt{3}} + \ln|x+1| + \frac{1}{x+1} + C.$$

13.19 $\displaystyle\int \frac{x^3-x^2-7x+11}{x^3-2x^2-5x+6}\,dx$

(1) Durchdividieren: $\dfrac{x^3-x^2-7x+11}{x^3-2x^2-5x+6} = 1 + \dfrac{x^2-2x+5}{x^3-2x^2-5x+6}.$

(2) Nullstellen des Nenners: Probieren $\implies \underline{x_1 = 1}$

$(x^3 - 2x^2 - 5x + 6) : (x - 1) = x^2 - x - 6 = 0 \implies \underline{x_2 = 3}$ und $\underline{x_3 = -2}$.

Faktorzerlegung des Nenners: $\dfrac{x^2-2x+5}{x^3-2x^2-5x+6} = \dfrac{x^2-2x+5}{(x-1)(x-3)(x+2)}.$

(3) Ansatz der Partialbrüche: $\dfrac{x^2-2x+5}{(x-1)(x-3)(x+2)} = \dfrac{A}{x-1} + \dfrac{B}{x-3} + \dfrac{C}{x+2}.$

(4) Bestimmung der Koeffizienten : Zuhaltemethode: $\underline{A = -\dfrac{2}{3}}$, $\underline{B = \dfrac{4}{5}}$, $\underline{C = \dfrac{13}{15}}.$

(5) Integration: $\displaystyle\int \frac{x^3-x^2-7x+11}{x^3-2x^2-5x+6}\,dx = \int dx - \int \frac{\frac{2}{3}\,dx}{x-1} + \int \frac{\frac{4}{5}\,dx}{x-3} + \int \frac{\frac{13}{15}\,dx}{x+2}$

$$= x - \frac{2}{3}\ln|x-1| + \frac{4}{5}\ln|x-3| + \frac{13}{15}\ln|x+2| + C.$$

13.20 $\displaystyle\int \frac{12\,dx}{e^x \sinh x (e^{2x}-4)}$ $\quad$ <u>Subst.:</u> $\begin{array}{l} e^x = t \\ e^t\,dx = dt \end{array}$, mit $\sinh x = \dfrac{e^x-e^{-x}}{2}$

$\hspace{10em} = \dfrac{t^2-1}{2t}$

$$= \int \frac{12\,dt}{t^2 \frac{(t^2-1)}{2t}(t^2-4)}$$

PBZ unmittelbar mit Zuhaltemethode!

$$= \int \frac{24\,dt}{t(t-1)(t+1)(t-2)(t+2)} = \int \left(\frac{6}{t} - \frac{4}{t-1} - \frac{4}{t+1} + \frac{1}{t-2} + \frac{1}{t+2}\right) dt$$

$$- 6\ln|t| \quad 4\ln|t| \quad 1| \quad 4\ln|t| \text{ | } 1| \text{ | } \ln|t| \quad 2| \text{ | } \ln|t| \text{ | } 2| \text{ | } C$$

$$= 6x + \ln\left|\frac{e^{2x}-4}{(e^{2x}-1)^4}\right| + C.$$

13.1.5   Integration einiger nicht rationaler Funktionen

Anders als bei den rationalen Funktionen gibt es keine allgemeingültige Methode, die unbestimmten Integrale nicht rationaler Funktionen zu berechnen.

In manchen Fällen lässt sich der Integrand durch geschicktes Substituieren rational machen und dann mittels **PBZ** integrieren.

Im Folgenden bezeichnet $R(u,v)$ eine rationale Funktion der Veränderlichen u und v, d.h. u und v sind nur durch die vier Grundrechenarten $(+,-,\cdot,:)$ verknüpft, wie z.B. $R(u,v) = u\dfrac{(u^2-2uv^3)(2u-3uv)}{3uv+v^2-u^2v^4} + \dfrac{3+u}{u^2+2uv}$.

Wurzel wegsubstituieren!

$$\int R(x,\ \sqrt[m]{\frac{px+q}{rx+s}}\,)\,dx \qquad \underline{\text{Subst.:}} \qquad \boxed{\sqrt[m]{\frac{px+q}{rx+s}} = t} \qquad \begin{aligned} x &= \frac{st^m-q}{p-rt^m} \\[2mm] dx &= mt^{m-1}\frac{sp-rq}{(p-rt^m)^2}\,dt \end{aligned}$$

13.21 $\displaystyle\int \frac{dx}{\sqrt[3]{x}\,(\sqrt[3]{x}+1)}$ $\quad\underline{\text{Subst.:}}\quad \left|\begin{aligned}\sqrt[3]{x} &= t \\ x &= t^3 \\ dx &= 3t^2\,dt.\end{aligned}\right.$ $\quad$ Es ist $\ \sqrt[m]{\dfrac{px+q}{rx+s}} = \sqrt[3]{x},\quad m=3,$
$\hspace{8cm} p=s=1,\ \ q=r=0.$

$\displaystyle = \int \frac{3t^2\,dt}{t(t+1)} = 3\int \frac{t\,dt}{t+1} = \cdots \textbf{F+H} \ \ldots \text{ oder einfacher:}$

$\displaystyle = 3\int \frac{t+1-1}{t+1}\,dt = 3\int dt - 3\int \frac{dt}{t+1} = 3t - 3\ln|t+1| + C = 3\sqrt[3]{x} - 3\ln|\sqrt[3]{x}+1| + C.$

13.22 $\displaystyle\int \frac{1}{x}\sqrt{\frac{1-x}{1+x}}\,dx$ $\hspace{2cm} \underline{\text{Subst.:}}\quad \left|\begin{aligned}\sqrt{\frac{1-x}{1+x}} &= t \ \Longrightarrow\ & x &= \frac{1-t^2}{1+t^2} \\[2mm] \frac{1-x}{1+x} &= t^2 & dx &= \frac{-4t\,dt}{(1+t^2)^2}\end{aligned}\right.$

$\displaystyle = \int \frac{1+t^2}{1-t^2}\,t\,\frac{-4t}{(1+t^2)^2}\,dt$

$\displaystyle = \int \frac{-4t^2\,dt}{(1-t^2)(1+t^2)} = \int \frac{4t^2\,dt}{(t^2-1)(t^2+1)} \qquad \text{PBZ ergibt:}$

$\displaystyle = \int \frac{4t^2\,dt}{(t-1)(t+1)(t^2+1)} = \int \Big(\frac{1}{t-1} - \frac{1}{t+1} + \frac{2}{t^2+1}\Big)\,dt$

$\displaystyle = \ln|t-1| - \ln|t+1| + 2\arctan t + C = \ln\left|\frac{t-1}{t+1}\right| + 2\arctan t + C$

$\displaystyle = \ln\left|\frac{\sqrt{1-x}-\sqrt{1+x}}{\sqrt{1-x}+\sqrt{1+x}}\right| + 2\arctan\sqrt{\frac{1-x}{1+x}} + C, \quad \begin{aligned}&\text{mittels } \tan\tfrac{\alpha}{2} = \tfrac{1-\cos\alpha}{1+\cos\alpha}, \ \textbf{F+H} \\ &\text{und Umformungen des } \ln \text{ erhält man:}\end{aligned}$

$\displaystyle = \arccos x - \ln\frac{1+\sqrt{1-x^2}}{x} + C.$

13.23 $\int \sqrt[3]{\dfrac{x+1}{x-1}}\, dx$ $\qquad$ $\underline{\text{Subst.:}}$ $\left|\ \sqrt[3]{\dfrac{x+1}{x-1}} = t \implies x = \dfrac{t^3+1}{t^3-1}\right.$

$\qquad\qquad\qquad\qquad\qquad\qquad\qquad\qquad \dfrac{x+1}{x-1} = t^3 \qquad dx = -6\dfrac{t^2\,dt}{(t^3-1)^2}$

$= \int t\cdot\left(-6\dfrac{t^2\,dt}{(t^3-1)^2}\right) = -6\int \dfrac{t^3}{(t^3-1)^2}\, dt.$

PBZ und Integration ergeben nach mühsamer Rechnung:

$= \dfrac{2t}{t^3-1} + \dfrac{1}{3}\ln\left|\dfrac{t^3-1}{(t-1)^3}\right| + \dfrac{2}{\sqrt{3}}\arctan\dfrac{2t+1}{\sqrt{3}} + C.$

Nun setzt man noch $t = \sqrt[3]{\dfrac{x+1}{x-1}}$ und hat das Integral gelöst!

Wurzel wegsubstituieren!

$\int R\left(x, \left(\dfrac{px+q}{rx+s}\right)^k, \left(\dfrac{px+q}{rx+s}\right)^\ell\right) dx$ $\qquad$ $\underline{\text{Subst.:}}$ $\boxed{\ \sqrt[m]{\dfrac{px+q}{rx+s}} = t\ }$

$\qquad\qquad\qquad\qquad\qquad\qquad\qquad\qquad\qquad r, dr$, siehe Seite 292

$\qquad\qquad\qquad\qquad\qquad\qquad\qquad\qquad\qquad k, \ell$ rationale Zahlen

$\qquad\qquad\qquad\qquad\qquad\qquad\qquad\qquad\qquad m$ = Hauptnenner der Brüche k, ℓ

13.24 $\int \dfrac{dx}{\sqrt{\dfrac{x+1}{2}} + \sqrt[3]{\dfrac{x+1}{2}}}$ $\qquad$ $\dfrac{px+q}{rx+s} = \dfrac{x+1}{2}$, $\quad k = \dfrac{1}{2}$, $\ell = \dfrac{1}{3}$, also $m = 6$.

$\qquad\qquad\qquad\qquad\qquad\qquad$ $\underline{\text{Subst.:}}$ $\dfrac{x+1}{2} = t^6 \implies x = 2t^6 - 1 \implies dx = 12t^5\,dt$

$= 12\int \dfrac{t^5\,dt}{t^3 + t^2}$

$= 12\int \dfrac{t^3\,dt}{t+1} = 12\int\left(t^2 - t + 1 - \dfrac{1}{1+t}\right)dt = 4t^3 - 6t^2 + 12t - 12\ln|t+1| + C$

$= 4\sqrt{\dfrac{x+1}{2}} - 6\sqrt[3]{\dfrac{x+1}{2}} + 12\sqrt[6]{\dfrac{x+1}{2}} - 12\ln\left(\sqrt[6]{\dfrac{x+1}{2}} + 1\right) + C.$

13.25 $\qquad \int \dfrac{\sqrt{x}\,dx}{6\sqrt[3]{x} + 6}$ $\qquad$ $\dfrac{px+q}{rx+s} = x$, $\quad k = \dfrac{1}{2}$, $\ell = \dfrac{1}{3}$, also $m = 6$.

$\qquad\qquad\qquad\qquad\qquad\qquad$ $\underline{\text{Subst.:}}$ $x = t^6$, $dx = 6t^5\,dt$

$= \int \dfrac{t^3 6t^5\,dt}{6(t^2 + 1)}$

$= \int \dfrac{t^8\,dt}{t^2 + 1}$ $\qquad$ Durchdividieren ergibt:

$= \int\left(t^6 - t^4 + t^2 - 1 + \dfrac{1}{t^2+1}\right)dt = \dfrac{1}{7}t^7 - \dfrac{1}{5}t^5 + \dfrac{1}{3}t^3 - t + \arctan t + C$

$= \dfrac{1}{7}x\sqrt[6]{x} - \dfrac{1}{5}\sqrt[6]{x^5} + \dfrac{1}{3}\sqrt[6]{x^3} - \sqrt[6]{x} + \arctan\sqrt[6]{x} + C.$

Wurzeln sind beim Integrieren äußerst unangenehm! Manchmal gelingt das Wegsubstituieren von Wurzeln nur auf vermeintlichen Umwegen.

Beim folgenden Beispiel sind bis zu drei Schritte nötig, um endlich einen rationalen Integranden zu erhalten:

Beispiel (siehe 13.32):

$$\boxed{\int R(x,\sqrt{ax^2+bx+c}\,)\,dx}$$

$$\int \frac{\sqrt{-x^2+2x}}{x-1}\,dx$$

$$\Downarrow (1) \qquad\qquad\qquad\qquad \Downarrow (1)\quad (u=x-1)$$

$$\boxed{\begin{array}{l} \int R(u,\sqrt{u^2+1}\,)\,du \\ \int R(u,\sqrt{u^2-1}\,)\,du \\ \int R(u,\sqrt{1-u^2}\,)\,du \end{array}}$$

$$\int \frac{\sqrt{1-u^2}}{u}\,du$$

$$\Downarrow (2) \qquad\qquad\qquad\qquad \Downarrow (2)\quad (\sin v=u)$$

$$\boxed{\begin{array}{l} \int R(\sin v,\cos v)\,dv \\ \int R(e^v,\sinh v,\cosh v)\,dv \end{array}}$$

$$\int \frac{\cos^2 v}{\sin v}\,dv$$

$$\Downarrow (3) \qquad\qquad\qquad\qquad \Downarrow(3)\quad (t=\cos v)$$

$$\boxed{\int R(t)\,dt}$$

$$\int \frac{t^2\,dt}{t^2-1},\ \text{PBZ}\cdots$$

(1) Durch quadratische Ergänzung und Substitution wird ax^2+bx+c $(a\neq 0)$ auf eine der drei Formen zurückgeführt:

$$\boxed{\begin{array}{l} k\cdot(u^2+1) \\ k\cdot(u^2-1) \\ k\cdot(1-u^2) \end{array}}\quad\text{, wobei } k \text{ eine reelle Konstante ist!}$$

13.26 $\int\sqrt{2x^2+4x-2}\,dx = \underline{\underline{\int 2\sqrt{2}\,\sqrt{u^2-1}\,du}}$, denn

$$2x^2+4x-2 = 2(x^2+2x+1)-4 = 2(x+1)^2-4 = 4\left(\frac{(x+1)^2}{2}-1\right)$$

$$= 4\left(\left(\frac{x+1}{\sqrt{2}}\right)^2-1\right)\qquad \underline{\text{Subst.:}}\quad \frac{x+1}{\sqrt{2}}=u$$

$$\qquad\qquad\qquad\qquad\qquad\qquad\qquad dx = \sqrt{2}\,du$$

$$= 4(u^2-1),\ \ k=4.\quad \text{Lösung des Integrals: 13.34.}$$

(2) Man hat nun eines der folgenden drei Integrale erhalten und beseitigt die Wurzeln mittels der beiden Formeln $\boxed{\cos^2 t+\sin^2 t=1}$ oder $\boxed{\cosh^2 t-\sinh^2 t=1}$

$\int R(u,\sqrt{u^2+1}\,)\,du$	Subst.:	$\boxed{u=\sinh t}$	$u^2+1=\cosh^2 t,\quad du=\cosh t\,dt$
$\int R(u,\sqrt{u^2-1}\,)\,du$	Subst.:	$\boxed{u=\cosh t}$	$u^2-1=\sinh^2 t,\quad du=\sinh t\,dt$
$\int R(u,\sqrt{1-u^2}\,)\,du$	Subst.:	$\boxed{u=\sin t}$	$1-u^2=\cos^2 t,\quad du=\cos t\,dt$

(3) Durch diese Substitutionen werden die Integranden rationale Funktionen in den Argumenten $\sinh t$, $\cosh t$ oder $\sin t$, $\cos t$.

Oft lässt sich dann eine Stammfunktion sofort angeben. Andernfalls sind Methoden anzuwenden, die im Folgenden besprochen werden:

Trigonometrische Funktionen

Generalsubstitution

$$\int R(\sin x, \cos x)\, dx \qquad \underline{\text{Subst.:}} \qquad \boxed{\tan \frac{x}{2} = t} \qquad \begin{array}{l} \sin x = \dfrac{2t}{1+t^2} \\[2mm] \cos x = \dfrac{1-t^2}{1+t^2} \end{array} \quad dx = \dfrac{2\,dt}{1+t^2}$$

Die Substitution $\tan \frac{x}{2} = t$ (Generalsubstitution!) führt zwar immer zum Ziel, in einigen Sonderfällen sind folgende Substitutionen einfacher:

Sonderfälle

(**C**) $R(-\sin x, \cos x) = -R(\sin x, \cos x)$ $\underline{\text{Subst.:}}$ $\boxed{\cos x = t}$ $-\sin x\, dx = dt$
  R ist $\underline{\text{ungerade}}$ in $\underline{\sin x}$.

(**S**) $R(\sin x, -\cos x) = -R(\sin x, \cos x)$ $\underline{\text{Subst.:}}$ $\boxed{\sin x = t}$ $\cos x\, dx = dt$
  R ist $\underline{\text{ungerade}}$ in $\underline{\cos x}$.

(**T**) $R(-\sin x, -\cos x) = R(\sin x, \cos x)$ $\underline{\text{Subst.:}}$ $\boxed{\tan x = t}$ $\sin^2 x = \dfrac{t^2}{1+t^2}$
$$dx = \frac{dt}{1+t^2}, \quad \cos^2 x = \frac{1}{1+t^2}$$

Hyperbelfunktionen

$$\int R(e^x, \sinh x, \cosh x)\, dx \qquad \underline{\text{Subst.:}} \qquad \boxed{e^x = t} \qquad \begin{array}{l} \sinh x = \dfrac{t^2-1}{2t} \\[2mm] \cosh x = \dfrac{t^2+1}{2t} \end{array} \quad dx = \dfrac{dt}{t}$$

Diese Substitutionen machen in den angegebenen Fällen den Integranden rational in t, so dass die unbestimmten Integrale mittels PBZ gelöst werden können.

13.27   *Man zeige:*

$$\text{Aus} \quad \tan\frac{x}{2} = t \quad \text{folgt:} \qquad \sin x = \frac{2t}{1+t^2}\ , \quad \cos x = \frac{1-t^2}{1+t^2}\ , \quad dx = \frac{2\,dt}{1+t^2}.$$

$$\sin 2x = 2\sin x \cos x = \frac{2\sin x \cos x}{\cos^2 x + \sin^2 x} = \frac{2\dfrac{\sin x}{\cos x}}{1+\dfrac{\sin^2 x}{\cos^2 x}} = \frac{2\tan x}{1+\tan^2 x}$$

$$\longrightarrow \quad \sin x = \frac{2\tan\frac{x}{2}}{1+\tan^2 \frac{x}{2}} = \underline{\frac{2t}{1+t^2}}.$$

$$\cos 2x = \cos^2 x - \sin^2 x = \frac{\cos^2 x - \sin^2 x}{\cos^2 x + \sin^2 x} = \frac{1-\tan^2 x}{1+\tan^2 x}$$

$$\implies \quad \cos x = \frac{1-\tan^2 \frac{x}{2}}{1+\tan^2 \frac{x}{2}} = \underline{\frac{1-t^2}{1+t^2}}.$$

$$\tan\frac{x}{2} = t \implies \frac{x}{2} = \arctan t \implies x = 2\arctan t \implies dx = \frac{2\,dt}{1+t^2}.$$

13.28   *Man berechne das unbestimmte Integral* $\displaystyle\int \frac{\sin x \cos x}{1 - \sin x}\, dx.$

In diesem Fall ist $R(\sin x, \cos x) = \dfrac{\sin x \cos x}{1-\sin x}.$ Subst.: $\tan \frac{x}{2}$ ist möglich!

Besser ist jedoch $\sin x = t$, weil der Integrand <u>ungerade in $\cos x$</u> ist, denn es ist:

$$R(\sin x, -\cos x) = \frac{\sin x(-\cos x)}{1-\sin x} = -\frac{\sin x \cos x}{1-\sin x} = -R(\sin x, \cos x).$$

$$\int \frac{\sin x \cos x}{1 - \sin x}\, dx \qquad \underline{\text{Subst.:}} \qquad \begin{matrix} \sin x = t \\ \cos x\, dx = dt \end{matrix}$$

$$= -\int \frac{t-1}{t-1}\, dt - \int \frac{dt}{t-1} = -t - \ln|t-1| + C = \underline{\underline{-\sin x - \ln|\sin x - 1| + C.}}$$

13.29   *Man berechne* $\displaystyle\int \frac{dx}{\sin x \cos x}.$ *Man hat folgende 4 Lösungsmöglichkeiten:*

(1)   Die Substitution $\boxed{\tan \dfrac{x}{2} = t}$ ist möglich; aber umständlich:

$$\int \frac{dx}{\sin x \cos x} \qquad \underline{\text{Subst.:}} \qquad \left| \begin{matrix} \tan \dfrac{x}{2} = t & \sin x = \dfrac{2t}{1+t^2} \\[2mm] dx = \dfrac{2\, dt}{1+t^2} & \cos x = \dfrac{1-t^2}{1+t^2} \end{matrix} \right.$$

$$= \int \frac{2\, dt}{(1+t^2)\frac{2t}{1+t^2}\frac{1-t^2}{1+t^2}} = \int \frac{(1+t^2)\, dt}{t(1-t^2)} = -\int \frac{(1+t^2)\, dt}{t(t-1)(t+1)} = \cdots \text{PBZ} \cdots.$$

(2)   Besser ist $\boxed{\cos x = t}$, weil der Integrand <u>ungerade in $\sin x$</u> ist:

$$\int \frac{dx}{\sin x \cos x} \qquad \underline{\text{Subst.:}} \qquad \cos x = t \ , \ -\sin x\, dx = dt$$

$$= -\int \frac{-\sin x\, dx}{\sin^2 x \cos x} = -\int \frac{-\sin x\, dx}{(1 - \cos^2 x)\cos x} = -\int \frac{dt}{(1-t^2)t} = \cdots \text{PBZ} \cdots.$$

(3)   Noch besser ist $\boxed{\tan x = t}$, weil R unter den Sonderfall (T) fällt:

$$R(-\sin x, -\cos x) = \frac{1}{(-\sin x)(-\cos x)} = \frac{1}{\sin x \cos x} = R(\sin x, \cos x)$$

$$\int \frac{dx}{\sin x \cos x} \qquad \underline{\text{Subst.:}} \qquad \tan x = t \quad \frac{dx}{\cos^2 x} = dt$$

$$= \int \frac{dx}{\frac{\sin x}{\cos x} \cos^2 x} = \int \frac{dt}{t} = \ln|t| + C = \underline{\underline{\ln|\tan x| + C.}}$$

(4)   Benutzt man $\sin 2x = 2\sin x \cos x$, ist auch $\boxed{\cos 2x = t}$ also Fall (C) möglich:

$$= -\int \frac{dt}{1-t^2} = -\int \left(\frac{\frac{1}{2}}{1-t} + \frac{\frac{1}{2}}{1+t} \right) dt$$

$$= \ln \sqrt{\frac{1-t}{1+t}} + C = \ln \sqrt{\frac{1-\cos 2x}{1+\cos 2x}} + C = \underline{\underline{\ln|\tan x| + C.}}$$

13.30 $\quad\displaystyle\int \frac{\sin^2 x + \sin x}{\cos^2 x + \cos x}\, dx = \int R(\sin x, \cos x)\, dx \qquad \underline{\text{Subst.:}} \quad \tan\frac{x}{2} = t$

Hier ist nur diese Substitution möglich, weil keine der Voraussetzungen für (C), (S), (T) erfüllt ist. Durch sie erhält man:

$$\underline{\text{Subst.:}} \quad \left|\begin{array}{ll} \tan\frac{x}{2} = t & \\ x = 2\arctan t & \sin x = \frac{2t}{1+t^2} \\ dx = \frac{2dt}{1+t^2} & \cos x = \frac{1-t^2}{1+t^2} \end{array}\right.$$

$$\int \frac{\sin^2 x + \sin x}{\cos^2 x + \cos x}\, dx = 2\int \frac{t^3 + 2t^2 + t}{(1-t)(1+t)(1+t^2)}\, dt \quad \text{Kürzen und PBZ ergibt:}$$

$$= 2\int \frac{t(1+t)}{(1-t)(1+t^2)}\, dt = -2\int \left(\frac{1}{t-1} + \frac{1}{1+t^2}\right) dt$$

$$= -2\ln|t-1| - 2\arctan t + C = \underline{\underline{-2\ln\left|\tan\frac{x}{2} - 1\right| - x + C}}\,.$$

13.31 $\qquad$ *Man berechne* $\quad$ (a) $\displaystyle\int \frac{\sinh x + \cosh x}{e^x \cosh x}\, dx \quad$ *und* $\quad$ (b) $\displaystyle\int \frac{dx}{\sinh x}$.

(a) $\quad\displaystyle\int \frac{\sinh x + \cosh x}{e^x \cosh x}\, dx = \int R(e^x, \sinh x, \cosh x)\, dx \qquad \underline{\text{Subst.:}} \quad \left|\begin{array}{l} e^x = t \\ \\ dx = \frac{dt}{t} \\ \\ \sinh x = \frac{t^2-1}{2t} \\ \\ \cosh x = \frac{t^2+1}{2t} \end{array}\right.$

$$= \int \frac{\frac{t^2-1}{2t} + \frac{t^2+1}{2t}}{t^2 \frac{t^2+1}{2t}}\, dt$$

$$= 2\int \frac{dt}{1+t^2} = 2\arctan t + C$$

$$= \underline{\underline{2\arctan e^x + C}}\,.$$

Einfacher:

$\sinh x + \cosh x = e^x \quad$ und $\quad\displaystyle\int \frac{\sinh x + \cosh x}{e^x \cosh x}\, dx = \int \frac{dx}{\cosh x} = 2\int \frac{dt}{1+t^2} = \ldots$

(b) $\quad\displaystyle\int \frac{dx}{\sinh x} = \int \frac{2t}{t^2-1}\frac{dt}{t} \qquad\qquad \underline{\text{Subst.:}} \quad \left|\begin{array}{l} e^x = t \\ \\ dx = \frac{dt}{t} \\ \\ \sinh x = \frac{t^2-1}{2t} \end{array}\right.$

$$= \int \left(\frac{1}{t-1} + \frac{-1}{t+1}\right) dt$$

$$= \ln|t-1| - \ln|t+1| + C$$

$$= \ln\left|\frac{e^x-1}{e^x+1}\right| + C \qquad\qquad \text{auch möglich:}$$

$$= \ln\left|\frac{\frac{1}{2}(e^{x/2}-e^{-x/2})}{\frac{1}{2}(e^{x/2}+e^{-x/2})}\right| + C \qquad \underline{\text{Subst.:}} \quad \left|\begin{array}{l} \cosh x = t \\ \\ \frac{dx}{\sinh x} = \frac{dt}{t^2-1} = \frac{1}{2}\left(\frac{dt}{t-1} - \frac{dt}{t+1}\right) \end{array}\right.$$

$$= \ln\left|\frac{\sinh x/2}{\cosh x/2}\right| + C \qquad\qquad \text{das ergibt:}$$

$$= \underline{\underline{\ln\left|\tanh\frac{x}{2}\right| + C}} = \underline{\underline{\frac{1}{2}\ln\frac{\cosh x - 1}{\cosh x + 1} + C = -\operatorname{arcoth}(\cosh x) + C}}\,.$$

13.32   Man berechne $I = \int \dfrac{\sqrt{-x^2 + 2x}}{x - 1}\, dx.$

$$\int \frac{\sqrt{-x^2 + 2x}}{x - 1}\, dx = \int R(x, \sqrt{ax^2 + bx + c})\, dx \quad \text{mit} \quad a = -1,\ b = 2,\ c = 0.$$

(1)   Umformung: $\begin{aligned} -x^2 + 2x &= -x^2 + 2x - 1 + 1 \\ &= -(x-1)^2 + 1 \end{aligned}$ $\underline{\text{Subst.:}} \ \left| \begin{array}{l} x - 1 = u \\ dx = du \end{array} \right.$

$\implies \quad I = \int \dfrac{\sqrt{1 - u^2}}{u}\, du.$

(2)   Beseitigung der Wurzel: $\dfrac{\sqrt{1-u^2}}{u} = R(u, \sqrt{1 - u^2}).$ $\underline{\text{Subst.:}} \ \left| \begin{array}{l} u = \sin v \\ du = \cos v\, dv \end{array} \right.$

$\implies \quad I = \int \dfrac{\cos^2 v}{\sin v}\, dv.$

(3)   Der Integrand ist <u>ungerade in $\sin v$</u>:

$$R(-\sin v, \cos v) = \frac{\cos^2 v}{-\sin v} = -\frac{\cos^2 v}{\sin v} = -R(\sin v, \cos v)$$

$I = \int \dfrac{\cos^2 v}{\sin v}\, dv$ $\underline{\text{Subst.:}} \ \left| \begin{array}{l} \cos v = t \\ -\sin v\, dv = dt \end{array} \right.$, $\sin^2 v = 1 - t^2,$ liefert:

$I = \int \dfrac{\cos^2 v(-\sin v\, dv)}{-\sin^2 v} = \int \dfrac{t^2\, dt}{t^2 - 1}$

$= \int \left(1 + \dfrac{1}{t^2 - 1}\right) dt = t + \int \dfrac{dt}{(t-1)(t+1)} = t + \dfrac{1}{2} \int \left(\dfrac{1}{t-1} - \dfrac{1}{t+1}\right) dt$

$= t + \dfrac{1}{2} \ln\left|\dfrac{t-1}{t+1}\right| + C.$ $\underline{\text{Rücksubstitution:}}$
$t = \cos v = \sqrt{1 - \sin^2 v} = \sqrt{1 - u^2} = \sqrt{-x^2 + 2x}$

$= \sqrt{-x^2 + 2x} + \dfrac{1}{2} \ln\left|\dfrac{\sqrt{-x^2 + 2x} - 1}{\sqrt{-x^2 + 2x} + 1}\right| + C$

$= \sqrt{-x^2 + 2x} - \ln\dfrac{1 + \sqrt{-x^2 + 2x}}{x - 1} + C.$

13.33   Man berechne $\int \sqrt{2x^2 + 4x - 2}\, dx.$

Umformung des Integranden, siehe auch [13.26]:

$$\sqrt{2x^2 + 4x - 2} = \sqrt{2(x^2 + 2x + 1) - 4} = 2\sqrt{\frac{x^2 + 2x + 1}{2} - 1} = 2\sqrt{\left(\frac{x+1}{\sqrt{2}}\right)^2 - 1}.$$

$$\int \sqrt{2x^2 + 4x - 2}\, dx = 2\int \sqrt{\left(\frac{x+1}{\sqrt{2}}\right)^2 - 1}\, dx \qquad \underline{\text{Subst. 1:}} \quad \left|\begin{array}{l} \frac{x+1}{\sqrt{2}} = u \\ dx = \sqrt{2}\, du \end{array}\right.$$

$$= 2\sqrt{2}\int \sqrt{u^2 - 1}\, du \qquad\qquad \underline{\text{Subst. 2:}} \quad \left|\begin{array}{l} u = \cosh v \\ du = \sinh v\, dv \end{array}\right.$$

$$= 2\sqrt{2}\int \sinh^2 v\, dv \quad \text{(siehe auch unten)} \qquad \underline{\text{Subst. 3:}} \quad \left|\begin{array}{l} e^v = t \\ e^v\, dv = dt \end{array}\right.$$

$$= \frac{\sqrt{2}}{2}\int \frac{t^4 - 2t^2 + 1}{t^3}\, dt = \frac{\sqrt{2}}{2}\int \left(t - \frac{2}{t} + \frac{1}{t^3}\right) dt = \frac{\sqrt{2}}{2}\left(\frac{t^2}{2} - 2\ln|t| - \frac{1}{2t^2}\right) + C.$$

Rücksubstitution:

$$t = e^v = e^{\operatorname{arcosh} u} = e^{\operatorname{arcosh} \frac{x+1}{\sqrt{2}}} = \frac{1}{\sqrt{2}}\left(x + 1 + \sqrt{x^2 + 2x - 1}\right), \text{ siehe [3.41]}$$

$$t^2 = x^2 + 2x + (x+1)\sqrt{x^2 + 2x - 1}$$

$$\frac{1}{t^2} = x^2 + 2x - (x+1)\sqrt{x^2 + 2x - 1}$$

$\ln|t| = \operatorname{arcosh}\frac{x+1}{\sqrt{2}}$. Man erhält nach mühsamer Rechnung:

$$\int \sqrt{2x^2 + 4x - 2}\, dx = \frac{x+1}{\sqrt{2}}\sqrt{x^2 + 2x - 1} - \sqrt{2}\operatorname{arcosh}\frac{x+1}{\sqrt{2}} + C.$$

Diese Substitutionen führen immer zum Ziel.

Oft gibt es elegantere Wege, die zu übersichtlicheren Ergebnissen führen!

Bei der Lösung des obigen Integrals $\int \sinh^2 v\, dv$ benutzen wir folgende trigonometrische Formeln, siehe Umschlagseite **F1** oder **F+H**:

(1) $\quad \sinh v = \sqrt{\cosh^2 v - 1}$ $\qquad$, wegen $\cosh^2 v - \sinh^2 v = 1$

(2) $\quad \sinh 2v = 2\sinh v \cosh v$ $\qquad$, **F1** oder **F+H**

(3) $\quad \sinh v = \pm\sqrt{\frac{1}{2}(\cosh 2v - 1)}$ $\qquad$, **F1** oder **F+H**

$$2\sqrt{2}\int \sinh^2 v\, dv \overset{(3)}{=} \sqrt{2}\int (\cosh 2v - 1)\, dv = \sqrt{2}\left(\frac{\sinh 2v}{2} - v\right) + C$$

$$\overset{(2)}{=} \sqrt{2}(\sinh v \cosh v - v) + C \overset{(1)}{=} \sqrt{2}\left(\sqrt{\cosh^2 v - 1}\cosh v - v\right) + C.$$

$\underline{\text{Rücksubstitution.}} \quad \cosh v = u = \frac{x+1}{\sqrt{2}} \implies \cosh^2 v = \frac{1}{2}(x^2 + 2x - 1).$

$$= \sqrt{2}\left(\frac{\sqrt{x^2 + 2x - 1}}{\sqrt{2}}\cdot\frac{x+1}{\sqrt{2}} - \operatorname{arcosh}\frac{x+1}{\sqrt{2}}\right) + C$$

$$= \frac{x+1}{\sqrt{2}}\sqrt{x^2 + 2x - 1} - \sqrt{2}\operatorname{arcosh}\frac{x+1}{\sqrt{2}} + C.$$

Mit $\operatorname{arcosh} x = \ln\left(x + \sqrt{x^2 - 1}\right)$, siehe Umschlagseite **F 1**, ergibt sich:

$$= \frac{x+1}{\sqrt{2}}\sqrt{x^2 + 2x - 1} - \sqrt{2}\ln\left(x + 1 + \sqrt{x^2 + 2x - 1}\right) + K \text{ (mit } K = C + \frac{\sqrt{2}}{2}\ln 2).$$

13.2   Das bestimmte Integral

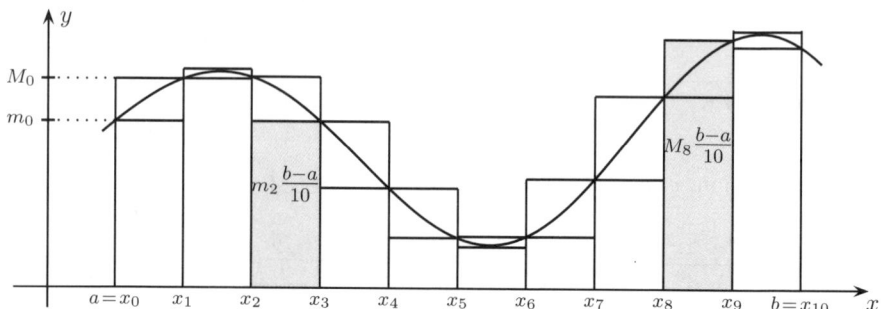

Es sei $y = f(x)$ eine auf dem Intervall $[a, b]$ stetige Funktion. Teilt man das Intervall $[a, b]$ in n gleiche Teilintervalle $[x_i, x_{i+1}]$ der Länge $(b - a)/n$ (im obigen Beispiel ist $n = 10$), so besitzt f in jedem Teilintervall sowohl ein **absolutes Maximum** M_i als auch ein **absolutes Minimum** m_i.

In $[x_i, x_{i+1}]$ ist also stets: $m_i \leq f(x) \leq M_i$.

Man bildet nun **Obersummen S_n** und **Untersummen s_n**:

$$S_n = M_0 \frac{b-a}{n} + M_1 \frac{b-a}{n} + \cdots + M_{n-1} \frac{b-a}{n} = \sum_{i=0}^{n-1} M_i \frac{b-a}{n}.$$

$$s_n = m_0 \frac{b-a}{n} + m_1 \frac{b-a}{n} + \cdots + m_{n-1} \frac{b-a}{n} = \sum_{i=0}^{n-1} m_i \frac{b-a}{n}.$$

Ist $f(x) \geq 0$ für alle $x \in [a, b]$, so sind S_n und s_n geometrisch gesehen Summen von Flächeninhalten von Rechtecken und lassen sich als Inhalte der unter einer Treppenkurve gelegenen Fläche deuten. Die zu S_n gehörige Treppenkurve verläuft oberhalb und die zu s_n gehörige Treppenkurve unterhalb der Kurve $y = f(x)$.

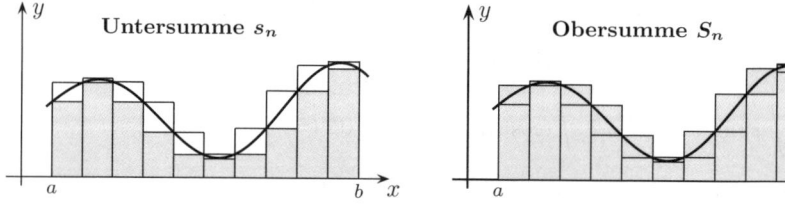

Verfeinert man die Einteilung des Intervalls $[a, b]$ in Teilintervalle, indem man $n \to \infty$ gehen lässt, gehen die Längen der Teilintervalle $[x_i, x_{i+1}]$ gegen 0. Ist f stetig, so haben die Folgen (S_n) und (s_n) einen gemeinsamen Grenzwert I.

$$\lim_{n \to \infty} S_n = \lim_{n \to \infty} s_n = I$$

Dieser gemeinsame Grenzwert I von (S_n) und (s_n) heißt:

Bezeichnung

Das **bestimmte Integral** von a bis b der Funktion $f(x)$: $I = \displaystyle\int_a^b f(x)\, dx.$

```
Bestimmte Integrale findet man in F+H.
```

Ist $f(x)$ im Intervall $[a, b]$ nicht negativ, so ist das bestimmte Integral $\int_a^b f(x)\, dx$ der **Flächeninhalt** des von der Kurve $f(x)$, der x–Achse und den beiden Geraden $x = a$, $x = b$ begrenzten Gebietes in der x, y–Ebene (ausführlich Seite 305):

Zur vertiefenden Wiederholung siehe auch **EM 2**.

Ist $f(x) \geq 0$ auf $[a, b]$, so gilt   Ist $f(x) \geq g(x)$ auf $[a, b]$, so gilt

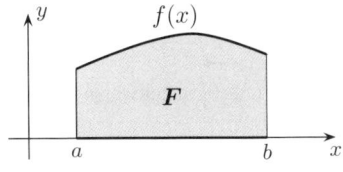   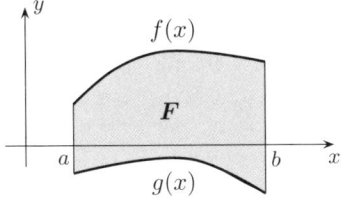

Flächeninhalt $F = \displaystyle\int_a^b f(x)\, dx$ **Flächeninhalt** $F = \displaystyle\int_a^b \big(f(x) - g(x)\big)\, dx$

13.2.1   Hauptsatz der Differential– und Integralrechnung

Um bestimmte Integrale zu berechnen, greift man selten auf die Definition zurück, man berechnet also <u>nicht</u> die Grenzwerte $\lim_{n\to\infty} S_n$ bzw. $\lim_{n\to\infty} s_n$ (das wäre viel zu mühsam), sondern man benutzt folgenden Satz, der die Berechnung **bestimmter** Integrale auf die Berechnung **unbestimmter** Integrale (Aufsuchen von Stammfunktionen) zurückführt:

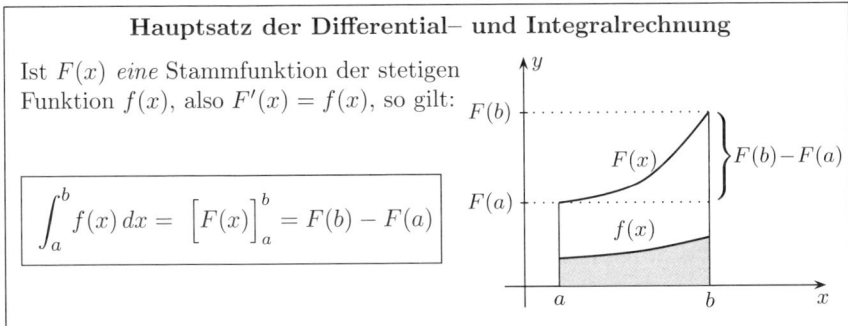

Hauptsatz der Differential– und Integralrechnung

Ist $F(x)$ *eine* Stammfunktion der stetigen Funktion $f(x)$, also $F'(x) = f(x)$, so gilt:

$$\int_a^b f(x)\, dx = \Big[F(x)\Big]_a^b = F(b) - F(a)$$

13.34 $\displaystyle\int_1^3 x^2\, dx = \left[\frac{x^3}{3}\right]_1^3 = 9 - \frac{1}{3} = \underline{\underline{\frac{26}{3}}}$, $\displaystyle\int_0^\pi \sin x\, dx = [-\cos x]_0^\pi = 1 - (-1) = \underline{\underline{2}}$.

13.35 $\displaystyle\int_0^1 -e^x\, dx = \Big[-e^x\Big]_0^1 = \underline{\underline{-e + 1}}$, $\displaystyle\int_1^e -\frac{1}{x}\, dx = \Big[-\ln|x|\Big]_1^e = -\ln e = \underline{\underline{-1}}$.

$f(x)$ heißt auf $[a, b]$ **stückweise stetig**, wenn $[a, b]$ sich so in endlich viele Teilintervalle zerlegen lässt, dass f in ihnen jeweils mit einer auf dem Teilintervall stetigen Funktion übereinstimmt.

$\displaystyle\int_a^b f(x)\, dx$ ist die Summe der bestimmten Integrale über die Teilintervalle!

13.36   Man skizziere f und berechne $\int_1^9 f(x)\,dx$:

$$f(x) = \begin{cases} 1 \,, & \text{für } 1 \le x \le 2 \\ 2 \,, & \text{für } 2 < x \le 4 \\ -1 \,, & \text{für } 4 < x \le 5 \\ 1 \,, & \text{für } 5 < x \le 7 \\ x-7 \,, & \text{für } 7 < x \le 8 \\ -x+9 \,, & \text{für } 8 < x \le 9 \end{cases}$$

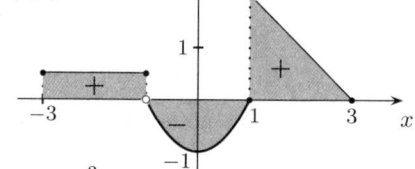

$f(x)$ ist auf $[1,9]$ stückweise stetig!

$$\int_1^9 f(x)\,dx$$

$$= \int_1^2 1\,dx + \int_2^4 2\,dx + \int_4^5 (-1)\,dx + \int_5^7 1\,dx + \int_7^8 (x-7)\,dx + \int_8^9 (-x+9)\,dx$$

$$= \Big[x\Big]_1^2 + \Big[2x\Big]_2^4 + \Big[-x\Big]_4^5 + \Big[x\Big]_5^7 + \Big[\frac{x^2}{2}-7x\Big]_7^8 + \Big[-\frac{x^2}{2}+9x\Big]_8^9$$

$$= 1 + 4 + (-1) + 2 + \frac{1}{2} + \frac{1}{2} = \underline{7}.$$

13.37   Man skizziere f und berechne $\int_1^9 f(x)\,dx$:

$$f(x) = \begin{cases} \frac{1}{2} \,, & \text{für } -3 \le x \le -1 \\ x^2 - 1 \,, & \text{für } -1 < x \le 1 \\ -x+3 \,, & \text{für } 1 < x \le 3 \end{cases}$$

$$\int_{-3}^3 f(x)\,dx = \int_{-3}^{-1} \frac{1}{2}\,dx + \int_{-1}^1 (x^2-1)\,dx + \int_1^3 (-x+3)\,dx$$

$$= \Big[\frac{x}{2}\Big]_{-3}^{-1} + \Big[\frac{x^3}{3}-x\Big]_{-1}^1 + \Big[-\frac{x^2}{2}+3x\Big]_1^3 = 1 - \frac{4}{3} + 2 = \underline{\underline{\frac{5}{3}}}.$$

Zum Flächeninhalt des Gebietes zwischen f und der x–Achse siehe Seite 305 ff.

Rechenregeln für das bestimmte Integral

$$\int_a^b f(x)\,dx = \int_a^c f(x)\,dx + \int_c^b f(x)\,dx \qquad \text{Zerlegung des Integrationsintervalls.}$$

$$\int_a^b f(x)\,dx = -\int_b^a f(x)\,dx \qquad \text{Vertauschen der Grenzen.}$$

$$\left.\begin{array}{l} \int_a^b \big(f(x)+g(x)\big)\,dx = \int_a^b f(x)\,dx + \int_a^b g(x)\,dx \\[2mm] \int_a^b c \cdot f(x)\,dx = c \cdot \int_a^b f(x)\,dx \end{array}\right\} \quad \text{Linearität des Integrals.}$$

13.38

$$\int_1^2 \left(3x^2 - \frac{15}{(x-3)^2} + \frac{5}{x}\right) dx = 3 \int_1^2 x^2\, dx - 15 \int_1^2 \frac{dx}{(x-3)^2} + 5 \int_1^2 \frac{dx}{x}\, dx$$

$$= 3 \left[\frac{x^3}{3}\right]_1^2 - 15 \left[\frac{-1}{x-3}\right]_1^2 + 5 \left[\ln|x|\right]_1^2$$

$$= (8-1) - 15(1-\tfrac{1}{2}) + 5\ln 2$$

$$= -\frac{1}{2} + 5\ln 2 \approx 2.966.$$

13.2.2 Integration durch Substitution, partielle Integration

Substitutionsregel

$$\int_a^b f(x)\, dx = \int_{g^{-1}(a)}^{g^{-1}(b)} f\big(g(t)\big) \cdot g'(t)\, dt, \qquad \left|\begin{array}{c} x = g(t) \\ dx = g'(t)\, dt \end{array}\right. \qquad \left|\begin{array}{c} g^{-1}(x) = t \\ (g^{-1})'(x)\, dx = dt \end{array}\right.$$

13.39 $\displaystyle \int_0^2 2xe^{x^2}\, dx$ $\qquad$ <u>Subst.:</u> $\quad \left|\begin{array}{ll} g^{-1}(x) = x^2 = t & \text{und } \; 0 \le x \le 2 \\ 2x\, dx = dt & \quad\quad 0 \le t \le 4 \end{array}\right.$

$$= \int_{g^{-1}(0)}^{g^{-1}(2)} e^t\, dt = \int_0^4 e^t\, dt = \left[e^t\right]_0^4 = e^4 - 1.$$

Das Mitsubstituieren der Grenzen

- • läuft x zwischen 0 und 2, so läuft $t = x^2$ zwischen 0 und 4. •

erspart ein Zurücksubstituieren von t.

Will man die Grenzen nicht mitsubstituieren, so löst man zunächst das unbestimmte Integral und setzt hinterher die Grenzen ein:

$$\int 2xe^{x^2}\, dx = \int e^t\, dt = e^t + C = e^{x^2} + C \implies \int_0^2 2xe^{x^2}\, dx = \left[e^{x^2}\right]_0^2 = e^4 - 1.$$

13.40 $\qquad$ *Man berechne das bestimmte Integral* $\displaystyle \int_0^{\pi/2} \frac{\cos^3 x}{1-\sin x}\, dx.$

Der Integrand ist eine rationale Funktion in $\sin x$ und $\cos x$:

$R(\sin x, \cos x) = \dfrac{\cos^3 x}{1-\sin x}$. Der Integrand ist ungerade in $\cos x$, denn

$R(\sin x, -\cos x) = \dfrac{-\cos^3 x}{1-\sin x} = -R(\sin x, \cos x)$, also (siehe Seite 295):

$$\int_0^{\pi/2} \frac{\cos^3 x}{1-\sin x}\,dx \qquad \underline{\text{Subst.:}} \quad \left| \begin{array}{ll} g^{-1}(x) = \sin x = t\,, & g^{-1}(\pi/2) = 1 \\ \cos x\,dx = dt & g^{-1}(0) = 0 \end{array} \right.$$

$$= \int_0^1 \frac{1-t^2}{1-t}\,dt = \int_0^1 (1+t)\,dt = \left[t + \frac{t^2}{2} \right]_0^1 = \underline{\underline{\frac{3}{2}}}.$$

Bemerkung: An der oberen Grenze $\frac{\pi}{2}$ ist der Integrand $\frac{\cos^3 x}{1-\sin x}$ nicht erklärt.
Das Integral ist an der oberen Grenze *scheinbar* uneigentlich (siehe Seite 315),
da $\lim\limits_{x \to \frac{\pi}{2}} \frac{\cos^3 x}{1-\sin x} = 0$ ist.

---

partielle Integration $\qquad \int_a^b u' \cdot v\,dx \;=\; \Big[u \cdot v \Big]_a^b - \int_a^b u \cdot v'\,dx$

13.41 $\quad \int_0^1 \underbrace{\mathrm{e}^x \cdot x}_{u' \cdot v}\,dx \;=\; \Big[\mathrm{e}^x \cdot x \Big]_0^1 - \int_0^1 \mathrm{e}^x\,dx \quad$, dabei ist: $\begin{array}{ll} u' = \mathrm{e}^x\,, & v = x \\ u = \mathrm{e}^x\,, & v' = 1 \end{array}$

$$= \Big[\mathrm{e}^x \cdot x \Big]_0^1 - \Big[\mathrm{e}^x \Big]_0^1 = \underline{1}.$$

13.42 $\quad \int_0^{\pi/4} \underbrace{x^2 \cdot \sin x}_{v \cdot u'}\,dx \;=\; \Big[-x^2 \cos x \Big]_0^{\pi/4} + \int_0^{\pi/4} 2x \cos x\,dx$

$$= \Big[-x^2 \cos x \Big]_0^{\pi/4} + \Big[2x \sin x \Big]_0^{\pi/4} - \int_0^{\pi/4} 2 \sin x\,dx$$

$$= \Big[-x^2 \cos x \Big]_0^{\pi/4} + \Big[2x \sin x \Big]_0^{\pi/4} + \Big[2 \cos x \Big]_0^{\pi/4}$$

$$= -\frac{\pi^2}{16} \cdot \frac{1}{2}\sqrt{2} \;+\; \frac{\pi}{2} \cdot \frac{1}{2}\sqrt{2} + \sqrt{2} - 2 \;\approx\; \underline{0.09}.$$

Faustregel: Die kompliziertere Funktion wird differenziert, es sei denn,
es ist ihr egal – wie z.B. e^x, $\sin x$, $\cosh x, \cdots$.

Man benutzt auch folgende Symbolik:

"↑" = Integrieren (Aufleiten), "↓" = Differenzieren (Ableiten):

13.43 $\quad \int_1^{\mathrm{e}} \underset{\uparrow}{x} \;\; \underset{\downarrow}{\ln x}\,dx \;=\; \Big[\tfrac{1}{2}x^2 \ln x \Big]_1^{\mathrm{e}} - \frac{1}{2}\int_1^{\mathrm{e}} x^2 \frac{1}{x}\,dx = \frac{\mathrm{e}^2}{2} - \frac{1}{4}\Big[x^2 \Big]_1^{\mathrm{e}}$

$$= \frac{\mathrm{e}^2}{2} - \frac{1}{4}\mathrm{e}^2 + \frac{1}{4} = \underline{\underline{\tfrac{1}{4}(\mathrm{e}^2 + 1)}}.$$

13.2.3 Flächenberechnung

Flächeninhalt

Bezeichnet F den Flächeninhalt der zwischen der Kurve $y = f(x)$, der x–Achse und den Geraden $x = a$ und $x = b$ gelegenen Fläche, so gilt:

$$F = \int_a^b f(x)\,dx \qquad \text{, wenn} \quad f(x) \geq 0 \quad \text{auf} \quad [a,b]$$

$$F = -\int_a^b f(x)\,dx \qquad \text{, wenn} \quad f(x) \leq 0 \quad \text{auf} \quad [a,b]$$

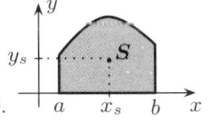

Flächenberechnungen siehe auch Seite 487, 505, 511 ff.

Schwerpunkt

Bezeichnet $S = (x_s, y_s)$ den Schwerpunkt der zwischen der Kurve $y = f(x) \geq 0$, der x–Achse und den Geraden $x = a$ und $x = b$ gelegenen Fläche, so gilt:

$$S = (x_s, y_s) \quad \text{mit} \quad x_s = \frac{\int_a^b x f(x)\,dx}{\int_a^b f(x)\,dx} \quad , \quad y_s = \frac{\int_a^b f^2(x)\,dx}{2\int_a^b f(x)\,dx}$$

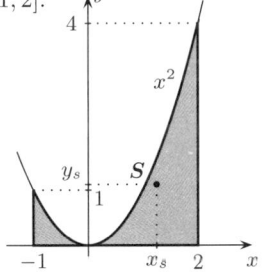

Schwerpunktberechnung von Flächen siehe auch Seite 492, 519.

13.44 Man berechne Flächeninhalt F und Schwerpunkt S der Fläche zwischen der Kurve $y = x^2$, der x–Achse und den Geraden $x = -1$ und $x = 2$.

Es ist $f(x) = x^2$, $a = -1$, $b = 2$ und $f(x) \geq 0$ auf $[-1, 2]$.

Also ergibt sich für den Flächeninhalt F:

$$F = \int_{-1}^2 x^2\,dx = \left[\frac{x^3}{3}\right]_{-1}^2 = \frac{8}{3} + \frac{1}{3} = \underline{\underline{3}}.$$

$$x_s = \frac{1}{3}\int_{-1}^2 x^3\,dx = \frac{5}{4}, \quad y_s = \frac{1}{6}\int_{-1}^2 x^4\,dx = \frac{11}{10},$$

also $\underline{S = (\frac{5}{4}, \frac{11}{10})}.$

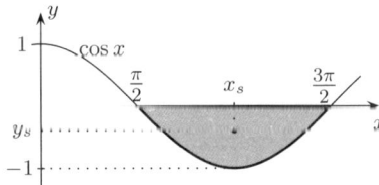

13.45 Man berechne Flächeninhalt F und Schwerpunkt $S = (x_s, y_s)$ der Fläche zwischen der Kurve $y = \cos x$ und der x–Achse $(\pi/2 \leq x \leq 3\pi/2)$.

Es ist $f(x) = \cos x$, $a = \pi/2$, $b = 3\pi/2$ und $f(x) \leq 0$ auf $[\pi/2, 3\pi/2]$.

$$\int_{\pi/2}^{3\pi/2} \cos x\,dx = \left[\sin x\right]_{\pi/2}^{3\pi/2}$$
$$= -1 - 1 = \underline{\underline{-2}} , \quad \text{also} \quad \underline{\underline{F = 2}}.$$

$$x_S = \frac{1}{-2} \int_{\pi/2}^{3\pi/2} x \cos x \, dx \stackrel{(F4)}{=} \frac{1}{-2} \Big[\cos x + x \sin x\Big]_{\pi/2}^{3\pi/2} = \underline{\underline{\pi}} \quad \text{(Symmetrie!)},$$

$$y_S = \frac{1}{2 \cdot (-2)} \int_{\pi/2}^{3\pi/2} \cos^2 x \, dx \stackrel{(F4)}{=} -\frac{1}{4} \Big[\frac{1}{2}x + \frac{1}{4}\sin 2x\Big]_{\pi/2}^{3\pi/2} = \underline{\underline{-\frac{1}{8}\pi}}, \quad S = \underline{\underline{(\pi, -\frac{\pi}{8})}}.$$

Nimmt $f(x)$ auf $[a, b]$ sowohl positive als auch negative Werte an, so teilt man – um die Fläche zwischen Kurve und x-Achse zu berechnen – das Intervall $[a, b]$ so in (endlich viele) Teilintervalle ein, dass $f(x)$ auf ihnen jeweils von einerlei Vorzeichen ist. Dazu muss man die Nullstellen von $f(x)$ berechnen!

13.46　　　*Man berechne den Inhalt der zwischen der Kurve $y = (x-1)^3$, der x–Achse und den Geraden $x = 0$ und $x = 3$ gelegenen Fläche.*

Im Intervall $[0, 3]$ hat $f(x)$ eine Nullstelle bei 1 und sonst keine!
Da $f(x) \leq 0$ im Intervall $[0, 1]$ und $f(x) \geq 0$ im Intervall $[1, 3]$ ist, ergibt sich für den gesuchten Flächeninhalt F: $\quad F = -\int_0^1 + \int_1^3$.

$$
\begin{aligned}
F &= -\int_0^1 (x-1)^3 \, dx &+& \int_1^3 (x-1)^3 \, dx \\
&= -\Big[\frac{1}{4}(x-1)^4\Big]_0^1 &+& \Big[\frac{1}{4}(x-1)^4\Big]_1^3 \\
&= -(0 - \frac{1}{4}) &+& (4 - 0) = \underline{\underline{\frac{17}{4}}}.
\end{aligned}
$$

Wenn man über die Nullstelle hinwegintegriert, so erhält man nicht den Flächeninhalt F, sondern das bestimmte Integral I der Funktion $f(x)$ von 0 bis 3:

$$I = \int_0^3 (x-1)^3 \, dx = \Big[\frac{1}{4}(x-1)^4\Big]_0^3 = 4 - \frac{1}{4} = \underline{\underline{\frac{15}{4}}}.$$

In diesem Beispiel ist also $F \neq I$.

13.47　　　*Die Fläche F ist nicht zu verwechseln mit dem bestimmten Integral I:*

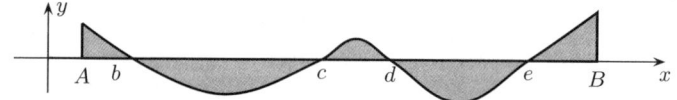

$$F = +\int_A^b - \int_b^c + \int_c^d - \int_d^e + \int_e^B \quad \text{aber} \quad I = +\int_A^b + \int_b^c + \int_c^d + \int_d^e + \int_e^B.$$

13.48　　　*Man berechne die Fläche zwischen $f(x) = \sin x \cos x$, der x–Achse und den Geraden $x = 0$ und $x = 2\pi$.*

Die Nullstellen von
$f(x) = \sin x \cos x = \frac{1}{2}\sin 2x$
im Intervall $[0, 2\pi]$ sind:

$0, \ \frac{1}{2}\pi, \ \pi, \ \frac{3}{2}\pi, \ 2\pi.$

Aus *Symmetriegründen* ist:

$$F = 4 \int_0^{\pi/2} f(x) \, dx.$$

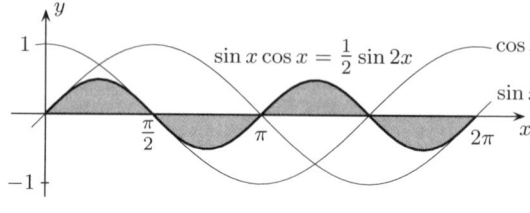

Um die Grenzen nicht mitsubstituieren zu müssen, löst man zunächst das unbestimmte Integral:

$$\int \sin x \cos x \, dx \qquad \underline{\text{Subst.:}} \qquad \left| \begin{array}{l} \sin x = t \\ \cos x \, dx = dt \end{array} \right.$$

$$= \int t \, dt = \frac{t^2}{2} + C = \frac{\sin^2 x}{2} + C \quad \text{oder} \quad \sin x \cos x = \frac{1}{2} \sin 2x, \dots.$$

$$F = \frac{1}{2} \Big[\sin^2 x \Big]_0^{\pi/2} - \frac{1}{2} \Big[\sin^2 x \Big]_{\pi/2}^{\pi} + \frac{1}{2} \Big[\sin^2 x \Big]_{\pi}^{3\pi/2} - \frac{1}{2} \Big[\sin^2 x \Big]_{3\pi/2}^{2\pi} = \underline{\underline{2}}.$$

Oder aus Symmetriegründen kurz: $\quad F = 4 \displaystyle\int_0^{\pi/2} \sin x \cos x \, dx = \cdots = \underline{\underline{2}}.$

Dagegen ist $\quad I = \displaystyle\int_0^{2\pi} \sin x \cos x \, dx = \underline{\underline{0}}$, aus Symmetriegründen!

13.49 *Welche der bestimmten Integrale aus 13.34–13.42 sind Flächeninhalte zwischen den entsprechenden Kurven, der x–Achse und den Geraden $x = a$ und $x = b$?*

(34) $\quad F = \dfrac{26}{3}$, $\quad F = 2$. (39) $\quad F = e^4 - 1$. (40) $\quad F = 3/2$.

(41) $\quad F = 1$. (42) $\quad F \approx 0.09$.

Welche Flächeninhalte erhält man in den übrigen Beispielen?

(35) $\quad F = e - 1$, $\quad F = 1$. (36) $\quad F = 9$. (37) $\quad F = 13/3$.

In 13.38 ist die Bestimmung der Nullstellen des Integranden schwierig. Es gibt mindestens eine Nullstelle zwischen 1 und 2, weil der im Intervall $[1, 2]$ *stetige* Integrand bei 1 positiv und bei 2 negativ ist. Mit dem Nullstellenprogramm aus **BP** erhält man $x_1 \approx 1.97$ als einzige Nullstelle zwischen 1 und 2, und für F:

$$F = \int_1^{1.97} \Big(3x^2 - \frac{15}{(x-3)^2} + \frac{5}{x}\Big) \, dx - \int_{1.97}^2 \Big(3x^2 - \frac{15}{(x-3)^2} + \frac{5}{x}\Big) \, dx \approx \underline{\underline{2.979}}.$$

Oft lassen sich Flächeninhalte als Summe oder Differenz von bestimmten Integralen darstellen:

13.50 *Welchen Flächeninhalt F hat das durch folgende Ungleichungen beschriebene Gebiet?*

$$\begin{aligned} y &\geq x^2, \\ y &\leq x. \end{aligned}$$

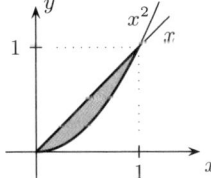

Die beiden Kurven schneiden sich bei $a = 0$ und $b = 1$.

Der Flächeninhalt F ist die Differenz zweier Flächeninhalte, die sich durch bestimmte Integrale berechnen lassen:

$$F = \int_0^1 x \, dx - \int_0^1 x^2 \, dx = \Big[\frac{x^2}{2}\Big]_0^1 - \Big[\frac{x^3}{3}\Big]_0^1 = \frac{1}{2} - \frac{1}{3} = \underline{\underline{\frac{1}{6}}}.$$

13.51   *Welchen Flächeninhalt hat das durch die Ungleichungen*

$0 \leq x \leq \pi/2$ *und* $\tan x \leq y \leq \sin 2x$ *beschriebene Gebiet?*

Die beiden Kurven schneiden sich im Intervall $[0, \pi/2]$ nur bei $a = 0$ und $b = \pi/4$.
Im Intervall $[\pi/4, \pi/2)$ ist $\tan x \geq \sin 2x$.
Für den Flächeninhalt erhält man also:

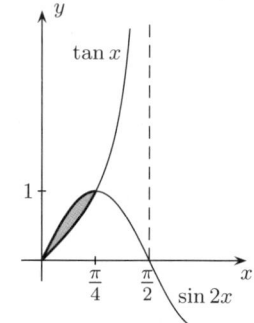

$$F = \int_0^{\pi/4} \sin 2x \, dx \quad - \quad \int_0^{\pi/4} \tan x \, dx$$

$$= \left[-\frac{1}{2} \cos 2x \right]_0^{\pi/4} \quad - \quad \left[-\ln |\cos x| \right]_0^{\pi/4}$$

$$= \frac{1}{2} - (-\ln \frac{\sqrt{2}}{2}) \quad = \quad \frac{1}{2} + \ln \sqrt{2} - \ln 2$$

$$= \frac{1}{2}(1 - \ln 2) \approx \underline{\underline{0.15}}.$$

13.2.4   Das bestimmte Integral als Funktion seiner oberen Grenze

Fasst man die obere Grenze b in dem bestimmten Integral $\int_a^b f(x) \, dx$ als Variable
auf, so ist $\int_a^b f(x) \, dx$ eine Funktion der oberen Grenze.
Geometrische Deutung:

Ist $f(x) \geq 0$, so bezeichnet $\int_a^b f(x) \, dx$ den
Flächeninhalt der schraffierten Fläche.
Dieser Flächeninhalt, d.h. $\int_a^b f(x) \, dx$, hängt natürlich von b ab!
Es ist üblich, die variable obere Grenze mit x zu bezeichnen und die Integrationsvariable in t umzubenennen. Ist $F' = f$, so gilt:

$$\boxed{\int_a^x f(t) \, dt = \Big[F(t) \Big]_a^x = F(x) - F(a)}$$

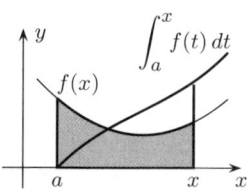

Weil $\int_a^x f(t) \, dt = F(x) + C$ ist, ist $\int_a^x f(t) \, dt$ *ei-*
ne Stammfunktion von $f(x)$, und zwar gerade *die*
Stammfunktion von $f(x)$, die bei a eine Nullstelle
hat; denn natürlich ist $\int_a^a f(t) \, dt = 0$.

Stammfunktion einer stetigen Funktion

Ist f stetig, so ist $\displaystyle\int_a^x f(t) \, dt$ differenzierbar mit $\left(\displaystyle\int_a^x f(t) \, dt \right)' = f(x)$

$\displaystyle\int_a^x f(t) \, dt$ ist für **stetiges** f also eine **Stammfunktion** von f.

Jede stetige Funktion f hat zwar eine Stammfunktion, nämlich $\int_a^x f(t) \, dt$; diese lässt
sich jedoch nicht immer durch elementare Funktionen ausdrücken, z.B. $\int_a^x \frac{e^t}{t} \, dt$.
Näheres in **F+H** Seite 115–124.

13.52
$$\int_1^x 2t\,dt = \left[t^2\right]_1^x = \underline{\underline{x^2 - 1}}.$$

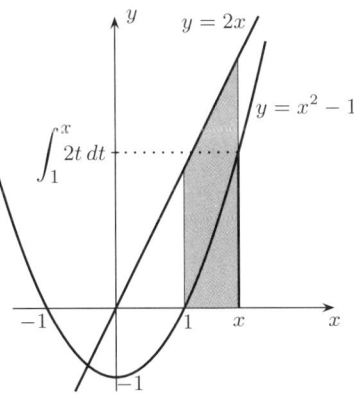

Geometrische Veranschaulichung:

Die Parabeln $F(x) = x^2 + C$ sind
sämtliche Stammfunktionen von $f(x) = 2x$:

$$y = \int_1^x 2t\,dt = x^2 - 1 \text{ ist } \textbf{die} \text{ Stammfunktion}$$

von $2x$, die bei 1 eine Nullstelle hat!

13.53 Welche Stammfunktion $G(x)$ von $f(x) = 6x^2 + 6x - 18$ hat bei -2 eine
Nullstelle?

$$G(x) = \int_{-2}^x (6t^2 + 6t - 18)\,dt = \left[2t^3 + 3t^2 - 18t\right]_{-2}^x = \underline{\underline{2x^3 + 3x^2 - 18x - 32}}.$$

> Sucht man zu der gegebenen Funktion $y = f(x)$
>
> die Stammfunktion, die durch den Punkt (x_0, y_0) geht,
>
> so berechnet man das unbestimmte Integral $\qquad \int f(x)\,dx = F(x) + C$
> und berechnet die Konstante C aus der Gleichung $\qquad y_0 = F(x_0) + C$

13.54 Welche Stammfunktion von $f(x) = 6x^2 - 2x^{-1} + 1$ hat bei 1 den Wert 7,
d.h. welche Stammfunktion geht durch den Punkt $(1, 7)$?

$$\begin{aligned} \int (6x^2 - 2x^{-1} + 1)\,dx &= 2x^3 - 2\ln|x| + x + C \\ 7 &= 2 + 0 + 1 + C \implies \underline{C = 4}. \end{aligned}$$

Die Stammfunktion von $f(x)$, die durch den Punkt $(1, 7)$ geht, ist
$$\underline{\underline{F(x) = 2x^3 - 2\ln|x| + x + 4}}.$$

13.55 Man berechne für den bei 0 eingespannten Balken der Länge L mit der
gegebenen konstanten Belastung $q(x) = 2$ die Querkraft $Q(x)$ und das
Biegemoment $M(x)$.

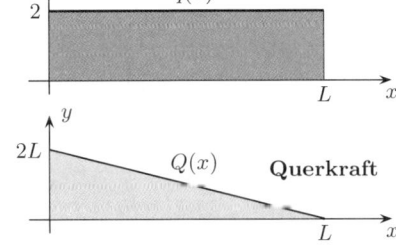

$$q(x) = 2$$

$$Q(x) = -\int_0^x q(t)\,dt + C$$

$$Q(x) = -\int_0^x 2\,dt + C$$

$$Q(x) = -2x + C.$$

C so bestimmen, dass $Q(L) = 0$ ist: $\quad Q(L) = -2L + C = 0 \implies \underline{C = 2L}$.
$\underline{\underline{Q(x) = -2x + 2L}}$ ist *die* Stammfunktion von $-q(x)$, die bei L eine Nullstelle hat!

$$M(x) = \int_0^x Q(t)\, dt + D$$

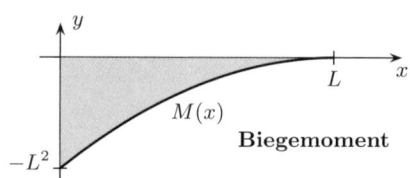

Biegemoment

$$M(x) = \int_0^x (-2t + 2L)\, dt + D$$

$$M(x) = -x^2 + 2Lx + D.$$

D so bestimmen, dass $M(L) = 0$ ist:

$$M(L) = -L^2 + +2L^2 + D = 0 \implies \underline{D = -L^2}.$$

$$\underline{\underline{M(x) = -x^2 + 2Lx - L^2}}$$

ist *die* Stammfunktion von $Q(x)$, die bei L eine Nullstelle hat!

13.56   Man berechne für den eingespannten Balken der Länge L mit der gegebenen Belastung $q(x)$ (Skizze!) Querkraft $Q(x)$ und Biegemoment $M(x)$.

$$q(x) = -\frac{h}{L}x + h$$

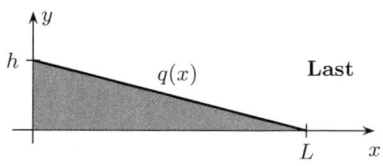

Last

$$Q(x) = -\int_0^x q(t)\, dt + C$$

$$Q(x) = \int_0^x (\frac{h}{L}t - h)\, dt + C$$

$$Q(x) = \frac{h}{2L}x^2 - hx + C$$

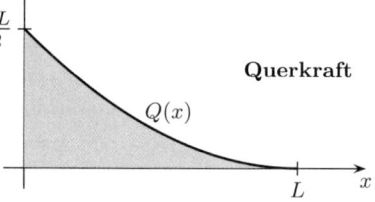

Querkraft

C so bestimmen, dass $Q(L) = 0$ ist:

$$Q(L) = \frac{h}{2}L - hL + C = 0 \implies \underline{C = \frac{hL}{2}}.$$

Also ist $\underline{\underline{Q(x) = \frac{h}{2L}x^2 - hx + \frac{hL}{2}}}$.

$$M(x) = \int_0^x Q(t)\, dt + D$$

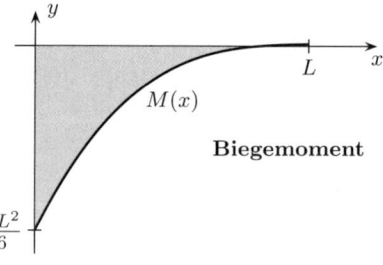

Biegemoment

$$M(x) = \int_0^x (\frac{h}{2L}t^2 - ht + \frac{hL}{2})\, dt + D$$

$$M(x) = \frac{h}{6L}x^3 - \frac{h}{2}x^2 + \frac{hL}{2}x + D.$$

D so bestimmen, dass $M(L) = 0$ ist:

$$M(L) = \frac{h}{6}L^2 - \frac{h}{2}L^2 + \frac{h}{2}L^2 + D = 0$$

$$\implies \underline{D = -\frac{1}{6}hL^2}.$$

Also ist $\underline{\underline{M(x) = \frac{h}{6L}x^3 - \frac{h}{2}x^2 + \frac{hL}{2}x - \frac{1}{6}hL^2}}$.

13.3 Uneigentliche Integrale

Bei der Definition des bestimmten Integrals wurde vorausgesetzt, dass der Integrand $f(x)$ (stückweise) stetig und folglich beschränkt und das Integrationsintervall beschränkt ist.

Lässt man diese Voraussetzungen teilweise fallen, kommt man zum Begriff des uneigentlichen Integrals.

Man unterscheidet zwei Typen:

- Typ I   Integrale mit unbeschränkten Integrationsintervallen
- Typ II Integrale mit unbeschränkten Integranden

(I)   Integrale mit **unbeschränkten Integrationsintervallen** der Form:

(1) $[a, \infty)$ z.B. $\displaystyle\int_{1}^{\infty} \frac{1}{x}\, dx$ siehe [13.58]

(2) $(-\infty, b]$ z.B. $\displaystyle\int_{-\infty}^{-2} \frac{1}{x^2}\, dx$ siehe [13.59]

(3) $(-\infty, \infty)$ z.B. $\displaystyle\int_{-\infty}^{\infty} xe^{-x^2}\, dx$ siehe [13.60]

(II)   Integrale, deren **Integrand** $f(x)$ am Rand oder im Innern des Integrationsintervalls $[a, b]$ an (mindestens) einer Stelle **unbeschränkt** ist:

(1)   uneigentlich an der oberen Grenze   z.B. $\displaystyle\int_{1}^{2} \frac{dx}{(x-2)^2}$ siehe [13.64]

(2)   uneigentlich an der unteren Grenze   z.B. $\displaystyle\int_{1}^{2} \frac{dx}{\sqrt{x-1}}$ siehe [13.64]

(3)   uneigentlich an beiden Grenzen   z.B. $\displaystyle\int_{-1}^{1} \frac{-2x\, dx}{\sqrt{1-x^2}}$ siehe [13.65]

(4)   uneigtl. an einer Stelle im Innern   z.B. $\displaystyle\int_{-1}^{8} \frac{dx}{\sqrt[3]{x}}$ siehe [13.66]

Ist $\int_a^b f(x)\, dx$ an mehreren (aber nur endlich vielen) Stellen in $[a, b]$ uneigentlich, so lässt sich $\int_a^b f(x)\, dx$ als Summe uneigentlicher Integrale dieser vier Typen schreiben:

$$\int_a^b = \int_a^0 + \int_0^c + \int_c^d + \int_d^b$$

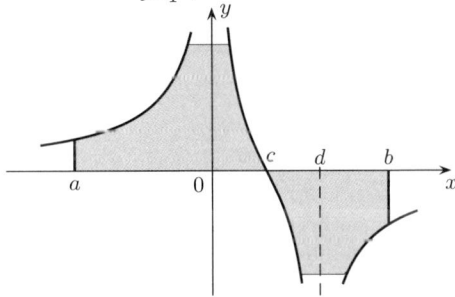

13.57   *Man zerlege das uneigentliche Integral* $\int_0^\pi \dfrac{dx}{\sin^2 x \cos x}$.

Der Nenner $\sin^2 x \cos x$ des Integranden hat im Intervall $[0, \pi]$ Nullstellen bei $0, \pi/2, \pi$. Der Integrand ist dort nicht beschränkt und das Integral folglich bei $0, \pi/2, \pi$ uneigentlich. Wir erhalten folgende Zerlegung:

$$\underbrace{\int_0^\pi \frac{dx}{\sin^2 x \cos x}}_{0,\ \pi/2,\ \pi} = \underbrace{\int_0^{\pi/2} \frac{dx}{\sin^2 x \cos x}}_{0,\ \pi/2} + \underbrace{\int_{\pi/2}^\pi \frac{dx}{\sin^2 x \cos x}}_{\pi/2,\ \pi}$$

uneigentlich bei:

Uneigentliche Integrale werden als Grenzwerte von bestimmten Integralen definiert und wie diese zur Flächenberechnung benutzt. Nur handelt es sich diesmal um Flächen, die sich ins Unendliche erstrecken und deshalb keinen endlichen Flächeninhalt zu haben brauchen. Existiert der entspechende Grenzwert, so heißt das uneigentliche Integral **konvergent** und sonst **divergent**.
Wie beim bestimmten Integral erscheinen Flächen unter der x–Achse mit *negativem* Vorzeichen. Deshalb muss man bei Flächeninhaltsberechnungen die Stellen beachten, wo der Integrand sein Vorzeichen wechselt.

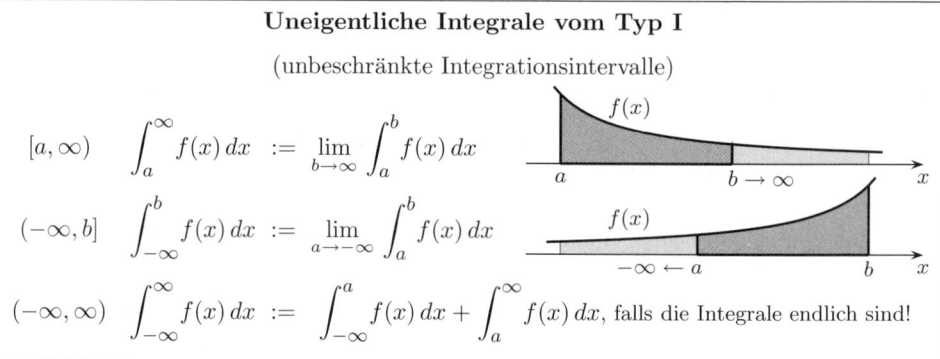

Uneigentliche Integrale vom Typ I

(unbeschränkte Integrationsintervalle)

$[a, \infty)$ $\displaystyle\int_a^\infty f(x)\, dx \;:=\; \lim_{b \to \infty} \int_a^b f(x)\, dx$

$(-\infty, b]$ $\displaystyle\int_{-\infty}^b f(x)\, dx \;:=\; \lim_{a \to -\infty} \int_a^b f(x)\, dx$

$(-\infty, \infty)$ $\displaystyle\int_{-\infty}^\infty f(x)\, dx \;:=\; \int_{-\infty}^a f(x)\, dx + \int_a^\infty f(x)\, dx$, falls die Integrale endlich sind!

13.58   *Konvergiert das uneigentliche Integral* $\int_1^\infty \dfrac{dx}{x}$?

$$\int_1^\infty \frac{dx}{x} = \lim_{b \to \infty} \int_1^b \frac{dx}{x} = \lim_{b \to \infty} \Big[\ln |x|\Big]_1^b = \lim_{b \to \infty} \ln b = \underline{\underline{\infty}}.$$

Das uneigentliche Integral vom Typ I divergiert!
Der Flächeninhalt der Fläche zwischen Kurve,
x–Achse und Gerade $x = 1$ ist unendlich!

13.59
$$\int_{-\infty}^{-\frac{1}{2}} \frac{dx}{x^2} = \lim_{a \to -\infty} \int_{a}^{-\frac{1}{2}} \frac{dx}{x^2} = \lim_{a \to -\infty} \left[-\frac{1}{x} \right]_{a}^{-\frac{1}{2}} = \lim_{a \to -\infty} \left(2 + \frac{1}{a} \right) = \underline{\underline{2}}.$$

Das uneigentliche Integral vom Typ I
konvergiert und ist 2.
Weil $1/x^2 \geq 0$ für $x \leq -2$ ist, ist der
Flächeninhalt zwischen Kurve, negativer
x–Achse und Gerade $x = -\frac{1}{2}$ ebenfalls 2.

13.60 *Man berechne* $\displaystyle\int_{-\infty}^{\infty} xe^{-x^2}\, dx$, *sowie die*

Fäche F zwischen Kurve und x–Achse.

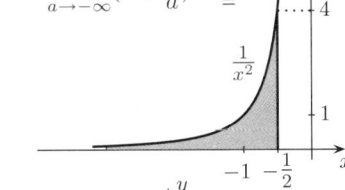

$$\int_{-\infty}^{\infty} xe^{-x^2}\, dx \;\overset{1}{=}\; \int_{-\infty}^{0} xe^{-x^2}\, dx \;+\; \int_{0}^{\infty} xe^{-x^2}\, dx$$

$$= \lim_{a \to -\infty} \int_{a}^{0} xe^{-x^2}\, dx + \lim_{b \to \infty} \int_{0}^{b} xe^{-x^2}\, dx.$$

Berechnung der Grenzwerte:

$$\lim_{a \to -\infty} \int_{a}^{0} xe^{-x^2}\, dx = \lim_{a \to -\infty} \left[-\frac{1}{2}e^{-x^2} \right]_{a}^{0} = \lim_{a \to -\infty} \left(-\frac{1}{2} + \frac{1}{2}e^{-a^2} \right) = \underline{\underline{-\frac{1}{2}}},$$

$$\lim_{b \to \infty} \int_{0}^{b} xe^{-x^2}\, dx = \lim_{b \to \infty} \left[-\frac{1}{2}e^{-x^2} \right]_{0}^{b} = \lim_{b \to \infty} \left(-\frac{1}{2}e^{-b^2} + \frac{1}{2} \right) = \underline{\underline{\frac{1}{2}}}.$$

Die Grenzwerte existieren, also erhält man: $\displaystyle\int_{-\infty}^{\infty} xe^{-x^2}\, dx = -\frac{1}{2} + \frac{1}{2} = \underline{\underline{0}}.$

Für die Fläche erhält man $\quad F = -\displaystyle\int_{-\infty}^{0} xe^{-x^2}\, dx + \int_{0}^{\infty} xe^{-x^2}\, dx = \frac{1}{2} + \frac{1}{2} = \underline{\underline{1}}.$

$\displaystyle\int_{-\infty}^{\infty} f(x)\, dx$ heißt **absolut konvergent**, wenn $\displaystyle\int_{-\infty}^{\infty} |f(x)|\, dx$ konvergiert.

13.61 $\displaystyle\int_{-\infty}^{\infty} xe^{-x^2}\, dx$ ist absolut konvergent; denn es gilt:

$$\int_{-\infty}^{\infty} |xe^{-x^2}|\, dx = \int_{-\infty}^{\infty} |x|e^{-x^2}\, dx = \int_{-\infty}^{0} -xe^{-x^2}\, dx + \int_{0}^{\infty} xe^{-x^2}\, dx = \frac{1}{2} + \frac{1}{2} = \underline{\underline{1}}.$$

Die Fläche zwischen der Kurve $|xe^{-x^2}|$ und der x–Achse ist 1.

$|xe^{-x^2}|$ ist eine gerade Funktion, also: $\displaystyle\int_{-\infty}^{\infty} |xe^{-x^2}|\, dx = 2\int_{0}^{\infty} |xe^{-x^2}|\, dx = 1.$

---

[1]Statt $\int_{-\infty}^{\infty} = \int_{-\infty}^{0} + \int_{0}^{\infty}$ geht auch jede andere Zerlegung $\int_{-\infty}^{\infty} = \int_{-\infty}^{c} + \int_{c}^{\infty}$, $\quad c \in \mathbb{R}.$

Wie für Reihen gilt: Ist ein uneigentliches Integral absolut konvergent, so ist es auch konvergent, [13.62 (1)] ! Die Umkehrung ist im Allgemeinen falsch[2] :

$$\int_1^\infty \frac{\sin x}{x}\,dx \text{ konvergiert, [13.124]; aber } \int_1^\infty |\frac{\sin x}{x}|\,dx \text{ divergiert, [13.62].}$$

Ist nur gefragt, ob ein uneigentliches Integral vom Typ I konvergiert oder divergiert, so kann man oft folgendes *hinreichende* Kriterium benutzen:

Konvergenzkriterium für uneigentliche Integrale vom Typ I

Ist $f(x) \geq 0$ (für $x \geq x_0$) und existiert $\int_a^b f(x)\,dx$ für jedes $b > a$, so ist

$$\int_a^\infty f(x)\,dx$$

konvergent,   wenn $\lim\limits_{x\to\infty} x^s f(x)$ für ein $s > 1$ existiert.

divergent,   wenn $\lim\limits_{x\to\infty} x f(x) \neq 0$ ist oder nicht existiert.

13.62   *Konvergieren oder divergieren die folgenden uneigentlichen Integrale?*

(1) $\int_1^\infty \frac{\sin x}{x^2}\,dx$ konvergiert, weil $\int_1^\infty \frac{|\sin x|}{x^2}\,dx$ konvergiert, denn es ist

$$\lim_{x\to\infty} x^{1.5} \frac{|\sin x|}{x^2} = \lim_{x\to\infty} \frac{|\sin x|}{x^{0.5}} = 0, \ (s = 1.5 > 1). \text{ Oder: } 0 \leq \frac{|\sin x|}{x^2} \leq \frac{1}{x^2}, \cdots.$$

(2) $\int_1^\infty \frac{dx}{\sqrt{x}}$ divergiert, weil $\lim\limits_{x\to\infty} x\frac{1}{\sqrt{x}} = \lim\limits_{x\to\infty} \sqrt{x} = \infty \neq 0$ ist.

(3) $\int_1^\infty |\frac{\sin x}{x}|\,dx$ div., weil $\lim\limits_{x\to\infty} x|\frac{\sin x}{x}| = \lim\limits_{x\to\infty} |\sin x|$ nicht ex. (also $\neq 0$ ist).

(4) $\int_1^\infty \frac{1}{x} \sin\frac{1}{x}\,dx$ konv., weil $\lim\limits_{x\to\infty} x^2 \frac{1}{x} \sin\frac{1}{x} \overset{(\frac{1}{x}=y)}{=} \lim\limits_{y\to 0^+} \frac{\sin y}{y} = 1, \ (s = 2 > 1).$

Oder: $0 \leq \sin\frac{1}{x} \leq \frac{1}{x} \implies 0 \leq \frac{1}{x} \sin\frac{1}{x} \leq \frac{1}{x^2}$

$$\implies 0 \leq \int_1^\infty \frac{1}{x} \sin\frac{1}{x}\,dx \leq \int_1^\infty \frac{dx}{x^2} = \left[-\frac{1}{x}\right]_1^\infty = 1.$$

Uneigentliche Integrale der Form $\int_{-\infty}^b f(x)\,dx$ behandelt man analog, indem man die Grenzwerte $\lim\limits_{x\to -\infty} x^s f(x)$ und $\lim\limits_{x\to -\infty} x f(x)$ untersucht!

13.63 $\int_{-\infty}^0 \frac{dx}{x^2+x+5}$ ist konvergent, weil $\lim\limits_{x\to -\infty} \frac{x^{1.5}}{x^2+x+5} = 0$ ist $(s = 1.5 > 1)$.

---

[2]vgl. konvergente Reihen, die nicht absolut konvergieren, z.B. $\sum_{n=1}^\infty \frac{(-1)^n}{n} = -\ln 2$.

Uneigentliche Integrale vom Typ II

(unbeschränkte Integranden)

$\int_a^b f(x)\,dx$ ist an der **oberen** Grenze uneigentlich:

$$\int_a^b f(x)\,dx := \lim_{c\to b^-} \int_a^c f(x)\,dx$$

$\int_a^b f(x)\,dx$ ist an der **unteren** Grenze uneigentlich:

$$\int_a^b f(x)\,dx := \lim_{c\to a^+} \int_c^b f(x)\,dx$$

linksseitiger– bzw. rechtsseitiger Grenzwert siehe Seite 35.

13.64

Berechne die Integrale   (a) $\int_1^2 \dfrac{dx}{(x-2)^2}$,   (b) $\int_1^2 \dfrac{dx}{\sqrt{x-1}}$,   (c) $\int_1^2 \dfrac{dx}{1-x}$.

(a)
$$\int_1^2 \frac{dx}{(x-2)^2} = \lim_{c\to 2^-} \int_1^c \frac{dx}{(x-2)^2} = \lim_{c\to 2^-} \left[-\frac{1}{x-2}\right]_1^c$$
$$= \lim_{c\to 2^-} \left(-\frac{1}{c-2} - 1\right) = \underline{\underline{\infty}}.$$

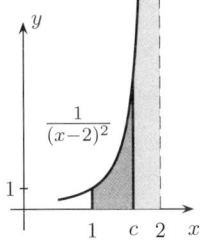

Das an der oberen Grenze uneigentliche Integral *divergiert*!
Der Flächeninhalt des von der Kurve, der x–Achse,
den Geraden $x = 1$ und $x = c$ begrenzten Gebietes
wird für $c \to 2$ unendlich groß!

(b)
$$\int_1^2 \frac{dx}{\sqrt{x-1}} = \lim_{c\to 1^+} \int_c^2 \frac{dx}{\sqrt{x-1}} = \lim_{c\to 1^+} \left[2\sqrt{x-1}\right]_c^2$$
$$= \lim_{c\to 1^+} (2 - 2\sqrt{c-1}) = \underline{\underline{2}}.$$

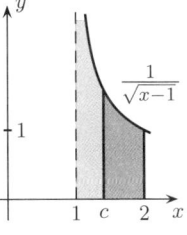

Das an der unteren Grenze uneigentliche Integral *konvergiert*
und ist gleich 2. Da $f(x)$ in dem Intervall $(1, 2]$ positiv ist,
ist der Flächeninhalt dieses sich ins Unendliche
erstreckenden Gebietes gleich 2.

(c)
$$\int_1^2 \frac{dx}{1-x} = \lim_{c\to 1^+} \int_c^2 \frac{dx}{1-x} = -\lim_{c\to 1^+} \left[\ln|1-x|\right]_c^2$$
$$= \lim_{c\to 1^+} (-\ln|1-c|) = \underline{\underline{-\infty}}.$$

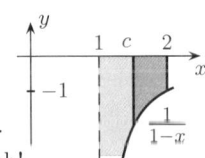

Das an der unteren Grenze uneigentliche Integral *divergiert*.
Der (unter der x–Achse) liegende Flächeninhalt ist unendlich!

Integrale, die an der unteren und an der oberen Grenze uneigentlich sind, stellt man als Summe zweier Integrale dar, von denen das eine nur an der unteren und das andere nur an der oberen Grenze uneigentlich ist:

$\displaystyle\int_a^b f(x)\,dx$ ist an der oberen und an der unteren Grenze uneigentlich:

$$\int_a^b f(x)\,dx = \int_a^c f(x)\,dx + \int_c^b f(x)\,dx$$

Dabei ist c beliebig aus (a, b).

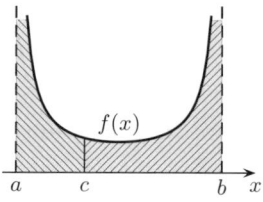

13.65 $\displaystyle\int_{-1}^{1}\frac{-2x\,dx}{\sqrt{1-x^2}} = \int_{-1}^{0}\frac{-2x\,dx}{\sqrt{1-x^2}} + \int_{0}^{1}\frac{-2x\,dx}{\sqrt{1-x^2}}$

$$= \lim_{a\to -1^+}\int_a^0 \frac{-2x\,dx}{\sqrt{1-x^2}} + \lim_{b\to 1^-}\int_0^b \frac{-2x\,dx}{\sqrt{1-x^2}}.$$

Auch hier kann statt 0 irgendein $c \in (-1, 1)$ genommen werden!

Um Schreibarbeit zu sparen, löst man zunächst das unbestimmte Integral:

$$\int \frac{-2x}{\sqrt{1-x^2}}\,dx = \int \frac{dt}{\sqrt{t}} = 2\sqrt{t} = 2\sqrt{1-x^2}, \qquad \underline{\text{Subst.:}} \quad \begin{aligned} 1-x^2 &= t \\ -2x\,dx &= dt \end{aligned}$$

$$\implies \lim_{a\to -1^+}\int_a^0 \frac{-2x\,dx}{\sqrt{1-x^2}} = \lim_{a\to -1^+}\left[2\sqrt{1-x^2}\right]_a^0 = \lim_{a\to -1^+}\left(2 - 2\sqrt{1-a^2}\,\right) = \underline{2},$$

$$\implies \lim_{b\to 1^-}\int_0^b \frac{-2x\,dx}{\sqrt{1-x^2}} = \lim_{b\to 1^-}\left[2\sqrt{1-x^2}\right]_0^b = \lim_{b\to 1^-}\left(2\sqrt{1-b^2} - 2\right) = \underline{-2},$$

Also: $\displaystyle\int_{-1}^{1}\frac{-2x\,dx}{\sqrt{1-x^2}} = 2 - 2 = \underline{\underline{0}}.$

Beachtet man, dass die Funktion bei 0 ihr Vorzeichen wechselt, die eine Fläche also unter der x–Achse liegt, so erhält man als Flächeninhalt F der Fläche zwischen Kurve, x–Achse und Asymptoten:

$$F = \int_{-1}^{0}\frac{-2x\,dx}{\sqrt{1-x^2}} - \int_{0}^{1}\frac{-2x\,dx}{\sqrt{1-x^2}} = 2 - (-2) = \underline{\underline{4}}.$$

Integrale, die an einer Stelle im Innern des Integrationsintervalls uneigentlich sind, zerlegt man in eine Summe von zwei uneigentlichen Integralen, so dass das eine nur an der oberen und das andere nur an der unteren Grenze uneigentl. ist:

$$\int_a^b f(x)\,dx \quad\text{ist an einer Stelle } c \text{ im Innern des Integrationsintervalls uneigentlich:}$$

$$\int_a^b f(x)\,dx \;=\; \int_a^c f(x)\,dx \;+\; \int_c^b f(x)\,dx$$

13.66 $\displaystyle\int_{-1}^{8}\frac{dx}{\sqrt[3]{x}} = \int_{-1}^{0}\frac{dx}{\sqrt[3]{x}} + \int_{0}^{8}\frac{dx}{\sqrt[3]{x}}$, ist uneigentlich bei $0 \in (-1, 8)$

$$\int_{-1}^{0}\frac{dx}{\sqrt[3]{x}} = \lim_{b\to 0^-}\int_{-1}^{b}\frac{dx}{\sqrt[3]{x}} = \lim_{b\to 0^-}\left[\frac{3}{2}x^{2/3}\right]_{-1}^{b} = \lim_{b\to 0^-}\left(\frac{3}{2}b^{2/3} - \frac{3}{2}\right) = \underline{-\frac{3}{2}},$$

$$\int_{0}^{8}\frac{dx}{\sqrt[3]{x}} = \lim_{a\to 0^+}\int_{a}^{8}\frac{dx}{\sqrt[3]{x}} = \lim_{a\to 0^+}\left[\frac{3}{2}x^{2/3}\right]_{a}^{8} = \lim_{a\to 0^+}\left(6 - \frac{3}{2}a^{2/3}\right) = \underline{6},$$

Für das uneigentliche Integral erhält man:

$$\int_{-1}^{8}\frac{dx}{\sqrt[3]{x}} = \int_{-1}^{0}\frac{dx}{\sqrt[3]{x}} + \int_{0}^{8}\frac{dx}{\sqrt[3]{x}} = -\frac{3}{2} + 6 = \underline{\underline{\frac{9}{2}}}.$$

Für den Inhalt F des schraffierten Gebietes erhält man:

$$F = -\int_{-1}^{0}\frac{dx}{\sqrt[3]{x}} + \int_{0}^{8}\frac{dx}{\sqrt[3]{x}} = \frac{3}{2} + 6 = \underline{\underline{\frac{15}{2}}}.$$

Ist ein Integral an mehreren – aber nur endlich vielen – Stellen des Integrationsintervalles uneigentlich, so kann man es als Summe von uneigentlichen Integralen der hier besprochenen Typen darstellen!

Ist nur gefragt, ob ein uneigentliches Integral vom Typ II konvergiert oder divergiert, so kann man oft folgendes *hinreichende* Kriterium benutzen:

Konvergenzkriterium für uneigentliche Integrale vom Typ II

Ist $f(x) \geq 0$ und ist $\displaystyle\int_a^b f(x)\,dx$ an der oberen Grenze uneigentlich

und existiert $\displaystyle\int_a^c f(x)\,dx$ für jedes $a < c < b$, so ist

$\boxed{\displaystyle\int_a^b f(x)\,dx}$ **konvergent**, wenn $\displaystyle\lim_{x\to b^-}(b-x)^s f(x)$ für ein $s < 1$ existiert,

divergent, wenn $\displaystyle\lim_{x\to b^-}(b-x)f(x) \neq 0$ ist.

13.67 $\int_0^1 \frac{\sin^2 x}{\sqrt{1-x}}\,dx$, ist an der oberen Grenze uneigentlich und *konvergiert*, weil

$$\lim_{x \to 1^-} (1-x)^s \frac{\sin^2 x}{\sqrt{1-x}} = \lim_{x \to 1^-} (1-x)^{s-0.5} \sin^2 x = 0 \text{ ist, für } 0.5 < s < 1.$$

13.68 $\int_{-1}^1 \frac{dx}{1-x}$ ist an der oberen Grenze uneigentlich und *divergiert*, weil

$$\lim_{x \to 1^-} (1-x)\frac{1}{1-x} = 1 \neq 0 \text{ ist.}$$

Integrale, die an der *unteren* Grenze uneigentlich sind werden analog behandelt:

13.69 $\int_0^1 \frac{\sin^2 x}{x^3}$ ist an der unteren Grenze uneigentlich und *divergiert*, weil

$$\lim_{x \to 0^+} x\frac{\sin^2 x}{x^3} = \lim_{x \to 0^+} \left(\frac{\sin x}{x}\right)^2 = 1 \neq 0 \text{ ist.}$$

13.70 $\int_0^{\pi/2} \frac{dx}{\sqrt{\sin x}}$ ist an der unteren Grenze uneigentlich und *konvergiert*, weil

$$\lim_{x \to 0^+} \frac{x^s}{\sqrt{\sin x}} = \lim_{x \to 0^+} \sqrt{\frac{x}{\sin x}}\, x^{s-0.5} = 0 \text{ ist, für } 0.5 < s < 1.$$

13.71   *Man untersuche auf Konvergenz:* (a) $\int_0^1 \ln x\,dx$, (b) $\int_{-2}^0 e^{1/(1+x)}\,dx$.

(a) $\int_0^1 \ln x\,dx = \lim_{a \to 0^+} \int_a^1 \ln x\,dx = \lim_{a \to 0^+} \Big[x\ln x - x\Big]_a^1$, part. Integrat. oder **F4**,

$= \lim_{a \to 0^+} (-1 - a\ln a + a) = \underline{\underline{-1}}$, da $\lim_{x \to 0^+} x\ln x = 0$, l'Hospital oder [12.28].

(b) $\int_{-2}^0 e^{1/(1+x)}\,dx$ ist bei -1 uneigentlich, also: $\int_{-2}^0 = \int_{-2}^{-1} + \int_{-1}^0$.

$\int_{-2}^{-1} e^{1/(1+x)}\,dx$ ist nicht uneigentlich, weil $\lim_{x \to -1^-} e^{1/(1+x)} = 0$ ist.

$\int_{-1}^0 e^{1/(1+x)}\,dx$ ist an der unteren Grenze uneigentlich und divergiert nach dem Konvergenzkriterium für uneigentliche Integrale vom Typ II (Seite 317):

$$\lim_{x \to -1^+} (1+x)e^{1/(1+x)} = \lim_{x \to -1^+} \frac{e^{1/(1+x)}}{1/(1+x)} = \lim_{z \to \infty} \frac{e^z}{z} = \infty, \quad \text{l'Hospital } \left[\frac{\infty}{\infty}\right]$$

Also ist das uneigentliche Integral $\int_{-2}^0 e^{1/(1+x)}\,dx$ ebenfalls divergent!

13.4   Aufgaben

13.72 $\int (2x-5)^5\, dx$ **13.73** $\int \dfrac{8x^2\, dx}{(2x-3)^3}$ **13.74** $\int \dfrac{9\, dx}{x(2x-3)^2}$

13.75 $\int \dfrac{6x\, dx}{(2x-1)(x+1)}$ **13.76** $\int \dfrac{x\, dx}{1-\sin x}$ **13.77** $\int 4x\cos 2x\, dx$

13.78 $\int 2x\ln(x^2-1)\, dx$ **13.79** $\int \dfrac{dx}{x\sqrt{x}}$ **13.80** $\int 15\sqrt{x\sqrt{x\sqrt{x}}}\ dx$

13.81 $\int 2x\ln^2 x\, dx$ **13.82** $\int \dfrac{\cos x}{\sin^6 x}\, dx$ Subst.: $\sin x = t$

13.83 $\int \dfrac{x-\cos x\sin x}{x^2+\cos^2 x}\, dx$, $x^2+\cos^2 x = t$ **13.84** $\int \dfrac{25x\, dx}{\sqrt{16-25x^2}}$

13.85 $\int 2x^3\sin x^2\, dx$ [**F+H**], $x^2 = t$ oder partiell   **13.86** $\int \dfrac{e^x+1}{e^x-1}\, dx$

13.87 $\int e^x(1-3x+x^2)\, dx$, partiell   **13.88** $\int \dfrac{dx}{\sqrt{1-x^2}\,\arcsin x}$

13.89 $\int \dfrac{dx}{x\ln 2x}$, $\int \dfrac{f'}{f}\, dx = \cdots$ **13.90** $\int \dfrac{\sin x\, dx}{\sqrt{2+\cos x}}$

13.91 $\int \dfrac{3\sqrt{\tan x}}{\cos^2 x}\, dx$ **13.92** $\int \dfrac{\sin 2x\, dx}{3+\sin^2 x}$ **13.93** $\int \dfrac{\cos x+\sin x}{\cos x\sin x}\, dx$

13.94 $\int \dfrac{2x^2\, dx}{(x-1)(x-2)(x-3)}$ **13.95** $\int \dfrac{x^5+1}{x^6+x^4}\, dx$ **13.96** $\int \dfrac{2x^4\, dx}{x^3-6x^2+11x-6}$

13.97 $\int \dfrac{x^6+16}{x^4-4}\, dx$ **13.98** $\int \arcsin x\, dx$ **13.99** $\int \dfrac{dx}{x^4+1}$

13.100 $\int_0^1 \sqrt[5]{x^6}\ dx$ **13.101** $\int_0^1 \dfrac{dx}{x^2+1}$ **13.102** $\int_0^{\pi/3} \tan x\, dx$

13.103 Man berechne den Inhalt der von der Kurve $y = \dfrac{\ln(\ln x)}{x\ln x}$, der x–Achse und den Geraden $x = e$ und $x = e^2$ eingeschlossenen Fläche! (<u>Subst.:</u> $\ln x = t$)

13.104 Wie groß ist der Inhalt der von den Kurven $y = ax^2$, $y = \sqrt{9-x^2}$ und der x–Achse eingeschlossenen Fläche, wenn a so gewählt wird, dass sich die Kurven auf der Geraden $y = \sqrt{5}$ schneiden?

13.105 Man berechne den Inhalt der von den Kurven $y = \dfrac{x^2}{\sqrt{x+4}}$ und $y = \dfrac{x}{\sqrt{x^2+4}}$ eingeschlossenen Fläche.

13.106 Man berechne den Inhalt der von der Kurve $y = x\sin x^2$, der x–Achse und den Geraden $x = 0$ und $x = \sqrt{\pi}$ eingeschlossenen Fläche!

13.107 Man berechne den Inhalt der von der Kurve $y = \cosh x\cos x$, der x–Achse und den Geraden $x = \pi/2$ und $x = -\pi/2$ eingeschlossenen Fläche!
Hinweis: partielle Integration und Symmetrie beachten!

13.108 Man berechne den Flächeninhalt der Figur, die von den Parabeln $y = x^2$ und $y^2 = x$ begrenzt wird.

13.109 *Man berechne den Inhalt der Fläche zwischen den Kurven* $y = \dfrac{1}{1-|x|}$ *und*
$y = 2$.

13.110 *In welchem Verhältnis wird die Fläche zwischen den Koordinatenachsen und der Kurve* $y = \cos x$ *im Intervall* $0 \leq x \leq \pi/2$ *durch die Kurve* $y = e^{-x}\cos x$ *geteilt?*

13.111 $\displaystyle\int_3^\infty \frac{dx}{x^2-1}$ **13.112** $\displaystyle\int_{-1}^0 \frac{dx}{x^2}$ **13.113** $\displaystyle\int_0^1 \frac{dx}{\sqrt{1-x}}$

13.114 $\displaystyle\int_{-1}^0 \frac{dx}{\sqrt{1-x^2}}$ **13.115** $\displaystyle\int_{-1}^1 \frac{dx}{x^2-1}$ **13.116** $\displaystyle\int_{-1}^1 \frac{dx}{x^2}$

13.117 *Wie groß ist der Inhalt der von der Kurve* $y = \dfrac{1}{x^2}e^{-1/x}$ *und der positiven* x*–Achse begrenzten Fläche?*

13.118 *Ist der Flächeninhalt zwischen der Kurve* $y = \dfrac{\ln x}{1+x^3}$ *,* $x \geq 1$ *und der* x*–Achse endlich oder unendlich?*

13.119 *Wie groß ist der Flächeninhalt zwischen der Kurve* $y = \dfrac{1}{x^2+16}$ *und der positiven* x*–Achse?*

13.120 *Ist der Flächeninhalt zwischen der Kurve* $y = \dfrac{1}{x\sqrt{1-x^3}}$ *, der* x*–Achse und den Geraden* $x = a$ *mit* $0 \leq a < 1$ *und* $x = 1$ *endlich oder unendlich?*

13.121 *Wie groß ist der Flächeninhalt zwischen der Kurve* $y = \dfrac{\arctan x}{1+x^2}$ *und der positiven* x*–Achse?*
In welchem Verhältnis wird die Fläche von der Geraden $x = 1$ *geteilt?*

13.122 *Man berechne das uneigentliche Integral* $\displaystyle\int_0^\infty \frac{\ln x}{1+x^2}\,dx$.

13.123 *Man berechne das uneigentliche Integral* $\displaystyle\int_1^\infty \frac{\ln x}{x^2}\,dx$.

13.124 *Das uneigentliche Integral* $\displaystyle\int_1^\infty \frac{\sin x}{x}\,dx$ *konvergiert !*

13.125 *Man berechne* $\displaystyle\int \frac{dx}{(x^2+1)^2}$ *ohne Formelsammlung.*

> **Bestimmte Integrale und uneigentliche Integrale**
> • findet man in **F+H** •

13.5 Lösungen

Die Konstante C ist bei allen unbestimmten Integralen zu ergänzen!

13.72 $\frac{1}{12}(2x-5)^6$

13.73 $\ln|2x-3| - \dfrac{6}{2x-3} - \dfrac{9}{2(2x-3)^2}$

13.74 $\ln\left|\dfrac{x}{2x-3}\right| - \dfrac{3}{2x-3}$

13.75 $\ln|2x-1| + 2\ln|x+1|$

13.76 $\dfrac{x\cos x}{1-\sin x} + \ln(1-\sin x)$

13.77 $\cos 2x + 2x\sin 2x$

13.78 $(x^2-1)\ln(x^2-1) - x^2 + 1$

13.79 $-\dfrac{2}{\sqrt{x}}$

13.80 $8x\sqrt[8]{x^7}$

13.81 $x^2\left(\ln^2 x - \ln x + \dfrac{1}{2}\right)$

13.82 $\dfrac{-1}{5\sin^5 x}$

13.83 $\dfrac{1}{2}\ln(x^2+\cos^2 x)$

13.84 $-\sqrt{16-25x^2}$

13.85 $\sin x^2 - x^2\cos x^2$

13.86 $-x + 2\ln|e^x - 1|$

13.87 $e^x(x^2 - 5x + 6)$

13.88 $\ln|\arcsin x|$

13.89 $\ln|\ln 2x|$

13.90 $-2\sqrt{\cos x + 2}$

13.91 $2\tan x\sqrt{\tan x}$

13.02 $\ln(\sin^2 x + 3)$

13.93 $\ln\dfrac{(1-\cos x)(1+\sin x)}{\sin x\cdot\cos x}$

13.94 $\ln|x-1| - 8\ln|x-2| + 9\ln|x-3|$

13.95 $-\dfrac{1}{3x^3} + \dfrac{1}{x} + \dfrac{1}{2}\ln(x^2+1) + \arctan x$

13.96 $x^2 + 12x + \ln|x-1| - 32\ln|x-2| + 81\ln|x-3|$

13.97 $\dfrac{x^3}{3} + \dfrac{3}{\sqrt{2}}\ln\left|\dfrac{x-\sqrt{2}}{x+\sqrt{2}}\right| - \sqrt{2}\arctan\dfrac{x}{\sqrt{2}}$

13.98 partiell: $x\arcsin x + \sqrt{1-x^2}$

13.99 Nullstellen des Nenners: (vergleiche Seite 104, 107)

$$x^4 + 1 = (x-x_1)(x-x_2)(x-x_3)(x-x_4) \qquad x_1 = \frac{\sqrt{2}}{2}(1+i) \quad x_3 = \frac{\sqrt{2}}{2}(-1+i)$$
$$= (x^2 - \sqrt{2}\,x + 1)(x^2 + \sqrt{2}\,x + 1) \qquad x_2 = \frac{\sqrt{2}}{2}(1-i) \quad x_4 = \frac{\sqrt{2}}{2}(-1-i)$$

Partialbruchzerlegung: $\qquad \dfrac{1}{1+x^4} = \dfrac{-1/4\sqrt{2}\,x + 1/2}{x^2 - \sqrt{2}\,x + 1} + \dfrac{1/4\sqrt{2}\,x + 1/2}{x^2 + \sqrt{2}\,x + 1}$

Berechnung der Integrale: **F4** oder **F+H**

13.100 $\dfrac{5}{11}$ **13.101** $\dfrac{\pi}{4}$ **13.102** $\ln 2$

13.103 $F = \displaystyle\int_e^{e^2} \dfrac{\ln(\ln x)}{x\ln x}\,dx$ $\qquad$ Subst.: $\quad \ln x = t, \quad \dfrac{1}{x}\,dx = dt$

$\qquad\quad F = \displaystyle\int_1^2 \dfrac{\ln t}{t}\,dt$ $\qquad$ Subst.: $\quad \ln t = z, \quad \dfrac{1}{t}\,dt = dz$

$\qquad\quad F = \displaystyle\int_0^{\ln 2} z\,dz = \left[\dfrac{z^2}{2}\right]_0^{\ln 2} = \dfrac{1}{2}\ln^2 2 \approx 0.24.$

13.104 Schnittpunkte der Kurve $y = \sqrt{9 - x^2}$ mit der Geraden $y = \sqrt{5}$:

$\sqrt{5} = \sqrt{9 - x^2} \implies x_1 = 2 \,,\, x_2 = -2 \implies S_1 = (2, \sqrt{5}) \,,\, S_2 = (-2, \sqrt{5})$.

a so bestimmen, dass $y = ax^2$ durch S_1 und S_2 geht:

$\sqrt{5} = a(\pm 2)^2 \implies \underline{a = \frac{1}{4}\sqrt{5}}$.

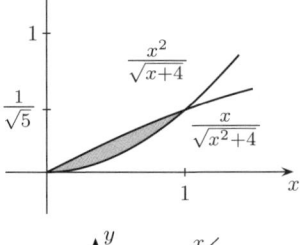

Infolge der Symmetrie der Fläche gilt:

$$F = 2\int_0^2 \frac{\sqrt{5}}{4}x^2\,dx + 2\int_2^3 \sqrt{9 - x^2}\,dx$$

$$= \frac{\sqrt{5}}{2}\left[\frac{x^3}{3}\right]_0^2 + \left[\frac{x}{2}\sqrt{9-x^2} + \arcsin\frac{x}{3}\right]_2^3 \approx \underline{\underline{6.1}} \text{ , siehe } \mathbf{F4}.$$

13.105 Die Kurven schneiden sich bei $x_0 = 0$ und $x_1 = 1$.

$$F = \int_0^1 \frac{x\,dx}{\sqrt{x^2+4}} - \int_0^1 \frac{x^2\,dx}{\sqrt{x+4}}$$

$$= \left[\sqrt{x^2+4}\right]_0^1 - \left[\frac{2(3x^2-16x+128)\sqrt{x+4}}{15}\right]_0^1$$

$$= \sqrt{5} - 2 - \frac{46}{3}\sqrt{5} + \frac{4\cdot128}{15}$$

$$= -\frac{43}{3}\sqrt{5} + \frac{482}{15} \approx \underline{\underline{0.08}}.$$

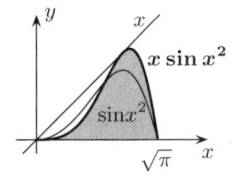

13.106 $F = \displaystyle\int_0^{\sqrt{\pi}} x\sin x^2\,dx$ $\underline{\text{Subst.:}}$ $x^2 = t$

$\qquad\qquad\qquad\qquad\qquad\qquad\qquad\qquad\qquad 2x\,dx = dt$

$$= \frac{1}{2}\int_0^\pi \sin t\,dt = \left[-\frac{1}{2}\cos t\right]_0^\pi = \underline{\underline{1}}.$$

13.107 $F = \displaystyle\int_{-\pi/2}^{\pi/2} \cosh x \cos x\,dx$,

Partielle Integration ergibt:

$$\int \cosh x \cos x\,dx$$

$$= \sinh x \cos x + \int \sinh x \sin x\,dx$$

$$= \sinh x \cos x + \cosh x \sin x - \int \cosh x \cos x\,dx$$

$$= \frac{1}{2}(\sinh x \cos x + \cosh x \sin x) + C$$

$f(x) = \cosh x \cos x$ ist eine gerade Funktion, d.h. $f(-x) = f(x)$, also

$$F = \int_{-\pi/2}^{\pi/2} \cosh x \cos x\,dx = 2\int_0^{\pi/2} \cosh x \cos x\,dx \text{ und}$$

$$F = 2\int_0^{\pi/2} \cosh x \cos x\,dx = \left[\sinh x \cos x + \cosh x \sin x\right]_0^{\pi/2} = \underline{\underline{\cosh\frac{\pi}{2}}} \approx 2.51.$$

13.108 $F = \displaystyle\int_0^1 \sqrt{x}\,dx - \int_0^1 x^2\,dx$

$= \left[\dfrac{2}{3}x^{3/2}\right]_0^1 - \left[\dfrac{1}{3}x^3\right]_0^1 = \underline{\underline{\dfrac{1}{3}}}.$

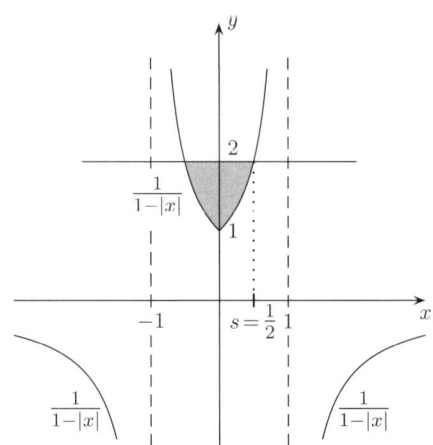

13.109 $F = \displaystyle\int_{-s}^s 2\,dx - \int_{-s}^s \dfrac{dx}{1-|x|}$

$= \displaystyle\int_{-s}^s \left(2 - \dfrac{1}{1-|x|}\right) dx$

$= 2\displaystyle\int_0^s \left(2 - \dfrac{1}{1-|x|}\right) dx$,

$y = \dfrac{1}{1-|x|} = \begin{cases} \dfrac{1}{1-x} & ,\ \text{für}\quad x \ge 0,\ x \ne 1 \\[2mm] \dfrac{1}{1+x} & ,\ \text{für}\quad x < 0,\ x \ne -1 \end{cases}$

denn $y = \dfrac{1}{1-|x|}$ ist eine gerade Funktion,
liegt also symmetrisch zur y–Achse!

Berechnung von s:

$\dfrac{1}{1-|x|} = 2 \Longleftrightarrow 1 = 2 - 2|x| \Longleftrightarrow \dfrac{1}{2} = |x| \Longleftrightarrow x = \dfrac{1}{2}$ oder $x = -\dfrac{1}{2}$, also $\underline{\underline{s = \dfrac{1}{2}}}$.

$F = 2\displaystyle\int_0^{1/2} \left(2 - \dfrac{1}{1-|x|}\right) dx$

$= 2\displaystyle\int_0^{1/2} \left(2 - \dfrac{1}{1-x}\right) dx$, weil $|x| = x$ ist für $x \ge 0$

$= 2\left[2x + \ln|1-x|\right]_0^{1/2} = 2\left(1 + \ln\dfrac{1}{2}\right) = \underline{\underline{2(1 - \ln 2)}} \approx 0.61.$

13.110 $F_1 = \displaystyle\int_0^{\pi/2} e^{-x}\cos x\,dx$ Skizze nächste Seite, partielle Integration liefert:

$= \left[-e^{-x}\cos x\right]_0^{\pi/2} - \displaystyle\int_0^{\pi/2} e^{-x}\sin x\,dx$

$= \left[-e^{-x}\cos x\right]_0^{\pi/2} + \left[-e^{-x}\sin x\right]_0^{\pi/2} - \displaystyle\int_0^{\pi/2} e^{-x}\cos x\,dx$

$= \dfrac{1}{2}\left[-e^{-x}\cos x + e^{-x}\sin x\right]_0^{\pi/2} = \dfrac{1}{2}\left(e^{-\pi/2} + 1\right) \approx 0.604.$

$$F_2 = \int_0^{\pi/2} \cos x \, dx - F_1$$

$$= \Big[\sin x\Big]_0^{\pi/2} - F_1$$

$$= 1 - \frac{1}{2}\big(e^{-\pi/2} + 1\big)$$

$$= \frac{1}{2}\big(1 - e^{-\pi/2}\big) \approx 0.396.$$

$$\frac{F_1}{F_2} = \frac{1+e^{-\pi/2}}{1-e^{-\pi/2}} = \frac{\cosh \pi/4}{\sinh \pi/4} \approx 1.53.$$

13.111 $\displaystyle\int_3^\infty \frac{dx}{x^2-1} = \lim_{b\to\infty} \int_3^b \frac{dx}{x^2-1} = \lim_{b\to\infty} -\left[\frac{1}{2}\ln\frac{x+1}{x-1}\right]_3^b$

$$= \lim_{b\to\infty}\big(-\tfrac{1}{2}\ln\tfrac{b+1}{b-1} + \tfrac{1}{2}\ln 2\big)$$

$$= \frac{1}{2}\ln 2 \qquad , \text{ weil } \lim_{b\to\infty}\ln\frac{b+1}{b-1} = 0 \text{ ist!}$$

13.112 $\displaystyle\int_{-1}^0 \frac{dx}{x^2} = \lim_{b\to 0^-} \int_{-1}^b \frac{dx}{x^2} = \lim_{b\to 0^-}\left[-\frac{1}{x}\right]_{-1}^b = \lim_{b\to 0^-} -\frac{1}{b} - 1 = \underline{\underline{\infty}}.$

13.113 $\displaystyle\int_0^1 \frac{dx}{\sqrt{1-x}} = \lim_{b\to 1^-} \int_0^b \frac{dx}{\sqrt{1-x}} = \lim_{b\to 1^-}\left[-2\sqrt{1-x}\right]_0^b = \lim_{b\to 1^-}\big(-2\sqrt{1-b} + 2\big) = \underline{\underline{2}}.$

13.114 $\displaystyle\int_{-1}^0 \frac{dx}{\sqrt{1-x^2}} = \lim_{a\to -1^+} \int_a^0 \frac{dx}{\sqrt{1-x^2}} = \lim_{a\to -1^+}\Big[\arcsin x\Big]_a^0 \quad$ (siehe **F4**)

$$= \lim_{a\to -1^+}\big(\arcsin a\big) = \arcsin(-1) = \underline{\underline{\pi/2}}.$$

13.115 $\displaystyle\int_{-1}^1 \frac{dx}{x^2-1} = \int_{-1}^0 \frac{dx}{x^2-1} + \int_0^1 \frac{dx}{x^2-1}$

$$\int_{-1}^0 \frac{dx}{x^2-1} = \lim_{a\to -1^+} \int_a^0 \frac{dx}{x^2-1} = \lim_{a\to -1^+}\frac{1}{2}\left[\ln\left|\frac{x-1}{x+1}\right|\right]_a^0$$

$$= \lim_{a\to -1^+}\big(-\tfrac{1}{2}\ln\left|\tfrac{a-1}{a+1}\right|\big) = \underline{\underline{-\infty}}.$$

Ebenso erhält man: $\displaystyle\int_0^1 \frac{dx}{x^2-1} = \underline{\underline{-\infty}}.$

Das uneigentliche Integral $\displaystyle\int_{-1}^1 \frac{dx}{x^2-1}$ divergiert also!

13.116 $\displaystyle\int_{-1}^{1}\frac{dx}{x^2} = \int_{-1}^{0}\frac{dx}{x^2} + \int_{0}^{1}\frac{dx}{x^2} = 2\int_{0}^{1}\frac{dx}{x^2} = \underline{\underline{\infty}}$, also divergent, vergl. [13.64].

13.117 $F = \displaystyle\int_{0}^{\infty}\frac{1}{x^2}e^{-1/x}\,dx$ ist nur an der oberen Grenze uneigentlich, denn

$$\lim_{x\to 0^+}\frac{e^{-1/x}}{x^2} \overset{(1/x=z)}{=} \lim_{z\to\infty}z^2 e^{-z} = \lim_{z\to\infty}\frac{z^2}{e^z} = 0 \quad \text{(l'Hospital)}.$$

$$F = \int_{0}^{\infty}\frac{1}{x^2}e^{-1/x}\,dx \quad \underline{\text{Subst.:}} \qquad \frac{1}{x} = t$$
$$-\frac{1}{x^2} = dt$$
$$= -\int_{\infty}^{0}e^{-t}\,dt$$
$$= \left[e^{-t}\right]_{\infty}^{0} = \underline{\underline{1}}.$$

$\frac{1}{x^2}e^{-1/x}$

13.118 $F = \displaystyle\int_{1}^{\infty}\frac{\ln x}{1+x^3}\,dx$

Weil $x > \ln x$ ist für $x \ge 1$, gilt: $\displaystyle\lim_{x\to\infty}\frac{x^s\ln x}{1+x^3} < \lim_{x\to\infty}\frac{x^{s+1}}{1+x^3} = \underline{0},\ s < 2$.

Also konvergiert das uneigentliche Integral und F ist endlich!

13.119 $F = \displaystyle\int_{0}^{\infty}\frac{dx}{x^2+16} = \lim_{b\to\infty}\int_{0}^{b}\frac{dx}{x^2+16} = \lim_{b\to\infty}\frac{1}{4}\left[\arctan\frac{x}{4}\right]_{0}^{b} = \underline{\underline{\frac{\pi}{8}}}.$

13.120 $F = \displaystyle\int_{a}^{1}\frac{dx}{x\sqrt{1-x^3}}$. Wir unterscheiden die Fälle $a > 0$ und $a = 0$:

$\boxed{a > 0}$

In diesem Fall ist $\displaystyle\int_{a}^{1}\frac{dx}{x\sqrt{1-x^3}}$ nur an der oberen Grenze uneigentlich.

Wegen $\sqrt{1-x^3} = \sqrt{1-x}\sqrt{1+x+x^2}$ gilt:

$$\lim_{x\to 1}\frac{(1-x)^s}{x\sqrt{1-x^3}} = \lim_{x\to 1}\frac{(1-x)^{s-1/2}}{x\sqrt{1+x+x^2}} = 0 \ , \ \text{für}\ 1 > s > 1/2.$$

Demnach ist $\int_{a}^{1}$ für $a > 0$ *konvergent* und der Flächeninhalt F_1 zwischen der Kurve, der x–Achse und den Geraden $x = a$ und $x = 1$ ist *endlich*!

$\boxed{a = 0}$

In diesem Fall ist $\displaystyle\int_{0}^{1}\frac{dx}{x\sqrt{1-x^3}}$ an der oberen und an der unteren Grenze uneigentlich.

$$F = \int_0^1 \frac{dx}{x\sqrt{1-x^3}} = \int_0^c \frac{dx}{x\sqrt{1-x^3}} + \int_c^1 \frac{dx}{x\sqrt{1-x^3}} \quad , \quad c \in (0,1)$$

$\int_0^c \frac{dx}{x\sqrt{1-x^3}}$ ist divergent, weil $\lim\limits_{x \to 0} \frac{x}{x\sqrt{1-x^3}} = 1$ ist.

Deshalb ist auch $\int_0^1$ *divergent*, also F unendlich!

Zusammenfassend ergibt sich:

Ist $a \geq 0$, so ist der Flächeninhalt zwischen der Kurve, der x–Achse und den Geraden $x = 1$ und $x = a$ für $a > 0$ endlich und für $a = 0$ unendlich.

13.121 $F_1 = \int_0^\infty \frac{\arctan x}{1+x^2}\, dx = \lim\limits_{b \to \infty} \left[\frac{1}{2} \arctan^2 x \right]_0^b = \underline{\underline{\frac{\pi^2}{8}}}$

$F_2 = \int_0^1 \frac{\arctan x}{1+x^2}\, dx = \underline{\underline{\frac{\pi^2}{32}}} \implies F_2 : F_1 = 1 : 4 \quad \text{und} \quad F_2 : (F_2 - F_1) = 1 : 3.$

Also wird die Fläche zwischen der Kurve und der positiven x–Achse durch die Gerade $x = 1$ im Verhältnis $\quad 1 : 3 \quad$ geteilt!

13.122 $\int_0^\infty \frac{\ln x}{1+x^2}\, dx$ ist uneigentlich bei 0 und ∞, also $\int_0^\infty = \int_0^1 + \int_1^\infty$

$\int_0^1 \frac{\ln x}{1+x^2}\, dx$ ist *konvergent*, da $\lim\limits_{x \to 0^+} \frac{(-x)^s \ln x}{1+x^2} = 0$ z.B. für $s = 1/3 < 1$.

$\int_1^\infty \frac{\ln x}{1+x^2}\, dx$ ist *konvergent*, da $\lim\limits_{x \to \infty} \frac{x^s \ln x}{1+x^2} = 0$ z.B. für $s = 1,5 > 1$.

$$\int_0^\infty \frac{\ln x}{1+x^2}\, dx = \int_0^1 \frac{\ln x}{1+x^2}\, dx + \int_1^\infty \frac{\ln x}{1+x^2}\, dx \qquad \underline{\text{Subst.:}} \quad x = \frac{1}{t} \ , \ dx = -\frac{dt}{t^2}$$

$$= \int_0^1 \frac{\ln x}{1+x^2}\, dx + \int_1^0 \frac{-\ln t}{1+1/t^2}\left(-\frac{dt}{t^2}\right)$$

$$= \int_0^1 \frac{\ln x}{1+x^2}\, dx - \int_0^1 \frac{\ln t}{1+t^2}\, dt = \underline{\underline{0}}.$$

13.123 $\int_1^\infty \frac{\ln x}{x^2}\, dx = \int_0^\infty \frac{t e^t}{e^{2t}}\, dt \qquad \underline{\text{Subst.:}} \quad x = e^t \ , \ dx = e^t\, dt.$

$$= \int_0^\infty \frac{t}{e^t}\, dt = -\left[\frac{t+1}{e^t} \right]_0^\infty = 1, \text{ da } \lim\limits_{b \to \infty} \frac{b+1}{e^b} = 0, \text{ Integral z.B. } \mathbf{F4}.$$

Bemerkung:

$$\int_0^\infty \frac{t e^t}{e^{2t}}\, dt = \int_0^\infty e^{-t} t^{2-1}\, dt = \Gamma(2) = \underline{\underline{1}}, \quad \text{Gammafunktion } \Gamma \text{ siehe } \mathbf{F+H}.$$

13.124   Zeige: (a) $\int_0^\infty \frac{\sin x}{x}\, dx$ ist konvergent,   (b) $\int_0^\infty \left|\frac{\sin x}{x}\right|\, dx$ ist divergent.

(a)   Aufspalten ergibt $\int_0^\infty = \int_0^1 + \int_1^\infty$. Dabei existiert $\int_0^1 \frac{\sin x}{x}\, dx$, da der Integrand bei $x=0$ stetig ergänzbar ist, denn $\lim\limits_{x\to 0} \frac{\sin x}{x} = 1$, siehe [12.22].

Partielle Integration liefert $\int_1^\infty \frac{\sin x}{x}\, dx = \left[-\frac{\cos x}{x}\right]_1^\infty - \int_1^\infty \frac{\cos x}{x^2}\, dx$.

$\left[-\frac{\cos x}{x}\right]_1^\infty = \cos 1$ und wegen $\left|\frac{\cos x}{x^2}\right| \leq \frac{1}{x^2}$ und $\int_1^\infty \frac{1}{x^2}\, dx = \left[-\frac{1}{x}\right]_1^\infty = 1$

konv. $\int_1^\infty \frac{\cos x}{x^2}\, dx$ und damit $\int_1^\infty \frac{\sin x}{x}\, dx$.

Also konvergiert auch $\int_0^\infty \frac{\sin x}{x}\, dx$.   <u>Hinweis:</u> $\int_0^\infty \frac{\sin x}{x}\, dx = \frac{\pi}{2}$, z.B. **Ana 1**.

(b) $\int_0^{n\pi} \left|\frac{\sin x}{x}\right|\, dx = \sum_{k=1}^n \int_{(k-1)\pi}^{k\pi} \left|\frac{\sin x}{x}\right|\, dx$. Da $0 < x \leq k\pi \Longrightarrow \frac{1}{x} \geq \frac{1}{k\pi}$ folgt

$\geq \sum_{k=1}^n \frac{1}{k\pi} \int_{(k-1)\pi}^{k\pi} |\sin x|\, dx = \sum_{k=1}^n \frac{1}{k\pi} \int_0^\pi \sin x\, dx = \frac{2}{\pi} \sum_{k=1}^n \frac{1}{k}$.

Nun ist die harmonische Reihe $\sum_{k=1}^\infty \frac{1}{k}$ divergent (S.338) und aus der Abschätzung

$\int_0^\infty \left|\frac{\sin x}{x}\right|\, dx \geq \int_0^{n\pi} \left|\frac{\sin x}{x}\right|\, dx \geq \frac{2}{\pi} \sum_{k=1}^n \frac{1}{k}$ folgt die Divergenz von $\int_0^\infty \left|\frac{\sin x}{x}\right|\, dx$.

13.125 $\int \frac{dx}{(x^2+1)^2} = \int \frac{x^2+1-x^2}{(x^2+1)^2}\, dx = \int \frac{dx}{x^2+1} - \int \frac{x^2\, dx}{(x^2+1)^2} = \arctan x - \frac{1}{2} \int x \frac{2x\, dx}{(x^2+1)^2}$.

$\left(\text{partielle Integration! Beachte. } \int \frac{2x}{(x^2+1)^2}\, dx - \int \frac{f'}{f^2}\, dx = \frac{-1}{f} = \frac{-1}{x^2+1} \right)$

$\int \frac{dx}{(x^2+1)^2} = \arctan x - \frac{1}{2}\left(x \frac{-1}{x^2+1} - \int \frac{-1}{x^2+1}\, dx\right) - \frac{1}{2}\arctan x + \frac{1}{2}\frac{x}{x^2+1} + C$.

<u>Oder:</u> $\int \frac{dx}{(x^2+1)^2} - \int \underbrace{\frac{1}{2x}}_{u} \underbrace{\frac{2x}{(x^2+1)^2}}_{v'}\, dx = \underbrace{\frac{-1}{2x(x^2+1)}}_{uv} \qquad \int \underbrace{\frac{1}{2x^2(x^2+1)}}_{u'v}\, dx$,

partielle Integration und PBZ: $\frac{1}{x^2(x^2+1)} = \frac{1}{x^2} - \frac{1}{x^2+1}$ führen auch zum Ziel.

14   Folgen und Reihen

14.1   Zahlenfolgen

Zur vertiefenden Wiederholung siehe auch **EM 2**.

14.1   *Beispiele für Zahlenfolgen (siehe auch 14.2, 14.3, 14.4)*

	Zahlenfolge	**Bildungsgesetz**
(a)	$\sqrt{1}, \sqrt{2}, \sqrt{3}, \sqrt{4}, \ldots$	$a_n = \sqrt{n}, \ n \in \mathbb{N}$
(b)	$4, 4, 4, 4, \ldots$	$a_n = 4, \ n \in \mathbb{N}$
(c)	$1, \frac{1}{2}, \frac{1}{3}, \frac{1}{4}, \ldots$	$a_n = \frac{1}{n}, \ n \in \mathbb{N}$
(d)	$2, \frac{2}{3}, \frac{2}{9}, \frac{2}{27}, \ldots$	$a_n = 2(\frac{1}{3})^{n-1}, \ n \in \mathbb{N} \ \ [14.9]$
(e)	$\frac{1}{3}, \frac{2}{5}, \frac{3}{7}, \frac{4}{9}, \ldots$	$a_n = \frac{n}{2n+1}, \ n \in \mathbb{N} \ \ [14.5]$
(f)	$1, -2, 4, -8, 16, \ldots$	$a_n = (-2)^n, \ n = 0, 1, 2, 3, \ldots \ \ [14.9]$
(g)	$1, 2 + \frac{1}{2}, 1, 2 + \frac{1}{3}, 1, 2 + \frac{1}{4}, 1, \ldots$	$a_n = \begin{cases} 1 & , \ n \text{ ungerade} \\ 2 + \frac{2}{n+2} & , \ n \text{ gerade} \end{cases}$
(h)	$1, 1, 2, 3, 5, 8, \ldots$	$a_1 = a_2 = 1, \ a_{n+2} = a_n + a_{n+1} \ \ [14.14]$

In einer Folge $a_1, a_2, a_3, \ldots$, kurz (a_n), heißen die Zahlen a_n die *Glieder* der Folge. Die Formel $\boxed{a_n = f(n)}$ heißt **Bildungsgesetz** der Folge.

Die Folge (a_n) heißt:

- nach $\begin{matrix} \text{oben} \\ \text{unten} \end{matrix}$ **beschränkt**, wenn es eine Zahl S (Schranke genannt) gibt, so dass für alle Folgenglieder $a_n \lessgtr S$ gilt.

- **beschränkt**, wenn es eine Zahl S gibt, so dass für alle Glieder $|a_n| \leq S$ gilt.

- **monoton** $\begin{matrix} \text{wachsend} \\ \text{fallend} \end{matrix}$, wenn für alle Folgenglieder $a_{n+1} \gtrless a_n$ gilt.

- **alternierend**, wenn $a_n \cdot a_{n+1} < 0$ ist für alle $n \in \mathbb{N}$, wenn also benachbarte Folgenglieder verschiedene Vorzeichen haben.

14.2   *Es werden die Folgen aus 14.1 betrachtet:*

(a)   nach unten beschränkt, nicht beschränkt schlechthin, monoton wachsend.
      (da sogar $a_{n+1} > a_n$ gilt, wird präzisiert : *streng monoton wachsend*)
(b)   beschränkt, monoton wachsend und monoton fallend,
(c)   beschränkt, streng monoton fallend,
(d)   beschränkt, streng monoton fallend,
(e)   beschränkt, streng monoton wachsend, da $a_n = \frac{1}{2+\frac{1}{n}} \implies a_{n+1} > a_n$,
(f)   nicht beschränkt, alternierend,
(g)   beschränkt,
(h)   nicht beschränkt, monoton wachsend, streng monoton wachsend ab a_2.

Eine Zahl h heißt Häufungswert (HW) der Folge (a_n), wenn für unendlich viele n die Folgenglieder a_n *beliebig nahe* an der Zahl h liegen. Beachtet man, dass $|a - b|$ den Abstand der Zahlen a und b angibt, kann man dies so formulieren:

> Eine Zahl h heißt **Häufungswert** der Folge (a_n), falls es zu jeder Zahl $\varepsilon > 0$ unendlich viele Indices n gibt, für die $|h - a_n| < \varepsilon$ gilt.

Man kann ∞ (und analog $-\infty$) als uneigentlichen Häufungswert definieren: ∞ ist *uneigentlicher Häufungswert* von (a_n), falls es zu jeder Zahl $S \in \mathbb{R}$ unendlich viele n gibt mit $a_n \geq S$.

> **Satz von Bolzano-Weierstraß**
>
> Jede beschränkte Zahlenfolge in $\mathbb{R}$ (oder in $\mathbb{C}$) besitzt einen Häufungswert.

14.3   *Es werden die Folgen aus [14.1] betrachtet:*

(a)	∞ ist uneigentlicher HW,	(e)	$\frac{1}{2}$ ist HW, siehe [14.5],
(b)	4 ist HW,	(f)	∞ und $-\infty$ sind uneigentliche HW,
(c)	0 ist HW,	(g)	1 und 2 sind HW,
(d)	0 ist HW,	(h)	∞ ist uneigentlicher HW.

Der *kleinste* Häufungswert einer Folge (a_n) wird mit $\underline{\lim}\, a_n$ (lies: Limes inferior), der *größte* Häufungswert mit $\overline{\lim}\, a_n$ (lies: Limes superior) bezeichnet.

Eine Zahl g heißt Grenzwert der Folge (a_n), wenn die Folgenglieder *schließlich* beliebig nahe an der Zahl g liegen. Präziser: Eine Zahl g heißt Grenzwert der Folge (a_n), wenn es zu jeder (beliebig kleinen) Zahl $\varepsilon > 0$ ein Folgenglied gibt, so dass für alle darauffolgenden Glieder gilt : $|g - a_n| < \varepsilon$. Kürzer :

> Eine Zahl g heißt **Grenzwert** der Folge (a_n), wenn es zu jedem $\varepsilon > 0$ einen Index $n_0 = n_0(\varepsilon)$ gibt, so dass für alle $n \geq n_0$ gilt : $|g - a_n| < \varepsilon$.
> Ist g Grenzwert der Folge (a_n), so schreibt man: $g = \lim\limits_{n\to\infty} a_n$.
>
> Gelesen: g ist der Limes von a_n für n gegen unendlich.
>
> Schreibweisen: $g = \lim\limits_{n\to\infty} a_n$ oder $a_n \xrightarrow[n\to\infty]{} g$ oder $a_n \longrightarrow g$.

Eine Folge heißt **konvergent**, wenn sie einen Grenzwert besitzt, andernfalls **divergent**. Eine Folge, deren Grenzwert 0 ist, heißt **Nullfolge**.

> Jede konvergente Folge ist beschränkt.

14.4   *Es werden die Folgen aus [14.1] betrachtet:*

(a)	div., da unbeschränkt,	(e)	konv. mit Grenzwert $\frac{1}{2}$, [14.5, 14.8],
(b)	konv. mit Grenzwert 4,	(f)	div., da nicht beschränkt,
(c)	konv. mit Grenzwert 0,	(g)	div., da es zwei Häufungswerte gibt,
(d)	konv. mit Grenzwert 0,	(h)	div., da unbeschränkt.

Um die Divergenz bei (a) oder (h) von der Divergenz bei (f) oder (g) zu unterscheiden, kann man sagen:
(a_n) ist *bestimmt divergent* gegen den *uneigentlichen Grenzwert* ∞, falls es zu jeder Zahl $S \in \mathbb{R}$ einen Index n_0 gibt, so dass für alle $n \geq n_0$ gilt : $a_n \geq S$.

14.5   *Man zeige, dass* $\lim\limits_{n\to\infty}\dfrac{n}{2n+1}=\dfrac{1}{2}$ *ist (siehe auch 14.8).*

Sei $\varepsilon > 0$. Für den Abstand gilt: $|g-a_n|=|\frac{1}{2}-\frac{n}{2n+1}|=|\frac{2n+1-2n}{2(2n+1)}|=\frac{1}{2(2n+1)}<\varepsilon$
Die letzte Ungleichung gilt genau dann, wenn $n>\frac{1}{2}(\frac{1}{2\varepsilon}-1)$ ist. Ist dann n_0 eine
natürliche Zahl größer als $\frac{1}{2}(\frac{1}{2\varepsilon}-1)$, so gilt $|a_n-g|<\varepsilon$ für jedes $n\geq n_0$.

Hinweis: Zum Vereinfachen darf man hier nach oben abschätzen — aber mit
Gefühl, die Nullfolgeneigenschaft darf nicht zerstört werden:
$|g-a_n|=\frac{1}{2(2n+1)}<\frac{1}{2n}<\frac{1}{n}<\varepsilon$. Die letzte Ungleichung gilt genau dann, wenn
$n>\frac{1}{\varepsilon}$ ist. ist. Ist dann n_0 eine natürliche Zahl größer als $\frac{1}{\varepsilon}$, etwa $n_0=[\frac{1}{\varepsilon}]+1$,
so gilt $|a_n-g|<\varepsilon$ für jedes $n\geq n_0$.

Merke: Man braucht nicht zu gegebenem $\varepsilon>0$ das *günstigste* n_0 zu suchen!
           Es reicht, *ein* n_0 anzugeben!

14.6   *Man zeige, dass* $a_n=\sqrt{n+1}-\sqrt{n-1}$ *Nullfolge ist.*

Sei $\varepsilon>0$. Es wird der Abstand $|a_n-g|=|a_n-0|=|a_n|$ betrachtet:

$$|a_n-g| = \sqrt{n+1}-\sqrt{n-1}=\frac{(\sqrt{n+1}-\sqrt{n-1})(\sqrt{n+1}+\sqrt{n-1})}{\sqrt{n+1}+\sqrt{n-1}}$$

$$= \frac{2}{\sqrt{n+1}+\sqrt{n-1}}\leq\frac{2}{\sqrt{n+1}}\leq\frac{2}{\sqrt{n}}\ \text{(siehe obigen Hinweis!)}$$

Nun gilt $\frac{2}{\sqrt{n}}<\varepsilon$ genau dann, wenn $n>\frac{4}{\varepsilon^2}$ ist.

Ist dann n_0 eine natürliche Zahl größer als $\frac{4}{\varepsilon^2}$, etwa $n_0=[\frac{4}{\varepsilon^2}]+1$, so gilt
$|a_n-g|<\varepsilon$ für jedes $n\geq n_0$. Also ist 0 der Grenzwert und die Folge eine
Nullfolge.

Die beiden letzten Aufgaben wurden durch "Rückgang" auf die Definition
des Grenzwertes (vorige Seite) gelöst. Einfacher wird es, wenn man
Rechenregeln für Grenzwerte (nächste Seite) benutzen kann, siehe [14.8].

Zusammenhang zwischen Häufungswert und Grenzwert

- Jeder Grenzwert ist Häufungswert.

- Ist h *einziger* Häufungswert der *beschränkten* Folge (a_n),
  so ist h Grenzwert von (a_n).

- Eine Folge mit mehr als einem Häufungswert ist divergent.

- h ist Häufungswert von (a_n) genau dann,
  wenn es eine gegen h konvergente *Teilfolge* von (a_n) gibt.

14.7   *Man gebe eine divergente Folge mit genau einem Häufungswert an.*
Ein Beispiel ist $1,\frac{1}{2},2,\frac{2}{3},3,\frac{3}{4},4,\frac{4}{5},5,\ldots$ Der einzige Häufungswert ist 1.
Es gibt eine gegen 1 konvergente Teilfolge und eine unbeschränkte Teilfolge!

Folgende Grenzwerte sollte man kennen:

$\sqrt[n]{a} \longrightarrow 1$	$(1+\frac{1}{n})^n \to \mathrm{e}$	$\frac{1}{n}\sqrt[n]{n!} \longrightarrow \frac{1}{\mathrm{e}}$	$\binom{a}{n} \longrightarrow 0, \ a > -1$
$\sqrt[n]{n} \longrightarrow 1$	$(1+\frac{x}{n})^n \to \mathrm{e}^x$	$\frac{a^n}{n!} \longrightarrow 0$	$\frac{a^n}{n^k} \longrightarrow \infty \begin{cases} a > 1 \\ k \text{ fest} \end{cases}$
$\sqrt[n]{n!} \longrightarrow \infty$	$(1-\frac{x}{n})^n \to \mathrm{e}^{-x}$	$\frac{n^n}{n!} \longrightarrow \infty$	$\frac{a^n}{n^k} \longrightarrow 0 \begin{cases} |a| < 1 \\ k \text{ fest} \end{cases}$

Beweise in **Ana 1**, siehe auch [14.13, 14.56]

Rechenregeln für Grenzwerte

$$\begin{matrix} a_n \longrightarrow a \\ b_n \longrightarrow b \end{matrix} \implies \begin{cases} a_n \pm b_n \longrightarrow a \pm b \\ a_n \cdot b_n \longrightarrow a \cdot b \\ \frac{a_n}{b_n} \longrightarrow \frac{a}{b} & \text{für } b_n \neq 0 \ , \ b \neq 0 \\ a_n^{b_n} \longrightarrow a^b & \text{für } a_n > 0 \ , \ a > 0 \\ a_n^c \longrightarrow a^c & \text{für } a_n > 0 \ , \ a > 0, \ c \in \mathbb{R} \end{cases}$$

$$a_n \longrightarrow a \implies \frac{a_1 + \cdots + a_n}{n} \longrightarrow a \ , \quad \text{arithmetisches Mittel}$$

$$a_n \longrightarrow a, \ a_n > 0 \implies \sqrt[n]{a_1 \cdots a_n} \longrightarrow a \ , \quad \text{geometrisches Mittel}$$

Quetschlemma: $a_n, b_n \to a$ und $a_n \leq x_n \leq b_n$ für $n \geq n_0 \implies x_n \longrightarrow a$

$$a_n \leq x_n \leq b_n$$

Siehe auch **unbestimmte Ausdrücke**, Seite 273 ff.

14.8   *Beispiele zum Anwenden der Rechenregeln:*

(a) $\dfrac{n}{2n+1} = \dfrac{1}{2+\frac{1}{n}} \longrightarrow \dfrac{1}{2}$ (b) $\dfrac{n}{2n+1} + \sqrt[n]{n} \longrightarrow \dfrac{1}{2} + 1 = \dfrac{3}{2}$.

(c) $(1+\frac{2}{n})^n \cdot \sqrt[n]{17} \longrightarrow \mathrm{e}^2 \cdot 1 = \mathrm{e}^2$.   (d) $\dfrac{n}{\sqrt[n]{n!}} = \dfrac{1}{\frac{\sqrt[n]{n!}}{n}} \longrightarrow \dfrac{1}{\frac{1}{\mathrm{e}}} = \mathrm{e}$.

(e) $\dfrac{\frac{n}{2n+1}}{(1-\frac{2}{n})^n} \longrightarrow \dfrac{\frac{1}{2}}{\mathrm{e}^{-2}} = \dfrac{\mathrm{e}^2}{2}$.   (f) $(\frac{2n}{5n+1})^{-1} \longrightarrow (\frac{2}{5})^{-1} = \dfrac{5}{2}$.

(g) $(1-\frac{1}{n^2})^n \to 1$, denn $(1-\frac{1}{n^2})^n = (1-\frac{1}{n})^n (1+\frac{1}{n})^n \longrightarrow \mathrm{e}^{-1} \cdot \mathrm{e}^1 = 1$.

(h) $a_n = \sqrt{n^2+3n+1} - \sqrt{n^2+2n} \longrightarrow$? Erweitern: $a - b = \dfrac{a^2-b^2}{a+b}$ ergibt:

$$a_n = \frac{n+1}{\sqrt{n^2+3n+1}+\sqrt{n^2+2n}} = \frac{1+\frac{1}{n}}{\sqrt{1+\frac{3}{n}+\frac{1}{n^2}}+\sqrt{1+\frac{2}{n}}} \longrightarrow \frac{1+0}{\sqrt{1+0+0}+\sqrt{1+0}} = \frac{1}{2}.$$

(i) $\sqrt[n]{3^n + 5^n} \longrightarrow 5$, weil $5 = \sqrt[n]{5^n} \leq \sqrt[n]{3^n + 5^n} \leq \sqrt[n]{2 \cdot 5^n} = \sqrt[n]{2} \cdot 5 \longrightarrow 5$.

(j) $\dfrac{n+\sin n}{3n+1} \longrightarrow \dfrac{1}{3}$, weil $\dfrac{n-1}{3n+1} \leq \dfrac{n+\sin n}{3n+1} \leq \dfrac{n+1}{3n+1}$ ist, ((i),(j) Quetschlemma).

(k) $\dfrac{n}{2^n} \longrightarrow 0$. Für $n \geq 5$ gilt $n^2 < 2^n$ siehe [1.13], also $0 < \dfrac{n}{2^n} < \dfrac{1}{n}$.

Aus $\dfrac{1}{n} \longrightarrow 0$ folgt $\dfrac{n}{2^n} \longrightarrow 0$ (Quetschlemma).

Geht in dem Ausdruck $a_n^{b_n}$, $a_n \longrightarrow 1$, $b_n \longrightarrow \infty$, so entsteht ein **unbestimmter Ausdruck** vom Typ $[1^\infty]$ (Seite 273 ff).

Auf keinen Fall folgere man: $(1 + \frac{1}{n})^n \overset{?}{\longrightarrow} 1^n \longrightarrow 1$. Dies ist falsch !!!

Ein spezieller Folgentyp ist besonders wichtig: Die Folge $1, q, q^2, q^3, \ldots$ mit dem Bildungsgesetz $a_n = q^n$ heißt geometrische Folge mit dem Faktor q. Natürlich ist die Folge für $q = -1$ divergent und für $q = 1$ konvergent. Wichtig ist:

Die **geometrische Folge** $a_n = q^n$ ist für $\begin{matrix} |q| < 1 \\ |q| > 1 \end{matrix}$ $\begin{matrix} \text{eine Nullfolge,} \\ \text{divergent.} \end{matrix}$

Beispiele: $(\frac{1}{2})^n$ und $(\frac{-2}{3})^n$ sind Nullfolgen, $(-2)^n$ ist divergent.

Ist $a_n = \frac{P(n)}{Q(n)}$, wobei P und Q Polynome sind, sieht man das Konvergenzverhalten nach dem Kürzen durch die höchste Potenz von n im Nenner.

14.9   *Man untersuche auf Konvergenz:*

$$a_n = \frac{2n^2+2n+4}{4n^4+3} \quad , \quad b_n = \frac{3n^2+n+1}{4n^2+5} \quad , \quad c_n = \frac{2n^2+1}{4n+1}.$$

$$a_n = \frac{2n^2+2n+4}{4n^4+3} = \frac{\frac{2}{n^2}+\frac{2}{n^3}+\frac{4}{n^4}}{4+\frac{3}{n^4}} \quad , \quad \frac{2}{n^2}, \frac{2}{n^3}, \ldots \longrightarrow 0, \text{ also } a_n \longrightarrow \frac{0+0+0}{4+0} = \underline{\underline{0}}.$$

$$b_n = \frac{3n^2+n+1}{4n^2+5} = \frac{3+\frac{1}{n}+\frac{1}{n^2}}{4+\frac{5}{n^2}} \longrightarrow \frac{3+0+0}{4+0} = \underline{\underline{\frac{3}{4}}}.$$

$$c_n = \frac{2n^2+1}{4n+1} = \frac{2n+\frac{1}{n}}{4+\frac{1}{n}} \quad \begin{matrix} \text{Zähler} \longrightarrow \infty \\ \text{Nenner} \longrightarrow 4 \end{matrix} \implies a_n \longrightarrow \frac{\infty}{4} = \underline{\underline{\infty}}.$$

Der Zähler divergiert, der Nenner konvergiert gegen 4.
Die Folge ist nicht beschränkt, also divergent.

Für die Untersuchung **rekursiver Folgen** sind zwei Sätze bedeutsam:

Monotoniekriterium

Jede *monotone* und *beschränkte* Folge ist konvergent.

Konvergenzkriterium von Cauchy

Die Folge (a_n) konvergiert genau dann, wenn es zu jedem $\varepsilon > 0$ ein $n_0 \in \mathbb{N}$ gibt, so dass für alle $n, m \geq n_0$ gilt: $|a_n - a_m| < \varepsilon$. (Krit. ohne Grenzwert!)

Aus dem Bildungsgesetz einer konvergenten rekursiven Folge läßt sich häufig der Grenzwert einfach bestimmen [14.10, 14.11, 14.12].

Manchmal ist es vorteilhaft, die rekursive Folge in explizite Form zu bringen!

14.10   *Man zeige die Konvergenz folgender rekursiv gegebenen Folgen (a_n) und berechne ihren Grenzwert:*

(a) $a_1 = 1$, $a_{n+1} = \sqrt{1 + a_n}$ [Monotoniekriterium]

(b) $a_1 = 4$, $a_{n+1} = \sqrt{3 + a_n}$ [Monotoniekriterium]

(c) $a_1 = 0$, $a_2 = 1$, $a_{n+2} = \frac{1}{2}(a_{n+1} + a_n)$ [Cauchy–Krit.] [explizite Form]

(a) $a_1 = 1$, $a_{n+1} = \sqrt{1 + a_n}$ [**Monotoniekriterium**]:

  (i) Der Folgenanfang: $1, \sqrt{2}, \sqrt{1 + \sqrt{2}}, \ldots$ Vermutung: **monoton wachsend**.
Beweis durch vollständige Induktion, vgl. 1.57:
$$a_1 < a_2 \text{ und } a_n < a_{n+1} \implies a_{n+1} = \sqrt{a_n + 1} < \sqrt{a_{n+1} + 1} = a_{n+2}$$

  (ii) Die Folge ist **beschränkt**: $a_n < 2$. Beweis durch vollständige Induktion:
$$a_1 = 1 < 2 \text{ und } a_n < 2 \implies a_{n+1} = \sqrt{1 + a_n} < \sqrt{1 + 2} = \sqrt{3} < 2.$$
Als monotone und beschränkte Folge ist (a_n) konvergent.

  (iii) Ist a **Grenzwert** von (a_n), so gilt $a_{n+1} \to a$ und $\sqrt{1 + a_n} \to \sqrt{1 + a}$.
Aus der Rekursionsformel erhält man also durch Grenzbetrachtung die Gleichung
$a = \sqrt{1 + a}$ und daraus $a^2 - a - 1 = 0$, d.h. $a = \frac{1}{2} \pm \frac{1}{2}\sqrt{5}$. Da $a_n \geq 0$ ist, gilt $a \geq 0$
und man erhält die Lösung $\underline{\underline{a = \frac{1}{2}(1 + \sqrt{5})}}$, vgl. [3.49, 14.58] goldener Schnitt.

(b) Nach [1.57 (b)] ist (a_n) monoton fallend und offensichtlich durch 0 nach unten
beschränkt, also konvergent. Für den Grenzwert a folgt aus der
Rekursionsformel $a = \sqrt{3 + a}$, also $a^2 - a - 3 = 0$, d.h. $a = \frac{1}{2} \pm \frac{1}{2}\sqrt{13}$.
Wegen $a_n > 0$ also $\underline{\underline{a = \frac{1}{2}(1 + \sqrt{13})}}$.

(c) $a_1 = 0$, $a_2 = 1$, $a_{n+2} = \frac{1}{2}(a_{n+1} + a_n)$, also $a_3 = \frac{1}{2}$, $a_4 = \frac{3}{4}$, $a_5 = \frac{5}{8}$, $a_6 = \frac{11}{16}, \ldots$
Der *Trick*, den eventuellen Grenzwert aus der Rekursionsformel direkt auszurechnen, klappt hier nicht.

(1) Konvergenznachweis mittels **Konvergenzkriterium von Cauchy**:
Es wird zunächst der Abstand zweier aufeinanderfolgender Glieder betrachtet:
$|a_{n+2} - a_{n+1}| = |\frac{1}{2}(a_{n+1} + a_n) - a_{n+1}| = \frac{1}{2}|a_{n+1} - a_n|$.
Diese Umformung n−mal wiederholend, erhält man $|a_{n+2} - a_{n+1}| = (\frac{1}{2})^{n+1}$.
Es wird die Cauchybedingung mit $m > n$, etwa $m = n + k$ geprüft:

$$
\begin{aligned}
|a_{n+k} - a_n| &= |a_{n+k} - a_{n+k-1} + a_{n+k-1} - a_{n+k-2} \cdots + a_{n+1} - a_n| \\
&\leq |a_{n+k} - a_{n+k-1}| + |a_{n+k-1} - a_{n+k-2}| \cdots + |a_{n+1} - a_n| \\
&\leq \frac{1}{2^{n+k-1}} + \frac{1}{2^{n+k-2}} + \cdots + \frac{1}{2^n} = \frac{1}{2^n}\left(\frac{1}{2^{k-1}} + \frac{1}{2^{k-2}} + \cdots + 1\right) \\
&= q^n(1 + q + q^2 + \cdots + q^{k-1}), \text{ wobei } q = \frac{1}{2} \text{ ist} \\
&\leq q^n(1 + q + q^2 + \cdots) = q^n \sum_{k=0}^{\infty} q = \frac{q^n}{1-q} = (\frac{1}{2})^{n-1} \text{ (geo. Reihe!)}
\end{aligned}
$$

Zu gegebenem $\varepsilon > 0$ wird die Zahl n_0 so gewählt, dass $(\frac{1}{2})^{n_0} < \varepsilon$ ist. Dann gilt
$|a_n - a_m| < \varepsilon$ für alle $n, m > n_0$ und der Satz von Cauchy sichert die Konvergenz.
Wir wissen nun, daß die Folge konvergiert, können aber den Grenzwert noch nicht
angeben. Es geht einfacher und man erhält mehr:

(2) In diesem Beispiel kann man die Folgenglieder **explizit** angeben und so gelingt
es, den Grenzwert (und damit natürlich die Konvergenz) der Folge zu bestimmen:
Schreibt man $a_{n+2} = \frac{1}{2}(a_{n+1} + a_n) = a_{n+1} - \frac{1}{2}(a_{n+1} - a_n)$, so haben die Folgenglieder die Form $a_1 = 0$, $a_2 = 1$, $a_3 = 1 - \frac{1}{2}$, $a_4 = 1 - \frac{1}{2} + \frac{1}{4}$, $a_5 = 1 - \frac{1}{2} + \frac{1}{4} - \frac{1}{8}, \cdots$.
Die Folgenglieder a_n sind also endliche geometrische Reihen (siehe S. 337), d.h.
$$a_n = \sum_{k=0}^{n-2}(-\tfrac{1}{2})^k \text{ für } n = 2, 3, \ldots, \text{ also } a_n = \frac{1 - (-\frac{1}{2})^{n-1}}{1 - (-\frac{1}{2})} = \frac{2}{3}\left(1 - (-\tfrac{1}{2})^{n-1}\right) \to \underline{\underline{\tfrac{2}{3}}}$$

14.11   *Man zeige, dass die durch $a_1 = 1$, $a_{n+1} = \frac{2+a_n}{1+a_n}$, $n \in$ IN, rekursiv*
gegebene Folge konvergiert und bestimme ihren Grenzwert.

  (1)   *durch Rückgang auf die Grenzwertdefinition,*
  (2)   *durch eine Variante des Monotoniekriterium (monotone Teilfolgen).*

Wenn die Folge gegen a konvergiert, dann gilt $a = \frac{2+a}{1+a}$ (Grenzbetrachtung in
der Rekursionsformel). Dies ergibt $a^2 = 2$ d.h. $a = \pm\sqrt{2}$. Da $a_n > 0$ gilt:

Wenn die Folge konvergiert, *dann* gegen $\sqrt{2}$.

(1) Rückgang auf die Definition (Seite 329): Wir betrachten den Abstand $|a_{n+1} - \sqrt{2}|$:

$$|a_{n+1} - \sqrt{2}| = |\frac{2+a_n}{1+a_n} - \sqrt{2}| = |\frac{2+a_n-\sqrt{2}(1+a_n)}{1+a_n}| = |\frac{a_n-\sqrt{2}-\sqrt{2}a_n+2}{1+a_n}|$$
$$= |\frac{1-\sqrt{2}}{1+a_n}(a_n - \sqrt{2})| \leq \frac{1}{2}|a_n - \sqrt{2}|, \text{ da } |\frac{1-\sqrt{2}}{1+a_n}| \leq |1 - \sqrt{2}| \leq \frac{1}{2}.$$

Diese Abschätzung $n-$mal wiederholend, erhält man:

$$|a_{n+1} - \sqrt{2}| \leq (\tfrac{1}{2})^n |a_1 - \sqrt{2}| \leq (\tfrac{1}{2})^n \cdot \tfrac{1}{2} = (\tfrac{1}{2})^{n+1}.$$

Wählt man zu gegebenem $\varepsilon > 0$ die Zahl n_0 so, dass $(\tfrac{1}{2})^{n_0} < \varepsilon$ (d.h. $n_0 > -\frac{\ln\varepsilon}{\ln 2}$)
ist, so gilt für alle $n \geq n_0$, dass $|a_n - \sqrt{2}| \leq (\tfrac{1}{2})^n \leq (\tfrac{1}{2})^{n_0} < \varepsilon$ ist.

Somit ist (a_n) konvergent mit dem Grenzwert $\sqrt{2}$, d.h. $\underset{n\to\infty}{\lim} a_n = \sqrt{2}$.

(2) Das Monotoniekriterium lässt sich zunächst nicht anwenden, da (a_n) nicht monoton ist. Man kann (a_n) jedoch in zwei monotone Teilfolgen zerlegen:
Die Teilfolge (a_{2n}) ist monoton fallend und die Folge (a_{2n+1}) monoton wachsend:

$$a_{n+2} < a_n \iff a_{n+2} = \frac{2+\frac{2+a_n}{1+a_n}}{1+\frac{2+a_n}{1+a_n}} = \frac{4+3a_n}{3+2a_n} < a_n \iff 4 < 2a_n^2 \iff \sqrt{2} < a_n.$$

Da $1 = a_1 < \sqrt{2} < a_2 = \frac{3}{2}$ ist (a_{2n}) mon. fallend und (a_{2n+1}) mon. wachsend.
Beide Folgen sind beschränkt, da für alle $x > 0$ gilt $1 < \frac{2+x}{1+x} < 2$, also konvergent.
Die Rekursionsformel $a_{n+2} = \frac{4+3a_n}{3+2a_n}$ ergibt $g = \frac{4+3g}{3+2g}$, $g > 0$, also $\underline{\underline{g = \sqrt{2}}}$.

14.12   *Für feste $k \in$ IN, $a > 0$ sei die Folge (a_n) rekursiv definiert durch:*
$$a_1 > 0 \text{ (beliebiger Startwert)}, \quad a_{n+1} = \frac{1}{k}\left((k-1)a_n + \frac{a}{a_n^{k-1}}\right).$$
Die Folge (a_n) konvergiert gegen $\sqrt[k]{a}$! (HERONsches Wurzelziehen)
Speziell: $a_n \to \sqrt{2}$ für $a_1 = 1$, $a_{n+1} = \frac{1}{2}(a_n + \frac{2}{a_n})$.

(1) $a_{n+1}^k \geq a$, weil $a_{n+1} = \frac{1}{k}\left((k-1)a_n + \frac{a}{a_n^{k-1}}\right) \geq \sqrt[k]{a_n^{k-1}\frac{a}{a_n^{k-1}}} = \sqrt[k]{a}$, denn das
arithmetisches Mittel von k Zahlen ist $\geq$ dem geometrische Mittel (siehe S. 22)!

(2) (a_n) ist monoton fallend für $n \geq 2$, da
$$a_{n+1} = \frac{1}{k}\left((k-1)a_n + \frac{a}{a_n^{k-1}}\right) \leq a_n \iff (k-1)a_n + \frac{a}{a_n^{k-1}} \leq ka_n \iff a \leq a_n^k.$$

(3) (a_n) ist also monoton fallend und nach unten beschränkt, folglich konvergent.
Aus der Rekursionsformel: $g = \frac{1}{k}\left((k-1)g + \frac{a}{g^{k-1}}\right) \implies \underline{\underline{g = \sqrt[k]{a}}}$.

14.13   *Man zeige, dass die Folgen $a_n = (1 + \frac{1}{n})^n$ und $b_n = (1 + \frac{1}{n})^{n+1}$ monoton und beschränkt sind und gegen den gleichen Grenzwert konvergieren.*

(Dieser gemeinsame Grenzwert ist übrigens $e = 2.71828182\ldots$)

(1) (a_n) ist (streng) monoton wachsend

$$a_n < a_{n+1} \iff (1 + \tfrac{1}{n})^n = (\tfrac{n+1}{n})^n = (\tfrac{n+1}{n})^{n+1} \tfrac{n}{n+1} < (\tfrac{n+2}{n+1})^{n+1} = (1 + \tfrac{1}{n+1})^{n+1}$$

$$\iff \tfrac{n}{n+1} = 1 - \tfrac{1}{n+1} < (\tfrac{n(n+2)}{(n+1)^2})^{n+1} = (1 - \tfrac{1}{(n+1)^2})^{n+1}.$$

Letztere Ungleichung folgt aus der Bernoulli–Ungleichung (Seite 48):

$0 \neq -\frac{1}{(n+1)^2} \geq -1$, also $(1 - \frac{1}{(n+1)^2})^{n+1} > 1 - \frac{1}{n+1}$.

(2) (b_n) ist (streng) monoton fallend. Beweis analog zu (1):

$$b_n < b_{n-1} \iff (1 + \tfrac{1}{n})^{n+1} = (\tfrac{n+1}{n})^{n+1} < (\tfrac{n}{n-1})^n = (1 + \tfrac{1}{n-1})^n$$

$$\iff \tfrac{n+1}{n} = 1 + \tfrac{1}{n} < (\tfrac{n^2}{(n-1)(n+1)})^n = (1 + \tfrac{1}{n^2-1})^n.$$

Letztere Ungleichung folgt – nach einer kleinen Abschätzung – wieder aus der Bernoulli–Ungleichung (Seite 48): $\left(1 + \frac{1}{n^2-1}\right)^n > \left(1 + \frac{1}{n^2}\right)^n > 1 + \frac{1}{n}$.

(3)   Es gilt $a_n \leq b_n$, da $b_n = a_n(1 + \frac{1}{n})$ ist. Also gilt $2 = a_1 \leq a_n \leq b_n \leq b_1 = 4$.
Beide Folgen sind also beschränkt und monoton (2) und folglich konvergent.

(4) $b_n - a_n = \frac{1}{n}a_n \to 0$, da $a_n \leq 4$ ist. Die Grenzwerte beider Folgen sind also gleich.

14.14   *Die Fibonacci–Folge (a_n) ist rekursiv def. durch $a_0 = a_1 = 1$, $a_{n+2} = a_n + a_{n+1}$.*

(a)   *Man bestimme eine explizite Darstellung der Fibonacci–Folge.*

(b)   *Man zeige: $\lim\limits_{n\to\infty} \frac{a_n}{a_{n+1}} = \frac{1}{2}(\sqrt{5} - 1)$, vergleiche [3.49, 14.58] goldener Schnitt.*

(a)   Die rekursiven Folgen (x_n) mit $x_0 = a$, $x_1 = b$, $x_{n+2} = x_n + x_{n+1}$, $a, b \in \mathbb{R}$ bilden einen 2–dimensionalen Vektorraum V über $\mathbb{R}$. Die geometrische Folge (q^n) erfüllt das gleiche Rekursionsgesetz wie (a_n), liegt also in V

$$\iff q^{n+2} = q^n + q^{n+1} \iff q^2 - q - 1 = 0 \iff q_{1,2} = \tfrac{1}{2}(1 \pm \sqrt{5}).$$

Also gilt (q_1^n), $(q_2^n) \in V$. Da (q_1^n), (q_2^n) linear unabhäng sind, bilden sie eine Basis von V und (a_n) läßt sich aus ihnen linear kombinieren:

$$(1, 1, 2, 3, 5, 8, \ldots) = r(1, q_1, q_1^2, q_1^3, \ldots) + s(1, q_2, q_2^2, q_2^3, \ldots)$$

$$\iff 1 = r + s, \ 1 = rq_1 + sq_2 = r\tfrac{1}{2}(1 + \sqrt{5}) + s\tfrac{1}{2}(1 - \sqrt{5})$$

$$\iff r = \tfrac{1}{2}(\tfrac{1}{\sqrt{5}} + 1), \ s = \tfrac{1}{2}(\tfrac{1}{\sqrt{5}} - 1). \text{ Man erhält folgende explizite Darstellung:}$$

$a_n = rq_1^n + sq_2^n = \frac{1}{\sqrt{5}}\left((\frac{1+\sqrt{5}}{2})^{n+1} - (\frac{1-\sqrt{5}}{2})^{n+1}\right)$. Da $\left|\frac{1-\sqrt{5}}{2}\right| < 1$ und folglich

(b) $\lim\limits_{n\to\infty} \left(\frac{1-\sqrt{5}}{2}\right)^n = 0$ ist, folgt $\lim\limits_{n\to\infty} \frac{a_n}{a_{n+1}} = \frac{2}{1+\sqrt{5}} = \frac{2(1-\sqrt{5})}{(1+\sqrt{5})(1-\sqrt{5})} = \frac{1}{2}(\sqrt{5} - 1)$.

14.2   Numerische Reihen

Der Begriff der **unendlichen Reihe** $\sum\limits_{k=0}^{\infty} a_k$ wird folgendermaßen verwendet:

Die endl. Summen $s_n := \sum\limits_{k=0}^{n} a_k$ heißen **Partialsummen** der unendl. Reihe $\sum\limits_{k=0}^{\infty} a_k$.

- Die unendliche **Reihe** $\sum\limits_{k=0}^{\infty}$ ist definiert als **Folge** der Partialsummen (s_n). Z.B. ist mit $\sum\limits_{k=1}^{\infty} k$ die Folge $1, 1+2, 1+2+3, 1+2+3+4, \ldots$, also $1, 3, 6, 10, \ldots$ gemeint.

- Konvergiert die Partialsummenfolge, heißt die Reihe $\sum\limits_{k=0}^{\infty} a_k$ **konvergent**, andernfalls **divergent**. Z.B. ist $\sum\limits_{k=1}^{\infty} k$ divergent.

Im Konvergenzfall versteht man unter der Reihe $\sum\limits_{k=0}^{\infty} a_k$ auch den **Grenzwert** der Partialsummenfolge, also eine Zahl:

$$\sum_{k=0}^{\infty} a_k := \lim_{n\to\infty} s_n = \lim_{n\to\infty} \sum_{k=0}^{n} a_k$$

Die Frage nach der Konvergenz einer Reihe ist einfach zu beantworten, wenn sich die Partialsummen $s_n = a_1 + a_2 + \cdots + a_n$ als Funktion von n ausdrücken lassen:

14.15   *Man bestimme zu folgenden Folgen die Folge der Partialsummen, untersuche sie auf Konvergenz und bestimme ggf. ihren Grenzwert.*

(a) $\sum\limits_{k=1}^{\infty} k$. Für die Folge (s_n) der Partialsummen erhält man:

$$s_n = 1 + 2 + 3 + \cdots + n = \frac{n(n+1)}{2} \longrightarrow \infty \implies \text{die Reihe divergiert.}$$

(b) $\sum\limits_{k=1}^{\infty} \frac{1}{k(k+1)}$. Partialbruchzerlegung: $\frac{1}{k(k+1)} = \frac{1}{k} - \frac{1}{k+1}$. Somit gilt:

$$s_n = \sum_{k=1}^{n} \frac{1}{k(k+1)} = \sum_{k=1}^{n} \left(\frac{1}{k} - \frac{1}{k+1}\right)$$
$$= \frac{1}{1} + \frac{1}{2} + \frac{1}{3} + \cdots + \frac{1}{n} - \left(\frac{1}{2} + \frac{1}{3} + \cdots + \frac{1}{n+1}\right) = 1 - \frac{1}{n+1}.$$

Also $\sum\limits_{k=1}^{\infty} \frac{1}{k(k+1)} = \lim\limits_{n\to\infty} s_n = \lim\limits_{n\to\infty}\left(1 - \frac{1}{n+1}\right) = \underline{\underline{1}}$. Reihe konvergiert gegen 1.

(c) $\sum\limits_{k=1}^{\infty} \frac{3}{k^2+5k+4}$ PBZ: $\frac{3}{k^2+5k+4} = \frac{3}{(k+1)(k+4)} = \frac{1}{k+1} - \frac{1}{k+4}$, siehe [3.15 (b)]

$$s_n = \sum_{k=1}^{n} \frac{3}{k^2+5k+4} = \sum_{k=1}^{n} \left(\frac{1}{k+1} - \frac{1}{k+4}\right) = \sum_{k=1}^{n} \frac{1}{k+1} - \sum_{k=1}^{n} \frac{1}{k+4}$$
$$= \frac{1}{2} + \frac{1}{3} + \frac{1}{4} + \cdots + \frac{1}{n+1} - \left(\frac{1}{5} + \frac{1}{6} + \cdots + \frac{1}{n+4}\right)$$
$$= \frac{1}{2} + \frac{1}{3} + \frac{1}{4} - \left(\frac{1}{n+2} + \frac{1}{n+3} + \frac{1}{n+4}\right). \text{ Man erhält:}$$

$$\lim_{n\to\infty} s_n = \sum_{k=1}^{\infty} \frac{3}{k^2+5k+4} = \frac{1}{2} + \frac{1}{3} + \frac{1}{4} - (0+0+0) = \underline{\underline{\frac{13}{12}}}.$$

Aus $\qquad s_n = 1+q+\cdots+q^n$ $\qquad$ folgt durch Multiplikation mit q

$\qquad -\quad qs_n = \quad\ \ q+\cdots+q^n+q^{n+1}$ $\qquad$ Subtraktion ergibt

$\qquad s_n(1-q) = 1-q^{n+1},$ $\qquad$ also $s_n = \frac{1-q^{n+1}}{1-q} = \frac{q^{n+1}-1}{q-1}$, für $q \neq 1$.

Das ist die Summenformel für die endliche geometrische Reihe:

---

endliche geometrische Reihe

$$1 + q + q^2 + q^3 + \cdots + q^n \quad = \quad \sum_{k=0}^{n} q^k \quad = \quad \frac{q^{n+1}-1}{q-1} \quad , \text{ für } q \neq 1$$

14.16 $\qquad$ Man berechne $\displaystyle\sum_{k=2}^{6} 2^k$.

$$\sum_{k=2}^{6} 2^k = 2^2 + 2^3 + 2^4 + 2^5 + 2^6 = 2^2 \cdot \sum_{k=0}^{4} 2^k = 4\frac{2^5-1}{2-1} = 4 \cdot 31 = \underline{\underline{124}}.$$

Hier wurde der erste Summand ausgeklammert – eine andere Möglichkeit ist :

$$\sum_{k=2}^{6} 2^k = \sum_{k=0}^{6} 2^k - (2^0 + 2^1) = \frac{2^7-1}{2-1} - 3 = \frac{128-1}{2-1} - 3 = \underline{\underline{124}}.$$

Für $|q| < 1$ gilt $q^n \longrightarrow 0$, so dass $\frac{q^n-1}{q-1} \longrightarrow \frac{1}{1-q}$ gilt für $|q| < 1$. Daraus folgt:

---

geometrische Reihe

Die geometrische Reihe $\displaystyle\sum_{k=0}^{\infty} q^k$ konvergiert genau dann, wenn $\quad |q| < 1$ ist.

$$1 + q + q^2 + q^3 + \cdots \quad = \quad \sum_{k=0}^{\infty} q^k \quad = \quad \frac{1}{1-q} \quad , \text{ für } |q| < 1.$$

14.17 $\qquad$ *Man berechne die Grenzwerte folgender geometrischer Reihen:*

(a) $\displaystyle\sum_{k=0}^{\infty} \frac{1}{2^k}$, $\quad$ (b) $\displaystyle\sum_{k=0}^{\infty} \frac{(-1)^k 5}{3^{k+1}}$, $\quad$ (c) $\displaystyle\sum_{k=2}^{\infty} \frac{4 \cdot 2^{k+1}}{3^k}$, $\quad$ (d) $\displaystyle\sum_{k=3}^{\infty} \frac{3^{2k-2} 5^{-k+1}}{2^{k-2}}$, $\quad$ (e) $\displaystyle\sum_{k=4}^{\infty} x^{2k}$.

(a) $\displaystyle\sum_{k=0}^{\infty} \frac{1}{2^k} = \sum_{k=0}^{\infty} \left(\frac{1}{2}\right)^k = \frac{1}{1-\frac{1}{2}} = \underline{\underline{2}}.$ $\quad$ (b) $\displaystyle\sum_{k=0}^{\infty} \frac{(-1)^k 5}{3^{k+1}} = \frac{5}{3} \sum_{k=0}^{\infty} \left(-\frac{1}{3}\right)^k = \frac{5}{3} \frac{1}{1+\frac{1}{3}} = \underline{\underline{\frac{5}{4}}}.$

(c) $\displaystyle\sum_{k=2}^{\infty} \frac{4 \cdot 2^{k+1}}{3^k} = 8 \sum_{k=2}^{\infty} \left(\frac{2}{3}\right)^k = 8 \cdot \left(\frac{2}{3}\right)^2 \cdot \sum_{k=0}^{\infty} \left(\frac{2}{3}\right)^k = \frac{32}{9} \frac{1}{1-\frac{2}{3}} = \underline{\underline{\frac{32}{3}}}.$

(d) $\displaystyle\sum_{k=0}^{\infty} \frac{3^{2k-2} 5^{-k+1}}{2^{k-2}} = \frac{5 \cdot 2^2}{3^2} \sum_{k=3}^{\infty} \left(\frac{9}{2 \cdot 5}\right)^k = \frac{5 \cdot 2^2}{3^2} \left(\frac{9}{2 \cdot 5}\right)^3 \sum_{k=0}^{\infty} \left(\frac{9}{2 \cdot 5}\right)^k = \frac{9^2}{2 \cdot 5^2} 10 = \underline{\underline{\frac{81}{5}}}.$

(e) $\displaystyle\sum_{k=4}^{\infty} x^{2k} = x^{2 \cdot 4} \sum_{k=0}^{\infty} (x^2)^k = \underline{\underline{x^8 \frac{1}{1-x^2}}}, \quad$ für $|x| < 1.$

---
harmonische Reihe

Die harmonische Reihe $\sum_{k=1}^{\infty} \frac{1}{k^a}$ konvergiert genau dann, wenn $a > 1$ ist.

14.18 (a)   Die Reihe $\sum_{k=1}^{\infty} \frac{1}{k} = 1 + \frac{1}{2} + \frac{1}{3} + \frac{1}{4} + \cdots$ ist divergent, denn die

Reihe $\sum_{k=1}^{\infty} \frac{1}{k}$ ist eine harmonische Reihe, mit $a = 1$ und also divergent.

Die **Divergenz der harmonischen Reihe** $\sum_{k=1}^{\infty} \frac{1}{k}$ erkennt man auch direkt:

$1 + \frac{1}{2} + \underbrace{\frac{1}{3} + \frac{1}{4}}_{\geq 2 \cdot \frac{1}{4} = \frac{1}{2}} + \underbrace{\frac{1}{5} + \cdots + \frac{1}{8}}_{\geq 4 \cdot \frac{1}{8} = \frac{1}{2}} + \underbrace{\frac{1}{9} + \cdots + \frac{1}{16}}_{\geq 8 \cdot \frac{1}{16} = \frac{1}{2}} + \underbrace{\frac{1}{17} + \cdots + \frac{1}{32}}_{\geq 16 \cdot \frac{1}{32} = \frac{1}{2}} + \cdots$. Es folgt

$\sum_{k=1}^{\infty} \frac{1}{k} = \infty$. Siehe auch Verdichtungssatz (S. 341) oder Integralkriterium (S. 343).

(b) $\sum_{k=1}^{\infty} \frac{1}{k^2} = \frac{1}{1} + \frac{1}{4} + \frac{1}{9} + \frac{1}{16} + \cdots$ konv. harm. Reihe, $a = 2 > 1$, $\left(\sum_{k=1}^{\infty} \frac{1}{k^2} = \frac{\pi^2}{6}, [\mathbf{F3}] \right)$.

---
notwendiges Kriterium

Notwendig dafür, dass $\sum_{k=1}^{\infty} a_k$ konvergiert, ist $\lim_{k \to \infty} a_k = 0$.

Eine Reihe kann also nur dann konvergieren, wenn die Glieder eine Nullfolge bilden.

14.19   *Man zeige: Die Reihe $\sum_{k=1}^{\infty} (1 + \frac{1}{k})^k$ ist divergent.*

Die Summanden sind keine Nullfolge; sondern $\lim_{k \to \infty} a_k = \lim_{k \to \infty} (1 + \frac{1}{k})^k = \mathrm{e}$, $[\mathbf{F3}]$.

Die *Umkehrung* des letzten Satzes im Kasten ist falsch!
Es gibt *divergente* Reihen, deren Summanden eine *Nullfolge* bilden.

Standardbeispiel: Harmonische Reihe mit $a = 1$: $\sum_{k=1}^{\infty} \frac{1}{k}$ ist divergent!

Rechenregeln für konvergente Reihen

Sind $\sum_{k=1}^{\infty} a_k = a$, $\sum_{k=1}^{\infty} b_k = b$ **konvergente** Reihen und ist $r \in \mathbb{R}$, so gilt:

$$\sum_{k=1}^{\infty} (a_k + b_k) = \sum_{k=1}^{\infty} a_k + \sum_{k=1}^{\infty} b_k = a + b \qquad (\textbf{ Addition })$$

$$\sum_{k=1}^{\infty} r \cdot a_k = r \cdot \sum_{k=1}^{\infty} a_k = r \cdot a \qquad (\textbf{ Multiplikation mit } r)$$

Eine Reihe heißt **alternierend**, falls $a_k \cdot a_{k+1} < 0$ ist für alle $k \in \mathbb{N}$,
falls also benachbarte Glieder verschiedene Vorzeichen haben.

Leibnizkriterium

Eine **alternierende Reihe** $\displaystyle\sum_{k=1}^{\infty}(-1)^k a_k$, $(a_k > 0)$, ist konvergent,

wenn (a_k) eine **monotone Nullfolge** ist.

14.20 *Man untersuche folgende alternierende Reihen auf Konvergenz:*

(a) $\displaystyle\sum_{k=1}^{\infty}\frac{(-1)^{k-1}}{k} = 1 - \frac{1}{2} + \frac{1}{3} - \frac{1}{4} + \cdots$ konverg., da $(a_k) = \left(\frac{1}{k}\right)$ monotone Nullfolge ist.

Bemerkung: Wegen des Abelschen Grenzwertsatzes [**F+H, Ana 1**] folgt aus der Konvergenz dieser Reihe und weil $\ln(1 + x) = x - \frac{1}{2}x^2 + \frac{1}{3}x^3 - \frac{1}{4}x^4 \pm \cdots$ für $|x| < 1$ ist, dass die Reihe gegen $\ln 2$ konvergiert!

(b) $\displaystyle\sum_{k=1}^{\infty}\frac{(-1)^k}{\sqrt{k}}$ konvergiert, da $(a_k) = \left(\frac{1}{\sqrt{k}}\right)$ eine monotone Nullfolge ist.

(c) $\displaystyle\sum_{n=1}^{\infty}(-1)^{n+1}a_n$ mit $a_n = \begin{cases} \frac{1}{k} & \text{für } n = 2k - 1 \\ \frac{1}{k^2} & \text{für } n = 2k \end{cases}$ $\quad$ Das Leibnizkriterium ist nicht anwendbar, da (a_n) nicht monoton ist!

Tatsächlich divergiert die Reihe nach dem Minorantenkriterium (Seite 340): Im Konvergenzfall wäre Klammersetzen erlaubt und man erhielte:

$$\sum_{n=1}^{\infty}(-1)^{n+1}a_n = \left(\frac{1}{1} - \frac{1}{1}\right) + \left(\frac{1}{2} - \frac{1}{2^2}\right) + \left(\frac{1}{3} - \frac{1}{3^2}\right) + \left(\frac{1}{4} - \frac{1}{4^2}\right) \pm \cdots$$

$$= \quad \frac{1}{2^2} + \frac{2}{3^2} + \frac{3}{4^2} + \cdots \quad \geq \quad \frac{1}{2}\left(\frac{1}{2} + \frac{1}{3} + \frac{1}{4} + \cdots\right) = \infty.$$

Cauchyprodukt

Das Cauchyprodukt der Reihen $\displaystyle\sum_{k=0}^{\infty}a_k$ und $\displaystyle\sum_{k=0}^{\infty}b_k$ ist die Reihe $\displaystyle\sum_{k=0}^{\infty}c_k$,

wobei die c_k definiert sind durch: $\displaystyle c_k = \sum_{i=0}^{k}a_i \cdot b_{k-i}$. Ausgeschrieben:

$$\left(\sum_{k=0}^{\infty}a_k\right) \cdot \left(\sum_{k=0}^{\infty}b_k\right) = \sum_{k=0}^{\infty}c_k = \sum_{k=0}^{\infty}\left(\sum_{i=0}^{k}a_i \cdot b_{k-i}\right)$$

$$= a_0 b_0 + (a_0 b_1 + a_1 b_0) + (a_0 b_2 + a_1 b_1 + a_2 b_0) + (a_0 b_3 + a_1 b_2 + \cdots) + \cdots$$

---

absolut konvergente Reihen

Eine Reihe $\displaystyle\sum_{k=0}^{\infty}a_k$ heißt **absolut konvergent**, falls $\displaystyle\sum_{k=0}^{\infty}|a_k|$ konvergiert.

Sind $\displaystyle\sum_{k=0}^{\infty}u_k = a$ und $\displaystyle\sum_{k=0}^{\infty}b_k = b$ **absolut konvergente Reihen**, so gilt

für das **Cauchyprodukt**: $\displaystyle\sum_{k=0}^{\infty}\left(\sum_{i=0}^{k}a_i b_{k-i}\right) = a \cdot b$

14.21   Man berechne das Cauchyprodukt $\displaystyle\sum_{k=0}^{\infty} x^k \cdot \sum_{k=0}^{\infty} x^k$ für $|x| < 1$.

Die geometrische Reihe $\displaystyle\sum_{k=0}^{\infty} x^k = \frac{1}{1-x}$ ist für $|x| < 1$ absolut konvergent. Es ist

$$\sum_{k=0}^{\infty} x^k \cdot \sum_{k=0}^{\infty} x^k = \sum_{k=0}^{\infty} c_k = \left(\frac{1}{1-x}\right)^2 \text{ mit } c_k = \sum_{i=0}^{k} x^i x^{k-i} = \sum_{i=0}^{k} x^k = (k+1)\cdot x^k.$$

Füür $|x| < 1$ gilt fü r das Cauchyprodukt, vergleiche [14.33 (a)]

$$\left(\sum_{k=0}^{\infty} x^k\right)^2 = \sum_{k=0}^{\infty} x^k \cdot \sum_{k=0}^{\infty} x^k = \sum_{k=0}^{\infty} (k+1)\cdot x^k = 1 + 2x + 3x^2 + \cdots = \frac{1}{(1-x)^2}.$$

Jede absolut konvergente Reihe ist konvergent aber nicht umgekehrt:
$1 - \frac{1}{2} + \frac{1}{3} - \frac{1}{4} + \frac{1}{5} - \frac{1}{6} + \cdots = \ln 2$ [14.20] ist konvergent, aber nicht absolut konv.,
da die harmonische Reihe $1 + \frac{1}{2} + \frac{1}{3} + \frac{1}{4} + \frac{1}{5} + \frac{1}{6} + \cdots$ divergiert [14.18].

14.22   Man untersuche folgende Reihen auf (absolute) Konvergenz:

(a) $\displaystyle\sum_{k=1}^{\infty} \frac{(-1)^{k+1}}{k^2} = 1 - \frac{1}{4} + \frac{1}{9} - \frac{1}{16} + \cdots$ ist absolut konvergent,

da die Reihe der Beträge $\displaystyle\sum_{k=1}^{\infty} \frac{1}{k^2}$ konvergiert (harmonische Reihe, $a = 2$).

(b) $\displaystyle\sum_{k=1}^{\infty} \frac{(-1)^{k+1}}{k} = 1 - \frac{1}{2} + \frac{1}{3} - \frac{1}{4} + \cdots$ ist konvergent (Leibnizkriterium),

aber nicht absolut konvergent, da die Reihe der Beträge $\displaystyle\sum_{k=1}^{\infty} \frac{1}{k}$ divergiert (harmo-

nische Reihe, $a = 1$).

Majorantenkriterium

Die Reihe $\displaystyle\sum_{k=1}^{\infty} x_k$ ist **absolut konvergent**, wenn es eine konvergente Reihe

$\displaystyle\sum_{k=1}^{\infty} a_k$ mit positiven Summanden gibt, so dass $|x_k| \le a_k$ für alle $k \in \mathbb{N}$ gilt[1].

Minorantenkriterium

Die Reihe $\displaystyle\sum_{k=1}^{\infty} x_k$ mit pos. Summanden ist **divergent**, wenn es eine div. Reihe

$\displaystyle\sum_{k=1}^{\infty} a_k$ mit positiven Summanden gibt, so dass $a_k \le x_k$ für alle $k \in \mathbb{N}$ gilt[1].

---

[1] es reicht natürlich, wenn die Bedingung ab einem gewissen $k_0 \in \mathbb{N}$ erfüllt ist.

14.23   *Man untersuche folgende Reihen auf Konvergenz:*

(a) $\displaystyle\sum_{k=1}^{\infty} \frac{(-1)^k k}{k^3+1}$.   Abschätzung nach *oben*: $\left|\frac{(-1)^k k}{k^3+1}\right| = \frac{k}{k^3+1} < \frac{k}{k^3} = \frac{1}{k^2}$.

Da $\displaystyle\sum_{k=1}^{\infty} \frac{1}{k^2}$ konvergiert, ist die gegebene Reihe <u>absolut konvergent</u> (Maj.–Krit.).

(b) $\displaystyle\sum_{k=1}^{\infty} \frac{\sin k + \cos^2 k}{k^3}$.   Es ist $\left|\frac{\sin k + \cos^2 k}{k^3}\right| \le \frac{2}{k^3} = 2 \cdot \frac{1}{k^3}$. Da die Reihe $\displaystyle\sum_{k=1}^{\infty} \frac{1}{k^3}$ kon-
vergiert (harmon. Reihe, $a = 3 > 1$), ist die gegebene Reihe <u>konv.</u> (Maj.–Krit.).

(c) $\displaystyle\sum_{k=1}^{\infty} \frac{1}{\sqrt{k(k+1)}}$ (siehe auch [14.26 (b)].   Abschätzung nach *unten*:

$\frac{1}{\sqrt{k(k+1)}} > \frac{1}{\sqrt{(k+1)(k+1)}} = \frac{1}{k+1}$. Da $\displaystyle\sum_{k=1}^{\infty} \frac{1}{k+1}$ divergiert (harm. Reihe), ist
die gegebene Reihe <u>divergent</u> (Minoranten–Kriterium).

(d) $\displaystyle\sum_{k=1}^{\infty} \frac{2k+1}{3k^2+4k-1}$. Es ist $\frac{2k+1}{3k^2+4k-1} > \frac{2k}{3k^2+4k} = \frac{2}{3k+4} > \frac{2}{4k+4} = \frac{1}{2} \cdot \frac{1}{k+1}$.

Da $\displaystyle\sum_{k=1}^{\infty} \frac{1}{k+1}$ divergiert, ist die gegebene Reihe <u>divergent</u> (Minoranten–Kriterium).

Verdichtungskriterium

Ist (x_k) eine monoton fallende Nullfolge, so sind die beiden Reihen

$$\sum_{k=1}^{\infty} x_k \quad \text{und} \quad \sum_{k=1}^{\infty} 2^k x_{2^k} \qquad \text{entweder beide konvergent oder beide divergent.}$$

(1) $\displaystyle\sum_{k=1}^{\infty} \frac{1}{k}$ (harmon. Reihe) divergiert, weil $\displaystyle\sum_{k=1}^{\infty} \frac{2^k}{2^k} = \sum_{k=1}^{\infty} 1 = 1+1+1+\cdots$ div!

(2) $\displaystyle\sum_{k=2}^{\infty} \frac{1}{k \ln k}$ divergiert, weil $\displaystyle\sum_{k=2}^{\infty} \frac{2^k}{2^k \ln 2^k} = \frac{1}{\ln 2} \sum_{k=2}^{\infty} \frac{1}{k}$ (harmon. Reihe) divergiert!

(3) $\displaystyle\sum_{k=2}^{\infty} \frac{1}{k \ln^2 k}$ konv., weil $\displaystyle\sum_{k=2}^{\infty} \frac{2^k}{2^k (\ln 2^k)^2} = \frac{1}{\ln^2 2} \sum_{k=2}^{\infty} \frac{1}{k^2}$ (harmon. Reihe) konvergiert!

siehe auch Integralkriterium, Seite 343!

Quotienten–Kriterium $\quad \displaystyle\lim_{k \to \infty} \left|\frac{x_{k+1}}{x_k}\right| \begin{smallmatrix} < \\ > \end{smallmatrix} 1 \implies \displaystyle\sum_{k=1}^{\infty} x_k$ ist $\begin{smallmatrix} \text{absolut konvergent.} \\ \text{divergent.} \end{smallmatrix}$

Wurzel–Kriterium $\quad \displaystyle\lim_{k \to \infty} \sqrt[k]{|x_k|} \begin{smallmatrix} < \\ > \end{smallmatrix} 1 \implies \displaystyle\sum_{k=1}^{\infty} x_k$ ist $\begin{smallmatrix} \text{absolut konvergent.} \\ \text{divergent.} \end{smallmatrix}$

Die Reihe konvergiert sogar, falls $\overline{\lim_{k \to \infty}} \left|\frac{x_{k+1}}{x_k}\right| < 1$ oder $\overline{\lim_{k \to \infty}} \sqrt[k]{|x_k|} < 1$ ist.

Sind diese Grenzwerte $= 1$, sagen diese Kriterien nichts aus!

14.24   *Man untersuche folgende Reihen auf Konvergenz:*

(a) $\sum\limits_{k=1}^{\infty} \frac{1}{k\sqrt[k]{k}}$ div. (Verdicht.-Krit.): $\sum\limits_{k=1}^{\infty} \frac{2^k}{2^k\,{}^{2}\sqrt{2^k}} = \sum\limits_{k=1}^{\infty} 2^{-\frac{k}{2^k}}$. Aus $\frac{k}{2^k} \to 0$ [14.8] folgt

$2^{-k/2^k} \to 1$. Die Glieder bilden keine Nullfolge (notw. Krit. S. 338).

(b) $\sum\limits_{k=1}^{\infty} \frac{k^2}{2^k}$ konv. (Q–Krit.): $|\frac{x_{k+1}}{x_k}| = \frac{(k+1)^2}{2^{k+1}} \cdot \frac{2^k}{k^2} = \frac{k^2+2k+1}{2k^2} \to \frac{1}{2} < 1.$

(c) $\sum\limits_{k=1}^{\infty} \frac{(-2)^k}{k^2}$ div. (Q–Krit.): $|\frac{x_{k+1}}{x_k}| = |\frac{(-2)^{k+1}}{(k+1)^2}\frac{k^2}{(-2)^k}| = \frac{2k^2}{k^2+2k+1} \to 2 > 1.$

Oder: Die Reihe divergiert, da ihre Glieder keine Nullfolge bilden (notwendiges Krit.).

(d) $\sum\limits_{k=1}^{\infty} \frac{1}{2k+1}$ keine Aussage des Q–Krit., denn $|\frac{x_{k+1}}{x_k}| = \frac{2k+1}{2k+3} \longrightarrow 1.$

$\frac{1}{2k+1} > \frac{1}{2} \cdot \frac{1}{k+1} \implies$ Reihe div. (Minorantenkriterium).

(e) $\sum\limits_{k=1}^{\infty} (\frac{k}{k+2})^{2k^2}$ konv. (W–Krit.): $\sqrt[k]{|x_k|} = (\frac{k}{k+2})^{2k} = \frac{1}{(1+\frac{2}{k})^{2k}} \to \frac{1}{e^4} < 1.$

(f) $\sum\limits_{k=1}^{\infty} (2 + \frac{1}{k})^k$ div. (W–Krit.), denn $\sqrt[k]{|x_k|} = 2 + \frac{1}{k} \longrightarrow 2 > 1.$

(g) $\sum\limits_{k=1}^{\infty} (\frac{k}{k-1})^{2k}$ keine Aussage des W–Krit., denn $\sqrt[k]{|x_k|} = (\frac{k}{k-1})^2 \longrightarrow 1.$

Wegen $(\frac{k}{k-1})^{2k} = \left(\frac{1}{(1-\frac{1}{k})^k}\right)^2 \longrightarrow (\frac{1}{e^{-1}})^2 = e^2$ ist die Folge der Summanden keine Nullfolge, die gegebene Reihe ist daher divergent.

(h) $\sum\limits_{k=1}^{\infty} 2^{(-1)^k - k}$: Das Quotientenkriterium versagt; denn die Folge

$\frac{x_{k+1}}{x_k} = \frac{2^{(-1)^{k+1}-(k+1)}}{2^{(-1)^k-k}} = \frac{1}{2}4^{(-1)^{k+1}}$ ist div., Häufungswerte sind 2 und $\frac{1}{8}$.

Wurzelkriterium: $\sqrt[k]{|x_k|} = 2^{\frac{1}{k}((-1)^k - k)} \to 2^{-1} = \frac{1}{2} < 1 \implies$ Reihe konvergiert.

(i) $\sum\limits_{k=1}^{\infty} x_k$ mit $x_k = \begin{cases} 2^{-k} & , k \text{ gerade} \\ 3^{-k} & , k \text{ ungerade} \end{cases}$

Quot.-Krit.: $\frac{x_{k+1}}{x_k} = \begin{cases} \frac{1}{2}(\frac{3}{2})^k & , n \text{ gerade} \\ \frac{1}{3}(\frac{2}{3})^k & , n \text{ ungerade} \end{cases} \implies \lim\limits_{k\to\infty} |\frac{x_{k+1}}{x_k}|$ ex. nicht.

Wurzelkriterium: $\overline{\lim}\limits_{k\to\infty} \sqrt[k]{|x_k|} = \frac{1}{2} < 1 \implies$ Reihe konvergiert.

Einfacher mit Majoranten–Kriterium: $\sum\limits_{k=1}^{\infty} (\frac{1}{2})^k$ ist konvergente Majorante.

Ist das Quotientenkriterium anwendbar, so auch das Wurzelkriterium!
Die Umkehrung ist falsch, siehe Beispiele (h) und (i) !

Grenzwertkriterium

Sind (a_k), (b_k) Folgen mit $a_k, b_k > 0$ und $\boxed{0 < \lim\limits_{k \to \infty} \dfrac{a_k}{b_k} < \infty}$, so gilt

$$\sum_{k=1}^{\infty} a_k \text{ konvergent} \quad \Longleftrightarrow \quad \sum_{k=1}^{\infty} b_k \text{ konvergent}$$

Die Voraussetzung $a_k, b_k > 0$ ist wesentlich! Siehe [14.60]

14.25 *Man untersuche folgende Reihen auf Konvergenz:*

(a) $\displaystyle\sum_{k=1}^{\infty} \frac{\sqrt{k+4}}{2k^2 - 2k + 1}$ [14.26 (a)]   (b) $\displaystyle\sum_{k=1}^{\infty} \frac{k + 2^k}{k 2^k + k^3}$

(a) Zähler bzw. Nenner legen einen Vergleich mit $b_k = \dfrac{\sqrt{k}}{k^2} = \dfrac{1}{k^{3/2}}$ nahe:

$$\frac{\sqrt{k+4}}{2k^2 - 2k + 1} \cdot \frac{1}{b_k} = \frac{\sqrt{k+4}}{2k^2 - 2k + 1} \cdot \frac{k^2}{\sqrt{k}} = \sqrt{1 + \frac{4}{k}} \cdot \frac{k^2}{2k^2 - 2k + 1} \longrightarrow \frac{1}{2}.$$

Die Reihe konv., da die harmon. Reihe $\displaystyle\sum_{k=1}^{\infty} b_k = \sum_{k=1}^{\infty} \frac{1}{k^{1.5}}$ konvergiert, Seite 338.

(b) $\dfrac{k+2^k}{k2^k + k^3} = \dfrac{1 + \frac{k}{2^k}}{k + \frac{k^3}{2^k}}$, also $b_k = \frac{1}{k}$ und $\dfrac{k+2^k}{k2^k + k^3} \cdot \frac{1}{b_k} = \dfrac{k+2^k}{k2^k + k^3} \cdot k = \dfrac{1 + \frac{k}{2^k}}{1 + \frac{k^2}{2^k}} \to 1.$

Da $\displaystyle\sum_{k=1}^{\infty} b_k = \sum_{k=1}^{\infty} \frac{1}{k}$ (harmon. Reihe) divergiert, ist die gegebene Reihe div.!

Integralkriterium

Ist $f(x) > 0$ und monoton fallend auf $[m, \infty)$, dann haben die Reihe $\displaystyle\sum_{k=m}^{\infty} f(k)$ und das uneigentliche Integral $\displaystyle\int_m^{\infty} f(x)\, dx$ dasselbe Konvergenzverhalten:

$$\sum_{k=m}^{\infty} f(k) \text{ konvergiert} \quad \Longleftrightarrow \quad \int_m^{\infty} f(x)\, dx \text{ konvergiert.}$$

(1) $\displaystyle\sum_{k=1}^{\infty} \frac{1}{k}$ (harmon. Reihe) divergiert, weil $\displaystyle\int_1^{\infty} \frac{dx}{x} = \Big[\ln x\Big]_1^{\infty} = \infty$.

(2) $\displaystyle\sum_{k=2}^{\infty} \frac{1}{k \ln k}$ divergiert, weil $\displaystyle\int_2^{\infty} \frac{dx}{x \ln x} = \int_{\ln 2}^{\infty} \frac{dt}{t} = \Big[\ln t\Big]_{\ln 2}^{\infty} = \infty$.

(3) $\displaystyle\sum_{k=2}^{\infty} \frac{1}{k \ln^2 k}$ konvergiert, weil $\displaystyle\int_2^{\infty} \frac{dx}{x \ln^2 x} = \int_{\ln 2}^{\infty} \frac{dt}{t^2} = \Big[-\frac{1}{t}\Big]_{\ln 2}^{\infty} = \frac{1}{\ln 2}$.

siehe auch Verdichtungskriterium, Seite 341!

14.26 *Man untersuche folgende Reihen auf Konvergenz:*

(a) $\displaystyle\sum_{k=1}^{\infty} \frac{\sqrt{k+4}}{2k^2 - 2k + 1}$ [14.25 (a)]   (b) $\displaystyle\sum_{k=1}^{\infty} \frac{1}{\sqrt{k(k+1)}}$ [14.23 (c)]

(a) $f(x) = \dfrac{\sqrt{x+4}}{2x^2 - 2x + 1}$ ist für $x \geq 1$ monoton fallend, $(f'(x) < 0$ für $x \geq 1)$.

Die Reihe $\displaystyle\sum_{k=1}^{\infty} \frac{\sqrt{k+4}}{2k^2 - 2k + 1}$ konvergiert, denn das uneigentliche Integral

$\int_1^\infty \dfrac{\sqrt{x+4}}{2x^2-2x+1}\,dx$ konvergiert, weil $\lim\limits_{x\to\infty} \dfrac{x^{3/2}\sqrt{x+4}}{2x^2-2x+1} = \frac{1}{2}$ ist [siehe Seite 314].

(b) Die Reihe $\displaystyle\sum_{k=1}^\infty \dfrac{1}{\sqrt{k(k+1)}}$ divergiert, denn das uneigentliche Integral

$\int_1^\infty \dfrac{1}{\sqrt{x(x+1)}}\,dx$ divergiert, weil $\lim\limits_{x\to\infty} \dfrac{x}{\sqrt{x(x+1)}} = 1 \neq 0$ ist [siehe Seite 314].

14.3   Potenzreihen

Potenzreihen

sind Reihen der Form

$$a_0 + a_1(x - x_0) + a_2(x - x_0)^2 + a_3(x - x_0)^3 + \cdots = \sum_{n=0}^\infty a_n(x - x_0)^n$$

$a_0, a_1, a_2, \cdots$ heißen ihre **Koeffizienten**, x_0 heißt ihr **Entwicklungspunkt**.

Potenzreihen und dargestellte Funktionen: Umschlagseite **F 3** oder **F+H**.

14.27   *Man gebe Entwicklungspunkte und Koeffizienten der Potenzreihen an:*
(a) $(x - 1) - \frac{1}{2}(x - 1)^2 + \frac{1}{3}(x - 1)^3 - \frac{1}{4}(x - 1)^4 + \cdots$
ist eine Potenzreihe mit Entwicklungspunkt $x_0 = 1$
und den Koeffizienten $a_0 = 0, a_1 = 1, \cdots, a_n = (-1)^{n+1}\frac{1}{n}$ für $n \geq 1$.
(b) $1 + x + \frac{1}{2!}x^2 + \frac{1}{3!}x^3 + \frac{1}{4!}x^4 + \cdots$
ist eine Potenzreihe mit dem Entwicklungspunkt $x_0 = 0$
und den Koeffizienten $a_n = \frac{1}{n!}$ für $n \in \mathbb{N}_0$.
(c) $4x^3 - 2x + 3$ ist eine Potenzreihe mit dem Entwicklungspunkt $x_0 = 0$
und den Koeffizienten $a_0 = 3$, $a_1 = -2$, $a_2 = 0$, $a_3 = 4$, $a_n = 0$ für $n \geq 4$.

Der **Konvergenzbereich** einer Potenzreihe ist die Menge aller Zahlen, die man
für x einsetzen kann, so dass die entstehende numerische Reihe konvergiert.

14.28   *Zum Konvergenzbereich von* $1 + x + x^2 + x^3 + \cdots = \displaystyle\sum_{n=0}^\infty x^n$ *gehört sicher*
die Zahl $\frac{1}{2}$, *da die Reihe* $\displaystyle\sum_{n=0}^\infty (\frac{1}{2})^n$ *konvergiert, aber nicht die Zahl* -2, *da*
die Reihe $\displaystyle\sum_{n=0}^\infty (-2)^n$ *divergiert.*

Aus der Formel für die Partialsummen $S_k = \displaystyle\sum_{n=0}^k x^n = \dfrac{1-x^{k+1}}{1-x}$ für $x \neq 1$

ersieht man sofort: Die Folge der Partialsummen konvergiert genau für $|x| < 1$.

Die Potenzreihe $\displaystyle\sum_{n=0}^\infty x^n$ hat den Konvergenzbereich $K = \{x \mid -1 < x < 1\}$.

Konvergenzbereich von Potenzreihen

Für den Konvergenzbereich von Potenzreihen $\sum\limits_{n=0}^{\infty} a_n(x-x_0)^n$

bestehen innerhalb von $\mathbb{R}$ nur folgende drei Möglichkeiten:

(a) Die Reihe konvergiert nur im Entwicklungspunkt x_0. [14.29 (a)]
(b) Die Reihe konvergiert für alle $x \in \mathbb{R}$. [14.29 (b,c)]
(c) Die Reihe konvergiert
für alle x aus einem endlichen, offenen Intervall $(x_0 - r, x_0 + r)$
und höchstens noch in den beiden Randpunkten $x_0 - r, x_0 + r$.
Dabei sind drei Fälle möglich:

Die Reihe konvergiert in beiden Randpunkten. [14.63 (c)]
Die Reihe konvergiert in genau einem Randpunkt. [14.36]
Die Reihe konvergiert in keinem Randpunkt. [14.29 (d,e)]

r heißt **Konvergenzradius** von $\sum\limits_{n=0}^{\infty} a_n(x-x_0)^n$ und wird bestimmt durch:

$$\frac{1}{r} = \lim_{n\to\infty} \sqrt[n]{|a_n|} \quad \text{oder} \quad \frac{1}{r} = \lim_{n\to\infty} \left|\frac{a_{n+1}}{a_n}\right|,$$

falls diese Grenzwerte existieren.

Existiert $\lim\limits_{n\to\infty} \sqrt[n]{|a_n|}$ nicht, so ist $\frac{1}{r} = \overline{\lim\limits_{n\to\infty}} \sqrt[n]{|a_n|}$ ($\overline{\lim}$ Seite 329).

Der Fall **(a)** folgt aus $\lim\limits_{n\to\infty} \sqrt[n]{|a_n|} = \infty$. Dann ist $r = 0$.

Der Fall **(b)** folgt aus $\lim\limits_{n\to\infty} \sqrt[n]{|a_n|} = 0$. Dann ist $r = \infty$.

14.29 *Man bestimme den Konvergenzbereich folgender Potenzreihen.*

(a) $\quad x + 4x^2 + 27x^3 + 256x^4 + \cdots = \sum\limits_{n=1}^{\infty} n^n x^n$.

$\lim\limits_{n\to\infty} \sqrt[n]{|a_n|} = \lim\limits_{n\to\infty} n = \infty$. Also ist $r = 0$ und der Konvergenzbereich
enthält nur den Entwicklungspunkt 0.

(b) $\quad 1 + \frac{2}{1}x + \frac{4}{2}x^2 + \frac{8}{6}x^3 + \frac{16}{24}x^4 + \cdots = \sum\limits_{n=0}^{\infty} \frac{2^n}{n!} x^n$

$\lim\limits_{n\to\infty} \sqrt[n]{|a_n|} = \lim\limits_{n\to\infty} \frac{2}{\sqrt[n]{n!}} = 0$, da $\sqrt[n]{n!} \to \infty$, siehe Seite 331.
Damit ist $r = \infty$ und der Konvergenzbereich ist ganz $\mathbb{R}$.

(c) $\quad \sum\limits_{n=1}^{\infty} \frac{2^{n-1}}{n^{n+1}} x^n$

$\lim\limits_{n\to\infty} \sqrt[n]{|a_n|} = \lim\limits_{n\to\infty} \sqrt[n]{\frac{2^n}{2nn^n}} = \lim\limits_{n\to\infty} \frac{1}{\sqrt[n]{2}\,\sqrt[n]{n}} \frac{2}{n} = \frac{1}{1\cdot 1} \cdot 0 = 0$, [14.56].

Also ist der Konvergenzradius $r = \infty$ und der Konvergenzbereich ist ganz $\mathbb{R}$.

(d) $\sum\limits_{n=0}^{\infty} n^2 5^n (x-2)^n$

$\lim\limits_{n\to\infty} \sqrt[n]{|a_n|} = \lim\limits_{n\to\infty} \sqrt[n]{n^2 5^n} = \lim\limits_{n\to\infty} 5\sqrt[n]{n^2} = 5\lim\limits_{n\to\infty} (\sqrt[n]{n})^2 = 5.$

Der Konvergenzradius ist $r = \frac{1}{5}$.

Um den genauen Konvergenzbereich zu bestimmen, müssen die Randpunkte des Konvergenzbereichs untersucht werden:

$x_1 = 2 - \frac{1}{5} = \frac{9}{5}$ sowie $x_2 = 2 + \frac{1}{5} = \frac{11}{5}$.

In x_1 erhält man die numerische Reihe $\sum\limits_{n=0}^{\infty} n^2 5^n (-\frac{1}{5})^n = \sum\limits_{n=0}^{\infty} (-1)^n n^2$

und in x_2 die Reihe $\sum\limits_{n=0}^{\infty} n^2$. Beide Reihen divergieren.

Die Reihe konvergiert in keinem Randpunkt!

Der Konvergenzbereich ist das offene Intervall $(\frac{9}{5}, \frac{11}{5})$.

(e) $\sum\limits_{n=0}^{\infty} (2 - \frac{1}{n})^n x^n$, $\lim\limits_{n\to\infty} \sqrt[n]{|a_n|} = \lim\limits_{n\to\infty} (2 - \frac{1}{n}) = 2.$ Daher ist $r = \frac{1}{2}$.

In $x_1 = \frac{1}{2}$ ergibt sich die Reihe $\sum\limits_{n=0}^{\infty} (1 - \frac{1}{2n})^n$. Die Reihe divergiert, da die

Summanden keine Nullfolge bilden (sie konvergieren gegen $e^{-\frac{1}{2}}$).

Ebenso ergibt sich die Divergenz im Randpunkt $x_2 = -\frac{1}{2}$.

Auch diese Reihe konvergiert in keinem Randpunkt.

Konvergenzbereich ist daher das offene Intervall $(-\frac{1}{2}, \frac{1}{2})$.

(f) $\sum\limits_{n=0}^{\infty} \frac{n^2}{n^3+1} x^n$ konvergiert genau für $-1 \le x < 1$, also in genau einem Randpunkt!

Wir unterscheiden drei Fälle:

$|x| < 1$: Wegen $\frac{n^2}{n^3+1} \le 1$ ist die geometr. Reihe $\sum\limits_{n=0}^{\infty} |x|^n$ konvergente Majorante!

$x = -1$: Da $\frac{n^2}{n^3+1}$ eine monotone Nullfolge ist, konvergiert die alternierende Reihe

$\sum\limits_{n=0}^{\infty} \frac{n^2}{n^3+1} (-1)^n$ nach dem Leibniz–Kriterium (Seite 331)!

$x = 1$: Wegen $\frac{n^2}{n^3+1} \ge \frac{n^2}{n^3+n^3} = \frac{1}{2n}$ ist die harmon. Reihe $\frac{1}{2} \sum\limits_{n=0}^{\infty} \frac{1}{n}$ div. Minorante!

Ordnet man jeder Zahl x des Konvergenzbereichs den Wert der Reihe

$\sum\limits_{n=0}^{\infty} a_n (x - x_0)^n$ zu, so ist eine Funktion $f(x)$ definiert: $f(x) := \sum\limits_{n=0}^{\infty} a_n (x - x_0)^n$.

Sie heißt **die durch die Potenzreihe dargestellte Funktion**.

Eine solche Funktion ist stets **beliebig oft differenzierbar** und es gilt:

$$f^{(n)}(x_0) = n! a_n$$

$$f'(x) = \sum\limits_{n=1}^{\infty} n a_n (x - x_0)^{n-1} \text{ und } f''(x) = \sum\limits_{n=2}^{\infty} n(n-1) a_n (x - x_0)^{n-2}.$$

geometrische Reihe [Seite 337, **F3**]	binomische Reihe, $0 \neq r$ [Seite 47, **F3**]
$\sum\limits_{n=0}^{\infty} x^n = \dfrac{1}{1-x}$, für $|x| < 1$.	$\sum\limits_{n=0}^{\infty} \binom{r}{n} x^n = (1+x)^r$, für $|x| < 1$.

14.30 *Welche Funktion wird durch folgende Potenzreihen dargestellt?*

$$\text{(a)} \quad \sum_{n=0}^{\infty} \frac{(-2)^n}{3^{n+1}} x^n, \qquad \text{(b)} \quad \sum_{n=1}^{\infty} (-\tfrac{1}{3})^{n+2} x^{n+1}.$$

(a) $\quad f(x) := \sum\limits_{n=0}^{\infty} \dfrac{(-2)^n}{3^{n+1}} x^n = \dfrac{1}{3} \sum\limits_{n=0}^{\infty} (-\tfrac{2x}{3})^n, \quad$ mit $z = -\tfrac{2x}{3}$, also :

$$= \frac{1}{3} \sum_{n=0}^{\infty} z^n = \frac{1}{3} \frac{1}{1-z} \quad \text{für } |z| < 1, \text{ also für } |-\tfrac{2x}{3}| < 1; \text{ d.h. } |x| < \tfrac{3}{2}:$$

$$= \frac{1}{3} \frac{1}{1-(-\frac{2x}{3})} = \frac{1}{3+2x} \quad \text{für} \quad -\frac{3}{2} < x < \frac{3}{2}.$$

(b) $\quad f(x) := \sum\limits_{n=1}^{\infty} (-\tfrac{1}{3})^{n+2} x^{n+1} = \dfrac{x}{9} \sum\limits_{n=1}^{\infty} (-\tfrac{x}{3})^n = \dfrac{x}{9} (-\tfrac{x}{3}) \sum\limits_{n=0}^{\infty} (-\tfrac{x}{3})^n$

$$= -\frac{x^2}{27} \frac{1}{1-(-\frac{x}{3})} \quad \text{für } |-\tfrac{x}{3}| < 1$$

$$= -\frac{x^2}{27+9x} \quad \text{für } |x| < 3.$$

14.31 *Man stelle als Potenzreihe um x_0 dar :*
(a) $\sin 5x$, $x_0 = 0$ (b) e^{2x^2}, $x_0 = 0$ (c) $\dfrac{x-1}{x+1}$, $x_0 = 2$.
*Reihen für $\sin x$ und e^x siehe Umschlagseite **F3**.*

(a) $\quad \sin 5x = \sum\limits_{n=0}^{\infty} \dfrac{(-1)^n}{(2n+1)!} (5x)^{2n+1} = \sum\limits_{n=0}^{\infty} \dfrac{(-1)^n 5^{2n+1}}{(2n+1)!} x^{2n+1}$

$$= 5x - \frac{5^3}{3!} x^3 + \frac{5^5}{5!} x^5 - \cdots \quad \text{für alle } x \in \mathbb{R}.$$

(b) $\quad e^{2x^2} = \sum\limits_{n=0}^{\infty} \dfrac{1}{n!} (2x^2)^n = \sum\limits_{n=0}^{\infty} \dfrac{2^n}{n!} x^{2n}$

$$= 1 + \frac{2}{1!} x^2 + \frac{4}{2!} x^4 + \frac{8}{3!} x^6 + \cdots \quad \text{für alle } x \in \mathbb{R}.$$

(c) $\quad \dfrac{x-1}{x+1} = \dfrac{x+1-2}{x+1} = 1 - \dfrac{2}{x+1} = 1 - \dfrac{2}{3+(x-2)} = 1 - \dfrac{2}{3}\dfrac{1}{1+\frac{x-2}{3}} = 1 - \dfrac{2}{3}\dfrac{1}{1-(-\frac{x-2}{3})}$

Man erhält mit der geometr. Reihe $\dfrac{1}{1-z} = \sum\limits_{n=0}^{\infty} z^n$, $|z| < 1$, hier: $z = -\dfrac{x-2}{3}$:

$$\frac{x-1}{x+1} = 1 - \frac{2}{3}\frac{1}{1-(-\frac{x-2}{3})} = 1 - \frac{2}{3} \sum_{n=0}^{\infty} \frac{(-1)^n}{3^n}(x-2)^n = \frac{1}{3} - \sum_{n=1}^{\infty} \frac{2(-1)^n}{3^{n+1}}(x-2)^n$$

Der Konvergenzbereich der Reihe und damit der Definitionsbereich von f ist

$$\left|\frac{x-2}{3}\right| < 1 \iff |x-2| < 3 \iff -1 < x < 5.$$

Rechnen mit Potenzreihen

$$f(x) = \sum_{n=0}^{\infty} a_n x^n \quad \text{und} \quad g(x) = \sum_{n=0}^{\infty} b_n x^n$$

$$f(x) \pm g(x) = \sum_{n=0}^{\infty} (a_n \pm b_n) x^n = a_0 \pm b_0 + (a_1 \pm b_1)x + (a_2 \pm b_2)x^2 + \cdots$$

(Addition / Subtraktion der Koeffizienten, [14.32 (a)])

$$f(x) \cdot g(x) = \sum_{n=0}^{\infty} c_n x^n \quad \text{mit} \quad c_n = \sum_{k=0}^{n} a_k b_{n-k}$$

$$= a_0 b_0 + (a_0 b_1 + a_1 b_0)x + (a_0 b_2 + a_1 b_1 + a_2 b_0)x^2 + \cdots$$

(Cauchyprodukt, [14.32 (b)])

$$\frac{f(x)}{g(x)} = \sum_{n=0}^{\infty} c_n x^n \quad \Longleftrightarrow \quad \sum_{n=0}^{\infty} a_n x^n = \left(\sum_{n=0}^{\infty} b_n x^n\right)\left(\sum_{n=0}^{\infty} c_n x^n\right)$$

(Ansatz mit unbestimmten Koeffizienten. Die c_n werden nach Multiplikation durch Koeffizientenvergl. bestimmt.)

(Oder: Division der Reihen, vgl. Polynomdivision mit der "Schulmethode", Seite 61, 68, [14.32 (c)(ii)])

$$f\big(g(x)\big) = \sum_{n=0}^{\infty} a_n \big(g(x)\big)^n = \sum_{n=0}^{\infty} a_n \left(\sum_{k=0}^{\infty} b_k x^k\right)^n$$

(Einsetzen von Potenzreihen ineinander, [14.32 (d,e,f)])

14.32   Man bestimme die Potenzreihendarstellung um $x_0 = 0$ bis zum angegebenen Summanden von:

(a) $\sin x + \cos x$,   (b) $\sin x \cdot e^x$, bis $c_6 x^6$,   (c) $\dfrac{e^x}{1+\cos 2x}$, bis $c_4 x^4$,

(d) $e^{\sin x}$, bis $c_5 x^5$,   (e) $\dfrac{1}{\sqrt{2-3x}}$, bis $c_3 x^3$,   (f) $\sqrt{1+e^x}$, bis $c_3 x^3$.

(a) $$\sin x + \cos x = \sum_{n=0}^{\infty} \frac{(-1)^n}{(2n+1)!} x^{2n+1} + \sum_{n=0}^{\infty} \frac{(-1)^n}{(2n)!} x^{2n}$$

$$= 1 + x - \frac{1}{2!}x^2 - \frac{1}{3!}x^3 + \frac{1}{4!}x^4 + \frac{1}{5!}x^5 \pm \cdots \quad \text{für } x \in \mathbb{R}. \text{ Allgemein ergibt das :}$$

$$= \sum_{n=0}^{\infty} \frac{a_n}{n!} x^n \quad \text{mit} \quad a_n = \begin{cases} (-1)^{n/2} & \text{für } n \text{ gerade} \\ (-1)^{(n-1)/2} & \text{für } n \text{ ungerade} \end{cases}, \quad x \in \mathbb{R}.$$

(b) $\sin x \cdot e^x$ bis zum Summanden $c_6 x^6$:

$$\sin x \cdot e^x = (x - \frac{1}{3!}x^3 + \frac{1}{5!}x^5 - \cdots)(1 + x + \frac{1}{2!}x^2 + \frac{1}{3!}x^3 + \frac{1}{4!}x^4 + \frac{1}{5!}x^5 + \frac{1}{6!}x^6 + \cdots)$$

$$= x + x^2 + (\frac{1}{2!} - \frac{1}{3!})x^3 + (\frac{1}{3!} - \frac{1}{3!})x^4 + (\frac{1}{4!} - \frac{1}{3!2!} + \frac{1}{5!})x^5 + (\frac{1}{5!} - \frac{1}{3!3!} + \frac{1}{5!})x^6 + \cdots$$

$$= x + x^2 + \frac{1}{3}x^3 - \frac{1}{30}x^5 - \frac{1}{90}x^6 + \cdots, \quad \text{für } x \in \mathbb{R}.$$

Ermittlung der Koeffizienten der Produktreihe mit Multiplikationstafel:

$b_n \backslash a_n$	0	1	0	$-1/3!$	0	$1/5!$	0
1	0	1	0	$-1/3!$	0	$1/5!$	0
1	0	1	0	$-1/3!$	0	$1/5!$	·
$1/2!$	0	$1/2!$	0	$-1/(2!3!)$	0	·	·
$1/3!$	0	$1/3!$	0	$-1/(3!3!)$	·	·	·
$1/4!$	0	$1/4!$	0	·	·	·	·
$1/5!$	0	$1/5!$	·	·	·	·	·
$1/6!$	0	·	·	·	·	·	·

Die c_n ergeben sich als Summen der Zahlen in den Diagonalen :

$c_0 = 0$

$c_1 = 0 + 1$

$\vdots$

$c_6 = 0 + \frac{1}{5!} + 0 - \frac{1}{3!3!} + 0 + \frac{1}{5!} + 0$

(c) $\quad \frac{e^x}{1+\cos 2x}$ bis zum Summanden $c_4 x^4$:

(i) Ansatz : $\quad \dfrac{e^x}{1+\cos 2x} = \sum\limits_{n=0}^{\infty} c_n x^n \implies e^x = (1 + \cos 2x) \cdot \sum\limits_{n=0}^{\infty} c_n x^n$ mit

$1 + \cos 2x = 1 + (1 - \frac{1}{2!}(2x)^2 + \frac{1}{4!}(2x)^4 + \cdots) = 2 - 2x^2 + \frac{2}{3}x^4 \cdots$ und

$e^x = (1 + \cos 2x) \cdot \sum\limits_{n=0}^{\infty} c_n x^n$

$= (2 - 2x^2 + \frac{2}{3}x^4 + \cdots)(c_0 + c_1 x + c_2 x^2 + c_3 x^3 + c_4 x^4 + \cdots) = 2c_0 + 2c_1 x$

$\quad + 2c_2 x^2 + 2c_3 x^3 + 2c_4 x^4 + \cdots - 2c_0 x^2 - 2c_1 x^3 - 2c_2 x^4 + \cdots + \frac{2}{3}c_0 x^4 + \cdots$

$= 2c_0 + 2c_1 x + (2c_2 - 2c_0)x^2 + (2c_3 - 2c_1)x^3 + (2c_4 - 2c_2 + \frac{2}{3}c_0)x^4 + \cdots$

Ein Koeffizientenvergleich dieser Reihe mit der Exponentialreihe

$e^x = 1 + x + \frac{1}{2}x^2 + \frac{1}{6}x^3 + \frac{1}{24}x^4 + \cdots \quad$ ergibt ein lineares Gleichungssystem:

$$\begin{aligned} 2c_0 &= 1 \\ 2c_1 &= 1 \\ 2c_2 - 2c_0 &= 1/2 \\ 2c_3 - 2c_1 &= 1/6 \\ 2c_4 - 2c_2 + \tfrac{2}{3}c_0 &= 1/24 \end{aligned}$$

Dieses lin. Gleichungssystem hat die Lösung:

$c_0 = \frac{1}{2}$, $c_1 = \frac{1}{2}$, $c_2 = \frac{3}{4}$, $c_3 = \frac{7}{12}$, $c_4 = \frac{29}{48}$.

Da $\frac{\pi}{2}$ die kleinste positive Polstelle (= Nullst. von $1 + \cos 2x$) der Funktion ist, erhält man:

$$\frac{e^x}{1+\cos 2x} = \frac{1}{2} + \frac{1}{2}x + \frac{3}{4}x^2 + \frac{7}{12}x^3 + \frac{29}{48}x^4 + \cdots, \quad \text{für } |x| < \frac{\pi}{2}.$$

(ii) Division (Schulmethode, nur bis $c_2 x^2$): $\quad \dfrac{e^x}{1+\cos 2x} = \dfrac{1 + x + \frac{1}{2}x^2 + \frac{1}{6}x^3 + \frac{1}{24}x^4 + \cdots}{2 - 2x^2 + \frac{2}{3}x^4 \pm \cdots}$,

$\quad (1 \; + \; x \; + \; \frac{1}{2}x^2 \; + \; \frac{1}{6}x^3 \; + \; \frac{1}{24}x^4 + \cdots \;) : (2 - 2x^2 + \frac{2}{3}x^4 \pm \cdots)$

$(-) \quad \underline{1 \qquad\qquad\quad - \quad x^2 \qquad\quad + \; \frac{1}{3}x^4 + \cdots}$

$ \qquad\qquad x \;\; | \;\; \frac{3}{2}x^2 \;\; | \;\; \frac{1}{6}x^3 \quad \frac{7}{24}x^4 \; | \cdots \qquad = \frac{1}{2} + \frac{1}{2}x + \frac{3}{4}x^2 + \cdots$

$(-) \qquad\qquad \underline{x \qquad\qquad\qquad -x^3 \qquad\qquad | \cdots}$

$ \qquad\qquad\qquad \frac{3}{2}x^2 \; + \; \frac{7}{6}x^3 \; - \; \frac{7}{24}x^4 + \cdots$

(d) $e^{\sin x}$ bis zum Summanden $c_5 x^5$:

Hier muss eine Potenzreihe (die von $\sin x$) in eine andere (die von e^x) eingesetzt werden. Man setzt $z = \sin x$ in die Reihe von e^z ein :

$$e^z = 1 + z + \tfrac{1}{2}z^2 + \tfrac{1}{6}z^3 + \tfrac{1}{24}z^4 + \tfrac{1}{120}z^5 + \cdots, \quad \text{wobei:}$$

$$z = x - \tfrac{1}{6}x^3 + \tfrac{1}{120}x^5 + \cdots \qquad z^2 = x^2 - \tfrac{1}{3}x^4 + \cdots \qquad z^3 = x^3 - \tfrac{1}{2}x^5 + \cdots$$
$$z^4 = x^4 + \cdots \qquad\qquad\qquad z^5 = x^5 + \cdots$$

Es werden hier nicht mehr Glieder berücksichtigt, da die folgenden Summanden x in höherer als der 5.Potenz enthalten. Somit ist:

$$\begin{aligned} e^{\sin x} &= 1 + (x - \tfrac{1}{6}x^3 + \tfrac{1}{120}x^5 + \cdots) + \tfrac{1}{2}(x^2 - \tfrac{1}{3}x^4 + \cdots) + \tfrac{1}{6}(x^3 - \tfrac{1}{2}x^5 + \cdots) \\ &\quad + \tfrac{1}{24}(x^4 + \cdots) + \tfrac{1}{120}(x^5 + \cdots) + \cdots \quad \text{Zusammengefasst also:} \\ &= 1 + x + \tfrac{1}{2}x^2 - \tfrac{1}{8}x^4 - \tfrac{1}{15}x^5 + \cdots, \quad x \in \mathbb{R}. \end{aligned}$$

(e) $\dfrac{1}{\sqrt{2-3x}}$ bis zum Summanden $c_3 x^3$:

Wegen $\dfrac{1}{\sqrt{2-3x}} = (2-3x)^{-\frac{1}{2}} = 2^{-\frac{1}{2}}(1 - \tfrac{3x}{2})^{-\frac{1}{2}}$ ist die Binomialreihe

$$(1+x)^\alpha = \sum_{n=0}^{\infty} \binom{\alpha}{n} x^n = 1 + \alpha x + \binom{\alpha}{2}x^2 + \binom{\alpha}{3}x^3 + \cdots \quad \text{für } |x| < 1$$

mit $\alpha = -\tfrac{1}{2}$ zu verwenden:

$$\begin{aligned} \frac{1}{\sqrt{2-3x}} &= 2^{-\frac{1}{2}}(1 - \tfrac{3x}{2})^{-\frac{1}{2}} \\ &= \tfrac{1}{\sqrt{2}}\left(1 - \tfrac{1}{2}(-\tfrac{3x}{2}) + \binom{-1/2}{2}(-\tfrac{3x}{2})^2 + \binom{-1/2}{3}(-\tfrac{3x}{2})^3 + \cdots\right) \\ &= \tfrac{1}{\sqrt{2}}\left(1 + \tfrac{3}{4}x + \tfrac{27}{32}x^2 + \tfrac{135}{128}x^3 + \cdots\right), \text{ für } |-\tfrac{3x}{2}| < 1, \text{ also für } |x| < \tfrac{2}{3}. \end{aligned}$$

(f) $\sqrt{1 + e^x}$ bis zum Summanden $c_3 x^3$:

$$e^x = 1 + x + \tfrac{1}{2}x^2 + \tfrac{1}{6}x^3 + \cdots, \quad x \in \mathbb{R} \ [\mathbf{F3}],$$

$$\sqrt{1+z} = (1+z)^{1/2} = \sum_{n=0}^{\infty} \binom{1/2}{n} z^n = 1 + \tfrac{1}{2}z - \tfrac{1}{8}z^2 + \tfrac{1}{16}z^3 \mp \cdots, \quad |z| \le 1 \ [\mathbf{F3}].$$

Die naheliegende Subst. $z = e^x$ führt wegen $z(0) = 1 \ne 0$ nicht weiter, also

$$\sqrt{1+e^x} = \sqrt{2 + (e^x - 1)} = \sqrt{2}\,\sqrt{1 + \tfrac{e^x - 1}{2}}, \quad \text{mit } z := \tfrac{e^x - 1}{2}$$

$$= \sqrt{2}\,\sqrt{1+z} = \sqrt{2}\sum_{n=0}^{\infty}\binom{1/2}{n}z^n = \sqrt{2}\left(1 + \tfrac{1}{2}z - \tfrac{1}{8}z^2 + \tfrac{1}{16}z^3 \mp \cdots\right) \text{ für } |z| \le 1.$$

Nun ist $z = \tfrac{1}{2}x + \tfrac{1}{4}x^2 + \tfrac{1}{12}x^3 + \cdots, \quad z^2 = \tfrac{1}{4}x^2 + \tfrac{1}{4}x^3 + \cdots, \quad z^3 = \tfrac{1}{8}x^3 + \cdots,$ also

$$= \sqrt{2}\left(1 + \tfrac{1}{2}\left(\tfrac{x}{2} + \tfrac{x^2}{4} + \tfrac{x^3}{12} + \cdots\right) - \tfrac{1}{8}\left(\tfrac{x^2}{4} + \tfrac{x^3}{4} + \cdots\right) + \tfrac{1}{16}\left(\tfrac{x^3}{8} + \cdots\right) + \cdots\right)$$

$$\sqrt{1+e^x} = \sqrt{2}\left(1 + \tfrac{1}{4}x + \tfrac{3}{32}x^2 + \tfrac{7}{384}x^3 + \cdots\right) \text{ für } |\tfrac{e^x - 1}{2}| \le 1, \text{ also für } x \le \ln 3.$$

Differentiation und Integration von Potenzreihen

Ist $\qquad f(x) = \sum_{n=0}^{\infty} a_n x^n$ $\qquad\qquad$ für $|x| < r$,

so gilt: $\quad f'(x) = \sum_{n=1}^{\infty} a_n n x^{n-1} = \sum_{n=0}^{\infty} a_{n+1}(n+1)x^n$ für $|x| < r$,

und $\quad \displaystyle\int f(x)\,dx = \sum_{n=0}^{\infty} \frac{a_n}{n+1} x^{n+1} + c$ $\qquad$ für $|x| < r$,

Potenzreihen dürfen **summandenweise** differenziert und integriert werden.
Der Konvergenzradius bleibt dabei unverändert.
Die Integrationskonstante bestimmt man ggf. durch Einsetzen (z.B. $x = 0$).

14.33 $\qquad$ *Man entwickle in eine Potenzreihe um 0:*

$\qquad$ (a) $f(x) = \frac{1}{(1-x)^2}$, $\qquad$ (b) $g(x) - \ln(1-2x)$, $\qquad$ (c) $h(x) = \arctan x$

(a) $\quad$ Benutzt wird: $\quad$ (1) $\quad f(x) = \frac{1}{(1-x)^2} = \left(\frac{1}{1-x}\right)'$

$\qquad\qquad\qquad\qquad$ (2) $\quad \frac{1}{1-x} = \sum_{n=0}^{\infty} x^n$ für $|x| < 1$ $\quad$ (geometrische Reihe)

$\qquad\qquad\qquad\qquad$ (3) $\quad$ Potenzreihen werden summandenweise differenziert.

$f(x) = \frac{1}{(1-x)^2} \overset{(1)}{=} \left(\frac{1}{1-x}\right)' \overset{(2)}{=} \left(\sum_{n=0}^{\infty} x^n\right)' \overset{(3)}{=} \sum_{n=0}^{\infty} (x^n)' = \sum_{n=0}^{\infty} n x^{n-1} = \sum_{n=0}^{\infty} (n+1)x^n$

$\qquad\qquad = 1 + 2x + 3x^2 + 4x^3 + \cdots$ $\quad$ für $|x| < 1$, vgl. [14.21].

(b) $\quad$ Benutzt wird: $\quad$ (1) $\quad g'(x) = \big(\ln(1-2x)\big)' = \frac{-2}{1-2x}$

$\qquad\qquad\qquad\qquad$ (2) $\quad \frac{-2}{1-2x} = -2\sum_{n=0}^{\infty}(2x)^n$ für $|2x| < 1$ $\quad$ (geometrische Reihe)

$\qquad\qquad\qquad\qquad$ (3) $\quad$ Potenzreihen werden summandenweise integriert.

$g'(x) \overset{(1)}{=} \frac{-2}{1-2x} \overset{(2)}{=} -2\sum_{n=0}^{\infty}(2x)^n$ für $|2x| < 1$. Unbestimmte Integration ergibt:

$g(x) \overset{(3)}{=} -2\sum_{n=0}^{\infty} \frac{(2x)^{n+1}}{2(n+1)} + c = -\sum_{n=0}^{\infty} \frac{2^{n+1}}{n+1} x^{n+1} + c$ für $|x| < \frac{1}{2}$.

Nun noch die Integrationskonst. c bestimmen: Einsetzen $x = 0$ liefert $c = 0$. Also:

$\ln(1-2x) = -\sum_{n=0}^{\infty} \frac{2^{n+1}}{n+1} x^{n+1} = -\left(2x + 2x^2 + \frac{8}{3}x^3 + 4x^4 + \cdots\right),$ $\quad$ für $|x| < \frac{1}{2}$.

(c) $h'(x) = \dfrac{1}{1+x^2} = \sum\limits_{n=0}^{\infty} (-x^2)^n = \sum\limits_{n=0}^{\infty} (-1)^n x^{2n}$, für $|-x^2| < 1$, also $|x| < 1$.

$\Longrightarrow h(x) = \sum\limits_{n=0}^{\infty} (-1)^n \dfrac{1}{2n+1} x^{2n+1} + C$, $h(0) = \arctan 0 = 0 \Longrightarrow C = 0$.

$\Longrightarrow h(x) = \arctan x = \sum\limits_{n=0}^{\infty} (-1)^n \dfrac{1}{2n+1} x^{2n+1}$, für $|x| < 1$, (siehe auch **F3**).

14.34   *Man bestimme Konvergenzbereich und dargestellte Funktion:*

$$\text{(a) } \sum_{n=1}^{\infty} \frac{3^n}{n} x^n \quad \text{(b) } \sum_{n=1}^{\infty} 5n x^{n-1}$$

(a) $f(x) := \sum\limits_{n=1}^{\infty} \dfrac{3^n}{n} x^n$.   Gliedweise Differentiation ergibt:

$f'(x) = \sum\limits_{n=1}^{\infty} 3^n x^{n-1} = 3 \sum\limits_{n=1}^{\infty} (3x)^{n-1} = 3 \sum\limits_{n=0}^{\infty} (3x)^n = 3 \dfrac{1}{1-3x}$.

Dies gilt für $|3x| < 1$, d.h. für $|x| < \frac{1}{3}$.

Aus $f'(x) = \dfrac{3}{1-3x}$ erhält man durch Integration $f(x) = -\ln|1-3x| + c$.

Der Wert der Reihe bei $x = 0$ ist 0, also $f(0) = 0$. Das ergibt $c = 0$.

Die dargestellte Funktion ist $f(x) = \sum\limits_{n=1}^{\infty} \dfrac{3^n}{n} x^n = -\ln(1-3x)$, für $|x| < \frac{1}{3}$.

Die Betragstriche sind hier entbehrlich, da $1 - 3x > 0$ für $|x| < \frac{1}{3}$ ist.

(b) $\sum\limits_{n=1}^{\infty} 5n x^{n-1} = 5 \sum\limits_{n=1}^{\infty} (x^n)'$

$= 5 (\sum\limits_{n=1}^{\infty} x^n)' = 5 (\sum\limits_{n=0}^{\infty} x^n - 1)' = 5 (\dfrac{1}{1-x} - 1)' = \dfrac{5}{(1-x)^2}$.

Der Konvergenzbereich ist $-1 < x < 1$.

Merke:

Ist f $\dfrac{gerade}{ungerade}$, hat die Potenzreihendarst. von f nur $\dfrac{gerade}{ungerade}$ Potenzen.

14.35   *Man entwickle* $f(x) = \dfrac{e^{x^2}}{\cos x}$ *um 0 bis zum Summanden* $c_5 x^5$.

f ist gerade, da $f(-x) = f(x)$ ist.

Also werden im Ansatz nur die geraden Potenzen berücksichtigt:

$$f(x) = \frac{e^{x^2}}{\cos x} =: \sum_{n=0}^{\infty} c_{2n} x^{2n}, \text{ daraus folgt:}$$

$$e^{x^2} = \left(\sum_{n=0}^{\infty} c_{2n} x^{2n} \right) \cdot \cos x$$

$$= (c_0 + c_2 x^2 + c_4 x^4 + \cdots) \cdot (1 - \tfrac{1}{2} x^2 + \tfrac{1}{24} x^4 \mp \cdots)$$

$$= c_0 + (c_2 - \tfrac{1}{2} c_0) x^2 + (c_4 - \tfrac{1}{2} c_2 + \tfrac{1}{24} c_0) x^4 + \cdots \quad \text{Andererseits ist:}$$

$$e^{x^2} = 1 + x^2 + \tfrac{1}{2} x^4 + \tfrac{1}{6} x^6 + \cdots \quad \text{und Koeffizientenvergleich ergibt:}$$

$$c_0 = 1 \quad , \quad c_2 = \tfrac{3}{2} \quad , \quad c_4 = \tfrac{29}{24}.$$

Da die benutzten Reihen für alle $x \in \mathbb{R}$ konvergieren, gilt

$$\frac{e^{x^2}}{\cos x} = 1 + \frac{3}{2} x^2 + \frac{29}{24} x^4 + \cdots \text{ für alle } x \in \mathbb{R}.$$

14.36   *Man entwickle* $\ln(1+x)$ *um 0 und bestimme den Konvergenzbereich.*

$$\ln(1+x)' = \frac{1}{1+x} = \sum_{n=0}^{\infty} (-1)^n x^n \quad \text{für } |x| < 1$$

$$\ln(1+x) \quad = \sum_{n=0}^{\infty} (-1)^n \frac{x^{n+1}}{n+1} + c \;, \; \ln 1 = 0 \Longrightarrow c = 0$$

$$= - \sum_{n=1}^{\infty} \frac{(-x)^n}{n} = x - \frac{x^2}{2} + \frac{x^3}{3} - \frac{x^4}{4} \pm \cdots$$

Diese Entwicklung gilt zunächst nur für $|x| < 1$.

Bleiben die Randpunkte $x_0 = -1$ und $x_1 = 1$ zu untersuchen:

$x_0 = -1:$ die harmonische Reihe $\sum \dfrac{1}{n}$ ist divergent.

$x_1 = 1:$ die alternierende Reihe $\sum \dfrac{(-1)^{(n+1)}}{n}$ ist konvergent (Leibniz–Krit.).

Dass nun $\ln 2 = - \displaystyle\sum_{n=1}^{\infty} \frac{(-1)^n}{n} = \sum_{n=1}^{\infty} \frac{(-1)^{(n+1)}}{n} = 1 - \frac{1}{2} + \frac{1}{3} - \frac{1}{4} \pm \cdots$ ist, folgt

aus dem Abelschen Grenzwertsatz, siehe **Ana 1**.

Es gilt also $\ln(1+x) = - \displaystyle\sum_{n=1}^{\infty} \frac{(-x)^n}{n} = \sum_{n=0}^{\infty} (-1)^n \frac{x^{n+1}}{n+1} \quad$ für $-1 < x \leq 1$.

14.4   Taylorreihen

Ist f eine im Punkt x_0 hinreichend oft differenzierbare Funktion, ordnet man ihr das *Taylorpolynom* $T_n(x)$ zu:

Taylorpolynom n-ten Grades von f bei x_0

$$T_n(x) = \sum_{k=0}^{n} \frac{f^{(k)}(x_0)}{k!}(x - x_0)^k$$

$$= f(x_0) + \frac{f'(x_0)}{1!}(x - x_0) + \frac{f''(x_0)}{2!}(x - x_0)^2 + \cdots + \frac{f^{(n)}(x_0)}{n!}(x - x_0)^n$$

T_n ist als ein Polynom anzusehen, das die Funktion f in einer Umgebung von x_0 annähert. Im Punkt x_0 ist $T_n(x_0) = f(x_0)$.

14.37   Man berechne das Taylorpolynom n-ten Grades von $f(x) = \mathrm{e}^{2x}$ für $x_0 = 1$.

$$\begin{aligned}
f(x) &= \mathrm{e}^{2x} &\to& \quad f(1) &=& \quad \mathrm{e}^2 \\
f'(x) &= 2\mathrm{e}^{2x} &\to& \quad f'(1) &=& \quad 2\mathrm{e}^2 \\
f''(x) &= 4\mathrm{e}^{2x} &\to& \quad f''(1) &=& \quad 4\mathrm{e}^2 \\
&\cdots &&\quad \cdots && \\
f^{(k)}(x) &= 2^k\mathrm{e}^{2x} &\to& \quad f^{(k)}(1) &=& \quad 2^k\mathrm{e}^2
\end{aligned}$$

$$T_n(x) = \mathrm{e}^2 + 2\mathrm{e}^2(x - 1) + 2\mathrm{e}^2(x - 1)^2 + \tfrac{4}{3}\mathrm{e}^2(x - 1)^3 + \cdots + \frac{2^n}{n!}\mathrm{e}^2(x - 1)^n.$$

T_0 ist die horizontale Gerade $y = f(x_0)$.

T_1 ist die Gerade $y = f(x_0) + f'(x_0)(x - x_0)$, das ist die Tangente.

T_2 ist die durch den Punkt $(x_0, f(x_0))$ verlaufende Näherungsparabel

$$y = f(x_0) + f'(x_0)(x - x_0) + \tfrac{1}{2}f''(x_0)(x - x_0)^2 \quad (f''(x_0) \neq 0 \text{ vorausgesetzt}).$$

u.s.w.

Die Differenz zwischen der Funktion f und dem Näherungspolynom T_n ist das Restglied R_n.

Restglied: $\boldsymbol{R_n(x) := f(x) - T_n(x)}$

Satz von Taylor

Ist f in einer Umgebung von x_0 hinreichend oft differenzierbar, so gilt :

$$\begin{aligned}
f(x) &= f(x_0) + \frac{f'(x_0)}{1!}(x - x_0) + \frac{f''(x_0)}{2!}(x - x_0)^2 + \cdots + \frac{f^{(n)}(x_0)}{n!}(x - x_0)^n + R_n(x) \\
&= T_n(x) + R_n(x), \qquad \text{wobei}
\end{aligned}$$

$$R_n(x) = \frac{f^{(n+1)}(\xi)}{(n+1)!}(x - x_0)^{n+1} \quad \text{(Restglieddarstellung von Lagrange)}$$

ist für eine zwischen x und x_0 gelegene Zahl ξ.

Die wesentliche Aussage des Satzes ist die Formel für das Restglied.
Da man aber über ξ nur weiß, dass es zwischen x und x_0 liegt, wird man $R_n(x)$ nicht tatsächlich berechnen, sondern nur abschätzen können.

Gilt $\lim\limits_{n \to \infty} R_n(x) = 0$ in einer Umgebung $U(x_0)$, so

- wird die Abweichung zwischen $f(x)$ und Näherung $T_n(x)$ in $U(x_0)$ beliebig klein,
- konvergiert die Folge $(T_n(x))$ der Taylorpol. für jedes $x \in U(x_0)$ gegen $f(x)$.

Man sagt: f wird in $U(x_0)$ durch seine **Taylorreihe** dargestellt.

Ist f in $U(x_0)$ unendlich oft differenzierbar, so nennt man

$$\sum_{k=0}^{\infty} \frac{f^{(k)}(x_0)}{k!}(x - x_0)^k = f(x_0) + \frac{f'(x_0)}{1!}(x - x_0) + \frac{f''(x_0)}{2!}(x - x_0)^2 + \cdots$$

Taylorreihe von f bei x_0

Es gilt: $\quad f(x) = \sum\limits_{k=0}^{\infty} \frac{f^{(k)}(x_0)}{k!}(x - x_0)^k \quad \Longleftrightarrow \quad \lim\limits_{n \to \infty} R_n(x) = 0.$

f wird durch ihre Taylorreihe dargestellt $\iff$ R_n verschwindet für $n \to \infty$.

Es kann vorkommen, dass

1.) die Taylorreihe nicht im ganzen Definitionsbereich von f konvergiert.

Beispiel: $f(x) = \dfrac{1}{1+x^2} = \sum\limits_{n=0}^{\infty} (-1)^n x^{2n}$ konvergiert nur für $|x| < 1$.

2.) die Taylorreihe (überall) konvergiert, aber für $x \neq x_0$ nicht gegen $f(x)$.

Beispiel: $f(x) = \begin{cases} e^{-1/x^2} & , \ x \neq 0 \\ 0 & , \ x = 0 \end{cases}$

Wegen $f^{(k)}(0) = 0$ für alle k ist die Taylorreihe um 0 die Nullfunktion.

14.38 *Für $f(x) = xe^x$ und $x_0 = 0$ gebe man das n-te Taylorpolynom an und untersuche, ob f durch seine Taylorreihe dargestellt wird.*

$$\begin{aligned} f(x) &= & xe^x & \ \to \ & f(0) &= 0 \\ f'(x) &= (1+x)e^x & \ \to \ & f'(0) &= 1 \\ f''(x) &= (2+x)e^x & \ \to \ & f''(0) &= 2 \\ & & \cdots & & \cdots & \\ f^{(k)}(x) &= (k+x)e^x & \ \to \ & f^{(k)}(0) &= k. \end{aligned}$$

$$f(x) = \frac{1}{1!}x + \frac{2}{2!}x^2 + \frac{3}{3!}x^3 + \cdots + \frac{n}{n!}x^n + R_n(x)$$
$$= x + x^2 + \frac{1}{2!}x^3 + \cdots + \frac{1}{(n-1)!}x^n + \frac{(n+1+\xi)e^\xi}{(n+1)!}x^{n+1},$$

$$|R_n(x)| = |xe^\xi \frac{x^n}{n!} + \xi e^\xi \frac{x^{n+1}}{(n+1)!}| \le a \cdot \frac{x^n}{n!} + b \cdot \frac{x^{n+1}}{(n+1)!}, \quad a,b \text{ fest} \Rightarrow \lim_{n\to\infty} R_n(x) = 0$$

Die Funktion $f(x) = xe^x$ wird daher für alle $x \in \mathbb{R}$ durch ihre Taylorreihe um 0 dargestellt :

$$f(x) = xe^x = \sum_{n=1}^{\infty} \frac{1}{(n-1)!}x^n.$$

Potenzreihen und Taylorentwicklung

Bei gleichem Entwicklungspunkt x_0 stimmen Potenzreihenentwicklung und Taylorreihenentwicklung einer Funktion f überein.

Sofern möglich, benutzt man daher für Taylorreihenentwicklungen nicht die Definition, sondern lieber bereits bekannte Potenzreihendarstellungen.

14.39   *Man bestimme die Taylorreihe von $f(x) = xe^x$ für $x_0 = 0$.*

$$e^x = \sum_{n=0}^{\infty} \frac{1}{n!}x^n \implies xe^x = \sum_{n=0}^{\infty} \frac{1}{n!}x^{n+1} = \sum_{n=1}^{\infty} \frac{1}{(n-1)!}x^n \quad \text{Siehe [14.38]}.$$

14.40   *Man bestimme die Taylorreihe von $f(x) = e^x \sin x$ für $x_0 = 0$*
          (a) nach Definition   (b) bekannte Reihen benutzend:

(a)

$f(x)$	$=$	$e^x \sin x$	$\to$	$f(0)$	$= \quad 0$
$f'(x)$	$=$	$e^x(\sin x + \cos x)$	$\to$	$f'(0)$	$= \quad 1$
$f''(x)$	$=$	$2e^x \cos x$	$\to$	$f''(0)$	$= \quad 2$
$f^{(3)}(x)$	$=$	$2e^x(\cos x - \sin x)$	$\to$	$f^{(3)}(0)$	$= \quad 2$
$f^{(4)}(x)$	$=$	$-4e^x \sin x = -4f(x)$	$\to$	$f^{(4)}(0)$	$= \quad 0$

$$\cdots \qquad \cdots$$

$f^{(4k)}(x)$	$=$	$(-4)^k \cdot f(x) = (-4)^k e^x \sin x$	$\to$	$f^{(4k)}(0)$	$= \quad 0$
$f^{(4k+1)}(x)$	$=$	$(-4)^k e^x(\sin x + \cos x)$	$\to$	$f^{(4k+1)}(0)$	$= \quad (-4)^k$
$f^{(4k+2)}(x)$	$=$	$(-4)^k 2e^x \cos x$	$\to$	$f^{(4k+2)}(0)$	$= \quad 2(-4)^k$
$f^{(4k+3)}(x)$	$=$	$(-4)^k 2e^x(\cos x - \sin x)$	$\to$	$f^{(4k+3)}(0)$	$= \quad 2(-4)^k$

Taylorreihe: $\displaystyle\sum_{n=0}^{\infty} \frac{a_n}{n!}x^n$ mit $a_n = \begin{cases} 0 & , \text{ für } n = 4k, \\ (-4)^k & , \text{ für } n = 4k+1, \\ 2(-4)^k & , \text{ für } n = 4k+2 \text{ oder } n = 4k+3. \end{cases}$

$$\sum_{n=0}^{\infty} \frac{a_n}{n!}x^n = x + x^2 + \frac{2}{3!}x^3 - \frac{4}{5!}x^5 - \frac{8}{6!}x^6 - \frac{8}{7!}x^7 + \frac{16}{9!}x^9 + \cdots$$
$$= x + x^2 + \frac{1}{3}x^3 - \frac{1}{30}x^5 - \frac{1}{90}x^6 - \cdots$$

(b)   siehe [14.32 (b)].

> Die Taylorreihe eines **Polynoms** an der Stelle x_0
>
> ist die
>
> Umordnung des Polynoms nach Potenzen von $(x - x_0)$.
>
> (Hornerschema, Seite 66 !)

14.41   Man entwickle $f(x) = 2x^3 - 1$ in eine Taylorreihe um $x_0 = 2$.

$$
\begin{array}{r|rrrr}
 & 2 & 0 & 0 & -1 \\
x = 2 & & 4 & 8 & 16 \\
\hline
 & 2 & 4 & 8 & 15 \\
x = 2 & & 4 & 16 & \\
\hline
 & 2 & 8 & 24 & \\
x = 2 & & 4 & & \\
\hline
 & 2 & 12 & & \\
x = 2 & & & & \\
\hline
 & 2 & & &
\end{array}
$$

Die Umordnung des Polynoms $2x^3 - 1$
nach Potenzen von $(x - 2)$ ergibt:
$$f(x) = 15 + 24(x - 2) + 12(x - 2)^2 + 2(x - 2)^3.$$
Siehe HORNER–Schema, Seite 66.

Auch im folgenden Fall kann man sich das Ausrechnen der einzelnen Koeffizienten mit der Formel $a_n = \dfrac{f^{(n)}(x_0)}{n!}$ ersparen:

> Bei der Taylorentwicklung **rationaler Funktionen** mache man eine Partialbruchentwicklung und versuche so umzuformen, dass folgende Taylorreihen für $|z| < 1$ verwendet werden können:
>
> $$\frac{1}{1-z} = \sum_{n=0}^{\infty} z^n\,, \qquad \frac{1}{1+z} = \sum_{n=0}^{\infty} (-1)^n z^n\,, \qquad \frac{1}{(1-z)^2} = \sum_{n=0}^{\infty} (n+1) z^n.$$

14.42   Man entwickle in eine Taylorreihe:

(a) $f(x) = \frac{5x-1}{x^2-1}$ um $x_0 = 0$,

(b) $f(x) = \frac{2x^2-11}{x^3-3x^2+4}$ um $x_0 = 1$.

(a) $\dfrac{5x-1}{x^2-1} = \dfrac{5x-1}{(x-1)(x+1)} = \dfrac{2}{x-1} + \dfrac{3}{x+1}$ (PBZ),

$\qquad = -2\dfrac{1}{1-x} + 3\dfrac{1}{1-(-x)} = -2\sum_{n=0}^{\infty} x^n + 3\sum_{n=0}^{\infty}(-x)^n$ (geom. Reihe, S. 337),

$\qquad = \sum_{n=0}^{\infty}(-2 + 3(-1)^n)x^n,$ für $|x| < 1$.

(b) $\quad \frac{2x^2-11}{x^3-3x^2+4} \;=\; \frac{-1}{x+1} + \frac{3}{x-2} + \frac{-1}{(x-2)^2}$

$\qquad\qquad\quad = \; \frac{-1}{2+(x-1)} + \frac{3}{-1+(x-1)} + \frac{-1}{(-1+(x-1))^2}$

$\qquad\qquad\quad = \; -\frac{1}{2}\,\frac{1}{1+\frac{x-1}{2}} - 3\,\frac{1}{1-(x-1)} - \frac{1}{(1-(x-1))^2}$

$\qquad\qquad\quad = \; -\frac{1}{2}\sum_{n=0}^{\infty}(-\frac{x-1}{2})^n - 3\sum_{n=0}^{\infty}(x-1)^n - \sum_{n=0}^{\infty}(n+1)(x-1)^n$

im Bereich $|-\frac{x-1}{2}| < 1$ und $|x-1| < 1$, also für $|x-1| < 1$.

$\qquad\qquad\quad = \; \sum_{n=0}^{\infty}(-\tfrac{1}{2}(-\tfrac{1}{2})^n - 3 - (n+1))(x-1)^n$

$\qquad\qquad\quad = \; \sum_{n=0}^{\infty}((-\tfrac{1}{2})^{n+1} - n - 4)(x-1)^n$

$\qquad\qquad\quad = \; -\frac{9}{2} - \frac{19}{4}(x-1) - \frac{49}{8}(x-1)^2 - \cdots \quad$ für $0 < x < 2$.

14.43   *Man berechne die Taylorreihe von $f(x) = \cos x$ für $x_0 = \frac{\pi}{6}$*

$\qquad$ (a)   *nach Definition*

$\qquad$ (b)   *unter Benutzung des Additionstheorems und bekannter Reihen:*

(a) $\quad\begin{aligned}
f(x) &= \cos x &&\rightarrow & f(\tfrac{\pi}{6}) &= \sqrt{3}/2 \\
f'(x) &= -\sin x &&\rightarrow & f'(\tfrac{\pi}{6}) &= -1/2 \\
f''(x) &= -\cos x &&\rightarrow & f''(\tfrac{\pi}{6}) &= -\sqrt{3}/2 \\
f^{(3)}(x) &= \sin x &&\rightarrow & f^{(3)}(\tfrac{\pi}{6}) &= 1/2 \\
f^{(4)}(x) &= \cos x = f(x) &&\rightarrow & f^{(4)}(\tfrac{\pi}{6}) &= \sqrt{3}/2
\end{aligned}$

$$\cos x = \sum_{n=0}^{\infty}\frac{a_n}{2n!}(x-\tfrac{\pi}{6})^n \quad \text{mit} \quad a_n = \begin{cases} \sqrt{3} & ,\ \text{für}\quad n = 4k \\ -1 & ,\ \text{für}\quad n = 4k+1 \\ -\sqrt{3} & ,\ \text{für}\quad n = 4k+2 \\ 1 & ,\ \text{für}\quad n = 4k+3 \end{cases}$$

$\qquad = \frac{\sqrt{3}}{2} - \frac{1}{2}(x-\tfrac{\pi}{6}) - \frac{\sqrt{3}}{4}(x-\tfrac{\pi}{6})^2 + \frac{1}{2\cdot 3!}(x-\tfrac{\pi}{6})^3 + \frac{\sqrt{3}}{2\cdot 4!}(x-\tfrac{\pi}{6})^4 + \cdots$

(b) $\quad \cos x = \cos(\tfrac{\pi}{6} + (x-\tfrac{\pi}{6})) = \cos\tfrac{\pi}{6}\cos(x-\tfrac{\pi}{6}) - \sin\tfrac{\pi}{6}\sin(x-\tfrac{\pi}{6})$

$\qquad\qquad\quad = \tfrac{1}{2}\sqrt{3}\cos(x-\tfrac{\pi}{6}) - \tfrac{1}{2}\sin(x-\tfrac{\pi}{6})$

$\tfrac{1}{2}\sqrt{3}\cos(x-\tfrac{\pi}{6}) = \tfrac{1}{2}\sqrt{3}\left(1 - \tfrac{1}{2!}(x-\tfrac{\pi}{6})^2 + \tfrac{1}{4!}(x-\tfrac{\pi}{6})^4 - \tfrac{1}{6!}(x-\tfrac{\pi}{6})^6 + \cdots\right)$

$\tfrac{1}{2}\sin(x-\tfrac{\pi}{6}) = \tfrac{1}{2}\left((x-\tfrac{\pi}{6}) - \tfrac{1}{3!}(x-\tfrac{\pi}{6})^3 + \tfrac{1}{5!}(x-\tfrac{\pi}{6})^5 - \cdots\right)$

$\cos x = \tfrac{1}{2}\sqrt{3} - \tfrac{1}{2}(x-\tfrac{\pi}{6}) - \tfrac{1}{2\cdot 2!}\sqrt{3}(x-\tfrac{\pi}{6})^2 + \tfrac{1}{2\cdot 3!}(x-\tfrac{\pi}{6})^3 + \cdots$

Reihendarstellungen kann man verwenden, um **unbestimmte Ausdrücke** der Form $[\frac{0}{0}]$ zu berechnen (anstatt l'Hospital zu benutzen).

14.44   Man bestimme   a) $\lim\limits_{x\to 0}\dfrac{\sin x}{x}$ b) $\lim\limits_{x\to 0}\dfrac{\cos 2x-\cos 5x}{3\sin^2 x}$

(a) $\lim\limits_{x\to 0}\dfrac{1}{x}(x-\dfrac{1}{3!}x^3+\cdots)=\lim\limits_{x\to 0}(1-\dfrac{1}{3!}x^2+\cdots)=1.$

(b) $\lim\limits_{x\to 0}\dfrac{(1-\frac{4}{2!}x^2+\cdots)-(1-\frac{25}{2!}x^2+\cdots)}{3x^2-x^4+\cdots}=\lim\limits_{x\to 0}\dfrac{\frac{-4+25}{2!}x^2+\cdots}{3x^2-x^4+\cdots}=\dfrac{-4+25}{2!3}=\dfrac{7}{2}.$

Reihen werden benutzt, um Funktionswerte von Funktionen, die als Reihen gegeben sind, zu berechnen.

14.45   Man berechne $\sqrt[5]{267.3}$ mit einer Abweichung von höchstens $5\cdot 10^{-5}$.

$\sqrt[5]{267.3}=[243(1+\frac{1}{10})]^{1/5}=3(1+\frac{1}{10})^{1/5}.$

Gesucht ist der Funktionswert der Funktion $3(1+x)^{1/5}$, an der Stelle $x=\frac{1}{10}$.

$3(1+\frac{1}{10})^{1/5}=3[1+\binom{1/5}{1}\frac{1}{10}+\binom{1/5}{2}(\frac{1}{10})^2+\binom{1/5}{3}(\frac{1}{10})^3+\cdots+R_n(\frac{1}{10})].$

Um festzustellen, wieviele Glieder man für die verlangte Genauigkeit berücksichtigen muss, betrachtet man das Restglied:

$R_n(\frac{1}{10})=\binom{1/5}{n+1}(\frac{1}{10})^{n+1}(1+\xi)^{\frac{1}{5}-(n+1)}$ mit $0<\xi<\frac{1}{10}.$

Wegen $(1+\xi)^{\frac{1}{5}-(n+1)}\le 1$ erhält man für $n=3$:

$|3R_3(\frac{1}{10})|\le |3\cdot\frac{1}{5}(-\frac{4}{5})(-\frac{9}{5})(-\frac{14}{5})\frac{1}{4!}\frac{1}{10^4}|\le 1.2\cdot 10^{-5}<5\cdot 10^{-5}.$

Der Näherungswert ist
$3\cdot T_3(\frac{1}{10})=3(1+\frac{1}{5}\frac{1}{10}-\frac{4}{2!\cdot 25\cdot 100}+\frac{4\cdot 9}{3!\cdot 125\cdot 1000})=3.057744.$

Wegen $R_3(\frac{1}{10})<0$ und $|3R_3(\frac{1}{10})|<1.2\cdot 10^{-5}$ ist:

$$3.057732<\sqrt[5]{267.3}<3.057744$$

14.5   Fourierreihen

Eine Funktion f heißt **periodisch** mit der Periode $p \neq 0$, wenn gilt:

$$f(x + p) = f(x) \quad \text{für alle} \quad x \in \mathbb{R}$$

14.46 $f(x) = \tan x$ hat die Perioden $\cdots, -2\pi, -\pi, \pi, 2\pi, \cdots$, also $k \cdot \pi$ mit $k \in \mathbb{Z}$

Meist meint man mit **die Periode** die kleinste positive Periode (sofern vorhanden). So hat die tan–Funktion *die Periode* π.

14.47   *Man bestimme die kleinste positive Periode von :*
   a) $f(x) = \sin(3\pi x)$ b) $g(x) = \cos(ax + b)$ c) $h(x) = \sin^2 5x$

(a) $f(x + p) = \sin(3\pi(x + p)) = \sin(3\pi x + 3\pi p) = \sin(3\pi x) = f(x)$
   $\Longleftrightarrow 3\pi p = 2k\pi, \ k \in \mathbb{Z}$, denn das sind die Perioden der sin–Funktion.
   Also ist $p = \frac{2}{3}k$ mit $k \in \mathbb{Z}$ und die kleinste positive Periode von f ist $p = \frac{2}{3}$.

(b) $\cos(a(x + p) + b) = \cos(ax + b + ap) = \cos(ax + b) \Longleftrightarrow ap = 2k\pi$.
   Die kleinste positive Periode von g ist $p = 2\pi/a$.

(c) $\sin^2 5x = \frac{1}{2}(1 - \cos 10x)$
   $\cos 10x$ und damit auch $\sin^2 5x$ hat als kleinste positive Periode $p = \frac{2\pi}{10} = \frac{\pi}{5}$.

Eine p-periodische Funktion f ist eindeutig bestimmt durch ihr Verhalten auf einem beliebigen Intervall der Länge p.

Ist f p-periodisch und integrierbar. Dann wird definiert :

Fourierkoeffizienten

$$a_n = \frac{2}{p} \int_0^p f(x) \cos \frac{2\pi}{p} nx \, dx \qquad b_n = \frac{2}{p} \int_0^p f(x) \sin \frac{2\pi}{p} nx \, dx$$

Fourierreihe von f

$$F(x) = \frac{a_0}{2} + \sum_{n=1}^{\infty} \left(a_n \cos \frac{2\pi}{p} nx + b_n \sin \frac{2\pi}{p} nx \right)$$

$$= \frac{a_0}{2} + a_1 \cos \frac{2\pi}{p} x + b_1 \sin \frac{2\pi}{p} x + a_2 \cos \frac{2\pi}{p} 2x + b_2 \sin \frac{2\pi}{p} 2x + a_3 \cos \frac{2\pi}{p} 3x + \cdots$$

siehe auch **F+H**.

14.48   Man skizziere die angegebene Funktion und berechne ihre Fourierreihe.

(a) $f(x) = \pi - x$ für $0 \leq x < \pi$, $f(x + \pi) = f(x)$,

(b) $g(x) = x$ für $0 \leq x \leq 1$, $g(x) = 1$ für $1 \leq x < 2$ und $g(x + 2) = g(x)$.

(a) $f(x) = \pi - x$ für $0 \leq x < \pi$, $f(x + \pi) = f(x)$.

$$a_0 = \frac{2}{\pi} \int_0^\pi (\pi - x)\, dx = \frac{2}{\pi} \left[\pi x - \frac{1}{2} x^2 \right]_0^\pi = \pi$$

$$= \frac{2}{\pi} \cdot \text{Fläche unter der Kurve}$$

$$a_n = \frac{2}{\pi} \int_0^\pi (\pi - x) \cos 2nx\, dx = 2 \int_0^\pi \cos 2nx\, dx - \frac{2}{\pi} \int_0^\pi x \cos 2nx\, dx$$

$$= \left[\frac{1}{n} \sin 2nx - \frac{\cos 2nx}{2\pi n^2} - \frac{x \sin 2nx}{\pi n} \right]_0^\pi = 0$$

$$b_n = \frac{2}{\pi} \int_0^\pi (\pi - x) \sin 2nx\, dx = \frac{2}{\pi} \left[\frac{-\pi \cos 2nx}{2n} - \frac{\sin 2nx}{4n^2} + \frac{x \cos 2nx}{2n} \right]_0^\pi = \frac{1}{n}.$$

Die Fourierreihe von f lautet:

$$F(x) = \frac{\pi}{2} + \sin 2x + \frac{1}{2} \sin 4x + \frac{1}{3} \sin 6x + \cdots = \frac{\pi}{2} + \sum_{n=1}^\infty \frac{1}{n} \sin 2nx.$$

(b) $g(x) = x$ für $0 \leq x \leq 1$, $g(x) = 1$ für $1 \leq x < 2$ und $g(x + 2) = g(x)$

$$a_0 = \int_0^2 f(x)\, dx = \frac{3}{2} \quad \text{(keine Rechnung notwendig: Fläche unter der Kurve!)}$$

$$a_n = \int_0^2 f(x) \cos \pi nx\, dx$$

$$= \int_0^1 x \cos \pi nx\, dx + \int_1^2 \cos \pi nx\, dx$$

$$= \left[\frac{\cos \pi nx}{n^2 \pi^2} + \frac{x \sin \pi xn}{n\pi} \right]_0^1 + \left[\frac{\sin \pi nx}{n\pi} \right]_1^2 = \frac{\cos \pi n}{n^2 \pi^2} - \frac{1}{n^2 \pi^2} = \frac{(-1)^n - 1}{n^2 \pi^2}$$

$$b_n = \int_0^2 f(x) \sin \pi nx\, dx = \int_0^1 x \sin \pi nx\, dx + \int_1^2 \sin \pi nx\, dx$$

$$= \left[\frac{\sin \pi nx}{n^2 \pi^2} - \frac{x \cos \pi xn}{n\pi} \right]_0^1 + \left[\frac{-\cos \pi nx}{n\pi} \right]_1^2 = -\frac{\cos \pi n}{n\pi} - \frac{\cos 2n\pi}{n\pi} + \frac{\cos n\pi}{n\pi} = -\frac{1}{n\pi}.$$

Die Fourierreihe von g lautet :

$$G(x) = \frac{3}{4} - \frac{2}{\pi^2} \cos \pi x - \frac{1}{\pi} \sin \pi x - \frac{1}{2\pi} \sin 2\pi x - \frac{2}{3^2 \pi^2} \cos 3\pi x - \frac{1}{3\pi} \sin 3\pi x - \cdots$$

$$= \frac{3}{4} + \sum_{n=1}^\infty \left(\frac{(-1)^n - 1}{n^2 \pi^2} \cos \pi nx - \frac{1}{n\pi} \sin \pi nx \right).$$

Berechnung der Fourierkoeffizienten

$$f \text{ gerade} \implies b_n = 0 \qquad f \text{ ungerade} \implies a_n = 0$$

Beim Berechnen der Fourierkoeffizienten ist der Anfangspunkt des Integrationsintervalls (der Länge p) beliebig (für b_n gilt Entsprechendes).

$$a_n = \frac{2}{p}\int_0^p f(x)\cos\frac{2\pi}{p}nx\,dx = \frac{2}{p}\int_{x_0}^{x_0+p} f(x)\cos\frac{2\pi}{p}nx\,dx$$

14.49   *Man skizziere die angegebene Funktion und berechne ihre Fourierreihe :*

$$f(x) = \begin{cases} 0 \text{ , für } -2 \leq x < -1 \\ 2 \text{ , für } -1 \leq x < \ 1 \\ 0 \text{ , für } \ \ \ 1 \leq x < \ 2 \end{cases} \qquad \begin{array}{l} f(x+4) = f(x) \\ \text{d.h. } f \text{ wird periodisch fortgesetzt!} \end{array}$$

$a_0 = 2 \ (= \frac{2}{4}\cdot\text{Fläche })$

Die Periode beträgt 4.
Zweckmäßigerweise wird im
Folgenden nicht von 0 bis 4,
sondern von -1 bis 3 integriert:

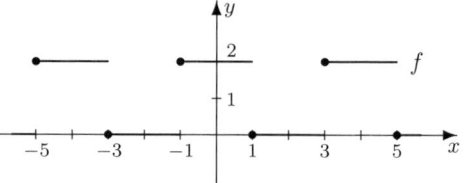

$$a_n = \frac{1}{2}\int_{-1}^{3} f(x)\cos\frac{\pi}{2}nx\,dx$$

$$= \frac{1}{2}\int_{-1}^{1} 2\cos\frac{\pi}{2}nx\,dx + \frac{1}{2}\int_{1}^{3} 0\,dx$$

$$= \left[\frac{2}{n\pi}\sin\frac{n\pi}{2}x\right]_{-1}^{1} = \frac{4}{n\pi}\sin\frac{n\pi}{2} = \frac{4}{n\pi}\begin{cases} 0 & \text{, falls } n \text{ gerade} \\ (-1)^k & \text{, falls } n = 2k+1 \end{cases}$$

$b_n = 0$, da f gerade ist.   Die Fourierreihe von f lautet:

$$F(x) = 1 + \frac{4}{\pi}(\cos\frac{\pi}{2}x - \frac{1}{3}\cos\frac{3\pi}{2}x + \frac{1}{5}\cos\frac{5\pi}{2}x - \cdots)$$

$$= 1 + \frac{4}{\pi}\sum_{n=0}^{\infty}\frac{(-1)^n}{2n+1}\cos\frac{2n+1}{2}\pi x.$$

In vielen Fällen kann man die in **F+H** angegebenen Fourierentwicklungen verwenden:

14.50   *Man berechne die Fourierreihen mittels der in* **F+H** *angegebenen Fourierentwicklungen:*

a) $f(x) = \pi - x$ für $0 \leq x \leq \pi$ b) $g(x) = 2\cos x$ für $-\frac{\pi}{2} \leq x \leq \frac{\pi}{2}$

(a)   **F+H** liefert die Fourierentwicklung von

$y = x$ für $0 \leq x < 2\pi$: $y = \pi - 2\left(\frac{\sin x}{1} + \frac{\sin 2x}{2} + \frac{\sin 3x}{3} + \cdots\right).$

Aus dieser Funktion entsteht f durch
Spiegelung an der y–Achse und Stauchung
in x– und y–Richtung mit dem Faktor 2.

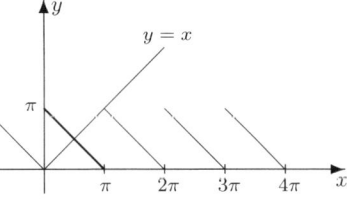

Man ersetzt also in dieser Reihe x durch
$-2x$ und y durch $2F$ und erhält :

$$2F = \pi - 2\left(\frac{\sin(-2x)}{1} + \frac{\sin(-4x)}{2} + \frac{\sin(-6x)}{3} + \cdots\right)$$

$$F = \frac{\pi}{2} + \frac{\sin 2x}{1} + \frac{\sin 4x}{2} + \frac{\sin 6x}{3} + \cdots = \frac{\pi}{2} + \sum_{n=1}^{\infty} \frac{\sin 2nx}{n}, \text{ vgl. [14.48 (a)]}.$$

(b) **F+H** liefert die Fourierentwicklung von

$y = |\sin x|$,für $-\pi \le x < \pi$:

$$y = \frac{2}{\pi} - \frac{4}{\pi}\left(\frac{\cos 2x}{1\cdot 3} + \frac{\cos 4x}{3\cdot 5} + \frac{\cos 6x}{5\cdot 7} + \cdots\right).$$

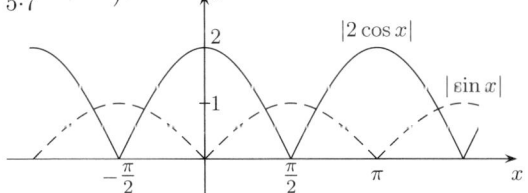

Aus dieser Funktion
entsteht g durch
Verschiebung um $\frac{\pi}{2}$
nach rechts und Streckung
in y–Richtung mit
dem Faktor 2.

Man ersetzt also in dieser Reihe x durch $x - \frac{\pi}{2}$ und y durch $\frac{1}{2}G$ und erhält:

$$\frac{G}{2} = \frac{2}{\pi} - \frac{4}{\pi}\left(\frac{\cos 2(x+\frac{\pi}{2})}{1\cdot 3} + \frac{\cos 4(x+\frac{\pi}{2})}{3\cdot 5} + \frac{\cos 6(x+\frac{\pi}{2})}{5\cdot 7} + \cdots\right)$$

Additionstheorem (Umschlagseite **F 1** oder **F+H**) ergibt:

$\cos 2n(x + \frac{\pi}{2}) = \cos 2nx \cdot \cos \pi n - \sin 2nx \cdot \sin \pi n = (-1)^n \cos 2nx$. Also:

$$\frac{G}{2} = \frac{2}{\pi} - \frac{4}{\pi}\left(-\frac{\cos 2x}{1\cdot 3} + \frac{\cos 4x}{3\cdot 5} - \frac{\cos 6x}{5\cdot 7} \pm \cdots\right)$$

$$G = \frac{4}{\pi} - \frac{8}{\pi}\left(-\frac{\cos 2x}{1\cdot 3} + \frac{\cos 4x}{3\cdot 5} - \frac{\cos 6x}{5\cdot 7} \pm \cdots\right) = \frac{4}{\pi} - \frac{8}{\pi} \sum_{n=1}^{\infty} \frac{(-1)^n \cos 2nx}{(2n-1)(2n+1)}.$$

14.51   *Sind m , n natürliche Zahlen, so gilt:*

$$\int_0^p \sin \frac{2\pi}{p} nx \cos \frac{2\pi}{p} mx\, dx = 0$$

$$\int_0^p \sin \frac{2\pi}{p} nx \sin \frac{2\pi}{p} mx\, dx = \int_0^p \cos \frac{2\pi}{p} nx \cos \frac{2\pi}{p} mx\, dx = \begin{cases} 0 & \text{für } n \ne m \\ \frac{p}{2} & \text{für } n = m \end{cases}$$

Hieraus ersieht man: Die Fourierreihe der *endlichen trigonometrischen Summe*

$$T(x) = \sum_{k=0}^{n} \left(\alpha_k \cos \frac{2\pi}{p} kx + \beta_k \sin \frac{2\pi}{p} kx\right) \text{ ist wieder } T(x).$$

Weitere Beispiele, siehe **F+H**.

Zusammenhang zwischen Funktion und Fourierreihe

Ist f periodisch mit der Periode p und stückweise glatt (Seite 262) in $[-\frac{p}{2}, \frac{p}{2}]$, so konvergiert ihre Fourierreihe F und zwar gegen:

$$\begin{cases} f(x_0) & \text{, wenn } f \text{ in } x_0 \quad \text{stetig ist} \\ \frac{1}{2}\left(\lim_{x\to x_0^-} f(x) + \lim_{x\to x_0^+} f(x) \right) & \text{, wenn } f \text{ in } x_0 \quad \text{unstetig ist.} \end{cases}$$

Die Fourierreihe stellt also eine stückweise glatte Funktion in ihren Stetigkeitsstellen dar, während sie in den Unstetigkeitsstellen gegen das **arithmetische Mittel** von links– und rechtsseitigem Grenzwert konvergiert.

So ist etwa in [14.48 (a)]:

$$\lim_{x\to 0^-} f(x) = 0, \quad \lim_{x\to 0^+} f(x) = \pi, \text{ also } F(0) = \frac{1}{2}(0 + \pi) = \frac{1}{2}\pi.$$

Auf diese Weise lassen sich numerische Reihen berechnen:

14.52   *Man berechne unter Benutzung obiger Beispiele folgende Reihen:*

(a) $\sum_{n=0}^{\infty} \frac{1}{(2n+1)^2} = 1 + \frac{1}{3^2} + \frac{1}{5^2} + \frac{1}{7^2} + \cdots,$

(b) $\sum_{n=0}^{\infty} \frac{(-1)^n}{2n+1} = 1 - \frac{1}{3} + \frac{1}{5} - \frac{1}{7} + \cdots.$

(a) $G(x) = \frac{3}{4} + \sum_{n=1}^{\infty} \left(\frac{(-1)^n-1}{n^2\pi^2} \cos \pi n x - \frac{1}{n\pi} \sin \pi n x \right)$, [14.48 (b)]

$\implies G(0) = \frac{3}{4} + \sum_{n=1}^{\infty} \frac{(-1)^n-1}{n^2\pi^2} = \frac{1}{2}\left(\lim_{x\to 0^-} g(x) + \lim_{x\to 0^+} g(x) \right) = \frac{1}{2}$

$\implies \sum_{n=1}^{\infty} \frac{(-1)^n-1}{n^2\pi^2} = -\frac{2}{\pi^2} \sum_{n=0}^{\infty} \frac{1}{(2n+1)^2} = \frac{1}{2} - \frac{3}{4} = -\frac{1}{4}$

$\implies \sum_{n=0}^{\infty} \frac{1}{(2n+1)^2} = 1 + \frac{1}{3^2} + \frac{1}{5^2} + \frac{1}{7^2} + \cdots = \frac{\pi^2}{8}.$

(b) $F(x) = 1 + \frac{4}{\pi} \sum_{n=0}^{\infty} \frac{(-1)^n}{2n+1} \cos \frac{2n+1}{2}\pi x$, [14.49].

$\implies F(0) = 1 + \frac{4}{\pi} \sum_{n=0}^{\infty} \frac{(-1)^n}{2n+1} = f(0) = 2$

$\implies \sum_{n=0}^{\infty} \frac{(-1)^n}{2n+1} = 1 - \frac{1}{3} + \frac{1}{5} - \frac{1}{7} + \cdots = \frac{\pi}{4}.$

14.6   Aufgaben

14.53   Man berechne die Häufungspunkte der Folge $a_n = \frac{(-1)^n n^2}{(2n+3)^2}$.

14.54   Für welche x ist $\sum\limits_{n=0}^{\infty} \tan^n x$ konvergent und wie lautet der Grenzwert?

14.55   Man untersuche auf Konvergenz und bestimme ggf. den Grenzwert:

a) $\sum\limits_{n=4}^{\infty} \frac{-5}{n^2-n-6}$,   b) $\sum\limits_{n=1}^{\infty} \frac{2}{n^2+2n}$,   c) $\sum\limits_{n=0}^{\infty} 2^n x^{3n}$.

14.56   a) $\lim\limits_{n\to\infty} \sqrt[n]{n} = 1$ und folglich $\lim\limits_{n\to\infty} \sqrt[n]{a} = 1$, für $0 < a$.

b) $\lim\limits_{n\to\infty} \sqrt[n]{n!} = \infty$.   c) $\lim\limits_{n\to\infty} q^n = 0$, für $|q| < 1$.

14.57   Man untersuche auf Konvergenz und bestimme ggf. den Grenzwert:

a) $a_n = \sqrt{n^2+n} - n$,   b) $a_n = \frac{\sqrt[3]{27n+2}\cdot\sqrt[3]{n^2}}{\sqrt{16n^2-1}}$,   c) $a_n = (1-\frac{2}{n})^{2n}$,

d) $a_n = \frac{2n^4-n}{3n^4+n^3+1}$,   e) $a_n = \frac{2n^5+1}{3n^2+4}$,   f) $a_n = \frac{6n+2}{n^3+5}$.

14.58   Die rekursive Folge $x_0 - 1$, $x_{n+1} = \frac{1}{1+x_n}$ konvergiert gegen $\frac{1}{2}(\sqrt{5}-1)$.
Siehe auch goldener Schnitt [3.49] und Fibonacci–Folge [14.14].

14.59   Man untersuche folgende Reihen auf Konvergenz:

a) $\sum\limits_{n=0}^{\infty} \frac{(-1)^n}{(2n+1)!}$ b) $\sum\limits_{n=0}^{\infty} \frac{2^{-2n+1}}{2n+1}$ c) $\sum\limits_{n=1}^{\infty} \frac{1}{3n+1}$ d) $\sum\limits_{n=1}^{\infty} \frac{1}{n^n}$ e) $\sum\limits_{n=1}^{\infty} \frac{(n!)^2}{(2n)!}$

f) $\sum\limits_{n=1}^{\infty} \frac{(-1)^n}{ne^n}$ g) $\sum\limits_{n=0}^{\infty} \frac{2n}{3n^3+1}$ h) $\sum\limits_{n=1}^{\infty} \frac{n-\sqrt{n}}{n^2+n}$ i) $\sum\limits_{n=1}^{\infty} \frac{3^n n!}{n^n}$ j) $\sum\limits_{n=1}^{\infty} \frac{\sin^n x}{n^2}$

14.60   Konvergieren die Reihen $\sum\limits_{n=1}^{\infty} a_n = \sum\limits_{n=1}^{\infty} \frac{(-1)^n}{\sqrt{n}}$ und $\sum\limits_{n=1}^{\infty} b_n = \sum\limits_{n=1}^{\infty} (\frac{1}{n} + \frac{(-1)^n}{\sqrt{n}})$?
Ist das Grenzwertkriterium (S. 343) anwendbar?

14.61   Man untersuche das Cauchyprodukt $\sum\limits_{n=1}^{\infty} \frac{(-1)^n}{\sqrt{n}} \cdot \sum\limits_{n=1}^{\infty} \frac{(-1)^n}{\sqrt{n}}$.

14.62   Man bestimme den Konvergenzradius folgender Potenzreihen:

a) $\sum\limits_{n=1}^{\infty} (\sqrt{n})^n x^n$,   b) $\sum\limits_{n=0}^{\infty} \frac{3^n x^{3n}}{2}$,   c) $\sum\limits_{n=0}^{\infty} \frac{(2x)^n}{e^n}$,   d) $\sum\limits_{n=1}^{\infty} \frac{(-1)^n}{ne^n}(x+1)^n$.

14.63   Man bestimme den Konvergenzbereich folgender Potenzreihen:

a) $\sum\limits_{n=0}^{\infty} x^n$,   b) $\sum\limits_{n=1}^{\infty} \frac{x^n}{n}$,   c) $\sum\limits_{n=1}^{\infty} \frac{x^n}{n^2}$.

14.64   Man bestimme den Konvergenradius und die dargestellte Funktion::
$1 + 2x + x^2 + 2x^3 + x^4 + 2x^5 + x^6 + 2x^7 + x^8 + \cdots$.

14.65   Man entwickle in eine Potenzreihe um $x_0 = 0$ und berechne die ersten drei nicht verschwindenden Glieder von $f(x) = \frac{x}{\sin x}$.

14.66   Für die Funktion f mit $f(0) = 1$, $f(x) = \frac{\sin x}{\arcsin x}$ sonst, berechne man das Taylorpolynom $T_2(x)$ bzgl. $x_0 = 0$.

14.67 *Durch Entwicklung des Integranden um $x_0 = 0$ bis $a_6 x^6$ berechne man näherungsweise $\int_0^1 \ln \cos x \, dx$.*

14.68 *Man berechne die Taylorreihe von $f(x) = \frac{1}{1-\sin x}$ in $x_0 = 0$ bis $a_5 x^5$.*

14.69 *Wie lauten die ersten beiden Glieder der Potenzreihe um $x_0 = 0$ von*
(a) $f(x) = \frac{e^{-x} \ln(1+x)}{x\sqrt{1-x}}$,   (b) $f(x) = (\cos x)^{-4}$?

14.70 *Für welche x gilt: $\frac{1}{2} \ln x = \frac{x-1}{x+1} + \frac{1}{3}\left(\frac{x-1}{x+1}\right)^3 + \left(\frac{x-1}{x+1}\right)^5 + \cdots$?*

14.71 *Man bestimme die Taylorreihe von $f(x) = \cosh x \cdot \cos x$ in $x_0 = 0$.*

14.72 *Es sei $f(x) = \frac{\cosh^2 x - 1}{x^2}$, $f(0) = 1$.*
Man gebe die Taylorformel mit Restglied an für $x_0 = 0$.

14.73 *Man berechne die Fourierreihe von:*
a) $f(x) = \sin x \cos^2(\frac{x}{2})$,   b) $f(x) = \sin \pi x \cdot \cos^3(\frac{\pi x}{2})$,
c) $f(x) = 2x^2 - x^4$ für $-1 \le x \le 1$ und $f(x+2) = f(x)$,
d) $f(x) = \begin{cases} x + \frac{\pi}{2} & \text{für} \quad -\frac{\pi}{2} \le x \le \frac{\pi}{2} \\ \frac{3\pi}{2} - x & \text{für} \quad \frac{\pi}{2} \le x \le \frac{3}{2}\pi \end{cases}$, $f(x + 2\pi) = f(x)$.

14.74 *Man nähere $f(x) = \displaystyle\int_0^x \frac{\sin t}{t} \, dt$ so durch ein Polynom $P(x)$ an, dass*
$|f(x) - P(x)| < 1/200$ *ist für alle $x \in [-2, 2]$.*

14.75 *Man stelle $f(x) = \frac{5-2x}{x^2-5x+6}$ als Potenzreihe um $x_0 = 0$ dar.*

14.76 *Man berechne die Potenzreihenentwicklung von $f(x) = \ln \cos x$ um $x_0 = 0$ bis zum Glied mit x^6.*

14.77 *Ist $f(x) = \frac{e^x - 1}{x}$ bei $x_0 = 0$ zu einer differenzierbaren Funktion $\tilde{f}$ ergänzbar?*

14.7 Lösungen

14.53 $a_{2n} \longrightarrow \frac{1}{4}$, $a_{2n+1} \longrightarrow -\frac{1}{4}$.

14.54 Für $|\tan x| < 1$, also für $x \in (-\frac{1}{4}\pi + k\pi, \frac{1}{4}\pi + k\pi)$. Grenzwert $= \frac{1}{1-\tan x}$.

14.55 a) $-\frac{137}{60}$, b) $\frac{3}{2}$, c) $\displaystyle\sum_{n=0}^{\infty} 2^n x^{3n} = \frac{1}{1-2x^3}$ für $|x| < \frac{1}{2}\sqrt[3]{4}$.

14.56 a) $\sqrt[n]{n} \ge 1 \implies \exists$ Folge b_n mit $\sqrt[n]{n} = 1 + b_n$, $b_n \ge 0$.
$\sqrt[n]{n}$ konvergiert genau dann gegen 1, wenn b_n gegen 0 konvergiert:
$\sqrt[n]{n} = 1 + b_n \iff n = (1+b_n)^n = 1 + \binom{n}{1} b_n^1 + \binom{n}{2} b_n^2 + \cdots + \binom{n}{n} b_n^n$
$\implies n \ge \binom{n}{2} b_n^2 = \frac{n(n-1)}{2} b_n^2 \implies 1 \ge \frac{n-1}{2} b_n^2 \implies b_n \to 0 \implies \underline{\sqrt[n]{n} \to 1}$.
$1 \le a \implies 1 \le a < n$ für hinr. große $n \implies 1 \le \lim_{n\to\infty} \sqrt[n]{a} \le \lim_{n\to\infty} \sqrt[n]{n} = 1$, also
$\lim_{n\to\infty} \sqrt[n]{a} = 1$. Ist $0 < a \le 1$ so ist $1 \le \frac{1}{a}$ und $\lim_{n\to\infty} \sqrt[n]{a} = (\lim_{n\to\infty} \sqrt[n]{\frac{1}{a}})^{-1} = 1$.

b) Für $a > 0$ gilt $\sqrt[n]{a} \to 1$ [nach a)]: Ist $N \in \mathbb{N}$, so gilt für $n \to \infty$, $n > N$:
$\sqrt[n]{n!} = \sqrt[n]{N!} \sqrt[n]{(N+1) \cdots n} > \sqrt[n]{N!} \sqrt[n]{N^{n-N}} = \sqrt[n]{N!} \sqrt[n]{\frac{N^n}{N^N}} = N \sqrt[n]{\frac{N!}{N^N}} \to N$.
Für bel. $N \in \mathbb{N}$ und hinr. großes $n \in \mathbb{N}$ gilt also $\sqrt[n]{n!} > N - 1$, d.h. $\sqrt[n]{n!} \to \infty$.

c) Sei $\frac{1}{|q|} =: 1 + p$. Wegen $|q| < 1$ ist $p > 0$. Mit der Bernoulli–Ungl. (S. 48) erhält man $\left(\frac{1}{|q|}\right)^n = (1+p)^n \geq 1 + np$ und wegen $p > 0$ gilt $1 + np \to \infty$. Also gilt $\left(\frac{1}{|q|}\right)^n = (1+p)^n \to \infty$, d.h. $|q|^n \to 0$ und folglich $\lim\limits_{n\to\infty} q^n = 0$.

14.57 a) $a_n = \frac{(\sqrt{n^2+n}-n)(\sqrt{n^2+n}+n)}{\sqrt{n^2+n}+n} = \frac{n}{n+\sqrt{n^2+n}} = \frac{1}{1+\sqrt{1+1/n}} \to \frac{1}{2}$,   b) $a_n \to \frac{3}{4}$,

c) $a_n \to e^{-4}$,   d) $a_n \to \frac{2}{3}$,   e) bestimmt diverg. $(a_n \to \infty)$,   f) $a_n \to 0$.

14.58 Für die *Fibonacci–Folge* (a_n), $a_0 = a_1 = 1$, $a_{n+2} = a_n + a_{n+1}$ [14.14] gilt
$\frac{a_{n+1}}{a_{n+2}} = \frac{1}{\frac{a_{n+1}+a_n}{a_{n+1}}} = \frac{1}{1+\frac{a_n}{a_{n+1}}}$.

Für die Folge $A_n := \frac{a_n}{a_{n+1}}$ gilt also $A_0 = 1$, $A_{n+1} = \frac{1}{1+A_n}$.

Die Folgen (x_n) und (A_n) genügen der gleichen Rekursion und haben den gleichen Anfang, sind also gleich und haben den gleichen Grenzwert:
Aus [14.14 (b)] folgt $\lim\limits_{n\to\infty} x_n = \lim\limits_{n\to\infty} A_n = \lim\limits_{n\to\infty} \frac{a_n}{a_{n+1}} = \frac{1}{2}(\sqrt{5}-1)$.

Oder: Durch Induktion folgt $x_{2n-1} < x_{2n+1} < \frac{1}{2}(\sqrt{5}-1)) < x_{2n+2} < x_{2n}$, also beide Teilfolgen (x_{2n+1}) und (x_{2n}) monoton und beschränkt, also konvergent. Aus der Rekursionsformel $x_{n+2} = \frac{1}{1+x_{n+1}} = \frac{1+x_n}{2+x_n}$ folgt $g = \frac{1}{2}(\sqrt{5}-1)$.

14.59 a) $\left|\frac{a_{n+1}}{a_n}\right| \to 0$, konv. (Q–Krit)   b) $\sqrt[n]{|a_n|} \to \frac{1}{4}$, konv. (W–Krit)

c) $\frac{1}{3n+1} > \frac{1}{3}\frac{1}{n+1}$, div. (Minor.–Krit)   d) $\sqrt[n]{|a_n|} \to 0$, konv. (W–Krit)

e) $\left|\frac{a_{n+1}}{a_n}\right| \to \frac{1}{4}$, konv. (Q–Krit)   f) $\sqrt[n]{|a_k|} \to e^{-1}$, konv. (W–Krit)

g) $\frac{2n}{3n^3+1} < \frac{2n}{3n^3} = \frac{2}{3n^2}$ konv. (Major.–Krit)

h) $\frac{n-\sqrt{n}}{n^2+n} = \frac{1-1/\sqrt{n}}{n+1} \geq \frac{1/2}{n+1}$ für hinr. großes n, da $\frac{1}{\sqrt{n}} \to 0$, div. (Minor.–Krit)

i) $\sqrt[n]{\frac{3^n n!}{n^n}} = 3\frac{\sqrt[n]{n!}}{n} \to \frac{3}{e} > 1$, div. (W–Krit),   j) $\left|\frac{\sin^n x}{n^2}\right| \leq \frac{1}{n^2}$, konv. (Maj.–Krit)

14.60 $\sum\limits_{n=1}^{\infty} a_n = \sum\limits_{n=1}^{\infty} \frac{(-1)^n}{\sqrt{n}}$ ist konvergent, Leibniz–Kriterium Seite 339 und [14.20].

$\sum\limits_{n=1}^{\infty} b_n = \sum\limits_{n=1}^{\infty} \left(\frac{1}{n} + \frac{(-1)^n}{\sqrt{n}}\right)$ ist divergent, da die harmonische Reihe divergiert.
Es ist $\lim\limits_{n\to\infty} \frac{a_n}{b_n} = 1$, aber $b_{2n+1} < 0$. Das Grenzwertkrit. ist nicht anwendbar.

14.61 Die Reihe $\sum\limits_{n=1}^{\infty} \frac{(-1)^n}{\sqrt{n}}$ ist konvergent, Leibniz–Krit. Seite 339 und [14.20], aber nicht abs. konvergent, div. harmon. Reihe, $\alpha = \frac{1}{2} \leq 1$, Seite 338. Das Cauchy–Produkt
$\sum\limits_{n=1}^{\infty} \frac{(-1)^n}{\sqrt{n}} \cdot \sum\limits_{n=1}^{\infty} \frac{(-1)^n}{\sqrt{n}} = \sum\limits_{n=0}^{\infty} \frac{(-1)^{n+1}}{\sqrt{n+1}} \cdot \sum\limits_{n=0}^{\infty} \frac{(-1)^{n+1}}{\sqrt{n+1}} =: \sum\limits_{n=0}^{\infty} c_n$ der beiden konv.
Reihen ist div., da $|c_n| \geq 1$ ist und folglich $\lim\limits_{n\to\infty} c_n \neq 0$ ist, notw.–Krit., S.338:

Es ist nämlich $c_n = \sum\limits_{i=0}^{n} \frac{(-1)^{i+1}}{\sqrt{i+1}} \cdot \frac{(-1)^{n-i+1}}{\sqrt{n-i+1}} = \sum\limits_{i=0}^{n} \frac{(-1)^n}{\sqrt{(i+1)(n-i+1)}}$ und wegen
$\sqrt{(i+1)(n-i+1)} \leq \sqrt{(n+1)(n+1)} = n+1$ gilt $|c_n| \geq (n+1) \cdot \frac{1}{n+1} = 1$.

14.62 a) $r = 0$, b) $r = \frac{1}{\sqrt[3]{3}}$, c) $r = \frac{e}{2}$, d) $r = e$.

14.63 Wegen $\lim\limits_{n\to\infty} \sqrt[n]{1} = \lim\limits_{n\to\infty} \sqrt[n]{\frac{1}{n}} = \lim\limits_{n\to\infty} \sqrt[n]{\frac{1}{n^2}} = 1$ haben alle drei Reihen den Konvergenzradius 1. Bleiben die Randpunkte zu untersuchen:

$\sum\limits_{n=0}^{\infty} \frac{1}{n}$ divergiert und $\sum\limits_{n=0}^{\infty} \frac{(-1)^n}{n}$, $\sum\limits_{n=0}^{\infty} \frac{1}{n^2}$, $\sum\limits_{n=0}^{\infty} \frac{(-1)^n}{n^2}$ konvergieren, also gilt:

(a) $\sum\limits_{n=0}^{\infty} x^n$ konvergiert für $-1 < x < 1$, also in keinem Randpunkt.

(b) $\sum\limits_{n=1}^{\infty} \frac{x^n}{n}$ konvergiert für $-1 \leq x < 1$, also in einem Randpunkt.

(c) $\sum\limits_{n=1}^{\infty} \frac{x^n}{n^2}$ konvergiert für $-1 \leq x \leq 1$, also in beiden Randpunkten.

14.64 $r = 1$, $1(1+2x) + x^2(1+2x) + x^4(1+2x) + x^6(1+2x) + \cdots = (1+2x)\frac{1}{1-x^2}$.

14.65 $\frac{x}{\sin x} = 1 + \frac{1}{6}x^2 + \frac{7}{360}x^4 + \cdots$.   **14.66** $T_2(x) = 1 - \frac{1}{3}x^2$.

14.67 $\int_0^1 \ln\cos x\, dx \approx \int_0^1 (-\frac{x^2}{2} - \frac{x^4}{12} - \frac{x^6}{45})\, dx \approx -0.187$.

14.68 $\frac{1}{1-\sin x} = 1 + x + x^2 + \frac{5}{6}x^3 + \frac{2}{3}x^4 + \frac{61}{120}x^5 + \cdots$.

14.69 (a) $\frac{e^{-x}\ln(1+x)}{x\sqrt{1-x}} = \underline{1 - x + \cdots}$,   (b) $(\cos x)^{-4} = 1 + 2x^2 + \cdots$.

14.70 $\frac{1}{2}\ln\frac{1+u}{1-u} = u + \frac{1}{3}u^3 + \frac{1}{5}u^5 + \cdots$ für $|u| < 1$.

Mit $x = \frac{1+u}{1-u}$ folgt $|u| = |\frac{x-1}{x+1}| < 1$, also $|x-1| < |x+1|$, also $x > 0$.

14.71 $\cosh x \cdot \cos x = \sum\limits_{n=0}^{\infty} \frac{(-4)^n}{(4n)!} x^{4n}$, $x \in \mathbb{R}$.

14.72 $\frac{\cosh^2 x - 1}{x^2} = 1 + \frac{1}{3}x^2 + \cdots + \frac{2^{2n-3}}{(2n-2)!}x^{2n-4} + \frac{2^{2n-1}\cosh 2\xi}{(2n)!}x^{2n-2}$, $0 \leq \xi \leq x$.

14.73 a) $\frac{1}{2}\sin x + \frac{1}{4}\sin 2x$, b) $\frac{1}{8}(2\sin\frac{\pi x}{2} + 3\sin\frac{3\pi x}{2} + \sin\frac{5\pi x}{2})$,

c) $\frac{1}{2}a_0 + \sum\limits_{k=1}^{\infty} a_k\cos k\pi x$ mit $a_0 = \frac{14}{15}$, $a_k = \frac{(-1)^k 48}{k^4\pi^4}$,

d) $\frac{\pi}{2} + \frac{4}{\pi}(\sin x - \frac{1}{9}\sin 3x + \frac{1}{25}\sin 5x \mp \cdots)$.

14.74 $T_3(x) = x - \frac{1}{18}x^3 + \frac{1}{600}x^5$ genügt, da $|f(x) - T_3(x)| \leq \frac{2^7}{7 \cdot 7!} < 0.5 \cdot 10^{-2}$.

14.75 $\frac{5-2x}{x^2-5x+6} = \sum\limits_{n=0}^{\infty} \left(\frac{1}{2^{n+1}} + \frac{1}{3^{n+1}}\right)x^n$, für $|x| < 2$.

14.76 $\ln\cos x = -\frac{1}{2}x^2 - \frac{1}{12}x^4 - \frac{1}{45}x^6 - \cdots$.

14.77 $\tilde{f}(x) = \frac{1}{x}(e^x - 1) = \frac{1}{x}\sum\limits_{n=1}^{\infty} \frac{x^n}{n!} = \sum\limits_{n=0}^{\infty} \frac{x^n}{(n+1)!} = 1 + \frac{x}{2!} + \frac{x^2}{3!} + \cdots$, für $x \neq 0$,

also $\underline{\tilde{f}(0) = 1}$ und $\underline{\tilde{f}'(0) = \frac{1}{2}}$, oder $\tilde{f}'(0) = \lim\limits_{x\to 0} \frac{\frac{e^x-1}{x}-1}{x} = \lim\limits_{x\to 0} \frac{e^x-1-x}{x^2} \overset{[\frac{0}{0}]}{=} \cdots = \frac{1}{2}$.

15 Funktionen mehrerer Veränderlicher

15.1 Flächen im Raum, Niveaulinien, Blockbild

Eine reellwertige Funktion von mehreren Veränderlichen ist eine Abbildung $f : \mathbb{R}^n \to \mathbb{R}$, Funktionsgleichung: $w = f(x_1, \ldots, x_n)$. Die x_i $(i = 1, 2, \ldots, n)$ heißen unabhängige Veränderliche. Bei zwei bzw. drei Veränderlichen schreibt man gewöhnlich $z = f(x, y)$ bzw. $w = f(x, y, z)$.

Die im folgenden für Funktionen zweier Veränderlicher eingeführten Begriffe lassen sich leicht auf Funktionen mit drei und mehr Veränderlichen übertragen.

Im allgemeinen wird durch $z = f(x, y)$ eine **Fläche** im x, y, z–Raum beschrieben. Um eine Vorstellung der Fläche zu erhalten, betrachtet man zweckmäßigerweise Schnittkurven der Fläche mit gewissen Ebenen:

(a) $z = f(x, y) = \text{const}$ *Höhenlinien* oder *Niveaulinien*
(b) $x = \text{const}$ Schnitt mit der Ebene $x = \text{const}$
(c) $y = \text{const}$ Schnitt mit der Ebene $y = \text{const}$
(d) Blockbild

15.1

Man skizziere die durch $z = \dfrac{1}{x^2+y^2}$ bestimmte Fläche.

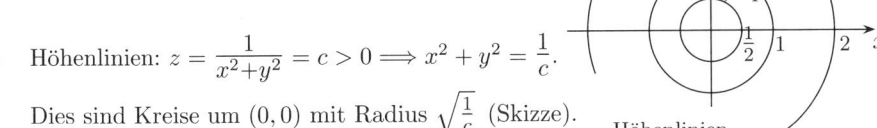

(a) Höhenlinien: $z = \dfrac{1}{x^2+y^2} = c > 0 \Longrightarrow x^2 + y^2 = \dfrac{1}{c}$.

Dies sind Kreise um $(0, 0)$ mit Radius $\sqrt{\dfrac{1}{c}}$ (Skizze).

Höhenlinien
$x^2 + y^2 = \dfrac{1}{c}$

(b) $x = 0$ (Schnitt mit der y, z–Ebene, $x = 0$) : $z = \dfrac{1}{y^2}$

(c) $y = 0$ (Schnitt mit der x, z–Ebene, $y = 0$) : $z = \dfrac{1}{x^2}$

Polarkoordinaten: $\begin{pmatrix} x = r\cos\varphi \\ y = r\sin\varphi \end{pmatrix} \Longrightarrow z = \dfrac{1}{x^2+y^2} = \dfrac{1}{r^2}$.

Die Fläche hängt nur von r, nicht von φ ab, sie ist rotationssymmetrisch bezüglich der z–Achse!

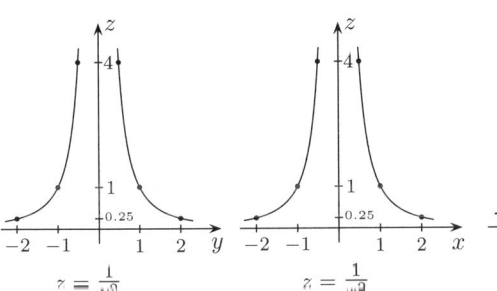

$z = \dfrac{1}{y^2}$

Schnitt mit Ebene
$x = 0$

$z = \dfrac{1}{x^2}$

Schnitt mit Ebene
$y = 0$

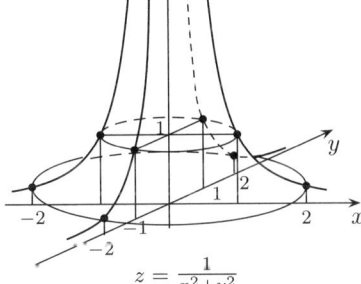

$z = \dfrac{1}{x^2+y^2}$

Rotationsfläche

15.2   Man veranschauliche sich die durch $z = \frac{y}{1+x^2}$ gegebene Fläche.

(a) $z = c$ (Höhenlinien)

$$c = \frac{y}{1+x^2} \Rightarrow y = \underline{c(1+x^2)}$$

(b) $x = c$

$$z = f(c,y) = \frac{y}{1+c^2}$$

(c) $y = c$

$$z = f(x,c) = \frac{c}{1+x^2}$$

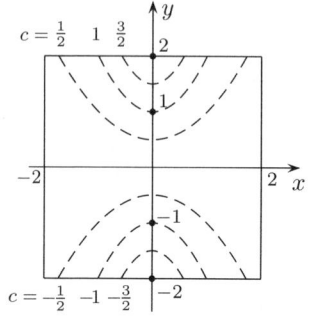

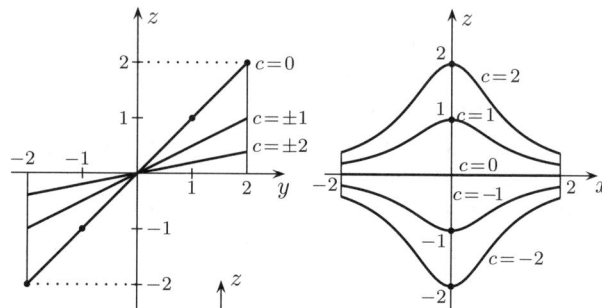

(d) Blockbild:

$$z = \frac{y}{1+x^2}$$

$$-2 \le x \le 2$$

$$-2 \le y \le 2$$

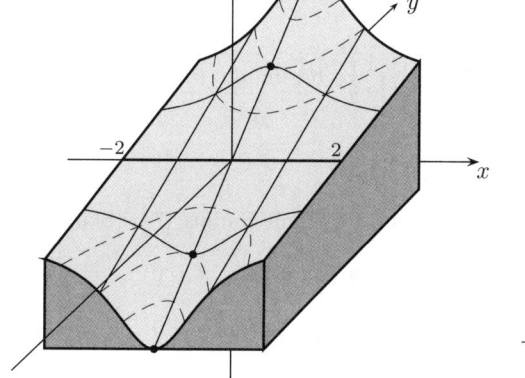

15.2 Stetigkeit

Wie in der Vektorrechnung setzt man:

Abstand zweier Punkte

$$|(x_1,y_1) - (x_2,y_2)| = \sqrt{(x_1-x_2)^2 + (y_1-y_2)^2}$$

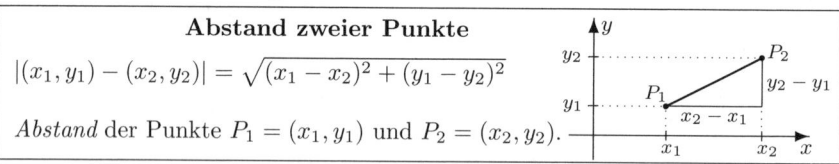

Abstand der Punkte $P_1 = (x_1,y_1)$ und $P_2 = (x_2,y_2)$.

Wie bei Funktionen einer Veränderlichen definiert man:

Grenzwert von f bei $\vec{x}_0$

$$\lim_{(x,y)\to(x_0,y_0)} f(x,y) = a,$$

wenn für jedes $\varepsilon > 0$ ein $\delta > 0$ existiert, so dass
$$0 < |(x,y) - (x_0,y_0)| < \delta \Longrightarrow |f(x,y) - a| < \varepsilon .$$

f hat bei $\vec{x}_0$ **keinen Grenzwert**, wenn sich bei Annäherung an $\vec{x}_0$ auf verschiedenen Kurven (z.B. Geraden) verschiedene oder keine Grenzwerte ergeben!

15.3   *Der Grenzwert* $\lim\limits_{(x,y)\to(0,0)} \dfrac{xy}{e^{x^2}-1}$ *existiert nicht.*

Nähert man sich dem Punkt $(0,0)$ auf den Wegen $y = 0$ (x–Achse) bzw. $y = x$ (Winkelhalbierende), so ergeben sich unterschiedliche Grenzwerte:

$$y = 0 : \quad \lim_{(x,0)\to(0,0)} f(x,0) = \lim_{x\to 0} 0 = 0$$

$$y = x : \quad \lim_{(x,x)\to(0,0)} f(x,x) = \lim_{x\to 0}\frac{x^2}{e^{x^2}-1} \overset{\left[\frac{0}{0}\right]}{=} \lim_{x\to 0}\frac{2x}{2xe^{x^2}} = 1 \ , \quad \text{(l'Hospital)}$$

Stetigkeit

Die Funktion $f : \mathbb{R}^2 \to \mathbb{R}$ heißt im Punkt (x_0, y_0) **stetig**,

wenn $\quad \lim\limits_{(x,y)\to(x_0,y_0)} f(x,y) = f(x_0,y_0) \quad$ ist.

f heißt in einem Bereich $B \subseteq \mathbb{R}^2$ stetig,
wenn f in jedem Punkt von B stetig ist.

Für Grenzwerte und stetige Funktionen gelten die gleichen Rechengesetze wie bei Funktionen einer Veränderlichen, siehe Seite 37, 39.

15.4   *Die Funktionen* $z = x^2 + y^2$, $z = 4x^3y^2 - 3xy^3 + 2y + 1$, $z = \cos xy$ *sind in ganz* $\mathbb{R}^2$ *stetig, da sie aus stetigen Funktionen zusammengesetzt sind.*

15.5   *Man zeige:*

$$f(x,y) = \begin{cases} \dfrac{1-\cos xy}{y} & \text{für } y \neq 0 \\ 0 & \text{für } y = 0 \end{cases} \quad \text{ist überall stetig.}$$

Für $y \neq 0$, d.h. außerhalb der x–Achse, ist f stetig als Quotient stetiger Funktionen.

Bleibt die Stetigkeit auf der x–Achse ($y = 0$) zu zeigen:

Behauptung: $\lim\limits_{(x,y)\to(x_0,0)} f(x,y) = 0$.

Dazu benutzen wir die Taylorreihe der cos–Funktion:

$$\cos u = 1 - \tfrac{1}{2!}u^2 + \tfrac{1}{4!}u^4 \mp \cdots$$

$$\Longrightarrow f(x,y) = \frac{1-(1-\frac{1}{2!}x^2y^2+\frac{1}{4!}x^4y^4 \mp \cdots)}{y} = \tfrac{1}{2!}x^2y - \tfrac{1}{4!}x^4y^3 \pm \cdots$$

Also gilt: $\lim\limits_{(x,y)\to(x_0,0)} f(x,y) = 0 = f(x_0,0) \quad$ und f ist überall stetig.

Gelegentlich ist es nützlich, für Grenzwertbestimmungen **Polarkoordinaten** zu verwenden, insbesondere bei rationalen Funktionen:

15.6

$$\text{Wo ist } f(x,y) = \begin{cases} xy\dfrac{x^2-y^2}{x^2+y^2} & \text{für } (x,y) \neq (0,0) \\ 0 & \text{für } (x,y) = (0,0) \end{cases} \text{ stetig? [15.32]}$$

Für $(x,y) \neq (0,0)$ ist f als Quotient von stetigen Funktionen stetig.
Bleibt f im Punkt $(0,0)$ zu untersuchen:

$$\text{Polarkoordinaten: } \begin{pmatrix} x = r\cos\varphi \\ y = r\sin\varphi \end{pmatrix} \implies f(x,y) = r^4 \cos\varphi \sin\varphi \frac{\cos^2\varphi - \sin^2\varphi}{r^2}.$$

$$|f(x,y) - f(0,0)| = |\tfrac{1}{2}r^2 \sin 2\varphi \cos 2\varphi| \leq \tfrac{1}{2}r^2, \quad \begin{pmatrix} \sin 2\varphi = 2\sin\varphi\cos\varphi \\ \cos 2\varphi = \cos^2\varphi - \sin^2\varphi \end{pmatrix}$$

$$\implies \lim_{(x,y)\to(0,0)} f(x,y) = \lim_{r\to 0} \tfrac{1}{2}r^2 \sin 2\varphi \cos 2\varphi = 0 \implies f \text{ ist überall stetig.}$$

Vertauschung von Grenzprozessen

Achtung: Man muss sorgfältig folgende Grenzwerte unterscheiden:

$$A = \lim_{(x,y)\to(x_0,y_0)} f(x,y), \quad B = \lim_{x\to x_0}\Big(\lim_{y\to y_0} f(x,y)\Big), \quad C = \lim_{y\to y_0}\Big(\lim_{x\to x_0} f(x,y)\Big).$$

Existiert $A = \lim\limits_{(x,y)\to(x_0,y_0)} f(x,y)$, so gilt $A = B = C$,   [15.8],

Ist $B = C$, so braucht A nicht zu existieren,   [15.10].

15.7

Man untersuche $f(x,y) = \dfrac{x^2-y^2}{x^2+y^2}$ im Punkt $(0,0)$ auf obige drei Grenzwerte:

$$B = \lim_{x\to 0}\Big(\lim_{y\to 0}\frac{x^2-y^2}{x^2+y^2}\Big) = \lim_{x\to 0}\frac{x^2}{x^2} = 1, \quad C = \lim_{y\to 0}\Big(\lim_{x\to 0}\frac{x^2-y^2}{x^2+y^2}\Big) = \lim_{y\to 0}\frac{-y^2}{y^2} = -1.$$

In jeder Umgebung von $(0,0)$ liegen also Punkte mit Funktionswerten in der Nähe von 1 und Punkte mit Funktionswerten in der Nähe von -1.
Der Grenzwert $A = \lim\limits_{(x,y)\to(0,0)} f(x,y)$ existiert also nicht, f kann also im Nullpunkt nicht stetig ergänzt werden.

15.8

Man untersuche $f(x,y) = \dfrac{x^2+y^2}{\sqrt{x^2+y^2+1}-1}$ im Nullpunkt auf obige drei Grenzwerte. Lässt sich $f(x,y)$ im Nullpunkt stetig ergänzen?

Mit Polarkoordinaten erhält man:

$$A = \lim_{(x,y)\to(0,0)} f(x,y) = \lim_{r\to 0}\frac{r^2}{\sqrt{r^2+1}-1} \overset{\left[\frac{0}{0}\right]}{=} \cdots = 2, \quad \text{(l'Hospital)},$$

Da $A = 2$ existiert, so gilt $B = C = 2$.

$f(0,0) := 2$ ist stetige Ergänzung von f im Nullpunkt.

Unstetigkeit von f im Punkt (x_0, y_0)

Die Funktion $z = f(x, y)$ ist bei (x_0, y_0) **unstetig**, falls es zu zwei verschiedenen Kurven (z.B. Geraden) durch (x_0, y_0) bei Annäherung an (x_0, y_0) verschiedene (oder keine) Grenzwerte gibt.

15.9   *Die Funktion $f(x, y) = \dfrac{xy}{e^{x^2} - 1}$ ist im Nullpunkt nicht stetig ergänzbar.*

Der Grenzwert $\lim\limits_{(x,y) \to (0,0)} f(x, y)$ existiert nicht, siehe [15.3].

15.10   *Die Funktion $f(x, y) = \begin{cases} \dfrac{xy}{x^2 + y^2} & \text{für } (x, y) \neq (0, 0) \\ 0 & \text{für } (x, y) = (0, 0) \end{cases}$ ist im Nullpunkt unstetig.*

Annäherung auf der Geraden $y = 0$ (x–Achse): $B = \lim\limits_{x \to 0} f(x, 0) = 0$

Annäherung auf der Geraden $x = 0$ (y–Achse): $C = \lim\limits_{y \to 0} f(0, y) = 0$

Annäherung auf der Geraden $y = x$: $\lim\limits_{x \to 0} f(x, x) = \lim\limits_{x \to 0} \dfrac{x^2}{2x^2} = \dfrac{1}{2}$.

$A = \lim\limits_{(x,y) \to (0,0)} f(x, y)$ existiert also nicht, d.h. f ist unstetig in $(0, 0)$.

Einfacher mit Polarkoordinaten [**F 2**]:

$f(r\cos\varphi, r\sin\varphi) = \sin\varphi\cos\varphi = \tfrac{1}{2}\sin 2\varphi \implies \lim\limits_{r \to 0} f(r\cos\varphi, r\sin\varphi)$ exist. nicht.

15.3   Differenzierbarkeit

15.3.1   Partielle Ableitungen, Gradient

$z = f(x, y)$ heißt an der Stelle (x_0, y_0) **partiell** nach x differenzierbar, wenn die Funktion $F(x) = f(x, y_0)$ bei x_0 differenzierbar ist.

y wird beim Differenzieren nach x als Konstante betrachtet!
Entsprechend ist die partielle Ableitung nach y definiert:

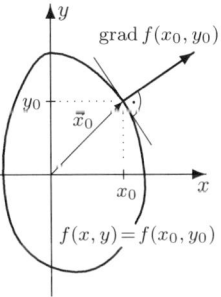

Gradient und
Niveaulinie

$z = f(x, y)$

$\dfrac{\partial z}{\partial x} = \dfrac{\partial f}{\partial x} = f_x = z_x$:   **partielle Ableitung nach x**

$\dfrac{\partial z}{\partial y} = \dfrac{\partial f}{\partial y} = f_y = z_y$:   **partielle Ableitung nach y**

Der Vektor $\operatorname{grad} f := (f_x, f_y)$ heißt **Gradient** von f.

Der **Gradient** $\operatorname{grad} f(\vec{x}_0) = (f_x(x_0, y_0), f_y(x_0, y_0))$ steht **senkrecht** auf der **Niveaulinie** $f(x, y) = f(x_0, y_0)$.

15.11   Man bestimme die partiellen Ableitungen von $f(x,y) = x^2y^3 + xy^2 + 2y$, den Gradienten von f an der Stelle (x,y) und an der Stelle $(0,1)$, sowie die Tangente T an die Niveaulinie L von f durch $(0,1)$.

$\begin{aligned} f_x &= 2xy^3 + y^2 \\ f_y &= 3x^2y^2 + 2xy + 2 \end{aligned} \implies \begin{aligned} \operatorname{grad} f(x,y) &= \underline{(2xy^3 + y^2 \ , \ 3x^2y^2 + 2xy + 2)}, \\ \operatorname{grad} f(0,1) &= \underline{(1,2)}. \end{aligned}$

$f(0,1) = 2 \implies L: \ x^2y^3 + xy^2 + 2y = 2$ ist die Niveaulinie.

$\operatorname{grad} f(0,1) = (1,2) \perp T \implies \vec{t} = (-2,1)$ ist Richtungsvektor von T:

Tangente: $\ T: \ \vec{x} = (0,1) + r(-2,1)$ oder $T: \ x + 2y = 2$ oder $\underline{T: \ y = -\tfrac{1}{2}x + 1}$.

15.12   Man bestimme ggf. die partiellen Ableitungen von f, $\operatorname{grad} f(x,y)$ sowie
$\operatorname{grad} f(1,1)$ von $\quad f(x,y) = \begin{cases} \dfrac{x^2 - y^2}{x^2 + y^2} & , \text{ für } (x,y) \neq (0,0) \\ 1 & , \text{ für } (x,y) = (0,0) \end{cases}$.

$f_x = \dfrac{2x(x^2+y^2) - 2x(x^2-y^2)}{(x^2+y^2)^2} = \dfrac{4xy^2}{(x^2+y^2)^2}$ für $(x,y) \neq (0,0)$

$f_y = \dfrac{-2y(x^2+y^2) - 2y(x^2-y^2)}{(x^2+y^2)^2} = \dfrac{-4x^2y}{(x^2+y^2)^2}$ für $(x,y) \neq (0,0)$

Partielle Ableitungen im Nullpunkt $(0,0)$:

$f_x(0,0) = \big(f(x,0)\big)'_{x=0} = 0$, da $f(x,0) = 1$ ist.

$f_y(0,0) = \big(f(0,y)\big)'_{y=0}$ existiert nicht, da $f(0,y) = \begin{cases} -1, & y \neq 0 \\ 1, & y = 0 \end{cases}$ ist.

Betrachtet man $f_x(0,0)$ bzw. $f_y(0,0)$ als Richtungsableitungen (Seite 385), so sieht man:

$f_x(0,0) = \dfrac{\partial f}{\partial (1,0)}(0,0) = \lim_{t \to 0} \dfrac{f\big(t(1,0)\big) - f(0,0)}{t} = \lim_{t \to 0} \dfrac{t^2 t^{-2} - 1}{t} = 0$

$f_y(0,0)$ existiert nicht, da

$\dfrac{\partial f}{\partial (0,1)}(0,0) = \lim_{t \to 0} \dfrac{f\big(t(0,1)\big) - f(0,0)}{t} = \lim_{t \to 0} \dfrac{-t^2 t^{-2} - 1}{t} = \lim_{t \to 0} \dfrac{-2}{t}$ nicht existiert.

$\operatorname{grad} f(x,y) = \begin{cases} \dfrac{4xy}{(x^2+y^2)^2}(y,-x), & \text{für } (x,y) \neq (0,0) \\ \text{existiert nicht }, & \text{für } (x,y) = (0,0) \end{cases}$, $\underline{\operatorname{grad} f(1,1) = (1,-1)}$.

15.13 $f(x,y,z) = x\,\mathrm{e}^{y \sin xz}$

Man bestimme $\operatorname{grad} f(x,y,z)$, $\operatorname{grad} f(\tfrac{1}{2}\pi, 1, 1)$, sowie die Tangentialebene E an die Niveaufläche $f(x,y,z) = f(\tfrac{1}{2}\pi, 1, 1)$ im Punkt $(\tfrac{1}{2}\pi, 1, 1)$.

$\operatorname{grad} f(x,y,z) = (f_x, f_y, f_z) = \underline{\mathrm{e}^{y \sin xz}(1 + xyz \cos xz, \ x \sin xz, \ x^2y \cos xz)}$,

$\operatorname{grad} f(\tfrac{1}{2}\pi, 1, 1) = \underline{\mathrm{e}(1, \tfrac{1}{2}\pi, 0)}$, völlig analog zu zwei Variablen!

Der Gradient steht senkrecht auf (ist normal zu) der Niveaufläche, also:

$E: \ \operatorname{grad} f(\tfrac{1}{2}\pi, 1, 1) \cdot (x,y,z) = \operatorname{grad} f(\tfrac{1}{2}\pi, 1, 1) \cdot (\tfrac{1}{2}\pi, 1, 1) \implies \underline{E: \ x + \tfrac{1}{2}\pi y = \pi}.$

15.3.2 Differenzierbarkeit, Ableitung (Gradient, Jacobi–Matrix)

Die im Folgenden für Spezialfälle erklärten Begriffe lassen sich unschwer verallgemeinern. Statt *differenzierbar* sagt man auch *vollständig* oder *total differenzierbar*, um den Unterschied zu *partiell differenzierbar* zu betonen.

Im folgenden ist f eine Funktion von zwei oder drei Veränderlichen:

$$f: \ \mathbb{R}^2 \to \mathbb{R}, \ z = f(x,y) \quad \text{oder} \quad f: \ \mathbb{R}^3 \to \mathbb{R}, \ w = f(x,y,z)$$

Differenzierbarkeit

Es sei $D \subseteq \mathbb{R}^2$ eine offene Menge und $(x_0, y_0) \in D$. Die Funktion $f : D \to \mathbb{R}$ heißt im Punkt (x_0, y_0) **differenzierbar**, wenn f in (x_0, y_0) partiell differenzierbar ist – also $f_x(x_0, y_0)$ und $f_y(x_0, y_0)$ existieren – und wenn gilt:

Differenzierbarkeitsbedingung

$$\lim_{(x,y)\to(x_0,y_0)} \frac{f(x,y) - f(x_0,y_0) - f_x(x_0,y_0)(x-x_0) - f_y(x_0,y_0)(y-y_0)}{|(x-x_0\,,\,y-y_0)|} = 0.$$

$$z = f(x_0, y_0) + f_x(x_0, y_0)(x - x_0) + f_y(x_0, y_0)(y - y_0)$$

ist **Tangentialebene** (Seite 383, 513) an f im Punkt $(x_0, y_0, f(x_0, y_0))$.

Entsteht f durch Einsetzen differenzierbarer Funktionen einer Veränderlichen ineinander, ist f im allgemeinen überall dort *differenzierbar*, wo f definiert ist.

Ist f in (x_0, y_0) **differenzierbar**, so ist f in (x_0, y_0) **stetig** !

15.14 (a) $f(x,y) = 2x e^{xy} + \dfrac{\ln y}{x-1}$ ist für $x \neq 1$, $y > 0$ differenzierbar.

(b) $f(x,y,z) = xy^2 z^3 \sin xy^2 z^3$ ist überall im $\mathbb{R}^3$ differenzierbar.

(c) $f(x,y) = \begin{cases} \dfrac{x^3 y}{x^2+y^2} & , (x,y) \neq (0,0) \\ 0 & , (x,y) = (0,0) \end{cases}$ f ist für $(x,y) \neq (0,0)$ als Quotient diff–barer Funktionen diff–bar.

(c) Die Funktion f ist im Nullpunkt gesondert zu untersuchen:

Ohne Rechnung sieht man:
Da $f(x,0) = 0$ und $f(0,y) = 0$ ist, gilt: $f_x(0,0) = f_y(0,0) = 0$;

Mittels Polarkoordinaten:

$$\lim_{(x,y)\to(0,0)} \frac{f(x,y) - 0 - 0 - 0}{|(x,y)|} = \lim_{r\to 0} \frac{r^4 \cos^3 \varphi \sin \varphi}{r^2 \cdot r} = 0 \implies f \text{ ist in } (0,0) \text{ diff–bar.}$$

Ableitung: Gradient, Jacobi–Matrix

Ist $f : \mathbb{R}^3 \to \mathbb{R}$ partiell differenzierbar, so heißt der

Vektor $\boxed{\operatorname{grad} f(x_0, y_0, z_0) := \big(f_x(x_0, y_0, z_0)\,,\ f_y(x_0, y_0, z_0)\,,\ f_z(x_0, y_0, z_0) \big)}$

der **Gradient** von f an der Stelle $\vec{x}_0 = (x_0, y_0, z_0)$.

Ist f in $\vec{x}_0$ differenzierbar,
dann heißt $f'(\vec{x}_0) := \operatorname{grad} f(\vec{x}_0)$ die **Ableitung** von f an der Stelle $\vec{x}_0$.

Die vektorwertige Funktion $f = \begin{pmatrix} g \\ h \end{pmatrix} : \mathbb{R}^3 \to \mathbb{R}^2$ heißt differenzierbar, wenn

alle Komponentenfunktionen $g, h : \mathbb{R}^3 \to \mathbb{R}$ differenzierbar sind, genauer:

Es sei $D \subseteq \mathbb{R}^3$ eine offene Menge und $\vec{x}_0 = (x_0, y_0, z_0) \in D$.

Die Funktion $f : D \to \mathbb{R}^2$, $f(x, y, z) = \begin{pmatrix} g(x, y, z) \\ h(x, y, z) \end{pmatrix}$ heißt im Punkt $\vec{x}_0$
differenzierbar, wenn $g : D \to \mathbb{R}$ und $h : D \to \mathbb{R}$ in $\vec{x}_0$ differenzierbar sind.

Die Matrix

$$\boxed{\mathcal{J}_f(x_0, y_0, z_0) := \begin{pmatrix} \operatorname{grad} g(x_0, y_0, z_0) \\ \operatorname{grad} h(x_0, y_0, z_0) \end{pmatrix} = \begin{pmatrix} g_x & g_y & g_z \\ h_x & h_y & h_z \end{pmatrix} (x_0, y_0, z_0)}$$

heißt **Jacobi–Matrix** von f an der Stelle (x_0, y_0, z_0).

Ist f in $\vec{x}_0$ differenzierbar,
dann heißt $f'(\vec{x}_0) := J_f(\vec{x}_0)$ die **Ableitung** von f an der Stelle $\vec{x}_0$.

15.15   *Man bestimme Gradient bzw. Jacobi–Matrix und ggf. die Ableitung von:*

(a) $f(x, y, z) = z \ln\big(1 + \frac{x^2}{1+y^2}\big)$,   (b) $f(x, y) = \begin{pmatrix} x^2 \mathrm{e}^y + x \cos y \\ xy^2 \mathrm{e}^{xy^2} \end{pmatrix}$,

(c) $f(x_1, x_2, x_3, x_4) = \begin{pmatrix} x_1^2 + \sin x_2 \\ x_3 + \mathrm{e}^{x_3 x_4} \\ x_2 x_3 x_4 \end{pmatrix}$, (d) $f(x, y, z) = \begin{pmatrix} x \sin y \cos z \\ x \sin y \sin z \\ x \cos y \end{pmatrix}$.

Da alle Funktionen überall differenzierbar sind, erhält man die Ableitungen:

(a) $f' = \operatorname{grad} f = \left(z \dfrac{2x}{1+x^2+y^2}\,,\ -z \dfrac{x^2 2y}{(1+x^2+y^2)(1+y^2)}\,,\ \ln(1 + \dfrac{x^2}{1+y^2}) \right)$

(b) $f' = \mathcal{J}_f = \begin{pmatrix} 2x\mathrm{e}^y + \cos y & x^2 \mathrm{e}^y - x \sin y \\ y^2 \mathrm{e}^{xy^2}(1 + xy^2) & 2xy\mathrm{e}^{xy^2}(1 + xy^2) \end{pmatrix}$ ist $(2,2)$–Matrix, da $f : \mathbb{R}^2 \to \mathbb{R}^2$.

(c) $f' = \mathcal{J}_f = \begin{pmatrix} 2x_1 & \cos x_2 & 0 & 0 \\ 0 & 0 & 1 + x_4 \mathrm{e}^{x_3 x_4} & x_3 \mathrm{e}^{x_3 x_4} \\ 0 & x_3 x_4 & x_2 x_4 & x_2 x_3 \end{pmatrix}$ ist $(3,4)$–Matrix, da $f : \mathbb{R}^4 \to \mathbb{R}^3$.

(d) $f' = \mathcal{J}_f = \begin{pmatrix} \sin y \cos z & x \cos y \cos z & -x \sin y \sin z \\ \sin y \sin z & x \cos y \sin z & x \sin y \cos z \\ \cos y & -x \sin y & 0 \end{pmatrix},$

Kugelkoordinaten, F2

$|\mathcal{J}_f| = x^2 \sin y.$

Vorsicht: Die Existenz der partiellen Ableitungen – also von Gradient bzw. Jacobischer Matrix – garantiert nicht, dass eine Funktion f differenzierbar ist (es sei denn, $y = f(x)$ ist eine Funktion einer Veränderlichen), nicht einmal, dass f stetig ist, wie folgendes Beispiel zeigt:

15.16

Man untersuche die Funktion $f(x,y) = \begin{cases} \dfrac{xy}{x^2+y^2} & \text{für } (x,y) \neq (0,0) \\ 0 & \text{für } (x,y) = (0,0) \end{cases}$

auf partielle und (vollständige) Differenzierbarkeit im Punkt $(0,0)$.

$f_x(0,0) = \lim\limits_{x \to 0} \dfrac{f(x,0)-f(0,0)}{x} = 0$ und $f_y(0,0) = \lim\limits_{y \to 0} \dfrac{f(0,y)-f(0,0)}{y} = 0.$

Die partiellen Ableitungen existieren im Nullpunkt: $\operatorname{grad} f(0,0) = (0,0)$.
f ist in $(0,0)$ nicht stetig [15.10], also auch nicht differenzierbar.

Satz über die vollständige Differenzierbarkeit

f ist (vollst.) **differenzierbar**, wenn die partiellen Ableitungen **stetig** sind.

Untersuchung auf Differenzierbarkeit

Bei der Untersuchung, ob die Funktion $f : D \to \mathbb{R}$ in $\vec{x}_0 = (x_0, y_0) \in D \subset \mathbb{R}^2$ differenzierbar ist, kann man folgendermaßen vorgehen:

| Ist f in $\vec{x}_0$ stetig ? | $\xrightarrow{\text{NEIN}}$ f nicht diff–bar. |

$\downarrow$ **JA**

| Ist f in $\vec{x}_0$ partiell differenzierbar ? | $\xrightarrow{\text{NEIN}}$ f nicht diff–bar. |

$\downarrow$ **JA**

| Existieren die partiellen Ableitungen von f in einer Umgebung von $\vec{x}_0$ und sind sie in $\vec{x}_0$ stetig ? | $\xrightarrow{\text{JA}}$ f diff–bar. |

$\downarrow$ **NEIN**

Ist $\lim\limits_{(x,y)\to(x_0,y_0)} \dfrac{f(x,y)-f(x_0,y_0)-f_x(x_0,y_0)(x-x_0)-f_y(x_0,y_0)(y-y_0)}{|(x-x_0,y-y_0)|} = 0$?

$\downarrow$ **JA** $\downarrow$ **NEIN**

f diff bar. f nicht diff–bar.

15.17   *Man untersuche folgende Funktionen auf Differenzierbarkeit:*

$$f(x,y) = \begin{cases} \dfrac{x^2y}{x^2+y^2} & , (x,y) \neq (0,0) \\ 0 & , (x,y) = (0,0) \end{cases} \quad , \quad g(x,y) = \begin{cases} \dfrac{x^2y^2}{x^2+y^2} & , (x,y) \neq (0,0) \\ 0 & , (x,y) = (0,0) \end{cases}$$

Da f und g aus diff–baren Funktionen zusammengesetzt sind und die Nenner für $(x,y) \neq (0,0)$ nicht Null sind, sind f und g für alle $(x,y) \neq (0,0)$ diff–bar.

Um die Differenzierbarkeit von f und g im Nullpunkt zu untersuchen, verwendet man vorteilhaft **Polarkoordinaten [F 2]**: $x = r\cos\varphi$, $y = r\sin\varphi$.

$$f(r\cos\varphi, r\sin\varphi) = \frac{r^3\cos^2\varphi\sin\varphi}{r^2} = r\cos^2\varphi\sin\varphi,$$

$$g(r\cos\varphi, r\sin\varphi) = \frac{r^4\cos^2\varphi\sin^2\varphi}{r^2} = r^2\cos^2\varphi\sin^2\varphi.$$

$\boxed{\text{Ist } f \text{ in } (0,0) \text{ stetig ?}}$ JA: $\displaystyle\lim_{(x,y)\to(0,0)} f(x,y) = \lim_{r\to 0} r\cos^2\varphi\sin\varphi = 0 = f(0,0)$.

$\boxed{\text{Ist } g \text{ in } (0,0) \text{ stetig ?}}$ JA: $\displaystyle\lim_{(x,y)\to(0,0)} g(x,y) = \lim_{r\to 0} r^2\cos^2\varphi\sin^2\varphi = 0 = g(0,0)$.

$\boxed{\text{Ist } f \text{ in } (0,0) \text{ partiell differenzierbar ?}}$ JA, $\operatorname{grad} f(0,0) = (0,0)$, denn

$$f_x(0,0) = \lim_{(x,0)\to(0,0)} \frac{f(x,0)-f(0,0)}{x} = \lim_{x\to 0}\frac{0-0}{x} = 0, \text{ ebenso: } f_y(0,0) = 0.$$

$\boxed{\text{Ist } g \text{ in } (0,0) \text{ partiell differenzierbar ?}}$ JA, $\operatorname{grad} g(0,0) = (0,0)$, analog.

Übrigens klar, da beide Funktionen konstant gleich 0 auf den Achsen sind!

$\boxed{\text{Sind die partiellen Ableitungen von } f \text{ in } (0,0) \text{ stetig ?}}$ NEIN, denn

$$f_x(x,y) = \begin{cases} \dfrac{2xy^3}{(x^2+y^2)^2} & , (x,y) \neq (0,0) \\ 0 & , (x,y) = (0,0) \end{cases} \quad \text{und}$$

$$\lim_{(x,y)\to(0,0)} f_x(x,y) = \lim_{r\to 0}\frac{2r^4(\cos\varphi\sin^3\varphi)}{r^4} \text{ ex. nicht} \implies f_x \text{ ist in } (0,0) \text{ nicht stetig.}$$

Um die Differenzierbarkeit von f im Nullpunkt zu untersuchen, geht man auf die

Definition zurück: Ist $\boxed{\displaystyle\lim_{(x,y)\to(0,0)} \frac{f(x,y)-f(0,0)-f_x(0,0)x-f_y(0,0)y}{|(x,y)|} = 0 \ ?}$

$$\lim_{(x,y)\to(0,0)} \frac{\frac{x^2y}{x^2+y^2}-f(0,0)-0x-0y}{|(x,y)|} = \lim_{r\to 0}\frac{\frac{r^3\cos^2\varphi\sin\varphi}{r^2}}{r} = \lim_{r\to 0}\cos^2\varphi\sin\varphi.$$

Dieser Limes existiert nicht, f ist also im Nullpunkt nicht differenzierbar.

g ist im Nullpunkt differenzierbar, $g'(0,0) = \operatorname{grad} g(0,0) = (0,0)$: Dazu zeigt man die Stetigkeit der partiellen Ableitungen oder geht auf die Definition zurück:

$$\lim_{(x,y)\to(0,0)} \frac{\frac{x^2y^2}{x^2+y^2}-\cdots}{|(x,y)|} = \lim_{r\to 0}\frac{r^4\cos^2\varphi\sin^2\varphi}{r^3} = \lim_{r\to 0} r\cos^2\varphi\sin^2\varphi = 0.$$

Die Ableitung $f'(\vec{x}_0)$ ist eine lineare Abbildung

Ist $f : \mathbb{R}^3 \to \mathbb{R}^2$, also $f(\vec{x}) = \begin{pmatrix} g(\vec{x}) \\ h(\vec{x}) \end{pmatrix}$ im Punkt $\vec{x}_0 = (x_0, y_0, z_0)$ differenzierbar, so ist die Ableitung $f'(\vec{x}_0) : \mathbb{R}^3 \to \mathbb{R}^2$ eine lineare Abbildung, die durch die Jacobi–Matrix $\mathcal{J}_f(\vec{x}_0)$ dargestellt wird:

$$\mathcal{J}_f(\vec{x}_0) = \begin{pmatrix} g_x & g_y & g_z \\ h_x & h_y & h_z \end{pmatrix}(\vec{x}_0) = \begin{pmatrix} \operatorname{grad} g(\vec{x}_0) \\ \operatorname{grad} h(\vec{x}_0) \end{pmatrix} = (f_x(\vec{x}_0), f_y(\vec{x}_0), f_z(\vec{x}_0)).$$

- Die Zeilen der Jacobi–Matrix sind die Gradienten der Komponentenfunktionen.
- Die Spalten der Jacobi–Matrix sind Tangentenvektoren.

  z.B. ist $f_x(x_0, y_0, z_0) = \begin{pmatrix} g_x(x_0, y_0, z_0) \\ h_x(x_0, y_0, z_0) \end{pmatrix}$ **Tangentenvektor** an

  die Kurve $f(x, y_0, z_0) = \begin{pmatrix} g(x, y_0, z_0) \\ h(x, y_0, z_0) \end{pmatrix}$ (**Koordinatenlinie**).

15.18 *Sei $f : \mathbb{R}^3 \to \mathbb{R}^2$ mit $f(x, y, z) = \begin{pmatrix} u \\ v \end{pmatrix} = \begin{pmatrix} x + y + \mathrm{e}^z \\ x^2 \sin y + z \end{pmatrix}$, $\vec{x}_0 = (1, \frac{\pi}{2}, 0)$.*

Man bestimme $\mathcal{J}_f(x, y, z)$ und $\mathcal{J}_f(1, \frac{\pi}{2}, 0)$. Man berechne und skizziere die Kurven $f(x, \frac{\pi}{2}, 0)$, $f(1, y, 0)$, $f(1, \frac{\pi}{2}, z)$ (Koordinatenlinien), sowie die Tangentenvektoren im Punkt $f(\vec{x}_0) = f(1, \frac{\pi}{2}, 0) = (2 + \frac{\pi}{2}, 1)$.

$$\mathcal{J}_f(x, y, z) = \begin{pmatrix} 1 & 1 & \mathrm{e}^z \\ 2x \sin y & x^2 \cos y & 1 \end{pmatrix} \implies \mathcal{J}_f(1, \tfrac{\pi}{2}, 0) = \begin{pmatrix} 1 & 1 & 1 \\ 2 & 0 & 1 \end{pmatrix}$$

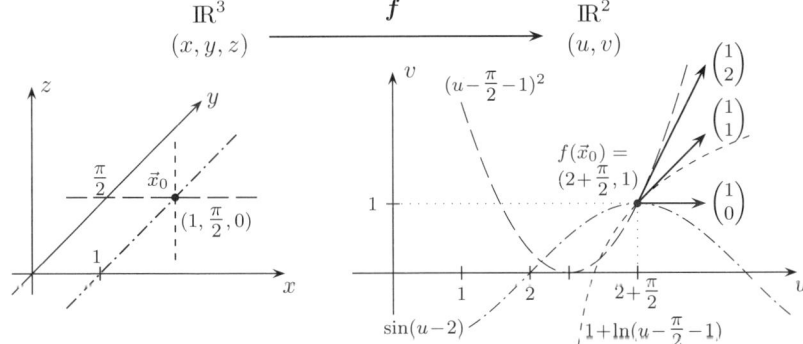

Tangentenvektoren an die Koordinatenlinien

$f(x, \frac{\pi}{2}, 0) = \begin{pmatrix} x + \frac{\pi}{2} + 1 \\ x^2 \end{pmatrix}$ $\quad\Big|\quad$ $f(1, y, 0) = \begin{pmatrix} 2 + y \\ \sin y \end{pmatrix}$ $\quad\Big|\quad$ $f(1, \frac{\pi}{2}, z) = \begin{pmatrix} 1 + \frac{\pi}{2} + \mathrm{e}^z \\ 1 + z \end{pmatrix}$

$f_x(1, \frac{\pi}{2}, 0) = \begin{pmatrix} 1 \\ 2 \end{pmatrix}$ $\quad\Big|\quad$ $f_y(1, \frac{\pi}{2}, 0) = \begin{pmatrix} 1 \\ 0 \end{pmatrix}$ $\quad\Big|\quad$ $f_z(1, \frac{\pi}{2}, 0) = \begin{pmatrix} 1 \\ 1 \end{pmatrix}$

$v = (u - \frac{\pi}{2} - 1)^2$ $\quad\Big|\quad$ $v = \sin(u - 2)$ $\quad\Big|\quad$ $v = 1 + \ln(u - \frac{\pi}{2} - 1)$

$v'(2 + \frac{\pi}{2}) = 2.$ $\quad\Big|\quad$ $v'(2 + \frac{\pi}{2}) = 0.$ $\quad\Big|\quad$ $v'(2 + \frac{\pi}{2}) = 1.$

15.3.3 Kettenregel

Kettenregel : $w = f(x, y)$ bzw. $w = f(x, y, z)$	
$w = f(x, y)$	
$x = x(t), \; y = y(t)$	$x = x(u, v), \; y = y(u, v)$
$w' = \dfrac{dw}{dt} = w_x x' + w_y y'$	$w_u = \dfrac{\partial w}{\partial u} = w_x x_u + w_y y_u$ $w_v = \dfrac{\partial w}{\partial v} = w_x x_v + w_y y_v$
Matrizenschreibweise: $w' = (w_x, w_y) \begin{pmatrix} x' \\ y' \end{pmatrix}$	Matrizenschreibweise: $(w_u, w_v) = (w_x, w_y) \begin{pmatrix} x_u & x_v \\ y_u & y_v \end{pmatrix}$
$w = f(x, y, z)$	
$x = x(t), \; y = y(t), \; z = z(t)$	$x = x(u, v), \; y = y(u, v), \; z = z(u, v)$
$w' = \dfrac{dw}{dt} = w_x x' + w_y y' + w_z z'$	$w_u = \dfrac{\partial w}{\partial u} = w_x x_u + w_y y_u + w_z z_u$ $w_v = \dfrac{\partial w}{\delta v} = w_x x_v + w_y y_v + w_z z_v$
Matrizenschreibweise: $w' = (w_x, w_y, w_z) \begin{pmatrix} x' \\ y' \\ z' \end{pmatrix}$	Matrizenschreibweise: $(w_u, w_v) = (w_x, w_y, w_z) \begin{pmatrix} x_u & x_v \\ y_u & y_v \\ z_u & z_v \end{pmatrix}$

15.19　　Man differenziere　(a) mit der Kettenregel　(b) nach Einsetzen:

$$w = \frac{xy}{x^2 + y^2} \quad \text{für } (x, y) \neq (0, 0) \quad \text{und} \quad \begin{array}{l} x = x(r, \varphi) = r \cos \varphi \\ y = y(r, \varphi) = r \sin \varphi \end{array}$$

$$w_x = \frac{y(x^2 + y^2) - 2x^2 y}{(x^2 + y^2)^2} = \frac{y(y^2 - x^2)}{(x^2 + y^2)^2} \qquad x_r = \cos \varphi \qquad y_r = \sin \varphi$$

$$w_y = \frac{x(y^2 + x^2) - 2y^2 x}{(x^2 + y^2)^2} = \frac{x(x^2 - y^2)}{(x^2 + y^2)^2} \qquad x_\varphi = -r \sin \varphi \qquad y_\varphi = r \cos \varphi$$

(a)　Mittels der **Kettenregel** ergibt sich nun:

$$w_r = \frac{r \sin \varphi (r^2 \sin^2 \varphi - r^2 \cos^2 \varphi)}{r^4} \cos \varphi + \frac{r \cos \varphi (r^2 \cos^2 \varphi - r^2 \sin^2 \varphi)}{r^4} \sin \varphi = \underline{0}$$

$$\begin{aligned} w_\varphi &= \frac{r \sin \varphi (r^2 \sin^2 \varphi - r^2 \cos^2 \varphi)}{r^4} (-r \sin \varphi) + \frac{r \cos \varphi (r^2 \cos^2 \varphi - r^2 \sin^2 \varphi)}{r^4} r \cos \varphi \\ &= \sin^2 \varphi (\cos^2 \varphi - \sin^2 \varphi) + \cos^2 \varphi (\cos^2 \varphi - \sin^2 \varphi) = \cos^2 \varphi - \sin^2 \varphi = \underline{\cos 2\varphi}. \end{aligned}$$

(b)　**Einfacher** wird es, wenn man *erst* einsetzt und *dann* differenziert:

$$w\big(x(r, \varphi), y(r, \varphi)\big) = \frac{r^2 \cos \varphi \sin \varphi}{r^2} = \cos \varphi \sin \varphi = \frac{1}{2} \sin 2\varphi \Longrightarrow \begin{array}{l} w_r = 0 \\ w_\varphi = \cos 2\varphi. \end{array}$$

15.20　　Es sei $f(t) := \displaystyle\int_{a(t)}^{b(t)} F(s) \, ds.$　　Man bestimme $f'(t)$ mittels Kettenregel.

Für $f(x, y) = \displaystyle\int_x^y F(s) \, ds$ mit $x = a(t), \; y = b(t)$ gilt $f_x = -F(x), \; f_y = F(y)$,

$x' = a'(t), \; y' = b'(t).$　　　Also $f'(t) = f_x x' + f_y y' = \underline{-F(a(t))a'(t) + F(b(t))b'(t)}.$

15.21   Es sei $w = f(x, y)$ und $x = r \cos \varphi$, $y = r \sin \varphi$ *(Polarkoordinaten).*

Man zeige: $w_x^2 + w_y^2 = w_r^2 + \dfrac{1}{r^2} w_\varphi^2$.

$w_r = w_x x_r + w_y y_r = w_x \cos \varphi + w_y \sin \varphi$

$w_\varphi = w_x x_\varphi + w_y y_\varphi = r(-w_x \sin \varphi + w_y \cos \varphi)$

$\Longrightarrow w_r^2 + \dfrac{1}{r^2} w_\varphi^2 = (w_x \cos \varphi + w_y \sin \varphi)^2 + (-w_x \sin \varphi + w_y \cos \varphi)^2 = w_x^2 + w_y^2.$

15.22   Es sei $w = \mathrm{e}^{xy^2}$, $\begin{aligned} x &= t \cos t \\ y &= t \sin t \end{aligned}$. Man bestimme $\dfrac{dw}{dt}$ bei $t = \dfrac{\pi}{2}$.

$w_x = y^2 \mathrm{e}^{xy^2}$, $w_x(x(\tfrac{\pi}{2}), y(\tfrac{\pi}{2})) = \dfrac{\pi^2}{4}$ $\dfrac{dx}{dt} = \cos t - t \sin t$ $\dfrac{dx}{dt}(\tfrac{\pi}{2}) = -\dfrac{\pi}{2}$

$w_y = 2xy\,\mathrm{e}^{xy^2}$, $w_y(x(\tfrac{\pi}{2}), y(\tfrac{\pi}{2})) = 0$ $\dfrac{dy}{dt} = \sin t + t \cos t$, $\dfrac{dy}{dt}(\tfrac{\pi}{2}) = 1$

$\dfrac{dw}{dt} = w_x \dfrac{dx}{dt} + w_y \dfrac{dy}{dt} \Longrightarrow \dfrac{dw}{dt}(\tfrac{\pi}{2}) = \dfrac{1}{4}\pi^2 \mathrm{e}^0 (-\dfrac{\pi}{2}) + 0 = -\dfrac{1}{8}\pi^3.$

Einfacher ist es, erst x, y als Funktionen von t einzusetzen und direkt nach t zu differenzieren:

$w(t) = \mathrm{e}^{t^2 \cos t \sin^2 t} \Longrightarrow \dfrac{dw}{dt} = \mathrm{e}^{t^3 \cos t \sin^2 t}(t^3 \cos t \sin^2 t)'.$

Bedenkt man $(uvw)' = u'vw + uv'w + uvw'$, so ergibt sich:

$\dfrac{dw}{dt} = \mathrm{e}^{t^3 \cos t \sin^2 t}(3t^2 \sin^2 t \cos t - t^3 \sin^3 t + 2t^3 \sin t \cos^2 t) \Longrightarrow \dfrac{dw}{dt}(\tfrac{\pi}{2}) = -\dfrac{1}{8}\pi^3.$

---

allgemeine Kettenregel

$\vec{y} = f(\vec{x}), \quad \vec{x} = g(\vec{t})$

$h(\vec{t}) = f(g(\vec{t}))$

IR^n

$g \nearrow \qquad \searrow f$

$\mathrm{IR}^m \xrightarrow{\quad\quad} \mathrm{IR}^k$

$h = f \circ g$

$h'(\vec{t}) = f'(g(\vec{t})) \cdot g'(\vec{t})$

$\mathcal{J}_h(\vec{t}) = \mathcal{J}_f(g(\vec{t})) \cdot \mathcal{J}_g(\vec{t})$

Die Ableitung nacheinander ausgeführter differenzierbarer Funktionen ist das **Produkt** der entsprechenden **Jacobi–Matrizen**, so wie sich die Matrix nacheinander ausgeführter linearer Abbildungen als **Matrizenprodukt** ergibt (Seite 119)

Häufig einfacher: Erst die Funktionen ineinander einsetzen und dann differenzieren !

Differentiation der Umkehrfunktion

Ist $f : \mathrm{IR}^n \longrightarrow \mathrm{IR}^n$ mit $\det(\mathcal{J}_f(\vec{x}_0)) \neq 0$, so existiert die Umkehrfunktion f^{-1} in einer Umgebung von $f(\vec{x}_0)$ und es gilt dort

$$\mathcal{J}_{f^{-1}}\big(f(\vec{r})\big) = \big(\mathcal{J}_f(\vec{r})\big)^{-1}$$

15.23   (a)   Es sei $f(x,y) = e^{xy^2}$, $\vec{x} = g(t) = \begin{pmatrix} t\cos t \\ t\sin t \end{pmatrix}$ und $h(t) := f(g(t))$.

Man berechne $h'(\frac{\pi}{2})$ mit der allgemeinen Kettenregel, vgl. [15.22].

(b)   Zu $f(r,\varphi) = \begin{pmatrix} r\cos\varphi \\ r\sin\varphi \end{pmatrix}$, $r \neq 0$ berechne man die Ableitung $\mathcal{J}_{f^{-1}}$

der Umkehrfunktion f^{-1} in Polarkoordinaten und kartes. Koord.

(a) $\vec{x}(\frac{\pi}{2}) = \begin{pmatrix} 0 \\ \pi/2 \end{pmatrix}$ und $f'(\vec{x}) = \operatorname{grad} f(\vec{x}) = e^{xy^2}(y^2, 2xy) \implies f'(g(\frac{\pi}{2})) = (\frac{\pi^2}{4}, 0)$,

$g'(t) = \begin{pmatrix} \cos t - t\sin t \\ \sin t + t\cos t \end{pmatrix} \implies g'(\frac{\pi}{2}) = \begin{pmatrix} -\pi/2 \\ 1 \end{pmatrix}$.

Also: $h'(\frac{\pi}{2}) = f'(g(\frac{\pi}{2})) \cdot g'(\frac{\pi}{2}) = (\frac{\pi^2}{4}, 0) \cdot \begin{pmatrix} -\pi/2 \\ 1 \end{pmatrix} = \underline{-\frac{1}{8}\pi^3}$.

(b) $f(r,\varphi) = \begin{pmatrix} r\cos\varphi \\ r\sin\varphi \end{pmatrix} \implies \mathcal{J}_f(r,\varphi) = \begin{pmatrix} \cos\varphi & -r\sin\varphi \\ \sin\varphi & r\cos\varphi \end{pmatrix}$ und $\det(\mathcal{J}_f(r,\varphi)) = r$

$\implies \mathcal{J}_{f^{-1}}(r\cos\varphi, r\sin\varphi) = \begin{pmatrix} \cos\varphi & -r\sin\varphi \\ \sin\varphi & r\cos\varphi \end{pmatrix}^{-1} = \frac{1}{r}\begin{pmatrix} r\cos\varphi & r\sin\varphi \\ -\sin\varphi & \cos\varphi \end{pmatrix}$

$\mathcal{J}_{f^{-1}}(x, y) = \frac{1}{\sqrt{x^2+y^2}}\begin{pmatrix} x & y \\ -\dfrac{y}{\sqrt{x^2+y^2}} & \dfrac{x}{\sqrt{x^2+y^2}} \end{pmatrix}$.

15.24

$\mathbb{R}^1$

$g \quad\nearrow \qquad \searrow\quad f$

$\mathbb{R}^3 \xrightarrow{\qquad\qquad} \mathbb{R}^2$

$h = f \circ g$

$x = g(\vec{t}) = \frac{1}{2}t_1 + 2t_2 + t_1\ln t_3$

$f(x) = \begin{pmatrix} \cos x \\ \sin x \end{pmatrix}$, $\vec{t}_0 = (\frac{\pi}{3}, 0, 1)$, $x_0 = \frac{\pi}{6}$.

Für $h(\vec{t}) = f(g(\vec{t}))$ berechne man $h'(\vec{t}_0)$:   (a)   allgemeine Kettenregel,   (b)   Einsetzen.

(a) $g'(\vec{t}) = \operatorname{grad} g(t_1, t_2, t_3) = (\frac{1}{2} + \ln t_3, 2, \frac{t_1}{t_3})$

$g'(\vec{t}_0) = \operatorname{grad} g(\frac{\pi}{3}, 0, 1) = (\frac{1}{2}, 2, \frac{\pi}{3})$

und

$f'(x) = \mathcal{J}_f(x) = \begin{pmatrix} -\sin x \\ \cos x \end{pmatrix}$,

$f'(\frac{\pi}{6}) = \mathcal{J}_f(\frac{\pi}{6}) = \begin{pmatrix} -\frac{1}{2} \\ \frac{1}{2}\sqrt{3} \end{pmatrix}$.

$h'(\frac{\pi}{3}, 0, 1) = f'(\frac{\pi}{6}) \cdot g'(\frac{\pi}{3}, 0, 1) = \mathcal{J}_f(\frac{\pi}{6}) \cdot \operatorname{grad} g(\frac{\pi}{3}, 0, 1)$

$= \begin{pmatrix} -\sin\frac{\pi}{6} \\ \cos\frac{\pi}{6} \end{pmatrix} \cdot (\frac{1}{2}, 2, \frac{\pi}{3}) = \begin{pmatrix} -\frac{1}{2} \\ \frac{1}{2}\sqrt{3} \end{pmatrix} \cdot (\frac{1}{2}, 2, \frac{\pi}{3}) = \begin{pmatrix} -\frac{1}{4} & -1 & -\frac{\pi}{6} \\ \frac{1}{4}\sqrt{3} & \sqrt{3} & \frac{\pi}{6}\sqrt{3} \end{pmatrix}$.

(b)   Natürlich kann man auch Einsetzen und dann Differenzieren:

$h(\vec{t}) = \begin{pmatrix} \cos(\frac{1}{2}t_1 + 2t_2 + t_1\ln t_3) \\ \sin(\frac{1}{2}t_1 + 2t_2 + t_1\ln t_3) \end{pmatrix} = \begin{pmatrix} h_1(\vec{t}) \\ h_2(\vec{t}) \end{pmatrix} \implies h'(\frac{\pi}{3}, 0, 1) = \begin{pmatrix} \operatorname{grad} h_1(\vec{t}_0) \\ \operatorname{grad} h_2(\vec{t}_0) \end{pmatrix}$.

15.3.4   Tangentialebene, totales Differential

Im Folgenden sei $z = f(x,y)$ eine Funktion von zwei Veränderlichen, also $\{(x,y,f(x,y)) \mid x,y \in \mathbb{R}\}$ eine **Fläche** im Raum.

Tangentialebene

f ist in $\vec{x}_0 = (x_0,y_0)$ differenzierbar.

$$\Longleftrightarrow$$

f hat in (x_0,y_0) eine Tangentialebene.

Gleichung der Tangentialebene E

an f bei (x_0,y_0), bzw. im Punkt $(x_0,y_0,f(x_0,y_0))$:

$$
\begin{aligned}
\vec{n}_E &:= (\operatorname{grad} f, -1) \\
&= \big(f_x(x_0,y_0), f_y(x_0,y_0), -1\big)
\end{aligned}
$$
ist **Normalenvektor** von E und somit Normalenvektor der Fläche.

$E:\quad z - f(x_0,y_0) + f_x(x_0,y_0)(x-x_0) + f_y(x_0,y_0)(y-y_0)$

$E:\quad \vec{n}_E \cdot (x,y,z) = \vec{n}_E \cdot (x_0,y_0,f(x_0,y_0))$ \hfill (Koordinatenform),

$$E:\quad \vec{x} = \begin{pmatrix} x_0 \\ y_0 \\ f(x_0,y_0) \end{pmatrix} + r \begin{pmatrix} 1 \\ 0 \\ f_x(x_0,y_0) \end{pmatrix} + s \begin{pmatrix} 0 \\ 1 \\ f_y(x_0,y_0) \end{pmatrix} \quad \text{(Parameterform)}.$$

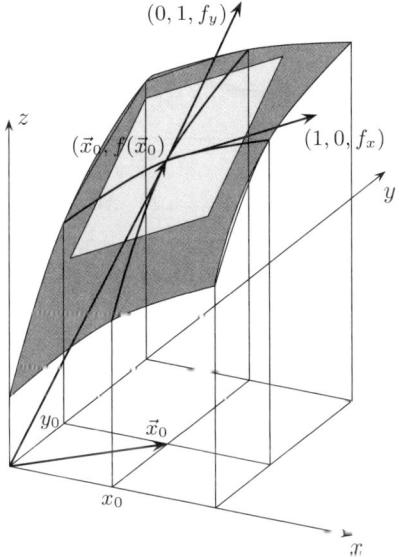

Tangentialebene
(Parameterform)
$\vec{x} = (x_0,y_0,f(x_0,y_0)) + r(1,0,f_x) + s(0,1,f_y)$

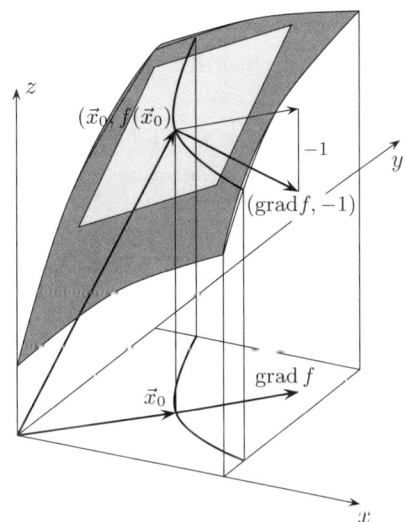

Tangentialebene
(Koordinatenform)
$\vec{n}_E \cdot (x,y,z) = \vec{n}_E \cdot (x_0,y_0,f(x_0,y_0))$

15.25   Man bestimme die Tangentialebene an $f(x,y) = \frac{y}{1+x^2}$ bei $\vec{x}_0 = (1,2)$:

$$f_x(x,y) = \frac{-2xy}{(1+x^2)^2} \implies f_x(1,2) = -1 \implies \operatorname{grad} f(1,2) = (-1, \tfrac{1}{2})$$
$$f_y(x,y) = \frac{1}{1+x^2} \implies f_y(1,2) = \tfrac{1}{2} \implies \vec{n}_E = (-1, \tfrac{1}{2}, -1)$$

$E:\ z = 1 - (x-1) + \tfrac{1}{2}(y-2) \iff E:\ 2x - y + 2z = 2.$

$E:\ (-1, \tfrac{1}{2}, -1)(x,y,z) = (-1, \tfrac{1}{2}, -1)(1, 2, f(1,2)) \iff E:\ -x + \tfrac{1}{2}y - z = -1.$

$E:\ \vec{x} = (1,2,1) + r(1,0,-1) + s(0,1,\tfrac{1}{2}).$

---

totales Differential einer Funktion $z = f(x,y)$

$df := f_x(x_0, y_0)\, dx + f_y(x_0, y_0)\, dy.$ Setzt man $dx = x - x_0,\ dy = y - y_0,$ so:
$= f_x(x_0, y_0)\, (x - x_0) + f_y(x_0, y_0)\, (y - y_0)$
$= \operatorname{grad} f(x_0, y_0) \cdot (x - x_0,\ y - y_0)$ (Skalarprodukt)

df heißt **totales (vollständiges) Differential** von f bei (x_0, y_0).

Bei festem (x_0, y_0) ist $df = df(x,y)$ der Funktionszuwachs,
wenn die Fläche f durch ihre Tangentialebene in (x_0, y_0) ersetzt wird.

---

f differenzierbar in (x_0, y_0) bedeutet,
dass $\Delta f := f(x,y) - f(x_0, y_0)$ für
genügend nahe bei (x_0, y_0) liegende
(x,y) durch das totale Differential df
"gut" angenähert wird.

$\Delta f = f(x,y) - f(x_0, y_0)$

$\Delta f \approx df = f_x(x_0, y_0)(x - x_0) + f_y(x_0, y_0)(y - y_0).$

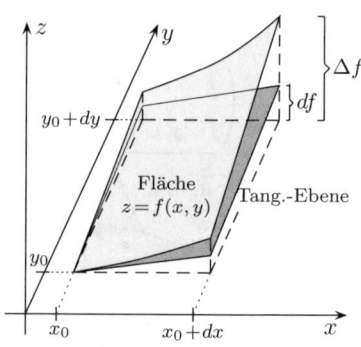

15.26   Für $z = x^2 y - 3y$ berechne man:

    (a)   die Tangentialebene von z im Punkt $P_0 = (x_0,\, y_0) = (4,\, 3)$,
    (b) Δz und dz für $P = (x,\, y) = (3.99, 3.02)$,
    (c)   eine Näherung für $z(5.12,\, 6.85)$.

(a) $z_x = 2xy$, $z_y = x^2 - 3 \implies \operatorname{grad} z(4,\, 3) = (24,\, 13)$.

Eine Gleichung der Tangentialebene E ist also:

E: $z = z(4,\, 3) + z_x(4,\, 3)(x-4) + z_y(4,\, 3)(y-3) = 39 + 24(x-4) + 13(y-3)$
$\implies$ Gleichung von E in Koordinatenform: E: $24x + 13y - z = 96.$

(b) $\Delta z = z(3.99, 3.02) - z(4,\, 3) = 3.99^2 \cdot 3.02 - 3 \cdot 3.02 - 39 = \underline{0.018702}$
    $dz = z_x(4,\, 3)(3.99 - 4) + z_y(4,\, 3)(3.02 - 3) = 24(-0.01) + 13 \cdot 0.02 = \underline{0.02}$

(c) $z(5, 7) = 154$, $\operatorname{grad} z(x_0,\, y_0) = (2x_0 y_0,\, x_0^2 - 3) \implies \operatorname{grad} z(5,\, 7) = (70,\, 22)$,
    $dx = x - x_0 = 0.12$, $dy = y - y_0 = -0.15.$
    $dz = \operatorname{grad} z(x_0, y_0) \cdot (dx, dy) = 2x_0 y_0\, dx + (x_0^2 - 3)\, dy = 70\, dx + 22\, dy = \underline{5.1}$
    $z(5.12, 6.85) \approx z(5,\, 7) + dz = \underline{159.1}.$ Exakter Wert: $z = 159.01864.$

15.27   Man bestimme dz für $z = \frac{1}{2}\ln(x^2 + y^2)$.

$z_x = \dfrac{x}{x^2+y^2}$, $z_y = \dfrac{y}{x^2+y^2}$ $\implies$ $dz = \dfrac{x\,dx + y\,dy}{x^2+y^2}$.

15.4 Richtungsableitung

Die partiellen Ableitungen f_x und f_y sind die Ableitungen von f in x– bzw. y– Richtung.

Die **Richtungsableitung** $\frac{\partial f}{\partial \vec{a}}(\vec{x}_0)$ von f an der Stelle $\vec{x}_0$ in Richtung des Vektors $\vec{a} \neq \vec{o}$ ist durch folgenden Grenzwert definiert:

$$\frac{\partial f}{\partial \vec{a}}(\vec{x}_0) := \lim_{t \to 0} \frac{f(\vec{x}_0 + t\frac{\vec{a}}{|\vec{a}|}) - f(\vec{x}_0)}{t}.$$

15.28 $f(x,y) = \begin{cases} \dfrac{x^3 - xy^2}{x^2+y^2}, & (x,y) \neq (0,0) \\ 0, & (x,y) = (0,0) \end{cases}$

(a) f ist in $(0,0)$ stetig und in alle Richtungen differenzierbar.

(b) f ist in $(0,0)$ nicht differenzierbar.

(a) f ist in $(0,0)$ stetig, da $\displaystyle\lim_{(x,y) \to (0,0)} f(x,y) = \lim_{r \to 0} \frac{r^3 \cos^3 \varphi - r^3 \cos \varphi \sin \varphi}{r^2} = 0 = f(0,0)$.

Die Richtungsableitung hängt nur von der Richtung von $\vec{a}$, nicht von seiner Länge ab, man ersetzt zweckmäßig $\vec{a}$ durch den Einheitsvektor $\vec{e} = \frac{1}{|\vec{a}|}\vec{a}$ in Richtung $\vec{a}$.

Jeder Einheitsvektor schreibt sich in der Form: $\vec{e}(\varphi) = (\cos \varphi, \sin \varphi)$, $0 \le \varphi < 2\pi$.

Man erhält also alle Richtungsableitungen in $(0,0)$ durch Betrachtung von:

$$\frac{\partial f}{\partial \vec{e}}(0,0) = \lim_{t \to 0} \frac{f\big((0,0) + t(\cos \varphi, \sin \varphi)\big) - f(0,0)}{t} = \lim_{t \to 0} \frac{t^3(\cos^3 \varphi - \cos \varphi \sin^2 \varphi)}{t^3}$$
$$= \underline{\cos^3 \varphi - \cos \varphi \sin^2 \varphi} = \text{Ri-Abl. von } f \text{ in Richtung } \vec{e} = (\cos \varphi, \sin \varphi).$$

Die Funktion f ist also im Nullpunkt in alle Richtungen differenzierbar.

Z.B.: $\varphi = 0^0$: $\dfrac{\partial f}{\partial(1,0)}(0,0) = f_x(0,0) = 1$, $\varphi = 45^0$: $\dfrac{\partial f}{\partial(1,1)}(0,0) = 0$,

$\varphi = 90^0$: $\dfrac{\partial f}{\partial(0,1)}(0,0) = f_y(0,0) = 0$, $\varphi = 60^0$: $\dfrac{\partial f}{\partial(1,\sqrt{3})}(0,0) = -\frac{1}{4}$.

(b) Tangentenvektor an die Fläche f in $(0,0)$ in Richtung $\vec{e} = (\cos \varphi, \sin \varphi)$ ist
$$\vec{t}(\varphi) = (\cos \varphi, \sin \varphi, \cos^3 \varphi - \cos \varphi \sin^2 \varphi).$$
Wäre f in $(0,0)$ differenzierbar, müssten die Tangentenvektoren die Tangential-ebene aufspannen. $\vec{t}(0) = (1,0,1)$, $\vec{t}(\frac{\pi}{4}) = (\frac{1}{2}\sqrt{2}, \frac{1}{2}\sqrt{2}, 0)$, $\vec{t}(\frac{\pi}{2}) = (0,1,0)$ sind Tangentenvektoren, die aber offensichtlich nicht in einer Ebene liegen #.

ODER: Wäre f im Nullpunkt differenzierbar, müsste gemäß folgender Regel (nächste Seite) für die Richtungsableitung $\dfrac{\partial f}{\partial(1,\sqrt{3})}(0,0) = -\frac{1}{4}$ (s.o.) gelten:

$$\frac{\partial f}{\partial(1,\sqrt{3})}(0,0) = \text{grad } f(0,0) \cdot \tfrac{1}{2}(1,\sqrt{3}) = (1,0) \cdot \tfrac{1}{2}(1,\sqrt{3}) = \frac{1}{2} \neq -\frac{1}{4} \; \#.$$

Richtungsableitung und Gradient

Ist $w = f(x, y)$ (oder $w = f(x, y, z)$ analog) in $\vec{x}_0$ **differenzierbar**, so ist die **Richtungsableitung** von f an der Stelle $\vec{x}_0 = (x_0, y_0)$ in Richtung $\vec{a} = (a_1, a_2)$ das **Skalarprodukt** von $\operatorname{grad} f(\vec{x}_0)$ mit dem Einheitsvektor $\dfrac{\vec{a}}{|\vec{a}|}$ in Richtung $\vec{a}$.

Sie hängt nur von der Richtung, nicht von der Länge des Richtungsvektors ab:

$$\frac{\partial f}{\partial \vec{a}}(\vec{x}_0) \;=\; \operatorname{grad} f(\vec{x}_0) \cdot \frac{\vec{a}}{|\vec{a}|} \;=\; |\operatorname{grad} f(\vec{x}_0)| \cdot \cos \sphericalangle(\operatorname{grad} f(\vec{x}_0)\,,\,\vec{a})$$

	in Richtung des Gradienten	in Gegenrichtung des Gradienten	senkrecht zum Gradienten
Richtungsabl. Steigung	$|\operatorname{grad} f(\vec{x}_0)|$ maximal	$-|\operatorname{grad} f(\vec{x}_0)|$ minimal	0

Ist $w = f(x, y)$, so ist $\vec{t} = (a_1, a_2, \operatorname{grad} f(\vec{x}_0) \cdot \vec{a})$ ein **Tangentenvektor** an die Fläche f (d.h. Graph der Funktion f) im Punkt $(\vec{x}_0, f(\vec{x}_0))$ in Richtung $\vec{a}$. Speziell:

$$\vec{a} = (1,0) \Rightarrow \frac{\partial f}{\partial (1,0)}(\vec{x}_0) = \operatorname{grad} f(\vec{x}_0) \cdot (1,0) = f_x(x_0, y_0)\,,\ \vec{t} = (1, 0, f_x(x_0, y_0))$$

$$\vec{a} = (0,1) \Rightarrow \frac{\partial f}{\partial (0,1)}(\vec{x}_0) = \operatorname{grad} f(\vec{x}_0) \cdot (0,1) = f_y(x_0, y_0)\,,\ \vec{t} = (0, 1, f_y(x_0, y_0))$$

Die Richtungsableitung gibt die Steigung der Schnittkurve K der Fläche f und der Ebene $\vec{x} = (x_0, y_0, 0) + r(0, 0, 1) + s\vec{a}$ im Punkt $(x_0, y_0, f(x_0, y_0))$ an.

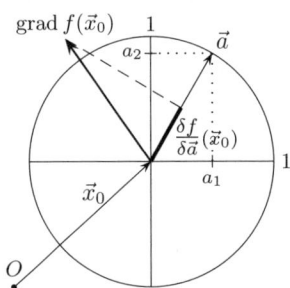

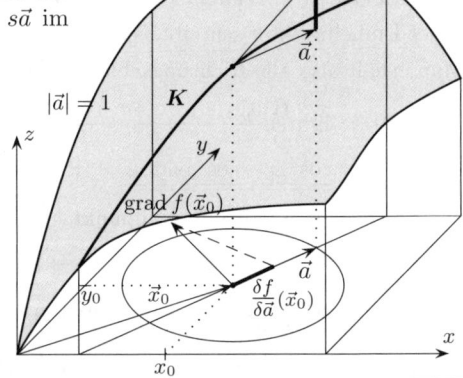

15.29   Man bestimme die Richtungsableitung von $f(x, y, z) = x^3 + e^y \sin z$ im Punkt $(1, \ln 3, \frac{\pi}{3})$ in Richtung des Vektors $(3, -2, 6)$.

$$\operatorname{grad} f(x, y, z) = \begin{pmatrix} 3x^2 \\ e^y \sin z \\ e^y \cos z \end{pmatrix} \Longrightarrow \operatorname{grad} f(1, \ln 3, \tfrac{\pi}{3}) = \begin{pmatrix} 3 \\ 3 \cdot \frac{1}{2}\sqrt{3} \\ \frac{3}{2} \end{pmatrix} = \frac{3}{2} \begin{pmatrix} 2 \\ \sqrt{3} \\ 1 \end{pmatrix}.$$

$$\vec{a} = (3, -2, 6) \Longrightarrow \frac{\vec{a}}{|\vec{a}|} = \frac{1}{7}(3, -2, 6), \text{ man erhält also:}$$

$$\frac{\partial f}{\partial \vec{a}}(\vec{x}_0) = \operatorname{grad} f(1, \ln 3, \tfrac{\pi}{3}) \cdot \frac{\vec{a}}{|\vec{a}|} = \frac{3}{2} \begin{pmatrix} 2 \\ \sqrt{3} \\ 1 \end{pmatrix} \cdot \frac{1}{7}(3, -2, 6) = \frac{3}{14}(12 - 2\sqrt{3}\,).$$

15.30 $f(x,y) = \frac{y}{1+x^2}$, $\vec{x}_0 = (1,2)$, *Blockbild Seite 370.*
Man berechne die Richtungsableitung in $\vec{x}_0$ in Richtung $(3,4)$ und $(-1,1)$.
In welchen Richtungen ist die Steigung maximal, minimal, gleich Null?
Man bestimme die Tangentialebene E an f bei $(1,2)$, siehe [15.25],
sowie die Tangente T an f bei $(1,2)$ in Richtung $(3,4)$.

(a) $\operatorname{grad} f(x,y) = (\frac{-2xy}{(1+x^2)^2}, \frac{1}{1+x^2})$ $\underline{\operatorname{grad} f(1,2) = (\ 1, \frac{1}{2})}$.

Einheitsvektoren in die betr. Richtungen sind $\frac{1}{5}(3,4)$ bzw. $\frac{1}{\sqrt{2}}(-1,1)$, also

$\frac{\partial f}{\partial(3,4)}(1,2) = (-1,\frac{1}{2})\frac{1}{5}(3,4) = \underline{\underline{-\frac{1}{5}}}$, $\frac{\partial f}{\partial(-1,1)}(1,2) = (-1,\frac{1}{2})\frac{1}{\sqrt{2}}(-1,1) = \underline{\underline{\frac{3}{4}\sqrt{2}}}$.

(b) Für die Stelle $\vec{x}_0 = (1,2)$ gilt: In Richtung

$(-1,\frac{1}{2})$ ist die Steigung maximal: $\frac{\partial f}{\partial(-1,\frac{1}{2})}(1,2) = |(-1,\frac{1}{2})| = \frac{1}{2}\sqrt{5}$,

$(1,-\frac{1}{2})$ ist die Steigung minimal: $\frac{\partial f}{\partial(1,-\frac{1}{2})}(1,2) = -|(-1,\frac{1}{2})| = -\frac{1}{2}\sqrt{5}$,

$\pm(1,2)$ ist die Steigung Null: $\frac{\partial f}{\partial(1,2)}(1,2) = (-1,\frac{1}{2}) \cdot \frac{1}{2}\sqrt{5}\,(1,2) = \underline{0}$.

(c) Gleichung der Tangentialebene E an f im Punkt $(1,2,1)$:

Ein Normalenvektor von E ist $(\operatorname{grad} f(1,2), -1) = (-1,\frac{1}{2},-1)$,also gilt:

$E: \ (-1,\frac{1}{2},-1)(x,y,z) = (-1,\frac{1}{2},-1)(1,2,f(1,2)) = -1 \Longrightarrow \underline{E: \ 2x - y + 2z = 2}$.

(d) Gleichung der Tangente T an f im Punkt $(1,2,1)$ in Richtung $(3,4)$:

Tangentenvektor: $\vec{t} = \frac{1}{5}(3,4,\operatorname{grad} f(1,2) \cdot (3,4)) = \frac{1}{5}(3,4,-1)$ und folglich

Tangente: $\underline{T: \ \vec{x} = (1,2,1) + r(3,4,-1)}$.

Oder: Die Tangente ist die Schnittgerade von Tangentialebene $E: \ 2x - y + 2z = 2$
und der Ebene $\vec{x} = (1,2,0) + s(3,4,0) + t(0,0,1)$:

Einsetzen ergibt: $2(1 + 3s) - (2 + 4s) + 2t = 2 \Longrightarrow t = 1 - s$

$T: \ \vec{x} = (1,2,0) + (1-s)(0,0,1) + s(3,4,0) = (1,2,0) + (0,0,1) + s(3,4,-1)$,
also Tangente $\underline{T: \ \vec{x} = (1,2,1) + s(3,4,-1)}$.

Stetig, partiell differenzierbar, differenzierbar [15.10] und [15.17]		
$f(x,y) =$	$\frac{xy}{x^2+y^2}$	$\frac{x^2y}{x^2+y^2}$	$\frac{x^2y^2}{x^2+y^2}$
$f(0,0) -$	0	0	0
in $(0,0)$ ist f			
partiell diff-bar $\operatorname{grad} f(0,0) =$	ja $(0,0)$	ja $(0,0)$	ja $(0,0)$
stetig	nein	ja	ja
in alle Ri diff bar	nein	ja	ja
differenzierbar $f'(0,0) =$	nein	nein	ja $\operatorname{grad} f(0,0) = (0,0)$

15.5 Partielle Ableitungen höherer Ordnung

Existieren die partiellen Ableitungen von $z = f(x,y)$, dann sind f_x und f_y Funktionen von x und y, die ihrerseits partielle Ableitungen besitzen können. Man schreibt:

$$\frac{\partial}{\partial x}\left(\frac{\partial f}{\partial x}\right) := \frac{\partial^2 f}{\partial x^2} = f_{xx} \quad \text{und} \quad \frac{\partial}{\partial y}\left(\frac{\partial f}{\partial x}\right) := \frac{\partial^2 f}{\partial y \partial x} = f_{xy} \quad \text{usw.}$$

Analog sind die partiellen Ableitungen höherer Ordnung definiert.

Man beachte die Reihenfolge der Ableitungen!

$$\frac{\partial^4 f}{\partial y \partial x \partial y \partial y} = \frac{\partial^4 f}{\partial y \partial x \partial y^2} = f_{\underline{yyxy}}, \quad \text{lies:} \quad \begin{array}{l} \text{Man differenziert:} \\ \text{1. nach y, 2. nach y, 3. nach x, 4. nach y.} \end{array}$$

15.31

(a) Es sei $z = f(x,y) = x^3 y + e^{xy^2}$. Man berechne f_{xx}, f_{yy}, f_{xy}, f_{yx}.

(b) Man berechne $w_{xx} + w_{yy} + w_{zz}$ für $w = \dfrac{1}{\sqrt{x^2+y^2+z^2}}$.

(a) $\quad f_x = 3x^2 y + y^2 e^{xy^2} \qquad f_{xx} = 6xy + y^4 e^{xy^2} \qquad f_{xy} = 3x^2 + 2y e^{xy^2}(1 + xy^2)$

$\quad\;\; f_y = x^3 + 2xy e^{xy^2} \qquad f_{yy} = 2xe^{xy^2}(1 + 2xy^2) \qquad f_{yx} = 3x^2 + 2y e^{xy^2}(1 + xy^2)$

(b) $\quad w_x = -\frac{1}{2}(x^2 + y^2 + z^2)^{-3/2} \cdot 2x = -x(x^2 + y^2 + z^2)^{-3/2}$

$w_{xx} = -(x^2 + y^2 + z^2)^{-3/2} + \frac{3}{2}(x^2 + y^2 + z^2)^{-5/2} \cdot 2x^2 = \dfrac{2x^2 - y^2 - z^2}{(x^2+y^2+z^2)^{5/2}}.$

Aus Symmetriegründen gilt: $w_{yy} = \dfrac{2y^2 - x^2 - z^2}{(x^2+y^2+z^2)^{5/2}}$ und $w_{zz} = \dfrac{2z^2 - x^2 - y^2}{(x^2+y^2+z^2)^{5/2}}.$

Also erhält man: $\quad w_{xx} + w_{yy} + w_{zz} = 0.$

Vertauschbarkeitssatz

Sind f_{xy} und f_{yx} **stetig**, dann ist $f_{xy} = f_{yx}$.

Achtung: Es gilt nicht immer $f_{xy} = f_{yx}$, [15.32].

15.32

$$f(x,y) = \begin{cases} xy\dfrac{x^2-y^2}{x^2+y^2} & ,(x,y) \neq (0,0) \\ 0 & ,(x,y) = (0,0) \end{cases}.$$

Man berechne $f_{xy}(0,0)$ und $f_{yx}(0,0)$.

Da f auf den Achsen konstant 0 ist, gilt $f_x(0,0) = f_y(0,0) = 0$.
Partielles Differenzieren ergibt:

$$f_x(x,y) = \begin{cases} \dfrac{yx^4 - y^5 + 4x^2 y^3}{(x^2+y^2)^2} & , \vec{x} \neq \vec{0} \\ 0 & , \vec{x} = \vec{0} \end{cases} \qquad f_y(x,y) = \begin{cases} \dfrac{x^5 - xy^4 - 4x^3 y^2}{(x^2+y^2)^2} & , \vec{x} \neq \vec{0} \\ 0 & , \vec{x} = \vec{0} \end{cases}$$

$f_{xy}(0,0) = \lim\limits_{y\to 0} \frac{f_x(0,y)-f_x(0,0)}{y} = \lim\limits_{y\to 0} \frac{-y^5}{y^5} = -1$

$f_{yx}(0,0) = \lim\limits_{x\to 0} \frac{f_y(x,0)-f_y(0,0)}{x} = \lim\limits_{x\to 0} \frac{x^5}{x^5} = 1 \qquad \Longrightarrow \qquad f_{xy}(0,0) \neq f_{yx}(0,0).$

15.6   Implizite Funktionen

15.6.1   Explizite, implizite Funktionen, lokale Auflösung

Alle auftretenden Funktionen seien stetig differenzierbar.

$z = h(x, y)$ ist eine **explizite** Darstellung der Funktion z als Funktion der zwei (unabhängigen) Variablen x und y. Wird durch die Gleichung $f(x, y, z) = 0$ die Variable z als Funktion von x und y definiert, so spricht man von einer **impliziten** Darstellung der Funktion z. Natürlich könnte durch die Gleichung $f(x, y, z) = 0$ auch x oder y als Funktion der übrigen Variablen definiert sein.

15.33 $z = -\frac{1}{2} + 2x - \frac{3}{2}y$ *ist eine explizite Darstellung der durch die Gleichung* $-4x + 3y + 2z + 1 = 0$ *implizit gegebenen Funktion* $z = h(x, y)$.

Die Darstellbarkeit als Funktion ist eine <u>lokale</u> Eigenschaft.

$M = \{(x, y) \mid y^2 - x^2 = 0\}$ ist in keiner Umgebung von $(0, 0)$ als Graph einer Funktion $y = f(x)$ darstellbar!

Außerhalb $(0, 0)$ ist y durch $y^2 - x^2 = 0$ implizit als Funktion von x gegeben. Es gibt zwei Auflösungsfunktionen:
$y^2 - x^2 = (y - x)(y + x) = 0 \iff \underline{y_1 = x, \ y_2 = -x}$.

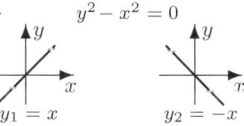

Oft – z.B. bei $xe^x + y \sin y - z \ln z = 0$, siehe [15.37] – ist eine formelmäßige Auflösung der Gleichung $f(x, y, z) = 0$ nach einer der Variablen nicht möglich!

Der **Hauptsatz für implizite Funktionen** sagt,

dass unter der Voraussetzung $f(x_0, y_0, z_0) = 0$ und $f_z(x_0, y_0, z_0) \neq 0$

- eine *lokale* Auflösungsfunktion $z = h(x, y)$ mit $z_0 = h(x_0, y_0)$ existiert (die häufig nicht explizit angegeben werden kann).
- für die Ableitung von $z = h(x, y)$ gilt: $h'(x_0, y_0) = -\frac{1}{f_z}(f_x, f_y)\big|_{(x_0, y_0, z_0)}$.

Ist $z = h(x, y)$ mit $z_0 = h(x_0, y_0)$ die lokale Auflösungsfunktion der durch $f(x, y, z) = 0$ implizit gegebenen Funktion z, so bedeutet "lokal", dass es eine – möglicherweise kleine – Umgebung $U(x_0, y_0)$ gibt, so dass für alle $(x, y) \in U(x_0, y_0)$ gilt: $f(x, y, h(x, y)) = 0$.

15.34 $f(x, y) = x^2 - \frac{1}{2}xy^2 - \frac{1}{2}y^4 = 0$. *Man bestimme die lokale Auflösungsfunktion* $y = h(x)$ *mit* $1 = h(-\frac{1}{2})$, *sowie die Ableitung* $h'(-\frac{1}{2})$.

Es ist $f(-\frac{1}{2}, 1) = 0$ und $f_y = -xy - 2y^3$, also ist $f_y(-\frac{1}{2}, 1) = -\frac{3}{2} \neq 0$.

Folglich existiert *lokal* eine Funktion $y = h(x)$ mit $1 = h(-\frac{1}{2})$ und $f(x, h(x)) = 0$ für alle x aus einer hinreichend klein gewählten Umgebung $U_\varepsilon(-\frac{1}{2})$.

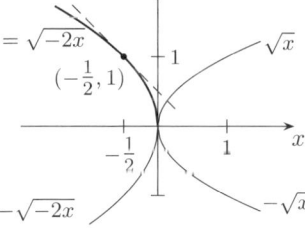

In diesem Beispiel lässt sich $y = h(x)$ explizit angeben:

$$y^4 + xy^2 - 2x^2 = 0 \implies y^2_{1,2} = -\frac{x}{2} \pm \sqrt{\frac{x^2}{4} + 2x^2} = -\frac{x}{2} \pm \frac{3}{2}x$$

$$\implies y^2_1 = x, \; y^2_2 = -2x, \; h(-\tfrac{1}{2}) = 1 \implies \underline{y = y_2 = h(x) = \sqrt{-2x}}.$$

Die Ableitung $h'(-\frac{1}{2})$ kann man auf drei Arten berechnen:

(1) Die Auflösung $h(x)$ differenzieren: $h'(x) = \frac{-1}{\sqrt{-2x}} \implies h'(-\tfrac{1}{2}) = \underline{\underline{-1}}.$

(2) Die Gleichung $x^2 - \frac{1}{2}xy^2 - \frac{1}{2}y^4 = 0$ implizit differenzieren (Kettenregel):

$$\implies 2x - \tfrac{1}{2}y^2 - xyy' - 2y^3y' = 0, \; x = -\tfrac{1}{2}, \; y = 1 \implies y'(-\tfrac{1}{2}) = h'(-\tfrac{1}{2}) = \underline{\underline{-1}}.$$

(3) Formel (siehe Kasten, Seite 391):

$$\begin{array}{ll} f_x = 2x - \frac{1}{2}y^2 & f_x(-\frac{1}{2},1) = -\frac{3}{2} \\ f_y = -xy - 2y^2 & f_y(-\frac{1}{2},1) = -\frac{3}{2} \end{array}, \implies h'(-\tfrac{1}{2}) = -\frac{f_x(-\frac{1}{2},1)}{f_y(-\frac{1}{2},1)} = \underline{\underline{-1}}.$$

15.6.2 Ableitung impliziter Funktionen

15.35   Durch $f(x,y) = x^2 + y^2 - 5 = 0$ ist bei $(1,-2)$ implizit eine Funktion $y = h(x)$ mit $h(1) = -2$ gegeben. Man berechne $h'(1)$, sowie eine Gleichung der Tangente an h im Punkt $(1,-2)$.

(1) Auflösung nach y liefert: $y_{1,2} = \pm\sqrt{5 - x^2}$.

$h(1) = -2 \implies y = h(x) = -\sqrt{5-x^2}$ ist die explizite Darstellung von y.

$h'(x) = \frac{x}{\sqrt{5-x^2}} \implies h'(1) = \underline{\underline{\frac{1}{2}}}.$

Gleichung der Tangente:

   (i)   Gerade durch $(1,-2)$ mit Steigung $\frac{1}{2}$: $y = \frac{1}{2}x - \frac{5}{2}$.

   (ii) grad $f(1,-2) = (2,-4) \perp$ Niveaulinie (siehe Seite 374)

       $(2,-4)(x,y) = (2,-4)(1,-2) \implies T: \; 2x - 4y = 10 \implies T: \; y = \frac{1}{2}x - \frac{5}{2}.$

(2) Implizites Differenzieren (Kettenregel) von $x^2 + y^2 - 5 = 0$ liefert: $2x + 2yy' = 0.$

$$\implies y' = -\frac{x}{y} \implies y'(1) = -\frac{1}{y(1)} = \frac{-1}{-2} = \underline{\underline{\frac{1}{2}}}. \; \text{Tangente wie oben!}$$

15.36   Man berechne y' der durch $x - 3y + e^{xy^2} + 2 = 0$ implizit gegebenen Funktion $y = h(x)$ mit $1 = h(0)$.

Wir können diese Gleichung nicht explizit nach y auflösen. Differenziert man beide Seiten der Gleichung implizit unter Benutzung von Ketten- und Produktregel, so ergibt sich:

$$\begin{array}{ll} 1 - 3y' + e^{xy^2}(xy^2)' & = 0 \\ 1 - 3y' + e^{xy^2}(y^2 + 2xyy') & = 0 \\ 1 + y^2e^{xy^2} + (-3 + 2xye^{xy^2})y' & = 0 \end{array} \implies y' = -\frac{1 + y^2e^{xy^2}}{-3 + 2xye^{xy^2}}.$$

Man kann also die Ableitung y' der Auflösung an allen Stellen (x_0, y_0) berechnen, an denen $-3 + 2xye^{xy^2} \neq 0$ ist, *ohne* $y = h(x)$ *explizit* anzugeben: Z.B. erhält man für den Punkt $(0, 1)$: $y'(0) = \frac{2}{3}$, die Ableitung der lokalen Auflösung $y = h(x)$.

Satz über implizite Funktionen für $f(x, y) = 0$

Es sei $f : \mathrm{IR}^2 \to \mathrm{IR}$.

Durch $f(x, y) = 0$ mit $f(x_0, y_0) = 0$, $f_y(x_0, y_0) \neq 0$ ist in einer Umgebung von x_0 implizit eine Funktion $y = h(x)$ mit $y_0 = h(x_0)$ und $f(x, h(x)) = 0$ gegeben (lokale Auflösungsfunktion nach y):

Differenzieren von $f(x, y) = 0$ nach x (Kettenregel!) liefert: $f_x + f_y y' = 0$

$$\implies y'(x_0) = h'(x_0) = -\frac{f_x(x_0, y_0)}{f_y(x_0, y_0)} = -\frac{f_x}{f_y}(x_0, y_0), \quad \text{kurz:} \quad y' = -\frac{f_x}{f_y}.$$

Nochmaliges Differenzieren ergibt:

$f_{xx} + f_{xy} \cdot y' + (f_{yx} + f_{yy} \cdot y') \cdot y' + f_y \cdot y'' = 0.$ Einsetzen $y' = -\frac{f_x}{f_y}$ ergibt:

$$\longrightarrow y''(x_0) = h''(x_0) = -\frac{f_{xx}f_y^2 - 2f_x f_y f_{xy} + f_{yy}f_x^2}{f_y^3}(x_0, y_0),$$

wobei $f_{xx} = f_{xx}(x_0, y_0)$, $\cdots$ ist. Man nehme die part. Abl. von f bei (x_0, y_0)!

Bemerkung: Die Bedingung $f_y(x_0, y_0) \neq 0$ ist nur *hinreichend* für die lokale Auflösbarkeit von $f(x, y) = 0$ nach y: Die Gleichung $f(x, y) = x - y^3 = 0$ ist in $(0, 0)$ sehr wohl nach y auflösbar: $y = h(x) = \sqrt[3]{x}$, obwohl $f_y(0, 0) = 0$ ist.

15.37 $\quad f(x, y) = y + xe^y = 0$ ist wegen $f_y(0, 0) = 1 \neq 0$ in einer Umgebung von $(0, 0)$ nach y auflösbar mit einer Auflösungsfunktion $y = y(x)$.

Man berechne $y'(0)$ und $y''(0)$.

Für die partiellen Ableitungen erhält man:

$$f_x(x, y) = e^y \qquad \implies f_x(0, 0) = 1$$
$$f_y(x, y) = 1 + xe^y \implies f_y(0, 0) = 1$$
$$f_{xx}(x, y) = 0 \qquad \implies f_{xx}(0, 0) = 0$$
$$f_{xy}(x, y) = e^y \qquad \implies f_{xy}(0, 0) = 1$$
$$f_{yy}(x, y) = xe^y \qquad \implies f_{yy}(0, 0) = 0$$

Aus den Ableitungsregeln des vorigen Kastens ergibt sich:

$$y'(0) = -\frac{f_x(0,0)}{f_y(0,0)} = -\frac{1}{1} = \underline{\underline{-1}},$$

$$y''(0) = -\frac{f_{xx}(0,0)f_y^2(0,0) - 2f_x(0,0)f_y(0,0)f_{xy}(0,0) + f_{yy}(0,0)f_x^2(0,0)}{f_y^3(0,0)} = -\frac{-2}{1} = \underline{\underline{2}}.$$

15.38 $f(x,y) = (x^2+y^2)^2 - 2(x^2-y^2) + \frac{1}{4} = 0$ ist bei $(\frac{\sqrt{6}}{4}, \frac{\sqrt{2}}{4})$ nach x und nach y auflösbar! Man bestimme dort die Ableitungen der Auflösungsfunktionen.

$f_x(x,y) = 4x(x^2+y^2) - 4x \implies f_x(\frac{\sqrt{6}}{4}, \frac{\sqrt{2}}{4}) = -\frac{1}{2}\sqrt{6}$

$f_y(x,y) = 4y(x^2+y^2) + 4y \implies f_y(\frac{\sqrt{6}}{4}, \frac{\sqrt{2}}{4}) = \frac{3}{2}\sqrt{2}$

$\implies \operatorname{grad} f(\frac{\sqrt{6}}{4}, \frac{\sqrt{2}}{4}) = (-\frac{1}{2}\sqrt{6}, \frac{3}{2}\sqrt{2})$.

Da beide Komponenten von $\operatorname{grad} f(\frac{\sqrt{6}}{4}, \frac{\sqrt{2}}{4})$ ungleich Null sind, ist $f(x,y) = 0$ bei $(\frac{\sqrt{6}}{4}, \frac{\sqrt{2}}{4})$ nach beiden Variablen auflösbar!

Ist $y = g(x)$ die lokale Auflösung nach y, so ist $g'(\frac{\sqrt{6}}{4}) = -\frac{1}{\frac{3}{2}\sqrt{2}}(-\frac{1}{2}\sqrt{6}) = \frac{1}{3}\sqrt{3}$.

Ist $x = h(y)$ die lokale Auflösung nach x, so ist $h'(\frac{\sqrt{2}}{4}) = -\frac{1}{-\frac{1}{2}\sqrt{6}}\frac{3}{2}\sqrt{2} = \underline{\underline{\sqrt{3}}}$.

Oder: Ist $g'(x_0) \neq 0$, so ist $h'(y_0) = \frac{1}{g'(x_0)}$, also $h'(\frac{\sqrt{2}}{4}) = \frac{1}{g'(\frac{\sqrt{6}}{4})} = \underline{\underline{\sqrt{3}}}$.

Satz über implizite Funktionen für $f(x_1, \ldots, x_n, y) = 0$

Es sei $f : \mathbb{R}^{n+1} \to \mathbb{R}$.

Durch $f(\vec{x}, y) = 0$ mit $f(\vec{x}_0, y_0) = 0$, $f_y(\vec{x}_0, y_0) \neq 0$ ist in einer Umgebung von $\vec{x}_0$ implizit eine Funktion $y = h(\vec{x})$ mit $y_0 = h(\vec{x}_0)$ und $f(\vec{x}, h(\vec{x})) = 0$ gegeben (lokale Auflösungsfunktion nach y):

Für ihre Ableitung (den Gradienten) $h'(\vec{x}_0) = \operatorname{grad} h(\vec{x}_0)$ gilt:

$h'(\vec{x}_0) = \operatorname{grad} h(\vec{x}_0) = -\frac{1}{f_y(\vec{x}_0, y_0)} f_{\vec{x}}(\vec{x}_0, y_0)$

$\qquad = -\frac{1}{f_y(\vec{x}_0, y_0)}\big(f_{x_1}(\vec{x}_0, y_0), \ldots, f_{x_n}(\vec{x}_0, y_0)\big)$.

speziell:

$f(x,y) \quad = 0 \ , \quad y = h(x) \qquad \implies \quad h' = -\frac{1}{f_y}f_x \qquad$ [15.38]

$f(x,y,z) = 0 \ , \quad z = h(x,y) \implies \quad h' = \operatorname{grad} h = -\frac{1}{f_z}(f_x, f_y)$ [15.39]

15.39 $f(x,y,z) = xe^x + y\sin y - z\ln z = 0$ ist bei $(1, \pi, e)$ nach allen Variablen auflösbar.

Für $y = h(x,z)$, bzw. $z = g(x,y)$ berechne man $h'(1,e)$, bzw $g'(1,\pi)$.

Eine formelmäßige Auflösung nach einer Variablen z.B. y ist uns nicht möglich.

$f_x = (x+1)e^x \qquad\implies f_x(1, \pi, e) = 2e \neq 0$.

$f_y = \sin y + y\cos y \implies f_y(1, \pi, e) = -\pi \neq 0 \implies \operatorname{grad} f(1, \pi, e) = (2e, -\pi, -2)$.

$f_z = -(1 + \ln z) \qquad\implies f_z(1, \pi, e) = -2 \neq 0$.

Da alle Komponenten von $\operatorname{grad} f(1, \pi, e) = (2e, -\pi, -2)$ ungleich Null sind, lässt sich die Gleichung $xe^x + y\sin y - z\ln z = 0$ an der Stelle $(1, \pi, e)$ lokal nach allen drei Variablen auflösen.

Für die Auflösung $y = h(x,z)$ mit $\pi = h(1,e)$ und $f(x,h(x,z),z) = 0$ gilt:
$$h'(1,e) = \operatorname{grad} h(1,e) = (h_x, h_z) = -\frac{1}{f_y}(f_x, f_z) = \frac{1}{\pi}(2e, -2).$$

Für die Auflösung $z = g(x,y)$ mit $e = y(1,\pi)$ und $f(x,y,g(x,y)) = 0$ gilt:
$$g'(1,\pi) = \operatorname{grad} g(1,\pi) = (g_x, g_y) = -\frac{1}{f_z}(f_x, f_y) = \frac{1}{2}(2e, -\pi).$$

15.40 Man berechne z_{xy} für die durch $F(x,y,z) = z^3 - xz - y = 0$ implizit gegebene Funktion $z = z(x,y)$.

$$z_x = \frac{-F_x}{F_z} = \frac{z}{3z^2-x} \implies$$
$$z_{xy} = \frac{\partial}{\partial y}\left(\frac{z}{3z^2-x}\right) = \frac{\partial}{\partial z}\left(\frac{z}{3z^2-x}\right)\frac{\partial z}{\partial y} + \frac{\partial}{\partial x}\left(\frac{z}{3z^2-x}\right)\frac{\partial x}{\partial y} + \underbrace{\frac{\partial}{\partial y}\left(\frac{z}{3z^2-x}\right)}_{=0}\frac{\partial y}{\partial y}.$$

Da x,y unabhängige Variable sind, gilt: $\dfrac{\partial x}{\partial y} = 0$.

$$\frac{\partial}{\partial z}\left(\frac{z}{3z^2-x}\right) = \frac{-3z^2-x}{(3z^2-x)^2} \text{ und } \frac{\partial z}{\partial y} = z_y = \frac{-F_y}{F_z} = \frac{1}{3z^2-x} \implies z_{xy} = \frac{-3z^2-x}{(3z^2-x)^3}.$$

Ist $f : \mathrm{IR}^{n+m} \to \mathrm{IR}^1$ und $w = f(\vec{x}, \vec{y}) = f(x_1, \ldots, x_n, y_1, \ldots, y_m)$,
also $\vec{x} = (x_1, \ldots, x_n)$ und $\vec{y} = (y_1, \ldots, y_m)$, so ist die

partielle Ableitung $f_{\vec{y}}$ von f nach dem Vektor $\vec{y}$: $\boxed{f_{\vec{y}} := (f_{y_1}, \ldots, f_{y_m})}$.

Ist $f : \mathrm{IR}^{n+m} \to \mathrm{IR}^m$, wobei $f = \begin{pmatrix} f_1(\vec{x}, \vec{y}) \\ \vdots \\ f_m(\vec{x}, \vec{y}) \end{pmatrix}$ und $\vec{y} = (y_1, \cdots, y_m)$ ist, so sei:

$$f_{\vec{y}} := \frac{\partial(f_1 \ldots f_m)}{\partial(y_1 \ldots y_m)} := \begin{pmatrix} f_{1\vec{y}} \\ \vdots \\ f_{m\vec{y}} \end{pmatrix} = \begin{pmatrix} f_{1y_1} & \cdots & f_{1y_m} \\ \vdots & & \vdots \\ f_{my_1} & \cdots & f_{my_m} \end{pmatrix}$$

die (m,m)–Untermatrix der Jacobi–Matrix $\mathcal{J}_f$, die aus *den zu* $y_1, \ldots, y_m$ *gehören-den* Spalten von $\mathcal{J}_f$ gebildet wird. Ebenso ist $f_{\vec{x}}$ die (m,n)–Untermatrix von $\mathcal{J}_f$, die aus *den zu* $x_1, \ldots, x_n$ *gehörenden* Spalten von $\mathcal{J}_f$ gebildet wird.
Es ist also: $\mathcal{J}_f = (f_{\vec{x}}, f_{\vec{y}})$.

Beispiel:
$$f(x,y,u,v,w) = \begin{pmatrix} x - y + u^2 + 2w \\ xuw \\ xy + uv \end{pmatrix} \implies \mathcal{J}_f = \begin{pmatrix} 1 & -1 & 2u & 0 & 2 \\ uw & 0 & xw & 0 & xu \\ y & x & v & u & 0 \end{pmatrix}.$$

Ist $\vec{x} = (x,y)$ und $\vec{y} = (u,v,w)$, dann gilt:
$$f_{\vec{x}} = \begin{pmatrix} 1 & -1 \\ uw & 0 \\ y & x \end{pmatrix}, \ f_{\vec{y}} = \begin{pmatrix} 2u & 0 & 2 \\ xw & 0 & xu \\ v & u & 0 \end{pmatrix} \text{ und } \mathcal{J}_f = (f_{\vec{x}}, f_{\vec{y}}).$$

Satz über implizite Funktionen für $f(\vec{x}, \vec{y}) = \vec{0}$

Es sei $f : \mathbb{R}^{n+m} \to \mathbb{R}^m$.

Durch $f(\vec{x}, \vec{y}) = \vec{0}$ mit $f(\vec{x}_0, \vec{y}_0) = \vec{0}$ und invertierbarer (m, m)–Matrix

$$f_{\vec{y}}(\vec{x}_0, \vec{y}_0) = \frac{\partial(f_1 \ldots f_m)}{\partial(y_1 \ldots y_m)} = \begin{pmatrix} f_{1y_1} & \cdots & f_{1y_m} \\ \vdots & & \vdots \\ f_{my_1} & \cdots & f_{my_m} \end{pmatrix} \qquad \text{ist in einer Umgebung}$$

von $\vec{x}_0$ implizit eine Funktion $\vec{y} = h(\vec{x})$ mit $\vec{y}_0 = h(\vec{x}_0)$ und $f(\vec{x}, h(\vec{x})) = \vec{0}$
gegeben (lokale Auflösungsfunktion nach $\vec{y}$):

Für ihre Ableitung (die Jacobi–Matrix) $h'(\vec{x}_0) = \mathcal{J}_h(\vec{x}_0)$ gilt:

$$h'(\vec{x}_0) = \mathcal{J}_h(\vec{x}_0) = \frac{\partial(h_1 \ldots h_m)}{\partial(x_1 \ldots x_n)} = -\left(f_{\vec{y}}(\vec{x}_0, \vec{y}_0)\right)^{-1} f_{\vec{x}}(\vec{x}_0, \vec{y}_0).$$

15.41   Es sei $f : \mathbb{R}^{2+3} \to \mathbb{R}^3$ mit

$$f(x_1, x_2, x_3, x_4, x_5) = \begin{pmatrix} f_1 \\ f_2 \\ f_3 \end{pmatrix} = \begin{pmatrix} x_4 + x_5 - 2e^{x_1 x_5} \\ x_2 - 2x_3 + 2\sin x_2 - \frac{\pi}{2} \\ x_1^2 + x_5 + 2x_4 - 2\cos x_4 \end{pmatrix}.$$

Ferner sei $\vec{x} = (x_1, x_2) \in \mathbb{R}^2$, $\vec{y} = (x_3, x_4, x_5) \in \mathbb{R}^3$, also $(\vec{x}, \vec{y}) \in \mathbb{R}^{2+3}$.
Für $\vec{a} = (0, \frac{\pi}{2}) \in \mathbb{R}^2$ und $\vec{b} = (1, 0, 2) \in \mathbb{R}^3$ gilt $f(\vec{a}, \vec{b}) = \vec{0}$.

(a)   Man zeige, dass $f(\vec{x}, \vec{y}) = \vec{0}$ bei $(\vec{a}, \vec{b}) = (0, \frac{\pi}{2}, 1, 0, 2)$ nach $\vec{y}$ auflösbar ist
      und berechne für die Auflösungsfunktion $\vec{y} = h(\vec{x})$ die
      Ableitung $h'(\vec{a}) = \mathcal{J}_h(\vec{a})$.

(b)   Gesucht ist eine Gleichung der Tangentialebene an h im Punkt $\vec{b} = h(\vec{a})$.

(a) $\mathcal{J}_f(\vec{x}, \vec{y}) = \begin{pmatrix} -2x_5 e^{x_1 x_5} & 0 & \bigg| & 0 & 1 & 1 - 2x_1 e^{x_1 x_5} \\ 0 & 1 + 2\cos x_2 & \bigg| & -2 & 0 & 0 \\ 2x_1 & 0 & \bigg| & 0 & 2 + 2\sin x_4 & 1 \end{pmatrix}$

$\qquad = \left(f_{\vec{x}}(\vec{x}, \vec{y}) \mid f_{\vec{y}}(\vec{x}, \vec{y})\right)$

$\quad \mathcal{J}_f(\vec{a}, \vec{b}) = \begin{pmatrix} -4 & 0 & \bigg| & 0 & 1 & 1 \\ 0 & 1 & \bigg| & -2 & 0 & 0 \\ 0 & 0 & \bigg| & 0 & 2 & 1 \end{pmatrix} = \left(f_{\vec{x}}(\vec{a}, \vec{b}) \mid f_{\vec{y}}(\vec{a}, \vec{b})\right)$

$\quad f_{\vec{y}}(\vec{a}, \vec{b}) = \begin{pmatrix} 0 & 1 & 1 \\ -2 & 0 & 0 \\ 0 & 2 & 1 \end{pmatrix} \implies f_{\vec{y}}(\vec{a}, \vec{b})^{-1} = \begin{pmatrix} 0 & -\frac{1}{2} & 0 \\ -1 & 0 & 1 \\ 2 & 0 & -1 \end{pmatrix}.$

Also ist $f(\vec{x}, \vec{y}) = \vec{0}$ bei $(\vec{a}, \vec{b})$ lokal nach $\vec{y}$ auflösbar: Ist $h : \mathrm{I\!R}^2 \to \mathrm{I\!R}^3$

die Auflösung, also $\vec{y} = h(\vec{x}) = \begin{pmatrix} h_1(\vec{x}) \\ h_2(\vec{x}) \\ h_3(\vec{x}) \end{pmatrix}$ mit $\vec{b} = h(\vec{a})$, so lässt sich h nicht

explizit angeben, für die Ableitung $h'(\vec{a})$ an der Stelle $\vec{a}$ erhält man jedoch:

$h'(\vec{a}) = \mathcal{J}_h(\vec{a}) - -f_{\vec{y}}(\vec{a}, \vec{b})^{-1} \cdot f_{\vec{x}}(\vec{a}, \vec{b})$

$$= - \begin{pmatrix} 0 & -\frac{1}{2} & 0 \\ -1 & 0 & 1 \\ 2 & 0 & -1 \end{pmatrix} \begin{pmatrix} -4 & 0 \\ 0 & 1 \\ 0 & 0 \end{pmatrix} = \underline{\underline{\begin{pmatrix} 0 & \frac{1}{2} \\ -4 & 0 \\ 8 & 0 \end{pmatrix}}}$$

$$= \begin{pmatrix} h_{1x_1}(0, \frac{\pi}{2}) & h_{1x_2}(0, \frac{\pi}{2}) \\ h_{2x_1}(0, \frac{\pi}{2}) & h_{2x_2}(0, \frac{\pi}{2}) \\ h_{3x_1}(0, \frac{\pi}{2}) & h_{3x_2}(0, \frac{\pi}{2}) \end{pmatrix} = \begin{pmatrix} \operatorname{grad} h_1(0, \frac{\pi}{2}) \\ \operatorname{grad} h_2(0, \frac{\pi}{2}) \\ \operatorname{grad} h_3(0, \frac{\pi}{2}) \end{pmatrix} = \left(h_{x_1}(0, \tfrac{\pi}{2}), h_{x_2}(0, \tfrac{\pi}{2}) \right).$$

(b)   Durch $h : \mathrm{I\!R}^2 \to \mathrm{I\!R}^3$ ist eine Fläche im $\mathrm{I\!R}^3$ gegeben. Die Zeilen von $\mathcal{J}_h(\vec{a})$ sind die Gradienten der Komponenten von h, die Spalten sind die Tangentenvektoren in x_1- bzw. x_2–Richtung. Für die Tangentialebene an h im Punkt $\vec{b} = h(\vec{a})$ gilt:

$E : \quad \vec{x} = \vec{b} + r \cdot h_{x_1}(0, \tfrac{\pi}{2}) + s \cdot h_{x_2}(0, \tfrac{\pi}{2}), \quad r, s \in \mathrm{I\!R}$

$E : \quad \vec{x} = \begin{pmatrix} 1 \\ 0 \\ 2 \end{pmatrix} + r \begin{pmatrix} 0 \\ -4 \\ 8 \end{pmatrix} + s \begin{pmatrix} \frac{1}{2} \\ 0 \\ 0 \end{pmatrix}$ oder: $E : \quad \vec{x} = \begin{pmatrix} 1 \\ 0 \\ 2 \end{pmatrix} + r \begin{pmatrix} 0 \\ -1 \\ 2 \end{pmatrix} + s \begin{pmatrix} 1 \\ 0 \\ 0 \end{pmatrix}.$

15.42   *Man zeige, dass das System* $\begin{array}{l} e^{xz} - x^2 + y^2 - 1 = 0 \\ xy^3 + x^2z + yz^2 - 1 = 0 \end{array}$

in einer Umgebung von $(1, 1, 0)$ *nach* $\begin{pmatrix} y \\ z \end{pmatrix}$ *auflösbar ist durch* $y = h_1(x)$,

$z = h_2(x)$. *Man berechne den Tangentenvektor* $\begin{pmatrix} h_1'(1) \\ h_2'(1) \end{pmatrix}$.

$\mathcal{J}_f(\vec{x}) = \begin{pmatrix} ze^{xz} - 2x & 2y & xe^{xz} \\ y^3 + 2xz & 3xy^2 + z^2 & x^2 + 2yz \end{pmatrix} \implies \mathcal{J}_f(1, 1, 0) = \left(\begin{array}{c|cc} -2 & 2 & 1 \\ 1 & 3 & 1 \end{array} \right).$

Wegen $\left| \begin{matrix} 2 & 1 \\ 3 & 1 \end{matrix} \right| = -1 \neq 0$ gibt es eine lokale Auflösungsfunktion $\begin{pmatrix} y \\ z \end{pmatrix} = \begin{pmatrix} h_1(x) \\ h_2(x) \end{pmatrix}$

mit $\begin{pmatrix} h_1'(1) \\ h_2'(1) \end{pmatrix} - - \begin{pmatrix} 2 & 1 \\ 3 & 1 \end{pmatrix}^{-1} \begin{pmatrix} -2 \\ 1 \end{pmatrix} - -\frac{1}{-1} \begin{pmatrix} 1 & -1 \\ -3 & 2 \end{pmatrix} \begin{pmatrix} -2 \\ 1 \end{pmatrix} = \underline{\underline{\begin{pmatrix} -3 \\ 8 \end{pmatrix}}}.$

15.7   Taylorentwicklung von w=f(x,y)

Ähnlich Funktionen einer Veränderlichen (Seite 354) können Funktionen mehrerer Veränderlichen, die in einer Umgebung des Punktes $\vec{x}_0$ alle Ableitungen besitzen, in Potenzreihen entwickelt werden:

Taylorentwicklung von $w = f(x, y)$ bei (x_0, y_0) mit Restglied

Taylorreihe von f bei (x_0, y_0) ist die Potenzreihe:

$$T(x, y) = \sum_{k=0}^{\infty} \frac{1}{k!} \left(\frac{\partial}{\partial x} \Delta x + \frac{\partial}{\partial y} \Delta y \right)^k f(x_0, y_0)$$

Taylorpolynom n–ten Grades von f bei (x_0, y_0) ist das Polynom:

$$T_n(x, y) = \sum_{k=0}^{n} \frac{1}{k!} \left(\frac{\partial}{\partial x} \Delta x + \frac{\partial}{\partial y} \Delta y \right)^k f(x_0, y_0)$$

Dabei ist $\Delta x = x - x_0$ und $\Delta y = y - y_0$. Speziell für $n = 0, 1, 2, 3$:

$T_0(x, y) = f(x_0, y_0)$

$T_1(x, y) = f(x_0, y_0) + f_x(x_0, y_0)(x - x_0) + f_y(x_0, y_0)(y - y_0)$ Tang.–Ebene an f in (x_0, y_0).

$T_2(x, y) = f(x_0, y_0) + f_x(x_0, y_0)(x - x_0) + f_y(x_0, y_0)(y - y_0)$
$= + \frac{1}{2} \left(f_{xx}(x_0, y_0) \Delta x^2 + 2 f_{xy}(x_0, y_0) \Delta x \Delta y + f_{yy}(x_0, y_0) \Delta y^2 \right)$

$T_3(x, y) = T_2(x, y) + \frac{1}{6} \left(f_{xxx} \Delta x^3 + 3 f_{xxy} \Delta x^2 \Delta y + 3 f_{xyy} \Delta x \Delta y^2 + f_{yyy} \Delta y^3 \right)$

partielle Ableitungen von f bei (x_0, y_0)!

Der Unterschied zwischen der Funktion $f(x, y)$ und dem n–ten Taylorpolynom $T_n(x, y)$ ist das **Restglied**: $R_n(x, y) := f(x, y) - T_n(x, y)$.

Es gibt ein p mit $0 < p < 1$, so dass gilt:

$$R_n(x, y) = \frac{1}{(n+1)!} \left(\frac{\partial}{\partial x} \Delta x + \frac{\partial}{\partial y} \Delta y \right)^{n+1} f(x_0 + p \Delta x, y_0 + p \Delta y)$$

> f wird bei (x_0, y_0) durch die Taylorreihe dargestellt, wenn in einer Umgebung von (x_0, y_0) das Restglied R_n für $n \to \infty$ gegen Null geht.

Erläuterungen: $\left(\frac{\partial}{\partial x} \Delta x + \frac{\partial}{\partial y} \Delta y \right)^k$

ist ein Differentialoperator, der auf eine Funktion f anzuwenden ist.

Die Potenz $\left(\frac{\partial}{\partial x} \Delta x + \frac{\partial}{\partial y} \Delta y \right)^k$ wird gemäß der Binomischen Formel (Seite 47) berechnet.

15.43   Man berechne $\left(\frac{\partial}{\partial x} \Delta x + \frac{\partial}{\partial y} \Delta y \right)^k$ für $k = 0, 1, 2, 3$.

$\left(\frac{\partial}{\partial x} \Delta x + \frac{\partial}{\partial y} \Delta y \right)^0 = 1$

$\left(\frac{\partial}{\partial x} \Delta x + \frac{\partial}{\partial y} \Delta y \right)^1 = \frac{\partial}{\partial x} \Delta x + \frac{\partial}{\partial y} \Delta y$

$\left(\frac{\partial}{\partial x} \Delta x + \frac{\partial}{\partial y} \Delta y \right)^2 = \frac{\partial^2}{\partial x^2} \Delta x^2 + 2 \frac{\partial^2}{\partial x \partial y} \Delta x \Delta y + \frac{\partial^2}{\partial y^2} \Delta y^2$

$\left(\frac{\partial}{\partial x} \Delta x + \frac{\partial}{\partial y} \Delta y \right)^3 = \frac{\partial^3}{\partial x^3} \Delta x^3 + 3 \frac{\partial^3}{\partial x^2 \partial y} \Delta x^2 \Delta y + 3 \frac{\partial^3}{\partial x \partial y^2} \Delta x \Delta y^2 + \frac{\partial^3}{\partial y^3} \Delta y^3$

Dabei ist: $\Delta x^3 = (\Delta x)^3 = (x - x_0)^3$, $\Delta x^2 \Delta y = (x - x_0)^2 (y - y_0)$, $\cdots$

15.44   Man berechne
$$\left(\frac{\partial}{\partial x}\Delta x + \frac{\partial}{\partial y}\Delta y\right)^k f(1,2) \text{ für } f(x,y) = x^2 + 2xy + y^3 \text{ und } k = 0,1,2.$$

Es gilt
$f(1,2)=13, \ f_x(1,2)=6, \ f_y(1,2)=14, \ f_{xy}(1,2)=2, \ f_{xx}(1,2)=2, \ f_{yy}(1,2)=12$
und somit:

$$\left(\frac{\partial}{\partial x}\Delta x + \frac{\partial}{\partial y}\Delta y\right)^0 f(1,2) = f(1,2) = \underline{13}$$

$$\left(\frac{\partial}{\partial x}\Delta x + \frac{\partial}{\partial y}\Delta y\right)^1 f(1,2) = f_x(1,2)(x-1) + f_y(1,2)(y-2) = \underline{6(x-1) + 14(y-2)}$$

$$\left(\frac{\partial}{\partial x}\Delta x + \frac{\partial}{\partial y}\Delta y\right)^2 f(1,2) = f_{xx}(1,2)(x-1)^2 + 2f_{xy}(1,2)(x-1)(y-2) + f_{yy}(1,2)(y-2)^2$$
$$= \underline{2(x-1)^2 + 4(x-1)(y-2) + 12(y-2)^2}$$

- Setzt man $\vec{r}_0 = (x_0, y_0)$ und $\vec{r} = (x,y)$: Dann ist
  $(x_0 + p(x-x_0), \ y_0 + p(y-y_0)) = \vec{r}_0 + p(\vec{r} - \vec{r}_0)$ mit $0 < p < 1$ ein
  Punkt auf der Geraden durch (x,y) und (x_0, y_0), zwischen diesen Punkten.

Bei der Berechnung des Restgliedes R_n bildet man folglich die durch
$\left(\frac{\partial}{\partial x}\Delta x + \frac{\partial}{\partial y}\Delta y\right)^{n+1}$ beschriebenen partiellen Ableitungen in einem Punkt, von
dem man nur weiß, dass er zwischen (x_0, y_0) und (x,y) liegt.

Benutzt wird die Taylorentwicklung zur näherungsweisen Bestimmung der Funktion $w = f(x,y)$. In den meisten Fällen begnügt man sich mit T_1 (Tangentialebene) und evtl. dem Restglied R_1, oder aber man ersetzt f durch T_2, d.h. man bricht die Entwicklung nach den quadratischen Gliedern ab:

15.45   Man bestimme das Taylorpolynom zweiten Grades $T_2(x,y)$
von $f(x,y) = \cos xy + xe^{y-1}$ an der Stelle $\vec{x}_0 = (\pi, 1)$.

$$
\begin{aligned}
f(x,y) &= \cos xy + xe^{y-1} & f(\pi,1) &= -1+\pi \\
f_x(x,y) &= -y\sin xy + e^{y-1} & f_x(\pi,1) &= 1 \\
f_y(x,y) &= -x\sin xy + xe^{y-1} & \implies \quad f_y(\pi,1) &= \pi \\
f_{xx}(x,y) &= -y^2 \cos xy & f_{xx}(\pi,1) &= 1 \\
f_{xy}(x,y) &= -\sin xy - xy\cos xy + e^{y-1} & f_{xy}(\pi,1) &= 1+\pi \\
f_{yy}(x,y) &= -x^2 \cos xy + xe^{y-1} & f_{yy}(\pi,1) &= \pi^2 + \pi
\end{aligned}
$$

$$
\begin{aligned}
T_2(x,y) = \ & -1+\pi \\
& +1(x-\pi) + \pi(y-1) \\
& +\frac{1}{2!}\left(1(x-\pi)^2 + 2(1+\pi)(x-\pi)(y-1) + (\pi^2+\pi)(y-1)^2\right) \\
T_2(x,y) = \ & \underline{-1 + \frac{\pi}{2} + 2\pi^2 - 2\pi x - (\pi + 2\pi^2)y + \frac{1}{2}x^2 + (1+\pi)xy + \frac{1}{2}(\pi + \pi^2)y^2.}
\end{aligned}
$$

Bei 3 Veränderlichen werden

Taylorpolynom, Restglied, Taylorreihe

entsprechend gebildet (vgl. Seite 396), z.B.:

$$T(x, y, z) = \sum_{k=0}^{\infty} \frac{1}{k!} \left(\frac{\partial}{\partial x} \Delta x + \frac{\partial}{\partial y} \Delta y + \frac{\partial}{\partial z} \Delta z \right)^k f(x_0, y_0, z_0).$$

15.46   *Es sei $f(x, y, z) = \cos x \cdot \sin y \cdot e^z$.*

(a)   *Man bestimme das Taylorpolynom zweiten Grades $T_2(x, y, z)$ von f mit dem Entwicklungspunkt $\vec{x}_0 = (0, 0, 0)$.*

(b)   *Man bestimme ein $r > 0$, so dass für $|\vec{x}| < r$ gilt: $|f(x, y, z) - T_2(x, y, z)| < 10^{-5}$.*

(a) $\begin{aligned} f_x &= -\sin x \sin y \, e^z \\ f_y &= \cos x \cos y \, e^z \\ f_z &= \cos x \sin y \, e^z \end{aligned} \implies \begin{aligned} f_x(\vec{0}) &= 0 \\ f_y(\vec{0}) &= 1 \\ f_z(\vec{0}) &= 0 \end{aligned}$

$\begin{aligned} f_{xx} &= -\cos x \sin y \, e^z \\ f_{xy} &= -\sin x \cos y \, e^z \\ f_{xz} &= -\sin x \sin y \, e^z \end{aligned} \implies \begin{aligned} f_{xx}(\vec{0}) &= 0 \\ f_{xy}(\vec{0}) &= 0 \\ f_{xz}(\vec{0}) &= 0 \end{aligned}$

Ebenso ergibt sich: $f_{yx}(\vec{0}) = 0$ und $f_{zx}(\vec{0}) = 0$

$\qquad\qquad\qquad f_{yy}(\vec{0}) = 0 \qquad\qquad f_{zy}(\vec{0}) = 1$

$\qquad\qquad\qquad f_{yz}(\vec{0}) = 1 \qquad\qquad f_{zz}(\vec{0}) = 0$

$\implies \quad T_2(x, y, z) = y + \frac{1}{2!}(yz + zy) = \underline{y + yz}.$

Einfacher ist es, die Taylorpolynome aus **bekannten Potenzreihen** (siehe **F3** oder **F+H**) zu berechnen, siehe [15.48] !

(b)   Es ist $|f - T_2| = |R_2|$. Es gibt ein (ζ, η, θ) zwischen $(0, 0, 0)$ und (x, y, z), mit:

$$R_2(x, y, z) = \frac{1}{3!} \left(\frac{\partial}{\partial x} \Delta x + \frac{\partial}{\partial y} \Delta y + \frac{\partial}{\partial z} \Delta z \right)^3 f(\zeta, \eta, \theta).$$

$\left(\frac{\partial}{\partial x} \Delta x + \frac{\partial}{\partial y} \Delta y + \frac{\partial}{\partial z} \Delta z \right)^3 f(\zeta, \eta, \theta) =$

$\left(\frac{\partial^3}{\partial x^3} x^3 + \frac{\partial^3}{\partial y^3} y^3 + \frac{\partial^3}{\partial z^3} z^3 + 3 \frac{\partial^3}{\partial x^2 \partial y} x^2 y + 3 \frac{\partial^3}{\partial x \partial y^2} xy^2 + \ldots \right) f(\zeta, \eta, \theta)$

Es ist z.B.: $3 \frac{\partial^3}{\partial y \partial x^2} f(\zeta, \eta, \theta) x^2 y = f_{xxy}(\zeta, \eta, \theta) x^2 y = 3(-\cos \zeta \cos \eta e^\theta) x^2 y.$

Die dritten partiellen Ableitungen an der Stelle (ζ, η, θ) sind alle von der Form $\sin/\cos \zeta \cdot \sin/\cos \eta \cdot e^\theta$ und folglich dem Betrage nach $\leq e^\theta \leq e^z$, also gilt:

$\begin{aligned} |R_2(x, y, z)| &\leq \frac{1}{3!} |x + y + z|^3 e^z \leq \frac{1}{3!} (|x| + |y| + |z|)^3 e^z \\ &\leq \frac{1}{3!} e^{1/100} (3 \cdot 10^{-2})^3 \leq \frac{9}{2} e^{1/100} 10^{-6} < 10^{-5} \text{ , falls } |\vec{x}| < r = 10^{-2}. \end{aligned}$

Benutzung bekannter Potenzreihen

Zur praktischen Berechnung von Taylorentwicklungen benutzt man vorteilhaft
– mittels Umformungen und Substitutionen – bekannte Potenzreihenentwick-
lungen von Funktionen einer Veränderlichen (**F+H**).
Als besonders nützlich erweist sich wieder einmal die geometrische Reihe!

15.47   *Man bestimme das n–te Taylorpolynom von $f(x, y) = \dfrac{1}{1+x+y}$ im Nullpunkt.*

Für welche $(x, y) \in \mathbb{R}^2$ konvergiert $T_n(x, y) \to f(x, y)$ für $n \to \infty$?

Mit der geometrischen Reihe (siehe Seite 346) erhält man:

$$\frac{1}{1+x+y} = \frac{1}{1-(-(x+y))} = \sum_{k=0}^{\infty} (-1)^k (x+y)^k, \qquad \text{für } |x+y| < 1,$$
$$= 1 - (x+y) + (x+y)^2 - (x+y)^3 \pm \cdots$$
$$= 1 - x - y + x^2 + 2xy + y^2 - x^3 - 3x^2y - 3xy^2 - y^3 \pm \cdots$$

Die Berechnung der partiellen Ableitungen von f bei $(0, 0)$ entfällt, ebenso die
mühsame Abschätzung des Restgliedes $R_n(x, y)$.

Es ist $T_n(x, y) = \sum\limits_{k=0}^{n} (-1)^k (x+y)^k$ und $T_n(x, y) \to f(x, y)$ für $|x+y| < 1$.

15.48   *Mittels bekannter Potenzreihen berechne man das Taylorpolynom dritten
Grades $T_3(x, y, z)$ von $f(x, y, z) = \cos x \sin y \, e^z$ an der Stelle $(0, 0, 0)$.*

$f(x, y, z) = \cos x \sin y \, e^z = (1 - \frac{1}{2}x^2 + \ldots)(y - \frac{1}{6}y^3 + \ldots)(1 + z + \frac{1}{2}z^2 + \ldots)$.

Ausmultiplizieren: $T_3(x, y, z) = y + yz - \frac{1}{2}x^2 y + \frac{1}{2}yz^2 - \frac{1}{6}y^3$, vgl. [15.46 (a)].

Das geht natürlich viel einfacher, als den Anfang der Taylorentwicklung mittels
der partiellen Ableitungen hinzuschreiben.

Da die benutzten Potenzreihen ihre Funktionen in ganz $\mathbb{R}$ darstellen, weiß man
außerdem, dass die Taylorentwicklung in ganz $\mathbb{R}^3$ die Funktion $f(x, y, z)$ dar-
stellt, ohne sich mit der Abschätzung des Restgliedes herumplagen zu müssen!

15.8 Extremwerte einer Funktion mehrerer Veränderlicher

Die Begriffsbildungen bei Funktionen mehrerer Veränderlicher sind völlig analog
zu denen einer Veränderlichen! Siehe Seite 268

Eine Menge $U(x_0, y_0)$ von Punkten der x, y–Ebene heißt *Umgebung* von (x_0, y_0),
wenn es ein offenes Quadrat $Q : |x - x_0| < d$, $|y - y_0| < d$ gibt, das ganz in
$U(x_0, y_0)$ liegt.

Die Funktion $w = f(x, y)$ hat in dem Bereich B der x, y–Ebene an der
Stelle $(x_0, y_0) \in B$ einen *absoluten Extremwert* $f(x_0, y_0)$,

wenn $\begin{array}{ll} f(x_0, y_0) \geq f(x, y) & \text{(absolutes Maximum)} \\ f(x_0, y_0) \leq f(x, y) & \text{(absolutes Minimum)} \end{array}$ ist für alle $(x, y) \in B$.

f hat bei $(x_0, y_0) \in B$ einen *relativen* Extremwert $f(x_0, y_0)$, wenn es eine Umgebung $U(x_0, y_0)$ gibt, so dass f bei (x_0, y_0) einen absoluten Extremwert im Bereich $B \cap U(x_0, y_0)$ besitzt.

Jeder absolute Extremwert ist auch ein relativer Extremwert !

Extremwerte von w=f(x,y)

(Für $n > 2$ siehe [15.101] und **F+H.**)

Extremwerte von $w = f(x, y)$ können **nur** in Punkten auftreten, in denen

| A | die partiellen Ableitungen verschwinden, also $w_x = w_y = 0$ ist (**stationäre Punkte**). | $\iff$ grad $f = (0, 0)$. |

oder

| B | die partiellen Ableitungen nicht existieren. Hierzu gehören speziell die **Randpunkte**. |

praktisches Vorgehen:

A   1.) Man berechnet die **stationären Punkte**. $\iff$ grad $f = (0, 0)$.

    2.) Für die stationären Punkte berechnet man:

$$D = \begin{vmatrix} w_{xx} & w_{xy} \\ w_{xy} & w_{yy} \end{vmatrix} = w_{xx}w_{yy} - w_{xy}^2 \qquad \text{Determinante der}\ \textbf{Hesse-Matrix}$$

    3.) $D > 0$ und $w_{xx} < 0$ (bzw. $w_{yy} < 0$) $\implies$ rel. **Maximum**

               $D > 0$ und $w_{xx} > 0$ (bzw. $w_{yy} > 0$) $\implies$ rel. **Minimum**

               $D < 0$ kein Extremwert (**Sattelpunkt**)

               $D = 0$ muss gesondert untersucht werden.

B   1.) Man berechnet die **Randextremwerte**.
    2.) Man untersucht die verbleibenden Punkte, für die die partiellen Ableitungen nicht existieren.

Muss man Punkte gesondert untersuchen, bedient man sich folgender Methoden, die auch bei stationären Punkten bisweilen schneller zum Ziel führen als die oben beschriebene Untersuchung von D:

    (a)   Zeichnung der Höhenlinien $f(x, y) = f(x_0, y_0)$ [15.49]
    (b)   Anwendung des Satzes von Weierstraß   [15.50]
    (c)   direkte Berechnung von $f(x, y) - f(x_0, y_0)$ [15.50, 15.51]
             (evtl. mit Polarkoordinaten)
    (d)   Schnitt mit bestimmten Flächen   [15.50, 15.51]

Sind die *absolut* größten bzw. *absolut* kleinsten Funktionswerte von f gesucht, so betrachtet man die Funktionswerte an den Punkten, an denen f relative Extremwerte annimmt und bestimmt unter ihnen den *absolut* größten bzw. *absolut* kleinsten Funktionswert – falls es sie gibt!

Der Satz von Weierstraß sagt über die Existenz der absoluten Extremwerte:

> ### Satz von Weierstraß
>
> Jede auf einem **kompakten** Bereich **stetige** Funktion hat
> dort ein absolutes Maximum und ein absolutes Minimum.
>
> ---
>
> Eine Teilmenge des $\mathbb{R}^n$ ist genau dann **kompakt**, wenn sie **beschränkt** und **abgeschlossen**
> ist. So sind z.B. Rechtecke, Kreise usw. (mit Rand!) kompakte Teilmengen des $\mathbb{R}^2$.

15.49   *Man bestimme die rel. und abs. Extremwerte von* $\quad w = yx^2(4 - x - y)$
       im Dreieck, begrenzt durch die Geraden: $\quad x = 0$, $y = 0$, $x + y = 6$.

Zunächst die benötigten partiellen Ableitungen:

$w = 4x^2y - x^3y - x^2y^2$

$w_x = 8xy - 3x^2y - 2xy^2 = xy(8 - 3x - 2y)$, $w_y = 4x^2 - x^3 - 2x^2y = x^2(4 - x - 2y)$

$w_{xx} = 8y - 6xy - 2y^2$, $w_{yy} = -2x^2$, $w_{xy} = w_{yx} = 8x - 3x^2 - 4xy$

$\boxed{A}$ 1.) Bestimmung der stationären Punkte:

   Ist eine partielle Ableitung als Produkt darstellbar, setzt man die Faktoren einzeln Null und löst, falls möglich, jeweils nach x oder y auf.
   Alle Ergebnisse setzt man in die andere Gleichung ein.

$w_y = x^2(4 - x - 2y) = 0$, also $x^2 = 0$ oder $4 - x - 2y = 0$.
$x^2 = 0 \implies x = 0$ braucht hier nicht weiter verfolgt zu werden, da nur Randpunkte herauskommen können.

$4 - x - 2y = 0 \implies x = 4 - 2y$ eingesetzt in $w_x = xy(8 - 3x - 2y) = 0$ ergibt:

$(4 - 2y) \cdot y \cdot (8 - 12 + 6y - 2y) = 0$, Faktoren einzeln Null setzen:

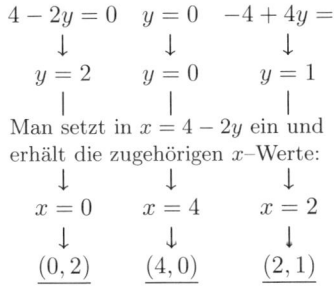

$$
\begin{array}{ccc}
4 - 2y = 0 & y = 0 & -4 + 4y = 0 \\
\downarrow & \downarrow & \downarrow \\
y = 2 & y = 0 & y = 1 \\
| & | & |
\end{array}
$$

Man setzt in $x = 4 - 2y$ ein und
erhält die zugehörigen x–Werte:

$$
\begin{array}{ccc}
\downarrow & \downarrow & \downarrow \\
x = 0 & x = 4 & x = 2 \\
\downarrow & \downarrow & \downarrow \\
\underline{(0,2)} & \underline{(4,0)} & \underline{(2,1)}
\end{array}
$$

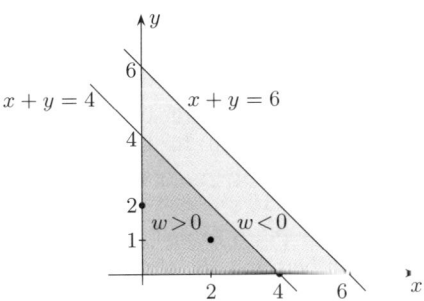

Die beiden ersten Punkte liegen auf dem Rand, sie werden später untersucht.

   2.) Untersuchung des Punktes $(2,1)$:

w verschwindet auf dem Rand des Dreiecks $x = 0$, $y = 0$, $x + y = 4$ und hat
positive Werte im Innern, also existiert im Innern ein Maximum. Dafür kommt
nur der Punkt $(2,1)$ in Frage! Oder.

$D = w_{xx}w_{yy} - w_{xy}^2 = \big(2y(4 - x - y) - 4xy\big)(-2x^2) - \big(2x(4 - x - 2y) - x^2\big)^2$
$\implies D(2,1) = 32 > 0$ und $w_{xx}(2,1) = -6 < 0 \implies$ rel. Maximum bei $(2,1)$.

$\boxed{\text{B}}$ Randextremwerte:

Man skizziert die Höhenlinie $w = x^2 y(4 - x - y) = 0$,
also die Geraden   (i) $x = 0$, (ii) $y = 0$, (iii) $x + y = 4$.

(1)   Für $x = 0$ ist $w = f(0, y) = 0$.
Damit erkennt man aus der Skizze, dass für $(0, y)$ mit $0 \leq y < 4$ rel. Minima vorliegen und für $(0, y)$ mit $4 < y \leq 6$ rel. Maxima.
Bei $(4, 0)$ ist kein Extremwert, weil in jeder Umgebung $w > 0$ und $w < 0$ ist.

(2)   Entsprechend sind für $y = 0$ bei $(x, 0)$ mit $0 \leq x < 4$ rel. Minima und bei $(x, 0)$ mit $4 < x \leq 6$ rel. Maxima.

(3)   Für die Punkte auf der Gerade $x + y = 4$ gilt das Gleiche wie für den Punkt $(0, 4)$: Dort liegen keine Extremwerte, weil in jeder Umgebung $w > 0$ und $w < 0$ ist.

(4)   Bleibt das Randstück $y = 6 - x$ mit $0 \leq x \leq 6$ zu untersuchen:
Man betrachtet $w = f(x, y)$ auf diesem Randstück:
$F(x) := f(x, 6 - x) = -2x^2(6 - x)$. Die Funktion $w = f(x, y)$ hat hier höchstens dort rel. Extremwerte, wo $F(x)$ welche hat. Man erhält die Punkte $(0, 6)$, $(6, 0)$ und $(4, 2)$.
$(0, 6)$ und $(6, 0)$ sind schon als rel. Maxima erkannt.
Bei $(4, 2)$ könnte ein rel. Minimum von $w = f(x, y)$ liegen. Da bei allen bereits erkannten rel. Minima die Funktionswert 0 sind, $f(4, 2) = -64$ gilt und w auf dem kompakten Bereich ein abs. Minimum hat, liegt dieses bei $(4, 2)$.
Unter den rel. Maxima sucht man die absol. und erhält $(2, 1)$ mit $f(2, 1) = 4$.

rel. Maxima: $(0, y)$ für $4 < y \leq 6$ mit $f(0, y) = 0$,
                           $(x, 0)$ für $4 < x \leq 6$ mit $f(x, 0) = 0$.

abs. Maximum $(2, 1)$ mit $f(2, 1) = 4$.

rel. Minima: $(0, y)$ für $0 \leq y < 4$ mit $f(0, y) = 0$,
                           $(x, 0)$ für $0 \leq x < 4$ mit $f(x, 0) = 0$.

abs. Minimum $(4, 2)$ mit $f(4, 2) = -64$.

15.50   *Man berechne die absoluten und die relativen Extrema von*
$$w = f(x, y) = x^4 + \frac{1}{2}y^2 + \cos(x^2 + y^2) \text{ in der Kreisscheibe } x^2 + y^2 \leq \frac{\pi}{2}.$$

Aus Symmetriegründen braucht f nur im Viertelkreis des 1. Quadranten untersucht zu werden, denn es gilt: $f(x, y) = f(-x, y) = f(-x, -y) = f(x, -y)$.

Zunächst die benötigten partiellen Ableitungen:

$w = x^4 + \frac{1}{2}y^2 + \cos(x^2 + y^2) \Longrightarrow$

$$w_x = 4x^3 - 2x\sin(x^2 + y^2) = 2x(2x^2 - \sin(x^2 + y^2))$$
$$w_y = y(1 - 2\sin(x^2 + y^2)) = 2y(\tfrac{1}{2} - \sin(x^2 + y^2))$$
$$w_{xx} = 12x^2 - 2\sin(x^2 + y^2) - 4x^2\cos(x^2 + y^2)$$
$$w_{yy} = 1 - 2\sin(x^2 + y^2) - 4y^2\cos(x^2 + y^2)$$
$$w_{xy} = w_{yx} = -4xy\cos(x^2 + y^2).$$

$\boxed{\text{A}}$ Berechnung und Untersuchung der stationären Punkte:

$$w_x = 0 \iff x = 0 \ \vee \ \sin(x^2 + y^2) = 2x^2$$
$$w_y = 0 \iff y = 0 \ \vee \ \sin(x^2 + y^2) = \tfrac{1}{2}$$

Für das gleichzeitige Verschwinden von w_x und w_y ergeben sich somit folgende vier Kombinationen:

$$x = 0 \qquad \wedge \qquad y = 0 \qquad \iff \qquad (1)$$
$$x = 0 \qquad \wedge \qquad \sin(x^2 + y^2) = \tfrac{1}{2} \qquad \iff \qquad (2)$$
$$\sin(x^2 + y^2) = 2x^2 \quad \wedge \qquad y = 0 \qquad \iff \qquad (3)$$
$$\sin(x^2 + y^2) = 2x^2 \quad \wedge \quad \sin(x^2 + y^2) = \tfrac{1}{2} \qquad \iff \qquad (4)$$

$$(1) \iff (x, y) = (0, 0)$$
$$(2) \iff x = 0 \ \wedge \ \sin y^2 = \tfrac{1}{2} \qquad \iff^1 \ (x, y) = (0, \sqrt{\tfrac{\pi}{6}})$$
$$(3) \iff y = 0 \ \wedge \ \sin x^2 = 2x^2 \qquad \iff^1 \ (x, y) = (0, 0)$$
$$(4) \iff \sin(x^2 + y^2) = \tfrac{1}{2} \ \wedge \ 2x^2 = \tfrac{1}{2} \qquad \iff^1 \ (x, y) = (\tfrac{1}{2}, \sqrt{\tfrac{\pi}{6} - \tfrac{1}{4}})$$

Man hat somit drei stationäre Punkte erhalten.

Die weitere Untersuchung mittels $D = w_{xx}w_{yy} - w_{xy}^2$ ergibt:

Punkt	w_{xx}	w_{yy}	w_{xy}	D	Ergebnis
$(0, 0)$	0	1	0	$= 0$	Kriterium versagt
$(0, \sqrt{\tfrac{\pi}{6}})$	-1	$-\sqrt{3}\,\pi/3$	0	> 0	rel. Max.
$(\tfrac{1}{2}, \sqrt{\tfrac{\pi}{6} - \tfrac{1}{4}})$	$2 - \tfrac{1}{2}\sqrt{3}$	$\tfrac{1}{2}\sqrt{3}(1 - 2\pi/3)$	egal, da $w_{xx}w_{yy} < 0$	< 0	Sattelpunkt

Nun muss der Punkt $(0, 0)$ gesondert untersucht werden:

Für $0 < |x| < \tfrac{1}{4}$ und $0 < |y| < \tfrac{1}{4}$ ist $x^2 + \tfrac{1}{2}y^2 < \tfrac{1}{2}$ und hieraus folgt:

$$\begin{aligned}
f(x, y) - f(0, 0) &= x^4 + \tfrac{1}{2}y^2 + \cos(x^2 + y^2) - 1 = x^4 + \tfrac{1}{2}y^2 - 2\sin^2\!\big(\tfrac{x^2+y^2}{2}\big) \\
&\geq x^4 + \tfrac{1}{2}y^2 - 2\big(\tfrac{x^2+y^2}{2}\big)^2 = \tfrac{1}{2}x^4 + y^2(\tfrac{1}{2} - x^2 - \tfrac{1}{2}y^2) > 0
\end{aligned}$$

Also ist $f(x, y) > f(0, 0)$ und folglich liegt bei $(0, 0)$ ein relatives Minimum!

---

[1] Man betrachtet nur den ersten Quadranten !

$\boxed{\text{B}}$ Randextrema:

Betrachtet man den oberen Halbkreis $y = \sqrt{\frac{\pi}{2} - x^2}$, $-\sqrt{\frac{\pi}{2}} \leq x \leq \sqrt{\frac{\pi}{2}}$, so

erhält man: $F(x) := f(x, \sqrt{\frac{\pi}{2} - x^2}) = x^4 + \frac{\pi}{4} - \frac{1}{2}x^2$.

Dies ist eine nach oben geöffnete Parabel 4. Ordnung, die symmetrisch zur $y-$
Achse liegt, ihre Minima bei $x = \pm\frac{1}{2}$ und ihr Maximum bei $x = 0$ hat.

Ähnliche Überlegungen mit dem rechten Halbkreis $x = \sqrt{\frac{\pi}{2} - y^2}$

und $F(y) := f(\sqrt{\frac{\pi}{2} - y^2}, y)$ zeigen, dass Randextrema höchstens in den Rand-

punkte $(0, \sqrt{\frac{\pi}{2}})$, $(\frac{1}{2}, \sqrt{\frac{\pi}{2} - \frac{1}{4}})$, $(\sqrt{\frac{\pi}{2}}, 0)$ – und dazu symmetrischen Punkten
– liegen können.

Für $(0, \sqrt{\frac{\pi}{2}})$ und $(\sqrt{\frac{\pi}{2}}, 0)$ kommen deshalb nur <u>Randmaxima</u> und

für $(\frac{1}{2}, \sqrt{\frac{\pi}{2} - \frac{1}{4}})$ nur ein <u>Randminimum</u> in Frage:

• Untersuchung des Randpunktes $(\frac{1}{2}, \sqrt{\frac{\pi}{2} - \frac{1}{4}})$:

Nach Weierstraß hat f auf der kompakten Kreisscheibe ein abs. Minimum. In Fra-
ge kommen nur die Punkte $(0,0)$ (rel. Min., siehe oben) und $(\frac{1}{2}, \sqrt{\frac{\pi}{2} - \frac{1}{4}})$. Da
$f(0,0) = 1$ und $f(\frac{1}{2}, \sqrt{\frac{\pi}{2} - \frac{1}{4}}) = \frac{\pi}{4} - \frac{1}{16} \approx 0.72$ ist, liegen bei $(\pm\frac{1}{2}, \pm\sqrt{\frac{\pi}{2} - \frac{1}{4}})$
abs. Minima!

• Untersuchung des Randpunktes $(\sqrt{\frac{\pi}{2}}, 0)$:

Wie eben schließt man: f hat auf der Kreisscheibe ein abs. Maximum, für das
nur $(0, \sqrt{\frac{\pi}{6}})$ (rel. Max., siehe oben) und $(\sqrt{\frac{\pi}{2}}, 0)$ in Frage kommen. Es gilt
$f(0, \sqrt{\frac{\pi}{6}}) = \frac{\pi}{12} + \frac{1}{2}\sqrt{3} \approx 1.13$ und $f(\sqrt{\frac{\pi}{2}}, 0) = \frac{\pi^2}{4} \approx 2.47$. Also liegen bei
$(\pm\sqrt{\frac{\pi}{2}}, 0)$ abs. Maxima!

• Untersuchung des Randpunktes $(0, \sqrt{\frac{\pi}{2}})$:

Schneidet man $w = f(x,y)$ mit der Ebene $x = 0$, also mit der $y, w-$Ebene, so
erhält man $F(y) := f(0, y) = \frac{1}{2}y^2 + \cos y^2$. Da $F'(\sqrt{\frac{\pi}{2}}) = -\frac{\pi}{2} < 0$ ist, könnte

bei $(0, \sqrt{\frac{\pi}{2}})$ höchstens ein Randminimum sein, im Widerspruch zu obigen Überlegungen, wonach dort höchstens ein Randmaximum liegen könnte.

Zusammenfassend erhält man:

abs. Max.: $(\pm\sqrt{\frac{\pi}{2}},0)$ $\quad f_{max}=f(\pm\sqrt{\frac{\pi}{2}},0)=\frac{1}{4}\pi^2\approx 2.47$

rel. Max.: $(0,\pm\sqrt{\frac{\pi}{6}})$ $\quad f(0,\pm\sqrt{\frac{\pi}{6}})=\frac{\pi}{12}+\frac{1}{2}\sqrt{3}\approx 1.13$

abs. Min.: $(\pm\frac{1}{2},\pm\sqrt{\frac{\pi}{2}-\frac{1}{4}})$ $\quad f_{min}=f(\pm\frac{1}{2},\pm\sqrt{\frac{\pi}{2}-\frac{1}{4}})=\frac{\pi}{4}-\frac{1}{16}\approx 0.72$

rel. Min.: $(0,0)$ $\quad f(0,0)=1$

15.51 *Man untersuche $w=f(x,y)=(y-x^2)(y-2x^2)$*
im Bereich $-1\leq x\leq 1,\ -1\leq y\leq 1$ auf Extrema.

$\boxed{\text{A}}$ Berechnung und Untersuchung der stationären Punkte:

$\begin{aligned} w_x &= -2x(3y-4x^2)=0 \\ w_y &= 2y-3x^2=0 \end{aligned}$ $\Longleftrightarrow x=y=0.$ $\quad$ Also ist $(0,0)$ einziger stationärer Punkt.

$w_{xx}=-6y+24x^3,\ w_{xy}=-6x,\ w_{yy}=2 \implies D(0,0)=0,$ Krit. versagt!

Was ist los im Punkt $(0,0)$?

Da die partiellen Ableitungen w_x,w_y stetig sind, ist f differenzierbar und die (x,y)–Ebene ist Tangentialebene im Nullpunkt.

Schnitt der Fläche mit den Ebenen $x=0,\ y=0,\ y=ax$ liefert:

$f(0,y)=y^2$ $\qquad\qquad f(x,0)=2x^4$ $\qquad\quad f(x,ax)=(ax-x^2)(ax-2x^2)$
$\qquad\qquad\qquad\qquad\qquad\qquad\qquad\qquad\qquad\qquad\quad =x^2(a-x)(a-2x)$

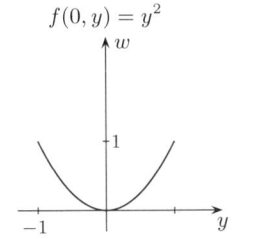 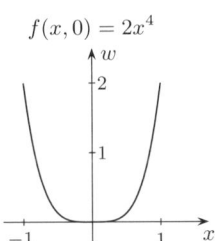 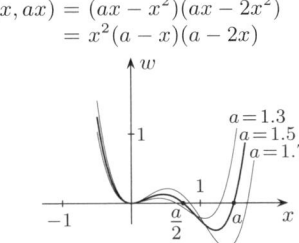

Jede dieser Schnittkurven hat bei $(0,0)$ ein Minimum!
Man könnte auf die Idee kommen, dass bei $(0,0)$ ein Minimum liegt!

Aber: Setzt man $y=\frac{3}{2}x^2$,
so erhält man: $f(x,\frac{3}{2}x^2)=-\frac{1}{4}x^4<0$ für $x\neq 0$.

Bei $(0,0)$ liegt also kein Minimum,
sondern ein **Sattelpunkt**!

Letzteres sieht man auch,
wenn man Gebiete betrachtet,
in denen $\quad f(x,y)>f(0,0)=0$
bzw. $\qquad f(x,y)<f(0,0)=0$ ist:

$f(x,y)=0 \iff y=x^2 \vee y=2x^2$
$f(x,y)>0 \iff y<x^2 \vee y>2x^2$
$f(x,y)<0 \iff x^2<y<2x^2$

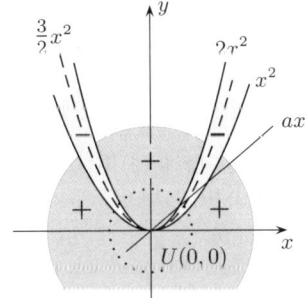

Man sieht: In jeder Umgebung $U(0,0)$ von
$(0,0)$ gibt es sowohl Punkte mit positiven als
auch Punkte mit negativen Funktionswerten.
Bei $(0,0)$ ist also ein **Sattelpunkt** !

$\boxed{\text{B}}$ Randextrema:

$f(\pm 1, y) = (y-1)(y-2)$

$g(x) := f(x, 1)$
$\quad = (1-x^2)(1-2x^2)$

$h(x) := f(x, -1)$
$\quad = (1+x^2)(1+2x^2)$

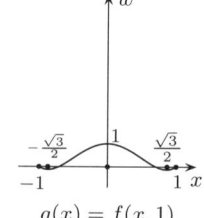

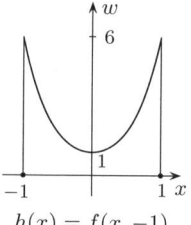

$f(\pm 1, y)$ $g(x) = f(x, 1)$ $h(x) = f(x, -1)$

$g(x) = 1 - 3x^2 + 2x^4 \Longrightarrow g'(x) = -2x(3 - 4x^2) = 0 \Longrightarrow x_1 = 0, \; x_{2,3} = \pm\frac{1}{2}\sqrt{3}$.
$h(x) = 1 + 3x^2 + 2x^4 \Longrightarrow h'(x) = 2x(3 + 4x^2) = 0 \Longrightarrow x_1 = 0$.

Als Randextrema kommen also acht Punkte in Frage:

$(0, -1), \; (0, 1), \; (-\frac{1}{2}\sqrt{3}, 1), \; (\frac{1}{2}\sqrt{3}, 1)$
und die vier Eckpunkte $(\pm 1, \pm 1)$:

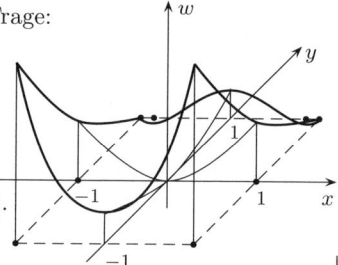

abs. Max.: $(\pm 1, -1)$, $f_{\max} = f(\pm 1, -1) = 6$,
rel. Max.: $(0, 1)$, $\quad f(0, 1) = 1$.
abs. Min.: $(\pm\frac{1}{2}\sqrt{3}, 1)$, $f_{\min} = f(\pm\frac{1}{2}\sqrt{3}, 1) = -\frac{1}{8}$.
Sattelpunkte: $(0, 0), \; (0, -1), \; (\pm 1, 1)$.

15.9 Extremwerte unter Nebenbedingungen

Soll ein Rechteck bei gegebenem Umfang von 20 cm möglichst großen Flächeninhalt f haben, so handelt es sich um eine (von der Schule bekannte) Extremwertaufgabe mit Nebenbedingung (NB).

$f(x, y) = x \cdot y$ f ist eine Funktion der beiden Veränderlichen x und y,

NB: $2x + 2y = 20$ deren Maximum unter der Nebenbedingung

$\quad\quad 0 \le x \le 10$ $2x + 2y = 20$ mit $0 \le x \le 10$ gesucht ist [15.53].

Extrema mit Nebenbedingungen einer Funktion von zwei Veränderlichen:

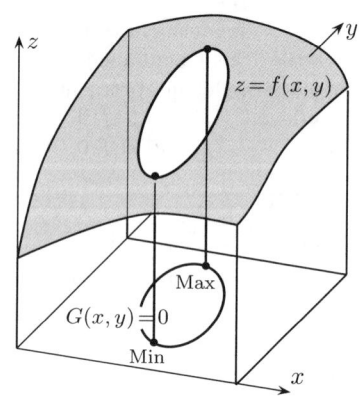

$\boxed{\begin{array}{l} \text{Gesucht sind die Extrema von } z = f(x, y) \\ \text{für jene } (x, y) \in \mathbb{R}^2, \text{ für die } G(x, y) = 0 \text{ ist.} \end{array}}$

Die Punkte $(x, y) \in \mathbb{R}^2$ mit $G(x, y) = 0$ sind i.a. eine **Kurve** in der x, y–Ebene.

Die Punkte $(x, y, z) \in \mathbb{R}^3$ mit $z = f(x, y)$ und $G(x, y) = 0$ sind i.a. eine **Kurve** in der **Fläche** $z = f(x, y)$.

Gesucht sind die Punkte auf der Kurve $G(x, y) = 0$, in denen f einen Extremwert hat.

15.52 Es sei $z = f(x,y) = \sqrt{1 - x^2 - y^2}$. Man bestimme die Extrema
von f unter der Nebenbedingung $G(x,y) = (x - \frac{1}{2})^2 + y^2 - \frac{1}{16} = 0$.

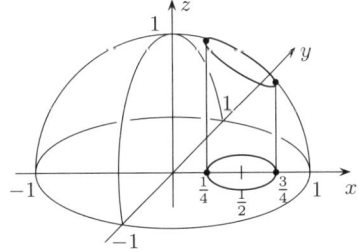

Durch $z = f(x,y)$ wird die Kugelschale über
der x,y–Ebene mit dem Radius 1 beschrieben.
$G(x,y) = 0$ stellt den Kreis in der x,y–Ebene
um den Punkt $(\frac{1}{2}, 0)$ mit dem Radius $\frac{1}{4}$ dar.
Anschaulich ist klar, dass das Maximum von
f unter der NB im höchsten Punkt auf der
Kugelfläche über der Kreislinie liegt, also bei
$(\frac{1}{4}, 0)$. Das Minimum dagegen bei $(\frac{3}{4}, 0)$.

Bestimmung von Extrema unter Nebenbedingungen

(analog für drei oder mehr Variable)

1.) Einsetzen

Kann man die NB $G(x,y) = 0$ so in $w = f(x,y)$ einsetzen, dass eine Variable
wegfällt, so braucht man nur noch eine Funktion einer Veränderlichen auf Extremwerte zu untersuchen (siehe Seite 269)!

2.) Verfahren von Lagrange

(a) $L(x,y,\lambda) := f(x,y) + \lambda G(x,y)$ heißt *Lagrangesche Hilfsfunktion*.
Man sucht die (x,y), für die $L_x = L_y = L_\lambda = 0$ ist (notwendige Bed.).

(b) Unter den nach (a) bestimmten Punkten ermittelt man die Extrema.

15.53 Welches Rechteck hat bei gegebenem
Umfang $U = 20$ cm die größte Fläche F?

$f(x,y) = x \cdot y$,   NB: $\begin{array}{l} 2x + 2y = 20 \\ 0 \le x \le 10 \end{array}$

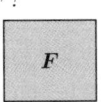

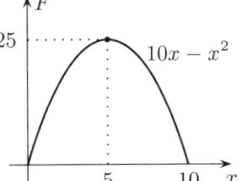

Aus der NB lässt sich y berechnen: $y = 10 - x$.

Einsetzen ergibt: $F(x) := f(x, 10 - x) = x(10 - x) = 10x - x^2$, $0 \le x \le 10$.

Das Maximum der Funktion $F(x) = 10x - x^2$ mit $0 \le x \le 10$ ist zu bestimmen:
$F'(x) = 10 - 2x = 0 \Longrightarrow x = 5$.
Da die Randstellen nicht als Maxima in Frage kommen ($F = 0$), hat das Rechteck
für $x = y = 5$ cm (Quadrat!) maximalen Flächeninhalt $f(5,5) = 25$ cm^2.

15.54 Man löse [15.52] mit dem Verfahren von Lagrange

Zwar lässt sich die NB nach y^2 auflösen und y^2 in $w = f(x,y)$ einsetzen; dennoch
verfahren wir nach **Lagrange**:
$L(x,y,\lambda) = \sqrt{1 - x^2 - y^2} + \lambda((x - \frac{1}{2})^2 + y^2 - \frac{1}{16})$. Sei $K := \dfrac{1}{\sqrt{1 - x^2 - y^2}}$:

$L_x = -xK + 2\lambda(x - \tfrac{1}{2}) = 0$

$L_y = -yK + 2\lambda y = y(2\lambda - K) = 0 \iff y = 0 \;\vee\; 2\lambda = K$

$L_\lambda = (x - \tfrac{1}{2})^2 + y^2 - \tfrac{1}{16} = 0$

Betrachtet man $L_y = 0 \iff y = 0$ oder $2\lambda = K$, so ergibt sich:

Für $2\lambda = K$ ist $L_x \neq 0$. Dies liefert also keine Lösung!

Für $y = 0$ folgt aus $L_\lambda = 0 : x^2 - x + \tfrac{3}{16} = 0 \implies x = \tfrac{1}{4} \vee x = \tfrac{3}{4}$.
Durch Einsetzen in $L_x = 0$ kann man die λ bestimmen, für die $L_x = 0$ ist.

Extrema können also nur in den Punkten $(\tfrac{1}{4}, 0)$ und $(\tfrac{3}{4}, 0)$ auftreten.

Da es nach Weierstraß sowohl ein Maximum als auch ein Minimum geben muss , erhält man durch Vergleich der Funktionswerte $f(\tfrac{1}{4}, 0) > f(\tfrac{3}{4}, 0)$, dass bei $(\tfrac{1}{4}, 0)$ das Maximum und bei $(\tfrac{3}{4}, 0)$ das Minimum liegt.

Extrema einer Funktion von **drei** Veränderlichen unter einer Nebenbedingung werden analog behandelt: **Einsetzen** führt auf eine Funktion von **zwei** Veränderlichen, die mit den Methoden auf Seite 400 auf Extremwerte untersucht wird.

15.55　　*Man untersuche f unter der
Nebenbedingung NB auf Extrema:*

$f(x, y, z) = x^2 + y^2 + z^2$

NB : $x^2 + 2y^2 - z^2 = 4$ *(einschaliges Hyperboloid).*

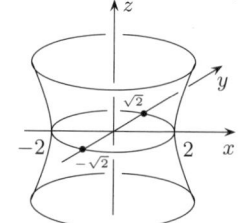

(1)　**Anschauliche Lösung**: Für welche Punkte (x, y, z)
des Hyperboloids ist das Quadrat des Abstands – und
damit der Abstand – vom Nullpunkt extremal?
Man sieht (Skizze): $(0, \pm\sqrt{2}, 0)$ haben minimalen Abstand vom Nullpunkt!

(2)　(Lösung mit **Lagrange**, siehe [15.109].

(3)　**Einsetzen** von $z^2 = x^2 + 2y^2 - 4$ ergibt $g(x, y) = f(x, y, z(x, y)) = 2x^2 + 3y^2 - 4$, wobei $z^2(x, y)$ nur für $x^2 + 2y^2 \geq 4$ definiert ist, also außerhalb der Ellipse.

Berechnung der Extremwerte von $\underline{g(x, y) = 2x^2 + 3y^2 - 4,\ \text{für } x^2 + 2y^2 \geq 4}$:

$\boxed{A}$ Stationäre Punkte: $\operatorname{grad} g(x, y) = (4x, 6y) = (0, 0) \iff (x, y) = (0, 0)$.
Da $(0, 0)$ nicht im Definitionsgebiete von g liegt, hat g keine stationären Punkte!

$\boxed{B}$ Randextremwerte: (Rand: $x^2 + 2y^2 = 4$ ist eine Ellipse!)
$x^2 + 2y^2 = 4 \iff y^2 = -\tfrac{1}{2}x^2 + 2$
$\implies h(x) = g(x, y(x)) = \tfrac{1}{2}x^2 + 2$, für $-2 \leq x \leq 2$.

$h'(x) = x = 0 \iff x = 0 \implies y = \pm\sqrt{2}$. Also $\underline{P_1 = (0, \sqrt{2})}$, $\underline{P_2 = (0, -\sqrt{2})}$.
Für die Randstellen $x = \pm 2$ erhält man $y = 0$. Also $\underline{P_3 = (2, 0)}$, $\underline{P_4 = (-2, 0)}$.
Randextremwerte von g können nur in P_1, P_2, P_3, P_4 auftreten!

$(0, \pm\sqrt{2}, 0)$ sind **absolute Minima** von f unter NB, mit $f(0, \pm\sqrt{2}, 0) = 2$.

$(\pm 2, 0, 0)$ mit $f(\pm 2, 0, 0) = 4$ sind **Sattelpunkte**! In jeder Umgebung von ihnen liegen Punkte $P = (x, y, z)$ des Hyperboloids mit $f(P) > 4$ bzw. $f(P) < 4$.

Das Verfahren von **Lagrange** geht für mehr als zwei Veränderliche analog:

15.56   *Man bestimme die absoluten Extrema von*
$f(x, y, z) = y^2 + 4z^2 - 4yz - 2xz - 2xy$
unter der Nebenbedingung NB: $G(x, y, z) - 2x^2 + 3y^2 + 6z^2 - 1 = 0$.

Mit dem Verfahren von Lagrange ergibt sich:

(a) $L(x, y, z, \lambda) = y^2 + 4z^2 - 4yz - 2xz - 2xy + \lambda(2x^2 + 3y^2 + 6z^2 - 1)$
$= (2z - y)^2 - 2x(y + z) + \lambda(2x^2 + 3y^2 + 6z^2 - 1)$.

$L_x = -2(y + z) + 4\lambda x = 0$ $\qquad$ $2\lambda x = y + z$
$L_y = -2(2z - y) - 2x + 6\lambda y = 0$ $\quad$ $2L_y + L_z = 0$ $\qquad$ $-6x + 24\lambda^2 x = 0$
$L_z = 4(2z - y) - 2x + 12\lambda z = 0$ $\quad$ $-6x + 12\lambda(y + z) = 0$

$L_\lambda = 2x^2 + 3y^2 + 6z^2 - 1 = 0$ $\qquad$ (NB)

$-6x + 24\lambda^2 x = -6x(1 - 4\lambda^2) = 0 \iff \underline{x = 0}$ oder $\lambda = \pm\frac{1}{2}$.

(1) $\lambda = \frac{1}{2}$: $\quad$ Es ist $x = y + z$, eingesetzt in $L_y = 0$ ergibt: $y = 2z$, also $x = 3z$.
$\qquad$ Aus NB $L_\lambda = 0$ erhält man: $18z^2 + 12z^2 + 6z^2 = 1$, also $z = \pm\frac{1}{6}$.
$\qquad$ Dies liefert die Punkte: $P_1 = (\frac{1}{2}, \frac{1}{3}, \frac{1}{6})$, $P_2 = (-\frac{1}{2}, -\frac{1}{3}, -\frac{1}{6})$.

(2) $\lambda = -\frac{1}{2}$: $\quad$ Dann ist $-x = y + z$ und man erhält wie eben: $z = \pm\frac{1}{6}$.
$\qquad$ Dies liefert die Punkte: $P_3 = (-\frac{1}{2}, \frac{1}{3}, \frac{1}{6})$, $P_4 = (\frac{1}{2}, -\frac{1}{3}, -\frac{1}{6})$.

(3) $x = 0$: $\quad$ Aus $L_x = 0$ folgt $y = -z$. Aus $L_y = L_z = 0$ folgt $\lambda = -1$.
$\qquad$ Nun ergibt sich aus der NB $y = \pm\frac{1}{3}$.
$\qquad$ Dies liefert die Punkte: $P_5 = (0, -\frac{1}{3}, \frac{1}{3})$, $P_6 = (0, \frac{1}{3}, \frac{1}{3})$.

(b)   Durch Betrachten der Funktionswerte in den in Frage kommenden Punkten ermittelt man die absoluten Extrema:

$f(P_1) = f(P_2) = -\frac{1}{2}$, $f(P_3) = f(P_4) = \frac{1}{2}$, $f(P_5) = f(P_6) = 1$.

Die stetige Funktion f nimmt auf der kompakten Menge $2x^2 + 3y^2 + 6z^2 = 1$ (Fläche eines Ellipsoides!) nach Weierstraß ihre absoluten Extremwerte an:

Die absoluten **Minima** liegen bei P_1 ,P_2; die absoluten **Maxima** bei P_5 ,P_6.

15.57   *Ein rechteckiger oben offener Behälter von 32m³ Inhalt soll so gebaut werden, dass seine Oberfläche minimal ist. Welche Abmessungen hat er?*

Sind x , y , z die Kantenlängen,
so ist die Oberfläche: $f(x, y, z) = xy + 2xz + 2yz$
NB: Volumen = $xyz = 32$.

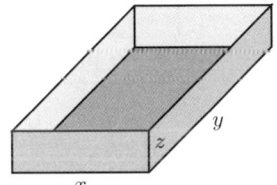

Lagrangesche Hilfsfunktion $L(x, y, z, \lambda)$:

$L(x, y, z, \lambda) = xy + 2xz + 2yz + \lambda(xyz - 32)$
$L_x = y + 2z + \lambda yz = 0$, $L_y = x + 2z + \lambda xz = 0$, $L_z = 2x + 2y + \lambda xy = 0$.
Beachtet man, dass $x, y, z \neq 0$ sein müssen, so erhält man aus den drei (nichtlinearen) Gleichungen und der NB die Kantenlängen: $x = y = 4$ und $z = 2$.

Das heißt: $f_{\min} = f(4, 4, 2) = 48\text{m}^2$.

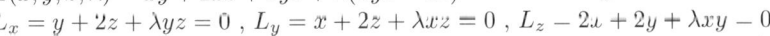

Einsetzen der NB ist auch möglich:

$z = \frac{32}{xy} \Longrightarrow F(x,y) = f(x, y, \frac{32}{xy}) = xy + \frac{64}{y} + \frac{64}{x}$.

Gesucht ist das Minimum von $F(x,y)$: (siehe Seite 400)

$\begin{matrix} F_x = y - 64x^{-2} = 0 \\ F_y = x - 64y^{-2} = 0 \end{matrix} \quad \Longrightarrow \quad x^4 - 64x = 0 \Longrightarrow x = 0 \text{ oder } x = 4.$

$x = 0$ kommt nicht in Frage, also $x = 4$ und damit $y = 4$.

$F_{xx} = 128x^{-3}$, $F_{xy} = F_{yx} = 1$, $F_{yy} = 128y^{-3}$

Also: $D(x,y) = 128^2 x^3 y^{-3} - 1 \Longrightarrow D(4,4) > 0 \Longrightarrow f$ hat Min. bei $(4,4)$.

Aus der NB berechnet man noch: $z = 2$.

15.58   *Man berechne den Abstand der Hyperbel $x^2 + 8xy + 7y^2 = 225$ vom Ursprung.*

Der Abstand eines Punktes (x,y) vom Ursprung ist $d(x,y) = \sqrt{x^2 + y^2}$.

Aus Monotoniegründen wird d genau dann minimal, wenn d^2 minimal wird. Damit vermeidet man die Wurzel!

Also ist das Minimum der Funktion $f(x,y) = (d(x,y))^2 = x^2 + y^2$ unter der NB $x^2 + 8xy + 7y^2 - 225 = 0$ gesucht, da wir nur Punkte der Hyperbel betrachten:

$L(x,y,\lambda) = x^2 + y^2 + \lambda(x^2 + 8xy + 7y^2 - 225)$

$\begin{matrix} L_x = 2x + 2\lambda x + 8\lambda y = 0 \quad &\Longleftrightarrow& \quad (1 + \lambda)x + 4\lambda y = 0 \\ L_y = 2y + 8\lambda x + 14\lambda y = 0 \quad &\Longleftrightarrow& \quad 4\lambda x + (1 + 7\lambda)y = 0 \end{matrix}$

Eliminiert man aus den beiden letzten Gleichungen x und bedenkt, dass $y \neq 0$ ist, so erhält man $9\lambda^2 - 8\lambda - 1 = 0$, also $\lambda = 1$ und $\lambda = -\frac{1}{9}$:

$\lambda = 1 \Longrightarrow x = -2y \Longrightarrow$ (NB) $-5y^2 = 225$. Widerspruch !

$\lambda = -\frac{1}{9} \Longrightarrow y = 2x \Longrightarrow$ (NB) $x^2 = 5$ und $y^2 = 20 \Longrightarrow d_{min} = \sqrt{x^2 + y^2} = 5$.

15.10   Differentiation und Integration

Ableitung nach der oberen (bzw. unteren) Grenze

Ist f stetig und $F(x) = \displaystyle\int_a^x f(t)\,dt$, so gilt $\dfrac{dF}{dx} = F'(x) = f(x)$.

> Man differenziert also nach der oberen Grenze,
> indem man diese in den stetigen Integranden f einsetzt!

Es ist $\displaystyle\int_a^b = -\int_b^a$. Also gilt analog $\quad \dfrac{d}{dx}\displaystyle\int_x^b f(t)\,dt = -f(x)$.

> Man diff. also nach der unteren Grenze, indem man diese in $-f$ einsetzt!

Jede stetige Funktion $f(x)$ hat also eine Stammfunktion, nämlich $F(x)$.

Siehe auch **Hauptsatz** der Differential– und Integralrechnung, Seite 301.

15.59 $F_1(x) = \displaystyle\int_0^x e^{3t^2}\,dt \implies F_1'(x) = e^{3x^2}; \qquad F_2(x) = \displaystyle\int_0^{x^2} e^{3t^2}\,dt \implies F_2'(x) = e^{3x^4}\,2x.$

$$C(x) - \int_1^{\sin x} \ln t^2\,dt \quad\longrightarrow\quad \begin{aligned} G'(x) &= \ln\sin^2 x \cdot (\sin x)' \quad \text{(Kettenregel)}, \\ &= \ln\sin^2 x \cdot \cos x. \end{aligned}$$

$$H(x) = \int_{e^{3x}}^{-1} \cos 2t\,dt = -\int_{-1}^{e^{3x}} \cos 2t\,dt \implies H'(x) = -\cos 2e^{3x}\cdot 3e^{3x}.$$

$$F(x,y) = \int_x^y f(t)\,dt \implies F_x = -f(x)\,, \ F_y = f(y).$$

Ableitung nach Parameter im Integranden
Vertauschung von Differentiation und Integration

Ist f_x stetig, so gilt:

$$F(x) = \int_a^b f(x,t)\,dt \implies \frac{dF}{dx} = F'(x) - \int_a^b f_x(x,t)\,dt.$$

Man differenziert nach einem Parameter des Integranden, indem man die stetige partielle Ableitung nach dem Parameter integriert.

15.60 Man differenziere $F(x) = \displaystyle\int_0^1 x\cos xt\,dt$:

Differenziert man gemäß obiger Regel erst unter dem Integralzeichen nach x, so erhält man:

$$F'(x) = \int_0^1 (\cos xt - xt\sin xt)\,dt = \cdots \quad \text{Einfacher ist:}$$

$$F'(x) = \Big(\int_0^1 x\cos xt\,dt \Big)' = \Big(\big[\sin xt\big]_0^1 \Big)' = (\sin x)' = \underline{\cos x}.$$

15.61 Man differenziere $F(x) = \displaystyle\int_1^{\ln 2} \frac{e^{x^2 t}}{t}\,dt$:

Erst integrieren entfällt, da der Integrand $\dfrac{e^{x^2 t}}{t}$ nicht elementar nach t integrierbar ist. Also:

$$F'(x) = \int_1^{\ln 2} \frac{2xte^{x^2 t}}{t}\,dt = \int_1^{\ln 2} 2xe^{x^2 t}\,dt = \Big[\frac{2}{x}e^{x^2 t}\Big]_1^{\ln 2} = \frac{2}{x}(2^{x^2} - e^{x^2}).$$

Das bestimmte Integral $\mathcal{F}(u, v, x) = \displaystyle\int_u^v f(x, t)\, dt$ hängt von u, v, x ab.

Sind u, v stetig differenzierbare Funktionen von x und sind die auftretenden Integranden stetig, so erhält man mittels obiger Regeln und der Kettenregel:

Differentiation unter dem Integralzeichen

Ist $\quad F(x) = \mathcal{F}\big(u, v, x\big) = \displaystyle\int_{u(x)}^{v(x)} f(x, t)\, dt,\quad$ so gilt:

$$F'(x) = \mathcal{F}_u \cdot u' + \mathcal{F}_v \cdot v' + \mathcal{F}_x \qquad \textbf{(Kettenregel}, \text{ Seite 380)}$$

$$= -f\big(x, u(x)\big) \cdot u'(x) + f\big(x, v(x)\big) \cdot v'(x) + \int_{u(x)}^{v(x)} f_x(x, t)\, dt.$$

15.62   *Man differenziere:* $\quad F(x) = \displaystyle\int_{e^{3x}}^{\sin x} x^2 t\, dt.$

Es ist $\quad \mathcal{F}(u, v, x) = \displaystyle\int_u^v x^2 t\, dt \quad$ mit $\quad \begin{aligned} u &= u(x) = e^{3x} \\ v &= v(x) = \sin x \\ f(x, t) &= x^2 t \end{aligned} \quad$ und $\quad \begin{aligned} u' &= 3e^{3x} \\ v' &= \cos x \\ f_x &= 2xt \end{aligned}\quad$.

Also gilt: $\quad F'(x) = -x^2 e^{3x} \cdot 3 e^{3x} + x^2 \sin x \cdot \cos x + \displaystyle\int_{e^{3x}}^{\sin x} 2xt\, dt$

$$= -3x^2 e^{6x} + x^2 \sin x \cos x + \Big[x t^2 \Big]_{e^{3x}}^{\sin x}$$

$$= -3x^2 e^{6x} + x^2 \sin x \cos x + x \sin^2 x - x e^{6x}$$

$$= -x e^{6x}(3x + 1) + x \sin x (x \cos x + \sin x)$$

Hier kann man natürlich *erst* das Integral lösen und *dann* differenzieren:

$$F(x) = \int_{e^{3x}}^{\sin x} x^2 t\, dt = \frac{1}{2} x^2 \Big[t^2 \Big]_{e^{3x}}^{\sin x} = \frac{1}{2} x^2 (\sin^2 x - e^{6x}) \Longrightarrow F'(x) = \cdots.$$

Das geht nicht immer, wie folgendes Beispiel zeigt:

15.63   *Man differenziere:* $\quad F(x) = \displaystyle\int_{\cos x}^{\sin x} \frac{e^{xt}}{t}\, dt$

Der Integrand ist nicht elementar integrierbar (siehe **F+H**, S. 102, Nr. 171), also:

$$F'(x) = -\frac{e^{x \cos x}}{\cos x}(-\sin x) + \frac{e^{x \sin x}}{\sin x} \cos x + \int_{\cos x}^{\sin x} \frac{t e^{xt}}{t}\, dt$$

$$= \frac{e^{x \sin x}(\sin x + x \cos x)}{x \sin x} - \frac{e^{x \cos x}(\cos x - x \sin x)}{x \cos x}$$

da $\quad \displaystyle\int_{\cos x}^{\sin x} \frac{t e^{xt}}{t}\, dt = \int_{\cos x}^{\sin x} e^{xt}\, dt = \frac{1}{x} \Big[e^{xt} \Big]_{\cos x}^{\sin x} = \frac{1}{x}(e^{x \sin x} - e^{x \cos x}).$

15.11 Aufgaben

15.64 $w = \begin{cases} \frac{x^3-y^3}{x^2+y^2} & \text{für} \quad (x,y) \neq (0,0) \\ 0 & \text{für} \quad (x,y) = (0,0) \end{cases}$ *ist überall stetig.*

15.65 $w = \begin{cases} e^{x/(x^2+y^2)} & \text{für} \quad (x,y) \neq (0,0) \\ 1 & \text{für} \quad (x,y) = (0,0) \end{cases}$ *ist unstetig in $(0,0)$.*

15.66 $f(x,y) = \dfrac{\sin(x^3+y^3)}{x^2+y^2}$ *ist in $(0,0)$ stetig ergänzbar.*

15.67 *Es sei* $f(x,y) = \dfrac{\sin(x^3+y^3)}{x^2+y^2}$ *für $(x,y) \neq (0,0)$ und $f(0,0) = 0$.*
f ist in $\mathbb{R}^2$ stetig, in $\mathbb{R}^2 \setminus \{(0,0)\}$ differenzierbar, im Punkt $(0,0)$ in alle Richtungen differenzierbar; aber im Punkt $(0,0)$ nicht differenzierbar.

Man berechne:

15.68 $\displaystyle\lim_{(x,y)\to(0,0)} \frac{\sin(x^2+y^2)}{\sqrt{\sin(x^2+y^2)+1}\,-1}$ *, vgl. [15.8].*   **15.69** $\displaystyle\lim_{(x,y)\to(2,1)} \frac{\sin(xy-2)}{\tan(3xy-6)}$.

15.70 $w = \ln(x + \sqrt{x^2+y^2}\,)$; w_x, w_y?   **15.71** $w = \arctan\frac{x}{y}$; w_x, w_y?

15.72 *Man bestimme die partiellen Ableitungen in $(0,0)$ von* $w = \dfrac{x\cos y - y\cos x}{1+\sin x+\sin y}$.

Man berechne das totale Differential: **15.73** $w = \dfrac{x+y}{x-y}$ **15.74** $w = \arctan xy$.

Man berechne mit Hilfe des Differentials eine Näherung von:

15.75 $\ln(\sqrt[3]{1.03} + \sqrt[4]{0.98} - 1)$ **15.76** $\sqrt[5]{(3.8)^2 + 2(2.1)^3}$

15.77 *Es sei* $w = f(x,y) = x^2y - 3y$. *Man berechne:*

(a) *die Schnittkurven von $w = f(x,y)$ mit den Ebenen $x = 4$ bzw. $y = 3$,*

(b) *die Tangentenvektoren dieser Kurven in $(4,3,f(4,3))$,*

(c) *die Ebene, die von ihnen in diesem Punkt aufgespannt wird.*

15.78 $w = e^{x-2y}$, $x = \sin t$, $y = t^3$. *Man berechne* $\dfrac{dw}{dt}$.

15.79 $w = x^2\ln y$, $x = \dfrac{u}{v}$, $y = 3u - 2v$. *Man berechne w_u und w_v.*

15.80 $w = f(x,y)$, $x = 2u - v$, $y = u + 2v$. *Man drücke w_{xy} durch w_{uu}, w_{uv}, w_{vv} aus. Hinweis: Man löse das lineare Gleichungssystem!*

15.81 $z^3 + 3xyz = 0$, *berechne z_x, z_y.*   **15.82** $xe^y + ye^x - e^{xy} = 0$, *berechne* $\dfrac{dy}{dx}$.

15.83 $w = x^3y$, $x^5 + y = t$, $x^2 + y^3 = t^2$, *man berechne* $\dfrac{dw}{dt}$.
Hinweis: x und y sind als implizite Funktionen von t gegeben.
Man berechnet $\dfrac{dx}{dt}$ und $\dfrac{dy}{dt}$, indem man beide Seiten der definierenden Gleichungen nach t differenziert und das LGS löst!

15.84 $w = x^3 + axy^2$, *für welche a ist $w_{xx} + w_{yy} = 0$?*

15.85 $w = f(x,y)$, $u = x + y$, $v = x - y$.
Man zeige: Falls f_{xy} stetig ist gilt: $w_{xx} - w_{yy} = 4w_{uv}$.

Man berechne $\left(\dfrac{\partial}{\partial x} dx + \dfrac{\partial}{\partial y} dy\right)^2$ von:

15.86 $w = xy^2 - x^2 y$ **15.87** $w = \ln(x - y)$ **15.88** $w = x \sin^2 y$

15.89 Man berechne $\left(\dfrac{\partial}{\partial x} dx + \dfrac{\partial}{\partial y} dy\right)^3$ von $w = \sin(2x + y)$ bei $(0, \pi)$, $(-\frac{\pi}{2}, \frac{\pi}{2})$.

15.90 $w = x^3 + y^2 - 6xy - 39x + 18y + 4$, man berechne $f(5,6) - f(5 + dx, 6 + dy)$.
Hinweis: Man bestimme die Taylorentwicklung in $(5,6)$.

Man bestimme die Taylorentwicklung bis zu den quadratischen Gliedern:

15.91 $e^x \ln(1 + y)$, $(0,0)$ **15.92** $(1 - x - y + xy)^{-1}$, $(0,0)$ **15.93** $\sin xy$, $(1, \frac{\pi}{2})$

15.94 Man ersetze $w = y \ln(1 + e^x)$ im Quadrat $0 \le x \le 1$, $0 \le y \le 1$ durch die Tangentialebene in $(0,0)$ und zeige: Der Fehler ist kleiner als 0,7.

15.95 Man bestimme die absoluten Extrema von $w = x^2 - y^2$ im Kreis $x^2 + y^2 \le 4$.

15.96 Man bestimme die absoluten Extrema von $w = x^2 + 2xy - 4x + 8y$
im Rechteck $0 \le x \le 1$, $0 \le y \le 2$.

15.97 Man bestimme die absoluten Extrema von $w = e^{-x^2 - y^2}(2x^2 + 3y^2)$
im Kreis $x^2 + y^2 \le 4$.

15.98 $P_1 = (1,0,1)$, $P_2 = (3,4,-2)$, $P_3 = (0,2,-1)$, $P_4 = (-1,0,0)$.
Man bestimme den Punkt P in der x,y–Ebene, für den die Summe der Abstandsquadrate zu diesen Punkten minimal ist.

15.99 Man bestimme die Extrema von $w = x^2 - \cos(y - x^2)$ für $x^2 \le 2\pi$, $|y| \le 2\pi$.

15.100 Wo liegen die relativen Extrema von $w = x^4 + y^4 - 2x^2 + 4xy - 2y^2$?

15.101 Man untersuche die durch $f(x,y,z) = x^4 + 2y^2 + z^2 - y(2x^2 + 8) + 4z$ gegebene Funktion auf relative Extremwerte.

15.102 Man bestimme die relativen Extrema von $w = y^5 - x^2 y^3 + x^2 y - y^3$.
Hinweis: Höhenlinien zeichnen!

15.103 Man bestimme die Extrema von $w = xy$ unter der NB $x^2 + y^2 = 2$.

15.104 $f(x,y) = x^y - y^x - x + y = 0$ lässt sich bei $(2,1)$ lokal nach y auflösen. Für die Auflösungsfunktion $y = h(x)$ berechne man $h'(2)$, siehe auch [12.14].

15.105 Man bestimme die Extrema von $w = x + y + z$
(a) unter der NB $\dfrac{1}{x} + \dfrac{1}{y} + \dfrac{1}{z} = 1$,   (b) unter der NB $xyz = 1$.

15.106 Man bestimme die äußeren Abmessungen einer rechtwinkligen offenen Schachtel mit gegebener Wandstärke a und gegebenem Inhalt V, so dass der Materialaufwand minimal ist.

15.107 Man skizziere die Fläche $z = xy$.

15.108 Man bestimme das n–te Taylorpolynom von $f(x,y) = \sqrt{1 + x + y}$ in $(0,0)$.
Für welche $(x,y) \in \mathrm{I\!R}^2$ konvergiert $T_n(x,y) \to f(x,y)$ für $n \to \infty$?

15.109 Man löse 15.55 mittels der Lagrangeschen Hilfsfunktion.

15.12 Lösungen

15.64 Polarkoordinaten: $\lim\limits_{r\to 0}\dfrac{r^3(\cos^3\varphi-\sin^3\varphi)}{r^2}=0=w(0,0)$.

15.65 Annäherung an $(0,0)$ auf positiver x-Achse: $y=0$, $\lim\limits_{x\to 0^+}e^{1/x}=\infty\neq 1$.

15.66 $|\sin\alpha|\leq|\alpha|\Longrightarrow$

$$\left|\frac{\sin(x^3+y^3)}{x^2+y^2}\right|\leq\frac{|x^3+y^3|}{x^2+y^2}=\frac{r^3}{r^2}|\cos^3\varphi+\sin^3\varphi|=r|\cos^3\varphi+\sin^3\varphi|$$

$$\Longrightarrow\lim_{(x,y)\to(0,0)}\frac{\sin(x^3+y^3)}{x^2+y^2}=0.$$ Also ist f durch $f(0,0):=0$ stetig ergänzbar.

15.67 $(x,y)\neq(0,0)$: Da f aus differenzierbaren Funktionen zusammengesetzt ist und der Nenner ungleich Null ist, ist f für alle $(x,y)\neq(0,0)$ differenzierbar.

$(x,y)=(0,0)$: $f_x(0,0)=\lim\limits_{(x,0)\to(0,0)}\dfrac{f(x,0)-f(0,0)}{x}=\lim\limits_{x\to 0}\dfrac{\sin x^3}{x^3}=1$,

ebenso: $f_y(0,0)=1$, also $\operatorname{grad}f(0,0)=(1,1)$

Richtungsableitungen: Sei $\vec{e}:=(\cos\varphi,\sin\varphi)$, dann ist:

$$f(t\cos\varphi,t\sin\varphi)=\frac{\sin\big(t^3(\cos^3\varphi+\sin^3\varphi)\big)}{t^2}\quad\text{und}$$

$$\frac{\partial f}{\partial\vec{e}}=\lim_{t\to 0}\frac{\sin\big(t^3(\cos^3\varphi+\sin^3\varphi)\big)}{t^3}=\cos^3\varphi+\sin^3\varphi.$$

Alle Richtungsableitungen existieren also:

Wäre f in $(0,0)$ differenzierbar, müssten sich die Richtungsableitungen mit $\operatorname{grad}f(0,0)=(1,1)$ berechnen:

$$\frac{\partial f}{\partial\vec{e}}=\operatorname{grad}f(0,0)\cdot(\cos\varphi,\sin\varphi)$$
$$=(1,1)\cdot(\cos\varphi,\sin\varphi)=\cos\varphi+\sin\varphi\neq\cos^3\varphi+\sin^3\varphi\ \sharp.$$

15.68 2 **15.69** $\dfrac{1}{3}$ **15.70** $w_x=(x^2+y^2)^{-1/2}$, $w_y=\dfrac{y}{x^2+y^2+x\sqrt{x^2+y^2}}$

15.71 $w_x=y(x^2+y^2)^{-1}$, $w_y=-x(x^2+y^2)^{-1}$ **15.72** $w_x=1$, $w_y=-1$

15.73 $dw=(2x\,dx-2y\,dy)(x-y)^{-2}$ **15.74** $dw=(x\,dy+y\,dx)(1+x^2y^2)^{-1}$

15.75 0.005 **15.76** 2.01

15.77 (a) $\vec{f_1}(t)=(4,t,13t)$, Gerade! $\vec{f_2}(t)=(t,3,3t^2-9)$, Parabel!
(b) $\operatorname{grad}f(4,3)=(24,13)\Longrightarrow\vec{t_1}=0,1,13)$ und $\vec{t_2}=(1,0,24)$
(c) Tangentialebene in $(4,3,39)$: $24x+13y-z=96$

15.78 $\dfrac{dw}{dt}=\dfrac{dw}{dx}\dfrac{dx}{dt}+\dfrac{dw}{dy}\dfrac{dy}{dt}=e^{\sin t-2t^3}(\cos t-6t^2)$

15.79 Einsetzen: $w_u=2uv^{-2}\ln(3u-2v)+3u^2(v^{-2}(3u-2v)^{-1})$
$\qquad\qquad\quad w_v=-2u^2v^{-3}\ln(3u-2v)-2u^2(v^{-2}(3u-2v)^{-1})$

15.80 $w_{xy}=\dfrac{1}{25}(2w_{uu}+3w_{uv}-2w_{vv})$ **15.81** $z_x=-yz(xy+z^2)^{-1}$
$\qquad\qquad\qquad\qquad\qquad\qquad\qquad\qquad\qquad\qquad\qquad z_y=-xz(xy+z^2)^{-1}$

15.82 $\dfrac{dy}{dx} = \dfrac{y\mathrm{e}^{xy}-y\mathrm{e}^{x}-\mathrm{e}^{y}}{x\mathrm{e}^{y}-\mathrm{e}^{x}-x\mathrm{e}^{xy}}$

15.83 $5x^4\dfrac{dx}{dt}+\dfrac{dy}{dt}=1$, $2x\dfrac{dx}{dt}+3y^2\dfrac{dy}{dt}=2t$, $\dfrac{dw}{dt} w_x\dfrac{dx}{dt}+w_y\dfrac{dy}{dt}$

$\Longrightarrow \dfrac{dw}{dt} 3x^2 y\dfrac{3y^2-2t}{15x^4y^2-2x} + x^3\dfrac{10x^4t-2x}{15x^4y^2-2x}$

15.84 $a=-3$

15.85 $\begin{array}{l} x=\frac{1}{2}(u+v) \\ y=\frac{1}{2}(u-v) \end{array} \Longrightarrow \begin{array}{ll} x_u=\frac{1}{2} & x_v=\frac{1}{2} \\ y_u=\frac{1}{2} & y_v=-\frac{1}{2} \end{array} \Longrightarrow w-uv=\frac{1}{4}(w_{xx}-w_{yy})$

15.86 $-2y\,dx^2+4(y-x)\,dx\,dy+2x\,dy^2$ **15.87** $(dx-dy)^2(x-y)^{-2}$

15.88 $2\sin 2y\,dx\,dy+2x\cos 2y\,dy^2$ **15.89** $(2\,dx+dy)^3$ und 0

15.90 $15\,dx^2-6\,dx\,dy+dy^2+dx^3$ **15.91** $y+xy-\frac{1}{2}y^2$

15.92 $1+x+y+x^2+xy+y^2$

15.93 $1-\frac{1}{8}\pi^2(x-1)^2-\frac{1}{2}\pi(x-1)(y-\frac{\pi}{2})-\frac{1}{2}(y-\frac{\pi}{2})^2$

15.94 $w_x(0,0)=0$, $w_y(0,0)=\ln 2 \Longrightarrow$ Tangentialebene: $z=y\ln 2$.

$|y\ln(1+\mathrm{e}^x)-\ln 2| = y\ln\frac{1+\mathrm{e}^x}{2} \le 1\ln\frac{1+\mathrm{e}}{2} < 0.7.$

15.95 abs. Max. $f(2,0)=f(-2,0)=4$, abs. Min. $f(0,2)=f(0,-2)=-4$

15.96 abs. Max. $f(1,2)=17$, abs. Min. $f(1,0)=-3$

15.97 abs. Max. $f(0,1)=f(0,-1)=3\mathrm{e}^{-1}$, abs. Min. $f(1,0)=12\mathrm{e}^{-4}$

15.98 $P=(\frac{3}{4},\frac{3}{2},0)$

15.99 abs. Max. $f(\pm\sqrt{2\pi},\pm\pi)=2\pi+1$, abs. Min. $f(0,0)=f(0,\pm 2\pi)=-1$

15.100 kein rel. Maximum! rel. Min. bei $(\sqrt 2,-\sqrt 2)$, $(-\sqrt 2,\sqrt 2)$,

$(0,0)$ ist kein rel. Min., da $f(x,x)>0$ aber $f(0,y)<0$ für $|y|<\sqrt 2$ ist.

15.101 $\operatorname{grad} f = \big(4x(x^2-y),4y-(2x^2+8),2z+4\big)=(0,0,0)$

$\Longleftrightarrow P_1=(0,2,-2),\ P_{2,3}=(\pm 2,4,-2),$ (stationäre Punkte).

Die stationären Punkte werden mit der Hesse–Matrix untersucht:

$H(x,y,z) = \begin{pmatrix} 12x^2-4y & -4x & 0 \\ -4x & 4 & 0 \\ 0 & 0 & 2 \end{pmatrix}$ siehe **F+H**
unter Hesse–Matrix

$H(0,2,-2) = \begin{pmatrix} -8 & 0 & 0 \\ 0 & 4 & 0 \\ 0 & 0 & 2 \end{pmatrix}$ indefinit, da EW versch. Vorzeichen, also Sattelpunkt.

$H(\pm 2,4,-2) = \begin{pmatrix} 32 & \mp 8 & 0 \\ \mp 8 & 4 & 0 \\ 0 & 0 & 2 \end{pmatrix}$ pos. definit, da alle Hauptunterdet. pos., also rel. Min.

15.102 rel. Max. bei $(0, \sqrt{\frac{3}{5}})$, rel. Min. bei $(0, -\sqrt{\frac{3}{5}})$.

15.103 abs. Max. $f(1,1) = f(-1,-1) = 1$, abs. Min. $f(-1,1) = f(1,-1) = -1$

15.104 $\operatorname{grad} f(x,y) = (f_x, f_y) = (y x^{y-1} - y^x \ln y - 1 \ , \ x^y \ln x - x y^{x-1} + 1)$,
$\operatorname{grad} f(2,1) = (0, 2\ln 2 - 1)$. Da $f_y(2,1) = 2\ln 2 - 1 \neq 0$ ist, ist obige Gleichung auflösbar und $h'(2) = -\frac{f_x(2,1)}{f_y(2,1)} = \underline{\underline{0}}$.

15.105 (a) NB nach z auflösen, einsetzen: $W(x,y) := w(x, y, 1 + \frac{x+y}{xy-x-y})$ auf Extremwerte untersuchen: $W_x = W_y = 0 \Longleftrightarrow (x,y) = (1,1), (1,-1), (-1,1), (3,3)$. $D(x,y)$ für diese Punkte berechnen, Symmetrie ausnutzen, ergibt: rel. Minimum von w unter der NB bei $(3,3,3)$, mit $w(3,3,3) = 9$.

(b) Lagrange: $F(x,y,z,\lambda) = x + y + z + \lambda(xyz - 1)$;
$F_x = F_y = F_z = F_\lambda = 0 \Longleftrightarrow x = y = z, \ x^3 = 1 \Longleftrightarrow x = y = z = 1$.
Also ist $P = (1,1,1)$ der einzige kritische Punkt.
Die Niveauflächen von f sind die Ebenen $x + y + z = c$.
$x + y + z = 3$ ist Tangentialebene an $xyz = 1$ im Punkt $(1,1,1)$.
Man sieht: Bei $(1,1,1)$ liegt ein Minimum.

Oder: Einsetzen und $g(x,y) := f(x, y, \frac{1}{xy})$ auf Extremwerte untersuchen (S. 400).

15.106 Grundfläche ist Quadrat mit Seitenlänge $2a + \sqrt[3]{2V}$. Höhe ist halb so groß.

15.107 (a)   Höhenlinien: $z = xy = c \Longrightarrow y = \dfrac{c}{x}$ $\begin{array}{l}\text{Hyperbel,}\\ \text{falls } c \neq 0.\end{array}$

(b) $x = a \Longrightarrow z = ay$ Gerade   (c) $y = b \Longrightarrow z = bx$ Gerade

Außerdem hat man: $y = x \Longrightarrow z = x^2$ und $y = -x \Longrightarrow z = -x^2$, Parabeln.

15.108 Mit der binomischen Reihe (siehe Seite 47) erhält man:

$$\sqrt{1 + x + y} = (1 + x + y)^{\frac{1}{2}} = \sum_{k=0}^{\infty} \binom{\frac{1}{2}}{k} (x+y)^k, \text{ für } |x+y| < 1.$$

Also ist $T_n(x,y) = \sum\limits_{k=0}^{n} \binom{\frac{1}{2}}{k} (x+y)^k$ und $T_n(x,y) \to f(x,y)$ für $|x+y| < 1$.

15.109 $L(x,y,z,\lambda) = x^2 + y^2 + z^2 + \lambda(x^2 + 2y^2 - z^2 - 4)$.

$\begin{array}{llll}
(1) & L_x = & 2x + 2\lambda x & = 0 \Longleftrightarrow x = 0 \text{ oder } \lambda = -1 \\
(2) & L_y = & 2y + 4\lambda y & = 0 \Longleftrightarrow y = 0 \text{ oder } \lambda = -\frac{1}{2} \\
(3) & L_z = & 2z - 2\lambda z & = 0 \Longleftrightarrow z = 0 \text{ oder } \lambda = 1 \\
(4) & L_\lambda = x^2 + 2y^2 - z^2 - 4 & = 0
\end{array}$

$x = y = 0 \overset{(4)}{\Longrightarrow} z^2 = -4$ ↯. Die notwendige Bedingung ist also nur in den Punkten $(\pm 2, 0, 0)$ und $(0, \pm\sqrt{2}, 0)$ erfüllt. Wie in [15.55] sieht man, dass bei $(0, \pm\sqrt{2}, 0)$ absolute Minima und bei $(\pm 2, 0, 0)$ keine Extremwerte sind.

16   Differentialgleichungen

16.1   Explizite DGL 1. Ordnung

$$y' = f(x, y) \quad \text{heißt explizite DGL 1. Ordnung.}$$

Isoklinen, Richtungsfeld

Ist f auf $G \subseteq \mathbb{R}^2$ definiert, wird durch $y' = f(x, y)$ jedem Punkt $(x, y) \in G$ eine Richtung zugeordnet und so auf G ein *Richtungsfeld* definiert.
Zum Skizzieren des Richtungsfeldes zeichnet man *Isoklinen*, das sind Kurven, auf denen $y' = f(x, y) = c$ konstant ist.

16.1   *Man skizziere das Richtungsfeld für* $\boxed{y' = -\dfrac{x}{y}, \ y > 0}$.

Man setzt $-\dfrac{x}{y} = c$ und erhält als

Isoklinen: $\begin{cases} x = 0 & \text{, für } c = 0, \\ y = -\dfrac{1}{c} \cdot x & \text{, für } c \neq 0. \end{cases}$

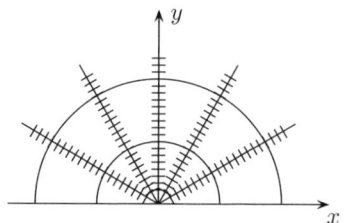

Lösungskurven "passen in das Richtungs-feld". Da hier die Richtungselemente senk-recht auf den Ursprungsgeraden (Isoklinen) stehen, wird man vermuten, dass die Halb-kreisbögen Lösungen der DGL sind.

Es ist eher die Ausnahme als die Regel, dass man eine Anfangswertaufgabe

$$y' = f(x, y), \ y(x_0) = y_0$$

durch konkrete Angabe einer Lösungsfunktion $y = y(x)$ lösen kann. Wenn die hier vorgestellten Methoden nicht weiterhelfen, schaue man in "KAMKE, Diffe-rentialgleichungen – Lösungsmethoden und Lösungen".

DGL und Kurvenschar, orthogonale Trajektorien

Die Lösungsgesamtheit einer DGL ist i. allg. eine Kurvenschar. Umgekehrt lässt sich zu gegebener Kurvenschar möglicherweise eine DGL angeben, deren Lösungs-gesamtheit die Schar enthält.

DGL einer Kurvenschar

(1)   Die Kurvenschar wird mittels eines *Scharparameters* c beschrieben, z.B.: $F(x, y, c) = 0$.

(2)   Differentiation nach x liefert eine zweite Gleichung.

(3)   Elimination von c ergibt eine DGL für die Kurvenschar.

Hängt die Schar von mehreren Parametern ab, wird entsprechend oft differenziert.

16.2   *Man berechne die DGL der Kurvenschar*   (a) $y = cx,\ c \in \mathbb{R}$,
                                                          (b) $y = c\sin x,\ c \in \mathbb{R}$.

(a) $y = cx$, $y' = c$, Elimination von c ergibt $y' = \frac{y}{x}$, DGL der Ursprungsgeraden.

(b)   Differentiation ergibt $y' = c\cos x$, durch Elimination von c folgt $y' = \frac{\cos x}{\sin x}y$. Die

DGLn $y' = \frac{y}{x}$ und $y' = \frac{\cos x}{\sin x}y$ sind leicht durch T.d.V. (siehe Seite 426) lösbar.

16.3   *Man beschreibe die konzentrischen Kreise um $(1,2)$ durch eine DGL.*

Wählt man den Kreisradius als Parameter c, lautet die Schar:

$(x-1)^2 + (y-2)^2 = c^2$, $c > 0$. Implizites Differenzieren und Kettenregel ergeben:
$2(x-1) + 2(y-2)y' = 0$. Da diese Gleichung bereits c nicht enthält, entfällt das
Eliminieren. Die gesuchte DGL ist

$$(y-2)y' + (x-1) = 0 \quad \text{oder} \quad y' = -\frac{x-1}{y-2} \quad \text{für} \quad y \neq 2.$$

16.4   *Man beschreibe die Tangenten an $y = x^2$ durch eine DGL.*

Tangente in (c, c^2) an die Parabel ist $y = c^2 + 2c(x - c) = 2cx - c^2$.

Differentiation ergibt $y' = 2c$. Durch Elimination von c folgt $y = xy' - \dfrac{(y')^2}{4}$.

Dies ist eine besondere implizite DGL, eine sogenannte Clairautsche DGL, sie
wird in [16.92 (a)] gelöst.

Bilden die Kurven $U(x,y) = c$ die *Äquipotentiallinien* eines ebenen elektrischen
Feldes, so sind die *Kraftlinien* dieses Feldes diejenigen Kurven, die die Äquipo-
tentiallinien senkrecht schneiden.
Die Kraftlinien sind die *orthogonalen Trajektorien* der Äquipotentiallinien.

orthogonale Trajektorien einer Kurvenschar $F(x, y, c) = 0$
(1)   Man bestimmt die DGL der Kurvenschar,
(2) y' wird durch $-\dfrac{dx}{dy}$ ersetzt,
(3)   diese neue DGL wird gelöst.
isogonale Trajektorien einer Kurvenschar, siehe [16.119].

16.5   *Man bestimme die orthogonalen Trajektorien zur Schar der konzentrischen*
                  Kreise um $(1,2)$.

Die Kurvenschar ist $(x-1)^2 + (y-2)^2 = c^2$, $c > 0$,
Die DGL dieser Schar lautet $(y-2)y' + (x-1) = 0$, [16.3].

Ersetzen von y' durch $-\dfrac{dx}{dy}$ ergibt die DGL der orthogonalen Trajektorien:

$$-(y-2)\frac{dx}{dy} + (x-1) = 0 \quad \text{oder} \quad -(y-2) + (x-1)y' = 0.$$

Diese DGl wird für $y \neq 2$ und $x \neq 1$ durch T.d.V. gelöst:

$$\int \frac{dy}{y-2} = \int \frac{dx}{x-1} \Longleftrightarrow \ln|y-2| = \ln|x-1| + \ln k, \; k > 0$$

$$\Longleftrightarrow y = k(x-1) + 2, \; k \neq 0$$

Die orthogonalen Trajektorien sind die Geraden $y = k(x-1) + 2$, $k \in \mathbb{R}$ und zusätzlich die Gerade $x = 1$, also die Geraden durch $(1,2)$.

16.6   *Man bestimme die orthogonalen Trajektorien der Ellipsenschar*
            $x^2 + 2y^2 = c, \; c > 0.$

Differentiation ergibt $2x + 4yy' = 0$, also $x + 2yy' = 0$.

Ersetzen von y' durch $-\dfrac{dx}{dy}$ liefert $x - 2y\dfrac{dx}{dy} = 0$.

Durch T.d.V. für $y \neq 0$ ($y = 0$ ist Lösung!) erhält man $\displaystyle\int \frac{dy}{y} = \int \frac{2dx}{x}$

und daraus $\ln|y| = 2\ln|x| + \ln k, \; k > 0$, also $y = kx^2, \; k \neq 0$.

Orthogonale Trajektorien   sind die Parabeln $y = kx^2$, $k \neq 0$,
                          sowie die Geraden $x = 0$ und $y = 0$.

Die Frage nach Existenz und Eindeutigkeit von Lösungen einer Anfangswertaufgabe (AWA) $y' = f(x,y)$, $y(x_0) = y_0$ wird durch die Sätze von Peano und
Picard–Lindelöf geklärt:

Existenzsatz von Peano für die AWA $y' = f(x,y)$, $y(x_0) = y_0$

$f(x,y)$ sei stetig auf dem Rechteck $R = \{(x,y) \,|\, |x - x_0| \leq a, |y - y_0| \leq b\}$.

Es sei $M := \max\{|f(x,y)| \,|\, (x,y) \in R\}$ (Maximum von $|f|$ auf R).

Dann existiert eine Lösung der AWA mindestens
im Intervall $[x_0 - \alpha, x_0 + \alpha]$, wenn $\alpha := \min\{a, \frac{b}{M}\}$ ist.

16.7 $\boxed{y' = x^2 + \tanh y, \; y(0) = 1}$ *hat eine auf ganz $\mathbb{R}$ existierende Lösung.*

Es sei $R = \{(x,y) \,|\, |x| \leq a, |y - 1| \leq b\}$.

Auf R wird $|f(x,y)|$ maximal im Punkt $(a, 1 + b) \Longrightarrow M = a^2 + \tanh(1 + b)$.

Wegen $|\tanh x| \leq 1$ ist $M \leq a^2 + 1$ und $\overline{\alpha} := \min\{a, \frac{b}{a^2+1}\} \leq \min\{a, \frac{b}{M}\} = \alpha$.

Für z.B. $\begin{aligned} a &= b = 1 \\ a &= 1, b = 2 \end{aligned}$ erhält man $\begin{aligned} \overline{\alpha} &= \min\{1, \tfrac{1}{2}\} = \tfrac{1}{2}, \\ \overline{\alpha} &= \min\{1, 1\} = 1. \end{aligned}$

Für a beliebig, $b = a(a^2 + 1)$ erhält man $\overline{\alpha} = \min\{a, a\} = a$.

Es existiert nach Peano eine Lösung auf *jedem* Intervall $[-a, a]$, also auf ganz $\mathbb{R}$.

16.8   *Man ermittle ein Existenzintervall der AWA* $\boxed{y' = \frac{x}{4}(1 + y^2),\ y(0) = 0}$.

Es sei $R = \{(x,y) \,|\, |x| \le a, |y| \le b\}$, so dass $M = \frac{a}{4}(1+b^2)$ und $\alpha = \min(a, \frac{4b}{a(1+b^2)})$

ist, z.B. für $a = b = 1$ folgt $\alpha = \min(1, \frac{4}{2}) = 1$. Dieser Wert soll nun verbessert

werden. Für fest gewähltes b sei $\varphi_1(a) = a, \quad \varphi_2(a) = \frac{4b}{a(1+b^2)}$.

Im Schnittpunkt von φ_1 und φ_2 wird $\mathrm{Min}\big(\varphi_1(a), \varphi_2(a)\big)$ maximal!

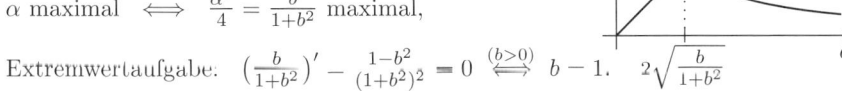

$a = \frac{4b}{a(1+b^2)} \quad \Longleftrightarrow \quad a = 2\sqrt{\frac{b}{1+b^2}}$.

Für dieses a ist $\alpha = a = 2\sqrt{\frac{b}{1+b^2}}$.

Nun wird das Maximum von $\alpha = 2\sqrt{\frac{b}{1+b^2}}$ ermittelt:

α maximal $\quad \Longleftrightarrow \quad \frac{\alpha^2}{4} = \frac{b}{1+b^2}$ maximal,

Extremwertaufgabe: $\left(\frac{b}{1+b^2}\right)' = \frac{1-b^2}{(1+b^2)^2} = 0 \overset{(b>0)}{\Longleftrightarrow} b = 1$. $2\sqrt{\frac{b}{1+b^2}}$

Somit ist $\alpha_{\max} = 2\sqrt{\frac{1}{1+1}} = \sqrt{2}$ und mindestens auf $[-\sqrt{2}, \sqrt{2}]$ hat die AWA
eine Lösung.

Bemerkung: Die DGL kann leicht durch T.d.V. gelöst werden:

Die Lösung $y = \tan\frac{x^2}{8}$ der AWA existiert auf $(-2\sqrt{\pi}, 2\sqrt{\pi})$.

Minimallösung – Maximallösung der AWA $y' = f(x,y),\ y(x_0) = y_0$

Ist f auf $G \subseteq \mathrm{I\!R}^2$ stetig und $(x_0, y_0) \in G$, dann gilt:

(1)   Es gibt eine auf einer Umgebung von x_0 definierte Lösung
der AWA $y' = f(x,y),\ y(x_0) = y_0$.

(2)   Jede Lösung lässt sich bis an den Rand von G fortsetzen.

(3)   Es gibt eine *Minimallösung* $y_{\min}$ und eine *Maximallösung* $y_{\max}$, so
dass für jede beliebige Lösung der AWA $y_{\min}(x) \le y(x) \le y_{\max}(x)$ gilt.

16.9   *Man bestimme alle Lösungen der AWA* $\boxed{y' = 2\sqrt{|y|},\ y(0) = 0}$.

$f(x,y) = 2\sqrt{|y|}$ ist in $G = \mathrm{I\!R}^2$ stetig, die AWA also lösbar.

Offensichtlich ist $y \equiv 0$ eine Lösung

Für beliebiges $\alpha, \beta \ge 0$ ist auch

$$y(x) = \begin{cases} -(x+\alpha)^2 & \text{für} \quad x \le -\alpha \\ 0 & -\alpha \le x \le \beta \\ (x-\beta)^2 & \text{für} \quad x \ge \beta \end{cases}$$

eine Lösung.

Minimallösung $y_{\min} = \begin{cases} -x^2, & x \leq 0 \\ 0, & x \geq 0 \end{cases}$, Maximallösung $y_{\max} = \begin{cases} 0, & x \leq 0 \\ x^2, & x \geq 0 \end{cases}$.

Durch jeden Punkt von $\{(x,y) \mid y_{\min}(x) \leq y \leq y_{\min}(x)\}$ verläuft eine Lösung der AWA.

Dieser Bereich heißt *Lösungstrichter* der AWA.

Lipschitzbedingung

f genügt in $G \subseteq \mathbb{R}^2$ einer **Lipschitzbedingung** bezüglich y

$$:\Longleftrightarrow$$

Es ex. $L \geq 0$ mit $|f(x,y_1) - f(x,y_2)| \leq L|y_1 - y_2|$, für alle $(x,y_1), (x,y_2) \in G$.

Hinreichende Bedingung:

Besitzt f eine in G **beschränkte** partielle Ableitung $f_y(x,y)$,
so genügt f in G einer Lipschitzbedingung bzgl. y.

---

f genügt in $G \subseteq \mathbb{R}^2$ einer **lokalen Lipschitzbedingung** bzgl. y

$$:\Longleftrightarrow$$

Jeder Punkt von G besitzt eine Umgebung, in der f einer Lipschitzbedingung bzgl. y genügt.

Hinreichende Bedingung:

Besitzt f eine in G **stetige** partielle Ableitung $f_y(x,y)$, so genügt f in G einer lokalen Lipschitzbedingung bzgl. y.

16.10   *Es sei $f(x,y) = x^2 + y^2$. Man zeige: f genügt*

(a)   *in $\mathbb{R}^2$ nicht (global) einer Lipschitzbedingung bzgl. y.*

(b)   *in $\mathbb{R}^2$ lokal einer Lipschitzbedingung bzgl. y.*

(a) $\left|\frac{f(x,y_1)-f(x,y_2)}{y_1-y_2}\right| = |y_1 + y_2|$ ist auf $\mathbb{R}^2$ nicht nach oben beschränkt!

(b) $f_y(x,y) = 2y$ ist auf $\mathbb{R}^2$ stetig.

Ist $(x_0,y_0) \in \mathbb{R}^2$ und $R := \{(x,y) : |x - x_0| \leq a,\ |y - y_0| \leq b\}$ ein den Punkt (x_0,y_0) umgebendes Rechteck, so gilt auf R:

$\left|\frac{f(x,y_1)-f(x,y_2)}{y_1-y_2}\right| = |y_1 + y_2| \leq 2(b + |y_0|).$

$L = 2(b + |y_0|)$ ist eine lokale Lipschitzkonstante im Rechteck R.

> ### AWA $y' = f(x, y),\ y(x_0) = y_0$
>
> ### Eindeutigkeitssatz von Picard–Lindelöf
>
> f sei stetig auf $R = \{(x, y)\,|\,|x - x_0| \le a, |y - y_0| \le b\}$ und genüge auf R einer Lipschitzbedingung bzgl. y.
>
> Es sei $M = \max\{|f(x, y)|\,|\,(x, y) \in R\}$, $\alpha = \min\{a, \frac{b}{M}\}$ und $I = [x_0 - \alpha, x_0 + \alpha]$.
>
> Dann besitzt die AWA genau eine Lösung, die mindestens auf I definiert ist.
>
> Diese eindeutig bestimmte Lösung y ergibt sich folgendermaßen:
>
> ### Picard–Lindelöfsches Iterationsverfahren
>
> Die Funktion $u_0(x)$ sei auf I stetig und verlaufe in R. Es sei
>
> $$u_n(x) := y_0 + \int_{x_0}^{x} f(t, u_{n-1}(t))\, dt\ ,\quad \text{für } n \in \mathbb{N}.$$
>
> Die Funktionenfolge (u_n) konvergiert auf I gleichmäßig gegen die Lösung y.
>
> **Fehlerabschätzung:** $|y(x) - u_n(x)| \le \dfrac{(\alpha L)^n}{n!} e^{\alpha L} \cdot \max\limits_{x \in I} |u_1(x) - u_0(x)|.$
> (L Lipschitzkonst. auf R)

16.11   *Man wende das Picard–Lindelöfsche Iterationsverfahren*

auf die AWA $\boxed{y' = 2xy,\ y(0) = 1}$ *an.*

Es sei $R = \{(x, y)\,|\,|x| \le a,\ |y - 1| \le b\}$.

Dann ist $M = 2a(1 + b)$ und $\alpha = \min\left(a, \frac{b}{2a(1+b)}\right)$.

Bei festem b ist α maximal für $a = \sqrt{\frac{b}{2(1+b)}}$ mit $\alpha_{\max} = \sqrt{\frac{b}{2(1+b)}}$.

Weil $\alpha_{\max}$ für $b \to \infty$ monoton wachsend gegen $\frac{\sqrt{2}}{2}$ strebt, konvergiert das Iterationsverfahren auf $(-\frac{\sqrt{2}}{2}, \frac{\sqrt{2}}{2})$ gegen die eindeutig bestimmte Lösung der AWA.

Als Startfunktion wird der Anfangswert genommen:

$u_0(x) = 1$

$u_1(x) = 1 + \int_0^x 2t \cdot 1\, dt = 1 + x^2$

$u_2(x) = 1 + \int_0^x 2t(1 + t^2)\, dt = 1 + x^2 + \frac{1}{2}x^4$

$u_3(x) = 1 + \int_0^x 2t(1 + t^2 + \frac{1}{2}t^4)\, dt = 1 + x^2 + \frac{1}{2}x^4 + \frac{1}{6}x^6$

Hier hören wir auf und schätzen den Fehler ab:

Auf dem Streifen $-\frac{\sqrt{2}}{2} < x < \frac{\sqrt{2}}{2} - \alpha$ ist $|f_y(x, y)| - |2x| \le \sqrt{2}$, so dass dort $L = \sqrt{2}$ als Lipschitzkonstante genommen wird: Mit $\alpha L = 1$ folgt:

$$|y(x) - u_3(x)| \le \frac{1}{3!} e \cdot \max_{x \in I} |x^2| = \frac{1}{3!} \cdot e \cdot \frac{1}{2} < \underline{\underline{0.23}}.$$

In diesem einfachen Beispiel sind die iterierten Funktionen u_n Partialsummen einer Potenzreihe. Man sieht – evtl. nach Berechnung von u_4, u_5

$$u_n = \sum_{k=0}^{n} \frac{x^{2k}}{k!} \qquad \text{Grenzfunktion ist } y(x) = \sum_{k=0}^{\infty} \frac{x^{2k}}{k!} = e^{x^2}.$$

Man kann also die Lösung explizit angeben und nachträglich feststellen, dass das Iterationsverfahren sogar auf ganz $\mathbb{R}$ konvergiert.

$$\boxed{p(x,y) + q(x,y) \cdot y' = 0 \text{ bzw. } p(x,y)\,dx + q(x,y)\,dy = 0} \qquad \textbf{Exakte DGL}$$

Die DGL heißt **exakt**, falls es eine Funktion $F(x,y)$ gibt mit $F_x(x,y) = p(x,y)$ und $F_y(x,y) = q(x,y)$. F heißt **Stammfunktion**. Die Lösungen der DGL sind dann implizit durch $F(x,y) = c$, $c \in \mathbb{R}$ gegeben (Niveaulinien von F).

16.12   Man löse die DGL $\boxed{2x\,dx + 2y\,dy = 0}$, also $y' = -\dfrac{x}{y}$ für $y \neq 0$.

$F(x,y) = x^2 + y^2$ ist eine Stammfunktion, denn $F_x = 2x$ und $F_y = 2y$.
Die Lösungskurven sind die konzentrischen Kreise $x^2 + y^2 = c$, $c > 0$.

Sind $p = p(x,y)$ und $q = q(x,y)$ in dem einfach zusammenhängenden Gebiet G stetig differenzierbare Funktionen, so gilt:

$$p(x,y)\,dx + q(x,y)\,dy = 0 \text{ ist } \textbf{exakt} \quad \Longleftrightarrow \quad p_y = q_x.$$

Eine **Stammfunktion** F gewinnt man z.B. durch Integration aus $\begin{aligned} F_x &= p, \\ F_y &= q. \end{aligned}$

16.13   Man löse die DGL $\boxed{(2xy - 1)\,dx + (x^2 + 1)\,dy = 0}$.

Wegen $\dfrac{\partial}{\partial y}(2xy - 1) = 2x = \dfrac{\partial}{\partial x}(x^2 + 1)$ ist die DGL exakt.

Es gibt daher eine Funktion F mit $\operatorname{grad} F = (F_x, F_y) = (2xy - 1, x^2 + 1)$.
$F_x = 2xy - 1 \Longrightarrow F = x^2 y - x + c(y)$. Differentiation nach y ergibt:
$F_y = x^2 + c'(y) = x^2 + 1 \Longleftrightarrow c'(y) = 1$. Hier bedeutet c' Ableitung nach y !
Mit $c(y) = y$ ergibt sich $F(x,y) = x^2 y - x + y$.
Die Lösungen der exakten DGL sind $x^2 y - x + y = c$, eine Auflösung nach y (explizite Darstellung) ist möglich: $y = \dfrac{c+x}{x^2+1}$, $c \in \mathbb{R}$.

> ## Integrierender Faktor (Eulerscher Multiplikator)
>
> $\mu = \mu(x, y)$ heißt integrierender Faktor von $\boxed{p(x, y)\, dx + q(x, y)\, dy = 0}$,
>
> falls $(p \cdot \mu)\, dx + (q \cdot \mu)\, dy = 0$ eine exakte DGL ist.
>
> Bedingung für μ: $p_y \cdot \mu + p \cdot \mu_y = q_x \cdot \mu + q \cdot \mu_x$.
>
> | Ansatz | Bedingung für μ | |
> |---|---|---|
> | $\mu = \mu(x)$ | $\dfrac{\mu'}{\mu} = \dfrac{p_y - q_x}{q}$ | hängt nur von x ab! |
> | $\mu = \mu(y)$ | $\dfrac{\mu'}{\mu} = \dfrac{q_x - p_y}{p}$ | hängt nur von y ab! |
> | $\mu = \mu(x \cdot y)$ | $\dfrac{\mu'}{\mu} = \dfrac{q_x - p_y}{xp - yq}$ | hängt nur von xy ab! |
> | $\mu = \mu(x + y)$ | $\dfrac{\mu'}{\mu} = \dfrac{q_x - p_y}{p - q}$ | hängt nur von $x + y$ ab! |

16.14   Man löse die DGL $\boxed{(x - y)y^2\, dx + (1 - xy^2)\, dy = 0}$.

$p = (x - y)y^2$, $p_y = -3y^2 + 2xy$, $q = 1 - xy^2$, $q_x = -y^2$.

Wegen $p_y \neq q_x$ ist die DGL nicht exakt.

1. Versuch: $\mu = \mu(x)$:

$\dfrac{p_y - q_x}{q} = \dfrac{-3y^2 + 2xy + y^2}{1 - xy^2} = \dfrac{2xy - 2y^2}{1 - xy} = \dfrac{2y(x - y)}{1 - xy}$, hängt *nicht nur* von x ab!

2. Versuch: $\mu = \mu(y)$:

$\dfrac{q_x - p_y}{p} = \dfrac{2y(y - x)}{(x - y)y^2} = -\dfrac{2}{y}$ hängt *nur* von y ab!

$\dfrac{\mu'}{\mu} = -\dfrac{2}{y} \implies \ln|\mu| = -2\ln|y| + c$. Für $c = 0$ folgt $\mu(y) = \dfrac{1}{y^2}$.

$(x - y)\, dx + (y^{-2} - x)\, dy = 0$ ist eine exakte DGL.

Ist F Stammfunktion, so gilt $F_x = x - y \implies F = \frac{1}{2}x^2 - xy + c(y)$.

Differentiation nach y: $F_y = -x + c'(y) = y^{-2} - x \iff c'(y) = y^{-2}$.

Aus $c(y) = -\dfrac{1}{y}$ folgt $F(x, y) = \frac{1}{2}x^2 - xy - \dfrac{1}{y}$. Die Lösungen der DGL sind implizit gegeben durch $F(x, y) = c$ also: $\underline{\frac{1}{2}x^2 - xy - \frac{1}{y} = c, \ c \in \mathbb{R}}$.

16.15   Man bestimme alle Lösungen der DGL $\boxed{\dfrac{2}{y}\, dx + \dfrac{2}{x}\, dy = 0}$.

(1)   Lösung durch T.d.V.: $y' = -\dfrac{x}{y} \implies \int y\, dy = -\int x\, dx \implies y^2 = -x^2 + c$.

(2)   Lösung mit Eulerschem Multiplikator: $p = \dfrac{2}{y}$, $p_y = -\dfrac{2}{y^2}$, $q = \dfrac{2}{x}$, $q_x = -\dfrac{2}{x^2}$.

Wegen $p_y = -\dfrac{2}{y^2} \neq -\dfrac{2}{x^2} = q_x$ ist die DGL nicht exakt.

(1) $\dfrac{p_y - q_x}{q} = \dfrac{y^2 - x^2}{xy^2}$ ist nicht Funktion von x allein!

(2) $\dfrac{q_x - p_y}{p} = \dfrac{x^2 - y^2}{x^2 y}$ ist nicht Funktion von y allein!

(3) $\dfrac{q_x - p_y}{xp - yq} = \dfrac{1}{xy}$ ist nur Funktion von $z = xy$.

$\dfrac{\mu'}{\mu} = \dfrac{1}{z} \implies \ln|\mu| = \ln|z| + c$. Für $c = 0$ folgt $\mu = z = xy$. Multiplikation ergibt
die exakte DGL $2x\,dx + 2y\,dy = 0$ mit den Lösungen $\underline{x^2 + y^2 = c}$, $c \in \mathbb{R}$.

16.2   DGL mit getrennten Variablen

Eine DGL der Form $y' = f(x) \cdot g(y)$ nennt man DGL mit getrennten Variablen.
Lösungen erhält man mit der Methode "Trennung der Veränderlichen", T.d.V.:

$$y' = \frac{dy}{dx} = f(x)g(y) \implies \frac{dy}{g(y)} = f(x)\,dx \implies \int \frac{dy}{g(y)} = \int f(x)\,dx.$$

> $\boxed{y' = f(x)g(y)}$ **Trennung der Veränderlichen – T.d.V.**
>
> Die Lösungsgesamtheit besteht aus allen
>
> (1)   Geraden $y = y_0$,   falls $g(y_0) = 0$, also y_0 eine Nullstelle der Funktion $g(y)$ ist.
> (2)   Funktionen $y = y(x)$, die sich aus
>
> $$\int \frac{dy}{g(y)} = \int f(x)\,dx, \; g(y) \neq 0 \text{ in impliziter Form ergeben.}$$

16.16   Man löse die DGL $\boxed{y' = -2x(y^2 - y)}$ durch T.d.V.

Hier ist $f(x) = -2x$ und $g(y) = y^2 - y$.

(1)   Nullstellen von $g(y)$: $y^2 - y = y(y - 1) = 0 \implies y_1 = 0$, $y_2 = 1$.
Die konstanten Funktionen $y_1 = 0$ und $y_2 = 1$ sind Lösungen. Man nennt sie
auch *partikuläre* Lösungen.

(2)   T.d.V. ergibt: $\dfrac{dy}{y(y-1)} = -2x\,dx \implies \int \dfrac{dy}{y(y-1)} - \int -2x\,dx.$

$\int \dfrac{dy}{y(y-1)} = \ln\left|\dfrac{y-1}{y}\right|$ (PBZ, Seite 68, 69) und $\int -2x\,dx = -x^2.$

$\implies \ln\left|\dfrac{y-1}{y}\right| = -x^2 + k$ In k ist die Integrationskonstante der linken Seite mit enthalten!

$\left|\dfrac{y-1}{y}\right| = e^{-x^2+k} = e^k e^{-x^2}$

$\dfrac{y-1}{y} = c \cdot e^{-x^2}$,   wobei $c = \pm e^k$, also $c \neq 0$ ist.

Man kann nach y auflösen: $y = \dfrac{1}{1-ce^{-x^2}}$, $c \neq 0$.

Diese Lösungsschar liefert für $c = 0$ die partikuläre Lösung $y = 1$.

Die Gesamtlösung besteht also aus der Schar $y = \dfrac{1}{1-ce^{-x^2}}$, $c \in \mathbb{R}$ und der partikulären Lösung $y = 0$.

Bemerkung: Die Kurven der Schar $(c \neq 0)$ münden in diesem Beispiel nicht in die partikulären Lösungen $y = 0$ oder $y = 1$ ein!

16.17   Man löse die DGL $\boxed{y' = -4x\sqrt{y-1}}$ für $y \geq 1$.

(1) $g(y) = \sqrt{y-1} = 0 \implies y = 1$ ist Lösung.

(2)   T.d.V.: $\displaystyle\int \frac{dy}{\sqrt{y-1}} = \int -4x\,dx \implies 2\sqrt{y-1} = -2x^2 + 2c$

$\implies \sqrt{y-1} = -x^2 + c.$

Hier wurde zweckmäßigerweise die Integrationskonstante $2c$ gewählt.

Da $\sqrt{y-1} \geq 0$ ist, muss $-x^2 + c \geq 0$, also $0 \leq x^2 \leq c$ sein. Es sind also nur Parameterwerte $c \geq 0$ zu betrachten:

Explizite Darstellung: $y = (-x^2 + c)^2 + 1$, $x^2 \leq c$.

Bemerkung:
Alle Kurven dieser Schar münden (bei $x = \pm\sqrt{c}$) in die Gerade $y = 1$ (partikuläre Lösung) ein !

Die Gesamtlösung besteht demnach aus der Schar $(c > 0)$

$y = \begin{cases} 1 + (c - x^2)^2 & \text{für } |x| \leq \sqrt{c} \\ 1 & \text{für } |x| \geq \sqrt{c} \end{cases}$

und der partikulären Lösung $y = 1$.

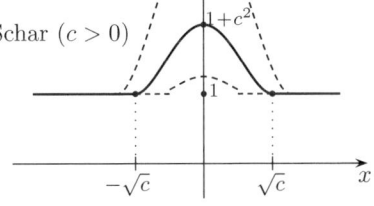

16.18   Man löse die DGL $\boxed{y' = -\dfrac{x}{y}}$ für $y \neq 0$.

(1) $g(y) = \dfrac{1}{y} \neq 0 \implies$ partikuläre Lösungen gibt es hier nicht!

(2)   T.d.V.: $\displaystyle\int y\,dy = -\int x\,dx \implies \frac{1}{2}y^2 = -\frac{1}{2}x^2 + \frac{1}{2}c, y \neq 0,$

Gesamtlösung sind also die gelochten $(y \neq 0)$ Kreise $x^2 + y^2 = c$, $c > 0$.

Auf eine DGL vom Typ $y' = f(x)g(y)$ (T.d.V.) lassen sich zurückführen:

$$\boxed{y' = f\left(\frac{y}{x}\right)} \qquad \text{Ähnlichkeits–DGL}$$

Ansatz: $z(x) = \dfrac{y(x)}{x}$, dann ist $y = zx$ und $y' = z'x + z$,   [16.19 (a),(b)].

$$\boxed{y' = f(ax + by + c)}$$

Ansatz: $z(x) = ax + b\,y(x) + c$, $z' = a + by'$,   [16.20].

$$\boxed{y' = f\left(\frac{ax+by+c}{dx+ey+f}\right)} \qquad \text{Man betrachte die Geraden}$$
$$G_1 :\ ax + by + c = 0 \text{ und } G_2 :\ dx + ey + f = 0.$$

<u>Fall 1:</u> G_1 und G_2 haben den Schnittpunkt (x_0, y_0):

Die Transformation $\xi = x - x_0$, $\eta = y - y_0$, $y' = \dfrac{d\eta}{d\xi}$

ergibt eine Ähnlichkeits–DGL: $\dfrac{d\eta}{d\xi} = \tilde{f}\left(\dfrac{\eta}{\xi}\right)$,   [16.19], [16.21(a)].

<u>Fall 2:</u> G_1 und G_2 sind parallel.

Division führt auf den Typ $y' = f(ax + by + c)$,   [16.21(b)].

16.19   *Man löse die DGLn*   (a) $\boxed{y' = \dfrac{y^2 - x^2}{2xy}}$ (b) $\boxed{y' = \dfrac{x+y}{x-y}}$

(a)   Es handelt sich um eine Ähnlichkeits–DGL: $y' = \dfrac{y^2 - x^2}{2xy} = \frac{1}{2}\left(\dfrac{y}{x} - \dfrac{1}{\frac{y}{x}}\right) = f\left(\dfrac{y}{x}\right)$.

$z = \dfrac{y}{x}$, $y' = z'x + z$ $\implies$ $z'x + z = \frac{1}{2}\left(z - \dfrac{1}{z}\right)$ $\implies$ $z'x = -\frac{1}{2}\dfrac{z^2+1}{z}$.

T.d.V. ergibt: $\displaystyle\int \frac{2z}{z^2+1}\,dz = -\int \frac{1}{x}\,dx$ $\implies$ $\ln(z^2 + 1) = -\ln|x| + k$.

$\implies$ $z^2 + 1 = \dfrac{c}{x} \implies \dfrac{y^2}{x^2} + 1 = \dfrac{c}{x}$

$\implies$ $y^2 + x^2 - cx = 0$.

$\implies$ $\left(x - \frac{1}{2}c\right)^2 + y^2 = \left(\frac{1}{2}c\right)^2$.

Lösungskurven sind **Kreise**

vom Radius $r = \frac{1}{2}|c|$

und Mittelpunkt $M = (\pm r, 0)$.

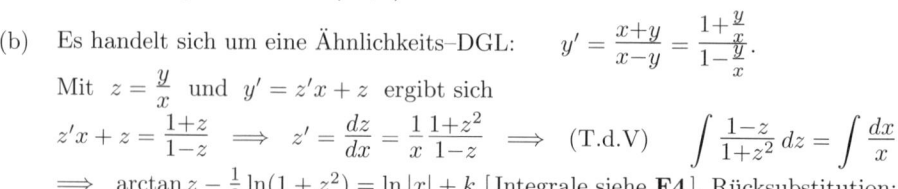

(b)   Es handelt sich um eine Ähnlichkeits–DGL: $y' = \dfrac{x+y}{x-y} = \dfrac{1 + \frac{y}{x}}{1 - \frac{y}{x}}$.

Mit $z = \dfrac{y}{x}$ und $y' = z'x + z$ ergibt sich

$z'x + z = \dfrac{1+z}{1-z}$ $\implies$ $z' = \dfrac{dz}{dx} = \dfrac{1}{x}\dfrac{1+z^2}{1-z}$ $\implies$ (T.d.V) $\displaystyle\int \frac{1-z}{1+z^2}\,dz = \int \frac{dx}{x}$

$\implies$ $\arctan z - \frac{1}{2}\ln(1 + z^2) = \ln|x| + k$ [Integrale siehe **F4**], Rücksubstitution:

$$\arctan \frac{y}{x} - \ln \sqrt{\frac{x^2+y^2}{x^2}} = \ln|x| + k \iff \arctan \frac{y}{x} = \ln \sqrt{x^2+y^2} + k.$$

Ein formelmäßiges Auflösen nach x oder y ist nicht möglich!

Mit Polarkoordinaten $x = r \cos \varphi$, $y = r \sin \varphi$ wird es übersichtlicher:

$$\varphi = \ln|r| + k \implies \underline{r = ce^\varphi, \ c \neq 0} \quad \textbf{log. Spiralen}, \text{ siehe [4.18] und } \mathbf{F+H}.$$

Man kann die DGL $y' = \frac{x+y}{x-y}$ auch sofort auf Polarkoordinaten umschreiben:

$$\boxed{\begin{array}{l} x = r \cos \varphi \implies dx = dr \, \cos \varphi - r \sin \varphi \, d\varphi \\ y = r \sin \varphi \implies dy = dr \, \sin \varphi + r \cos \varphi \, d\varphi \end{array}}$$

Einsetzen in die DGL $y' = \frac{dy}{dx} = \frac{x+y}{x-y}$ ergibt $\frac{dr \sin \varphi + r \cos \varphi \, d\varphi}{dr \cos \varphi - r \sin \varphi \, d\varphi} = \frac{\cos \varphi + \sin \varphi}{\cos \varphi - \sin \varphi}$.

Ausmultiplizieren ergibt $\frac{dr}{d\varphi} = r \implies$ (T.d.V) $\int \frac{dr}{r} = \int d\varphi \iff \underline{r = ce^\varphi, \ c \neq 0}$.

16.20   *Man löse die DGL* $\boxed{y' = \dfrac{1}{1+x-y}}$ *und berechne die speziellen Lösungen*

       für   (a) $y(0) = -1$,   (b) $y(-1) = -1$.

$y' = \frac{1}{1+x-y} = f(ax + by + c)$. Der Ansatz: $z = 1 + x - y$, $z' = 1 - y'$ führt auf

$1 - z' = \frac{1}{z} \iff z' = 1 - \frac{1}{z} = \frac{z-1}{z}$. Man sieht: $z = 1$ ist Lösung.

T.d.V. ergibt $\int \frac{z}{z-1} \, dz = \int dx \implies z + \ln|z-1| = x + c$.

Rücksubstitution ergibt:

$z = 1 \implies 1 + x - y = 1 \implies \underline{y = x}$.

$z \neq 1 \implies 1 + x - y + \ln|x-y| = x + c \implies \underline{-y + \ln|x-y| = k}$, $k \in \mathbb{R}$.

Die Gesamtlösung besteht aus   der partikulären Lösung $y = x$ und

                                der Kurvenschar $-y + \ln|x-y| = k$, $k \in \mathbb{R}$.

(a) $y = x$ verläuft nicht durch $(0, -1)$.

     Aus $x = 0$, $y = -1$ berechnet man für den Scharparameter $k = 1$.

     Also ist $-y + \ln|x-y| = 1$, also $|x-y| = e^{1+y}$.

     Da $z \neq 1$, also $y \neq x$ und $y(0) = -1 < 0$ ist, gilt stets $y(x) < x$.

     Die Lösung der AWA ist $\underline{x - y = e^{1+y}}$.

(b)   Durch $(-1, -1)$ verläuft nur die Lösung $\underline{y = x}$.

16.21   *Man löse die DGLn*   (a) $\boxed{y' = \dfrac{y-2x+1}{y-1}}$ (b) $\boxed{y' = \dfrac{x-y+1}{y-x+1}}$

     Die DGLn sind vom Typ $y' = \dfrac{ax+by+c}{dx+ey+f}$.

(a)   Die beiden Geraden $y - 2x + 1 = 0$ und $y - 1 = 0$ schneiden sich in $(1, 1)$.

     $\xi = x - 1$, $\eta = y - 1 \implies \dfrac{d\eta}{d\xi} = \dfrac{\eta + 1 - 2(\xi+1) + 1}{\eta} = \dfrac{\eta - 2\xi}{\eta} = 1 - \dfrac{2}{\frac{\eta}{\xi}} = \tilde{f}\left(\dfrac{\eta}{\xi}\right)$.

Der Ansatz $z = \frac{\eta}{\xi}$, $\frac{d\eta}{d\xi} = \frac{dz}{d\xi}\xi + z$ ergibt dann

$\frac{dz}{d\xi}\xi + z = 1 - \frac{2}{z} \iff \frac{dz}{d\xi}\xi = 1 - \frac{2}{z} - z = \frac{z-2-z^2}{z}$ und T.d.V. ergibt dann

$\int \frac{z\,dz}{z^2-z+2} = -\int \frac{d\xi}{\xi}$ und $\frac{1}{2}\ln(z^2 - z + 2) + \frac{1}{\sqrt{7}}\arctan\frac{1}{\sqrt{7}}(2z-1) = -\ln|\xi| + c$.

Schließlich ist noch $z = \frac{\eta}{\xi} = \frac{y-1}{x-1}$, $\xi = x - 1$ zu setzen !

(b)   Die beiden Geraden $x - y + 1 = 0$ und $y - x + 1 = 0$ sind parallel:

$y' = \frac{x-y+1}{y-x+1} = -1 + \frac{2}{y-x+1} = f(y - x + 1)$. Man macht also den Ansatz:

$z = y - x + 1$, $z' = y' - 1 \implies z' + 1 = -1 + \frac{2}{z} \iff z' = \frac{2(1-z)}{z}$.

T.d.V. ergibt die Lösungsschar $-z - \ln|1 - z| = 2x + c$ sowie $z = 1$.

Rücksubstitution ergibt die Schar $\underline{-y - \ln|x - y| = x + k}$, $k \in \mathbb{R}$ und $\underline{y = x}$.

16.3   Lineare DGL 1.Ordnung

$\boxed{y' + a(x)y = r(x)}$ **lineare DGL 1.Ordnung**

Die Gesamtlösung ist $\boxed{y = y_S + y_H}$. Dabei ist

- y_H die *Gesamtlösung* der homogenen DGL $y' + a(x)y = 0$ und
- y_S *eine* (spezielle) Lösung der inhomogenen DGL $y' + a(x)y = r(x)$.

(H)   Berechnung von y_H :

   (1)   Raten einer Lösung $y_1 \not\equiv 0$ oder

   (2)   Formel : $y_H = ce^{-A(x)}$, $A(x) = \int a(x)\,dx$ oder

   (3)   Berechnung einer Lösung y_1 mittels T.d.V.

   Stets hat y_H die Form $y_H = c \cdot y_1$, $c \in \mathbb{R}$

(I)   Berechnung von y_S :

   (1)   Raten einer Lösung.

   (2)   Formel : $y_S = e^{-A(x)} \cdot \int r(x)e^{A(x)}dx$.

   (3)   Variation der Konstanten: Der Ansatz $y_S(x) = c(x) \cdot y_1$
        führt auf $c' = r(x)e^{A(x)}$, wobei y_1 *eine* Lösung der hom. DGL ist.

Um die AWA $\boxed{y' + a(x)y = r(x),\ y(x_0) = y_0}$ zu lösen, passt man die Integrationskonstante c durch Einsetzen den Anfangsbedingung an oder

benutzt $y(x) = e^{-A(x)}\displaystyle\int_{x_0}^{x} r(t)e^{A(t)}\,dt + y_0e^{-A(x)}$ mit $A(x) = \displaystyle\int_{x_0}^{x} a(t)\,dt$.

16.22   Man löse die lineare DGL $\boxed{y' - \dfrac{y}{x} = 3x}$.

(H)   Die homogene DGL lautet: $y' - \dfrac{y}{x} = 0$.

Die drei Lösungsmöglichkeiten ergeben:

(1)   Raten: $y = x$ ist Lösung, also $y_H = cx, \; c \in \mathbb{R}$.

(2)   Formel: $A(x) = \int -\dfrac{1}{x}\, dx = -\ln|x| \Longrightarrow y_H = ce^{\ln|x|} = cx, \; c \in \mathbb{R}$.

(3)   T.d.V.: Ist $y \not\equiv 0$, so gilt:

$y' = \dfrac{y}{x} \Longleftrightarrow \int \dfrac{dy}{y} = \int \dfrac{dx}{x} \Longleftrightarrow \ln|y| = \ln|x| + k \Longleftrightarrow |y| = e^k |x|, \; k \in \mathbb{R}$.

Mit der Abkürzung $\overline{k} := \pm e^k$ folgt $y = \overline{k}x, \; \overline{k} \neq 0$.

Da $y \equiv 0$ Lösung ist, folgt $y = cx, \; c \in \mathbb{R}$.

(I)   Die inhomogene DGL lautet: $y' - \dfrac{y}{x} = 3x$.

Die drei Lösungsmöglichkeiten ergeben:

(1)   Raten: ?

(2)   Formel: $y_S = x \int 3x \dfrac{1}{x}\, dx = 3x^2$.

(3)   Ansatz (Variation der Konstanten): Setzt man $y_S = c(x)x, \; y' = c'x + c$ in die DGL ein, so fällt c heraus (Rechenkontrolle!) und für c' ergibt sich die (einfache) DGL $c' = 3$. Also ist $c(x) = 3x$ und $y_S = 3x^2$.

Gesamtlösung : $y = y_S + y_H$ ergibt $\underline{\underline{y = 3x^2 + cx}}, \; c \in \mathbb{R}$.

16.23   Man bestimme alle Lösungen von $\boxed{y' - \dfrac{x}{1+x^2}y = \sqrt{1+x^2}}$.

(H)   Die homogene DGL lautet: $y' - \dfrac{x}{1+x^2}y = 0$. $y \equiv 0$ ist Lösung, T.d.V. ergibt:

$$\int \frac{dy}{y} = \int \frac{x}{1+x^2}\, dx \Longrightarrow \ln|y| = \frac{1}{2}\ln(1+x^2) + \ln k, \; k > 0 \;.$$

$$\Longrightarrow y = \pm k\sqrt{1+x^2}, \; k > 0$$

Da auch $y \equiv 0$ Lösung ist, gilt $\underline{y_H = c\sqrt{1+x^2}}, \; c \in \mathbb{R}$.

(I)   Variation der Konstanten:

Es gibt eine spezielle Lösung der Form $y_S = c(x)\sqrt{1+x^2}$.

Dann ist (Produktregel) $y'_S = c'(x)\sqrt{1+x^2} + c(x)\dfrac{x}{\sqrt{1+x^2}}$.

Einsetzen in die inhomogene DGL ergibt:

$c'(x)\sqrt{1+x^2} + \underbrace{c(x)\dfrac{x}{\sqrt{1+x^2}} - \dfrac{x}{1+x^2}c(x)\sqrt{1+x^2}}_{=0} = \sqrt{1+x^2}$.

$c(x)$ muss herausfallen (Kontrolle)! Es folgt $c'(x) = 1 \Longrightarrow c(x) = x + a, \; a \in \mathbb{R}$.
Da nur eine Funktion gesucht ist, nimmt man $c(x) = x$ und erhält $\underline{y_S = x\sqrt{1+x^2}}$.
Lösungsgesamtheit ist $\underline{\underline{y = x\sqrt{1+x^2} + c\sqrt{1+x^2}}}, \; c \in \mathbb{R}$.

16.24　　　*Man löse die AWA* $\boxed{y' + \dfrac{1}{2x}y = \sqrt{x}\,\sin x, \ y(\pi) = 2\sqrt{\pi}}$.

(H)　Die homogene DGL ist $y' + \dfrac{1}{2x}y = 0$, $x > 0$.

$$\int \frac{dx}{2x} = \frac{1}{2}\ln x, \ x > 0 \Longrightarrow y_H = ce^{-\frac{1}{2}\ln x} \Longrightarrow y_H = c\frac{1}{\sqrt{x}}, \ c \in \mathbb{R}.$$

(I)　Variation der Konstanten, Ansatz: $y_S = c(x)\dfrac{1}{\sqrt{x}}$.

$$c'(x) = \sqrt{x}\,\sin x\, e^{\frac{1}{2}\ln x} = x\sin x \Longrightarrow c(x) = \sin x - x\cos x, \ \mathbf{F\ 4}.$$

Also $y_S = (\sin x - x\cos x)\dfrac{1}{\sqrt{x}}$.

Lösungsgesamtheit der DGL ist $y = (\sin x - x\cos x)\dfrac{1}{\sqrt{x}} + c\dfrac{1}{\sqrt{x}}$, $c \in \mathbb{R}$.

Einsetzen von $x = \pi$, $y = 2\sqrt{\pi}$ ergibt $2\sqrt{\pi} = \dfrac{c}{\sqrt{\pi}} + \pi\dfrac{1}{\sqrt{\pi}}$, also $c = \pi$.

Lösung der AWA ist $y = (\sin x - x\cos x)\dfrac{1}{\sqrt{x}} + \dfrac{\pi}{\sqrt{x}}$.

Bemerkungen:

Zu (H):　Häufig sind hier Umformungen durchzuführen wie:
$$\ln|y| = x - \frac{1}{2}\ln|x| + k \Longrightarrow y = c\frac{e^x}{\sqrt{|x|}}.$$

Zu (I):　Ist man sicher, $y_H = ce^{-A(x)}$ richtig berechnet zu haben, verzichtet man auf die Kontrolle "c fällt heraus" und benutzt $c(x) = \int r(x)e^{A(x)}\,dx$.

16.25　　　*Man löse die DGL* $\boxed{xy' + (2 + 2x)y = x^2 + 1}$.

Division durch x ergibt:　$y' + \dfrac{2+2x}{x}y = x + \dfrac{1}{x}$.

Dies ist eine lineare DGL 1.Ordnung: $y' + a(x)y = r(x)$ mit $a(x) = \dfrac{2+2x}{x}$ und $r(x) = x + \dfrac{1}{x}$. Man erhält:

$$A(x) = \int \frac{2+2x}{x}\,dx = 2\ln|x| + 2x \Longrightarrow y_H = ce^{-A(x)} = ce^{-2\ln|x|-2x} = c\frac{e^{-2x}}{x^2}.$$

$$c(x) = \int (x + \frac{1}{x})x^2 e^{2x}\,dx = \frac{1}{8}(4x^3 - 6x^2 + 10x - 5)e^{2x}, \quad \mathbf{F+H}.$$

$$\Longrightarrow \ y_S = c(x)\frac{e^{-2x}}{x^2} = \frac{1}{8}(4x - 6 + \frac{10}{x} - \frac{5}{x^2}).$$

$$\Longrightarrow \ y = y_S + y_H = \frac{1}{8}(4x - 6 + \frac{10}{x} - \frac{5}{x^2}) + c\frac{e^{-2x}}{x^2}, \quad c \in \mathbb{R}.$$

16.26 *Ein beliebig dehnbares Gummiband auf der x–Achse ist bei $x = 0$ fest, während sich das freie Ende mit der konstanten Geschwindigkeit V entfernt. Zur Zeit $t = 0$ hat das Band die Länge L. Zu dieser Zeit fängt ein Käfer bei $x = 0$ an, mit der konstanten Geschwindigkeit v relativ zum Band auf diesem entlang zu krabbeln. Erreicht er das andere Ende und wenn ja, wann?*

$x(t)$ sei die x–Koordinate des Käfers zur Zeit t. Zu dieser Zeit ist das freie Ende des Bandes bei $X(t) = L + Vt$. Das Band wird gleichmäßig gedehnt. Die Geschwindigkeit des Bandstückchens bei $x = x(t)$ ist daher $\frac{x(t)}{X(t)}V$ und die Geschwindigkeit des Käfers über der x–Achse also $x'(t) = v + \frac{x(t)}{X(t)}V = v + \frac{V}{L+Vt}x(t)$.

$\boxed{x' = v + \frac{V}{L+Vt}x}$ ist eine inhomogene lineare DGL 1. Ordnung für $x = x(t)$.

$$A(t) = \int \frac{V}{L+Vt}\,dt = -\ln(\frac{L}{V} + t = \ln V - \ln(L + Vt)) \implies x_H = c(L + Vt).$$

$$c(t) = \int \frac{v}{L+Vt}dt = \frac{v}{V}\ln(L + Vt) \implies x_S = \frac{v}{V}(L + Vt)\ln(L + Vt).$$

$$\implies x = x_S + x_H = \frac{v}{V}(L + Vt)\ln(L + Vt) + c(L + Vt), \; c \in \mathbb{R}.$$

Da der Käfer zur Zeit $t = 0$ bei $x(0) = 0$ startet, erhält man $c = -\frac{v}{V}\ln L$.

Die x–Koordinate des Käfers ist also $\underline{\underline{x(t) = \frac{v}{V}(L + Vt)\ln\frac{L+Vt}{L}}}$.

Der Käfer erreicht das freie Ende zu einer gewissen Zeit $t_0 \iff x(t_0) = X(t_0)$ $\iff x(t_0) = \frac{v}{V}(L + Vt_0)\ln\frac{L+Vt_0}{L} = L + Vt_0 = X(t_0) \iff \underline{\underline{t_0 = \frac{L}{V}(e^{V/v} - 1)}}$.

Das Band hat zur Zeit $t_0 = \frac{L}{V}(e^{V/v} - 1)$ die Länge $X(t_0) = \underline{\underline{Le^{V/v}}}$.

Theoretisch erreicht der Käfer also immer das Ende des Gummibandes, auch wenn dort ein Rennwagen zieht! Zu beachten ist jedoch, dass $e^{V/v}$ bei großem V/v eine unvorstellbar große Zahl ist!

Auf eine lineare DGL 1.Ordung lässt sich zurückführen:

$$y' + f(x)y = r(x) \cdot y^a, \quad (a \neq 0, 1)$$ **Bernoulli–DGL**

der Ansatz: $u = y^{1-a}, \ u' = (1 - a)y^{-a}y'$ führt auf

$$u' + (1 - a)f(x)u = (1 - a)r(x)$$ **lineare DGL 1.Ord.**

16.27   Man löse die Bernoulli–DGL $xy' - 4y = x^2 y^3$.

$y' - \dfrac{4}{x}y = xy^3$ ist eine Bernoulli–DGL mit $a = 3$.

$u = y^{1-3} = y^{-2}, \ u' = -2y^{-3}y'$ eingesetzt ergibt eine

lineare DGL für u: $u' + \dfrac{8}{x}u = -2x$ $\implies$ $\underline{u = \dfrac{c}{x^8} - \dfrac{1}{5}x^2}$. Wegen $u = \dfrac{1}{y^2}$

erhält man als Lösung: $\underline{\underline{y = \pm \dfrac{\sqrt{5}\,x^4}{\sqrt{5c - x^{10}}}}}$ für $5c - x^{10} > 0$.

Auf eine lineare DGL 1.Ord. lässt sich zurückführen:

$$y' + f(x)y = r(x) + g(x)y^2$$ **Riccati–DGL**

Hier wird vorausgesetzt, dass *eine* Lösung $v(x)$ bekannt ist !

Ansatz: $y = v + \dfrac{1}{u}, \ y' = v' - \dfrac{u'}{u^2}$ führt auf

$$u' + (2vg - f)u = -g$$ **lineare DGL 1.Ord.**

16.28   Man löse die Riccati–DGL $y' = \dfrac{2}{x^2} - y^2$.

(1) Eine Lösung ist – durch speziellen Ansatz– zu finden:
Nicht abwegig wäre der Ansatz $y = cx^a$.
Einsetzen führt auf $acx^{a-1} = 2x^{-2} - c^2x^{2a}$. Für $a = -1$ ergibt sich:
$(-c - 2 + c^2)x^{-2} = 0$, also $c^2 - c - 2 = 0$, $c_1 = -1, \ c_2 = 2$.

$v(x) = -\dfrac{1}{x}$ ist eine spezielle Lösung, ebenso $y = \dfrac{2}{x}$!

(2) Die Riccati–DGL wird auf eine lineare DGL 1.Ordnung zurückgeführt:

Ansatz: $y = v + \dfrac{1}{u} = -\dfrac{1}{x} + \dfrac{1}{u}$ und $y' = \dfrac{1}{x^2} - \dfrac{u'}{u^2}$ ergibt:

$\dfrac{1}{x^2} - \dfrac{u'}{u^2} = \dfrac{2}{x^2} - (-\dfrac{1}{x} + \dfrac{1}{u})^2 \implies u' + \dfrac{2}{x}u = 1$.

Als Lösungen dieser linearen DGL erhält man $u = cx^{-2} + \dfrac{1}{3}x = \underline{\underline{\dfrac{3c + x^3}{3x^2}}}$.

(3) Gesamtlösung der Riccati–DGL:

Neben den speziellen Lösungen $y = -\dfrac{1}{x}$ und $y = \dfrac{2}{x}$

die Lösungsschar $y = -\dfrac{1}{x} + \dfrac{1}{u} - \dfrac{1}{x} + \dfrac{3x^2}{3c+x^3}$, $c \in \mathbb{R}$,

wobei die spezielle Lösung $y = \dfrac{2}{x}$ für den Parameter $c = 0$ in der Lösungsschar enthalten ist.

16.4 Elementar integrierbare implizite DGLn 1.Ordnung

$x = g(y')$ Typ "ohne" y	Subst.: $y' = t \implies$	Lösung in Parameterform: $x = g(t)$ und $y = \displaystyle\int t g'(t)\, dt$

16.29 Man bestimme alle Lösungen der DGL $\boxed{x = y' + e^{y'}}$ in Parameterform:

$y' = t \implies x = g(t) = t + e^t.$

$y' = \dfrac{dy}{dt} \cdot \dfrac{dt}{dx} = t \implies \dfrac{dy}{dt} = t \cdot \dfrac{dx}{dt} = t(1 + e^t)$

$\implies y = \displaystyle\int t(1 + e^t)\, dt = \tfrac{1}{2}t^2 + (t-1)e^t + c.$

Lösung:

$\begin{pmatrix} x \\ y \end{pmatrix} = \begin{pmatrix} x(t) \\ y(t) \end{pmatrix} = \begin{pmatrix} t + e^t \\ \tfrac{1}{2}t^2 + (t-1)e^t + c \end{pmatrix}$ Kurvenschar (c ist Scharparameter) in Parameterdarstellung (t ist Parameter).

$y = g(y')$ Typ "ohne" x	Subst.: $y' = t \implies$	Lösung in Parameterform $x = \displaystyle\int \dfrac{g'(t)}{t}\, dt$ und $y = g(t)$ ggf. ist $y = g(0)$ eine spez. Lsg.

16.30 Man bestimme alle Lösungen der DGL $\boxed{y = y' + y'^3}$ in Parameterform:

$y' = t \implies y = g(t) = t + t^3$ Es ist $y' = \dfrac{dy}{dt} \cdot \dfrac{dt}{dx} = t.$ Also gilt:

$\implies \dfrac{dx}{dt} = \dfrac{1}{t} \cdot \dfrac{dy}{dt} = \dfrac{1+3t^2}{t} \implies x = \displaystyle\int \dfrac{1+3t^2}{t}\, dt = \ln|t| + \tfrac{3}{2}t^2 + c.$

Lösung: $\begin{pmatrix} x \\ y \end{pmatrix} = \begin{pmatrix} x(t) \\ y(t) \end{pmatrix} = \begin{pmatrix} \ln|t| + \tfrac{3}{2}t^2 + c \\ t + t^3 \end{pmatrix}$, sowie $y \equiv 0$.

$$\boxed{y = xy' + g(y')}$$ **Clairautsche DGL**

Lösung: **(a)** $y = cx + g(c)$ Geradenschar

         (b) $\begin{pmatrix} x \\ y \end{pmatrix} = \begin{pmatrix} -g'(t) \\ -tg'(t) + g(t) \end{pmatrix}$ *Einhüllende* der Geradenschar.

16.31   *Man zeige, dass sich die Lösungen der Clairautschen DGL in der oben angegebenen Weise darstellen lassen.*

Differenzieren der DGL $y = xy' + g(y')$ ergibt:

$$y' = y' + xy'' + g'(y')y'' \quad\Longleftrightarrow\quad y''(x + g'(y')) = 0 \quad\Longleftrightarrow\quad \begin{matrix} y'' = 0 \text{ oder} \\ x + g'(y') = 0. \end{matrix}$$

$\Longleftrightarrow$ **(a)** $y = cx + b$ $\overset{\text{DGL}}{\Longrightarrow}$ $y = cx + g(c)$,

         (b) $\begin{pmatrix} x \\ y \end{pmatrix} = \begin{pmatrix} -g'(y') \\ -g'(y')y' + g(y') \end{pmatrix}$ $\overset{(y'=t)}{\Longrightarrow}$ $\begin{pmatrix} x(t) \\ y(t) \end{pmatrix} = \begin{pmatrix} -g'(t) \\ -g'(t)t + g(t) \end{pmatrix}.$

16.32   *Man löse die Clairautsche DGL* $\boxed{y = xy' + \sqrt{1 + y'^2}}$.

Hier ist $g(t) = \sqrt{1 + t^2} \quad\Longrightarrow\quad g'(t) = \dfrac{t}{\sqrt{1+t^2}}$

und man erhält die Lösungen:

(a) $y = cx + \sqrt{1 + c^2}$, $c \in \mathbb{R}$, <u>Geradenschar</u>.

(b) $x = -\dfrac{t}{\sqrt{1+t^2}}$

       $y = -t\dfrac{t}{\sqrt{1+t^2}} + \sqrt{1 + t^2}$

       $= \dfrac{1}{\sqrt{1+t^2}}$

$\Longrightarrow \begin{pmatrix} x(t) \\ y(t) \end{pmatrix} = \begin{pmatrix} -\dfrac{t}{\sqrt{1+t^2}} \\ \dfrac{1}{\sqrt{1+t^2}} \end{pmatrix}.$

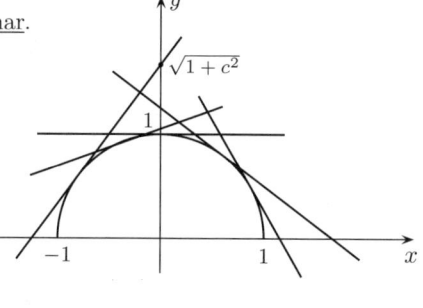

Wegen $x^2 + y^2 = \dfrac{t^2}{1+t^2} + \dfrac{1}{1+t^2} = 1$ und $y > 0$ ist die Lösungskurve $\begin{pmatrix} x(t) \\ y(t) \end{pmatrix}$ der obere Halbkreis vom Radius 1.

Die Hesse–Form der Geraden $y = cx + \sqrt{1 + c^2}$ ist $\dfrac{1}{\sqrt{1+c^2}}(-c, 1) \cdot \begin{pmatrix} x \\ y \end{pmatrix} = 1$.

Alle diese Geraden haben also den Abstand 1 vom Nullpunkt und schneiden die y–Achse im Punkt $(0, \sqrt{1 + c^2})$. Sie sind folglich Tangenten an den oberen Halbkreis, der *Einhüllende* der Geradenschar ist.

$$\boxed{y = xf(y') + g(y')}$$ d'Alembertsche DGL

Lösung: **(a)** für $f(c) = c$ erhält man die Geraden $y = f(c)x + g(c)$.

(b) Differenzieren und $y' = t$, $y'' = \dfrac{dt}{dx}$ ergibt:

$$\frac{dx}{dt} + \frac{f'(t)}{f(t)-t}x = -\frac{g'(t)}{f(t)-t}, \quad \text{eine lin. DGL 1.Ord. für } x(t).$$

Dann ist $y(t) = f(t)x(t) + g(t)$.

16.33 Man löse die d'Alembertsche DGL $\boxed{y = x(3 - 2y') + y'^2}$.

Hier ist $f(t) = 3 - 2t$ und $g(t) = t^2$.

(a) $f(t) = t \Longleftrightarrow 3 - 2t = t \Longleftrightarrow t = 1$. Also: Die Gerade $y = x + 1$ ist Lösung.

(b) $\dot{x} + \dfrac{-2}{3-3t}x = -\dfrac{2t}{3-3t}$ ist lin. DGL 1.Ord. $\Longrightarrow x(t) = c(1-t)^{-2/3} + \dfrac{3}{5} + \dfrac{2}{5}t$.

$\Longrightarrow y(t) = \left(c(1-t)^{-2/3} + \dfrac{3}{5} + \dfrac{2}{5}t\right)(3-2t) + t^2 = c\dfrac{3-2t}{(1-t)^{2/3}} + \dfrac{9}{5} + \dfrac{1}{5}t^2,$

$\Longrightarrow \begin{pmatrix} x \\ y \end{pmatrix} = \begin{pmatrix} x(t) \\ y(t) \end{pmatrix} = \dfrac{c}{(1-t)^{2/3}}\begin{pmatrix} 1 \\ 3-2t \end{pmatrix} + \dfrac{1}{5}\begin{pmatrix} 3+2t \\ 9+t^2 \end{pmatrix}, \quad c \in \mathbb{R}.$

16.5 Einige spezielle DGLn 2.Ordnung

$$\boxed{y'' = f(x, y')} \quad \bullet \quad \text{Subst.:} \ z = y', \ z' = y''$$

16.34 Man löse die DGL 2. Ordnung $\boxed{y'' = (y')^{2/3}}$.

$z = y' \Longrightarrow z' = z^{2/3}$. Man sieht: $z = 0$ ist Lösung, d.h. $y = c$, $c \in \mathbb{R}$ ist Lösung.

$z \neq 0 \Longrightarrow \dfrac{dz}{z^{2/3}} = dx \Longrightarrow 3z^{1/3} = x + c \Longrightarrow z = \left(\dfrac{x+c}{3}\right)^3.$

Rücksubstitution ergibt $y = k$ bzw. $y = \int \left(\dfrac{x+c}{3}\right)^3 dx = \dfrac{3}{4}\left(\dfrac{x+c}{3}\right)^4 + d.$

Es gibt zwei Lösungsscharen:

Eine einparametrige Schar: $y = c$, $c \in \mathbb{R}$,

Eine zweiparametrige Schar: $y = \dfrac{3}{4}\left(\dfrac{x+c}{3}\right)^4 + d$, $c, d \in \mathbb{R}$.

$$\boxed{y'' = f(y)} \quad \bullet \quad \begin{array}{l} \text{Multiplikation mit } 2y' \text{ und Integration:} \\ (y')^2 = 2F(y), \text{ wobei } F' = f \text{ ist.} \end{array}$$

16.35   Man löse die AWA $\boxed{y'' = 2\sinh 2y, \ y(0) = 0, \ y'(0) = 2}$.

Multiplikation mit $2y'(x)$ und Integration ergibt

$$(y'(x))^2 = 4 \int \sinh 2y(x) \cdot y'(x)\, dx = 2\cosh 2y + c_1.$$

$y'(0) = 2 \Longrightarrow 4 = 2 \cdot 1 + c_1 \Longrightarrow c_1 = 2.$

$\Longrightarrow y'(x) = \sqrt{2\cosh 2y + 2} = \sqrt{2(\sinh^2 y + \cosh^2 y + 1)} = 2\cosh y.$

T.d.V. $\Longrightarrow \dfrac{dy}{2\cosh y} = dx \Longrightarrow \arctan e^y = x + c_2$, **F+H** Nr. 271.

$y(0) = 0 \Longrightarrow \arctan 1 = c_2 \Longrightarrow c_2 = \frac{\pi}{4}.$

$\arctan e^y = x + \frac{\pi}{4} \Longrightarrow \underline{\underline{y = \ln(\tan(x + \frac{\pi}{4}))}}$ ist Lösung der AWA.

$$\boxed{y'' = f(y, y')} \quad \bullet \quad \text{Subst. } y' = t \text{ liefert die Lösung in Parameterdarstellung:}$$

$$\begin{array}{l} x = \varphi(t) \\ y = \psi(t) \end{array}, \quad \text{dabei ist} \quad \begin{array}{ll} (1) & \dot\psi(t) = \dfrac{t}{f(\psi(t),t)}, \quad \text{DGL für } \psi(t) \\[2mm] (2) & \varphi(t) = \displaystyle\int \dfrac{dt}{f(\psi(t),t)}. \end{array}$$

16.36   Man löse die AWA $\boxed{y'' = y \cdot y' + y'^2, \ y(1) = 0, \ y'(1) = -1}$.

Man setzt $y' = t$, $x = \varphi(t)$, $y = \psi(t)$. Die Anfangsbed. $y'(1) = -1$ ergibt:
$x = 1 \Longrightarrow t = y' = -1 \Longrightarrow \varphi(-1) = 1$, $\psi(-1) = 0$.
Hier ist $f(y, y') = f(y, t) = yt + t^2$.

(1) $\dot\psi = \dfrac{t}{\psi \cdot t + t^2} = \dfrac{1}{t + \psi}$ ist vom Typ $y' = f(ax + by + c)$.

Subst. $z = t + \psi$, $\dot z = 1 + \dot\psi$ liefert $\dot z - 1 = \dfrac{1}{z} \Longleftrightarrow (*) \ \dfrac{dz}{dt} = \dfrac{1}{z} + 1 = \dfrac{z+1}{z}$:
Dies ist eine DGL mit getrennten Variablen. $z = -1$ ist eine Lösung.
Rücksubstitution ergibt $\psi(t) = -1 - t$. Diese Funktion genügt der Anfangsbe-
dingung $\psi(-1) = 0$, sodass eine T.d.V. bei $(*)$ nicht mehr nötig ist!

(2) $f(\psi(t), t) = (-1 - t)t + t^2 = -t \Longrightarrow \varphi(t) = \displaystyle\int \dfrac{dt}{-t} = -\ln|t| + c.$

$\varphi(-1) = 1 \Longrightarrow c = 1 \Longrightarrow \varphi(t) = 1 - \ln|t|.$
Es ist $t(-1) = y'(-1) = -1.$

Für $t < 0$ ergibt sich damit die Lösung in Parameterform. $\begin{pmatrix} x \\ y \end{pmatrix} = \begin{pmatrix} 1 - \ln(-t) \\ -1 - t \end{pmatrix}.$

Elimination von t ist möglich:

$x = 1 - \ln(y + 1) \Longrightarrow \underline{\underline{y = -1 + e^{1-x}}}$ ist Lösung der AWA.

16.6 Lineare DGL n–ter Ordnung

Eine lineare DGL hat die Form

$$y^{(n)} + a_{n-1}(x)y^{(n-1)} + \cdots + a_1(x)y' + a_0(x)y = r(x), \quad x \in I.$$

Die Funktion y und ihre Ableitungen treten nur in 1–ter Potenz (= linear) auf. Die **Koeffizientenfunktionen** $a_k(x)$ und die **Störfunktion** $r(x)$ sind auf dem Intervall I stetig.

Ist $r(x) \equiv 0$, so spricht man von einer **homogenen** linearen DGL n–ter Ordnung.

(H) Die Gesamtlösung der "zugehörigen homogenen" DGL

$$y^{(n)} + a_{n-1}(x)y^{(n-1)} + \cdots + a_1(x)y' + a_0(x)y = 0$$

ist ein n–dimensionaler linearer Raum (= Vektorraum). Es bedeutet *linear*, dass

(1) die Summe zweier Lösungen und
(2) das Vielfache einer Lösung   wieder eine Lösung ist.

Jeder Vektorraum hat eine Basis. Es gibt n **Basislösungen** der homogenen DGL $y_1, \ldots, y_n$, aus denen sich jede Lösung y_H linear kombinieren lässt:

$$y_H(x) = c_1 y_1(x) + \cdots + c_n y_n(x), \quad c_k \in \mathbb{R}.$$

(I) Die Gesamtlösung der (inhomogenen) DGL ist ein n–dimensionaler affiner linearer Raum, den man erhält, indem man die Lösungsgesamtheit der zugehörigen homogenen DGL um **eine spezielle** Lösung y_S (affin) verschiebt:

$$y = y_S + y_H$$
$$= y_S(x) + c_1 y_1(x) + \cdots + c_n y_n(x)$$

Bemerkung:

(1) Die Hauptschwierigkeit beim Lösen linearer DGLn liegt darin, die homogene DGL zu lösen. Hat man eine Lösungsbasis $y_1, \ldots, y_n$ der homogenen DGL berechnet, kann man oft eine spezielle Lösung y_S der inhomogenen DGL durch **Variation der Konstanten** in der Form $y_S = c_1(x)y_1(x) + \cdots + c_n(x)y_n(x)$ angeben, siehe Seite 444 und [16.44, 16.45].

(2) Zu folgenden homogenen DGLn lässt sich eine Lösungsbasis angeben:

(a) Lineare DGL 1.Ordnung ($n = 1$), Seite 431.
(b) Lineare DGL mit konstanten Koeffizienten $a_k(x) = a_k \in \mathbb{R}$, Seite 448.
(c) Eulersche DGL, alle Koeff.–funkt. von der Form $a_k(x) = a_k x^k$, Seite 457.

(3) Ansonsten versucht man es mit speziellen Ansätzen (Seite 442) und Reduktionsverfahren (d'Alembert).

16.6.1   Homogene lineare DGL n–ter Ordnung

Lineare Unabhängigkeit von Funktionen

Die Funktionen $f_1, \ldots, f_n$ heißen *linear unabhängig* auf I, wenn sich die Nullfunktion nur "trivial" als Linearkombination von ihnen darstellen lässt, wenn

also gilt: $c_1 f_1(x) + \ldots + c_n f_n(x) \equiv 0$ auf I $\implies$ $c_1 = \ldots = c_n = 0$.

vergleiche: Lineare Unabhängigkeit von Vektoren, Seite 124.

16.37   *Lineare Abhängigkeit und lineare Unabhängigkeit von Funktionen:*

(1) $e^x, e^{-x}, \cos x$ sind auf jedem Intervall I linear unabhängig, [5.9].

(2) $1, x, x^2, x^3$ sind auf jedem Intervall I linear unabhängig: Da nur das Nullpolynom überall gleich Null ist, gilt $c_1 + c_2 x + c_3 x^3 + c_4 x^3 \equiv 0 \implies c_1 = c_2 = c_3 = c_4 = 0$.

(3) $e^x, e^{-x}, \cosh x$ sind auf jedem Intervall linear abhängig: $e^x + e^{-x} - 2 \cosh x \equiv 0$.

(4) $f(x) = \begin{cases} x^2, & x \le 0 \\ 0, & x > 0 \end{cases}$, $g(x) = \begin{cases} 0, & x \le 0 \\ x^2, & x > 0 \end{cases}$.

   f, g sind auf $[0, 1]$ linear abhängig; aber auf $[-1, 1]$ linear unabhängig:

   Auf $[0, 1]$ gilt: $1 \cdot f_1 + 0 \cdot f_2 \equiv 0 \implies f_1, f_2$ linear abhängig.

   Auf $[-1, 1]$ gilt:

   $c_1 f_1 + c_2 f_2 \equiv 0 \implies \begin{array}{l} (x = -1): \quad c_1 \cdot 1 + c_2 \cdot 0 = 0 \implies c_1 = 0 \\ (x = 1): \quad c_1 \cdot 0 + c_2 \cdot 1 = 0 \implies c_2 = 0 \end{array}$.

   Also sind f_1, f_2 linear unabhängig.

Wronski Determinante

Sind $f_1, \ldots, f_n$ auf I $(n-1)$–mal differenzierbar, heißt

$$W(x) := \begin{vmatrix} f_1(x) & \cdots & f_n(x) \\ f_1'(x) & \cdots & f_n'(x) \\ \vdots & \cdots & \vdots \\ f_1^{(n-1)}(x) & \cdots & f_n^{(n-1)}(x) \end{vmatrix}$$ die **Wronski Determinante** von $f_1, \ldots, f_n$.

Gilt $W(x_1) \neq 0$ für **eine** Stelle $x_1 \in I$, so sind $f_1, \ldots, f_n$ linear unabhängig auf I.

16.38 $e^x, e^{-x}, \cos x$ *sind auf jedem Intervall I linear unabhängig.*

$$W(x) := \begin{vmatrix} e^x & e^{-x} & \cos x \\ e^x & -e^{-x} & -\sin x \\ e^x & e^{-x} & -\cos x \end{vmatrix} = e^x e^{-x} \begin{vmatrix} 1 & 1 & \cos x \\ 1 & -1 & -\sin x \\ 1 & 1 & -\cos x \end{vmatrix} = \ldots = 4\cos x.$$

In jedem Intervall gibt es eine Stelle x_1 mit $W(x_1) = 4\cos x_1 \neq 0$, also sind $e^x, e^{-x}, \cos x$ auf jedem Intervall I linear unabhängig.

> Das Nichtverschwinden der Wronski Determinante an einer Stelle
> ist *hinreichend*; aber nicht *notwendig*
> für die lineare Unabhängigkeit:

16.39   *Die Funktionen f, g aus [16.37 (4)] sind auf $[-1,1]$ linear unabhängig, obwohl ihre Wronski Determinante $\equiv 0$ ist.*

Für $x \leq 0$ gilt: $W(x) = \begin{vmatrix} f & g \\ f' & g' \end{vmatrix} = \begin{vmatrix} x^2 & 0 \\ 2x & 0 \end{vmatrix} = 0,$

für $x \geq 0$ gilt: $W(x) = \begin{vmatrix} f & g \\ f' & g' \end{vmatrix} = \begin{vmatrix} 0 & x^2 \\ 0 & 2x \end{vmatrix} = 0.$

Also ist $W(x) \equiv 0$ auf $[-1, 1]$; dennoch sind f, g dort linear unabhängig, da f kein Vielfaches von g ist.

Für Lösungen einer homogenen linearen DGL gilt jedoch:

Wronski Determinante der Lösungen einer hom. linearen DGL

Sind $y_1, \ldots, y_n$ auf I Lösungen der homogenen linearen DGL

$$\text{(H)} \quad y^{(n)} + a_{n-1}(x)y^{(n-1)} + \cdots + a_1(x)y' + a_0(x)y = 0,$$

so sind folgende Aussagen äquivalent:

(1) $y_1, \ldots, y_n$ sind auf I linear unabhängig, das heißt,
      sie bilden auf I eine Lösungsbasis (Fundamentalsystem) von (H).

(2)   Es ist $W(x) \neq 0$ für ein (und damit für jedes) $x \in I$.

Die Wronski–Determinante $W(x)$ genügt der DGL (Liouville–Formel)

$$W'(x) = -a_{n-1} \cdot W(x) \text{ , sodass}$$

$$W(x) = W(x_0) \cdot \exp\left(\int_{x_0}^{x} -a_{n-1}(t)\, dt \right) \text{ ist für ein } x_0 \in I.$$

Kann man keine Lösungsbasis der homogenen DGL angeben, helfen evtl.

spezielle Ansätze:

Z.B: $y = c$, $y = ax + b$, $y = ax^2 + bx + c$, $y = \dfrac{a}{x}, \ldots$, Potenzreihenansatz.

Tip: Ist die Summe der Koeffizientenfunktionen gleich Null, so ist e^x Lösung!

$$\sum_{k=0}^{n} a_k(x) \equiv 0 \implies y = \mathrm{e}^x \text{ ist eine Lösung.}$$

16.40   *Man löse die DGL* $\boxed{(x - x^2)y'' + x^2 y' - xy = 0, \ x > 1}$.

Spezieller Ansatz? .Die Koeffizientensumme verschwindet:

$(x - x^2) + x^2 - x \equiv 0$, also hat man eine erste Lösung $\underline{y_1 = \mathrm{e}^x}$.

Nun kann man mit dem d'Alembertschen Reduktionsverfahren (Seite 443) die Ordnung der DGL um 1 reduzieren und die entstehende lineare DGL 1.Ordnung wie oben behandeln lösen.

Oder: Der Ansatz $y = ax + b$ ergibt $(x - x^2)0 + x^2 a - x(ax + b) = 0 \iff b = 0$. Eine zweite Löung ist z.B. $\underline{y_2 = x}$.

Wronski Determinante von y_1, y_2: $W(x) = \begin{vmatrix} \mathrm{e}^x & x \\ \mathrm{e}^x & 1 \end{vmatrix} = \mathrm{e}^x(1 - x) \neq 0$ für $x > 1$.

y_1, y_2 bilden also ein Fundamentalsystem (Lösungsbasis) und Gesamtlösung ist: $\underline{y(x) = c_1 \mathrm{e}^x + c_2 x, \ c_1, c_2 \in \mathrm{I\!R}}$ für $x > 1$.

16.41   *Man bestimme eine homogene lineare DGL 2. Ordnung mit der Lösungsbasis $y_1 = \mathrm{e}^x$, $y_2 = \cos 2x$.*

$$L(y) := \begin{vmatrix} y & y_1 & y_2 \\ y' & y_1' & y_2' \\ y'' & y_1'' & y_2'' \end{vmatrix} = \begin{vmatrix} y & \mathrm{e}^x & \cos 2x \\ y' & \mathrm{e}^x & -2\sin 2x \\ y'' & \mathrm{e}^x & -4\cos 2x \end{vmatrix} \text{ verschwindet für } \begin{cases} y = y_1 \\ \text{und} \\ y = y_2 \end{cases}.$$

Entwicklung nach der 1. Spalte ergibt:

$y \cdot \mathrm{e}^x(-4\cos 2x + 2\sin 2x) - y' \cdot \mathrm{e}^x(-4\cos 2x - \cos 2x) + y'' \cdot \mathrm{e}^x(-2\sin 2x - \cos 2x) = 0$.

Division durch $-\mathrm{e}^x \neq 0$ und man hat eine gesuchte DGL:

$$y'' \cdot (2\sin 2x + \cos 2x) - y' \cdot 5\cos 2x + y \cdot (4\cos 2x - 2\sin 2x) = 0$$

Zusatz: Eine homogene lineare DGL 2. Ordnung mit konstanten Koeffizienten (Seite 448) und der Lösungsbasis $y_1 = \mathrm{e}^x$, $y_2 = \cos 2x$ gibt es nicht, da – bei konstanten Koeffizienten – mit $\cos 2x$ auch $y_3 = \sin 2x$ eine Lösung ist. Lösungen der charakteristischen Gleichung (Seite 448) sind dann $\lambda_1 = 1$, $\lambda_{2,3} = \pm 2i$. Die charakteristische Gleichung lautet $(\lambda - 1)(\lambda^2 + 4) = \lambda^3 - \lambda^2 + 4\lambda - 4 = 0$ und Lösungsbasis der DGL $y''' - y'' + 4y' - 4y = 0$ ist:

$$\underline{y_1 = \mathrm{e}^x}, \ \underline{y_2 = \cos 2x} \text{ und } \underline{y_3 = \sin 2x}.$$

Das d'Alembertsche Reduktionsverfahren

y_1 sei eine Lösung der **homogenen linearen DGL** n–ter Ordnung

$$a_n(x)y^{(n)} + a_{n-1}(x)y^{(n-1)} + \ldots + a_1(x)y' + a_0(x)y = 0$$

Der **Produktansatz** $y(x) = y_1(x) \cdot u(x)$ führt nach der Substitution $z = u'$ auf eine homogene lineare DGL $(n-1)$–ter Ordnung für z.

Ist z eine Lösung der reduzierten DGL, so ist $\quad y_2(x) = y_1(x) \int z(x)\, dx$,
also $y_2 = y_1 u$ eine von y_1 linear unabhängige Lösung der ursprünglichen DGL.

Formel
(für $n=2$)
$$\begin{cases} \text{Ist } y_1 \text{ eine Lösung von } a_2(x)y'' + a_1(x)y' + a_0(x)y = 0, \text{ so ist} \\[2mm] y_2(x) = y_1(x) \int \dfrac{1}{y_1^2(x)} e^{-\int \frac{a_1(x)}{a_2(x)}\, dx}\, dx \text{ und} \\[2mm] y = c_1 y_1 + c_2 y_2 \text{ die Gesamtlösung der DGL.} \end{cases}$$

16.42   *Mit dem d'Alembertsches Reduktionsverfahren löse man die*

homogene lineare DGL 2. Ordnung $\quad \boxed{(1+x^2)y'' - 2xy' + 2y = 0}$

Man sieht, dass $\underline{y_1 = x}$ eine Lösung ist !

(a)   Ansatz: $y(x) = x \cdot u(x) \implies y' = xu' + u,\ y'' = u''x + 2u'$, eingesetzt

$(1+x^2)(u''x + 2u') - 2x(u'x + u) + 2ux = 0$

$\iff\ u''(1+x^2)x + u'(2(1+x^2) - 2x^2) + u(\underbrace{-2x + 2x}_{=0}) = 0$, Rechenkontrolle.

$\iff\ u''(1+x^2)x + u' \cdot 2 = 0$, Typ "ohne" u, Seite 435. Für $z = u'$ ist also

$\boxed{z'(1+x^2)x + 2z = 0}$, eine homogene lin. DGL 1.Ord. für z. T.d.V. ergibt:

$z(x) = u'(x) = \dfrac{1+x^2}{x^2} = 1 + \dfrac{1}{x^2} \implies u(x) = x - \dfrac{1}{x} + c,\ c \in \mathbb{R}$.

$y_2 = y_1 \cdot u = (x - \dfrac{1}{x})x = \underline{x^2 - 1}$.

$y_2 = x^2 - 1$ ist eine von $y_1 = x$ linear unabhängige Lösung und Gesamtlösung
der lin. DGL 2–ter Ordnung ist: $\underline{\underline{y = c_1 x + c_2(x^2 - 1)}},\ c_1, c_2 \in \mathbb{R}$.

(b)   Formel: Vorher die DGL durch $1 + x^2$ dividieren: $y'' - \dfrac{2x}{1+x^2}y' + \dfrac{2}{1+x^2}y = 0$.

$\dfrac{a_1(x)}{a_2(x)} - -\dfrac{2x}{1+x^2} \implies \int \dfrac{a_1(x)}{a_2(x)}\, dx = \ln(1 + x^2)$ und

$y_2(x) = x \int \dfrac{1}{x^2}(1 + x^2)\, dx = x \int (1 + \dfrac{1}{x^2})\, dx \implies \underline{y_2 = x^2 - 1}$.

Auch so erhält man die Gesamtlösung $\underline{\underline{y = c_1 x + c_2(x^2 - 1)}},\ c_1, c_2 \in \mathbb{R}$.

16.43   *Man löse die DGL* $\boxed{(2x - x^2)y'' + (x^2 - 2)y' + 2(1 - x)y = 0}$.

Die Koeffizientensumme ist Null:

$2x - x^2 + x^2 - 2 + 2 - 2x \equiv 0 \Longrightarrow y_1 = e^x$ ist Lösung.

Reduktionsverfahren:

Der Ansatz $y = ue^x$ mit $y' = (u' + u)e^x$, $y'' = (u'' + 2u' + u)e^x$ und $u' = z$ führt
auf die hom. lin. DGL 1. Ordnung $z'(2x - x^2) - z(x^2 - 4x + 2) = 0$ für z.

Man erhält: $z = (2x - x^2)e^{-x}$ $\overset{(u'=z)}{\Longrightarrow}$ $u = \int (2x - x^2)e^{-x}\, dx = x^2 e^{-x}$.

$\overset{(y=ue^x)}{\Longrightarrow}$ $y_2 = x^2 e^{-x}e^x = x^2 \Longrightarrow \underline{y_2 = x^2}$

Gesamtlösung der homogenen linearen DGL: $\underline{\underline{y = c_1 e^x + c_2 x^2}}$, $c_1, c_2 \in \mathbb{R}$.

16.6.2   Inhomogene lineare DGL n–ter Ordnung

Die **allgemeine Lösung** (Lösungsgesamtheit) einer linearen DGL ist

$$y = y_S + y_H$$

Dabei ist y_H die Lösungsgesamtheit der homogenen DGL,

y_S eine Lösung der inhomogenen DGL:

Kennt man die Lösungen $y_H = c_1 y_1 + \cdots + c_n y_n$ der homogenen DGL, so lässt
sich eine spezielle Lösung der inhomogenen DGL durch die Methode "Variation
der Konstanten" berechnen:

Lineare DGL – Variation der Konstanten

$$\boxed{y^{(n)} + a_{n-1}(x)y^{(n-1)} + \ldots + a_0(x)y = r(x)}$$

Ist $y_1, \ldots, y_n$ eine Lösungsbasis der zugehörigen homogenen DGL, dann besitzt
die inhomogene DGL eine spezielle Lösung

$$y_S = c_1(x)y_1 + \ldots + c_n(x)y_n.$$

Die Ableitungen der Koeffizientenfunktionen $c_1', \ldots, c_n'$ bestimmt man aus
dem LGS:

c_1'	c_2'	$\cdots$	c_n'	r. S.
y_1	y_2	$\cdots$	y_n	0
$\vdots$	$\vdots$	$\vdots$	$\vdots$	$\vdots$
$y_1^{(n-1)}$	$y_2^{(n-1)}$	$\cdots$	$y_n^{(n-1)}$	$r(x)$

$c_1, \ldots, c_n$ erhält man durch Integration.

16.44   Man löse die inhomogene lineare DGL:

$$(2x - x^2)y'' + (x^2 - 2)y' + 2(1 - x)y = x^2(2 - x)^2 e^x$$

(1)   Lösung der homogenen DGL [16.43]; $y_H = c_1 e^x + c_2 x^2$.

(2)   Spezielle Lösung der inh. DGL:

Ansatz (Variation der Konstanten): $y_S = c_1(x)e^x + c_2(x)x^2$.

Vorsicht! Hier ist $r(x) = \dfrac{x^2(2-x)^2}{2x-x^2}e^x = x(2-x)e^x$.

c_1'	c_2'	rechte Seite	Regie
e^x	x^2	0	-1
e^x	$2x$	$x(2-x)e^x$	1
0	$2x - x^2$	$x(2-x)e^x$	

$\implies$ $c_2' = c_2'(x) = \dfrac{x(2-x)}{x(2-x)}e^x = e^x$,

$c_1' = c_1'(x) = -x^2 e^x e^{-x} = -x^2$.

Integration ergibt: $c_1(x) = -\frac{1}{3}x^3$ und $c_2(x) = e^x$.

Spezielle Lösung der inh. DGL: $y_S = -\frac{1}{3}x^3 e^x + e^x x^2 = x^2 e^x(1 - \frac{1}{3}x)$.

(3)   Gesamtlösung: $y = y_S + y_H = x^2 e^x(1 - \frac{1}{3}x) + c_1 e^x + c_2 x^2$.

16.45   Man löse die lineare DGL: $\boxed{y'' - 6y' + 9y = \dfrac{e^{3x}}{x^2}}$

(1)   Lösung der homogenen DGL [16.49]: $y_H = c_1 e^{3x} + c_2 x e^{3x}$.

(2)   Ansatz (Variation der Konstanten): $y_S = c_1(x)e^{3x} + c_2(x)xe^{3x}$.

c_1'	c_2'	r. S.	Regie
e^{3x}	xe^{3x}	0	-3
$3e^{3x}$	$(1 + 3x)e^{3x}$	$\dfrac{e^{3x}}{x^2}$	1
0	e^{3x}	$\dfrac{e^{3x}}{x^2}$	

$\implies$ $c_2' = \dfrac{1}{x^2} \implies c_2 = -\dfrac{1}{x}$,

$c_1' = -xc_2' = -\dfrac{1}{x} \implies c_1 = -\ln|x|$.

Spezielle Lösung: $y_S = -\ln|x|e^{3x} - \dfrac{1}{x}xe^{3x} = -e^{3x}(1 + \ln|x|)$.

(3)   Gesamtlösung: $y = y_S + y_H = -e^{3x}(1 + \ln|x|) + c_1 e^{3x} + c_2 x e^{3x}$

$\qquad\qquad\qquad\qquad = e^{3x}(k_1 + k_2 x - \ln|x|)$, für $k_1, k_2 \in \mathbb{R}$.

16.46   *Man löse die DGL* $\boxed{xy'' - (x+1)y' - 2(x-1)y = -2x^3, \ x > 0}$.

1. Lösungsmöglichkeit:

(1)   Lösung der homogenen DGL :

Man erkennt schnell, dass kein Polynom ($\neq 0$) Lösung ist.

Der Ansatz $y = \mathrm{e}^{ax}$ führt auf $\mathrm{e}^{ax}\big(xa^2 - (x+1)a - 2(x-1)\big) = 0$,
sodass $(a^2 - a - 2)x + 2 - a = 0$, also $a = 2$ ist. Damit ist $\underline{y_1 = \mathrm{e}^{2x}}$ eine erste Basislösung.

Reduktionsverfahren von d'Alembert (Produktansatz): $y = u(x)\mathrm{e}^{2x}$.

Dann ist $y' = (u' + 2u)\mathrm{e}^{2x}$ und $y'' = (u'' + 4u' + 4u)\mathrm{e}^{2x}$. Man setzt ein und erhält:

$$\mathrm{e}^{2x}\big(x(u'' + 4u' + 4u) - (x+1)(u' + 2u) - 2(x-1)u\big) = 0$$
$$\mathrm{e}^{2x}\big(u''x + u'(3x - 1)\big) = 0$$
$$u''x + u'(3x - 1) = 0 \quad \text{mit } z := u' \text{ folgt}$$
$$z'x + z(3x - 1) = 0 \quad \text{T.d.V. ergibt}$$

$$\int \frac{dz}{z} = \int \frac{1-3x}{x}\, dx = \ln|x| - 3x + c. \ \text{Mit } c = 0 \text{ erhält man weiter:}$$

$$z = x\mathrm{e}^{-3x} \Longrightarrow u = \int x\mathrm{e}^{-3x}\, dx = -\tfrac{1}{9}(3x + 1)\mathrm{e}^{-3x}.$$

Somit ist $y_2 = u(x)\mathrm{e}^{2x} = \underline{-\tfrac{1}{9}(3x + 1)\mathrm{e}^{-x}}$.

Lösungsgesamtheit der homogenen DGL: $\underline{y_H = c_1\mathrm{e}^{2x} + c_2(3x + 1)\mathrm{e}^{-x}}$.

(2)   Spezielle Lösung der inhomogenen DGL:

Ansatz (Variation der Konstanten): $y_S = c_1(x)\mathrm{e}^{2x} + c_2(x)(3x + 1)\mathrm{e}^{-x}$.

Vorsicht! Hier ist $r(x) = \dfrac{-2x^3}{x} = -2x^2$.

c_1'	c_2'	r. S.	Regie	
e^{2x}	$(3x+1)\mathrm{e}^{-x}$	0	-2	
$2\mathrm{e}^{2x}$	$(2-3x)\mathrm{e}^{-x}$	$-2x^2$	1	$\Longrightarrow$
0	$-9x\mathrm{e}^{-x}$	$-2x^2$		

$c_2' = \tfrac{2}{9}x\mathrm{e}^x,$

$c_1' = -(3x+1)\mathrm{e}^{-x}\tfrac{2}{9}x\mathrm{e}^x\mathrm{e}^{-2x}$
$= \tfrac{2}{9}(-3x^2 - x)\mathrm{e}^{-2x}.$

Durch Integration erhält man:

$$c_1(x) = \frac{2}{9} \int (-3x^2 - x)e^{-2x}\, dx = \frac{2}{9}(\tfrac{3}{2}x^2 + 2x + 1)e^{-2x},$$

$$c_2(x) = \frac{2}{9} \int xe^x\, dx = \frac{2}{9}(x-1)e^x.$$

Spezielle Lösung: $y_S = \frac{2}{9}(\tfrac{3}{2}x^2 + 2x + 1)e^{-2x}e^{2x} + \frac{2}{9}(x-1)e^x(3x+1)e^{-x} = \underline{\underline{x^2}}.$

(3) Gesamtlösung: $y = y_S + y_H = \underline{\underline{x^2 + c_1 e^{2x} + c_2(3x+1)e^{-x}}}.$

2. Lösungsmöglichkeit:

Nach Kenntnis einer ersten Basislösung $y_1 = e^{2x}$ soll nun der d'Alembertsche Produktansatz *direkt* in die *inhomogene* DGL eingesetzt werden:

$y = u(x)e^{2x} \Longrightarrow e^{2x}(u''x + u'(3x-1)) = -2x^3.$ Mit $z = u'$ folgt:

$(\star)$ $z' + \dfrac{3x-1}{x}z = -2x^2 e^{-2x}.$

Die zugehörige homogene DGL wird wie in (1) gelöst: $z_H = kxe^{-3x}.$

Variation der Konstanten ergibt:

$k'xe^{-3x} = -2x^2 e^{-2x} \Longrightarrow k' = -2xe^x \Longrightarrow k = -2(x-1)e^x \Longrightarrow z_S = \underline{-2x(x-1)e^{-2x}}.$

Gesamtlösung von $(\star)$ ist $z = -2x(x-1)e^{-2x} + kxe^{-3x}.$

$$u(x) = \int (-2x(x-1)e^{-2x} + kxe^{-3x})\, dx = x^2 e^{-2x} - \tfrac{1}{9}k(3x+1)e^{-x}$$

$$\Longrightarrow y(x) = u(x)e^{2x} = \underbrace{x^2}_{y_S} - \tfrac{1}{9}k\underbrace{(3x+1)e^{-x}}_{\text{2. Basislsg. } y_2}.$$

Gesamtlösung: $y = y_S + c_1 y_1 + c_2 y_2 = \underline{\underline{x^2 + c_1 e^{2x} + c_2(3x+1)e^{-x}}}.$

Einsetzen in die inhomogene DGL führt also deutlich schneller zum Ziel !

16.7   Lineare DGL mit konstanten Koeffizienten

Lineare DGLn mit konstanten Koeffizienten lassen sich relativ einfach lösen und fehlen in keiner Vordiplomklausur!

Die homogene lineare DGL mit konstanten Koeffizienten

$$\boxed{y^{(n)} + a_{n-1}y^{(n-1)} + \ldots + a_1 y' + a_0 y = 0} \quad \text{mit} \quad a_k \in \mathbb{R}.$$

Der Ansatz $y = e^{\lambda x}$ führt auf die **charakteristische Gleichung**

$$\lambda^n + a_{n-1}\lambda^{n-1} + \ldots + a_1\lambda + a_0 = 0.$$

Jede $\underline{k\text{-fache Lösung}}$ der charakt. Gleichung liefert $\underline{k}$ $\underline{\text{Lösungen}}$ der DGL:

Lösungen der char. Gl.		Basislösungen der DGL
λ	1–fach reell	$e^{\lambda x}$
λ	k–fach reell	$e^{\lambda x}, xe^{\lambda x}, \ldots, x^{k-1}e^{\lambda x},$
$\lambda = a \pm bi$	1–fach kompl.	$e^{ax}\cos bx$ $e^{ax}\sin bx$
$\lambda = a \pm bi$	k–fach kompl.	$e^{ax}\cos bx, \quad xe^{ax}\cos bx, \ldots \quad x^{k-1}e^{ax}\cos bx$ $e^{ax}\sin bx, \quad xe^{ax}\sin bx, \ldots \quad x^{k-1}e^{ax}\sin bx$

Man erhält so n linear unabhängige Funktionen $y_1, \ldots, y_n$.
Diese bilden eine **Lösungsbasis** der DGL. Die allgemeine Lösung ist:

$$y = c_1 y_1 + \ldots + c_n y_n, \quad c_k \in \mathbb{R}.$$

16.47   *Nullstellen der charakteristischen Gleichung und Basislösungen:*

Nullstellen der char. Gleichung	Basislösungen der homogenen DGL
$1, -2, 3$	e^x, e^{-2x}, e^{3x}
$0, \sqrt{3}, 1+\sqrt{2}$	$1, e^{\sqrt{3}\,x}, e^{(1+\sqrt{2})x}$
$0, 0, 2, 2, 2,$	$1, x, e^{2x}, xe^{2x}, x^2 e^{2x}$
$1, 2 \pm 3i$	$e^x, e^{2x}\cos 3x, e^{2x}\sin 3x$
$1 \pm 2i, 1 \pm 2i$	$e^x \cos 2x, e^x \sin 2x, xe^x \cos 2x, xe^x \sin 2x$
$0, 0, 0, \pm i, \pm i, \pm i$	$1, x, x^2, \cos x, \sin x, x\cos x, x\sin x, x^2\cos x, x^2\sin x$

16.48   Man löse die homogene lineare DGL 3. Ordnung mit konstanten
Koeffizienten $\boxed{y''' - 2y'' - 5y' + 6y = 0}$.

$y''' - 2y'' - 5y' + 6y = 0$ DGL,

$\lambda^3 - 2\lambda^2 - 5\lambda + 6 = 0$ charakteristische Gleichung,

$\lambda_1 = 1, \quad \lambda_2 = -2, \quad \lambda_3 = 3$ Lösungen der charakteristischen Gleichung,

$y_1 = e^x, \quad y_2 = e^{-2x}, \quad y_3 = e^{3x}$ linear unabhängige Lösungen,

$\underline{y = c_1 e^x + c_2 e^{-2x} + c_3 e^{3x}}$ Gesamtlösung der DGL.

16.49   Man löse die DGL $\boxed{y'' - 6y' + 9y = 0}$,

    (a)   allgemein,
    (b)   als AWA mit $y(0) = 1$, $y'(0) = -1$.

(a)   Es gilt $\lambda^2 - 6\lambda + 9 = (\lambda - 3)^2 = 0$, $\implies \lambda = 3$ ist doppelte Nullstelle.
Basislösungen sind: $y_1 = e^{3x}, \; y_2 = xe^{3x}$.
Gesamtlösung ist: $\underline{y = c_1 e^{3x} + c_2 x e^{3x}}$.

(b) $y = c_1 e^{3x} + c_2 x e^{3x} \implies y' = 3c_1 e^{3x} + (c_2 + 3c_2 x)e^{3x}$.
$\begin{array}{l} y(0) = 1 \iff c_1 = 1 \\ y'(0) = -1 \iff 3c_1 + c_2 = -1 \end{array}$, also $\underline{c_1 = 1}$, $\underline{c_2 = -4}$.
Lösung der AWA ist also $\underline{y = e^{3x} - 4xe^{3x}}$.

16.50   Man löse die hom. lin. DGL 4. Ord. mit konst. Koeff. $\boxed{y'''' + y''' = 0}$.

Charakteristische Gleichung : $\lambda^4 + \lambda^3 = 0 \iff \lambda^3(\lambda + 1) = 0$.
$\implies \lambda = 0$ ist dreifache und $\lambda = -1$ einfache Nullstelle.
Basislösungen sind $y_1 = e^{0x} = 1$, $y_2 = x$, $y_3 = x^2$, $y_4 = e^{-x}$.
Gesamtlösung der DGL ist $\underline{y = c_1 + c_2 x + c_3 x^2 + c_4 e^{-x}}$.

16.51   Man löse die DGL $\boxed{y'''' - 2y''' + 2y'' - 2y' + y = 0}$.

Es ist $\lambda^4 - 2\lambda^3 + 2\lambda^2 - 2\lambda + 1 = (\lambda - 1)^2(\lambda^2 + 1)$.
$\implies \lambda = 1$ ist doppelte und $\lambda = \pm i$ sind einfache Nullstellen.
Basislösungen sind: $y_1 = e^x, \; y_2 = xe^x, \; y_3 = \cos x, \; y_4 = \sin x$.
Gesamtlösung ist: $\underline{y = c_1 e^x + c_2 x e^x + c_3 \cos x + c_4 \sin x}$.

16.52   Man löse die DGL $\boxed{y''' - 5y'' + 9y' - 5y = 0}$.

$\lambda^3 - 5\lambda^2 + 9\lambda - 5 = (\lambda - 1)(\lambda^2 - 4\lambda + 5) = 0$.
$\implies \lambda_1 = 1, \; \lambda_{2,3} = 2 \pm i$ sind einfache Nullstellen.
Basislösungen sind: $y_1 = e^x, \; y_2 = e^{2x}\cos x, \; y_3 = e^{2x}\sin x$.
Gesamtlösung ist: $\underline{y = c_1 e^x + c_2 e^{2x}\cos x + c_3 e^{2x}\sin x}$.

Die inhomogene lineare DGL mit konstanten Koeffizienten

$$\boxed{y^{(n)} + a_{n-1}y^{(n-1)} + \ldots + a_1 y' + a_0 y = r(x)}\quad \text{mit}\quad a_k \in \mathbb{R}.$$

$r(x)$ heißt **Störfunktion**. Man bestimmt zunächst die Lösungen y_H der zughörigen homogenen DGL, siehe Seite 448 und benötigt dann noch *eine* Lösung y_S der inhomogenen DGL, um die Gesamtlösung anzugeben:

$$y = y_S + y_H.$$

Berechnung einer speziellen Lösung y_S :

(1) **Variation der Konstanten** geht oft, siehe [16.45].

(2) **Spezieller Ansatz bei bestimmten Störfunktionen** (einfacher!):
Ist die Störfunktion vom Typ

$$r(x) = p(x)e^{ax}\cos bx \quad \text{oder} \quad r(x) = p(x)e^{ax}\sin bx, \text{ wobei}$$

a, b reelle Zahlen und $p(x)$ ein Polynom ist, so macht man folgenden **Ansatz**:

(a) <u>Normalfall</u> (keine **Resonanz**: $a \pm bi$ nicht Lösungen der char. Gl.):

$$y_S = q_1(x)e^{ax}\cos bx + q_2(x)e^{ax}\sin bx, \quad \textbf{Normalansatz}.$$

Dabei sind $q_1(x)$, $q_2(x)$ Polynome mit unbestimmten Koeffizienten vom gleichen Grad wie das Polynom $p(x)$ in der Störfunktion!

(b) <u>Resonanzfall</u> ($a \pm bi$ sind k–fache Lösungen der char. Gleichung):

Man multipliziert den Normalansatz mit x^k.

16.53   *Spezielle Störfunktionen und Ansätze, ohne Resonanz:*

Störfunktion	$a + bi$	Normalansatz (wenn keine Resonanz vorliegt)
$x^2 + 1$	0	$Ax^2 + Bx + C$
$P(x)$	0	$Q(x)$, Grad Q = Grad P
$3xe^{2x}$	2	$(Ax + B)e^{2x}$
$P(x)e^{2x}$	2	$Q(x)e^{2x}$, Grad Q = Grad P
$4\sin 2x$	$2i$	$A\cos 2x + B\sin 2x$
$P(x)\sin 3x$	$3i$	$Q_1(x)\cos 3x + Q_2(x)\sin 3x$, Grad Q_1 = Grad Q_2 = Grad P
$5\cos 7x$	$7i$	$A\cos 7x + B\sin 7x$
$P(x)\cos 3x$	$3i$	$Q_1(x)\cos 3x + Q_2(x)\sin 3x$, Grad Q_1 = Grad Q_2 = Grad P
$8e^{-2x}\cos 5x$	$-2 + 5i$	$Ae^{-2x}\cos 5x + Be^{-2x}\sin 5x$
$xe^{2x}\sin 3x$	$2 + 3i$	$(Ax + B)e^{2x}\cos 3x + (Cx + D)e^{2x}\sin 3x$

16.54 *Spezielle Störfunktionen und Ansätze, Resonanzfall:*

Störfunktion	$a + bi$	Nullst. der char. Gl.	Ansatz
$x^2 + 1$	0	0, 0, 1	$x^2(Ax^2 + Bx + C)$
$3xe^{2x}$	2	0, 1, 2	$x(Ax + B)e^{2x}$
$4 \sin 2x$	$2i$	$\pm 2i$	$x(A \sin 2x + B \cos 2x)$
$5e^{-2x} \cos 5x$	$-2+5i$	$1, -2 \pm 5i$	$x(Ae^{-2x} \sin 5x + Be^{-2x} \cos 5x)$
$xe^{2x} \sin 3x$	$2 + 3i$	$3, 2 \pm 3i$	$x(Ax+B)e^{2x} \cos 3x + x(Cx+D)e^{2x} \sin 3x$

Superposition

Ist die Störfunktion Summe von Funktionen, für die man spezielle Ansätze hat, ist der Ansatz die Summe der speziellen Ansätze. Dabei ist bei den jeweiligen Ansätzen die Resonanz zu beachten.

16.55 *Superposition: Spezieller Ansatz.*

Störfunktion, $r(x)$	$a + bi$	Nullst. der char. Gl.	Ansatz
$x + \sin x$	$\begin{cases} 0 \\ i \end{cases}$	0, 0, 1	$x^2(Ax + B) + D \sin x + E \cos x$
$\cosh x = \frac{1}{2}(e^x + e^{-x})$	± 1	1, 2, 3	$Axe^x + Be^{-x}$
$\sin^2 x = \frac{1}{2} - \frac{1}{2} \cos 2x$	$\begin{cases} 0 \\ 2i \end{cases}$	$1, \pm 2i$	$A + x(B \sin 2x + C \cos 2x)$

16.56 *Man löse die DGL* $\boxed{y'' - 4y' + 5y = 5e^x \cos x}$.

(1) $\lambda^2 - 4\lambda + 5 = 0 \implies \lambda_{1,2} = 2 \pm i \implies \underline{y_H = c_1 e^{2x} \cos x + c_2 e^{2x} \sin x}$.

(2) $r(x) = 5e^x \cos x \implies a + bi = 1 + i \implies$ keine Resonanz.

Ansatz: $\quad y_S = Ae^x \cos x + Be^x \sin x,$ Normalansatz!

$\implies y_S' = (A + B)e^x \cos x + (-A + B)e^x \sin x,$

$\implies y_S'' = 2Be^x \cos x - 2Ae^x \sin x.$ Einsetzen in die DGL ergibt:

$$2Be^x \cos x - 2Ae^x \sin x - 4\big((A + B)e^x \cos x + (-A + B)e^x \sin x\big)$$
$$+5\big(Ae^x \cos x + Be^x \sin x\big) = 5e^x \cos x$$

linke Seite: $= (A - 2B)e^x \cos x + (2A + B)e^x \sin x$

rechte Seite: $= \quad 5 \quad e^x \cos x + \quad 0 \quad e^x \sin x$

Koeffizientenvergleich ergibt ein LGS für A, B:

$\begin{aligned} A - 2B &= 5 \\ 2A + B &= 0 \end{aligned} \implies \begin{aligned} A &= 1 \\ B &= -2 \end{aligned} \implies \underline{y_S = e^x \cos x - 2e^x \sin x}.$

Der in diesem Beispiel noch erträgliche Rechenaufwand lässt sich durch tabellarisches Rechnen einschränken:

	$e^x \cos x$	$e^x \sin x$
$5y_S$	$5A$	$5B$
$-4y_S'$	$-4A-4B$	$4A-4B$
y_S''	$2B$	$-2A$
linke S.	$A-2B$	$2A+B$
rechte S.	5	0

Ansatz:

$$y_S = Ae^x \cos x + Be^x \sin x,$$
$$y_S' = (A+B)e^x \cos x + (-A+B)e^x \sin x,$$
$$y_S'' = 2Be^x \cos x - 2Ae^x \sin x.$$

A, B sind so zu wählen, dass

$$y_S'' - 4y_S' + 5y_S = 5e^x \cos x \text{ ist.}$$

Man berechnet die Koeffizienten von $e^x \cos x$ bzw. $e^x \sin x$ auf der linken Seite der DGL mittels der Tabelle und liest sie auf der rechten Seite ab.
Koeffizientenvergleich von linker und rechter Seite ergibt ein LGS für A, B:

$$A - 2B = 5, \quad 2A + B = 0 \implies A = 1, \ B = -2 \implies \underline{y_S = e^x \cos x - 2e^x \sin x.}$$

(3)   Gesamtlösung: $y = y_S + y_H$

$$y = e^x \cos x - 2e^x \sin x + c_1 e^{2x} \cos x + c_2 e^{2x} \sin x$$
$$\underline{\underline{y = e^x(\cos x - 2\sin x) + e^{2x}(c_1 \cos x + c_2 \sin x), \ c_1, c_2 \in \mathbb{R}.}}$$

16.57   Man löse die AWA $\boxed{y'' - y = -2x^2 + 8xe^x, \ y(0) = 1, \ y'(0) = 3}$.

(1) $\lambda^2 - 1 = 0 \implies \lambda_{1,2} = \pm 1 \implies \underline{y_H = c_1 e^x + c_2 e^{-x}.}$

(2)   Die Störfunktion ist Summe von Funktionen des speziellen Typs:

$r(x) = -2x^2 \implies a + bi = 0$, keine Resonanz, $\implies$ Ansatz $Ax^2 + Bx + C$.
$r(x) = 8xe^x \implies a + bi = 1$, 1–fache Resonanz, $\implies$ Ansatz $x(Dx + E)e^x$.
Summenansatz: $y_S = Ax^2 + Bx + C + Dx^2 e^x + Exe^x$,
$$y_S'' = 2A + Dx^2 e^x + (4D + E)xe^x + (2D + 2E)e^x.$$

	x^2	x	1	$x^2 e^x$	xe^x	e^x
$-y_S$	$-A$	$-B$	$-C$	$-D$	$-E$	0
y_S''	0	0	$2A$	D	$4D+E$	$2D+2E$
l.S.	$-A$	$-B$	$2A-C$	0	$4D$	$2D+2E$
r.S.	-2	0	0	0	8	0

Es ergibt sich ein besonders einfaches LGS und man liest ab:
$A = 2, \ B = 0, \ C = 4, \ D = 2, \ E = -2$, also $y_S = 2x^2 + 4 + (2x^2 - 2x)e^x$.

(3)   Gesamtlösung der DGL: $\underline{y = 2x^2 + 4 + (2x^2 - 2x)e^x + c_1 e^x + c_2 e^{-x}.}$

(4) $y' = 4x + (4x - 2 + 2x^2 - 2x)e^x + c_1 e^x - c_2 e^{-x}$, also
$y(0) = 4 + c_1 + c_2 = 1, \ y'(0) = -2 + c_1 - c_2 = 3 \implies \underline{c_1 = 1, \ c_2 = -4.}$
Lösung der AWA: $\underline{\underline{y = 2x^2 + 4 + (2x^2 - 2x)e^x + e^x - 4e^{-x}.}}$

16.58   Man löse die DGL $\boxed{y''' + y' = 6x^2 + 10 - 8x\sin x}$.

(1) $\lambda^3 + \lambda = \lambda(\lambda^2 + 1) = 0 \implies \lambda_1 = 0, \ \lambda_{2,3} = \pm i$
$\implies \underline{y_H = c_1 + c_2 \cos x + c_3 \sin x.}$

(2)   Die Störfunktion ist Summe von Funktionen des speziellen Typs:
$r(x) = 6x^2 + 10 \implies a + bi = 0$, 1–fache Resonanz$\implies$ Ansatz: $x(Ax^2 + Bx + C)$.

$r(x) = -8x \sin x \Longrightarrow a + bi = i$, 1–fache Resonanz,

$\Longrightarrow$ Ansatz: $x\big((Dx + E)\sin x + (Fx + G)\cos x\big)$.

Summenansatz: $y_S = Ax^3 + Bx^2 + Cx + Dx^2 \sin x + Ex \sin x + Fx^2 \cos x + Gx \cos x$.

Nach (richtigem) tabellarischem Rechnen erhält man:

(3)   Gesamtlösung: $\underline{y = 2x^3 - 2x + 2x^2 \sin x + 6x \cos x + c_1 + c_2 \cos x + c_3 \sin x}$.

Diese Aufgaben löst man leicht mit dem Programm *DGL* aus **BP**, Seite 91.

Ein *Umweg* über das Komplexe kann die Rechnung manchmal erheblich verkürzen:

Zur Erinnerung :   Realteil von $z = x + iy$: $\mathrm{Re}(z) = \mathrm{Re}(x + iy) = x$
(siehe Seite 93)   Imaginärteil von $z = x + iy$: $\mathrm{Im}(z) = \mathrm{Im}(x + iy) = y$

$$e^{u+iv} = e^u(\cos v + i \sin v).$$

16.59   Man löse die DGL $\boxed{y''' - 2y'' + 5y' = 40e^x \sin 2x}$.

(1) $\lambda^3 - 2\lambda^2 + 5\lambda = \lambda(\lambda^2 - 2\lambda + 5) = 0 \Longrightarrow \lambda_1 = 0, \ \lambda_{2,3} = 1 \pm 2i$
      $\Longrightarrow y_H = c_1 + c_2 e^x \cos 2x + c_3 e^x \sin 2x$.

(2)   Die rechte Seite (Störfunktion) der DGL ist Imaginärteil der Funktion $40e^{(1+2i)x}$:
$$r(x) = 40e^x \sin 2x = \mathrm{Im}(40e^{(1+2i)x}).$$

Man ändert die DGL in $\boxed{y''' - 2y'' + 5y' = 40e^{(1+2i)x}}$
löst diese DGL und nimmt anschließend den Imaginärteil der Lösung!

$s := 1 + 2i$ ist 1–fache Lösung der char. Gleichung, d.h. 1–fache Resonanz!

Ansatz: $Y_S = x(Ae^{sx})$
$\Longrightarrow Y_S' = (sAx + A)e^{sx}$, $Y_S'' = (s^2Ax + 2sA)e^{sx}$, $Y_S''' = (s^3Ax + 3s^2A)e^{sx}$.

	xe^{sx}	e^{sx}
$5Y_S'$	$5sA$	$5A$
$-2Y_S''$	$-2s^2A$	$-4sA$
Y_S'''	s^3A	$3s^2A$
l.S.	0	$(3s^2 - 4s + 5)A$
r.S.	0	40

Da s Lösung der charakteristischen Gleichung ist, gilt
$$s^3 - 2s^2 + 5s = 0.$$
Der Koeffizient von xe^{sx} auf der linken Seite ist also gleich 0.

$s = 1 + 2i \implies 3s^2 - 4s + 5 = 3(-3 + 4i)$ $4(1 + 2i) + 5 = -8 + 4i$
$\implies$ Gleichung für A: $(-8 + 4i)A = 40 \implies A = \dfrac{40}{-8+4i} = -4 - 2i$.

Also $Y_S = (-4 - 2i)xe^{(1+2i)x} = (-4 - 2i)x(e^x \cos 2x + ie^x \sin 2x)$
$$= 2xe^x\big(\sin 2x - 2\cos 2x - i(\cos 2x + 2\sin 2x)\big).$$

Eine spezielle Lösung der ursprünglichen DGL ist
$$y_S = \mathrm{Im}(Y_S) = \underline{-2xe^x(\cos 2x + 2\sin 2x)}.$$

(3)   Gesamtlösung: $\underline{\underline{y = -2xe^x(\cos 2x + 2\sin 2x) + c_1 + c_2 e^x \cos 2x + c_3 e^x \sin 2x}}$.

16.8   Schwingungs–DGL

Die homogene Schwingungs–DGL

Die Schwingungs–DGL ist eine lineare DGL mit konstanten Koeffizienten. Sie erscheint in der Mechanik (Federschwingung) als $\quad m \cdot \ddot{x} + \beta \cdot \dot{x} + c \cdot x = 0$,

und in der Elektrotechnik (Schwingkreis) als $\quad L \cdot \dfrac{d^2}{dt^2} I + R \cdot \dfrac{d}{dt} I + \dfrac{1}{C} \cdot I = 0$.

16.60 Man löse die DGL $y'' + 2ky' + \omega_0^2 y = 0$ mit $k \geq 0$, $\omega_0 > 0$ des gedämpften harmonischen Oszillators.

Charakteristische Gleichung: $\lambda^2 + 2k\lambda + \omega_0^2 = 0 \implies \lambda_{1,2} = -k \pm \sqrt{k^2 - \omega_0^2}$.

<u>Fall 1</u>: $k > \omega_0$, **starke Dämpfung** (Kriechfall):

λ_1, λ_2 sind reell, negativ und verschieden voneinander.
Die Lösungsgesamtheit ist daher

$$y(x) = c_1 e^{\lambda_1 x} + c_2 e^{\lambda_2 x}, \quad c_1, c_2 \in \mathbb{R}.$$

$y(x)$ und $y'(x)$ haben höchstens eine Nullstelle und es gilt $\lim\limits_{x \to \infty} y(x) = 0$.

Beispiel: $y'' + 3y' + 2y = 0$

Also $k = \dfrac{3}{2}$, $\omega_0 = \sqrt{2}$ und $\quad \begin{array}{l} \lambda^2 + 3\lambda + 2 = 0 \text{ , char. Gleichung} \\ \implies \lambda_1 = -1, \ \lambda_2 = -2, \end{array}$

führt auf die allgemeine Lösung $\underline{y(x) = c_1 e^{-x} + c_2 e^{-2x}}, \quad c_1, c_2 \in \mathbb{R}$.

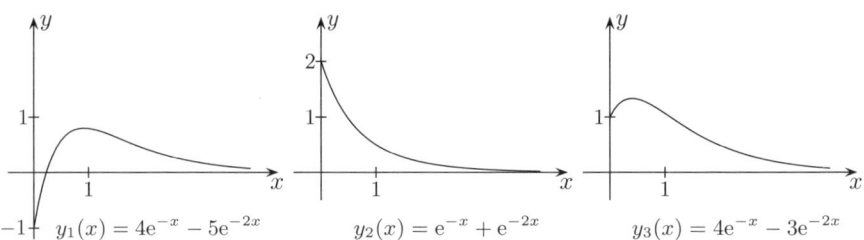

$y_1(x) = 4e^{-x} - 5e^{-2x}$ $\qquad$ $y_2(x) = e^{-x} + e^{-2x}$ $\qquad$ $y_3(x) = 4e^{-x} - 3e^{-2x}$

aperiodische Bewegungen

<u>Fall 2</u>: $k = \omega_0$, **aperiodischer Grenzfall**, immer noch starke Dämpfung:

Nun ist $\lambda_1 = \lambda_2 = -k < 0$ und die Lösungsgesamtheit

$$y(x) = c_1 e^{-kx} + c_2 x e^{-kx}, \quad c_1, c_2 \in \mathbb{R}.$$

Der Bewegungsverlauf entspricht demjenigen von Fall 1.
Schwingungsfähige Systeme kommen unter sonst gleichen Bedingungen dann am schnellsten zur Ruhe, wenn der aperiodische Grenzfall vorliegt.
Dies benutzt man beim Bau von Messgeräten.

<u>Fall 3</u>: $k < \omega_0$, **schwache Dämpfung**:

$\lambda_{1,2}$ sind konjugiert komplex: $\lambda_{1,2} = -k \pm \omega_1 i$ mit $\omega_1 = \sqrt{\omega_0^2 - k^2}$, so dass gilt:

$$y(x) = \mathrm{e}^{-kx}(c_1 \cos \omega_1 x + c_2 \sin \omega_1 x)$$
$$\underline{y(x) = A\mathrm{e}^{-kx} \sin(\omega_1 x + \varphi)}.$$

A und φ berechnet man aus c_1, c_2 (Überlagerung von Schwingungen Seite 80):
$A = \sqrt{c_1^2 + c_2^2}$ und $\tan \varphi = \frac{c_1}{c_2}$. Man spricht im Fall $k > 0$ von einer gedämpften harmonischen Schwingung, obwohl kein periodischer Vorgang vorliegt.

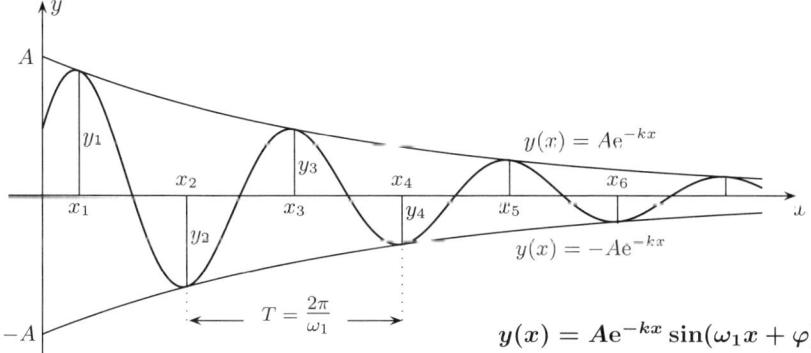

Die Kreisfrequenz $\omega_1 = \sqrt{\omega_0^2 - k^2}$ der gedämpften Schwingung ist für $k \neq 0$ kleiner als die Eigenfrequenz ω_0 der ungedämpften Schwingung.

Die **Schwingungsdauer** ist $\qquad T = \dfrac{2\pi}{\sqrt{\omega_0^2 - k^2}}$.

Das Verhältnis aufeinanderfolgender Amplituden ist konstant:

Das **Dämpfungsverhältnis** ist $\qquad \dfrac{y_n}{y_{n+2}} = \dfrac{y(x_n)}{y(x_{n+2})} = \mathrm{e}^{kT}$.

Erzwungene Schwingung, Resonanz

16.61   *Man löse (bei schwacher Dämpfung) die inhomogene Schwingungs–DGL*
$\boxed{y'' + 2ky' + \omega_0^2 y = F \cos \omega x}$.

Die Lösungsgesamtheit der zugehörigen homogenen DGL ist im Fall schwacher Dämpfung ($k < \omega_0$) :

$$\underline{y_H = A\mathrm{e}^{-kx} \sin(\omega_1 x + \varphi)} \text{ mit } \omega_1 = \sqrt{\omega_0^2 - k^2}, \text{ siehe } [16.60].$$

Zu bestimmen bleibt eine spezielle Lösung der inhomogenen DGL. Physikalische Beobachtung zeigt: Nach Durchlaufen des Einschwingvorgangs (im stationären Zustand) schwingt das System mit der Frequenz ω der erregenden Kraft (im mechanischen Fall). Dies macht den Ansatz $y_S = a \sin \omega x + b \cos \omega x$ plausibel.

Weniger mühsam ist eine komplexe Rechnung:

Da $F\cos\omega x = \mathrm{Re}(Fe^{i\omega x})$ ist, macht man für eine spezielle Lösung der DGL

$$\boxed{y'' + 2ky' + \omega_0^2 y = Fe^{i\omega x}}\quad \text{den Ansatz:}\quad y_S = Ce^{i\omega x}.$$

Einsetzen in die inhomogene DGL ergibt (da $e^{i\omega x} \neq 0$ für alle $x \in \mathbb{R}$)

$$-\omega^2 Ce^{i\omega x} + 2ki\omega Ce^{i\omega x} + \omega_0^2 Ce^{i\omega x} = Fe^{i\omega x} \iff C(\omega_0^2 - \omega^2 + 2ki\omega) = F.$$

(i) Fall: $\omega_0^2 - \omega^2 + 2ki\omega \neq 0$, d.h. $\omega_0^2 \neq \omega^2$ oder $k \neq 0$.

$$\implies\quad C = \frac{F}{\omega_0^2 - \omega^2 + 2ki\omega} = \frac{F(\omega_0^2 - \omega^2)}{(\omega_0^2 - \omega^2)^2 + 4k^2\omega^2} - i\frac{2k\omega F}{(\omega_0^2 - \omega^2)^2 + 4k^2\omega^2}.$$

$$\implies\quad \mathrm{Re}(Ce^{i\omega x}) = \frac{F(\omega_0^2 - \omega^2)}{(\omega_0^2 - \omega^2)^2 + 4k^2\omega^2}\cos\omega x + \frac{2k\omega F}{(\omega_0^2 - \omega^2)^2 + 4k^2\omega^2}\sin\omega x.$$

$$\implies\quad y_S = \frac{F}{\sqrt{(\omega_0^2 - \omega^2)^2 + 4k^2\omega^2}}\cos(\omega x + \beta)\quad \text{mit}\quad \tan\beta = \frac{2k\omega}{\omega_0^2 - \omega^2}.$$

Die Frequenz ω der speziellen Lösung y_S ist dieselbe die der Anregung $F\cos\omega x$, ist aber für $k > 0$ phasenverschoben.

Die Amplitude von y_S unterscheidet sich von der Amplitude F der Anregung um

den Verstärkungsfaktor $V(\omega) = \dfrac{1}{\sqrt{(\omega_0^2 - \omega^2)^2 + 4k^2\omega^2}}$.

Dieser wird maximal $V_{\max} = V(\omega^*) = \frac{1}{2k\omega_1}$ mit $\omega_1^2 = \omega_0^2 - k^2$ für die Frequenz $\omega^* = \sqrt{\omega_0^2 - 2k^2} = \sqrt{\omega_1^2 - k^2}$ im Fall $0 < k < \frac{1}{\sqrt{2}}\omega_0$, siehe [16.118].

Die Lösungsgesamtheit der inhomogenen Schwingungs–DGL ist also

$$y = y_S + y_H = \frac{F}{\sqrt{(\omega_0^2 - \omega^2)^2 + 4k^2\omega^2}}\cos(\omega x + \beta) + Ae^{-kx}\sin(\omega_1 x + \varphi).$$

Wegen $\lim\limits_{x\to\infty} y_H(x) = \lim\limits_{x\to\infty} Ae^{-kx}\sin(\omega_1 x + \varphi) = 0$ wird die Bewegung im stationären Zustand durch die spezielle Lösung y_S beschrieben.

(ii) Fall: $\omega_0^2 = \omega^2$ und $k = 0$, **Resonanzfall**: Dieser Fall ist also bei sinusförmiger Anregung $F\cos\omega x$ nur beim ungedämpften Oszillator möglich.

Der Ansatz[1] $y_S = Cxe^{i\omega_0 x}$ führt nach Einsetzen in die DGL auf $2Ci\omega_0 = F$,

also auf $C = -\dfrac{F}{2\omega_0}i$ und daher ist $\quad y_S = \mathrm{Re}(Cxe^{i\omega_0 x}) = \dfrac{F}{2\omega_0}x\sin\omega_0 x.$

Die Lösungsgesamtheit ist $\quad y = \dfrac{F}{2\omega_0}x\sin\omega_0 x + c_1\cos\omega_0 x + c_2\sin\omega_0 x.$

Die spezielle Lösung $y_S = \dfrac{F}{2\omega_0}x\sin\omega_0 x$ sorgt dafür, dass die Ausschläge für $x \to \infty$ (zumindest theoretisch) beliebig groß werden (Resonanzkatastrophe).

---

[1]Wiederum physikalisch plausibel: Die Amplitude wächst linear mit der Zeit!

16.9 Eulersche DGL

Die homogene Eulersche DGL

$$x^n y^{(n)} + a_{n-1} x^{n-1} y^{(n-1)} + \ldots + a_1 x y' + a_0 y = 0 \quad \text{mit } x > 0, \ a_k \in \mathbb{R}.$$

Die Subst.: $x = e^t$, $u(t) = y(e^t)$ führt die DGL in eine homogene lineare DGL mit konstanten Koeffizienten über. Mit der Kettenregel berechnet man z.B.

$$x \cdot y' = \dot{u} \qquad\qquad x^3 \cdot y''' = \dddot{u} - 3\ddot{u} + 2\dot{u}$$
$$x^2 \cdot y'' = \ddot{u} - \dot{u} \qquad\qquad x^4 \cdot y'''' = \ddddot{u} - 6\dddot{u} + 11\ddot{u} - 6\dot{u}$$

16.62 Man löse die homogene Eulersche DGL $\boxed{x^2 y'' - x y' + 2y = 0, \ x > 0}$.

Substitution: $x = e^t$, $u(t) = y(e^t)$

$\longrightarrow \ \ddot{u} - \dot{u} - \dot{u} + 2u = \ddot{u} - 2\dot{u} + 2u = 0$, hom. lin. DGL 2. Ord. mit konst. Koeff.

Charakteristische Gleichung: $\lambda^2 - 2\lambda + 2 = 0 \implies \lambda_{1,2} = 1 \pm i$.

Lösung der hom. lin. DGL: $u(t) = c_1 e^t \cos t + c_2 e^t \sin t$, Rücksubst. ergibt

Lösung der Eulerschen DGL: $\underline{y(x) = c_1 x \cos(\ln x) + c_2 x \sin(\ln x)}$.

16.63 Man löse die homogene Eulersche DGL 4. Ordnung:

$$\boxed{x^4 y'''' + 6x^3 y''' + 5x^2 y'' - x y' + y = 0, \ x > 0}$$

Substitution: $x = e^t$, $u(t) = y(e^t)$

$\implies \ \ddddot{u} - 6\dddot{u} + 11\ddot{u} - 6\dot{u} + 6(\dddot{u} - 3\ddot{u} + 2\dot{u}) + 5(\ddot{u} - \dot{u}) - \dot{u} + u = \ddddot{u} - 2\ddot{u} + u = 0$.

Charakteristische Gleichung: $(\lambda^2 - 1)^2 = 0 \implies \lambda_{1,2} = 1, \lambda_{3,4} = -1$.

Lösung der hom. lin. DGL: $u = c_1 e^t + c_2 t e^t + c_3 e^{-t} + c_4 t e^{-t}$

Lösung der Eulerschen DGL: $\underline{y = c_1 x + c_2 \ln x + c_3 \dfrac{1}{x} + c_4 \dfrac{1}{x} \ln x}$.

Ein alternativer Lösungsweg benutzt den Ansatz $y = x^\lambda$:

Einsetzen und Division durch x^λ ergibt die charakteristische Gleichung für λ.

Zur einfachen reellen Lösung λ gehört $y = x^\lambda$ als Basislösung.

Zur einf. kompl. Lösung $\lambda = \alpha \pm i\beta$ gehören $y_1 = x^\alpha \cos(\beta \ln x)$, $y_2 = x^\alpha \sin(\beta \ln x)$.

Bei mehrfachen Lösungen erhält man die noch fehlenden Basislösungen, indem man die vorhandenen Lösungen entsprechend oft mit $\ln x$ multipliziert.

16.10   Potenzreihenansatz

> ### Potenzreihenansatz
>
> Ist eine Lösung einer DGL (AWA) in eine Potenzreihe ent-
> wickelbar, erhält man die Koeffizienten durch:
>
> (1)   **Einsetzen** von $y = \sum\limits_{k=0}^{\infty} a_k(x - x_0)^k$ in die DGL,
>
> oder
>
> (2)   Wiederholtes **Differenzieren** der DGL
> und Verwendung von $a_k = \dfrac{1}{k!} y^{(k)}(x_0)$.

16.64   *Man löse folgende AWA durch Potenzreihenansatz:*

$$(1 + x)y'' + 2y = x^2, \ y(0) = y'(0) = 1$$

Wegen der Anfangsbedingung nimmt man den Entwicklungspunkt $x_0 = 0$.

(1)   Ansatz: $y = \sum\limits_{k=0}^{\infty} a_k x^k \Longrightarrow y' = \sum\limits_{k=0}^{\infty} k a_k x^{k-1}, \ y'' = \sum\limits_{k=0}^{\infty} k(k-1) a_k x^{k-2}.$

Einsetzen: $(1 + x) \sum\limits_{k=0}^{\infty} k(k-1) a_k x^{k-2} + 2 \sum\limits_{k=0}^{\infty} a_k x^k =$

$$= \underbrace{\sum_{k=0}^{\infty} k(k-1) a_k x^{k-2}}_{n := k-2} + \underbrace{\sum_{k=0}^{\infty} k(k-1) a_k x^{k-1}}_{n := k-1} + \underbrace{\sum_{k=0}^{\infty} 2 a_k x^k}_{n := k}$$

$$= \sum_{n=0}^{\infty} (n+2)(n+1) a_{n+2} x^n + \sum_{n=1}^{\infty} (n+1) n a_{n+1} x^n + \sum_{n=0}^{\infty} 2 a_n x^n$$

$$= 2a_0 + 2a_2 + \sum_{n=1}^{\infty} \big((n+2)(n+1) a_{n+2} + n(n+1) a_{n+1} + 2 a_n \big) x^n \ \overset{!}{=} \ x^2$$

Ein Koeffizientenvergleich ergibt:

$n = 0 :$ $2a_0 + 2a_2 = 0$

$n = 1 :$ $6a_3 + 2a_2 + 2a_1 = 0$

$n = 2 :$ $12a_4 + 6a_3 + 2a_2 = 1$

$n \geq 3 :$ $(n+2)(n+1) a_{n+2} + n(n+1) a_{n+1} + 2a_n = 0$

Die Anfangsbedingung ergibt: $a_0 = y(0) = 1, \ a_1 = y'(0) = 1$ und daher

$2 + 2a_2 = 0 \Longrightarrow a_2 = -1$

$6a_3 - 2 + 2 = 0 \Longrightarrow a_3 = 0$ und für $n \geq 3$: $a_{n+2} = \dfrac{-2a_n - n(n+1) a_{n+1}}{(n+2)(n+1)}.$

$12a_4 - 2 = 1 \Longrightarrow a_4 = \frac{1}{4}$

Mit der *Rekursionsformel* für a_{n+2} berechnet man die weiteren Koeffizienten:

Weiter z.B.: $a_5 = \dfrac{-2 \cdot 0 - 12 \cdot \frac{1}{4}}{5 \cdot 4} = -\dfrac{3}{20}$.

Der Reihenanfang lautet: $\underline{y = 1 + x - x^2 + \frac{1}{4}x^4 - \frac{3}{20}x^5 + \cdots}$.

(2)   Wiederholtes **Differenzieren** der DGL:

$a_0 = y(0) = 1$, $a_1 = y'(0) = 1$ folgt aus der Anfangsbedingung.

$x = 0$ in DGL	$\Longrightarrow y''(0) + 2y(0) = 0 \Longrightarrow y''(0) = -2$.
Differenzieren der DGL	$\Longrightarrow y'' + (1+x)y''' + 2y' = 2x$,
$x = 0$ einsetzen	$\Longrightarrow -2 + y'''(0) + 2 = 0 \Longrightarrow y'''(0) = 0$.
Wiederum Differenzieren	$\Longrightarrow y''' + y''' + (1+x)y^{(4)} + 2y'' = 2$,
$x = 0$ einsetzen	$y^{(4)}(0) - 4 = 2 \Longrightarrow y^{(4)}(0) = 6$.
Wiederum Differenzieren	$\Longrightarrow 2y^{(4)} + y^{(4)} + (1+x)y^{(5)} + 2y''' = 0$,
$x = 0$ einsetzen	$18 + y^{(5)}(0) = 0 \Longrightarrow y^{(5)}(0) = -18$.

Aus $a_k = \dfrac{1}{k!}y^{(k)}(0)$ folgt: $a_0 = 1$, $a_1 = 1$, $a_2 = -1$, $a_3 = 0$, $a_4 = \frac{1}{4}$, $a_5 = -\frac{3}{20}$

Der Reihenanfang lautet: $\underline{y = 1 + x - x^2 + \frac{1}{4}x^4 - \frac{3}{20}x^5 + \cdots}$.

16.65   *Durch Potenzreihenansatz löse man die AWA*

$$\boxed{x^2 y'' + y' - 6y = -6x - 4, \quad y(1) = 10,\ y'(1) = 20}.$$

Ansatz: $y = \sum\limits_{k=0}^{\infty} a_k (x-1)^k$ mit $a_0 = y(1) = 10$, $a_1 = y'(1) = 20$.

$$\Longrightarrow \quad y' = \sum_{k=0}^{\infty} k a_k (x-1)^{k-1},\ \ y'' = \sum_{k=0}^{\infty} k(k-1)a_k (x-1)^{k-2}.$$

Die in der DGL auftretenden Funktionen sind ebenfalls als Reihen um $x_0 = 1$ darzustellen. Das ist hier einfach (ggf. Hornerschema Seite 66 benutzen!):

$x^2 = (x-1)^2 + 2(x-1) + 1$ und $-6x - 4 = -6(x-1) - 10$.

Einsetzen ergibt mit der Abkürzung $z := x - 1$:

$$(z^2 + 2z + 1)\sum_{k=0}^{\infty} k(k-1)a_k z^{k-2} + \sum_{k=0}^{\infty} k a_k z^{k-1} - 6\sum_{k=0}^{\infty} a_k z^k =$$

$$= \underbrace{\sum_{k=0}^{\infty} k(k-1)a_k z^k}_{n=k} + \underbrace{\sum_{k=0}^{\infty} 2k(k-1)a_k z^{k-1}}_{n=k-1} + \underbrace{\sum_{k=0}^{\infty} k(k-1)a_k z^{k-2}}_{n=k-2} + \underbrace{\sum_{k=0}^{\infty} k a_k z^{k-1}}_{n=k-1} - 6\underbrace{\sum_{k=0}^{\infty} a_k z^k}_{n=k}$$

$$= \sum_{n=2}^{\infty} n(n-1)a_n z^n + \sum_{n=1}^{\infty} 2(n+1)na_{n+1}z^n + \sum_{n=0}^{\infty} (n+2)(n+1)a_{n+2}z^n$$

$$+ \sum_{n=0}^{\infty} (n+1)a_{n+1}z^n - 6\sum_{n=0}^{\infty} a_n z^n$$

$$= 2a_2 + a_1 - 6a_0 + (6a_2 + 6a_3 - 6a_1)z$$

$$+ \sum_{n=2}^{\infty} \big((n^2 - n - 6)a_n + (2n^2 + 3n + 1)a_{n+1} + (n+2)(n+1)a_{n+2}\big) \cdot z^n$$

$$\overset{!}{=} -10 - 6z.$$

Ein Koeffizientenvergleich ergibt:

$$n = 0 : \quad 2a_2 + a_1 - 6a_0 = -10,$$
$$n = 1 : \quad 6a_2 + 6a_3 - 6a_1 = -6 \quad \Longleftrightarrow \quad a_2 + a_3 - a_1 = -1,$$
$$n \geq 2 : \quad (n^2 - n - 6)a_n + (2n^2 + 3n + 1)a_{n+1} + (n+2)(n+1)a_{n+2} = 0.$$

Mit $a_0 = 10$, $a_1 = 20$ erhält man: $\quad \begin{aligned} 2a_2 - 40 &= -10 \Longrightarrow a_2 = 15 \\ 15 + a_3 - 20 &= -1 \Longrightarrow a_3 = 4 \end{aligned}$

Rekursionsformel für $n \geq 2$: $\quad a_{n+2} = \dfrac{-(n^2-n-6)a_n - (2n^2+3n+1)a_{n+1}}{(n+1)(n+2)}.$

Das heißt: Für $\begin{aligned} n &= 2 \\ n &= 3 \end{aligned}$ folgt $\begin{aligned} a_4 &= \dfrac{4\cdot15 - 15\cdot4}{3\cdot4} = 0, \\ a_5 &= \dfrac{-0\cdot a_3 - 28\cdot0}{4\cdot5} = 0. \end{aligned}$

Aus der Rekursionsformel ergibt sich weiter: $\quad a_6 = a_7 = a_8 = \ldots = 0.$

Die Potenzreihe bricht ab! Durch Einsetzen bestätigt man,

dass tatsächlich $\quad y = 10 + 20(x-1) + 15(x-1)^2 + 4(x-1)^3,$

also $\quad \underline{y = 1 + 2x + 3x^2 + 4x^3}$ Lösung der AWA ist.

16.11   DGL–Systeme

Ein DGL–System mit Anfangsbedingung (AWA), z.B.

$$\boxed{\begin{array}{ll} y_1{}' = 2xy_1 + y_1y_2 & y_1(x_0) = y_{10} \\ y_2{}' = y_1 + y_2\mathrm{e}^{xy_2} & y_2(x_0) = y_{20} \end{array}}\ ,$$

lässt sich vektoriell bequem darstellen: Mit $\vec{y} = \begin{pmatrix} y_1 \\ y_2 \end{pmatrix}$ und

$$\vec{y}' = \begin{pmatrix} y_1{}' \\ y_2{}' \end{pmatrix} = \vec{f}(x, \vec{y}) = \begin{pmatrix} f_1(x, y_1, y_2) \\ f_2(x, y_1, y_2) \end{pmatrix} = \begin{pmatrix} 2xy_1 + y_1y_2 \\ y_1 + y_2\mathrm{e}^{xy_2} \end{pmatrix}, \quad \vec{y}_0 = \begin{pmatrix} y_{10} \\ y_{20} \end{pmatrix}$$

lautet die AWA einfach: $\boxed{\vec{y}' = \vec{f}(x, \vec{y}), \quad \vec{y}(x_0) = \vec{y}_0}$

Sätze über Existenz und Eindeutigkeit (Seite 420, 423) lassen sich nahezu wörtlich auf Systeme übertragen.

Äquivalenz

einer DGL n–ter Ordnung mit einem System 1 ter Ordnung

Die DGL n–ter Ordnung

$$\boxed{y^{(n)} = f(x, y, y', \dots, y^{(n-1)})} \quad y(x_0) = \eta_0,\ y'(x_0) = \eta_1, \dots, y^{(n-1)}(x_0) = \eta_{n-1}$$

ist äquivalent zum System von n DGLn 1–ter Ordnung:

$$\boxed{\vec{y}' = \vec{f}(x, \vec{y})} \quad \vec{y}(x_0) = \vec{y}_0. \text{ Dabei ist:}$$

$$\vec{y} = \begin{pmatrix} y_1 \\ y_2 \\ \vdots \\ y_n \end{pmatrix} = \begin{pmatrix} y \\ y' \\ \vdots \\ y^{(n-1)} \end{pmatrix}, \quad \vec{f}(x, \vec{y}) = \begin{pmatrix} y_2 \\ y_3 \\ \vdots \\ f(x, y_1, \dots, y_n) \end{pmatrix}, \quad \vec{y}_0 = \begin{pmatrix} \eta_0 \\ \eta_1 \\ \vdots \\ \eta_{n-1} \end{pmatrix}.$$

16.66   Man stelle ein zur AWA $\boxed{y'' = xy' + y^2,\ y(0) = y'(0) = 1}$ äquivalentes System auf und wende das *Picardsche Iterationsverfahren* an.

$$\begin{array}{ll} y_1 = y & \implies \quad y_1{}' = y' = y_2 \\ y_2 = y' & \quad\quad\ \ y_2{}' = y'' = xy' + y^2 = xy_2 + y_1^2 \end{array}$$

$$\implies \vec{y}' = \vec{f}(x, \vec{y}) = \begin{pmatrix} y_2 \\ xy_2 + y_1^2 \end{pmatrix}, \quad \vec{y}(0) = \vec{y}_0 = \begin{pmatrix} 1 \\ 1 \end{pmatrix}.$$

Iterationsverfahren (vergl. Seite 423): $\boxed{\vec{y}_n(x) = \vec{y}_0 + \int_{x_0}^{x} \vec{f}\big(t, \vec{y}_{n-1}(t)\big)\, dt}$.

$$\vec{y}_0(x) = \begin{pmatrix} 1 \\ 1 \end{pmatrix}$$

$$\vec{y}_1(x) = \begin{pmatrix} 1 \\ 1 \end{pmatrix} + \int_0^x \begin{pmatrix} 1 \\ 1+t \end{pmatrix} dt = \begin{pmatrix} 1 \\ 1 \end{pmatrix} + \begin{pmatrix} x \\ x + \frac{1}{2}x^2 \end{pmatrix} = \begin{pmatrix} 1+x \\ 1 + x + \frac{1}{2}x^2 \end{pmatrix}$$

$$\vec{y}_2(x) = \begin{pmatrix} 1 \\ 1 \end{pmatrix} + \int_0^x \begin{pmatrix} 1 + t + \frac{1}{2}t^2 \\ t(1 + t + \frac{1}{2}t^2) + (1+t)^2 \end{pmatrix} dt = \begin{pmatrix} 1 + x + \frac{1}{2}x^2 + \frac{1}{6}x^3 \\ 1 + x + \frac{3}{2}x^2 + \frac{2}{3}x^3 + \frac{1}{8}x^4 \end{pmatrix} .$$

Hier wird abgebrochen: $u(x) = 1 + x + \frac{1}{2}x^2 + \frac{1}{6}x^3$ ist als Näherung für die Lösung der AWA anzusehen. Der Fehler wird hier nicht untersucht.

16.12   Lineare Systeme

Ein lineares DGL–System 1–ter Ordnung hat die Form

$$\text{(I)} \quad \boxed{\vec{y}' = A(x)\vec{y} + \vec{r}}$$

mit einer auf einem Intervall I stetigen (n, n)–Koeffizientenmatrix $A(x) = \big(a_{ij}(x)\big)$ und Störfunktion $\vec{r}(x)$. Jede AWA mit $\vec{y}(x_0) = \vec{y}_0$ für $x_0 \in I$ ist eindeutig lösbar.

Die Lösungsgesamtheit der "zugehörigen homogenen" DGL

$$\text{(H)} \quad \boxed{\vec{y}' = A(x)\vec{y}}$$

ist ein n–dimensionaler Vektorraum. Es gibt n Basislösungen $\vec{y}_1, \ldots, \vec{y}_n$ von (H) und jede Lösung $\vec{y}_H$ von (H) lässt sich als Linearkombination der $\vec{y}_k$ darstellen:

$$\vec{y}_H(x) = c_1\vec{y}_1(x) + \ldots + c_n\vec{y}_n(x).$$

Man fasst n Lösungen zu einer Lösungsmatrix $Y = (\vec{y}_1, \ldots, \vec{y}_n)$ zusammen.

Mit $\vec{c} = \begin{pmatrix} c_1 \\ \vdots \\ c_n \end{pmatrix}$ gilt dann: $\vec{y}_H = (\vec{y}_1, \ldots, \vec{y}_n) \cdot \begin{pmatrix} c_1 \\ \vdots \\ c_n \end{pmatrix} = Y \cdot \vec{c}.$

Die Lösungsgesamtheit von (I) ist – wie bei linearen DGLn – die Summe einer speziellen Lösung von (I) und der Lösungsgesamtheit von (H):

$$\begin{aligned} \vec{y}(x) &= \vec{y}_S(x) + & \vec{y}_H(x) \\ &= \vec{y}_S(x) + & Y(x) \cdot \vec{c} \\ &= \vec{y}_S(x) + c_1\vec{y}_1(x) + \ldots + c_n\vec{y}_n(x). \end{aligned}$$

Homogene lineare Systeme, Wronski–Determinante

Sind $\vec{f}_1(x), \ldots, \vec{f}_n(x)$ Vektorfunktionen, so heißt $W(x) = \left| \vec{f}_1(x), \vec{f}_2(x), \ldots, \vec{f}_n(x) \right|$
Wronski–Determinante von $\vec{f}_1, \ldots, \vec{f}_n$.

> $\vec{f}_1, \ldots, \vec{f}_n$ sind auf einem Intervall I linear unabhängig, falls ihre
> Wronski–Determinante $W(x) \neq 0$ für (mindestens) ein $x \in I$ ist.

16.67 *Man untersuche auf lineare Unabhängigkeit:* $\vec{y}_1 = \begin{pmatrix} e^x \\ e^{-x} \end{pmatrix}$, $\vec{y}_2 = \begin{pmatrix} \cosh x \\ \sinh x \end{pmatrix}$.

$$W(x) = \begin{vmatrix} e^x & \cosh x \\ e^{-x} & \sinh x \end{vmatrix} = \ldots = \cosh 2x.$$

Ist I ein Intervall, so ist $W(x) \neq 0$ für (mindestens) ein $x \in I$, also sind $\vec{y}_1, \vec{y}_2$
auf jedem Intervall linear unabhängig.

Die Bedingung $W(x) \neq 0$ ist hinreichend aber nicht notwendig für die lineare
Unabhängigkeit, wie folgendes Beispiel zeigt:

16.68 $\vec{y}_1 = \begin{pmatrix} 1 \\ x \end{pmatrix}$, $\vec{y}_2 = \begin{pmatrix} x \\ x^2 \end{pmatrix}$ *sind linear unabhängig, jedoch ist* $W(x) = 0$.

$$W(x) = |\vec{y}_1, \vec{y}_2| = \begin{vmatrix} 1 & x \\ x & x^2 \end{vmatrix} = 0; \text{ dennoch sind } \vec{y}_1, \vec{y}_2 \text{ linear unabhängig:}$$

$$a\vec{y}_1 + b\vec{y}_2 = a\begin{pmatrix} 1 \\ x \end{pmatrix} + b\begin{pmatrix} x \\ x^2 \end{pmatrix} = \begin{pmatrix} a + bx \\ ax + bx^2 \end{pmatrix} \equiv \begin{pmatrix} 0 \\ 0 \end{pmatrix} \implies a = b = 0.$$

Für Lösungen eines homogenen linearen DGL–Systems ist die Bedingung, dass
die Wronski–Determinante $W(x) \neq 0$ ist, jedoch notwendig und hinreichend:

Wronski Determinante der Lösungen einer hom. linearen DGL

Sind $\vec{y}_1, \ldots, \vec{y}_n$ Lösungen des hom. DGL–Systems $\boxed{\vec{y}' = A(x)\vec{y}}$, so gilt:

$$\vec{y}_1, \ldots, \vec{y}_n \text{ sind Basislösung der DGL}$$
$$\longleftrightarrow$$
$$W(x) \neq 0 \text{ für ein } x \in I.$$

Die Wronski–Determinante $W(x)$ genügt der DGL

$$W'(x) = \text{spur}\big(A(x)\big) \cdot W(x) \text{ , so dass}$$

$$W(x) = W(x_0) \cdot \exp\left(\int_{x_0}^{x} \text{spur}\big(A(t)\big)\, dt \right) \text{ ist für ein } x_0 \in I.$$

16.69   Man bestimme ein homogenes lineares DGL–System $\vec{y}\,' = A(x)\vec{y}$, das

$$\vec{y}_1 = \begin{pmatrix} 1 \\ x \end{pmatrix} \text{ und } \vec{y}_2 = \begin{pmatrix} x \\ x^2 + x \end{pmatrix} \text{ als Basislösung hat.}$$

$\vec{y}_1, \vec{y}_2$ genügen einer DGL $\vec{y}\,' = A(x)\vec{y} \iff (\vec{y}_1{}', \vec{y}_2{}') = A(\vec{y}_1, \vec{y}_2),\ A = A(x)$

$$\iff \begin{pmatrix} 0 & 1 \\ 1 & 2x+1 \end{pmatrix} = A \begin{pmatrix} 1 & x \\ x & x^2+x \end{pmatrix}$$

$$\iff A = \begin{pmatrix} 0 & 1 \\ 1 & 2x+1 \end{pmatrix} \cdot \begin{pmatrix} 1 & x \\ x & x^2+x \end{pmatrix}^{-1}, \text{ für det} \begin{pmatrix} 1 & x \\ x & x^2+x \end{pmatrix} = x \neq 0.$$

$$\iff A = \begin{pmatrix} 0 & 1 \\ 1 & 2x+1 \end{pmatrix} \cdot \frac{1}{x} \begin{pmatrix} x^2+x & -x \\ -x & 1 \end{pmatrix} = \underline{\begin{pmatrix} -1 & \frac{1}{x} \\ -x & 1+\frac{1}{x} \end{pmatrix}}.$$

Das homogene lineare DGL–System mit der o.a. Basislösung lautet:

$$\vec{y}\,' = A\vec{y} \iff \begin{pmatrix} y_1' \\ y_2' \end{pmatrix} = A \begin{pmatrix} y_1 \\ y_2 \end{pmatrix} \iff \begin{matrix} y_1{}' = -y_1 + \frac{1}{x}y_2 \\ y_2{}' = -xy_1 + (1+\frac{1}{x})y_2 \end{matrix}$$

Die Lösungsgesamtheit ist ein 2–dimensionaler Vektorraum.

Wegen $W(x) = \begin{vmatrix} 1 & x \\ x & x^2 + x \end{vmatrix} = x$ sind $\vec{y}_1, \vec{y}_2$ linear unabhängig und bilden ein

Fundamentalsystem (Basislösung) der DGL $\vec{y}\,' = A\vec{y}$ auf Intervallen I mit $0 \notin I$.

Gesamtlösung ist dort:

$$\vec{y} = c_1 \begin{pmatrix} 1 \\ x \end{pmatrix} + c_2 \begin{pmatrix} x \\ x^2 + x \end{pmatrix}, \quad c_1, c_2 \in \mathbb{R}.$$

D'Alembertsches Reduktionsverfahren für Systeme

$\boxed{\vec{y}\,' = A\vec{y}}$ homogenes lineares DGL–System 1–ter Ordnung.

(1) $\vec{y}_1$ sei eine Lösung.

(2)   **Ansatz** $\vec{y}_2(x) = s(x)\vec{y}_1(x) + \vec{z}(x)$ mit

$s(x)$: reelle Funktion,
$z(x) := \big(z_1(x), z_2(x), \ldots, z_n(x)\big)$.
In $\vec{z}$ ist eine Koordinate als 0 zu wählen,
für die die entsprechende Koordinate bei $\vec{y}_1$ nicht verschwindet,
also z.B. $\vec{z} = (0, z_2, \ldots, z_n)$, falls $y_{11}(x) \not\equiv 0$ ist.

(3)   Einsetzen von $\vec{y}_2$ in die DGL ergibt $s'\vec{y}_1 + \vec{z}\,' = A\vec{z}$.

Mittels der 1. Koordinate wird s' in den übrigen eliminiert und
es bleibt ein DGL–System $(n-1)$–ter Ordnung für $(z_2, \ldots, z_n)$.

Findet man eine Lösung, bestimmt man $s(x)$ durch Integration
und erhält schließlich $\vec{y}_2$, eine von $\vec{y}_1$ linear unabhängige Lösung.

16.70

$$\vec{y}' = \begin{pmatrix} x & -x^2 \\ 1 & 2x \end{pmatrix} \frac{1}{x^2}\vec{y}, \quad x > 0$$

Man zeige, dass $\vec{y}_1 = \begin{pmatrix} x^2 \\ -x \end{pmatrix}$ eine Lösung ist und ermittle eine Lösungsbasis der DGL.

(1) $\vec{y}_1' = \begin{pmatrix} 2x \\ -1 \end{pmatrix} \overset{!}{=} \begin{pmatrix} x & -x^2 \\ 1 & 2x \end{pmatrix} \frac{1}{x^2} \begin{pmatrix} x^2 \\ -x \end{pmatrix} = \begin{pmatrix} x + x \\ 1 - 2 \end{pmatrix} = \begin{pmatrix} 2x \\ -1 \end{pmatrix} \implies \vec{y}_1$ ist Lösung.

(2) Reduktionsverfahren: Ansatz $\vec{y}_2(x) = s(x)\begin{pmatrix} x^2 \\ -x \end{pmatrix} + \begin{pmatrix} 0 \\ z(x) \end{pmatrix}$.

(3) Einsetzen: $s'(x)\begin{pmatrix} x^2 \\ -x \end{pmatrix} + \begin{pmatrix} 0 \\ z'(x) \end{pmatrix} = \begin{pmatrix} -z \\ \frac{2}{x}z \end{pmatrix}$.

Die erste Koordinate ergibt $\qquad s'(x) = -\dfrac{1}{x^2}z$.

Die zweite Koordinate liefert damit $\quad z'(x) = \dfrac{2}{x}z - \dfrac{1}{x}z = \dfrac{1}{x}z$.

Das reduzierte System ist also die DGL $\boxed{z' = \dfrac{1}{x}z}$.

T.d.V. liefert eine Lösung: $z = x$.

Man berechnet nun $s'(x) = -\dfrac{1}{x^2}x = -\dfrac{1}{x} \implies s(x) = -\ln x$ und erhält

$\vec{y}_2(x) = \begin{pmatrix} -x^2\ln x \\ x\ln x + x \end{pmatrix}$.

$\vec{y}_1, \vec{y}_2$ ist eine Lösungsbasis, die Lösungsgesamtheit lautet:

$$\vec{y} = c_1\vec{y}_1 + c_2\vec{y}_2 = (\vec{y}_1, \vec{y}_2)\begin{pmatrix} c_1 \\ c_2 \end{pmatrix} = \underline{\underline{\begin{pmatrix} x^2 & -x^2\ln x \\ -x & x\ln x + x \end{pmatrix}\begin{pmatrix} c_1 \\ c_2 \end{pmatrix}}}, \quad c_1, c_2 \in \mathbb{R}.$$

Inhomogene lineare DGL–Systeme

Die Lösungsgesamtheit eines linearen DGL–Systems $\quad \vec{y}' = A(x)\vec{y} + \vec{r}(x) \quad$ ist

$$\vec{y} = \vec{y}_S + \vec{y}_H$$

Dabei ist $\quad \vec{y}_H$ die Lösungsgesamtheit des homogenen DGL–Systems,

$\vec{y}_S$ eine Lösung des inhomogenen DGL–Systems:

Kennt man die Lösungen $\vec{y}_H = c_1\vec{y}_1 + \cdots + c_n\vec{y}_n$ des homogenen DGL–Systems, so lässt sich eine spezielle Lösung des inhomogenen DGL–Systems $\vec{y}_S$ durch die Methode "Variation der Konstanten" berechnen:

Lineares DGL–System : Variation der Konstanten

$$\boxed{\vec{y}' = A\vec{y} + \vec{r}}$$

Ist die Gesamtlösung des zugehörigen homogenen Systems gegeben durch

$$\vec{y}_H = c_1\vec{y}_1 + \ldots + c_n\vec{y}_n$$

$$= Y \begin{pmatrix} c_1 \\ \vdots \\ c_n \end{pmatrix}, \qquad \text{mit Lösungsmatrix} \qquad Y = (\vec{y}_1, \ldots, \vec{y}_n)$$

dann gibt es eine spezielle Lösung des inhom. DGL–Systems von der Form

$$\vec{y}_S = c_1(x)y_1 + \ldots + c_n(x)y_n$$

$$= Y \begin{pmatrix} c_1(x) \\ \vdots \\ c_n(x) \end{pmatrix}$$

Man ersetzt also die Konstanten $c_1, \ldots, c_n$ in $\vec{y}_H$ durch Funktionen $c_1(x), \ldots, c_n(x)$.

Die Ableitungen der Koeffizientenfunkt. $c_1', \ldots, c_n'$ bestimmt man aus dem LGS:

$$Y \begin{pmatrix} c_1' \\ \vdots \\ c_n' \end{pmatrix} = \vec{r}, \quad c_1, \ldots, c_n \text{ erhält man durch Integration.}$$

16.71   *Man löse das inhomogene lineare DGL–System:*

$$\boxed{\vec{y}' = \begin{pmatrix} x & -x^2 \\ 1 & 2x \end{pmatrix} \frac{1}{x^2}\vec{y} + \begin{pmatrix} x^2 \\ \frac{1}{x} \end{pmatrix}, \quad x > 0}.$$

(H) $Y = \begin{pmatrix} x^2 & -x^2 \ln x \\ -x & x(1 + \ln x) \end{pmatrix}$ ist Fundamentalmatrix (Lösungsbasis) und

$$\vec{y}_H = Y \begin{pmatrix} c_1 \\ c_2 \end{pmatrix} = c_1 \begin{pmatrix} x^2 \\ -x \end{pmatrix} + c_2 \begin{pmatrix} -x^2 \ln x \\ x(1 + \ln x) \end{pmatrix} \qquad \begin{array}{l}\text{ist Gesamtlösung des zugehörigen} \\ \text{hom. DGL–Systems, [16.70].}\end{array}$$

(I)   Der Ansatz $\vec{y}_S = Y \cdot \begin{pmatrix} c_1(x) \\ c_2(x) \end{pmatrix} = c_1(x) \begin{pmatrix} x^2 \\ -x \end{pmatrix} + c_2(x) \begin{pmatrix} -x^2 \ln x \\ x(1 + \ln x) \end{pmatrix}$

führt auf folgendes LGS für $\vec{c}\,'(x) = \begin{pmatrix} c_1'(x) \\ c_2'(x) \end{pmatrix}$:

c_1'	c_2'	$\vec{r}(x)$	Regie
x^2	$-x^2 \ln x$	x^2	$\cdot 1$
$-x$	$x(1 + \ln x)$	$\frac{1}{x}$	$\cdot x$
0	x^2	$x^2 + 1$	

$\Longrightarrow \quad c_2' = 1 + \dfrac{1}{x^2},$

$\qquad\quad c_1' = 1 + (1 + \dfrac{1}{x^2}) \ln x.$

Integration liefert: $c_2 = x - \dfrac{1}{x}, \quad c_1 = (x - \dfrac{1}{x}) \ln x - \dfrac{1}{x}.$

$\Longrightarrow \vec{y}_S = (\vec{y}_1, \vec{y}_2) \begin{pmatrix} c_1 \\ c_2 \end{pmatrix}$

$= ((x - \tfrac{1}{x}) \ln x - \tfrac{1}{x}) \begin{pmatrix} x^2 \\ -x \end{pmatrix} + (x - \tfrac{1}{x}) \begin{pmatrix} -x^2 \ln x \\ x(1 + \ln x) \end{pmatrix} = \begin{pmatrix} -x \\ x^2 \end{pmatrix}$

Gesamtlösung: $\vec{y} = \vec{y}_S + \vec{y}_H = \underline{\begin{pmatrix} -x \\ x^2 \end{pmatrix} + c_1 \begin{pmatrix} x^2 \\ -x \end{pmatrix} + c_2 \begin{pmatrix} -x^2 \ln x \\ x(1 + \ln x) \end{pmatrix}}.$

16.72   Man löse das System $\boxed{\vec{y}\,' = \dfrac{1}{2x} \begin{pmatrix} -1 & \frac{1}{x} \\ x & 1 \end{pmatrix} \vec{y} + \begin{pmatrix} x \\ x^2 \end{pmatrix}, \quad x > 0}.$

Hinweis: $\underline{\vec{y}_1 = \begin{pmatrix} 1 \\ x \end{pmatrix}}$ ist eine Lösung des homogenen Systems.

1. Lösungsmöglichkeit:

(a)   Bestimmung einer zweiten Basislösung (d'Alembertsches Reduktionsverfahren):

Ansatz: $\vec{y} = s(x) \begin{pmatrix} 1 \\ x \end{pmatrix} + \begin{pmatrix} 0 \\ z(x) \end{pmatrix}.$ Einsetzen in die <u>homogene</u> DGL ergibt

$s'(x) \begin{pmatrix} 1 \\ x \end{pmatrix} + \begin{pmatrix} 0 \\ z'(x) \end{pmatrix} = \dfrac{1}{2x} \begin{pmatrix} \frac{1}{x} z(x) \\ z(x) \end{pmatrix}.$

$(i) \qquad\quad s'(x) = \dfrac{1}{2x^2} z(x)$ $\left.\vphantom{\begin{matrix} a \\ b \end{matrix}}\right\}$ $\longrightarrow z'(x) = \dfrac{1}{2x} z(x) - \dfrac{1}{2x} z(x) = 0.$

$(ii) \quad s'(x)x + z'(x) = \dfrac{1}{2x} z(x)$

Eine Lösung ist $\underline{z(x) = 1}$. Aus (i) folgt dann $s'(x) = \dfrac{1}{2x^2} \Longrightarrow s(x) = -\dfrac{1}{2x}.$

$\Longrightarrow \vec{y} = -\dfrac{1}{2x} \begin{pmatrix} 1 \\ x \end{pmatrix} + \begin{pmatrix} 0 \\ 1 \end{pmatrix} = \begin{pmatrix} -\frac{1}{2x} \\ -\frac{1}{2} + 1 \end{pmatrix} = -\dfrac{1}{2} \begin{pmatrix} \frac{1}{x} \\ -1 \end{pmatrix},$ sei $\underline{\vec{y}_2 = \begin{pmatrix} \frac{1}{x} \\ -1 \end{pmatrix}}.$

$Y = (\vec{y}_1, \vec{y}_2) = \begin{pmatrix} 1 & \frac{1}{x} \\ x & -1 \end{pmatrix}$ ist eine Fundamentalmatrix des zugehörigen homogenen Systems.

(b)   Bestimmung einer speziellen Lösung durch Variation der Konstanten:

Ansatz: $\vec{y}_S = c_1(x) \begin{pmatrix} 1 \\ x \end{pmatrix} + c_2(x) \begin{pmatrix} \frac{1}{x} \\ -1 \end{pmatrix}$ führt auf das LGS für c_1', c_2':

c_1'	c_2'	$\vec{r}(x)$	Regie
1	$\frac{1}{x}$	x	x
x	-1	x^2	1
$2x$	0	$2x^2$	

$\implies \begin{aligned} c_1' &= x \\ c_2' &= 0 \end{aligned} \implies \begin{aligned} c_1(x) &= \tfrac{1}{2}x^2 \\ c_2(x) &= 0 \end{aligned}$

$\implies \vec{y}_S = \tfrac{1}{2}x^2 \begin{pmatrix} 1 \\ x \end{pmatrix} = \tfrac{1}{2} \begin{pmatrix} x^2 \\ x^3 \end{pmatrix}$

Man erhält die Gesamtlösung: $\vec{y} = \tfrac{1}{2} \begin{pmatrix} x^2 \\ x^3 \end{pmatrix} + c_1 \begin{pmatrix} 1 \\ x \end{pmatrix} + c_2 \begin{pmatrix} \frac{1}{x} \\ -1 \end{pmatrix}$.

2. Lösungsmöglichkeit:

Nach Kenntnis einer ersten Basislösung $\vec{y}_1 = \begin{pmatrix} 1 \\ x \end{pmatrix}$ des homogenen Systems soll nun der d'Alembertsche Reduktionsansatz in die <u>inhomogene</u> DGL eingesetzt werden, vergleiche [16.46]:

$$s'(x) \begin{pmatrix} 1 \\ x \end{pmatrix} + \begin{pmatrix} 0 \\ z'(x) \end{pmatrix} = \frac{1}{2x} \begin{pmatrix} \frac{1}{x} z(x) \\ z(x) \end{pmatrix} + \begin{pmatrix} x \\ x^2 \end{pmatrix}.$$

$(i) \qquad\quad s'(x) = \frac{1}{2x^2} z(x) + x$

$(ii)\ \ s'(x)x + z'(x) = \frac{1}{2x} z(x) + x^2$

$\left. \right\} \implies z'(x) = \frac{1}{2x}z(x) + x^2 - (\frac{1}{2x}z(x) + x^2) = 0.$

$\implies z(x) = k, \ k$ beliebig.

Aus (i) folgt dann $s'(x) = \frac{k}{2x^2} + x \implies s(x) = -\frac{k}{2x} + \frac{1}{2}x^2$.

$\implies \vec{y} = (-\frac{k}{2x} + \frac{1}{2}x^2) \begin{pmatrix} 1 \\ x \end{pmatrix} + \begin{pmatrix} 0 \\ k \end{pmatrix} = -\frac{1}{2}k \begin{pmatrix} \frac{1}{x} \\ -1 \end{pmatrix} + \frac{1}{2} \begin{pmatrix} x^2 \\ x^3 \end{pmatrix}$.

Man erhält also $-\frac{1}{2}k \begin{pmatrix} \frac{1}{x} \\ -1 \end{pmatrix}$ als zweite Basislösung und $\frac{1}{2} \begin{pmatrix} x^2 \\ x^3 \end{pmatrix}$ als spezielle Lösung. Dies ist weniger aufwendig, als (a) und (b) abzuarbeiten.

16.13 Lineare Systeme mit konstanten Koeffizienten

16.13.1 Homogene lineare Systeme mit konstanten Koeffizienten

---

Homogenes lineares System mit konstanten Koeffizienten

$$(H) \quad \boxed{\vec{y}' = A \cdot \vec{y}} \quad A = (a_{ij}) \text{ ist } (n,n)\text{–Matrix.}$$

Der **Ansatz** $\vec{y} = \vec{c}\,\mathrm{e}^{\lambda x}$

führt auf $(A - \lambda E)\vec{c} = \vec{0}$, d.h. λ ist Eigenwert und $\vec{c} \neq \vec{0}$ Eigenvektor von A.

Ist λ k–facher Eigenwert von A, gibt es k zugehörige Basislösungen von (H).

Fall 1: Der zu λ gehörige Eigenraum ist k–dimensional mit Basisvektoren $\vec{c}_1, \ldots, \vec{c}_k$.

Basislösungen von (H) sind $\vec{c}_1 \mathrm{e}^{\lambda x}, \ldots, \vec{c}_k \mathrm{e}^{\lambda x}$.

Fall 2: Der zu λ gehörige Eigenraum ist nur l–dimensional mit $l < k$ und Basisvektoren $\vec{c}_1, \ldots, \vec{c}_l$.

Die fehlenden Basislösungen von (H) erhält man durch den Ansatz

$$\vec{y} = \vec{p}(x)\mathrm{e}^{\lambda x} \text{ mit } \vec{p}(x) = \begin{pmatrix} p_1(x) \\ \vdots \\ p_n(x) \end{pmatrix}, \quad \begin{array}{l} p_1, \ldots, p_n \\ \text{Polynome vom Grad } k - l. \end{array}$$

Bei komplexem Eigenwert $\lambda = a + bi$ rechnet man komplex. Real– und Imaginärteil einer komplexen Basislösung sind reelle Basislösungen.

16.73

Man löse das homogene DGL–System $\boxed{\vec{y}' = \begin{pmatrix} 3 & 2 \\ 2 & 3 \end{pmatrix} \vec{y}}$

Charakt. Gleichung: $\begin{vmatrix} 3 - \lambda & 2 \\ 2 & 3 - \lambda \end{vmatrix} = \lambda^2 - 6\lambda + 5 = (\lambda - 1)(\lambda - 5) = 0.$

$\implies \lambda_1 = 1,\ \lambda_2 = 5$ sind die Eigenwerte.

Eigenvektor zu $\lambda_1 = 1$: $\begin{pmatrix} 2 & 2 \\ 2 & 2 \end{pmatrix} \vec{c} = \vec{0} \implies \vec{c}_1 = \begin{pmatrix} -1 \\ 1 \end{pmatrix}$ ist EV.

Eigenvektor zu $\lambda_2 = 5$: $\begin{pmatrix} -2 & 2 \\ 2 & -2 \end{pmatrix} \vec{c} = \vec{0} \longrightarrow \vec{c}_2 = \begin{pmatrix} 1 \\ 1 \end{pmatrix}$ ist EV.

Lösungsbasis von (H) ist $\vec{y}_1 = \begin{pmatrix} -1 \\ 1 \end{pmatrix} \mathrm{e}^x,\ \vec{y}_2 = \begin{pmatrix} 1 \\ 1 \end{pmatrix} \mathrm{e}^{5x}.$

Lösung der DGL : $\vec{y} = c_1 \begin{pmatrix} -1 \\ 1 \end{pmatrix} \mathrm{e}^x + c_2 \begin{pmatrix} 1 \\ 1 \end{pmatrix} \mathrm{e}^{5x} = \begin{pmatrix} c_1 \mathrm{e}^x + c_2 \mathrm{e}^{5x} \\ c_1 \mathrm{e}^x + c_2 \mathrm{e}^{5x} \end{pmatrix}, c_i \in \mathrm{I\!R}.$

16.74   *Man löse das DGL–System* $\vec{y}' = \begin{pmatrix} -3 & 1 \\ -4 & 1 \end{pmatrix} \vec{y}$

Char. Gleichung ist $\lambda^2 + 2\lambda + 1 = 0 \implies \lambda_1 = -1$ ist zweifacher Eigenwert.
Der Eigenraum zu $\lambda_1 = -1$, d.h. die Lösung des LGS

$(A + E)\vec{c} = \begin{pmatrix} -2 & 1 \\ -4 & 2 \end{pmatrix} \vec{c} = \vec{0}$ ist eindimensional. Ein Basisvektor ist $\vec{c}_1 = \begin{pmatrix} 1 \\ 2 \end{pmatrix}$.

Die zu $\vec{c}_1$ gehörige Basislösung der DGL ist $\vec{y}_1 = \begin{pmatrix} 1 \\ 2 \end{pmatrix} e^{-x}$.

Eine weitere Basislösung ergibt der Ansatz $\vec{y} = (\vec{a}x + \vec{b})e^{-x}$.

Einsetzen in die DGL $\vec{y}' = A\vec{y}$ liefert $(\vec{a} - \vec{a}x - \vec{b})e^{-x} = A(\vec{a}x + \vec{b})e^{-x}$.

Ein Koeffizientenvergleich ergibt $-\vec{a} = A\vec{a}$ d.h. $(A + E)\vec{a} = \vec{0}$, und $(A + E)\vec{b} = \vec{a}$.

Nach der ersten Gleichung ist $\vec{a}$ ein Eigenvektor von A zum Eigenwert -1.

Man kann $\vec{a} = \vec{c}_1 = \begin{pmatrix} 1 \\ 2 \end{pmatrix}$ nehmen.

Die zweite Gleichung $\begin{pmatrix} -2 & 1 \\ -4 & 2 \end{pmatrix} \vec{b} = \begin{pmatrix} 1 \\ 2 \end{pmatrix}$ ist dann für z.B. $\vec{b} = \begin{pmatrix} -1 \\ -1 \end{pmatrix}$ erfüllt.

Als zweite Basislösung erhält man $\vec{y}_2 = (\begin{pmatrix} 1 \\ 2 \end{pmatrix} x + \begin{pmatrix} -1 \\ -1 \end{pmatrix})e^{-x} = \begin{pmatrix} x - 1 \\ 2x - 1 \end{pmatrix} e^{-x}$.

Die Gesamtlösung ist also $\vec{y} = c_1 \begin{pmatrix} 1 \\ 2 \end{pmatrix} e^{-x} + c_2 \begin{pmatrix} x - 1 \\ 2x - 1 \end{pmatrix} e^{-x}$, $c_i \in \mathbb{R}$.

16.75   *Man löse das DGL–System* $\vec{y}' = \begin{pmatrix} 2 & 0 \\ 0 & 2 \end{pmatrix} \vec{y}$

Die charakteristische Gleichung ist $\begin{vmatrix} 2 - \lambda & 0 \\ 0 & 2 - \lambda \end{vmatrix} = (2 - \lambda)^2 = 0$.

Eigenwert ist $\lambda_{1,2} = 2$ (zweifach!).

Eigenvektoren zu $\lambda = 2$: $(A - 2E)\vec{c} = \begin{pmatrix} 0 & 0 \\ 0 & 0 \end{pmatrix} \vec{c} = \vec{0}$.

Der Eigenraum ist 2–dim. mit $\vec{c}_1 = \begin{pmatrix} 1 \\ 0 \end{pmatrix}$, $\vec{c}_2 = \begin{pmatrix} 0 \\ 1 \end{pmatrix}$ als Basis.

Basislösungen des DGL–Systems sind $\vec{y}_1 = \begin{pmatrix} 1 \\ 0 \end{pmatrix} e^{2x}$, $\vec{y}_2 = \begin{pmatrix} 0 \\ 1 \end{pmatrix} e^{2x}$.

Die Gesamtlösung ist $\vec{y} = c_1 \begin{pmatrix} 1 \\ 0 \end{pmatrix} e^{2x} + c_2 \begin{pmatrix} 0 \\ 1 \end{pmatrix} e^{2x} = \begin{pmatrix} c_1 \\ c_2 \end{pmatrix} e^{2x}$, $c_i \in \mathbb{R}$.

16.76   *Man löse das DGL–System* $\quad \boxed{\vec{y}\,' = \begin{pmatrix} 3 & -5 \\ 2 & 1 \end{pmatrix} \vec{y}}$

Die charakteristische Gleichung ist $\begin{vmatrix} 3 - \lambda & -5 \\ 2 & 1 - \lambda \end{vmatrix} = \lambda^2 - 4\lambda + 13 = 0$.

Die Eigenwerte sind $\lambda_{1,2} = 2 \pm 3i$.

Bestimmung eines komplexen Eigenvektors zu $\lambda = 2 + 3i$:

$\begin{pmatrix} 1 - 3i & -5 \\ 2 & -1 - 3i \end{pmatrix} \vec{c} = \vec{0}$. Die Zeilen sind linear abhängig! Aus der ersten Zeile

folgt: $\quad (1 - 3i)c_1 - 5c_2 = 0 \implies \vec{c} = \begin{pmatrix} c_1 \\ c_2 \end{pmatrix} = \begin{pmatrix} 5 \\ 1 - 3i \end{pmatrix}$ ist Eigenvektor und

$$\begin{pmatrix} 5 \\ 1 - 3i \end{pmatrix} e^{(2+3i)x} = (\begin{pmatrix} 5 \\ 1 \end{pmatrix} + \begin{pmatrix} 0 \\ -3 \end{pmatrix} i) e^{2x} (\cos 3x + i \sin 3x)$$

$$= (\begin{pmatrix} 5 \\ 1 \end{pmatrix} \cos 3x + \begin{pmatrix} 0 \\ 3 \end{pmatrix} \sin 3x) e^{2x} + i (\begin{pmatrix} 0 \\ -3 \end{pmatrix} \cos 3x + \begin{pmatrix} 5 \\ 1 \end{pmatrix} \sin 3x) e^{2x}$$

ist eine komplexe Lösung des DGL–Systems.

Real– und Imaginärteil der komplexen Lösung sind reelle Basislösungen.

$$\underline{\vec{y}_1 = (\begin{pmatrix} 5 \\ 1 \end{pmatrix} \cos 3x + \begin{pmatrix} 0 \\ 3 \end{pmatrix} \sin 3x) e^{2x}} \quad \text{und} \quad \underline{\vec{y}_2 = (\begin{pmatrix} 0 \\ -3 \end{pmatrix} \cos 3x + \begin{pmatrix} 5 \\ 1 \end{pmatrix} \sin 3x) e^{2x}}.$$

Gesamtlösung: $\underline{\underline{\vec{y} = (c_1 \begin{pmatrix} 5 \cos 3x \\ \cos 3x + 3 \sin 3x \end{pmatrix} + c_2 \begin{pmatrix} 5 \sin 3x \\ -3 \cos 3x + \sin 3x \end{pmatrix}) e^{2x}}}$, $c_i \in \mathbb{R}$.

Es sei $\vec{y}\,' = A\vec{y}$ ein DGL–System[1] mit einer konstanten $(3,3)$–Matrix A.

Die folgenden Beispiele behandeln die unterschiedlichen Möglichkeiten, die sich aus der Art der Eigenwerte und den Dimensionen der zugehörigen Eigenräume ergeben:

Eigenwerte von A	Dimension der Eigenräume	behandelt in	auf Seite
$\lambda_1, \lambda_2, \lambda_3$	1, 1, 1	[16.77]	472
$\lambda_1, \lambda_{2,3} \in \mathbb{R}$	1, 2	[16.78]	472
$\lambda_1, \lambda_{2,3} \in \mathbb{R}$	1, 1	[16.79]	473
$\lambda_{1,2,3}$	3	[16.114]	482, 484
$\lambda_{1,2,3}$	2	[16.80]	473
$\lambda_{1,2,3}$	1	[16.81]	474
$\lambda_1, \lambda_{2,3} \in \mathbb{C}$	1, 1, 1	[16.82]	475

---

[1]Statt DGL–System sagt man auch kurz DGL.

16.77   *Man löse das DGL–System* $\vec{y}' = \begin{pmatrix} 7 & -3 & 21 \\ 2 & -1 & 6 \\ -1 & 0 & -3 \end{pmatrix} \vec{y}$

Die charakteristische Gleichung von A lautet:

$$|A - \lambda E| = \begin{vmatrix} 7 - \lambda & -3 & 21 \\ 2 & -1 - \lambda & 6 \\ -1 & 0 & -3 - \lambda \end{vmatrix} = -\lambda^3 + 3\lambda^2 - 2\lambda = \lambda(\lambda - 1)(\lambda - 2) = 0$$

$\lambda_1 = 0$, $\lambda_2 = 1$, $\lambda_3 = 2$ sind einfache Eigenwerte.
Die zugehörigen Eigenräume sind folglich eindimensional und man erhält:

$\lambda_1 = 0 : (A - 0E)\vec{c} = \vec{0} \implies \vec{c} = \begin{pmatrix} -3 \\ 0 \\ 1 \end{pmatrix}$ ist ein Eigenvektor zum EW 0.

$\lambda_2 = 1 : (A - 1E)\vec{c} = \vec{0} \implies \vec{c} = \begin{pmatrix} -4 \\ -1 \\ 1 \end{pmatrix}$ ist ein Eigenvektor zum EW 1.

$\lambda_3 = 2 : (A - 2E)\vec{c} = \vec{0} \implies \vec{c} = \begin{pmatrix} -15 \\ -4 \\ 3 \end{pmatrix}$ ist ein Eigenvektor zum EW 2.

Lösungsbasis der DGL: $\vec{y_1} = \begin{pmatrix} -3 \\ 0 \\ 1 \end{pmatrix}$, $\vec{y_2} = \begin{pmatrix} -4 \\ -1 \\ 1 \end{pmatrix} e^x$, $\vec{y_3} = \begin{pmatrix} -15 \\ -4 \\ 3 \end{pmatrix} e^{2x}$.

Die Gesamtlösung ist $\vec{y} = c_1 \vec{y_1} + c_2 \vec{y_2} + c_3 \vec{y_3}$, $c_i \in \mathbb{R}$.

16.78   *Man löse das DGL–System* $\vec{y}' = \begin{pmatrix} 0 & 4 & -3 \\ 1 & -3 & 3 \\ 1 & -4 & 4 \end{pmatrix} \vec{y}$

Char. Gleichung: $-\lambda^3 + \lambda^2 + \lambda - 1 = 0 \implies$ Eigenwerte: $\lambda_1 = -1$, $\lambda_{2,3} = 1$.

Eigenvektor zu $\lambda_1 = -1$ ist $\vec{c_1} = \begin{pmatrix} -1 \\ 1 \\ 1 \end{pmatrix}$, Basislösung ist $\vec{y_1} = \begin{pmatrix} -1 \\ 1 \\ 1 \end{pmatrix} e^{-x}$.

Eigenvektoren zu $\lambda_{2,3} = 1$: Der zugehörige Eigenraum ist 2–dimensional mit
Basisvektoren $\vec{c_2} = \begin{pmatrix} 4 \\ 1 \\ 0 \end{pmatrix}$, $\vec{c_3} = \begin{pmatrix} -3 \\ 0 \\ 1 \end{pmatrix}$.

Zugehörige Basislösungen: $\vec{y_2} = \begin{pmatrix} 4 \\ 1 \\ 0 \end{pmatrix} e^x$, $\vec{y_3} = \begin{pmatrix} -3 \\ 0 \\ 1 \end{pmatrix} e^x$.

Die Gesamtlösung ist $\vec{y} = c_1 \vec{y_1} + c_2 \vec{y_2} + c_3 \vec{y_3}$, $c_i \in \mathbb{R}$.

16.79   Man löse das DGL–System $\vec{y}\,' = \begin{pmatrix} 2 & 2 & 9 \\ 1 & 0 & 3 \\ 0 & -1 & -1 \end{pmatrix} \vec{y}$

Char. Gleichung: $-\lambda^3 + \lambda^2 + \lambda - 1 = 0 \implies$ Eigenwerte: $\lambda_1 = -1$, $\lambda_{2,3} = 1$.

Eigenwert	Basis des Eigenraumes	Basislösungen der DGL
$\lambda_1 = -1$	$\vec{c}_1 = \begin{pmatrix} -3 \\ 0 \\ 1 \end{pmatrix}$	$\vec{y}_1 = \begin{pmatrix} -3 \\ 0 \\ 1 \end{pmatrix} e^{-x}$
$\lambda_{2,3} = 1$	$\vec{c}_2 = \begin{pmatrix} -5 \\ -2 \\ 1 \end{pmatrix}$	$\vec{y}_2 = \begin{pmatrix} -5 \\ -2 \\ 1 \end{pmatrix} e^{x}$

Der zu $\lambda_{2,3} = 1$ gehörige Eigenraum hat nur die Dimension 1 und man erhält nur eine Basislösung.

Eine weitere Basislösung erhält man durch den Ansatz $\vec{y} = (\vec{a}x + \vec{b})e^x$:

Einsetzen in die DGL $\vec{y}\,' = A\vec{y}$ liefert $(\vec{a} + \vec{b} + \vec{a}x)e^x = A(\vec{a}x + \vec{b})e^x$.

Ein Koeffizientenvergleich ergibt $\vec{a} = A\vec{a}$ d.h. $(A - E)\vec{a} = \vec{0}$, und $(A - E)\vec{b} = \vec{a}$.
Nach der ersten Gleichung ist $\vec{a}$ ein Eigenvektor von A zum Eigenwert 1.

Man kann $\vec{a} = \vec{c}_2 = \begin{pmatrix} -5 \\ -2 \\ 1 \end{pmatrix}$ nehmen.

Die zweite Gleichung $\begin{pmatrix} 1 & 2 & 9 \\ 1 & -1 & 3 \\ 0 & -1 & -2 \end{pmatrix} \vec{b} = \begin{pmatrix} -5 \\ -2 \\ 1 \end{pmatrix}$ ist für z.B. $\vec{b} = \begin{pmatrix} -3 \\ -1 \\ 0 \end{pmatrix}$ erfüllt.

Als weitere Basislösung erhält man also $\vec{y}_3 = (\begin{pmatrix} -5 \\ -2 \\ 1 \end{pmatrix} x + \begin{pmatrix} -3 \\ -1 \\ 0 \end{pmatrix})e^x = \begin{pmatrix} -5x - 3 \\ -2x - 1 \\ x \end{pmatrix} e^x$.

Gesamtlösung : $\vec{y} = c_1 \begin{pmatrix} -3 \\ 0 \\ 1 \end{pmatrix} e^{-x} + c_2 \begin{pmatrix} -5 \\ -2 \\ 1 \end{pmatrix} e^x + c_3 \begin{pmatrix} -5x - 3 \\ -2x - 1 \\ x \end{pmatrix} e^x$, $c_i \in \mathbb{R}$.

16.80   Man löse das DGL–System $\vec{y}\,' = \begin{pmatrix} 2 & 3 & -3 \\ -5 & 6 & -5 \\ -2 & 2 & -1 \end{pmatrix} \vec{y}$

Charakt. Gleichung: $-\lambda^3 + 3\lambda^2 - 3\lambda + 1 = 0 \implies$ Eigenwerte: $\lambda_{1,2,3} = 1$.

1 ist 3–facher Eigenwert. Der zugehörige Eigenraum ist nur 2–dimensional mit

Basis $\vec{c}_1 = \begin{pmatrix} 1 \\ 1 \\ 0 \end{pmatrix}, \vec{c}_2 = \begin{pmatrix} 1 \\ 0 \\ 1 \end{pmatrix}$ und Basislösungen $\vec{y}_1 = \begin{pmatrix} 1 \\ 1 \\ 0 \end{pmatrix} e^x, \vec{y}_2 = \begin{pmatrix} -1 \\ 0 \\ 1 \end{pmatrix} e^x$.

Eine weitere Basislösung erhält man durch den Ansatz $\vec{y} = (\vec{a}x + \vec{b})e^x$.

Einsetzen in die DGL $\vec{y}' = A\vec{y}$ liefert $(\vec{a} + \vec{b} + \vec{a}x)e^x = A(\vec{a}x + \vec{b})e^x$. Ein Koeffizientenvergleich ergibt $\vec{a} = A\vec{a}$ und $(A - E)\vec{b} = \vec{a}$. Nach der ersten Gleichung ist $\vec{a}$ ein Eigenvektor von A zum Eigenwert 1. Man hat $\vec{a}$ als Linearkombination von $\vec{c}_1$ und $\vec{c}_2$ zu nehmen: $\vec{a} = r_1\vec{c}_1 + r_2\vec{c}_2 = \begin{pmatrix} r_1 - r_2 \\ r_1 \\ r_2 \end{pmatrix}$.

Die zweite Gleichung $\begin{pmatrix} -3 & 3 & -3 \\ -5 & 5 & -5 \\ -2 & 2 & -2 \end{pmatrix} \vec{b} = \begin{pmatrix} r_1 - r_2 \\ r_1 \\ r_2 \end{pmatrix}$ ist nur lösbar,

falls $\frac{r_1 - r_2}{3} = \frac{r_1}{5} = \frac{r_2}{2}$ gilt. Man kann $r_1 = 5$, $r_2 = 2$ wählen.

Es folgt zunächst $\vec{a} = \begin{pmatrix} 3 \\ 5 \\ 2 \end{pmatrix}$ und dann z.B. $\vec{b} = \begin{pmatrix} -1 \\ 0 \\ 0 \end{pmatrix}$.

Als weitere Basislösung erhält man also $\vec{y}_3 = (\begin{pmatrix} 3 \\ 5 \\ 2 \end{pmatrix} x + \begin{pmatrix} -1 \\ 0 \\ 0 \end{pmatrix})e^x = \begin{pmatrix} 3x - 1 \\ 5x \\ 2x \end{pmatrix} e^x$.

Lösung: $\vec{y} = (c_1 \begin{pmatrix} 1 \\ 1 \\ 0 \end{pmatrix} + c_2 \begin{pmatrix} -1 \\ 0 \\ 1 \end{pmatrix} + c_3 \begin{pmatrix} 3x - 1 \\ 5x \\ 2x \end{pmatrix})e^x$, $c_i \in \mathbb{R}$.

16.81   *Man löse das DGL–System* $\vec{y}' = \begin{pmatrix} 2 & 0 & 1 \\ 1 & 0 & 0 \\ -1 & 1 & 1 \end{pmatrix} \vec{y}$

Char. Gleichung: $-\lambda^3 + 3\lambda^2 - 3\lambda + 1 = 0 \implies$ Eigenwerte: $\lambda_{1,2,3} = 1$.

Der zugehörige Eigenraum ist 1–dimensional mit Basisvektor $\vec{c}_1 = \begin{pmatrix} -1 \\ -1 \\ 1 \end{pmatrix}$ und

zugehöriger Basislösung $\vec{y}_1 = \begin{pmatrix} -1 \\ -1 \\ 1 \end{pmatrix} e^x$.

Weitere Basislösungen erhält man durch den Ansatz $\vec{y} = (\vec{a}x^2 + \vec{b}x + \vec{c})e^x$.

Einsetzen in die DGL $\vec{y}' = A\vec{y} \implies (\vec{a}x^2 + (\vec{b} + 2\vec{a})x + \vec{b} + \vec{c})e^x = A(\vec{a}x^2 + \vec{b}x + \vec{c})e^x$.

Ein Koeffizientenvergleich ergibt $\vec{a} = A\vec{a}$ und $(A - E)\vec{b} = 2\vec{a}$ und $(A - E)\vec{c} = \vec{b}$.

(i) Zunächst wählt man $\vec{a} = \vec{0}$ als Lösung der 1. Gleichung $\vec{a} = A\vec{a}$.

Die 2. Gleichung $\begin{pmatrix} 1 & 0 & 1 \\ 1 & -1 & 0 \\ -1 & 1 & 0 \end{pmatrix} \vec{b} = 2\vec{a} = \begin{pmatrix} 0 \\ 0 \\ 0 \end{pmatrix}$ hat z.B. $\vec{b} = \begin{pmatrix} -1 \\ -1 \\ 1 \end{pmatrix}$ als Lösung.

Die 3. Gleichung $\begin{pmatrix} 1 & 0 & 1 \\ 1 & -1 & 0 \\ -1 & 1 & 0 \end{pmatrix} \vec{c} = \begin{pmatrix} -1 \\ -1 \\ 1 \end{pmatrix}$ hat z.B. $\vec{c} = \begin{pmatrix} -1 \\ 0 \\ 0 \end{pmatrix}$ als Lösung.

Eine zweite Basislösung ist somit $\vec{y}_2 = (\begin{pmatrix} -1 \\ -1 \\ 1 \end{pmatrix} x + \begin{pmatrix} -1 \\ 0 \\ 0 \end{pmatrix}) e^x = \begin{pmatrix} -x-1 \\ -x \\ x \end{pmatrix} e^x$.

(ii) Dann wählt man $\vec{a} = \vec{c}_1 = \begin{pmatrix} -1 \\ -1 \\ 1 \end{pmatrix}$ als Lösung der 1. Gleichung $\vec{a} = A\vec{a}$.

Die 2. Gleichung $\begin{pmatrix} 1 & 0 & 1 \\ 1 & -1 & 0 \\ -1 & 1 & 0 \end{pmatrix} \vec{b} = \begin{pmatrix} -2 \\ -2 \\ 2 \end{pmatrix}$ hat z.B. $\vec{b} = \begin{pmatrix} -2 \\ 0 \\ 0 \end{pmatrix}$ als Lösung.

Die 3. Gleichung $\begin{pmatrix} 1 & 0 & 1 \\ 1 & -1 & 0 \\ -1 & 1 & 0 \end{pmatrix} \vec{c} = \begin{pmatrix} -2 \\ 0 \\ 0 \end{pmatrix}$ hat z.B. $\vec{c} = \begin{pmatrix} -2 \\ 2 \\ 0 \end{pmatrix}$ als Lösung.

Dritte Basislösung: $\vec{y}_3 = (\begin{pmatrix} -1 \\ -1 \\ 1 \end{pmatrix} x^2 + \begin{pmatrix} -2 \\ 0 \\ 0 \end{pmatrix} x + \begin{pmatrix} -2 \\ -2 \\ 0 \end{pmatrix}) e^x = \begin{pmatrix} -x^2 - 2x - 2 \\ -x^2 - 2 \\ x^2 \end{pmatrix} e^x$.

Lösung: $\vec{y} = (c_1 \begin{pmatrix} -1 \\ -1 \\ 1 \end{pmatrix} + c_2 \begin{pmatrix} -x-1 \\ -x \\ x \end{pmatrix} + c_3 \begin{pmatrix} -x^2 - 2x - 2 \\ -x^2 - 2 \\ x^2 \end{pmatrix}) e^x$, $c_i \in \mathbb{R}$.

16.82 Man löse das DGL–System $\vec{y}' = \begin{pmatrix} 1 & -1 & -3 \\ -5 & 6 & -15 \\ -1 & 2 & -1 \end{pmatrix} \vec{y}$

Char. Gl.: $-\lambda^3 + 6\lambda^2 - 21\lambda + 26 = 0 \implies$ Eigenwerte: $\lambda_1 = 2$, $\lambda_{2,3} = 2 \pm 3i$.

Eigenvektor zum Eigenwert $\lambda_1 = 2$ ist $\vec{c}_1 = \begin{pmatrix} -3 \\ 0 \\ 1 \end{pmatrix} \implies \vec{y}_1 = \begin{pmatrix} -3 \\ 0 \\ 1 \end{pmatrix} e^{2x}$.

Bestimmung eines komplexen Eigenvektors zu $\lambda_2 = 2 + 3i$:

$(A - \lambda_2 E)\vec{c} = \vec{0} \iff \begin{pmatrix} -1 - 3i & -1 & -3 \\ -5 & 4 - 3i & -15 \\ -1 & 2 & -3 - 3i \end{pmatrix} \vec{c} = \begin{pmatrix} 0 \\ 0 \\ 0 \end{pmatrix}$.

Eine Lösung dieses komplexen LGSs ist $\vec{c} = \begin{pmatrix} -1+i \\ 1+2i \\ 1 \end{pmatrix}$.

Komplexe Basislösung: $\begin{pmatrix} -1+i \\ 1+2i \\ 1 \end{pmatrix} e^{(2+3i)x} = (\begin{pmatrix} -1 \\ 1 \\ 1 \end{pmatrix} + i \begin{pmatrix} 1 \\ 2 \\ 0 \end{pmatrix}) e^{2x} (\cos 3x + i \sin 3x)$

$$= [\begin{pmatrix} -1 \\ 1 \\ 1 \end{pmatrix} \cos 3x - \begin{pmatrix} 1 \\ 2 \\ 0 \end{pmatrix} \sin 3x + i(\begin{pmatrix} 1 \\ 2 \\ 0 \end{pmatrix} \cos 3x + \begin{pmatrix} -1 \\ 1 \\ 1 \end{pmatrix} \sin 3x)] e^{2x}$$

Reelle Basislösungen sind Real– bzw. Imaginärteil der komplexen Basislösung:

$$\vec{y_2} = (\begin{pmatrix} -1 \\ 1 \\ 1 \end{pmatrix} \cos 3x - \begin{pmatrix} 1 \\ 2 \\ 0 \end{pmatrix} \sin 3x) e^{2x} \quad , \quad \vec{y_3} = (\begin{pmatrix} 1 \\ 2 \\ 0 \end{pmatrix} \cos 3x + \begin{pmatrix} -1 \\ 1 \\ 1 \end{pmatrix} \sin 3x) e^{2x}.$$

Gesamtlösung: $\vec{y} = c_1 \vec{y_1} + c_2 \vec{y_2} + c_3 \vec{y_3}$, $c_i \in \mathbb{R}$.

16.13.2   Inhomogene lineare Systeme mit konstanten Koeffizienten

Wie bei linearen DGLn mit konstanten Koeffizienten führen auch bei linearen DGL–Systemen $\boxed{\vec{y}' = A\vec{y} + \vec{r}}$ mit konstanter Koeffizienten–Matrix A spezielle Ansätze bei bestimmten Störfunktionen

$$\vec{r}(x) = \vec{p}(x) e^{ax} \cos bx \quad \text{oder} \quad \vec{r}(x) = \vec{p}(x) e^{ax} \sin bx$$

schneller zum Ziel als Variation der Konstanten:

16.83   *Man löse die inhomogene lineare DGL mit konstanten Koeffizienten:*

$$\boxed{\vec{y}' = \begin{pmatrix} 1 & -2 \\ 1 & 4 \end{pmatrix} \vec{y} + \begin{pmatrix} -2e^x \\ -36x \end{pmatrix}}$$

Für eine spezielle Lösung $\vec{y_S}$ der inhomogenen DGL mache man einen speziellen Ansatz!

(H) Charakteristische Gleichung: $\lambda^2 - 5\lambda + 6 = (\lambda - 2)(\lambda - 3) = 0$.

$\Longrightarrow$ $\lambda_1 = 2$, $\lambda_2 = 3$ mit Eigenvektoren $\begin{pmatrix} 2 \\ -1 \end{pmatrix}$, $\begin{pmatrix} -1 \\ 1 \end{pmatrix}$.

$\Longrightarrow$ $\vec{y_H} = c_1 \begin{pmatrix} 2 \\ -1 \end{pmatrix} e^{2x} + c_2 \begin{pmatrix} -1 \\ 1 \end{pmatrix} e^{3x}$.

(I) $\vec{r}(x) = \begin{pmatrix} -2e^x \\ -36x \end{pmatrix} = \underbrace{\begin{pmatrix} -2 \\ 0 \end{pmatrix} e^x}_{a+bi=1} + \underbrace{\begin{pmatrix} 0 \\ -36x \end{pmatrix}}_{a+bi=0}$,

keine Resonanz!
Weder 1 noch 0 ist Lös. der char. Gl.

Ansatz: $\vec{y_S} = \vec{a} e^x + \vec{b} x + \vec{c}$

Man sieht die Analogie zu lin. DGLn mit konstanten Koeff., [16.53] ff.

$\vec{y_S}' - \vec{a} e^x + \vec{b}$

Einsetzen in die DGL $\vec{y}' = A\vec{y} + \vec{r}(x)$ liefert

$$\vec{a}e^x + \vec{b} = A(\vec{a}e^x + \vec{b}x + \vec{c}) + \begin{pmatrix} -2 \\ 0 \end{pmatrix} e^x + \begin{pmatrix} 0 \\ -36 \end{pmatrix} x.$$

Koeffizientenvergleich: $\vec{a} = A\vec{a} + \begin{pmatrix} -2 \\ 0 \end{pmatrix}$, $A\vec{b} + \begin{pmatrix} 0 \\ -36 \end{pmatrix} - \vec{0}$ und $\vec{b} - A\vec{c}$.

Die 1. Gleich. $(A - E)\vec{a} = \begin{pmatrix} 2 \\ 0 \end{pmatrix}$, also $\begin{pmatrix} 0-2 \\ 1 \quad 3 \end{pmatrix} \vec{a} = \begin{pmatrix} 2 \\ 0 \end{pmatrix}$ hat die Lös. $\vec{a} = \begin{pmatrix} 3 \\ -1 \end{pmatrix}$.

Die 2. Gleichung $\begin{pmatrix} 1 & -2 \\ 1 & 4 \end{pmatrix} \vec{b} = \begin{pmatrix} 0 \\ 36 \end{pmatrix}$ hat die Lösung $\vec{b} = \begin{pmatrix} 12 \\ 6 \end{pmatrix}$.

Die 3. Gleichung $\begin{pmatrix} 1 & -2 \\ 1 & 4 \end{pmatrix} \vec{c} = \begin{pmatrix} 12 \\ 6 \end{pmatrix}$ hat die Lösung $\vec{c} = \begin{pmatrix} 10 \\ -1 \end{pmatrix}$.

Damit ist $\vec{y}_S = \begin{pmatrix} 3 \\ -1 \end{pmatrix} e^x + \begin{pmatrix} 12 \\ 6 \end{pmatrix} x + \begin{pmatrix} 10 \\ -1 \end{pmatrix} = \begin{pmatrix} 3e^x + 12x + 10 \\ -e^x + 6x - 1 \end{pmatrix}.$

Gesamtlösung: $\vec{y} = \vec{y}_S + \vec{y}_H = \begin{pmatrix} 3e^x + 12x + 10 \\ -e^x + 6x - 1 \end{pmatrix} + c_1 \begin{pmatrix} 2 \\ -1 \end{pmatrix} e^{2x} + c_2 \begin{pmatrix} -1 \\ 1 \end{pmatrix} e^{3x}.$

• Variation der Konstanten ist aufwendiger! Siehe aber [16.85].

Ist hingegen die Zahl $a + bi$ der Störfunktion Lösung der charakteristischen Gleichung, sind die Zusammenhänge komplizierter:

16.84   *Man löse folgende DGL–Systeme:*

(a) $\vec{y}' = \begin{pmatrix} 1 & -2 \\ 1 & 4 \end{pmatrix} \vec{y} + \begin{pmatrix} 1 \\ -1 \end{pmatrix} e^{2x},$ (b) $\vec{y}' = \begin{pmatrix} 1 & -2 \\ 1 & 4 \end{pmatrix} \vec{y} + \begin{pmatrix} 1 \\ 1 \end{pmatrix} e^{2x}.$

Für beide DGLn gilt $\vec{y}_H = c_1 \begin{pmatrix} 2 \\ -1 \end{pmatrix} e^{2x} + c_2 \begin{pmatrix} -1 \\ 1 \end{pmatrix} e^{3x}.$

Für beide Störfunktionen ist $a + bi = 2$ Lösung der char. GLeichung; aber

(a) Es gibt eine spezielle Lösung der Form $\begin{pmatrix} a \\ b \end{pmatrix} e^{2x}$, nämlich z.B. $\vec{y}_S = \begin{pmatrix} 1 \\ 0 \end{pmatrix} e^{2x}.$

(b) Es gibt keine spezielle Lösung der Form $\begin{pmatrix} a \\ b \end{pmatrix} e^{2x}$. Hier wäre der

Ansatz $\vec{y}_S = \begin{pmatrix} ax + b \\ cx + d \end{pmatrix} e^{2x}$ zu machen. Ergebnis: z.B. $\vec{y}_S = \begin{pmatrix} 4x - 3 \\ -2x \end{pmatrix} e^{2x}.$

16.85   *Man löse die lineare DGL* $\vec{y}' = \begin{pmatrix} 1 & 1 & 0 \\ 0 & 1 & 0 \\ 0 & 1 & 1 \end{pmatrix} \vec{y} + \begin{pmatrix} 1 \\ 1 \\ 1 \end{pmatrix} e^x.$
              mit konstanten Koeffizienten

(II) Char. Gleichung ist $(1 - \lambda)^3 = 0$ $\longrightarrow$ $\lambda = 1$ ist 3–facher Eigenwert.

$(A-E) = \begin{pmatrix} 1 & 1 & 0 \\ 0 & 1 & 0 \\ 0 & 1 & 1 \end{pmatrix} - \begin{pmatrix} 1 & 0 & 0 \\ 0 & 1 & 0 \\ 0 & 0 & 1 \end{pmatrix} = \begin{pmatrix} 0 & 1 & 0 \\ 0 & 0 & 0 \\ 0 & 1 & 0 \end{pmatrix} \Longrightarrow \text{EV:} \begin{pmatrix} 1 \\ 0 \\ 0 \end{pmatrix}, \begin{pmatrix} 0 \\ 0 \\ 1 \end{pmatrix}.$

Der zu $\lambda = 1$ gehörige Eigenraum ist nur 2–dimensional.

Der Ansatz $\vec{y} = \begin{pmatrix} ax+b \\ cx+d \\ fx+g \end{pmatrix} e^x$ liefert eine Lösung $\begin{pmatrix} x \\ 1 \\ x \end{pmatrix} e^x$ von (H).

$$\vec{y}_H = c_1 \begin{pmatrix} 1 \\ 0 \\ 0 \end{pmatrix} e^x + c_2 \begin{pmatrix} 0 \\ 0 \\ 1 \end{pmatrix} e^x + c_3 \begin{pmatrix} x \\ 1 \\ x \end{pmatrix} e^x.$$

(I) Variation der Konstanten ergibt folgendes LGS für c_1', c_2', c_3':

c_1'	c_2'	c_3'	r.S.
1	0	x	1
0	0	1	1
0	1	x	1

$$\implies \begin{pmatrix} c_1' \\ c_2' \\ c_3' \end{pmatrix} = \begin{pmatrix} 1-x \\ 1-x \\ 1 \end{pmatrix} \implies \begin{pmatrix} c_1 \\ c_2 \\ c_3 \end{pmatrix} = \begin{pmatrix} x - \frac{1}{2}x^2 \\ x - \frac{1}{2}x^2 \\ x \end{pmatrix}.$$

$$\implies \vec{y}_S = c_1\vec{y}_1 + c_2\vec{y}_2 + c_3\vec{y}_3 = \begin{pmatrix} x + \frac{1}{2}x^2 \\ x \\ x + \frac{1}{2}x^2 \end{pmatrix} e^x.$$

Zu diesem Ergebnis führt auch der Ansatz $\vec{y}_S = (\vec{a}x^2 + \vec{b}x + \vec{c})e^x$.

• Der Rechenaufwand ist aber größer, vergleiche aber [16.83].

16.14 Eliminationsmethode für lineare DGL–Systeme

Der **Differentialoperator** D ordnet einer differenzierbaren Funktion f ihre Ableitung zu: $Df := f'$. Potenzen von D werden durch $D^{n+1}f := D(D^n f)$ definiert, also: $D^2 f = f''$, $D^3 f = f'''$ usw.

Schließlich kann man Polynome in D betrachten:
$(2D^2 + D + 3)f = 2f'' + f' + 3f$, $(5D + 1)e^{2x} = 5(2e^{2x}) + e^{2x} = 11e^{2x}$,
$(D^2 + 1)\sin x = (\sin x)'' + \sin x = -\sin x + \sin x = 0$, usw.

Die **Eliminationsmethode** ist auf inhomogene DGL–Systeme unmittelbar anzuwenden und wird am folgenden Beispiel erklärt:

16.86   *Man löse die lineare DGL* $\vec{y}' = \begin{pmatrix} 3 & 2 \\ 2 & 3 \end{pmatrix} \vec{y} + \begin{pmatrix} 5x^2 - 6 \\ 3x \end{pmatrix}.$

Mit $\vec{y} = \begin{pmatrix} y_1 \\ y_2 \end{pmatrix}$, $\vec{y}' = \begin{pmatrix} Dy_1 \\ Dy_2 \end{pmatrix} = \begin{pmatrix} 3y_1 + 2y_2 \\ 2y_1 + 3y_2 \end{pmatrix} + \begin{pmatrix} 5x^2 - 6 \\ 3x \end{pmatrix}$

schreibt sich das System: $\begin{pmatrix} (D-3)y_1 - 2y_2 \\ -2y_1 + (D-3)y_2 \end{pmatrix} = \begin{pmatrix} 5x^2 - 6 \\ 3x \end{pmatrix}.$

Dieses System wird als LGS betrachtet und gelöst:

	y_1	y_2	r.S.	Regie
	$D-3$	-2	$5x^2-6$	$\cdot 2$
$(\star)$	$\boxed{-2}$	$D-3$	$3x$	$\cdot(D-3)$
	0	D^2-6D+5	$10x^2-9x-9$	

Nebenrechnug:

$(D-3)(3x) = 3 - 9x$

Die Schlusszeile ist: $(D^2-6D+5)y_2 = 10x^2-9x-9,$ also eine
lineare DGL 2. Ordnung für y_2: $y_2'' - 6y_2' + 5y_2 = 10x^2 - 9x - 9.$

(H)   Char. Gleichung $\lambda^2 - 6\lambda + 5 = (\lambda - 1)(\lambda - 5) \Longrightarrow \underline{y_H = c_1 e^x + c_2 e^{5x}}.$

(I) $y_S = Ax^2 + Bx + C$ liefert $A = 2,\ B = 3,\ C = 1.$

Somit ist $\underline{y_2 = 2x^2 + 3x + 1 + c_1 e^x + c_2 e^{5x}}.$

Aus $(\star)$ folgt $y_1 = \frac{1}{2}[(D-3)y_2 - 3x]$ und Einsetzen ergibt

$y_1 = \frac{1}{2}(-6x^2 - 5x - 3x - 2c_1 e^x + 2c_2 e^{5x}) = \underline{-3x^2 - 4x - c_1 e^x + c_2 e^{5x}}.$

Endlich erhält man: $\begin{pmatrix} y_1 \\ y_2 \end{pmatrix} = \begin{pmatrix} 2x^2 + 3x + 1 \\ -3x^2 - 4x \end{pmatrix} + c_1 \begin{pmatrix} 1 \\ -1 \end{pmatrix} e^x + c_2 \begin{pmatrix} 1 \\ 1 \end{pmatrix} e^{5x}.$

16.87   *Man löse die homogene lineare DGL* $\vec{y}\,' = \begin{pmatrix} -3 & 1 \\ -4 & 1 \end{pmatrix} \vec{y},$ *vgl.* [16.74].

	y_1	y_2	r.S.	Regie
$(\star)$	$D+3$	$\boxed{-1}$	0	$(D-1)$
	4	$D-1$	0	1
	D^2+2D+1	0	0	

Die Schlusszeile ergibt $y_1'' + 2y_1' + y_1 = 0$, eine hom. lin. DGL 2. Ordnung für y_1.
Char. Gleichung $\lambda^2 + 2\lambda + 1 = (\lambda + 1)^2 = 0$ $\Longrightarrow$ $\underline{y_1 = c_1 e^{-x} + c_2 x e^{-x}}.$
Aus $(\star)$ folgt $y_2 = (D+3)y_1 = y_1' + 3y_1$, also

$y_2 = -c_1 e^{-x} + c_2 e^{-x} - c_2 x e^{-x} + 3(c_1 e^{-x} + c_2 x e^{-x}) = \underline{(2c_1 + c_2 + 2c_2 x)e^{-x}}.$

Lösung
des $\vec{y} = \begin{pmatrix} y_1 \\ y_2 \end{pmatrix} = \begin{pmatrix} c_1 + c_2 x \\ 2c_1 + c_2 + 2c_2 x \end{pmatrix} e^{-x} = c_1 \begin{pmatrix} 1 \\ 2 \end{pmatrix} e^{-x} + c_2 \begin{pmatrix} x \\ 2x + 1 \end{pmatrix} e^{-x}.$
Systems:

Die **Eliminationsmethode** ist bei kleineren Systemen ($n = 2,3$)
schneller als die Eigenwertmethode.
Darüber hinaus ist sie auf *allgemeinere* lineare Systeme anwendbar!

16.88   *Man löse das lineare DGL–System* $\begin{aligned} y_1'' + y_2' &= 4y_1 - 12 \\ y_2'' - 10y_1' &= y_2 - 7 \end{aligned}$.

	y_1	y_2	r.S.	Regie
$(\star)$	$D^2 - 4$	$\boxed{D}$	-12	$(D^2 - 1)$
	$-10D$	$D^2 - 1$	-7	$(-D)$
	$D^4 + 5D^2 + 4$	0	12	

Schlusszeile: $y_1^{(4)} + 5y_1'' + 4y_1 = 12$,   inhom. lineare DGL 4. Ordnung.

Char. Gleichung $\lambda^4 + 5\lambda^2 + 4 = 0 \implies \lambda_{1,2} = \pm i,\ \lambda_{3,4} = \pm 2i$.

$\implies y_{1H} = c_1 \cos x + c_2 \sin x + c_3 \cos 2x + c_4 \sin 2x$. Offenbar ist $y_S = 3$ eine spezielle Lösung und folglich: $\underline{y_1 = 3 + c_1 \cos x + c_2 \sin x + c_3 \cos 2x + c_4 \sin 2x}$.

Aus $(\star)$ folgt
$$\begin{aligned} y_2' &= -12 - (D^2 - 4)y_1 \\ &= 5c_1 \cos x + 5c_2 \sin x + 8c_3 \cos 2x + 8c_4 \sin 2x \end{aligned}$$

$\implies y_2 = 5c_1 \sin x - 5c_2 \cos x + 4c_3 \sin 2x - 4c_4 \cos 2x + c_5$

Die Lösung enthält jedoch höchstens 4 willkürliche Konstanten – Einsetzen in die zweite DGL des Systems ergibt nach etwas Rechnung $c_5 = 7$.

$$\vec{y} = \begin{pmatrix} 3 \\ 7 \end{pmatrix} + c_1 \begin{pmatrix} \cos x \\ 5 \sin x \end{pmatrix} + c_2 \begin{pmatrix} \sin x \\ -5 \cos x \end{pmatrix} + c_3 \begin{pmatrix} \cos 2x \\ 4 \sin 2x \end{pmatrix} + c_4 \begin{pmatrix} \sin 2x \\ -4 \cos 2x \end{pmatrix}.$$

16.89   *Man löse das lineare DGL–System* $\begin{aligned} 2y_1' + y_1 + y_2' - y_2 &= 1 \\ 6y_1' - 2y_1 + 3y_2' + y_2 &= x \end{aligned}$.

y_1	y_2	r.S.	Regie
$2D + 1$	$D - 1$	1	$(3D + 1)$
$6D - 2$	$3D + 1$	x	$-(D - 1)$
$13D - 1$	0	x	

$\implies 13y_1' - y_1 = x \implies \underline{y_1 = -x - 13 + c_1 e^{\frac{1}{13}x}}$.

Subtraktion des 3–fachen der ersten Zeile von der letzten Zeile des Systems ergibt

$-5y_1 + 4y_2 = x - 3$ und man erhält $\underline{y_2 = \frac{1}{4}(-4x - 68 + 5c_1 e^{\frac{1}{13}x})}$.

Gesamtlösung: $\vec{y} = \begin{pmatrix} y_1 \\ y_2 \end{pmatrix} = -\begin{pmatrix} x + 13 \\ x + 17 \end{pmatrix} + c \begin{pmatrix} 4 \\ 5 \end{pmatrix} e^{\frac{1}{13}x}$.

Bemerkung: Das System hat die Form $A\vec{y}' + B\vec{y} = \vec{r}(x)$.

Eine Auflösung nach $\vec{y}'$ ist nicht möglich, da $A = \begin{pmatrix} 2 & 1 \\ 6 & 3 \end{pmatrix}$ singulär ist.

Eine Auswirkung ist, dass die Lösungsschar nur einparametrig ist.

16.15   Aufgaben

16.90 Man berechne die orthogonalen Trajektorien zu

(a) $y^2 = cx$,   (b) $x^2 + (y-c)^2 = 1 + c^2$,   (c) $y^2 = 2cx + c^2$.

16.91 Man löse die DGL $(y' + 1)y''' = (y'')^2$.

16.92 Man löse die DGLn   (a) $y = xy' - \dfrac{(y')^2}{4}$,   (b) $y = xy' + \dfrac{y'}{\sqrt{1+(y')^2}}$.

16.93 Gesucht ist eine Kurve $y = y(x)$ im 1. Quadranten, deren Tangenten mit den Koordinatenachsen ein Dreieck der Fläche 2 bilden.

16.94 $y'(1 + x^2)x + 2y = 0$ **16.95** $y'(2x - x^2) - y(x^2 - 4x + 2) = 0$

16.96 Zu folgenden DGLn mit konstanten Koeffizienten bestimme man
(1)   Basislösungen der homogenen DGL,
(2)   eine spezielle Lösung der inhomogenen DGL.

(a) $y'' - y' - 2y = -4x^2 - 4x + 10$ (f) $y''' - y'' - 5y' - 3y = 8e^{-x}$
(b) $y'' + 6y' + 9y = (24 + 72x)e^{3x}$ (g) $y''' - 7y'' + 15y' - 25y = -40e^{5x}$
(c) $y''' - y'' - 8y' + 12y = 25e^{-3x}$ (h) $y^{(4)} + y'' = x^2 + e^{2x}$
(d) $y'' + 4y = -4\sin 2x$ (i) $y''' - 3y' + 2y = 5 + 6e^x$
(e) $y^{(4)} + 8y'' + 16y = -4\cos 2x$ (j) $y''' - 5y'' + 9y' - 5y = 16\sin x$

16.97 Gegeben sei die homogene DGL $(1 - 2x \cot 2x)y''' - 4xy'' + 4y' = 0$

(a) 1, $\cos 2x$, $\sin^2 x$ sind drei Lösungen; aber kein Fundamentalsystem.
(b) Man bestimme ein Fundamentalsystem.

16.98 $(1 - x^2)y'' - xy' = 0$ **16.99** $(1 + x)y'' - (2 + x)y' = -2 - x$.

16.100 Man löse durch Potenzreihenansatz: (a) $y'' + xy = 0$, $y(0) = 1$, $y'(0) = 2$,
(b) $y'' - xy - y = 0$, $y(0) = 2$, $y'(0) = 1$.

16.101 Man löse die Eulerschen DGLn

(a) $x^3 y''' - 3x^2 y'' + 6xy' - 6y = 0$,   (b) $x^2 y'' + xy' + 2y = 0$,
(c) $x^4 y^{(4)} + 3x^2 y'' - 7xy' + 8y = 0$.

16.102 $yy' = -x + \sqrt{x^2 + y^2}$ **16.103** $y' = \dfrac{x - 2y + 9}{3x - 6y + 19}$ **16.104** $xy' - y = x^2 \cos x$

16.105 $y' - y + xy^2 = 0$ **16.106** $y' + 2(1 - \frac{1}{x})y - \frac{1}{x}y^2 = x - 1$

16.107 $x(x + 4y)\,dx + (2x^2 - y^2)\,dy = 0$

16.108 *Man suche einen integrierenden Faktor und löse folgende DGLn:*

(a) $(x^2y + y + 1)\,dx + x(1 + x^2)\,dy = 0$

(b) $xy^3\,dx + (1 + 2x^2y^2)\,dy = 0$

(c) $y(1 + xy)\,dx + x(1 - xy)\,dy = 0$

16.109 *Man rate eine Lösung der hom. DGL und löse* $x^2y'' - x(x+2)y' + (x+2)y = x^3$.

16.110 $\begin{aligned} 2x^2y_1' &= -xy_1 + y_2 + 2x^3 \\ 2xy_2' &= xy_1 + y_2 + 2x^3 \end{aligned}$ 　　**16.111** $\begin{aligned} 5y_1'' + 2y_1' + 5y_1 + 3y_2'' + 2y_2' + 3y_2 &= 0 \\ 3y_1'' + 2y_1' + 3y_1 + 2y_2'' + 2y_2' + 2y_2 &= 0 \end{aligned}$

16.112 $\begin{aligned} \ddot{x} - 3x - y &= 10 \\ \ddot{y} + x - 5y &= 2 \end{aligned}$ 　　**16.113** $\begin{aligned} t\dot{x} - x - 3y &= t \\ t\dot{y} - x + y &= 4 \end{aligned}$

16.114 $\vec{y}' = \begin{pmatrix} 5 & 0 & 0 \\ 0 & 5 & 0 \\ 0 & 0 & 5 \end{pmatrix} \vec{y} + \begin{pmatrix} x \\ -2 \\ e^{3x} \end{pmatrix}$ 　　**16.115** $\vec{y}' = \begin{pmatrix} 0 & 1 & 1 \\ 2 & 0 & -2 \\ 2 & 2 & 0 \end{pmatrix} \vec{y}$

16.116 $\vec{y}' = \begin{pmatrix} 4 & 1 \\ -2 & 1 \end{pmatrix} \vec{y} + \begin{pmatrix} -36x \\ -2e^x \end{pmatrix}$ 　　**16.117** $\begin{aligned} 2y_1' + y_1 + 3y_2' - 2y_2 &= -\tfrac{7}{2} \\ 2y_1' - y_1 + 3y_2' + 2y_2 &= 7x \end{aligned}$

16.118 *Man zeige (siehe Seite 456): Der Verstärkungsfaktor* $V(\omega) = \dfrac{1}{\sqrt{(\omega_0^2 - \omega^2)^2 + 4k^2\omega^2}}$

wird maximal $V_{\max} = V(\omega^*) = \dfrac{1}{2k\omega_1}$

für die Frequenz $\omega^* = \sqrt{\omega_0^2 - 2k^2} = \sqrt{\omega_1^2 - k^2}$ *im Fall* $0 < k < \tfrac{1}{\sqrt{2}}\omega_0$.

16.119 *Man bestimme die Schar der ebenen Kurven, die die Ursprungsgeraden unter dem Winkel* $\alpha = \tfrac{\pi}{4}$ *schneiden (isogonale Trajektorien der Ursprungsgeraden).*

16.16   Lösungen

16.90 (a) $\dfrac{2x^2}{c^2} + \dfrac{y^2}{c^2} = 1$,   Ellipsen.

(b) $x^2 + (y - c)^2 = 1 + c^2$ sind die Kreise durch die beiden Punkte $(-1, 0)\,(1, 0)$. Die orthogonalen Trajektorien dazu sind die Kreise $y^2 + (x - c)^2 = c^2 - 1$.

(c) $y^2 = 2cx + c^2$,   konfokale Parabeln, sie sind ihre eigenen orth. Trajektorien.

16.91 $(y' + 1)y''' = (y'')^2$ Typ "ohne y":

$y' = u \Longrightarrow (u + 1)u'' = (u')^2$ Typ "ohne x": $u' = p \Longrightarrow (u + 1)p\dfrac{dp}{du} = p^2$

T.d.V $\Longrightarrow \underline{p = c(u + 1)}$, $c \in \mathbb{R}$.

$p = u' \Longrightarrow \dfrac{du}{dx} = c(u + 1) \Longrightarrow \underline{u = -1 + ke^{cx}}$, $k \in \mathbb{R}$.

$y' = u \Longrightarrow y(x) = \left\{ \begin{array}{l} -x + a + \dfrac{k}{c}e^{cx} \ , c \neq 0 \\ (-1 + k)x + b \ , c = 0 \end{array} \right.$

16.92 Clairaut–DGLn: Lösungen sind Kurvenschar und Einhüllende.

(a) $y = cx - \tfrac{1}{4}c^2$ und $y = x^2$.

(b) $y = cx + \dfrac{c}{\sqrt{1 + c^2}}$ und $x^{2/3} + y^{2/3} = 1$.

16.93 Führt auf die Clairaut–DGL $y = xy' + 2\sqrt{-y'} \implies y = cx + a\sqrt{-c}$ und $y = \dfrac{1}{x}$.

16.94 T.d.V. $\implies y = c(1 + \dfrac{1}{x^2})$.   **16.95** T.d.V. $\implies y = cx(x-2)\mathrm{e}^{-x}$.

16.96

Aufg.	Lös. der char. Gl.	Basislösung der homogenen DGL	spezielle Lösung der inhomogenen DGL
(a)	$-1, 2$	$\mathrm{e}^{-x},\ \mathrm{e}^{2x}$	$-3 + 2x^2$
(b)	$-3, -3$	$\mathrm{e}^{-3x},\ x\mathrm{e}^{-3x}$	$2x\mathrm{e}^{3x}$
(c)	$2, 2, -3$	$\mathrm{e}^{2x},\ x\mathrm{e}^{2x},\ \mathrm{e}^{-3x}$	$x\mathrm{e}^{-3x}$
(d)	$\pm 2i$	$\cos 2x,\ \sin 2x$	$x\cos 2x$
(e)	$\pm 2i, \pm 2i$	$\cos 2x,\ \sin 2x,\ x\cos 2x,\ x\sin 2x$	$\frac{1}{8}x^2\cos 2x$
(f)	$-1, -1, 3$	$\mathrm{e}^{-x},\ x\mathrm{e}^{-x},\ \mathrm{e}^{3x}$	$-x^2\mathrm{e}^{-x}$
(g)	$5, 1 \pm 2i$	$\mathrm{e}^{5x},\ \mathrm{e}^{x}\cos 2x,\ \mathrm{e}^{x}\sin 2x$	$-2x\mathrm{e}^{5x}$
(h)	$0, 0, \pm i$	$1,\ x,\ \cos x,\ \sin x$	$x^2(\frac{1}{12}x^2 - 1) + \frac{1}{20}\mathrm{e}^{2x}$
(i)	$1, 1, -2$	$\mathrm{e}^{x},\ x\mathrm{e}^{x},\ \mathrm{e}^{-2x}$	$\frac{5}{2} + x^2\mathrm{e}^{x}$
(j)	$1, 2 \pm i$	$\mathrm{e}^{x},\ \mathrm{e}^{2x}\cos x,\ \mathrm{e}^{2x}\sin x$	$2\cos x$

16.97 (a) $\cos 2x = 1 - 2\sin^2 x \implies 1,\ \cos 2x,\ \sin^2 x$ sind nicht linear unabhängig.

(b) Raten $\implies x^2$ ist Lösung. $1,\ \cos 2x,\ x^2$ ist Fundamentalsystem.

16.98 Typ "ohne y": $y = c_1 + c_2\arcsin x$.   **16.99** Typ "ohne y": $y = c_1 + c_2 x\mathrm{e}^{x} + x$.

16.100 (a) $y = 1 + 2x - \frac{1}{6}x^3 - \frac{1}{6}x^4 + \frac{1}{180}x^6 + \dots$, $(a_2 = a_5 = a_8 = \dots = 0)$.

(b) $y = 2 + x + x^2 + \frac{1}{3}x^3 + \frac{1}{4}x^4 + \frac{1}{15}x^5 + \dots$

16.101 (a) $y = c_1 x + c_2 x^2 + c_3 x^3$.   (b) $y = c_1 x\cos(\ln x) + c_2 x\sin(\ln x)$.

(c) $y = c_1 x^2 + c_2 x^2\ln x + c_3 x\cos(\ln x) + c_4 x\sin(\ln x)$.

16.102 Ähnlichkeits–DGL, $y^2 = 2cx + c^2$.

16.103 $x - 3y + 8\ln(3x - 6y + 3) = c$.   **16.104** $y = cx + x\sin x$.

16.105 Bernoulli: $y = (x - 1 + c\mathrm{e}^{-x})^{-1}$.   **16.106** Riccati: $y = x,\ y = \dfrac{x^3 - 2x^2 - 2cx}{x^2 - 2c}$.

16.107 Exakte DGL: $x^3 - y^3 + 6x^2 y = c$.

16.108 (a) $\mu = \dfrac{1}{1+x^2}$, $xy + \arctan x = c$.   (b) $\mu = y$, $y^2 + x^2 y^4 = c$.

(c) $\mu = \dfrac{1}{(xy)^2}$, $\ln\dfrac{x}{y} - \dfrac{1}{xy} - c$.

16.109 $y = x$ ist eine spezielle Lösung der hom. DGL und $y = c_1 x + c_2 x\mathrm{e}^{x} - x^2$.

16.110 $\vec{y} = \dfrac{x^2}{2}\begin{pmatrix} 1 \\ x \end{pmatrix} + c_1\begin{pmatrix} \frac{1}{x} \\ -1 \end{pmatrix} + c_2\begin{pmatrix} 1 \\ x \end{pmatrix}$.

16.111 $\vec{y} = c_1\begin{pmatrix} 1 \\ -2 \end{pmatrix}\mathrm{e}^{-x} + c_2\begin{pmatrix} 1 \\ -2 \end{pmatrix}x\mathrm{e}^{-x} + c_3\begin{pmatrix} 1 \\ -1 \end{pmatrix}\cos x + c_4\begin{pmatrix} 1 \\ -1 x \end{pmatrix}\sin x$.

16.112 $x = -3 + (c_1 - 4c_2)\mathrm{e}^{2t} + c_2 t\mathrm{e}^{2t} + (9c_3 - 4c_4)\mathrm{e}^{-2t} + 9c_4 t\mathrm{e}^{-2t}$,
$y = -1 + c_1\mathrm{e}^{2t} + c_2 t\mathrm{e}^{2t} + c_3\mathrm{e}^{-2t} + c_4\mathrm{e}^{-2t}$.

16.113 $x = -3 + 3c_1 t^2 - \frac{c_2}{t^2} - \frac{2}{3}t$, $y = 1 + c_1 t^2 + \frac{c_2}{t^2} - \frac{1}{3}t$.

16.114 $\vec{y}_H = \begin{pmatrix} c_1 \\ c_2 \\ c_3 \end{pmatrix} \mathrm{e}^{5x}$ und $\vec{y} = \dfrac{1}{25} \begin{pmatrix} -1 - 5x \\ 10 \\ 0 \end{pmatrix} + \dfrac{1}{2} \begin{pmatrix} 0 \\ 0 \\ -1 \end{pmatrix} \mathrm{e}^{3x} + \begin{pmatrix} c_1 \\ c_2 \\ c_3 \end{pmatrix} \mathrm{e}^{5x}$.

16.115 $\vec{y} = c_1 \begin{pmatrix} 1 \\ -1 \\ 1 \end{pmatrix} + c_2 \begin{pmatrix} x \\ \frac{1}{2} - x \\ \frac{1}{2} + x \end{pmatrix} + c_3 \begin{pmatrix} x^2 \\ \frac{1}{2} + x - x^2 \\ -\frac{1}{2} + x + x^2 \end{pmatrix}$.

16.116 $\vec{y} = \begin{pmatrix} 6x - 1 - \mathrm{e}^x \\ 12x + 10 + 3\mathrm{e}^x \end{pmatrix} + c_1 \begin{pmatrix} 1 \\ -2 \end{pmatrix} \mathrm{e}^{2t} + c_2 \begin{pmatrix} 1 \\ -1 \end{pmatrix} \mathrm{e}^{3t}$.

16.117 $\vec{y} = \begin{pmatrix} \frac{1}{2}x^2 - 2x \\ \frac{1}{4}x^2 + \frac{3}{4}x + \frac{7}{4} \end{pmatrix} + c \begin{pmatrix} 2 \\ 1 \end{pmatrix}$.

16.118 Der Verstärkungsfaktor $V(\omega) = \dfrac{1}{\sqrt{(\omega_0^2 - \omega^2)^2 + 4k^2\omega^2}}$ wird genau dann maximal, wenn der Nenner minimal wird, wegen der Monotonie der Wurzel also genau dann, wenn die nach oben geöffnete Parabel 4-ter Ordnung $(\omega_0^2 - \omega^2)^2 + 4k^2\omega^2$ minimal wird. Als Nullstellen der 1-ten Ableitung erhält man außer 0 noch $\pm\sqrt{\omega_0^2 - 2k^2}$, falls $\omega_0^2 - 2k^2 > 0$ und $k > 0$, also $0 < k < \frac{1}{\sqrt{2}}\omega_0$ ist.

Folglich ist $\omega^* = \sqrt{\omega_0^2 - 2k^2}$ und $V_{\max} = V(\omega^*) = \dfrac{1}{2k\sqrt{\omega_0^2 - k^2}} = \dfrac{1}{2k\omega_1}$,

wobei $\omega_1 = \sqrt{\omega_0^2 - k^2}$ die *Eigenfrequenz* des Systems ist.

16.119 Man bestimme die isogonalen Trajektorien ($\alpha = 45^0$) der Ursprungsgeraden.

isogonale Trajektorien einer Kurvenschar

sind Kurven, die eine gegebene Kurvenschar unter dem festen Winkel $0 < \alpha < \frac{\pi}{2}$ schneiden.

(1)   Man bestimmt $y' = f(x, y)$, die DGL der gegebenen Kurvenschar,

(2) y' wird durch $\dfrac{\tan\alpha + f(x,y)}{1 - f(x,y)\tan\alpha}$ ersetzt,

(3)   diese neue DGL wird gelöst.

(1) DGL der Ursprungsgeraden $y = cx$ ist $y' = \frac{y}{x}$ [16.2 (a)].

(2) Setze $y' = \dfrac{\tan\alpha + f(x,y)}{1 - f(x,y)\tan\alpha} = \dfrac{1 + \frac{y}{x}}{1 - \frac{y}{x}} = \dfrac{x+y}{x-y}$.

(3) Lösung der DGL $y' = \dfrac{x+y}{x-y}$ in Polarkoordinaten:
siehe [16.20]: $r = c\mathrm{e}^{\varphi}$, $c \neq 0$, logarithmische Spiralen, siehe auch [4.16, 4.18, 18.4] und **F+H** Seite 122.

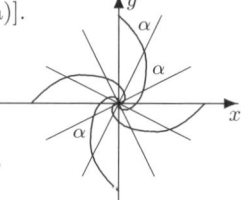

17 Mehrfache Integrale

17.1 Doppelintegrale

Berechnung von Doppelintegralen

kartesische Koordinaten:

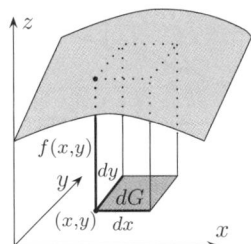

$$dG = dy\,dx, \text{ bzw. } dG = dx\,dy$$

$$\iint_G f\,dG = \int_a^b \left(\int_{c(x)}^{d(x)} f(x,y)\,dy \right) dx$$

$$\iint_G f\,dG = \int_c^d \left(\int_{a(y)}^{b(y)} f(x,y)\,dx \right) dy$$

Polarkoordinaten:

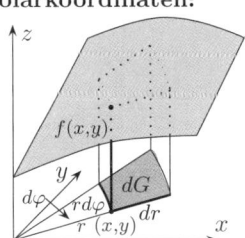

$$x = r\cos\varphi$$
$$y = r\sin\varphi$$

$$dG = r\,d\varphi\,dr, \text{ bzw. } dG = r\,dr\,d\varphi$$

$$\iint_G f\,dG = \int_{\varphi_1}^{\varphi_2} \left(\int_{r_1(\varphi)}^{r_2(\varphi)} f(x,y)r\,dr \right) d\varphi$$

allgemeine Koordinaten:

$$x = x(u,v)$$
$$y = y(u,v)$$

$$dG = \left| \begin{matrix} x_u & x_v \\ y_u & y_v \end{matrix} \right| dv\,du$$

$$\iint_G f\,dG = \int_{u_1}^{u_2} \left(\int_{v_1(u)}^{v_2(u)} f(x,y)\left|\frac{\partial(x,y)}{\partial(u,v)}\right| dv \right) du$$

$$\frac{\partial(x,y)}{\partial(u,v)} := \left| \begin{matrix} \dfrac{\partial x}{\partial u} & \dfrac{\partial x}{\partial v} \\ \dfrac{\partial y}{\partial u} & \dfrac{\partial y}{\partial v} \end{matrix} \right| = \left| \begin{matrix} x_u & x_v \\ y_u & y_v \end{matrix} \right|$$

heißt **Funktionaldeterminante** oder **Jacobische Determinante**.

dG heißt **Flächenelement**.

Man beachte, dass das äußere Integral stets feste Grenzen hat!

Kugel:

Koordinatenlinien [18.23]
Masse [17.13]
Oberfläche Kugelkappe [18.25, 18.28]
Tangentialebene [18.24(c)]
Trägheitsmoment [17.16, 17.31, 17.36]
Volumen [17.3, 17.12, 18.32]
von Zylinder durchbohrt [17.9, 17.22, 17.25]

Halbkugel:

Volumen [17.3]
Massenmittelpunkt, Schwerpunkt [17.15]

Torus:

Darstellungen [18.22]
Oberfläche [18.30]
Trägheitsmoment [17.17, 17.28]
Volumen [17.17, 18.32]

Kegel:

Trägheitsmomente [17.14]
Mantelfläche [18.26, 18.31]
Masse, Schwerpunkt [18.31]
Parameterdarstellung [18.21, 18.31]
Trägheitsmomente [18.31]

17.1 $f(x,y) = x + 2y,$ $G : \begin{array}{l} 2 \leq x \leq 3 \\ x \leq y \leq x^2 \end{array}$.   Man berechne $^G\!\!\iint f\, dG$.

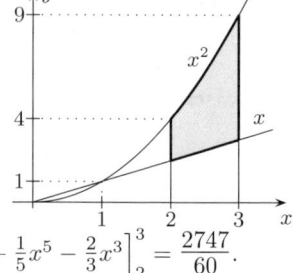

kartesische Koordinaten:
Es ist $a = 2$, $b = 3$, $c(x) = x$, $d(x) = x^2$.

$$^G\!\!\iint f\, dG = \int_2^3 \int_x^{x^2} (x + 2y)\, dy\, dx$$

$$= \int_2^3 \left[xy + y^2 \right]_{y\,=\,x}^{y\,=\,x^2} dx$$

$$= \int_2^3 (x^3 + x^4 - x^2 - x^2)\, dx = \left[\tfrac{1}{4} x^4 + \tfrac{1}{5} x^5 - \tfrac{2}{3} x^3 \right]_2^3 = \underline{\underline{\frac{2747}{60}}}.$$

17.2   Das Gebiet G sei durch die Ungleichungen $x \geq 0$, $y \geq 0$, $x^2 + y^2 \leq R^2$

bestimmt und es sei $f(x,y) = x^2 + y^2$.   Man berechne $^G\!\!\iint f\, dG$.

Polarkoordinaten, da G ein Viertelkreis ist: Dann gilt:

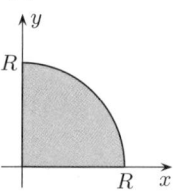

$G : \begin{array}{l} 0 \leq r \leq R \\ 0 \leq \varphi \leq \pi/2 \end{array}$

$$^G\!\!\iint f\, dG = \int_0^{\pi/2} \int_0^R r^2 \cdot r\, dr\, d\varphi$$

$$= \int_0^{\pi/2} \left[\tfrac{1}{4} r^4 \right]_0^R d\varphi = \underline{\underline{\tfrac{1}{8} \pi R^4}}.$$

17.3   Man berechne das Volumen der Halbkugel vom Radius R.

Die obere Hälfte der Kugelfläche ist durch $z = f(x,y) = \sqrt{R^2 - x^2 - y^2}$ gegeben.
Um das Volumen der Halbkugel zu berechnen, integrieren wir f über dem Kreis
G vom Radius R in der x, y–Ebene: Mit kartesischen Koordinaten ergibt sich:

$$f(x,y) = \sqrt{R^2 - x^2 - y^2} \text{ und } G : \begin{array}{l} -R \leq x \leq R \\ -\sqrt{R^2 - x^2} \leq y \leq \sqrt{R^2 - x^2} \end{array}$$

f und G legen es nahe, Polarkoordinaten zu benutzen:

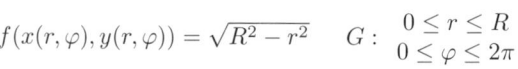

$\begin{array}{l} x = r \cos\varphi \\ y = r \sin\varphi \end{array}$ $dG = r\, dr\, d\varphi$.   Dann ist

$$f(x(r,\varphi), y(r,\varphi)) = \sqrt{R^2 - r^2} \qquad G : \begin{array}{l} 0 \leq r \leq R \\ 0 \leq \varphi \leq 2\pi \end{array} .$$

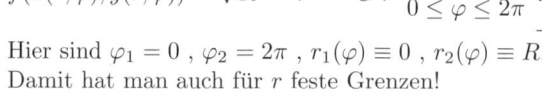

Hier sind $\varphi_1 = 0$, $\varphi_2 = 2\pi$, $r_1(\varphi) \equiv 0$, $r_2(\varphi) \equiv R$.
Damit hat man auch für r feste Grenzen!
Außerdem ist $z = f(x(r,\varphi), y(r,\varphi)) = \sqrt{R^2 - r^2}$:

$$^G\!\!\iint f\, dG = \int_0^{2\pi} \int_0^R \sqrt{R^2 - r^2}\, r\, dr\, d\varphi = \int_0^{2\pi} \left[-\tfrac{1}{3} \sqrt{(R^2 - r^2)^3} \right]_0^R d\varphi$$

$$= \int_0^{2\pi} \tfrac{1}{3} R^3\, d\varphi = \underline{\underline{\tfrac{2}{3} \pi R^3}}.$$ Das Volumen der Vollkugel ist also $\tfrac{4}{3} \pi R^3$.

17.4   Für Polarkoordinaten $x = r\cos\varphi$, $y = r\sin\varphi$ berechne man die Funktionaldeterminante.

$$\frac{\partial(x,y)}{\partial(r,\varphi)} = \begin{vmatrix} \dfrac{\partial x}{\partial r} & \dfrac{\partial x}{\partial \varphi} \\ \dfrac{\partial y}{\partial r} & \dfrac{\partial y}{\partial \varphi} \end{vmatrix} = \begin{vmatrix} \cos\varphi & -r\sin\varphi \\ \sin\varphi & r\cos\varphi \end{vmatrix} = r(\cos^2\varphi + \sin^2\varphi) = r.$$

Flächenberechnung

Der **Flächeninhalt** des Gebietes G ist $\overset{G}{\displaystyle\iint} 1\, dG$,

siehe auch Seite 305 ff.

17.5   Welchen Flächeninhalt F hat das durch die Ungleichungen $y \geq x^2$, $y \leq x$
beschriebene Gebiet G, siehe [13.50] ?

$$F = \int_0^1 \int_{x^2}^x dy\, dx = \int_0^1 (x - x^2)\, dx = \left[\frac{x^2}{2} - \frac{x^3}{3} \right]_0^1 = \frac{1}{6}.$$

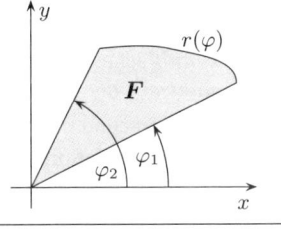

17.6   Man berechne den Inhalt F des Kreises vom Radius R.

In Polarkoordinaten wird der Kreis K beschrieben durch:

$$K: \begin{array}{c} 0 \leq r \leq R \\ 0 \leq \varphi \leq 2\pi \end{array} \ , \quad F = \overset{G}{\displaystyle\iint} 1\, dG = \int_0^{2\pi} \int_0^R r\, dr\, d\varphi = \int_0^{2\pi} \tfrac{1}{2} R^2\, d\varphi = \pi R^2.$$

Sektorformel

Ist G der "Sektor" $0 \leq r \leq r(\varphi)$, $\varphi_1 \leq \varphi \leq \varphi_2$,
so ist sein **Flächeninhalt** F gegeben durch die

Sektorformel: $F = \dfrac{1}{2} \displaystyle\int_{\varphi_1}^{\varphi_2} r^2(\varphi)\, d\varphi$

(Siehe auch Seite 505.)

17.7   Man berechne den Flächeninhalt F
der in Polarkoordinaten
durch $0 \leq \varphi \leq 2\pi$, $0 \leq r \leq \varphi$
beschriebenen Figur.

Nach der Sektorformel ist:

$$F = \frac{1}{2} \int_0^{2\pi} \varphi^2\, d\varphi = \frac{4}{3}\pi^3.$$

$r(\varphi) = \varphi$ ist eine **archimedische Spirale**.

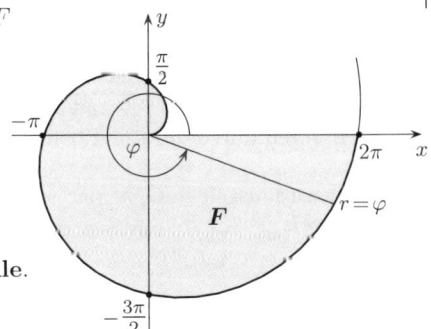

17.8   Es sei $f(x,y) = xy$, G : $x \geq 0$, $y \geq 0$, $x^2 + y^2 \leq 2$, $y \leq x^2$.
            Man berechne $\overset{G}{\iint} f\, dG$.

(1) G lässt sich durch die zwei
      Ungleichungen beschreiben:

$$G: \quad \begin{array}{c} 0 \leq y \leq 1 \\ \sqrt{y} \leq x \leq \sqrt{2 - y^2} \end{array}.$$

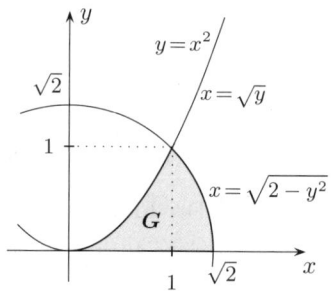

$$\overset{G}{\iint} f\, dG = \int_0^1 \int_{\sqrt{y}}^{\sqrt{2-y^2}} xy\, dx\, dy$$

$$= \int_0^1 \tfrac{1}{2} y (2 - y^2 - y)\, dy = \underline{\underline{\tfrac{5}{24}}}.$$

(2)   Will man innen nach y integrieren, erfordert die obere Integrationsgrenze ein
      Aufspalten in zwei Gebiete:

$$G_1: \quad \begin{array}{c} 0 \leq x \leq 1 \\ 0 \leq y \leq x^2 \end{array} \qquad G_2: \quad \begin{array}{c} 1 \leq x \leq \sqrt{2} \\ 0 \leq y \leq \sqrt{2 - x^2} \end{array}$$

$$\overset{G}{\iint} f\, dG = \overset{G_1}{\iint} f\, dG + \overset{G_2}{\iint} f\, dG$$

$$= \int_0^1 \int_0^{x^2} xy\, dy\, dx + \int_1^{\sqrt{2}} \int_0^{\sqrt{2-x^2}} xy\, dy\, dx = \cdots = \underline{\underline{\tfrac{5}{24}}}.$$

Oft ist eine der Hauptschwierigkeiten die mathematisch richtige und geschickte
Beschreibung der Integrationsgebiete (siehe Seite 51 ff)!

17.9   *Aus einer Kugel vom Radius R werde ein Zylinder mit kreisförmiger
            Grundfläche vom Radius $R/2$ so herausgebohrt, dass der Kugelmittel-
            punkt auf der Zylinderwand liegt.*

            Man berechne das Volumen des verbleibenden Körpers.
Wir legen den Kugelmittelpunkt in den
Nullpunkt des Koordinatensystems
und bohren senkrecht zur (x, y)–Ebene (Skizze!).

$V^\star$ sei das Volumen des herausgebohrten Zylinderteils,
das oberhalb der (x, y)-Ebene liegt. $V^\star$ wird begrenzt:

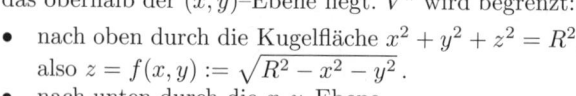

• nach oben durch die Kugelfläche $x^2 + y^2 + z^2 = R^2$,
   also $z = f(x, y) := \sqrt{R^2 - x^2 - y^2}$.
• nach unten durch die x, y–Ebene.

Das Integrationsgebiet G in der (x, y)–Ebene wird begrenzt durch den Kreis
$(x - R/2)^2 + y^2 = \tfrac{1}{4} R^2$ mit dem Mittelpunkt $(R/2, 0)$ und dem Radius $R/2$:

$$G: \quad \left\{ \begin{array}{c} 0 \leq x \leq R \\ a(x) := -\sqrt{\tfrac{1}{4} R^2 - (x - \tfrac{1}{2} R)^2} \leq y \leq \sqrt{\tfrac{1}{4} R^2 \quad (x - \tfrac{1}{2} R)^2} =: b(x) \end{array} \right.$$

Das zunächst zu berechnende Volumen $V^\star$ ist dann:

$$V^\star = {}^G\!\!\iint f \, dG = \int_0^R \int_{a(x)}^{b(x)} \sqrt{R^2 - x^2 - y^2} \, dy \, dx.$$

Wegen der auftretenden Kugeln und Kreise wird die Rechnung in Polarkoordinaten wohl einfacher werden als in kartesischen Koordinaten!

In Polarkoordinaten wird G beschrieben durch (siehe Skizze):

$$G : \quad \begin{array}{l} -\pi/2 \leq \varphi \leq \pi/2 \\ 0 \;\; \leq r \leq R\cos\varphi \end{array}$$

$z = f(x,y) = \sqrt{R^2 - (x^2 + y^2)}$

Weiter erhält man: $f(r\cos\varphi, r\sin\varphi) = \sqrt{R^2 - r^2}$

$dG = dx \, dy = r \, dr \, d\varphi$

$$\begin{aligned} V^\star &= {}^G\!\!\iint f(r\cos\varphi, r\sin\varphi) \, r \, dr \, d\varphi \\ &= \int_{-\pi/2}^{\pi/2} \int_0^{R\cos\varphi} \sqrt{R^2 - r^2} \, r \, dr \, d\varphi \\ &= \int_{-\pi/2}^{\pi/2} -\frac{1}{3}\Big[\big(\sqrt{R^2 - r^2}\,\big)^3\Big]_0^{R\cos\varphi} \, d\varphi \\ &= -\frac{1}{3}R^3 \int_{-\pi/2}^{\pi/2} (|\sin\varphi|^3 - 1) \, d\varphi \quad \text{beachte: } \sqrt{x^2} = |x| \\ &= -\frac{1}{3}R^3\Big(-\int_{-\pi/2}^0 \sin^3\varphi \, d\varphi + \int_0^{\pi/2} \sin^3\varphi \, d\varphi - \pi\Big) = \frac{1}{3}R^3\big(\pi - \tfrac{4}{3}\big). \end{aligned}$$

$\int \sin^3 x \, dx = -\cos x + \frac{1}{3}\cos^3 x$ findet man z.B. in **[F+H]**, Seite 114.

Bemerkung: Aus Symmetriegründen hätte man auch

$$\begin{aligned} V^\star &= {}^G\!\!\iint f(r\cos\varphi, r\sin\varphi) \, r \, dr \, d\varphi \\ &= 2 \int_0^{\pi/2} \int_0^{R\cos\varphi} \sqrt{R^2 - r^2} \, r \, dr \, d\varphi \end{aligned}$$

berechnen und $|\sin\varphi| = \sin\varphi$ für $0 \leq \varphi \leq \frac{\pi}{2}$ setzen können! (Ein "Vergessen" der Betragstriche würde sich also nicht auswirken.)

Da die Kugel das Volumen $\frac{4}{3}\pi R^3$ hat und $V^\star$ die Hälfte des herausgebohrten Zylinderteils ist, erhält man für das gesamte Volumen der ausgebohrten Kugel:

$$V = \tfrac{4}{3}\pi R^3 - \tfrac{2}{3}R^3\big(\pi - \tfrac{4}{3}\big) = \underline{\underline{\tfrac{2}{3}R^3\big(\pi + \tfrac{4}{3}\big)}}$$

17.2   Dreifache Integrale

Berechnung von Dreifachintegralen $\sqrt[V]{\iiint} f\, dV$

kartesische
Koordinaten:
[17.10]

$$a \leq x \leq b$$
$$y_1(x) \leq y \leq y_2(x)$$
$$z_1(x,y) \leq z \leq z_2(x,y)$$

$$\boxed{dV = dz\, dy\, dx}$$

$$\sqrt[V]{\iiint} f\, dV = \int_a^b \left(\int_{y_1(x)}^{y_2(x)} \left(\int_{z_1(x,y)}^{z_2(x,y)} f(x,y,z)\, dz \right) dy \right) dx$$

oder auch:

$$c \leq y \leq d$$
$$z_1(y) \leq z \leq z_2(y)$$
$$x_1(y,z) \leq x \leq x_2(y,z)$$

$$\boxed{dV = dx\, dz\, dy}$$

$$\sqrt[V]{\iiint} f\, dV = \int_c^d \left(\int_{z_1(y)}^{z_2(y)} \left(\int_{x_1(y,z)}^{x_2(y,z)} f(x,y,z)\, dx \right) dz \right) dy \quad \text{usw.}$$

Zylinder–
Koordinaten:
[17.14] [17.17] [17.18]

$$x = r \cos\varphi$$
$$y = r \sin\varphi \quad , \qquad \begin{array}{l} 0 \leq r \\ 0 \leq \varphi < 2\pi \end{array}$$
$$z = z$$

$$\boxed{dV = r\, dr\, d\varphi\, dz}$$

Kugel–
Koordinaten:
[17.11] – [17.16]

$$x = r \sin\theta \cos\varphi \qquad 0 \leq r$$
$$y = r \sin\theta \sin\varphi \quad , \quad 0 \leq \theta \leq \pi$$
$$z = r \cos\theta \qquad\qquad 0 \leq \varphi < 2\pi$$

$$\boxed{dV = r^2 \sin\theta\, dr\, d\theta\, d\varphi}$$

allgemeine
Koordinaten:
[17.18]

$$x = x(u,v,w)$$
$$y = y(u,v,w)$$
$$z = z(u,v,w)$$

$$\boxed{dV = \left| \frac{\partial(x,y,z)}{\partial(u,v,w)} \right| du\, dv\, dw}$$

Es ist $\dfrac{\partial(x,y,z)}{\partial(u,v,w)} := \begin{vmatrix} \frac{\partial x}{\partial u} & \frac{\partial x}{\partial v} & \frac{\partial x}{\partial w} \\ \frac{\partial y}{\partial u} & \frac{\partial y}{\partial v} & \frac{\partial y}{\partial w} \\ \frac{\partial z}{\partial u} & \frac{\partial z}{\partial v} & \frac{\partial z}{\partial w} \end{vmatrix} = \begin{vmatrix} x_u & x_v & x_w \\ y_u & y_v & y_w \\ z_u & z_v & z_w \end{vmatrix}$. Die Determinante

heißt **Funktionaldeterminante** oder **Jacobische Determinante**.

Man beachte, dass das äußere Integral stets feste Grenzen hat!

Dreifachintegral als Produkt dreier Einfachintegrale, siehe [17.11].

17.10 Man berechne $I = \overset{V}{\iiint}(2x + y + z)\,dV$, wobei V der von den Koordinatenebenen und der Ebene $E: x + y + z = 1$ begrenzte Körper ist.

Beschreibung von V durch Ungleichungen:

In der (x,y)–Ebene wird V begrenzt von dem

Dreieck $0 \le x \le 1$, $0 \le y \le 1 - x$ und

in z–Richtung durch $0 \le z \le 1 - x - y$. Also:

$$E: \begin{array}{l} x + y + z = 1 \\ z = 1 - x - y \end{array}$$

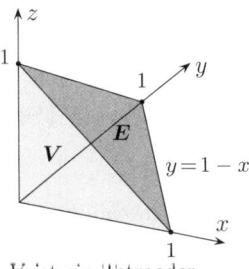

V ist ein Tetraeder

$$I = \int_0^1 \int_0^{1-x} \int_0^{1-x-y} (2x + y + z)\,dz\,dy\,dx$$

$$= \int_0^1 \int_0^{1-x} (\tfrac{1}{2} + x - \tfrac{3}{2}x^2 - 2xy - \tfrac{1}{2}y^2)\,dy\,dx$$

$$= \int_0^1 (\tfrac{1}{3} - x^2 + \tfrac{2}{3}x^3)\,dx = \underline{\underline{\tfrac{1}{6}}}.$$

Dreifachintegral als Produkt von Einfachintegralen

Hat das Dreifachintegral *feste* Grenzen und lässt sich der Integrand als Produkt von drei Funktionen schreiben, die jeweils nur von *einer* Variablen abhängen, so lässt sich das Dreifachintegral als Produkt von drei Einfachintegralen schreiben:

$$\int_{x_0}^{x_1} \int_{y_0}^{y_1} \int_{z_0}^{z_1} f(x) \cdot g(y) \cdot h(z)\,dz\,dy\,dx = \int_{x_0}^{x_1} f(x)\,dx \cdot \int_{y_0}^{y_1} g(y)\,dy \cdot \int_{z_0}^{z_1} h(z)\,dz$$

17.11 Man berechne $I = \overset{K}{\iiint} xyz\,dV$, wobei K die Einheitskugel ist.

Natürlich wählt man Kugelkoordinaten und erhält:

$$I = \overset{K}{\iiint} xyz\,dV = \int_0^{2\pi} \int_0^{\pi} \int_0^1 (r\cos\varphi\sin\theta)(r\sin\varphi\sin\theta)(r\cos\theta)r^2\sin\theta\,dr\,d\theta\,d\varphi$$

$$= \int_0^{2\pi} \int_0^{\pi} \int_0^1 (r^5)(\sin^3\theta\cos\theta)(\cos\varphi\sin\varphi)\,dr\,d\theta\,d\varphi$$

$$= \int_0^{2\pi} \cos\varphi\sin\varphi\,d\varphi \cdot \int_0^{\pi} \sin^3\theta\cos\theta\,d\theta \cdot \int_0^1 r^5\,dr$$

Da $\displaystyle\int_0^{2\pi} \cos\varphi\sin\varphi\,d\varphi = \frac{1}{2}\left[\sin^2\varphi\right]_0^{2\pi} = 0$ ist, ergibt sich $\underline{\underline{I = 0}}$.

Volumenberechnung

Das *Volumen* des Körpers K ist $\overset{K}{\iiint} dV$.

Volumen von Rotationskörpern siehe auch 2. Guldinsche Regel, Seite 521.

17.12   *Man berechne das Volumen einer Kugel K vom Radius R.*

In kartesischen Koordinaten wird die Kugel K mit dem Mittelpunkt $(0,0,0)$ beschrieben durch $x^2 + y^2 + z^2 \leq R^2$. Natürlich benutzt man Kugelkoordinaten:

$$\text{Dann ist } K : \quad \begin{array}{l} 0 \leq r \leq R \\ 0 \leq \theta \leq \pi \\ 0 \leq \varphi \leq 2\pi \end{array} \quad \text{und für das Kugelvolumen } V_K \text{ erhält man:}$$

$$V_K = \overset{K}{\iiint} dV = \overset{K}{\iiint} r^2 \sin\theta \, dr \, d\theta \, d\varphi = \int_0^R \int_0^{2\pi} \int_0^{\pi} r^2 \sin\theta \, d\theta \, d\varphi \, dr$$

$$= \int_0^R \int_0^{2\pi} \Big[-r^2 \cos\theta \Big]_0^{\pi} d\varphi \, dr = \int_0^R \int_0^{2\pi} 2r^2 \, d\varphi \, dr = \int_0^R 2r^2 2\pi \, dr = \frac{4}{3}\pi R^3.$$

Wichtige Anwendungen finden dreifache Integrale in der Berechnung von *Massen, Trägheitsmomenten, Massenmittelpunkten* sowie *Schwerpunkten* von i.a. inhomogenen Körpern.

Anwendung dreifacher Integrale

Es sei $\rho = \rho(x,y,z)$ die **Massendichte** des Körpers K und a der **Abstand** des Massenelementes $dM := \rho \, dV$ von der Drehachse A.

Volumen von K :

$$V = \overset{K}{\iiint} dV \qquad [17.12, 17.18]$$

Gesamtmasse von K :

$$M = \overset{K}{\iiint} \rho \, dV \qquad [17.13]$$

Trägheitsmoment von K bzgl. der Drehachse:

$$T = \overset{K}{\iiint} a^2 \rho \, dV \qquad \begin{array}{l} [17.14, 17.16] \\ [17.17, 17.18] \end{array}$$

Massenmittelpunkt[1] von K :

$$x_m = \frac{1}{M} \overset{K}{\iiint} x\rho \, dV$$

$$y_m = \frac{1}{M} \overset{K}{\iiint} y\rho \, dV \qquad [17.15]$$

$$z_m = \frac{1}{M} \overset{K}{\iiint} z\rho \, dV$$

Weitere Aufgaben mit Ergebnissen [17.21] – [17.40]

---

[1] Ist $\rho = 1$, so ist der Massenmittelpunkt der geometrische Schwerpunkt.

17.13 Man berechne die Masse M einer Kugel K vom Radius R, deren Massendichte linear mit dem Abstand vom Mittelpunkt von 0 auf 1 zunimmt.

Benutzt man Kugelkoordinaten (r, θ, φ), so ist die Massendichte $\rho = \dfrac{r}{R}$ und

$$M = \overset{K}{\iiint} \rho\, dV = \overset{K}{\iiint} \frac{r}{R}\, dV = \int_0^R \int_0^{2\pi} \int_0^\pi \frac{r}{R} r^2 \sin\theta\, d\theta\, d\varphi\, dr$$

$$= \int_0^R \int_0^{2\pi} \left[-\frac{r^3}{R} \cos\theta \right]_0^\pi d\varphi\, dr = \int_0^R \int_0^{2\pi} 2\frac{r^3}{R}\, d\varphi\, dr = \int_0^R 4\pi \frac{r^3}{R}\, dr = \underline{\underline{\pi R^3}}.$$

17.14 Man berechne das Trägheitsmoment T_z eines geraden Kreiskegels K bzgl. seiner Symmetrieachse bei konstanter Massendichte ρ_0.

Wir wählen die z–Achse als Symmetrieachse und benutzen Zylinderkoordinaten: $x = r\cos\varphi$, $y = r\sin\varphi$, $z = z$.

Beschreibung des Kegels:

$0 \leq z \leq H$
$0 < \varphi < 2\pi$
$0 \leq r \leq \frac{R}{H} z$

In diesen Koordinaten ist $a = r$, da die z–Achse die Drehachse ist, und es gilt:

$$T_z = \overset{K}{\iiint} a^2 \rho\, dV = \int_0^H \int_0^{2\pi} \int_0^{Rz/H} r^2 \rho_0 r\, dr\, d\varphi\, dz$$

$$= \frac{1}{4}\rho_0 \frac{R^4}{H^4} \int_0^H \int_0^{2\pi} z^4\, d\varphi\, dz = \frac{2}{4}\pi\rho_0 \frac{R^4}{H^4} \int_0^H z^4\, dz = \underline{\underline{\frac{1}{10}\pi\rho_0 R^4 H}}.$$

17.15 Man berechne den Massenmittelpunkt der Halbkugel K vom Radius R bei konstanter Massendichte $\rho = 1$.

Legt man den Mittelpunkt in den Nullpunkt und betrachtet die obere Hälfte der Kugel, dann ist aus Symmetriegründen $x_m = y_m = 0$.

Da $M = \frac{2}{3}\pi R^3$ ist, gilt: $\qquad z_m = \dfrac{3}{2\pi R^3} \overset{K}{\iiint} z\, dV$.

In Kugelkoordinaten wird die obere Kugelhälfte K beschrieben durch:

$K: \quad 0 \leq r \leq R, \ 0 \leq \theta \leq \pi/2, \ 0 \leq \varphi \leq 2\pi$. Also:

$$\overset{K}{\iiint} z\, dV = \int_0^R \int_0^{2\pi} \int_0^{\pi/2} r\cos\theta\, r^2 \sin\theta\, d\theta\, d\varphi\, dr$$

$$= \int_0^R \int_0^{2\pi} r^3 \left[\frac{1}{2}\sin^2\theta \right]_0^{\pi/2} d\varphi\, dr = \frac{1}{2} \int_0^R \int_0^{2\pi} r^3\, d\varphi\, dr = \frac{1}{4}\pi R^4.$$

Die z–Koordinate des Massenmittelpunktes ist: $\qquad z_m = \dfrac{1}{M} \cdot \dfrac{1}{4}\pi R^4 = \underline{\underline{\dfrac{3}{8}R}}.$

Da die Massendichte $\rho = 1$ ist, ist der Massenmittelpunkt $(0, 0, \frac{3}{8}R)$ zugleich der *geometrische Schwerpunkt*.

17.16   Man berechne das Trägheitsmoment T_z der in [17.13] beschriebenen
Kugel K mit der dort beschriebenen Massenverteilung bezüglich einer
durch ihren Mittelpunkt gehende Drehachse.

Der Mittelpunkt sei $(0, 0, 0)$, die Drehachse die z–Achse.
Rechnet man in Kugelkoordinaten, so ist die Dichte $\rho = \frac{r}{R}$ und
$$a^2 = x^2 + y^2 = r^2(\sin^2 \theta \cos^2 \varphi + \sin^2 \theta \sin^2 \varphi) = r^2 \sin^2 \theta \,.$$
Daher erhält man für das Trägheitsmoment:

$$T_z = \overset{K}{\iiint} a^2 \rho \, dV = \int_0^R \int_0^{2\pi} \int_0^\pi r^2 \sin^2 \theta \frac{r}{R} r^2 \sin \theta \, d\theta \, d\varphi \, dr$$

$$= \int_0^R \int_0^{2\pi} \frac{r^5}{R} \left[-\frac{1}{3} \sin^2 \theta \cos \theta - \frac{2}{3} \cos \theta \right]_0^\pi d\varphi \, dr \qquad \int \sin^3 x \, dx$$

$$\hspace{8cm} \text{partiell oder } \mathbf{F\,4} \text{ oder } \mathbf{F{+}H}$$

$$= \int_0^R \int_0^{2\pi} \frac{r^5}{R} \cdot \frac{4}{3} \, d\varphi \, dr = \underline{\underline{\frac{4}{9} \pi R^5}} \,. \qquad \int \sin^3 x \, dx = \frac{1}{3} \cos^3 x - \cos x$$

17.17   Die Kreisfläche mit dem Mittelpunkt $(R, 0)$ in der (x, z)–Ebene und dem
Radius S $(S < R)$ rotiere um die z–Achse. Dabei entsteht ein Torus.
Man berechne sein Volumen V sowie sein
Trägheitsmoment T_z bzgl. der z–Achse, wenn die Massendichte $\rho = 1$ ist.

(1)   Mathematische Beschreibung des Torus:

Die Kreisfläche in der (x, z)–Ebene ist durch $(x - R)^2 + z^2 \leq S^2$ gegeben.
In Zylinderkoordinaten erhält man den Torus, indem man hierin x durch r ersetzt: $(r - R)^2 + z^2 \leq S^2$. Seine Projektion in die (x, y)–Ebene ist der Kreisring
$R - S \leq r \leq R + S$, $0 \leq \varphi < 2\pi$. Also wird der Torus To in Zylinderkoordinaten
durch folgende Ungleichungen beschrieben:

$$\begin{aligned} R - S \; &\leq \; r \; &\leq R + S \\ 0 \; &\leq \; \varphi \; &< 2\pi \\ -\sqrt{S^2 - (r - R)^2} \; &\leq \; z \; &\leq \sqrt{S^2 - (r - R)^2} \end{aligned}$$

To: In diesen Koordinaten ist
$$dV = r \, dr \, d\varphi \, dz$$

(2)   Volumen des Torus (Guldinsche Regel siehe [18.32]):

$$V = \overset{To}{\iiint} dV = \int_{R-S}^{R+S} \int_0^{2\pi} \int_{-\sqrt{S^2 - (r - R)^2}}^{\sqrt{S^2 - (r - R)^2}} r \, dz \, d\varphi \, dr$$

$$= \int_{R-S}^{R+S} \int_0^{2\pi} 2r \sqrt{S^2 - (r - R)^2} \, d\varphi \, dr$$

$$= 4\pi \int_{R-S}^{R+S} r \sqrt{S^2 - (r - R)^2} \, dr = \cdots = \underline{\underline{2\pi^2 S^2 R}}\,.$$

(3)   Trägheitsmoment T_z des Torus bei Rotation um die z–Achse, Dichte $\rho = 1$:

$$T_z = \overset{To}{\iiint} a^2 \rho \, dV = \int_{R-S}^{R+S} \int_0^{2\pi} \int_{-\sqrt{S^2 - (r - R)^2}}^{\sqrt{S^2 - (r - R)^2}} r^2 r \, dz \, d\varphi \, dr = \cdots =$$

$$= \underline{\underline{\frac{1}{2} \pi^2 S^2 R (4R^2 + 3S^2)}}\,.$$

17.18 *Man berechne Volumen V und Trägheitsmomente bzgl. der Achsen eines Ellipsoids E mit den Halbachsen a, b, c, Massendichte $\rho = 1$.*

Wir benutzen folgendes (r, θ, φ)–Koordinatensystem:

$$x = ar\sin\theta\cos\varphi \quad 0 \le r$$
$$y = br\sin\theta\sin\varphi \quad 0 \le \varphi < 2\pi$$
$$z = cr\cos\theta \quad 0 \le \theta \le \pi$$

Es sind Kugelkoordinaten, die in x–Richtung um den Faktor a und in y– bzw. z–Richtung um den Faktor b bzw. c gestreckt sind !

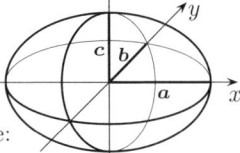

Das hat den Vorteil, dass E durch Ungleichungen mit **festen** Grenzen beschrieben wird, nämlich:

$$\text{E:} \quad \begin{array}{l} 0 \le r \le 1 \\ 0 \le \theta \le \pi \\ 0 \le \varphi \le 2\pi. \end{array}$$

Nun berechnet man die zugehörige Funktionaldeterminante:

$$\frac{\partial(x,y,z)}{\partial(r,\theta,\varphi)} = \begin{vmatrix} \frac{\partial x}{\partial r} & \frac{\partial x}{\partial \theta} & \frac{\partial x}{\partial \varphi} \\ \frac{\partial y}{\partial r} & \frac{\partial y}{\partial \theta} & \frac{\partial y}{\partial \varphi} \\ \frac{\partial z}{\partial r} & \frac{\partial z}{\partial \theta} & \frac{\partial z}{\partial \varphi} \end{vmatrix} = \begin{vmatrix} a\sin\theta\cos\varphi & ar\cos\theta\cos\varphi & -ar\sin\theta\sin\varphi \\ b\sin\theta\sin\varphi & br\cos\theta\sin\varphi & br\sin\theta\cos\varphi \\ c\cos\theta & -cr\sin\theta & 0 \end{vmatrix}$$

$$= \cdots = \underline{abcr^2\sin\theta}.$$

(1) Volumen V des Ellipsoids E:

$$V = \iiint\limits_{E} dV = \int_0^1 \int_0^\pi \int_0^{2\pi} abcr^2 \sin\theta \, d\varphi \, d\theta \, dr = \underline{\underline{\frac{4}{3}\pi abc}}.$$

(2) Trägheitsmomente T_x, T_y, T_z bzgl. der Koordinatenachsen:

Zunächst T_z: Ist a der Abstand von der z–Achse, so gilt:

$$a^2 = x^2 + y^2 = r^2(a^2\cos^2\varphi + b^2\sin^2\varphi)\sin^2\theta, \text{ daher ist}$$

$$T_z = \iiint\limits_{E} (x^2 + y^2) \, dV$$

$$= \int_0^1 \int_0^\pi \int_0^{2\pi} r^2(a^2\cos^2\varphi + b^2\sin^2\varphi)\sin^2\theta \cdot abcr^2 \sin\theta \, d\varphi \, d\theta \, dr$$

$$= \underline{\underline{\frac{4}{15}\pi abc(a^2 + b^2)}} = \underline{\underline{\frac{1}{5}(a^2 + b^2)V}}.$$

Aus Symmetriegründen gilt: $T_x = \frac{1}{5}(b^2 + c^2)V$ und $T_y = \frac{1}{5}(a^2 + c^2)V$.

17.19 *Man berechne das Restvolumen V einer Kugel vom Durchmesser D mit zentrischer Bohrung vom Durchmesser d ($d < D$) und zeige, dass das Restvolumen nur von der Länge L des Bohrlochs abhängt!*

(a) Volumen eines Körpers, Seite 492

Restkörper K der Kugel in Zylinderkoordinaten:

$$0 \le \varphi \le 2\pi$$
$$\frac{d}{2} \le r \le \frac{D}{2}$$
$$-\sqrt{\frac{D^2}{4} - r^2} \le z \le \sqrt{\frac{D^2}{4} - r^2}$$

Es ist $L^2 = D^2 - d^2$.

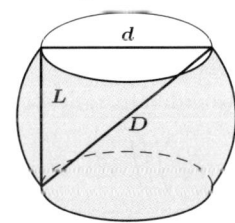

von Zylinder durchbohrte Kugel

$$V = {}^{K}\!\!\iiint dV = 2 \int_0^{2\pi} \int_{\frac{d}{2}}^{\frac{D}{2}} \int_0^{\sqrt{\frac{D^2}{4} - r^2}} r\, dz\, dr\, d\varphi$$

$$= 2 \int_0^{2\pi} \int_{\frac{d}{2}}^{\frac{D}{2}} r\sqrt{\frac{D^2}{4} - r^2}\, dr\, d\varphi = 2 \int_0^{2\pi} \left[-\frac{1}{3}(\frac{D^2}{4} - r^2)^{3/2} \right]_{\frac{d}{2}}^{\frac{D}{2}}\, d\varphi$$

$$= \frac{2}{3}(\frac{D^2}{4} - \frac{d^2}{4})^{3/2} \int_0^{2\pi} d\varphi = \frac{1}{12}(D^2 - d^2)^{3/2} 2\pi = \frac{\pi}{6}(D^2 - d^2)^{3/2} = \underline{\underline{\frac{\pi}{6}L^3}}.$$

(b)   Volumen eines Rotationskörpers, Seite 521:

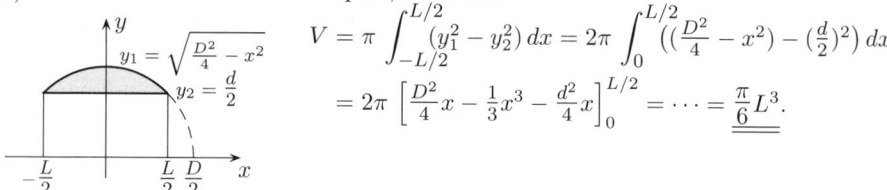

$$V = \pi \int_{-L/2}^{L/2} (y_1^2 - y_2^2)\, dx = 2\pi \int_0^{L/2} ((\frac{D^2}{4} - x^2) - (\frac{d}{2})^2)\, dx$$

$$= 2\pi \left[\frac{D^2}{4}x - \frac{1}{3}x^3 - \frac{d^2}{4}x \right]_0^{L/2} = \cdots = \underline{\underline{\frac{\pi}{6}L^3}}.$$

Das Restvolumen hängt also nur von der Länge L des Bohrlochs ab, ist also gleich dem Volumen $\frac{4}{3}\pi(\frac{L}{2})^3 = \frac{\pi}{6}L^3$ einer Kugel vom Durchmesser L.

17.20   *Durch Rotation der skizzierten Flächen um die z–Achse entsteht ein Archimedischer Restkörper[8] A bzw. eine Halbkugel H.*
Diese Körper haben

     (a)   *gleiches Volumen und*

     (b)   *gleiche Schwerpunkthöhe.*

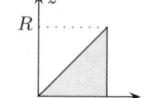

(a)   Das Volumen V_A des Archimedischer Restkörpers bestimmt man wie folgt:

(1) Als Volumen eines Rotationskörpers [Seite 521]:

$$V_A = 2\pi \int_0^R x^2\, dx = \underline{\underline{\frac{2}{3}\pi R^3}} = V_H, \text{ Volumen der Halbkugel [17.12]}.$$

(2) Mit der Guldinsche Regel [siehe Seite 521]:
$$V_A = \text{Fläche mal Weg des Flächenschwerpunktes} = \frac{1}{2}R^2 \cdot 2\pi \frac{2}{3}R = \underline{\underline{\frac{2}{3}\pi R^3}}.$$

(3) Etwas aufwendiger mittels Zylinderkoordinaten:
$$V_A = {}^{A}\!\!\iiint dV = \int_0^{2\pi} \int_0^R \int_0^r r\, dz\, dr\, d\varphi = \int_0^{2\pi} \int_0^R r^2\, dr\, d\varphi = \frac{R^3}{3} \int_0^{2\pi} d\varphi = \underline{\underline{\frac{2}{3}\pi R^3}}.$$

(b) z–Koordinate z_s des Schwerpunktes des Archimedischer Restkörpers [Seite 492]:

$$z_s = \frac{1}{V_A} {}^{A}\!\!\iiint z\, dV = \frac{3}{2\pi R^3} \int_0^{2\pi} \int_0^R \int_0^r rz\, dz\, dr\, d\varphi = \frac{3}{2\pi R^3} \frac{1}{2} \int_0^{2\pi} \int_0^R r^3\, dr\, d\varphi = \underline{\underline{\frac{3}{8}R}}.$$

Die z–Koordinate des Schwerpunktes der Halbkugel ist ebenfalls $\underline{\underline{\frac{3}{8}R}}$, [17.15].

Eleganter lässt sich die Aufgabe mit dem Satz von Cavalieri behandeln:

> ### Satz von Cavalieri
>
> Körper, deren Querschnittsflächen in jeweils gleicher Höhe den gleichen Flächeninhalt besitzen, haben das gleiche Volumen und die gleiche Schwerpunkthöhe. [**F+H** Seite 32, 151]

Für die Querschnittflächen $F(z)$ in Höhe $z = h$ gilt $F_A(z) = F_H(z)$:

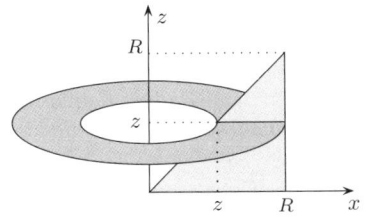
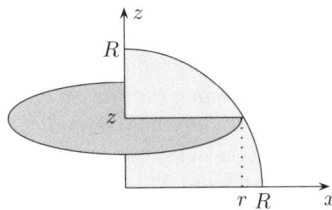

$F_A(z) = \pi R^2 - \pi z^2 = \pi(R^2 - z^2)$ $F_K(z) = \pi(R^2 - z^2)$

Kreisring mit Radien z bzw. R.   Kreis mit Radius $r = \sqrt{R^2 - z^2}$.

Also haben die Körper in gleicher Höhe gleichgroße Schnittflächen und folglich gleiches Volumen und gleiche z–Koordinate des Schwerpunktes.

17.3 Aufgaben

17.21 Berechne die von der Kurve $r = \sin 2\varphi$, $0 \le \varphi \le \pi/2$ eingeschlossene Fläche.

17.22 Berechne die von den Kurven $y = x^2$ und $x = y^2$ eingeschlossene Fläche.

17.23 Aus einer Kugel $x^2 + y^2 + z^2 \le R^2$ wird ein Zylinder $x^2 + y^2 \le A^2$ herausgebohrt, wobei $A < R$ ist. Man berechne das Trägheitsmoment des Restkörpers [17.19] bzgl. der z–Achse, Massendichte $\rho = 1$.

17.24 Berechne das durch die Zylinder $x^2 + y^2 = A^2$ und $x^2 + z^2 = A^2$ eingeschlossene Volumen.

17.25 Man berechne die Masse des durch die Ebenen $x = 0$, $y = 0$, $z = 0$, $4x + 2y + z = 8$ begrenzten Körpers, wenn seine Massendichte $\rho = 45x^2 y$ ist.

17.26 Man berechne Inhalt F und Schwerpunkt S der Fläche zwischen der Kurve $y = \sin x$, $0 \le x \le \pi$ und der x–Achse sowie das Volumen V des bei Rotation um die x–Achse entstehenden Körpers (vgl. Guldinsche Regel Seite 521).

17.27 Man berechne das Volumen des Durchschnitts der Kugel $x^2 + y^2 + z^2 \le 16$ und des Kegels $z \ge \sqrt{x^2 + y^2}$, vgl. Kugelausschnitt **F+H**.

17.28 Man berechne das Volumen des durch $z = 4 - x^2 - y^2$ und die (x, y)–Ebene begrenzten Körpers.

17.29 Man berechne das Trägheitsmoment des in [17.17] beschriebenen Torus bzgl. eines Äquatorialdurchmessers.

17.30 Man berechne das Trägheitsmoment einer Kugel vom Radius R bzgl. einer durch ihren Mittelpunkt gehenden Achse, Massendichte $\rho = x^2 + y^2 + z^2$.

17.31 Man berechne den Massenmittelpunkt desjenigen homogenen Körpers, der durch die Flächen $x^2 + y^2 = z$ und $x + y + z = 0$ begrenzt wird.

17.32 Man berechne den Flächeninhalt desjenigen Teiles der (x, y)–Ebene,der von der Kurve $(x^2 + y^2)^3 = a^2(x^4 + y^4)$ eingeschlossen wird.

17.33 Man berechne den Rauminhalt des Durchschnitts der drei Zylinder $x^2 + y^2 \leq 1$, $x^2 + z^2 \leq 1$, $y^2 + z^2 \leq 1$.

17.34 Man berechne das Volumen des durch die Flächen $z = x^2 + y^2$, $z = 0$, $x = -a$, $x = a$, $y = a$, $y = -a$ begrenzten Körpers.

17.35 Man berechne $\overset{G}{\displaystyle\iint} \sqrt{x^2 + y^2}\, dx\, dy$ für $G: \quad x^2 + y^2 \leq A^2$.

17.36 Man berechne den Schwerpunkt des von $z = 4 - x^2 - y^2$ und der (x, y)–Ebene begrenzten Paraboloids.

17.37 Man berechne die Masse eines geraden Kreiszylinders vom Radius R und der Höhe H, dessen Massendichte proportional zum Quadrat vom Abstand der Symmetrieachse zunimmt (Faktor k).

17.38 Man berechne Masse M und Trägheitsmoment T eines Kreiskegels, Grundkreisradius R, Höhe H, bezogen auf die Symmetrieachse, wenn die Massendichte – nach Einführung dimensionsloser Größen – gleich dem Abstand von der Symmetrieachse ist.

17.39 Man berechne den Massenmittelpunkt des in [17.38] beschriebenen Körpers.

17.40 Berechne Masse M, Trägheitsmoment T, Massenmittelpunkt S eines Rotationsparaboloids P bzgl. seiner Symmetrieachse bei konst. Massendichte ρ_0.

17.4   Lösungen

17.21 $\pi/8$

17.22 $1/3$

17.23 $\frac{4}{5}\pi\sqrt{R^2 - A^2}^{\,3}(\frac{2}{3}R^2 + A^2)$

17.24 $\frac{16}{3}A^3$

17.25 128

17.26 $F = 2$, $S = (\frac{\pi}{2}, \frac{\pi}{8})$, $V = \frac{\pi^2}{2}$

17.27 $\frac{64}{3}\pi(2 - \sqrt{2})$

17.28 8π

17.29 $\frac{1}{4}\pi^2 S R^2(4S^2 + 5R^2)$

17.30 $\frac{8}{21}\pi R^7$

17.31 $M = (-\frac{1}{2}, -\frac{1}{2}, \frac{5}{6})$

17.32 $\frac{3}{4}\pi a^2$

17.33 $8(2 - \sqrt{2})$

17.34 $\frac{8}{3}a^4$

17.35 $\frac{2}{3}\pi A^3$

17.36 $M = (0, 0, \frac{8}{3})$

17.37 $\frac{1}{2}\pi k R^4 H$

17.38 $M = \frac{1}{6}\pi R^3 H$, $\quad T = \frac{2}{5}R^2 M$

17.39 Im Körper auf der Symmetrieachse im Abstand $0.8\,H$ von der Spitze.

17.40 Paraboloid in Zylinderkoordinaten:

$0 \leq \varphi \leq 2\pi$, $\ 0 \leq r \leq R$, $\ r^2 \leq z \leq R^2$, $\ dV = r\, dz\, dr\, d\varphi$.

$$M = \overset{P}{\iiint} \rho\, dV = \int_0^{2\pi} \int_0^R \int_{r^2}^{R^2} \rho_0 r\, dz\, dr\, d\varphi = \ldots = \underline{\underline{\frac{\pi}{2}\rho_0 R^4}}$$

$$T = \overset{P}{\iiint} a^2 \rho\, dV = \int_0^{2\pi} \int_0^R \int_{r^2}^{R^2} r^2 \rho_0 r\, dz\, dr\, d\varphi = \ldots = \underline{\underline{\frac{\pi}{6}\rho_0 R^6}}$$

$$z_m = \frac{1}{M}\overset{P}{\iiint} z\rho\, dV = \int_0^{2\pi} \int_0^R \int_{r^2}^{R^2} z\rho_0 r\, dz\, dr\, d\varphi = \ldots = \underline{\underline{\frac{2}{3}R^2}}, \quad S = \underline{\underline{(0, 0, \tfrac{2}{3}R^2)}}.$$

18 Vektoranalysis

18.1 Kurven in der Ebene

Kurven in der Ebene		
1	**explizite** (kartesische) Darstellung	$y = f(x)$, $a \le x \le b$
2	**implizite** (kartesische) Darstellung	$F(x,y) = 0$
3	**Polarkoordinaten**darstellung	$r = r(\varphi)$, $\varphi_0 \le \varphi \le \varphi_1$
4	**Parameter**darstellung	$\vec{x} = \vec{x}(t) = \begin{pmatrix} x(t) \\ y(t) \end{pmatrix}$, $t_0 \le t \le t_1$

18.1 Man gebe ggf. Parameterdarst., expliz. oder impliz. Darst. folg. Kurven

(a) $y = x^2$, $0 \le x \le 2$ (explizite Darstellung einer **Parabel**)

(b) $2x^2 + 6y^2 - 4 = 0$ (implizite Darstellung einer **Ellipse**)

(c) $r = \cos\varphi$, $-\pi \le \varphi \le \pi$ (Polarkoord–darst. eines **Kreises**).

(d) Kurve wird von Punkt P eines Kreises vom Radius 1 beschrieben, der auf der x–Achse abrollt (**Zykloide**):

(a) Ist $x = t$, so ist $y = t^2$, also $\vec{x}(t) = \begin{pmatrix} t \\ t^2 \end{pmatrix}$ für $0 \le t \le 2$.

oder z.B.: $y = t$, $x = \sqrt{t}$, ergibt $\vec{x}(t) = \begin{pmatrix} \sqrt{t} \\ t \end{pmatrix}$ für $0 \le t \le 4$.

(b) Mit $x = t$ folgt $y = \pm\sqrt{\frac{1}{6}(4 - 2t^2)}$, für $-\sqrt{2} \le t \le \sqrt{2}$,

wobei "+" in der oberen und "−" in der unteren Halbebene zu nehmen ist.

Hier ist aber wegen $2x^2 + 6y^2 - 4 = 0 \Longleftrightarrow \left(\frac{x}{\sqrt{2}}\right)^2 + \left(\frac{y}{\sqrt{2/3}}\right)^2 = 1$

$x = \sqrt{2}\cos t$
$y = \sqrt{\frac{2}{3}}\sin t$, also $\vec{x}(t) = \begin{pmatrix} \sqrt{2}\cos t \\ \sqrt{\frac{2}{3}}\sin t \end{pmatrix}$ für $0 \le t \le 2\pi$

eine Parametrisierung der Ellipse $a = \sqrt{2}$
mit den Halbachsen $b = \sqrt{2/3}$

(c) Nimmt man den Winkel φ als Parameter, also $\varphi = t$ mit $-\pi \le t \le \pi$, so gilt:

$x = r \cdot \cos\varphi = \cos t \cdot \cos t = \cos^2 t$
$y = r \cdot \sin\varphi = \cos t \cdot \sin t$ also $\vec{x}(t) = \begin{pmatrix} \cos^2 t \\ \cos t \sin t \end{pmatrix} = \frac{1}{2}\begin{pmatrix} 1 + \cos 2t \\ \sin 2t \end{pmatrix}$

t eliminieren: $(2x - 1)^2 + (2y)^2 = 1 \Longleftrightarrow (x - \frac{1}{2})^2 + y^2 = \frac{1}{4}$

Die dargestellte Kurve ist ein Kreis um $(\frac{1}{2}, 0)$ mit Radius $\frac{1}{2}$.

(d) Mit dem Wälzwinkel als Parameter t ergibt sich:

$$\vec{x}(t) = \vec{x}_M(t) + \vec{x}_K(t) = \begin{pmatrix} t \\ 1 \end{pmatrix} + \begin{pmatrix} -\sin t \\ -\cos t \end{pmatrix}$$

d.h. $x = t - \sin t$
     $y = 1 - \cos t$. Elimination von t ergibt:

explizit $x = \arccos(1 - y) - \sqrt{y(2 - y)}$, $\begin{array}{l} 0 \le y \le 2 \\ 0 \le x \le \pi \end{array}$

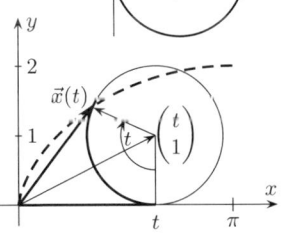

Tangentenvektoren ebener Kurven		
Kurve	Punkt auf Kurve	Tangentenvektor im Kurvenpunkt
$\boxed{1}$ $y = f(x)$	$P_0 = (x_0, y_0)$	$\vec{t} = \big(1, f'(x_0)\big)$
$\boxed{2}$ $F(x, y) = 0$	$P_0 = (x_0, y_0)$	$\vec{t} = \big(F_y(x_0, y_0)\,, -F_x(x_0, y_0)\big)$
$\boxed{3}$ $r = r(\varphi)$	$r_0 = r(\varphi_0)$	$\vec{t} = \begin{pmatrix} \dot{r}(\varphi_0)\cos\varphi_0 - r(\varphi_0)\sin\varphi_0 \\ \dot{r}(\varphi_0)\sin\varphi_0 + r(\varphi_0)\cos\varphi_0 \end{pmatrix}$
$\boxed{4}$ $\vec{x} = \vec{x}(t)$	$\vec{x}_0 = \vec{x}(t_0)$	$\vec{t} = \dot{\vec{x}}(t_0) = \big(\dot{x}(t_0), \dot{y}(t_0)\big)$

18.2   *Man bestimme die Tangente an die Ellipse $x^2 + 4y^2 = 8$ in $(2,1)$.*

$F_x = 2x$, $F_y = 8y$ $\Longrightarrow$ $\vec{t} = (8, -4) = 4(2, -1)$.

Eine Parameterdarst. der Tangente ist: $\vec{x} = (x, y) = (2, 1) + s(2, -1)$, $s \in \mathbb{R}$.

Eine kartesische Darstellung der Tangente (implizit) ist: $x + 2y = 4$.

18.3   *Unter welchen Winkeln schneidet*
         die Zykloide $x = t - a\sin t$, $y = 1 - a\cos t$ $(a > 0)$ die x–Achse?

Die Zykloide schneidet die x–Achse $\Longleftrightarrow$ $y = 0$ $\Longleftrightarrow$ $\cos t = \frac{1}{a}$.
Die Zykloide schneidet die x–Achse also nur für $a \geq 1$.

$\dot{x} = 1 - a\cos t$, $\dot{y} = a\sin t$.
Für Parameterwerte t mit $\cos t = \frac{1}{a}$ ist $\dot{\vec{x}} = (\dot{x}, \dot{y}) = (0, \pm\sqrt{a^2 - 1}\,)$.

Für $a = 1$ und $\cos t = 1$, also $t = 2k\pi$ ist $\dot{\vec{x}} = \vec{0}$.

Eine Tangente existiert nicht!
(Die Kurve mündet jedoch
senkrecht in die x–Achse ein.)

Für $a > 1$ ist $\dot{\vec{x}} \neq \vec{0}$.

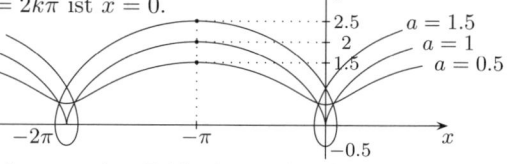

Es ist $\dot{x} = 0$. Also wird die x–Achse von den Zykloiden senkrecht geschnitten.

18.4   *Unter welchen Winkeln schneidet*
         die logarithmische Spirale $r = e^{a\varphi}$
         die Ursprungsgeraden $y = \tan\beta \cdot x$?

$r = e^{a\varphi}$, $\dot{r} = ae^{a\varphi}$.

$\vec{x} = (\cos\beta, \sin\beta)$ (ein Richtungsvektor der Geraden)

$\vec{t}(\beta) = \begin{pmatrix} ae^{a\beta}\cos\beta - e^{a\beta}\sin\beta \\ ae^{a\beta}\sin\beta + e^{a\beta}\cos\beta \end{pmatrix}$

$|\vec{t}| = \sqrt{a^2 + 1}\,e^{a\beta}$

Bezeichnet α den Schnittwinkel, so ist $\cos\alpha = \dfrac{\vec{x}\cdot\vec{t}}{|\vec{x}|\cdot|\vec{t}|} = \dfrac{ae^{a\beta}}{\sqrt{a^2+1}\,e^{a\beta}} = \dfrac{a}{\sqrt{a^2+1}}$.

$\alpha = \arccos\dfrac{a}{\sqrt{a^2+1}}$ ist unabhängig von β. Das heißt: Alle Geraden durch den Ursprung schneiden die Spirale unter dem gleichen Winkel!

Bogenelement und Bogenlänge ebener Kurvenstücke

Die Länge L einer Kurve K wird durch ein Kurvenintegral berechnet:

$$L - \int_K ds$$

Das Bogenelement ds ist abhängig von der Kurvendarstellung.

Darstellung	Länge L	Bogenelement ds	Hilfsskizze
kartesisch $y = f(x)$ $a \le x \le b$	$\int_a^b \sqrt{1 + \left(f'(x)\right)^2}\, dx$	$\sqrt{dx^2 + dy^2}$ $= \sqrt{1 + f'^2}\, dx$	
Parameter $\vec{x} = \begin{pmatrix} x(t) \\ y(t) \end{pmatrix}$ $t_0 \le t \le t_1$	$\int_{t_0}^{t_1} |\dot{\vec{x}}(t)|\, dt =$ $\int_{t_0}^{t_1} \sqrt{\dot{x}(t)^2 + \dot{y}(t)^2}\, dt$	$|\dot{\vec{x}}(t)|\, dt$ $- \sqrt{\dot{x}^2 + \dot{y}^2}\, dt$	
Polarkoordinaten $r = r(\varphi)$ $\varphi_0 \le \varphi \le \varphi_1$	$\int_{\varphi_0}^{\varphi_1} \sqrt{r(\varphi)^2 + \dot{r}(\varphi)^2}\, d\varphi$	$\sqrt{r^2 d\varphi^2 + dr^2}$ $= \sqrt{r^2 + \dot{r}^2}\, d\varphi$	

18.5   Man berechne die Bogenlänge:

(a) $y = \sqrt{1 - x^2}$, $-1 \le x \le 1$ (Halbkreis)

(b) $\vec{x} = \begin{pmatrix} t - \sin t \\ 1 - \cos t \end{pmatrix}$, $0 \le t \le 2\pi$ (Zykloide, siehe auch [18.1])

(c) $r = 1 + \cos\varphi$, $0 \le \varphi \le 2\pi$ (Kardioide, siehe **F+H**)

(d) $r = e^{a\varphi}$, $\varphi_1 \le \varphi \le \varphi_2$ (logarithmische Spirale, [18.4, 16.24, 18.71 (h)])

(a) $L = \int_{-1}^{1} \sqrt{1 + \left(\frac{-x}{\sqrt{1-x^2}}\right)^2}\, dx$

$= 2 \int_0^1 \frac{dx}{\sqrt{1-x^2}} = 2 \left[\arcsin x\right]_0^1 = \underline{\underline{\pi}}.$

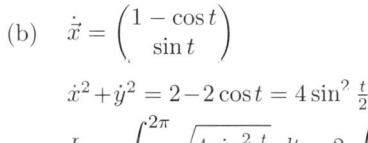

(b) $\dot{\vec{x}} = \begin{pmatrix} 1 - \cos t \\ \sin t \end{pmatrix}$

$\dot{x}^2 + \dot{y}^2 = 2 - 2\cos t = 4\sin^2 \frac{t}{2}$

$L = \int_0^{2\pi} \sqrt{4\sin^2 \frac{t}{2}}\, dt = 2 \int_0^{2\pi} |\sin \frac{t}{2}|\, dt = 2 \int_0^{2\pi} \sin \frac{t}{2}\, dt = -4 \left[\cos \frac{t}{2}\right]_0^{2\pi} = \underline{\underline{8}}.$

Parameter t ist der *Wälzwinkel*,
siehe [18.1] und **F+H**, Seite 120.

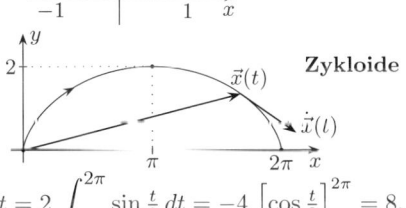

Zykloide

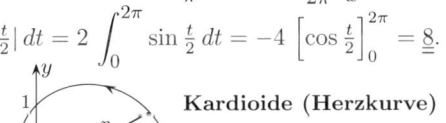

Kardioide (Herzkurve)

(c) r, φ Polarkoordinaten:

$r = 1 + \cos\varphi$, $\dot{r} = -\sin\varphi$,
$r^2 + \dot{r}^2 = 2(1 + \cos\varphi) = 4\cos^2 \frac{\varphi}{2}.$

$$L = \int_0^{2\pi} \sqrt{4\cos^2 \tfrac{\varphi}{2}}\, d\varphi \overset{?}{=} \left(2 \int_0^{2\pi} \cos \tfrac{\varphi}{2}\, d\varphi = 4 \left[\sin \tfrac{\varphi}{2}\right]_0^{2\pi} = 0 \quad ??? \text{ so nicht!}\right)$$

$$\sqrt{x^2} = |x| \text{ also:} \qquad = 2 \int_0^{2\pi} |\cos \tfrac{\varphi}{2}|\, d\varphi = 4 \int_0^{\pi} \cos \tfrac{\varphi}{2}\, d\varphi = 8 \left[\sin \tfrac{\varphi}{2}\right]_0^{\pi} = \underline{\underline{8}}.$$

(d) r, φ Polarkoordinaten (siehe auch 18.69 (d)):

$$L = \int_{\varphi_1}^{\varphi_2} \sqrt{r^2 + \dot{r}^2}\, d\varphi = \sqrt{1+a^2} \int_{\varphi_1}^{\varphi_2} e^{a\varphi}\, d\varphi = \underline{\underline{\frac{\sqrt{1+a^2}}{a} (e^{a\varphi_2} - e^{a\varphi_1})}}.$$

Für $a > 0$, $\varphi_1 = -\infty$, $\varphi_2 = 0$ ergibt sich $L_\infty = \sqrt{1+a^2} \int_{-\infty}^0 e^{a\varphi}\, d\varphi = \underline{\underline{\frac{\sqrt{1+a^2}}{a}}}.$

Die logarithmische Spirale , die unendlich oft den Nullpunkt umläuft, hat endliche Länge! Auch die vom Radiusvektor überstrichene Fläche ist endlich [18.71 (h)].

Bemerkung: Bogenlängenberechnungen (z.B. Ellipse) führen oft auf nicht elementare (elliptische) Integrale siehe **F+H**!

In der Theorie benutzt man gern die Bogenlänge s als Parameter:
Mit $\vec{x} = \vec{x}(t)$ wird s definiert durch (a wird geeignet gewählt)

$$s(t) := \int_a^t |\dot{\vec{x}}(\tau)|\, d\tau \text{ , so dass } \frac{ds}{dt} = |\dot{\vec{x}}(t)| \text{ ist.}$$

Wegen der Monotonie von s existiert die Umkehrfunktion $t = t(s)$
und $\vec{x} = \vec{x}(t(s))$ ist eine Kurvendarstellung mit der Bogenlänge als Parameter.

18.6   *Man stelle $y = \cosh x$ mit der Bogenlänge als Parameter*
             in der Form $\vec{x}(s)$ dar, berechne $|\vec{x}'(s)|$ und zeige, dass $\vec{x}' \perp \vec{x}''$ ist.

$\vec{x} = \begin{pmatrix} t \\ \cosh t \end{pmatrix}$ ergibt: $s = \int_0^t \sqrt{1 + \sinh^2 \tau}\, d\tau = \int_0^t \cosh \tau\, d\tau = \sinh t.$

Also ist $t = \text{arsinh}\, s$ und $\cosh t = \sqrt{1 + \sinh^2 t} = \sqrt{1 + s^2}$

Die gesuchte Darstellung ist $\vec{x}(s) = \begin{pmatrix} \text{arsinh}\, s \\ \sqrt{1 + s^2} \end{pmatrix}.$

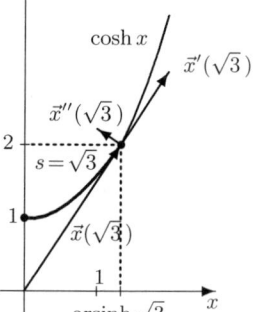

$\sqrt{1 + \sqrt{3}^2} = 2$

$s = \sqrt{3}$

Es gilt: $\vec{x}'(s) = \dfrac{1}{\sqrt{1+s^2}} \begin{pmatrix} 1 \\ s \end{pmatrix}$ und

$|\vec{x}'(s)| = \dfrac{1}{\sqrt{1+s^2}} \sqrt{1 + s^2} = 1.$

Das ist kein Zufall, denn aus $\frac{ds}{dt} = |\dot{\vec{x}}(t)|$ für $t = s$ folgt $1 = |\vec{x}'(s)|$.

Aus $|\vec{x}'| = 1$ folgt $(\vec{x}')^2 = 1$ und Differentiation ergibt $2\vec{x}' \cdot \vec{x}'' = 0$.

Also gilt stets $\vec{x}' \perp \vec{x}''$, sofern die Bogenlänge der Parameter ist, siehe [18.18].

Bogenlänge als Parameter

Ist $\vec{x} = \vec{x}(s)$ eine Parameterdarstellung einer ebenen Kurve mit der Bogenlänge s als Parameter und bezeichnet $()'$ die Ableitung nach s, so ist

$\vec{x}\,'(s) \quad =: t(s)$ der **Tangenteneinheitsvektor** an $\vec{x}(s)$.

$\vec{x}\,''(s) \quad$ ein **Normalenvektor** in $\vec{x}(s)$; d.h. $\vec{x}\,''(s) \perp \vec{x}\,'(s) = \vec{t}(s)$ [siehe 18.18] und zeigt vom Kurvenpunkt in Richtung des **Krümmungskreismittelpunktes** $\vec{x}_M(s)$.

$\rho(s) := \dfrac{1}{|\kappa(s)|}$ der **Radius** des **Krümmungskreises**. (κ siehe unten!)

$\vec{x}_M(s) = \vec{x}(s) + \rho\,\dfrac{\vec{x}\,''(s)}{|\vec{x}\,''(s)|} = \vec{x}(s) + \rho^2\vec{x}\,''(s)$ der **Mittelpunkt** M des Krümmungskreises.

Bezeichnet $\delta = \delta(s)$ den *Winkel* des Tangentenvektors zur positiven x–Richtung, so ist

$\kappa(s) := \delta'(s)$ die **Krümmung** der ebenen Kurve in $\vec{x}(s)$ und es ist $|\vec{x}\,''(s)| = |\kappa(s)|$.

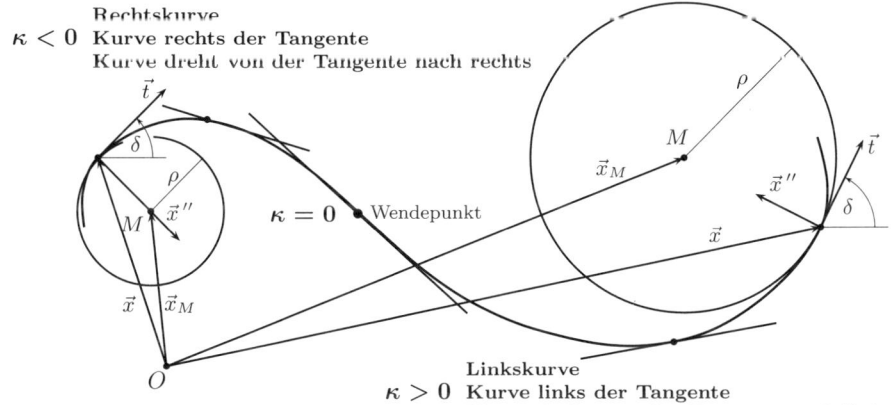

Rechtskurve
$\kappa < 0$ **Kurve rechts der Tangente**
Kurve dreht von der Tangente nach rechts

$\kappa = 0$ • Wendepunkt

Linkskurve
$\kappa > 0$ **Kurve links der Tangente**
Kurve dreht von der Tangente nach links

Darstellung	Krümmung	Ein Normalenvektor in $\vec{x}$
$y = f(x)$	$\kappa(x) = \dfrac{f''(x)}{(1+(f'(x))^2)^{3/2}}$	$\vec{n} - \begin{pmatrix} -f'(x) \\ 1 \end{pmatrix}$
$\vec{x} = \begin{pmatrix} x(t) \\ y(t) \end{pmatrix}$	$\kappa(t) = \dfrac{\dot{x}\ddot{y}\ \ddot{x}\dot{y}}{(\dot{x}^2 \mid \dot{y}^2)^{3/2}}$	$\vec{n} = \begin{pmatrix} -\dot{y} \\ \dot{x} \end{pmatrix}$
$r = r(\varphi)$	$\kappa(\varphi) = \dfrac{r^2+2\dot{r}^2-r\ddot{r}}{(r^2+\dot{r}^2)^{3/2}}$	$\vec{n} = \begin{pmatrix} -r\cos\varphi - \dot{r}\sin\varphi \\ -r\sin\varphi + \dot{r}\cos\varphi \end{pmatrix}$ $|\vec{n}| = \sqrt{r^2 + \dot{r}^2}$

Mittelpunkt des Krümmungskreises: $\vec{x}_M = \vec{x} + \dfrac{1}{\kappa} \cdot \dfrac{\vec{n}}{|\vec{n}|}$

Die Menge der Krümmungsmittelpunkte einer Kurve bildet deren **Evolute**.

18.7 *In welchem Punkt ist die Krümmung von $y = e^x$ maximal?*
Bestimme dort Radius und Mittelpunkt des Krümmungskreises.

$$f(x) = f'(x) = f''(x) = e^x \ , \quad \kappa(x) = \frac{e^x}{(1+e^{2x})^{3/2}} \ , \quad \kappa'(x) = \frac{e^x(1-2e^{2x})}{(1+e^{2x})^{5/2}}$$

$$\kappa'(x) = 0 \iff 2e^{2x} = 1 \iff 2x = \ln\tfrac{1}{2} \iff x = \tfrac{1}{2}\ln\tfrac{1}{2} = \ln\sqrt{\tfrac{1}{2}} = \ln\tfrac{\sqrt{2}}{2}.$$

κ' wechselt bei $\ln\frac{\sqrt{2}}{2}$ das Vorzeichen von $' + '$ nach $' - '$.

Daher liegt dort ein relatives Maximum von κ mit $\kappa(\ln\frac{\sqrt{2}}{2}) = \frac{2}{9}\sqrt{3}$.

Wegen $\lim\limits_{x\to\pm\infty} \kappa(x) = 0$ liegt bei $\ln\frac{\sqrt{2}}{2}$
sogar das absolute Maximum der Krümmung!

Die Krümmung von $y = e^x$ ist also in $\begin{pmatrix} \ln\frac{\sqrt{2}}{2} \\ \frac{\sqrt{2}}{2} \end{pmatrix}$ maximal.

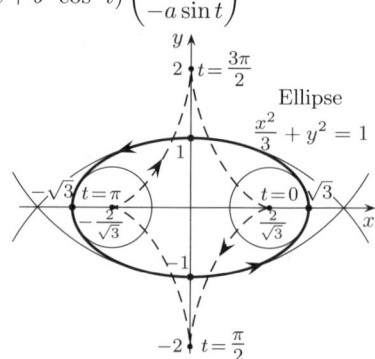

$$\vec{n} = \begin{pmatrix} -f'(\ln\frac{\sqrt{2}}{2}) \\ 1 \end{pmatrix} = \begin{pmatrix} -\frac{\sqrt{2}}{2} \\ 1 \end{pmatrix}.$$

Radius des Krümmungskreises ist $\rho = \frac{1}{\kappa(\ln\frac{\sqrt{2}}{2})} = \frac{3}{2}\sqrt{3}$.

Mittelpunkt des Krümmungskreises ist

$$\vec{x}_M = \begin{pmatrix} \ln\frac{\sqrt{2}}{2} \\ \frac{\sqrt{2}}{2} \end{pmatrix} + \frac{\frac{3}{2}\sqrt{3}}{\sqrt{\frac{3}{2}}}\begin{pmatrix} -\frac{\sqrt{2}}{2} \\ 1 \end{pmatrix} = \begin{pmatrix} \ln\frac{\sqrt{2}}{2} \\ \frac{\sqrt{2}}{2} \end{pmatrix} + \frac{3}{2}\sqrt{2}\begin{pmatrix} -\frac{\sqrt{2}}{2} \\ 1 \end{pmatrix} = \begin{pmatrix} \ln\frac{\sqrt{2}}{2} - \frac{3}{2} \\ 2\sqrt{2} \end{pmatrix}.$$

18.8 *Man bestimme die Evolute der Ellipse $\frac{x^2}{a^2} + \frac{y^2}{b^2} = 1$.*

Eine Parametrisierung der Ellipse ist $x = a\cos t$, $y = b\sin t$, $0 \le t \le 2\pi$ [18.1].

Damit ist $\vec{x} = \begin{pmatrix} a\cos t \\ b\sin t \end{pmatrix}$, $\dot{\vec{x}} = \begin{pmatrix} -a\sin t \\ b\cos t \end{pmatrix}$, $\ddot{\vec{x}} = \begin{pmatrix} -a\cos t \\ -b\sin t \end{pmatrix}$ und somit:

$$\kappa(t) = \frac{\dot{x}\ddot{y} - \ddot{x}\dot{y}}{(\dot{x}^2 + \dot{y}^2)^{3/2}} = \frac{ab\sin^2 t + ab\cos^2 t}{(a^2\sin^2 t + b^2\cos^2 t)^{3/2}} = \frac{ab}{(a^2\sin^2 t + b^2\cos^2 t)^{3/2}}$$

$\vec{n} = \begin{pmatrix} -b\cos t \\ -a\sin t \end{pmatrix} \implies |\vec{n}| = (a^2\sin^2 t + b^2\cos^2 t)^{1/2}$. Also erhält man:

$$\vec{x}_M = \vec{x} + \frac{1}{\kappa}\cdot\frac{\vec{n}}{|\vec{n}|} = \begin{pmatrix} a\cos t \\ b\sin t \end{pmatrix} + \frac{1}{ab}(a^2\sin^2 t + b^2\cos^2 t)\begin{pmatrix} -b\cos t \\ -a\sin t \end{pmatrix}$$

$$\vec{x}_M = \begin{pmatrix} a\cos t - a\sin^2 t\cos t - \frac{b^2}{a}\cos^3 t \\ b\sin t - \frac{a^2}{b}\sin^3 t - b\cos^2 t\sin t \end{pmatrix}$$

$$\vec{x}_M = (a^2 - b^2)\begin{pmatrix} \frac{1}{a}\cos^3 t \\ -\frac{1}{b}\sin^3 t \end{pmatrix}$$ Parameter–
Darstellung
der Evolute.

Beispiel: $a = \sqrt{3}$, $b = 1$, $x^2 + 3y^2 = 3$

Ellipse: $\vec{x} = (\sqrt{3}\cos t, \sin t)$

Evolute: $\vec{x}_M = 2(\frac{1}{\sqrt{3}}\cos^3 t, -\sin^3 t)$

Berechnung ebener Flächeninhalte

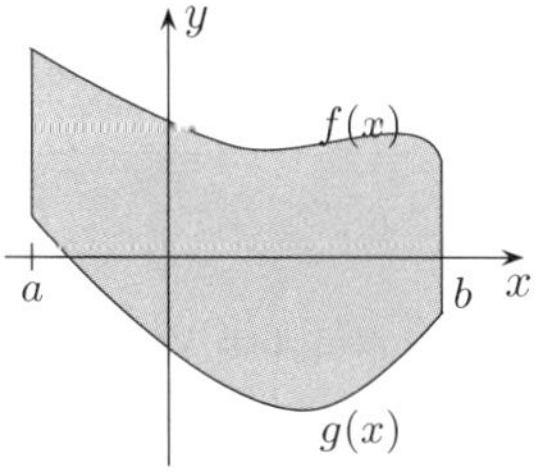

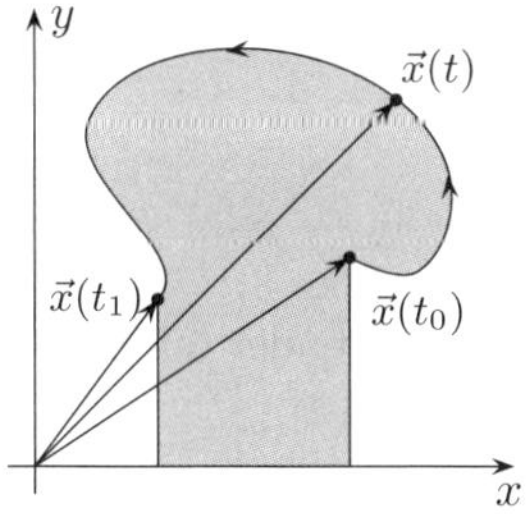

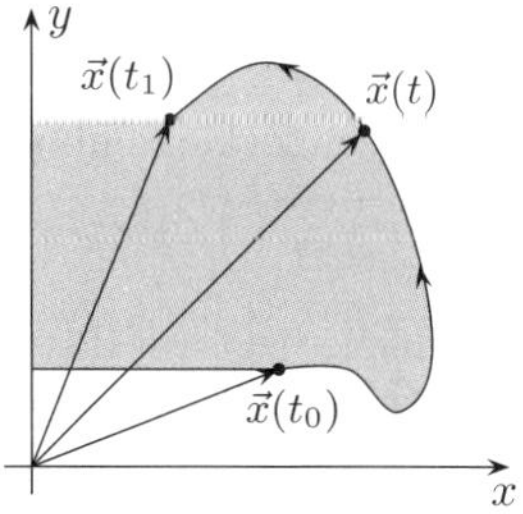

$$F = \int_a^b \left(f(x) - g(x) \right) dx \qquad F = \int_{t_0}^{t_1} - y(t) \cdot \dot{x}(t)\, dt \qquad F = \int_{t_0}^{t_1} x(t) \cdot \dot{y}(t)\, dt$$

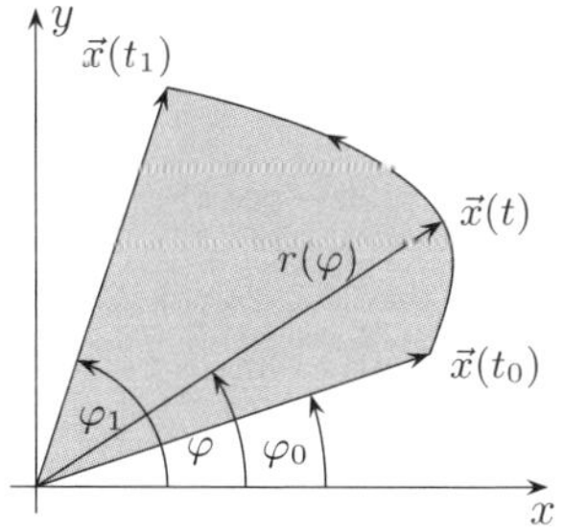

Sektorformel	
Parameterdarst. $\vec{x} = \vec{x}(t) = \begin{pmatrix} x(t) \\ y(t) \end{pmatrix}$ $t_0 \leq t \leq t_1$	$F = \dfrac{1}{2} \int_{t_0}^{t_1} (x\dot{y} - \dot{x}y)\, dt$
Polarkoordinaten $r = r(\varphi)$ $\varphi_0 \leq \varphi \leq \varphi_1$	$F = \dfrac{1}{2} \int_{\varphi_0}^{\varphi_1} r^2(\varphi)\, d\varphi$

"Fläche zur Linken!"

Ist keine dieser Formeln anwendbar: 17.1 Doppelintegrale $F = {}^G\!\iint d(x,y)$.

18.9   *Man bestimme den Flächeninhalt der Ellipse* $\dfrac{x^2}{a^2} + \dfrac{y^2}{b^2} = 1$.

$x = a\cos t$, $y = b\sin t$, $0 \leq t \leq \pi$ ist eine Parametrisierung der oberen Halb-ellipse. Die Fläche der Halbellipse beträgt:

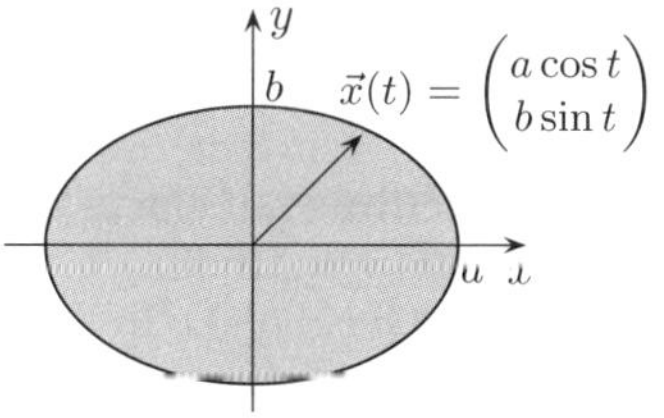

$$F = \int_0^\pi - y\dot{x}\, dt = ab \int_0^\pi \sin^2 t\, dt$$

$$= ab \left[\frac{t}{2} - \frac{1}{4}\sin 2t \right]_0^\pi = ab\frac{\pi}{2}.$$

Die Ellipsenfläche ist folglich $2F = \underline{\underline{ab\pi}}$.

18.10   *Man bestimme die von der Lemniskatenschleife* $r = \sqrt{2\cos 2\varphi}$, $-\pi/4 \leq \varphi \leq \pi/4$ *eingeschlossene Fläche.*

$$F = \frac{1}{2} \int_{-\pi/4}^{\pi/4} 2\cos 2\varphi\, d\varphi = \frac{1}{2} \left[\sin 2\varphi \right]_{-\pi/4}^{\pi/4}$$

$$= \frac{1}{2}(1+1) = \underline{\underline{1}}.$$

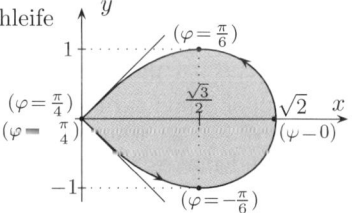

18.11   *Es sei $x = t - \sin t - \pi$, $y = 1 - \cos t$ eine Zykloide.*
Man berechne die skizzierte Fläche:

Für $0 \le t \le 2\pi$ durchläuft $\vec{x}(t) = \begin{pmatrix} t - \sin t - \pi \\ 1 - \cos t \end{pmatrix}$

den ganzen Zykloidenbogen!

$\dot{\vec{x}} = \begin{pmatrix} 1 - \cos t \\ \sin t \end{pmatrix}$, $x\dot{y} - \dot{x}y = t \sin t - \pi \sin t + 2 \cos t - 2$

(1)   Die Fläche liegt auf der rechten Seite der durchlaufenen Kurve, also Vorzeichen-
wechsel in der Flächenformel:

$$F = \int_t^{2\pi} y \dot{x} \, d\tau = \int_t^{2\pi} (1 - \cos\tau)(1 - \cos\tau) \, d\tau = \int_t^{2\pi} (1 - 2\cos\tau + \cos^2\tau) \, d\tau$$

$$= \left[\tau - 2\sin\tau + \tfrac{1}{2}\tau + \tfrac{1}{4}\sin 2\tau \right]_t^{2\pi} = 3\pi - \tfrac{3}{2}t + 2\sin t - \tfrac{1}{4}\sin 2t.$$

(2)   Bei Anwendung der Sektorformel ist die Dreiecksfläche zu berücksichtigen:

$$F = -\frac{1}{2} \int_t^{2\pi} (x\dot{y} - \dot{x}y) \, d\tau - \frac{1}{2}xy \quad \text{(Vorzeichen von } x \text{ beachten!)}$$

$$= -\tfrac{1}{2}(2t - 5\pi - 3\sin t + (t - \pi)\cos t) - \tfrac{1}{2}(t - \sin t - \pi)(1 - \cos t)$$

$$= \ldots = 3\pi - \tfrac{3}{2}t + 2\sin t - \tfrac{1}{4}\sin 2t.$$

Insbesondere erhält man: $F(2\pi) = 0$, $F(\pi) = \dfrac{3}{2}\pi$, $F(0) = 3\pi$.

18.2   Kurven im Raum

Die im Raum übliche Kurvendarstellung
ist die Parameterdarstellung:

$$\vec{x} = \vec{x}(t) = \begin{pmatrix} x(t) \\ y(t) \\ z(t) \end{pmatrix} , \quad t_0 \le t \le t_1.$$

18.12 $\vec{x} = (R\cos t, R\sin t, at)$ ist eine
Schraubenlinie auf einem Zylindermantel vom Radius R mit
konstanter Ganghöhe $a2\pi$.

18.13 $\vec{x} = (\sin t \cos t, \sin^2 t, \cos t)$, $0 \le t \le 2\pi$, ist wegen
$x^2 + y^2 + z^2 = 1$ eine Kurve auf der Einheitskugel
(Kugel um 0 mit Radius 1), die vom Nordpol N
zum Südpol S und zurück zum Nordpol verläuft.
Die Kurve ist der Schnitt der Einheitskugel mit
dem Zylinder $x^2 + (y - \tfrac{1}{2})^2 = \tfrac{1}{4}$ und heißt
Vivianische Kurve.

Raumkurven

Ist $\vec{x} = \vec{x}(t)$ eine Parameterdarstellung einer Raumkurve, so ist:

$$\dot{\vec{x}}(t) \;=\; \begin{pmatrix} \dot{x}(t) \\ \dot{y}(t) \\ \dot{z}(t) \end{pmatrix} \quad \text{ein } \textbf{Tangentenvektor,}$$

$$L \;=\; \int_{t_0}^{t_1} |\dot{\vec{x}}(t)|\, dt = \int_{t_0}^{t_1} \sqrt{\dot{x}^2 + \dot{y}^2 + \dot{z}^2}\; dt \quad \text{die } \textbf{Länge} \text{ des Kurvenstücks,}$$

$$s(t) \;=\; \int_{t_0}^{t} |\dot{\vec{x}}(\tau)|\, d\tau \quad \text{die (variable) } \textbf{Bogenlänge,} \text{ wobei } \frac{ds}{dt} = |\dot{\vec{x}}(t)| \text{ ist.}$$

Bogenlänge als Parameter

Ist $\vec{x} = \vec{x}(s)$ eine Parameterdarstellung einer Raumkurve mit der Bogenlänge s als Parameter und ist $'$ die Ableitung nach s, so ist:

$\vec{t}(s) \;:=\; \vec{x}\,'(s)$ **Tangenteneinheitsvektor.**

$\vec{x}\,''(s)$ zum Krümmungsmittelpunkt weisender **Normalenvektor.**

$\kappa(s) \;:=\; |\vec{x}\,''(s)|$ **Krümmung.**

$\vec{n}(s) \;:=\; \dfrac{\vec{x}\,''(s)}{|\vec{x}\,''(s)|}$ **Hauptnormalenvektor.**

$\vec{b}(s) \;:=\; \dfrac{\vec{x}\,'(s) \times \vec{x}\,''(s)}{|\vec{x}\,'(s) \times \vec{x}\,''(s)|}$ **Binormalenvektor,** Vektorprod. $\vec{a} \times \vec{b}$ Seite 134.

$\rho(s) \;:=\; \dfrac{1}{\kappa(s)}$ **Krümungsradius.**

$\tau(s) \;:=\; \rho^2 \langle \vec{x}\,', \vec{x}\,'', \vec{x}\,''' \rangle$ **Torsion,** Spatprodukt $\langle \vec{a}, \vec{b}, \vec{c} \rangle$ Seite 136.

Krümmung κ bzw. Torsion τ sind ein Maß für die Abweichung vom *geradlinigen* bzw. *ebenen* Verlauf der Kurve:

$$
\begin{array}{rcl}
\kappa = 0 & \Longleftrightarrow & \text{Die Kurve ist eine Gerade} \\
\tau = 0 & \Longleftrightarrow & \text{Die Kurve verläuft in einer Ebene}
\end{array}
$$

Man beachte: Für die Krümmung κ in der Ebene gilt $|\kappa(s)| = |\vec{x}\,''(s)|$.
Die Krümmung ebener Kurven ist in Rechtskurven negativ!

Im Raum wurde ein anderer Krümmungsbegriff gewählt: $|\vec{x}\,''| = \kappa \geq 0$.

In jedem Kurvenpunkt bilden $(\vec{t}, \vec{n}, \vec{b})$ ein rechtsorientiertes Orthonormalsystem, das **begleitende Dreibein.** Es gelten die

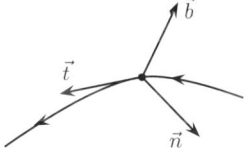

Frenetschen Formeln:

$$
\begin{array}{rclcl}
\vec{t}\,' &=& & \kappa \cdot \vec{n} & \\
\vec{n}\,' &=& -\kappa \cdot \vec{t} & + \tau \cdot \vec{b} & \\
\vec{b}\,' &=& & -\tau \cdot \vec{n} &
\end{array}
\quad \Longrightarrow \quad
\begin{array}{rcl}
\kappa &=& \vec{t}\,' \cdot \vec{n} \\
\tau &=& -\vec{b}\,' \cdot \vec{n}
\end{array}
$$

$\vec{b}$

Durch die Vektoren des begleitenden
Dreibeins $(\vec{t}, \vec{n}, \vec{b})$ werden
im Kurvenpunkt $\vec{x}_0 = \vec{x}_0(t)$
drei Ebenen definiert:

E_R E_N
$\vec{t}$ Vexierbild!
E_S So reinschauen, dass $(\vec{t}, \vec{n}, \vec{b})$
$\vec{n}$ ein Rechtssystem bilden!

Name		Gleichung	aufgespannt von
Normalebene	E_N	$\vec{t} \cdot (\vec{x} - \vec{x}_0) = 0$	$\vec{n}$, $\vec{b}$
rektifizierende Ebene	E_R	$\vec{n} \cdot (\vec{x} - \vec{x}_0) = 0$	$\vec{t}$, $\vec{b}$
Schmiegebene	E_S	$\vec{b} \cdot (\vec{x} - \vec{x}_0) = 0$	$\vec{t}$, $\vec{n}$

---

allgemeine Parameterdarstellung

Bezogen auf eine allgemeine Parameterdarstellung $\vec{x} = \vec{x}(t)$ ergibt sich:

Tangenteneinheitsvektor $\vec{t}$ $=$ $\dfrac{\dot{\vec{x}}}{|\dot{\vec{x}}|}$ $=$ $\vec{n} \times \vec{b}$

Hauptnormalenvektor $\vec{n}$ $=$ $\dfrac{(\dot{\vec{x}} \times \ddot{\vec{x}}) \times \dot{\vec{x}}}{|(\dot{\vec{x}} \times \ddot{\vec{x}}) \times \dot{\vec{x}}|}$ $=$ $\vec{b} \times \vec{t}$

Binormalenvektor $\vec{b}$ $=$ $\dfrac{\dot{\vec{x}} \times \ddot{\vec{x}}}{|\dot{\vec{x}} \times \ddot{\vec{x}}|}$ $=$ $\vec{t} \times \vec{n}$

Krümmung κ $=$ $\dfrac{|\dot{\vec{x}} \times \ddot{\vec{x}}|}{|\dot{\vec{x}}|^3}$

Torsion τ $=$ $\dfrac{<\dot{\vec{x}}, \ddot{\vec{x}}, \dddot{\vec{x}}>}{|\dot{\vec{x}} \times \ddot{\vec{x}}|^2}$

$\vec{b}$ $\vec{n}$ $\vec{t}$

Begleitendes Dreibein $(\vec{t}, \vec{n}, \vec{b})$

Drei positiv orientierte, paarweise aufeinander senkrecht
stehende Einheitsvektoren

18.14   *Man berechne das begleitende Dreibein $(\vec{t}, \vec{n}, \vec{b})$ sowie Krümmung κ und
Torsion τ der Kurve $\vec{x}(t) = (e^t \cos t, e^t \sin t, e^t)$ bei $t = 0$.*

$\dot{\vec{x}}(t) = e^t(\cos t, \sin t, 1) + e^t(-\sin t, \cos t, 0) = e^t(\cos t - \sin t, \cos t + \sin t, 1)$

$\ddot{\vec{x}}(t) = e^t(\cos t - \sin t, \cos t + \sin t, 1) + e^t(-\sin t - \cos t, -\sin t + \cos t, 0)$
$\quad\quad = e^t(-2\sin t, 2\cos t, 1)$

$\dddot{\vec{x}}(t) = e^t(-2\sin t, 2\cos t, 1) + e^t(-2\cos t, -2\sin t, 0)$
$\quad\quad = e^t(-2\sin t - 2\cos t, 2\cos t - 2\sin t, 1)$

$\dot{\vec{x}}(0) = (1, 1, 1)$ $\ddot{\vec{x}}(0) = (0, 2, 1)$ $\dddot{\vec{x}}(0) = (-2, 2, 1)$.

$\dot{\vec{x}}(0) \times \ddot{\vec{x}}(0) = (-1, -1, 2)$, $(\dot{\vec{x}}(0) \times \ddot{\vec{x}}(0)) \times \dot{\vec{x}}(0) = (-3, 3, 0)$

Begleitendes
Dreibein: $\vec{t} = \dfrac{1}{\sqrt{3}}(1, 1, 1)$, $\vec{n} = \dfrac{1}{\sqrt{2}}(-1, 1, 0)$, $\vec{b} = \dfrac{1}{\sqrt{6}}(-1, -1, 2)$

Krümmung: $\kappa = \dfrac{|(-1, -1, 2)|}{(\sqrt{3})^3} = \dfrac{1}{3}\sqrt{2}$ und Torsion: $\tau = \dfrac{2}{6} = \underline{\dfrac{1}{3}}$.

18.15   *Man zeige, dass $\vec{x}(t) = (1 + \cos t, \sin t, -\cos t - \sin t)$ eine ebene Kurve ist und bestimme die Ebene E, die $\vec{x}(t)$ enthält.*

$$\begin{aligned} \dot{\vec{x}} &= (-\sin t, \cos t, \sin t - \cos t) \\ \ddot{\vec{x}} &= (\ \cos t,\ \ \sin t, \cos t + \sin t) \\ \dddot{\vec{x}} &= (\sin t, -\cos t, -\sin t + \cos t) \end{aligned} \longrightarrow \langle \dot{\vec{x}}, \ddot{\vec{x}}, \dddot{\vec{x}} \rangle = \begin{vmatrix} -s & -c & s \\ c & -s & -c \\ s-c & c+s & -s+c \end{vmatrix} = 0,$$

Die Determinante ist 0, da die Zeilen linear abhängig sind.

Wegen $\langle \dot{\vec{x}}, \ddot{\vec{x}}, \dddot{\vec{x}} \rangle = 0$ ist $\tau = 0$ und die Kurve ist in einer Ebene E durch z.B. $\vec{x}(0) = (2, 0, -1)$, $\vec{x}(\pi/2) = (1, 1, -1)$, $\vec{x}(\pi) = (0, 0, 1)$ enthalten.

$$E: \ \vec{x} = \vec{x}(0) + r\big(\vec{x}(\pi/2) - \vec{x}(0)\big) + s\big(\vec{x}(\pi) - \vec{x}(0)\big) = \begin{pmatrix} 2 \\ 0 \\ -1 \end{pmatrix} + r\begin{pmatrix} -1 \\ 1 \\ 0 \end{pmatrix} + s\begin{pmatrix} -2 \\ 0 \\ 2 \end{pmatrix}.$$

Man erhält $\underline{E : x + y + z = 1}$.

18.16   *Man zeige, dass die Planetenbahnen ebene Kurven sind.*

Zeigt $\vec{x}$ von der Sonne im Koordinatenursprung zum Planeten, so gilt das

Gravitationsgesetz $\ddot{\vec{x}} = -\dfrac{\alpha}{|\vec{x}|^2} \cdot \dfrac{\vec{x}}{|\vec{x}|} =: f(|\vec{x}|) \cdot \vec{x}$,   ($\alpha$ Gravitationskonstante).

$\vec{x}$ und $\ddot{\vec{x}}$ sind also linear abhängig! Differentiation ergibt:

$$\dddot{\vec{x}} = \dot{f}(|\vec{x}|) \cdot \vec{x} + f(|\vec{x}|) \cdot \dot{\vec{x}} \qquad \begin{array}{l} \text{Ableitungsregeln von Vektorfunktionen,} \\ \text{siehe } \mathbf{F4}: (\vec{u} \cdot \vec{v})' = \vec{u}\,'\vec{v} + \vec{u}\vec{v}\,' \end{array}$$

Also sind $\dddot{\vec{x}}$, $\vec{x}$, $\dot{\vec{x}}$ und daher auch $\dot{\vec{x}}$, $\ddot{\vec{x}} = \lambda \cdot \vec{x}$, $\dddot{\vec{x}}$ linear abhängig.

Dann ist $\langle \dot{\vec{x}}, \ddot{\vec{x}}, \dddot{\vec{x}} \rangle = 0$ und deshalb $\tau = 0$ und die Kurve eben.

Masse, Schwerpunkt, Trägheitsmoment von Kurven

Das Kurvenstück $\vec{x}(t) = \big(x_1(t), x_2(t), x_3(t)\big)$, $a \leq t \leq b$ sei mit Masse belegt und die Massendichte sei $\delta = \delta(t)$.

Masse der Kurve: $M = \displaystyle\int_a^b \delta(t)\,|\dot{\vec{x}}(t)|\,dt$

Schwerpunkt der Kurve: $S = (s_1, s_2, s_3)$ wobei

$$s_i = \frac{1}{M} \int_a^b x_i(t)\,\delta(t)\,|\dot{\vec{x}}(t)|\,dt$$

Ist $\delta(t) = 1$, also $M = L$ die Bogenlänge, so spricht man von dem **geometrischen Schwerpunkt** der Kurve.

Trägheitsmoment: $T_A = \displaystyle\int_a^b a^2(t)\,\delta(t)\,|\dot{\vec{x}}(t)|\,dt$

wobei $a = a(t)$ der Abstand des Kurvenpunktes $\vec{x}(t)$ von einer Achse A ist.

18.17   Man bestimme den geometrischen Schwerpunkt S

(a)   des Kreisbogens $\vec{x} = R(\cos\varphi, \sin\varphi)$, $0 \leq \varphi \leq \varphi_0$.

(b)   der Schraubenlinie $\vec{x} = (\cos t, \sin t, t)$, $0 \leq t \leq \pi$.

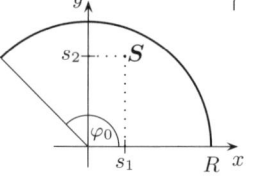

(a) 'geometrischer Schwerpunkt' meint: $\delta(t) = 1$.

Dann wird M zur Länge der Kurve, hier also $M = R\varphi_0$.

$$s_1 = \frac{1}{M} \int_0^{\varphi_0} x(\varphi)\sqrt{\dot{x}^2 + \dot{y}^2}\, d\varphi = \frac{1}{R\varphi_0} \int_0^{\varphi_0} R^2 \cos\varphi\, d\varphi = \frac{R}{\varphi_0} \sin\varphi_0.$$

$$s_2 = \frac{1}{M} \int_0^{\varphi_0} y(\varphi)\sqrt{\dot{x}^2 + \dot{y}^2}\, d\varphi = \frac{1}{R\varphi_0} \int_0^{\varphi_0} R^2 \sin\varphi\, d\varphi = \frac{R}{\varphi_0}(1 - \cos\varphi_0).$$

Schwerpunkt des Kreisbogens: $S = (s_1, s_2) = R\left(\dfrac{\sin\varphi_0}{\varphi_0}, \dfrac{1-\cos\varphi_0}{\varphi_0}\right).$

(b) $\vec{x}(t) = \begin{pmatrix} \cos t \\ \sin t \\ t \end{pmatrix} \implies \dot{\vec{x}}(t) = \begin{pmatrix} -\sin t \\ \cos t \\ 1 \end{pmatrix} \implies |\dot{\vec{x}}(t)| = \sqrt{2}.$

Bogenlänge der Schraubenlinie: $L = \sqrt{2} \displaystyle\int_0^{\pi} dt = \sqrt{2}\,\pi.$

$$s_1 = \frac{1}{\sqrt{2}\,\pi}\sqrt{2} \int_0^{\pi} \cos t\, dt = 0, \quad s_2 = \frac{1}{\pi} \int_0^{\pi} \sin t\, dt = \frac{2}{\pi}, \quad s_3 = \frac{1}{\pi} \int_0^{\pi} t\, dt = \frac{\pi}{2}.$$

Schwerpunkt der Schaubenlinie: $S = (s_1, s_2, s_3) = (0, \frac{2}{\pi}, \frac{\pi}{2}).$

Dies war nach (a) und aus Symmetriegründen zu erwarten.

18.18   Kinematische Interpretation:

Ein Punkt bewege sich im Raum nach dem Gesetz $\vec{x} = \vec{x}(t)$, $t \geq a$.

$\vec{x}(t)$ gibt den Ort zur Zeit t an.

$\dot{\vec{x}}(t)$ ist die (vektorielle) Geschwindigkeit zur Zeit t.

$s = s(t) = \int_a^t |\dot{\vec{x}}(\tau)|\, d\tau$ ist die Länge des auf der Kurve zurückgelegten Wegs.

$\dot{s} = |\dot{\vec{x}}(t)|$ ist der Betrag der Geschwindigkeit.

$\ddot{\vec{x}}$ ist die (vektorielle) Beschleunigung.

$\dot{s} = |\dot{\vec{x}}(t)| \overset{(t=s)}{\Longrightarrow} 1 = |\vec{x}'(s)| \implies 1 = \vec{x}'^2(s) \overset{\text{(diff.)}}{\Longrightarrow} 0 = 2\vec{x}' \cdot \vec{x}''$, also $\vec{x}' \perp \vec{x}''$.

Mit $t = t(s)$ erhält man aus $\vec{x} = \vec{x}(t(s))$ und der Kettenregel $\dot{\vec{x}} = \vec{x}'\dot{s}$ und daraus $\ddot{\vec{x}} = \vec{x}''\dot{s}^2 + \vec{x}'\ddot{s}$. Dabei bedeutet $()' = \frac{d}{ds}$ und $()^{\cdot} = \frac{d}{dt}$.

Die Beschleunigung $\ddot{\vec{x}}$ hat also die

Tangentialkomponente $\ddot{s}\vec{x}'$ vom Betrag $\ddot{s}$ (Tangentialbeschleunigung),

Normalkomponente $\dot{s}^2\vec{x}''$ vom Betrag $\kappa\dot{s}^2$ (Zentripetalbeschleunigung),

$\ddot{\vec{x}} = \ddot{s}\vec{x}'$ $\vec{x}'\,\ddot{s}$ (Krümmung $\kappa = |\vec{x}''|$).

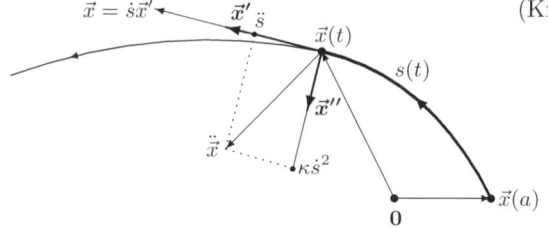

18.3 Flächen im Raum

Im Raum sind folgende Darstellungen von Flächen gebräuchlich:

Flächen im Raum

	Parameterdarstellung:	
1	u, v sind die Parameter, B ist der Parameterbereich.	$\vec{x}(u,v) = \begin{pmatrix} x(u,v) \\ y(u,v) \\ z(u,v) \end{pmatrix}$, $(u,v) \in B \subseteq \mathrm{I\!R}^2$
2	**explizite** Darstellung als *Graph* einer Funktion:	$z = f(x,y)$, $(x,y) \in B \subseteq \mathrm{I\!R}^2$
3	**implizite** Darstellung als *Niveaufläche* einer Funktion:	$F(x,y,z) = 0$

18.19   *Man gebe verschiedene Darstellungen der Ebene E durch den Punkt $(1, 2, -1)$ mit dem Normalenvektor $(2, 1, 3)$.*

Die Ebene E ist eine Fläche im Raum. Zu ihr gehören bekanntlich genau die

Vektoren (x, y, z), für die $\begin{pmatrix} 2 \\ 1 \\ 3 \end{pmatrix} \cdot \begin{pmatrix} x \\ y \\ z \end{pmatrix} = \begin{pmatrix} 2 \\ 1 \\ 3 \end{pmatrix} \cdot \begin{pmatrix} 1 \\ 2 \\ -1 \end{pmatrix}$ ist. Kurz:

$E: \quad 2x + y + 3z = 1$ (Darstellung von E als Niveaufläche einer Funktion).

Andere Darstellungen von E:

$$E: \quad \vec{x}(u,v) = \begin{pmatrix} u \\ 1 - 2u - 3v \\ v \end{pmatrix} \quad (u,v) \in \mathrm{I\!R}^2 \text{ (\textbf{Parameterdarstellung})}$$

$$= \begin{pmatrix} 0 \\ 1 \\ 0 \end{pmatrix} + u \begin{pmatrix} 1 \\ -2 \\ 0 \end{pmatrix} + v \begin{pmatrix} 0 \\ -3 \\ 1 \end{pmatrix} .$$

$E: \quad z = f(x,y) = -\frac{2}{3}x - \frac{1}{3}y + \frac{1}{3}$, $(x,y) \in \mathrm{I\!R}^2$ (**Graph** von f).

$E: \quad F(x,y,z) = 2x + y + 3z - 1 = 0$ (**Niveaufläche** von F).

18.20   *Man parametrisiere die durch $x^2 + y^2 + z^2 = 4$ beschriebene Kugel.*

(1) Naheliegend ist der Versuch, x und y als Parameter zu nehmen und nach z aufzulösen. Das geht jedoch nicht so ohne weiteres (siehe auch Parameterdarstellung des Kreises). Für die *obere* Halbkugel $(+)$ bzw. für die *untere* Halbkugel $(-)$ erhält man jedoch die **Parameter**darstellungen:

$$\vec{x} = \vec{x}(x,y) = \begin{pmatrix} x \\ y \\ \pm\sqrt{4 - x^2 - y^2} \end{pmatrix} \text{ mit } (x,y) \in B = \{(x,y) \mid x^2 + y^2 \leq 4\}.$$

(2) Möglich ist folgende Parametrisierung: (siehe *Zylinderkoordinaten*, **F 2**)

$$\vec{x} = \vec{x}(r,\varphi) = \begin{pmatrix} r\cos\varphi \\ r\sin\varphi \\ \pm\sqrt{4 - r^2} \end{pmatrix} \text{ mit } (r,\varphi) \in B = [0,2] \times [0, 2\pi].$$

(3)　　Möglich ist folgende Parametrisierung: (siehe *Kugelkoordinaten*, **F 2**)

$$\vec{x} = \vec{x}(\theta, \varphi) = \begin{pmatrix} 2\sin\theta\cos\varphi \\ 2\sin\theta\sin\varphi \\ 2\cos\theta \end{pmatrix} \text{ mit } (\theta, \varphi) \in B = [0, \pi] \times [0, 2\pi].$$

18.21　　　*Man beschreibe die folgenden Flächen F:*

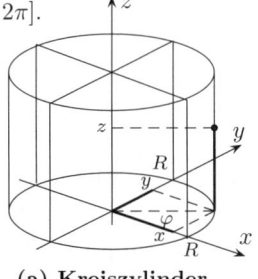

(a)　$\vec{x} = \begin{pmatrix} R\cos\varphi \\ R\sin\varphi \\ z \end{pmatrix}$ *mit* $(\varphi, z) \in [0, 2\pi] \times [0, H]$

(b)　$\vec{x} = \begin{pmatrix} z\cos\varphi \\ z\sin\varphi \\ z \end{pmatrix}$ *mit* $(\varphi, z) \in [0, 2\pi] \times [-H/2, H]$

(a) Kreiszylinder

(a)　Die Projektion in die x, y–Ebene ist ein Kreis vom Radius R.
　　　F ist der darüberliegende **Kreiszylinder** der Höhe H, Abb. (a).

(b)　Schnitte mit Ebenen $z = c$ sind Kreise vom Radius c.
　　　F ist demnach ein **Doppelkegel** der Höhe $\frac{3}{2}H$, Abb. (b).

(b) Doppelkegel

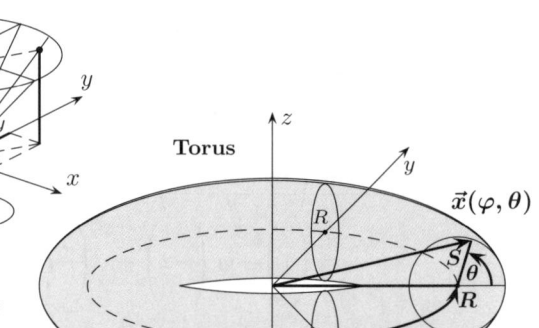

Torus

$\vec{x}(\varphi, \theta)$

18.22　　　*Man bestimme*
　　　　　　　verschiedene Darstellungen
　　　　　　　des skizzierten Torus T mit
　　　　　　　den Radien R bzw. S:

　1　**Parameter**darstellung:

Jeder Punkt des Torus lässt sich
beschreiben durch Angabe der Winkel φ und θ:

$$\vec{x}(\varphi, \theta) = \begin{pmatrix} x(\varphi, \theta) \\ y(\varphi, \theta) \\ z(\varphi, \theta) \end{pmatrix} = \begin{pmatrix} (R + S\cos\theta)\cos\varphi \\ (R + S\cos\theta)\sin\varphi \\ S\sin\theta \end{pmatrix}$$

mit $(\varphi, \theta) \in [0, 2\pi] \times [0, 2\pi]$ und $R > S > 0$, fest.

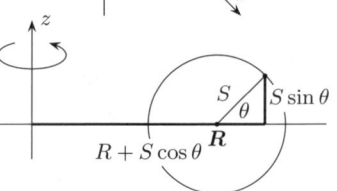

　2　**explizite** Darstellung:

$z_1 = \sqrt{S^2 - (\sqrt{x^2 + y^2} - R)^2}$　　"obere Hälfte"　　　x, y aus dem Kreisring

$z_2 = -\sqrt{S^2 - (\sqrt{x^2 + y^2} - R)^2}$　　"untere Hälfte"　　$(R - S)^2 \le x^2 + y^2 \le (R + S)^2$

　3　**implizite** Darstellung: $(\sqrt{x^2 + y^2} - R)^2 + z^2 - S^2 = 0$

Torusoberfläche siehe [18.30], **Torusvolumen** siehe [18.32].

Setzt man bei einer Parameterdarstellung einer Fläche $\vec{x} = \vec{x}(u,v)$ den Parameter $u =$const. oder $v =$const., ergeben sich Kurven in der Fläche, die Parameterlinien oder **Koordinatenlinien**.

18.23   *Man bestimme die Koordinatenlinien der durch*
$\vec{x} = (R\sin\theta\cos\varphi, R\sin\theta\sin\varphi, R\cos\theta)$ *mit* $(\varphi,\theta) \in [0,2\pi] \times [0,\pi]$
gegebenen Kugel.

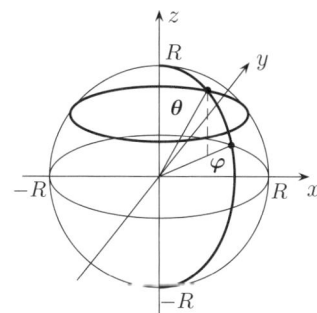

Für $\varphi = c$ ergibt sich:
$\vec{x} = (R\cos c\sin\theta, R\sin c\sin\theta, R\cos\theta)$.
Wegen der geometrischen Bedeutung von $\varphi =$ const. ist klar, dass dies ein *Längenkreis* der Kugel ist, also ein Halbkreis durch $(0,0,-R)$ und $(0,0,R)$.

Für $\theta = c$ ergibt sich:
$\vec{x} = (R\sin c\cos\varphi, R\sin c\sin\varphi, R\cos c)$.
Dies ist ein Kreis in der Ebene $z = R\cos c$, ein *Breitenkreis* der Kugel.

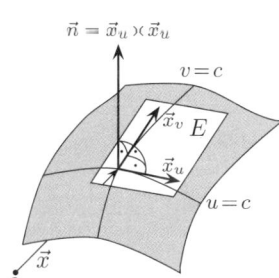

Die Ableitungsvektoren von $\vec{x}(u,v)$ nach den Parametern
$$\vec{x}_u = \begin{pmatrix} x_u(u,v) \\ y_u(u,v) \\ z_u(u,v) \end{pmatrix} \quad , \quad \vec{x}_v = \begin{pmatrix} x_v(u,v) \\ y_v(u,v) \\ z_v(u,v) \end{pmatrix}$$
sind die Spalten der Jakobi–Matrix (Seite 379) $\begin{pmatrix} x_u & x_v \\ y_u & y_v \\ z_u & z_v \end{pmatrix}$.

$\vec{x}_u$ und $\vec{x}_v$ sind **Tangentialvektoren** an die Parameterlinien oder Koordinatenlinien (Seite 379).

Sie spannen die **Tangentialebene** E auf (falls sie existiert).

$\vec{n} := \vec{x}_u \times \vec{x}_v$ ist ein **Normalenvektor** der Tangentialebene!

Tangentialebene an eine Fläche im Punkt $\vec{x}_0$

Gleichung der Tangentialebene: $\vec{n} \cdot \vec{x} = \vec{n} \cdot \vec{x}_0$

Ein **Normalenvektor** $\vec{n}$ ergibt sich je nach Flächendarstellung:

$\boxed{1}$ $\vec{x} = \vec{x}(u,v)$ $\vec{n} = \vec{x}_u \times \vec{x}_v$ —

$\boxed{2}$ $z = f(x,y)$ $\vec{n} = \big(f_x(x_0,y_0), f_y(x_0,y_0), -1\big) = \big(\operatorname{grad} f(x_0,y_0), -1\big)$

$\boxed{3}$ $F(x,y,z) = 0$ $\vec{n} = \big(F_x(\vec{x}_0), F_y(\vec{x}_0), F_z(\vec{x}_0)\big) = \operatorname{grad} F(x_0,y_0,z_0)$

18.24   *Man bestimme die Tangentialebene im Punkt* $\vec{x}_0$ *an folgende Flächen:*

(a) $\vec{x} = (u\cos t, u\sin t, u^2)$, $\vec{x}_0 = (-1,1,2)$

(b) $z = xy^2$, $\vec{x}_0 = (1,2,4)$

(c) $x^2 + y^2 + z^2 - R^2 = 0$, $\vec{x}_0 = (x_0, y_0, z_0)$

(a) $\vec{x}_u = (\cos t, \sin t, 2u)$, $\vec{x}_t = (-u\sin t, u\cos t, 0)$.

Man berechnet die zu $\vec{x}_0$ gehörigen Parameterwerte:

$(u\cos t, u\sin t, u^2) = (-1, 1, 2)$ mit $0 \le t < 2\pi \iff t = \frac{3}{4}\pi \wedge u = \sqrt{2}$

Damit erhält man: $\vec{x}_u(\frac{3}{4}\pi, \sqrt{2}) = \frac{1}{2}\sqrt{2}\,(-1, 1, 4)$ und $\vec{x}_t(\frac{3}{4}\pi, \sqrt{2}) = (-1, -1, 0)$

$\vec{n} = \vec{x}_u \times \vec{x}_t = -\sqrt{2}\,(-2, 2, -1)$.

Da $(-2, 2, -1)$ ebenfalls ein Normalenvektor ist, erhält man die Gleichung:

$$\vec{n} \cdot \vec{x} = \vec{n} \cdot \vec{x}_0$$
$$(-2, 2, -1) \cdot (x, y, z) = (-2, 2, -1) \cdot (-1, 1, 2)$$

- $\quad -2x + 2y - z = 2 \qquad\qquad$ Gleichung der Tangentialebene.

(b)   Mit $f(x, y) = xy^2$ ist $f_x(x, y) = y^2$ und $f_y(x, y) = 2xy$.

$\vec{n} = \big(f_x(\vec{x}_0), f_y(\vec{x}_0), -1\big) = (4, 4, -1)$.

$$\vec{n} \cdot \vec{x} = \vec{n} \cdot \vec{x}_0$$
$$(4, 4, -1) \cdot (x, y, z) = (4, 4, -1) \cdot (1, 2, 4)$$

- $\quad 4x + 4y - z = 8 \qquad\qquad$ Gleichung der Tangentialebene.

(c)   Mit $F(x, y, z) = x^2 + y^2 + z^2 - R^2$ ist:

$\vec{n} = \big(F_x(\vec{x}_0), F_y(\vec{x}_0), F_z(\vec{x}_0)\big) = (2x_0, 2y_0, 2z_0) = 2\vec{x}_0$. Man erhält:

$$\vec{x}_0 \cdot \vec{x} = \vec{x}_0 \cdot \vec{x}_0$$
$$(x_0, y_0, z_0) \cdot (x, y, z) = (x_0, y_0, z_0) \cdot (x_0, y_0, z_0)$$

- $\quad x_0 x + y_0 y + z_0 z = R^2 \qquad\qquad$ Gleichung der Tangentialebene.

Die Fläche ist eine Kugel.

$\vec{x}_0$ ist ein Normalenvektor der Tangentialebene und steht senkrecht auf ihr!

Wird durch $\vec{x} = \vec{x}(u, v)$ mit $(u, v) \in B \subseteq \mathbb{R}^2$ ein Flächenstück F im Raum beschrieben, so erhält man den **Flächeninhalt** $I(F)$ durch Integration von $|\vec{x}_u \times \vec{x}_v|$ über den ebenen Parameterbereich B.

$$dF = |\vec{x}_u \times \vec{x}_v|\,d(u, v) \text{ heißt } \textbf{Flächenelement}.$$

Inhalt $I(F)$ eines räumlichen Flächenstücks

$\boxed{1}$ Fläche in Parameterdarstellung

$$\vec{x} = \vec{x}(u, v), \ (u, v) \in B : \quad I(F) = \int_B |\vec{x}_u \times \vec{x}_v|\,d(u, v)$$

$\boxed{2}$ Fläche in expliziter Darstellung

$$z = f(x, y), \ (x, y) \in B : \quad I(F) = \int_B \sqrt{1 + f_x^2(x, y) + f_y^2(x, y)}\ d(x, y)$$

$\boxed{3}$ Fläche als Oberfläche eines Rotationskörpers, Seite 517
evtl. 1. Guldinsche Regel, Seite 517.

18.25   Man bestimme die Oberfläche $I(F)$ einer Kugelkappe der Höhe H bei einer Kugel vom Radius $R\,(\geq H)$. *(ohne Grundkreisfläche, siehe Skizze)*

Zu bestimmen ist $I(F)$ für das Flächenstück

$$F := \{(x,y,z) \mid x^2 + y^2 + z^2 = R^2 \wedge z \geq R - H\}.$$

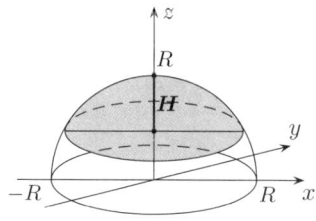

[1]   Kugelkappe F in Parameterdarst. (Kugelkoord.):

$$\vec{x} = \vec{x}(\theta, \varphi) = \big(R\sin\theta\cos\varphi,\, R\sin\theta\sin\varphi,\, R\cos\theta\big)$$
mit $0 \leq \varphi \leq 2\pi$ und $0 \leq \theta \leq \theta_0$,

wobei sich θ_0 aus $\cos\theta_0 = \dfrac{R-H}{R}$ ergibt,
siehe untere Skizze!

Also gilt für den Parameterbereich: $B_1 = [0, 2\pi] \times [0, \theta_0]$.

Bestimmung eines Normalenvektors $\vec{n}$ im Punkt $\vec{x}(\varphi, \theta)$ an F:

$$\vec{x}_\theta = R(\cos\theta\cos\varphi, \cos\theta\sin\varphi, -\sin\theta)\ ,\quad \vec{x}_\varphi = R(-\sin\theta\sin\varphi, \sin\theta\cos\varphi, 0)$$

Also gilt:
$$\vec{n} = \vec{x}_\theta \times \vec{x}_\varphi = R^2(\sin^2\theta\cos\varphi, \sin^2\theta\sin\varphi, \cos\theta\sin\theta)$$
$$|\vec{n}| = |\vec{x}_\theta \times \vec{x}_\varphi| = R^2\sin\theta$$

$$I(F) = \int_{B_1} |\vec{x}_u \times \vec{x}_v|\, d(u,v) = \int_{B_1} R^2\sin\theta\, d(\varphi, \theta) = \int_0^{2\pi}\Big(\int_0^{\theta_0} R^2\sin\theta\, d\theta\Big)\, d\varphi$$
$$= 2\pi R^2 \big[-\cos\theta\big]_0^{\theta_0} = 2\pi R^2(1 - \cos\theta_0) = 2\pi R^2\frac{H}{R} = \underline{\underline{2\pi RH}}.$$

[2]   Kugelkappe F in expliziter Darstellung:

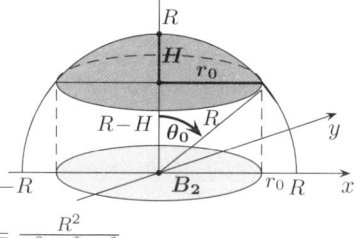

$$z = f(x,y) = \sqrt{R^2 - x^2 - y^2}$$
$$(x,y) \in B_2 = \{(x,y) \mid x^2 + y^2 \leq r_0^2\}$$
mit $r_0^2 = R^2 - (R-H)^2$

$$f_x = \frac{-x}{\sqrt{R^2 - x^2 - y^2}},\quad f_y = \frac{-y}{\sqrt{R^2 - x^2 - y^2}}$$
$$1 + f_x^2 + f_y^2 = 1 + \frac{x^2}{R^2 - x^2 - y^2} + \frac{y^2}{R^2 - x^2 - y^2} = \frac{R^2}{R^2 - x^2 - y^2}$$

$$I(F) = \int_{B_2} \sqrt{1 + f_x^2 + f_y^2}\, d(x,y) = R\int_{B_2} \frac{d(x,y)}{\sqrt{R^2 - x^2 - y^2}}$$

Transformation auf Polarkoordinaten:
$$\begin{aligned} x &= r\cos\varphi & x^2 + y^2 &= r^2 \\ y &= r\sin\varphi & d(x,y) &= r\, dr\, d\varphi \end{aligned}$$
(S. 485)

$$I(F) = R\int_0^{2\pi}\Big(\int_0^{r_0} \frac{r\, dr}{\sqrt{R^2 - r^2}}\Big)\, d\varphi = R\int_0^{2\pi}\Big[-\sqrt{R^2 - r^2}\Big]_0^{r_0}\, d\varphi$$
$$= 2\pi R\Big[-\sqrt{R^2 - r^2}\Big]_0^{r_0} = 2\pi R(R - \sqrt{R^2 - r_0^2}) = \underline{\underline{2\pi RH}}.$$

[3]   Kugelkappe als Oberfläche eines Rotationskörpers: Siehe [18.28].

18.26   Man bestimme den Flächeninhalt $I(F)$ des durch
$z = \frac{H}{R}\sqrt{x^2 + y^2}$ für $\sqrt{x^2 + y^2} \leq R$ gegebenen Kegelmantels.

$\boxed{1}$ Kegelmantel in Parameterdarstellung siehe [18.31].

$\boxed{2}$ Kegelmantel in expliziter Darst.: $z = f(x,y) = \frac{H}{R}\sqrt{x^2 + y^2}$ für $x^2 + y^2 \leq R^2$.

$f_x = \frac{H}{R}\dfrac{x}{\sqrt{x^2+y^2}}$ und $f_y = \frac{H}{R}\dfrac{y}{\sqrt{x^2+y^2}}$

$1 + f_x^2 + f_y^2 = 1 + \dfrac{H^2}{R^2}\dfrac{x^2}{x^2+y^2} + \dfrac{H^2}{R^2}\dfrac{y^2}{x^2+y^2} = \dfrac{R^2+H^2}{R^2}$.

Mit $B = \{(x,y) \mid x^2 + y^2 \leq R^2\}$ erhält man:

$I(F) = \displaystyle\int_B \sqrt{1 + f_x^2 + f_y^2}\, d(x,y)$

$ = \displaystyle\int_B \sqrt{\dfrac{R^2+H^2}{R^2}}\, d(x,y)$

$ = \dfrac{\sqrt{R^2+H^2}}{R} \displaystyle\int_B d(x,y)$, da $\displaystyle\int_B d(x,y)$ der Flächeninhalt von B ist, gilt

$ = \dfrac{\sqrt{R^2+H^2}}{R} \cdot \pi R^2 = \underline{\underline{\pi R\sqrt{R^2 + H^2}}}$.

$\boxed{3}$ 1. Guldinsche Regel:

Länge des Kurvenstücks: $L = \sqrt{R^2 + H^2}$

Abstand des Schwerpunkts von der z–Achse: $a = \dfrac{R}{2}$.

$I(F) = 2\pi\dfrac{R}{2}\sqrt{R^2 + H^2} = \underline{\underline{\pi R\sqrt{R^2 + H^2}}}$.

$\boxed{4}$ Der Flächeninhalt ergibt sich auch elementar, wenn man den Kegelmantel abrollt
und die Fläche des entstehenden Kreissektors berechnet:
$$I(F) = \dfrac{2\pi R}{2\pi\sqrt{R^2+H^2}}\,\pi(R^2 + H^2) = \underline{\underline{\pi R\sqrt{R^2 + H^2}}}.$$

18.27   Das Kurvenstück $y = f(x) \geq 0$, $a \leq x \leq b$ rotiere um die x–Achse.
Man berechne den Inhalt der Rotationsfläche.

Ein Punkt $\vec{x} = (x,y,z)$ der Rotationsfläche wird beschrieben durch Angabe von
x und φ, wie es die Skizze zeigt: $\vec{x} = \vec{x}(x,\varphi) = (x, f(x)\cos\varphi, f(x)\sin\varphi)$
Parameterbereich: $(x,\varphi) \in B = [a,b] \times [0,2\pi]$

$\vec{x}_x = (1, f'(x)\cos\varphi, f'(x)\sin\varphi)$ und $\vec{x}_\varphi = f(x)(0, -\sin\varphi, \cos\varphi)$

$\vec{x}_x \times \vec{x}_\varphi = f(x)(f'(x), -\cos\varphi, -\sin\varphi)$, $|\vec{x}_x \times \vec{x}_\varphi| = f(x)\sqrt{1 + f'^2(x)}$.

$I(F) = \displaystyle\int_B f(x)\sqrt{1 + f'^2(x)}\, d(x,\varphi)$

$ = \displaystyle\int_0^{2\pi}\Big(\int_a^b f(x)\sqrt{1 + f'^2(x)}\, dx\Big)\,d\varphi$

$ = \underline{\underline{2\pi\displaystyle\int_a^b f(x)\sqrt{1 + f'^2(x)}\, dx}}$.

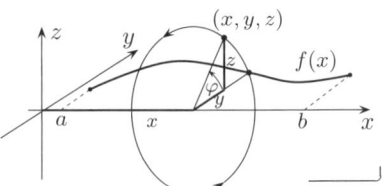

Oberfläche eines Rotationskörpers

Ein Kurvenstück der x, y-Ebene sei **explizit** gegeben durch:

$$y = f(x) \geq 0 \quad \text{mit} \quad a \leq x \leq b.$$

Die durch Rotation dieser Kurve um die x–Achse
entstehende Rotationsfläche F hat den Inhalt $I(F)$:

$$I(F) = 2\pi \int_a^b f(x)\sqrt{1 + f'^{\,2}(x)}\; dx$$

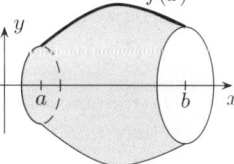

Rotation um x–Achse

Ein Kurvenstück der x, y-Ebene sei in **Parameterform** gegeben durch:

$$\vec{x} = \big(x(t), y(t)\big) \quad \text{mit} \quad t_0 \leq t \leq t_1$$

Die durch Rotation dieser Kurve um die x– bzw. y–Achse
entstehende Rotationsfläche F hat den Inhalt $I(F)$:

$$I(F) = 2\pi \int_{t_0}^{t_1} y(t)\sqrt{\dot{x}^2(t) + \dot{y}^2(t)}\; dt \quad \text{(Rotation um } x\text{–Achse)},$$

$$I(F) = 2\pi \int_{t_0}^{t_1} x(t)\sqrt{\dot{x}^2(t) + \dot{y}^2(t)}\; dt \quad \text{(Rotation um } y\text{–Achse)},$$

---

1. Guldinsche Regel

Ein ebenes Kurvenstück der Länge **L** rotiere um eine in dieser Ebene liegende Achse,
die das Kurvenstück nicht schneidet. Ist **a**
der Abstand des Schwerpunktes S des Kurvenstücks von der Drehachse, dann gilt für
den Inhalt der Rotationsfläche:

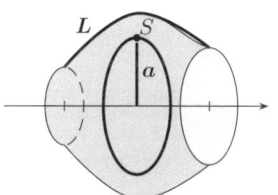

$$I(F) = 2\pi a \cdot L$$

Rotationsfläche = Länge des Weges des Schwerpkts. × Länge der erzeug. Kurve.

18.28   *Man bestimme die Oberfläche $I(K)$ einer Kugelkappe der Höhe H einer*
Kugel vom Radius $R\ (> H)$, vgl. [18.25] und zeige, dass alle Kugelschichten
der Dicke H gleichgroße Oberflächen $(= 2\pi R H)$ haben.

Kugelkappe als Oberfläche eines **Rotationskörpers**:

(1) Die Kugelkappe K entsteht durch Rotation des Kurvenstücks
$y = \sqrt{R^2 - x^2}$ mit $R - H \leq x \leq R$ um die x–Achse:

$$I(K) = 2\pi \int_{R-H}^{R} \sqrt{R^2 - x^2}\; \sqrt{1 + \left(\frac{-x}{\sqrt{R^2 - x^2}}\right)^2}\; dx$$
$$= 2\pi R H.$$

(2) **1. Guldin**sche Regel. (x_S, y_S) = Schwerpunkt des Kreisbogens, [18.17].

$$a = y_S = R\frac{1 - \cos\varphi_0}{\varphi_0} = R\frac{1 - \frac{R-H}{R}}{\varphi_0} = \frac{H}{\varphi_0}, \quad L = R\varphi_0 = \text{Länge des Kreisbogens}.$$

Oberfläche der Kugelkappe: $I(K) = 2\pi a \cdot L = 2\pi \dfrac{H}{\varphi_0} \cdot R\varphi_0 = \underline{\underline{2\pi RH}}$.

Die Oberfläche einer Kugelschicht (ohne Kreisflächen) ergibt sich
als Differenz zweier Kugelkappenflächen der Höhen A bzw. $A + H$:

Oberfläche Kugelschicht $= 2\pi R(A+H) - 2\pi RA = 2\pi RH =$ Oberfläche Kugelkappe

18.29   *Die durch $r = 1 + \cos\varphi$, $0 \le \varphi \le \pi$ gegebene Kurve (Teil einer Kardioide)*
rotiere um die x–Achse.
Man bestimme den Oberflächeninhalt $I(F)$ der Rotationsfläche (Apfel).

Eine Parametrisierung der Kurve in Polarkoordinaten ist $\vec{x} = \big(r(\varphi)\cos\varphi, r(\varphi)\sin\varphi\big)$.
Hier: $\vec{x} = \big((1 + \cos\varphi)\cos\varphi, (1 + \cos\varphi)\sin\varphi\big)$, für $0 \le \varphi \le \pi$.
Weiter gilt: $\dot{x}^2 + \dot{y}^2 = r^2 + \dot{r}^2 = (1 + \cos\varphi)^2 + (-\sin\varphi)^2 = 2(1 + \cos\varphi)$.

$$I(F) = 2\pi \int_0^\pi (1 + \cos\varphi)\sin\varphi \sqrt{2(1+\cos\varphi)}\ d\varphi$$

$$= 2\sqrt{2}\,\pi \int_0^\pi (1 + \cos\varphi)^{3/2} \sin\varphi\, d\varphi$$

$$= -2\sqrt{2}\,\pi \int_2^0 z^{3/2}\, dz\ ,\quad \text{für } z = 1 + \cos\varphi$$

$$= 2\sqrt{2}\,\pi \left[\tfrac{2}{5} z^{5/2}\right]_0^2 = \underline{\underline{\tfrac{32}{5}\pi}}.$$

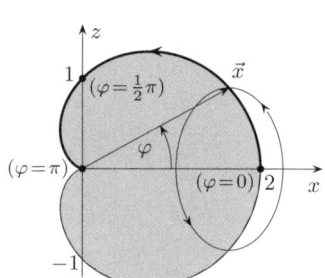

18.30   *Man berechne die Oberfläche*

$$des\ Torus\ T: \quad \vec{x} = \begin{pmatrix} (R + S\cos\theta)\cos\varphi \\ (R + S\cos\theta)\sin\varphi \\ S\sin\theta \end{pmatrix},$$

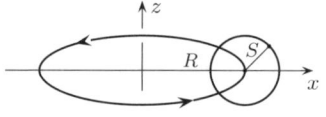

wobei $(\varphi, \theta) \in [0, 2\pi] \times [0, 2\pi]$ ist (siehe auch Skizze Seite 512).

(a) *mit Guldinscher Regel,*   (b) *als Oberfläche eines Rotationskörpers.*

(a)   Der Torus wird erzeugt durch Rotation des Kreises $\vec{x} = (R + S\cos\theta, 0, S\sin\theta)$
mit $\theta \in [0, 2\pi]$ um die z–Achse. Sein Radius ist S, sein Umfang $2\pi S$.
Schwerpunkt dieses Kreises ist natürlich sein Mittelpunkt $(R, 0, 0)$. Er rotiert auf
einem Kreis der Länge $2\pi R$. Somit ergibt die **Guldin**sche Regel:

$I(T) = 2\pi S \cdot 2\pi R = \underline{\underline{4\pi^2 SR}}$.

(b)   Der Torus entsteht durch Rotation des Kreises $\vec{x}(t) = \begin{pmatrix} R + S\cos t \\ S\sin t \end{pmatrix}$, $0 \le t \le 2\pi$

um die y–Achse. Seine Oberfläche ist folglich:

$$I(F) = 2\pi \int_0^{2\pi} (R + S\cos t)\sqrt{S^2\sin^2 t + S^2\cos^2 t}\ dt$$

$$= 2\pi \int_0^{2\pi} (R + S\cos t)S\, dt = 2\pi \left[RSt + S^2\sin t\right]_0^{2\pi} = \underline{\underline{4\pi^2 RS}}.$$

Erheblich aufwendiger wäre $I(T) = \displaystyle\int_B |\vec{x}_\varphi \times \vec{x}_\theta|\, d(\varphi, \theta)$,   (gemäß Seite 514).

Masse, Schwerpunkt, Trägheitsmoment

Das Flächenstück $\vec{x} = \big(x_1(u,v), x_2(u,v), x_3(u,v)\big)$, $(u,v) \in B \subseteq \mathbb{R}^2$ sei mit Masse belegt und die Massendichte sei $\delta = \delta(u,v)$.

Für die Fläche erhält man:

Masse $\qquad\qquad M = \displaystyle\int_B \delta(u,v)|\vec{x}_u \times \vec{x}_v|\, dB$

Schwerpunkt $\qquad S = (s_1, s_2, s_3)$, wobei

$$s_i = \frac{1}{M} \int_B x_i(u,v) \cdot \delta(u,v)|\vec{x}_u \times \vec{x}_v|\, dB$$

Trägheitsmoment $\quad T_A = \displaystyle\int_B a^2(u,v) \cdot \delta(u,v)|\vec{x}_u \times \vec{x}_v|\, dB$, wobei

$a = a(u,v)$ den Abstand des Flächenpunktes $\vec{x}(u,v)$
von einer Achse A bezeichnet.

18.31 *Es sei K der durch $H^2(x^2 + y^2) - R^2 z^2 = 0$, $0 \le z \le H$ beschriebene Kegelmantel mit der Massenbelegung $\delta = 1$.*

Man berechne Masse M, Schwerpunkt S und Trägheitsmomente T_z und T_x bzgl. z– bzw. x–Achse.

Eine geeignete **Parametrisierung** des Kegelmantels erhält man durch Polarkoordinaten in der x, y–Ebene:

$x = r \cos\varphi$ und $y = r \sin\varphi$.

Dann ist $z = \dfrac{H}{R}\sqrt{x^2 + y^2} = \dfrac{H}{R} r$.

Also K: $\quad \vec{x} = \begin{pmatrix} r\cos\varphi \\ r\sin\varphi \\ r\frac{H}{R} \end{pmatrix} = r\begin{pmatrix} \cos\varphi \\ \sin\varphi \\ \frac{H}{R} \end{pmatrix}$,

mit $(\varphi, r) \in [0, 2\pi] \times [0, R] =: B$ und $R, H > 0$ fest.

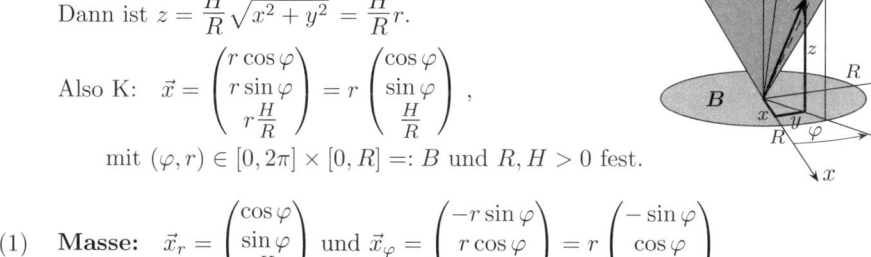

(1) **Masse:** $\vec{x}_r = \begin{pmatrix} \cos\varphi \\ \sin\varphi \\ \frac{H}{R} \end{pmatrix}$ und $\vec{x}_\varphi = \begin{pmatrix} -r\sin\varphi \\ r\cos\varphi \\ 0 \end{pmatrix} = r\begin{pmatrix} -\sin\varphi \\ \cos\varphi \\ 0 \end{pmatrix}$

$\Longrightarrow \vec{x}_r \times \vec{x}_\varphi = r\begin{pmatrix} -\frac{H}{R}\cos\varphi \\ -\frac{H}{R}\sin\varphi \\ 1 \end{pmatrix}$, $|\vec{x}_r \times \vec{x}_\varphi| = r \cdot \left|\begin{pmatrix} -\frac{H}{R}\cos\varphi \\ -\frac{H}{R}\sin\varphi \\ 1 \end{pmatrix}\right| = r\sqrt{\frac{H^2}{R^2} + 1}$

$$M = \int_B \delta(u,v)|\vec{x}_u \times \vec{x}_v|\, dB = \int_{\varphi=0}^{2\pi} \int_{r=0}^{R} 1 \cdot r\sqrt{\frac{H^2}{R^2} + 1}\; dr\, d\varphi = \underline{\underline{\pi R\sqrt{R^2 + H^2}}}.$$

$M = \pi R\sqrt{R^2 + H^2}$ ist auch die **Fläche** des Kegelmantels (da $\delta = 1$) !

Das **Volumen** des Kegels ist natürlich $\frac{1}{3}\pi R^2 H$.

(2) **Schwerpunkt**: Für $S = (s_1, s_2, s_3)$ gilt aus Symmetriegründen $s_1 = s_2 = 0$.

$$s_3 = \frac{1}{M} \int_B z|\vec{x}_r \times \vec{x}_\varphi|\, dB$$

$$= \frac{\sqrt{R^2+H^2}}{\pi R \sqrt{R^2+H^2}\, R} \frac{H}{R} \int_B r^2\, dB$$

$$= \frac{2\pi H}{\pi R^3} \left[\frac{1}{3} r^3\right]_0^R = \frac{2}{3} H.$$

Der Schwerpunkt ist: $\underline{\underline{S = (0, 0, \frac{2}{3} H)}}$.

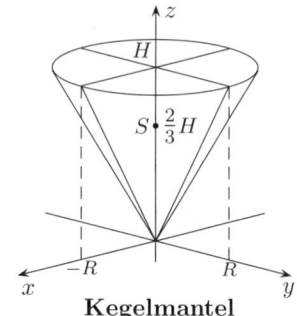

Zum Vergleich: Schwerpunkt des Vollkegels:

Das Volumen des Kegels ist $V = \frac{1}{3} \pi R^2 H$.

Kegelmantel

Fläche $F = \pi R \sqrt{R^2 + H^2}$

Schwerpunkt $S = (0, 0, \frac{2}{3} H)$

$$s_3 = \frac{1}{V} \int_V z\, dV$$

$$= \frac{1}{\frac{1}{3} \pi R^2 H} \int_0^{2\pi} \left(\int_0^R \left(\int_{r\frac{H}{R}}^H zr\, dz \right) dr \right) d\varphi = \frac{\frac{1}{4} \pi H^2 R^2}{\frac{1}{3} \pi R^2 H} = \frac{3}{4} H.$$

Der Schwerpunkt des Vollkegels ist: $\underline{\underline{S = (0, 0, \frac{3}{4} H)}}$.

(3) **Trägheitsmomente**:

Der Abstand eines Punktes (x, y, z) von
der z–Achse ist $\sqrt{x^2 + y^2}$,
der Abstand von der x–Achse beträgt $\sqrt{y^2 + z^2}$.

Es gilt $x^2 + y^2 = r^2$, $y^2 + z^2 = r^2 \sin^2 \varphi + \frac{H^2}{R^2} r^2$.

Für die Trägheitsmomente T_z und T_x erhält man:

$$T_z = \int_B r^2 r \frac{\sqrt{R^2+H^2}}{R}\, dB = \frac{\sqrt{R^2+H^2}}{R} 2\pi \left[\frac{1}{4} r^4\right]_0^R = \underline{\underline{\frac{\pi}{2} \sqrt{R^2 + H^2}\, R^3}}.$$

$$T_x = \int_B r^2 (\frac{H^2}{R^2} + \sin^2 \varphi) \frac{\sqrt{R^2+H^2}}{R} r\, dB$$

$$= \frac{\sqrt{R^2+H^2}}{R} \int_0^{2\pi} \left(\int_0^R (\frac{H^2}{R^2} + \sin^2 \varphi) r^3\, dr \right) d\varphi$$

$$= \frac{\sqrt{R^2+H^2}}{4} R^3 \int_0^{2\pi} (\frac{H^2}{R^2} + \sin^2 \varphi)\, d\varphi = \frac{\sqrt{R^2+H^2}}{4} R^3 \left[\frac{H^2}{R^2} \varphi + \frac{\varphi}{2} - \frac{1}{4} \sin 2\varphi\right]_0^{2\pi}$$

$$= \underline{\underline{\frac{\sqrt{R^2+H^2}}{4} R^3 (2\pi \frac{H^2}{R^2} + \pi)}}.$$

Volumen eines Rotationskörpers

Ein Kurvenstück der x, y–Ebene sei **explizit** gegeben durch:

$$y = f(x) \geq 0 \quad \text{mit} \quad a \leq x \leq b.$$

Der durch Rotation der Fläche F zwischen der Kurve und der x–Achse um die x–Achse (bzw. y–Achse) entstehende Körper hat das Volumen:

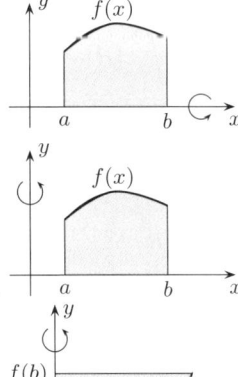

$$V = \pi \int_a^b f^2(x)\,dx \qquad (\text{Rot. um } x\text{–Achse}),$$

$$V = 2\pi \int_a^b x f(x)\,dx \qquad \begin{array}{c} (\text{Rot. um } y\text{–Achse}). \\ 0 \leq a < b \end{array}$$

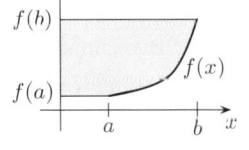

Ist $0 \leq a < b$, f differenzierbar und streng monoton wachsend, so hat der durch Rotation der Fläche zwischen der Kurve und der y–Achse um die y–Achse entstehende Körper das Volumen [siehe 18.83]:

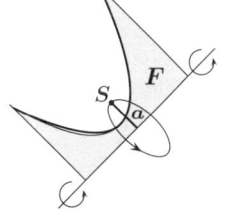

$$V = \pi \int_a^b r^2 f'(r)\,dr \qquad (\text{Rot. um } y\text{–Achse}).$$

2. Guldinsche Regel

Ein ebenes Flächenstück vom Flächeninhalt F rotiere um eine in dieser Ebene liegende Achse, die das Flächenstück nicht schneidet. Ist a der Abstand des Schwerpunkts des Flächenstück von der Drehachse, dann gilt für das Volumen des Rotationskörpers:

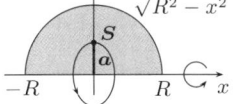

$$V = 2\pi a \cdot F.$$

Rotationsvol. = Länge des Weges des Schwerpkts. × Inhalt der erzeug. Fläche.

18.32   *Man ermittle mittels obiger Formeln das Volumen V*
    (a)   *der Kugel vom Radius R,*
    (b)   *des Torus* $(\sqrt{x^2 + y^2} - R)^2 + z^2 = S^2$.

(a)   Die Kugel wird erzeugt durch Rotation des Halbkreises
$H \cdot y = \sqrt{R^2 - r^2}$, $-R \leq x \leq R$, um die x–Achse.

(1) $V = \pi \displaystyle\int_{-R}^{R} (\sqrt{R^2 - x^2}\,)^2\,dx = 2 \int_0^R (R^2 - r^2)\,dr = \underline{\underline{\dfrac{4}{3}\pi R^3}}$

(2)   Nicht so zweckmäßig ist die Guldinsche Regel: Zunächst ist die Ordinate y_s des Schwerpunkts der Halbkreisfläche $F: \begin{array}{c} 0 \leq \varphi \leq \pi \\ 0 < r < R \end{array}$ zu ermitteln:

$$y_s = \underbrace{\frac{\displaystyle\int_F y\,d(x,y)}{\displaystyle\int_F d(x,y)}}_{\text{Halbkreisfläche}} = \frac{\displaystyle\int_F y\,d(x,y)}{\frac{2}{\pi R^2}} = \frac{2}{\pi R^2} \int_{\varphi=0}^{\pi} \Big(\int_{r=0}^{R} r^2 \sin\varphi\,dr \Big)\,d\varphi = \underline{\underline{\frac{4}{3}\frac{R}{\pi}}}.$$

Man erhält $V = \text{Weg des Schwerpunkts} \times \text{Fläche} = 2\pi \frac{4}{3}\frac{R}{\pi} \cdot \frac{\pi R^2}{2} = \underline{\underline{\frac{4}{3}\pi R^3}}.$

(b) Der Torus wird erzeugt durch Rotation des Kreises $(x - R)^2 + z^2 = S^2$ um die z–Achse,

also $x = R + \sqrt{S^2 - z^2}$ (rechter Halbkr.), $x = R - \sqrt{S^2 - z^2}$ (linker Halbkr.):

(1) $\displaystyle V = \pi \int_{-S}^{S} (R + \sqrt{S^2 - z^2}\,)^2 \, dz - \pi \int_{-S}^{S} (R - \sqrt{S^2 - z^2}\,)^2 \, dz$

$\displaystyle \quad = 2\pi \int_{0}^{S} 4R\sqrt{S^2 - z^2} \, dz = 8\pi R \int_{0}^{S} \sqrt{S^2 - z^2} \, dz$

$\displaystyle \quad = 8\pi R \frac{1}{2} \left[z\sqrt{S^2 - z^2} + S^2 \arcsin \frac{z}{S} \right]_{0}^{S}$ **F4** oder **F+H**, S. 101, Nr. 105 oder *.

$\displaystyle \quad = 4\pi R \cdot S^2 \frac{1}{2}\pi = \underline{\underline{2\pi^2 R S^2}}.$

*   Geschickt wäre: $\displaystyle \int_{0}^{S} \sqrt{S^2 - z^2} \, dz = \frac{\pi S^2}{4}$, Viertelkreis!

(2) Bei der Berechnung des Torusvolumens empfiehlt sich die Guldinsche Regel:

Da aus Symmetriegründen $(R, 0)$ der Flächenschwerpunkt in der (x, z)–Ebene ist, ergibt sich sofort:

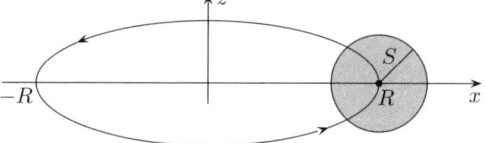

Kreisfläche $= \pi S^2$,

Länge des Weges des Schwerpunkts $= 2\pi R$, also

$V = \pi S^2 \cdot 2\pi R = \underline{\underline{2\pi^2 R S^2}}$,   siehe auch [17.17].

Torusvolumen $= 2\pi^2 R S^2$

18.4   Skalar– und Vektorfelder

Funktionen $\begin{array}{l} f: \ \mathrm{I\!R}^3 \to \mathrm{I\!R} \\ \vec{v}: \ \mathrm{I\!R}^3 \to \mathrm{I\!R}^3 \end{array}$ werden als   **Skalarfelder** **Vektorfelder**   bezeichnet.

Beispiele für **Skalarfelder** sind:
Temperatur, Druck, Potential eines Gravitations– oder elektrischen Feldes.

Beispiele für **Vektorfelder** sind:
Elektrisches–, magnetisches Feld, Gravitationsfeld, Geschwindigkeitsfeld.

Bezeichnung:	Vektorfeld:	$\vec{v} = (v_x, v_y, v_z)$
	partielle Ableitungen:	$\dfrac{\partial v_x}{\partial x}, \ \dfrac{\partial v_x}{\partial y}, \ \dfrac{\partial v_x}{\partial z}$ usw.

Ist $r := \sqrt{x^2 + y^2 + z^2}$ der Abstand des Punktes $\vec{x} = (x, y, z)$ vom Nullpunkt, so gilt:

Das **Potential** einer im Ursprung befindlichen punktförmigen Ladung Q ist:

$$U(x, y, z) = \frac{Q}{4\pi\epsilon_0} \cdot (x^2 + y^2 + z^2)^{-1/2} = \frac{Q}{4\pi\epsilon_0} \cdot \frac{1}{r} \quad \text{(Skalarfeld)}.$$

Das **elektrische Feld** einer kugelsymmetrischen Ladungsverteilung vom Radius a im Vakuum ist:

$$\vec{E}(x, y, z) = \begin{cases} \dfrac{Q}{4\pi\epsilon_0} \cdot \dfrac{1}{r^3} \cdot \vec{x} & \text{für } r > a \\[2mm] \dfrac{Q}{4\pi\epsilon_0} \cdot \dfrac{1}{a^3} \cdot \vec{x} & \text{für } r \leq a \end{cases} \quad \text{(Vektorfeld)}.$$

Häufig auftretende Vektorfelder:

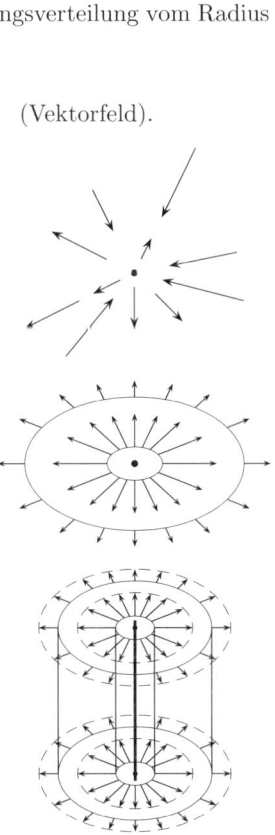

(a) **Zentrales Vektorfeld** (Zentralfeld):
Alle Vektoren $\vec{v}$ liegen in Geraden, die durch einen bestimmten Punkt (Zentrum) gehen.
D.h. alle Vektoren $\vec{v}$ zeigen zu einem festen Punkt (Zentrum) hin oder von ihm weg.

(b) **Sphärisches Vektorfeld**:
Spezielles Zentralfeld: Die Länge des Vektors $\vec{v}$ hängt nur vom Abstand $|\vec{x}|$ des Vektors $\vec{x}$ vom Nullpunkt ab.
Gravitationsfeld, Coulombfeld, siehe [18.49], Tabelle Seite 545.

(c) **Zylindrisches Vektorfeld** (Zylinderfeld):
Alle Vektoren $\vec{v}$ liegen in Geraden, die auf einer bestimmten Geraden (Achse) senkrecht stehen, und haben für Punkte gleichen Abstands von der Achse gleiche Länge.
Elektrisches Feld eines geladenen Drahtes, siehe [18.50], Tabelle Seite 545.

18.4.1 Differentialoperatoren: Gradient, Divergenz, Rotation, Nabla

1. Gradient und Richtungsableitung

Jedem Skalarfeld ist in natürlicher Weise ein Vektorfeld zugeordnet (unter den nötigen Differenzierbarkeitsvoraussetzungen):

Ist $f : \mathbb{R}^3 \to \mathbb{R}$ ein **Skalarfeld**, so heißt

$$\boxed{\operatorname{grad} f := \left(\frac{\partial f}{\partial x}, \frac{\partial f}{\partial y}, \frac{\partial f}{\partial z}\right) \quad \textbf{Gradient} \text{ von } f}$$

$\operatorname{grad} f : \mathbb{R}^3 \to \mathbb{R}^3$ ist ein **Vektorfeld**.

18.33   Für $f(x, y, z) = xy + x^2yz + yz^3$ bestimme man
grad $f(x, y, z)$ und grad $f(1, 2, 3)$.

grad $f(x, y, z) = (y + 2xyz, x + x^2z + z^3, x^2y + 3yz^2)$ und
grad $f(1, 2, 3) = (14, 31, 56)$.

Ist $\vec{a} \neq \vec{0}$, so ist $\vec{x}_0 + h\dfrac{\vec{a}}{|\vec{a}|}$, $h \in \mathbb{R}$ die Gerade durch $\vec{x}_0$ in Richtung $\vec{a}$. Betrachtet man f nur auf dieser Geraden, entsteht eine reelle Funktion $g(h) := f(\vec{x}_0 + h\dfrac{\vec{a}}{|\vec{a}|})$.
Die Ableitung $g'(0)$ heißt **Richtungsableitung** von f an der Stelle $\vec{x}_0$ in Richtung $\vec{a}$:

Richtungsableitung

Die **Richtungsableitung** des
Skalarfeldes $f : \mathbb{R}^3 \to \mathbb{R}$ an der Stelle $\vec{x}_0$ in Richtung des Vektors $\vec{a} \neq \vec{0}$ ist:

$$\frac{\partial f}{\partial \vec{a}}(\vec{x}_0) := \lim_{h \to 0} \frac{f(\vec{x}_0 + h\frac{\vec{a}}{|\vec{a}|}) - f(\vec{x}_0)}{h} = \lim_{h \to 0} \frac{f(\vec{x}_0 + h\vec{a}) - f(\vec{x}_0)}{h|\vec{a}|}.$$

18.34   Man berechne die Richtungsableitung von $f(x, y) = x^2y + y^2$
in $\vec{x}_0 = (1, 2)$ in Richtung von $\vec{a} = (-1, 1)$:

$\vec{x}_0 + h \cdot \vec{a} = (1, 2) + h(-1, 1) = (1 - h, 2 + h)$ und $|\vec{a}| = \sqrt{2}$
$f(\vec{x}_0 + h\vec{a}) - f(\vec{x}_0) = (1 - h)^2(2 + h) + (2 + h)^2 - 6 = h^3 + h^2 + h = h(h^2 + h + 1)$
$\dfrac{\partial f}{\partial \vec{a}}(\vec{x}_0) = \lim_{h \to 0} \dfrac{h(h^2 + h + 1)}{h\sqrt{2}} = \underline{\underline{\tfrac{1}{2}\sqrt{2}}}$.

Ist f in $\vec{x}_0$ differenzierbar, lässt sich die Richtungsableitung einfach mit Hilfe des Gradienten bestimmen:

Richtungsableitung und Gradient

Ist f in $\vec{x}_0$ **differenzierbar**, gilt

$$\frac{\partial f}{\partial \vec{a}}(\vec{x}_0) = \operatorname{grad} f(\vec{x}_0) \cdot \frac{\vec{a}}{|\vec{a}|}$$

Richtungsableitung = **Gradient** mal **Einheitsvektor**

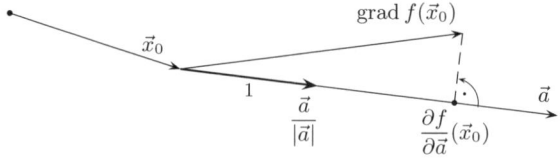

18.35   Man berechne $\dfrac{\partial f}{\partial \vec{a}}(\vec{x}_0)$ für $f(x,y) = x^2 y + y^2$, $\vec{x}_0 = (1,2)$ und $\vec{a} = (-1,1)$:

$$\operatorname{grad} f(\vec{x}) = (2xy, x^2 + 2y) \ , \quad \operatorname{grad} f(\vec{x}_0) = (4,5) \ , \quad \frac{\vec{a}}{|\vec{a}|} = \frac{1}{\sqrt{2}}(-1,1)$$

$$\Longrightarrow \quad \frac{\partial f}{\partial \vec{a}}(\vec{x}_0) = (4,5) \cdot \frac{1}{\sqrt{2}}(-1,1) = \frac{1}{\sqrt{2}} = \underline{\underline{\tfrac{1}{2}\sqrt{2}}}, \quad \text{wie im vorigen Beispiel.}$$

Ist f in $\vec{x}_0$ nicht differenzierbar, muss Richtungsableitung nicht gleich Gradient mal Einheitsvektor sein, obwohl Gradient und Richtungsableitung existieren:

18.36   Man bestimme $\dfrac{\partial f}{\partial \vec{a}}(\vec{0})$ für

$$f(x,y) = \begin{cases} \dfrac{x|y|}{\sqrt{x^2+y^2}} & , \ (x,y) \neq \vec{0} \\ 0 & , \ (x,y) = \vec{0} \end{cases} \quad \text{und} \quad \vec{a} = (1,1).$$

Wegen $f(x,0) = f(0,y) = 0$ (f ist also auf den Achsen gleich 0) existieren die partiellen Ableitungen $\dfrac{\partial f}{\partial x}(\vec{0})$ und $\dfrac{\partial f}{\partial y}(\vec{0})$ und es ist $\dfrac{\partial f}{\partial x}(\vec{0}) = 0$, $\dfrac{\partial f}{\partial y}(\vec{0}) = 0$.

Man erhält also $\operatorname{grad} f(\vec{0}) = (0,0)$.

Gradient mal **Einheitsvektor** $= \operatorname{grad} f(\vec{0}) \cdot \dfrac{\vec{a}}{|\vec{a}|} = (0,0) \cdot \dfrac{1}{\sqrt{2}}(1,1) = 0.$

Die **Richtungsableitung** $\dfrac{\partial f}{\partial \vec{a}}(\vec{0})$ ergibt sich hingegen wie folgt:

$$\frac{\partial f}{\partial \vec{a}}(\vec{0}) = \lim_{h \to 0} \frac{f\big((0,0) + h(1,1)\big) - f(0,0)}{h|(1,1)|} = \lim_{h \to 0} \frac{f(h,h)}{h\sqrt{2}} = \lim_{h \to 0} \frac{h|h|}{h\sqrt{2}\,|h|\sqrt{2}} = \underline{\underline{\tfrac{1}{2}}}.$$

f ist also in $(0,0)$ nicht differenzierbar.

Im Zweifelsfall prüfe man also, ob f **differenzierbar** ist!

Hinreichend dafür ist die Stetigkeit der partiellen Ableitungen,
siehe *Satz über die vollständige Differenzierbarkeit*, Seite 377.

Geometrische Eigenschaften des Gradienten:

Aus $\dfrac{\partial f}{\partial \vec{a}}(\vec{x}_0) = |\operatorname{grad} f(\vec{x}_0)| \cdot \cos\varphi$ mit $\varphi = \sphericalangle(\operatorname{grad} f(\vec{x}_0), \vec{a})$ erkennt man:

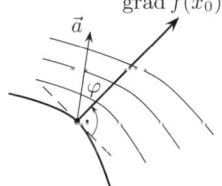

- Die Richtungsableitung ist maximal für $\varphi = 0^0$:
  Der Gradient zeigt in Richtung maximalen Anstiegs!

- Die Richtungsableitung ist 0 für $\varphi = 90^0$:
  Der Gradient steht senkrecht auf der
  zu $\vec{x}_0$ gehörenden Niveaulinie (im $\mathbb{R}^2$)
  bzw. Niveaufläche (im $\mathbb{R}^3$).

Ein Vektorfeld $\vec{v} : \mathbb{R}^3 \to \mathbb{R}^3$ heißt **Potentialfeld** oder Gradientenfeld, wenn ein Skalarfeld (d.h. eine reelle Funktion) $\varphi : \mathbb{R}^3 \to \mathbb{R}$ existiert mit

$$\vec{v}(\vec{x}) = \operatorname{grad} \varphi(\vec{x}).$$

2. Divergenz

Ist $\vec{v} : \mathbb{R}^3 \to \mathbb{R}^3$, also $\vec{v} = \big(v_x(\vec{x}), v_y(\vec{x}), v_z(\vec{x})\big)$ ein **Vektorfeld**, so heißt:

$$\boxed{\operatorname{div}\vec{v} = \frac{\partial v_x}{\partial x} + \frac{\partial v_y}{\partial y} + \frac{\partial v_z}{\partial z} \quad \textbf{Divergenz von } \vec{v}}$$

$\operatorname{div}\vec{v} : \mathbb{R}^3 \to \mathbb{R}$
ist ein **Skalarfeld**.

18.37   *Für* $\vec{v} = (xy, xz, x^2yz^2)$ *berechne man* $\operatorname{div}\vec{v}$ *und* $\operatorname{div}\vec{v}\,(1,2,3)$:

$\operatorname{div}\vec{v} = \operatorname{div}\vec{v}\,(x,y,z) = y + 0 + x^2y2z = \underline{y + 2x^2yz}$, $\operatorname{div}\vec{v}\,(1,2,3) = 2 + 12 = \underline{\underline{14}}$.

$\vec{v} = \vec{v}(x,y,z) = (x^2, 0, 0)$ beschreibe die Geschwindigkeit in einem Strömungsfeld.
Es ist $\vec{v}(-1, y, z) = (1, 0, 0)$, $\vec{v}(-\frac{1}{2}, y, z) = (\frac{1}{4}, 0, 0)$, ... Es ist $\operatorname{div}\vec{v}(x,y,z) = 2x$.

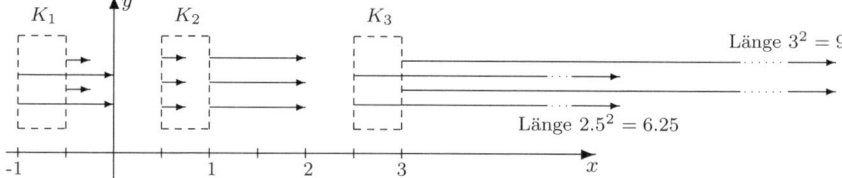

Denken wir uns in die Strömung gelegte durchlässige Kästchen (gestrichelt gezeichnet): K_1, K_2, K_3. Man erkennt, dass aus dem Kasten K_2 mehr heraus-
fließt (bei $x = 1$) als hineinfließt (bei $x = \frac{1}{2}$), in ihm sind *Quellen*; in K_2 ist
$1 \le \operatorname{div}\vec{v} \le 2$. In Kasten K_3 sind ebenfalls Quellen; in ihm ist $5 \le \operatorname{div}\vec{v} \le 6$. In
Kasten K_1 fließt weniger heraus (bei $x = -\frac{1}{2}$) als hineinfließt (bei $x = -1$), in
ihm sind *Senken*; in ihm ist $-2 \le \operatorname{div}\vec{v} \le -1$. Hieraus erkennt man:

Stellen mit $\operatorname{div}\vec{v} > 0$ sind Quellen, solche mit $\operatorname{div}v < 0$ Senken. Je größer $\operatorname{div}\vec{v}$
(falls > 0) ist, desto *stärker* sind die Quellen, desto größer ist die (positive) Er-
giebigkeit.

Diesem Umstand verdankt die Bildung $\operatorname{div}\vec{v}$ ihre Namen: Divergenz, Quelldichte
oder Ergiebigkeit.

Beschreibt $\vec{v}$ das Geschwindigkeitsfeld einer Flüssigkeit, kann man $\operatorname{div}\vec{v}(\vec{x})$ deuten als *lokale Quelldichte* oder *Ergiebigkeit* des Feldes:

Eine Stelle $\vec{x}$ heißt $\begin{cases} \textbf{Quelle} \\ \textbf{Senke} \end{cases}$, falls $\begin{array}{c} \operatorname{div}\vec{v}(\vec{x}) > 0 \\ \operatorname{div}\vec{v}(\vec{x}) < 0 \end{array}$ ist.

Gilt $\operatorname{div}\vec{v}(\vec{x}) = 0$ für alle $\vec{x} \in G$, heißt $\vec{v}$ in G *quellenfrei*.

Ist $f = f(\vec{x})$ ein Skalarfeld, kann man $\operatorname{div}(\operatorname{grad} f)$ bilden:

$$\boxed{\Delta f := \operatorname{div}(\operatorname{grad} f) = \frac{\partial^2 f}{\partial x^2} + \frac{\partial^2 f}{\partial y^2} + \frac{\partial^2 f}{\partial z^2} \quad \Delta \text{ heißt } \textbf{Laplace–Operator}}$$

Lösungen der Laplace–Gleichung $\Delta f = 0$ (Δ lies: "Delta") nennt man
harmonische Funktionen, siehe Seite 537.

18.38   *Es sei* $f = ax^2 + bxy + cy^2$.
        Lassen sich a, b, c *so angeben, dass* f *harmonisch ist?*

$\Delta f = \frac{\partial^2 f}{\partial x^2} + \frac{\partial^2 f}{\partial y^2} = 2a + 2c = 2(a + c) \Longrightarrow f$ ist harmonisch, falls $a + c = \underline{0}$ ist.

3. Rotation

Ist $\vec{v} : \mathrm{IR}^3 \to \mathrm{IR}^3$, also $\vec{v} = \big(v_x(\vec{x}), v_y(\vec{x}), v_z(\vec{x})\big)$ ein **Vektorfeld**, so heißt:

$$\boxed{\mathrm{rot}\,\vec{v} = \Big(\frac{\partial v_z}{\partial y} - \frac{\partial v_y}{\partial z}\,,\;\frac{\partial v_x}{\partial z} - \frac{\partial v_z}{\partial x}\,,\;\frac{\partial v_y}{\partial x} - \frac{\partial v_x}{\partial y}\Big) \quad \textbf{Rotation} \text{ von } \vec{v}}$$

Damit ist $\mathrm{rot}\,\vec{v} : \mathrm{IR}^3 \to \mathrm{IR}^3$ ein **Vektorfeld**.

Entsprechend zum Kreuzprodukt von Vektoren merkt man sich $\mathrm{rot}\,\vec{v}$ als:

$$\mathrm{rot}\,\vec{v} = \begin{vmatrix} i & j & k \\ \frac{\partial}{\partial x} & \frac{\partial}{\partial y} & \frac{\partial}{\partial z} \\ v_x & v_y & v_z \end{vmatrix} = \Big(\frac{\partial v_z}{\partial y} - \frac{\partial v_y}{\partial z}\,,\;\frac{\partial v_x}{\partial z} - \frac{\partial v_z}{\partial x}\,,\;\frac{\partial v_y}{\partial x} - \frac{\partial v_x}{\partial y}\Big)$$

18.39 Man bestimme

    (a) $\mathrm{rot}\,\vec{v}$ und $\mathrm{rot}\,\vec{v}\,(1,2,3)$ für $\vec{v} = (xy, xz, x^2yz^2)$,

    (b) $\mathrm{rot}\,\vec{v}$ für $\vec{v} = \dfrac{(x,y,z)}{x^2+y^2+z^2}$.

(a) $\mathrm{rot}\,\vec{v} = \Big(\frac{\partial}{\partial y}(x^2yz^2) - \frac{\partial}{\partial z}(xz)\,,\;\frac{\partial}{\partial z}(xy) - \frac{\partial}{\partial x}(x^2yz^2)\,,\;\frac{\partial}{\partial x}(xz) - \frac{\partial}{\partial y}(xy)\Big)$

$= (x^2z^2 - x\,,\;-2xyz^2\,,\;z - x) \implies \underline{\underline{\mathrm{rot}\,\vec{v}\,(1,2,3) = (8, -36, 2)}}.$

(b) Es ist $\frac{\partial}{\partial y}\big(\frac{z}{x^2+y^2+z^2}\big) - \frac{\partial}{\partial z}\big(\frac{y}{x^2+y^2+z^2}\big) = \frac{-2yz}{(x^2+y^2+z^2)^2} - \frac{-2yz}{(x^2+y^2+z^2)^2} = 0.$

Ebenso sind die übrigen Komponenten von $\mathrm{rot}\,\vec{v}$ gleich 0, also $\underline{\underline{\mathrm{rot}\,\vec{v} = (0,0,0)}}$.

Durch $\vec{v} = \vec{v}(x,y,z) = (0, 1-x^2, 0)$ werde eine ebenes Flüssigkeitsströmungsfeld beschrieben (wir skizzieren in der Ebene $z = 0$).

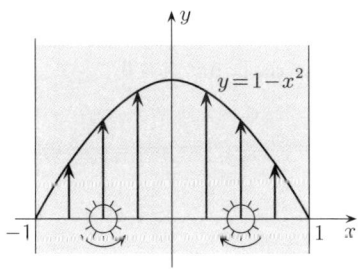

Ein Teilchen an der Stelle $(x,0,0)$ hat die Geschwindigkeit $\vec{v} = (0, 1-x^2, 0)$. Der Vektor $\mathrm{rot}\,\vec{v} = (0, 0, -2x)$ steht senkrecht auf der (x,y)–Ebene (der Zeichenebene). Denkt man sich an der Stelle $(x,0,0)$ ein kleines Schaufelrädchen in die Strömung gehalten, so wird es sich rechtsherum drehen, wenn $x > 0$ ist, dann zeigt der Vektor $\mathrm{rot}\,\vec{v}$ nach unten, d.h. $\mathrm{rot}\,\vec{v}$ ist parallel zum Drehvektor. Ist $|x|$ klein, so ist $|\,\mathrm{rot}\,\vec{v}| = |2x|$ auch klein: Nahe der y–Achse wird sich das Rädchen langsam drehen. Also zeigt sich hier:

- $\mathrm{rot}\,\vec{v}$ zeigt in Richtung des Drehvektors und
- $|\,\mathrm{rot}\,\vec{v}|$ ist ein Maß für die Rotationsgeschwindigkeit.

Der Name "Rotor" ist aus solchen Gründen gewählt worden.

Gilt $\operatorname{rot} \vec{v} = \vec{0}$ für alle $x \in G$, so heißt $\vec{v}$ **wirbelfrei** in G.

$\operatorname{rot} \vec{v} = \vec{0}$ ist die vektorielle Schreibweise der Integrabilitätsbedingung (S. 542)!

Ein in einem einfach zusammenhängenden Gebiet G (siehe Seite 543) wirbelfreies Feld ist dort notwendigerweise konservativ!

Ist $\vec{v}$ das Geschwindigkeitsfeld einer Flüssigkeitsströmung, so ist $\operatorname{rot} \vec{v}(\vec{x})$ ein Maß für die **Wirbeldichte** von $\vec{v}$ in $\vec{x}$.

18.40   *Ein starrer Körper drehe sich mit konstanter Winkelgeschwindigkeit*
$\vec{\omega} = (\omega_1, \omega_2, \omega_3)$ *um eine starre Achse. Dann besitzt ein Punkt $\vec{x}$ bekanntlich die Bahngeschwindigkeit $\vec{v} = \vec{\omega} \times \vec{x}$. Man berechne $\operatorname{rot} \vec{v}$.*

$\vec{v} = \vec{\omega} \times \vec{x} = (\omega_2 z - \omega_3 y \; , \; \omega_3 x - \omega_1 z \; , \; \omega_1 y - \omega_2 x)$
$\implies \operatorname{rot} \vec{v} = (\omega_1 + \omega_1 \; , \; \omega_2 + \omega_2 \; , \; \omega_3 + \omega_3) = \underline{\underline{2\vec{\omega}}}$.

18.41   *Man interpretiere die* **Maxwellschen Gleichungen**
$$\operatorname{rot} \vec{E} = -\frac{\partial B}{\partial t} \;\; \text{sowie} \;\; \operatorname{rot} \vec{H} = \frac{\partial D}{\partial t} + J \;\; \text{mit:}$$

$\vec{E}$ *elektrische Feldstärke, $\vec{H}$ magnet. Feldstärke, B magnet. Induktion, D dielektrische Verschiebung, J elektrische Stromdichte.*

$\operatorname{rot} \vec{E} = -\dfrac{\partial B}{\partial t}$ (Induktionsgesetz): Eine zeitliche Änderung der magnetischen Induktion erzeugt ein elektrisches Wirbelfeld.

$\operatorname{rot} \vec{H} = \dfrac{\partial D}{\partial t} + I$: Eine zeitliche Änderung eines elektrischen Feldes oder ein Strom erzeugen ein magnetisches Wirbelfeld.

Rechenregeln für grad, div, rot

f, g Skalarfelder   , $\vec{u}, \vec{v}$ Vektorfelder

Die Operatoren sind linear:

$\operatorname{grad}(f + g) = \operatorname{grad} f + \operatorname{grad} g$ und $\operatorname{grad}(\lambda f) = \lambda \operatorname{grad} f$ mit $\lambda \in \mathbb{R}$

$\operatorname{div}(\vec{u} + \vec{v}) = \operatorname{div} \vec{u} + \operatorname{div} \vec{v}$ und $\operatorname{div}(\lambda \vec{v}) = \lambda \operatorname{div} \vec{v}$ mit $\lambda \in \mathbb{R}$

$\operatorname{rot}(\vec{u} + \vec{v}) = \operatorname{rot} \vec{u} + \operatorname{rot} \vec{v}$ und $\operatorname{rot}(\lambda \vec{v}) = \lambda \operatorname{rot} \vec{v}$ mit $\lambda \in \mathbb{R}$

Produktregeln:

$\operatorname{grad}(fg) = f \operatorname{grad} g + g \operatorname{grad} f$
$\operatorname{grad}(\vec{u} \cdot \vec{v}) = \mathcal{J}_{\vec{u}} \vec{v} + \mathcal{J}_{\vec{v}} \vec{u} + \vec{u} \times \operatorname{rot} \vec{v} + \vec{v} \times \operatorname{rot} \vec{u}$
$\operatorname{div}(f\vec{v}) = f \operatorname{div} \vec{v} + (\operatorname{grad} f) \cdot \vec{v}$
$\operatorname{rot}(f\vec{v}) = f \operatorname{rot} \vec{v} + (\operatorname{grad} f) \times \vec{v}$
$\operatorname{div}(\vec{u} \times \vec{v}) = -\vec{u} \cdot \operatorname{rot} \vec{v} + \vec{v} \cdot \operatorname{rot} \vec{u}$

Wiederholte Anwendung:

$\operatorname{div}(\operatorname{grad} f) = \Delta f$ (Laplace–Operator)
$\operatorname{rot}(\operatorname{grad} f) = \vec{0}$ (Potentialfelder sind wirbelfrei)
$\operatorname{div}(\operatorname{rot} \vec{v}) = 0$ (Wirbelfelder sind quellenfrei)
$\operatorname{rot}(\operatorname{rot} \vec{v}) = \operatorname{grad}(\operatorname{div} \vec{v}) - (\Delta v_x \, , \, \Delta v_y \, , \, \Delta v_z)$

4. Nabla–Operator

Man definiert: $\boxed{\nabla = \left(\dfrac{\partial}{\partial x}, \dfrac{\partial}{\partial y}, \dfrac{\partial}{\partial z}\right)}$ lies: **"Nabla"**

∇ ist ein formaler (Differential–) Operator, mit dem sich die Operationen grad, div, rot in einheitlicher Form schreiben:

Ist $f = f(x, y, z)$ ein Skalarfeld und $\vec{v} = \vec{v}(x, y, z) = (v_x, v_y, v_z)$ ein Vektorfeld, so gilt:

$$\nabla f \;=\; \left(\frac{\partial f}{\partial x}, \frac{\partial f}{\partial y}, \frac{\partial f}{\partial z}\right) \quad = \operatorname{grad} f \;=\; \textit{Produkt} \qquad \text{aus } \nabla \text{ und } f,$$

$$\nabla \vec{v} \;=\; \frac{\partial v_x}{\partial x} + \frac{\partial v_y}{\partial y} + \frac{\partial v_z}{\partial z} \;=\; \operatorname{div} \vec{v} \;=\; \textit{Skalarprodukt} \quad \text{aus } \nabla \text{ und } \vec{v},$$

$$\nabla \times \vec{v} = \begin{vmatrix} \vec{i} & \vec{j} & \vec{k} \\ \dfrac{\partial}{\partial x} & \dfrac{\partial}{\partial y} & \dfrac{\partial}{\partial z} \\ v_x & v_y & v_z \end{vmatrix} \;=\; \operatorname{rot} \vec{v} \;=\; \textit{Vektorprodukt} \quad \text{aus } \nabla \text{ und } \vec{v}.$$

Der **Operator** ∇ ist als **Vektor** aufzufassen, so erklären sich folgende Regeln:

$$\operatorname{grad}(af + bg) = \nabla(af + bg)$$
$$= a\nabla f + b\nabla g = a\operatorname{grad} f + b\operatorname{grad} g.$$

$$\operatorname{div}(a\vec{u} + b\vec{v}) \;\;= \nabla(a\vec{u} + b\vec{v})$$
$$= a\nabla\vec{u} + b\nabla\vec{v} = a\operatorname{div}\vec{u} + b\operatorname{div}\vec{v}.$$

$$\operatorname{rot}(a\vec{u} + b\vec{v}) \;\;= \nabla \times (a\vec{u} + b\vec{v})$$
$$= a\nabla \times \vec{u} + b\nabla \times \vec{v} = a\operatorname{rot}\vec{u} + b\operatorname{rot}\vec{v}.$$

18.42   *Man zeige* $\operatorname{rot}(\operatorname{grad} f) = \vec{0}$ *und* $\operatorname{div}(\operatorname{rot} \vec{v}) = 0.$

Formale Anwendung des Nabla–Operators ergibt:

$\operatorname{rot}(\operatorname{grad} f) = \nabla \times (\nabla f) = \vec{0}$,   da $\vec{a} \times \lambda\vec{a} = \vec{0}$ ist für jeden Vektor $\vec{a} \in \mathbb{R}^3$.

$\operatorname{div}(\operatorname{rot} \vec{v}) = \nabla(\nabla \times \vec{v}) = 0$,   da $\vec{a} \perp (\vec{a} \times \vec{b})$ bzw. $\vec{a}\,(\vec{a} \times \vec{b}) = 0$ ist.

$$\boxed{\begin{aligned} \Delta f := \operatorname{div}(\operatorname{grad} f) &= \nabla\nabla f \\ &= \frac{\partial^2 f}{\partial x^2} + \frac{\partial^2 f}{\partial y^2} + \frac{\partial^2 f}{\partial z^2} \qquad \Delta \text{ heißt } \textbf{Laplace–Operator} \end{aligned}}$$

18.4.2   Felddarstellungen in Polar–, Zylinder– und Kugelkoordinaten

1.   Polarkoordinaten im Punkt $\vec{x}(r, \varphi)$

Bemerkung: Polarkoordinaten bedeuten hier kartesische Koordinaten bezüglich der durch die Koordinatenlinien der gewöhnlichen Polarkoordinaten r, φ im Punkt $\vec{x}(r, \varphi)$ vorgegebenen kartesischen Basis $(\vec{e}_r, \vec{e}_\varphi)$.

Bitte nicht mit Polarkoordinaten im üblichen Sinn (siehe **F3**) verwechseln !!!

Dem Punkt $\vec{x} = \begin{pmatrix} r\cos\varphi \\ r\sin\varphi \end{pmatrix} \neq \vec{0}$ mit $\vec{x}_r = \begin{pmatrix} \cos\varphi \\ \sin\varphi \end{pmatrix}$ und $\vec{x}_\varphi = \begin{pmatrix} -r\sin\varphi \\ r\cos\varphi \end{pmatrix}$

werden die beiden Einheitsvektoren

$$\vec{e}_r := \frac{\vec{x}_r}{|\vec{x}_r|} = \begin{pmatrix} \cos\varphi \\ \sin\varphi \end{pmatrix} \quad \text{und} \quad \vec{e}_\varphi := \frac{\vec{x}_\varphi}{|\vec{x}_\varphi|} = \begin{pmatrix} -\sin\varphi \\ \cos\varphi \end{pmatrix}$$

zugeordnet, die eine orthogonale Basis des IR^2 für jedes $\vec{x} \in \mathrm{IR}^2$ bilden.

$\vec{e}_r$, $\vec{e}_\varphi$ sind **Tangentenvektoren** an die Koordinaten– linien im Punkt $\vec{x}$ (siehe Seite 513).

Jeder Vektor $\vec{u}$ ist als Linearkombination darstellbar:

$\vec{u} = u_r \vec{e}_r + u_\varphi \vec{e}_\varphi$ (insbesondere z.B.: $\vec{x} = r\vec{e}_r + 0\vec{e}_\varphi$).

Die Zahlen u_r, u_φ heißen **Polarkoordinaten** von $\vec{u}$ im Punkt $\vec{x}$.

Ist $\vec{v} : (x, y) \rightarrow \big(v_x(x, y), v_y(x, y)\big)$ ein Vektorfeld, wird der Bildvektor mittels $\vec{e}_r$ und $\vec{e}_\varphi$ dargestellt:

$$\vec{v}(\vec{x}) = v_r \vec{e}_r + v_\varphi \vec{e}_\varphi$$

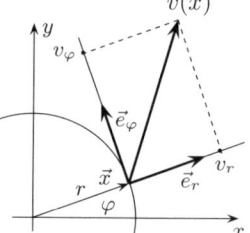

$\big(v_r(r, \varphi)\,,\ v_\varphi(r, \varphi)\big)$ heißt **Polarkoordinatendarstellung** von $\vec{v}$.

Ist $f : (x, y) \longmapsto f(x, y)$ ein Skalarfeld, so bezeichnet
$$\tilde{f}(r, \varphi) := f(r\cos\varphi, r\sin\varphi)$$
die **Polarkoordinatendarstellung** von f.

Ist z.B. $f(x, y) = \dfrac{x^2}{x+y}$, so ist $\tilde{f}(r, \varphi) = \dfrac{r^2\cos^2\varphi}{r\cos\varphi + r\sin\varphi} = r\dfrac{\cos^2\varphi}{\cos\varphi + \sin\varphi}$

die auf Polarkoordinaten transformierte Funktion.

Umformung

kartesische Darstellung   Polarkoordinatendarstellung
$\big(v_x(x,y)\,,\ v_y(x,y)\big)$ $\longrightarrow$ $\big(v_r(r,\varphi)\,,\ v_\varphi(r,\varphi)\big)$

$\boxed{1}$ Die Koordinaten v_x, v_y werden auf Polarkoordinaten transformiert:
$$\tilde{v}_x = v_x(r\cos\varphi, r\sin\varphi) \qquad \tilde{v}_y = v_y(r\cos\varphi, r\sin\varphi)$$

$\boxed{2}$ Die Polarkoordinaten v_r, v_φ werden berechnet:
$$\begin{pmatrix} v_r \\ v_\varphi \end{pmatrix} = \begin{pmatrix} \cos\varphi & \sin\varphi \\ -\sin\varphi & \cos\varphi \end{pmatrix} \cdot \begin{pmatrix} \tilde{v}_x \\ \tilde{v}_y \end{pmatrix} = \begin{pmatrix} \tilde{v}_x \cos\varphi + \tilde{v}_y \sin\varphi \\ -\tilde{v}_x \sin\varphi + \tilde{v}_y \cos\varphi \end{pmatrix}$$

18.43   Man gebe $\vec{v}(x,y) = (y,x)$ in Polarkoordinaten an:

$\boxed{1}$ $\begin{pmatrix} v_x \\ v_y \end{pmatrix} = \begin{pmatrix} y \\ x \end{pmatrix} \implies \begin{pmatrix} \tilde{v}_x \\ \tilde{v}_y \end{pmatrix} = \begin{pmatrix} r\sin\varphi \\ r\cos\varphi \end{pmatrix}.$

$\boxed{2}$ $\begin{pmatrix} v_r \\ v_\varphi \end{pmatrix} = \begin{pmatrix} \cos\varphi & \sin\varphi \\ -\sin\varphi & \cos\varphi \end{pmatrix} \cdot \begin{pmatrix} r\sin\varphi \\ r\cos\varphi \end{pmatrix} = \begin{pmatrix} 2r\sin\varphi\cos\varphi \\ -r\sin^2\varphi + r\cos^2\varphi \end{pmatrix} = \begin{pmatrix} r\sin 2\varphi \\ r\cos 2\varphi \end{pmatrix}.$

$r(\sin 2\varphi, \cos 2\varphi)$ ist die Polarkoordinatendarstellung von $\vec{v}$.

Umformung

Polarkoordinatendarstellung   kartesische Darstellung
$\big(v_r(r,\varphi)\,,\ v_\varphi(r,\varphi)\big)$ $\longrightarrow$ $\big(v_x(x,y)\,,\ v_y(x,y)\big)$

$\boxed{1}$ Berechnung von $\tilde{v}_x, \tilde{v}_y$ nach:
$$\begin{pmatrix} \tilde{v}_x \\ \tilde{v}_y \end{pmatrix} = \begin{pmatrix} \cos\varphi & -\sin\varphi \\ \sin\varphi & \cos\varphi \end{pmatrix} \cdot \begin{pmatrix} v_r \\ v_\varphi \end{pmatrix} = \begin{pmatrix} v_r\cos\varphi - v_\varphi\sin\varphi \\ v_r\sin\varphi + v_\varphi\cos\varphi \end{pmatrix}$$

$\boxed{2}$ Transformation auf kartesische Koordinaten (siehe Seite 94):
$$r = \sqrt{x^2 + y^2}, \quad \cos\varphi = \frac{x}{\sqrt{x^2+y^2}}, \quad \sin\varphi = \frac{y}{\sqrt{x^2+y^2}}$$
$$\text{oder} \quad \tan\varphi = \frac{y}{x}, \ \text{Quadranten beachten!}$$

18.44   Man gebe $(v_r, v_\varphi) = (0, \frac{1}{r})$ in kartesischer Darstellung an:

$\boxed{1}$ $\begin{pmatrix} \tilde{v}_x \\ \tilde{v}_y \end{pmatrix} = \begin{pmatrix} \cos\varphi & -\sin\varphi \\ \sin\varphi & \cos\varphi \end{pmatrix} \begin{pmatrix} 0 \\ \frac{1}{r} \end{pmatrix} = \frac{1}{r} \begin{pmatrix} -\sin\varphi \\ \cos\varphi \end{pmatrix}$

$\boxed{2}$ $\dfrac{\sin\varphi}{r} = \dfrac{r\sin\varphi}{r^2} = \dfrac{y}{x^2+y^2}, \quad \dfrac{\cos\varphi}{r} = \dfrac{x}{x^2+y^2} \implies (v_x, v_y) = \dfrac{1}{x^2+y^2}(-y, x).$

$\vec{v}(x,y) = \dfrac{1}{x^2+y^2}(-y, x)$ ist die kartesische Darstellung von $\vec{v}$.

18.45   Es sei $f : (x, y) \longmapsto f(x, y)$ ein Skalarfeld.

        Man bestimme die Polarkoordinatendarstellung von grad f.

Bezeichne $\tilde{f}$ die Transformation von f auf Polarkoordinaten,

also $\tilde{f}(r, \varphi) = f(r \cos \varphi, r \sin \varphi)$.

Nach der Kettenregel ist

$$\frac{\partial f}{\partial x} = \frac{\partial \tilde{f}}{\partial r} \cdot \frac{\partial r}{\partial x} + \frac{\partial \tilde{f}}{\partial \varphi} \cdot \frac{\partial \varphi}{\partial x} \quad \text{und} \quad \frac{\partial f}{\partial y} = \frac{\partial \tilde{f}}{\partial r} \cdot \frac{\partial r}{\partial y} + \frac{\partial \tilde{f}}{\partial \varphi} \cdot \frac{\partial \varphi}{\partial y}, \quad \text{dabei sind}$$

$$\frac{\partial r}{\partial x} = \frac{x}{\sqrt{x^2+y^2}} = \cos \varphi, \quad \frac{\partial r}{\partial y} = \frac{y}{\sqrt{x^2+y^2}} = \sin \varphi, \quad \frac{\partial \varphi}{\partial x} = \frac{-\sin \varphi}{r}, \quad \frac{\partial \varphi}{\partial y} = \frac{\cos \varphi}{r}.$$

Damit wird $\operatorname{grad} f = \left(\frac{\partial \tilde{f}}{\partial r} \cos \varphi - \frac{\partial \tilde{f}}{\partial \varphi} \frac{\sin \varphi}{r} ,\ \frac{\partial \tilde{f}}{\partial r} \sin \varphi + \frac{\partial \tilde{f}}{\partial \varphi} \frac{\cos \varphi}{r} \right)$

$$= \frac{\partial \tilde{f}}{\partial r}(\cos \varphi, \sin \varphi) + \frac{1}{r} \frac{\partial \tilde{f}}{\partial \varphi}(-\sin \varphi, \cos \varphi) = \frac{\partial \tilde{f}}{\partial r} \vec{e}_r + \frac{1}{r} \frac{\partial \tilde{f}}{\partial \varphi} \vec{e}_\varphi$$

Die Polarkoordinatendarstellung von grad f ist $\left(\frac{\partial \tilde{f}}{\partial r} ,\ \frac{1}{r} \frac{\partial \tilde{f}}{\partial \varphi} \right)$.

18.46   Es sei $\vec{v} : (x, y) \longmapsto (v_x(x, y), v_y(x, y))$ ein Vektorfeld mit der Polarkoor-dinatendarstellung (v_r, v_φ).

        Man bestimme die Polarkoordinatendarstellung von div $\vec{v}$.

$\tilde{v}_x, \tilde{v}_y$ seien die auf Polarkoord. transformierten Komponentenfunktionen v_x, v_y.

Nach der Kettenregel ist $\dfrac{\partial v_x}{\partial x} = \dfrac{\partial \tilde{v}_x}{\partial r} \cdot \dfrac{\partial r}{\partial x} + \dfrac{\partial \tilde{v}_x}{\partial \varphi} \cdot \dfrac{\partial \varphi}{\partial x},$ dabei sind

$\tilde{v}_x = v_r \cos \varphi - v_\varphi \sin \varphi, \quad \tilde{v}_y = v_r \sin \varphi + v_\varphi \cos \varphi, \quad \dfrac{\partial r}{\partial x} = \cos \varphi, \quad \dfrac{\partial \varphi}{\partial x} = \dfrac{-\sin \varphi}{r}.$

Damit wird

$$\frac{\partial v_x}{\partial x} = \left(\frac{\partial v_r}{\partial r} \cos \varphi - \frac{\partial v_\varphi}{\partial r} \sin \varphi \right) \cos \varphi + \left(\frac{\partial v_r}{\partial \varphi} \cos \varphi - v_r \sin \varphi - \frac{\partial v_\varphi}{\partial \varphi} \sin \varphi - v_\varphi \cos \varphi \right) \cdot \left(\frac{-\sin \varphi}{r} \right)$$

ebenso ergibt sich:

$$\frac{\partial v_y}{\partial y} = \left(\frac{\partial v_r}{\partial r} \sin \varphi + \frac{\partial v_\varphi}{\partial r} \cos \varphi \right) \sin \varphi + \left(\frac{\partial v_r}{\partial \varphi} \sin \varphi + v_r \cos \varphi + \frac{\partial v_\varphi}{\partial \varphi} \cos \varphi - v_\varphi \sin \varphi \right) \cdot \left(\frac{\cos \varphi}{r} \right)$$

und man erhält:

$$\operatorname{div} \vec{v} = \frac{\partial v_x}{\partial x} + \frac{\partial v_y}{\partial y} = \frac{1}{r} v_r + \frac{\partial v_r}{\partial r} + \frac{1}{r} \frac{\partial v_\varphi}{\partial \varphi} \quad \text{Polarkoordinatendarst. von div } \vec{v}.$$

18.47   Es sei $f : (x, y) \longmapsto f(x, y)$ ein Skalarfeld.

        Man bestimme die Polarkoordinatendarstellung von $\Delta f = \dfrac{\partial^2 f}{\partial x^2} + \dfrac{\partial^2 f}{\partial y^2}$.

Es ist $\Delta f = \operatorname{div}(\operatorname{grad} f)$. Nach [18.45] ist $\left(\frac{\partial \tilde{f}}{\partial r}, \frac{1}{r} \frac{\partial \tilde{f}}{\partial \varphi} \right)$ Polarkoordinatendarstellung von grad f. Nach der vorangehenden Aufgabe ist dann

$$\Delta f = \frac{1}{r} \frac{\partial \tilde{f}}{\partial r} + \frac{\partial}{\partial r} \left(\frac{\partial \tilde{f}}{\partial r} \right) + \frac{1}{r} \frac{\partial}{\partial \varphi} \left(\frac{1}{r} \frac{\partial \tilde{f}}{\partial \varphi} \right)$$

$$= \frac{1}{r} \frac{\partial \tilde{f}}{\partial r} + \frac{\partial^2 \tilde{f}}{\partial r^2} + \frac{1}{r^2} \frac{\partial^2 \tilde{f}}{\partial \varphi^2} \quad \text{Polarkoordinatendarstellung von } \Delta f.$$

18.48   *Ein Massenpunkt bewege sich nach dem Weg–Zeit–Gesetz $\vec{x} = \big(x(t), y(t)\big)$.*
Man bestimme die Polarkoordinatendarstellungen der Geschwindigkeit $\dot{\vec{x}}$
und Beschleunigung $\ddot{\vec{x}}$.

Wegen $\vec{x} - \vec{x}(t)$ sind r, φ Funktionen von t.

Aus $\vec{x} = r\vec{e_r}$ folgt mit der Produktregel: $\dot{\vec{x}} = \dot{r}\vec{e_r} + r\dot{\vec{e_r}}$.

Nun ist $\dot{\vec{e_r}} = \dot{\varphi}\vec{e_\varphi}$ und $\dot{\vec{e_\varphi}} = -\dot{\varphi}\vec{e_r}$, also $\dot{\vec{x}} = \dot{r}\vec{e_r} + r\dot{\varphi}\vec{e_\varphi}$.

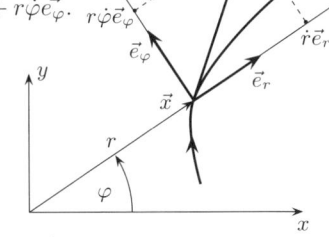

Die Polarkoordinaten von $\dot{\vec{x}}$ sind $\underline{\underline{(\dot{r}, r\dot{\varphi})}}$.

Nochmaliges Differenzieren ergibt:

$$\ddot{\vec{x}} = \ddot{r}\vec{e_r} + \dot{r}\dot{\vec{e_r}} + \dot{r}\dot{\varphi}\vec{e_\varphi} + r\ddot{\varphi}\vec{e_\varphi} + r\dot{\varphi}\dot{\vec{e_\varphi}}$$
$$= \ddot{r}\vec{e_r} + \dot{r}\dot{\varphi}\vec{e_\varphi} + \dot{r}\dot{\varphi}\vec{e_\varphi} + r\ddot{\varphi}\vec{e_\varphi} - r\dot{\varphi}^2\vec{e_r}$$
$$= (\ddot{r} - r\dot{\varphi}^2)\vec{e_r} + (r\ddot{\varphi} + 2\dot{r}\dot{\varphi})\vec{e_\varphi}$$

Die Polarkoordinaten von $\ddot{\vec{x}}$ sind $\underline{\underline{(\ddot{r} - r\dot{\varphi}^2 ,\ r\ddot{\varphi} + 2\dot{r}\dot{\varphi})}}$.

Die berechneten Polarkoordinaten heißen *Radial–* und *Transversalkomponenten*
von Geschwindigkeit bzw. Beschleunigung.

2.   Zylinder– und Kugelkoordinaten

Analog zu den ebenen Polarkoordinaten (r, φ) (Seite 530) verfährt man bei den
räumlichen Zylinder– (r, φ, z) bzw. Kugelkoordinaten (ρ, θ, φ). Dem Punkt $\vec{x}$ wird
eine Basis aus Einheitsvektoren in Richtung der Koordinatenlinien zugeordnet
und $\vec{v}(\vec{x})$ als Linearkombination dieser Basis dargestellt:

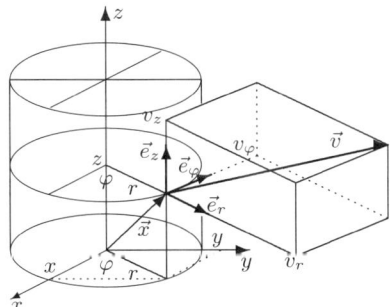

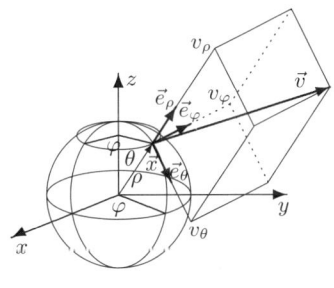

Zylinderkoordinaten   **Kugelkoordinaten**

$\vec{v}(\vec{x}) = v_r\vec{e_r} + v_\varphi\vec{e_\varphi} + v_z\vec{e_z}$ $\vec{v}(\vec{x}) = v_\rho\vec{e_\rho} + v_\theta\vec{e_\theta} + v_\varphi\vec{e_\varphi}$

Bei der Umrechnung von kartesischen auf z.B. Kugelkoordinaten geht man folgendermaßen vor (siehe auch Bemerkung auf Seite 530 !):

$$\vec{v} = \vec{v}(\vec{x}) = \big(v_x(x,y,z), v_y(x,y,z), v_z(x,y,z)\big) \quad \left\{ \begin{array}{ll} x,y,z & \text{kart. Koord.} \\ v_x, v_y, v_z & \text{kart. Koord.} \end{array} \right.$$

Einsetzen: $x = \rho \sin\theta \cos\varphi, \quad y = \rho \sin\theta \sin\varphi, \quad z = \rho \cos\theta$

$$= \big(\tilde{v}_x(\rho,\theta,\varphi), \tilde{v}_y(\rho,\theta,\varphi), \tilde{v}_z(\rho,\theta,\varphi)\big) \quad \left\{ \begin{array}{ll} \rho, \theta, \varphi & \text{Kugelkoord.} \\ \tilde{v}_x, \tilde{v}_y, \tilde{v}_z & \text{kart. Koord.} \end{array} \right.$$

$$= \big(v_\rho(\rho,\theta,\varphi), v_\theta(\rho,\theta,\varphi), v_\varphi(\rho,\theta,\varphi)\big) \quad \left\{ \begin{array}{ll} \rho, \theta, \varphi & \text{Kugelkoord.} \\ v_\rho, v_\theta, v_\varphi & \text{Kugelkoord.} \end{array} \right.$$

> Die Kugelkoordinaten $v_\rho, v_\theta, v_\varphi$ bitte nicht mit partiellen Ableitungen bzw. Kugelkoordinaten im üblichen Sinn (siehe **F2**) verwechseln !

	Zylinderkoord. r, φ, z	**Kugelkoordinaten** ρ, θ, φ
Zusammenhang mit kart. Koord.	$x = r\cos\varphi$ $y = r\sin\varphi$ $z = z$	$x = \rho\sin\theta\cos\varphi$ $y = \rho\sin\theta\sin\varphi$ $z = \rho\cos\theta$
Basis aus Einheitsvektoren	$\vec{e}_r = (\cos\varphi, \sin\varphi, 0)$ $\vec{e}_\varphi = (-\sin\varphi, \cos\varphi, 0)$ $\vec{e}_z = (0,0,1)$	$\vec{e}_\rho = (\sin\theta\cos\varphi, \sin\theta\sin\varphi, \cos\theta)$ $\vec{e}_\theta = (\cos\theta\cos\varphi, \cos\theta\sin\varphi, -\sin\theta)$ $\vec{e}_\varphi = (-\sin\varphi, \cos\varphi, 0)$
Umrechnung auf Zylinder– bzw. Kugelk. $(\tilde{v}_x, \tilde{v}_y, \tilde{v}_z) \to \begin{array}{c}(v_r, v_\varphi, v_z)\\(v_\rho, v_\theta, v_\varphi)\end{array}$	$v_r = \tilde{v}_x\cos\varphi + \tilde{v}_y\sin\varphi$ $v_\varphi = -\tilde{v}_x\sin\varphi + \tilde{v}_y\cos\varphi$ $v_z = \tilde{v}_z$	$v_\rho = \tilde{v}_x\sin\theta\cos\varphi + \tilde{v}_y\sin\theta\sin\varphi + \tilde{v}_z\cos\theta$ $v_\theta = \tilde{v}_x\cos\theta\cos\varphi + \tilde{v}_y\cos\theta\sin\varphi - \tilde{v}_z\sin\theta$ $v_\varphi = -\tilde{v}_x\sin\varphi + \tilde{v}_y\cos\varphi$
Umrechnung auf kartesische Koord. $\begin{array}{c}(v_r, v_\varphi, v_z)\\(v_\rho, v_\theta, v_\varphi)\end{array} \to (\tilde{v}_x, \tilde{v}_y, \tilde{v}_z)$	$\tilde{v}_x = v_r\cos\varphi - v_\varphi\sin\varphi$ $\tilde{v}_y = v_r\sin\varphi + v_\varphi\cos\varphi$ $\tilde{v}_z = v_z$	$\tilde{v}_x = v_\rho\sin\theta\cos\varphi - v_\varphi\sin\varphi + v_\theta\cos\varphi\cos\theta$ $\tilde{v}_y = v_\rho\sin\theta\sin\varphi + v_\varphi\cos\varphi + v_\theta\sin\varphi\cos\theta$ $\tilde{v}_z = v_\rho\cos\theta - v_\theta\sin\theta$
grad f	$\left(\dfrac{\partial\tilde{f}}{\partial r}, \dfrac{1}{r}\dfrac{\partial\tilde{f}}{\partial\varphi}, \dfrac{\partial\tilde{f}}{\partial z}\right)$	$\left(\dfrac{\partial\tilde{f}}{\partial\rho}, \dfrac{1}{\rho}\dfrac{\partial\tilde{f}}{\partial\theta}, \dfrac{1}{\rho\sin\theta}\dfrac{\partial\tilde{f}}{\partial\varphi}\right)$
div$(\vec{v})$ $v_i:$ Zylinder– bzw. Kugelkoord.	$\dfrac{1}{r}\dfrac{\partial}{\partial r}(rv_r) + \dfrac{1}{r}\dfrac{\partial v_\varphi}{\partial\varphi} + \dfrac{\partial v_z}{\partial z}$	$\dfrac{1}{\rho^2}\dfrac{\partial}{\partial\rho}(\rho^2 v_\rho) + \dfrac{1}{\rho\sin\theta}\dfrac{\partial}{\partial\theta}(v_\theta\sin\theta) + \dfrac{1}{\rho\sin\theta}\dfrac{\partial v_\varphi}{\partial\varphi}$
rot$(\vec{v})$ $= (R_r, R_\varphi, R_z)$ bzw. $= (R_\rho, R_\theta, R_\varphi)$	$R_r = \dfrac{1}{r}\dfrac{\partial v_z}{\partial\varphi} - \dfrac{\partial v_\varphi}{\partial z}$ $R_\varphi = \dfrac{\partial v_r}{\partial z} - \dfrac{\partial v_z}{\partial r}$ $R_z = \dfrac{1}{r}v_\varphi + \dfrac{\partial v_\varphi}{\partial r} - \dfrac{1}{r}\dfrac{\partial v_r}{\partial\varphi}$	$R_\rho = \dfrac{1}{\rho\sin\theta}\left(\dfrac{\partial}{\partial\theta}(v_\varphi\sin\theta) - \dfrac{\partial v_\theta}{\partial\varphi}\right)$ $R_\theta = \dfrac{1}{\rho\sin\theta}\dfrac{\partial v_\rho}{\partial\varphi} - \dfrac{1}{\rho}\dfrac{\partial}{\partial\rho}(\rho v_\varphi)$ $R_\varphi = \dfrac{1}{\rho}\dfrac{\partial}{\partial\rho}(\rho v_\theta) - \dfrac{1}{\rho}\dfrac{\partial v_\rho}{\partial\theta}$
Δf	$\dfrac{1}{r}\dfrac{\partial}{\partial r}\left(r\dfrac{\partial\tilde{f}}{\partial r}\right) + \dfrac{1}{r^2}\dfrac{\partial^2\tilde{f}}{\partial\varphi^2} + \dfrac{\partial^2\tilde{f}}{\partial z^2}$	$\dfrac{\partial^2\tilde{f}}{\partial\rho^2} + \dfrac{2}{\rho}\dfrac{\partial\tilde{f}}{\partial\rho} + \dfrac{1}{\rho^2\sin^2\theta}\dfrac{\partial^2\tilde{f}}{\partial\varphi^2} + \dfrac{1}{\rho^2}\dfrac{\partial^2\tilde{f}}{\partial\theta^2} + \dfrac{1}{\rho^2\tan\theta}\dfrac{\partial\tilde{f}}{\partial\theta}$

18.49   Für das **Gravitationsfeld** einer punktförmigen Masse m in $\vec{x} = \vec{0}$ gilt:

$\vec{K}(\vec{x}) = -\gamma \frac{m}{r^2} \frac{\vec{x}}{r}$ mit $r = |\vec{x}| = \sqrt{x^2 + y^2 + z^2} \neq 0$.

Für das **elektrische Feld** einer punktförmigen Ladung Q in $\vec{x} = \vec{0}$ gilt:

$\vec{E}(\vec{x}) = \frac{Q}{4\pi\epsilon_0 r^2} \frac{\vec{x}}{r}$ mit $r = |\vec{x}| = \sqrt{x^2 + y^2 + z^2} \neq 0$,   (**Coulombfeld**).

Man untersuche das Feld $\vec{v}(\vec{x}) = \frac{1}{r^2} \frac{\vec{x}}{r}$ mit $r = |\vec{x}| = \sqrt{x^2 + y^2 + z^2} \neq 0$.

$\vec{v}$ ist ein räumliches **Zentralfeld**, geeignete Koordinaten sind deshalb die Kugelkoordinaten (ρ, φ, θ).

Die Zerlegung von $\vec{v}$ in Komponenten nach $\vec{e_\rho}$, $\vec{e_\theta}$, $\vec{e_\varphi}$ ist ohne Rechnung klar:

$$\vec{v} = \frac{1}{\rho^2}\vec{e_\rho} + 0\vec{e_\theta} + 0\vec{e_\varphi}.$$

Kugelkoordinatendarstellung von $\vec{v}$ ist demnach: $(v_\rho, v_\theta, v_\varphi) = (\frac{1}{\rho^2}, 0, 0)$.

Übungshalber wird die Koordinate v_φ rechnerisch ermittelt:

$\vec{v} = (\frac{x}{r^3}, \frac{y}{r^3}, \frac{z}{r^3})$, wobei $r = \sqrt{x^2 + y^2 + z^2} = \rho$ ist.
Damit ist $\tilde{v}_x = \frac{1}{\rho^3}\rho\sin\theta\cos\varphi$, $\tilde{v}_y = \frac{1}{\rho^3}\rho\sin\theta\sin\varphi$, $\tilde{v}_z = \frac{1}{\rho^3}\rho\cos\theta$.

Also: $v_\varphi = -\tilde{v}_x\sin\varphi + \tilde{v}_y\cos\varphi = -\frac{1}{\rho^2}\sin\theta\cos\varphi\sin\varphi + \frac{1}{\rho^2}\sin\theta\sin\varphi\cos\varphi = 0$.

Divergenz von $\vec{v} = (v_\rho, v_\theta, v_\varphi) = (\frac{1}{\rho^2}, 0, 0)$:

div $\vec{v} = \frac{1}{\rho^2}\frac{\partial}{\partial\rho}(\rho^2\frac{1}{\rho^2}) + \frac{1}{\rho\sin\theta}\frac{\partial}{\partial\rho}(0) + \frac{1}{\rho\sin\theta}\frac{\partial}{\partial\varphi}(0) = \underline{\underline{0}}$.
Im Gebiet $\vec{x} \neq \vec{0}$ ist das Feld $\vec{v}$ *quellenfrei*!

Rotation von $\vec{v} = (v_\rho, v_\theta, v_\varphi) = (\frac{1}{\rho^2}, 0, 0)$:

Man rechnet leicht nach: rot $\vec{v} = (R_\rho, R_\theta, R_\varphi) = \underline{\underline{\vec{0}}}$.
Im Gebiet $\vec{x} \neq \vec{0}$ ist das Feld $\vec{v}$ *wirbelfrei*!

Da $\mathbb{R}^3 \setminus \{\vec{0}\}$ *einfach zusammenhängend* ist,

ist das **Arbeitsintegral** $\displaystyle\int_K \vec{v}\,d\vec{x}$ *wegunabhängig*.

Das Feld $\vec{v}$ besitzt ein **Potential** $\Phi : \mathbb{R}^3 \setminus \{\vec{0}\} \to \mathbb{R}$, so dass $\vec{v} = \text{grad}\,\Phi$ ist.
In Kugelkoordinaten folgt: $\vec{v} = (\frac{1}{\rho^2}, 0, 0) = \text{grad}\,\Phi = (\frac{\partial\Phi}{\partial\rho} , \frac{1}{\rho}\frac{\partial\Phi}{\partial\theta} , \frac{1}{\rho\sin\theta}\frac{\partial\Phi}{\partial\varphi})$.

Komponentenvergleich ergibt: $\Phi(\rho, \theta, \varphi) = \underline{\underline{-\frac{1}{\rho}}}$ (**Newton–Potential**).

Das Potential Φ erfüllt die Laplace–Gleichung: $\Delta\Phi = -\frac{2}{\rho^3} + \frac{2}{\rho}\frac{1}{\rho^2} + 0 + 0 + 0 = \underline{\underline{0}}$.

In kartesischen Koordinaten: $\vec{v} = \frac{(x,y,z)}{(\sqrt{x^2+y^2+z^2})^3} = \text{grad}\,\frac{-1}{\sqrt{x^2+y^2+z^2}}$.

18.50   *Das magnetische Feld $\vec{H}(\vec{x})$ eines stromdurchflossenen (unendlich langen)*
Drahtes vom Radius a (Drehachse ist z–Achse, Stromstärke I) ist gegeben

durch $\vec{H}(\vec{x}) = \dfrac{I}{2\pi(x^2+y^2)} \begin{pmatrix} -y \\ x \\ 0 \end{pmatrix}$ *für* $\sqrt{x^2+y^2} > a$.

Man untersuche das Feld $\vec{v}(\vec{x}) = \dfrac{1}{(x^2+y^2)} \begin{pmatrix} -y \\ x \\ 0 \end{pmatrix}$ *für* $x^2 + y^2 > 0$.

Offenbar sind zur Beschreibung von $\vec{v}$ *Zylinderkoordinaten* (r, φ, z) geeignet:
Die Zerlegung von $\vec{v}$ in Komponenten nach
$\vec{e}_r$, $\vec{e}_\varphi$, $\vec{e}_z$ ist ohne Rechnung klar:

$\vec{v} = 0\vec{e}_r + \frac{1}{r}\vec{e}_\varphi + 0\vec{e}_z$.

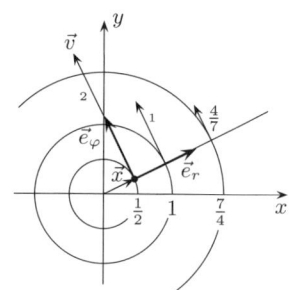

Zylinderkoordinatendarstellung
von $\vec{v}$ ist demnach: $(0, \frac{1}{r}, 0)$.

Z.B. ergibt sich $v_\varphi = \frac{1}{r}$ folgendermaßen:
Wegen $v_x = \frac{-y}{x^2+y^2}$, $v_y = \frac{x}{x^2+y^2}$ ist

$\tilde{v}_x = -\frac{1}{r}\sin\varphi$, $\tilde{v}_y = \frac{1}{r}\cos\varphi$ und somit
$v_\varphi = \frac{1}{r}\sin^2\varphi + \frac{1}{r}\cos^2\varphi = \frac{1}{r}$.

Divergenz von $\vec{v} = (0, \frac{1}{r}, 0)$:

div $\vec{v} = \frac{1}{r}0 + 0 + \frac{1}{r}0 + 0 = 0$. Das Feld ist *quellenfrei*.

Rotation von $\vec{v} = (0, \frac{1}{r}, 0)$ ist rot $\vec{v} = (0, 0, 0)$. das Feld ist *wirbelfrei*.

Das Gebiet $G = \mathbb{R}^3 \setminus \{(0, 0, z) \mid z \in \mathbb{R}\}$ ist allerdings nicht einfach zusammenhängend! Es gibt tatsächlich auch geschlossene Kurven K mit $\oint_K \vec{v}(\vec{x})\,d\vec{x} \neq 0$.
Etwa für den Kreis $K : \vec{x}(t) = (\cos t, \sin t, 0)$ mit $0 \le t \le 2\pi$ ist $r = 1$,
also $\vec{v}(\vec{x}(t)) = (-\sin t, \cos t, 0)$ und $\dot{\vec{x}}(t) = (-\sin t, \cos t, 0)$ und somit

$$\oint_K \vec{v}(\vec{x})\,d\vec{x} = \int_0^{2\pi} (-\sin t, \cos t, 0)(-\sin t, \cos t, 0)\,dt = \int_0^{2\pi} dt = 2\pi.$$

$\vec{v}$ besitzt demnach keine Potentialfunktion in G, also keine in G differenzierbare
Funktion Φ mit grad $\Phi = \vec{v}$ ($\vec{v}$ heißt **Potentialwirbel**).

In einfach zusammenhängenden Teilgebieten von G, d.h. *lokal*,
ist $\Phi(x, y, z) = \arctan\frac{y}{x}$ (falls $x \neq 0$)
oder $\Phi(x, y, z) = -\arctan\frac{x}{y}$ (falls $y \neq 0$) Potentialfunktion von $\vec{v}$.

In Zylinderkoordinaten ergibt sich eine lokale Potentialfunktion

aus grad $\Phi = (\frac{\partial\Phi}{\partial r}, \frac{1}{r}\frac{\partial\Phi}{\partial\varphi}, \frac{\partial\Phi}{\partial z}) = (0, \frac{1}{r}, 0)$ durch Komponentenvergleich:

$\frac{\partial\Phi}{\partial r} = 0$, $\frac{\partial\Phi}{\partial\varphi} = 1$, $\frac{\partial\Phi}{\partial z} = 0 \implies \Phi = \Phi(r, \varphi, z) = \varphi$.

Wegen $\Delta\Phi = \frac{1}{r}\frac{\partial}{\partial r}(0) + \frac{1}{r^2}0 + 0 = 0$ ist Φ in G *harmonisch* !

Skalarfelder $f(x, y, z)$, die der **Laplace**–Gleichung $\Delta f = \frac{\partial^2 f}{\partial x^2} + \frac{\partial^2 f}{\partial y^2} + \frac{\partial^2 f}{\partial z^2} = 0$
genügen, sind interessant, da ihre Gradientenfelder $\vec{F} = \operatorname{grad} f$

(1) wegen $\Delta f = \operatorname{div}(\operatorname{grad} f) = \operatorname{div} \vec{F} = 0$ **quellenfrei** sind und
(2) wegen $\operatorname{rot}(\operatorname{grad} f) = \operatorname{rot} \vec{F} = \vec{0}$ **wirbelfrei** sind.

Ein Skalarfeld $f = f(x, y, z)$ heißt

radial– oder zentralsymmetrisch, $\quad$ falls $\quad f = f(\sqrt{x^2 + y^2 + z^2})$ $\quad$ ist.
axialsymmetrisch, $\qquad\qquad\qquad\qquad\qquad\quad f = f(\sqrt{x^2 + y^2})$

18.51 *Man bestimme alle*

(a) *zu $\vec{x} = \vec{0}$ radialsymmetrischen Skalarfelder, $f : \mathbb{R}^3 \setminus \{(0,0,0)\} \mapsto \mathbb{R}$,*
(b) *zur z–Achse axialsymmetrischen Skalarfelder $f : \mathbb{R}^3 \setminus \{(0,0,z)\} \mapsto \mathbb{R}$,*

die der Potentialgleichung $\Delta f = 0$ genügen, sowie ihre Gradientenfelder.

(a) Ein Skalarfeld ist nur von $\rho = \sqrt{x^2 + y^2 + z^2}$ abhängig, falls es sich in Kugelkoordinaten als $\tilde{f} = \tilde{f}(\rho)$ beschreiben lässt.
Dann ist $\Delta \tilde{f} = 0 \longleftrightarrow \frac{\partial^2 \tilde{f}}{\partial \rho^2} + \frac{2}{\rho}\frac{\partial \tilde{f}}{\partial \rho} = 0$.

Diese lineare DGL ist leicht zu lösen: $y := \frac{\partial \tilde{f}}{\partial \rho}$ ergibt:

$y' + \frac{2}{\rho} y = 0$ $\qquad$ und nach T.d.V:
$\frac{dy}{y} = -\frac{2}{\rho} \, d\rho$ $\quad$ also $\ln|y| = -2\ln\rho + \ln k$
$y = \frac{k}{\rho^2}$ $\qquad$ und somit $\tilde{f} = \frac{c}{\rho} + d$.

$f(\vec{x}) = f(x, y, z) = \dfrac{c}{\sqrt{x^2 + y^2 + z^2}}$ $\quad$ heißt **Newton–Potential** , vgl. [18.52].

$\operatorname{grad} f(\vec{x}) = \frac{c}{\rho^2} \cdot \frac{\vec{x}}{\rho} = c\dfrac{(x,y,z)}{(\sqrt{x + y^2 + z^2})^3}$, siehe [18.49].

(b) Ein Skalarfeld ist nur von $\sqrt{x^2 + y^2} = r$ abhängig, falls es sich in Zylinderkoordinaten als $\tilde{f} = \tilde{f}(r)$ beschreiben lässt.
Dann ist $\Delta \tilde{f} = 0 \Longleftrightarrow \frac{d}{dr}(r \cdot \tilde{f}'(r)) = 0 \Longleftrightarrow r \cdot \tilde{f}'' + \tilde{f}' = 0$ (siehe auch: Oder ...)

Diese lineare DGL ist leicht zu lösen: $y := \tilde{f}'$ ergibt:

$ry' + y = 0$ $\qquad$ und nach T.d.V:
$\frac{dy}{y} = -\frac{1}{r} \, dr$ $\qquad$ also $\ln|y| = -\ln r + \ln k$
$y = \frac{k}{r}$ $\qquad\qquad$ und somit
$\tilde{f} = k \ln r + c$ $\quad$ für $r > 0$.

Oder: $(r\tilde{f}')' = 0 \Longleftrightarrow r\tilde{f}' = k \Longleftrightarrow \tilde{f}' = \frac{k}{r} \Longleftrightarrow \tilde{f} = k\ln r + c$, für $r > 0$.

$f(\vec{x}) = f(x, y, z) = k \cdot \ln\sqrt{x^2 + y^2}$ heißt **logarithmisches Potential**.

$\operatorname{grad} f(x, y, z) = k\dfrac{(x, y, 0)}{x^2 + y^2}$.

18.52   *Man zeige, dass folgende Skalarfelder nicht der Potentialgleichung $\Delta f = 0$*
genügen und bestimme ihre Gradientenfelder.

(a) $f : \mathbb{R}^2 \setminus \{\vec{0}\} \to \mathbb{R}$, $f(x,y) = \dfrac{1}{\sqrt{x^2+y^2}}$,

(b) $f : \mathbb{R}^3 \setminus \{\vec{0}\} \to \mathbb{R}$, $f(x,y,z) = \ln \sqrt{x^2 + y^2 + z^2}$.

(a) $f = \dfrac{1}{\sqrt{x^2+y^2}}$ hat in Polarkoordinaten die Darstellung $\tilde{f} = \frac{1}{r}$.

Nach [18.47] ist $\Delta f = \dfrac{1}{r}\dfrac{\partial \tilde{f}}{\partial r} + \dfrac{\partial^2 \tilde{f}}{\partial r^2} + \dfrac{1}{r^2}\dfrac{\partial^2 \tilde{f}}{\partial \varphi^2} = \dfrac{1}{r}\left(-\dfrac{1}{r^2}\right) + \dfrac{2}{r^3} = \dfrac{1}{r^3} \neq 0$.

$\operatorname{grad} f = \left(\dfrac{\partial f}{\partial x}, \dfrac{\partial f}{\partial y}\right) = \dfrac{(x,y)}{\left(\sqrt{x^2+y^2}\,\right)^3}$.

(b) $f = \ln \sqrt{x^2 + y^2 + z^2}$ hat in Kugelkoordinaten die Darstellung $\tilde{f} = \ln \rho$.

Nach der Tabelle auf Seite 534 ist:

$\Delta f = \dfrac{\partial^2 \tilde{f}}{\partial \rho^2} + \dfrac{2}{\rho}\dfrac{\partial \tilde{f}}{\partial \rho} + \dfrac{1}{\rho^2 \sin^2 \theta}\dfrac{\partial^2 \tilde{f}}{\partial \varphi^2} + \dfrac{1}{\rho^2}\dfrac{\partial^2 \tilde{f}}{\partial \theta^2} + \dfrac{1}{\rho^2 \tan \theta}\dfrac{\partial \tilde{f}}{\partial \theta} = -\dfrac{1}{\rho^2} + \dfrac{2}{\rho} \cdot \dfrac{1}{\rho} = \dfrac{1}{\rho^2} \neq 0$.

$\operatorname{grad} f = \dfrac{(x,y,z)}{x^2+y^2+z^2}$.

18.5   Kurvenintegrale, Linienintegrale

Hier wird eine *reellwertige* Funktion $f = f(\vec{x})$ über ein ebenes oder räumliches
Kurvenstück $K = \{\vec{x}(t)\ ,\ a \leq t \leq b\}$ integriert. Man berechnet das Kurvenintegral als gewöhnliches Integral über den Parameterbereich:

Das Kurvenintegral $\displaystyle\int_K f\,ds$

Ist $f : \mathbb{R}^n \mapsto \mathbb{R}$ und $K = \{\vec{x}(t) \in \mathbb{R}^n \mid a \leq t \leq b\}$ ein Kurvenstück, so ist

$$\int_K f\,ds = \int_a^b f(\vec{x}(t)) \cdot |\dot{\vec{x}}(t)|\,dt, \qquad \boxed{ds = |\dot{\vec{x}}(t)|\,dt} \quad \text{heißt} \quad \begin{array}{l}\textbf{skalares}\\ \text{Bogenelement.}\end{array}$$

Für $f \equiv 1$ ergibt sich die **Bogenlänge** des Kurvenstücks K, (siehe Seite 501).
Masse, Schwerpunkt, Trägheitsmoment des Kurvenstücks K, (siehe Seite 509).

18.53   *Man berechne* $\displaystyle\int_K xyz\,ds$, *wenn K gegeben ist durch $\vec{x}(t) = (\sin t, \cos t, t)$*

für $0 \leq t \leq 2\pi$ (Schraubenlinie). Welche Länge hat das Kurvenstück?

$\dot{\vec{x}}(t) = (\cos t, -\sin t, 1)$, $|\dot{\vec{x}}(t)| = \sqrt{\cos^2 t + \sin^2 t + 1} = \sqrt{2}$

$$\int_K xyz\,ds = \int_0^{2\pi} t \sin t \cos t \sqrt{2}\,dt = \frac{\sqrt{2}}{2}\int_0^{2\pi} t \sin 2t\,dt$$

$$= \frac{\sqrt{2}}{2}\left[\frac{\sin 2t}{4} - \frac{t}{2}\cos 2t\right]_0^{2\pi} = -\frac{\sqrt{2}}{4}2\pi = -\frac{\sqrt{2}}{2}\pi.$$

Die Länge des Kurvenstücks beträgt: $L = \displaystyle\int_K 1\,ds = \int_0^{2\pi} \sqrt{2}\,dt = \underline{\underline{2\sqrt{2}\,\pi}}$.

Abwicklung des Zylindermantels liefert sofort (Diagonale im Quadrat) $L = \underline{\underline{2\sqrt{2}\,\pi}}$.

$$\textbf{Das Kurvenintegral}\ \int_{\textbf{K}} \vec{f}\, d\vec{x}\quad \textbf{(Arbeitsintegral)}$$

Ist $\vec{f} = \vec{f}(\vec{x})$ eine *vektorwertige* Funktion (Vektorfeld) und

$K = \{\vec{x}(t) \mid a \le t \le b\}$ ein Kurvenstück, so ist

$$\int_K \vec{f}\, d\vec{x} = \int_a^b \vec{f}(\vec{x}(t)) \cdot \dot{\vec{x}}(t)\, dt, \qquad \boxed{d\vec{x} = \dot{\vec{x}}(t)\, dt \quad \text{heißt} \quad \begin{array}{l}\textbf{vektorielles} \\ \text{Bogenelement.}\end{array}}$$

Der Integrand ist das skalare Produkt der Vektoren $\vec{f}(\vec{x}(t))$ und $\dot{\vec{x}}(t)$.

Ist K ein *geschlossener* Weg, schreibt man

$$\int_K \vec{f}\, d\vec{x} = \oint_K \vec{f}\, d\vec{x}$$

und nennt das Integral **Zirkulation** des Vektorfeldes $\vec{f}$ längs K.

Sind $\vec{f}$ und $\vec{x}$ komponentenweise gegeben, $\vec{f} = (f, g, h)$ sowie $\vec{x} = (x, y, z)$, so sind $dx = \dot{x}\, dt$, $dy = \dot{y}\, dt$, $dz = \dot{z}\, dt$ und das Integral lässt sich parameterfrei schreiben:

$$\int_K \vec{f}\, d\vec{x}\ =\ \int_K f\, dx + g\, dy + h\, dz$$

$$=\ \int_a^b \big(f(\vec{x}(t))\dot{x}(t) + g(\vec{x}(t))\dot{y}(t) + h(\vec{x}(t))\dot{z}(t) \big)\, dt$$

$$\textbf{Zusammenhang zwischen den Kurvenintegraltypen}$$

$$\int_K \vec{f}\, d\vec{x} = \int_K \left(\vec{f} \cdot \frac{\dot{\vec{x}}}{|\dot{\vec{x}}|} \right) ds$$

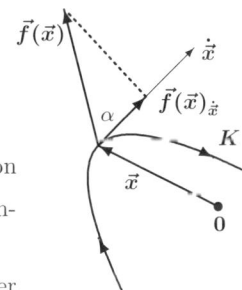

Für das Skalarprodukt gilt:

Es ist $\vec{f}(\vec{x}(t)) \cdot \dot{\vec{x}}(t) = |\vec{f}(\vec{x}(t)| \cdot |\dot{\vec{x}}(t)| \cdot \cos\alpha$,

wobei $\alpha = \sphericalangle(\vec{f}(\vec{x}(t)), \dot{\vec{x}}(t))$ ist.

$\vec{f} \cdot \frac{\dot{\vec{x}}}{|\dot{x}|} = |\vec{f}(\vec{x})| \cdot \cos\alpha$ ist die Länge der Projektion

$f(\vec{x})_{\dot{\vec{x}}}$ (siehe Seite 131) von $f(\vec{x})$ auf die Tangenten-

richtung $\dot{\vec{x}}$.

Im   Integral $\int_K \vec{f}\, d\vec{x}$ wird   die   Länge   der   Tangentialkom-

ponento von $\vec{f}$ längs dor Kurvo integriort:

Beschreibt $\vec{f}$ ein Kraftfeld, so gibt $\int_K \vec{f}\, d\vec{x}$ die Energie an, die nötig ist, um ein Teilchen der Masse 1 längs der Kurve K im Feld zu bewegen.

18.54   Sei $\vec{f}(\vec{x}) = \begin{pmatrix} x \\ xy \end{pmatrix}$. Man berechne $\displaystyle\int_K \vec{f}\,d\vec{x} = \int_K x\,dx + xy\,dy$

für die drei Wege K_a, K_b, K_c von $(0,0)$ nach $(1,1)$.

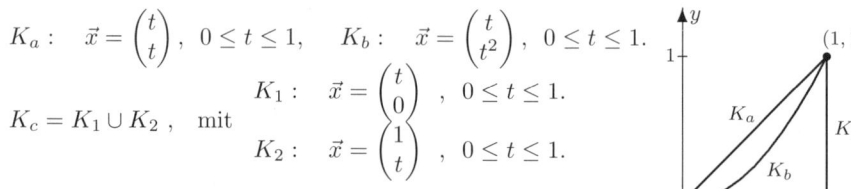

$K_a: \quad \vec{x} = \begin{pmatrix} t \\ t \end{pmatrix}, \ 0 \le t \le 1, \quad K_b: \quad \vec{x} = \begin{pmatrix} t \\ t^2 \end{pmatrix}, \ 0 \le t \le 1.$

$$K_c = K_1 \cup K_2, \quad \text{mit} \quad \begin{aligned} K_1: \quad \vec{x} &= \begin{pmatrix} t \\ 0 \end{pmatrix}, \ 0 \le t \le 1. \\ K_2: \quad \vec{x} &= \begin{pmatrix} 1 \\ t \end{pmatrix}, \ 0 \le t \le 1. \end{aligned}$$

(a) $x = t \Longrightarrow dx = dt$ und $y = t \Longrightarrow dy = dt$

$$\int_{K_a} x\,dx + xy\,dy = \int_0^1 (t + t^2)\,dt = \left[\tfrac{1}{2}t^2 + \tfrac{1}{3}t^3\right]_0^1 = \underline{\tfrac{5}{6}}.$$

(b) $x = t \Longrightarrow dx = dt$ und $y = t^2 \Longrightarrow dy = 2t\,dt$

$$\int_{K_b} x\,dx + xy\,dy = \int_0^1 t\,dt + t^3 2t\,dt = \int_0^1 (2t^4 + t)\,dt = \left[\tfrac{2}{5}t^5 + \tfrac{1}{2}t^2\right]_0^1 = \underline{\tfrac{9}{10}}.$$

(c)   Auf dem horizontalen Wegstück K_1 ist $x = t$, $y = 0$ und $dx = dt$, $dy = 0$.
Auf dem vertikalen Wegstück K_2 ist $x = 1$, $y = t$ und $dx = 0$, $dy = dt$.

Also $\displaystyle\int_{K_1} x\,dx + xy\,dy = \int_0^1 t\,dt = \frac{1}{2}.$ und $\displaystyle\int_{K_2} x\,dx + xy\,dy = \int_0^1 t\,dt = \frac{1}{2}.$

Zusammen ergibt sich damit: $\displaystyle\int_{K_c} x\,dx + xy\,dy = \int_{K_1} + \int_{K_2} = \frac{1}{2} + \frac{1}{2} = \underline{1}.$

Das Kurvenintegral $\displaystyle\int_K \vec{f}\,d\vec{x}$ mit $\vec{f} = \begin{pmatrix} x \\ xy \end{pmatrix}$ ist vom Integrationsweg abhängig!

18.55   Sei $\vec{f}(x,y,z) = \dfrac{(x,y,z)}{(x^2+y^2+z^2)^{3/2}}$ (*Gravitationsfeld, siehe auch S. 545*).

Berechne $\displaystyle\int_K \vec{f}\,d\vec{x}$ für folgende Wege von $(1,0,0)$ nach $(1,0,2\pi)$:

(a) K_1: $\vec{x}(t) = (\cos t, \sin t, t), 0 \le t \le 2\pi$ (Schraubenlinie [18.53]),

(b) K_2:   geradlinige Verbindung von $(1,0,0)$ nach $(1,0,2\pi)$.

(a) $\displaystyle\int_{K_1} \vec{f}\,d\vec{x} = \int_{t=0}^{2\pi} \vec{f}(\vec{x}(t)) \cdot \dot{\vec{x}}(t)\,dt = \int_{t=0}^{2\pi} \frac{1}{\sqrt{1+t^2}^{\,3}} \begin{pmatrix} \cos t \\ \sin t \\ t \end{pmatrix} \cdot \begin{pmatrix} -\sin t \\ \cos t \\ 1 \end{pmatrix} dt$

$= \displaystyle\int_0^{2\pi} \frac{t\,dt}{\sqrt{1+t^2}^{\,3}} = \left[\frac{-1}{\sqrt{1+t^2}}\right]_0^{2\pi} = \underline{1 - \frac{1}{\sqrt{1+4\pi^2}}}.$

(b) $K_2: \ \vec{x}(t) = (1,0,0) + t(0,0,1), \ 0 \le t \le 2\pi,$

$\displaystyle\int_{K_2} \vec{f}\,d\vec{x} = \int_{t=0}^{2\pi} \frac{1}{\sqrt{1+t^2}^{\,3}} \begin{pmatrix} 1 \\ 0 \\ t \end{pmatrix} \cdot \begin{pmatrix} 0 \\ 0 \\ 1 \end{pmatrix} dt = \int_0^{2\pi} \frac{t\,dt}{\sqrt{1+t^2}^{\,3}} = \ldots = \underline{1 - \frac{1}{\sqrt{1+4\pi^2}}}.$

$\Phi(x,y,z) = \dfrac{-1}{\sqrt{x^2+y^2+z^2}}$ ist Potential von $\vec{f}$, denn grad $\Phi = \vec{f}$.

Also $\displaystyle\int_{K_{1,2}} \vec{f}\,d\vec{x} = \Phi(1,0,2\pi) - \Phi(1,0,0) = \underline{\underline{1 - \dfrac{1}{\sqrt{1+4\pi^2}}}}$ (Potentialdifferenz).

Ein **Vektorfeld** $\vec{f}$ heißt

Potential– oder **Gradientenfeld,**	falls	es eine reellwertige Funktion Φ (Potential) gibt, für die gilt: $\vec{f} = \text{grad}\,\Phi = \left(\dfrac{\partial\Phi}{\partial x}, \dfrac{\partial\Phi}{\partial y}, \dfrac{\partial\Phi}{\partial z}\right)$.
konservativ,	falls	das Kurvenintegral $\int_K \vec{f}\,d\vec{x}$ wegunabhängig ist, bzw. die Kurvenintegrale $\oint \vec{f}\,d\vec{x} = 0$ für geschlossene Wege.

> Ein Feld ist **Potentialfeld** genau dann, wenn es **konservativ** ist.

Ist $\vec{f}$ **Potentialfeld** mit Potentialfunktion Φ, also $\vec{f} = \text{grad}\,\Phi$, so gilt:

$$\int_K \vec{f}\,d\vec{x} = \Phi(\vec{x}(a)) - \Phi(\vec{x}(b)) \qquad \textbf{(Potentialdifferenz)}$$

Insbesondere ist dann $\oint \vec{f}\,d\vec{x} = 0$, also $\vec{f}$ **konservativ**!

Ist $\vec{f}$ **konservativ** und K eine beliebige Kurve, die den *festen* Anfangspunkt P mit dem *variablen* Punkt $\vec{x}$ verbindet, so ist

$$\Phi(\vec{x}) := \int_K \vec{f}\,d\vec{x} \quad \text{eine \textbf{Potentialfunktion} von } \vec{f}.$$

18.56   *Man bestimme gegebenenfalls eine Potentialfunktion Φ:*

        (a) $\vec{f} = (x, xy)$,   (b) $\vec{f} = (2x+y, x+2yz, y^2+2z)$.

(a)   Nach 18.54 ist klar: $\vec{f}$ besitzt keine Potentialfunktion. Durch Rechnung ergibt sich dies so: Angenommen es gibt Φ mit grad $\Phi = \vec{f} = (x, xy)$.
Dann ist $\dfrac{\partial\Phi}{\partial x} = x$ und somit $\Phi = \frac{1}{2}x^2 + c(y)$, wobei $c(y)$ nur von y abhängt!
Differentiation nach y ergibt $\dfrac{\partial\Phi}{\partial y} = c'(y)$. Andererseits ist jedoch $\dfrac{\partial\Phi}{\partial y} = xy$ und beides ist unvereinbar, da $c'(y)$ von x unabhängig ist.

(b1)   Sei grad $\Phi = \vec{f} = (2x+y, x+2yz, y^2+2z)$. Dann ist $\dfrac{\partial\Phi}{\partial x} = 2x+y$ und somit $\Phi = x^2 + xy + c(y,z)$. Differentiation nach y ergibt $\dfrac{\partial\Phi}{\partial y} = x + c_y(y,z)$. Andererseits ist jedoch $\dfrac{\partial\Phi}{\partial y} = x + 2yz$, so dass $c_y = 2yz$ ist. Integration nach y ergibt $c = y^2z + d(z)$ und damit $\Phi = x^2 + xy + y^2z + d(z)$. Differentiation nach z ergibt $\dfrac{\partial\Phi}{\partial z} = y^2 + d'(z)$. Andererseits ist $\dfrac{\partial\Phi}{\partial z} = y^2 + 2z$, so dass $d'(z) = 2z$ ist, also $d(z) = z^2 + k$. Eine Potentialfunktion von $\vec{f}$ ist $\Phi = \underline{\underline{x^2 + xy + y^2z + z^2}}$.

(b2)   Da rot $\vec{f} = \cdots = \vec{0}$ ist in dem einfach zusammenhängenden Gebiet $\mathbb{R}^3$, ist $\vec{f}$ konservativ, besitzt also eine Potentialfunktion Φ (siehe Seite 544), die man z.B. folgendermaßen erhält: Ist $K : \vec{x}(t) = t\vec{x} = t(x,y,z)$, $0 \le t \le 1$ mit $d\vec{x} = \dot{\vec{x}}(t)dt = \vec{x}\,dt$ die geradlinige Verbindung von $\vec{0}$ nach $\vec{x}$, so gilt

$$\Phi = \Phi(\vec{x}) = \int_K \vec{f}\,d\vec{x} = \int_0^1 \begin{pmatrix} 2tx+ty \\ tx+2t^2yz \\ t^2y^2+2tz \end{pmatrix} \begin{pmatrix} x \\ y \\ z \end{pmatrix} dt = \cdots = \underline{\underline{x^2 + xy + y^2z + z^2}}.$$

Eine *notwendige* Bedingung für ein Vektorfeld $\vec{f} = (f_x, f_y, f_z)$, Potentialfeld zu sein, ist die

---

Integrabilitätsbedingung

Ist $\vec{f} = (f_x, f_y, f_z)$ Potentialfeld in einem Gebiet $G \subseteq \mathbb{R}^3$, so gilt dort

$$\frac{\partial f_x}{\partial y} = \frac{\partial f_y}{\partial x} \;,\quad \frac{\partial f_x}{\partial z} = \frac{\partial f_z}{\partial x} \;,\quad \frac{\partial f_y}{\partial z} = \frac{\partial f_z}{\partial y}.$$

In der Ebene reduziert sich die Integrabilitätsbedingung auf $\quad \dfrac{\partial f_x}{\partial y} = \dfrac{\partial f_y}{\partial x}$

18.57   *Man zeige, dass* $\vec{f} = \begin{pmatrix} x \\ xy \end{pmatrix}$ *kein Potentialfeld ist, siehe* [18.56 (b)].

Die Integrabilitätsbedingung (Ebene) ist nicht erfüllt: $\dfrac{\partial f_x}{\partial y} = 0$ aber $\dfrac{\partial f_y}{\partial x} = y$.

Die Integrabilitätsbedingung ist zwar *notwendig* dafür , dass ein Feld ein Potentialfeld ist, aber nicht *hinreichend*: Ist die Integrabilitätsbedingung erfüllt, braucht das Feld nicht notwendig ein Potentialfeld zu sein, wie folgendes Beispiel zeigt:

18.58   *Es sei* $\vec{f} = \frac{1}{x^2+y^2}(-y, x)$ *für* $\vec{x} \neq \vec{0}$ *und* $G := \{(x,y) \mid (x,y) \neq (0,0)\}$.

Man zeige: (a) $\vec{f}$ *genügt in* G *der Integrabilitätsbedingung.*

(b) $\vec{f}$ *ist in* G *nicht wegunabhängig integrierbar,*
$\vec{f}$ *in* G *also kein Potentialfeld.*

Man betrachte $\vec{f}$ *auch in der rechten Halbebene* $H := \{(x,y) \mid x > 0\}$.

(a) $\dfrac{\partial f_x}{\partial y} = \dfrac{\partial}{\partial y}\left(\dfrac{-y}{x^2+y^2}\right) = \dfrac{-(x^2+y^2)+y\,2y}{(x^2+y^2)^2} = \dfrac{y^2-x^2}{(x^2+y^2)^2}$

$\dfrac{\partial f_y}{\partial x} = \dfrac{\partial}{\partial x}\left(\dfrac{x}{x^2+y^2}\right) = \dfrac{x^2+y^2-x\,2x}{(x^2+y^2)^2} = \dfrac{y^2-x^2}{(x^2+y^2)^2}$

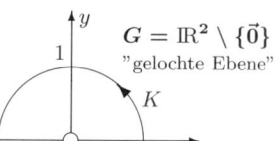

$G = \mathbb{R}^2 \setminus \{\vec{0}\}$
"gelochte Ebene"

(b)   Es sei $K := \{(\cos t, \sin t) \mid t \in [0, 2\pi]\}$ der Einheitskreis. K ist ein in G verlaufender geschlossener Weg. Mit $\vec{x} = (\cos t, \sin t)$ und $\dot{\vec{x}} = (-\sin t, \cos t)$ ist:

$$\oint_K \left(-\frac{y}{x^2+y^2}, \frac{x}{x^2+y^2}\right) d\vec{x} = \int_0^{2\pi} (-\sin t, \cos t)\cdot(-\sin t, \cos t)\,dt$$

$$= \int_0^{2\pi} (\sin^2 t + \cos^2 t)\,dt = 2\pi$$

Wäre $\vec{f}$ wegunabhängig integrierbar, müss te $\oint_K \vec{f}\,d\vec{x} = 0$ sein! Mithin ist $\vec{f}$ in G nicht wegunabhängig integrierbar, also kein Potentialfeld. Es gibt keine in G differenzierbare Funktion Φ mit $\vec{f} = \operatorname{grad}\Phi$.

Nun betrachten wir $\vec{f}$ in der rechten Halbebene $H := \{(x,y) \mid x > 0\}$. Es gilt:

a) $\vec{f}$ genügt in H der Integrabilitätsbedingung,

b) $\vec{f}$ ist in H wegunabhängig integrierbar, da $\vec{f}$ in H die Potentialfunktion $\Phi(x,y) = \arctan\frac{y}{x}$ besitzt. Φ ist in ganz H definiert und $\operatorname{grad}\Phi = \vec{f}$.

Die Form des Gebietes G, in dem die Integrabilitätsbedingung erfüllt ist, spielt eine wichtige Rolle:

$G \subseteq \mathbb{R}^3$ bzw. $\mathbb{R}^2$ heißt **einfach zusammenhängend**, wenn sich jede geschlossene Kurve K in G auf einen Punkt aus G zusammenziehen lässt.

Ein typisches *nicht* einfach zusammenhängendes Gebiet im $\mathbb{R}^2$ ist ein Gebiet *mit Loch*, wie z.B. die gelochte Ebene G im vorigen Beispiel!

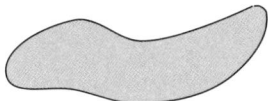   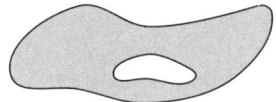

einfach zusammenhängend   nicht einfach zusammenhängend

Integrabilitätsbedingung und Potential

Ist die Integrabilitätsbedingung für $\vec{f} = (f_x, f_y, f_z)$

$$\frac{\partial f_x}{\partial y} = \frac{\partial f_y}{\partial x} \quad , \quad \frac{\partial f_x}{\partial z} = \frac{\partial f_z}{\partial x} \quad , \quad \frac{\partial f_y}{\partial z} = \frac{\partial f_z}{\partial y}.$$

in einem **einfach zusammenhängenden** Gebiet G erfüllt, so ist $\vec{f}$ in G wegunabhängig integrierbar, besitzt also in G eine Potentialfunktion.

18.59   *Man untersuche, ob $\vec{f}$ im Gebiet G Potentialfeld ist.*

(a) $\vec{f}(x,y) = (x, y)$, $G = \mathbb{R}^2$.

(b) $\vec{f}(x,y) = \frac{1}{x^2+y^2}(-y, x)$, $G = \mathbb{R}^2 \setminus \{(x,0) \mid x \leq 0\}$.

(c) $\vec{f}(x,y) = \frac{1}{x^2+y^2}(x, y)$, $G = \mathbb{R}^2 \setminus \{(0,0)\}$.

Man betrachtet die Integrabilitätsbedingung in der Ebene: $\frac{\partial f_x}{\partial y} = \frac{\partial f_y}{\partial x}$:

(a) $\frac{\partial f_x}{\partial y} = \frac{\partial f_y}{\partial x} = 0$, G ist einfach zusammenhängend $\Longrightarrow$ $\vec{f}$ ist Potentialfeld.

(b) $\frac{\partial f_x}{\partial y} = \frac{\partial f_y}{\partial x}$, [18.58],

die geschlitzte Ebene ist einfach zusammenhängend $\Longrightarrow$ $\vec{f}$ ist Potentialfeld.

(c) $\frac{\partial f_x}{\partial y} = \frac{-2xy}{(x^2+y^2)^2} = \frac{\partial f_y}{\partial x}$, G ist jedoch nicht einfach zusammenhängend.

Es wird eine Potentialfunktion Φ von $\vec{f}$ in einem einfach zusammenhängenden Teilgebiet $\tilde{G} \subset G$, etwa $\tilde{G} = \{(x,y) \mid x > 0\}$ ermittelt:

$$\frac{\partial \Phi}{\partial x} \frac{\partial \Phi}{\partial x} \frac{\partial \Phi}{\partial x} = \frac{x}{x^2+y^2} \Longrightarrow \Phi = \frac{1}{2}\ln(x^2 + y^2) + c(y)$$

$$\frac{\partial \Phi}{\partial y} = \frac{y}{x^2+y^2} + c'(y) = \frac{y}{x^2+y^2} \Longrightarrow c'(y) = 0 \text{ , } c = \text{const.}$$

$\Phi(x,y) = \ln \sqrt{x^2 + y^2}$ ist eine Potentialfunktion von $\vec{f}$ in $\tilde{G}$.

Φ lässt sich problemlos von $\tilde{G}$ auf G fortsetzen:

$\vec{f}$ ist in G Potentialfeld mit dem Potential $\Phi = \ln \sqrt{x^2 + y^2}$, obwohl G nicht einfach zusammenhängend ist.

Anmerkung: Das Feld $\vec{f} = \frac{(-y,x)}{x^2+y^2}$, **Potentialwirbel**, siehe [18.58, 18.59 (b)], besitzt *lokal* die Potentialfunktion $\Phi = \arctan\frac{y}{x}$. Φ lässt sich jedoch nicht zu einer in dem *nicht einfach zusammenhängenden Gebiet* $G = \mathbb{R}^2 \setminus \{(0,0)\}$ differenzierbaren Funktion fortsetzen!

18.60   *Man zeige, daß das Feld* $\vec{f} = (y, x+z, y+2z)$ *eine Potentialfunktion* Φ
              besitzt und bestimme Φ (a) *ohne und* (b) *mit Kurvenintegralen.*

Die Integrabil.–Bedingungen $\frac{\partial f_x}{\partial y} = 1 = \frac{\partial f_y}{\partial x}, \frac{\partial f_x}{\partial z} = 0 = \frac{\partial f_z}{\partial x}, \frac{\partial f_y}{\partial z} = 1 = \frac{\partial f_z}{\partial y}$ sind
in ganz $\mathbb{R}^3$ erfüllt, es existiert also eine Potentialfunktion $\Phi(x,y,z)$:

(a) Bestimmung von Φ ohne Kurvenintegrale durch unbestimmte Integration:

$\frac{\partial \Phi}{\partial x} = y \Longrightarrow \Phi(x,y,z) = xy + g(y,z)$,

$\frac{\partial \Phi}{\partial y} = x + \frac{\partial g}{\partial y} = x+z \Longrightarrow \frac{\partial g}{\partial y} = z \Longrightarrow g(y,z) = yz + h(z) \Longrightarrow \Phi = xy + yz + h(z)$,

$\frac{\partial \Phi}{\partial z} = y + \frac{\partial h}{\partial z} = y+2z \Longrightarrow \frac{\partial h}{\partial z} = 2z \Longrightarrow h(z) = z^2 \Longrightarrow \underline{\underline{\Phi(x,y,z) = xy + yz + z^2}}$.

Probe: $\Phi' = \operatorname{grad}\Phi = (y, x+z, y+2z) = \vec{f}$.

(b$_1$) Bestimmung von Φ durch achsenparallele Integration von
$\vec{0} = (0,0,0)$ nach $\vec{x} = (x,y,z)$. Aufspaltung des Integrationsweges:

$K_1 = \{(t,0,0) \mid 0 \le t \le x\}$, hier ist $dx = dt$, $dy = dz = 0$,
$K_2 = \{(x,t,0) \mid 0 \le t \le y\}$, hier ist $dy = dt$, $dx = dz = 0$,
$K_3 = \{(x,y,t) \mid 0 \le t \le z\}$, hier ist $dz = dt$, $dx = dy = 0$.

$\Phi(x,y,z) = \int_K \vec{f}\, d\vec{x} = \int_K y\, dx + (x+z)\, dy + (y+2z)\, dz$

$= \int_{K_1} + \int_{K_2} + \int_{K_3} = \int_0^x 0\, dt + \int_0^y x\, dt + \int_0^z (y+2t)\, dt = \underline{\underline{xy + yz + z^2}}$.

(b$_2$) Bestimmung von Φ durch geradlinige Integration von
$\vec{0} = (0,0,0)$ nach $\vec{x} = (x,y,z)$:

$K = \{t(x,y,z) \mid 0 \le t \le 1\}$, hier ist $dx = x\, dt$, $dy = y\, dt$, $dz = z\, dt$.

$\Phi(x,y,z) = \int_K \vec{f}\, d\vec{x} = \int_K y\, dx + (x+z)\, dy + (y+2z)\, dz$

$= \int_0^1 \big(tyx + (tx+tz)y + (ty+2tz)z \big)\, dt = \underline{\underline{xy + yz + z^2}}$.

Wegen $\operatorname{rot}\vec{f} = \operatorname{rot}(f_x, f_y, f_z) = \big(\frac{\partial f_z}{\partial y} - \frac{\partial f_y}{\partial z}, \frac{\partial f_x}{\partial z} - \frac{\partial f_z}{\partial x}, \frac{\partial f_y}{\partial x} - \frac{\partial f_x}{\partial y} \big)$ gilt:

> In einem *einfach zusammenhängenden* Gebiet sind äquivalent:
>
> (1) $\vec{f}$ ist **Potentialfeld**.
>
> (2) $\int_K \vec{f}\, d\vec{x}$ ist **wegunabhängig** ($\vec{f}$ ist **konservativ**).
>
> (3) $\operatorname{rot}\vec{f} = \vec{0}$ ($\vec{f}$ ist **wirbelfrei**).

Wichtige Felder

Kugelsymmetrische Felder $\rho = \sqrt{x^2+y^2+z^2}$				Coulombfeld Gravitationsfeld
$\vec{v}(x,y,z)$	(x,y,z)	$\dfrac{(x,y,z)}{\sqrt{x^2+y^2+z^2}}$	$\dfrac{(x,y,z)}{x^2+y^2+z^2}$	$\dfrac{(x,y,z)}{(x^2+y^2+z^2)^{3/2}}$
$\vec{v}(\vec{x})$	$\vec{x}$	$\dfrac{\vec{x}}{\|\vec{x}\|}$	$\dfrac{1}{\|\vec{x}\|}\cdot\dfrac{\vec{x}}{\|\vec{x}\|}$	$\dfrac{1}{\|\vec{x}\|^2}\cdot\dfrac{\vec{x}}{\|\vec{x}\|}$
Kugelkoord. $\vec{v}(\rho,\theta,\varphi)$	$(\rho,0,0)$	$(1,0,0)$	$(\frac{1}{\rho},0,0)$	$(\frac{1}{\rho^2},0,0)$
Def.bereich einf. zushg.	$\mathrm{I\!R}^3$ ja	$\mathrm{I\!R}^3\setminus\{\vec{0}\}$ ja	$\mathrm{I\!R}^3\setminus\{\vec{0}\}$ ja	$\mathrm{I\!R}^3\setminus\{\vec{0}\}$ ja
Potential $\Phi(x,y,z)$	$\frac{1}{2}(x^2+y^2+z^2)$ $=\frac{1}{2}\|\vec{x}\|^2=\frac{1}{2}\rho^2$	$\sqrt{x^2+y^2+z^2}$ $=\|\vec{x}\|=\rho$	$\ln\sqrt{x^2+y^2+z^2}$ $=\ln\|\vec{x}\|=\ln\rho$	(Newton–Potential) $\dfrac{-1}{\sqrt{x^2+y^2+z^2}}$ $=\dfrac{-1}{\|\vec{x}\|}=\dfrac{-1}{\rho}$
Kurvenintegral wegunabhängig	ja	ja	ja	ja
div $\vec{v}$	3	$\dfrac{2}{\sqrt{x^2+y^2+z^2}}$ $=\dfrac{2}{\|\vec{x}\|}=\dfrac{2}{\rho}$	$\dfrac{1}{x^2+y^2+z^2}$ $=\dfrac{1}{\|\vec{x}\|^2}=\dfrac{1}{\rho^2}$	0
rot $\vec{v}$	$\vec{0}$	$\vec{0}$	$\vec{0}$	$\vec{0}$

Axialsymmetrische Felder $r = \sqrt{x^2+y^2}$			elektr. Feld geladener Draht	Magnetfeld stromdurchfl. Leiter
$\vec{v}(x,y,z)$	$(x,y,0)$	$\dfrac{(x,y,0)}{\sqrt{x^2+y^2}}$	$\dfrac{(x,y,0)}{x^2+y^2}$	$\dfrac{(-y,x,0)}{x^2+y^2}$
Zylinderkoord. $\vec{v}(r,\varphi,z)$	$(r,0,0)$	$(1,0,0)$	$(\frac{1}{r},0,0)$	$(0,\frac{1}{r},0)$
Def.bereich einf. zushg.	$\mathrm{I\!R}^3$ ja	$\mathrm{I\!R}^3\setminus\{(0,0,z)\}$ nein	$\mathrm{I\!R}^3\setminus\{(0,0,z)\}$ nein	$\mathrm{I\!R}^3\setminus\{(0,0,z)\}$ nein
Potential $\Phi(x,y,z)$	$\frac{1}{2}(x^2+y^2)$ $=\frac{1}{2}r^2$	$\sqrt{x^2+y^2}$ $=r$	**log. Potential** $\ln\sqrt{x^2+y^2}$ $=\ln r$	lokal: $\arctan\frac{y}{x}$ $\arctan\frac{x}{y}$
Kurvenintegral wegunabhängig	ja	ja	ja	nein
div $\vec{v}$	2	$\dfrac{1}{r}$	0	0
rot $\vec{v}$	$\vec{0}$	$\vec{0}$	$\vec{0}$	$\vec{0}$

18.6   Oberflächenintegrale

1.   Das Oberflächenintegral $\displaystyle\int_{\mathbf{F}} f\, dF$

Hier wird eine reellwertige Funktion $f = f(\vec{x})$ über ein Flächenstück $F = \{\vec{x}(u,v) \mid (u,v) \in B\}$ integriert. Man berechnet das Oberflächenintegral als Bereichsintegral über den Parameterbereich B:

Das Oberflächenintegral $\displaystyle\int_{\mathbf{F}} f\, dF$

$$\int_F f\, dF = \int_B f\big(\vec{x}(u,v)\big)\, |\vec{x}_u(u,v) \times \vec{x}_v(u,v)|\, dB$$

$\vec{x}_u \times \vec{x}_v$ ist **Normalenvektor** an die Fläche F.

$dF = |\vec{x}_u \times \vec{x}_v|\, dB$ heißt **skalares Oberflächenelement**.

Der Integrand ist das Produkt von $f(\vec{x})$ mit $|\vec{x}_u \times \vec{x}_v|$.

$dB = d(u,v)$ ist das Flächenelement im Parameterbereich.

Für $f \equiv 1$ ergibt sich der **Inhalt** $I(F)$ des Flächenstücks F (siehe Seite 514).

18.61   *Man berechne* $\displaystyle\int_F f\, dF$ *für* $f = x^2 z$,

wenn F *der Zylindermantel* $F = \{(x,y,z) \mid x^2 + y^2 = 1 \ , \ 0 \le z \le 1\}$ *ist.*

Eine Parametrisierung des Zylindermantels F ist:

$\vec{x} = \vec{x}(t,z) = (\cos t, \sin t, z)$ mit $(t,z) \in B := [0, 2\pi] \times [0,1]$.

$$\vec{x}_t \times \vec{x}_z = \begin{vmatrix} i & j & k \\ -\sin t & \cos t & 0 \\ 0 & 0 & 1 \end{vmatrix} = (\cos t, \sin t, 0).$$

$$\int_F x^2 z\, dF = \int_B z \cos^2 t\, d(t,z) = \int_0^{2\pi} \Big(\int_0^1 z \cos^2 t\, dz \Big)\, dt$$

$$= \Big[\tfrac{1}{2} z^2\Big]_0^1 \Big[\tfrac{t}{2} + \tfrac{1}{4}\sin 2t\Big]_0^{2\pi} = \underline{\underline{\tfrac{1}{2}\pi}}.$$

2. Das Oberflächenintegral $\int_F \vec{f} \cdot d\vec{F}$ (Flussintegral)

Hier ist $\vec{f}$ eine vektorwertige Funktion und F ein orientiertes Flächenstück $F = \{\vec{x}(u,v) \mid (u,v) \in B\}$:

Das Oberflächenintegral $\int_F \vec{f} \cdot d\vec{F}$ (Flussintegral)

$$\int_F \vec{f} \cdot d\vec{F} = \int_B \vec{f}\big(\vec{x}(u,v)\big) \cdot \big(\vec{x}_u(u,v) \times \vec{x}_v(u,v)\big)\, dB$$

$\vec{x}_u \times \vec{x}_v$ ist **Normalenvektor** an die Fläche F.

$d\vec{F} = (\vec{x}_u \times \vec{x}_v)\, dB$ heißt **vektorielles Oberflächenelement.**

Der Integrand ist das skalare Produkt von $\vec{f}(\vec{x})$ mit $\vec{x}_u \times \vec{x}_v$.

Das Vorzeichen ist der vorgegebenen Normalenrichtung anzupassen!

18.62   *Man interpretiere den Zusammenhang zwischen den beiden Ober--*

flächenintegraltypen: $\int_F \vec{f} \cdot d\vec{F} = \int_F \left(\vec{f} \cdot \dfrac{\vec{n}}{|\vec{n}|}\right) dF$ *mit* $\vec{n} = \pm(\vec{x}_u \times \vec{x}_v)$.

$\vec{x}_u$ und $\vec{x}_v$ sind Tangentialvektoren,
$\vec{n} := \vec{x}_u \times \vec{x}_v$ ist Normalenvektor der Fläche F.
$\vec{f}(\vec{x}) \cdot (\vec{x}_u \times \vec{x}_v) = |\vec{f}(\vec{x})| \cdot |\vec{n}| \cdot \cos\alpha$
wobei $\alpha := \sphericalangle(\vec{f}(\vec{x}), \vec{n})$ ist.

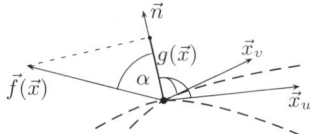

$g(\vec{x}) = \vec{f} \cdot \dfrac{\vec{n}}{|\vec{n}|} = |\vec{f}(\vec{x})| \cdot \cos\alpha$ ist die Komponente von $\vec{f}(\vec{x})$ in Normalenrichtung.

Im Integral $\int_F \vec{f}\, d\vec{F}$ wird die Normalkomponente von $\vec{f}$ über das Oberflächenstück F integriert.

Ist $\vec{f}$ das **Geschwindigkeitsfeld** einer strömenden Flüssigkeit, so gibt $\int_F \vec{f}\, d\vec{F}$ die durch die Fläche F hindurchtretende Flüssigkeitsmenge an!

18.63   *Man berechne den Fluss des Vektorfeldes* $\vec{f} = (z, y, z+1)$
       durch die Oberfläche des Kegels
       $K = \{(x,y,z) \mid 0 \leq z \leq 2 - \sqrt{x^2+y^2}\}$.
       Die Normale weise nach außen.

(1)   Man parametrisiert zunächst den Kegelmantel
      $M = \{(x,y,z) \mid z = 2 - \sqrt{x^2+y^2}\ ,\ z \geq 0\}$:
      $\vec{x} = (r\cos\varphi, r\sin\varphi, 2 - r)$
      mit $(r, \varphi) \in [0, 2] \times [0, 2\pi] =: B$

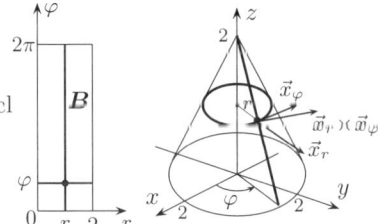

$$\vec{x}_r \times \vec{x}_\varphi = \begin{vmatrix} i & j & k \\ \cos\varphi & \sin\varphi & -1 \\ -r\sin\varphi & r\cos\varphi & 0 \end{vmatrix} = r(\cos\varphi, \sin\varphi, 1). \qquad \text{zeigt nach außen!}$$

$$\begin{aligned} \vec{f}(\vec{x}(r,\varphi)) \cdot (\vec{x}_r \times \vec{x}_\varphi) &= (2-r, r\sin\varphi, 3-r) \cdot r(\cos\varphi, \sin\varphi, 1) \\ &= r((2-r)\cos\varphi + r\sin^2\varphi + 3 - r) \\ &= (2r - r^2)\cos\varphi + r^2\sin^2\varphi + (3r - r^2) \end{aligned}$$

Für den Fluss durch die *Mantelfläche* erhält man:

$$\begin{aligned} \int_M \vec{f}\, d\vec{F} &= \int_0^2 \Big(\int_0^{2\pi} \big((2r - r^2)\cos\varphi + r^2\sin^2\varphi + 3r - r^2\big)\, d\varphi \Big)\, dr \\ &= \frac{8}{3}\left[\frac{\varphi}{2} - \frac{1}{4}\sin 2\varphi \right]_0^{2\pi} + 2\pi \left[\frac{3}{2}r^2 - \frac{1}{3}r^3 \right]_0^2 = \underline{\underline{\frac{28}{3}\pi}}. \end{aligned}$$

(1*)   Man kann auch folgende Parametrisierung des *Kegelmantels* benutzen:

$\vec{x} = (x, y, 2 - \sqrt{x^2 + y^2})$ mit $(x, y) \in B = \{(x,y) \mid x^2 + y^2 \leq 4\}$. Dann ist:

$$\vec{x}_x \times \vec{x}_y = \begin{vmatrix} i & j & k \\ 1 & 0 & -\dfrac{x}{\sqrt{}} \\ 0 & 1 & -\dfrac{y}{\sqrt{}} \end{vmatrix} = \Big(\frac{x}{\sqrt{}}, \frac{y}{\sqrt{}}, 1 \Big) \text{ wobei } \sqrt{} := \sqrt{x^2 + y^2} \text{ ist.}$$

$$\begin{aligned} \vec{f}(\vec{x}) \cdot (\vec{x}_x \times \vec{y}_y) &= (z, y, z+1) \cdot \Big(\frac{x}{\sqrt{}}, \frac{y}{\sqrt{}}, 1 \Big) \\ &= \frac{2x}{\sqrt{}} - x + \frac{y^2}{\sqrt{}} + 3 - \sqrt{}. \end{aligned}$$

$$\begin{aligned} \int_M \vec{f}\, d\vec{F} &= \int_B \Big(\frac{2x}{\sqrt{}} - x + \frac{y^2}{\sqrt{}} + 3 - \sqrt{} \Big)\, d(x,y) \\ &= \int_B \Big(\frac{y^2}{\sqrt{}} + 3 - \sqrt{} \Big)\, d(x,y) \;, \quad \int_B \frac{x}{\sqrt{}}\, d(x,y) = \int_B x\, d(x,y) = 0 \end{aligned}$$

$$\text{(Symmetrie!)}$$

$$= \int_0^2 \Big(\int_0^{2\pi} (r \cdot \sin^2\varphi + 3 - r) r\, d\varphi \Big)\, dr = \cdots = \underline{\underline{\frac{28}{3}\pi}}.$$

(2)   Nun wird der *Grundkreis* $G = \{(x, y, z) \mid x^2 + y^2 \leq 4\,,\ z = 0\}$

parametrisiert: $\vec{x} = (r\cos\varphi, r\sin\varphi, 0)$ mit $(r, \varphi) \in [0,2] \times [0, 2\pi] =: G$

$$\vec{x}_r \times \vec{x}_\varphi = \begin{vmatrix} i & j & k \\ \cos\varphi & \sin\varphi & 0 \\ -r\sin\varphi & r\cos\varphi & 0 \end{vmatrix} = (0, 0, r)\,, \quad \vec{x}_r \times \vec{x}_\varphi \text{ zeigt nach innen!}$$

$$\vec{f}(\vec{x}(r,\varphi)) \cdot (\vec{x}_r \times \vec{x}_\varphi) = (0, r\sin\varphi, 1) \cdot (0, 0, r) = r.$$

Für den Fluss durch die *Grundfläche* erhält man:

$$\int_G \vec{f}\, d\vec{F} = -\int_0^2 \Big(\int_0^{2\pi} r\, d\varphi \Big)\, dr = \underline{\underline{-4\pi}}.$$

Schneller geht es so: Offenbar ist $\vec{n} = (0, 0, -1)$ äußere Normale auf G. Somit ist

$$\int_G \vec{f} \, d\vec{F} = \int_G \vec{f} \cdot \vec{n} \, dF = -\int_G dF = -\pi \cdot 2^2; \text{ denn es ist } \vec{f} \cdot \vec{n} = -1 \text{ auf } G \text{ und}$$

$\int_G dF$ ist die Fläche von G, also $\pi \cdot 2^2$.

Der Fluss durch die *gesamte Oberfläche* beträgt $\dfrac{28}{3}\pi - 4\pi = \underline{\underline{\dfrac{16}{3}\pi}}$.

(3) Eine bequemere Möglichkeit zur Berechnung des Flussintegrals ergibt sich aus dem **Gaußschen Integralsatz** (Seite 551) $\int_F \vec{f} \, d\vec{F} = \int_K \text{div} \, \vec{f} \, dV$:

$\text{div} \, \vec{f} = \frac{\partial f_x}{\partial x} + \frac{\partial f_y}{\partial y} + \frac{\partial f_z}{\partial z} = 0 + 1 + 1 = 2$, also erhält man:

$$\int_K \text{div} \, \vec{f} \, dV = \int_G 2(2 - \sqrt{x^2 + y^2}) \, d(x, y) \text{ mit } G = \{(x, y) \mid x^2 + y^2 \le 4\}$$

Polarkoord.: $G = \{(r\cos\varphi, r\sin\varphi) \mid 0 \le r \le 2, 0 \le \varphi \le 2\pi\}$, $d(x, y) = r \, dr \, d\varphi$

$$\int_K \text{div} \, \vec{f} \, dV = \int_0^2 \left(\int_0^{2\pi} 2(2 - r) r \, d\varphi \right) dr = 4\pi \left[r^2 - \tfrac{1}{3}r^3 \right]_0^2 = 4\pi(4 - \tfrac{8}{3}) = \underline{\underline{\tfrac{16}{3}\pi}}.$$

Schneller geht es so: $\int_K \text{div} \, \vec{f} \, dV = 2 \cdot \int_K dV = 2 \cdot \tfrac{1}{3}\pi \cdot 2^2 \cdot 2 = \tfrac{16}{3}\pi$,

denn $\int_K dV$ ist der Inhalt des Kegels, also $\tfrac{1}{3}\pi 2^2 \cdot 2$.

18.64 *Man bestimme für $\vec{f} = (x^2, xy, yz)$ und das durch*
$\vec{x}(\varphi, t) = (t\cos\varphi, t\sin\varphi, t^2)$ *mit* $(t, \varphi) \in [0, 1] \times [0, \pi]$ *gegebene Flächenstück F das Oberflächenintegral $\int_F \vec{f} \, d\vec{F}$.*

$\vec{x}_\varphi = (-t\sin\varphi, t\cos\varphi, 0)$ und $\vec{x}_t = (\cos\varphi, \sin\varphi, 2t)$

$\implies \vec{x}_\varphi \times \vec{x}_t = (2t^2\cos\varphi, 2t^2\sin\varphi, -t)$

$$\int_F \vec{f} \, d\vec{F} = \int_B (t^2\cos^2\varphi, t^2\cos\varphi\sin\varphi, t^3\sin\varphi) \cdot (2t^2\cos\varphi, 2t^2\sin\varphi, -t) \, d(t, \varphi)$$

$$= \int_0^\pi \left(\int_0^1 (2t^4\cos^3\varphi + 2t^4\cos\varphi\sin^2\varphi - t^4\sin\varphi) \, dt \right) d\varphi$$

$$= \int_0^\pi (2\cos^3\varphi + 2\cos\varphi\sin^2\varphi - \sin\varphi) \, d\varphi \cdot \int_0^1 t^4 \, dt$$

$$= \left[2\sin\varphi - \tfrac{2}{3}\sin^3\varphi + \tfrac{2}{3}\sin^3\varphi + \cos\varphi \right]_0^\pi \cdot \tfrac{1}{5} \left[t^5 \right]_0^1 = \underline{\underline{-\tfrac{2}{5}}}.$$

18.7   Integralsätze der Vektoranalysis

1.   Integralsatz von GAUSS in der Ebene

Dieser Satz formuliert einen Zusammenhang zwischen Kurvenintegralen und ebenen Bereichsintegralen.

$B \subseteq \mathbb{R}^2$ heißt *Fundamentalbereich* bzgl. der x–Achse, wenn es stetige Funktionen φ, ψ gibt, mit $B = \{(x,y) \mid x \in [a,b] , \varphi(x) \leq y \leq \psi(x)\}$.

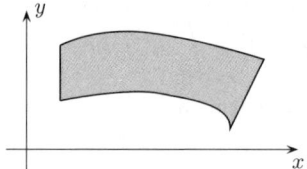
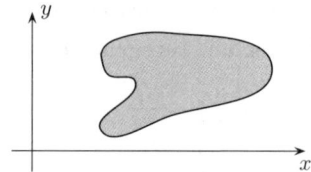

Fundamentalbereich bzgl. x–Achse   kein Fundamentalbereich bzgl. x–Achse

---

GAUSSscher Integralsatz im $\mathbb{R}^2$

(1. Fassung)

B sei Fundamentalbereich bezüglich x– und y–Achse mit stückweise glatter Randkurve K. K wird so durchlaufen, dass B stets *links* liegt.

Ist $\vec{f}(x,y) = \bigl(P(x,y), Q(x,y)\bigr)$ mit P, Q stetig partiell differenzierbar, so gilt:

$$\int_B \bigl(Q_x(x,y) - P_y(x,y)\bigr)\,dB = \oint_K P(x,y)\,dx + Q(x,y)\,dy = \oint_K \vec{f}\,d\vec{x}$$

Die Anwendung des *Gaußschen Integralsatzes* auf $\vec{g} = (-Q, P)$ ergibt:

$$\int_B (P_x + Q_y)\,d(x,y) = \oint_K - Q\,dx + P\,dy = \oint_K (P,Q)\cdot(dy, -dx).$$

Für $\vec{f} = (P,Q)$ folgt somit:

GAUSSscher Integralsatz im $\mathbb{R}^2$

(2. Fassung)

$$\int_B \bigl(P_x(x,y) + Q_y(x,y)\bigr)\,dB = \int_B \operatorname{div}\vec{f}\,d(x,y) = \oint_K (\vec{f}\cdot\vec{n})\,ds \quad , \text{ wobei}$$

$$\vec{n} = \frac{(\dot{y}, -\dot{x})}{|(\dot{y}, -\dot{x})|} \quad \text{äußerer-Normaleneinheitsvektor an } K \text{ ist.}$$

18.65   Es sei $B = \{(x,y) \mid x^2 + y^2 \leq 1 \, , \, x \geq 0\}$ und $\vec{f} = (-x^2 y, xy^2)$.
Man verifiziere den GAUSSschen Integralsatz (1. Fassung)!

$$I_1 = \int_B (Q_x - P_y) \, dB = \int_B (x^2 + y^2) \, d(x,y)$$

Es bieten sich Polarkoordinaten an!

$\begin{array}{l} x = r\cos\varphi \\ y = r\sin\varphi \end{array}$ und $dB = r \, dr \, d\varphi$ mit $(r,\varphi) \in [0,1] \times [-\frac{\pi}{2}, \frac{\pi}{2}]$

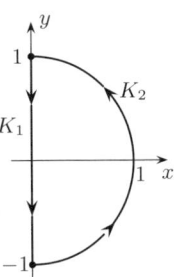

$$I_1 = \int_0^1 \left(\int_{-\frac{\pi}{2}}^{\frac{\pi}{2}} r^2 r \, d\varphi \right) dr = \int_0^1 r^3 \, dr \cdot \int_{-\frac{\pi}{2}}^{\frac{\pi}{2}} d\varphi = \underline{\underline{\frac{\pi}{4}}}.$$

Das Kurvenintegral $I_2 = \oint_K (-x^2 y \, dx + xy^2 \, dy)$ verschwindet
auf der Teilkurve K_1, da dort $x = 0$ ist.
K_2 wird durch $\vec{x} = (\cos t, \sin t)$, $t \in [-\frac{\pi}{2}, \frac{\pi}{2}]$ parametrisiert.

Dann ist $dx = -\sin t \, dt$ und $dy = \cos t \, dt$, so dass
$-x^2 y \, dx + xy^2 \, dy = \cos^2 t \sin^2 t \, dt + \cos^2 t \sin^2 t \, dt = 2\cos^2 t \sin^2 t \, dt$ ist und

$$I_2 = \int_{-\frac{\pi}{2}}^{\frac{\pi}{2}} 2\cos^2 t \sin^2 t \, dt = 2 \left[\frac{t}{8} - \frac{\sin 4t}{32} \right]_{-\frac{\pi}{2}}^{\frac{\pi}{2}} = \underline{\underline{\frac{\pi}{4}}}, \text{ (\textbf{F+H} Nr. 219)}.$$

2.   Integralsatz von GAUSS im Raum

Der Integralsatz von GAUSS im Raum formuliert einen Zusammenhang zwischen
Oberflächenintegralen und räumlichen Bereichsintegralen:

GAUSSscher Integralsatz im $\mathbb{R}^3$

$V \subseteq \mathbb{R}^3$ sei ein räumlicher Bereich, der von einer stückweise glatten Fläche F
berandet wird.
Es sei $\vec{f} : \mathbb{R}^3 \to \mathbb{R}^3$ eine stetig differenzierbare Vektorfunktion. Dann ist

$$\int_F \vec{f} \, d\vec{F} = \int_V \operatorname{div} \vec{f} \, dV \quad \text{bzw.} \quad \int_F (\vec{f} \cdot \vec{n}) \, dF = \int_V \operatorname{div} \vec{f} \, dV.$$

$\vec{n}$ äußerer Normaleneinheitsvektor an F

Physikalische Deutung:

$\vec{f}$ sei das Geschwindigkeitsfeld einer stationären Flüssigkeitsströmung.
Das Flussintegral $\int_F \vec{f} \, d\vec{F}$ gibt dann die durch die Fläche F pro Zeiteinheit hindurchtretende Flüssigkeitsmenge an.

$\operatorname{div} \vec{f}(\vec{x}_0)$ ist ein Maß für die im Punkte $\vec{x}_0$ entstehende Flüssigkeitsmenge:
($\operatorname{div} \vec{f}(\vec{x}_0) > 0$: **Quelle** und $\operatorname{div} \vec{f}(\vec{x}_0) < 0$: **Senke**).

Der durch alle Quellen und Senken im Innern von V entstehende Flüssigkeits-überschuss (*Bereichsintegral*) ist gleich dem Unterschied zwischen der durch F herein– bzw. hinausströmenden Flüssigkeitsmenge (*Oberflächenintegral*).

18.66   Es sei $V = \{(x, y, z) \mid x^2 + y^2 \le 1 \, , \, -1 \le z \le -(x^2 + y^2)\}$
und $\vec{f} := (xy^2z, -x^2yz, z)$. Man verifiziere den GAUSSschen Integralsatz.

(1)   Berechnung des Oberflächenintegrals:

V ist der Abschnitt eines **Paraboloids** und wird begrenzt:

nach oben durch

die Kappe des Paraboloids $F_1 = \{(x, y, z) \mid x^2 + y^2 \le 1 \, , \, z = -(x^2 + y^2)\}$,

nach unten durch

die Kreisscheibe $F_2 = \{(x, y, z) \mid x^2 + y^2 \le 1 \, , \, z = -1\}$.

Eine Parametrisierung von F_1 ist
$\vec{x} = (x, y, -x^2 - y^2)$ mit $(x, y) \in P := \{(x, y) \mid x^2 + y^2 \le 1\}$.

Auf F_1 gilt: $\vec{f} = \left(-xy^2(x^2 + y^2), \, x^2y(x^2 + y^2), \, -x^2 - y^2\right)$.   Man berechnet

$\vec{x}_x = (1, 0, -2x) \, , \quad \vec{x}_y = (0, 1, -2y) \, , \quad \vec{x}_x \times \vec{x}_y = (2x, 2y, 1)$ und

$\vec{f} \cdot (\vec{x}_x \times \vec{x}_y) = -2x^2y^2(x^2 + y^2) + 2x^2y^2(x^2 + y^2) - x^2 - y^2 = -x^2 - y^2$,   also

$$\int_{F_1} \vec{f}\, d\vec{F} = \int_P \vec{f} \cdot (\vec{x}_x \times \vec{x}_y)\, d(x, y)$$

$$= -\int_P (x^2 + y^2)\, d(x, y) = -\int_0^{2\pi} \left(\int_0^1 r^2 \cdot r\, dr \right) d\varphi = -\frac{\pi}{2}.$$

Eine Parametrisierung von F_2 ist $\vec{x} = (x, y, -1)$ mit $(x, y) \in P$.

Auf F_2 gilt: $\vec{f} = (-xy^2, x^2y, -1)$ und $\vec{x}_x = (1, 0, 0) \, , \, \vec{x}_y = (0, 1, 0)$, also
$\vec{x}_x \times \vec{x}_y = (0, 0, 1)$. Äußerer Normalenvektor von F_2 ist $(0, 0, -1)$, also

$$\int_{F_2} \vec{f}\, d\vec{F} = \int_P (-xy^2, x^2y, -1) \cdot (0, 0, -1)\, d(x, y) = \int_P d(x, y) = \pi \text{ (Kreisfläche)}.$$

Es ergibt sich für das Oberflächenintegral $\int_F \vec{f}\, d\vec{F} = \int_{F_1} \vec{f}\, d\vec{F} + \int_{F_2} \vec{f}\, d\vec{F} = \frac{\pi}{2}.$

(2)   Berechnung des Bereichsintegrals:

$\text{div } \vec{f} = y^2z - x^2z + 1 = 1 + z(y^2 - x^2)$, also erhält man

$$\int_V \text{div } \vec{f}\, dV = \int_V \left(1 + z(y^2 - x^2)\right) d(x, y, z).$$

Wegen der Rotationssymmetrie von V bieten sich Zylinderkoordinaten an:

$x = r \cos \varphi$
$y = r \sin \varphi$ mit $d(x, y, z) = r \, d(r, \varphi, z)$ und $(r, \varphi, z) \in [0, 1] \times [0, 2\pi] \times [-1, -r^2]$.
$z = z$

$$\int_V \operatorname{div} \vec{f} \, dV = \int_V \left(1 + z(y^2 - x^2)\right) d(x, y, z), \quad d(x, y, z) = r \, dz \, d\varphi \, dr$$

$$= \int_{r=0}^1 \left(\int_{\varphi=0}^{2\pi} \left(\int_{z=-1}^{-r^2} \left(1 + zr^2(\sin^2 \varphi - \cos^2 \varphi)\right) r \, dz \right) d\varphi \right) dr$$

$$= \int_0^1 \left(r \int_0^{2\pi} \left[z + \tfrac{1}{2} z^2 r^2 (-\cos 2\varphi) \right]_{-1}^{-r^2} d\varphi \right) dr$$

$$= \int_0^1 \left(r \int_0^{2\pi} \left(1 - r^2 - \tfrac{1}{2} r^2 (r^4 - 1) \cos 2\varphi\right) d\varphi \right) dr, \quad \int_0^{2\pi} \cos 2\varphi \, d\varphi = 0$$

$$= \int_0^1 r(1 - r^2) 2\pi \, dr = 2\pi \left[\tfrac{1}{2} r^2 - \tfrac{1}{4} r^4 \right]_0^1 = \underline{\underline{\frac{\pi}{2}}}.$$

3. Integralsatz von STOKES

Dieser Satz formuliert einen Zusammenhang zwischen Oberflächenintegralen und Kurvenintegralen.

Ein Flächenstück F heißt orientierbar, wenn sich eine Seite als positiv auszeichnen lässt. (Das *Möbiusband* z.B. ist nicht orientierbar.) Ein Normalenfeld von F heißt positiv, wenn die Endpunkte der an F gehefteten Normalenvektoren auf der positiven Seite von F liegen. Die Randkurve heißt dann positiv orientiert, wenn die positiv ausgerichteten Normalenvektoren im Gegenuhrzeigersinn durchlaufen werden.

Integralsatz von STOKES

Es sei F eine stückweise glatte, orientierte Fläche mit stückweise glatter, bezüglich F positiv orientierter Randkurve K.

Für stetig differenzierbare Vektorfunktionen $\vec{f} : \mathbb{R}^3 \to \mathbb{R}^3$ gilt

$$\int_K \vec{f} \, d\vec{x} = \int_F \operatorname{rot} \vec{f} \, d\vec{F}$$

Physikalische Deutung:

Der *Fluss des Rotors* eines Vektorfeldes $\vec{f}$ durch eine Fläche F ist gleich der *Zirkulation* des Feldes $\vec{f}$ längs der Randkurve K von F.

18.67   Es sei $F = \{(x, y, z) \mid x^2 + y^2 + z^2 = 1 \;,\; y, z \geq 0\}$ und $\vec{f} := (xy, yz, xz)$.
              Man verifiziere den STOKESschen Integralsatz.

$\vec{x} = (\cos\theta\cos\varphi, \cos\theta\sin\varphi, \sin\theta)$ mit $(\theta, \varphi) \in [0, \pi/2] \times [0, \pi] =: P$ ist eine Parametrisierung der Viertelkugel, wobei θ die geographische Breite ist (siehe **F2**).

$\vec{x}_\theta = (-\sin\theta\cos\varphi, -\sin\theta\sin\varphi, \cos\theta)$, $\vec{x}_\varphi = (-\cos\theta\sin\varphi, \cos\theta\cos\varphi, 0)$.

$\vec{x}_\theta \times \vec{x}_\varphi = \cos\theta(-\cos\theta\cos\varphi, -\cos\theta\sin\varphi, -\sin\theta) = (-\cos\theta)\vec{x}$.

Durch dieses – von F zum Nullpunkt weisende – Normalenfeld sei F orientiert.

(1)   Flussintegral der Rotation:

$$\operatorname{rot}\vec{f} = \begin{vmatrix} i & j & k \\ \frac{\partial}{\partial x} & \frac{\partial}{\partial y} & \frac{\partial}{\partial z} \\ xy & yz & xz \end{vmatrix} = (0 - y, 0 - z, 0 - x) = -(y, z, x) \implies \int_F \operatorname{rot}\vec{f}\, d\vec{F}$$

$$= \int_P (\cos\theta\sin\varphi, \sin\theta, \cos\theta\cos\varphi) \cdot (\cos\theta\cos\varphi, \cos\theta\sin\varphi, \sin\theta)\cos\theta\, d(\theta, \varphi)$$

$$= \int_0^\pi \left(\int_0^{\pi/2} \left(\cos^2\theta\cos\varphi\sin\varphi + \cos\theta\sin\theta(\cos\varphi + \sin\varphi) \right)\cos\theta\, d\theta \right) d\varphi$$

$$= \int_0^{\pi/2} \cos^3\theta\, d\theta \cdot \int_0^\pi \tfrac{1}{2}\sin 2\varphi\, d\varphi + \int_0^{\pi/2}\cos^2\theta\sin\theta\, d\theta \cdot \int_0^\pi (\cos\varphi + \sin\varphi)\, d\varphi$$

$$= \left[-\tfrac{1}{3}\cos^3\varphi \right]_0^{\pi/2} \cdot \left[\sin\varphi - \cos\varphi \right]_0^\pi = \tfrac{1}{3} \cdot 2 = \underline{\underline{\tfrac{2}{3}}}.$$

(2)   Zirkulation längs des Randes:

Orientierung des Randes, siehe Skizze.

K_1: $\vec{x} = (-\cos t, \sin t, 0)$ mit $0 \leq t \leq \pi$,
          liegt in der (x, y)–Ebene.

K_2: $\vec{x} = (\cos t, 0, \sin t)$ mit $0 \leq t \leq \pi$,
          liegt in der (x, z)–Ebene.

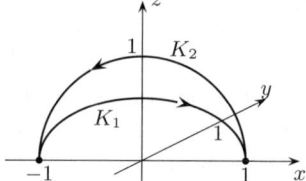

$$\int_{K_1}\vec{f}\, d\vec{x} = \int_0^\pi (-\cos t\sin t, 0, 0) \cdot (\sin t, \cos t, 0)\, dt = -\int_0^\pi \sin^2 t\cos t\, dt$$

$$= \left[\tfrac{1}{3}\sin^3 t \right]_0^\pi = \underline{0},$$

$$\int_{K_2}\vec{f}\, d\vec{x} = \int_0^\pi (0, 0, \cos t\sin t) \cdot (-\sin t, 0, \cos t)\, dt = \int_0^\pi \cos^2 t\sin t\, dt$$

$$= -\left[\tfrac{1}{3}\cos^3 t \right]_0^\pi = \underline{\underline{\tfrac{2}{3}}} \implies \int_K \vec{f}\, d\vec{x} = \int_{K_1}\vec{f}\, d\vec{x} + \int_{K_2}\vec{f}\, d\vec{x} = \underline{\underline{\tfrac{2}{3}}}.$$

18.68
Es sei $\vec{f}(x,y,z) = \left(\frac{-y}{x^2+y^2}, \frac{x}{x^2+y^2}, 0\right)$ ein Vektorfeld und F das in der Lösung zu [18.77] betrachtete Möbiusband mit Randkurve K:

$F: \vec{x}(t,\varphi) = \left((4+t\cos\varphi)\cos\varphi, (4+t\cos\varphi)\sin\varphi, t\sin\varphi\right)$, mit $t \subset [\,1,1]$, $\varphi \subset [0,2\pi]$.

F ist keine orientierte Fläche, die Voraussetzungen von STOKES sind also nicht erfüllt! Man zeige: $\displaystyle\int_K \vec{f}\,d\vec{x} \neq \int_F \mathrm{rot}\,\vec{f}\,d\vec{F}$.

$\vec{f}$ ist wirbelfrei, da $\mathrm{rot}\,\vec{f} = \cdots = (0,0,0)$. Also gilt $\displaystyle\int_F \mathrm{rot}\,\vec{f}\,d\vec{F} = \underline{\underline{0}}$.

Man überlegt: Die Randkurve K von F erhält man für $t := 1$ und
für $0 \leq \varphi \leq 4\pi$ (!) als $K: \vec{x}(\varphi) = \left((4+\cos\varphi)\cos\varphi, (4+\cos\varphi)\sin\varphi, \sin\varphi\right)$.

Differentiation und Zusammenfassen liefert als Tangentenvektor:
$\vec{x}\,'(\varphi) = (-2\sin\varphi\cos\varphi - 4\sin\varphi, 4\cos\varphi + 2\cos^2\varphi - 1, \cos\varphi)$.

Einsetzen von $\vec{x}(\varphi)$ in $\vec{f}$ und Zusammenfassen ergibt: $\vec{f}(\vec{x}(\varphi)) = (\frac{-\sin\varphi}{4+\cos\varphi}, \frac{\cos\varphi}{4+\cos\varphi}, 0)$.

Das Skalarprodukt ergibt sich nach Zusammenfassen als: $\vec{f}(\vec{x}(\varphi)) \cdot \vec{x}\,'(\varphi) = 1$.

$\displaystyle\implies \int_K \vec{f}\,d\vec{x} = \int_0^{4\pi} \vec{f}(\vec{x}(\varphi)) \cdot \vec{x}\,'(\varphi)\,d\varphi = \underline{\underline{4\pi}}.$ Also $\displaystyle\int_K \vec{f}\,d\vec{x} \neq \int_F \mathrm{rot}\,\vec{f}\,d\vec{F}$

---

4. Integralsätze von GREEN

Für das spezielle Vektorfeld $f(\vec{x}) \cdot \mathrm{grad}\,g(\vec{x})$ ergibt der GAUSSsche Integralsatz:

GREENsche Formeln

Es sei $V \subseteq \mathrm{I\!R}^3$ ein räumlicher Bereich, der von einer stückweise glatten, nach außen orientierten Fläche F berandet wird.
Sind die reellen Funktionen $f, g : \mathrm{I\!R}^3 \to \mathrm{I\!R}$ genügend differenzierbar, so gilt:

$\boxed{1}\quad \displaystyle\int_F (f\,\mathrm{grad}\,g)\,d\vec{F} = \int_V (\mathrm{grad}\,f \cdot \mathrm{grad}\,g + f\,\mathrm{div}\,\mathrm{grad}\,g)\,dV.$

Mit Nablaoperator ∇ und Laplaceoperators Δ lautet diese Formel:

$\boxed{1^*}\quad \displaystyle\int_F f\nabla g\,d\vec{F} = \int_V (\nabla f\nabla g + f\Delta g)\,dV.$

Vertauschen von f und g und Differenzbildung ergibt:

$\boxed{2}\quad \displaystyle\int_F (f\nabla g - g\nabla f)\,d\vec{F} = \int_V (f\Delta g - g\Delta f)\,dV.$

Bezeichnet $\vec{n}$ das äußere Einheitsnormalenfeld, so sind
$d\vec{F} = \vec{n}\,dF$, $\nabla f\,\vec{n} = \dfrac{\partial f}{\partial n}$, $\nabla g\,\vec{n} = \dfrac{\partial g}{\partial n}$ (Richtungsableitungen), also

$\boxed{2^*}\quad \displaystyle\int_F (f\frac{\partial g}{\partial n} - g\frac{\partial f}{\partial n})\,dF = \int_V (f\Delta g - g\Delta f)\,dV.$

18.8   Aufgaben

18.69   *Man berechne die Bogenlängen folgender ebenen Kurven:*

   (a)   Parabelbogen $y = x^2$, $-1 \leq x \leq 1$.

   (b)   Asteroidenbogen $\vec{x} = a(\cos^3 t, \sin^3 t)$, $t \in [0, \frac{\pi}{2}]$.

   (c)   Zykloidenbogen $\vec{x} = a(t - \sin t, 1 - \cos t)$, $t \in [0, 2\pi]$.

   (d)   Logarithmische Spirale $r = e^{a\varphi}$, $a > 0$, $0 \leq \varphi \leq 2\pi$.

   (e)   Archimedische Spirale $r = a\varphi$, $a > 0$, $0 \leq \varphi \leq 2\pi$.

   (f)   Kardioide $r = a(1 - \cos\varphi)$, $0 \leq \varphi \leq 2\pi$.

18.70   *Man berechne die Bogenlängen folgender Raumkurven:*

   (a)   Schraubenlinie $\vec{x} = (R\cos t, R\sin t, \frac{h}{2\pi}t)$, $t \in [0, 2\pi]$.

   (b)   Kreis $\vec{x} = (\sin\theta, \sin\theta, \sqrt{2}\cos\theta)$, $\theta \in [0, 2\pi]$.

18.71   *Man bestimme den von folgenden Randkurven eingeschlossenen Flächeninhalt:*

   (a) $y = x^2$, $x = y^2$

   (b) $y = \sin x$, $y = \cos x$, $x \in [\frac{\pi}{4}, \frac{5\pi}{4}]$.

   (c)   Ellipse $\dfrac{x^2}{a^2} + \dfrac{y^2}{b^2} = 1$.

   (d)   Zykloidenbogen $\vec{x} = a(t - \sin t, 1 - \cos t)$, $t \in [0, 2\pi]$ und x–Achse.

   (e)   Asteroide $\vec{x} = a(\cos^3 t, \sin^3 t)$, $t \in [0, 2\pi]$.

   (f)   Kardioide $r = a(1 - \cos\varphi)$, $0 \leq \varphi \leq 2\pi$.

   (g)   Lemniskate $r = a\sqrt{2\cos 2\varphi}$, $-\frac{\pi}{4} \leq \varphi \leq \frac{\pi}{4}$.

   (h)   Logarithmische Spirale $r = e^{a\varphi}$, $\varphi_1 \leq \varphi \leq \varphi_2$.   Vom Radiusvektor überstrichene Fläche!

   (i) $\vec{x} = (\cos t, \sin t \cos t)$, $-\frac{\pi}{2} \leq t \leq \frac{\pi}{2}$.

18.72   *Welchen Flächeninhalt schließt die Kurve $(x^2 + y^2)^2 = 2a^2 xy$, $a > 0$ ein?*

18.73   *Man bestimme den geometrischen Schwerpunkt der*
Kettenlinie $y = \cosh x$, $|x| \leq \ln 2$.

18.74   *Man berechne die Oberfläche des Katenoids, d.h. der Rotationsfläche der Kettenlinie $f(x) = \cosh x$, $|x| \leq \ln 2$ um die x–Achse.*

18.75   *Man bestimme eine Gleichung der Tangentialebene an die Schraubenfläche $\vec{x} = (\rho\cos\varphi, \rho\sin\varphi, h\varphi)$ im Punkt $\vec{x}(\rho, \varphi)$ sowie im Punkt $\vec{x} = (0, 1, \frac{1}{2}h\pi)$.*

18.76   *Man skizziere das mit $0 < b < R$*
durch $\vec{x} = \big((R + t\cos\varphi)\cos\varphi, (R + t\cos\varphi)\sin\varphi, t\sin\varphi\big)$, $t \in [-b, b]$, $\varphi \in [0, 2\pi]$
gegebene Flächenstück (Möbiusband).

18.77   *Man bestimme Oberfläche und Länge der "Randkurve" des Flächenstücks $\vec{x}(t, \varphi) = (\cos\varphi, \sin\varphi, 0) + t(\cos\frac{\varphi}{2}\cos\varphi, \cos\frac{\varphi}{2}\sin\varphi, \sin\frac{\varphi}{2})$,*
$t \in [-\frac{1}{2}, \frac{1}{2}]$, $\varphi \in [0, 2\pi]$.

18.78   *Man untersuche, ob $\vec{v}$ ein konservatives Feld ist und bestimme ggf. eine Potentialfunktion u.*

   (a) $\vec{v} = (1 + y^2, 2xy + z^2, 2yz)$,   (b) $\vec{v} = (e^y \cos z, xe^y \cos z, -xe^y \sin z)$.

18.79 *Man berechne* $\int_K \dfrac{xy}{z}\,ds$, *K ist die Strecke zwischen* $(1,1,1)$ *und* $(2,2,2)$.

18.80 *Man berechne* $\int_K \vec{f}\,d\vec{x}$

für $\vec{f} = (xy, yz, zx)$ *und* $K = \{(\cos t, \sin t, 2t) \mid t \in [0, 2\pi]\}$.

18.81 *Man berechne* $\int_K \vec{f}\,d\vec{x}$ *für* $\vec{f} = (y\cos z, x\cos z, -xy\sin z)$,

wobei K eine von $(1, 0, -1)$ *nach* $(3, 2, 4)$ *verlaufende Kurve ist.*

18.82 *Man berechne* $\int_K xy\,dx + y\,dy - x\,dz$ *für*

(a) $y = x$,   (b) $y = x^2$,   (c) $y = \sqrt{x}$,   (d) $y = x^3$,
jeweils von $(0, 0)$ *nach* $(1, 1)$.

18.83 *Man berechne den Fluss des Vektorfeldes* $\vec{f} = (x^2 - 1, y + 1, y + z^2)$ *durch die Oberfläche des Zylinders* $Z = \{\vec{x} \mid y^2 + z^2 \le 9,\ 0 \le x \le 2\}$.

18.84 *Ein Kurvenstück der* x, y*-Ebene sei explizit gegeben durch* $y = f(x)$ *mit* $0 \le a \le x \le b$, *weiter sei* f *differenzierbar und streng monoton wachsend, also umkehrbar mit* $x = g(y)$.

Man zeige: Der durch Rotation der Fläche zwischen der Kurve $y = f(x)$ *und der* y*-Achse um die* y*-Achse entstehende Körper hat das Volumen (siehe Kasten Seite 521):*
$$V = \int_a^b x^2 f'(x)\,dx.$$

18.9   Lösungen

18.69 (a) $L = 2\int_0^1 \sqrt{1 + 4x^2}\,dx = \sqrt{5} + \frac{1}{2}\operatorname{arsinh}2 = \sqrt{5} + \frac{1}{2}\ln(2+\sqrt{5}\,) \approx \underline{2.96}$,   (b) $\frac{3}{2}a$,

(c) $8a$,   (d) $\frac{1}{a}\sqrt{1 + a^2}\,(\mathrm{e}^{2\pi a} - 1)$,   (e) $\frac{1}{2}a(2\pi\sqrt{1 + 4\pi^2} + \operatorname{arsinh}2\pi)$,   (f) $8a$.

18.70 (a) $\sqrt{4\pi^2 R^2 + h^2}$,   (b) $2\pi\sqrt{2}$.

18.71 (a) $\frac{1}{3}$,   (b) $2\sqrt{2}$,   (c) $ab\pi$,   (d) $3\pi a^2$,   (e) $\frac{3}{8}\pi a^2$,   (f) $\frac{3}{2}\pi a^2$,   (g) a^2,   (i) $\frac{2}{3}$.

(h) $F = \frac{1}{2}\int_{\varphi_1}^{\varphi_2} r^2\,d\varphi = \frac{1}{2}\int_{\varphi_1}^{\varphi_2} \mathrm{e}^{2u\varphi}\,d\varphi = \frac{1}{4a}(\mathrm{e}^{2a\varphi_2} - \mathrm{e}^{2a\varphi_1})$.

Für $a > 0$, $\varphi_1 = -\infty$, $\varphi_2 = 0$ *gilt* $F_\infty = \frac{1}{2}\int_{-\infty}^0 r^2\,d\varphi = \frac{1}{4a}$.

Umläuft die Spirale unendlich oft den Nullpunkt, so ist die vom Radiusvektor überstrichene Fläche F_∞ *endlich!*

18.72 *Kurve in Polarkoordinaten:*
$r^2 = a^2 \sin 2\varphi$
$0 \le 2\varphi \le \pi$, *also* $0 \le \varphi \le \frac{\pi}{2}$.

$\int_0^{\pi/2} \left(\int_0^{a\sqrt{\sin 2\varphi}} r\,dr \right) d\varphi = \frac{1}{2}a^2$.

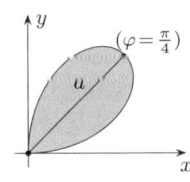
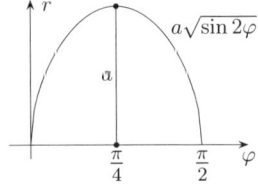

18.73 $S = (0, S_2)$ aus Symmetriegründen.

$$\int_K ds = \int_{-\ln 2}^{\ln 2} \sqrt{1 + \sinh^2 x}\ dx = \cdots = \frac{3}{2},$$

$$\int_K y\, ds = \int_{-\ln 2}^{\ln 2} \cosh x \sqrt{1 + \sinh^2 x}\ dx = \cdots = \ln 2 + \frac{15}{16}.$$

$$\implies S_2 = \frac{2}{3}(\ln 2 + \frac{15}{16}) = \frac{2}{3}\ln 2 + \frac{5}{8} \approx 1.09 \implies S \approx (0, 1.09).$$

18.74 (a) Guldinsche Regel $F = 2\pi S_2 \frac{3}{2} = 3\pi(\frac{2}{3}\ln 2 + \frac{5}{8})$.

(b) $F = 2\pi \int_{-\ln 2}^{\ln 2} \cosh x \sqrt{1 + \sinh^2 x}\ dx = \pi(2\ln 2 + \frac{15}{8}) \approx 10.25$.

18.75 $\vec{x}_\rho = (\cos\varphi, \sin\varphi, 0)$, $\vec{x}_\varphi = (-\rho\sin\varphi, \rho\cos\varphi, h) \implies \vec{n} = (h\sin\varphi, -h\cos\varphi, \rho)$.
$\vec{x}(h\sin\varphi, -h\cos\varphi, \rho) = (\rho\cos\varphi, \rho\sin\varphi, h\varphi)(h\sin\varphi, -h\cos\varphi, \rho) = h\varphi\rho$.
Tangentialebene im Punkt $\vec{x}(\rho, \varphi)$: $h\sin\varphi \cdot x - h\cos\varphi \cdot y + \rho \cdot z = h\varphi\rho$.
Tangentialebene im Punkt $\vec{x} = (0, 1, \frac{1}{2}h\pi)$, also $\rho = 1$, $\varphi = \frac{\pi}{2}$: $hx + z = \frac{1}{2}h\pi$.

18.76 Möbiusband

$$\vec{x}(t, \varphi) = \begin{pmatrix} (4 + t\cos\varphi)\cos\varphi \\ (4 + t\cos\varphi)\sin\varphi \\ t\sin\varphi \end{pmatrix}$$

$$t \in [-1, 1],\ \varphi \in [0, 2\pi]$$

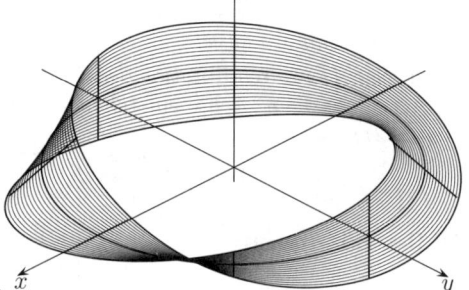

18.77 $V = \int_{-\frac{1}{2}}^{\frac{1}{2}} \int_0^{2\pi} \sqrt{(1 + \cos\frac{\varphi}{2})^2 + \frac{1}{4}t^2}\ d\varphi\, dt \approx 6.354$,

$$L = \int_0^{4\pi} \sqrt{(1 + \cos\frac{\varphi}{2})^2 + \frac{1}{16}}\ d\varphi \approx 13.007.$$

(Möbiusband. Die nicht elementaren Integrale berechnet man mit einem geeigneten Programm, siehe auch **F+H**.)

18.78 Potentialfunktionen auf $\mathbb{R}^3$ sind: (a) $u = x + xy^2 + yz^2$, (b) $u = xe^y \cos z$.

18.79 $\frac{3}{2}\sqrt{3}$. **18.80** $-\pi$. **18.81** $6\cos 4$.

18.82 (a) $\frac{1}{3}$, (b) $\frac{1}{12}$, (c) $\frac{17}{30}$, (d) $-\frac{1}{20}$. **18.83** 54π.

18.84 Es sei f streng monoton zunehmend, also $f(a) < f(b)$ für $a < b$ und differenzierbar. Für das Volumen des Rotationskörpers (S. 521) erhält man nach der Subst.: $y = f(x)$, $x = g(y)$, $dy = f'(x)\, dx$:

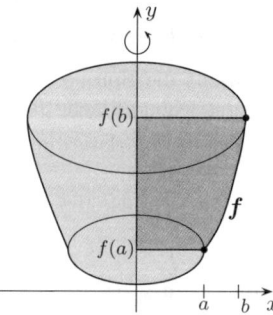

$$V = \pi \int_{f(a)}^{f(b)} g^2(y)\, dy = \pi \int_a^b x^2 f'(x)\, dx.$$

19 Anhang

19.1 Kreis

Ein Kreis ist die Menge aller Punkte P in einer Ebene, die von einem festen Punkt M (**Mittelpunkt**) gleichen Abstand r (**Radius**) haben.

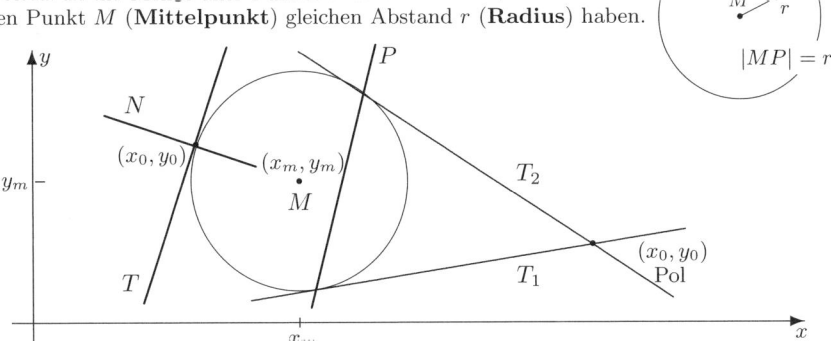

$|MP| = r$

Die von einem Pol (x_0, y_0) außerhalb eines Kreise an ihn gelegten beiden Tangenten berühren ihn in den beiden Schnittpunkten der zu (x_0, y_0) gehörenden Polaren P.

Kreis	Ursprungsform	Verschiebungsform
	Kreis mit $M = (0,0)$	Kreis mit Mittelpunkt $M = (x_m, y_m)$
Kreisgleichung	$x^2 + y^2 = r^2$	$(x - x_m)^2 + (y - y_m)^2 = r^2$
Tangente T	$x_0 x + y_0 y = r^2$	$(x_0 - x_m)(x - x_m) + (y_0 - y_m)(y - y_m) = r^2$
Normale N	$-y_0 x + x_0 y = 0$	$-(y_0 - y_m)(x - x_m) + (x_0 - x_m)(y - y_m) = 0$
Polare P	$x_0 x + y_0 y = r^2$	$(x_0 - x_m)(x - x_m) + (y_0 - y_m)(y - y_m) = r^2$

Tangente T und Normale N durch einen Punkt (x_0, y_0), der auf dem Kreis liegt, Polare P von einem Pol (x_0, y_0) aus, der außerhalb des Kreises liegt!

Beispiel: $x^2 - 2x + y^2 + 4y - 20 = 0$ ist die Gleichung eines Kreises. Man bestimme:

(a) Die Mittelpunktsform, sowie den Mittelpunkt M und den Radius r des Kreises.

(b) Die Tangente T mit Berührpunkt $(-3, 1)$.

(c) Die beiden Tangenten vom Pol $(8, -3)$.

(a) quadratische Ergänzung liefert:
$(x - 1)^2 + (y + 2)^2 = 25$, also $\underline{M = (1, -2)}$, $\underline{r = 5}$.

(b) $T: (-3 - 1)(x - 1) + (1 + 2)(y + 2) = 25$,
also Tangente: $\underline{y = \frac{4}{3}x + 5}$.

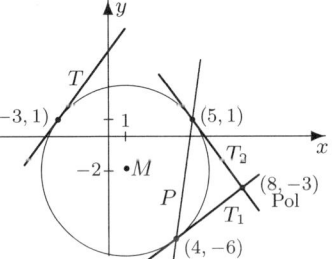

(c) $P: (8 - 1)(x - 1) + (-3 + 2)(y + 2) = 25$,
also Polare: $\underline{y = 7x - 34}$.

Die Schnittpunkte der Polaren mit dem Kreis sind
die Berührpunkte der beiden Tangenten:
$x^2 - 2x + y^2 + 4y - 20 = 0$ und $y = 7x - 34$ führt auf die quadratische Gleichung
$x^2 - 9x + 20 = 0$ mit den beiden Lösungen $x_1 = 1$, $x_2 = 5$ und zugehörigen $y_1 = -6$, $y_2 = 1$.

Die beiden Berührpunkte $(4, -6)$ und $(5, 1)$ ergeben wie unter (b) oder mittels Zweipunkte-Form die beiden Tangenten $T_1: \underline{y = \frac{3}{4}x - 9}$ und $T_2: \underline{y = -\frac{4}{3}x + \frac{23}{3}}$.

19.2   Hyperbel

Hyperbel nach rechts/links geöffnet

Eine Hyperbel ist die Menge aller Punkte P, die zu
zwei gegebenen Punkten F_1, F_2 (Brennpunkte) eine
konstante Abstandsdifferenz ($= 2a$) haben:
Der Abstand der Brennpunkte beträgt $2e$.

$$\left|\,|PF_1| - |PF_2|\,\right| = 2a$$

Es gilt $\boxed{e^2 = a^2 + b^2}$

Scheitel der Hyperbel: $(\pm a, 0)$.
lineare Exzentrizität: $e = \sqrt{a^2 + b^2}$
numerische Exzentrizität: $\varepsilon = \dfrac{\sqrt{a^2+b^2}}{a} > 1$.

Ein von F_2 ausgehender Strahl wird an der Hyperbel
derart reflektiert, dass der rückwärts verlängerte
reflektierte Strahl durch F_1 verläuft.

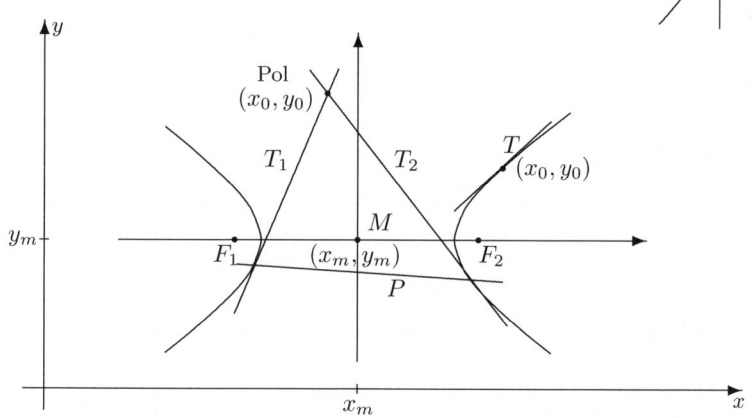

Hyperbel nach rechts/links geöffnet	Ursprungsform Hyperbel mit $M = (0,0)$	Verschiebungsform Hyperbel mit Mittelpunkt $M = (x_m, y_m)$
Hyperbelgleichung	$\dfrac{x^2}{a^2} - \dfrac{y^2}{b^2} = 1$	$\dfrac{(x-x_m)^2}{a^2} - \dfrac{(y-y_m)^2}{b^2} = 1$
Tangente $\quad T$	$\dfrac{x_0 x}{a^2} - \dfrac{y_0 y}{b^2} = 1$	$\dfrac{(x_0-x_m)(x-x_m)}{a^2} - \dfrac{(y_0-y_m)(y-y_m)}{b^2} = 1$
Polare $\quad\; P$	$\dfrac{x_0 x}{a^2} - \dfrac{y_0 y}{b^2} = 1$	$\dfrac{(x_0-x_m)(x-x_m)}{a^2} - \dfrac{(y_0-y_m)(y-y_m)}{b^2} = 1$
Asymptoten	$y = \pm\dfrac{b}{a}x$	$y - y_m = \pm\dfrac{b}{a}(x - x_m)$

Tangente T durch einen Punkt (x_0, y_0), der auf der Hyperbel liegt,
Polare P von einem Pol (x_0, y_0) aus, der zwischen den Hyperbelästen liegt!

Hyperbel nach oben/unten geöffnet

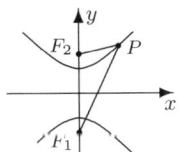

Eine Hyperbel ist die Menge aller Punkte P, die zu zwei gegebenen Punkten F_1, F_2 (Brennpunkte) eine konstante Abstandsdifferenz ($= 2a$) haben: $\big||PF_1| - |PF_2|\big| = 2a$.

Der Abstand der Brennpunkte beträgt $2e$.

Es gilt $\boxed{e^2 = a^2 + b^2}$

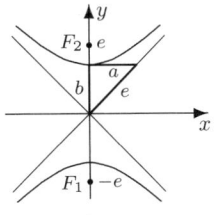

Scheitel der Hyperbel: $(0, \pm b)$.

lineare Exzentrizität: $e = \sqrt{a^2 + b^2}$

numerische Exzentrizität: $\varepsilon = \dfrac{\sqrt{a^2+b^2}}{a} > 1$.

Ein von F_2 ausgehender Strahl wird an der Hyperbel derart reflektiert, dass der rückwärts verlängerte reflektierte Strahl durch F_1 verläuft.

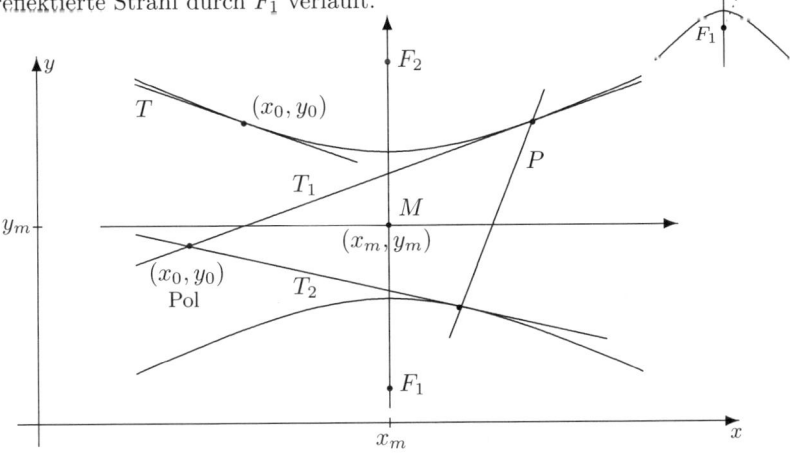

Hyperbel nach oben/unten geöffnet	Ursprungsform Hyperbel mit $M = (0,0)$	Verschiebungsform Hyperbel mit Mittelpunkt $M = (x_m, y_m)$	
Hyperbelgleichung	$-\dfrac{x^2}{a^2} + \dfrac{y^2}{b^2} = 1$	$-\dfrac{(x-x_m)^2}{a^2} + \dfrac{(y-y_m)^2}{b^2}$	$= 1$
Tangente $\boldsymbol{T}$	$-\dfrac{x_0 x}{a^2} + \dfrac{y_0 y}{b^2} = 1$	$-\dfrac{(x_0-x_m)(x-x_m)}{a^2} + \dfrac{(y_0-y_m)(y-y_m)}{b^2}$	$= 1$
Polare $\boldsymbol{P}$	$-\dfrac{x_0 x}{a^2} + \dfrac{y_0 y}{b^2} = 1$	$-\dfrac{(x_0-x_m)(x-x_m)}{a^2} + \dfrac{(y_0-y_m)(y-y_m)}{b^2}$	$= 1$
Asymptoten	$y = \pm\dfrac{b}{a}x$	$y - y_m = \pm\dfrac{b}{a}(x - x_m)$	

Tangente $\boldsymbol{T}$ durch einen Punkt (x_0, y_0), der auf der Hyperbel liegt,
Polare $\boldsymbol{P}$ von einem Pol (x_0, y_0) aus, der zwischen den Hyperbelästen liegt!

19.3   Parabel

Parabel nach oben/unten geöffnet

Eine Parabel ist die Menge aller Punkte P, die zu
einer gegebenen Geraden L (Leitlinie) und einem
im Abstand $p > 0$ (Halbparameter) zu ihr liegenden Punkt F (Brennpunkt) gleichen Abstand
haben.

Zur Symmetrieachse parallele Strahlen
werden an der Parabel derart reflektiert,
dass sie durch den Brennpunkt F verlaufen.

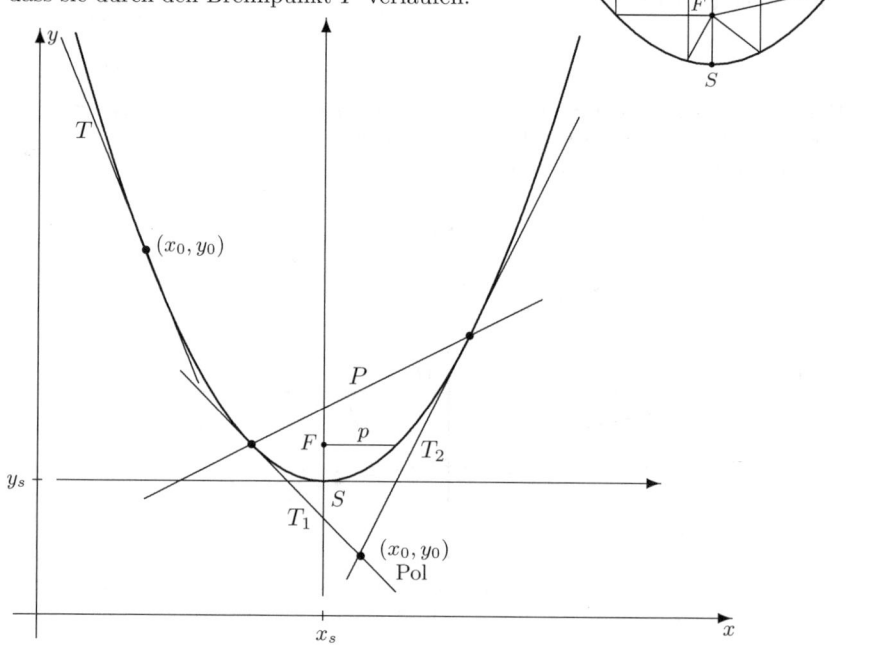

Parabel nach oben geöffnet	Ursprungsform Parabel mit $S = (0,0)$	Verschiebungsform Parabel mit Scheitelpunkt $S = (x_s, y_s)$
Parabelgleichung	$x^2 = 2py$	$(x - x_s)^2 = 2p(y - y_s)$
Tangente T	$x_0 x - py = py_0$	$(x_0 - x_s)(x - x_s) - p(y - y_s) = p(y_0 - y_s)$
Polare P	$x_0 x - py = py_0$	$(x_0 - x_s)(x - x_s) - p(y - y_s) = p(y_0 - y_s)$
Brennpunkt F	$F = (0, \frac{1}{2}p)$	$F = (x_s, \frac{1}{2}p + y_s)$

Tangente T durch einen Punkt (x_0, y_0), der auf der Parabel liegt,
Polare P von einem Pol (x_0, y_0) aus, der außerhalb der Parabel liegt!

Die entsprechenden Formeln einer nach **unten geöffneten Parabel** erhält man,
indem man p durch $-p$ ersetzt!

Parabel nach rechts/links geöffnet

Eine Parabel ist die Menge aller Punkte P, die zu einer gegebenen Geraden L (Leitlinie) und einem im Abstand $p > 0$ (Halbparameter) zu ihr liegenden Punkt F (Brennpunkt) gleichen Abstand haben.

p ist die Ordinate im Brennpunkt.

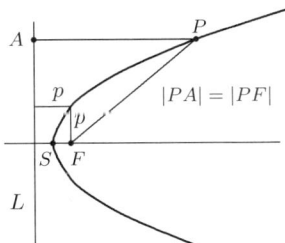

Zur Symmetrieachse parallele Strahlen werden an der Parabel derart reflektiert, dass sie durch den Brennpunkt F verlaufen.

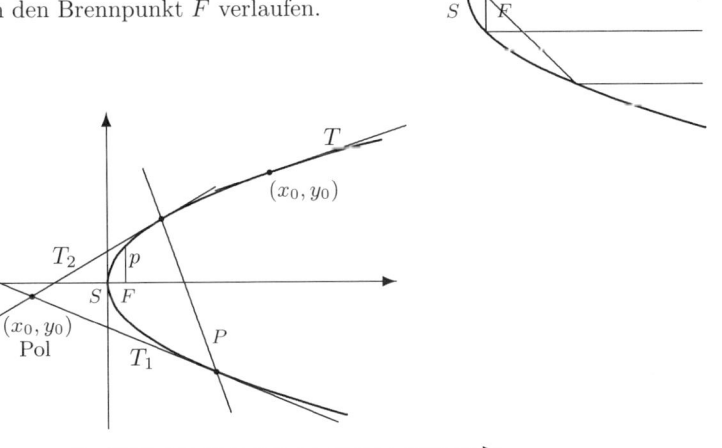

Parabel nach rechts geöffnet	Ursprungsform Parabel mit $S = (0,0)$	Verschiebungsform Parabel mit Scheitelpunkt $S = (x_s, y_s)$
Parabelgleichung	$y^2 = 2px$	$(y - y_s)^2 = 2p(x - x_s)$
Tangente T	$-px + y_0 y = px_0$	$-p(x - x_s) + (y_0 - y_s)(y - y_s) = p(x_0 - x_s)$
Polare P	$-px + y_0 y = px_0$	$-p(x - x_s) + (y_0 - y_s)(y - y_s) = p(x_0 - x_s)$
Brennpunkt F	$F = (\frac{1}{2}p, 0)$	$F = (\frac{1}{2}p + x_s, y_s)$

Tangente T durch einen Punkt (x_0, y_0), der auf der Parabel liegt,
Polare P von einem Pol (x_0, y_0) aus, der außerhalb der Parabel liegt!

Die entsprechenden Formeln einer nach **links geöffneten Parabel** erhält man, indem man p durch $-p$ ersetzt!

19.4   Ellipse

Eine Ellipse ist die Menge aller Punkte P, die von zwei gegebenen Punkten F_1, F_2 (Brennpunkte) eine konstante Abstandssumme ($= 2a$) haben.

Der Abstand der Brennpunkte beträgt $2e$.

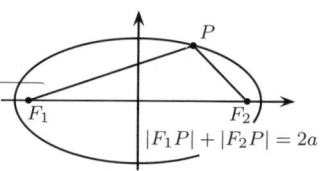

$$|F_1P| + |F_2P| = 2a$$

Eine Ellipse ist das orthogonal–affine Bild eines Kreises vom Radius a. Die Ordinaten des Kreises werden im Verhältnis $\frac{b}{a}$ gestreckt bzw. gestaucht.

Halbmesser in x-Richtung: a

Halbmesser in y-Richtung: b

Es gilt $\boxed{a^2 = e^2 + b^2}$

$$|AB| = \frac{b}{a}|AC|$$

Scheitel der Ellipse: $(\pm a, 0)$ und $(0, \pm b)$.

Brennpunkte der Ellipse: $(-e, 0)$ und $(e, 0)$.

lineare Exzentrizität: $e = \sqrt{a^2 - b^2}$

numerische Exzentrizität: $\varepsilon = \frac{\sqrt{a^2 - b^2}}{a} = \frac{e}{a} < 1$.

Ein von einem Brennpunkt der Ellipse ausgehender Strahl wird an der Ellipse derart reflektiert, dass er durch den anderen Brennpunkt verläuft. (Normale N senkrecht zur Tangente)

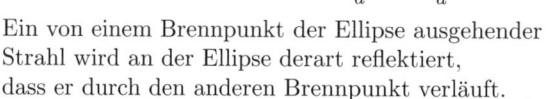

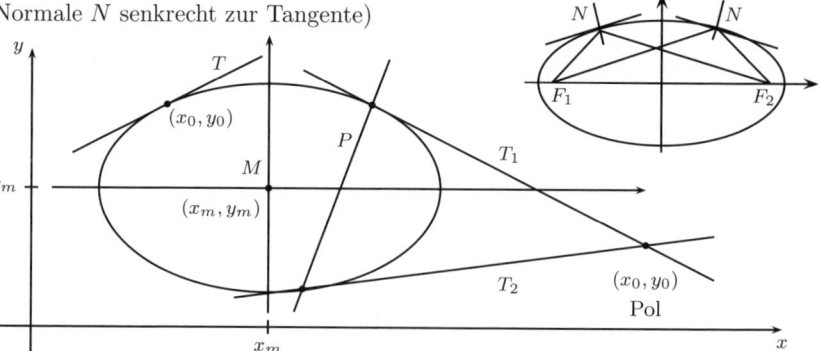

Ellipse	Ursprungsform	Verschiebungsform
	Ellipse mit $M = (0,0)$	Ellipse mit Mittelpunkt $M = (x_m, y_m)$
Ellipsengleichung	$\dfrac{x^2}{a^2} + \dfrac{y^2}{b^2} = 1$	$\dfrac{(x-x_m)^2}{a^2} + \dfrac{(y-y_m)^2}{b^2} = 1$
Tangente $\boldsymbol{T}$	$\dfrac{x_0 x}{a^2} + \dfrac{y_0 y}{b^2} = 1$	$\dfrac{(x_0-x_m)(x-x_m)}{a^2} + \dfrac{(y_0-y_m)(y-y_m)}{b^2} = 1$
Polare $\boldsymbol{P}$	$\dfrac{x_0 x}{a^2} + \dfrac{y_0 y}{b^2} = 1$	$\dfrac{(x_0-x_m)(x-x_m)}{a^2} + \dfrac{(y_0-y_m)(y-y_m)}{b^2} = 1$

Tangente $\boldsymbol{T}$ durch einen Punkt (x_0, y_0), der auf der Ellipse liegt,

Polare $\boldsymbol{P}$ von einem Pol (x_0, y_0) aus, der außerhalb der Ellipse liegt!

20 Finanzmathematik

$$\boxed{\text{Zinssatz } p\% \text{ jährlich, } q = 1 + \tfrac{p}{100} \text{ heißt \textbf{Zinsfaktor}}}$$

1. Einmalige Zahlung: Anfangskapital K

Kapital nach n Jahren: $\qquad\qquad\qquad K_n = K \cdot q^n$

Barwert einer in n Jahren fälligen Zahlung: $\quad K = K_n \cdot q^{-n}$

Anzahl der Jahre: $\qquad\qquad\qquad\qquad n = \dfrac{\ln(K_n/K)}{\ln q}$

Faustformel: *Eine Verdoppelung tritt nach etwa* $\dfrac{70}{p}$ *Jahren ein.*

2. Periodische Zahlungsraten R (Zinsgutschrift am Jahresende)

Zahlungsperiode:
Monat ($k = 12$), Vierteljahr ($k = 4$), Halbjahr ($k = 2$), Jahr ($k = 1$)

Zahlung von R am Anfang der Zahlungsperiode: $\quad K_1 = R(k + \tfrac{p}{100} \cdot \tfrac{k+1}{2})$

Zahlung von R am Ende der Zahlungsperiode: $\quad K_1 = R(k + \tfrac{p}{100} \cdot \tfrac{k-1}{2})$

Kapital nach n Jahren: $\qquad\qquad\qquad\quad K_n = K_1 \dfrac{q^n - 1}{q - 1}$

Im Fall $k = 1$ (jährliche Zahlung) heißt R die **Annuität** und es gilt
$K_n = R\dfrac{q^n - 1}{q - 1}q$ (vorschüssige Zahlung), $\quad K_n = R\dfrac{q^n - 1}{q - 1}$ (nachschüssige Zahlung).

3. Startkapital S und periodische Entnahme oder Einlage R

Kapital nach n Jahren, K_1 wie in 2.: $\qquad K_n = S \cdot q^n \pm K_1 \dfrac{q^n - 1}{q - 1}$

Ein Schuldbetrag S ist abgetragen bzw.
ein Startkapital S ist verbraucht, falls $\qquad S \cdot q^n = K_1 \dfrac{q^n - 1}{q - 1}$

die benötigte Anzahl an Jahren ist $\qquad n = \dfrac{\ln K_1 - \ln(K_1 - S(q-1))}{\ln q}$

Beispiel:
Durch welche monatliche Sparrate R kann eine Schuld von 20 000 € bei $p = 6\%$ in 5 Jahren abgetragen werden?
Lösung: $20\,000 \cdot 1,06^5 = R(12 + \tfrac{6}{100} \cdot \tfrac{13}{2}) \cdot \dfrac{1,06^5 - 1}{0,06} \implies \underline{R = 383,21 \text{ €}}$.

---

4. Barwert B einer Ratenzahlung (Rente)

Erfolgt die Zahlung jeweils am Ende der Zahlungsperiode, gilt (vgl. mit 2.):
$$K_1 = R(k + \tfrac{p}{100} \cdot \tfrac{k-1}{2})$$
$$K_n = K_1 \cdot \dfrac{q^n - 1}{q - 1}$$
Der Barwert ist $\quad B = K_1 \dfrac{q^n - 1}{q - 1} \cdot q^{-n}$

Der Barwert B einer ewigen Rente ($n \to \infty$) ist $B = \dfrac{K_1}{q - 1}$.

Beispiel.
Welches Kapital B sichert eine ewige monatliche Rente von 1 000 € bei $p = 5\%$?
Lösung: $B = \dfrac{K_1}{q - 1} = 1000(12 + \tfrac{5}{100} \cdot \tfrac{11}{2})/0,05 \implies \underline{B = 245\,500 \text{ €}}$.

Index

Timmann

Repetitorium Analysis – Teil 1

Sätze, Methoden und **Beispiele** der **Analysis I.**
350 Aufgaben mit Lösungen. Reelle Zahlen, Intervalle, Ungleichungen, Folgen u. Reihen, Stetige Funktionen, Funktionenfolgen u. –Reihen, Differenzierbarkeit, Potenzreihen, Taylorreihen, Elementare Funktionen, Riemann Integral.

ISBN 978–3–923923–50–2 328 Seiten **LP 14,80 €**

Timmann

Repetitorium Analysis – Teil 2

Sätze, Methoden und **Beispiele** der **mehrdimensionalen Analysis.**
260 Aufgaben mit Lösungen. Metr., norm. lin. Räume, Implizite Funktn, Extremwerte, Kurven und Flächen im $\mathbb{R}^n$, Kurvenintegrale, Jordan Inhalt und Riemann Integral, Lebesgue Maß und Integral, Vektoranalysis, Integralsätze.

ISBN 978–3–923923–52–6 336 Seiten **LP 14,80 €**

Timmann

Repetitorium Gewöhnliche Differentialgleichungen

Sätze, Methoden, Beispiele zur Theorie der **Gewöhnlichen DGLn.**
280 Aufgaben mit Lösungen. Existenz- und Eindeutigkeitssätze, Parameter, Elementare Typen, Systeme höh. Ordnung, Autonome Systeme, Stabilitätstheorie, Lineare Probleme, Laplace–Transformation, Rand- u. Eigenwertprobleme.

ISBN 978–3–923923–53–3 320 Seiten **LP 16,80 €**

Timmann

Repetitorium Funktionentheorie

Sätze, Methoden, Beispiele zur **Funktionentheorie einer Variablen.**
400 Aufgaben mit Lösungen. Holomorphe und meromorphe Funktn, geometrische Funktionentheorie, konforme Abbildungen, harmonische Funktionen.

ISBN 978–3–923923–56–4 352 Seiten **LP 16,80 €**

Timmann

Repetitorium Topologie und Funktionalanalysis

Sätze, Methoden, Beispiele zu **topolog. und metrischen Räumen.**
400 Aufgaben mit Lösungen, 50 Abbildungen. Konvergenz, Stetigkeit, Kompaktheit, Hilberträume, lin. Funktionale und Operatoren, Spektraltheorie, Mengenlehre, Ordinal- und Kardinalzahlen, Maß- und Integrationstheorie.

ISBN 978–3–923923–59–5 385 Seiten **LP 17,80 €**

Korsch

Mathematische Ergänzungen zur Einführung in die Physik

Vektoranalysis, Matrizen, Tensoren, Schwingungen, orthog. Funktn., Probleme der Dynamik, lin. Schwingungen, nichtlin. Dynamik und Chaos, part. DGLn.

ISBN 978–3–923923–61–8 520 Seiten **LP 19,80 €**

Korsch

Mathematik–Vorkurs

Folgen, Reihen, Vektoren, Matrizen, Determinanten, lin. Gleichungen, Ellipse, Hyperbel, Parabel, komplexe Zahlen, Differenzieren, Integrieren, Potenzreihen.

ISBN 978–3–923923–63–2 150 Seiten **LP 9,80 €**

Potenzreihen

$$e^x = \sum_{n=0}^{\infty} \frac{1}{n!} x^n = 1 + \frac{1}{1!}x + \frac{1}{2!}x^2 + \frac{1}{3!}x^3 + \cdots \qquad \text{für} \qquad x \in \mathbb{R}$$

$$\sin x = \sum_{n=0}^{\infty} \frac{(-1)^n}{(2n+1)!} x^{2n+1} \quad - \ x - \frac{1}{3!}x^3 + \frac{1}{5!}x^5 - + \cdots \qquad \text{für} \qquad x \in \mathbb{R}$$

$$\cos x = \sum_{n=0}^{\infty} \frac{(-1)^n}{(2n)!} x^{2n} = 1 - \frac{1}{2!}x^2 + \frac{1}{4!}x^4 - + \cdots \qquad \text{für} \qquad x \in \mathbb{R}$$

$$\sinh x = \sum_{n=0}^{\infty} \frac{1}{(2n+1)!} x^{2n+1} = x + \frac{1}{3!}x^3 + \frac{1}{5!}x^5 + \cdots \qquad \text{für} \qquad x \in \mathbb{R}$$

$$\cosh x = \sum_{n=0}^{\infty} \frac{1}{(2n)!} x^{2n} = 1 + \frac{1}{2!}x^2 + \frac{1}{4!}x^4 + \cdots \qquad \text{für} \qquad x \in \mathbb{R}$$

$$\arctan x = \sum_{n=0}^{\infty} \frac{(-1)^n}{2n+1} x^{2n+1} = x - \frac{1}{3}x^3 + \frac{1}{5}x^5 - \frac{1}{7}x^7 + - \cdots \qquad \text{für} \qquad |x| \leq 1$$

$$\ln(1+x) = \sum_{n=1}^{\infty} \frac{(-1)^{n+1}}{n} x^n = x - \frac{1}{2}x^2 + \frac{1}{3}x^3 - \frac{1}{4}x^4 + - \cdots \qquad \text{für} \quad -1 < x \leq 1$$

$$\ln(1-x) = -\sum_{n=1}^{\infty} \frac{1}{n} x^n = -(x + \frac{1}{2}x^2 + \frac{1}{3}x^3 + \frac{1}{4}x^4 + \cdots) \qquad \text{für} \quad -1 \leq x < 1$$

$$\sqrt{1+x} = \sum_{n=0}^{\infty} \binom{\frac{1}{2}}{n} x^n = 1 + \frac{1}{2}x - \frac{1}{8}x^2 + \frac{1}{16}x^3 - \frac{5}{128}x^4 + - \cdots \qquad \text{für} \qquad |x| \leq 1$$

$$\frac{1}{\sqrt{1+x}} = \sum_{n=0}^{\infty} \binom{-\frac{1}{2}}{n} x^n = 1 - \frac{1}{2}x + \frac{3}{8}x^2 - \frac{5}{16}x^3 + \frac{35}{128}x^4 - + \cdots \text{ für} \qquad |x| < 1$$

---

geometrische Reihe $\displaystyle\sum_{n=0}^{\infty} x^n = 1 + x + x^2 + x^3 + \cdots = \dfrac{1}{1-x}, \qquad \text{für } |x| < 1$

endliche geom. Reihe $\displaystyle\sum_{n=0}^{k} x^n = 1 + x + x^2 + \cdots + x^k = \dfrac{1-x^{k+1}}{1-x}, \qquad \text{für } x \neq 1$

harmonische Reihe $\displaystyle\sum_{n=1}^{\infty} \dfrac{1}{n^x} = 1 + \dfrac{1}{2^x} + \dfrac{1}{3^x} + \cdots \qquad \text{konvergent} \iff x > 1$

binomische Reihe $\displaystyle\sum_{n=0}^{\infty} \binom{r}{n} x^n = 1 + rx + \binom{r}{2}x^2 + \binom{r}{3}x^3 + \cdots = (1+x)^r, \quad \begin{array}{l} |x| \leq 1,\ r > 0 \\ |x| < 1,\ r < 0 \end{array}$

---

	wichtige Grenzwerte $(n \to \infty)$	

$1 + \frac{1}{2} + \frac{1}{3} + \frac{1}{4} + \cdots = \infty$

$1 - \frac{1}{2} + \frac{1}{3} - \frac{1}{4} + - \cdots = \ln 2$

$1 + \frac{1}{1!} + \frac{1}{2!} + \frac{1}{3!} + \cdots = e$

$1 - \frac{1}{1!} + \frac{1}{2!} - \frac{1}{3!} + - \cdots = \frac{1}{e}$

$1 + \frac{1}{2} + \frac{1}{4} + \frac{1}{8} + \cdots = 2$

$1 - \frac{1}{3} + \frac{1}{5} - \frac{1}{7} + - \cdots = \frac{\pi}{4}$

$1 + \frac{1}{2^2} + \frac{1}{3^2} + \frac{1}{4^2} + \cdots = \frac{\pi^2}{6}$

$1 - \frac{1}{2^2} + \frac{1}{3^2} - \frac{1}{4^2} + - \cdots = \frac{\pi^2}{12}$

$1 + \frac{1}{3^2} + \frac{1}{5^2} + \frac{1}{7^2} + \cdots = \frac{\pi^2}{8}$

$\sqrt[n]{a} \to 1$ $\left(\frac{n+1}{n}\right)^n \to e$

$\sqrt[n]{n} \to 1$ $\left(1 + \frac{1}{n}\right)^n \to e$

$\sqrt[n]{n!} \to \infty$ $\left(1 - \frac{1}{n}\right)^n \to e^{-1}$

$\frac{n}{\sqrt[n]{n!}} \to e$ $\left(1 + \frac{x}{n}\right)^n \to e^x$

$\frac{1}{n}\sqrt[n]{n!} \to \frac{1}{e}$ $\left(1 - \frac{x}{n}\right)^n \to e^{-x}$

$\binom{a}{n} \to 0, \quad a > 1$

$\frac{a^n}{n!} \to 0$

$\frac{n^n}{n!} \to \infty$

$\frac{a^n}{n^k} \to \infty \quad \begin{cases} a > 1 \\ k \text{ fest} \end{cases}$

$a^n n^k \to 0 \quad \begin{cases} |a| < 1 \\ k \text{ fest} \end{cases}$

$n(\sqrt[n]{a} - 1) \to \ln a, \ a > 0$

Differentiations– und Integrationsregeln

Produktregel:	$(u \cdot v)' = u' \cdot v + u \cdot v'$
	$(uvw)' = u'vw + uv'w + uvw'$
partielle Integration:	$\int u'v\,dx = uv - \int uv'\,dx$
Quotientenregel:	$\left(\dfrac{u}{v}\right)' = \dfrac{u' \cdot v - u \cdot v'}{v^2}$

Vektorfunktionen

$$\left(\lambda \vec{u}\right)' = \lambda' \vec{u} + \lambda \vec{u}'$$
$$\left(\vec{u} \cdot \vec{v}\right)' = \vec{u}' \cdot \vec{v} + \vec{u} \cdot \vec{v}'$$
$$\left(\vec{u} \times \vec{v}\right)' = \vec{u}' \times \vec{v} + \vec{u} \times \vec{v}'$$
$$\left(\vec{u}(\lambda(t))\right)' = \vec{u}\,'(\lambda(t)) \cdot \lambda'(t)$$

Kettenregel: $\left(y(x(t))\right)' = \dfrac{dy}{dt} = \dfrac{dy}{dx} \cdot \dfrac{dx}{dt} = y'(x(t)) \cdot x'(t)$

Substitutionsregel: $\int f(x)\,dx = \int f(g(t))\,g'(t)\,dt$, dabei ist $\begin{cases} x = g(t) \\ dx = g'(t)\,dt \end{cases}$

f	f'
x^n	nx^{n-1}
$\dfrac{1}{x^n}$	$\dfrac{-n}{x^{n+1}}$
$\sqrt{x}$	$\dfrac{1}{2\sqrt{x}}$
$\sqrt[n]{x}$	$\dfrac{1}{n\sqrt[n]{x^{n-1}}}$
e^x	e^x
$\ln x$	$\dfrac{1}{x}$
a^x	$a^x \ln a$
x^x	$x^x(1+\ln x)$
$\sin x$	$\cos x$
$\cos x$	$-\sin x$
$\tan x$	$\dfrac{1}{\cos^2 x}$
$\cot x$	$\dfrac{-1}{\sin^2 x}$
$\arcsin x$	$\dfrac{1}{\sqrt{1-x^2}}$
$\arccos x$	$\dfrac{-1}{\sqrt{1-x^2}}$
$\arctan x$	$\dfrac{1}{1+x^2}$
$\text{arccot}\, x$	$\dfrac{-1}{1+x^2}$
$\sinh x$	$\cosh x$
$\cosh x$	$\sinh x$
$\tanh x$	$\dfrac{1}{\cosh^2 x}$
$\coth x$	$\dfrac{-1}{\sinh^2 x}$
$\text{arsinh}\, x$	$\dfrac{1}{\sqrt{x^2+1}}$
$\text{arcosh}\, x$	$\dfrac{1}{\sqrt{x^2-1}}, \quad x > 1$
$\text{artanh}\, x$	$\dfrac{1}{1-x^2}, \quad |x| < 1$
$\text{arcoth}\, x$	$\dfrac{1}{1-x^2}, \quad |x| > 1$
$\int g\,dx$	g

$$\int x^n\,dx = \frac{1}{n+1}x^{n+1}, \quad (n \neq -1) \qquad \int \frac{f'}{f}\,dx = \ln|f|$$

$$\int \frac{1}{x}\,dx = \ln|x| \qquad\qquad \int \frac{1}{\sqrt{x}}\,dx = 2\sqrt{x}$$
$$\int \frac{dx}{x+a} = \ln|x+a| \qquad \int \frac{1}{\sqrt[3]{x}}\,dx = \frac{3}{2}\sqrt[3]{x^2}$$
$$\int \frac{dx}{(x+a)^2} = -\frac{1}{x+a} \qquad \int e^{ax}\,dx = \frac{1}{a}e^{ax}$$
$$\int \tan x\,dx = -\ln|\cos x| \qquad \int xe^{ax}\,dx = \frac{ax-1}{a^2}e^{ax}$$
$$\int \sin^2 ax\,dx = \frac{1}{2}x - \frac{1}{4a}\sin 2ax \qquad \int \ln x\,dx = x\ln x - x$$
$$\int \cos^2 ax\,dx = \frac{1}{2}x + \frac{1}{4a}\sin 2ax \qquad \int x\ln x\,dx = x^2\left(\frac{\ln x}{2} - \frac{1}{4}\right)$$
$$\int \ln^2 x\,dx = x\ln^2 x - 2x\ln x + 2x$$
$$\int \sin ax\cos ax\,dx = \frac{1}{2a}\sin^2 ax$$
$$\int \frac{dx}{\sin ax\cos ax} = \frac{1}{a}\ln|\tan ax|$$
$$\int e^{ax}\sin bx\,dx = \frac{e^{ax}}{a^2+b^2}(a\sin bx - b\cos bx)$$
$$\int e^{ax}\cos bx\,dx = \frac{e^{ax}}{a^2+b^2}(a\cos bx + b\sin bx)$$
$$\int x\sin ax\,dx = \frac{1}{a^2}\sin ax - \frac{x}{a}\cos ax$$
$$\int x\cos ax\,dx = \frac{1}{a^2}\cos ax + \frac{x}{a}\sin ax$$

Bezeichnungen: $X = ax^2 + bx + c$, $\Delta = 4ac - b^2$, $a \neq 0$

$$\int \frac{dx}{X} = \begin{cases} \dfrac{2}{\sqrt{\Delta}}\arctan\dfrac{2ax+b}{\sqrt{\Delta}} & (\Delta > 0) \\[2ex] \dfrac{-2}{\sqrt{-\Delta}}\text{artanh}\dfrac{2ax+b}{\sqrt{-\Delta}} \\[1ex] \dfrac{1}{\sqrt{-\Delta}}\ln\dfrac{2ax+b-\sqrt{-\Delta}}{2ax+b+\sqrt{-\Delta}} & (\Delta < 0) \\[2ex] \dfrac{-2}{2ax+b} & (\Delta = 0) \end{cases}$$

$$\int \frac{dx}{X^2} = \frac{2ax+b}{\Delta X} + \frac{2a}{\Delta}\int \frac{dx}{X}$$
$$\int \frac{x\,dx}{X} = \frac{1}{2a}\ln|X| - \frac{b}{2a}\int \frac{dx}{X}$$

$$\int \sqrt{x^2+a^2}\,dx = \frac{1}{2}\left(x\sqrt{x^2+a^2} + a^2\text{arsinh}\frac{x}{a}\right) = \frac{1}{2}\left(x\sqrt{x^2+a^2} + a^2\ln(x+\sqrt{x^2+a^2})\right)$$
$$\int \sqrt{x^2-a^2}\,dx = \frac{1}{2}\left(x\sqrt{x^2-a^2} - a^2\text{arcosh}\frac{x}{a}\right) = \frac{1}{2}\left(x\sqrt{x^2-a^2} - a^2\ln(x+\sqrt{x^2-a^2})\right)$$
$$\int \sqrt{a^2-x^2}\,dx = \frac{1}{2}\left(x\sqrt{a^2-x^2} + a^2\arcsin\frac{x}{a}\right)$$